W0269866

Bauchemie

Roland Benedix

Bauchemie

Einführung in die Chemie für Bauingenieure und Architekten

7. Auflage

Roland Benedix
Leipzig, Deutschland

ISBN 978-3-658-26441-3   ISBN 978-3-658-26442-0   (eBook)
https://doi.org/10.1007/978-3-658-26442-0

Die Deutsche Nationalbibliothek verzeichnet diese Publikation in der Deutschen Nationalbibliografie; detaillierte bibliografische Daten sind im Internet über http://dnb.d-nb.de abrufbar.

Springer Vieweg ist ein Imprint der eingetragenen Gesellschaft Springer Fachmedien Wiesbaden GmbH und ist ein Teil von Springer Nature.
Die Anschrift der Gesellschaft ist: Abraham-Lincoln-Str. 46, 65189 Wiesbaden, Germany

Inhalt

Vorwort zur 7. Auflage

Die gute Akzeptanz, die das vorliegende Lehrbuch in den bisherigen Auflagen sowohl bei Studenten und Lehrkräften als auch bei Praktikern gefunden hat, ermutigte mich zu einer Neuauflage. An der bewährten Gliederung wurde festgehalten: Allgemein-chemische Grundlagen, Luft und Luftinhaltsstoffe, Wasser und wässrige Lösungen, Redoxgleichgewichte / Grundlagen der Elektrochemie, Chemie der Baumetalle sowie Chemie nichtmetallisch-anorganischer und organischer Stoffe im Bauwesen. Im Ergebnis der ständigen Rückkopplung bei der Vermittlung des Bauchemie-Lehrstoffes im Rahmen meiner langjährigen, an der HTWK Leipzig gehaltenen Lehrveranstaltungen, aber auch durch konstruktiv kritische Hinweise von Fachkollegen habe ich den Stoff weiter ergänzt, klarer dargestellt und aktualisiert. Zusätzliche Abbildungen und Schemata sollen es dem Leser erleichtern, Zusammenhänge herzustellen und Verbindungen zwischen theoretischen Sachverhalten und praktischen Problemstellungen zu erkennen. Der mitunter erhobenen Forderung nach einer moderneren grafischen Gestaltung, insbesondere nach mehrfarbigen Abbildungen, kann leider nicht entsprochen werden. Der Kaufpreis würde deutlich ansteigen - für ein studentisches Lehrbuch ein schlechtes (Kauf)-Argument!

Dort wo es sich anbietet, habe ich versucht, den Bezug zu ökologischen Problemen unserer Zeit herzustellen. Ozonabbau und Sommersmog, Klimawandel und Waldschäden, FCKW-Verbot, Eutrophierung und Luftschadstoffe in Innenräumen (Fogging, Sick-Building-Syndrom) sind Themen, die heute in jede ingenieurtechnische Ausbildung Eingang finden müssen. Im Kapitel 13 werden moderne Entwicklungstrends, insbesondere die Anwendung der Nanotechnologie in Architektur und Bauwesen, anhand ausgewählter Beispiele beschrieben. Die Nanotechnologie gilt als die Schlüsseltechnologie des 21. Jahrhunderts. Ihre Anwendung und Nutzung ist nicht nur für Hightech-Branchen, sondern auch für konventionelle Industriezweige wie den Bausektor von einem enormen wirtschaftlichen Interesse.

Mein Dank gilt zunächst den Herren Prof. Dr.-Ing. habil. Wolf-Peter Ettel (HTWK Leipzig) und Prof. Dr. Dr. h. c. habil. Lothar Beyer (Universität Leipzig) für die mir jederzeit gewährte Unterstützung und die Bereitschaft zu fachlicher Diskussion. Des Weiteren danke ich allen Fachkollegen und Fachleuten der Industrie und Praxis, die mit Hinweisen und konstruktiver Kritik zur Verbesserung des Buches beigetragen haben. Mein Dank gilt ebenfalls den Herren Prof. Dr.-Ing. habil. Jochen Stark und Dr. Bernd Möser (F. A. Finger-Institut für Baustoffkunde, Bauhaus-Universität Weimar) für die Bereitstellung von ESEM-Aufnahmen zur Zementchemie und zu ausgewählten Baustoffen. Darüber hinaus danke ich den Herren Prof. Dr. habil. Ulf Messow und Dr. habil. Manfred Pulst für nützliche Hinweise bei der Qualifizierung des Manuskripts. Frau Diplomchemiker Uta Greif danke ich herzlich für ihre fachliche Unterstützung sowie für ihre Hilfe bei der mühevollen Tätigkeit des Korrekturlesens.

Schließlich danke ich dem Verlag Springer Vieweg, insbesondere Herrn Frieder Kumm und Frau Anette Prenzer, für die ausgezeichnete Zusammenarbeit.

Leipzig, im Sommer 2020   Roland Benedix

1 Allgemein-chemische Grundlagen

Die Chemie ist eine noch relativ junge naturwissenschaftliche Disziplin, die sich mit der Zusammensetzung und der Umwandlung von Stoffen befasst. Gegenstand dieses Wissenschaftsgebietes sind damit die Gesetzmäßigkeiten, die den strukturellen Aufbau und die wechselseitige Umwandlung der ungeheuren Vielfalt von Stoffen bestimmen. Die Chemie ist in erster Linie eine experimentelle Wissenschaft. Akkumuliertes Wissen, neue Anschauungen und Konzepte sind der Ausgangspunkt für neue Experimente und Beobachtungen, die ihrerseits wiederum zu einem verfeinerten Verständnis und zu weiterentwickelten Anschauungen hinsichtlich der Struktur der Stoffe sowie der sie zusammenhaltenden Kräfte führen. Zur Aufklärung von Struktur und Eigenschaften der neuen Substanzen werden immer modernere physikalische und auch biologische Messmethoden eingesetzt. Insofern sind die Interessengebiete von Chemie, Physik, Biologie, Geologie und Mineralogie eng verknüpft und eine strenge Abgrenzung des Aufgabengebiets der Chemie von dem der übrigen naturwissenschaftlichen Disziplinen ist weder sinnvoll noch notwendig. Ziel der chemischen Forschung ist die Synthese von Substanzen mit völlig neuen Eigenschaften. Damit ist die Chemie zugleich auch ein wesentlicher Bestandteil zahlreicher anwendungsorientierter Disziplinen wie der Werkstoffwissenschaften, der Baustofflehre oder der Metallurgie.

Hauptanliegen der Chemie ist und bleibt die Untersuchung der chemischen Reaktion. Und in diesem Zusammenhang ist es belanglos, ob es sich um Verfestigungsprozesse bei anorganischen Bindemitteln, um die Synthese von polygraphischen Druckschichten, um den Angriff aggressiver Medien auf Metall- oder Gesteinsoberflächen oder um Probleme des Bautenschutzes handelt. Das Interesse des Chemikers richtet sich jeweils darauf, unter welchen Bedingungen und mit welcher Geschwindigkeit die zu betrachtenden Stoffumwandlungen ablaufen, wie erwünschte Reaktionen gefördert und unerwünschte unterdrückt werden und wie neue Substanzen mit ganz spezifischen, auf ein bestimmtes Anwendungsgebiet ausgerichteten Stoffeigenschaften synthetisiert werden können.

1.1 Stoffe

1.1.1 Gemische und reine Stoffe

Die Chemie unterteilt die uns umgebende Materie in unterschiedliche Stoffe. Sie können je nach den vorliegenden Zustandsbedingungen, charakterisiert durch die *Zustandsgrößen* Temperatur und Druck, in drei verschiedenen **Aggregatzuständen** auftreten: als Gas, als Flüssigkeit oder als Feststoff. Ein **Gas** kann im Prinzip jedes beliebige Volumen einnehmen, es hat keine spezifische Form. Verkleinert man das Volumen eines Gases, so wird es komprimiert. Bei Volumenvergrößerung expandiert es. Das bekannteste und für das Bauwesen wichtigste Gas ist die Luft (Kap. 5). Die Verwendung des Begriffes **Dampf** für Gase erfolgt häufig dann, wenn Gleichgewichtsprozesse zwischen einem Gas und der zugehörigen Flüssigkeit betrachtet werden (z.B. Wasserdampf als gasförmiges Wasser, das mit flüssigem Wasser in Kontakt steht). Auch eine **Flüssigkeit** hat keine definierte Form. Sie nimmt jeweils die Form des Gefäßes an, in dem sie sich befindet. Für eine gegebene Temperatur besitzt eine Flüssigkeit jedoch ein konstantes Volumen. Als wichtige Beispiele für Flüssigkeiten sollen Wasser und Benzin genannt werden. Ein **fester Stoff** ist sowohl

© Springer Fachmedien Wiesbaden GmbH, ein Teil von Springer Nature 2020
R. Benedix, *Bauchemie*, https://doi.org/10.1007/978-3-658-26442-0_1

durch ein definiertes Volumen als auch durch eine spezifische Form charakterisiert. Er ist - ebenso wie die Flüssigkeit - kaum komprimierbar. Beispiele für Feststoffe sind Sand und Zement, aber auch Salz und Zucker.

Die Druck- und Temperaturabhängigkeit des Aggregatzustandes eines Stoffes soll am Beispiel des Wassers gezeigt werden. Unter Atmosphärendruck (1013,25 mbar = 101325 Pa) liegt Wasser bei 25°C in flüssiger Form vor. Oberhalb von 100°C geht es als Wasserdampf in die Gasphase über und bei 0°C gefriert es zu Eis. Den Übergang von einer Flüssigkeit zum Feststoff bezeichnet man als Erstarren, speziell beim Wasser als Gefrieren. Der Erstarrungspunkt (**Gefrierpunkt**) kennzeichnet somit die Temperatur, bei der sich ein Stoff unter Normaldruck zu verfestigen beginnt. Flüssigkeit und Festkörper liegen im Gleichgewicht vor. Während des Gefrierens bleibt die Temperatur des fest/flüssigen Systems konstant bis die gesamte Flüssigkeit gefroren ist. **Schmelzpunkt** (Abk.: **Smp.**) und **Siedepunkt** (Abk.: **Sdp.**) bezeichnen die Temperaturen, bei denen sich der Übergang des Aggregatzustandes von fest nach flüssig (*Schmelzen*) beziehungsweise von flüssig nach gasförmig (*Verdampfen*) vollzieht. In der Mehrzahl der Fälle sind Schmelz- und Erstarrungstemperatur identisch. Wasser gefriert bei 0°C zu Eis und Eis schmilzt exakt am Nullpunkt der Celsius-Skala. Senkt den man den Druck auf die Hälfte seines Wertes (506,6 mbar), so siedet das Wasser bereits bei 82°C, während der Gefrierpunkt praktisch konstant bleibt (s. Kap. 6.2.3.1).

Änderungen des Aggregatzustandes wie die Umwandlung von Eis in Wasser oder der Übergang des flüssigen Wassers in gasförmigen Dampf sind Beispiele für **physikalische Prozesse**. Es entstehen keine neuen Substanzen und die stöchiometrische Zusammensetzung der betrachteten Stoffe bleibt unverändert. Bei chemischen Veränderungen, oder besser **chemischen Reaktionen,** entstehen neue Stoffe, die sich bezüglich ihrer Eigenschaften von den Ausgangsstoffen (*Edukten*) unterscheiden. Verbrennt man Wasserstoff in Luft, erfährt er eine chemische Veränderung. Er wird in Wasser überführt. Dieses Wasser kann durch den elektrischen Strom wieder zersetzt werden und die dabei entstehenden Gase gehen selbst bei 0°C nicht wieder in den flüssigen Zustand über. Das heißt, die beiden entstandenen Stoffe weisen völlig neue physikalische und chemische Eigenschaften auf. Sie sind durch einen physikalischen Vorgang nicht wieder in Wasser umwandelbar. Die Brennbarkeit von Wasserstoff ist eine seiner chemischen Eigenschaften. Chemische Reaktionen sind in der Regel mit **Energieänderungen**, d.h. der Aufnahme oder der Abgabe von Energie in Form von Wärme oder Licht, verbunden.

Die Gesamtheit der Stoffe lässt sich wie folgt einteilen:

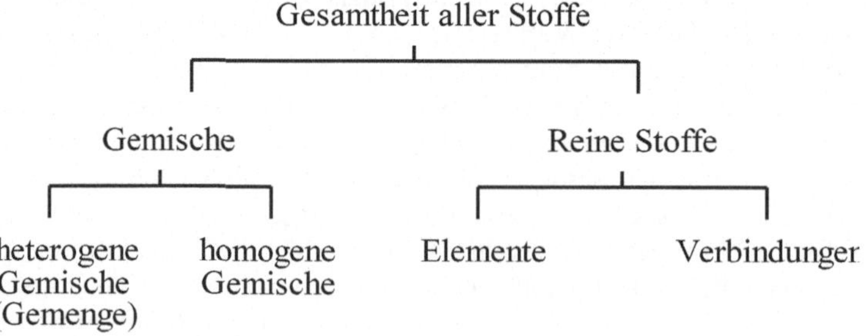

Häufig lässt sich bereits mit bloßem Auge der uneinheitliche Aufbau eines Stoffes feststellen, mitunter bedarf es dazu aber erst einer Lupe oder eines Mikroskops. Beispiele für
uneinheitlich aufgebaute Stoffe sind Aufschlämmungen von Sand in Wasser oder Granit.
Beim Granit kann man mit bloßem Auge klar voneinander abgegrenzte Anteile erkennen
(Abb. 1.1): Weiße oder graue, sehr harte Anteile aus Quarz, schwarz glänzende, in Blättchen spaltbare Anteile aus Glimmer und farbige (meist rötliche oder gelbe) weiche Anteile
aus Feldspat. Die einzelnen, in sich homogenen Bestandteile (Phasen) bilden ein **heterogenes Gemisch** oder ein **heterogenes System** (Tab. 1.1). Unter einer **Phase** versteht man
einen chemisch einheitlich aufgebauten Stoff, der von den anderen Teilen (Phasen) des
heterogenen Systems durch Phasengrenzen getrennt ist. An den Phasengrenzen ändern sich
die Eigenschaften sprunghaft.

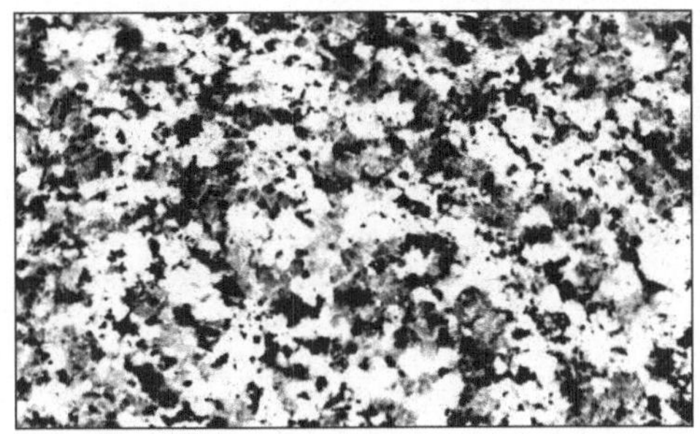

Abbildung 1.1

Schliffbild von
Granit

In flüssig-flüssigen, flüssig-festen oder fest-festen heterogenen Gemischen liegen mehrere
Phasen nebeneinander vor. So existieren zum Beispiel in einem Eisen-Schwefel-Gemenge
zwei feste, in Kalkmilch (Calciumhydroxid/Wasser) eine feste und eine flüssige und im
Granit drei feste Phasen nebeneinander. Ein Gemisch aus Öl und Wasser - beide Flüssigkeiten sind *nicht* miteinander mischbar - enthält zwei flüssige Phasen nebeneinander.

Da Gase unbegrenzt mischbar sind, bilden Gasgemische unter normalen Bedingungen nur
eine Phase. Das Gasgemisch Luft besteht aus *einer* gasförmigen Phase. Es liegt ein **homogenes Gemisch** oder **homogenes System** vor. Die einzelnen Bestandteile der Stoffe sind
so fein ineinander verteilt, dass sie selbst mit dem Mikroskop nicht mehr zu unterscheiden
sind. Zu den homogenen Gemischen gehören vor allem **Lösungen** (echte Lösungen), aber
auch Gasgemische sowie die in Form von Mischkristallen vorliegenden Legierungen. Als
Beispiel für eine wässrige Lösung soll das Meerwasser angeführt werden, das eine Lösung
von Salzen (vor allem Natriumchlorid) und organischen Stoffen im Lösungsmittel Wasser
darstellt. Im Gegensatz zu heterogenen Gemischen weisen echte Lösungen konstant die
gleichen Eigenschaften auf.

Da in einem Gemisch die Eigenschaften der einzelnen Bestandteile im Wesentlichen erhalten bleiben, kann es auf physikalischem Wege wieder in seine Bestandteile zerlegt werden.
Dabei nutzt man typische Stoffeigenschaften der Komponenten des Gemischs für die jeweiligen Trennoperationen aus, wie z.B. die Teilchengröße, die Dichte, die Löslichkeit,
den Siedepunkt oder die Adsorbierbarkeit.

Tabelle 1.1 Beispiele für homogene und heterogene Mischungen

Komponenten	Homogene Gemische	Heterogene Gemische	Trennverfahren
fest - fest	Mischkristallbildende Legierungen, z.B. Bronze, Messing	Beton, Granit, Gusseisen	Sieben, Schlämmen, Lösen in Säure
fest - flüssig	wässrige Kochsalzlösung, Zuckerlösung	Suspensionen (Sand in Wasser), Schlamm	Filtrieren, Abdampfen
fest - gasförmig	Wasserstoff oder Sauerstoff in Metallen	Rauch (z.B. Rußteilchen in Luft) poröse Feststoffe wie Bimsstein, Ziegelstein, Porenbeton	Elektrofilter Mahlen
flüssig - flüssig	Alkohol-Wasser-Mischungen, verd. Säuren	Bitumen- und Teeremulsionen, Fetttropfen in Wasser	Absetzenlassen, Zentrifugieren, Ausfrieren, Destillieren, Adsorbieren[1]
flüssig - gasförmig	Kohlendioxid oder Sauerstoff in Wasser gelöst	Schaum, Sprays, Nebel (Wassertröpfchen in Luft)	Entmischung durch Rühren oder Temperaturänderung, Absorption[2] der gasförmigen Komponente
gasförmig - gasförmig	Gasgemische (z.B. Luft)	keine Beispiele, Gase mischen sich homogen	Luftverflüssigung und fraktionierte Destillation, Absorption bzw. Adsorption einer Gaskomponente

[1] *Adsorbieren/Adsorption*: Anlagern von gelösten festen oder gasförmigen Stoffen an die Oberfläche von Festkörpern (Adsorptionsmittel) infolge intermolekularer Wechselwirkungskräfte.

[2] *Absorption*: Gasförmiger Stoff wird in einer Flüssigkeit entweder physikalisch gelöst oder es kommt zwischen der flüssigen Phase und dem gasförmigen Stoff zu einer chemischen Reaktion.

Eines der bekanntesten **Trennverfahren** ist die **Filtration**. Mit Hilfe der Filtration ist die Trennung von Feststoffen und Flüssigkeiten, aber auch von Feststoffen und Gasen möglich. Beispiele aus dem täglichen Leben sind Luft- und Ölfilter in Kraftfahrzeugen, Filtervorrichtungen in Kaffeemaschinen, Luftfilter in Heizungsanlagen. Die **Destillation** als Trennverfahren nutzt die unterschiedliche Flüchtigkeit der Stoffe, d.h. ihre unterschiedliche Neigung, in den gasförmigen Zustand überzugehen, aus. Sie findet Anwendung in den großen Raffinerien zur Auftrennung von Erdöl in Benzin, Heizöl und Schmieröle sowie zur Herstellung von Weinbränden aus Wein. Bevorzugte Trennoperationen im *Bauwesen* sind vor allem das *Sieben* und das *Schlämmen* zur Auftrennung fester Gemenge.

Der **reine Stoff** besitzt eine genau definierte Zusammensetzung und kann durch eine Reihe physikalisch-chemischer Eigenschaften (*Stoffkonstanten*) charakterisiert und eindeutig identifiziert werden. Die wichtigsten sind Schmelz- und Siedepunkt, Dichte, dielektrisches Verhalten sowie elektrische und Wärmeleitfähigkeit. Schmelz- und Siedepunkt ermöglichen eine schnelle und eindeutige Charakterisierung von Feststoffen und Flüssigkeiten. Reine Feststoffe besitzen einen scharfen Schmelzpunkt, reine Flüssigkeiten sieden bei einer konstanten Temperatur. Zum Beispiel schmilzt Kaliumnitrat KNO_3 bei exakt 339°C. Bereits geringe Verunreinigungen bzw. Zusätze setzen den Schmelzpunkt herab und erhöhen andererseits den Siedepunkt (Kap. 6.2.3.2). Im Gegensatz zur Schmelztemperatur hängt die Siedetemperatur stark vom Druck ab.

Durch Zusatz anorganischer Salze wie NaCl und $MgCl_2$ oder organischer Stoffe wie Ethylenglycol und Glycerin kann der Gefrierpunkt des Wassers gezielt abgesenkt werden. Die Gefrierpunktserniedrigung spielt beim Einsatz von Taumitteln im Winterdienst eine wichtige Rolle. Spezielle Eigenschaften wie die Absorption elektromagnetischer Strahlung, das magnetische Verhalten und die elektrische Leitfähigkeit bilden die Grundlage von Analysenmethoden, die sowohl im Labor als auch „vor Ort" qualitative oder quantitative Aussagen hinsichtlich der Zusammensetzung von Wässern, von Baustoffen oder etwa von Ausblühungen (Salzablagerungen auf Baustoffoberflächen) erlauben.

1.1.2   Elemente und chemische Verbindungen

Man unterscheidet zwei Arten von reinen Stoffen: Elemente und Verbindungen. Elemente sind Stoffe, die mit den Mitteln des Chemikers, d.h. mit begrenzter Energiezufuhr in Form von Wärme, Licht, mechanischer oder elektrischer Energie, nicht weiter zerlegbar sind. Verbindungen sind aus Elementen aufgebaut, sie können mit chemischen Methoden in die Elemente zerlegt werden.

Die **Elemente** sind die Grundbausteine, aus denen sich die gesamte Materie zusammensetzt. Von den heute bekannten 118 chemischen Elementen wurden 91 Elemente in der Natur (Erdrinde, Atmosphäre) nachgewiesen. Die restlichen Elemente treten in geringen Spuren in der Natur auf (z.B. Neptunium, Plutonium) beziehungsweise können nur künstlich im Labor dargestellt werden. Etwa 85% der Elemente sind Metalle oder Halbmetalle.

Jedes chemische Element hat einen Namen und wird durch ein **Elementsymbol** charakterisiert. Die für das Elementsymbol benutzten Abkürzungen bestehen aus einem oder zwei Buchstaben, die sich vom griechischen oder lateinischen, aber auch teilweise vom deutschen Elementnamen ableiten. Bei den erst kürzlich entdeckten künstlichen Elementen bestehen die Symbole aus drei Buchstaben. Die Elementsymbole werden international einheitlich angewendet. Einige ausgewählte Beispiele sind:

Natrium (**Na**)	Sauerstoff (**O** von Oxygenium)	Phosphor (**P**)
Eisen (**Fe** von Ferrum)	Stickstoff (**N** von Nitrogenium)	Magnesium (**Mg**)
Calcium (**Ca**)	Wasserstoff (**H** von Hydrogenium)	Schwefel (**S**)
Aluminium (**Al**)	Kohlenstoff (**C** von Carboneum)	Silicium (**Si**)

In der Baustoff- bzw. Zementchemie wird mitunter aus Gründen der Vereinfachung eine spezifische Symbolik zur Charakterisierung von Oxiden, Klinkerphasen oder Hydratationsprodukten der Zemente verwendet. So kürzt man beispielsweise die Verbindungen CaO mit "C" und SiO_2 mit "S" ab, C_3S steht dann für $3\,CaO \cdot SiO_2$. Diese Bezeichnungsweise kann bei unkritischer Anwendung zur Verwechslung mit den chemischen Elementsymbolen führen. Werden im Rahmen des vorliegenden Buches diese Symbole benutzt, wird dies durch einen anderen Schrifttyp kenntlich gemacht (Kap. 9.3.2.2, S. 333).

Die kleinsten Teilchen der Elemente sind die **Atome**. Da alle Atome eines Elements die gleiche Kernladung und den gleichen Aufbau der Elektronenhülle aufweisen (Kap. 2.1) reagieren sie chemisch gleich.

Chemische Verbindungen bestehen aus Atomen verschiedener Elemente, die in einem definierten Mengenverhältnis vorliegen. Manche Elemente sind in der Lage, mehrere verschieden aufgebaute Verbindungen miteinander zu bilden. Als Beispiel sollen die Stickstoff-Sauerstoff-Verbindungen N_2O, NO, NO_2, N_2O_3 und N_2O_5 angeführt werden. Bei der Verbindungsbildung gehen die Eigenschaften des ursprünglichen Elements verloren. Verbindungen enthalten im Vergleich zu den ursprünglichen Elementteilchen, wie z.B. O_2, N_2, Cl_2, Na-Gitter oder S_8-Ringen, chemisch veränderte Teilchen. Die häufig anzutreffende Sprechweise, Kochsalz $NaCl$ enthält die Elemente Natrium und Chlor, muss dahingehend korrigiert werden, dass Kochsalz zwar aus diesen Elementen entstanden ist, in Wirklichkeit jedoch die **Ionen** beider Elemente (s.u.) enthält.
Die durch die Verbindungsbildung veränderten Elementteilchen können ein Ionengitter (z.B. Kochsalz) oder Moleküle (z.B. H_2O, CH_3OH) bilden. Im ersten Fall spricht man von **ionischen Verbindungen** und im letzteren von **Molekülverbindungen**. Molekülverbindungen liegen bei Raumtemperatur als isolierte Moleküle (z.B. SO_2, CO_2) oder als Molekülgitter bzw. -kristalle (z.B. Zucker) vor.
Die Schreibweisen H_2O und H_3PO_4 bezeichnet man als **Summen-** oder **Bruttoformel** der Verbindungen Wasser und Phosphorsäure. In der Summenformel werden die Symbole der beteiligten Elemente aneinandergereiht und die jeweilige Anzahl der Atomsorte durch einen Index angegeben. Sie sagt nichts über die Verknüpfung der Atome im Molekül aus. Diese Aufgabe übernimmt die Strukturformel:

$$
\begin{array}{cc}
\begin{array}{l} H\diagdown \\[4pt] \diagup O \\[-4pt] H \end{array}
&
\begin{array}{c}
O \\ \| \\ H\text{-}O\text{-}P\text{-}O\text{-}H \\ | \\ O \\ | \\ H
\end{array}
\end{array}
$$

Da Ionenverbindungen nicht aus einzelnen Molekülen bestehen, sondern Ionengitter bilden, kennzeichnen die (Summen)Formeln dieser Verbindungen immer die Verhältnisse, in denen Anionen und Kationen im Gitter vorliegen. Die chemischen Formeln von Salzen sind somit immer Verhältnisformeln. Im Magnesiumchlorid kommen beispielsweise auf jedes Magnesiumion zwei Chloridionen. Das führt zur Formel $MgCl_2$. Die kleinste Anzahl der Ionen, die die Zusammensetzung der Ionensubstanz wiedergibt, wird **Formeleinheit** genannt. Eine Formeleinheit $MgCl_2$ besteht aus einem Mg^{2+}- und zwei Cl^--Ionen, eine Formeleinheit $NaCl$ dagegen aus einem Na^+- und einem Cl^--Ion. Prinzipiell ist die Formeleinheit $NaCl$ mit der Formel $NaCl$ identisch. Der Unterschied zwischen beiden Begriffen besteht jedoch darin, dass die Formeleinheit genau *ein* Na^+-Ion und *ein* Cl^--Ion meint, während die Formel $NaCl$ lediglich eine Aussage über das 1:1-Verhältnis zwischen Natrium- und Chloridionen im Ionengitter der Verbindung liefert.
Chemische Verbindungen lassen sich durch chemische Verfahren in die sie aufbauenden Elemente zerlegen. Den Unterschied zwischen einer homogenen Mischung und einer chemischen Verbindung kann man sich ganz leicht am praktischen Vorgang des Kochens einer

Salzwasserlösung (NaCl in Wasser) klarmachen. Die Flüssigkeit verdampft allmählich und das Salz verbleibt als fester Rückstand. Der Prozess des Kochens ist damit eine vereinfachte Variante der physikalischen Trennoperation Destillation. Die Salzwasserlösung wird in die Verbindung Wasser und die Verbindung Kochsalz (NaCl) zerlegt. Beide Verbindungen sind durch physikalische Methoden nicht weiter auftrennbar. Eine Auftrennung in die Elemente kann elektrochemisch durch Elektrolyse erfolgen.

Elektrisch geladene atomare und molekulare Teilchen nennt man **Ionen**. Positiv geladene Ionen, wie z.B. Na^+, Ca^{2+}, Al^{3+}, werden als **Kationen** und negativ geladene Teilchen, wie z.B. Cl^-, SO_4^{2-}, HCO_3^-, als **Anionen** bezeichnet. Ein Natriumion (Kation) ist damit ein Teilchen, das eines seiner Elektronen verloren hat, ein Chloridion (Anion) ein Teilchen, das ein zusätzliches Elektron aufgenommen hat. Die Namen Kation und Anion wurden ursprünglich im Zusammenhang mit der Elektrolyse (Kap. 7.5) definiert. Als Kationen bezeichnete *Faraday* Teilchen, die bei einer Elektrolyse zur Katode (negative Elektrode) und als Anionen Teilchen, die bei einer Elektrolyse zur Anode (positive Elektrode) wandern. Die Anzahl der positiven oder negativen Ladungen eines Ions bezeichnet man als seine **Wertigkeit** (s. Kap. 2.2.2). Wenn beispielsweise das Calciumatom zwei Elektronen abgibt, wird es zum zweiwertigen Calciumion Ca^{2+}. Bei Elementen, die verschieden geladene Kationen bilden können, wird das Kation häufig durch Angabe seiner Wertigkeit charakterisiert. Man fügt sie als römische Zahl an den Elementnamen an. Diese Schreibweise dient vor allem der Angabe der Wertigkeit des Kations in Verbindungen, z.B. Blei(IV)-oxid, Eisen(III)-oxid.

1.2 Massen- und Volumenverhältnisse bei chemischen Reaktionen

1.2.1 Massenverhältnisse bei chemischen Reaktionen

Chemische Prozesse werden durch stöchiometrische Umsatzgleichungen, die sogenannten **Reaktionsgleichungen**, beschrieben. Die auf der linken Seite der Gleichung stehenden Formeln der Ausgangsstoffe (Edukte) werden mit den rechts stehenden Formeln der Reaktionsprodukte durch einen, die Richtung des Reaktionsablaufes kennzeichnenden Pfeil verbunden. Eine chemische Reaktionsgleichung besitzt einen qualitativen und einen quantitativen Aspekt. Die qualitative Aussage bezieht sich auf die Art der reagierenden Atome bzw. Moleküle, die quantitative Aussage findet in dem 1774 von *Lavoisier* formulierten grundlegenden **Gesetz der Erhaltung der Masse** ihren Niederschlag.

> **Bei einer chemischen Reaktion ist die Gesamtmasse der Ausgangsstoffe gleich der aller Reaktionsprodukte.**

Eine weitere quantitative Gesetzmäßigkeit, die sich mit den Massenverhältnissen beschäftigt in denen chemische Elemente miteinander reagieren, wurde 1797 von *Proust* erkannt:

> **Verbinden sich zwei oder mehrere Elemente miteinander, so erfolgt dies in einem konstanten Massenverhältnis (*Gesetz der konstanten Proportionen*).**

1 g Kohlenstoff verbindet sich stets mit 2,67 g Sauerstoff zu Kohlendioxid (CO_2) und nicht mit einer davon abweichenden Menge (z.B. 6 g Sauerstoff).
Die Erweiterung dieses Gesetzes auf den Fall, dass zwei Elemente nicht nur eine, sondern mehrere Verbindungen miteinander bilden, erfolgte durch *Dalton* (1803):

Bilden zwei Elemente mehrere Verbindungen miteinander, so stehen die Massen des einen Elements, die sich jeweils mit der gleichen Masse des anderen Elements verbinden, zueinander im Verhältnis kleiner ganzer Zahlen (*Gesetz der multiplen Proportionen*).

Tab. 1.2 zeigt den im Gesetz der multiplen Proportionen formulierten Zusammenhang am Beispiel der Stickstoff-Sauerstoff-Verbindungen.

Tabelle 1.2 Massenverhältnisse in verschiedenen Stickstoffoxiden

Verbindung	% N	% O	N : O
N_2O	63,65	36,35	1 : 0,571 = 1 : (*1* · 0,571)
NO	46,68	53,32	1 : 1,142 = 1 : (*2* · 0,571)
N_2O_3	36,85	63,15	1 : 1,714 = 1 : (*3* · 0,571)
NO_2	30,45	69,55	1 : 2,284 = 1 : (*4* · 0,571)
N_2O_5	25,94	74,06	1 : 2,855 = 1 : (*5* · 0,571)

Die vorstehend aufgeführten Gesetzmäßigkeiten fanden ihre einfache atomtheoretische Erklärung in der 1808 entwickelten Atomhypothese von *Dalton* (**Dalton-Theorie**):

1. Chemische Elemente bestehen aus kleinsten Teilchen, den Atomen.
2. Atome können weder geschaffen noch vernichtet werden.
3. Die Atome eines chemischen Elements sind identisch und besitzen die gleiche Masse. Demzufolge besitzen Atome verschiedener Elemente unterschiedliche Massen.
4. Die Vereinigung der Atome zu einer Verbindung erfolgt im Verhältnis einfacher ganzer Zahlen.

Während die ersten beiden Postulate das Gesetz von der Erhaltung der Masse beinhalten, widerspiegeln die Postulate (3) und (4) die Gesetze der konstanten und der multiplen Proportionen. Die beiden letzten Postulate wurden in der Zeit nach *Dalton* relativiert (s. Isotopie, nicht daltonoide Verbindungen).

1.2.2   Volumenverhältnisse – Satz von Avogadro

Bei der Untersuchung von Gasreaktionen formulierten *Gay-Lussac* und *Humboldt* (1805) die folgende Aussage: *Gase reagieren in ganzzahligen Volumenverhältnissen miteinander.* Die Interpretation dieses Sachverhalts mit Hilfe der Daltonschen Atomhypothese führte jedoch bald zu Widersprüchen. Denn nimmt man an, dass gleiche Gasvolumina die gleiche Anzahl von Atomen enthalten, sind zwar die Ganzzahligkeit der Umsätze, jedoch nicht die Volumenverhältnisse in jedem Fall erklärbar.

Betrachtet man beispielsweise die Synthese von Wasserdampf aus Wasserstoff und Sauerstoff: Atomare Struktur der Gase vorausgesetzt, müssten sich 2 Volumenteile (Vt) Wasserstoff und 1 Vt Sauerstoff zu 1 Vt Wasserdampf umsetzen. Das überraschende experimentelle Resultat lautete aber anders:

$$2\ Vt\ \text{Wasserstoff} + 1\ Vt\ \text{Sauerstoff} \rightarrow 2\ Vt\ \text{Wasserdampf.}$$

Aus der chemischen Unteilbarkeit der Atome und der Annahme gleicher Teilchenzahlen in gleichen Volumina konnte nur folgen, dass die kleinsten chemischen Einheiten der Gase Moleküle sind.

Gleiche Volumina von Gasen enthalten unter gleichen Bedingungen die gleiche Anzahl von Molekülen (*Satz von Avogadro*).

Ist die Anzahl der Moleküle eines Gases gleich der Avogadrokonstanten N_A, liegt ein Mol (Kap. 1.2.5) des Gases vor. Nach dem Satz von *Avogadro* müssen die molaren Volumina beliebiger Gase bei **Normbedingungen** (273,15 K, 101,3 kPa) *gleich* sein.

Ein Mol eines Gases nimmt unter Normbedingungen ein Volumen von 22,414 Litern ein. Dieses Volumen wird als molares Volumen bzw. Molvolumen V_M bezeichnet.

1.2.3 Allgemeine Zustandsgleichung der Gase

Bei chemischen Reaktionen liegen Normbedingungen, für die das Molvolumen definiert ist, praktisch kaum vor. Die Zustandsgleichung der Gase ermöglicht die Berechnung der bei chemischen Umsätzen entstehenden Gasvolumina in Abhängigkeit von den konkret vorherrschenden Druck- und Temperaturverhältnissen.

Für die physikalische Beschreibung des gasförmigen Zustands genügen drei Größen: der Druck p, die Temperatur T und das Volumen V. Die Ableitung allgemeiner Gesetzmäßigkeiten hinsichtlich Druck- und Temperaturabhängigkeit des Gasvolumens erfordert die Definition des **idealen Zustandes**. Er lässt sich durch folgende Merkmale charakterisieren: *a)* ungeordnete, regellose Bewegung der Gasmoleküle, *b)* keine intermolekularen Wechselwirkungen zwischen den Molekülen, *c)* vernachlässigbares Eigenvolumen der Gasmoleküle. Bei hohen Temperaturen ($\rightarrow$ große Molekülbeweglichkeit) und niedrigen Drücken ($\rightarrow$ wenig Gasmoleküle im Reaktionsraum) nähern sich alle Gase dem idealen Zustand. Gase, die den Bedingungen *a)* - *c)* nicht genügen, bezeichnet man als reale Gase. **Reale Gase** folgen nicht exakt dem idealen Gasgesetz. Es gibt eine Reihe von Ansätzen, die die „realen Bedingungen" mittels einer modifizierten Gleichung zu erfassen versuchen. Der historisch älteste und zugleich wichtigste Ansatz ist die Einführung zweier Korrekturterme, des sogenannten Kohäsionsdrucks und des Kovolumens. Der erste Term berücksichtigt die Wechselwirkungen zwischen den Teilchen, die zu einer Verringerung des Gasdrucks führen, der zweite erfasst das Eigenvolumen der Gasteilchen (s. [AC 1-3). Im Normzustand verhalten sich fast alle Gase real.

Allgemeine Gasgleichung. Aus der Druckabhängigkeit des Gasvolumens $V \sim 1/p$ (Gesetz von *Boyle-Mariotte*) und seiner Temperaturabhängigkeit $V \sim T$ (Gesetz von *Gay-Lussac*) resultiert $V \sim T/p$. Für die Zustandsgleichung der idealen Gase ergibt sich damit die Kurzform (1-1).

$$\frac{p \cdot V}{T} = konst. \tag{1-1}$$

Bei vorgegebenem Gasvolumen V und der Temperatur T hängt der Gasdruck p und damit die Konstante von der Gasmenge ab, die sich im Gefäß befindet. Um die Konstante zu bestimmen, wird Gl. (1-1) in die Form (1-2) überführt.

$$\boxed{\frac{p \cdot V}{T} = \frac{p_n \cdot V_n}{T_n}} \tag{1-2}$$

Die Größen mit dem Index n beziehen sich auf den Normzustand. Durch den Bezug auf die jeweils gleiche Anzahl von Molekülen wird die Konstante in Gl. (1-1) unabhängig von der Art und der Masse des Gases. Die Allgemeingültigkeit von Gl. (1-2) ergibt sich, wenn V_n durch das Produkt $n \cdot V_M$ ersetzt wird, n = Teilchenmenge und V_M = Molvolumen (Gl. 1-3).

$$\frac{p \cdot V}{T} = \frac{p_n \cdot n \cdot V_M}{T_n} \tag{1-3}$$

Der Ausdruck $\dfrac{p_n \cdot V_M}{T_n}$ wird zur **allgemeinen** (molaren) **Gaskonstanten R** zusammengefasst:

$$R = \frac{101{,}25 \ \text{kPa} \cdot 22{,}414 \, \text{l/mol}}{273{,}15 \ \text{K}} = 8{,}3145 \ \frac{\text{kPa} \cdot \text{l}}{\text{mol} \cdot \text{K}} = 8{,}3145 \ \frac{\text{Pa} \cdot \text{m}^3}{\text{mol} \cdot \text{K}}.$$

$$R = 8{,}3145 \ \text{Pa} \cdot \text{m}^3/(\text{mol} \cdot \text{K}) = 8{,}3145 \ \text{kPa} \cdot \text{l}/(\text{mol} \cdot \text{K}) = 8{,}3145 \ \text{J}/(\text{mol} \cdot \text{K})$$
$$8314{,}5 \ \text{Pa} \cdot \text{l}/(\text{mol} \cdot \text{K}) = 0{,}08314 \ \text{bar} \cdot \text{l}/(\text{mol} \cdot \text{K}) = 0{,}082058 \ \text{atm} \cdot \text{l}/(\text{mol} \cdot \text{K}).$$

Durch Einsetzen von R in Gl. (1-3) erhält man die **Zustandsgleichung der idealen Gase** in der allgemein gebräuchlichen Form:

$$\boxed{p \cdot V = n \cdot R \cdot T} \tag{1-4}$$

Ersetzt man n durch den Quotienten m/M, gelangt man zur Form: $p \cdot V = \dfrac{m \cdot R \cdot T}{M}$.

Die allgemeine Gasgleichung findet bei der Bestimmung der Frischbetonporosität Anwendung.

Aufgabe:

Bei Normbedingungen liegen 32 Liter Kohlendioxid vor. Es ist das Volumen des Gases bei 30°C und 99 kPa zu berechnen?

$$V = \frac{n \cdot R \cdot T}{p}, \text{ da gilt: } n = \frac{V_n}{V_M} = \frac{32\,l}{22{,}414\,l/mol} = 1{,}43\ mol,\ ergibtsich$$

$$V = \frac{1{,}43 \cdot 8{,}3145 \cdot 303{,}15}{99} \ \frac{mol \cdot l \cdot kPa \cdot K}{mol \cdot K \cdot kPa} \ \Rightarrow V = 36{,}4 Liter$$

1.2.4   Atom- und Molekülmasse

Die **absoluten Atommassen** A der chemischen Elemente liegen in der Größenordnung zwischen $10^{-27}...10^{-25}$ kg, also bei außerordentlich niedrigen Werten. Da für stöchiometrische Berechnungen ohnehin nicht die Masse eines einzelnen Atoms, sondern stets das Verhältnis zwischen den Massen der verschiedenen Atome von Interesse ist, werden *relative* Atommassen benutzt. Mit der Festlegung der Atommasse eines bestimmten Elements als Bezugspunkt, ergeben sich die Massen aller anderen Atome als ein Vielfaches dieser Bezugsmasse.

Die **relative Atommasse** A_r (früher Atomgewicht) ist die auf ein Standardatom bezogene Atommasse. Sie ist eine relative Zahl ohne Einheit. Als Standardatom wurde 1961 das Kohlenstoffisotop $^{12}_{6}C$ mit der relativen Atommasse 12 festgelegt.

> **Die relative Atommasse eines Elements gibt an, wie viel mal so schwer ein Atom des betreffenden Elements im Vergleich zu einem Zwölftel der Masse des Kohlenstoffisotops $^{12}_{6}C$ ist.**

Die **atomare Masseneinheit** u ist als ein Zwölftel der absoluten Masse eines Atoms $^{12}_{6}C$ definiert (u = 1,660 5655 · 10^{-27} kg). Die in Kap. 2.1.1 angegebenen Massen für Protonen und Neutronen beziehen sich auf diese Masseneinheit. Unter Benutzung der atomaren Masseneinheit u ergibt sich für A_r:

$$\boxed{A_r = \frac{A}{u}} \tag{1-5}$$

Die entsprechenden molekularen Begriffe sind analog definiert. Die **relative Molekülmasse** erhält man durch Addition der relativen Atommassen aller am Aufbau des Moleküls beteiligten Atome: $M_r = \sum A_r$.

Aufgabe: Berechnung der relativen Molekülmasse M_r der Schwefelsäure H_2SO_4

S	=	1 x 32,1 =	32,1
2 H	=	2 x 1 =	2
4 O	=	4 x 16 =	<u>64</u>
M_r (H_2SO_4)	=		98,1

Für stöchiometrische Berechnungen werden im Allgemeinen auf eine Dezimalstelle gerundete A_r -Werte benutzt.

1.2.5   Stoffmenge – Mol

Während an chemischen Reaktionen einzelne Atome, Moleküle und Ionen beteiligt sind, interessieren bei der Durchführung chemischer Umsetzungen in der Praxis wägbare Substanzmengen. Diese Substanzmengen enthalten naturgemäß eine sehr große Zahl von Atomen, Molekülen oder Ionen. Um eine quantitative Beziehung zwischen dem atomaren Bereich und dem Bereich der wägbaren Substanzen herzustellen, wurde die **Stoffmenge** n eingeführt. Die SI-Einheit der Stoffmenge ist das Mol (Einheitenzeichen: mol). Wiederum wird die Stoffmenge, in der ein Element oder eine Verbindung vorliegt, durch Vergleich mit einer Bezugsmenge ermittelt. Als Bezugsmenge wurde die Anzahl der in 12 g des Kohlenstoffisotops $^{12}_{6}C$ enthaltenen Atome festgelegt.

Das Mol ist die Stoffmenge eines Systems, das aus ebensoviel Einzelteilchen besteht, wie Atome in 12 Gramm des Kohlenstoffisotops $^{12}_{6}C$ enthalten sind.

Bei der Benutzung des Mols müssen die Einzelteilchen spezifiziert werden. Es können Atome, Ionen, Moleküle, Elektronen oder Formeleinheiten sein. Die Anzahl der elementaren Teilchen pro Mol ist eine Naturkonstante. Sie wird zu Ehren des italienischen Physikers *Avogadro* als **Avogadro-Konstante** (N_A) bezeichnet:

$$N_A = 6,022\,0453 \cdot 10^{23} \text{ mol}^{-1} \quad (N_A \approx 6,022 \cdot 10^{23} \text{ mol}^{-1}).$$

Die Avogadro-Konstante ist der Proportionalitätsfaktor zwischen der Teilchenanzahl N und der Stoffmenge n eines Stoffes: $N = N_A \cdot n.$

Molare Masse.   Die Masse, die ein Mol Atome bzw. Moleküle besitzt, bezeichnet man als molare Masse M. Als stoffmengenbezogene Größe stellt die molare Masse eine Beziehung zwischen der Stoffmenge n und der wägbaren Masse m her.

Die molare Masse M eines Elements oder einer chemischen Verbindung ist der Quotient aus der Masse m und der Stoffmenge n dieser Stoffportion.

$$\boxed{M = \frac{m}{n}} \qquad \text{[g/mol]} \tag{1-6}$$

Die molare Masse M eines Atoms bzw. Moleküls ist zahlenmäßig gleich der relativen Atom- bzw. Molekülmasse, besitzt jedoch die Einheit g/mol.

Die Berechnung molarer Massen von Verbindungen ist für unterschiedlichste bauchemische Problemstellungen notwendig. Das Verhältnis der molaren Massen der Oxide des Natriums und Kaliums geht z.B. in die Formel zur *Ermittlung des Gesamtalkaligehalts* von Zementen ein. In den Zementrohstoffen und damit auch in den Zementklinkern sind die Oxide des Kaliums (K_2O) und Natriums (Na_2O) im Verhältnis von 4 : 1 bis 10 : 1 enthalten.

Da äquivalente Mengen an Na_2O und K_2O im Rahmen der Alkali-Kieselsäure-Reaktion (Kap. 9.4.2.2) ein in etwa gleiches Treibverhalten aufweisen, werden beide Gehalte zu einem Gesamtalkaligehalt zusammengefasst und als Masseprozent (%) **Na_2O-Äquivalent** *($\overline{N}$)* angegeben: $\overline{N}$ = Na_2O + 0,658 K_2O (in %). Der Faktor 0,658, mit dem der K_2O-Gehalt multipliziert wird, ergibt sich aus dem Verhältnis der molaren Massen von Na_2O und K_2O $\Rightarrow$ $M(Na_2O)/M(K_2O)$ = 62 g · mol^{-1} / 94,2 g · mol^{-1} = 0,658.

Zusammenfassend lässt sich feststellen, dass das Symbol eines chemischen Elements, neben der qualitativen Aussage über die *Art des Elements* und der quantitativen Aussage über *ein* Atom des Elements, auch für *ein Mol* des Elements steht. Zum Beispiel steht Ne für das Edelgas Neon, für ein Atom Neon und für ein Mol Neonatome ($6,022 \cdot 10^{23}$ Neonatome). Analoges gilt für die Formel einer chemischen Verbindung.

Durch Umstellen von Gl. (1-6) ist es möglich, aus der molaren Masse M und der Masse m die Stoffmenge n und damit die Teilchenzahl N zu ermitteln:

$$\boxed{n = \frac{m}{M}} \qquad \text{[mol]} \qquad\qquad (1\text{-}7)$$

Die Masse m und die molare Masse M sind zwei Größen völlig unterschiedlichen Charakters: Die Masse m ist eine extensive, die molare Masse M dagegen eine intensive Größe. **Extensive Größen** sind Quantitätsgrößen. Sie besitzen additiven Charakter, ihr Wert ändert sich mit der Größe der betrachteten Stoffportion. Beispiele für extensive Größen sind das Volumen, die innere Energie, die Entropie und die freie Enthalpie. **Intensive Größen** sind Qualitätsgrößen. Sie verhalten sich nicht additiv, ihr Wert ändert sich nicht mit der Größe der jeweiligen Stoffportion. Neben den molaren Größen (M, V_M) gehören die Konzentrationsangaben (s.u.) sowie Druck, Temperatur und Dichte zu den intensiven Größen. Aus der Molmasse und dem Molvolumen kann die Dichte eines Gases (**Normdichte**) berechnet werden.

Aufgabe: Welche Dichte besitzt gasförmiger Sauerstoff bei Normbedingungen?

$$M(O_2) = 32 \text{ g/mol}, V_M = 22,4 \text{ l/mol}; \qquad \rho(O_2) = \frac{M(O_2)}{V_M} = \frac{32 \text{ g / mol}}{22,4 \text{ l / mol}} = 1,429 \text{ g / l}.$$

1.2.6 Konzentrationsmaße

Für eine Vielzahl praktischer Aufgabenstellungen werden Lösungen benötigt, die einen unterschiedlichen Gehalt an gelöstem Stoff aufweisen. Da es sich bei dem Lösungsmittel in der Regel um das Lösungsmittel Wasser handeln wird, sollen im Mittelpunkt unserer weiteren Betrachtungen ausschließlich wässrige Lösungen stehen.

Den Gehalt einer Lösung an gelöster Komponente bezeichnet man als ihre **Konzentration**. In den unterschiedlichsten Anwendungsbereichen der Praxis haben sich im Laufe der Zeit verschiedene, dem jeweiligen Arbeitsgebiet optimal angepasste Konzentrationsmaße eingebürgert, deren wichtigste im nachfolgenden kurz beschrieben werden sollen.

⇒ Massenanteil

Der Massenanteil $w(X)$ eines Stoffes X in einer Lösung ist die Masse $m(X)$ des gelösten Stoffes, bezogen auf die Gesamtmasse der Lösung.

$$\boxed{w(X) = \frac{m(X)}{\Sigma m}}$$

(1-8)

Der Massenanteil wird häufig in Prozent angegeben (*Massenprozent*).

Prozentangaben ohne nähere Bezeichnung beziehen sich immer auf die Konzentrationsangabe Massenanteil bzw. Massenprozent.

Merke: Eine Lösung ist n-prozentig, wenn sie in 100 g Lösung n Gramm der gelösten Komponente enthält.

Aufgaben:

1. Wie viel g NaOH werden benötigt, um 250 g einer 15%igen Natronlauge herzustellen?

$$w(\text{NaOH}) = 0{,}15 = \frac{m(\text{NaOH})\,\text{g}}{250\,\text{g}} = 37{,}5\,\text{g}.$$

Zur Herstellung von 250 g einer 15%igen Natronlauge werden 37,5 g NaOH und 212,5 g Wasser benötigt.

2. Für die Herstellung eines Magnesiumbinders werden 5 Liter 16,5%ige $MgCl_2$-Lösung benötigt ($\rho = 1{,}15$ g/cm³, 20°C). Wie viel g $MgCl_2$ (wasserfrei) sind einzuwägen?

    $\rho = 1{,}15$ g/cm³ bedeutet: 1150 g/l, d.h. die Masse eines Liters Lösung beträgt 1150 g. Da die Lösung 16,5%ig ist, sind in 1 Liter 189,75 g, also ~ 190 g $MgCl_2$ enthalten. Für 5 Liter $MgCl_2$-Lösung werden demzufolge 950 g $MgCl_2$ und 4800 g (= 4,8 Liter) H_2O benötigt.

⇒ Volumenanteil (für Mischungen von Flüssigkeiten)

Der Volumenanteil $\varphi(X)$ eines Stoffes X in einer Mischung ist das Volumen $V(X)$ der Komponente X, bezogen auf das Gesamtvolumen V_G der Mischung.

$$\boxed{\varphi(X) = \frac{V(X)}{V_G}}$$

(1-9)

Wie der Massenanteil hat auch der Volumenanteil als Quotient zweier gleicher Größen keine Einheit. Er wird häufig in Prozent angegeben (*Volumenprozent*).

Merke: Eine 10 Vol.-%ige Mischung enthält 10 ml der gelösten Komponente und 90 ml Wasser in 100 ml Lösung bzw. 100 ml der gelösten Komponente und 900 ml Wasser in 1000 ml Lösung.

Aufgabe: Es werden 165 ml Ethanol und 782 ml Wasser gemischt. Wie viel Vol.-%ig ist die alkoholische Lösung?

$$\varphi\,(C_2H_5OH) \;=\; \frac{165\ ml}{947\ ml} \;=\; 0{,}174\,.$$ Die alkoholische Lösung ist 17,4 Vol.-%ig.

Volumenanteil $\varphi(X)$ und **Volumenkonzentration** $\delta(X) = V(X)/V(Lösung)$ spielen bei der *Beschreibung der Atmosphärenzusammensetzung* eine wichtige Rolle. Sie sind für Beimischungen in der Atmosphäre gleich, da Mischungsvorgänge das Volumen nicht verändern. Es gilt: Gesamtvolumen V_o vor dem Mischen = Volumen der Mischphase V. Deshalb werden φ und δ bei der Beschreibung der Zusammensetzung der Atmosphäre häufig synonym verwendet. Der Volumenanteil φ wird mitunter auch als Volumenverhältnis bzw. Mischungsverhältnis bezeichnet. Da in der Atmosphärenchemie die Volumenanteile oftmals in sehr niedrigen Größenordnungen liegen (10^{-3}, 10^{-6} und niedriger) hat man für die Faktoren, mit denen das Ergebnis zu multiplizieren ist, bestimmte Zeichen festgelegt (*engl.* part Teil, Anteil; million Million, billion Milliarde, trillion Billion):

ppm	parts per million	Faktor	10^{-6}
ppb	parts per billion	Faktor	10^{-9}
ppt	parts per trillion	Faktor	10^{-12}.

Man gibt also statt $\varphi = 2 \cdot 10^{-9}\ m^3/m^3$ oder $\varphi = 2\ \mu L/m^3$ bevorzugt $\varphi = 2$ ppb an (siehe auch: Kap. 5.1).

$\Rightarrow$ Massenkonzentration

Unter der Massenkonzentration β versteht man den Quotienten aus der Masse $m(X)$ des gelösten Stoffes X und dem Volumen V der Mischphase (Gesamtvolumen nach dem Mischen/Lösen).

$$\boxed{\beta(X) = \frac{m(X)}{V}} \quad [g/l] \tag{1-10}$$

Massenkonzentrationen werden vor allem bei der Angabe von Wasserinhaltsstoffen (mg/l) oder atmosphärischen Spurenbestandteilen (mg/m^3 bzw. µg/m^3) verwendet.

Zur Einschätzung des *aggressiven Angriffs von Schadgasen auf Beton* ist mitunter die **Umrechnung von Volumenanteilen**, gegeben in ppm oder ppb, in Massenkonzentrationen (Angabe meist in mg/m^3 oder µg/m^3) notwendig. Sie soll im Weiteren beschrieben werden.

Durch Einsetzen von Beziehung (1-7) in (1-10) erhält man Gl. (1-11).

$$\beta(X) = M(X) \cdot \frac{n(X)}{V} \tag{1-11}$$

Umformung der allgemeinen Gasgleichung (1-4): $p \cdot V(X) = n(X) \cdot R \cdot T$ ergibt Gl. (1-12).

$$n(X) = \frac{p}{R \cdot T} \cdot V(X) \tag{1-12}$$

Durch Einsetzen in Gl. (1-11) in (1-12) ergibt sich Gl. (11-13).

$$\beta(X) = M(X) \cdot \frac{p}{R \cdot T} \cdot \frac{V(X)}{V} = M(X) \cdot \frac{p}{R \cdot T} \cdot \varphi(X) \qquad (1\text{-}13)$$

Mit $A = p/R \cdot T$ ($A = 0{,}0416$ mol/l bei 20°C und 1,013 bar) ergibt sich

$$\boxed{\beta(X) = A \cdot M(X)\,\varphi(X)} \qquad [\mathrm{g}\,/\,\mathrm{l}] \qquad (1\text{-}14)$$

Der Faktor A hat die Einheit mol/l und die molare Masse $M(X)$ die Einheit g/mol. Der Volumenanteil $\varphi(X)$ besitzt keine Einheit. Multipliziert man nun beide Seiten von Gl. (1-14) mit 10^{-9}, lassen sich bei gleichen Einheiten für A und $M(X)$ Volumenanteile φ (in ppb) leicht in Massenkonzentrationen β (in μg/m^3) umrechnen.

Beispiel:

Der Volumenanteil φ des Schwefeldioxids (SO_2) soll bei 293 K und 1,013 bar 50 ppb = $50 \cdot 10^{-9}$ betragen. Es ist die Massenkonzentration β zu berechnen!

$X = SO_2$, $M(SO_2) = 64{,}1$ g/mol, $T = 293$ K und $p = 1{,}013$ bar
$\beta(SO_2) = A \cdot M(SO_2) \cdot \varphi(SO_2) = 0{,}0416$ mol/l $\cdot$ 64,1 g/mol $\cdot$ $50 \cdot 10^{-9}$ = 133,3 μg/m^3.

⇒ Stoffmengenkonzentration

Die Stoffmengenkonzentration oder molare Konzentration $c(X)$ (früher: **Molarität**) gibt die in einem bestimmten Volumen enthaltene Stoffmenge $n(X)$ eines Stoffes X an.

$$\boxed{c(X) = \frac{n(X)}{V}} \qquad [\mathrm{mol/l}] \qquad (1\text{-}15)$$

Für die Stoffmengenkonzentration („Anzahl der Mole pro Liter Lösung") ergibt sich die Einheit mol/l (auch: mmol/ml oder mmol/cm^3). Eine Stoffmengenkonzentration c(NaOH) = 1 mol/l bedeutet, dass in 1 Liter Natronlauge 1 Mol (= 40 g) festes NaOH gelöst ist.

Merke: Veraltete, aber in der Praxis noch häufig anzutreffende Schreibweisen für
c = 1 mol/l sind 1 M oder auch 1 molar.

Eine praktikablere Handhabung von Gl. (1-15) ergibt sich sofort, wenn n durch den Quotienten m/M (Gl. (1-7)) ersetzt wird:

$$\boxed{c(X) = \frac{m(X)}{M(X) \cdot V}} \qquad [\mathrm{mol/l}] \qquad (1\text{-}16)$$

$m(X)$: einzuwägende Masse des Stoffes X, $M(X)$: molare Masse des Stoffes X,
V: Volumen der Lösung in Liter

Beachte: Eine 1 mol/l NaOH-Lösung enthält ein Mol NaOH im Liter **Lösung** und *nicht*
im Liter **Lösungsmittel**.

Praktische Herstellung einer 1 mol/l NaOH-Lösung: Zunächst werden 40 g festes NaOH in einem Maßkolben in einem Wasservolumen < 1 Liter aufgelöst (evtl. unter leichtem Erwärmen) und anschließend auf exakt 1 Liter aufgefüllt.

Aufgaben:

1. Wie viel Gramm NaCl werden benötigt, um 1 Liter einer 0,01 mol/l NaCl-Lösung herzustellen?

$$c(NaCl) = \frac{m(NaCl)}{M(NaCl) \cdot V} \Rightarrow 0,01 \; mol \, / \, l = \frac{x \; g}{58,5 \; g \, / \, mol \cdot 1 \; l} \Rightarrow x = 0,585 \; g$$

Zur Herstellung von 1 Liter 0,01 mol/l NaCl-Lösung benötigt man 0,585 g NaCl.

2. Welche Stoffmengenkonzentration besitzt eine Natriumsulfatlösung, die in 350 ml Lösung 24,85 g Natriumsulfat (Na_2SO_4) enthält?

$$c(Na_2SO_4) = \frac{24,85 \; g}{142,1 \; g \, / \, mol \; \cdot \; 0,35 \; l} = 0,5 \; mol \, / \, l$$

Die Stoffmengenkonzentration der Na_2SO_4-Lösung ist 0,5 mol/l.

Beziehung zwischen der Massen- und der Stoffmengenkonzentration:

$$\boxed{\beta(X) = \frac{m(X)}{V}} \qquad \Rightarrow \qquad V = \frac{m(X)}{\beta(X)}$$

$$c(X) = \frac{n(X)}{V} \qquad \Rightarrow \qquad V = \frac{n(X)}{c(X)}$$

$$\frac{m(X)}{\beta(X)} = \frac{n(X)}{c(X)} = \frac{m(X)}{M(X) \cdot c(X)}$$

$$\beta(X) = M(X) \cdot c(X) \quad oder \quad \boxed{c(X) = \frac{\beta(X)}{M(X)}} \tag{1-17}$$

Die *stöchiometrische Bedeutung der Stoffmengenkonzentration* soll am Beispiel der einfachen Salzbildungsreaktion (1-18) dargestellt werden.

$$HCl \quad + \quad NaOH \quad \rightarrow \quad NaCl \quad + \quad H_2O \tag{1-18}$$

Ein Mol Chlorwasserstoff HCl (= 36,5 g) reagiert vollständig mit einem Mol Natriumhydroxid NaOH (= 40 g) zu Natriumchlorid und Wasser. Demnach müssen sich gleiche Volumina gleichmolarer Lösungen von Chlorwasserstoff in Wasser (Salzsäure) und Natriumhydroxid in Wasser (Natronlauge) vollständig miteinander umsetzen, da beide Volumina die gleiche Anzahl reagierender Teilchen enthalten (Definition des Mol!). Die Lösungen von HCl und NaOH sind einander äquivalent.

Da eine Reihe wichtiger physikalisch-chemischer Eigenschaften von Lösungen in empfindlicher Weise vom relativen Gehalt an Lösungsmittel *und* an gelöster Komponente abhängen, wird neben der prozentualen Angabe des Gehalts häufig auch der Stoffmengenanteil (Molenbruch) der gelösten Substanz als Konzentrationsmaß verwendet.

⇒ **Stoffmengenanteil (ältere Bezeichnung: Molenbruch)**

Zur Charakterisierung der Zusammensetzung von Lösungen (Mischungen) findet neben der prozentualen Angabe des Gehaltes häufig der Stoffmengenanteil (Molenbruch) Anwendung.

> **Der Stoffmengenanteil einer Komponente A in einer Mischung ist der Quotient aus der Stoffmenge *n(A)* dieser Substanz und der Summe der Stoffmengen aller Komponenten des Gemischs.**

Stoffmengenanteile lassen sich sowohl für Gase und Festkörper als auch für Flüssigkeiten berechnen. Für ein Zweikomponentensystem gilt:

$$x_A = \frac{n_A}{n_A + n_B} \quad und \quad x_B = \frac{n_B}{n_A + n_B} , \quad mit \quad x_A + x_B = 1 . \tag{1-19}$$

Der Stoffmengenanteil wird oft in Prozent angegeben (*Molprozent*): Mol-% $= x_A \cdot 100\ \%$.

Aufgabe:

Welche Stoffmengenanteile besitzt eine 20%ige Natronlauge?

Eine 20%ige Natronlauge besteht aus 20 g Natriumhydroxid und 80 g Wasser. Die Berechnung der Stoffmengen nach Gl. (1-7) ergibt:

$$n(NaOH) = \frac{20\,g}{40\,g\,/\,mol} = 0{,}5\,mol \quad und \quad n(H_2O) = \frac{80\,g}{18\,g\,/\,mol} = 4{,}44\,mol$$

- Summe der in der Mischung vorliegenden Mole: $n(NaOH) + n(H_2O) = 4{,}94$ mol.
- Berechnung der Stoffmengenanteile:

$$x(NaOH) = \frac{0{,}5\,mol}{4{,}94\,mol} = 0{,}1 \quad und \quad x(H_2O) = \frac{4{,}44\,mol}{4{,}94\,mol} = 0{,}9$$

Der Stoffmengenanteil an NaOH beträgt 0,1 (bzw. 10%), der des Wassers 0,9 (bzw. 90%).

1.2.7   Stöchiometrische Berechnungen

Die Mehrzahl der stöchiometrischen Berechnungen baut auf den in den vorhergehenden Kapiteln behandelten Grundlagen und quantitativen Gesetzmäßigkeiten der chemischen Reaktion auf. In der Regel geht es um Berechnungen der Ausbeute von chemischen Umsetzungen. Mit anderen Worten, es sollen die bei der Reaktion entstehenden Stoffmassen und/oder Gasvolumina berechnet werden. Im Falle der Bildung gasförmiger Reaktionsprodukte ist meist das Molvolumen im stöchiometrischen Ansatz zu berücksichtigen. An einigen einfachen bauwesenbezogenen Übungsbeispielen soll der allgemeine Formalismus zur Lösung stöchiometrischer Aufgaben gezeigt werden:

- *Aufstellung der Reaktionsgleichung*
- *Ermittlung der Massen- bzw. Volumenverhältnisse*
- *Aufstellung einfacher Verhältnisgleichungen*

Aufgaben:

1. Wie viel *t* Kalkstein ($CaCO_3$) müssen als Zuschlagstoff bei der Verhüttung von Eisenerz eingesetzt werden, um 250 t Calciumsilicatschlacke ($CaSiO_3$) entsprechend der Reaktionsgleichung zu erhalten? Verunreinigungen sollen vernachlässigt werden.

$$SiO_2 \quad + \quad \underset{100,1 \text{ g/mol}}{\overset{x \text{ t}}{CaCO_3}} \quad \rightarrow \quad \underset{116,2 \text{ g/mol}}{\overset{250 \text{ t}}{CaSiO_3}} \ + \ CO_2$$

$$100,1 \text{ g/mol } CaCO_3 \ : \ x \text{ t } CaCO_3 \ = \ 116,2 \text{ g/mol } CaSiO_3 \ : \ 250 \text{ t } CaSiO_3$$

$$x = \frac{100,1 \text{ g/mol} \cdot 250 \text{ t}}{116,2 \text{ g/mol}} = 215,36 \text{ t } CaCO_3.$$

Es müssen ca. 215,4 t Kalkstein eingesetzt werden.

2. Gebrannter Kalk (CaO, Branntkalk) wird durch Brennen von Kalkstein in Kalkschachtöfen hergestellt.

   a) Wie viel Tonnen gebrannter Kalk und Kohlendioxid entstehen beim Brennen von 120 t Kalkstein ($CaCO_3$), wenn der Kalkstein zu 8% verunreinigt ist?
   b) Wie viel m^3 CO_2 entstehen bei Normbedingungen und bei einer Außentemperatur von 18°C und einem Barometerstand von 100,6 kPa ?

$$\underset{100,1 \text{ g/mol}}{\overset{120 \text{ t}}{CaCO_3}} \quad \rightarrow \quad \underset{56,1 \text{ g/mol}}{\overset{x \text{ t}}{CaO}} \quad + \quad \underset{44 \text{ g/mol } (= 22,4 \text{ l/mol})}{CO_2}$$

zu a)   CaO: 100,1 g/mol : 120 t = 56,1 g/mol : x t

x = 67,25 t;   da Kalkstein zu 8% verunreinigt $\Rightarrow$ x = 61,87 t CaO

CO_2: 100,1 g/mol : 120 t = 44 g/mol : x t

x = 52,75 t;   da Kalkstein zu 8% verunreinigt $\Rightarrow$ x = 48,53 t CO_2.

zu b)   Bei Normbedingungen: 100,1 g/mol : 120 · 10^6 g = 22,4 l/mol : x l

x = 26,853 · 10^6 l = 26853 m^3; da Kalkstein zu 8% verunreinigt: x = 24705 m^3 CO_2 .

Für 18°C und p = 100,6 kPa ergibt sich:

$$V = \frac{m \cdot R \cdot T}{p \cdot M} = \frac{485301 0^3 \cdot 8,3145 \cdot 291,15}{44 \cdot 100600} \; \frac{g \cdot mol \cdot m^3 \cdot Pa \cdot K}{g \cdot mol \cdot K \cdot Pa} \; , \; V = 265407 \; m^3 .$$

3. Wie viel Liter Wasser werden theoretisch benötigt, um 3 kg Baugips ($CaSO_4 \cdot \frac{1}{2} H_2O$, Halbhydrat) zum Dihydrat reagieren zu lassen?

$$\begin{array}{ccccc}
3000\ g & & x\ g & & \\
2\ (CaSO_4 \cdot \tfrac{1}{2} H_2O) & + & 3\ H_2O & \rightarrow & 2\ (CaSO_4 \cdot 2\ H_2O) \\
2 \cdot 145,2\ g/mol & & 3 \cdot 18\ g/mol & &
\end{array}$$

$M(CaSO_4 \cdot \frac{1}{2} H_2O) = 145,2$ g/mol

$290,4$ g : 3000 g $= 54$ g : x g $\Rightarrow$ x $= 557,85$ g $H_2O = 0,558$ l H_2O .

Um 3 kg Baugips in das Dihydrat zu überführen, wird etwa ein halber Liter Wasser benötigt.

4. Bestimmen Sie den prozentualen Anteil an Al im Kalifeldspat $K[AlSi_3O_8]$!

$$M\ (K[AlSi_3O_8]) = 278,4\ \text{g/mol} \Rightarrow x(Al) = \frac{27 \text{g Al / mol}}{278,4\ \text{g / mol}} = 0,097 \; ; \; x(Al) = 9,7\%.$$

5. Eine **C-S-H**[1]-Phase besitzt die chemische Zusammensetzung 34,1% CaO, 54,9% SiO_2 und 11% H_2O (in Oxidschreibweise). Welche Hydratphase liegt vor?

Berechnung der Stoffmengen:

$$n = m/M\ [mol] \; \Rightarrow \; n(CaO) = 34,1\ g/56,1\ g \cdot mol^{-1} = 0,6078\ mol\ CaO$$
$$\Rightarrow \; n(SiO_2) = 54,9\ g/60,1\ g \cdot mol^{-1} = 0,9135\ mol\ SiO_2$$
$$\Rightarrow \; n(H_2O) = 11\ g/18\ \ g \cdot mol^{-1} = 0,6111\ mol\ CaO$$

Division durch die kleinste Stoffmenge n ergibt:

$$\frac{0,6078}{0,6078} = 1\,mol\ CaO; \qquad \frac{0,9135}{0,6078} = 1,5\,mol\ SiO_2; \qquad \frac{0,6111}{0,6078} = 1\,mol\ H_2O;$$

Die **C-S-H**-Phase besitzt die Zusammensetzung $\mathbf{C_1S_{1,5}H_1}$ bzw. $\mathbf{C_2S_3H_2}$ (Gyrolith).

6. Die Elementaranalyse einer Verbindung ergab die Zusammensetzung: 29,4% Ca, 23,6% S und 47% O. Berechnen Sie die chemische Formel der Verbindung!

$n(Ca) = m(Ca) / M(Ca) = 29,4$ g $/40,1$ g$\cdot mol^{-1} = 0,733$ mol;
$n(S) = 23,6$ g$/32,1$ g$\cdot mol^{-1} = 0,735$ mol <u>und</u> $n(O) = 47$ g$/16$ g$\cdot mol^{-1} = 2,937$ mol.

Division durch die kleinste Stoffmenge ergibt: **Ca**: 0,733 mol/0,733 mol = 1; **S**: 0,735 mol/0,733 mol = 1; **O**: 2,937 mol/0,735 mol = 4. Die Formel lautet $CaSO_4$ (in Oxidschreibweise: $CaO \cdot SO_3$).

---

[1] Baustoff-Nomenklatur, s. S. 5 unten

2 Atombau und Periodensystem der Elemente

2.1 Bau der Atome

2.1.1 Bestandteile des Atoms – Isotope

Die Frage nach der Struktur der Materie ist ein besonders instruktives Beispiel dafür, wie in enger Wechselbeziehung zwischen Experiment, Theorienbildung und Modellvorstellung die schrittweise Aufklärung der atomaren Substruktur zu immer detaillierteren Kenntnissen hinsichtlich des Aufbaus des Atomkerns und der Elektronenhülle führte.

Gegen Ende des neunzehnten Jahrhunderts zeichnete sich ab, dass die Atome aus noch kleineren Teilchen aufgebaut sein müssten. Basierend auf den Arbeiten von *M. Faraday* zur Elektrolyse, d.h. zur Zersetzung von chemischen Verbindungen durch den elektrischen Strom, schlug *G. J. Stoney* 1874 die Existenz elektrischer Ladungsträger vor, die mit dem Atom in irgendeiner Weise assoziiert sind. Diesen Ladungsträgern gab er später den Namen **Elektronen**. Der experimentelle Nachweis der Elektronen gelang mit der Entdeckung der Katodenstrahlen (*J. Plücker* 1859). Katodenstrahlen entstehen, wenn an zwei Elektroden, die sich in einer evakuierten Glasröhre befinden, eine hohe Spannung angelegt wird. Aus dem Metall der negativen Elektrode (Katode) treten unsichtbare Strahlen aus. Sie sind negativ geladen, deshalb bewegen sie sich zur positiven Elektrode (Anode). Sie breiten sich geradlinig aus und verursachen ein Leuchten, wenn sie auf die Glaswand auftreffen. Die Strahlung wurde bald als Teilchenstrahlung erkannt. Die schnell bewegten, negativ geladenen Teilchen sind Elektronen. Durch Messung der Ablenkung der Katodenstrahlen in elektrischen und magnetischen Feldern bestimmte *J. Thomson* das Verhältnis von Ladung und Masse für das Elektron. Die genaue Bestimmung der Ladung des Elektrons geht auf *R. Millikan* zurück (Öltröpfchenversuch 1909). Sie beträgt $q = -e = -1{,}602\,1892 \cdot 10^{-19}$ C. Der Wert e wird als **Elementarladung** bezeichnet. Die Masse des Elektrons beträgt $9{,}109\,534 \cdot 10^{-31}$ kg.

Verwendet man in der oben beschriebenen Versuchsanordnung keine vollständig evakuierte Röhre, sondern eine solche, die ein unter vermindertem Druck stehendes Gas enthält, tritt beim Anlegen einer hohen Spannung eine weitere Strahlung auf. Durch den Beschuss der Gasatome mit den Elektronen des Katodenstrahls werden Elektronen aus den Atomen herausgeschlagen. Dabei entstehen positiv geladene Ionen, die in Richtung der negativ geladenen Katode beschleunigt werden. Durchbohrt man die Katode, durchqueren diese Teilchen den „Kanal" in der Katode (*Kanalstrahlen*). Das positive Ion mit der kleinsten beobachtbaren Masse tritt bei Verwendung von Wasserstoff als Füllgas der Kanalstrahlröhre auf. Es wird als **Proton** bezeichnet. Seine Ladung entspricht im Betrag der des Elektrons, besitzt jedoch ein *positives* Vorzeichen. Die Masse des Protons beträgt $1{,}672\,6485 \cdot 10^{-27}$ kg. Sie ist damit 1836-mal größer als die des Elektrons.

Basierend auf den Erkenntnissen aus Gasentladungs- und Nachfolgeexperimenten gelang es 1911 dem englischen Physiker *E. Rutherford*, erste Aussagen zur inneren Struktur des Atoms zu formulieren. *Rutherford* beschoss eine dünne Goldfolie, deren Dicke etwa 2000 Atomlagen hintereinander entsprach, mit zweifach positiv geladenen Heliumkernen (α-Strahlung, Abb. 2.1). Er gelangte zu dem Resultat, dass 99% der He^{2+}-Kerne die dünne Metallfolie passieren, ohne ihre Richtung zu ändern. Nur 1% der Teilchen wurde gestreut

© Springer Fachmedien Wiesbaden GmbH, ein Teil von Springer Nature 2020
R. Benedix, *Bauchemie*, https://doi.org/10.1007/978-3-658-26442-0_2

bzw. zurückgeworfen. Dieses Ergebnis veranlasste ihn zu seinem berühmten Kommentar:
„Das Atom besteht in erster Linie aus Nichts!"

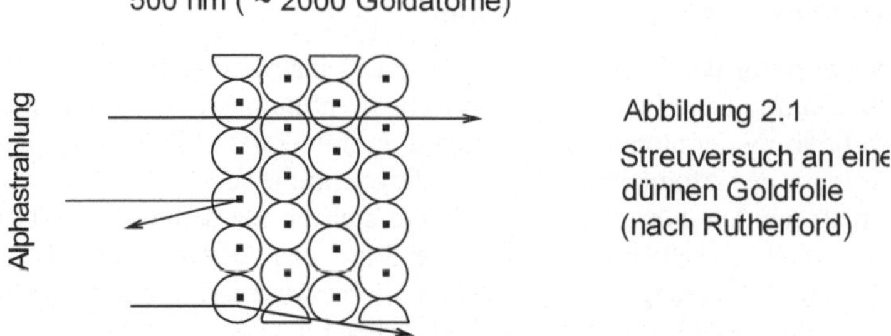

Abbildung 2.1

Streuversuch an eine
dünnen Goldfolie
(nach Rutherford)

Rutherfords Experiment brachte sowohl Licht in die Größenverhältnisse als auch in die
Massenverteilung innerhalb des Atoms. Zur Strukturierung des Kerns konnte er zunächst
noch keine Aussagen machen. Nach den heutigen Vorstellungen kann der Aufbau eines
Atoms vereinfacht wie folgt beschrieben werden:

Aufbau des Atoms

- Anders als es noch Dalton 1808 in seinen Postulaten formuliert hatte (Kap. 1.2.1) sind
  die Atome keine starren, strukturlosen Kugeln.
  Atome enthalten einen kleinen positiv geladenen Kern und eine kugelförmig um den
  Kern angeordnete Elektronenhülle, die die negativ geladenen **Elektronen** enthält. Die
  positive Ladung des Atomkerns wird durch die negative Ladung der Elektronenhülle
  kompensiert.
  Der Atomkern ist sehr klein. Sein Durchmesser beträgt etwa 10^{-15} m, während der des
  Atoms in der Größenordnung von 10^{-10} m liegt. Der Kern ist damit mehr als hunderttau-
  send Mal kleiner als das Atom. *Veranschaulichung*: Angenommen der Kern habe den
  Durchmesser einer Erbse, dann ergibt sich für die Elektronenhülle ein Radius von ca.
  einem Viertel Kilometer.

- Der Atomkern ist gleichfalls strukturiert. Er besteht aus positiv geladenen **Protonen**
  und ungeladenen (elektrisch neutralen) **Neutronen**. Trotz gleicher Ladung und der daraus resultierenden gegenseitigen Abstoßung werden die Protonen im Kern zusammengehalten. Ihr Zusammenhalt wird durch sogenannte „Kernkräfte" bewirkt. Sie sind wesentlich stärker als elektrostatische Wechselwirkungskräfte und stellen eine der funda-
  mentalen Kraftwirkungen in der Natur dar. Die Kernbausteine Protonen und Neutronen
  bezeichnet man als **Nucleonen**. Elektronen, Protonen und Neutronen werden als **Ele-
  mentarteilchen** bezeichnet.

Durch Protonen- und Neutronenzahl charakterisierte Atomsorten nennt man **Nuklide**.
Instabile Nuklide bezeichnet man als *Radionuklide*. Zu den bis jetzt bekannten 263 stabilen und über 70 radioaktiven natürlichen Nukliden wurden noch etwa 2000 künstliche
(radioaktive) Nuklide hinzugewonnen, so dass man heute von fast 2500 verschiedenen
Atomsorten der 112 Elemente ausgehen kann.

- Die *Masse* eines Protons (1,0073 u, mit u = atomare Masseneinheit; s. S. 11) entspricht in etwa der eines Neutrons (1,0087 u). Beide Kernteilchen sind ca. 2000-mal so schwer wie ein Elektron. Damit sind 99,8% der Gesamtmasse des Atoms im Atomkern konzentriert. Die Gesamtzahl der Nukleonen, also der Protonen und Neutronen, bezeichnet man als die **Massenzahl.**

- Die Atomkerne unterschiedlicher Elemente unterscheiden sich in ihrer Protonenzahl. Damit ist die Protonenzahl eines jeden Atoms (Elements) eine charakteristische Größe. Sie wird als **Kernladungszahl** bezeichnet und ist identisch mit der **Ordnungszahl** im Periodensystem der Elemente.

- Es gilt: **Anzahl der Protonen = Anzahl der Elektronen**. Damit kann aus der Ordnungszahl im PSE sofort die Elektronenzahl abgeleitet werden.

Iosotope. Die Anzahl der Neutronen in Atomen eines Elements gleicher Kernladungszahl kann schwanken. Atome des gleichen Elements, die eine unterschiedliche Anzahl von Neutronen und damit unterschiedliche Atommassen aufweisen, werden als Isotope bezeichnet.

Isotope eines Elements sind Atome gleicher Protonenzahl, die sich in ihrer Neutronenzahl unterscheiden.

Die meisten der natürlich vorkommenden Elemente bestehen aus mehreren Isotopen. Sie werden als *Mischelemente* bezeichnet. *Reinelemente*, wie z.B. Be, F, Na, P, Al, P, Mn und Co, weisen dagegen nur eine bestimmte, charakteristische Neutronenzahl auf. Stabile Atomkerne enthalten in der Regel etwa die gleiche Anzahl bis anderthalbmal so viele Neutronen wie Protonen.
Die Schreibweise zur Kennzeichnung eines Nuklids soll am Beispiel des Chlorisotops mit der Massenzahl 35 erläutert werden:

<u>oben links</u>: *Massenzahl   =   Anzahl der Protonen (17) + Anzahl der Neutronen (18)*

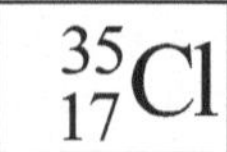

<u>unten links</u>: *Kernladungszahl =   Anzahl der Protonen (17)*

Chlor besitzt eine relative Atommasse von 35,453. Das ist der Durchschnittswert für die beiden Chlorisotope $^{35}_{17}\text{Cl}$ (natürliche Isotopenhäufigkeit: 75,77%) und $^{37}_{17}\text{Cl}$ (natürliche Isotopenhäufigkeit: 24,23%). Beide Atomarten enthalten demnach 17 Protonen, jedoch einmal 18 und einmal 20 Neutronen.

Die Elemente Wasserstoff, Kohlenstoff und Sauerstoff bestehen aus folgenden Isotopen:
Wasserstoff $^{1}_{1}\text{H}$(Protonium, natürliche Isotopenhäufigkeit: 99,9855%), $^{2}_{1}\text{H}$(Deuterium, 0,0145%) und $^{3}_{1}\text{H}$(Tritium, 10^{-15}%). Beim Übergang vom Wasserstoffnuklid $^{1}_{1}\text{H}$ zum Deuterium und anschließend zum Tritium ändert sich die Anzahl der Kernteilchen um jeweils

ein Neutron. Die angegebene Isotopenverteilung führt zu einer resultierenden mittleren relativen Atommasse des Wasserstoffs von $A_r = 1{,}008$.

Kohlenstoff $^{12}_{6}C$ (98,89%), $^{13}_{6}C$ (1,11%), $^{14}_{6}C$ (Spuren, radioaktiv) $\rightarrow$ resultierende mittlere Atommasse: 12,011;

Sauerstoff $^{16}_{8}O$ (99,759%), $^{17}_{8}O$ (0,037%), $^{18}_{8}O$ (0,204%) $\rightarrow$ resultierende mittlere Atommasse: 15,9994.

In der Praxis benutzt man häufig eine vereinfachte Schreibweise zur Charakterisierung von Nukliden indem lediglich die Massenzahl hinter das chemische Symbol gesetzt wird, z.B. Cl-35, Al-27 oder U-235.

Da vor allem die Elektronen der Hülle eines Atoms sein chemisches Verhalten bestimmen, besitzen Isotope eines Elements weitgehend gleiche chemische Eigenschaften.

Zur **Trennung von Isotopengemischen** werden vorwiegend physikalische Eigenschaften ausgenutzt, bei denen der Massenunterschied wirksam wird, z.B. Diffusion, Thermodiffusion und Zentrifugieren. Die (gering) unterschiedlichen Siedepunkte von Isotopen nutzt man bei der Anreicherung durch Destillation.

2.1.2 Radioaktivität

2.1.2.1 Natürliche Radioaktivität

Im Jahre 1896 entdeckte *Becquerel*, dass Uranverbindungen eine unsichtbare Strahlung aussenden. Die Strahlen sind in der Lage, fotografische Platten zu schwärzen, Luft zu ionisieren und ein elektrisch aufgeladenes Elektroskop zu entladen. 1898 isolierte Marie Curie gemeinsam mit ihrem Mann Pierre aus Pechblende (UO_2) die radioaktiven Elemente Polonium (Po) und Radium (Ra). Die Eigenschaft von Stoffen, Strahlung auszusenden, bezeichnete M. Curie als *Radioaktivität*. *Rutherford* und *Soddy* (1903) erkannten, dass die Radioaktivität auf einen Zerfall von Atomkernen zurückzuführen ist.

Die Stabilität eines Atomskerns wird durch zwei Faktoren bestimmt: Zum einen darf er nicht mehr als 83 Protonen enthalten, zum anderen darf das Verhältnis Protonen- zu Neutronensumme, das mindestens 1 beträgt, den Wert 1,6 nicht übersteigen. Bei Werten größer 1,6 kommt es zur Instabilität. Der Kern zerfällt und sendet Strahlung aus, die *radioaktive Strahlung*. Die ausgesandten Strahlen sind Zerfallsprodukte der instabilen Kerne. Beim Zerfall entstehen neue Elemente. Die spontane Kernumwandlung instabiler Nuklide in andere Nuklide unter Abgabe von Strahlung wird als **radioaktiver Zerfall** bezeichnet. Die Atomhülle ist an den Zerfallsprozessen nicht beteiligt.

Bei den die radioaktiven Kernumwandlungen begleitenden **Strahlungsemissionen** handelt es sich entweder um Korpuskular (α, β)- oder elektromagnetische (γ) Strahlung:

α-**Strahlung**: Emission von Teilchen mit etwa der vierfachen Masse des Protons und zwei positiven Elementarladungen (*Alphateilchen*). Die Alphateilchen können als zweifach positiv geladene $^{4}_{2}He$-Kerne aufgefasst werden. Der Atomkern verliert bei einem α-Zerfall zwei Protonen und zwei Neutronen. Die Reichweite an der Luft beträgt wenige Zentimeter. α-Strahlen können ein Blatt Papier nicht durchdringen.

β-Strahlung: Emission schneller Elektronen (*Betateilchen*), die fast Lichtgeschwindigkeit erreichen. Das Elektron entsteht bei der Umwandlung eines Neutrons in ein Proton. Der gebildete Atomkern hat die gleiche Massenzahl wie vorher, aber ein Proton mehr. Zum Beispiel entsteht aus dem Cäsiumisotop $^{137}_{55}Cs$ bei β-Zerfall ein Isotop des Bariums $^{137}_{56}Ba$. Die Reichweite an der Luft beträgt mehrere Meter. β-Strahlen werden durch Metall-, Kunststoff- und Holzplatten (ab einigen mm) abgeschirmt.

γ-Strahlung: Elektromagnetische Strahlung ähnlich der Röntgenstrahlung, nur energiereicher. An Luft praktisch keine Abschwächung, zur Abschirmung sind dicke Bleiplatten notwendig.

Eine Serie aufeinanderfolgender Kernreaktionen, die von einer radioaktiven Atomart (Radionuklid) über weitere instabile Kerne schließlich zu einem stabilen Isotop führt, nennt man eine **radioaktive Zerfallsreihe**. Es gibt drei natürliche Zerfallsreihen, die von den Uranisotopen U-238 und U-235 sowie vom Thoriumisotop Th-232 ausgehen und als Endnuklid stets ein Bleiisotop besitzen. Abb. 2.2 zeigt die Zerfallsreihe des $^{238}_{92}U$, die beim stabilen Bleiisotop Pb-206, dem sogenannten „Uranblei" endet. Innerhalb einer Zerfallsreihe stellen sich Gleichgewichte hinsichtlich der Bildungs- und Zerfallsgeschwindigkeiten der beteiligten instabilen Atomsorten ein („radioaktive Gleichgewichte").

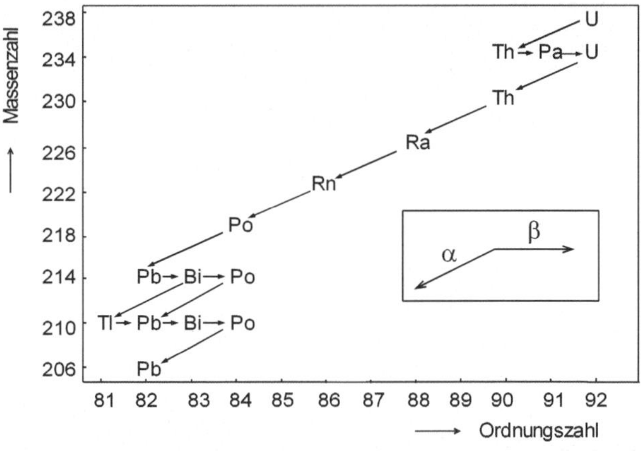

Abbildung 2.2

Zerfallsreihe von U-238

Ein radioaktives Element ist durch seine *Aktivität* und seine *Halbwertszeit* charakterisiert. Die **Aktivität** A kennzeichnet die Strahlungsmenge, die pro Zeiteinheit aus der radioaktiven Probe austritt. Sie wird als Anzahl der Kernprozesse pro Zeiteinheit angegeben. Die SI-Einheit für die Aktivität ist das Becquerel (Bq). 1 Becquerel bedeutet *einen* Kernzerfall pro Sekunde, also $1\ Bq = 1\ s^{-1}$ (ältere Maßeinheit: Curie Ci, $1\ Ci = 3{,}7 \cdot 10^{10}\ Bq$). Die Aktivität verhält sich umgekehrt proportional zur Halbwertszeit. Unter der **Halbwertszeit** $\tau_{1/2}$ versteht man den Zeitraum, in dem die Hälfte der vorhandenen radioaktiven Kerne zerfallen ist. Die Halbwertszeit der verschiedenen Radionuklide liegt zwischen Bruchteilen von Sekunden und Millionen von Jahren. Die **spezifische Aktivität** a ist die auf die Masseneinheit bezogene Aktivität. Sie wird in der Regel in Bq/kg angegeben.

Bezogen auf die Anzahl $N(t)$ der zurzeit t noch vorhandenen instabilen Atomkerne ergibt sich die Aktivität A auch als die Abnahme $-dN(t)$ der Kerne pro Zeitintervall dt:

$$A = \frac{-dN(t)}{dt} \qquad (2\text{-}1)$$

Die Anzahl der pro Zeitintervall zerfallenden Kerne $-dN(t)/dt$ ist der Gesamtzahl der radioaktiven Kerne proportional:

$$-\frac{dN(t)}{dt} = \lambda \cdot N(t) \qquad \begin{array}{l} \lambda \;=\; \text{Zerfallskonstante, charakteristische} \\ \quad\;\; \text{Größe für jedes Radionuklid.} \end{array} \qquad (2\text{-}2)$$

Integration führt zum bekannten **Zerfallsgesetz**:

$$N(t) = N(0) \cdot e^{-\lambda t} \qquad \begin{array}{l} N(0) \;=\; \text{Anzahl der instabilen Kerne zu} \\ \quad\;\;\;\; \text{Beginn der Zählung } (t = 0). \end{array} \qquad (2\text{-}3)$$

Vergleichbar anderen Naturvorgängen nimmt die Anzahl der instabilen Kerne beim radioaktiven Zerfall nach einer e-Funktion ab (Abb. 2.3).

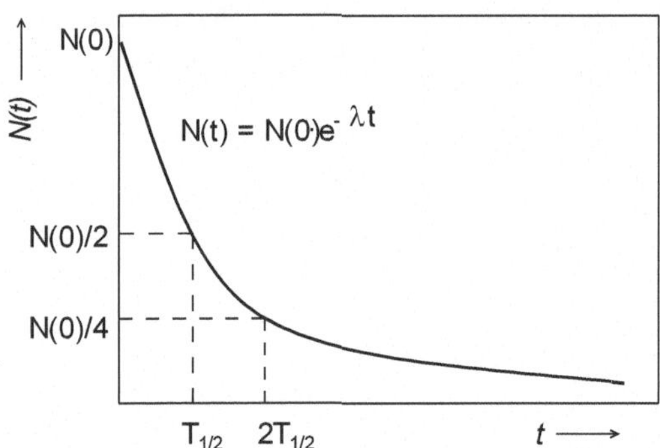

Abbildung 2.3

Grafische Darstellung des Grundgesetzes des radioaktiven Zerfalls

Für die biologische Wirkung der Strahlung ist die vom Körper aufgenommene **Energiedosis** D wichtig. Die Energiedosis beschreibt die von einer bestimmten Masse absorbierte Energiemenge und wird in Joule/kg oder in Gray (Gy) gemessen (1 Gy = 1 J/kg). Sie ist damit ein Maß für die physikalische Strahlenwirkung. Mit der Einführung der **effektiven Dosis** E (früher Äquivalentdosis H) wurde versucht, die biologisch relevanten Vorgänge bei Strahleneinwirkung zu berücksichtigen. Sie kann als biologisch wirksame, absorbierte Energiedosis betrachtet werden. Während die Äquivalentdosis bereits die unterschiedliche Wirksamkeit von Alpha-, Beta-, Gamma-, Röntgen- und Neutronenstrahlung in die Bewertung einbezog, berücksichtigt die effektive Dosis auch die unterschiedliche Wirkung der Strahlungsarten auf die Organe. Die Einheit ist Sievert (Sv) oder Millisievert (mSv).

Der Mensch lebt seit jeher aufgrund natürlicher Strahlenquellen in einer „strahlenden Umwelt". Die *natürliche Strahlenbelastung* beruht vor allem auf der Aufnahme radioaktiver

Stoffe über die Atemluft (Radon und Folgeprodukte, 1,1 mSv/a) und über die Nahrung (ca. 0,3 mSv/a). Ein Drittel der natürlichen Strahlenbelastung entfällt auf äußere Quellen, dazu gehören in erster Linie die kosmische (0,3 mSv/a) und die terrestrische (0,4 mSv/a) Strahlung. Schließlich wirkt auf den Menschen ionisierende Strahlung aus medizinischen und technischen Anwendungen ein. Die mittlere effektive Dosis dieser sogenannten *zivilisatorischen Strahlenexposition* beträgt in Deutschland etwa 1,8 mSv/a, sie kann je nach Wohnsituation, Ernährungs- und Lebensgewohnheiten variieren. Damit ergibt sich eine mittlere Gesamtexposition in Deutschland von 3,9 mSv/a [BfS 2018].

2.1.2.2   Radioaktivität von Baustoffen

Baumaterialien besitzen generell eine natürliche Radioaktivität. Die entscheidenden Radionuklide sind Ra-226, Th-232 und K-40. Allerdings weist ihre spezifische Aktivität von Material zu Material, aber auch innerhalb des gleichen Materials, große Unterschiede auf. Maßgebend dafür sind die Zusammensetzung, die Herkunft und das Herstellungsverfahren (Tab. 2.1). Relativ hohe spezifische Aktivitäten weisen Erstarrungs- und Ergussgesteine wie Granit, Tuff und Bimsstein auf. Sand, Kies, Kalkstein und Naturgips besitzen dagegen eine relativ geringe Radioaktivität.

Tabelle 2.1 Spezifische Aktivität natürlicher Radionuklide[1] in ausgewählten Baustoffen [Bundesamt für Strahlenschutz (BfS), 2018]

Baustoffe	Ra-226	Th-232	K-40
Granit	100 (30 – 500)	120 (17 – 311)	1000 (600 – 4000)
Gneis	75 (50 – 157)	43 (22 – 50)	900 (830 – 1500)
Basalt	26 (6 – 36)	29 (9 – 37)	270 (190 – 380)
Granulit	10 (4 – 16)	6 (2 – 11)	360 (9 – 730)
Tuff, Bims	100 (< 20 – 200)	100 (30 – 300)	1000 (500 – 2000)
Naturgips, Anhydrit	10 (2 – 70)	< 5 (2 – 100)	60 (7 – 200)
REA-Gips	20 (< 20 – 70)	< 20	< 20
Kies, Sand, Kiessand	15 (1 – 39)	16 (1 – 64)	380 (3 – 1200)
Ton, Lehm	< 40 (< 20 – 90)	60 (18 – 200)	1000 (300 – 2000)
Ziegel, Klinker	50 (10 – 200)	52 (12 – 200)	700 (100 – 2000)
Beton	30 (7 – 92)	23 (4 – 71)	450 (50 – 1300)
Porenbeton, Kalksandstein	15 (6 – 80)	10 (1 – 60)	200 (40 – 800)

[1] Angabe der Nuklide: Mittelwert (Bereich), Werte in Bq/kg

Von besonderem Interesse im Hinblick auf die Strahlenbelastung von Gebäuden und Einrichtungen ist das radioaktive Edelgas **Radon (Rn)**. Das durch α-Zerfall aus Radium-226 entstehende Edelgas Radon-222 ($\tau_{1/2}$ = 3,8 d) sowie seine Folgeprodukte, die Schwermetalle Polonium und Bismut (Abb. 2.4), senden ebenfalls ionisierend wirkende α-Strahlen aus, die – höhere Rn-Konzentrationen vorausgesetzt – bei inhalativer Aufnahme zu einem erhöhten Lungenkrebsrisiko führen können. Man geht heute davon aus, dass die Rn-Konzentration in geschlossenen Räumen im Durchschnitt vier- bis achtmal höher ist als im Freien. Die Konzentration von Radon in der Raumluft wird durch die *Aktivitätskonzentra-*

tion c_A angegeben. Sie ist definiert als der Quotient aus der Aktivität A und dem Volumen V der Luft, angegeben in Becquerel pro m³.

In die Raumluft von Wohnhäusern gelangt Radon über zwei Wege: aus dem Untergrund der Häuser oder aus radiumhaltigen Baustoffen.

Die Freisetzung von Radon aus Baumaterialien wird neben der Porosität und der Porenstruktur sowie der Feuchtigkeit des Baustoffs vor allem durch die spezifische Aktivität des Radionuclids Ra-226 bestimmt. Bei Verwendung belasteter Baustoffe tritt eine Erhöhung der Strahlenexposition in Wohnräumen auf, zu der sowohl die äußere Belastung durch Gammastrahlung als auch die Belastung durch exhaliertes Radon und seiner kurzlebigen Folgeprodukte beitragen. Man geht davon aus, dass das Gefährdungspotential zu etwa 90% auf Radon und zu 10% auf die direkte Strahlung zurückzuführen ist. Die Höhe der Exposition hängt sowohl von der Menge des verwendeten Baustoffs als auch von der durchschnittlichen Aufenthaltsdauer der Personen im Raum ab.

Zur Erfassung der unterschiedlichen Radonabgabe wurde die **Radonexhalationsrate** eingeführt. Sie gibt die Exhalation (= Ausgasung) von Radon aus fester Materie an. Gemessen wird die Aktivität, die pro Quadratmeter und Stunde aus einem Stoff entweicht, Einheit: Bq/m² h. Nachfolgend einige Rn-222-Exhalationsraten ausgewählter Baustoffe (Mittelwerte in Bq/m² h): Ziegel, Klinker (0,2), Naturgips (0,4), Kalksandstein (0,6), Beton (0,7), Porenbeton (1,1), Blähton (0,4 und Naturstein (3,3), [BfS 2018].

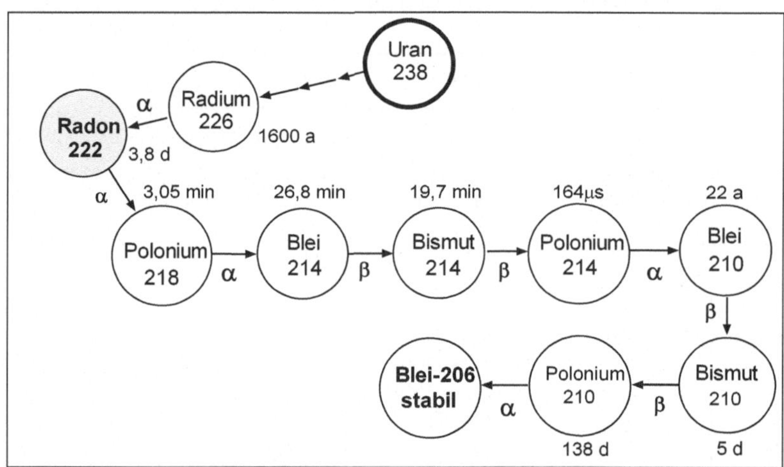

Abbildung 2.4 Radioaktiver Zerfall von Uran-238 mit Halbwertszeiten (vereinfachtes Schema)

Die mittlere Radonaktivitätskonzentration in Wohnräumen beträgt in Deutschland etwa 50 Becquerel pro Kubikmeter [BMUB 2018]. Vermutlich weisen höchstens 0,3% aller Wohngebäude mehr als 1000 Bq/m³ auf. Maximal einige hundert Häuser sind mit Radonaktivitätskonzentrationen > 10.000 Bq/m³ belastet, z.B. in den Uranbergbaugebieten der ehemaligen sowjetischen Wismut-AG Schneeberg-Johanngeorgenstadt.

Bei erhöhten Radonaktivitätskonzentrationen in Gebäuden stammt der Hauptanteil aus dem Gebäudeuntergrund. Radon kann sowohl durch Risse und Fugen im Fundament oder durch

Kabel- und Rohrdurchführungen in die Kellerräume einströmen. Es kann aber auch durch Diffusions- und Permeations (Konvektions)-Prozesse über das Porensystem des Betons in die Innenraumluft gelangen. *Das Radonproblem ist demnach kein Problem der Baustoffe, sondern in erster Linie des Bauuntergrunds.*

Im Strahlenschutzgesetz (StrlSchG, in Kraft getreten am 31.12.2018) wurde erstmals der Schutz der Bevölkerung vor Radon geregelt. Es gilt für die über das Jahr gemittelte Rn-Aktivitätskonzentration in der Luft von Aufenthaltsräumen und an Arbeitsplätzen in Innenräumen ein Referenzwert von 300 Bq/m³. Dieser Referenzwert ist dabei ein festgelegter Wert, der als Maßstab für die Prüfung der Angemessenheit von Maßnahmen dient, er ist kein Grenzwert.

Der Eingreifrichtwert liegt für Gebäude, die vor 1996 gebaut wurden, bei 400 Bq/m³. Für Gebäude, die nach 1996 gebaut wurden, gilt ein Planungsrichtwert von 200 Bq/m³.

Bei Werten zwischen 400 und 1000 Bq/m³ sollen einfache Maßnahmen zur Reduzierung der Rn-Exposition eingeleitet werden, wobei die Möglichkeiten stark von der Situation vor Ort abhängen (Eintrittspfade und Radonverteilung, Bauart und -zustand des Hauses). Bei Konzentrationen >1000 Bq/m³ spricht man vom *Sanierungsbereich*. Hier müssen aufwändigere Maßnahmen ergriffen werden, um die Rn-Konzentration zu reduzieren.

Zur **Messung** des Radon-222 und seiner Folgeprodukte wird in allen Fällen der proportional zur Anzahl der Radonatome stattfindende radioaktive Zerfall genutzt. Folgende Messverfahren werden eingesetzt: Ionisationskammern, Halbleiter-Alpha-Spektrometer und Szintillationszellen, sowie Aktivkohle- und Thermolumineszenz-Dosimeter.

Verwendung von Radionukliden. Zahlreiche natürliche und künstliche Radionuklide sind wichtige Hilfsmittel sowohl in der chemischen und biochemischen Forschung (Isotopenmarkierung), in der medizinischen Diagnostik und Therapie (Tumorerkennung und -behandlung, z.B. mit Co-60) als auch in der Baustoff- und Bauwerksprüfung. Zum Beispiel kann mittels **Gammaradiographie** die Qualität von Schweißnähten im Rohrleitungsbau, das Vorhandensein von Rissen in Stahlrohren oder von Schwindungshohlräumen (Lunkern) in Gusseisen oder Stahl überprüft werden (*zerstörungsfreie Werkstoffprüfung*). Das Prüfmaterial wird der Gammastrahlung einer umschlossenen, punktförmigen Strahlungsquelle ausgesetzt, die ein radioaktives Isotop (z.B. Co-60) enthält. Bei Materialfehlern tritt eine im Vergleich zum fehlerfreien Material verstärkte γ-Strahlung aus, die nach dem Durchgang durch das zu prüfende Material mittels Film oder γ-Detektor registriert wird. Die Gammaradiographie wird auch zur Feststellung der *Position der Bewehrung im Beton* eingesetzt.

Zur Altersbestimmung kohlenstoffhaltiger historischer und prähistorischer Organismen wird die **Radiokohlenstoff-Methode** herangezogen („Kohlenstoff-Uhr"), deren Grundprinzip kurz beschrieben werden soll: Durch das Auftreffen von Neutronen der kosmischen Strahlung auf das in der Atmosphäre befindliche Stickstoffisotop $^{14}_{7}\text{N}$ entsteht ständig das radioaktive Kohlenstoffisotop C-14 (β-Strahler, $\tau_{1/2} = 5730$ Jahre). Das C-14-Isotop wird in der Atmosphäre zu CO_2 oxidiert, deshalb ist das Kohlendioxid der Luft zu einem geringen Anteil radioaktiv. Durch β-Zerfall kann sich aus dem Kohlenstoffisotop $^{14}_{6}\text{C}$ wieder $^{14}_{7}\text{N}$ bilden. Zwischen entstehendem und zerfallendem $^{14}_{6}\text{C}$ stellt sich ein Gleichgewicht ein, so dass der Anteil an radioaktivem CO_2 in der Luft einen konstanten Wert annimmt. Das Kohlenstoffisotop $^{14}_{6}\text{C}$ gelangt als radioaktives Kohlendioxid über die Photosynthese in die

Pflanzen und über die Nahrungskette in den tierischen und menschlichen Organismus. Die C-14-Atome können über den Stoffwechsel und die Atmung den Organismus wieder verlassen, ein Teil von ihnen zerfällt jedoch im Organismus. Aus dem Verhältnis der C-14- zu den stabilen C-12-Kernen ($1:10^{12}$) und der Halbwertszeit des Isotops C-14 ergeben sich bei einem lebenden Organismus 15,3 Zerfälle pro Minute pro Gramm Kohlenstoff. In einem lebenden Organismus (Tier, Pflanze) ist der Anteil $^{14}_{6}C$ im Kohlenstoff gleich groß wie in der Atmosphäre. Stirbt ein Lebewesen, kommt der Kohlenstoff-Austausch mit der Atmosphäre zum Stillstand. Da die C-14-Atome weiter mit konstanter Halbwertszeit zerfallen, sinkt ihr Gehalt im Organismus stetig. Aus dem $^{14}_{6}C$-Anteil des toten Gewebes, dem bekannten $^{14}_{6}C$-Anteil des lebenden Organismus und der Halbwertszeit $\tau_{1/2}$ kann der ungefähre Zeitpunkt berechnet werden, an dem das Lebewesen gestorben ist.

Bestimmung des Alters von Kalkmörteln. Die Idee, das Alter von Kalkmörteln mittels der C-14-Methode zu bestimmen, stammt von *Delibrias* und *Labeyrie* [BC 11]. Der Erhärtungsvorgang der Kalkmörtel beruht auf der CO_2-Aufnahme aus der Atmosphäre. Da der Zeitraum des Abbindens des Mörtels, bezogen auf die Halbwertszeit von $^{14}_{6}C$ relativ kurz ist, kann bei bekanntem $^{14}_{6}C$-Gehalt des Mörtels die Bauepoche bestimmt werden. Das ist möglich, da nach der vollständigen Carbonatisierung keine CO_2- und damit auch keine $^{14}_{6}C$-Aufnahme mehr erfolgt. Aus den $^{14}_{6}C$-Messungen einer C-haltigen Probe des Alters null und der zu datierenden Probe kann, nach Korrekturen, das $^{14}_{6}C$-Alter bestimmt werden. Eine routinemäßige Anwendung dieser Methode ist gegenwärtig noch nicht möglich, da die Messwerte mit großen Fehlern (z.B. unterschiedliche Carbonatisierungsdauer) behaftet sind.

Das chemische Verhalten der Elemente wird hauptsächlich durch die Elektronen bestimmt, deshalb existiert ein unmittelbarer Zusammenhang zwischen den stofflichen Veränderungen und den Veränderungen der Elektronenhülle. Genauere Kenntnisse zur Struktur der Elektronenhülle sind deshalb sowohl für das Verständnis der chemischen Reaktivität als auch der chemischen Bindung unerlässlich.

2.1.3   Aufbau der Elektronenhülle

2.1.3.1   Bohrsches Atommodell

Die Weiterentwicklung der Spektroskopie und der daraus resultierende Erklärungsbedarf hinsichtlich der inneren Struktur der Spektren führten zu neuen grundlegenden Erkenntnissen über den Aufbau der Elektronenhülle. *Rutherfords* Annahme planetenähnlicher Umlaufbahnen für die Elektronen stand im Gegensatz zu den Gesetzen der klassischen Physik, nach denen das kreisende Elektron - wie jede sich bewegende Ladung - kontinuierlich Energie abstrahlen und schließlich in den Kern stürzen sollte. Die Stabilität der Atome und die Tatsache, dass Atome keine kontinuierliche Strahlung aussenden, standen damit im Widerspruch zur klassischen Physik.

Zerlegt man weißes Sonnenlicht durch ein Prisma, erhält man ein **kontinuierliches Spektrum** (Abb. 2.5a). Es besteht aus einer Abfolge von Farben von rot bis violett, die entsprechend ihrer jeweiligen **Wellenlänge** λ kontinuierlich nacheinander erscheinen. Das sichtbare Licht umfasst den Wellenlängenbereich des elektromagnetischen Spektrums von 380 bis 780 nm (nm = Nanometer, 1nm = 10^{-9} m). Blaues Licht besitzt eine kleinere Wellenlänge (ca. 470 nm) als rotes Licht (ca. 700 nm). Das kontinuierliche Spektrum entspricht den Farben eines Regenbogens, die ohne scharfe Grenze ineinander übergehen.

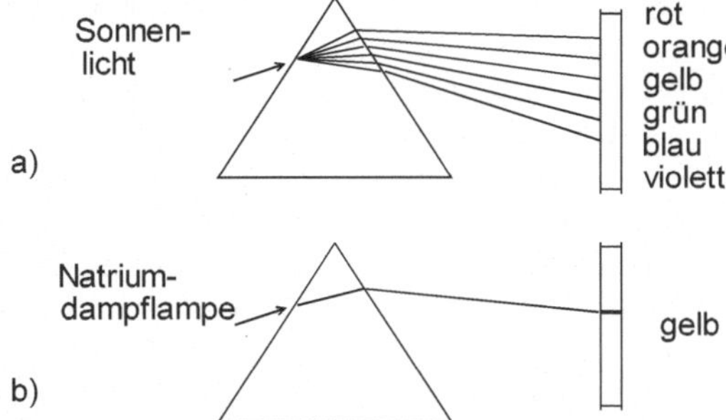

Abbildung 2.5   a) Erzeugung eines kontinuierlichen Spektrums durch Zerlegung des Sonnenlichts an einem Prisma; b) Linienspektrum des Natriums

Zur Charakterisierung der Lichtwelle kann neben der Wellenlänge λ auch die Zahl der Schwingungen pro Sekunde, die **Frequenz** v, herangezogen werden. Die Einheit der Frequenz ist Hertz (Hz). Ein Hertz entspricht einer Schwingung pro Sekunde. Die Wellenlänge und die Frequenz des Lichts sind über die Lichtgeschwindigkeit c miteinander verknüpft. Es gilt: $c = v \cdot \lambda$, mit v = Frequenz und c = Lichtgeschwindigkeit ($2{,}997\,925 \cdot 10^8$ m/s). Damit entspricht das Produkt aus Wellenlänge λ und Frequenz v der Fundamentalkonstanten c.

Mit ersten experimentellen Beobachtungen wie dem photoelektrischen Effekt (*Hallwachs* 1887), die im Gegensatz zur Wellennatur des Lichts standen, wuchs die Erkenntnis der **Doppelnatur des Lichts**. Auf der einen Seite kann Licht als elektromagnetische Welle mit allen Eigenschaften einer Welle wie Interferenz, Brechung und Beugung aufgefasst werden. Auf der anderen Seite muss dem Licht vom Standpunkt der Quantentheorie eine Korpuskular- oder Teilchennatur zugeschrieben werden. Man spricht vom *Welle-Teilchen-Dualismus*, wobei diese Bezeichnung etwas irreführend ist. Sie suggeriert, dass das Licht einmal als Welle und einmal als Teilchen auftreten kann. In Wahrheit ist unsere Beschreibung der Natur des Lichts dualistisch.

Nach der von *M. Planck* (1900) und *A. Einstein* (1905) begründeten Quantentheorie besteht Licht aus diskreten Energieportionen, den sogenannten *Lichtquanten*. Lichtquanten bezeichnet man als **Photonen**. Sie sind die kleinsten Beträge elektromagnetischer Energie bei einer bestimmten Frequenz v bzw. Wellenlänge λ. Die Energie eines Photons ist der Frequenz des Lichts proportional: $E = h \cdot v$. Die Proportionalitätskonstante h ist die *Plancksche Konstante* $h = 6{,}626\,076 \cdot 10^{-34}$ J $\cdot$ s. Zu einer Strahlung mit hoher Frequenz v und demzufolge kleiner Wellenlänge λ gehören energiereiche Quanten. Violettes Licht ist demnach besonders energiereich, rotes dagegen energieärmer.

Die Intensität des Lichts wächst mit der Anzahl der Photonen. Während eine schwach leuchtende Lichtquelle nur wenige Photonen aussendet, emittiert eine hell leuchtende Quelle einen dichten Photonenstrom.

Bei der energetischen Anregung von Gasen oder Metalldämpfen, z.B. durch die Hitze einer Flamme oder durch eine elektrische Entladung, tritt ein Leuchten auf. Das bedeutet, die angeregten Teilchen senden ein Licht aus. Leitet man das abgestrahlte Licht durch ein Prisma, beobachtet man ein **Linienspektrum** (Abb. 2.5b). Das Spektrum besteht aus einer begrenzten Anzahl scharf lokalisierter, farbiger Linien, wobei jede Linie einer definierten Wellenlänge entspricht. Die energetisch angeregten Atome strahlen also nur Licht bestimmter Wellenlängen ab. Legt man z.B. an eine mit Wasserstoff gefüllte Spezialröhre eine Hochspannung an, nehmen die Wasserstoffatome ($\rightarrow$ die H-Atome sind durch Dissoziation aus dem H_2-Molekülen entstanden) Energie auf und strahlen sie in Form charakteristischer Spektrallinien ab. Im sichtbaren Spektralbereich erhält man vier Linien bei $\lambda =$ 656 nm, 486 nm, 434 nm und 410 nm (Abb. 2.6 a). Das Auftreten von diskreten Linien zeigt, dass das Elektron des Wasserstoffatoms nur ganz bestimmte Energiebeiträge aufnehmen und wieder abgeben kann. Die dem Linienspektrum im Sichtbaren zugrunde liegenden Gesetzmäßigkeiten wurden bereits 1885 von *Balmer* untersucht. Er fand die folgende Serienformel:

$$\boxed{\frac{1}{\lambda} = R_H \left(\frac{1}{n_1^2} - \frac{1}{n_2^2} \right)}$$

mit $n_1 = 2$ und $n_2 = 3, 4, 5, \ldots$

λ = Wellenlänge

R_H = Rydberg-Konstante,
$\qquad$ ($1{,}09\,678 \cdot 10^5$ cm^{-1})

n = Hauptquantenzahl

Bei den Alkali- und Erdalkalimetallen reicht die Temperatur der Brennerflamme zur Anregung der Atome aus. Sie können anhand der ausgesandten Spektrallinien mittels Spektroskop (**Spektralanalyse**, Kap. 14) oder durch die auftretende Flammenfärbung identifiziert werden (Praktikum Bauchemie: Vorprobenreaktionen bei der qualitativen Analyse).

Dem dänischen Physiker *N. Bohr* gelang es 1913, sowohl auf der Grundlage der Gesetze der klassischen Physik als auch unter Einbeziehung der modernen Quantentheorie, die innere Struktur der Linienspektren auf einfache Weise zu erklären (**Bohrsches Atommodell**). Ausgehend von der Grundüberlegung, dass *Emission und Absorption von Strahlung in unmittelbarem Zusammenhang mit dem Energieinhalt der Elektronen* im Atom stehen müssen, stellte er seine zwei berühmten Postulate auf. Diese Postulate lieferten eine schlüssige Erklärung für die Struktur der Linienspektren, sie sollen nachfolgend neben einigen wichtigen Schlussfolgerungen stichpunktartig dargestellt werden:

- Das Elektron des Wasserstoffatoms kann nicht auf beliebigen, sondern nur auf ganz bestimmten Bahnen den Atomkern strahlungsfrei umkreisen. Diese Kreisbahnen werden auch als **Energieniveaus** oder **Energiezustände** des H-Atoms bezeichnet. Zwischen den Bahnen, die konzentrisch um den Atomkern angeordnet sind, ist die Aufenthaltswahrscheinlichkeit für das Elektron null.
  Die Elektronenbahnen werden durch einen Buchstaben (K, L, M, N,...) oder durch die *Quantenzahl n* bezeichnet ($n = 1, 2, 3, \ldots$).

- Auf jeder Kreisbahn kann dem Elektron eine bestimmte Energie zugeschrieben werden. Auf der kernnächsten Elektronenbahn $n = 1$ (K-Schale) besitzt das Elektron die geringste Energie. Um es auf eine kernfernere Schale zu bringen, muss Energie zugeführt werden. Diese Energie ist notwendig, da Arbeit gegen die elektrostatische Anziehung zwischen Elektron und Kern geleistet werden muss.

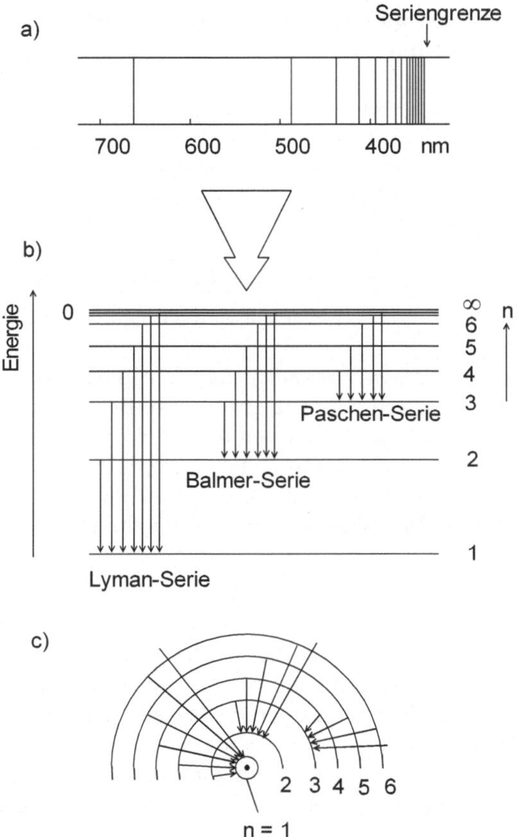

Abbildung 2.6 a) Balmer-Serie im Atomspektrum des Wasserstoffs. b) Deutung des Atomspektrums des Wasserstoffs (Energieniveau-Schema); c) Zustandekommen der Spektralserien des H-Atoms nach dem Schalenmodell (Bohr)

- Der energieärmste Zustand, bei dem sich das Elektron auf der kernnächsten Bahn befindet, wird als der *Grundzustand* des Atoms bezeichnet. Durch Energiezufuhr kann ein Elektron auf eine kernfernere Bahn ($n = 2, 3, 4, ...$) angehoben werden ($\rightarrow$ **Absorption von Strahlung**) und einen Zustand höherer Energie einnehmen. Das Wasserstoffatom befindet sich nun in einem *angeregten Zustand*.
- Nach sehr kurzer Zeit (ca. 10^{-8} s) springt das Elektron von der kernferneren auf eine kernnahe Bahn zurück (Abb. 2.6 b, c), wobei ein definierter Energiebetrag als Licht bestimmter Wellenlänge emittiert wird (**Emission von Strahlung**). Die Energie des ausgesandten Lichts entspricht somit der Energiedifferenz zwischen beiden Elektronenbah-

nen. Es können also keine beliebigen Energiebeträge, sondern nur ganz bestimmte „Energiepakete" (Energiequanten) aufgenommen und abgegeben werden.

Nach Bohr sind die Linien der Spektren auf Elektronenübergänge von äußeren auf kernnahe Bahnen zurückzuführen.

Elektronenübergänge von Niveaus höherer Energie auf die kernnächste Bahn $n = 1$ des Wasserstoffs ergeben die *Lyman*-Serie. Da die Entfernung zwischen den Bohrschen Kreisbahnen nach außen kontinuierlich abnimmt, sind die aus kernnahen Elektronenübergängen resultierenden Energiedifferenzen am größten. Deshalb liegt die *Lyman*-Serie im UV-Bereich (100...380 nm). Weitere Spektralserien des Wasserstoffs wurden, wie bereits oben erwähnt, im sichtbaren Spektralbereich ($n = 2$, *Balmer*-Serie), aber auch im IR-Bereich ($n = 3$, *Paschen*-Serie; $n = 4$, *Brackett*-Serie) gefunden (Abb. 2.6). Die obere Grenze der Energieniveaus ist durch die Ionisierungsenergie des jeweiligen Atoms gegeben.

Neben der *Leistungsfähigkeit des Bohrschen Atommodells* (Berechnung des Spektrums des H-Atoms) wurden bald seine Grenzen deutlich: Die quantitative Berechnung der Spektralserien von atomaren Systemen mit mehr als 2 Teilchen lieferte Werte, die im Widerspruch zum Experiment standen und die Intensität der Strahlung war prinzipiell nicht zu deuten. Diese Schwierigkeiten zeigen, dass die Gesetze der klassischen Physik eben nicht in der Lage sind, Sachverhalte im atomaren Bereich widerspruchslos zu beschreiben.

2.1.3.2 Orbitalbild der Elektronen

Im Jahre 1924 postulierte der französische Physiker *L. de Broglie*, dass jedes bewegte Teilchen Welleneigenschaften besitzt. Damit wurde der Welle-Teilchen-Dualismus auf die gesamte Materie ausgedehnt. Der experimentelle Beweis der Welleneigenschaften des Elektrons erfolgte 1927 anhand von Beugungsexperimenten an Nickel-Einkristallen. Die mathematisch komplizierte Behandlung des Elektrons als Welle erfolgte durch *E. Schrödinger* (1926). *Schrödinger* wandte die Wellengleichung auf das Wasserstoffatom an und erhielt Aussagen hinsichtlich der Energiezustände des H-Atoms und der Aufenthaltswahrscheinlichkeit des Elektrons.

Die Bedeutung des **wellenmechanischen Atommodells** besteht für uns vor allem in der sehr anschaulichen Darstellungsmöglichkeit der Wellenfunktion ψ als Lösung der Schrödingergleichung. Im Unterschied zur Bohrschen Vorstellung vom Aufenthaltsort des Elektrons gibt das Quadrat der Wellenfunktion (ψ^2) nur die Wahrscheinlichkeit an, mit der sich ein Elektron zu einem gegebenen Zeitpunkt an einem bestimmten Ort aufhält. Die räumliche Verteilung des Elektrons im Wasserstoffatom ist in Abb. 2.7a dargestellt. Die Dichte der Punkte ist ein **Maß für die Wahrscheinlichkeit**, das Elektron an dieser Stelle anzutreffen. Je mehr Punkte, umso größer ist der Wert von ψ^2 und umso größer ist die Aufenthaltswahrscheinlichkeit des Elektrons (auch Elektronen- oder Ladungsdichte) an einer bestimmten Stelle. Ein Gebiet mit einer hohen Aufenthaltswahrscheinlichkeit besitzt eine hohe Elektronendichte.

Einen interessanten Einblick in die Struktur der Elektronenhülle des Wasserstoffatoms aus wellenmechanischer Sicht ermöglicht die Darstellung der radialen Aufenthaltswahrscheinlichkeit bzw. radialen Elektronendichteverteilung (Abb. 2.7b). Die Kurve besitzt für das H-Atom bei $r = 0{,}529 \cdot 10^{-8}$ cm ein Maximum, das exakt dem von Bohr berechneten Radius

a_o der ersten Kreisbahn entspricht. Im Unterschied zu den Bohrschen Vorstellungen ist im wellenmechanischen Atommodell die Elektronendichte nicht an der Stelle a_o lokalisiert, sondern sie erstreckt sich über einen größeren Bereich. Die Aufenthaltswahrscheinlichkeit nimmt vom Maximum $r = a_o$ ausgehend mit größer werdenden r ab.

Abb. 2.7c zeigt die graphische Darstellung des Quadrates des winkelabhängigen Teils der Lösungsfunktion. Diese räumlichen Darstellungen der Elektronendichte bezeichnet man (nicht ganz korrekt!) als Orbitale. **Orbitale** sind Bereiche im Raum, wo die Wahrscheinlichkeit, ein Elektron anzutreffen, hoch ist. Exakter ausgedrückt, jede Lösung der Schrödingergleichung für das Wasserstoffatom, die sich für eine bestimmte Kombination der Parameter n, l und m ergibt, stellt ein Orbital des Wasserstoffatoms dar. Für das Elektron im H-Atom ergibt sich im energieärmsten Zustand eine kugelförmige Anordnung der Elektronendichte (**s-Orbital**).

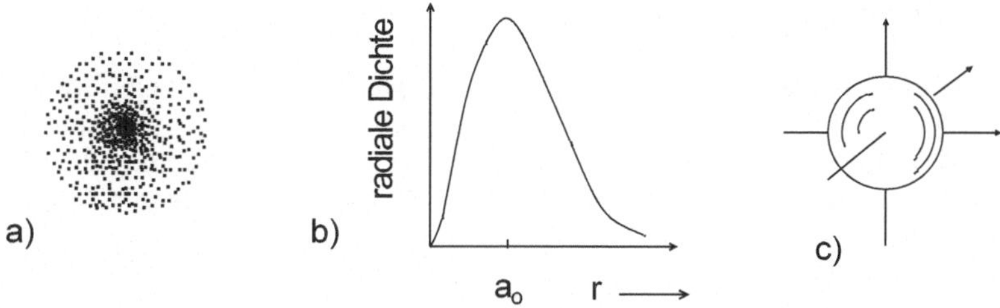

Abbildung 2.7
a) Querschnitt durch die Ladungswolke für den Zustand n = 1 des H-Atoms. Die Punktdichte ist ein Maß für die Wahrscheinlichkeit, das Elektron an dieser Stelle im Raum anzutreffen. b) Radiale Aufenthaltswahrscheinlichkeit $4\pi r^2\psi^2$; Schnitt durch die kugelsymmetrische Ladungswolke vom Kern ausgehend. c) Kugelsymmetrische Darstellung des 1s-Orbitals. Innerhalb der Kugelflächen hält sich das Elektron mit 90% Wahrscheinlichkeit auf.

Quantenzahlen. Die von Bohr eingeführte Quantenzahl n (= Nummer der Kreisbahn) taucht wieder als Parameter der Lösung der Schrödingergleichung auf. Sie wird als **Hauptquantenzahl n** bezeichnet. n bestimmt die möglichen Energieniveaus im Wasserstoffatom. Die durch die Hauptquantenzahl n festgelegten **Energieniveaus** nennt man auch **Schalen**. Sie werden mit den Großbuchstaben **K** ($n = 1$), **L** ($n = 2$), **M** ($n = 3$), **N** ($n = 4$), usw. bezeichnet. Die Schale ist ein Bereich, in dem die Aufenthaltswahrscheinlichkeit hoch ist. Das Elektron befindet sich demnach nicht auf einer (Bohrschen) Kreisbahn, sondern in einer konzentrischen Schale bestimmter Dicke um den Kern. Besetzt das Elektron die K-Schale ($n = 1$), befindet sich das H-Atom im energieärmsten Zustand (*Grundzustand*). Mit wachsendem n wächst die Energie der Zustände (*angeregte Zustände*). Auf jeder Schale n haben maximal **2 n^2 Elektronen** Platz.

Neben der Hauptquantenzahl n treten in den Lösungsfunktionen zwei weitere Quantenzahlen l und m auf, denen eine wichtige physikalische Bedeutung zukommt.

Die Schalen sind energetisch strukturiert. Sie zerfallen mit Ausnahme der kernnächsten und damit energieärmsten Schale ($n = 1$) in **Unterschalen** (*Energieunterniveaus*). Die Zahl der Unterschalen ist durch die **Nebenquantenzahl l** festgelegt. Für ein bestimmtes n kann l

Werte zwischen Null und n-1 annehmen, es gilt also l = 0, 1, 2, 3, ..., (n - 1). Für n = 1 gibt es nur einen Wert für l, nämlich 0. Für n = 2 kann l die Werte 0 und 1 und für n = 3 die Werte 0, 1 und 2 annehmen. Die zweite Schale zerfällt demnach in zwei, die dritte Schale in drei Unterschalen. Damit gilt: Auf der Schale mit der Hauptquantenzahl n ist die Zahl der Unterschalen ebenfalls gleich n.

Aus der Sicht des wellenmechanischen Atommodells bestimmt die Nebenquantenzahl l als Parameter der Lösung der Wellengleichung die *Gestalt der Orbitale*.

Die verschiedenen Orbitaltypen werden mit den aus der Spektroskopie stammenden Buchstaben s, p, d, f, g, ... bezeichnet. Die Zuordnung zu den Nebenquantenzahlen l ist folgende:

$$l \;=\; 0,\ 1,\ 2,\ 3,\ 4, ...$$
$$\text{Symbol} \quad \text{s,\ p,\ d,\ f,\ g, ...}$$

Die zugehörigen Orbitalformen sind in Abb. 2.8 gezeigt. Man spricht von kugelförmigen s-Orbitalen, hantelförmigen p-Orbitalen und rosettenförmigen d-Orbitalen (Ausnahme: d_{z^2}). Durch Kombination der Hauptquantenzahl mit einem der Buchstaben können die Unterschalen in eindeutiger Form bezeichnet werden, z.B. 2s für die Unterschale mit n = 2 und l = 0 oder 3p für n = 3 und l = 1.

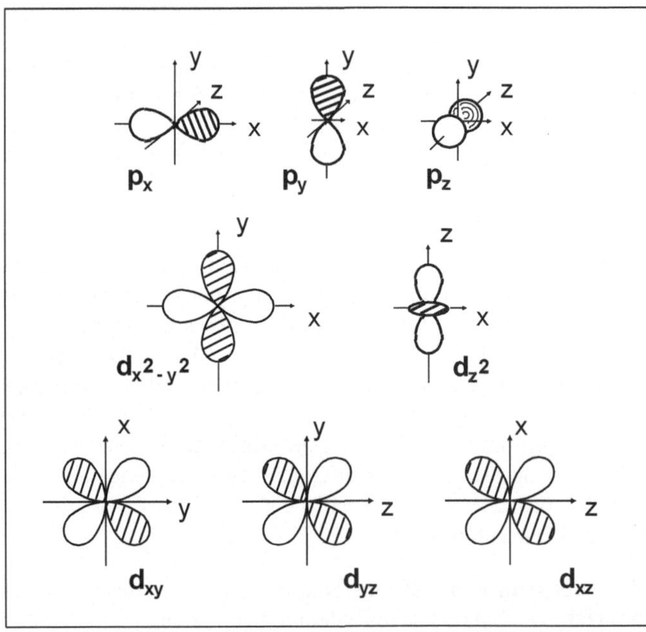

Abbildung 2.8
p- und d-Orbitale

Die Magnetquantenzahl m dient schließlich der Unterscheidung der Orbitale innerhalb einer Unterschale. m gibt die möglichen räumlichen Orientierungen der Orbitale an. Für eine bestimmte Nebenquantenzahl l gilt: $m = -l,..., 0,...,+l$. Damit kann die Magnetquantenzahl m jeweils $(2l + 1)$ verschiedene Werte annehmen.

$l = 1$ $m = -1, 0, 1$ $\Rightarrow$ es existieren 3 räumlich unterschiedlich ausgerichtete p-Orbitale

$l = 2$ $m = -2, -1, 0, 1, 2$ $\Rightarrow$ es existieren 5 räumlich unterschiedlich ausgerichtete d-Orbitale

Im übertragenen Sinne legen die drei Quantenzahlen n, l und m des wellenmechanischen Atommodells Größe, Form und Orientierung der Orbitale fest.

Tabelle 2.2 Beziehung zwischen den Quantenzahlen – Besetzung der Energieniveaus

Schale	n	l	Orbital-typ	m	Anzahl der Orbitale	s	Anzahl der Energiezustände für l	für n
K	1	0	1s	0	1	$\pm\frac{1}{2}$	$1 \cdot 2 = 2$	2
L	2	0	2s	0	1	$\pm\frac{1}{2}$	$1 \cdot 2 = 2$	8
		1	2p	-1 0 +1	3	$\pm\frac{1}{2}$	$3 \cdot 2 = 6$	
M	3	0	3s	0	1	$\pm\frac{1}{2}$	$1 \cdot 2 = 2$	18
		1	3p	-1 0 +1	3	$\pm\frac{1}{2}$	$3 \cdot 2 = 6$	
		2	3d	-2 -1 0 +1 +2	5	$\pm\frac{1}{2}$	$5 \cdot 2 = 10$	
N	4	0	4s	0	1	$\pm\frac{1}{2}$	$1 \cdot 2 = 2$	32
		1	4p	-1 0 +1	3	$\pm\frac{1}{2}$	$3 \cdot 2 = 6$	
		2	4d	-2 -1 0 +1 +2	5	$\pm\frac{1}{2}$	$5 \cdot 2 = 10$	
		3	4f	-3 -2 -1 0 +1 +2 +3	7	$\pm\frac{1}{2}$	$7 \cdot 2 = 14$	

Jedes Orbital kann mit *maximal 2 Elektronen* besetzt sein, allerdings müssen sich die beiden Elektronen in der sogenannten **Spinquantenzahl s** unterschieden. Die Spinquantenzahl kann für ein gegebenes Orbital die Werte +1/2 und -1/2 annehmen. Beide Werte charakterisieren den „Spin" des Elektrons, den man sich modellhaft als zwei entgegengesetzte Richtungen der Eigenrotation (Drall) des Elektrons vorstellen kann. Elektronen gleichen Spins stoßen sich gegenseitig stark ab. Deshalb versuchen sie, verschiedene Bereiche im Raum einzunehmen. Auf dieser grundlegenden Gesetzmäßigkeit basiert das von *Pauli* formulierte Prinzip:

Ein Atom darf keine zwei Elektronen enthalten, die in allen vier Quantenzahlen übereinstimmen (*Pauli-Prinzip*).

In Tab. 2.2 sind die Relationen zwischen den Quantenzahlen und den Energiezuständen angegeben.

Beim Wasserstoffatom (**Einelektronensystem**) besitzen alle zu einer Hauptquantenzahl n gehörenden Zustände l und m gleiche Energie. Man bezeichnet diese Zustände als **energetisch entartet**. Dagegen kommt es als Folge der Elektronenwechselwirkung im **Mehrelektronensystem** zu einer energetischen Aufspaltung der zu einer Hauptquantenzahl gehörenden s-, p-, d- und f-Unterschalen (Abb. 2.9). Generell überträgt man die bei der Behandlung des Wasserstoffatoms gewonnenen Erkenntnisse näherungsweise auf die übrigen Atome, d.h. man beschreibt die Aufenthaltswahrscheinlichkeit der Elektronen in diesen Fällen - was natürlich nicht korrekt ist - mit den Wasserstofforbitalen.

Orbitale	Anzahl	Elektronen
4 f	7	14
4 d	5	10
4 p	3	6
3 d	5	10
4 s	1	2
3 p	3	6
3 s	1	2
2 p	3	6
2 s	1	2
1 s	1	2

Abbildung 2.9

Energieniveauschema

Die Energieniveaus n = 5 und größer sind nicht berücksichtigt.

Elektronenkonfiguration. Die Verteilung der Elektronen auf die verschiedenen Orbitale bezeichnet man als die Elektronenkonfiguration eines Atoms. Um die Elektronenkonfigurationen für den Grundzustand, d.h. den energieärmsten Zustand für die ersten 18 Atome abzuleiten, müssen neben dem gerade besprochenen Pauli-Prinzip noch die beiden nachfolgenden Regeln berücksichtigt werden:

- Die Besetzung der Atomorbitale erfolgt nach ansteigender Energie (**Aufbauprinzip**).

- p-, d- und f-Orbitale gleicher Hauptquantenzahl werden zunächst *einfach* mit Elektronen parallelen Spins besetzt. Danach erfolgt die Spinpaarung (**Hundsche Regel**).

Letzterer Sachverhalt kann sehr anschaulich anhand der von *Pauling* eingeführten *Kästchenschreibweise* der Elektronenkonfiguration verdeutlicht werden. Jedes Kästchen steht hier für ein Orbital. Die Elektronen werden durch Pfeile symbolisiert, deren entgegengesetzte Richtung entgegengesetzten Spin symbolisiert. Energiegleiche Orbitale, also Orbitale mit gleicher Haupt- und Nebenquantenzahl, werden als zusammenhängende Kästchen geschrieben:

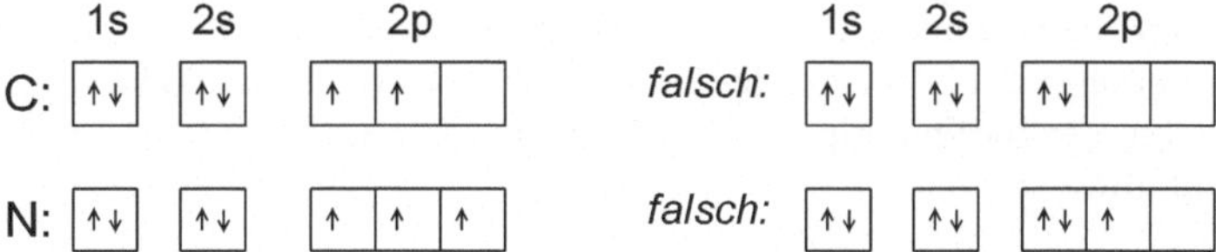

In den beiden rechts stehenden Elektronenkonfigurationen ist die Hundsche Regel verletzt. Paralleler Spin bedeutet gleiche Richtung des Spins aller ungepaarten Elektronen und damit gleiche Werte der Spinquantenzahlen. Die Gültigkeit dieser *Regel der maximalen Spin-Multiplizität* lässt sich experimentell durch magnetische Messungen nachprüfen.

Häufig wird eine vereinfachte Schreibweise für die Elektronenkonfiguration der Atome genutzt, die allerdings die Hundsche Regel nicht reflektiert:

C: $1s^2\,2s^2\,2p^2$ bzw. **N**: $1s^2\,2s^2\,2p^3$.

Tabelle 2.3 Elektronenkonfiguration der Elemente H bis Ne

Ordnungs-zahl	Element-symbol	K 1s	L 2s	2p	Kurzschreib-weise
1	H	↑			$1s^1$
2	He	↑↓			$1s^2$
3	Li	↑↓	↑		$1s^2\,2s^1$
4	Be	↑↓	↑↓		$1s^2\,2s^2$
5	B	↑↓	↑↓	↑	$1s^2\,2s^2\,2p^1$
6	C	↑↓	↑↓	↑ ↑	$1s^2\,2s^2\,2p^2$
7	N	↑↓	↑↓	↑ ↑ ↑	$1s^2\,2s^2\,2p^3$
8	O	↑↓	↑↓	↑↓ ↑ ↑	$1s^2\,2s^2\,2p^4$
9	F	↑↓	↑↓	↑↓ ↑↓ ↑	$1s^2\,2s^2\,2p^5$
10	Ne	↑↓	↑↓	↑↓ ↑↓ ↑↓	$1s^2\,2s^2\,2p^6$

Neon besitzt die Elektronenkonfiguration $1s^2\,2s^2\,2p^6$, alle Orbitale der Hauptquantenzahl n = 2 sind vollständig besetzt (**Elektronenoktett**). Eine Oktettkonfiguration $ns^2\,np^6$ auf der äußeren Schale (**Valenzschale**) zeichnet sich durch eine besondere Stabilität aus. Sie ist der Grund für die besondere Reaktionsträgheit der Edelgase. Tab. 2.3 enthält die Elektronenkonfigurationen der Elemente der Ordnungszahl 1 (Wasserstoff) bis 10 (Neon).

Für die Elektronenkonfigurationen der Elemente Natrium bis Titan ergibt sich in vereinfachter Schreibweise:

11 Natrium Na	$1s^2\,2s^2\,2p^6\,3s^1$	
12 Magnesium Mg	$1s^2\,2s^2\,2p^6\,3s^2$	
13 Aluminium Al	$1s^2\,2s^2\,2p^6\,3s^2\,3p^1$	
14 Silicium Si	$1s^2\,2s^2\,2p^6\,3s^2\,3p^2$	
15 Phosphor P	$1s^2\,2s^2\,2p^6\,3s^2\,3p^3$	
16 Schwefel S	$1s^2\,2s^2\,2p^6\,3s^2\,3p^4$	
17 Chlor Cl	$1s^2\,2s^2\,2p^6\,3s^2\,3p^5$	
18 Argon Ar	$1s^2\,2s^2\,2p^6\,3s^2\,3p^6$	
19 Kalium K	$1s^2\,2s^2\,2p^6\,3s^2\,3p^6$	$4s^1$
20 Calcium Ca	$1s^2\,2s^2\,2p^6\,3s^2\,3p^6$	$4s^2$
21 Scandium Sc	$1s^2\,2s^2\,2p^6\,3s^2\,3p^6\,3d^1$	$4s^2$
22 Titan Ti	$1s^2\,2s^2\,2p^6\,3s^2\,3p^6\,3d^2$	$4s^2$

Im Zuge der Besetzung der Orbitale kommt es aus energetischen Gründen zu **Inversionen** (Vertauschungen) zwischen den Orbitalen. So beginnt bei den Elementen K (Z = 19) und Ca (Z = 20) bereits die Besetzung des energetisch tiefer liegenden 4s-Energieniveaus, bevor das 3d-Niveau aufgefüllt wird (Abb. 2.9). Nach dem Element Calcium folgen zehn Nebengruppenelemente Sc (Z = 21) bis Zn (Z = 30), bei denen die fünf 3d-Orbitale mit zehn Elektronen besetzt werden. Anschließend geht die Auffüllung der 4. Schale (4p-Orbitale) weiter. Diese Inversionen wiederholen sich in der 5. und 6. Schale.

Halb- und **vollbesetzte Unterschalen** zeichnen sich durch eine besondere Stabilität aus. Um einen solchen stabilen Elektronenzustand zu erreichen, weichen einige Elemente von der regelmäßigen Orbitalbesetzung entsprechend dem Aufbauprinzip ab. Zum Beispiel geht ein Elektron aus der energetisch tiefer liegenden 4s-Unterschale in die energetisch höher liegende 3d-Unterschale über, um eine stabile d^5-Konfiguration mit fünf einfach besetzten d-Orbitalen (Cr: $1s^2\,2s^2\,2p^6\,3s^2\,3p^6\,3d^5\,4s^1$) oder eine stabile d^{10}-Konfiguration mit fünf vollständig besetzten 3d-Orbitalen (Cu: $1s^2\,2s^2\,2p^6\,3s^2\,3p^6\,3d^{10}\,4s^1$) zu realisieren.

Es ist üblich, für die Elektronenkonfigurationen vor allem höherer Elemente eine Kurzschreibweise zu verwenden, indem die dem Element vorausgegangene Edelgaskonfiguration als '**Rumpfkonfiguration**' in eckigen Klammern vorangestellt wird. Auf diese Weise ergibt sich z.B. für **Na**: [Ne] $3s^1$; für **Sn**: [Kr] $4d^{10}\,5s^2\,5p^2$ und für **Fe**: [Ar] $3d^6\,4s^2$.

2.2   Periodensystem der Elemente

2.2.1   Ordnungsprinzip

Besetzt man die Atomorbitale nach ansteigender Energie mit Elektronen, kommt es zu periodischen Wiederholungen gleicher Elektronenanordnungen. Gruppen von Elementen mit identischer Elektronenanordnung *auf der äußersten Schale* weisen ähnliche Eigenschaften auf. Damit findet die dem **Periodensystem der Elemente (PSE)** ursprünglich zugrunde liegende Systematik, Elemente aufgrund ihrer periodisch wiederkehrenden chemischen und physikalischen Eigenschaften in Gruppen anzuordnen (*Mendelejew, Meyer,* 1869), im Aufbauprinzip ihre atomtheoretische Erklärung.

Die Anordnung der Elemente nach steigender Kernladungszahl (Ordnungszahl) führt zum periodischen Auftreten von Elementen mit ähnlichen chemischen und physikalischen Eigenschaften. Die Periodizität ähnlicher Eigenschaften ist eine Folge sich periodisch wiederholender Valenzelektronenkonfigurationen. Diese Systematik der chemischen Elemente wird als Periodensystem der Elemente bezeichnet.

Ein Langperiodensystem befindet sich am Ende des Buches. In den **Hauptgruppen** stehen Elemente mit gleicher Elektronenverteilung auf der äußersten Schale. Da die äußeren Elektronen (**Valenzelektronen**) entscheidend das chemische Verhalten eines Elements beeinflussen, wird bei der Diskussion der Reaktivität bzw. des Bindungsverhaltens häufig nur die Valenzelektronenkonfiguration des Elements betrachtet.

Beispiele:	**Alkalimetalle**		**Edelgase**	
	Li	[He] $2\,s^1$	He	$1\,s^2$
	Na	[Ne] $3\,s^1$	Ne	[He] $2\,s^2\;2\,p^6$
	K	[Ar] $4\,s^1$	Ar	[Ne] $3\,s^2\;3\,p^6$
	Rb	[Kr] $5\,s^1$	Kr	[Ar] $3\,d^{10}\;4\,s^2\;4\,p^6$
	Cs	[Xe] $6\,s^1$	Xe	[Kr] $4\,d^{10}\;5\,s^2\;5\,p^6$

Die Elemente einer Hauptgruppe besitzen identische Valenzelektronenkonfigurationen. Die Gruppennummer der Hauptgruppenelemente gibt die Anzahl der Valenzelektronen an.

Die waagerechten Anordnungen der Elemente werden **Perioden** genannt, sie spiegeln den Schalenaufbau des Atoms wider. Alle Atome einer Periode besitzen die gleiche Anzahl von Schalen, d.h. die gleiche Hauptquantenzahl n. Die Nummer der Periode stimmt jeweils mit der Hauptquantenzahl der äußersten Schale überein. Der Aufbau einer neuen Elektronenschale wird immer dann begonnen, wenn die s- und p-Orbitale der vorhergehenden Elektronenschale voll besetzt sind ($ns^2\,np^6$ = Edelgaskonfiguration).

Die Edelgase zeichnen sich durch eine besondere Stabilität aus. Elemente mit weniger als acht Valenzelektronen besitzen das Bestreben, eine Achterschale (Edelgaskonfiguration) auszubilden.

Die Anzahl der Elemente der ersten sechs Perioden beträgt: 2, 8, 8, 18, 18 und 32. Die zwei Elemente der ersten Periode entsprechen der maximalen Aufnahmekapazität des 1s-Orbitals. Die zweite Periode umfasst acht Elemente, was wiederum der maximalen Aufnahmefähigkeit des einen s- und der drei p-Orbitale entspricht ($n = 2$). Die dritte Schale ($n = 3$) ist mit ihren acht Elektronen ($3s^2\;3p^6$) noch nicht abgesättigt. Sie kann gemäß der für $n = 3$

geltenden Elektronenzahl $2n^2 = 18$ noch weitere zehn d-Elektronen aufnehmen (s. Nebengruppen).

Das PSE besteht aus sieben Perioden. Es wird in acht Hauptgruppen und acht Nebengruppen unterteilt.

Die einzelnen Gruppen werden mit römischen Ziffern I bis VIII durchnummeriert. Zur Unterscheidung zwischen Haupt- und Nebengruppen wurden die Buchstaben **A** (Hauptgruppen) und **B** (Nebengruppen) eingeführt. Für die Bezeichnung der acht Hauptgruppen werden entweder die Elemente der zweiten und dritten Periode oder charakteristische Gruppeneigenschaften herangezogen:

I. Hauptgruppe (IA): **Alkalimetalle**; II.(IIA): **Erdalkalimetalle**;   III.(IIIA): **Bor-Aluminium-Gruppe**; IV.(IVA): **Kohlenstoff-Silicium-Gruppe**; V.(VA): **Stickstoff-Phosphor-Gruppe**; VI.(VIA): **Chalkogene** (Erzbildner); VII.(VIIA): **Halogene** (Salzbildner) sowie VIII.(VIIIA): **Edelgase**. Nach einer Empfehlung der Internationalen Union für Reine und Angewandte Chemie (IUPAC) werden die Hauptgruppen zusammen mit den Nebengruppen von 1 bis 18 nummeriert und als Gruppen bezeichnet. Danach sind z.B. die Alkalimetalle die 1. Gruppe, die Chalkogene die 16. Gruppe und die Edelgase die 18. Gruppe des PSE.

Die Elemente der Gruppen Ib - VIIIb (3. - 12. Gruppe) werden als **Nebengruppenelemente** bezeichnet. Bei ihnen erfolgt die Auffüllung von d-Unterschalen (zweitäußerste Schale) bei Vorhandensein eines vollbesetzten s-Orbitals in der Valenzschale (Ausnahmen: s. PSE). Die Nebengruppenelemente werden auch als Übergangselemente bezeichnet. In Abhängigkeit davon, welche d-Unterschale gefüllt wird, unterscheidet man 3d-, 4d- bzw. 5d-Übergangselemente (z.B. Fe: [Ar] $3d^6\,4s^2$; Zr: [Kr] $4d^2\,5s^2$).

Bei den auf das Element $_{57}$La (Lanthan) folgenden 14 Elementen (Cer bis Lutetium) wird die 4f-Unterschale aufgefüllt, die Elektronenkonfiguration in den außen liegenden 5s-, 5p-, 5d- und 6s-Orbitalen bleibt im Prinzip gleich. Die Folge ist eine große chemische Ähnlichkeit dieser Elemente untereinander, so dass sie in der Natur meist gemeinsam auftreten. Sie werden mit La zur Gruppe der **Lanthanoide** zusammengefasst. Für Scandium, Yttrium und die Lanthanoide ist auch der Begriff *Seltenerdmetalle* üblich. Die Auffüllung der 5f-Unterschale erfolgt bei den 14 auf das Element Actinium $_{89}$Ac folgenden Elementen Thorium bis Lawrencium (**Actinoide**). Sie sind radioaktiv und müssen überwiegend künstlich hergestellt werden. Lanthanoide und Actinoide werden als *innere Übergangselemente* bezeichnet.

2.2.2   Periodizität wichtiger Eigenschaften

Die Abstufung wichtiger Eigenschaften im PSE soll an einigen ausgewählten Beispielen gezeigt werden:

• **Atomradius**. Die Bestimmung der Größe eines Atoms ist problematisch, da nach der Wellenmechanik die Elektronendichte mit zunehmendem Abstand vom Atomkern asymptotisch gegen null geht. Damit gibt es keine äußere Grenze und auch keinen absoluten Wert für den Radius eines Atoms. Es ist jedoch möglich, den Abstand zwischen den Kernen gleicher aneinandergebundener Atome zu messen und aus ihm, durch Halbieren des Wertes, den Atomradius zu ermitteln. Dabei ist zu bedenken, dass der Abstand zwischen den Kernen, also die Bindungslänge, vom Bindungstyp abhängt.

Bei den Hauptgruppenelementen nehmen die Atomradien innerhalb einer *Periode* mit zunehmender Ordnungszahl ab, was mit der Zunahme der Anziehung zwischen Kern und Elektronenhülle infolge ansteigender Kernladung erklärt werden kann: In einer Periode erhöht sich beim Übergang von einem Element zum nächsten die Kernladungszahl jeweils um eins. Die neu hinzukommenden Elektronen werden in die *gleiche* Valenzschale, d.h. „in gleichem Abstand zum Kern", eingebaut. Sie schirmen die schrittweise ansteigende Kernladung kaum ab, so dass die effektive, auf die Valenzelektronen wirkende Kernladung (*effektive Kernladung* Z^*) nicht eins (pro Valenzelektron) ist, sondern ständig anwächst. Z^* nimmt in der 2. Periode Werte zwischen 1,3 (Li) und 5,2 (F) an. Damit verbunden ist eine stärker werdende Anziehung der Elektronenschale an den Kern, der Atomradius wird sukzessive kleiner (s.a. Ionisierungsenergie).

Innerhalb einer *Hauptgruppe* des PSE nimmt der Atomradius mit zunehmender Ordnungszahl zu, da mit jeder neuen Periode eine neue Schale hinzukommt.
Der *Ionenradius* ändert sich innerhalb einer Hauptgruppe in analoger Weise (gleiche Ionenladung vorausgesetzt).
Der Atomradius ist eine fundamentale Größe im PSE, von der eine Reihe wichtiger physikalisch-chemischer Eigenschaften abhängen.

• **Ionisierungsenergie.** Unter der Ionisierungsenergie I versteht man den Energiebetrag, der einem Atom im Grundzustand zugeführt werden muss, um aus diesem ein Elektron abzuspalten. Aus dem Atom entsteht durch Ionisierung ein einfach positiv geladenes Ion:

$$A(g) \rightarrow A^+(g) + e^-.$$

A(g) symbolisiert ein Atom eines beliebigen Elements im Gaszustand. Bei einer Ionisierung ist in jedem Fall Energie zuzuführen, da das Elektron gegen die Anziehungskraft des Atomkerns entfernt werden muss. Bei Atomen mit mehreren Elektronen sind neben der ersten noch weitere Ionisierungen möglich. Man nennt die Energie, die erforderlich ist, um das erste Elektron abzuspalten, deshalb auch die *erste Ionisierungsenergie* und die Energie, die aufgewendet werden muss, um das zweite Elektron abzuspalten ($A^+(g) \rightarrow A^{2+}(g) + e^-$), die *zweite Ionisierungsenergie* usw. Je höher die positive Ladung eines Ions ist, umso mehr Energie muss zur Ionisierung aufgebracht werden. Ionen mit Ladungen höher als 3+ sind sehr selten, da die Beträge von I oberhalb der dritten Ionisierungsenergien sehr hoch liegen.
Innerhalb einer *Periode* steigt die Ionisierungsenergie an. Da die Atomradien mit zunehmender Ordnungszahl von links nach rechts abnehmen, wird die Abspaltung eines Elektrons immer schwieriger. Die Edelgase besitzen in der Periode aufgrund abgeschlossener Elektronenschalen ($ns^2\,np^6$) jeweils die höchste Ionisierungsenergie. Die Alkalimetalle, bei denen eine neue Schale begonnen wird, haben die geringsten Ionisierungsenergien. Unregelmäßigkeiten innerhalb einer Periode sind auf die besondere Stabilität gefüllter (z.B. ns^2) und halbgefüllter (z.B. np^3) Orbitale zurückzuführen. Die Ionisierungsenergien spiegeln somit in sehr empfindlicher Weise die Strukturierung der Elektronenhülle in Schalen und Unterschalen wider. In der *Hauptgruppe* nimmt I mit zunehmender Ordnungszahl ab, da die Kern-Elektron-Anziehung auf jeder der hinzukommenden Schalen geringer wird.
Die Abstufung der Ionisierungsenergien soll am Beispiel der Elemente der 1. Hauptgruppe und der 2. Periode gezeigt werden (1 eV = $1{,}6022 \cdot 10^{-19}$ J):

1. Hauptgruppe: I (eV): Li *5,4*; Na *5,1*; K *4,3*; Rb *4,2*; Cs *3,9*.

2. Periode: I (eV): Li *5,4*; Be *9,3*; B *8,3*; C *11,3*; N *14,5*; O *13,6*; F *17,4*; Ne *21,6*.

• **Elektronenaffinität**. Die Elektronenaffinität E_{ea} ist die Energie, die frei wird (negative Werte) oder benötigt wird (positive Werte), wenn an ein neutrales Atom im Gaszustand ein Elektron angelagert wird:

$$A(g) + e^- \rightarrow A^-(g).$$

Es bildet sich ein negativ geladenes Ion. Die Größe von E_{ea} wird durch zwei Effekte beeinflusst: Zum einen wird das ankommende Elektron von der Elektronenhülle des Atoms A abgestoßen, zum anderen wird es vom Atomkern angezogen. Ob Energie für die Bildung von $A^-(g)$ benötigt oder freigesetzt wird, hängt im speziellen Falle davon ab, ob die Abstoßung oder die Anziehung überwiegt. Die Größe von E_{ea} wird demnach im Wesentlichen vom Atomradius bestimmt. Kleinere Atome sollten sich durch eine größere Tendenz zur Elektronenaufnahme auszeichnen als größere, denn in einem kleinen Atom ist das Elektron dem Kern näher.
Entsprechend der Abnahme der Atomradien innerhalb einer Periode von links nach rechts sollten die Elektronenaffinitäten der Elemente mit steigender Kernladungszahl immer negativere Werte annehmen. Diese Tendenz wird im Großen und Ganzen beobachtet, obwohl es einige Ausnahmen gibt, wie an den E_{ea}-Werte der 2. Periode deutlich wird: Li -0,6; Be +2,5; B -0,3; C -1,3; N +0,07; O -1,46; F -3,4; Ne +0,3 (alle Werte in eV). Die Ausnahmen gehen auf eine vollbesetzte 2s-Unterschale (Be) sowie halbbesetzte (N) und vollbesetzte (Ne) 2p-Unterschalen zurück. Diese Elemente besitzen eine relativ stabile Elektronenkonfiguration und nehmen nur ungern ein Elektron auf. Alle Elemente der zweiten Hauptgruppe besitzen positive E_{ea}-Werte.
Halogene weisen die am stärksten negativen Werte auf, da sie durch Aufnahme eines Elektrons eine Edelgaskonfiguration erreichen: E_{ea} (eV): F -3.4; Cl -3.6; Br -3.4; I -3.1. Die abnehmende Tendenz zur Elektronenaufnahme innerhalb der Hauptgruppe (Cl $\rightarrow$ I) ist wiederum mit der in jeder Periode neu hinzukommenden Schale und damit einem zunehmenden Kern-Valenzelektron-Abstand zu erklären. Den ersten Elementen in den Hauptgruppen (B, C, N, O, F) kommt meist eine Sonderstellung zu.

• **Elektronegativität**. Die Elektronegativität χ ist eine der grundlegenden Größen der Chemie. Sie darf nicht mit der Elektronenaffinität verwechselt werden. Die Elektronegativität bildet nicht nur den theoretischen Hintergrund für sich ausbildende Polaritäten innerhalb der Moleküle, intermolekulare Wechselwirkungen und daraus resultierende anomale physikalische Eigenschaften der Stoffe, sie ist in der Mehrzahl der Fälle auch für das vielschichtige Reaktionsverhalten vieler anorganischer und organischer Moleküle verantwortlich.

Die Elektronegativität χ eines Elements ist ein Maß für die Fähigkeit eines Atoms dieses Elements, in einer Atombindung das Bindungselektronenpaar an sich zu ziehen.

H (2,1)						
Li (1,0)	**Be** (1,5)	**B** (2,0)	**C** (2,5)	**N** (3,0)	**O** (3,5)	**F** (4,0)
Na (0,9)	**Mg** (1,2)	**Al** (1,5)	**Si** (1,8)	**P** (2,1)	**S** (2,5)	**Cl** (3,0)
K (0,8)	**Ca** (1,0)	**Ga** (1,6)	**Ge** (1,8)	**As** (2,0)	**Se** (2,4)	**Br** (2,8)

Tabelle 2.4

Elektronegativitätswerte ausgewählter Elemente (nach Pauling)

Die von *Pauling* aufgestellte Elektronegativitätsskala (Tab. 2.4) ordnet die chemischen Elemente nach ihrem elektronegativen Charakter. Die χ-Werte sind relative Zahlen. Ihre Bedeutung besteht in erster Linie darin, qualitative Aussagen beim Vergleich verschiedener Elemente untereinander zu ermöglichen.

Das Fluoratom zieht im Vergleich zu allen anderen Atomen die Elektronen einer Atombindung am stärksten an. Deshalb wurde ihm der höchste Wert (χ(F) = 4,0) zugeordnet. Den niedrigsten Elektronegativitätswert erhielt das Cäsium (χ(Cs) = 0,7). Da Metalle generell leicht Elektronen abgeben, besitzen sie die kleinsten Elektronegativitäten. Sie werden deshalb auch als *elektropositive* Elemente bezeichnet. Bei χ = 2,0 liegt annähernd die Grenze zwischen Metallen ($\chi < 2,0$) und Nichtmetallen ($\chi > 2,0$).

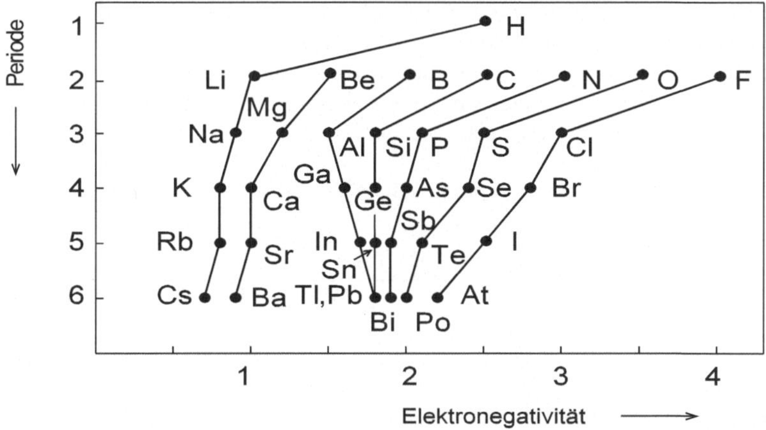

Abbildung 2.10 Elektronegativitätswerte der Hauptgruppenelemente (nach *Pauling*)

Die am stärksten elektronegativen Elemente sind **F > O > N = Cl > Br** (nach Pauling). In Verbindungen dieser Elemente mit Wasserstoff ist mit dem Auftreten von Wasserstoffbrückenbindungen zu rechnen (Kap. 3.4). Innerhalb einer Periode nimmt die Elektronegativität von links nach rechts zu, innerhalb einer Hauptgruppe von oben nach unten ab (Abb. 2.10).

● **Metall- bzw. Nichtmetallcharakter**. Metalle besitzen niedrige Ionisierungsenergien und bilden deshalb leicht Kationen. Der Metallcharakter nimmt innerhalb einer Periode von links nach rechts ab, in der gleichen Weise steigt der Nichtmetallcharakter an. Nichtmetalle sind Hauptgruppenelemente mit einer relativ hohen Elektronegativität. Sie bilden bevorzugt Anionen oder Molekülverbindungen. Innerhalb einer Hauptgruppe nehmen die metallischen Eigenschaften der Elemente von oben nach unten zu. Legt man eine breite Diagonale durch das PSE, beginnend bei Be/B und verlaufend über die Elemente Al, Ga, Ge, Sn bis zu den Elementen Sb und Te, stehen links unten die Metalle und rechts oben die Nichtmetalle. Auf der Diagonale stehen Elemente mit nichtmetallischen und metallischen Modifikationen. Alle Nebengruppenelemente einschließlich der Lanthanoide und Actinoide sind Metalle.

● **Säure-Base-Charakter**. Eng verknüpft mit dem Metall- bzw. Nichtmetallcharakter der Elemente ist ihre Fähigkeit, Säuren bzw. Basen zu bilden. Generell gilt:

Metalloxide bilden Basen, Nichtmetalloxide bilden Säuren.

$$CaO \quad + \quad H_2O \quad \rightarrow \quad Ca(OH)_2$$
Calciumoxid   *Calciumhydroxid*

$$P_2O_5 \quad + \quad 3\,H_2O \quad \rightarrow \quad 2\,H_3PO_4$$
Phosphor(V)-oxid   *Orthophosphorsäure*

CaO ist das **Baseanhydrid** des Calciumhydroxids, P_2O_5 das **Säureanhydrid** der Orthophosphorsäure. Der Basecharakter der Metalloxide nimmt innerhalb einer Periode von links nach rechts ab, der Säurecharakter nimmt zu. Innerhalb einer Hauptgruppe steigt die Tendenz der Oxide, Basen zu bilden, mit zunehmenden metallischen Eigenschaften der Elemente von oben nach unten an. Die Oxide der auf der Diagonale befindlichen Elemente sind **amphoter**, sie verhalten sich je nach Reaktionspartner sauer oder basisch. Von bauchemischer Relevanz ist insbesondere die Amphoterie der Verbindungen Aluminiumoxid Al_2O_3 bzw. Aluminiumhydroxid $Al(OH)_3$ (Kap. 8.2.1).

Tabelle 2.5 Hauptgruppennummer und stöchiometrische Wertigkeit

Wertigkeit	Hauptgruppe							
	I	**II**	**III**	**IV**	**V**	**VI**	**VII**	**VIII**
Höchste Wertigkeit gegenüber Sauerstoff	I	II	III	IV	V	VI	VII	VIII
Sauerstoffverbindung (Elemente 3. Periode)	Na_2O	MgO	Al_2O_3	SiO_2	P_2O_5	SO_3	Cl_2O_7	XeO_4 [1]
Wertigkeit gegenüber Wasserstoff	I	II	III	IV	III	II	I	-
Wasserstoffverbindung (Elemente 3. Periode)	NaH	MgH_2	AlH_3	SiH_4	PH_3	SH_2 (H_2S)	ClH (HCl)	-

[1] Edelgas 5. Periode

● **Stöchiometrische Wertigkeit**. Die stöchiometrische Wertigkeit gibt an, wie viele einwertige Atome oder Atomgruppen (H, Cl, OH) ein bestimmtes Atom oder Ion eines Elements theoretisch binden oder ersetzen kann. Die Wertigkeit wird vor allem durch die Valenzelektronenkonfiguration bestimmt (Tab. 2.6), sie wird deshalb auch als Valenz bezeichnet.

In den Formeln HCl, H_2O, H_2S und CH_4 sind nach dieser Definition die Elemente Chlor einwertig, Sauerstoff und Schwefel zweiwertig und Kohlenstoff vierwertig (bezogen auf die Ersetzung des einwertigen Wasserstoffatoms). In den Formeln $MgCl_2$ und KCl sind Magnesium zwei- und Kalium einwertig.

Die stöchiometrischen Wertigkeiten der Elemente der Hauptgruppen verändern sich innerhalb einer Periode in charakteristischer Weise(Tab. 2.5). Betrachtet man die **Wasserstoff-Verbindungen** der Elemente einer Periode, so nimmt die Wertigkeit von der I. bis zur IV. Hauptgruppe entsprechend der Gruppennummer von 1 nach 4 zu (z.B. 3. Periode: NaH, MgH_2, AlH_3, SiH_4). Die ersten beiden Verbindungen gehören zur Gruppe der salzartigen Hydride. Ihr Gitter besteht aus Metallkationen Na^+ bzw. Mg^{2+} und Hydridionen H^-. In den Hauptgruppen V - VIII geht die Wertigkeit schrittweise auf null zurück (z.B. 2. Periode: NH_3, H_2O, HF, /). Man spricht von einem Dacheffekt.

Von einigen Ausnahmen abgesehen, steigt die maximale *Wertigkeit der Elemente* einer Periode *gegenüber Sauerstoff* entsprechend der Gruppennummer an, von 1 (I. Hauptgruppe, z.B. Na_2O) bis auf 8 (VIII. Hauptgruppe, z.B. XeO_4, Xenon(VIII)-Oxid). Sonderfall Edelgasverbindungen: Oxide sind bis jetzt nur von Xe (5. Periode) bekannt.

Eine Zusammenfassung der Abstufung wichtiger Eigenschaften von Hauptgruppenelementen wird in Tab. 2.6 gegeben.

Tabelle 2.6 Änderung wichtiger Eigenschaften von Hauptgruppenelementen in einer Periode

Eigenschaft	Hauptgruppe						
	I	II	III	IV	V	VI	VII
Valenzelektronen-konfiguration	ns^1	ns^2	ns^2np^1	ns^2np^2	ns^2np^3	ns^2np^4	ns^2np^5
Valenzelektronen	1	2	3	4	5	6	7
Atomradius							
Ionisierungsenergie							
Tendenz zur Bildung von Kationen							
Tendenz zur Bildung von Anionen							
Metallcharakter/ Basizität der Oxide							
Nichtmetallcharakter/ Acidität der Oxide							

3 Chemische Bindung

Chemische Stoffe weisen teilweise sehr unterschiedliche Eigenschaften auf. Betrachtet man beispielsweise solche wichtigen Stoffeigenschaften wie die Löslichkeit oder die elektrische und thermische Leitfähigkeit, so existieren in der Regel signifikante Unterschiede zwischen den Salzen und Oxiden einerseits und den organischen Verbindungen bzw. den Nichtmetallen andererseits. Sie haben ihre Ursache in den spezifischen Wechselwirkungen zwischen den Atomen oder Molekülen.

Je nach der Natur der vorliegenden Wechselwirkung unterscheidet man drei Grenztypen der chemischen Bindung:

- *Atombindung*
- *Ionenbindung*
- *Metallische Bindung.*

3.1 Atombindung (Kovalente Bindung)

3.1.1 Elektronenpaarbindung – Modell von Lewis

Die Atombindung ist das eigentliche Herzstück der chemischen Bindung. Sie ist die wichtigste Art der Bindung **zwischen Nichtmetallen**. Ein anschauliches Bindungsmodell stammt von *Lewis* (1916):

> **Bei einer Atombindung erfolgt der Zusammenhalt zwischen zwei Atomen durch ein gemeinsames Bindungselektronenpaar (*Elektronenpaarbindung*).**

Durch das gemeinsame Elektronenpaar (**Bindungselektronenpaar**) erreichen beide Partner eine Edelgaskonfiguration, also acht Elektronen auf der äußersten Schale (Elektronenoktett). Das Wasserstoffatom bildet eine Ausnahme (s.u.). Die übrigen nicht an der Bindung beteiligten Elektronenpaare eines Atoms werden als **nicht bindende** oder **freie Elektronenpaare** bezeichnet. Kovalente Bindungen sind nur zwischen den zwei beteiligten Atomen wirksam, damit besitzt die kovalente Bindung eine räumliche Vorzugsrichtung. Man spricht deshalb auch von einer gerichteten oder homöopolaren Bindung.

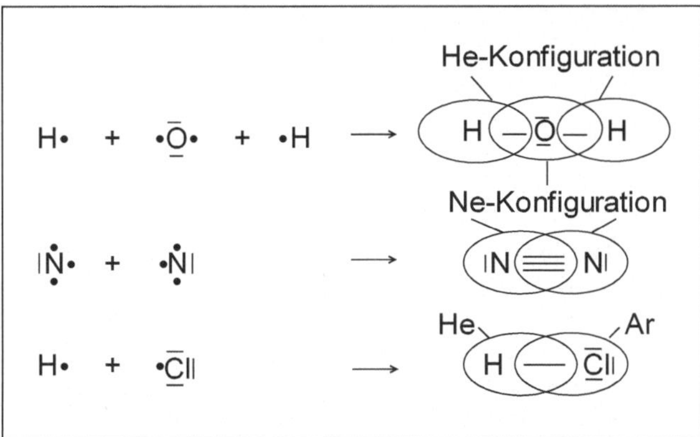

© Springer Fachmedien Wiesbaden GmbH, ein Teil von Springer Nature 2020
R. Benedix, *Bauchemie*, https://doi.org/10.1007/978-3-658-26442-0_3

In den Lewis-Formeln wird ein Bindungselektronenpaar durch einen Strich *zwischen* den Elementsymbolen der an der Bindung beteiligten Atome, ein nicht bindendes Elektronenpaar durch einen Strich *am* Elementsymbol gekennzeichnet (**Valenzstrichformeln**). Die Anzahl der Bindungen pro Atom ergibt sich aus der **Oktettregel**, wonach jedem Atom vier Elektronenpaare – bindend oder nicht bindend – zugeordnet sein müssen (**Achterschale**).

In manchen Molekülen werden zwei, z.B. CO_2 (O=C=O) und Ethen C_2H_4 ($H_2C=CH_2$), oder drei, z.B. N_2 ($|N\equiv N|$) und Ethin C_2H_2 (HC≡CH), Bindungselektronenpaare benötigt, um eine Achterschale zu erreichen. Im ersten Fall liegen Doppel- und im zweiten Fall Dreifachbindungen vor (s. Kap. 10.1.1). Als Element der 1. Periode kann kovalent gebundener Wasserstoff maximal zwei Elektronen aufnehmen und damit die Edelgaskonfiguration des Heliums erreichen (Zwei-Elektronen-Konfiguration).

Ausnahmen von der Oktettregel. Die Oktettregel gilt nur für die Hauptgruppenelemente der 2. Periode, also für C, N, O und F. Allerdings gibt es auch hier bereits Ausnahmen, Beispiele sind die Moleküle NO und NO_2 (s. Kap.5.5.2). Beide Moleküle sind Radikale, besitzen also eine ungerade Elektronenzahl, was mit der Oktettregel prinzipiell nicht vereinbar ist. Man kann für diese Moleküle keine Formel angeben, die die Oktettregel erfüllt. Moleküle aus Nichtmetallelementen mit ungerader Elektronenzahl sind aber eher selten und häufig sehr reaktionsfähig. Sie gehen Folgereaktionen ein und sind deshalb kurzlebig. Häufiger sind Moleküle anzutreffen, die zwar eine gerade Elektronenzahl aufweisen, das Elektronenoktett aber dennoch nicht erreichen. Bekannte Beispiele sind die Borverbindungen, z.B. das Bortrifluorid BF_3 ($\rightarrow$ Elektronensextett).
Auch Sauerstoff erfüllt die Oktettregel nicht (Kap. 5.4.2.1). Das O_2-Molekül ist ein Biradikal, es enthält zwei ungepaarte Elektronen. Die Edelgaskonfiguration erfordert aber gepaarte Elektronen. Anders als NO und NO_2 ist der Sauerstoff jedoch stabil.
Generell gilt, dass die Atome der Elemente der zweiten Periode nie mehr als vier kovalente Bindungen eingehen. Grund: Existenz von *einer* s- und *drei* p-Funktionen. Das Elektronenoktett wird demnach nie überschritten.

In Verbindungen von Elementen höherer Perioden können dagegen mehr als vier kovalente Bindungen formuliert werden. Beispiele sind Phosphorpentachlorid PCl_5 oder Schwefelhexafluorid SF_6.

Cl   Cl
P
Cl   Cl
Cl

F
F   F
S
F   F
F

Um auf dem Boden der Lewis-Theorie zu bleiben, prägte man die Begriffe *Oktetterweiterung* bzw. *Oktettaufweitung*. Zur Erklärung der über das Oktett hinausgehenden Anzahl von Bindungselektronen wurde die Existenz von d-Orbitalen in den höheren Perioden (ab 3. Periode!) herangezogen. Man ging davon aus, dass die d-Orbitale an der Bindungsbildung beteiligt sind, z.B. im Sinne einer sp^3d-Hybridisierung im PF_5 oder einer sp^3d^2-Hybridisierung im SF_6 (Kap. 3.1.3) Detailliertere MO-theoretische Untersuchungen der letzten

Jahre zeigten jedoch, dass die d-Orbitale energetisch zu hoch liegen, als dass sie für die Verbindungsbildung eine Rolle spielen. Alternative Beschreibungen der Bindungsverhältnisse in diesen Molekülen nutzen Mehrzentrenbindungen [Näheres s. AC 1 - 3] oder partiell ionische Formulierungen, z.B. $PF_4^+(F^-)$ für PF_5 oder $SF_4^{2+}(F^-)_2$ für SF_6.

Das Lewis-Konzept liefert die Grundlage für die Deutung der Stöchiometrie zahlreicher Verbindungen. Die oben angeführten Beispiele zeigen jedoch, dass dieses einfache Modell nicht in allen Fällen in der Lage ist, die reale Elektronenstruktur chemischer Verbindungen in adäquater Weise zu beschreiben. Erst die Anwendung der Wellenmechanik führt zu einem tieferen Verständnis der Bindungsverhältnisse [AC 1 - 3].

3.1.2   Überlappung von Orbitalen

Nach der Lewis-Theorie ist eine kovalente Bindung auf ein gemeinsames Elektronenpaar zwischen den verbundenen Atomen zurückzuführen. Ausgehend vom wellenmechanischen Atommodell kann man sich das Zustandekommen einer kovalenten Bindung in folgender Weise erklären: Bewegen sich zwei Atome aufeinander zu, überlappt ein Orbital des einen Atoms, das mit einem ungepaarten Elektron besetzt ist, mit einem Orbital des anderen Atoms, das ebenfalls mit einem ungepaarten Elektron besetzt ist. Unter der **Orbitalüberlappung** ist das Durchdringen zweier Ladungswolken zu verstehen. Es kommt zu einer Konzentration von Elektronendichte im Gebiet zwischen den Kernen, die dem Lewisschen Bindungselektronenpaar entspricht. Je stärker zwei Atomorbitale überlappen, umso stärker ist die Elektronenpaarbindung.
Voraussetzung für eine effektive Wechselwirkung zweier Orbitale sind vergleichbare Energien und gleiche Symmetrie der Orbitale.

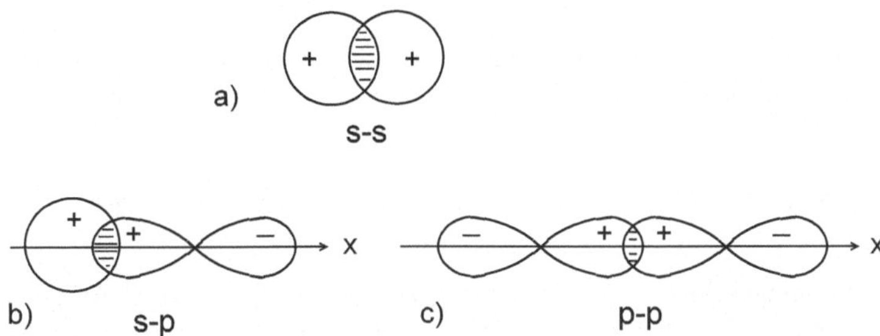

Abbildung 3.1 Überlappung von Atomorbitalen: a) s-s-σ-Bindung, b) s-p-σ-Bindung und
c) p-p-σ-Bindung; als Kernverbindungslinie wurde die x-Achse gewählt

Stellt man nicht das Quadrat des winkelabhängigen Teils der Wellenfunktion, sondern die Winkelfunktion selbst dar (s. Kap. 2.1.3.2), erhält man für das totalsymmetrische s-Orbital ein positives Vorzeichen (Abb. 3.1a). Für die p-Orbitale (gleiches gilt für die d-Orbitale!) ergeben sich dagegen Bereiche unterschiedlichen Vorzeichens (Abb. 3.1 und 3.2). Eine Bindung kommt dann und nur dann zustande, wenn die überlappenden Orbitale gleicher Symmetrie ein gleiches Vorzeichen besitzen, so dass eine positive Überlappung (Überlappungsintegral $S > 0$) resultiert. Das heißt für den Fall zweier überlappender p-Funktionen, dass zwei positive (oder zwei negative!) Orbitalbereiche der wechselwirkenden p-Funktio-

nen zweier Atome überlappen müssen. Gleich große positive und negative Überlappungs-
bereiche kompensieren sich und die resultierende Überlappung ist null (Abb. 3.2b). Im
einfachsten Falle überlappen die totalsymmetrischen s-Orbitale zweier Atome (Abb. 3.1a).

Liegen die wechselwirkenden Orbitale *in der Kernverbindungslinie* beider Atome, spricht
man von einer **σ-Überlappung**. Zur σ-Überlappung sind neben s-Orbitalen vor allem p-
Orbitale in der Lage, die rotationssymmetrisch in der Kernverbindungslinie liegen (Abb.
3.1b und c). Bei der σ-Überlappung erfolgt eine maximale Überlappung der Orbitale. Sie
führt zu einem Minimum der Energie des bindenden Systems.

Überlappen zwei Orbitale, die senkrecht zur Kernverbindungslinie zweier Atome stehen,
resultiert eine **π-Überlappung**. Die Orbitalüberlappung erfolgt zu beiden Seiten der Kernverbindungslinie (Abb. 3.2). Die Überlappungsregion einer σ-Überlappung ist größer als
die einer π-Überlappung, da sich zwei zur σ-Wechselwirkung befähigte p-Orbitale naturgemäß räumlich deutlich näher kommen als zwei wechselwirkende p_π-Orbitale. σ-Bindun-
gen sind folglich stabiler als π-Bindungen.

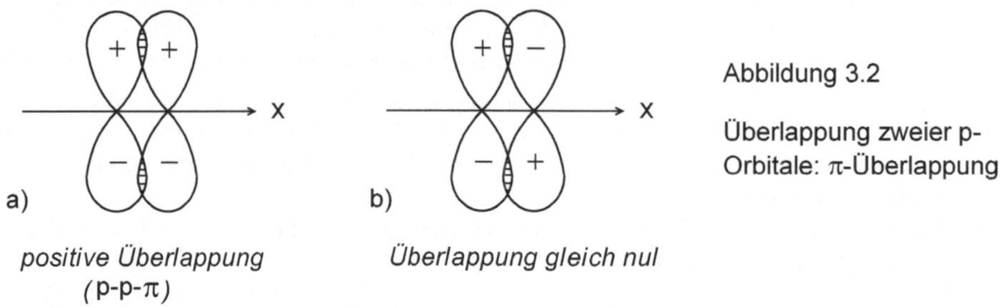

positive Überlappung
(p-p-π)

Überlappung gleich nul

Abbildung 3.2

Überlappung zweier p-
Orbitale: π-Überlappung

Die Reaktivität zahlreicher organischer Verbindungen wird sehr wesentlich durch das Vorliegen von σ- und/oder π-Bindungen, d.h. Einfach- oder Mehrfachbindungen bestimmt
(Kap. 10.1).

3.1.3   Räumliche Struktur der Moleküle: Hybridisierungsmodell

Das Kohlenstoffatom hat im Grundzustand ($1s^2$ $2s^2$ $2p_x^1$ $2p_y^1$) nur zwei einfach besetzte
Orbitale zur Verbindungsbildung zur Verfügung. Bei Bindung zweier H-Atome entsteht
das Molekül CH_2, ein *Carben*. Da Carbene, allgemeine Formel: CR_2, aufgrund zweier bin-
dender und eines nicht bindenden Elektronenpaars lediglich ein Elektronensextett besitzen
(der Winkel zwischen den Elektronenpaaren beträgt 120°!), sind sie extrem reaktionsfähig.
Sie treten als instabile Zwischenprodukte in organischen Reaktionen auf.

Normalerweise gehen vom Kohlenstoff *vier* Elektronenpaarbindungen aus. Das Molekül
des einfachsten stabilen Kohlenwasserstoffs, des Methans CH_4, ist tetraedrisch aufgebaut
und besitzt vier äquivalente (gleichwertige) C-H-Bindungen. Daraus folgt, dass das C-
Atom im Bindungszustand vier völlig gleichwertige Orbitale aufweisen muss, die auf die
Ecken eines Tetraeders gerichtet sind. Der *Tetraederwinkel* ($\angle$ H-C-H) beträgt 109,5°. Die
dem Kohlenstoffatom zur Bindungsbildung zur Verfügung stehenden Atomorbitale $2s$, $2p_x$,
$2p_y$ und $2p_z$ erfüllen die Erfordernisse zur Ausbildung tetraedrisch ausgerichteter Bindun-

gen jedoch nicht. Das 2s-Orbital ist kugelsymmetrisch, während die drei 2p-Orbitale auf den Achsen eines kartesischen Koordinatensystems liegen.

Einen vernünftigen Ausweg aus diesem scheinbaren Dilemma liefert das Modell der **Hybridisierung**. Grundidee dieses von *L. Pauling* 1931 entwickelten Modells ist die mathematische Linearkombination („Hybridisierung", Mischung) der s- und p-Orbitale der Valenzschale mit dem Ziel, die experimentellen Bindungsrichtungen eines Zentralatoms durch einen Satz äquivalenter Hybridorbitale zu beschreiben. Diese Hybridorbitale sind dann in der Lage, die Bindungen auszubilden. Das bedeutet, um wieder zum Beispiel des CH_4-Moleküls zurückzukehren, aus einer 2s- und drei 2p-Funktionen der Valenzschale des C-Atoms sind vier untereinander gleichwertige Hybridorbitale zu konstruieren.

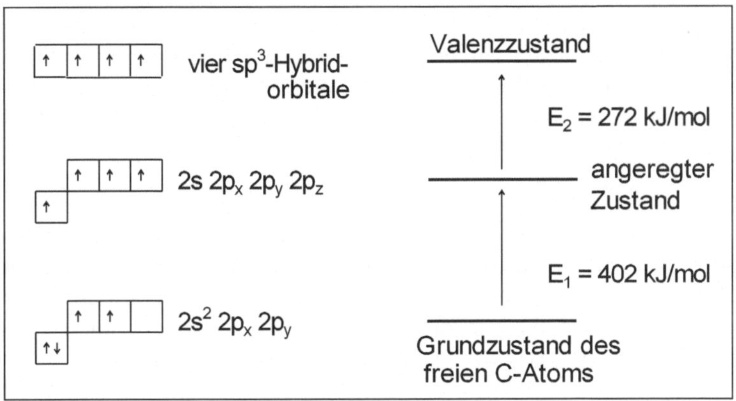

Abbildung 3.3 C-Atom: Schematische Darstellung der Energiezustände bei der sp³-Hybridisierung

sp³-Hybridisierung. Damit es zu einer Hybridisierung von s- und p-Orbitalen kommt, muss eine energetische Angleichung beider Orbitaltypen erfolgen. Die dafür erforderliche Energie wird durch den Energiegewinn bei der Verbindungsbildung überkompensiert. Der fiktive energetische Ablauf einer sp³-Hybridisierung ist in Abb. 3.3 dargestellt. In einem ersten Schritt wird das 2s-Paar entkoppelt und das frei werdende Elektron besetzt das dritte unbesetzte p-Orbital (etwa das p_z-Orbital). Danach erfolgt im zweiten Schritt die energetische Angleichung und Verschmelzung (Hybridisierung) der s- und p-Orbitale. Es entstehen vier neue, energetisch äquivalente, tetraedrisch ausgerichtete sp³-Hybridorbitale ($\rightarrow$ vierbindiger Valenzzustand).

Die Bezeichnung **sp³** charakterisiert Typ und Anzahl der den Hybridorbitalen zugrunde liegenden Atomorbitale. Sie soll deutlich machen, dass eine energetische Verschmelzung von *einem* s- und *drei* p-Orbitalen erfolgt ist. Durch Überlappung der vier sp³-Hybridorbitale mit den 1s-Orbitalen von vier H-Atomen entsteht das Methanmolekül CH_4 (Abb. 3.4a).

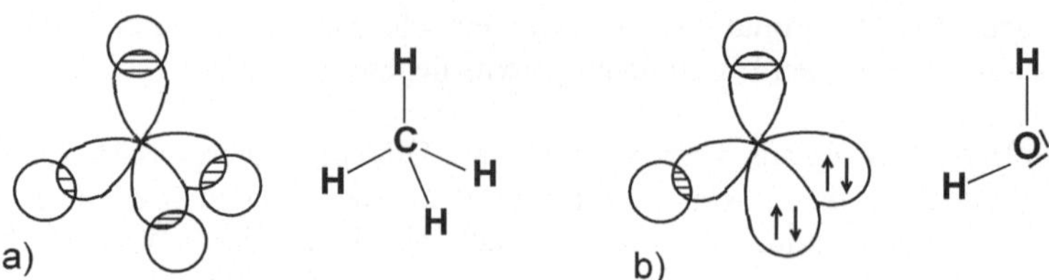

Abbildung 3.4   a) Beschreibung der Molekülgeometrie von Methan CH_4 (sp^3-Hybridisierung des C-Atoms);   b) Beschreibung der Molekülgeometrie des Wasser H_2O (sp^3-Hybridisierung des O-Atoms)

Das Hybridisierungsmodell ist nicht nur auf den Kohlenstoff und seine Verbindungen anwendbar. Es kann zur Diskussion der Geometrie nahezu aller kovalent aufgebauter Haupt- und Nebengruppenverbindungen herangezogen werden. Dabei können auch Elektronenpaare in die Hybridisierung einbezogen werden, die nicht an der Bindung beteiligt sind. Betrachten wir beispielsweise die räumliche Struktur des H_2O-Moleküls und der wichtigen SiO_4-Struktureinheit, die als Grundbaustein im Quarz, in Silicaten und silicatischen Baustoffen enthalten ist (Kap. 9.2).

Geht man beim **H_2O-Molekül** von einer sp^3-Hybridisierung am Sauerstoff (Grundzustandskonfiguration: $1s^2\,2s^2\,2p_x^2\,2p_y^1\,2p_z^1$) aus, stehen nur zwei der vier sp^3-Hybridorbitale für eine Bindung zur Verfügung. Sie überlappen mit zwei Wasserstoff-1s-Orbitalen und bilden die beiden H-O-(σ)-Bindungen aus. Die zwei anderen Hybridorbitale sind bereits mit zwei Elektronen besetzt, d.h. sie sind nicht bindend, was zur bekannten gewinkelten Struktur des H_2O-Moleküls führt. Da ihr Raumbedarf größer ist als der der bindenden Orbitale, ergibt sich ein im Vergleich zum Tetraederwinkel deutlich reduzierter H-O-H-Bindungswinkel von 104,5° (Abb. 3.4b).

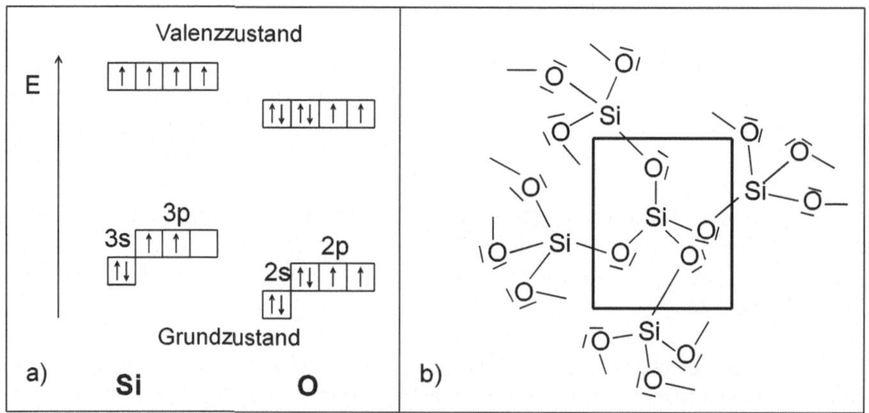

Abbildung 3.5 a) Schematische Elektronenkonfigurationen des Grund- und Valenzzustandes der Silicium- und Sauerstoffatome (sp^3-Hybridisierung); b) Polymere Raumnetzstruktur des Quarzes, eine tetraedrische SiO_4-Struktureinheit ist hervorgehoben

Auch im **Quarz** $(SiO_2)_n$ können die Bindungsverhältnisse durch eine sp^3-Hybridisierung beschrieben werden (3.5a). Durch Überlappung der vier einfach besetzten sp^3-Hybridorbitale des Si-Atoms mit je einem einfach besetzten sp^3-Hybridorbital eines O-Atoms bilden sich tetraedrische SiO_4-Struktureinheiten aus. Da jedes O-Atom noch über ein weiteres einfach besetztes sp^3-Hybridorbital verfügt, wird eine Bindung zu einem zweiten Siliciumatom geknüpft. Dieses ist wiederum von drei Sauerstoffatomen umgeben, so dass eine Raumnetzstruktur mit gewinkelten Si-O-Si-Brücken entsteht (Abb. 3.5b).

sp^2-**Hybridisierung.** Kombiniert man Kohlenstoff-Wellenfunktionen des 2s-Orbitals und *zweier* 2p-Orbitale, entstehen drei sp^2-Hybridorbitale, die in einer Ebene liegen ($\angle$ 120°). Das nicht hybridisierte p-Orbital steht senkrecht auf den drei trigonal-planar angeordneten sp^2-Hybridorbitalen. Die Geometrie des ungesättigten Moleküls Ethen C_2H_4 (Ethylen), Ausgangsprodukt für den Kunststoff Polyethylen, kann durch Wechselwirkung zweier sp^2-hybridisierter C-Atome beschrieben werden. Die σ-Bindung entsteht infolge Überlappung je eines der drei sp^2-Hybridorbitale der C-Atome in der Kernverbindungslinie. Die beiden anderen sp^2-Hybridorbitale pro C-Atom überlappen mit den 1s-Orbitalen zweier Wasserstoffatome, wobei insgesamt vier C-H-σ-Bindungen entstehen. Die beiden senkrecht zur Hybridisierungsebene stehenden p-Orbitale (pro C-Atom eines!) bilden durch Überlappung die π-Bindung (Abb. 3.6a). Im Lewis-Formelbild des Ethens $CH_2 = CH_2$ steht symbolisch ein Bindungsstrich zwischen den C-Atomen für die σ- und der andere für die π-Bindung.

sp-Hybridisierung. Durch Kombination der 2s-Funktion mit *einer* p-Funktion des Kohlenstoffatoms werden schließlich zwei linear angeordnete sp-Hybridorbitale erhalten. Sie dienen zur Beschreibung der Bindung in linearen Molekülen, wie z.B. im Ethinmolekül (C_2H_2). Durch Überlappung je eines sp-Hybridorbitals der beiden wechselwirkenden C-Atome wird eine σ-Bindung geknüpft. Das jeweils verbleibende sp-Hybridorbital überlappt mit dem 1s-Orbital eines Wasserstoffatoms und bildet eine C-H-σ-Bindung aus. Pro C-Atom stehen zwei nicht hybridisierte p-Orbitale für die Ausbildung zweier π-Bindungen zwischen den C-Atomen zur Verfügung. Die Ebenen der wechselwirkenden p_π-Orbitale stehen senkrecht aufeinander (Abb. 3.6b). Im Lewis-Formelbild einer Dreifachbindung, z.B. im Ethin HC≡CH, stehen ein Strich für die σ- und zwei Striche für die π-Bindungen.

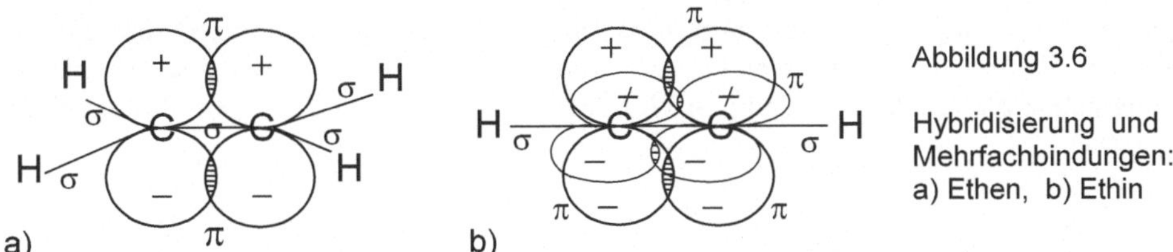

Abbildung 3.6

Hybridisierung und Mehrfachbindungen: a) Ethen, b) Ethin

3.1.4   Polarität einer Bindung – Polare Atombindung

Ionen- und Atombindung stellen Grenztypen der chemischen Bindung dar. In den meisten Verbindungen treten Übergangsformen zwischen diesen Bindungstypen auf. Eine „reine" Atombindung findet man nur zwischen den Atomen des gleichen Elements, z.B. im H_2, F_2 oder P_4. Nur in diesen Fällen sind aufgrund gleicher Elektronegativität (Kap. 2.2.2) der an der Bindung beteiligten Atome die Bindungselektronen symmetrisch zwischen den Atomen verteilt. Atome unterschiedlicher Elektronegativität bewirken eine ungleichmäßige Verteilung des Bindungselektronenpaars zwischen den an der Bindung beteiligten Partnern. Damit fallen die Schwerpunkte negativer (Elektronen) und positiver (Kerne) Ladungsbereiche nicht mehr zusammen, sondern sind räumlich getrennt. Sie kompensieren sich nicht mehr vollständig und es bilden sich Bindungsdipole aus. Eine derartige Bindung, mit einem positiven und einem negativen Pol, bezeichnet man als *polare kovalente Bindung* (kurz: **polare Bindung**).

Bei entsprechender Molekülgeometrie können polare Bindungen die Ursache für das Vorliegen von **Moleküldipolen** sein. Bei Moleküldipolen fallen die Schwerpunkte negativer und positiver Partial- oder Teilladungen im Molekül *nicht* zusammen. Es bilden sich räumlich getrennte Bereiche positiver und negativer Teilladungen mit den Eigenschaften eines Dipols aus. Oder einfacher ausgedrückt: Das Molekül besitzt ein positives und ein negatives „Ende".

Das Vorliegen eines Dipols wird quantitativ durch das **Dipolmoment** μ charakterisiert. μ entspricht dem Produkt aus der (verschobenen) Ladung q und dem Atomabstand d (Bindungslänge). Für das Dipolmoment gilt: $\mu = q \cdot d$, als Einheit ergibt sich Coulomb $\cdot$ Meter (C·m). In der Praxis benutzt man als Einheit meist noch das Debye (D): $1\,D = 3{,}336 \cdot 10^{-30}$ Cm.

Das Dipolmoment ist ein Vektor, dessen Spitze zum negativen Ende des Dipols zeigt. Als vektorielle Größe besitzt μ damit eine Richtung und einen Betrag. Das Dipolmoment eines Moleküls ergibt sich als Vektorsumme der Dipolmomente der einzelnen Molekülteile.

$$+q \quad \bullet\!\!-\!\!-\!\!-\!\!\bullet \quad -q \qquad \longrightarrow$$
$$d \qquad\qquad \mu = q \bullet d$$

Betrachten wir als Beispiel das HCl-Molekül. Infolge der höheren Elektronegativität des Chloratoms ($\chi = 3{,}0$) gegenüber dem H-Atom ($\chi = 2{,}1$) zieht das Chloratom die Ladungswolke des bindenden Elektronenpaares stärker an sich. Der Vektor des Bindungsdipolmoments des HCl-Moleküls zeigt zum negativierten Chlor. Das Dipolmoment beträgt 1,03 D. Die Elektronendichte ist folglich am Chloratom größer als am Wasserstoffatom. An ersterem bildet sich eine negative Partialladung (*Elektronenüberschuss*), an letzterem eine positive Partialladung (*Elektronenunterschuss*) aus. Beide Ladungen besitzen den gleichen Betrag. Sie addieren sich zu null. Die Partialladungen werden durch den griechischen Buchstaben δ charakterisiert und je nach Ladungssinn mit einem Plus- oder Minuszeichen versehen.

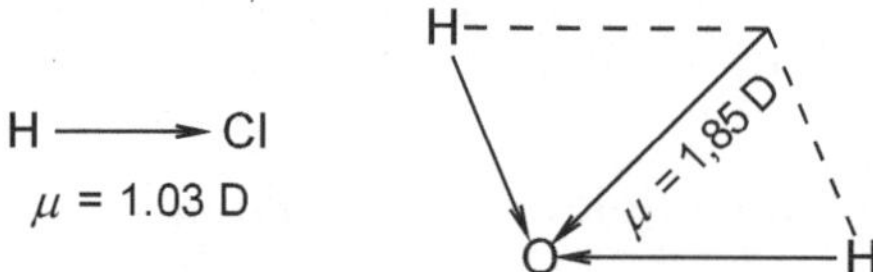

Für die O-H-Bindungen im Wassermolekül ($\chi(O) = 3{,}5$ und $\chi(H) = 2{,}1$) ergibt sich jeweils eine Elektronegativitätsdifferenz von $\Delta\chi = 1{,}4$. Auch hier addieren sich die negative Partialladung am O-Atom und die positiven Partialladungen an den H-Atomen zu null, denn sowohl das HCl- als auch das H_2O-Molekül sind Neutralmoleküle. Für das H_2O-Molekül ergibt sich ein Dipolmoment (Addition der Bindungsdipolmomente der beiden H-O-Bindungen) von $\mu = 1{,}85$ D. Sowohl HCl als auch H_2O sind **Dipolmoleküle**.

Der ionische Anteil der Atombindung wird im Formelbild wie folgt angegeben:

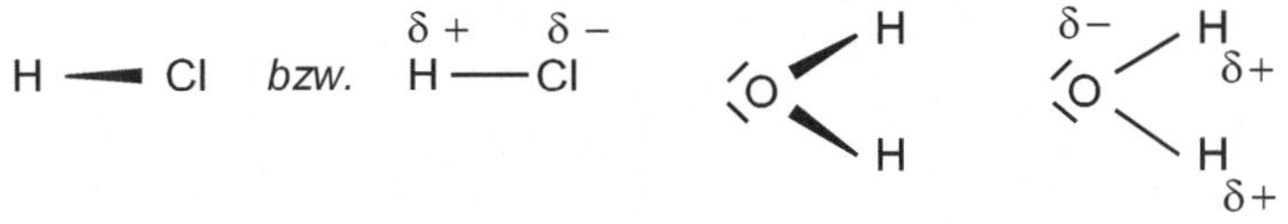

$$H \longrightarrow Cl \quad \textit{bzw.} \quad \overset{\delta+}{H}\text{---}\overset{\delta-}{Cl}$$

In *symmetrischen* Molekülen wie Schwefeltrioxid SO_3 oder Kohlendioxid CO_2 addieren sich die Bindungsdipole vektoriell zu null, die Ladungsschwerpunkte fallen zusammen. Trotz vorhandener polarer Bindungen bilden sich keine Moleküldipole aus. Die Moleküle sind unpolar.

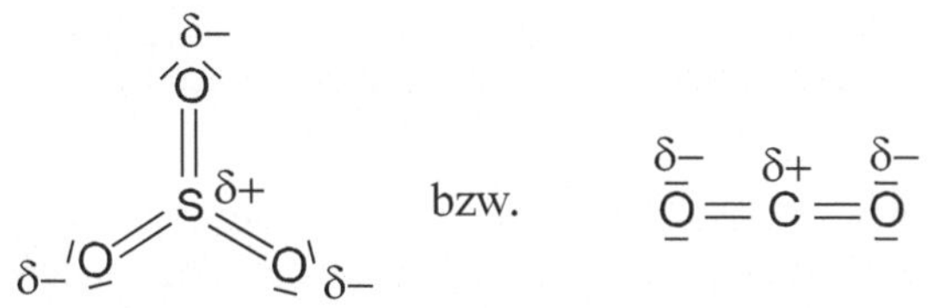

$$\overset{\delta-}{O}=\overset{\delta+}{C}=\overset{\delta-}{O}$$

Die Dipolnatur des Wassers bildet den Hintergrund für die in der Bau- bzw. Baustoffchemie oft verwendete empirische Einteilung des Wassers in „physikalisch gebundenes" Wasser und „chemisch gebundenes" Wasser (Kap. 6.3.1).

Stoffe mit polaren Atombindungen und einer unsymmetrischen Ladungsverteilung bezeichnet man als **polare Stoffe**. Beispiele sind Chlorwasserstoff, Fluorwasserstoff, Wasser und Ammoniak. Polare Stoffe lösen sich im (polarem) Wasser, sie sind **hydrophil** (*wasserfreundlich*). Unpolare Stoffe mit einer symmetrischen Ladungsverteilung im Molekül, z.B. Wasserstoff, Halogene, Stickstoff, Sauerstoff, Methan und SO_3, lösen sich dagegen nur schwer in Wasser. Man bezeichnet sie als **hydrophobe** (*wasserabstoßende*) Stoffe. (Kap. 6.2.2.2).

Zur **Beurteilung des Bindungstyps** in einem Molekül sind die Elektronegativitätsdifferenzen $\Delta\chi$ eine wichtige Orientierungshilfe. Generell ist jede Bindung zwischen Atomen *unterschiedlicher* Elemente polar. Je größer die Differenz der Elektronegativitäten der beiden an der Bindung beteiligten Atome ist, umso polarer ist die Bindung. Wie bereits beschrieben, findet man „rein" kovalente Bindungen nur zwischen gleichen Atomen ($\Delta\chi = 0$). Die häufig in der Literatur anzutreffende **Faustregel**, dass eine Bindung bis zur Elektronegativitätsdifferenz $\Delta\chi = 0{,}4$ (mitunter auch 0,5) unpolar ist, sollte so verstanden werden, dass es für das Verständnis zahlreicher physikalisch-chemischer Eigenschaften sinnvoll ist, diese Bindung als unpolar zu betrachten. So werden z.B. Kohlenwasserstoffe ($\chi(C) = 2{,}5$ und $\chi(H) = 2{,}1 \rightarrow \Delta\chi = 0{,}4$) meist als unpolare Verbindungen betrachtet, da sie sich nicht im polaren Wasser lösen. „*Unpolare Stoffe lösen sich nicht in polaren Lösungsmitteln*" (Kap. 10.1.1). Korrekter wäre es, von schwach polaren Stoffen zu reden.

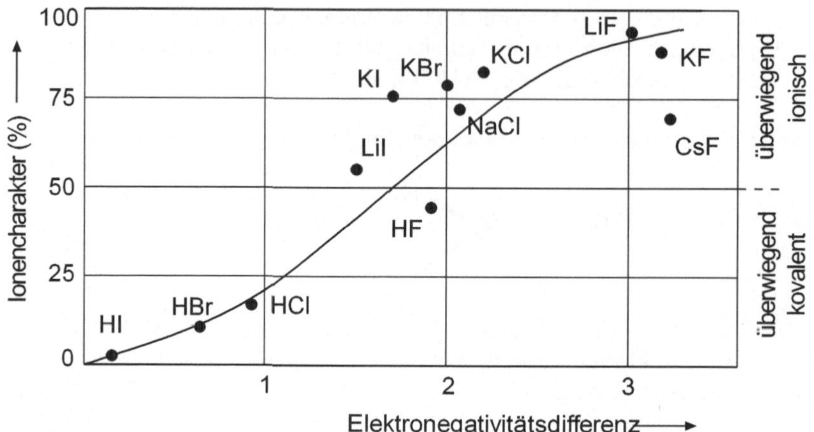

Abbildung 3.7
Prozentualer Ionencharakter einer chemischen Bindung in Abhängigkeit von der Elektronegativitätsdifferenz der Atome. Errechneter Ionencharakter nach Pauling (Kurve) sowie aus experimentellen Ergebnissen berechnete Werte

Im Allgemeinen kann man von einer weitgehend *kovalenten Bindung* ausgehen, wenn die Differenz der Elektronegativitätswerte $\Delta\chi \leq 1,0$ ist. Das trifft beispielsweise auf das oben betrachtete HCl-Molekül zu ($\Delta\chi = 0,9$), aber eben auch auf Kohlenwasserstoffe oder Kohlendioxid ($\Delta\chi = 1,0$).
In Abb. 3.7 ist der prozentuale Ionencharakter einer Bindung ($\Rightarrow 1 - \exp\,[-0,25\,(\chi_A - \chi_B)^2)$ gegen die Elektronegativitätsdifferenzen nach Pauling aufgetragen. Die Elektronegativitätsdifferenz von 1,7 wurde als Grenzwert für die Unterscheidung zwischen ionischer und Atombindung herangezogen ($\rightarrow$ 50% ionische und 50% kovalente Bindung).

Ionenbindungen (Kap. 3.2) bilden sich vor allem zwischen Atomen aus, die mit der Elekronegativitätsdifferenz $\Delta\chi$ über 2,0 liegen. Nach der von Pauling berechneten Kurve ergibt sich für eine Elektronegativitätsdifferenz von 3,3 (Cäsiumfluorid CsF) ein ionischer Anteil von 93%, für eine Differenz von 3,1 (Natriumfluorid NaF) ein ionischer Anteil von 91% und für eine Differenz von 2,1 (Natriumchlorid NaCl) ein ionischer Anteil von 67%. Die Grenzen zwischen den Bindungstypen sind demnach fließend und es gibt zahlreiche Ausnahmen. Sie sind u.a. auf die Größenverhältnisse zwischen den wechselwirkenden Atomen und auf Umgebungseffekte zurückzuführen. So weicht beim Cäsiumfluorid der aus experimentellen Daten ermittelte Wert von 70% ionischem Charakter von der Paulingschen Kurve (93%) deutlich ab. Der Grund ist in der **Polarisierung** des großen Cs^+-Ions durch das kleine Fluoridion F^- zu sehen. Sie führt zu kovalenten Anteilen in der Bindung.

Positive Ionen können die Elektronenhülle von Anionen deformieren (*polarisieren*) und umgekehrt können negative Ionen die Elektronenhülle von Kationen deformieren. Kleine, hochgeladene Kationen wirken besonders stark polarisierend, während großvolumige Anionen (Br^-, I^-) besonders leicht zu polarisieren sind. Zum Beispiel liegt beim Aluminiumfluorid AlF_3 (Smp. 1290°C) eine Ionenbindung, beim Aluminumbromid $AlBr_3$ (Smp. 97°C) dagegen eine polare Atombindung vor.

Die abnehmende Löslichkeit der Silberhalogenide AgX (X = Cl, Br, I) ist ebenfalls auf den Übergang zu polaren Atombindungen infolge Polarisierung der Anionen durch das Silberkation zurückzuführen (Kap. 6.3.3).

Für die Halogenwasserstoffe erhält man nach Pauling für Iodwasserstoff (HI) 4%, Bromwasserstoff (HBr) 11% und Chlorwasserstoff (HCl) 18% Ionencharakter. Diese Werte liegen recht nahe an den experimentellen, aus Dipolmoment-Messungen ermittelten Werten. Für Fluorwasserstoff ergibt sich entsprechend der relativ hohen Elektronegativitätsdifferenz von 1,9 ein ionischer Anteil von 59%. Der experimentell ermittelte Wert liegt bei 43%. HF ist ein polar-kovalent gebundenes Molekül.

3.2 Ionenbindung

3.2.1 Ausbildung von Ionen

Die Ionenbindung ist die wichtigste Art der Bindung *zwischen Metallen und Nichtmetallen*. Sie ist damit der zentrale Bindungstyp der anorganischen Chemie.

Ionenverbindungen entstehen durch Vereinigung von ausgeprägt metallischen mit ausgeprägt nichtmetallischen Elementen, also von Elementen, die im PSE links stehen (Alkalimetalle, Erdalkalimetalle) mit Elementen, die im PSE rechts stehen (Halogene, Sauerstoff).

Aufgrund der großen Elektronegativitätsdifferenz zwischen den beiden Bindungspartnern „entreißt" das Nichtmetall dem Metall seine Valenzelektronen. Bei der Reaktion von Natrium mit Chlor zu Natriumchlorid gibt jedes Natriumatom ein Elektron ab. Das dabei gebildete positiv geladene Ion Na^+ hat die gleiche Elektronenkonfiguration wie das Edelgas Neon ($1s^2\ 2s^2\ 2p^6$). Die Chloratome nehmen jeweils ein Elektron auf und erlangen damit die Elektronenkonfiguration des Edelgases Argon ($1s^2\ 2s^2\ 2p^6\ 3s^2\ 3p^6$). Aus den Chloratomen entstehen durch Elektronenaufnahme Chloridionen Cl^-.

$$Na\bullet \quad + \quad |\overline{Cl}\bullet \quad \longrightarrow \quad Na^+ \quad + \quad |\overline{Cl}|^-$$

Wesentliche Voraussetzung für das Zustandekommen einer Ionenbindung ist der vollständige Übergang eines Elektrons vom Metall- zum Nichtmetallatom. Dabei entstehen positiv geladene Ionen (Kationen) und negativ geladene Ionen (Anionen).

Mit der Erlangung der Elektronenkonfiguration eines Edelgases, also vollständig besetzte s- und p-Orbitale, liegen die Ionen in einem besonders stabilen, energiearmen Zustand vor.

3.2.2 Wechselwirkung zwischen den Ionen – Gitterenthalpie

Wie oben festgestellt, entstehen Ionenverbindungen überwiegend durch Vereinigung metallischer mit nichtmetallischen Elementen. Reaktionen von Metallen mit Nichtmetallen erfordern mitunter eine starke Aktivierung (Erhitzen, Zünden), verlaufen dann aber meist recht heftig unter Wärme- oder Lichtentwicklung. Es sind exotherme Reaktionen – und es stellt sich die Frage, woher die frei werdende Energie stammt. Um diese Frage zu beantworten, soll am Beispiel der Umsetzung von Natrium mit Chlor die Bruttoreaktion gedanklich in *Teilschritte* zerlegt werden:

Zunächst müssen aus dem als festes Metall vorliegenden Natrium und dem molekular vorkommenden Chlor freie Atome erzeugt werden. Das erreicht man durch Sublimation des Metalls und Aufspalten der Cl_2-Moleküle. In beiden Fällen wird Energie verbraucht. Auch für die Überführung des Natriumatoms in ein Na^+-Ion wird Energie benötigt (*Ionisierungsenergie*). Bei der Bildung des negativ geladenen Chloridions wird ein relativ kleiner Energiebetrag frei (*Elektronenaffinität*). Insgesamt muss für den Prozess der Bildung der gasförmigen Ionen Na^+ und Cl^- Energie aufgewendet werden.

Aufgrund der Coulombschen Anziehung bilden sich im ersten Schritt Ionenpaare Na^+/Cl^-, die sich dann zum Ionengitter des festen Salzes zusammenlagern. Dabei wird ein großer Energiebetrag frei, der umgekehrt beim Verdampfen, aber auch beim Auflösen und Schmelzen des festen Salzes wieder aufgewendet werden muss. Die frei werdende Energie bezeichnet man als **Gitterenergie** bzw. **Gitterenthalpie** ΔH_G bezeichnet. Sie übertrifft die bei der Bildung der gasförmigen Ionen aufgebrachten Energiebeiträge in der Regel deutlich und ist als Ursache für den exothermen Verlauf der Umsetzung von Metallen mit Nichtmetallen anzusehen.

Energiebeiträge bei der Bildung eines Ionenkristalls. Zwischen positiv und negativ geladenen Ionen bestehen elektrostatische Anziehungskräfte. Sie werden durch das **Coulombsche Gesetz** (3-1) beschrieben. Für die Anziehungskraft F in einem Ionenpaar ergibt sich:

$$F = \frac{z_K \cdot e \cdot z_A \cdot e}{\varepsilon_{rel} \cdot r^2}$$

z_K, z_A	Ladungszahl des Kations bzw. Anions (3-1)
e	Elementarladung
ε_{rel}	relative Dielektrizitätskonstante
F	Anziehungskraft zwischen den Ionen
r	Abstand zwischen Kation und Anion.

Bereits bei relativ großen Ionenabständen wird Coulombenergie frei (Abb. 3.8), bei Annäherung der Ionen wächst sie mit 1/r. Mit abnehmenden Ionenabstand steigt gleichzeitig die Abstoßungsenergie rasch an. Kationen und Ionen nähern sich demnach nur bis zu einer bestimmten Entfernung an, da die Abstoßungskräfte der Elektronenhüllen zu wirken beginnen. Im Gleichgewichtszustand ist die Summe von Coulombenergie und Abstoßungsenergie minimal. Die resultierende Gitterenergie durchläuft ein Minimum. Die Lage des Minimums entspricht dem Gleichgewichtsabstand r_o der Ionen im Kristallgitter.

> **Die Gitterenergie (-enthalpie) ist die bei der Bildung eines Ionengitters aus den gasförmigen Ionen frei werdende Energie. Sie ist ein Maß für die Stärke der Bindung zwischen den Ionen eines Kristalls.**

Die Gitterenthalpie ist umso größer, je kleiner die Ionen und je höher geladen sie sind. Die Anordnung von Kationen und Anionen im Gitter hängt von der stöchiometrischen Zusammensetzung der Ionensubstanz und vom Verhältnis der Ionenradien ab.

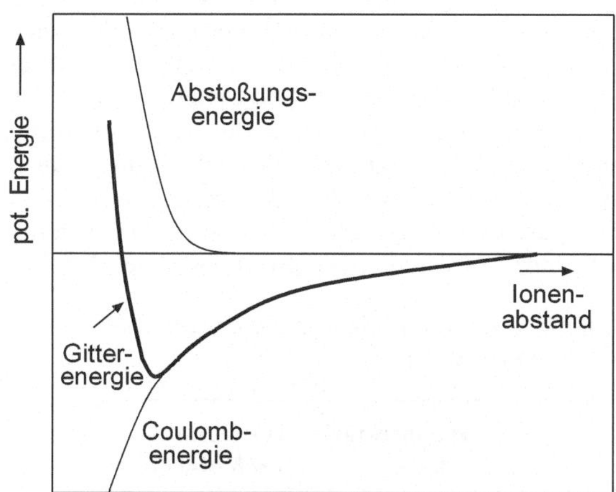

Abbildung 3.8

Energiebeiträge bei der Bildung eines Ionenkristalls als Funktion des Ionenabstands

Im Gegensatz zur kovalenten Bindung sind die elektrostatischen Wechselwirkungskräfte *ungerichtete (heteropolare) Kräfte*. Sie wirken nicht in einer bestimmten Vorzugsrichtung, sondern allseitig in den Raum. Damit kann ein Kation mehrere benachbarte Anionen und ein Anion mehrere benachbarte Kationen anziehen. Die auftretenden Anziehungs- und Abstoßungskräfte führen zu einer regelmäßigen Anordnung von Kationen und Anionen unter Ausbildung eines Ionengitters (Ionenkristalls).

3.2.3 Eigenschaften von Ionenverbindungen

- Ionenverbindungen leiten sowohl in wässriger Lösung als auch in geschmolzenem Zustand den elektrischen Strom.
- Salzkristalle sind **harte, spröde Stoffe**, die bei mechanischer Beeinflussung leicht zerstört werden können.
- Im Vergleich zu den molekularen Stoffen besitzen sie **hohe Schmelz- und Siedepunkte**. Die hohen Temperaturen beim Schmelzen eines Salzes (z.B. NaCl, Smp. 801°C) sind notwendig, um die starken Anziehungskräfte zwischen den Ionen zu überwinden und sie in bewegliche Teilchen in der Schmelze zu überführen.

Zwischen der Gitterenergie und der Schmelztemperatur von Salzen besteht ein unmittelbarer Zusammenhang (Tab. 3.1). Ausnahmen, wie z.B. BeO, sind ein Beleg dafür, dass die Schmelztemperatur einer Verbindung noch von weiteren Faktoren wie etwa vom Gittertyp abhängt. Wie die in Tab. 3.1 angeführten Härtegrade nach *Mohs* zeigen, wirkt sich die Stärke der Anziehungskräfte im Gitter auch auf die Härte der Ionenverbindungen aus. Die 1812 von *Friedrich Mohs* aufgestellte qualitative Härteskala (**Mohssche Härteskala**) ermöglicht eine bequeme Abschätzung der Härte von Mineralen und Metallen nach zehn Härtegraden. Dabei ist jeder Mohssche Härtegrad durch ein Referenzmineral gekennzeichnet. Nach steigenden Härtegraden (jeweils in Klammern) ergibt sich:

Talk $Mg_3(OH)_2[Si_2O_5]_2$ (**1**), Gips $CaSO_4 \cdot 2\,H_2O$ (**2**), Kalkspat $CaCO_3$ (**3**), Flussspat CaF_2 (**4**), Apatit $Ca_5(PO_4)_3(OH,Cl,F)$ (**5**), Kalifeldspat $K[AlSi_3O_8]$ (**6**), Quarz SiO_2 (**7**), Topas $Al_2F_2[SiO_4]$ (**8**), Korund Al_2O_3 (**9**) und Diamant C (**10**).

Jedes der angeführten Minerale ritzt das vor ihm stehende und wird vom nachfolgenden geritzt. Infolge der ungleichen Abstände zwischen den einzelnen Härtestufen - der Unterschied zwischen den Ritzhärten 9 und 10 ist größer als der zwischen 1 und 9 (!) - ist die Mohssche Skala für exakte Angaben unbrauchbar. Eine heute in der Technik weit verbreitete Härteangabe ist die **Vickers-Härte** VH (Angabe in N/mm^2). Bei der Härteprüfung nach Vickers drückt eine Diamantpyramide mit einer genormten Prüfkraft auf die zu untersuchende Probe (etwa eine Stahlprobe). Der Winkel zwischen den gegenüberliegenden Seiten beträgt 136°. Die Einwirkungsdauer der Kraft liegt bei etwa 10...15 s. Aus dem Mittelwert der Diagonalen des entstandenen Eindrucks wird der Härtewert berechnet [BK 1].

Tabelle 3.1   Gitterenergien, Schmelztemperaturen und Härtegrade einiger ausgewählter Ionenverbindungen [AC 3]

Verbindung	Gitterenergie (in kJ/mol, 25 °C)	Schmelztemperatur (in °C)	Härtegrad (nach Mohs)
BeO	4519	2570	9,0
MgO	3920	2642	6
CaO	3513	2570	4,5
SrO	3282	2430	3,5
BaO	3114	1925	3,3
NaCl	-788	800	2,5
KCl	-703	770	2,2

In der chemischen Literatur wird häufig statt von Ionenbindung von **Ionenbeziehung** gesprochen. Damit soll deutlich gemacht werden, dass der Zusammenhalt zwischen den Atomen nicht durch ein gemeinsames Bindungselektronenpaar (Kap. 3.1.1), sondern durch die elektrostatische Wechselwirkung zwischen den Ionen des Gitters bewirkt wird.

3.3   Metallbindung

3.3.1   Eigenschaften von Metallen – Metallischer Zustand

Während Nichtmetalle mitunter stark voneinander abweichende physikalisch-chemische Eigenschaften aufweisen, sind die Metalle untereinander recht ähnlich. Mit Ausnahme von Quecksilber sind alle Metalle bei Zimmertemperatur fest, obwohl ihre Schmelzpunkte ein relativ großes Temperaturintervall überstreichen. Quecksilber schmilzt beispielsweise bereits bei -39°C, Wolfram erst bei +3410°C. Metalle besitzen eine verhältnismäßig hohe Dichte und sind gute Leiter für Wärme und Elektrizität. Daher fassen sich ihre Oberflächen im Gegensatz zu Kunststoff- oder Holzoberflächen eher kalt an. Das Metall mit der höchsten elektrischen Leitfähigkeit (auch: elektrisches Leitvermögen) ist Silber ($\kappa = 6,3 \cdot 10^{-5}$ S/cm), gefolgt von Kupfer ($\kappa = 5,8 \cdot 10^{-5}$ S/cm), Gold ($\kappa = 4,5 \cdot 10^{-5}$ S/cm) und Aluminium ($\kappa = 3,77 \cdot 10^{-5}$ S/cm).
Metalle besitzen eine gute mechanische Festigkeit, Elastizität und lassen sich verformen. Durch ihr hohes Lichtreflexionsvermögen weisen sie einen starken (metallischen) Glanz auf.

Diese charakteristischen Eigenschaften, die den sogenannten **metallischen Zustand** kennzeichnen, finden ihre Erklärung im Kristallaufbau und den besonderen Bindungsverhältnissen der metallischen Elemente. Ein metallischer Festkörper setzt sich aus einer Vielzahl unregelmäßig geformter, kleiner Kristallite zusammen, die sich beim Erstarren einer Metallschmelze ausbilden. Diese Kristallite (auch: Kristallkörner) stoßen, ähnlich wie die Minerale im Granit, an den Korngrenzen aneinander. Ihre Anordnung kann mit Hilfe eines angeätzten Schliffs des betreffenden Materials sichtbar gemacht werden. Innerhalb der kleinen Metallkristalle nehmen die einzelnen Bauelemente, also die Metallionen, nicht beliebige Lagen ein, sondern besetzen ganz bestimmte Positionen im Raum. Das führt, wie bei Ionenkristallen, zu einem definierten Gitteraufbau (Kap. 3.5.1).

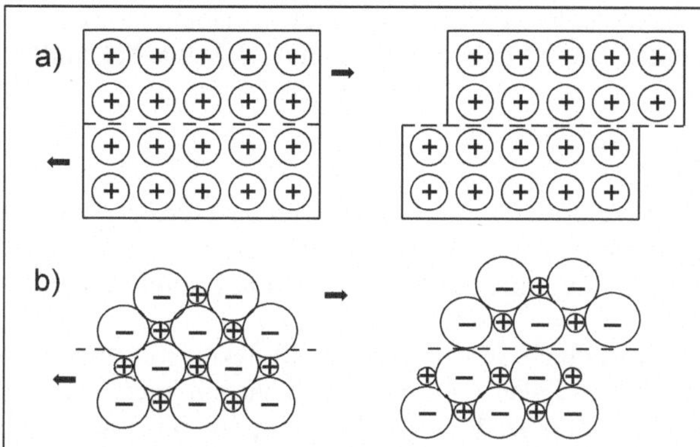

Abbildung 3.9

Änderung der Kristallstruktur

a) eines Metallgitters und
b) eines Ionengitters bei

mechanischer Beanspruchung.

Bindungsverhältnisse in Metallen. Bei den bisher besprochenen beiden Bindungstypen steuern entweder zwei nichtmetallische (elektronegative) Bindungspartner Elektronen zu einem oder mehreren gemeinsamen Bindungselektronenpaaren bei ($\Rightarrow$ *Atombindung*) oder es kommt infolge einer hohen Elektronegativitätsdifferenz zwischen einem Metall (geringe Elektronegativität) und einem stärker elektronegativen Nichtmetall zu einem vollständigen Elektronenübergang ($\Rightarrow$ *Ionenbindung*). Was passiert aber nun im Fall der Metalle? Wie erfolgt die Bindung zwischen Atomen von Elementen niedriger Elektronegativität, die zur Elektronenabgabe neigen? Wohin werden die Elektronen abgegeben, wenn kein Partner zur Verfügung steht, der sie aufnimmt?

3.3.2   Elektronengasmodell

Um 1900 wurde von *Drude* und *Lorentz* eine Modellvorstellung über die Bindung in Metallen entwickelt. Danach sind die Valenzelektronen der Metalle in einem Gitter positiver Metallionen nach Art eines Gases frei beweglich. Die freie Beweglichkeit der Elektronen resultiert aus den im Vergleich zu den Nichtmetallen niedrigeren Ionisierungsenergien. Durch das Elektronengas werden die positiven Atomrümpfe im Metallgitter zusammengehalten.

Die positiv geladenen Atomrümpfe liegen als Gitterbausteine in einem Metallgitter vor, die Valenzelektronen können sich wie Gasmoleküle zwischen den Atomrümpfen frei bewegen.

Die hohe elektrische Leitfähigkeit und der metallische Glanz sind auf die frei beweglichen Elektronen zurückzuführen, die bei Anlegen einer äußeren Spannung zu einer Bewegung in Richtung positiver Pol gezwungen werden. Die Abnahme der Leitfähigkeit mit steigender Temperatur beruht auf den immer stärker werdenden Schwingungen der Atomrümpfe. Der elektrische Widerstand des Metalls nimmt zu.

Da das Elektronengas das Kristallgitter zusammenhält, können die Atomrümpfe benachbarter Schichten aneinander vorbeigleiten, ohne dass der Kristallverband zerstört wird. Damit ist auch eine Erklärung für die Verformbarkeit der Metalle gegeben. Ganz anders reagieren Salzkristalle auf mechanische Beanspruchung. Sie spalten entweder entlang der Schichten auf oder sie splittern bzw. zerspringen. Ursache ist die abwechselnde Anordnung positiver und negativer Ladungen im ionischen Kristallgitter. Wenn sich bei mechanischer Beanspruchung gleichsinnig geladene Ionen benachbarter Schichten annähern (Abb. 3.9 b), sprengen die Schichten infolge starker elektrostatischer Abstoßung auseinander und der Kristall wird zerstört.

3.3.3   Energiebändermodell

Zur Diskussion der unterschiedlichen elektrischen Leitfähigkeiten von Metallen, Halbleitersubstanzen und nicht leitenden Stoffen (Isolatoren) wird in der Regel das auf der Molekülorbital-Theorie der chemischen Bindung aufbauende **Energiebändermodell** herangezogen.

Betrachten wir zunächst zwei Wasserstoffatome. Bilden beide ein Molekül, so kombinieren die beiden 1s-Orbitale zu zwei Molekülorbitalen (MOs). Es entsteht ein energieärmeres (bindendes) und ein energiereicheres (antibindendes) MO, bezogen auf die Energie der ursprünglichen Atomorbitale. Mit anderen Worten, es entstehen zwei neue **Energieniveaus**. Im Metallverband kombinieren sehr viele gleiche Metallatome miteinander. Aus N äquivalenten Atomorbitalen bilden sich N Molekülorbitale, die über den gesamten Metallkristall delokalisiert (verteilt) sind und die sich energetisch nur wenig unterscheiden. Ist N sehr groß – und davon kann man im Metallverband ausgehen – sind die Energiedifferenzen zwischen den Energieniveaus so gering, dass zwischen den Niveaus der einzelnen MOs nicht länger differenziert werden kann. Sie verschmelzen zu einem Energieband (Abb. 3.10).

Ein Energieband besteht aus einer Vielzahl messtechnisch voneinander nicht unterscheidbarer Energieniveaus.

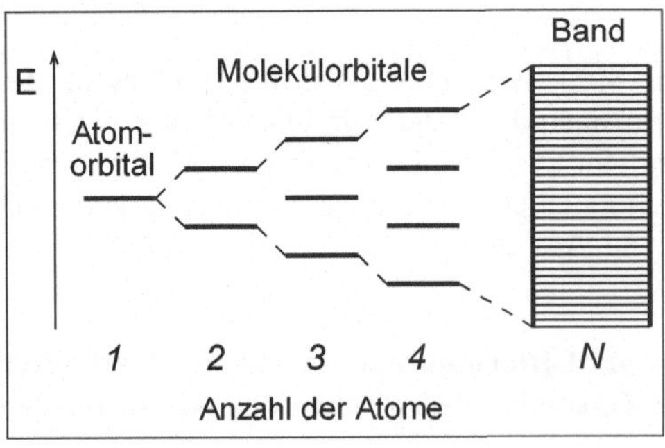

Abbildung 3.10

Entstehung eines Energiebandes durch Wechselwirkung der Orbitale von Metallatomen

Jedes Energieband ist durch seine Haupt- und Nebenquantenzahl charakterisiert. Das äußere ganz oder teilweise gefüllte Energieband wird als **Valenzband**, das nächsthöhere nicht besetzte Band als **Leitfähigkeits-** oder **Leitungsband** bezeichnet. In Abb. 3.11 ist das Energiebänderdiagramm des Berylliums ($1s^2\,2s^2$) gezeigt. Das energetisch tief liegende, aus den 1s-Atomorbitalen der Be-Atome gebildete Energieband ist von dem aus 2s-Orbitalen gebildeten Band durch einen Energiebereich getrennt, in dem keine Energieniveaus liegen. Dieser Bereich wird als *verbotene Zone* bezeichnet. Die Energien dieses Bereichs sind für die Elektronen des Metallverbandes verboten. Das 2s-Band ist wie das 1s-Band mit Elektronen voll besetzt. In einem vollständig besetzten Energieband ist keine Elektronenbewegung möglich. Würde beim Be das besetzte 2s-Energieband nicht mit dem unbesetzten 2p-Band überlappen, wäre Beryllium nicht in der Lage, den elektrischen Strom zu leiten. Da jedoch *Valenz- und Leitungsband überlappen*, ist beim Anlegen einer äußeren Potentialdifferenz eine Elektronenbewegung und damit Stromtransport möglich.

Den Valenzelektronen stehen beim Übergang in das Leitungsband ausreichend viele unbesetzte Energiezustände zur Verfügung. Aufgrund der Delokalisation der MOs über den gesamten Atomverband sind sie damit im Kristall frei beweglich. Bei Temperaturerhöhung werden die freien Elektronen durch die stärker werdenden Gitterschwingungen behindert. Die elektrische Leitfähigkeit der Metalle nimmt mit steigender Temperatur ab.

Frei bewegliche Elektronen sind nicht nur die Ursache für die hohe elektrische Leitfähigkeit der Metalle, sondern auch für ihre Wärmeleitfähigkeit. Die Elektronen absorbieren Wärme in Form von kinetischer Energie und leiten sie rasch in den Kristallverband des Metalls ab.

Charakteristisch für Metalle ist eine geringe Energiedifferenz zwischen den s-und den p-Orbitalen gleicher Hauptquantenzahl. Damit können Valenz- und Leitungsband überlappen.

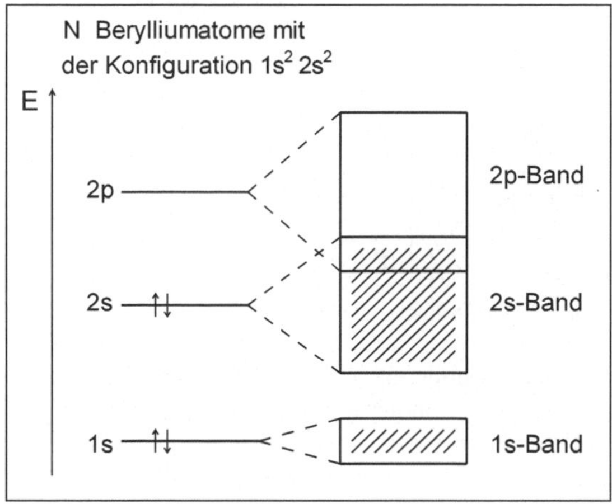

Abbildung 3.11

Besetzung der Energiebänder für Beryllium (Be)

Ist die Zone zwischen besetztem Valenz- und leerem Leitungsband schmal, liegt ein **Halb-leiter** (auch: Eigenhalbleiter) vor (Abb. 3.12d). Bei Zimmertemperatur ist die thermische Energie der Elektronen meist zu gering, um den Abstand zwischen Valenz- und Leitungs-band zu überwinden. Führt man jedoch thermische oder optische Energie zu, können die Elektronen über die verbotene Zone in das Leitungsband gelangen. Im Leitungsband findet die Elektronenleitung statt. Durch die fehlenden Elektronen sind im Valenzband positive Löcher entstanden. Bei einer Elektronenbewegung im Valenzband wandern diese positiven Löcher in entgegengesetzter Richtung (Lochleitung). Der Begriff *Lochleitung* impliziert, dass die Leitfähigkeit im Valenzband durch positive Teilchen der Ladungsgröße eines Elektrons bewirkt wird. Diese fiktiven positiven Ladungsträger werden **Defektelektronen** genannt. Die elektrische Leitung findet damit beim Halbleiter sowohl im Valenz- als auch im Leitungsband statt.

Im Gegensatz zu den Metallen nimmt die elektrische Leitfähigkeit der Halbleiter mit stei-gender Temperatur zu.

Bei anderen Halbleitertypen beruht die Leitfähigkeit auf dem Vorhandensein *überschüssi-ger* Elektronen oder Elektronenleerstellen („Löcher"). Werden beispielsweise Fremdatome von Elementen der 5. Hauptgruppe (z.B. As) in ein Siliciumgitter eingebaut (**Dotierung**), besitzen diese Atome ein Elektron mehr als die Siliciumatome. Man spricht von Donator- oder Donoratomen. Die überschüssigen Elektronen werden vom Rumpf des Fremdatoms nur schwach angezogen und können mit relativ wenig Energie in das Leitungsband über-führt werden. Es liegt eine *Elektronenleitung* vor. Halbleiter dieses Typs gehören zu den **n-Halbleitern**; das n steht für negativ. Im Energiebändermodell liegen die Donatorniveaus der Fremdatome in der verbotenen Zone geringfügig unterhalb des Leitungsbandes.

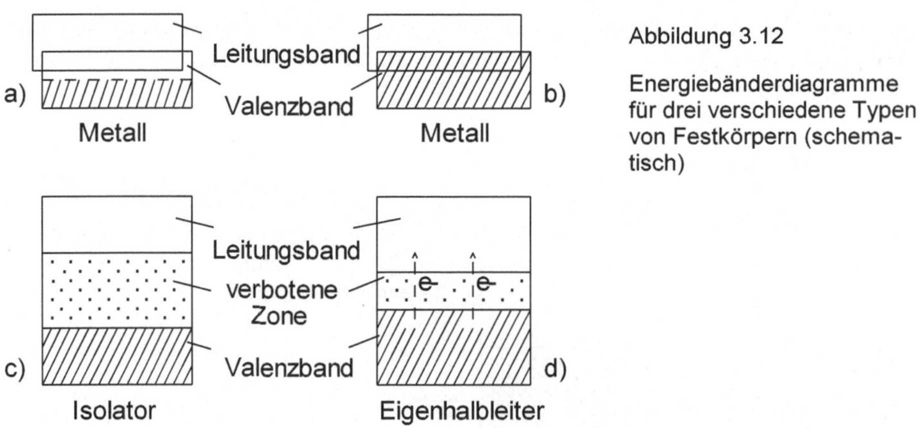

Abbildung 3.12

Energiebänderdiagramme für drei verschiedene Typen von Festkörpern (schema-tisch)

Baut man dagegen Fremdatome der 3. Hauptgruppe, also Atome mit einem Valenzelektron weniger als Si (z.B. Al, In) in das Si-Gitter ein, können nur drei kovalente Bindungen aus-gebildet werden. Hinsichtlich der vollständigen Besetzung der Bindungsorbitale herrscht ein Elektronenmangel, das Valenzband ist nicht mehr vollständig gefüllt. Beim Anlegen einer äußeren Spannung können Elektronen aus den besetzten Orbitalen des Valenzbandes in eines der wenigen unbesetzten Orbitale gelangen. Halbleiter dieser Art werden als **p-**

Halbleiter (p steht für positiv) bezeichnet, da die Fremdatome gegenüber den Si-Atomen des Gitters einen positiven Ladungsüberschuss aufweisen. Es liegt wiederum eine Defektelektronenleitung (p-Leitung) vor. Der Begriff p-Leitung ist insofern etwas irreführend, als dass auch bei einer p-Leitung die Stromleitung durch Elektronen erfolgt. Die Akzeptorniveaus der Fremdatome liegen geringfügig über dem Valenzband. Durch geringe Energiezufuhr können die Elektronen des Valenzbandes die Akzeptorniveaus besetzen. Auch bei den dotierten Halbleitern nimmt die Leitfähigkeit mit steigender Temperatur zu.

Im Falle des **Isolators** ist das voll besetzte Valenzband durch eine breite verbotene Zone vom Leitungsband getrennt (Abb. 3.12c). Wegen der hohen Energien, die erforderlich sind, um Elektronen in das leere Leitungsband zu überführen, finden bei Isolatoren normalerweise keine Elektronenanregungen statt. Die elektrische Leitfähigkeit weist sehr geringe Werte auf, z.B. Diamant $\kappa = 10^{-13}$ S/cm.

3.4   Intermolekulare Bindungskräfte

Zusätzlich zu den drei besprochenen Bindungstypen, die zur Bildung von Molekülen, Atom- oder Ionengittern sowie Metallgittern führen, wirken zwischen den Molekülen *inter-* oder *zwischenmolekulare Bindungskräfte*. Während die Bindungsenergien bei chemischen Bindungen zwischen 100 bis ca. 1000 kJ/mol liegen, sind die intermolekularen Bindungen mit Werten zwischen 0,3...40 kJ/mol deutlich schwächer. Trotzdem sind sie für zahlreiche physikalisch-chemische Phänomene verantwortlich. Zum Beispiel besitzen Verdampfungsenthalpien und Siedepunkte hohe Werte, wenn die Anziehungskräfte zwischen den Flüssigkeitsmolekülen groß sind. Überführt man flüssige Stoffe in den gasförmigen Zustand, wird ein Energiebetrag benötigt, um diese Anziehungskräfte zwischen den Teilchen zu überwinden. Intermolekulare Anziehungskräfte bestimmen auch die physikalischen Eigenschaften von Festkörpern, wie z.B. die Schmelzenthalpie, den Schmelzpunkt und die Härte. Sie sind für den Zusammenhalt von Molekülen im Molekülgitter verantwortlich. Dass eine aus Molekülen aufgebaute Substanz wie Wasser in mehreren Aggregatzuständen auftritt, eben auch in der festen Form als Molekülgitter, ist der beste Beweis für das Vorliegen intermolekularer Anziehungskräfte. Im Gaszustand kann die Wirkung der intermolekularen Wechselwirkungskräfte weitgehend vernachlässigt werden.
Auch zahlreiche technische Phänomene wie die Haftwirkung zwischen Anstrichstoff und mineralischer Oberfläche, die Verklebung von Gläsern und Dämmstoffen oder das Aufsteigen von Wasser im Baustoff sind auf die Existenz intermolekularer Wechselwirkungen zurückzuführen.
Die Anziehungskräfte, die sowohl zwischen Molekülen als auch zwischen valenzmäßig abgesättigten Edelgasatomen wirken, werden als **Van-der-Waals-Kräfte** bezeichnet. Ihre Stärke liegt deutlich unter der kovalenter Bindungen. Trotzdem besitzen sie grundsätzliche Bedeutung, da sie unabhängig vom sonstigen Bindungstyp *immer* wirksam sind. Die Van-der-Waals-Wechselwirkungen setzen sich aus *drei* Anteilen zusammen:

- **Dispersionskräfte** (Dispersionskräfte, *lat.* disperso: Verteilung). Die grundlegende Kraftwirkung zwischen den Molekülen ist die Dispersionskraft. Dispersionskräfte sind auf eine kurzfristige Verschiebung der Elektronen in der Elektronenhülle zurückzuführen. Sie sind in ihrer Richtung statistisch verteilt („dispergiert"). Atome und Moleküle besitzen durch die ständige Elektronenbewegung „momentan" unsymmetrische Ladungsverteilungen. Daraus resultieren kurzzeitige Dipole, die in ihren Nachbarmolekülen wiederum Dipole induzieren. Die Folge sind schwache elektrostatische Anziehungskräfte. Im zeitlichen Mittel kompensieren sich die kurzzeitig auftretenden (fluktuierenden) Dipole.

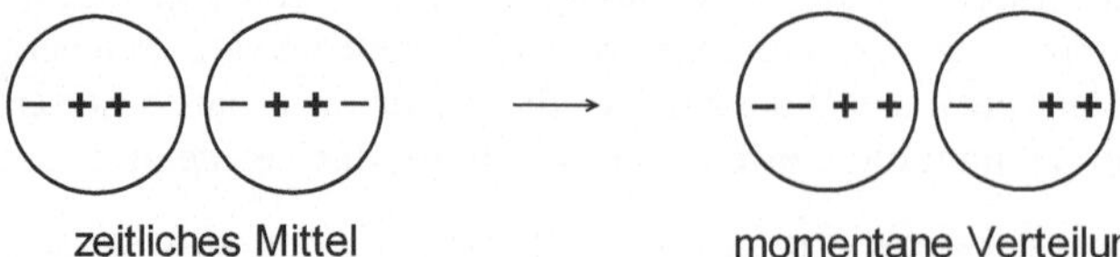

Dispersionskräfte wirken zwischen <u>allen</u> Molekülen, sowohl polaren als auch unpolaren. Zwischen unpolaren Molekülen wie N_2, O_2 und Cl_2 sowie zwischen Edelgasatomen (im flüssigen Zustand) sind Dispersionskräfte die einzige Art der Wechselwirkung.

- **Dipol-Wechselwirkungen**

Orientierungskräfte treten zwischen Dipolmolekülen auf. Sie sind die Ursache für die Ausrichtung polarer Teilchen:

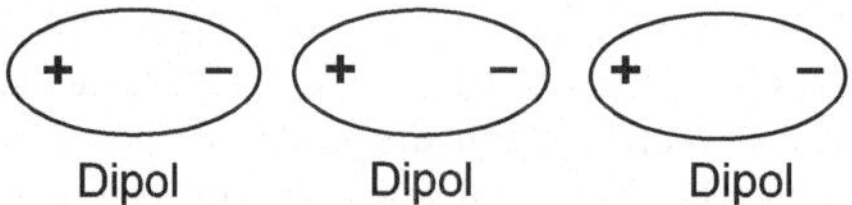

Induktionskräfte wirken zwischen einem Ion bzw. Dipolmolekül und einem Molekül mit symmetrischer Ladungsverteilung (unpolares Molekül). Befindet sich das unpolare Molekül im elektrischen Feld eines Ions oder Dipols, wird durch gegenläufige Verschiebung von negativer und positiver Ladung ein Dipol erzeugt (*Dipol-induzierter-Dipol-Wechselwirkungen*). Ein solcher Fall liegt beispielsweise vor, wenn sich Sauerstoff (unpolar) in polarem Wasser löst.

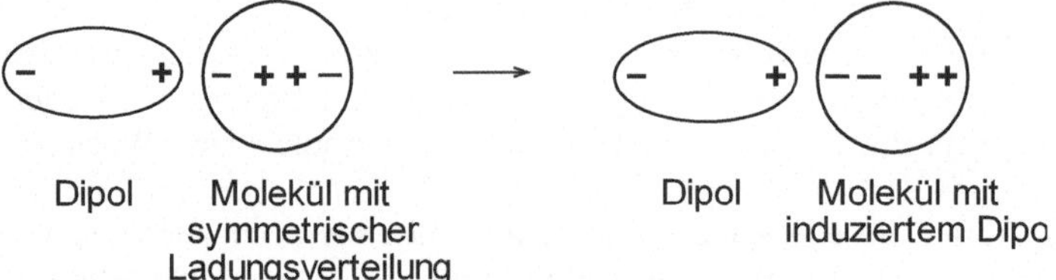

- **Wasserstoffbrückenbindung**

Ein besonderer Fall der intermolekularen Bindung liegt bei der sogenannten Wasserstoffbrückenbindung vor. Sie tritt auf, wenn **H-Atome in Molekülen an kleine, stark elektronegative Elemente X (X = F, O, N) gebunden** sind. Infolge der starken Polarität der Bindung H–X bilden sich an den Wasserstoffatomen positive und an den mit ihnen verbundenen elektronegativen Atomen negative Partial- oder Teilladungen aus. Die Folge ist eine Anziehung zwischen Wasserstoffatom und einem einsamen Elektronenpaar am elektronegativen Atom eines Nachbarmoleküls unter Ausbildung einer Wasserstoffbrücke. Auf diese Weise können große Molekülverbände (Ketten, Gitter) gebildet werden.

Ein partiell positiv geladenes H-Atom des einen Moleküls und ein freies Elektronenpaar am elektronegativen Atom eines Nachbarmoleküls ziehen sich gegenseitig an. Sie bilden eine Wasserstoffbrücke.

Die Wasserstoffbrückenbindung besitzt im Wesentlichen elektrostatischen Charakter, obwohl auch kovalente Bindungsanteile vorliegen (H-Brücken sind *gerichtete* Bindungswechselwirkungen). Die Anziehung zwischen den Molekülen ist umso stärker, je größer die Elektronegativität und je kleiner der Radius des elektronegativen Atoms X sind. Verglichen mit anderen intermolekularen Kräften sind Wasserstoffbrückenbindungen relativ stark (5 - 30 kJ/mol), jedoch schwach im Vergleich zur kovalenten Bindung. Zum Beispiel hat die H-Brückenbindung zwischen zwei Wassermolekülen einen Wert von 25 kJ/mol, die Elektronenpaarbindung einer O-H-Gruppe dagegen einen Wert von 464 kJ/mol. In chemischen Formeln wird die Wasserstoffbrückenbindung häufig durch Punkte symbolisiert, wie

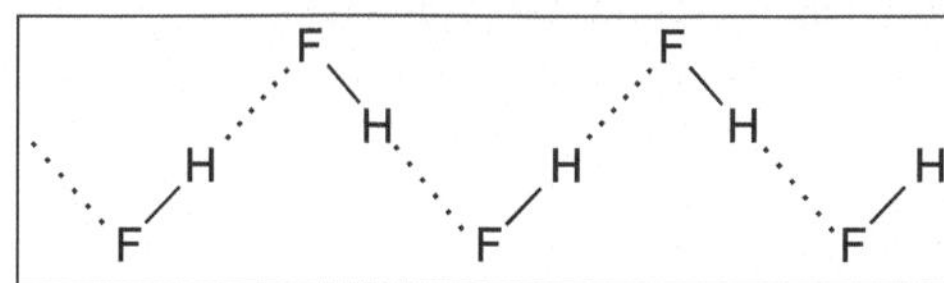

das Beispiel der intermolekularen Wasserstoffbrückenbindungen zwischen Fluorwasserstoff-Molekülen HF zeigt (Struktur im festen Zustand).

Neben intermolekularen H-Brücken können in einigen organischen Molekülen auch H-Brücken <u>innerhalb</u> eines Moleküls auftreten (intramolekulare Wasserstoffbrücken). Beispiele sind Acetessigester (Enolform) und Glycin.

Die besondere Bedeutung der Wasserstoffbrückenbindung für baupraktische Eigenschaften des *Wassers* wird in Kap. 6.2.2 besprochen. Intermolekulare Bindungskräfte bilden die Ursache für die *Haftwirkung* zwischen einer festen Oberfläche und einer zweiten Phase, die entweder aus einzelnen Molekülen, aus Tröpfchen bzw. Pulverpartikeln oder aus einem flüssigen bzw. festen Film bestehen kann. Im technischen Bereich spricht man deshalb auch von **Adhäsionskräften** (Adhäsion, *lat.* adhaesio anhängen, s. Abb. 6.7c). Die Adhäsion kann durch Van-der-Waals-Kräfte, H-Brückenbindungen oder auch „echte" chemische Bindungen bedingt sein. Dahingegen bezeichnet man den durch intermolekulare Kräfte oder chemische Bindungen bedingten Zusammenhalt der Stoffe als **Kohäsion** (*lat.* cohaerere zusammenhängen). Adhäsionskräfte spielen eine zentrale Rolle, z.B. bei der Benetzung von Festkörpern durch Flüssigkeiten, der Zementhydratation, beim Kleben, beim Auftragen von Beschichtungsstoffen und der Herstellung gefüllter Polymere.

3.5 Fester Zustand

Als Festkörper bezeichnet man allgemein Stoffe im festen Aggregatzustand (Feststoffe), die durch ein definiertes Volumen und eine definierte Form charakterisiert sind. Einer Formänderung setzen sie einen hohen Widerstand entgegen. Die den Festkörper aufbauenden Moleküle, Atome oder Ionen sind durch starke Wechselwirkungskräfte (Kovalenz, Ionenbindung, Metallbindung oder zwischenmolekulare Bindungen) miteinander verknüpft. Hinsichtlich der räumlichen Anordnung der den Festkörper aufbauenden Teilchen unterscheidet man kristalline und amorphe Festkörper.

Kristalline Festkörper (**Kristalle**) weisen einen hohen Ordnungsgrad auf. Ihre Atome, Ionen oder Moleküle sind regelmäßig im Raum angeordnet. Der Bereich kristalliner Substanzen ist breit gefächert. Er umfasst Ionenverbindungen (<u>Salze</u>: NaCl, $CaCO_3$; <u>Oxide</u>: CaO, ZnO) und nichtmetallische feste Elemente wie Kohlenstoff, Schwefel, Phosphor und Iod. Er umfasst aber ebenso metallische Elemente (z.B. Fe, Cu), Legierungen (z.B. Messing) sowie Festkörper, deren Gitterbausteine aus Molekülen bestehen (z.B. Zucker). Charakteristisches Merkmal kristalliner Festkörper sind glatte, wohldefinierte Oberflächen (Kristallflächen), die mit der Oberfläche des benachbarten Kristalls genau definierte Winkel bilden.

Feste Stoffe, die nicht in einer solchen geordneten Struktur vorliegen, bezeichnet man als **amorphe Festkörper**. Hier liegen die Atome, Ionen oder Moleküle in einer unregelmäßigen Anordnung vor. Beispiele für amorphe Stoffe: Glas und Gummi.

3.5.1   Struktur kristalliner Festkörper

In kristallinen Festkörpern sind die Atome, Ionen oder Moleküle in symmetrischer und geordneter Weise nach einem bestimmten, sich wiederholenden dreidimensionalen Muster angeordnet. Ihre räumliche Anordnung bezeichnet man als *Kristallstruktur* der jeweiligen Elementsubstanz bzw. Verbindung. Die Symmetrie des Kristalls wird mit Hilfe eines *Kristallgitters* beschrieben. Das Kristallgitter oder kurz Gitter ist aus der gegebenen Kristallstruktur ableitbar, wenn man sich die Mittelpunkte der identischen Bausteine durch Punkte bzw. Gitterpunkte ersetzt denkt. Das Kristallgitter ist eine dreidimensionale, periodische Anordnung von Gitterpunkten, die Orte gleicher Umgebung und Orientierung repräsentieren. Jeder dieser Punkte ist absolut gleichwertig. Im Fall einfacher Ionenkristalle definiert man die Mittelpunkte der Kationen *oder* der Anionen als Gitterpunkte, bei Molekülkristallen die Molekülschwerpunkte.

Durch lückenlose Aneinanderreihung eines kleinen Raumkörpers durch Translation in den drei Raumrichtungen kann das gesamte Kristallgitter aufgebaut werden. Diesen kleinsten Raumkörper nennt man **Elementarzelle**.

> **Die Elementarzelle ist der kleinstmögliche Raumkörper, durch dessen lückenlose, räumliche Aneinanderlagerung das Raumgitter aufgebaut werden kann.**

In einer Elementarzelle nehmen alle vorkommenden Teilchensorten bestimmte Plätze ein. Die chemische Zusammensetzung in einer Elementarzelle muss genau der Zusammensetzung der jeweiligen Substanz entsprechen.

Elementarzellen sind Parallelepipede (= Körper, deren Seiten aus sechs Parallelogrammen bestehen), die durch die Translationsvektoren *a*, *b* und *c* aufgespannt werden. Ihre Beträge a, b, c und die eingeschlossenen Winkel α, β und γ (Abb. 3.13a) bezeichnet man als **Gitterkonstanten**.

Hinsichtlich der geometrischen Form der Elementarzelle können die Gitter in **7 Kristallsysteme** eingeteilt werden (Tab. 3.2). Jede noch so komplizierte Kristallstruktur lässt sich durch „Ineinanderstellen" gleichartiger Gittertypen darstellen.

Innerhalb eines gegebenen Kristallsystems können außer den Eckpunkten der Elementarzelle noch bestimmte weitere Punkte vollständig äquivalent zu den Eckpunkten sein. Elementarzellen, bei denen nur die Eckpunkte äquivalent sind, nennt man **primitiv**. Besitzt eine Elementarzelle noch weitere äquivalente Punkte, spricht man von **zentrierten** Zellen.

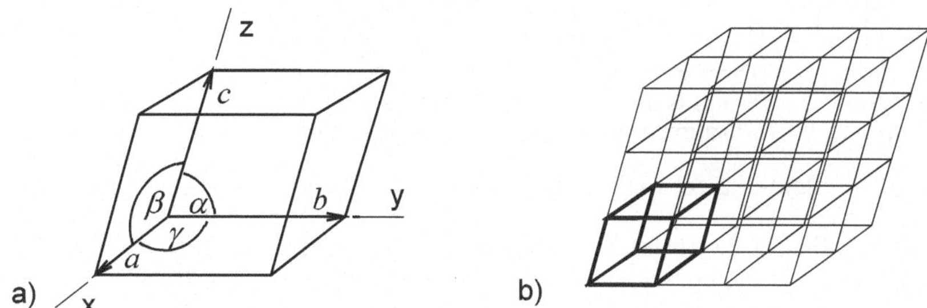

Abbildung 3.13 a) Kubische Elementarzelle mit Gitterkonstanten, b) Kubisch-
primitives Raumgitter; eine Elementarzelle ist hervorgehoben

Abb. 3.14 zeigt die Elementarzellentypen kubischer Kristallgitter. Eine **kubisch-primitive** Elementarzelle enthält von jeder Atomsorte nur ein äquivalentes Atom. Die acht Atome der Eckpunkte der Elementarzelle gehören nur zu einem Achtel zur Elementarzelle, da an jedem Eckpunkt acht Elementarzellen zusammentreffen. Eine **kubisch-raum-** oder **innenzentrierte** Elementarzelle enthält zwei äquivalente Atome: 8 in den Ecken, die zu jeweils einem Achtel zur Elementarzelle gehören und eines in der Zellmitte, das ganz zur Zelle gehört. Bei einer **kubisch-flächenzentrierten** Elementarzelle befinden sich äquivalente Atome in den Ecken der Zelle *und* in der Mitte aller sechs Flächen. Die Atome in der Mitte der sechs Flächen gehören jeweils zwei benachbarten Zellen zur Hälfte an. Da die acht Atome der Eckpunkte wiederum ein Atom ausmachen, die „Flächenatome" insgesamt drei, kommen in diesem Fall auf die Elementarzelle vier äquivalente Atome.

Tabelle 3.2 Die sieben Kristallsysteme

System	Elementarzelle		Beispiele
kubisch	$a = b = c$	$\alpha = \beta = \gamma = 90°$	NaCl, CaO, Diamant (C)
tetragonal	$a = b \neq c$	$\alpha = \beta = \gamma = 90°$	TiO_2 (Rutil)
orthorhom-bisch	$a \neq b \neq c$	$\alpha = \beta = \gamma = 90°$	$CaCO_3$ (Aragonit), $CaSO_4$ (Anhydrit)
monoklin	$a \neq b \neq c$	$\alpha = \beta = 90° \neq \gamma$	$CaSO_4 \cdot 2H_2O$ (Gips, Dihydrat)
triklin	$a \neq b \neq c$	$\alpha \neq \beta \neq \gamma$	$Na[AlSi_3O_8]$ (Albit), $Ca[Al_2Si_2O_8]$ (Anorthit)
rhomboedrisch	$a = b = c$	$\alpha = \beta = \gamma \neq 90°$	$CaCO_3$ (Calcit), SiO_2 (Quarz)
hexagonal	$a = b \neq c$	$\alpha = \beta = 90° ; \gamma = 120°$	H_2O (Eis), C (Graphit)

Insgesamt lassen sich 14 Grund- oder Translationsgitter aufstellen, die als Bravais-Gitter (Anhang 6) bezeichnet werden. Der Koordinatenursprung ist jeweils ein Gitterpunkt. Die sieben Bravais-Gitter, bei denen nur die Eckpunkte besetzt sind, bilden die sieben Kristallsysteme.

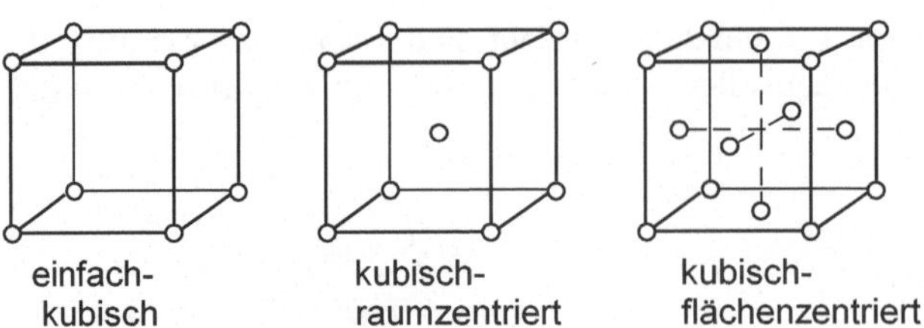

Abbildung 3.14 Elementarzellen-Typen kubischer Kristallgitter

Eine Reihe kristalliner Substanzen zeigt ein **anisotropes** Verhalten. Darunter versteht man die Abhängigkeit bestimmter physikalischer Eigenschaften von der Raumrichtung. Die Anisotropie der Kristalle ist durch ihre Struktur bedingt und äußert sich z.B. in der elektrischen und Wärmeleitfähigkeit, der Spaltbarkeit, der Härte, der thermischen Ausdehnung sowie in optischen Eigenschaften wie der Lichtbrechung. Amorphe Festkörper zeigen ein **isotropes** Verhalten. Ihre physikalischen Eigenschaften sind von der Raumrichtung unabhängig.

3.5.2   Ionische Festkörper

In Ionenkristallen sind Ionen entgegengesetzter Ladung und unterschiedlicher Größe in einem bestimmten stöchiometrischen Verhältnis so gepackt, dass die elektrostatischen Anziehungskräfte die elektrostatischen Abstoßungskräfte überwiegen. Die größte Stabilität ist demnach bei maximalem Kontakt zwischen Kation und Anion und minimalem Kontakt zwischen gleichsinnig geladenen Ionen gegeben.

Die Kristallstruktur einer Ionenverbindung wird wesentlich vom Radienverhältnis der im Kristall vorliegenden Ionen beeinflusst. **Ionenradien** ermittelt man aus den durch Röntgenbeugung bestimmten Abständen zwischen benachbarten Ionen im Kristall, wobei der Ionenabstand als Summe der Radien zweier kugelförmiger Ionen interpretiert wird. Die Aufteilung in zwei Radienwerte ist eine problematische Prozedur und soll im Rahmen des vorliegenden Buches nicht näher besprochen werden.

Als Beispiele sollen ionische Verbindungen von Metallen mit Nichtmetallen des Typs AB (stöchiometrisches Verhältnis 1:1) betrachtet werden, für die vor allem zwei Strukturtypen charakteristisch sind: der Cäsiumchlorid (CsCl)-Typ (Abb. 3.15, 3.16) und der Natriumchlorid (NaCl)-Typ (Abb. 3.17). Der besseren Anschaulichkeit wegen sind die Ionen des Gitters voneinander entfernt liegend dargestellt, in Wirklichkeit können sich Kationen und Anionen im Kristall berühren.

Cäsiumchloridgitter (CsCl-Gitter). Die Cs^+- und Cl^--Ionen bilden kubisch primitive Teilgitter, die in Richtung der Raumdiagonalen versetzt sind. Jedes Cäsiumion ist von acht Chloridionen und jedes Chloridion von acht Cäsiumionen umgeben (Abb. 3.15). Die Koordinationszahl beträgt acht. Die Elementarzelle enthält damit ein Cs^+-Ion und 8/8 Cl^--Ionen, so dass sich ein Verhältnis $Cs^+ : Cl^- = 1:1$ ergibt. Entsprechendes gilt, wenn man das Chloridion als Zentralion betrachtet.
Aus der Packung von acht sich berührenden Kugeln (B^--Ionen) im kubischen P-Gitter erhält man für eine Kugel (A^+-Ion) im Hohlraum einen Radius r, der gleich der halben Wür-

feldiagonale, verringert um den Radius von B^- ist. Damit gilt $3\,r^2(B^-) = (r(B^-) + r(A^+))^2$. Nach $r(A^+) = r(B^-)\{\sqrt{3}-1)\}$ folgt ein theoretisches Radienverhältnis von $r(A^+) : r(B^-) = 0{,}73$.

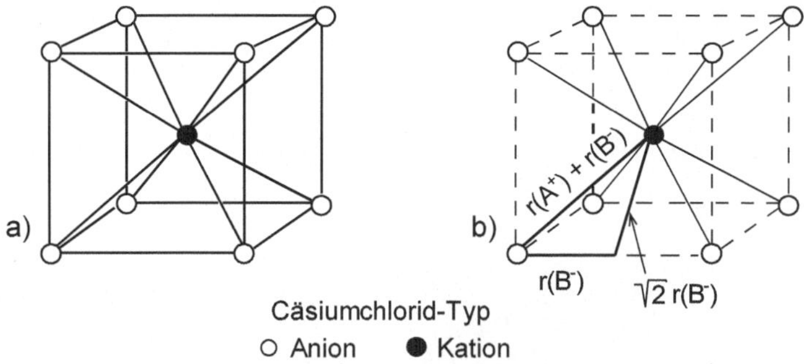

Abbildung 3.15 a) Elementarzelle des Cäsiumchlorids, b) Radienverhältnisse innerhalb der Elementarzelle

Bei größeren Kationen sollte der Gittertyp erhalten bleiben, da weiterhin ein Kation-Anion-Kontakt gewährleistet ist. Wenn das Kation und damit das Radienverhältnis Kation zu Anion jedoch kleiner wird (3.16 b), füllt A^+ den Raum nicht mehr aus und es kommt zu Kontakten zwischen den Chloridionen. Zwischen Kation und Anion gibt es keine Berührungen mehr. In diesem Fall stabilisiert sich die Anordnung durch den Übergang zu einem Gittertyp niedrigerer Koordinationszahl. Der CsCl-Typ ist demnach nur für ein Radienverhältnis $r(A^+)/r(B^-) \geq 0{,}73$ stabil.

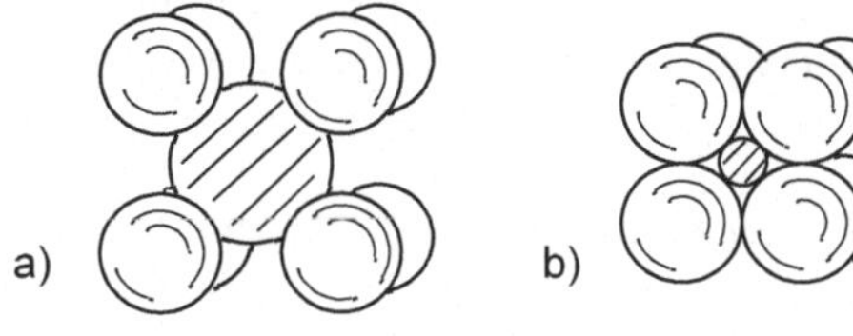

Abbildung 3.16

Der Cäsiumchlorid-Typ
a) mit Kation-Anion-Kontakten,
b) ohne Kation-Anion-Kontakte

Natriumchloridgitter (NaCl-Gitter, Abb. 3.17). Die Na^+- und Cl^--Ionen bilden jeweils kubisch-flächenzentrierte Teilgitter, die durch Translationen ineinander überführt werden können. Jedes Kation ist von sechs Anionen und jedes Anion von sechs Kationen in oktaedrischer Anordnung umgeben. Die Natriumionen besetzen die oktaedrischen Hohlräume, die durch die kubisch dichteste Packung der Chloridionen gebildet werden. Die Koordinationszahl ist sechs. Für das theoretische Radienverhältnis ergibt sich nach $4r^2(B^-) = 2\,(r(A^+) + r(B^-))^2$ ein Wert von $0{,}414$ (Abb. 3.17b). Der NaCl-Typ ist somit nur innerhalb der Radiengrenzwerte $r(A^+)/r(B^-) = 0{,}414$ bis $0{,}73$ stabil.

Die Struktur von Ionenverbindungen ist nur dann stabil, wenn das reale Radienverhältnis größer als der berechnete theoretische Grenzwert ist.

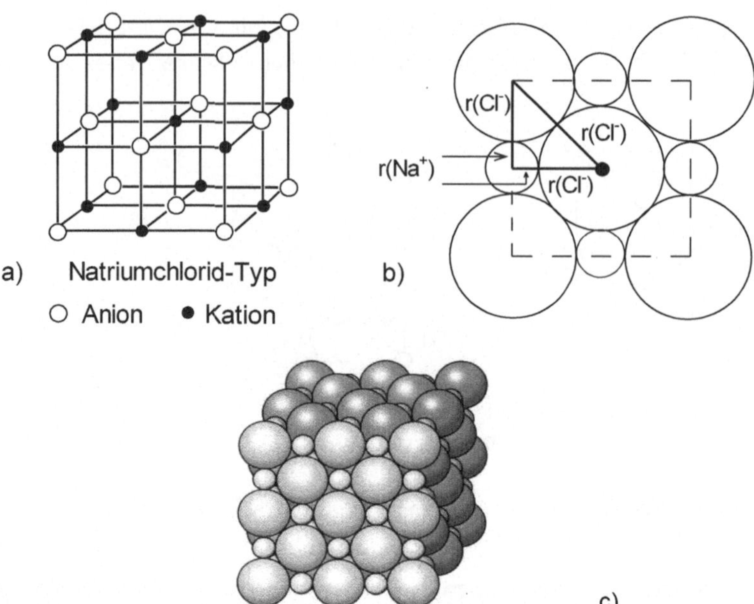

Abbildung 3.17 a) Elementarzelle des Natriumchlorids, b) Radienverhältnisse innerhalb
                einer Ebene des NaCl-Gitters, c) dichte Packung der kugelförmigen Ionen

Weiterführende Erläuterungen sind in Lehrbüchern der allgemeinen und anorganischen
Chemie bzw. der Strukturchemie zu finden.

Im Gittertyp des Cäsiumchlorids kristallisieren auch CsBr, CsI und die Thalliumhalogenide
TlCl, TlBr und TlI, im Gittertyp des Natriumchlorids zahlreiche andere Alkalihalogenide
wie LiCl, LiBr, LiI, NaF, NaBr, NaI, KF, KCl, KBr und KI, sogar das AgCl (insgesamt
etwa 200 Verbindungen!).
Die Erscheinung, dass unterschiedliche Substanzen im gleichen Gittertyp kristallisieren
und miteinander Mischkristalle bilden können, bezeichnet man als **Isomorphie**. Bekannte
Beispiele für isomorphe Verbindungen sind $MgCO_3/CaCO_3$ und NaCl/AgCl.

3.5.3 Metalle

Im Gegensatz zu den Gittern ionischer Festkörper bestehen Metallgitter aus Atomen gleicher Größe. Betrachtet man die Metallatome als starre Kugeln zwischen denen ungerichtete Anziehungskräfte wirken, kann der Gitteraufbau wie folgt beschrieben werden: In einer ersten Schicht dichtest angeordneter, gleich großer Kugeln ist jede Kugel von sechs
anderen umgeben. Es entstehen Anordnungen von gleichseitigen Dreiecken und Sechs-
ecken.
Werden auf eine solche Schicht weitere Kugeln gebracht, ist die entstehende Packung dann
am dichtesten, wenn die Kugeln in die Lücken oder Vertiefungen der darunter liegenden
Schicht zu liegen kommen (Abb. 3.18a).

Für eine dritte Kugelschicht, die in dichtester raumsparender Packung auf die darunter liegende gebracht wird, gibt es zwei Möglichkeiten: Die Kugeln der dritten Schicht liegen genau über denen der ersten und es ergibt sich eine Schichtfolge ABABAB... (Abb. 3.18b).

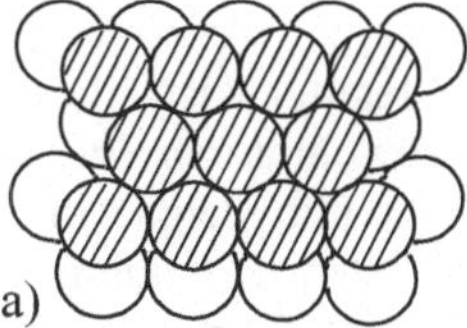 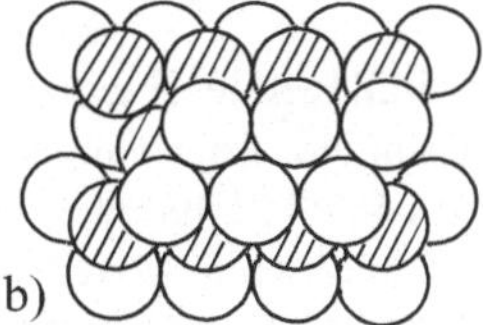 

Abbildung 3.18 Dichteste Kugelpackungen
a) Die Kugeln der 2. Schicht liegen in den Lücken bzw. Vertiefungen der 1. Schicht (von oben gesehen). b) Die Kugeln der 3. Schicht liegen genau über denen der 1. Schicht (ABABAB...): hexagonal dichteste Packung. c) Die Kugeln der 3. Schicht liegen über den Lücken der 1. Schicht (ABCABC...): kubisch dichteste Packung

In diesem Fall liegt eine **hexagonal-dichteste Kugelpackung** vor (Magnesiumtyp). Liegen die Kugeln der dritten Schicht über den Lücken der ersten (Abb. 3.18c), erhält man die Schichtfolge ABCABCABC.... Sie entspricht der **kubisch-dichtesten** Raumpackung. Erst die vierte Schicht liegt genau wieder über der ersten. Es entsteht eine Struktur mit einer flächenzentrierten kubischen Elementarzelle. Als kleinste Einheit ergibt sich ein Würfel, dessen Ecken und Flächenmitten mit Metallatomen besetzt sind.

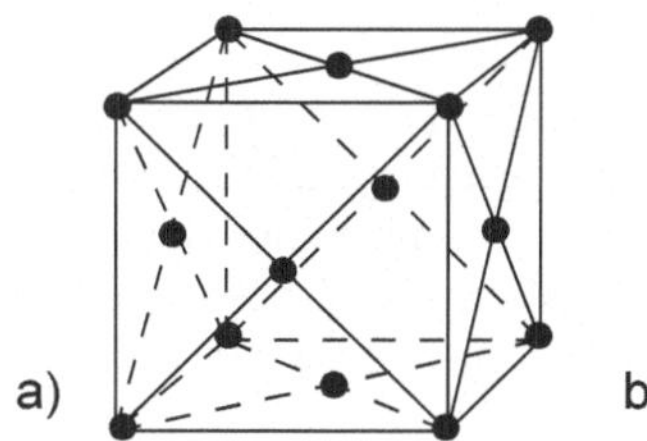 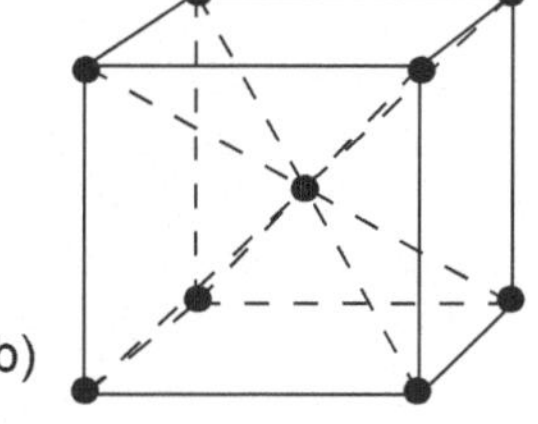 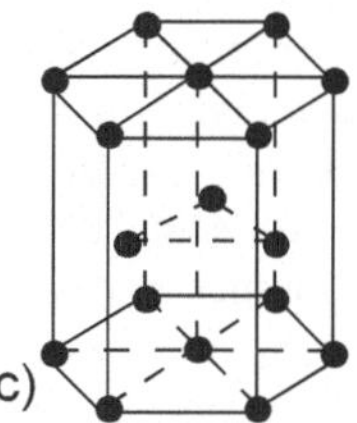

Abbildung 3.19   Elementarzellen der wichtigsten Gittertypen der Metalle
a) kubisch-flächenzentriert, b) kubisch-raumzentriert,
c) hexagonal-innenzentriert

Einige Metalle bilden keine dichtesten Kugelpackungen. Sie liegen in einer **kubisch-raumzentrierten** Struktur vor. Während bei den beiden Strukturtypen dichtester Packung jeweils ein Atom 12 Nachbarn besitzt (Koordinationszahl = 12), beträgt die Koordinationszahl im letzteren Falle 8. Die Packungsdichte der kubisch-raumzentrierten Struktur ist demnach etwas geringer (68% Raumausfüllung) als die der dichtesten Packungen (74%). In der kubisch-raumzentrierten Struktur kristallisieren Eisen unterhalb 906°C (α-Eisen) und Chrom, in der kubisch-flächenzentrierten Struktur Eisen oberhalb 906°C (γ-Eisen) und die Metalle Al, Cu, Pb, Ni, Ag, Au und Pt. In der hexagonal-dichtesten Struktur (auch: **hexagonal-innenzentriert**) kristallisieren Zn, Mg, Co und Cd. Etwa 80% der Metalle kristallisieren in einem dieser drei Gittertypen (Abb. 3.19).

Betrachtet man eine Metalloberfläche (z.B. Zink) etwas genauer, sieht man viele kleine, verschieden orientierte Kristalle (*Kristallite*). Ihre Größe hängt von den Erstarrungsbedingungen ab. Die Kristallite („Körner") sind durch die Korngrenzen voneinander getrennt.

3.5.4   Legierungen

Die Legierungsbildung ist eine grundlegende Eigenschaft der Metalle. Fast alle technischen Gebrauchsmetalle sind Legierungen. Legierungen werden sowohl durch Zusammenschmelzen von zwei oder mehreren Metallen als auch von Metallen mit geeigneten Nichtmetallen erhalten. Aufgrund unterschiedlicher Mischbarkeit im festen und flüssigen Zustand unterscheidet man verschiedene Typen von Legierungen, die im Folgenden kurz beschrieben werden sollen:

Mischkristalle. Die Ausbildung von Mischkristallen zwischen den Kristallgittern unterschiedlicher Metalle ist ein struktureller Grundtyp metallischer Legierungen. Werden Gitterpunkte im Kristallgitter eines Metalls in statistisch ungeordneter Weise durch Atome eines anderen Metalls besetzt, spricht man von **Substitutionsmischkristallen**. Voraussetzungen für die Mischkristallbildung sind eine enge chemische Verwandtschaft der Metalle, ähnliche Atomradien (Differenz $\leq 15\%$), gleicher Gittertyp und die gleiche Anzahl von Valenzelektronen. Sind diese Voraussetzungen erfüllt, kann im Mischkristall jedes beliebige Mischungsverhältnis zwischen den Metallen auftreten. Es liegt eine unbegrenzte Löslichkeit der Metalle ineinander vor (*homogene Legierung*). Eine lückenlose Mischkristallbildung findet man bei Legierungen der Metalle Fe/Cr, Fe/Ni, Au/Ag, Au/Cu, Bi/Sb, Mg/Cd und Cr/Mo. Liegt die Differenz der Atomradien über 15%, kommt es häufig nur zur Mischkristallbildung mit Mischungslücke.

Einlagerungsmischkristalle bilden sich aus einem Übergangsmetall mit einem oder mehreren Nichtmetallen wie z.B. Wasserstoff, Kohlenstoff, Silicium, Stickstoff, Phosphor, Schwefel oder Bor. Die im Bauwesen am häufigsten benutzte Legierung Stahl ist ein Beispiel für diesen Strukturtyp (s. Kap. 8.1). Die Nichtmetallatome besetzen Zwischengitterplätze, wobei immer nur geringe Mengen des nichtmetallischen Legierungsbestandteils in das Gitter gelangen. Voraussetzung für das Einlagern eines Elements ist ein kleinerer Atomdurchmesser als der des Grundmetalls.

Substitutions- und Einlagerungsmischkristalle sind homogene Legierungen. Sie bestehen aus einer Phase mit einem einheitlichen Kristallgitter. Zwischen beiden Legierungstypen gibt es Überschneidungen.

Abb. 3.20 zeigt das Zustandsdiagramm des Systems Bismut/Antimon (Bi/Sb). Die obere Kurve gibt die Abhängigkeit der Erstarrungstemperatur von der Zusammensetzung der Schmelze (Liquiduskurve), die untere Kurve die Abhängigkeit der Schmelztemperatur von der Zusammensetzung der festen Phase (Soliduskurve) wieder. Auf den Ordinaten sind die jeweiligen Schmelzpunkte (Smp.) der reinen Komponenten Bi und Sb ablesbar. Kühlt man eine Bi/Sb-Schmelze der Zusammensetzung 30% Bi, 70% Sb ab, beginnt sie bei 400°C zu erstarren (A). Es scheiden sich Sb-reichere Substitutionsmischkristalle der Zusammensetzung (B) aus ($\rightarrow$80% Sb). Infolge der Anreicherung von Sb in der festen Phase verarmt die Schmelze an Sb und der Schmelzpunkt sinkt entlang der Liquiduskurve. Beide Kurven treffen sich bei 271°C, dem Schmelzpunkt des reinen Bismut.

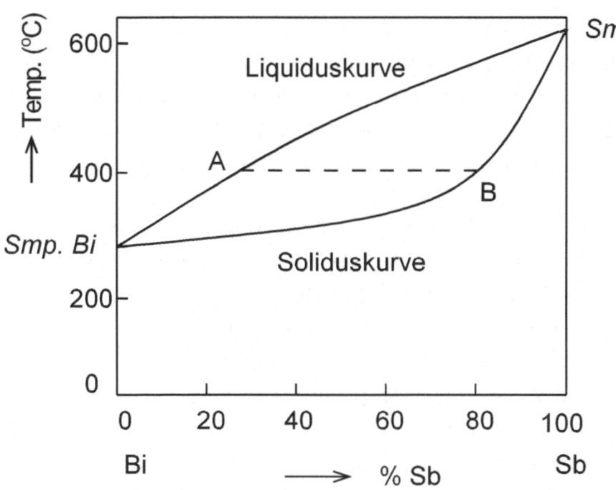

Abbildung 3.20

Zustandsdiagramm Bismut-Antimon

Die Schnittpunkte der Isotherme mit der Liquidus- und der Soliduskurve geben die Zusammensetzung der Schmelze und des Mischkristalls bei 400°C an.

Eutektische Legierungen. Es gibt Kombinationen von Metallen, die zwar im flüssigen Zustand in jedem Verhältnis mischbar sind, im festen Zustand jedoch keine oder nur eine begrenzte Mischbarkeit zeigen. Ein Beispiel für den *ersten Fall* ist die Kombination **Bismut-Cadmium**. Beide Metalle sind nicht in der Lage, Mischkristalle auszubilden.

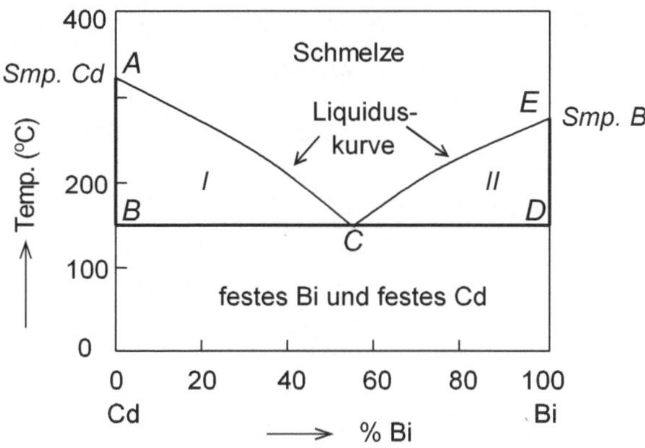

Abbildung 3.21

Zustandsdiagramm Bismut-Cadmium

ACE Liquiduskurven,
BCD Soliduslinie,
I   Cd-Kristalle + Schmelze,
II Bi-Kristalle + Schmelze

Abb. 3.21 zeigt das Zustandsdiagramm Bi-Cd. Auf den Ordinaten sind wiederum die jeweiligen Schmelzpunkte der reinen Komponenten Cd und Bi ablesbar. Bi und Cd sind im flüssigen Zustand in jedem Verhältnis mischbar, bilden jedoch keine Mischkristalle miteinander. AC und CE sind die beiden Äste der Liquiduskurven. Ein flüssiges Gemisch von Bi mit einem geringen Cd-Anteil erstarrt bei einer Temperatur, die niedriger liegt als der Schmelzpunkt des reinen Bi. Der Erstarrungspunkt liegt umso tiefer, je mehr Cd das Gemisch enthält. Umgekehrt liegt der Erstarrungspunkt eines Cd-Gemischs mit wenig Bi tiefer als der Schmelzpunkt von reinem Cd. Kühlt man beispielsweise eine Schmelze der Zusammensetzung 20% Bi und 80% Cd ab, bilden sich bei 250°C Kristallite von reinem Cd [AC 3]. In der Schmelze reichert sich Bi an und die Erstarrungstemperatur sinkt infolge weiterer Anreicherung von Bi längs der Kurve AC an. Beide Liquiduskurven schneiden sich bei 144° (*eutektischer Punkt* C). Bei dieser Temperatur befinden sich die beiden reinen Metalle im Gleichgewicht mit einer Schmelze, die 45% Cd und 55% Bi enthält. Ein Gemisch dieser Zusammensetzung nennt man **eutektisches Gemisch** oder **Eutektikum**. Ein Eutektikum stellt keine Verbindung, sondern ein feinkristallines heterogenes Bi-Cd-Gemisch dar. Unterhalb der Temperatur von 144°C besteht die Legierung aus fest miteinander verbundenen Kristalliten der reinen Metalle Bi und Cd.

Beispiele für den *zweiten Fall* (Mischbarkeit im flüssigen Zustand, begrenzte Mischbarkeit im festen Zustand) sind die binären Systeme **Blei-Zinn** und **Kupfer-Silber**. Sie bilden eutektische Gemische, die im festen Zustand eine Mischungslücke besitzen. Die Mischkristallbildung findet nur in einem begrenzten Bereich statt, die beiden Mischkristall (Mk)-Phasen sind konzentrationsabhängig. Abb. 3.22 zeigt das Zustandsdiagramm Blei-Zinn. Der α-Mk ist bleireich, der β-Mk dagegen zinnreich. Der eutektische Punkt C, bei dem die Schmelze in einer Zusammensetzung von 38,1% Pb und 61,9% Sn erstarrt, liegt bei 183°C. Bei dieser Temperatur kann das Blei maximal 19,5% Sn lösen. Beim Absenken der Temperatur auf Raumtemperatur verringert sich das Lösevermögen der Pb-reichen Mischkristalle auf unter 1% Sn. Die Löslichkeit von Pb in den Sn-reichen β-Mischkristallen reduziert sich von 2,6% Pb (183°C) auf fast 0% (20°C).

Da in den Eutektika verschiedene metallische Phasen nebeneinander vorliegen, gehören sie zu den heterogenen Legierungen. Sie lassen sich wegen des feinen Kristallgefüges gut bearbeiten.

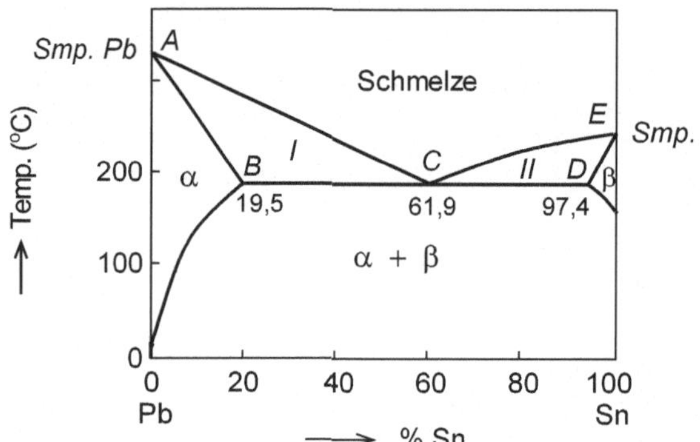

Abbildung 3.22

Zustandsdiagramm Blei-Zinn

ACE Liquiduslinie, ABCDE Soliduslinie,
I α-Mk + Schmelze,
II β-Mk + Schmelze
die Symbole α bzw. β stehen für die α- bzw. β-Mischkristalle

Schließlich soll die Kombination **Eisen - Blei** als Beispiel für Metalle angeführt werden, die sich weder im flüssigen noch im festen Zustand mischen. Schmilzt man beide Metalle, so schwimmt das spezifisch leichtere Eisen auf dem flüssigen Blei. Kühlt man die Schmelze ab, dann kristallisiert beim Erreichen des Schmelzpunktes von Fe (1536°C) zunächst das gesamte Eisen aus. Mit Erreichen des Schmelzpunktes von Pb (327°C) erstarrt auch das Blei.

Legierungen zeigen in der Mehrzahl der Fälle eine Abnahme typischer metallischer Eigenschaften wie der elektrischen Leitfähigkeit und der Verformbarkeit. Die Härte nimmt meist zu. Die geringere Verformbarkeit kann mit einer eingeschränkten Verschiebung der Gitterebenen durch eingelagerte Fremdatome erklärt werden.

Betrachtet man die vorstehend beschriebene Mischkristallbildung etwas detaillierter, so ist leicht einzusehen, dass bei Kombination zweier verschiedener Metallatomsorten anders als bei der klassischen Atom- oder Ionenbindung kein charakteristisches, konstantes Atomverhältnis resultieren muss. Bei Legierungen verteilen sich beide Partner über das gesamte Gitter ohne einen gesetzmäßigen „Verteilungsplan" (z.B. Au-Ag-Legierungen).

Es gibt aber auch Beispiele, wo die Legierungspartner bestimmte Verteilungsgesetze befolgen. Man spricht in diesen Fällen von **intermetallischen Verbindungen**. Diese Verbindungen weisen eine definierte stöchiometrische Zusammensetzung auf, allerdings hat die „Wertigkeit" der Metalle in diesen Verbindungen im Allgemeinen nichts mit den normalen Wertigkeiten dieser Metalle in Salzen oder Oxiden zu tun (s. Kap. 2.2.2). Sie ist in diesen Fällen nicht wie bei der Atom- oder Ionenbindung in binären Verbindungen durch die Valenzelektronenzahl bestimmt, sondern vielmehr ein formaler Ausdruck der sich durch die räumlichen Anordnungsgesetze ergebenden Struktur. Die häufig ungewöhnlichen Atomzahlenverhältnisse intermetallischer Verbindungen werden noch dadurch verkompliziert, dass zwei Elemente mehrere verschiedene intermetallische Verbindungen eingehen können. Von Kalium und Quecksilber sind z.B. Legierungen der Zusammensetzung KHg, KHg_2, KHg_3, K_2Hg_9 und KHg_{10} bekannt. Berücksichtigt man, dass sich intermetallische Verbindungen mit normalen Labortechniken nicht isolieren und reinigen lassen, ist es nicht verwunderlich, dass man lange Zeit Zweifel daran hegte, ob diese Legierungen überhaupt als Verbindungen zu betrachten sind.

Nach dem Briten *Hume-Rothery* ist die räumliche Anordnung der Metallatome in vielen Fällen durch das Verhältnis der Anzahl der Valenzelektronen zur Gesamtzahl der Metallkationen festgelegt: Bestimmten Zahlenverhältnissen entsprechen ganz bestimmte Gitterstrukturen (*Hume-Rothery-Regeln* 1926). Die von ihm untersuchten Legierungen der Übergangselemente mit den Elementen der Gruppen IIb, IIIb und IVb werden auch als **Hume-Rothery-Phasen** bezeichnet.

Technisch interessant ist das System Cu-Zn (Messing). Bei Raumtemperatur liegen drei definierte Hume-Rothery-Phasen vor: Die *β-Phase* besitzt die ungefähre Zusammensetzung $Cu^{I}Zn^{II}$. Die hochgestellten römischen Ziffern stehen für die Metallwertigkeiten. Aus der Valenzelektronenzahl (1 + 2) und der Atomzahl 2 ergibt sich das Verhältnis 3 : 2 = 1,5. Die β-Phase ist stabil im Bereich 45... 49% Zn und weist eine kubisch raumzentrierte Struktur auf. Die *γ-Phase* besitzt die annähernde Zusammensetzung $Cu^{I}_5Zn^{II}_8$. Die Valenzelektronenzahl beträgt (5 + 16) und die Atomzahl 13, damit ergibt sich das Verhältnis 21 : 13 = 1,62. Die γ-Phase kristallisiert in einer komplizierten kubischen Raumstruktur. Die stöchiometrische Zusammensetzung der *ε-Phase* kann durch die Formel $Cu^{I}Zn^{II}_3$ beschrieben werden. Die Valenzelektronenzahl beträgt (1 + 6) und die Atomzahl 4, damit ergibt sich das Verhältnis 7 : 4 = 1,75. Im Gitter der ε-Phase liegt eine hexagonal dichteste Kugelpackung vor. Daneben werden noch eine α-Phase und eine η-Phase unterschieden. Bei der *α-Phase* sind im kubisch-flächenzentrierten Cu-Gitter bis zu 38% Zn gelöst, wobei sich Substitutionsmischkristalle ausbilden. Das Zn-Gitter kann dagegen nur 2% Cu unter Mischkristallbildung aufnehmen. Im Gitter der sich in diesem Fall ausbildenden *η-Phase* liegt eine verzerrt hexagonal-dichteste Packung vor (Weitere Details, s. Lehrbücher für Allgemeine und Anorganische Chemie).

4   Die chemische Reaktion

Chemische Reaktionen sind Stoffumwandlungsprozesse. Um den Ablauf chemischer Reaktionen genauer zu verstehen, müssen Fragen nach den Mengenverhältnissen zwischen reagierenden und entstehenden Stoffen, nach der Energiebilanz und der Geschwindigkeit der Reaktion sowie nach deren Verlauf beantwortet werden. Zunächst einige Bemerkungen zur Stöchiometrie chemischer Reaktionen. Mit Hilfe der Stöchiometrie werden aus der qualitativen Kenntnis der Reaktionspartner und -produkte einer chemischen Reaktion die tatsächlichen Mengenverhältnisse ($\rightarrow$ Reaktionsgleichung) und die Stoffmengen ermittelt.

4.1   Stöchiometrie chemischer Reaktionen

Eine chemische Reaktion wird durch eine **Reaktionsgleichung** unter Verwendung der Elementsymbole und Formeln der an der Umsetzung beteiligten Stoffe beschrieben. Auf der linken Seite stehen die *Ausgangsstoffe* (**Reaktanden, Edukte**), also die miteinander reagierenden Atome und Moleküle, und auf der rechten Seite die *Reaktionsprodukte* (**Produkte**), d.h. die Stoffe die bei der Reaktion entstehen. Zwischen Edukten und Produkten steht ein Pfeil, der mit dem Wort *ergibt* zu lesen ist.

Betrachten wir als konkretes Beispiel die Darstellung von Wasser aus den Gasen Wasserstoff H_2 und Sauerstoff O_2. Die Reaktionsgleichung lautet:

$$2\,H_2 \;+\; O_2 \;\rightarrow\; 2\,H_2O.$$

Die Zahlen vor den Formeln nennt man die stöchiometrischen Koeffizienten. Folgende Informationen können aus dieser Gleichung herausgelesen werden:

a)   Elementarer Formelumsatz

2 Moleküle Wasserstoff reagieren mit einem Molekül Sauerstoff zu 2 Molekülen Wasser. Ist der Stöchiometriekoeffizient gleich 1, wird er weggelassen. In der Regel soll die Gleichung die kleinstmöglichen, ganzzahligen Koeffizienten enthalten.

b)   Molarer Formelumsatz

Multipliziert man die Gleichung mit der Avogadro-Konstanten N_A, ergibt sich folgende Aussage: $2\,N_A$ Moleküle H_2 reagieren mit N_A Molekülen O_2 zu $2\,N_A$ Molekülen H_2O oder aber: 2 Mol H_2 und ein Mol O_2 ergeben 2 Mole H_2O. Die Reaktion liefert damit die Information, welche Stoffmengen in Mol sich miteinander umsetzen. Dass die Zahl der Mole eines Elements auf beiden Seiten der Gleichung gleich sein muss, folgt aus dem Gesetz der Erhaltung der Masse.

Beim Aufstellen der Reaktionsgleichung müssen also in einem ersten Schritt die Formeln der Edukte links und die der Reaktionsprodukte rechts vom Pfeil notiert werden. Das ist in den meisten Fällen die einzige „chemische Leistung", die beim Aufstellen einer Gleichung erbracht werden muss. Ohne Kenntnis der Formeln der reagierenden Stoffe und der Reaktionsprodukte kann natürlich keine Gleichung formuliert werden. In einem zweiten Schritt ist die Reaktionsgleichung dann hinsichtlich der Molzahlen auszugleichen. Das heißt, die

© Springer Fachmedien Wiesbaden GmbH, ein Teil von Springer Nature 2020
R. Benedix, *Bauchemie*, https://doi.org/10.1007/978-3-658-26442-0_4

Richtigkeit einer aufgestellten Reaktionsgleichung überprüft man anhand der **Stoffbilanz**. Art und Anzahl der Atome müssen auf beiden Seiten übereinstimmen.

Sind Ionen an der Umsetzung beteiligt, muss ebenfalls eine Überprüfung der **Ladungsbilanz** erfolgen. Die Ladungsbilanz stimmt dann überein, wenn auf beiden Seiten des Reaktionspfeils identische Bruttoladungen erhalten werden, oder einfacher ausgedrückt: wenn die Summe aller Ladungen auf beiden Seiten gleich ist.

Betrachten wir beispielsweise die Neutralisation von Natronlauge mit Schwefelsäure. Die Gleichung lautet:

$$2\,NaOH \;+\; H_2SO_4 \;\rightarrow\; Na_2SO_4 \;+\; 2\,H_2O\,.$$

In dissoziierter Form geschrieben ergibt sich:

$$2\,Na^+ \;+\; 2\,OH^- \;+\; 2\,H^+ \;+\; SO_4^{2-} \;\rightarrow\; 2\,Na^+ \;+\; SO_4^{2-} \;+\; 2\,H_2O$$

Stoffbilanz: $2\,Na + S + 6\,O + 4\,H \;=\; 2\,Na + S + 6\,O + 4\,H$

Ladungsbilanz: $4\,(+)\,,\,4\,(-) \;=\; 2\,(+)\,,\,2\,(-)$
Summe der Ladungen: $0 \;=\; 0$

Die beim Aufstellen von Redoxgleichungen zu beachtenden Regeln werden in Kap. 7.2 besprochen.

4.2   Energiebilanz chemischer Reaktionen

Im Verlaufe einer chemischen Reaktion setzen die beteiligten Stoffe Energie frei oder nehmen welche auf. Stoffumwandlungen sind demnach stets mit Energieänderungen verbunden. Die freigesetzte oder aufgenommene Energie kann in unterschiedlichen Formen in Erscheinung treten. In der Mehrzahl der Fälle handelt es sich um Wärmeenergie, die mit der Umgebung ausgetauscht wird. Seltener treten andere Energieformen wie Lichtenergie, mechanische oder elektrische Energie auf. Fragen nach den Energieänderungen bei chemischen Reaktionen, nach der Vollständigkeit der Umsetzung der Edukte zu Produkten und nach der Triebkraft chemischer Reaktionen gehören in das Stoffgebiet der *chemischen Thermodynamik*.

4.2.1   Reaktionsenthalpie

Um Energieänderungen bei chemischen Reaktionen zu diskutieren, erweist es sich als günstig, zwischen dem System und seiner Umgebung zu unterscheiden. Das **System** ist ein begrenzter Ausschnitt des Raumes, z.B. der Inhalt eines Reagenzglases bzw. einer Destillieranlage. Der verbleibende Rest ist die **Umgebung**. Ein **offenes** System kann mit seiner Umgebung Materie (Stoff, Energie) austauschen und dabei seinen Energieinhalt verändern. Bei einem **geschlossenen** System ist zwar ein Energie-, aber kein Stoffaustausch mit der Umgebung möglich. Die Temperatur bleibt beim Energieaustausch konstant. Bei einem **isolierten** (auch **abgeschlossenen**) System ist zusätzlich jeder Energieaustausch mit der Umgebung unterbunden, z.B. „ideal" verschlossene Thermosflasche.

Betrachtet man als konkretes Beispiel die Umsetzung von Magnesium mit Salzsäure. Das Reaktionsgemisch soll sich in einem Glaskolben befinden, der mit einem verschiebbaren Stempel verschlossen ist. Der Kolbeninhalt (Mg, HCl) kann als das System bezeichnet werden. Die Glaswände und die außen befindliche Luft sind die Umgebung des Systems.

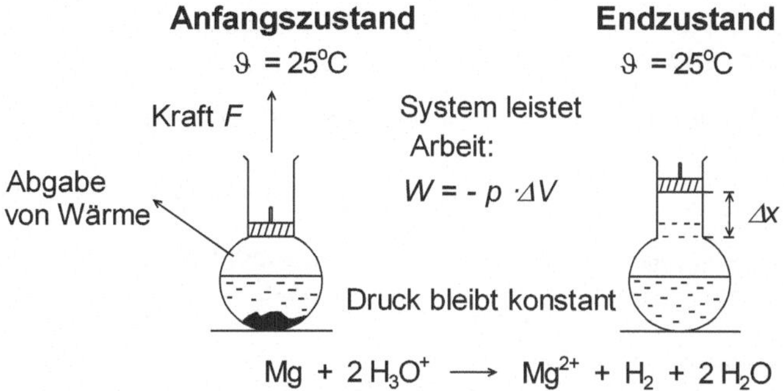

Der bei der chemischen Reaktion entstandene Wasserstoff drückt den beweglichen Stempel gegen den Luftdruck nach außen. Damit bleibt der Druck im Gefäß konstant. Das sich ausdehnende Gas bewegt den Kolben um die Wegstrecke Δx nach außen, dazu ist eine Kraft F gegen den Außendruck erforderlich. Die geleistete, vom System verrichtete Arbeit W beträgt $-W = F \cdot \Delta x$. Unter Benutzung der Kolbenfläche A ergibt sich $-W = (F/A) \cdot \Delta x \cdot A$ bzw. $W = -p \cdot \Delta V$.
Im Verlaufe der Reaktion steigt die Temperatur im Kolben an. Erst durch Abgabe von Wärmeenergie an die Umgebung erreicht das System nach einiger Zeit wieder die Ausgangstemperatur (z.B. 25°C). Bei einer anderen Gruppe chemischer Reaktionen kühlt sich das System ab und entzieht der Umgebung solange Wärme, bis die Ausgangstemperatur wieder erreicht ist.

Die bei einer chemischen Reaktion unter konstantem Druck abgegebene oder aufgenommene Wärmemenge bezeichnet man als **Reaktionsenthalpie** ΔH_R (*griech.* thalpos, Wärme). H ist das Zeichen für die Enthalpie (H steht für Heat, *engl.*; Wärme). Das Δ bringt zum Ausdruck, dass es sich um die Differenz H(Endzustand) - H(Ausgangszustand) des Reaktionssystems handelt. Der Index R steht für Reaktion.

Die Reaktionsenthalpie ΔH_R ist die Reaktionswärme, die von einer bei konstantem Druck ablaufenden chemischen Reaktion abgegeben oder aufgenommen wird.

Die Reaktionsenthalpie wird auf den molaren Formelumsatz bezogen, da sie selbstverständlich von der Menge der reagierenden Stoffe abhängt. Ihre Einheit ist kJ pro Mol Formelumsatz (kJ/mol). Der **molare Formelumsatz** ist der Umsatz gemäß Reaktionsgleichung in Mol, mit kleinsten ganzzahligen stöchiometrischen Koeffizienten.

Beachte: Im praktischen Gebrauch wird bei der Angabe von Reaktionswärmen der Index R häufig weggelassen.

Wird bei einer Reaktion Wärme freigesetzt, d.h. vom System an die Umgebung abgegeben, liegt eine **exotherme Reaktion** vor. Die Reaktionsenthalpie erhält ein negatives Vorzeichen ($\Delta H_R < 0$). Die Ausgangsstoffe besitzen einen höheren Energieinhalt als die Reaktionsprodukte (Abb. 4.1a). Bei einer **endothermen Reaktion** wird Wärme vom System aus der Umgebung aufgenommen, die Reaktionsenthalpie erhält ein positives Vorzeichen ($\Delta H_R > 0$). In diesem Fall besitzen die Ausgangsstoffe einen geringeren Energieinhalt als die Reaktionsprodukte (Abb. 4.1b).

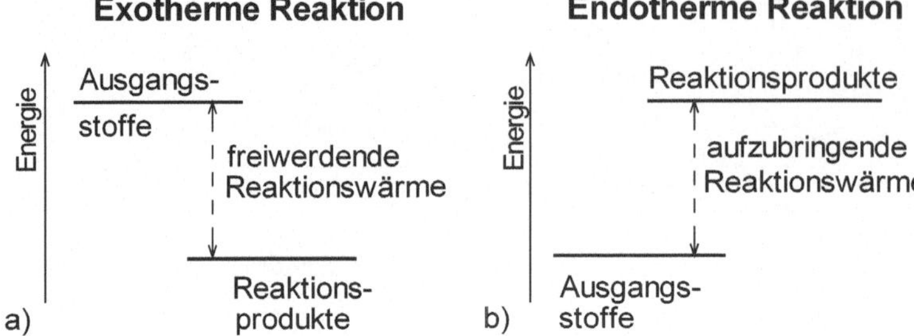

Abbildung 4.1   Schematische Energiediagramme a) exotherme Reaktion,
                 b) endotherme Reaktion

Kehren wir zur Umsetzung von Magnesium mit Salzsäure zurück. Indem der freigesetzte Wasserstoff den Stempel gegen den Luftdruck nach außen bewegt, leistet das System eine mechanische Arbeit (Volumenarbeit). Das führt, neben der Abgabe von Wärmeenergie, zu einer weiteren Verringerung seines Energieinhalts.

Die von einem geschlossenen System mit der Umgebung ausgetauschte Summe von Arbeit W und Wärme Q ist gleich der Änderung der inneren Energie ΔU des Systems (*1. Hauptsatz der Thermodynamik*).

$$\Delta U = Q + W \tag{4-1}$$

Die gleiche Arbeit wird natürlich geleistet, wenn die Reaktion in einem offenen Gefäß abläuft. Hier leistet das entstehende Gas Arbeit gegen den Druck der Außenatmosphäre. Es verdrängt die umgebende Luft.

Der häufig gebrauchte Begriff „Energieinhalt" steht synonym für den thermodynamischen Begriff der **inneren Energie**. Er setzt sich aus verschiedenen Anteilen zusammen, die wichtigsten sind:

- die kinetische Energie der Teilchen (Schwingungs-, Translations- und Rotationsenergie)
- die Energie der zwischenmolekularen Wechselwirkungen
- die Energie der chemischen Bindungen sowie
- die Energie der Atomkerne und der nicht an der Bindung beteiligten Elektronen

Eine genauere Betrachtung der einzelnen Beiträge führt zu dem Resultat, dass die Enthalpieänderungen bei chemischen Reaktionen hauptsächlich auf die Spaltung von chemischen

Bindungen, wo Energie benötigt wird, und deren Neuknüpfung (Energie wird frei) zurückzuführen sind.

Wird bei der oben betrachteten Reaktion das Volumen konstant gehalten, indem der Kolben fest verschlossen bleibt, kann keine mechanische Arbeit verrichtet werden. Der Energieinhalt des Systems kann in diesem Falle ausschließlich durch Abgabe von Wärme verringert werden. Die ausgetauschte Reaktionswärme bei konstantem Volumen ist gleich der Änderung der inneren Energie ΔU. Die beiden Größen Enthalpie und innere Energie unterscheiden sich damit durch die Volumenarbeit $p \cdot \Delta V$ (Gl. 4-2).

$$\Delta H = \Delta U + p \cdot \Delta V \quad \text{oder} \quad \Delta U = \Delta H - p \cdot \Delta V. \tag{4-2}$$

Für die Umsetzung

$$Mg(s) + 2\,H_3O^+\,(aq) \;\rightarrow\; Mg^{2+}(aq) + H_2(g) + 2\,H_2O(l)$$

misst man eine Reaktionsenthalpie von ΔH = -467 kJ/mol. Für ein konstantes Volumen ergibt sich eine (innere) Reaktionsenergie ΔU von -469,5 kJ/mol. Im letzteren Falle werden also 2,5 kJ Wärme mehr freigesetzt als bei konstantem Druck. Dieses Ergebnis wird leicht verständlich, wenn man berücksichtigt, dass das System zur Aufrechterhaltung eines konstanten Drucks Arbeit verrichten muss. Dafür verbraucht es die 2,5 kJ.

Da die meisten chemischen Reaktionen bei konstantem Druck (Atmosphärendruck) ablaufen, sei es in Labor- bzw. industriellen Reaktionsapparaturen ohne druckfesten Verschluss oder aber im Freien (bauchemische Umsetzungen), werden im Rahmen des vorliegenden Buches generell Enthalpieänderungen betrachtet. Für Reaktionen in flüssiger und fester Phase sind die auftretenden Volumenänderungen ohnehin so klein, dass gilt: $\Delta H \approx \Delta U$.

Die Kenntnis der Reaktionsenthalpie ist für den Ablauf chemischer Reaktionen, insbesondere bei technischen Prozessen, wegen der erforderlichen Ab- und Zuführung von Wärme sehr wichtig. Häufig werden in der Technik chemische Reaktionen überhaupt nur mit dem Ziel der Wärmegewinnung durchgeführt, z.B. Verbrennung von fossilen Brennstoffen oder Holz zur Energiegewinnung. Die Reaktionsprodukte spielen vordergründig keine Rolle.

Enthalpieänderungen treten nicht nur bei chemischen Reaktionen, sondern auch bei **Phasenumwandlungen** wie beim Schmelzen, Verdampfen oder Sublimieren eines Stoffes auf. Deshalb muss in Reaktionsgleichungen stets der Aggregatzustand mit angegeben werden: s = solid, fest; l = liquid, flüssig und g = gaseous, gasförmig.

Zum Beispiel versteht man unter der **molaren Verdampfungsenthalpie** ΔH_v die Wärmemenge, die erforderlich ist, um ein Mol eines Stoffes bei der Siedetemperatur und bei konstantem Druck (1,013 bar) vom flüssigen in den gasförmigen Zustand zu überführen. Beispiel:

$$H_2O\ (l) \;\rightarrow\; H_2O\ (g) \qquad \Delta_v H = 40,7\ \text{kJ/mol}$$

Beim umgekehrten Prozess (Übergang: gasförmig $\rightarrow$ flüssig), der Kondensation, wird der entsprechende Energiebetrag als **Kondensationsenthalpie** frei. Die Kondensationsenthalpie trägt immer ein negatives Vorzeichen. Die **molare Schmelzenthalpie** (molare Schmelzwärme, $\Delta H_{Schmelz}$) ist als die Wärmemenge definiert, die einem Mol eines Stoffes bei der Schmelztemperatur und bei konstantem Druck von 1,013 bar zugeführt werden muss, um ihn zu verflüssigen. Beispiel:

$$\text{Fe (s)} \rightarrow \text{Fe (l)} \qquad\qquad \Delta H_{Schmelz} = 43\ \text{kJ/mol}$$

Entsprechend wird bei der Umkehrung dieses Prozesses, der (Aus)-Kristallisation eines Stoffes aus der Schmelze, die **Kristallisationsenthalpie** freigesetzt. Schließlich versteht man unter der **molaren Sublimationsenthalpie** ΔH_{Subl} die Wärmemenge, die erforderlich ist, um ein Mol eines festen Stoffes zu verdampfen - beziehungsweise in der Umkehrung - zu resublimieren (**Resublimationsenthalpie**). Beispiel:

$$\text{I}_2\ \text{(s)} \rightarrow \text{I}_2\ \text{(g)} \qquad\qquad \Delta H_{Subl} = 62\ \text{kJ/mol}$$

Es gilt: Sublimationsenthalpie = Schmelzenthalpie + Verdampfungsenthalpie. Bei Phasenumwandlungen bleibt trotz Zugabe (oder Abgabe) von Wärme die Temperatur konstant. Man bezeichnet die mit den Phasenumwandlungen verbundenen Energieänderungen deshalb auch als „latente Wärmen".

Die Reaktionsenthalpie kann experimentell in einem **Kalorimeter** bestimmt werden. Kalorimeter sind Gefäße, die gegen Wärmeaustausch mit der Umgebung isoliert sind. Wird die Reaktion bei konstantem Volumen durchgeführt, entspricht die freigesetzte Wärmemenge unmittelbar der Reaktionsenergie ΔU. Erfolgt sie bei konstantem Druck, etwa in einem gegen die Atmosphäre offenen Gefäß, ist sie gleich der Enthalpieänderung ΔH. Die Reaktionswärme wird auf das Gefäß und eine Flüssigkeit - in der Regel H_2O - übertragen und experimentell aus dem Temperaturanstieg des Wasserbades bestimmt. Besonders einfach gestaltet sich die Durchführung kalorimetrischer Messungen, wenn die Reaktionspartner flüssig sind oder in Lösung vorliegen, z.B. Bestimmung von Neutralisationswärmen bzw. -enthalpien. Verbrennungsreaktionen werden meist in einem Bombenkalorimeter untersucht. Die eingewogene Probe wird in einen verschließbaren Stahlbehälter (Bombe) eingebracht, der anschließend unter Druck mit O_2 gefüllt wird. Nach der elektrischen Zündung der Probe wird die Temperaturänderung des Wasserbades, in das die Bombe eingehängt wurde, gemessen. Da das Reaktionsgefäß fest verschlossen war, ergibt die Messung ΔU (= Verbrennungswärme). Unter Benutzung von Gl. (4-2) lassen sich die ermittelten Werte von ΔU leicht in die entsprechenden ΔH-Werte umrechnen, indem der Betrag $p \cdot \Delta V$ für die Reaktion bei Atmosphärendruck berechnet wird. Auf kalorimetrischem Wege sind die Reaktionsenthalpien einer Vielzahl von chemischen Reaktionen gemessen worden. Sie liegen tabelliert vor.

4.2.2 Bildungsenthalpie - Berechnung von Reaktionsenthalpien

Reaktionsenthalpien können auf einfache Weise aus den Werten der Bildungsenthalpien der Ausgangsstoffe und Reaktionsprodukte einer Reaktion berechnet werden. Unter der **Bildungsenthalpie** eines Stoffes versteht man die Reaktionswärme der Bildung von einem Mol dieses Stoffes aus den Elementen. Sie kann, wie jede Reaktionsenthalpie, negativ oder positiv sein. Im ersten Fall spricht man von exothermen, im zweiten von endothermen Verbindungen. Um eine Vergleichbarkeit zu gewährleisten, wurden Standardbildungsenthalpien eingeführt.

Die Standardbildungsenthalpie ΔH_B^o einer Verbindung ist die Reaktionsenthalpie, die bei der Bildung von einem Mol der Verbindung im Standardzustand aus den Elementen im Standardzustand auftritt.

Die hochgestellte Null weist auf Standardbedingungen hin. Unter **Standardbedingungen** versteht man einen Druck von 1,013 bar, eine Temperatur von 25°C (298 K) und den stabilen Aggregatzustand der Stoffe unter diesen Bedingungen. Die Bedeutung der letzteren Festlegung soll am Beispiel Wasser gezeigt werden: Die Bildungsenthalpien von flüssigem (l) und von gasförmigem (g) Wasser (ΔH_B^o $H_2O(l)$ = -285 kJ/mol, ΔH_B^o $H_2O(g)$ = -242 kJ/mol) unterscheiden sich um 43 kJ. Diese Energiemenge entspricht der Verdampfungswärme (exp. Wert 40,7 kJ/mol), d.h. der Wärme, die notwendig ist, um 1 Mol Wasser aus dem flüssigen in den gasförmigen Zustand zu überführen.

In den den Bildungsenthalpien zugrunde liegenden Bildungsgleichungen sind gebrochene Stöchiometriekoeffizienten erlaubt, da sich ΔH_B^o definitionsgemäß auf die Bildung von einem Mol der Verbindung bezieht. Für die freien Elemente wird die Standardbildungsenthalpie definitionsgemäß gleich null gesetzt.

Die Reaktionsenthalpie einer beliebigen Reaktion (unter Standardbedingungen) ergibt sich aus der Differenz der Summe der Standardbildungsenthalpien der Reaktionsprodukte und der Summe der Standardbildungsenthalpien der Edukte.

$$\Delta H_R^o = \Sigma \Delta H_B^o \text{ (Reaktionsprodukte)} - \Sigma \Delta H_B^o \text{ (Ausgangsstoffe)}$$

Bei der Berechnung der Reaktionsenthalpien sind die Standardbildungsenthalpien natürlich mit den jeweiligen Stöchiometriekoeffizienten der Reaktionsgleichung zu multiplizieren (häufige Fehlerquelle!). Da sich die berechneten Reaktionsenthalpien *immer* auf den Standardzustand beziehen, lässt man die hochgestellte Null häufig weg.

Die ΔH_B^o-Werte sind in Tabellenwerken zu finden. Einige oft gebrauchte Werte sind in Anhang 2 aufgeführt.

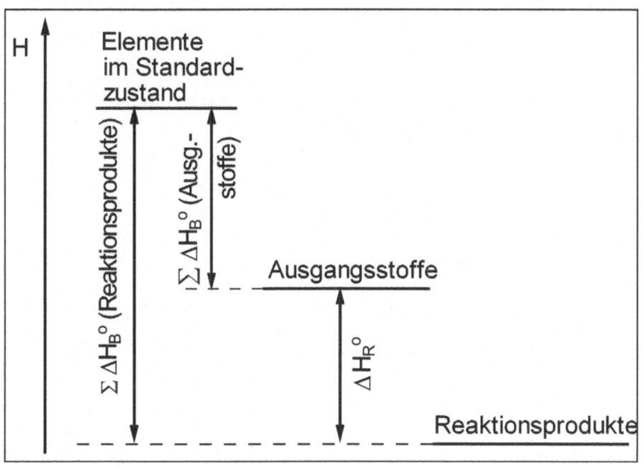

Abbildung 4.2

Enthalpiediagramm einer exothermen Reaktion

Beispiele zur Berechnung von Reaktionsenthalpien:

1. Es ist die Reaktionsenthalpie für das Löschen von gebranntem Kalk (Kalklöschen) zu berechnen (Standardbedingungen)! Die ΔH_B^o-Werte sind dem Anhang 2 zu entnehmen!

$$CaO(s) + H_2O(l) \rightarrow Ca(OH)_2(s)$$

$$\Delta H_R^o = \Sigma \Delta H_B^o(\text{Reaktionsprodukte}) - \Sigma \Delta H_B^o(\text{Ausgangsstoffe})$$

$$\Delta H_R^o = [\Delta H_B^o(Ca(OH)_2\,s)] - [\Delta H_B^o(CaO)s + \Delta H_B^o(H_2O)l]$$
$$\Delta H_R^o = [-986\ kJ/mol] - [-635\ kJ/mol + -285\ kJ/mol] = -66\ kJ/mol.$$

Das Löschen von Branntkalk ist ein exothermer Vorgang (s.a. Kap. 9.3.2.1).

2. Berechnen Sie die Reaktionsenthalpie für das Brennen von Kalkstein ($CaCO_3$)!

$$CaCO_3(s) \rightarrow CaO(s) + CO_2(g)$$

Die Werte für die Standardbildungsenthalpien sind wiederum dem Anhang 2 zu entnehmen!

$$\Delta H_R^o = [(\Delta H_B^o(CaO)s) + (\Delta H_B^o(CO_2)g)] - [\Delta H_B^o(CaCO_3)s]$$
$$\Delta H_R^o = [-635\ kJ/mol + -394\ kJ/mol] - [-1207\ kJ/mol]$$
$$\Delta H_R^o = +178\ kJ/mol \implies \text{Das Kalkbrennen ist endothermer Vorgang (s.a. Kap. 9.3.2.1).}$$

4.2.3   Satz von Hess

Es gibt zahlreiche Fälle, wo die Produkte auf verschiedenen Reaktionswegen gebildet werden können oder aber die Bildung der Reaktionsprodukte über Zwischenstufen oder Teilreaktionen erfolgt. *Hess* konnte bereits 1840 zeigen, dass die Reaktionsenthalpie nur vom Anfangs- und Endzustand des Systems abhängt, nicht aber vom Reaktionsweg.

Die Enthalpieänderung einer chemischen Reaktion entspricht der Summe der Reaktionsenthalpien der Teilreaktionen *(Satz von Hess).*

Nach dem Satz von Hess ist es möglich, Reaktionsenthalpien auch von experimentell nicht zugänglichen Reaktionen zu ermitteln. Das klassische Beispiel ist die experimentelle Bestimmung der Bildungsenthalpie von Kohlenmonoxid durch Verbrennung von Kohlenstoff. Sie ist kalorimetrisch nicht zugänglich, da bei der Verbrennung von Kohlenstoff im Sauerstoffunterschuss stets CO und CO_2 nebeneinander entstehen.

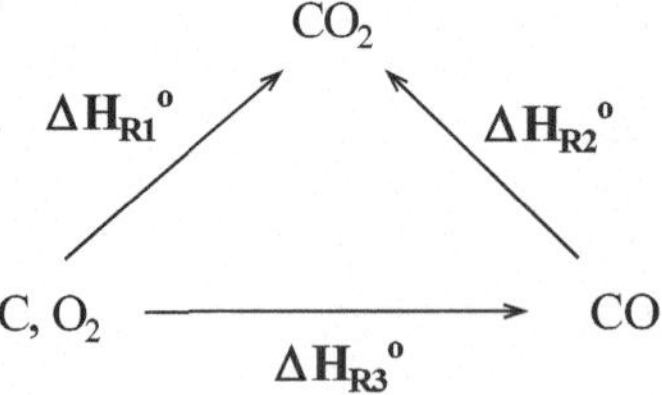

Experimentell bestimmbar sind die Reaktionsenthalpien für die Verbrennung von Kohlenstoff zu CO_2

$$C(s) + O_2(g) \rightarrow CO_2(g) \qquad \Delta H_{R1}{}^o = \Delta H_B{}^o\,(CO_2) = -394\ \text{kJ/mol}$$

und von CO zu CO_2

$$CO(g) + \tfrac{1}{2}\,O_2(g) \rightarrow CO_2(g) \qquad \Delta H_{R2}{}^o = \Delta H_V{}^o\,(CO) = -283\ \text{kJ/mol}$$
$$(\Delta H_V\ \text{Verbrennungsenthalpie}).$$

Die gesuchte Reaktionsenthalpie $\Delta H_{R3}{}^o$ $(= \Delta H_B{}^o\,(CO))$ ergibt sich demnach zu

$$\boldsymbol{\Delta H_{R3}{}^o} = \Delta H_{R1}{}^o - \Delta H_{R2}{}^o = \Delta H_B{}^o\,(CO_2) - \Delta H_V{}^o\,(CO) = \textbf{-111 kJ/mol.}$$

Unter Anwendung des Satzes von Hess und der auf den Standardzustand bezogenen Bildungsenthalpien kann man die Reaktionsenthalpien beliebiger chemischer Reaktionen berechnen. Dabei können die Teilreaktionen durchaus hypothetisch sein, d.h. es ist nicht notwendig, dass sie auch experimentell durchführbar sind.

4.2.4 Triebkraft chemischer Reaktionen - Freie Enthalpie

Eine der interessantesten Fragen der Chemie ist die nach der Triebkraft chemischer Reaktionen. Unter welchen Bedingungen laufen chemische Vorgänge spontan ab und unter welchen Bedingungen erfolgt keine Umsetzung zwischen den Reaktionspartnern? Zunächst glaubte man die Antwort in den die Umsetzung begleitenden Wärmeeffekten gefunden zu haben, da freiwillig ablaufende Reaktionen oft mit einer Wärmeabgabe verknüpft sind. Im Jahr 1878 kamen *Thomsen und Berthelot* unabhängig voneinander zu der Ansicht, dass nur exotherme Vorgänge freiwillig ablaufen können (**Prinzip von Thomsen und Berthelot**). Gegen Ende des 19. Jahrhunderts wurden jedoch zahlreiche Beispiele für endotherme Vorgänge gefunden, die bei Raumtemperatur und erst recht bei höheren Temperaturen ebenfalls spontan ablaufen, z.B. das Verdampfen einer Flüssigkeit und das Auflösen von Salzen in Wasser unter Abkühlung. Folglich kann die Enthalpieänderung nicht der alleinige Faktor sein, der den Ablauf (und die Richtung) einer Reaktion bestimmt.

Die tatsächlich für den Ablauf einer chemischen Reaktion verantwortliche Größe fand man in der **freien Enthalpie G**. Wie im Falle der Enthalpie interessiert wiederum nur die Änderung der freien Enthalpie ΔG_R. Ist $\Delta G_R < 0$, läuft die Reaktion freiwillig in der angegebenen Richtung ab. Ist $\Delta G_R > 0$, läuft die Reaktion nicht freiwillig, sondern nur unter Zwang ab. In umgekehrter Richtung (Rückreaktion) verläuft sie jedoch freiwillig. Ist $\Delta G_R = 0$, so befindet sich das System im Zustand des chemischen Gleichgewichts (Kap. 4.5.1). Die Änderung der freien Enthalpie ΔG_R ist das eigentliche Kriterium für das Reaktionsvermögen. Freie Enthalpie ΔG_R und Enthalpie ΔH_R unterscheiden sich um den Term $(-T \cdot \Delta S_R)$.

$$\boldsymbol{\Delta G_R = \Delta H_R - T \cdot \Delta S_R} \qquad \textbf{\textit{(Gibbs-Helmholtz-Gleichung)}} \qquad (4\text{-}3)$$

Die Größe S_R, die neben der Enthalpieänderung für den Ablauf einer Reaktion verantwortlich ist, heißt **Entropie** (Einheit: J/K). Die Entropie S kann als ein Maß für die *Unordnung* in einem System gedeutet werden. Sie ist umso größer, je geringer der Ordnungsgrad eines Systems ist.

Chemische Reaktionen zeigen wie alle Naturvorgänge die Tendenz, aus einem geordneten in einen weniger geordneten Zustand überzugehen. Die Entropie nimmt dabei zu. Bei Phasenänderungen von fest nach flüssig bzw. von flüssig nach gasförmig erhöht sich die Entropie des Systems. Flüssigkeiten, deren Teilchen beweglich sind, zeigen eine geringere Ordnung als Kristalle mit fixierten Gitterpositionen. Gase besitzen aufgrund der wesentlich höheren Beweglichkeit der Teilchen eine noch größere Unordnung und damit eine höhere Entropie als Flüssigkeiten.

Der Wert der freien Enthalpie ergibt sich aus der Konkurrenz zwischen Enthalpie und Entropie (Gl. 4-3). Ob eine Reaktion freiwillig abläuft, wird demnach sowohl durch die Reaktionswärme als auch durch den entstehenden Unordnungszustand bestimmt. Die Reaktionspartner versuchen stets, einen Zustand minimaler Energie zu erreichen, streben aber gleichzeitig ein Entropiemaximum an.

Eine Reaktion verläuft stets so, dass sie einem Zustand minimaler Enthalpie (Energie) und maximaler Entropie (Unordnung) zustrebt.

4.3   Geschwindigkeit chemischer Reaktionen

4.3.1   Allgemeine Betrachtungen

Neben dem Stoff- und Energieumsatz ist auch die Geschwindigkeit, mit der chemische Reaktionen ablaufen, von großem praktischem Interesse ($\rightarrow$ Betonerhärtung). Die Frage nach der Geschwindigkeit einer Reaktion führt in das Stoffgebiet der chemischen Reaktionskinetik.

Einige chemische Reaktionen laufen sehr langsam ab, oft scheinbar überhaupt nicht, obwohl die freie Reaktionsenthalpie negativ ist. Ein negativer ΔG_R-Wert ist demnach zwar die thermodynamische Bedingung für den freiwilligen Ablauf einer Reaktion, er ist aber keine Garantie dafür, dass sie auch mit einer merklichen Geschwindigkeit abläuft.

Betrachtet man beispielsweise ein *Knallgasgemisch* bestehend aus einem Mol H_2 und einem halben Mol O_2. Bei einer Temperatur von 11°C ist erst nach 10^{11} Jahren mit einem vollständigen Umsatz zu H_2O zu rechnen, obwohl ΔG_R deutlich negativ ist und eine hohe Triebkraft für die Umsetzung von Wasserstoff und Sauerstoff gegeben ist. Beide Gase können also unter entsprechenden Bedingungen längere Zeit nebeneinander existieren, ohne dass eine Umsetzung erfolgt. Ursache für die Reaktionshemmung ist die große Aktivierungsenergie dieser Umsetzung. Der stabile Endzustand des Wassers kann erst nach Überwinden einer hohen Energiebarriere erreicht werden (Abb. 4.4). Das *Rosten des Eisens* ist ein weiteres Beispiel für eine mit einer sehr geringen Geschwindigkeit ablaufende Reaktion. Es kann Monate oder Jahre dauern, bis ein Werkstück vollständig durchgerostet ist. Dagegen sind Säure-Base- oder Fällungsreaktionen Beispiele für Umsetzungen mit einer geringen Aktivierungsenergie. Sie laufen mit hohen Geschwindigkeiten ab.

Reaktionsgeschwindigkeit. Die Reaktionsgeschwindigkeit ist ein Maß für den zeitlichen Ablauf einer chemischen Reaktion. Sie beschreibt die Konzentrationsänderung eines Ausgangsstoffes oder Reaktionsproduktes in Abhängigkeit von der Zeit t.

Betrachten wir die Reaktion A + B $\rightarrow$ C. Zur Bestimmung der Reaktionsgeschwindigkeit kann entweder die Abnahme der Ausgangsstoffe A bzw. B oder die Zunahme des Produkts C pro Zeiteinheit herangezogen werden.

Mathematisch wird die Reaktionsgeschwindigkeit als Differentialquotient definiert. Vereinbarungsgemäß erhält der Differentialquotient, der sich auf die Konzentrationszunahme von C bezieht, ein Pluszeichen und derjenige, der sich auf die Konzentrationsabnahme der Edukte A und B bezieht, ein Minuszeichen. Man kann also schreiben:

$$v = -\frac{dc(A)}{dt} = -\frac{dc(B)}{dt} = +\frac{dc(C)}{dt}.$$

Als Maßeinheit der Reaktionsgeschwindigkeit ist mol/l·s oder auch mol/l·min gebräuchlich. Die Geschwindigkeit einer Reaktion ist in erster Linie von der Konzentration der reagierenden Edukte und der Temperatur des Reaktionssystems abhängig.

4.3.2 Konzentrationsabhängigkeit der Reaktionsgeschwindigkeit

Voraussetzung für das Zustandekommen einer chemischen Reaktion ist der Zusammenstoß der reagierenden Teilchen (Stoßtheorie). Da die Wahrscheinlichkeit des Zusammenstoßes von der Anzahl der reagierenden Teilchen abhängt, ist eine unmittelbare Abhängigkeit der Reaktionsgeschwindigkeit von der Konzentration gegeben. Die Zahl der reaktiven Zusammenstöße zwischen den Partnern pro Zeiteinheit steigt mit zunehmender Konzentration der Ausgangsstoffe, also mit wachsender Teilchenzahl pro Volumeneinheit, an.
Kehren wir zur Reaktion A + B → C zurück. Für die Reaktionsgeschwindigkeit v der Bildung von C kann man demnach schreiben:

$$v \sim c(A) \quad und \quad v \sim c(B) \quad bzw. \quad v \sim c(A) \cdot c(B).$$

Die Reaktionsgeschwindigkeit ist dem Produkt der Konzentrationen von A und B proportional. Führt man den Proportionalitätsfaktor k ein, erhält man

$$v = k \cdot c(A) \cdot c(B).$$

Die Proportionalitätskonstante k bezeichnet man als Geschwindigkeitskonstante. Je größer k, umso schneller läuft eine Reaktion ab.

4.3.3 Temperaturabhängigkeit der Reaktionsgeschwindigkeit

Die Reaktionsgeschwindigkeit nimmt mit steigender Temperatur zu. Zur Erklärung dieser experimentellen Tatsache soll daran erinnert werden, dass Zusammenstöße zwischen den Atomen oder Molekülen der Reaktionspartner die Voraussetzung für jede chemische Umsetzung bilden und dass die Wahrscheinlichkeit des Zusammenstoßes mit ansteigender Temperatur zunimmt.
Bei einer detaillierteren Betrachtung wird jedoch deutlich, dass nicht jeder Zusammenstoß zwischen den Teilchen zu einer Reaktion führt, also erfolgreich ist. So sind die Atome oder Moleküle eines Gases durch die zahlreichen Stöße ständigen Änderungen ihrer Geschwindigkeit und ihrer Richtung unterworfen. Die Teilchen besitzen demnach in jedem Augenblick für eine gegebene Temperatur T unterschiedliche Geschwindigkeiten und damit unterschiedliche kinetische Energien. Eine Reaktion tritt nur dann ein, wenn die aufeinander treffenden Teilchen eine bestimmte kinetische **Mindestenergie** besitzen. Sie ist notwendig, damit die in den Teilchen der Ausgangsstoffe bestehenden Bindungen gelockert bzw. gelöst und neue Bindungen ausgebildet werden können. Mit zunehmender Temperatur erhöht

sich die Anzahl der Teilchen mit einer höheren kinetischen Energie und damit die Wahrscheinlichkeit erfolgreicher Zusammenstöße. Die Reaktionsgeschwindigkeit steigt an.

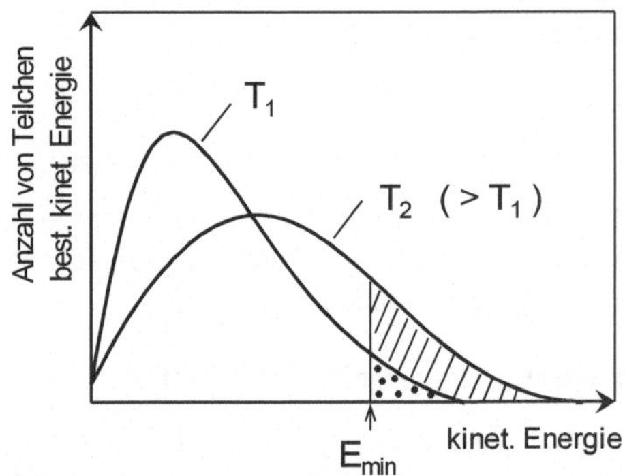

Abbildung 4.3

Energieverteilung bei verschiedenen Temperaturen

Die Geschwindigkeiten der Teilchen in einem Gasvolumen sind in einer statistisch definierten Weise verteilt (*Maxwell-Boltzmannsche-Geschwindigkeitsverteilung*). Die Verteilung folgt einer definierten Funktion, die in Abb. 4.3 für zwei unterschiedliche Temperaturen dargestellt ist. Jede der Kurven besitzt ein Maximum. Die zugehörige kinetische Energie (bzw. Geschwindigkeit) ist diejenige, die am häufigsten vorkommt. Die meisten Teilchen besitzen demnach eine mittlere kinetische Energie. Relativ wenige Teilchen sind energieärmer, andererseits weisen auch nur wenige Moleküle eine Energie auf, die größer als die Mindestenergie E_{min} ist. Für die Temperatur T_1 sind nur die Teilchen, deren Energie gleich oder größer als E_{min} ist, zur Reaktion befähigt (Abb. 4.3, gepunktete Fläche). Beim Übergang von T_1 zu T_2 ($T_2 > T_1$) wird die Kurve flacher und dehnt sich in den Bereich höherer Geschwindigkeiten aus. Damit wird die Anzahl an energiereichen Teilchen, die die Mindestenergie E_{min} aufbringen, größer. Die schraffierte Fläche in Abb. 4.3 charakterisiert die Zahl der zusätzlichen Teilchen, die nach der Temperaturerhöhung von T_1 auf T_2 die Mindestenergie für einen wirksamen Zusammenstoß besitzen.

Eine orientierende Hilfe für praktische Problemstellungen ist die von van't Hoff gefundene **RGT-Regel** (RG = Reaktionsgeschwindigkeit, T = Temperatur):

Erhöht man die Temperatur um 10°C, erhöht sich die Reaktionsgeschwindigkeit um das Zwei- bis Vierfache.

Dieser qualitative Zusammenhang zwischen der Temperatur und der Reaktionsgeschwindigkeit gilt innerhalb mittlerer Temperaturbereiche für zahlreiche baurelevante anorganische und organische Reaktionen.

Die Temperatur hat einen großen Einfluss auf den Erhärtungsprozess des Betons. Grundsätzlich gilt, dass hohe Temperaturen die Festigkeitsentwicklung beschleunigen, während niedrige sie verzögern. Die Endfestigkeit wird durch niedrigere Temperaturen allerdings nicht verringert. Es konnte im Gegenteil festgestellt werden, dass ein zunächst bei niedrigerer Temperatur erhärtender Beton zum Schluss eine etwas höhere Festigkeit aufweist, als ein bei höherer Temperatur erhärtender [BK 1].

Mit der **Saulschen Regel** ist eine grobe Abschätzung der Verlangsamung der Betonerhärtung bei niedrigen Temperaturen möglich. Sind Betone gleicher Zusammensetzung einer unterschiedlichen Lagerungstemperatur ausgesetzt, besitzen sie dann die gleiche Festigkeit, wenn ihr Reifegrad R übereinstimmt.

$$\boxed{R = \sum d_i \cdot (\vartheta_i + 10)}$$ Einheit: d · °C (4-4)

ϑ_i Mittlere Tagestemperatur in °C, der der Beton ausgesetzt war;

d_i Anzahl der Tage mit Temp. ϑ_i.

Mit Hilfe von (4-4) kann das für den Reifegrad wirksame Betonalter t_W berechnet werden. Das wirksame Betonalter bezieht sich generell auf die Lagertemperatur $\vartheta = 20°C$.

$$R_W = t_W \cdot (20 + 10) = t_W \cdot 30 \qquad R_W \text{ Reifegrad beim wirksamen Betonalter}$$

Setzt man $R = R_W$, so ergibt sich für das wirksame Betonalter Gl. (4-5).

$$\boxed{t_W = \frac{\sum d_i \cdot (\vartheta_i + 10)}{30}}$$ (in d) (4-5)

Beispiel:

Ein Beton ist 20 Tage lang bei 8°C erhärtet. Sein Reifegrad und sein wirksames Betonalter sind zu ermitteln!

Der Reifegrad ergibt sich nach $R = 20 \cdot (8 + 10)$ zu 360. Dieser Reifegrad entspricht einem wirksamen Betonalter von

$$t_W = \frac{360}{30} = 12\,Tagen.$$

Für genauere Abschätzungen der Festigkeitsentwicklung kann z.B. die gewichtete Reife des Betons ermittelt werden (Einbeziehung von Eichgrafiken, [BK1]).

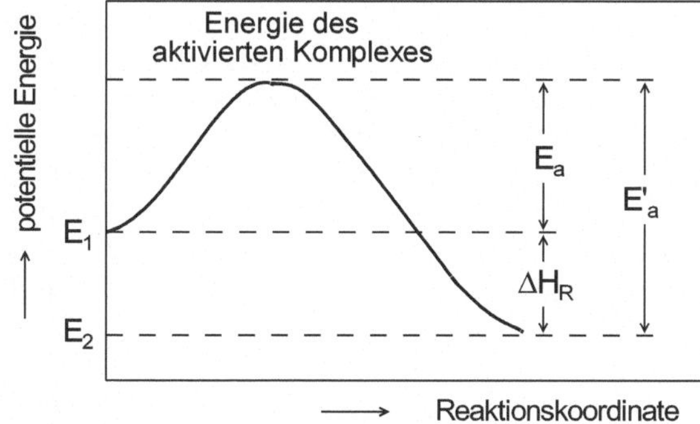

Abbildung 4.4

Reaktionsprofil einer exothermen Reaktion.
E_a Aktivierungsenergie der Hinreaktion
E'_a Aktivierungsenergie der Rückreaktion
ΔH_R Reaktionsenthalpie

Abb. 4.4 zeigt das Energiediagramm einer exothermen Reaktion. Nach Arrhenius kann eine Reaktion nur dann ablaufen, wenn sich zunächst aktivierte Moleküle (aktivierter Komplex,

Übergangszustand, s. a. Kap. 4.4) bilden. Dafür ist die Aufnahme der sogenannten **Aktivierungsenergie** E_a notwendig. Die Aktivierungsenergie entspricht der oben diskutierten Mindestenergie. Für den Start einer Reaktion muss demnach Energie zugeführt werden, um die Energiebarriere zu überwinden. Die reagierenden Atome oder Moleküle können die Aktivierungsenergie durch Erwärmen, durch Bestrahlen (z.B. UV-Licht) oder durch Energieaustausch bei Zusammenstößen von Teilchen zugeführt bekommen.

4.4 Katalyse

Neben der Konzentration der Reaktionspartner und der Temperatur kann die Geschwindigkeit einer Reaktion auch durch den Zusatz von Stoffen erhöht werden, die selbst nicht in der Stoffbilanz der Reaktion auftreten. Diese Erscheinung nennt man **Katalyse**. Die zugesetzten Stoffe, die fest, flüssig (gelöst) oder gasförmig sein können, werden als **Katalysatoren** bezeichnet.

> **Katalysatoren sind Stoffe, die die Geschwindigkeit einer Reaktion erhöhen und dabei am Ende der Reaktion unverändert vorliegen. Auf die Lage des chemischen Gleichgewichts haben Katalysatoren keinen Einfluss.**

Um wirksam zu werden, muss ein Katalysator in das Reaktionsgeschehen eingreifen. Damit verläuft eine katalysierte Reaktion zwangsläufig nach einem anderen Reaktionsmechanismus als eine unkatalysierte. Betrachten wir die Umsetzung der Stoffe A und B zu AB. Voraussetzung für die Bildung von AB sind Zusammenstöße von Teilchen A mit Teilchen B. Durch Zugabe eines Katalysators (*Kat*) läuft die Reaktion über einen Zweistufenmechanismus ab. Zunächst geht A eine Verbindung A-*Kat* mit dem Katalysator ein. In der zweiten Stufe reagiert A-*Kat* mit B, wobei der Katalysator zurückgebildet wird. Er kann dann erneut mit A reagieren. Der Reaktionsweg über die Zwischenverbindung A-*Kat* besitzt insgesamt eine geringere Aktivierungsenergie als der der unkatalysierten Reaktion (Abb. 4.5). Die niedrigere Aktivierungsbarriere bedingt eine höhere Reaktionsgeschwindigkeit.

$$\text{A} \quad + \quad Kat \quad \rightarrow \quad \text{A-}Kat$$
$$\text{A-}Kat \quad + \quad \text{B} \quad \rightarrow \quad \text{AB} \quad + \quad Kat$$

Man unterscheidet zwischen homogener und der heterogener Katalyse. Bei der **homogenen Katalyse** liegen Katalysator und Ausgangsstoffe in gleicher Phase vor. Als Beispiel kann die durch Eisen(II)-Ionen katalysierte Zersetzung von H_2O_2 in Sauerstoff und Wasser genannt werden. Die technisch weitaus bedeutendere Variante ist die **heterogene Katalyse**. Hier liegen Katalysator und Ausgangsstoffe in verschiedenen Phasen vor. Meist sind die Ausgangsstoffe flüssig oder gasförmig und die Katalysatoren fest. Festkörperkatalysatoren werden in der Technik als **Kontakte** bezeichnet. Der Vorteil der heterogenen Katalyse besteht darin, dass die Ausgangsstoffe kontinuierlich über die Katalysatoroberfläche geleitet werden können.

Ein technisch bedeutsamer fester Katalysator ist fein verteiltes Platin. Pt-Katalysatoren beschleunigen alle Reaktionen, an denen Wasserstoff beteiligt ist. Kommen wir an dieser Stelle wiederum auf das Knallgasgemisch Wasserstoff und Sauerstoff (Verhältnis 2:1) zurück, das bei Raumtemperatur keine merkliche Reaktion zeigt (s. Kap. 4.3.1). In Gegenwart eines Platinkatalysators setzen sich H_2 und O_2 explosionsartig zu Wasser um. Ursache für die heftige Reaktion ist die Bindungsschwächung bzw. -spaltung im H_2-Molekül als Folge der Wechselwirkung der Wasserstoffmoleküle mit der Oberfläche des Pt-Katalysators. Die Wechselwirkung der H_2-Moleküle mit dem festen Katalysator ist nicht nur rein physikalischer Natur (*Adsorption*). Es erfolgt auch eine chemische Aktivierung der adsorbierten Teilchen (*Chemisorption*). Die Teilchen werden durch chemische Bindungen mit der Katalysatoroberfläche verknüpft. Dadurch verändert sich die Elektronenverteilung innerhalb der adsorbierten Moleküle. Bindungen können geschwächt oder gar gelöst werden und die Aktivierungsenergie für die Folgereaktion(en) wird deutlich herabgesetzt.

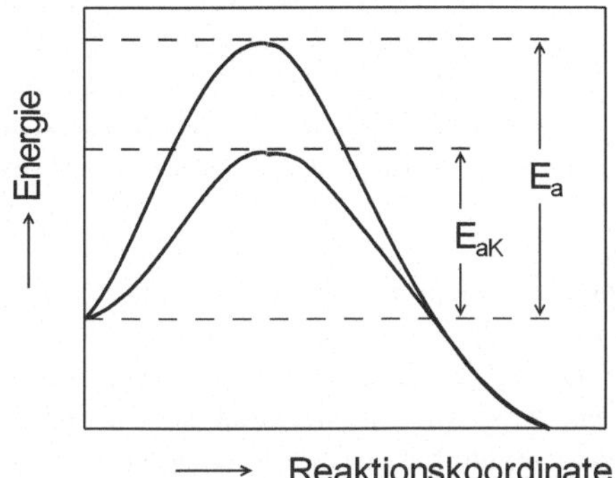

Abbildung 4.5

Katalysierter und nicht katalysierter Verlauf einer Reaktion

E_a Aktivierungsenergie der nicht katalysierten Reaktion
E_{aK} Aktivierungsenergie der katalysierten Reaktion

Durch die Adsorption/Chemisorption der Ausgangsstoffe an der Katalysatoroberfläche erhöht sich darüber hinaus ihre Konzentration, was ebenfalls zu einer Reaktionsbeschleunigung führt. Die Chemisorption ist im Gegensatz zur Adsorption ein stoffspezifischer, in der Mehrzahl der Fälle bei höheren Temperaturen ablaufender Vorgang. Deshalb sind für jede chemische Reaktion ganz spezifische Katalysatoren notwendig. Ihre Betriebstemperatur liegt meist deutlich über der Normaltemperatur (s. NH_3-Synthese, Kap. 4.5.3).

Sehr viele industrielle Prozesse, wie z.B. die Ammoniaksynthese nach *Haber* und *Bosch*, die Oxidation von SO_2 zu SO_3 im Rahmen der Schwefelsäureherstellung sowie die Rauchgasentstickung, wären ohne Beschleunigung durch Katalysatoren wirtschaftlich nicht durchführbar. Zur Reinigung von Automobilabgasen dient ein Festbett-Katalysator, der mit einer Pt-Rh-Legierung überzogen ist (Kap. 5.5.3.4).

Im Bauwesen wird die katalytische Wirkung von Formiaten (Salze der Ameisensäure, Kap. 10.1.6) und Aluminaten, auf den Verlauf der Betonerhärtung genutzt. Sie werden dem Beton als *Erhärtungs*- bzw. *Erstarrungsbeschleuniger* zugesetzt und erhöhen die Reaktionsgeschwindigkeit des Hydratationsprozesses (s. Kap. 9.3.3.4).

Stoffe, die die Reaktionsgeschwindigkeit erniedrigen, bezeichnet man als **Inhibitoren**, mitunter auch als „negative Katalysatoren". Der Ablauf einer chemischen Reaktion wird verzögert oder praktisch vollständig gehemmt. Der Mechanismus der zu hemmenden Reaktion bestimmt Art und Wirkungsweise der einzusetzenden Inhibitoren. In Radikalkettenreaktionen können z.B. Stoffe als Inhibitoren eingesetzt werden, die mit den freien Radikalen stabile Zwischenverbindungen bilden. Damit wird die Reaktionskette nicht fortgesetzt. Praktisch wichtige Inhibitoren sind die auch im Bauwesen breit eingesetzten **Korro-**

sionsinhibitoren. Darunter versteht man Stoffe, die auf der Oberfläche von Metallen dünne Deckschichten ausbilden und dadurch die Korrosion stark hemmen (Kap. 8.3.5.2).

4.5 Chemisches Gleichgewicht – Massenwirkungsgesetz

4.5.1 Zustand des chemischen Gleichgewichts

Bisher wurde bei der Betrachtung chemischer Reaktionen häufig eine vollständige Umwandlung der Ausgangsstoffe in die Reaktionsprodukte angenommen. Wählt man entsprechende Reaktionsbedingungen, ist diese Betrachtungsweise für eine Reaktion wie die Umsetzung von Zink (Zn) mit Salzsäure (HCl) durchaus berechtigt. Setzt man die Salzsäure im Überschuss zu, ist die Reaktion $Zn + 2\,H_3O^+ + 2\,Cl^- \rightarrow Zn^{2+} + H_2 + 2\,H_2O + 2\,Cl^-$ erst dann beendet, wenn alles Zn vollständig verbraucht wurde. Der entstehende Wasserstoff entweicht gasförmig aus dem offenen System. Man geht in diesem Fall von einem vollständigen Stoffumsatz aus.

Die quantitative Bildung von Reaktionsprodukten ist jedoch ein Grenzfall. Er kann streng genommen nur bei einigen heterogenen Reaktionen realisiert werden, bei denen die Ausgangsstoffe in unterschiedlicher Phase vorliegen. Bei zahlreichen **homogenen Reaktionen** (Gas- und Lösungsreaktionen) setzen sich die Reaktionspartner nicht vollständig miteinander um. Die Reaktion kommt zum Stillstand, wenn sich ein bestimmtes konstantes Verhältnis zwischen den Stoffmengen der Ausgangsstoffe und der Reaktionsprodukte eingestellt hat. Man spricht vom Zustand des **chemischen Gleichgewichts**. In der Reaktionsgleichung kennzeichnet man eine Gleichgewichtsreaktion durch einen Doppelpfeil.

$$A\ +\ B \underset{\text{Rückreaktion}}{\overset{\text{Hinreaktion}}{\rightleftharpoons}} C\ +\ D$$

Bei der Einstellung des chemischen Gleichgewichts verringern sich die Konzentrationen der Ausgangsstoffe A und B, die Geschwindigkeit der Hinreaktion nimmt folglich ab. In gleicher Weise erhöhen sich die Konzentrationen der Reaktionsprodukte und die Geschwindigkeit der Rückreaktion nimmt allmählich zu.

Im Zustand des chemischen Gleichgewichts laufen Hin- und Rückreaktion mit gleicher Geschwindigkeit ab (dynamisches Gleichgewicht). Es finden eine ständige Bildung und ein ständiger Zerfall der Reaktionsprodukte statt. Die Gleichgewichtskonzentrationen sind konstant.

Der Zustand des chemischen Gleichgewichts ist scheinbar ein Zustand chemischer Unveränderlichkeit in einem Reaktionssystem. Woran erkennt man also das Vorliegen eines chemischen Gleichgewichts? Folgende Punkte müssen erfüllt sein:

- Stoffzusatz führt zu weiterer Reaktion, die gleiche Wirkung hat das Entfernen eines Stoffes aus dem Reaktionssystem im Gleichgewichtszustand.
- Ein chemisches Gleichgewicht reagiert empfindlich auf Änderungen des Drucks und der Temperatur.

- Ein chemisches Gleichgewicht ist sowohl von Seiten der Ausgangsstoffe als auch der Reaktionsprodukte her einstellbar.

Betrachten wir zum Beispiel das Gleichgewicht $2\,CO + O_2 \rightleftharpoons 2\,CO_2$. Es ist gleichgültig, ob bei einer bestimmten Temperatur T CO mit O_2 reagiert oder ob CO_2 auf die Temperatur T gebracht wird. Stets stellen sich die gleichen konstanten Volumenverhältnisse zwischen den Gasen CO, CO_2 und O_2 ein.

Im strengen Sinne kann sich ein chemisches Gleichgewicht nur in einem abgeschlossenen System ausbilden. Für eine konstante Temperatur T ändert sich im Gleichgewichtszustand weder die Zusammensetzung des Systems noch wird Energie mit der Umgebung ausgetauscht.

4.5.2 Massenwirkungsgesetz

Der Gleichgewichtszustand ist dadurch charakterisiert, dass sich die durch die Hin- und die Rückreaktion hervorgerufenen Konzentrationsänderungen gerade gegenseitig aufheben. Betrachten wir die allgemeine Reaktion

$$\alpha\,A + \beta\,B \rightleftharpoons \gamma\,C + \delta\,D.$$

Die Produkte C und D können nur entstehen, wenn jeweils ein Teilchen des Stoffes A und ein Teilchen des Stoffes B zusammenstoßen. Die Wahrscheinlichkeit des Zusammenstoßes ist proportional der Konzentration der beteiligten Stoffe. Für die Geschwindigkeit der Hinreaktion v kann man also schreiben:

$$v_H \sim c^{\alpha}(A) \cdot c^{\beta}(B) \qquad \text{bzw.} \qquad v_H = k_H \cdot c^{\alpha}(A) \cdot c^{\beta}(B).$$

Für die Rückreaktion ergibt sich entsprechend

$$v_R \sim c^{\gamma}(C) \cdot c^{\delta}(D) \qquad \text{bzw.} \qquad v_R = k_R \cdot c^{\gamma}(C) \cdot c^{\delta}(D)$$

$$k_H, k_R \quad \text{Geschwindigkeitskonstanten der Hin-} \\ \text{und der Rückreaktion}$$

Im Gleichgewichtzustand sind die Geschwindigkeiten von Hin- und Rückreaktion gleich:

$$v_H = v_R$$

$$k_H \cdot c^{\alpha}(A) \cdot c^{\beta}(B) = k_R \cdot c^{\gamma}(C) \cdot c^{\delta}(D).$$

Umstellen ergibt:

$$\boxed{K_c = \frac{k_H}{k_R} = \frac{c^{\gamma}(C) \cdot c^{\delta}(D)}{c^{\alpha}(A) \cdot c^{\beta}(B)}} \qquad K_c \; \textbf{Gleichgewichtskonstante} \qquad (4\text{-}6)$$

Gleichung (4-6) wird als **Massenwirkungsgesetz (MWG)** bezeichnet. Das 1867 von *Guldberg* und *Waage* empirisch gefundene MWG kann auf der Grundlage thermodynamischer Gesetze exakt abgeleitet werden. Die Einheit der Gleichgewichtskonstanten K folgt aus der **Molzahldifferenz** Δn. Die Molzahldifferenz ergibt sich als Summe der Molzahlen auf der rechten Seite der Reaktionsgleichung *minus* Summe der Molzahlen auf der linken Seite der Gleichung, also $\Delta n = \gamma + \delta - (\alpha + \beta)$. Damit erhält man für K_c die Einheit $(mol/l)^{\Delta n}$.

Im Gleichgewichtszustand eines chemischen Systems besitzt der Quotient aus dem Produkt der Konzentrationen der Reaktionsprodukte und dem Produkt der Konzentrationen der Ausgangsstoffe einen nur von der Temperatur T abhängigen charakteristischen Zahlenwert.

Die Stöchiometriekoeffizienten der Reaktionsgleichung erscheinen im MWG als Exponenten der Konzentrationen. Werden in das MWG die Stoffmengenkonzentrationen c der Reaktionspartner eingesetzt, fügt man der Gleichgewichtskonstanten K mitunter den Index c an (Gl. 4-6).
Die Gleichgewichtskonstante K charakterisiert das Konzentrationsverhältnis von Reaktionsprodukten zu Ausgangsstoffen und ist somit ein Maß für die Lage des Gleichgewichts. Je größer K, umso größer sind die Konzentrationen der Endstoffe und umgekehrt. Im Falle großer Gleichgewichtskonstanten ($K \gg 1$) liegt das Gleichgewicht weitgehend auf der Seite der Reaktionsprodukte. In der Reaktionsgleichung weist man darauf hin, indem man den nach rechts weisenden Pfeil verstärkt. Bei kleinen Konstanten ($K \ll 1$) liegt das Gleichgewicht überwiegend auf der Seite der Ausgangsstoffe, entsprechend verstärkt man den nach links weisenden Pfeil.

Ein Vergleich der Gleichgewichtskonstanten verschiedener Reaktionen kann nur dann erfolgen, wenn die Reaktionen dem gleichen stöchiometrischen Grundtyp angehören. Ansonsten unterscheiden sich die Konstanten bezüglich ihrer Einheit. Beispiele für Grundtypen sind:

$$A + B \; \rightleftharpoons \; C \qquad\qquad K_c : \; 1/mol$$
$$A \qquad\;\; \rightleftharpoons \; B + C \qquad K_c : \; mol/l$$
$$A + B \; \rightleftharpoons \; C + D \qquad K_c : \; \text{ohne Einheit}$$

Bei bekannter Gleichgewichtskonstante K und bekannter Ausgangskonzentration der Ausgangsstoffe lassen sich die Gleichgewichtskonzentrationen der Reaktionsprodukte und damit die Ausbeute der Umsetzung berechnen.

Im Falle von *Gasgleichgewichten* werden anstelle der Stoffmengenkonzentrationen zweckmäßigerweise die Partialdrücke p_i der Reaktionsteilnehmer i in das MWG eingesetzt und die Gleichgewichtskonstante K erhält den Index p.
Man erhält dann für die Reaktion $\alpha\,A + \beta\,B \; \rightleftharpoons \; \gamma\,C + \delta\,D$ den Ausdruck:

$$\boxed{K_p = \frac{p^{\gamma}(C)\cdot p^{\delta}(D)}{p^{\alpha}(A)\cdot p^{\beta}(B)}} \qquad\qquad [\text{bar}^{\,\Delta n}] \qquad\qquad\qquad (4\text{-}7)$$

Der Zusammenhang zwischen K_p und K_c ergibt sich aus der Zustandsgleichung für ideale Gase: $p \cdot V = n \cdot R \cdot T$. Umformen ergibt $p = (n/V) \cdot R \cdot T$. Da gilt: $n/V = c$, erhält man die Beziehung $p = c \cdot R \cdot T$ bzw. $c = p/R \cdot T$ und durch Einsetzen in K_c schließlich Gl. (4-8).

$$\boxed{K_p = K_c \cdot (R \cdot T)^{\Delta n}} \tag{4-8}$$

Für $\Delta n = 0$ ergibt sich $K_p = K_c$.

4.5.3 Beeinflussung der Lage des chemischen Gleichgewichts

Die Lage des Gleichgewichts kann durch Änderung der Reaktionsbedingungen, also der Temperatur, des Drucks und der Konzentration der Reaktionsteilnehmer, beeinflusst werden. Allgemeine Aussagen über die Richtung, in die sich ein Gleichgewicht bei Änderung der äußeren Bedingungen verschiebt, wurden 1887 von *Le Chatelier* und *Braun* im **Prinzip des kleinsten Zwanges** formuliert.

> **Übt man auf ein im Gleichgewicht befindliches System durch Änderung der äußeren Bedingungen (Temperatur, Druck bzw. Konzentration der Reaktionspartner) einen Zwang aus, so verschiebt sich das Gleichgewicht derart, dass es dem äußeren Zwang ausweicht.**

• **Einfluss der Temperatur.** Ein chemisches Gleichgewicht reagiert sehr empfindlich auf Temperaturänderungen. Jeder Temperatur entspricht ein anderer Gleichgewichtszustand bzw. eine andere Gleichgewichtslage und damit ein anderes K. Bei **Temperaturerhöhung** verschiebt sich das Gleichgewicht in Richtung des *endothermen* Reaktionsverlaufs, bis sich ein neues chemisches Gleichgewicht eingestellt hat. Bei **Temperaturerniedrigung** erfolgt dementsprechend eine Verschiebung des Gleichgewichts in Richtung des *exothermen* Reaktionsverlaufs. Der Anstieg der Reaktionsgeschwindigkeit bei Temperaturerhöhung bedeutet für den Gleichgewichtszustand eine Erhöhung der Reaktionsgeschwindigkeit der Hin- <u>und</u> der Rückreaktion. Erwärmen führt zu einer schnelleren Gleichgewichtseinstellung. Je höher die Temperatur, umso schneller wird der jeweilige Gleichgewichtszustand erreicht.

• **Einfluss des Druckes.** Bei einer Reihe von Gleichgewichtsreaktionen treten Volumenänderungen auf, wenn sie bei konstantem Druck ablaufen. In diesen Fällen lässt sich das Gleichgewicht prinzipiell durch Änderung des Druckes beeinflussen. Dieser Einfluss ist naturgemäß am stärksten bei *Gasgleichgewichten*.

Eine Druckänderung führt dann zu einer Beeinflussung der Gleichgewichtslage, wenn das Volumen der gasförmigen Reaktionsprodukte von dem der gasförmigen Ausgangsstoffe verschieden ist. Bei **Druckerhöhung** verschiebt sich das Gleichgewicht in Richtung der Teilreaktion, die unter *Volumenverminderung* abläuft, bei **Druckerniedrigung** dagegen in Richtung der Teilreaktion, die unter *Volumenzunahme* abläuft. Die Volumenzunahme bei einer Gasreaktion ergibt sich aus der Differenz der Stöchiometriekoeffizienten (Molzahldifferenz Δn) der Reaktionsteilnehmer.

• **Einfluss der Konzentration.** Erhöht man die Konzentration eines der Reaktionsteilnehmer, verlagert sich das Gleichgewicht derart, dass der betreffende Reaktionsteilnehmer verbraucht wird und sich dessen Konzentration wieder erniedrigt. Wird zum Beispiel die Konzentration eines Ausgangsstoffes erhöht, verlagert sich das Gleichgewicht auf die Seite der Reaktionsprodukte. Die Reaktion schreitet in der Richtung fort, bei der die Ausgangsstoffe verbraucht und die Reaktionsprodukte gebildet werden. Damit erhöht sich die Ausbeute. Erniedrigt man die Konzentration eines Ausgangsstoffes, wird die Geschwindigkeit der Rückreaktion, bei der dieser Stoff nachgebildet wird, erhöht.

Das Zusammenwirken von Druck, Temperatur und Katalysator soll am Beispiel der **Ammoniaksynthese** nach *Haber* und *Bosch* (Haber-Bosch-Verfahren) erläutert werden. Die Synthese von NH_3 war das erste chemische Produktionsverfahren bei dem die Forschungsergebnisse zum MWG unmittelbar zur Anwendung kamen. Ammoniak ist eine der wichtigsten anorganischen Grundchemikalien. Als Ausgangspunkt für Salpetersäure, Nitrate und Harnstoff bildet NH_3 die Grundlage für die Produktion von Pflanzenschutzmitteln, Düngemitteln, Kunst- und Farbstoffen sowie Kunstfasern. Die Reaktionsgleichung für die Ammoniaksynthese lautet:

$$N_2 + 3\,H_2 \underset{}{\overset{Kat.}{\rightleftharpoons}} 2\,NH_3 \qquad\qquad \Delta H = -92\ kJ/mol \qquad\qquad (4\text{-}9)$$

Die Bildung des NH_3 verläuft exotherm und unter Volumenverminderung (linke Seite: 4 Volumenteile, rechte Seite: 2 Volumenteile). Nach dem Prinzip von *Le Chatelier* und *Braun* sollte demnach bei möglichst tiefen Temperaturen und hohen Drücken gearbeitet werden, um eine hohe Ausbeute an NH_3 zu erhalten. Die Reaktionsgeschwindigkeit der Umsetzung von N_2 und H_2 ist bei niedrigen Temperaturen allerdings sehr gering. Um ein wirtschaftlich arbeitendes Verfahren zu ermöglichen, müssen deshalb Katalysatoren eingesetzt werden. Diese benötigen wiederum eine bestimmte Betriebstemperatur, um voll wirksam zu sein. Die chemische Industrie arbeitet heute bei Drücken um 300 bar und Temperaturen zwischen 400...500° C unter Verwendung eisenoxidhaltiger Mischkatalysatoren, die als zusätzliche aktivierende Substanzen K_2O, CaO, MgO und SiO_2 enthalten.

4.5.4   Heterogene Gleichgewichte

Die vorstehenden Betrachtungen gelten in dieser Form nur für homogene Reaktionen in einem abgeschlossenen System. **Im Bauwesen** spielen vor allem **heterogene Reaktionen** eine wichtige Rolle. Darunter versteht man Reaktionen, bei denen die Reaktionspartner *nicht* in der gleichen Phase vorliegen, also Reaktionen zwischen festen und flüssigen, festen und gasförmigen oder flüssigen und gasförmigen Reaktionspartnern. Bei den meisten bauchemisch relevanten Reaktionen liegt mindestens ein Reaktand im festen Aggregatzustand vor, d.h. es handelt sich vor allem um Reaktionen zwischen Feststoffen und Gasen bzw. Feststoffen und Lösungen. Beispiele für heterogene Reaktionen sind

- thermische Zersetzungsvorgänge, wie z.B. das Kalkbrennen ($CaCO_3 \rightarrow CaO + CO_2$, Kap. 9.3.2.1),
- die Dehydratisierung von Salzen, z.B. Brennen von Gips ($CaSO_4 \cdot 2H_2O \rightarrow 1\tfrac{1}{2}\,H_2O + CaSO_4 \cdot \tfrac{1}{2}\,H_2O$, Kap. 9.3.5),
- die Bindung von Gasen an Feststoffen, z.B. Rauchgasentschwefelung ($CaCO_3 + SO_2 \rightarrow CaSO_3 + CO_2$, Kap. 5.5.3.3),

- Korrosionsvorgänge an Metalloberflächen (Kap. 8.3).

Unter **Festkörperreaktionen** versteht man Reaktionen zwischen zwei oder mehreren Feststoffen. Ein wichtiges Beispiel ist das **Sintern,** wo die festen Ausgangskomponenten zusammen über einen längeren Zeitraum bei hohen Temperaturen unterhalb des Schmelzpunkts gehalten werden. Durch Wärme (und evtl. Druck) verdichten sich die pulvrigen Einsatzstoffe zu größeren Partikeln, wobei sich die Grenzflächen verringern. Es kommt zu einem „Zusammenbacken" des pulvrigen Ausgangsgemischs. Dabei finden Volumenkontraktionen, Rekristallisations- und Kristallwachstumsprozesse statt. Die Ionen wandern über die Kontaktflächen zwischen den Körnern der reagierenden Komponenten von einem Gitter in das andere (*Festkörperdiffusion*). Wenn Oxide miteinander reagieren, sind meist die im Vergleich zum Oxidion kleineren Kationen die mobilen Spezies.

Der Sinterprozess beginnt bei Temperaturen unterhalb des Schmelzpunkts T_S. Die Notwendigkeit hoher Temperaturen folgt aus der Energiebilanz der Umsetzungen. Im Gegensatz zur organischen Chemie, wo bei Reaktionen meist nur eine Bindung gelöst und eine neu gebildet wird, werden in der Festkörperchemie die Kristallstrukturen von mindestens zwei der reagierenden Komponenten zerstört und vollständig neu gebildet.
Die niedrigen Reaktions- bzw. Diffusionsgeschwindigkeiten von Feststoff-Feststoff-Reaktionen sind auf die hohen Bindungskräfte im Festkörper und die daraus resultierende stark eingeschränkte Teilchenbewegung zurückzuführen. Die Schwingungen der Teilchen um die Fixpunkte im Gitter werden naturgemäß stark von der Temperatur beeinflusst. Temperaturanstieg führt zu einer Erhöhung der Diffusionsgeschwindigkeit der Teilchen.

Auch die Gestalt der Oberfläche des festen Stoffes beeinflusst die Geschwindigkeit der Umsetzung. Mit der Vergrößerung der Oberfläche (Verfeinerung der Oberflächenstruktur) erhöht sich die Anzahl der aktiven Zentren und die Reaktionsfähigkeit steigt an.
Beispiele für technisch bedeutsame Sinterprozesse sind die Zementerzeugung sowie die Herstellung von Gläsern und tonkeramischen Erzeugnissen.

Wie bereits beschrieben, sind die im Bauwesen ablaufenden **heterogenen Reaktionen** vor allem Reaktionen zwischen Feststoffen und Gasen bzw. Feststoffen und Lösungen. Dazu kommt, dass baurelevante Umsetzungen nicht in abgeschlossenen, sondern in offenen Reaktionssystemen - also meist im Freien - ablaufen. Eine Phase kann also ständig aus dem Reaktionssystem austreten oder in das System eintreten. Entweicht bei einer Umsetzung ein gasförmiges Reaktionsprodukt aus dem (offenen) System, werden die Ausgangsstoffe verbraucht, ***ohne dass sich ein chemisches Gleichgewicht einstellen kann.*** Mit anderen Worten: Das System läuft seinem Gleichgewichtszustand „hinterher", ohne ihn erreichen zu können. Damit verläuft die chemische Reaktion nahezu quantitativ in Richtung des gebildeten Stoffes, der aus dem Reaktionssystem austritt.

Dieser Sachverhalt soll am Beispiel des **Brennens von Kalkstein** dargestellt werden. Wird die thermische Zersetzung

$$CaCO_3(s) \;\rightarrow\; CaO(s) \;+\; CO_2(g) \qquad\qquad \Delta H = +178\ kJ/mol \qquad\qquad (4\text{-}10)$$

in einem *geschlossenen Behälter* durchgeführt, liegt ein Beispiel für ein heterogenes chemisches Gleichgewicht vor. Die Reaktion kommt zum Stillstand, lange bevor alles $CaCO_3$ verbraucht ist. Im Gleichgewichtszustand liegen 3 Phasen nebeneinander vor: zwei feste Phasen (CaO und $CaCO_3$) und eine Gasphase (CO_2). Die Gleichgewichtskonstante hat bei heterogenen Reaktionen eine einfache Gestalt. Zunächst kann man formulieren:

$$K_c = \frac{c(CO_2) \cdot c(CaO)}{c(CaCO_3)} \; .$$

Da die Konzentration (exakt: Aktivität, s. Kap. 6.5.2.2) einer reinen Phase gleich 1 gesetzt werden kann, ergibt sich

$$K_c = c(CO_2) \quad \text{bzw. bei Verwendung des Partialdrucks} \quad K_p = p(CO_2).$$

Die Gleichgewichtskonstante – und damit die Lage des Gleichgewichts – ist allein vom Partialdruck des Kohlendioxids abhängig. Erhitzt man $CaCO_3$ in einem *geschlossenen Gefäß*, z.B. auf 800°C, zersetzt es sich bis zu einem CO_2-Partialdruck von 0,22 bar. Bei diesem Druck liegt ein dynamisches Gleichgewicht vor. Die Zersetzungsgeschwindigkeit des $CaCO_3$ entspricht der Geschwindigkeit, mit der sich CaO und CO_2 wieder zu Calciumcarbonat verbinden. Der Druck von 0,22 bar ist der Zersetzungsdruck (auch: CO_2-Gleichgewichtsdruck) des $CaCO_3$ bei 800°C. Bei 500°C wird ein CO_2-Druck erreicht, der genauso groß ist wie der CO_2-Partialdruck in der Atmosphäre, also 0,00039 bar.
Erfolgt die Zersetzung des $CaCO_3$ bei 800°C in einem *offenen Behälter* (*System*), entweicht das gebildete CO_2. Ein CO_2-Partialdruck von 0,22 bar wird niemals erreicht und ein Gleichgewicht kann sich nicht einstellen.

Bei der technischen Realisierung dieses Prozesses ist man natürlich an einer vollständigen Umsetzung interessiert. Es ist deshalb vom wirtschaftlichen Standpunkt her sinnvoll, die Reaktionstemperatur so hoch zu wählen, dass der CO_2-Gleichgewichtsdruck größer als der Luftdruck ist. Industriell wird Kalkstein bei etwa 950°C gebrannt. Bei dieser Temperatur beträgt der CO_2-Gleichgewichtsdruck etwa 2 bar. Er ist damit bereits doppelt so groß wie der Luftdruck. Dieser Gleichgewichtsdruck kann sich allerdings nur in einem geschlossenen Gefäß einstellen. Die Kalkbrennöfen arbeiten jedoch als offene Systeme unter Atmosphärendruck. Das Gleichgewicht kann sich nicht einstellen, da ständig CO_2 entweicht, ehe der CO_2-Gleichgewichtsdruck erreicht ist. Die Reaktion läuft rasch und vollständig ab.

Die **Kalkhärtung** ist ein weiteres Beispiel für eine heterogene Reaktion, die in der Baupraxis naturgemäß in einem offenen System, also an der Luft, abläuft (Gl.4-11).

$$Ca(OH)_2(s) + CO_2(g) \; \rightarrow \; CaCO_3(s) + H_2O(l) \qquad \Delta H = \text{-112 kJ/mol} \qquad (4\text{-}11)$$

Der CO_2-Anteil der Luft ist mit 0,04 Vol.-% (S. Kap. 5.1) relativ gering. Um möglichst schnell eine vollständige $CaCO_3$-Bildung gemäß Gl. (4-11) zu erreichen, kann Kohlendioxid im Überschuss angeboten werden (s. Kap. 9.3.2.1).

5   Luft und Luftinhaltsstoffe

Bauwerke sind den ständigen Einflüssen der Atmosphäre mit den in ihr natürlich enthaltenen Gasen Sauerstoff, Stickstoff, Kohlendioxid, den Edelgasen, wechselnden Mengen an Wasserdampf, aber auch mit den in ihr enthaltenen Luftschadstoffen wie Schwefeldioxid, Stickoxiden, Ozon sowie Staubpartikeln unterschiedlichster Herkunft ausgesetzt. Schlagworte wie Saurer Regen, Sommersmog, Treibhausgase und Neuartige Waldschäden gehören dank der Berichterstattung durch die Medien zu unserem Alltag. Häufig besteht jedoch gerade bei Begriffen, mit denen wir ununterbrochen konfrontiert werden, der größte Erklärungsbedarf. Zum einen im Hinblick auf das Verständnis des Phänomens selbst und zum anderen im Hinblick auf die komplexen Wechselbeziehungen zu anderen natürlichen Prozessen und Vorgängen, die häufig außerordentlich schwer zu überschauen und zu bewerten sind.

Zum Beispiel ist das zur Carbonatisierung notwendige Kohlendioxid in der Lage, Wärmeenergie zu speichern. Deshalb steht es im Mittelpunkt der meisten Diskussionen zum Thema Treibhauseffekt. CO_2 ist inzwischen im Verständnis der meisten Menschen *das* Treibhausgas schlechthin. Oder betrachten wir den Sauerstoff: Im Sonnenlicht wird der für Menschen und Tiere lebensnotwendige Sauerstoff in Gegenwart von Farbstoffen in eine aggressive Form überführt, die Farben bleicht, Kunststoffe vergilben und Lacküberzüge abblättern lässt. Saure Gase bzw. saurer Regen zerstören zusehends historische Baudenkmale und führen zu einer Versauerung der Böden und Gewässer. Weitere Beispiele ließen sich mühelos anfügen. Es ist deshalb für den Bauingenieur von Vorteil, genauere Kenntnisse über die Zusammensetzung und die Eigenschaften der atmosphärischen Luft und die dort ablaufenden Prozesse zu besitzen, um sie gezielt beispielsweise im Rahmen von Bautenschutzmaßnahmen anwenden zu können.

5.1   Zusammensetzung der Luft

Unsere Erde ist in drei Bereiche unterteilt, die untereinander in enger Wechselbeziehung stehen und in denen sich das menschliche Leben abspielt: die Atmosphäre (Lufthülle), die Hydrosphäre (Wasserhülle) und die Lithosphäre (Gesteinsmantel). Die Atmosphäre ist von diesen drei Bereichen nicht nur der massenmäßig kleinste, sondern vom chemischen Gesichtspunkt her auch der am einfachsten aufgebaute. Indem die **Atmosphäre** UV-Strahlung aus dem Weltall weitgehend absorbiert, lebensnotwendiges Sonnenlicht zu den Oberflächen der Kontinente und Ozeane durchlässt und mit ihren Spurengasen den Wärmehaushalt und das Klima reguliert, ermöglicht sie das Leben auf der Erde. Sie ist neben dem Wasser auch Transportmittel für natürliche und anthropogene (vom Menschen verursachte) Emissionen sowie für Wärmeenergie. Die Gase der Atmosphäre sind für die chemischen Eigenschaften des Regens verantwortlich und beeinflussen damit die Verwitterungsprozesse auf der Erde.

Die Untergliederung der Atmosphäre kann nach verschiedenen Kenngrößen erfolgen. Am bekanntesten und wohl auch am gebräuchlichsten ist die Unterteilung nach der Temperatur. Bis in ca. 12 km Höhe reicht die **Troposphäre** als die unterste atmosphärische Schicht. In der Troposphäre leben wir Menschen, hier spielt sich das Wettergeschehen ab. Danach erstreckt sich bis in etwa 50 km Höhe die **Stratosphäre**, gefolgt von der Mesosphäre (bis ca. 90 km). In der Troposphäre sinkt die Temperatur pro km Höhe um etwa 6°C. In der darüber liegenden Stratosphäre steigt die Temperatur mit zunehmender Höhe wieder an. Die Höhenbereiche der Umkehrpunkte der Temperatur nennt man Pausen. Die Tropopause (in ca. 12 km Höhe) trennt die Troposphäre von der Stratosphäre, das Temperaturminimum liegt bei etwa -60°C.

Etwa 80% der gesamten Luft sind in der Troposphäre enthalten. Aufgrund der ständigen Durchmischung kann die Zusammensetzung der Luft an der Erdoberfläche als repräsentativ für die Luftzusammensetzung generell angesehen werden. Tab. 5.1 enthält die mittlere Zusammensetzung von trockener Luft [UC 1]. Sie besteht zu 99,03% aus Stickstoff und Sauerstoff. An dritter Stelle folgt nicht, wie oft angenommen, Kohlendioxid, sondern das Edelgas Argon mit einem Volumenanteil von 0,934%. Alle anderen Bestandteile liegen unter 0,1%, sie werden als **Spurengase** bezeichnet. Ihre Konzentration wird nicht mehr in Prozent, sondern meist in ***ppm*** (parts per million, Teile einer Million; 1 ppm = $10^{-6} \Rightarrow$ 1 mg pro kg bzw. 1 ml pro m³) oder in ***ppb*** (Teile einer Milliarde, 1 ppb = $10^{-9} \Rightarrow$ 1 µg pro kg bzw. 1 µl pro m³) angegeben.

Tabelle 5.1 Mittlere Zusammensetzung von trockener ([UC 1], Bezugsjahr 1992) und „normaler" Luft

Bestandteil	Formel	Volumenanteil	
		Trockene Luft	**Normale Luft**
Stickstoff	N_2	78,084 Vol.-%	76,6 Vol.-%
Sauerstoff	O_2	20,946 Vol.-%	20,5 Vol.-%
Wasserdampf	H_2O	0	2 Vol.-% [5]
Argon	Ar	0,934 Vol.-%	0,9 Vol.-%
Kohlendioxid	CO_2	0,0354 Vol.-% (354 ppm) [1]	0,034 Vol.-%
Neon	Ne	18,18 ppm	17 ppm
Helium	He	5,24 ppm	5 ppm
Methan	CH_4	1,7 ... 1,8 ppm [2]	1,5 ppm
Krypton	Kr	1,14 ppm	1,0 ppm
Wasserstoff	H_2	0,56 ppm	0,5 ppm
Distickstoffmonoxid	N_2O	310 ppb [3]	300 ppb
Xenon	Xe	87 ppb	87 ppb
Kohlenmonoxid [4]	CO	30 - 250 ppb	30 - 250 ppb
Ozon [4]	O_3	10 - 100 ppb	10 - 100 ppb
Stickstoffdioxid	NO_2	10 - 100 ppb	10 - 100 ppb
Schwefeldioxid	SO_2	< 1 - 50 ppb	< 1 - 50 ppb

[1] 408 ppm, [2] 1.87 ppm, [3] 331 ppb [Gehalte 2018 weltweit; Quelle: WMO]; [4] Starke zeitl. Fluktuationen; [5] Annahme eines mittleren Wertes von 2 Vol.-% Wasserdampf in Atmosphäre.

Der Wasserdampf bleibt bei der Diskussion der Luftzusammensetzung meist unberücksichtigt, da sein Volumenanteil starken Schwankungen unterliegt. Er erstreckt sich von Bruchteilen eines Prozentes an kalten, klaren Wintertagen bis zu etwa 4% an schwülheißen Sommertagen. In Tab. 5.1 sind die Volumenanteile für trockene Luft denen für „normale Luft" mit einem mittleren Wasserdampfgehalt von etwa 2% als Berechnungsgrundlage (letzte Spalte) gegenübergestellt. Dabei ergibt sich ein überraschenden Ergebnis: Nicht das Edelgas Argon, sondern Wasserdampf ist das dritthäufigste Gas in der Atmosphäre. Da H_2O-Dampf ein effektives Treibhausgas ist, kommt diesem Resultat größte Bedeutung im Hinblick auf die Temperaturregulierung auf der Erde zu (Kap. 5.4.3.3). Abgesehen von einigen Spurengasen ist die Zusammensetzung der Luft seit Millionen Jahren weitgehend konstant. Alarmierend ist, dass die Konzentration der Spurengase Kohlendioxid (CO_2), Ozon (O_3), Methan (CH_4) und Distickstoffmonoxid (N_2O), die in direkter Beziehung zu den klimatischen Verhältnissen stehen, in den letzten 150 Jahren stetig im Ansteigen begriffen ist (Kap. 5.4.3.3). Damit gewinnt der Mensch durch seine industrielle Tätigkeit und seinen Verbrauch an fossiler Energie zunehmend Einfluss auf das Klima. Es ist eine der größten Herausforderungen unserer Zeit, den anthropogenen Einfluss auf die globalen Temperatur- und Klimaverhältnisse zu kontrollieren und zurückzudrängen.

5.2   Physikalisch-chemische Eigenschaften der Luft

Luft ist ein farbloses Gasgemisch mit einer Normdichte von 1,293 g/l (0°C, 1,013 bar). Die Normdichte der Luft lässt sich *näherungsweise* aus den Normdichten der beiden Hauptbestandteile Sauerstoff (ρ = 1,43 g/l) und Stickstoff (ρ = 1,25 g/l) unter Berücksichtigung ihrer Volumenanteile berechnen. Es ergibt sich der Ausdruck: ρ(Luft) = 0,78 · 1,25 + 0,21 · 1,43 = 1,28 g/l.

Die **spezifische Wärmekapazität,** früher auch als spezifische Wärme bezeichnet, besitzt das Symbol c_p (Index p steht für konstanten Druck). c_p von Luft ist mit einem Wert von 1010 J/kg · K etwa 2- bis 4-mal so groß wie c_p von Metallen (z.B. Cu 381 J/kg · K, Fe 450 J/kg · K und Ag 230 J/kg · K), beträgt aber nur etwa ein Viertel vom Wert des Wassers (4180 J/kg · K). Unter der spezifischen Wärmekapazität versteht man die Wärmemenge, die benötigt wird, um 1 kg eines Stoffes um 1°C zu erwärmen. Wird also einem Kilogramm Wasser eine Energie von 4180 Joule zugeführt, so erhöht sich die Wassertemperatur um 1°C. Als Einheit ist auch J/ kg · °C gebräuchlich.

Luft besitzt ein äußerst geringes Wärmeleitvermögen. Das spezifische Wärmeleitvermögen eines Stoffes wird durch die **Wärmeleitfähigkeit** λ (auch: Wärmeleitzahl) charakterisiert. Die Wärmeleitfähigkeit gibt an, welche Wärmemenge pro Stunde durch 1 m² einer Schicht des Stoffes strömt, wenn das Temperaturgefälle in Richtung des Wärmestroms 1 K/m beträgt. Die Einheit der Wärmeleitfähigkeit lautet W/m·K bzw. W/cm·K, weiterhin gebräuchlich sind die Einheiten J/cm·s·K bzw. J/m·h·K. Die Wärmeleitfähigkeit für Luft beträgt 0,025 W/m·K (Vergleich: Cu 400, Al 237, Fe 81; flüssiges H_2O 0,59; Argon 0,0177; Krypton 0,0095; Glas 0,7...1,4; Ziegelmauerwerk 0,4...1,2; Betonbauteile 0,4...1,4 und Wärmedämmstoffe 0,03...0,15; alle Werte in W/m·K).

Luft kann in Abhängigkeit von der Temperatur unterschiedliche Mengen an Wasserdampf aufnehmen, die als **Luftfeuchtigkeit** oder Luftfeuchte bezeichnet werden. Den Höchstgehalt an Wasserdampf in einem Kubikmeter Luft bei einer bestimmten Temperatur T, gemessen in g/m³, bezeichnet man als *Sättigungsgehalt* (auch: Sättigungskonzentration).

Unter der **absoluten Luftfeuchtigkeit** versteht man die Masse an Wasserdampf in Gramm, die bei der Temperatur T tatsächlich in 1 m³ Luft enthalten ist. Dagegen versteht man unter der **relativen Luftfeuchtigkeit** das Verhältnis von absoluter Luftfeuchtigkeit zum Sättigungsgehalt. Sie wird in Prozent angegeben. Abb. 5.1 zeigt die Temperaturabhängigkeit der Sättigungskonzentration. Als *Faustregel* gilt für den unteren Temperaturbereich:

10°C ~ 10g H_2O pro m³   bzw.   30°C ~ 30g H_2O pro m³ Luft.

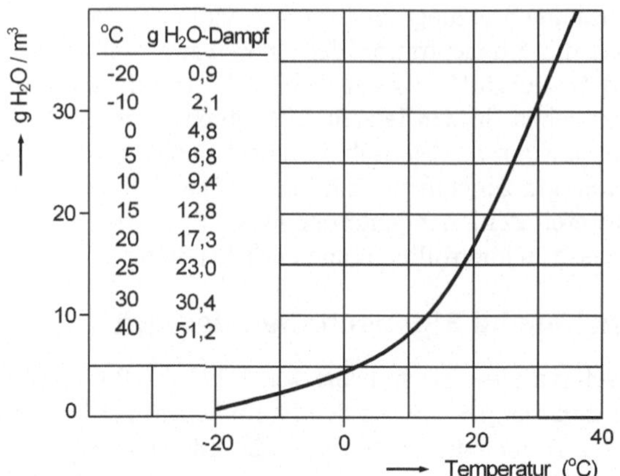

Abbildung 5.1 Wasserdampf-Sättigung der Luft in Abhängigkeit von der Temperatur.

Die technische Gewinnung der Hauptbestandteile der Luft, Stickstoff und Sauerstoff erfolgt überwiegend durch **Luftverflüssigung** (*Linde-Verfahren*) und anschließende fraktionierte Destillation. Beim Linde-Verfahren macht man sich den *Joule-Thomson-Effekt* zunutze: *Komprimierte Gase kühlen sich beim Ausdehnen ab*. Bei der Expansion wird Arbeit gegen die intermolekularen Anziehungskräfte zwischen den Gasteilchen geleistet. Die dazu notwendige Energie wird der inneren Energie des Gases entnommen. Die Folge ist eine Abnahme der kinetischen Energie und damit der Temperatur des Gases. Nachdem die Luft von Staub und CO_2 gereinigt ist, wird sie auf etwa 50 bar komprimiert und anschließend über ein Drosselventil entspannt. Die Temperatur erniedrigt sich. Indem man die nun abgekühlte Luft im Gegenstromverfahren zur Vorkühlung der nachfolgenden komprimierten Luft einsetzt, erreicht diese nach der Expansion noch tiefere Temperaturen. Während des ablaufenden Kreisprozesses erfolgt eine ständige Tieferkühlung bis schließlich eine Verflüssigung eintritt.

Mit Beginn der 80iger Jahre kam eine Technologie zur Abtrennung von Luftstickstoff auf den Markt (Air Liquide/Pont de Nemours), die die geringere Diffusionsgeschwindigkeit der Stickstoffmoleküle im Vergleich zu O_2 und CO_2 durch eine Hohlfasermembran ausnutzt. Mittels eines Kompressors wird Druckluft erzeugt, gereinigt und in Module gedrückt, in denen Hohlfasermembranen enthalten sind. Die N_2-Moleküle diffundieren beim Durchströmen der Hohlfasern langsamer durch die feinen Poren der Faserwand (< 100 µm), als die O_2-Moleküle. Kleine Mengen anderer Moleküle wie CO_2 oder H_2O (Restfeuchte) durchdringen die Membran ebenfalls schnell. Am Ende des Moduls wird trockener Stickstoff mit einer Reinheit von 90...99,9% gewonnen.

Flüssige Luft besitzt eine Temperatur von etwa -192°C und eine Dichte von 0,9 g/cm^3. Bei längerem Stehen nimmt sie eine bläuliche Farbe an, da der farblose Stickstoff mit seinem tieferen Siedepunkt (-196°C) schneller absiedet als Sauerstoff (Sdp. -183°C).

5.3   Löslichkeit von Gasen

Die Löslichkeit von Gasen in Wasser ist nicht nur für das pflanzliche und tierische Leben von großer Bedeutung. Sie spielt auch für zahlreiche baurelevante Vorgänge wie den kalklösenden Angriff von Regenwasser oder Korrosionsprozesse an Baumetallen eine wichtige Rolle.

Für eine genauere Betrachtung des Lösungsvorganges von Gasen in Wasser ist es von grundsätzlicher Bedeutung, ob das betreffende Gas neben seiner physikalischen Löslichkeit eine chemische Reaktion mit dem Wasser eingeht oder nicht. Die Löslichkeit eines Gases in einer Flüssigkeit wird durch das **Henry-Daltonsche Gesetz** beschrieben. Es lautet:

> **Die Löslichkeit eines Gases in einer Flüssigkeit verhält sich bei gegebener Temperatur T proportional zum Partialdruck des Gases über der Lösung.**

Der Begriff Partialdruck bezieht sich auf Mischungen von Gasen. Unter dem **Partialdruck** eines Gases i in einem Gasgemisch versteht man den Druck, den dieses Gas ausüben würde, wenn es sich in dem Volumen allein befände. Es gilt: $p_i = x_i \cdot p_{Ges.}$ mit p_i = Partialdruck des Gases i, x_i = Stoffmengenanteil des Gases i und $p_{Ges.}$ = Gesamtdruck. Für den Stoffmengenanteil x_i der Komponente i gilt: $x_i = n_i / n_{Ges.} = V_i / V_{Ges.} = p_i / p_{Ges.}$

> **Der Gesamtdruck einer Gasmischung ist gleich der Summe der Partialdrücke der Bestandteile A, B, C, ... der Mischung: $p = p_A + p_B + p_C + ...$ (*Dalton*, 1801).**

Das Verhältnis zwischen der Konzentration des jeweiligen Gases i in der Lösung $c(i, H_2O)$ und seinem Partialdruck $p(i)$ entspricht der Henry-Konstanten $K_H(i)$, Gl. (5-1).

$$K_H(i) = \frac{c(i, H_2O)}{p_i} \qquad \textbf{\textit{Henry-Dalton-Gesetz}} \qquad (5\text{-}1)$$

K_H ist von der Art des Gases und der Flüssigkeit sowie von der Temperatur abhängig. Die Einheit ist mol/l · atm bzw. mol/l · bar.

Beispiel: Wie viel ml Sauerstoff, Stickstoff und Kohlendioxid lösen sich bei Wechselwirkung von <u>Luft</u> mit einem Liter Wasser bei 20°C und Normaldruck?

O_2: Entsprechend einem Sauerstoff-Volumenanteil von 20,95% (daraus folgt bei einem Gesamt-Luftdruck von 1,013 bar ein O_2-Partialdruck von 0,21 bar) und einer Henry-Konstanten von $K_H = 1,3 \cdot 10^{-3}$ mol/l·bar (20°C) errechnet sich die O_2-Konzentration in Wasser zu $2,76 \cdot 10^{-4}$. Das entspricht einer Löslichkeit von 8,85 mg ($\sim$ 6 ml) Sauerstoff pro Liter Wasser.

$$c(O_2, H_2O) = K_H(O_2) \cdot p(O_2) = 1,3 \cdot 10^{-3} \cdot 0,21 \cdot 1,013 \left[\frac{mol}{l \cdot bar} \cdot bar\right] = 2,76 \cdot 10^{-4} \text{ mol/l}$$

$\Rightarrow$ 8,85 mg O_2 pro Liter $\Rightarrow$ **6,2 ml O_2 pro Liter H_2O**; mit $p(O_2) = x(O_2) \cdot p$.

N_2: Für Stickstoff mit einem Volumenanteil von 78,1% ($\rightarrow$ N_2-Partialdruck: 0,78 bar) und einer Henry-Konstanten von $K_H = 0,64 \cdot 10^{-3}$ mol/l·bar (20°C) errechnet sich eine Löslichkeit von 13,5 mg N_2 (= $\sim$ 11 ml) *Stickstoff* pro Liter Wasser.

$$c(N_2, H_2O) = K_H(N_2) \cdot p(N_2) = 6,1 \cdot 10^{-4} \cdot 0,78 \cdot 1,013 \; [\frac{mol}{l \cdot bar} \cdot bar] = 4,82 \cdot 10^{-4} \; mol/l$$

$$\Rightarrow 13,5 \; mg \; N_2 \; pro \; Liter \Rightarrow \mathbf{10,8 \; ml \; N_2 \; pro \; Liter \; H_2O} \;.$$

Für $\mathbf{CO_2}$ mit einem Volumenanteil von 390 ppm (0,039 Vol.-% = 0,000390 bar) und einer Henry-Konstanten von $3,4 \cdot 10^{-2}$ errechnet sich eine Löslichkeit 0,59 mg CO_2 ($\rightarrow$ 0,3 ml CO_2) pro Liter Wasser.

$$c(CO_2, H_2O) = K_H(CO_2) \cdot p(CO_2) = 3,4 \cdot 10^{-2} \cdot 33,9 \cdot 10^{-4} \; \cdot 1,013 \; [\frac{mol}{l \cdot bar} \cdot bar]$$

$$= 5,91 \cdot 10^{-4} \; mol/l \Rightarrow 0,59 \; mg \; CO_2 \; pro \; Liter \Rightarrow \mathbf{0,3 \; ml \; CO_2 \; pro \; Liter \; H_2O.}$$

Betrachtet man die Löslichkeit der „reinen" Gase, so ist die des Sauerstoffs etwa doppelt so hoch wie die des Stickstoffs. Noch höher liegt die Löslichkeit des Kohlendioxids. Bei 20°C lösen sich etwa 0,9 l CO_2 in einem Liter Wasser.

Löslichkeiten ausgewählter Gase in Wasser (ml/l)	N_2	O_2	CO_2
Löslichkeit der „reinen" Gase	15,5	31	878
Löslichkeit der Gase bei Wechsel- wirkung von Luft mit H_2O	11	6	0,3

Tab. 5.2
Löslichkeit ausgewählter Gase in Wasser (20°C, in ml/l); gerundete Werte.

Die relativ hohe Sauerstoffkonzentration ist von großer biologischer Bedeutung für das tierische Leben im Wasser. Sie besitzt aber auch eine erhebliche technische Bedeutung. Sauerstoffhaltige Wässer ermöglichen Metallkorrosion. Je höher der O_2-Gehalt, umso schneller laufen die Korrosionsprozesse ab. Andererseits können geringe Sauerstoffkonzentrationen in Gegenwart bestimmter Salze wie Carbonate, Silicate und Phosphate zur Ausbildung schützender Deckschichten führen, die der Metallkorrosion entgegenwirken.

Das Henry-Dalton-Gesetz wird nur von verdünnten Lösungen hinreichend gut erfüllt. Für Gase, die chemisch mit dem Lösungsmittel Wasser reagieren, wie z.B. HCl, NH_3, SO_3 und CO_2, gilt dieses Gesetz nicht.

Für alle Gase gilt: Mit zunehmender Temperatur nimmt die Löslichkeit ab.

5.4   Natürliche Luftinhaltsstoffe

5.4.1   Stickstoff (N_2)

5.4.1.1   Physikalisch-chemische Eigenschaften

Stickstoff ist mit einem Volumenanteil von 78,08% Hauptbestandteil der Luft. In gebundener Form kommt er vor allem in Nitraten, z.B. Kalisalpeter KNO_3, Chilesalpeter $NaNO_3$, und in organischen Verbindungen (tierische und pflanzliche Eiweißstoffe, Harnstoff) vor. Stickstoff ist ein farb-, geruch- und geschmackloses Gas, das selbst weder brennt noch die Verbrennung anderer Stoffe unterhält. Bei Normaltemperatur ist N_2 sehr reaktionsträge (*inert*), was mit der stabilen Dreifachbindung zwischen den N-Atomen zu erklären ist. Der Zusammenhalt zwischen beiden Stickstoffatomen wird durch eine σ- und zwei π-Bindungen bewirkt (Kap. 3.1.2). Zur Spaltung des N_2-Moleküls in die Atome (Gl. 5-2) ist eine Bindungsdissoziationsenergie von 945,3 kJ/mol notwendig. Energiemengen dieser Größenordnung entstehen bei elektrischen Entladungen (Blitze) und in Verbrennungsmotoren.

$$N_2 \quad \rightarrow \quad 2\,N \qquad\qquad \Delta H = +\,945,3 \text{ kJ/mol} \qquad\qquad (5\text{-}2)$$

Wegen seiner Reaktionsträgheit wird Stickstoff im chemischen Laboratorium und in der Industrie als Inertgas eingesetzt, um Reaktionen mit dem Luftsauerstoff zu vermeiden. Stickstoff ist in grün gekennzeichneten Stahlflaschen im Handel.

5.4.1.2 Ausgewählte Stickstoffverbindungen

Stickstoff ist das am stärksten elektronegative Element der V. Hauptgruppe. Entsprechend seiner Elektronenkonfiguration auf der Valenzschale ($2s^2\ 2p^3$) erreicht ein N-Atom das Elektronenoktett durch Ausbildung dreier kovalenter Bindungen. Seine Wasserstoffverbindung Ammoniak (NH_3) lagert leicht ein Proton an das nicht bindende Elektronenpaar des Stickstoffs an. Dabei entsteht das Ammoniumion NH_4^+. Das Ammoniumion besitzt die gleiche Elektronenanzahl wie das Methanmolekül, beide Moleküle sind isoelektronisch. Da ein N-Atom in der äußersten Schale (n = 2) nicht über d-Orbitale verfügt, kann es maximal vier kovalente Bindungen eingehen wie z.B. im Ammoniumion.

Stickstoff tritt in seinen Verbindungen hauptsächlich in den Oxidationsstufen -III (NH_3, NH_4^+), +III (HNO_2, Nitrite), +IV (NO_2) und +V (HNO_3, Nitrate) auf.
Die für das Bauwesen wichtigsten Stickstoffverbindungen sind Ammoniak und die Nitrate.

Ammoniak wird technisch in großem Maßstab hergestellt. Seine Synthese erfolgt nach dem **Haber-Bosch-Verfahren** (Gl. 4-9, Kap. 4.5.3) durch direkte Vereinigung der Elemente. Ammoniak ist ein farbloses, stechend riechendes Gas, das bei höheren Konzentrationen in der Atemluft (> 100 ppm) die Schleimhäute angreift. In Wasser ist Ammoniak außerordentlich gut löslich. Bei 20°C löst 1 Liter H_2O 702 Liter NH_3. Das entspricht einem NH_3-Gehalt der Lösung von 35%.

Eine *Ammoniaklösung* reagiert schwach basisch, da das in Wasser gelöste Gas in geringem Maße unter Bildung von Ammonium (NH_4^+)- und Hydroxidionen (OH^-) protolysiert ($\rightarrow$ **$NH_3 + H_2O \rightleftharpoons NH_4^+ + OH^-$**). Das Gleichgewicht liegt fast vollständig auf der linken Seite des physikalisch gelösten Ammoniaks. In einer 0,1 mol/l wässrigen Ammoniaklösung liegen bei 20°C weniger als 1% (!) der NH_3-Moleküle protolysiert vor. Mit Säuren bildet NH_3 *Ammoniumsalze*, z.B. mit Salpetersäure Ammoniumnitrat ($NH_3 + HNO_3 \rightarrow NH_4NO_3$). Ammoniumsalze zeigen in wässriger Lösung aufgrund der Protolyse eine saure Reaktion (Kap. 6.5.3.5).

Greifen Lösungen von Ammoniumsalzen (vor allem von NH_4Cl!) Beton an, kann es aufgrund der Protolyse des NH_4^+-Ions zur Reaktion mit dem Calciumhydroxid des Zementsteins unter Bildung leicht löslicher Calciumverbindungen und Ammoniak kommen. Die Folge sind Schädigungen der Bausubstanz (Kap. 9.4.2).

Nitrate sind die Salze der **Salpetersäure** HNO_3 (s.a. Kap. 6.5.3.8) In beiden Verbindungen besitzt Stickstoff mit der Oxidationsstufe +V die höchstmögliche Oxidationsstufe eines Elements der fünften Hauptgruppe. Daraus resultiert die oxidierende Wirkung der Salpetersäure. Salpetersäure ist eine starke Säure, die wie Salzsäure HCl in Wasser praktisch vollständig protolysiert vorliegt. Es gilt: $c(HNO_3) = c(H_3O^+)$.
Durch Einwirkung salpetersaurer bzw. nitrathaltiger Wässer auf poröse mineralische Baustoffe wie Ziegel, Mörtel und Beton kann es zu Nitrat- bzw. Salpeterausblühungen (Mauersalpeter $Ca(NO_3)_2 \cdot 4\,H_2O$, Kap. 9.4.4) kommen.
Nitrate sind sehr gut wasserlöslich, weshalb sie in zum Teil recht erheblichen Mengen in Grund- und Oberflächenwässer gelangen. Als Nitratquellen kommen vor allem Salpeterlagerstätten und Düngemittelausschwemmungen in landwirtschaftlichen Gebieten in Betracht. Da N-enthaltende tierische organische Verbindungen (vor allem Harnstoff!) durch Bakterien ebenfalls zu Nitraten abgebaut werden können, muss auch die Massentierhaltung als wichtige Nitratquelle angesehen werden. Deshalb ist Mauersalpeter vor allem an den Mauern von Ställen sowie an Dung- und Jauchegruben zu finden.

Die Umwandlung des in organischen Verbindungen enthaltenen Stickstoffs in die für die pflanzliche Ernährung nutzbare Nitratform verläuft wie folgt: Aus dem Harnstoff bzw. den Eiweißen entstehen zunächst durch Hydrolyse des in den Aminogruppen ($-NH_2$) gebundenen Stickstoffs Ammoniak oder Ammoniumionen (**Ammonifikation**, Gl. 5-3, 5-4).

$$(NH_2)_2CO \;+\; H_2O \quad \xrightarrow{\text{Kat.}} \quad 2\,NH_3 \;+\; CO_2 \qquad\qquad (5\text{-}3)$$
Harnstoff

$$R\text{-}NH_2 \quad +\; H_2O \quad \rightarrow \quad NH_3 \;+\; R\text{-}OH \qquad\qquad (5\text{-}4)$$
Amin   *Alkohol*

Durch nitrifizierende Bakterien wird ein Entweichen des Ammoniaks aus dem Boden bzw. dem Wasser verhindert. Es bilden sich Nitrit (Gl. 5-5) bzw. Nitrat (Gl. 5-6, 5-7). Diese Umwandlung wird als **Nitrifikation** bezeichnet. Nitrite sind die Salze der **salpetrigen Säure** HNO_2.

$$2\,NH_4^+ \;+\; 3\,O_2 \;+\; 2\,H_2O \quad \xrightarrow{\text{Nitritbildner}} \quad 2\,NO_2^- \;+\; 4\,H_3O^+ \qquad\qquad (5\text{-}5)$$

$$2\,NO_2^- \;+\; O_2 \quad \xrightarrow{\text{Nitratbildner}} \quad 2\,NO_3^- \qquad\qquad (5\text{-}6)$$

Bruttoreaktion:

$$NH_4^+ \;+\; 2\,O_2 \;+\; H_2O \quad \rightarrow \quad NO_3^- \;+\; 2\,H_3O^+ \qquad\qquad (5\text{-}7)$$

Die reduktive Umwandlung von Nitraten in NO, NO_2 oder freien Stickstoff nennt man **Denitrifikation**. Sie erfolgt durch anaerobe, d.h. ohne Sauerstoff lebende, Bakterien. Die anaeroben Bakterien benutzen den Sauerstoff der Nitrate, um organische Nährstoffe abzubauen („Nitratatmung"). Die bakterielle Denitrifikation wird zur Entfernung von nitratischem Stickstoff aus Abwässern in Kläranlagen genutzt. Sie läuft ebenfalls in den Sommermonaten in sauerstoffarmen Seen ab. In der Landwirtschaft sind diese Bakterienarten von Nachteil, da sie den bei der Düngung auf die Felder verbrachten Nitratstickstoff umwandeln.

Stickstoff wird ständig durch unterschiedliche natürliche und künstliche Vorgänge der Luft entnommen und ihr wieder zugeführt. Aufgrund der beschriebenen Reaktionsträgheit kann die lebende Zelle den Stickstoff nicht direkt assimilieren, um aus ihm Eiweißstoffe zu synthetisieren. Durch Prozesse der Stickstoff-Fixierung wird der Luftstickstoff in Verbindungen umgewandelt, die von der Pflanze aufgenommen werden können. So reagiert der bei Blitzentladungen in Gewittern entstandene atomare Stickstoff mit Luftsauerstoff zunächst zu Stickstoffmonoxid NO und anschließend zu Stickstoffdioxid NO_2. Letzteres bildet mit dem Wasser der Atmosphäre Salpetersäure. Die HNO_3 gelangt mit dem Regenwasser in das Erdreich. Hier kann sie durch Kalk unter Bildung von Nitraten neutralisiert werden. In nitratischer Form kann der Stickstoff dann von der Pflanze aufgenommen werden (*anorganische Stickstoff-Fixierung*). Knöllchenbakterien der Hülsenfrüchte sowie einige stickstoffbindende Bakterien in Böden, aber auch Strahlenpilze und Blaualgen sind in der Lage, den Stickstoff der Luft in arteigenes Eiweiß einzubauen (*biologische Stickstoff-Fixierung*).

5.4.2 Sauerstoff

Sauerstoff (Oxygenium) tritt in zwei Modifikationen auf: Im „normalen" Sauerstoff liegen zweiatomige Molekül O_2, in der als Ozon bezeichneten Modifikation dagegen dreiatomige Moleküle O_3 vor. Daneben kommt Sauerstoff gebunden im Wasser, in vielen Mineralen und Gesteinen als Silicate, Carbonate, Phosphate oder Oxide sowie in organischen Stoffen wie Zuckern, Fetten und Eiweißen vor.

5.4.2.1 Sauerstoff (O_2): Physikalisch-chemische Eigenschaften

Unter normalen Bedingungen ist elementarer Sauerstoff ein farb-, geruch- und geschmackloses Gas. Sauerstoff brennt selbst nicht, unterhält aber die Verbrennung. In flüssiger Form oder in dicken Schichten zeigt Sauerstoff eine hellblaue Farbe. O_2 kommt in blau gekennzeichneten Stahlflaschen in den Handel.

Bei der Deutung der Elektronenstruktur des Sauerstoffmoleküls versagt das einfache Lewis-Konzept (Kap. 3.1.1):

$$\overline{O}=\overline{O} \quad \text{bzw.} \quad \cdot\overline{O}-\overline{O}\cdot$$

Das Molekül Sauerstoff ist ein **Biradikal**. Es besitzt zwei ungepaarte Elektronen, die sehr wesentlich seine physikalisch-chemischen Eigenschaften bestimmen. Die radikalische Natur gibt nur die rechte Lewis-Formel exakt wieder. Sie verletzt allerdings die Oktettregel und kann den Doppelbindungscharakter zwischen den O-Atomen nicht widerspiegeln.

Die linke Form gibt zwar den experimentell ermittelten Doppelbindungscharakter der Bindung zwischen den O-Atomen korrekt wieder, die radikalische Natur des O_2-Moleküls kommt jedoch nicht zum Ausdruck.

> **Radikale sind Teilchen (Atome, Ionen oder Moleküle), die über ein oder mehrere ungepaarte Elektronen verfügen. Sie sind energiereich, reaktiv und meist nur kurzlebig.**

Mit seinen zwei ungepaarten Elektronen gehört Sauerstoff zu den paramagnetischen Substanzen. Der Paramagnetismus ist neben dem Diamagnetismus eine der wichtigsten magnetischen Eigenschaften der Materie. Bringt man einen Körper in ein homogenes Magnetfeld, sind zwei Fälle zu unterscheiden: Entweder der Körper drängt die Feldlinien im Inneren auseinander (*Diamagnetismus*) oder der Körper verdichtet die Feldlinien in seinem Inneren (*Paramagnetismus*). **Diamagnetisch** sind alle Stoffe, deren Atome, Ionen oder Moleküle abgeschlossene Elektronenschalen aufweisen. Sie besitzen kein resultierendes magnetisches Moment. Die meisten Stoffe zeigen ein diamagnetisches Verhalten, da die ungepaarten Elektronen der Atome bei der Bindungsbildung abgesättigt werden. **Paramagnetische Stoffe** enthalten Atome, Ionen oder Moleküle mit ungepaarten Elektronen, sie besitzen ein magnetisches Moment.

Die paramagnetische Form des Sauerstoffs bildet den elektronischen Grundzustand. Aufgrund der Existenz der beiden ungepaarten Elektronen wird die Grundzustandskonfiguration auch als **Triplett-Sauerstoff $^3O_2$** bezeichnet. Die Bezeichnung Triplett stammt aus der Spektroskopie, näheres siehe Lehrbücher der Allgemeinen Chemie.

Im Sonnenlicht kann sich der atmosphärische, unter normalen Bedingungen reaktionsträge Sauerstoff in Gegenwart von sensibilisierenden Farbstoffen in eine reaktionsfähige, stark oxidierend wirkende Form umwandeln, den sogenannten **Singulett-Sauerstoff $^1O_2$**. Durch die zugeführte Energie erfolgt eine Paarung der beiden Elektronen mit parallelem Spin, die die Grundzustandskonfiguration ($^3O_2$) charakterisieren. Der gebildete Singulett-Sauerstoff ist damit diamagnetisch. $^1O_2$ kann auch auf chemischem Weg erzeugt werden, z.B. durch Umsetzung von H_2O_2 mit ClO^-. Obwohl $^1O_2$ sehr kurzlebig ist - innerhalb von Sekunden bis Minuten bildet sich die $^3O_2$-Grundzustandskonfiguration zurück - besitzt er als Oxidationsmittel große Bedeutung.

Singulett-Sauerstoff ist für das Ausbleichen von Farbanstrichen an Fassaden und Häuserwänden, für das Vergilben (Altern) von Kunststoffen und für das Abblättern von Kunststoffüberzügen verantwortlich.

Bei gewöhnlichen Temperaturen ist Sauerstoff ein verhältnismäßig reaktionsträges Element. Ursache dafür ist die hohe Bindungsdissoziationsenergie des O_2-Moleküls. Umsetzungen von Elementen oder Verbindungen mit Sauerstoff (**Oxidationen**) laufen deshalb erst bei höheren Temperaturen mit ausreichender Geschwindigkeit ab. Obwohl viele dieser Reaktionen stark exotherm sind, müssen sie durch „Zünden" in Gang gesetzt bzw. durch die Gegenwart katalytisch wirksamer Substanzen beschleunigt werden. Oxidationen, die unter Flammenerscheinung ablaufen, bezeichnet man gemeinhin als **Verbrennungen**. Beispiele für langsam ablaufende Oxidationen (stille Verbrennungen) sind der Rostvorgang beim Eisen, die Zersetzung bzw. Verwesung organischer Stoffe und der Nahrungsmittelabbau im tierischen Organismus. Oxidationsprozesse laufen mit reinem Sauerstoff wesentlich schneller ab als mit Luft.

In seinen Verbindungen kann das Sauerstoffatom die Edelgaskonfiguration durch Aufnahme von 2 Elektronen unter Ausbildung des **Oxidions O^{2-}** oder durch Ausbildung von zwei kovalenten Bindungen wie im H_2O- oder im CO_2-Molekül erreichen. Da der Sauerstoff in nahezu allen Verbindungen der elektronegativere Partner ist, liegt er meist in der

Oxidationsstufe -II vor. In **Peroxiden** wie H_2O_2, Na_2O_2 oder BaO_2 realisiert Sauerstoff die seltenere Oxidationsstufe -I.

5.4.2.2 Ozon (O_3)

5.4.2.2.1 *Physikalisch-chemische Eigenschaften*

Das Auftreten eines Elements in verschiedenen Zustandsformen (**Modifikationen**) im gleichen Aggregatzustand bezeichnet man als *Allotropie*. Diese Erscheinung ist bei einer Reihe von Elementen, wie zum Beispiel beim Kohlenstoff, beim Phosphor und beim Schwefel, anzutreffen. Auch Sauerstoff bildet neben seiner normalen Form als O_2-Molekül eine *allotrope Modifikation*, die aus dem dreiatomigen Molekül O_3 besteht und **Ozon** (*griech.* das Duftende) genannt wird.

Ozon ist bei Raumtemperatur ein blassblaues Gas mit einem charakteristischen stechenden Geruch, der noch bei einer Konzentration von 0,02 ppm wahrnehmbar ist. Durch seine Aggressivität gegenüberorganischen Verbindungen ist es in höheren Konzentrationen für Lebewesen toxisch. Es vernichtet niedere Organismen wie Bakterien, Pilze und Viren und schädigt das Blattgrün (Kap. 5.5.3.1, Waldschäden). Beim Menschen führt es zu Schädigungen der Atemwege und Schleimhäute und ruft Schwindelgefühle hervor. Der MAK-Wert liegt bei 0,2 mg/m³ ($\sim$ 0,1 ppm).

Der **MAK-Wert** (**M**aximale **A**rbeitsplatz-**K**onzentration) ist die höchstzulässige Konzentration eines Gases, Dampfes oder Schwebstoffes in der Luft am Arbeitsplatz, bei der die Gesundheit eines Erwachsenen bei einer achtstündigen Exposition pro Tag über sein gesamtes Arbeitsleben hinweg vermutlich nicht beeinträchtigt wird. Mit dem Inkrafttreten der neuen, deutschen Gefahrstoffverordnung (GefStoffV) am 1. Januar 2005 besteht in Deutschland ein neues Grenzwert-Konzept. Die neue GefStoffV enthält gesundheitsbasierte Grenzwerte, den **Arbeitsplatzgrenzwert** (**AGW**) und den **Biologischen Grenzwert** (**BGW**). Die alten Bezeichnungen MAK-Wert und BAT-Wert (Biologischer Arbeitsstoff-Toleranzwert) sind zwar noch gebräuchlich, anzuwenden sind jedoch die aktuellen Technischen Regeln für Gefahrstoffe (TRGS), insbesondere die TRGS 900 „Arbeitsplatzgrenzwerte" mit Stand vom 4. August 2010. Nach der GefStoffV vom 26.11.2010 ist der AGW der Grenzwert für die zeitlich gewichtete, durchschnittliche Konzentration eines Stoffes in der Luft am Arbeitsplatz in Bezug auf einen gegebenen Referenzzeitraum. Er gibt an, bei welcher Konzentration eines Stoffes akute oder chronische schädliche Auswirkungen auf die Gesundheit im Allgemeinen nicht zu erwarten sind. Arbeitsplatzgrenzwerte sind Schichtmittelwerte bei in der Regel täglich achtstündiger Exposition an 5 Tagen pro Woche während der Lebensarbeitszeit.

Ozon bildet sich bei Einwirkung stiller elektrischer Entladungen auf Sauerstoff, z.B. im Siemensschen Ozonisator. Im ersten Schritt erfolgt die stark endotherme Aufspaltung der O_2-Moleküle in atomaren Sauerstoff (Gl. 5-8).

$$\tfrac{1}{2}\,O_2 \;\rightleftharpoons\; O \qquad \Delta H = +247\ \text{kJ/mol} \tag{5-8}$$

In einer nachfolgenden exothermen Reaktion lagert sich ein Sauerstoffatom an ein Sauerstoffmolekül O_2 unter O_3-Bildung an (Gl. 5-9).

$$O + O_2 \;\rightleftharpoons\; O_3 \qquad \Delta H = -105\ \text{kJ/mol} \tag{5-9}$$

Wie die Addition von Gl. (5-8) und (5-9) zeigt, ist der Gesamtprozess der Ozonbildung endotherm (Gl. 5-10).

$$1\ \tfrac{1}{2}\ O_2 \ \rightleftharpoons \ O_3 \qquad \Delta H = +142\ \text{kJ/mol} \qquad\qquad (5\text{-}10)$$

Als stark endotherme Verbindung neigt Ozon leicht zum Zerfall. Die Spaltung eines Sauerstoffmoleküls in O-Atome kann auch durch kurzwelliges UV-Licht ($\lambda < 242$ nm) erfolgen. Deshalb riecht es in der Umgebung von UV-Lampen (Höhensonnen) und Kopierern häufig nach Ozon.

Ozon ist eines der stärksten Oxidationsmittel. Sein Oxidationsvermögen übertrifft das des Sauerstoffs ($E° = +1,23$ V) deutlich. Wie aus dem Standardpotential (Kap. 7.3.3) zu ersehen ist, erreicht O_3 fast das Oxidationsvermögen des atomaren Sauerstoffs (Gl. 5-11, 5-12).

$$O_3 + 2\ H_3O^+ + 2\ e^- \ \rightleftharpoons \ 3\ H_2O + O_2 \qquad E° = +2,075\ \text{V} \qquad (5\text{-}11)$$

$$O + 2\ H_3O^+ + 2\ e^- \ \rightleftharpoons \ 3\ H_2O \qquad\qquad E° = +2,42\ \text{V} \qquad (5\text{-}12)$$

(beide Werte in saurer Lösung)

Aufgrund seiner stark oxidierenden und keimtötenden Wirkung wird O_3 zur Luftverbesserung und -desinfektion sowie zur Entkeimung von Trink- und Schwimmbadwasser eingesetzt.

O_3 ist ein gewinkeltes Molekül (Bindungswinkel 116,7°) mit zwei gleich langen O-O-Abständen. In der Valenzstrich-Schreibweise nach Lewis kann man unter Berücksichtigung der Oktettregel zwei gleichwertige Formeln aufstellen:

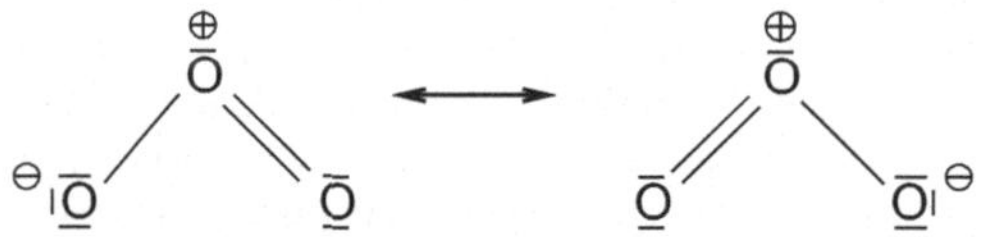

Eine ähnliche Situation tritt auch bei den Stickoxiden NO und NO_2 (Kap. 5.5.2) auf. Für sich betrachtet gibt jede dieser beiden Formeln die experimentelle Realität nur ungenügend wieder. Die Bindungen zwischen den O-Atomen sollten laut Formel verschiedene Bindungslängen aufweisen, denn eine Doppelbindung zwischen zwei gleichen oder zwei verschiedenen Atomen ist immer kürzer, als die entsprechende Einfachbindung. Die experimentellen Befunde weisen jedoch, wie bereits betont, auf zwei gleich lange Bindungen im O_3-Molekül hin.

Um dieses scheinbar widersprüchliche Problem zu lösen, gibt man beide Formeln an und schreibt, wie obenstehend, einen Doppelpfeil zwischen ihnen. Diese Art der Darstellung bezeichnet man als **Mesomerie** oder Resonanz, die einzelnen Formeln werden **mesomere Grenzformeln** oder Grenzstrukturen genannt. Die tatsächliche Elektronenstruktur eines Moleküls ergibt sich als „Überlagerung" beider Grenzformeln. Es liegt demnach weder eine Einfach- noch eine Doppelbindung, sondern ein mittlerer Bindungsgrad vor. Die π-Elektronen sind über beide O-O-Bindungen gleichmäßig delokalisiert. Die endständigen O-Atome des O_3-Moleküls tragen jeweils eine (gleich große!) negative und das mittlere O-Atom eine positive Partialladung. Die Partialladungen elektrisch neutraler Moleküle müssen sich zu null ergänzen. In der Realität existiert natürlich nur *eine* Sorte von Ozonmolekülen mit *einer* zugehörigen Elektronenstruktur. Es liegt an den begrenzten Ausdrucksmöglichkeiten der Lewis-Formeln, wenn zur Beschreibung der Bindungsverhältnisse eines Moleküls zwei oder mehrere mesomere Grenzformeln notwendig sind, von denen jede einzelne für sich ein falsches Bild vermittelt. Dass sie trotzdem häufig benutzt werden, hat mehrere Gründe. Sie sind einfach und bequem aufzuschreiben. Sie gestatten uns qualitative Aussagen zur Molekülgeometrie und geben uns Auskunft über die Position von Partialladungen sowie die radikalischen Eigenschaften eines Moleküls.

5.4.2.2.2 Stratosphärisches und troposphärisches Ozon - Ozonproblematik

Die gesamte Ozonmenge der Atmosphäre verteilt sich zu etwa 90% auf die Stratosphäre (ca. 12...50 km Höhe) und zu etwa 10% auf die Troposphäre. In 15...40 km Höhe über der Erdoberfläche befindet sich der sogenannte **Ozongürtel** mit dem O_3-Maximum bei etwa 25 km Höhe. Dieser Ozongürtel schirmt infolge der spezifischen Absorptionseigenschaften von O_3 tierische und pflanzliche Organismen gegen den größten Teil der lebensgefährdenden, energiereichen UV-Strahlen ab.

$$3\,O_2 \xrightleftharpoons[\lambda \approx 240 - 315\ nm]{\lambda < 240\ nm} 2\,O_3 \qquad (5\text{-}13)$$

Würde der Schutz durch das stratosphärische Ozon wegfallen, käme es beim Auftreffen der energiereichen UV-B-Strahlung ($\lambda = 280...315$ nm) oder der noch energiereicheren UV-C-Strahlung ($\lambda < 280$ nm) auf organische Materie zu einer Spaltung von Molekülbindungen. Die Folge wären signifikante pathologische Veränderungen der Zelle bis hin zu ihrer Zerstörung. Beim Menschen macht sich die Aufnahme zu hoher Dosen energiereicher Strahlung in Veränderungen der Haut (Sonnenbrand, Hautkrebs) und in einer Schwächung des Immunsystems bemerkbar. Für den Anteil langwelliger energieärmerer UV-Strahlung ($\lambda = 315...380$ nm; UV-A-Strahlung) ist die Atmosphäre von jeher durchlässig, so dass sich das pflanzliche und tierische Leben weitgehend an Strahlung dieses Energiesegments angepasst hat.

Der Einfluss des Menschen auf das in der Stratosphäre ablaufende Gleichgewicht der Bildung und des Abbaus von Ozon besteht vor allem darin, Substanzen zu produzieren, die unmittelbar oder mittelbar die Rückreaktion von Gl. (5-13) beeinträchtigen bzw. verhindern, indem sie O_3 auf anderem Wege abbauen. Bei diesen ozonabbauenden Substanzen handelt es sich in erster Linie um Fluorchlorkohlenwasserstoffe (FCKW, Kap. 10.1.2) und Stickoxide. Die chemisch außerordentlich stabilen FCKW gelangen nach einem Zeitraum von etwa 10 Jahren aus den unteren Atmosphärenschichten in die Stratosphäre. Hier werden die C-Cl-Bindungen durch energiereiche UV-Strahlung gespalten (Gl. 5-14). Die entstehenden Chlorradikale katalysieren den O_3-Abbau (Gl. 5-15).

$$CCl_2F_2 \xrightarrow[\lambda < 220\ nm]{h\nu} \bullet CClF_2 + \bullet Cl \qquad (5\text{-}14)$$

$$Cl\bullet + O_3 \rightleftharpoons ClO\bullet + O_2 \qquad (5\text{-}15a)$$

$$ClO\bullet + O \rightleftharpoons O_2 + Cl\bullet \qquad (5\text{-}15b)$$

$$\overline{\qquad\qquad\qquad\qquad\qquad\qquad\qquad\qquad}$$

$$\Sigma\ O_3 + O \rightleftharpoons 2\,O_2 \qquad \textit{Ozonabbau}$$

Man geht davon aus, dass ein Chloratom mehrere zehntausend O_3-Moleküle zerstören kann, bis es etwa in HCl umgewandelt und mit H_2O aus der Stratosphäre entfernt wird. Weitere wirksame Radikale für den Ozonabbau sind •Br, •NO, •OH und •NO_2.

Die im langfristigen Trend registrierte globale stratosphärische Ozonabnahme ist nicht mit dem 1985 erstmalig beschriebenen und bereits seit Ende der 70er Jahre nachweisbaren Ozonloch über der Antarktis zu verwechseln. Unter dem **Ozonloch** ist ein räumlich und zeitlich begrenzter Abfall des stratosphärischen Ozongehalts in verhältnismäßig kurzer Zeit bis auf weniger als die Hälfte seines Ausgangswertes zu verstehen. Rund um den Südpol wurde in einer Größe etwa der USA der irdische Schutzschild aus Ozon regelrecht aufgelöst. Das Ozonloch entsteht in den Monaten September und Oktober (im antarktischen Frühling) und schließt sich in den Monaten November/Dezember allmählich wieder. Sein Zustandekommen ist ebenfalls auf die Emission langlebiger FCKW zurückzuführen, die unter den Einfluss der besonderen Witterungsverhältnisse des antarktischen Winters gelangen. Damit ist auch dieses Phänomen Teil der globalen FCKW- bzw. Ozondiskussion. Das Zustandekommen des Ozonlochs stellt man sich wie folgt vor:
Im antarktischen Winter herrscht in der Stratosphäre ein isolierter Luftwirbel über dem Südpol vor. Infolge des fehlenden Zuflusses von Warmluft kommt es zu einer starken Abkühlung bis auf Temperaturen von etwa -80... -90°C. Aus den in die Stratosphäre gelangten Stickoxiden und Wasser bilden sich unter diesen Bedingungen salpetersäurehaltige Eiskristalle, die sich zu polaren Stratosphärenwolken zusammenlagern. An der Oberfläche dieser salpetersäurehaltigen Eiskristalle werden die aus dem photochemischen Zerfall der FCKW herrührenden Chloratome in Form sog. **Reservoirsubstanzen**, z.B. HCl, $ClONO_2$, Cl_2 und HOCl, adsorbiert und zwischengespeichert. Die Ende August-Anfang September aufgehende Frühlingssonne setzt aus diesen Reservoirsubstanzen in kürzester Zeit große Mengen katalytisch wirksamer Cl-Atome frei, die einen effektiven Ozonabbau einleiten. Im März 1997 riss erstmals über der Arktis ein Ozonloch auf.
Da Fluorchlorkohlenwasserstoffe darüber hinaus treibhausaktiv sind (Kap. 5.4.3.3), wurden seit 1987 eine Reihe internationaler Abkommen zum Ausstieg aus der Produktion und der Anwendung der „Ozonkiller" FCKW geschlossen (z.B. Montrealer Abkommen, Sept. 1987). 1995 wurde in der BRD die Produktion vollhalogenierter FCKW eingestellt, der EU-weite Ausstieg erfolgte zum 01. Juli 1997.
Nach dem sich bis 2009 das Ozonloch über dem Südpol stetig vergrößerte scheint sich im Jahr 2012 eine Umkehrung des Ozon-Trends vollzogen haben. Die gemessenen Werte liegen deutlich unter den „Rekordwerten" von 2000 bis 2009, was auf das weltweite Verbot der FCKW zurückgeführt wird. O_3-Konzentrationen wie vor dem Beginn der Zerstörung der Ozonschicht durch die FCKW sollen gegen Mitte des 21. Jahrhunderts erreicht werden. Laut einem gemeinsamen Bericht der Weltorganisation für Meteorologie (WMO) und des UN-Umweltprogramms (UNEP) aus dem Jahr 2014 wird sich das antarktische Ozonloch einige Jahre später, zwischen 2060 und 2070, wieder geschlossen haben.

Ebenso besorgt wie die Ozonabnahme in der Stratosphäre wird die Ozonzunahme in der Troposphäre (*troposphärisches Ozon*) registriert. Die daraus möglicherweise entstehenden **Smogsituationen** (smog, *engl.* **sm**oke Rauch, **fog** Nebel) sind eng mit dem Anwachsen des Kfz-Verkehrs verknüpft und wurden in den 40er Jahren des vergangenen Jahrhunderts in den Sommermonaten erstmals in Los Angeles (USA) beobachtet. Man bezeichnet diesen Smogtyp deshalb auch als *Sommer-*, *Photo-* oder *L.A.-Smog*.

Damit sich Sommersmog bilden kann, muss neben starkem Autoverkehr und maximaler Sonneneinstrahlung eine **Inversionswetterlage** gegeben sein. Entgegen der „normalen" Luftschichtung, bei der die Temperatur mit der Höhe abnimmt, ist eine Inversionswetterlage durch eine Überlagerung bodennaher kälterer Luftmassen durch wärmere Luftschichten gekennzeichnet. Die Schadstoffe werden unterhalb der sogenannten Inversionsschicht, die sich in Höhen von wenigen hundert Metern bis einigen tausend Metern (Höheninversion, Sommersmog) ausbilden kann, festgehalten und angereichert. Inversionsschichten sind durch eine Temperaturumkehr charakterisiert. Da der natürliche vertikale Luftwechsel über diese Sperrschicht hinaus fast vollständig zum Erliegen kommt, können die Schadstoffe durch Luftbewegungen oder Wind nicht wegtransportiert und über ein größeres Gebiet verteilt werden. Die schadstoffbeladene Luft wird damit in einem mehr oder weniger großen Luftvolumen festgehalten (*austauscharme Wetterlage*). Den Sommersmog begünstigende Inversionswetterlagen sind durch warmes, trockenes, wolkenloses und windschwaches Wetter gekennzeichnet.

Eine Analyse der Schadstoffbelastung während des Sommersmogs machte deutlich, dass über den Tag verteilt eine Reihe komplizierter photochemischer Reaktionen ablaufen. Dabei werden aus den primären, in erster Linie aus den Kfz-Abgasen stammenden Schadstoffen CO, NO_x und Kohlenwasserstoffe die *sekundären Schadstoffe* Ozon, Aldehyde und Peroxoverbindungen gebildet. Da sie durch photochemische Oxidation entstehen, werden diese sekundären Schadstoffe auch als **Photooxidantien** (= photochemisch, also durch Sonnenlicht erzeugte Oxidationsmittel) bezeichnet. Vor allem das Ozon muss als *die* charakteristische Komponente des Sommersmogs angesehen werden. Photooxidantien werden als eine der Ursachen für die neuartigen Waldschäden betrachtet.

Einige für den Sommersmog typische Reaktionen sind in Gl. (5-16 bis 5-19) zusammengefasst. In der Realität laufen diese Reaktionen meist über komplizierte, radikalische Teilschritte ab.

$$NO_2 \underset{}{\overset{h\nu}{\rightleftharpoons}} NO + O \qquad (5\text{-}16)$$

$$O + O_2 \rightleftharpoons O_3 \qquad (5\text{-}17)$$

Bruttoreaktion:

$$NO_2 + O_2 \underset{}{\overset{h\nu,\ Kat.}{\rightleftharpoons}} NO + O_3 \qquad (5\text{-}18)$$

$$R\text{-}CH_3 + 4\,O_2 \rightleftharpoons R\text{-}CHO + H_2O + 2\,O_3 \qquad (5\text{-}19)$$

Die Stickoxide stehen mit Ozon in einem photochemischen Gleichgewicht (Gl. 5-18). NO ist danach in der Lage, Ozon abzubauen (Rückreaktion, Gl. 5-18). Dieses Gleichgewicht gibt eine logische Erklärung für den auf den ersten Blick erstaunlichen Tatbestand, dass die O_3-Konzentration in Reinluftgebieten höhere Werte annehmen kann, als in Ballungsräumen. In verkehrsreichen Gebieten kommt es auch nachts zur NO-Produktion und die Rückreaktion von (Gl. 5-18) kann auch im Dunkeln erfolgen. Die photochemische Ozonbildung (Gl. 5-16, 5-17) unterbleibt nachts jedoch. Die Folge ist ein Absinken der O_3-Konzentration. Das durch Luftoxidation von NO gebildete NO_2 ist nachts stabil und wird in die Umgebung transportiert, z.B. in Reinluftgebiete weit entfernt von den Schadstoffquellen. Dort wird es am nächsten Tag durch das Sonnenlicht gemäß Gl. (5-16) zerlegt und es bildet sich Ozon. Die Konzentration an ozonabbauenden Stoffen ist in Reinluftgebieten gering.

Eine hohe Ozonbelastung während der Sommersmog-Perioden führt zu Reizungen der Augen und Atemwege sowie zu Kopfschmerzen. Der typische, als durchaus angenehm empfundene „Ozongeruch" in Waldgebieten stammt ausschließlich von Terpenen, einer Gruppe teilweise recht kompliziert aufgebauter Kohlenwasserstoffverbindungen, die Bestandteil der etherischen Öle bestimmter Pflanzen sind.

5.4.3   Kohlendioxid (CO_2)

5.4.3.1   Physikalisch-chemische Eigenschaften

Das Kohlendioxid der Luft spielt im Rahmen der Bauchemie eine zentrale Rolle, wie die Beispiele Kalkhärtung, Korrosion von Beton oder Natursteinen durch Regenwasser (kalklösender Angriff), Korrosion von Baumetallen und Härte des Wassers zeigen.

CO_2 ist ein farbloses Gas, das nicht brennt und die Verbrennung nicht unterhält. Es besitzt einen etwas säuerlichen Geruch und Geschmack. Da sein Litergewicht mit einem Wert von 1,9768 g/l anderthalbmal so groß wie das der Luft ist, sammelt es sich in geschlossenen Räumen wie Höhlen, Grotten oder Gärkellern am Boden an. CO_2 ist an sich nicht giftig, führt aber durch Verdrängung der Luft - und damit des zur Atmung lebensnotwendigen Sauerstoffs - zum Ersticken. Dies ist besonders bei Maßnahmen zur schnelleren Erhärtung von Kalkputzen in geschlossenen Räumen (Koks- oder Propanöfen) zu beachten.

Tabelle 5.3 Löslichkeit von CO_2 in Wasser (p = 1,013 bar)

Temperatur (°C)	Löslichkeit in Liter CO_2 pro l H_2O
0	1,713
10	1,190
20	0,880
25	0,757
30	0,665
40	0,530
60	0,360

Kohlendioxid ist in Wasser gut löslich. Bei 20°C lösen sich 0,9 Liter CO_2 in 1 Liter Wasser. Die Löslichkeit nimmt mit ansteigender Temperatur ab (Tab. 5.3) und mit steigendem Druck zu. Bei einer Druckerhöhung auf 25 bar lösen sich bei 20°C bereits 16,3 Liter CO_2 in einem Liter Wasser.

Handelsübliche Mineralwässer werden unter einem Druck von 2 bis 3 bar mit CO_2 versetzt und in Flaschen abgefüllt (mit „Kohlensäure" versetzte Mineralwässer). Zwischen gasförmigem und gelöstem CO_2 stellt sich ein Gleichgewicht ein: $CO_2(g) \rightleftharpoons CO_2(aq)$. Beim Öffnen der Flasche wird der Druck plötzlich auf 1,013 bar abgesenkt und das komprimierte Gas wird entspannt. Es kommt am Flaschenhals zu einer raschen Abkühlung (*Joule-Thomson-Effekt*, Kap. 5.2). Die Folge ist eine teilweise Kondensation des Wasserdampfes. Sie führt zu den weißen Nebeln, die mitunter an der Öffnung der Flasche sichtbar werden.

Durch das Ausströmen des gasförmigen CO_2 wird das dynamische Gleichgewicht gestört und das gelöste Kohlendioxid beginnt in Form von Blasen aus dem Mineralwasser zu entweichen. Gibt man Salzkristalle in das Flüssigkeitsvolumen, so beschleunigt sich der Prozess. Zum einen sind die Risse und Kanten an den Kristalloberflächen potentielle Keime für eine verstärkte Blasenbildung. Zum anderen werden die Ionen des Salzes stärker hydratisiert als die Gasmoleküle. Im Ergebnis der einsetzenden Umordnung der Hydrathüllen können die CO_2-Moleküle leichter freigesetzt werden.

Bei 20°C kann Kohlendioxid durch einen Druck von 50 bar verflüssigt werden. In dieser Form ist es in grau gekennzeichneten Stahlflaschen („Kohlensäureflaschen") im Handel. Bei Druckminderung, wenn das flüssige CO_2 aus der Flasche strömt, kühlt es sich infolge der sofortigen Verdampfung stark ab, wobei sich fester Kohlensäureschnee (korrekt: Kohlendioxidschnee) bildet. Diese feste Form des CO_2, die bei -78°C sublimiert, kommt gepresst als Trockeneis in den Handel. Kohlensäureschnee wird zu Feuerlöschzwecken vor allem für den Einsatz in elektrischen Anlagen genutzt (CO_2 ist nicht leitend!). Aufgrund seiner Eigenschaft, die Entwicklung von Mikroorganismen zu hemmen, findet er auch zur Kühlung von Lebensmitteln Anwendung.

$\overline{\underline{O}} = C = \overline{\underline{O}}$ CO_2 ist ein lineares Molekül. Die Bindungsverhältnisse am C-Atom können durch eine sp-Hybridisierung beschrieben werden. Die beiden nicht hybridisierten 2p-Orbitale des C bilden die zwei π-Bindungen aus. Die Oxidationsstufe des C-Atoms im CO_2 beträgt +IV. Damit hat der Kohlenstoff die maximale Oxidationsstufe eines Elements der vierten Hauptgruppe erreicht.

Kohlendioxid entsteht bei der vollständigen Verbrennung von Kohlenstoff und C-haltigen Verbindungen (Gl. 5-20, 5-21). Beim Kalkbrennen fällt es als Nebenprodukt an (s. Kap. 9.3.2.1).

$$C + O_2 \rightarrow CO_2 \qquad \Delta H = -394 \ \text{kJ/mol} \qquad (5\text{-}20)$$
$$CH_4 + 2\,O_2 \rightarrow CO_2 + 2\,H_2O(l) \qquad \Delta H = -891{,}1 \ \text{kJ/mol} \qquad (5\text{-}21)$$

Verbrennt man Kohlenstoff bzw. Kohle bei hohen Temperaturen (1000°C) und begrenzter Zufuhr von Sauerstoff, entsteht Kohlenmonoxid CO (Gl. 5-22).

$$C + \tfrac{1}{2}\,O_2 \rightarrow CO \qquad \Delta H = -111 \ \text{kJ/mol} \qquad (5\text{-}22)$$

Im chemischen Laboratorium erhält man CO_2 durch Zersetzung von Carbonaten mit Mineralsäuren, z.B. HCl (Gl. 5-23a). Leitet man das freigesetzte CO_2 in Barytwasser $Ba(OH)_2$ oder Kalkwasser $Ca(OH)_2$ ein, fällt erneut Carbonat aus (**Carbonatnachweis**, Gl. 5-23b, s.a. Kap. 14).

$$CaCO_3 + 2\,H_3O^+ + 2\,Cl^- \rightarrow CO_2 + Ca^{2+} + 2\,Cl^- + 3\,H_2O \qquad (5\text{-}23a)$$
$$Ba(OH)_2 + CO_2 \rightarrow BaCO_3 \downarrow + H_2O \qquad (5\text{-}23b)$$

CO_2 ist der „Rohstoff" für die Bildung organischer Materie (Zucker, Stärke, Cellulose) durch die Photosynthese der grünen Pflanzen. Mensch und Tier bauen die organischen Stoffe unter Aufnahme des dazu notwendigen Sauerstoffs ab (Atmung), die dabei gewonnene Energie wird zur Aufrechterhaltung der Lebensprozesse benötigt. Der Mensch atmet täglich im Mittel 350 Liter CO_2 aus, der CO_2-Volumenanteil der Atemluft liegt bei etwa 4%. Die natürlichen CO_2-Zyklen einschließlich der später zu besprechenden Sedimentations- und Lösevorgänge sind in Abb. 5.2 gezeigt.

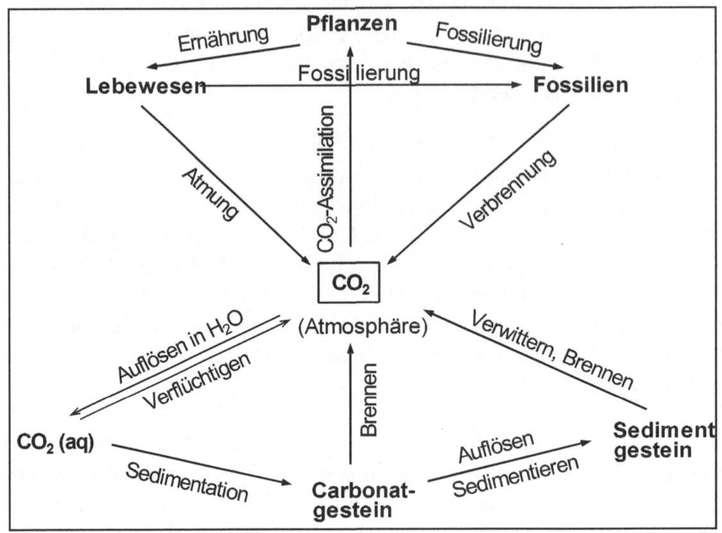

Abbildung 5.2 CO_2-Zyklen in der Natur

5.4.3.2   Kohlensäure und Carbonate

Die wässrige Lösung von Kohlendioxid reagiert schwach sauer, ihr pH-Wert hängt von der Menge des gelösten CO_2 ab. CO_2 ist das Säureanhydrid der Kohlensäure H_2CO_3 (Gl. 5-24 bis 5-26).

$$CO_2 \;+\; H_2O \;\rightleftharpoons\; H_2CO_3 \tag{5-24}$$

$$H_2CO_3 \;+\; H_2O \;\rightleftharpoons\; HCO_3^- \;+\; H_3O^+ \tag{5-25}$$

$$HCO_3^- \;+\; H_2O \;\rightleftharpoons\; CO_3^{2-} \;+\; H_3O^+ \tag{5-26}$$

Das Gleichgewicht (5-24) liegt weitgehend auf der linken Seite. Mehr als 99% der Gesamtmenge des gelösten Kohlendioxids liegt physikalisch gelöst als hydratisierte CO_2-Moleküle vor. Nur ein äußerst geringer Anteil der gelösten CO_2-Moleküle setzt sich mit H_2O zu Kohlensäure um. Dabei liegen in der Lösung praktisch keine H_2CO_3-Moleküle vor, sondern durch Protolyse (5-25) gebildete H_3O^+- und HCO_3^--Ionen.

Es ist chemisch falsch, wenn - wie es im Umgangssprachgebrauch häufig geschieht - Kohlendioxid selbst als Kohlensäure bezeichnet wird. Genauso unkorrekt ist es, wenn man im Falle CO_2-haltiger Wässer von Kohlensäurelösungen spricht, obwohl es sich praktisch überwiegend um physikalisch gelöstes CO_2 handelt. Kohlensäure lässt sich aus wässriger Lösung nicht isolieren.

Bezieht man den Anteil des physikalisch gelösten, hydratisierten CO_2 in die Säurekonstante ein, muss man gem. Gl. (5-24) und (5-25) für den Nenner schreiben: $[c(CO_2(aq)) + c(H_2CO_3)]$. Man erhält eine scheinbare Dissoziationskonstante K_1' (Gl. 5-27), die meist in

Tabellenwerken angegeben wird ($pK_{S1} = 6{,}35$). Sie weist die Kohlensäure als schwache Säure aus.

$$K_1' = \frac{c(H_3O^+) \cdot c(HCO_3^-)}{[c(CO_2(aq) + c(H_2CO_3)]} = 4{,}45 \cdot 10^{-7} \text{ mol/l} \qquad (5\text{-}27)$$

Berücksichtigt man den Anteil an physikalisch gelöstem CO_2 nicht, steht also nur die Konzentration an nicht protolysierter Kohlensäure $c(H_2CO_3)$ im Nenner, ergibt sich eine um drei Zehnerpotenzen größere Dissoziationskonstante $K_{S1} = 2{,}5 \cdot 10^{-4}$ („wahre" Konstante; $pK_{S1} = 3{,}6$). Danach gehört die Kohlensäure zu den mittelstarken Säuren.

Für die zweite Protolysestufe (Gl. 5-26) beträgt die Säurekonstante $K_{S2} = 4{,}84 \cdot 10^{-11}$ mol/l ($pK_{S2} = 10{,}3$). Das Hydrogencarbonation ist eine sehr schwache Säure. Eine CO_2-gesättigte Lösung weist bei 20°C einen pH-Wert von 5,6 auf.

Als zweibasige Säure bildet H_2CO_3 zwei Arten von Salzen, **Hydrogencarbonate** (früher: Bicarbonate) mit dem Anion HCO_3^- und **Carbonate** mit dem Säurerestion CO_3^{2-}. Das Carbonation ist eine starke Anionbase (Kap. 6.5.3.1). Carbonate lösen sich mit Ausnahme der Alkalimetallcarbonate Na_2CO_3 und K_2CO_3 schwer in Wasser. Das Hydrogencarbonation bildet mit Alkalimetallen (Ausnahme: Li) feste Verbindungen, die sich in der Hitze zum Carbonat zersetzen. Mit Erdalkalimetallionen bilden sich lediglich Lösungen der Hydrogencarbonate. Dampft man diese Lösungen ein, fallen die jeweiligen Carbonate aus. **Ein Salz $Ca(HCO_3)_2$ kann nicht isoliert werden!**

Von großer praktischer Bedeutung ist die Auflösung des $CaCO_3$ (bzw. des Kalksteins) durch Einwirkung CO_2-haltiger Wässer unter Bildung von Hydrogencarbonat (**Kalkstein-Kohlensäure-Gleichgewicht**, auch: *Kalk-Kohlensäure-Gleichgewicht*, Gl. 5-28).

$$\mathbf{CaCO_3 + CO_2 + H_2O \rightleftharpoons Ca^{2+} + 2\,HCO_3^-} \qquad (5\text{-}28)$$

Dieses Gleichgewicht, das in analoger Weise für $MgCO_3$ gilt, bildet die Grundlage für zahlreiche praktische Problemstellungen wie den kalklösenden Angriff, die temporäre Wasserhärte einschließlich Kesselsteinbildung, die Sedimentierung von Erdalkalimetallcarbonaten im Meerwasser, ja selbst für die Ausbildung von Stalaktiten und Stalagmiten in Kalk(stein)-Tropfsteinhöhlen.

In diesem Zusammenhang sollen einige Begriffe erläutert werden, die im Bauwesen, der Wasserchemie bzw. -analytik und der Kraftwerkschemie benutzt werden, um die Funktion der Kohlensäure in Gl. (5-28) klarer zu fassen. Im Falle des im Wasser physikalisch gelösten Kohlendioxids spricht man von **freier Kohlensäure**, die löslichen Hydrogencarbonate des Calciums und Magnesiums bezeichnet man dagegen als **gebundene Kohlensäure**. Um eine bestimmte Menge an Erdalkalimetallionen (und damit eine bestimmte Carbonathärte, Kap. 6.4.1) in Lösung zu halten und die Abscheidung der schwer löslichen Carbonate zu verhindern, ist eine ganz bestimmte Menge freies CO_2 notwendig. Sie wird als zugehörig bezeichnet (**freie zugehörige Kohlensäure**). Enthält das Wasser gerade diese zur Stabilisierung der vorliegenden HCO_3^-- und Ca^{2+}-Konzentration erforderliche Menge an CO_2, befindet sich das Wasser im **Kalkstein-Kohlensäure-Gleichgewicht**. Reicht bei harten Wässern das vorhandene CO_2 zur Stabilisierung des Hydrogencarbonats (HCO_3^-) nicht aus, scheidet sich Kalkstein ab.

Unter der **freien überschüssigen Kohlensäure** (auch: aggressive Kohlensäure) versteht man schließlich den Mehranteil an CO_2, der über die Aufrechterhaltung des Kalkstein-Kohlensäure-Gleichgewichts hinaus in einem Wasser vorhanden ist. Gelangt ein Wasser mit freier überschüssiger Kohlensäure in Kontakt mit Kalkstein- oder Dolomitschichten, werden die Carbonate unter Bildung von Ca- oder Mg-Hydrogencarbonaten gelöst. Freie überschüssige Kohlensäure verhält sich demnach aggressiv gegenüber Kalkstein bzw. Kalk und Beton.

5.4.3.3   Kohlendioxid als Treibhausgas – Treibhauseffekt

Kohlendioxid gehört zu den **klimawirksamen Spurengasen**. Der Einfluss dieser Gase auf das Klima soll im Folgenden kurz dargestellt werden. Von den 47% der Strahlungsenergie des Sonnenlichts, die die Erdoberfläche erreichen und erwärmen, wird der überwiegende Teil in Form von Wärmestrahlung, also Strahlung des infraroten Bereichs des elektromagnetischen Spektrums (IR-Strahlung), wieder in die Atmosphäre zurückgestrahlt. Die klimawirksamen Gase der Atmosphäre absorbieren einen großen Teil der Wärmestrahlung und speichern sie als Wärmeenergie. Anschließend geben sie die aufgenommene Energie in alle Richtungen wieder ab, sowohl ins Weltall als auch zurück zur Erdoberfläche. Die Abgabe der Wärmeenergie wieder zurück zur Erdoberfläche charakterisiert das Prinzip des **Treibhauseffektes**. Der Vergleich mit einem Treibhaus (Gewächshaus), wo die Sonnenenergie in Form von Wärme „eingefangen" wird, ist folgendermaßen zu verstehen: Während in einem Gewächshaus das Sonnenlicht durch das Glasdach eindringen kann, wird ein Entweichen der warmen Luft weitgehend verhindert. Die Funktion des Glasdaches übernehmen in der Atmosphäre die Treibhausgase. Sie absorbieren die Wärmestrahlung und regulieren damit das Klima (Abb. 5.3).

Damit ein Gas *treibhausaktiv* ist, muss es bestimmte strukturelle Voraussetzungen erfüllen. Zum einen müssen durch Absorption von IR-Strahlung Schwingungen der Atome entlang der Bindungsrichtungen angeregt werden können. Damit gehören die einatomigen Edelgase von vornherein nicht zu den Treibhausgasen. IR-Schwingungen können nur dann angeregt werden, wenn durch die Absorption von Licht im Molekül eine Änderung des Dipolmoments induziert wird (s. Kap. 3.1.4). Damit ist auch eine Bindung zwischen zwei Atomen des *gleichen* Elements nicht IR-aktiv. Beide Atome besitzen die gleiche Elektronegativität, ein Dipolmoment kann sich nicht ausbilden. Zweiatomige Gase wie N_2, O_2 und H_2 gehören demnach ebenfalls nicht zu den Treibhausgasen.

IR-aktiv sind Moleküle, die aus zwei verschiedenen Atomen bestehen oder aus mindestens drei Atomen aufgebaut sind. Hier kommen zu den Streckschwingungen entlang der Bindungsrichtung noch Deformationsschwingungen dazu. Details zur IR-Spektroskopie siehe Lehrbücher der analytischen Chemie. Vertreter dieser Gruppe von Verbindungen sind die Treibhausgase H_2O, CO_2, CH_4, die FCKW, N_2O und O_3. Auch SO_2 und die Stickoxide NO_x sind treibhausaktiv, ihr Einfluss ist aufgrund ihrer geringen Konzentration jedoch vernachlässigbar klein.

Ohne die atmosphärischen Treibhausgase läge die mittlere Durchschnittstemperatur auf der Erde um 33°C tiefer, also nicht bei +15°C sondern bei -18°C. Die natürlichen Treibhausgase, allen voran Wasserdampf und Kohlendioxid, ermöglichen das Leben auf der Erde in seiner jetzigen Form. Sie mildern die großen Temperaturschwankungen, die sonst zwischen Tag und Nacht auftreten würden (**natürlicher Treibhauseffekt**).

Betrachtet man den Beitrag der Treibhausgase an der Anhebung der Durchschnittstemperatur um 33°C genauer, so wird deutlich, dass allein der H_2O-Dampf eine Temperatursteigerung von 20,6°C bewirkt. Auf CO_2 entfällt ein Beitrag von 7,2°C, auf Ozon 2,4°C, auf N_2O 1,4°C, auf Methan 0,8°C und auf die restlichen Spurengase (FCKW, NH_3, CCl_4 u.a.) 0,6°C. Der Anteil des Wasserdampfes an der Durchschnittstemperatur von +15°C (am Boden) beträgt somit 62,4%, der des CO_2 21,8% [UC 1].

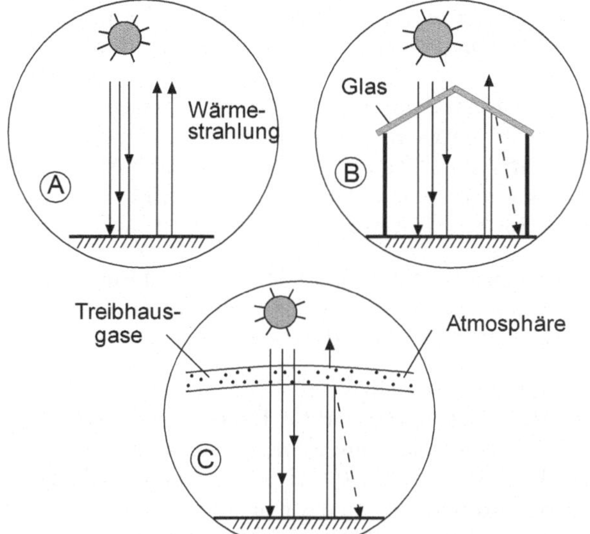

Abbildung 5.3 Treibhauseffekt

A) Ungehinderte Sonneneinstrahlung und Wärmeabstrahlung

B) Schema eines Treibhauses: Das Glas ist nur durchlässig für das eingestrahlte Licht, nicht aber für die reflektierte Wärmestrahlung

C) Wirkung der Atmosphäre mit Treibhausgasen

Infolge der ständig anwachsenden Erdbevölkerung und der damit verbundenen Zunahme landwirtschaftlicher und industrieller Aktivitäten wie der Waldrodung, der Erschließung neuer landwirtschaftlicher Nutzflächen, der Brandrodung, dem Aufbringen mineralischer Dünger, der ungehemmten Verbrennung fossiler Brennstoffe und Holz sowie der Produktion halogenierter Kohlenwasserstoffe wächst die Emission klimawirksamer Gase ständig an. Diese zusätzlich freigesetzten Treibhausgase reichern sich ebenfalls in der Atmosphäre an (**anthropogener Treibhauseffekt**). Rund 60% des anthropogenen Treibhauseffekts werden durch CO_2 verursacht. Damit ist Kohlendioxid neben Wasserdampf das wichtigste Treibhausgas überhaupt, gefolgt von Methan (~ 15%), den FCKW (~ 11%), troposphärischem Ozon (< 9%) und Distickstoffmonoxid (~ 4%).
Seit Beginn der Industrialisierung (1750/1800) ist die CO_2-Konzentration kontinuierlich angestiegen und zwar von 280 ppm auf 385 ppm im Jahre 2005. 2014/15 wurde die Grenze von 400 ppm überschritten, 2018 lag der Wert der CO_2-Konzentration bereits bei 410 ppm [WMO]. Wie oben beschrieben, tragen auch die Gase CH_4, die FCKW, Ozon und N_2O zum anthropogenen Treibhauseffekt bei. Dabei weisen diese Spurengase im Sinne des Treibhauseffekts noch weitaus „günstigere" Absorptionseigenschaften auf als CO_2 ($\rightarrow$ relatives Treibhauspotential [UC 3]).

Methan CH_4 entsteht überall da, wo organisches Material unter anaeroben Bedingungen abgebaut wird. Es stammt zu etwa 20% aus natürlichen Quellen (Moore, Sümpfe $\rightarrow$

Sumpfgas) und zu etwa 80% aus anthropogenen Quellen, z.B. der Landwirtschaft, der Förderung und Verteilung von Erdöl und -gas, dem Bergbau und der anaeroben Verrottung organischer Abfälle auf den Deponien. Knapp 2/3 der anthropogenen Emissionen entstehen bei landwirtschaftlichen Aktivitäten. Hier sind insbesondere der Nassreisanbau, der wachsende Viehbestand durch die Massentierhaltung (eine Kuh produziert bis zu 300 Litern Methan pro Tag!) und die Brandrodung in den Tropen zu nennen. Beim Nassreisanbau entstehen in den überfluteten Reisfeldern aus organischer Substanz unter Sauerstoffausschluss Methan und Kohlendioxid (*Methangärung*: $(CH_2O)_n \rightarrow n\ CO_2 + n\ CH_4$). Die CH_4-Konzentration in der Atmosphäre steigt kontinuierlich an: 1750/1800: 0,7 ppm, 2018: 1,92 ppm [WMO].

Distickstoffmonoxid N_2O („Lachgas") entsteht durch mikrobielle Umsetzungen von stickstoffhaltigen Verbindungen in Böden und Gewässern. Hauptquellen sind die in der Landwirtschaft eingesetzten mineralischen Stickstoffdüngemittel sowie die Verbrennung von Biomasse (Brandrodung). Die Lachgaskonzentration in der Atmosphäre steigt gegenwärtig mit einer Rate von 0,3% pro Jahr an; 1750/1800: 276 ppb, 2018: 330 ppb [WMO].

Heute ist unbestritten, dass sich die Spurengaskonzentrationen in der Erdatmosphäre durch anthropogene Aktivitäten nicht mehr im Gleichgewicht befinden. *Was sind die Konsequenzen einer sich stetig erhöhenden Konzentration an Treibhausgasen in der Atmosphäre?*

Der globale Temperaturanstieg seit der vorindustriellen Zeit bis zum Jahr 2019 beträgt nach Angaben des IPCC knapp 0,9 Grad. Dies ist der stärkste Temperaturanstieg auf der Nordhalbkugel während der letzten 1000 Jahre. Die Konsequenzen eines weiteren Temperaturanstiegs (Modellrechnungen ergeben für das Jahr 2100 eine Temperaturerhöhung um ca. 5°C) auf das Klima sind sehr schwer abzuschätzen, da das Klimasystem aus einer Vielzahl von Teilprozessen besteht, die zudem durch vielfältige Rückkopplungsmechanismen aufeinander wirken. Man geht davon aus, dass die ungehemmte Emission von Treibhausgasen zu extremen Wetterlagen wie Trockenperioden und Überschwemmungen und damit zu Hungersnöten und wirtschaftlichen Katastrophen führen wird. Die Verhinderung der prognostizierten (besorgniserregenden!) Klimaentwicklung ist ein existentielles Problem, das nur im Rahmen eines grundlegenden ökologischen Strukturwandels zu lösen ist und sowohl vonseiten der Wissenschaft als auch der Politik und der Wirtschaft ein hohes Maß an Sensibilität und Verantwortungsbewusstsein, vor allem aber an Sachkompetenz verlangt.

5.5 Luftschadstoffe und Möglichkeiten zu ihrer Vermeidung, REA-Gips

Die aggressive, die Bausubstanz angreifende Wirkung der atmosphärischen Luft ist in erster Linie auf die Luftschadstoffe Schwefeldioxid und die Stickoxide zurückzuführen. Auf Quellen, Eigenschaften und Reaktionen dieser Schadgase soll im Weiteren näher eingegangen werden.

5.5.1   Schwefeldioxid (SO$_2$)

5.5.1.1   Physikalisch-chemische Eigenschaften

Schwefeldioxid SO_2 gelangt überwiegend durch die Verbrennung schwefelhaltiger fossiler Brennstoffe, aber auch durch industrielle Prozesse wie die Eisen- und Stahlerzeugung, die Schwefelsäureproduktion und die Erdölaufarbeitung in größeren Mengen in die Atmosphäre. Dazu kommen Emissionen aus natürlichen Quellen wie Ozeanen und Sümpfen sowie dem Vulkanismus.

Schwefeldioxid ist ein stechend riechendes, farbloses, giftiges, korrodierend wirkendes Gas. Es entsteht als unmittelbares Verbrennungsprodukt des Schwefels, ist selbst jedoch nicht brennbar. Sein MAK-Wert liegt bei 5 mg/m^3 (2 ppm). Die Dichte des SO_2 beträgt $\rho =$ 2,927 g/l. SO_2 ist damit ca. 2,3-mal schwerer als Luft. Bei 20°C und 1,013 bar lösen sich 39,4 l SO_2 pro Liter Wasser. Damit ist seine Wasserlöslichkeit etwa 45-mal höher als die des CO_2.

Das SO_2-Molekül besitzt eine gewinkelte Struktur (Bindungswinkel 119,5°) mit zwei S-O-Bindungen gleicher Bindungslänge. Der relativ kurze S-O-Bindungsabstand (143 pm) weist auf das Vorliegen von zwei Doppelbindungen hin. Damit ergibt sich die folgende Lewis-Struktur für SO_2:

$$\overline{S}\diagup\!\!\diagup \quad \diagdown\!\!\diagdown \qquad |\underline{O} \qquad \underline{O}|$$

5.5.1.2 Schwefelsäuren und deren Salze

Die wässrige Lösung von Schwefeldioxid reagiert sauer, es bildet sich schweflige Säure H_2SO_3. SO_2 ist demnach das Säureanhydrid der schwefligen Säure (Gl. 5-29).

$$SO_2 \; + \; H_2O \; \rightleftharpoons \; H_2SO_3 \tag{5-29}$$

Ähnlich wie in CO_2-haltigen Lösungen, liegt das Gleichgewicht (5-29) weitgehend auf der linken Seite. Die Lösung enthält eine kleine (nicht bekannte!) Menge schwefliger Säure. Reine H_2SO_3 ist instabil und kann nicht isoliert werden. **Schweflige Säure** H_2SO_3 protolysiert in zwei Stufen (Gl. 5-30, 5-31):

$$H_2SO_3 \; + \; H_2O \; \rightleftharpoons \; H_3O^+ \; + \; HSO_3^- \tag{5-30}$$

$$HSO_3^- \; + \; H_2O \; \rightleftharpoons \; H_3O^+ \; + \; SO_3^{2-} \; . \tag{5-31}$$

Damit bildet die schweflige Säure zwei Arten von Salzen, **Hydrogensulfite** (Bisulfite) mit dem Anion HSO_3^- und **Sulfite** mit dem Säurerestion SO_3^{2-}. Aufgrund seines Vermögens, in Anwesenheit von Feuchtigkeit Hydronium (H_3O^+)-Ionen zu bilden, bezeichnet man SO_2 auch als *saures Gas*. Weitere saure Gase sind CO_2, NO_2 und HCl.

Schwefeldioxid, schweflige Säure und Sulfite zeichnen sich durch ihr *Reduktionsvermögen* aus, wobei sie selbst zu Sulfat oxidiert werden. Dabei geht der Schwefel von der Oxidationsstufe +IV in die Oxidationsstufe +VI über.

Die exotherme Oxidation von SO_2 zu **Schwefeltrioxid** SO_3 ist kinetisch gehemmt und läuft nur in Anwesenheit von Katalysatoren ab (Gl. 5-32).

$$SO_2 \; + \; \tfrac{1}{2}\,O_2 \; \overset{\text{Kat.}}{\rightleftharpoons} \; SO_3 \qquad\qquad \Delta H = \text{-99 kJ/mol} \tag{5-32}$$

Schwefeltrioxid bildet mit Wasser **Schwefelsäure** H_2SO_4. SO_3 ist demzufolge das Säureanhydrid der H_2SO_4. Von der zweibasigen Schwefelsäure leiten sich ebenfalls zwei Arten von Salzen ab, **Hydrogensulfate** HSO_4^- und **Sulfate** SO_4^{2-} (s.a. Kap. 6.5.3.8). Konzentrierte H_2SO_4 wirkt stark **hygroskopisch** (wasserentziehend). Deshalb wird sie im chemischen Laboratorium als Trocknungsmittel für Chemikalien genutzt. Schwefelsäure ist eine *oxidierende Säure*, da neben dem Hydroniumion auch das Sulfation als Oxidationsmittel reagieren kann. Zwar ist ihre Oxidationskraft geringer als die der Salpetersäure, trotzdem ist sie insbesondere bei höheren Temperaturen in der Lage, Metalle wie Cu, Ag und Hg zu lösen (s.a. Kap. 7.3.4).

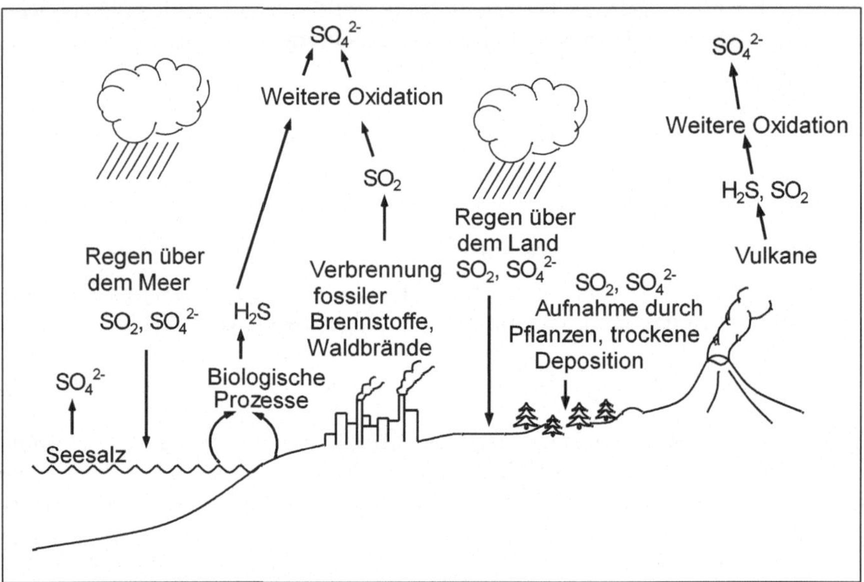

Abbildung 5.4 Der Schwefelkreislauf in der Natur

Die Reaktion der Schwefelsäure mit Wasser ist stark exotherm. Beim Verdünnen von reiner oder konz. H_2SO_4 mit Wasser ist es deshalb notwendig, die Säure in dünnem Strahl, oder noch besser tropfenweise, unter Umrühren in das Wasser einzutragen. Gibt man umgekehrt H_2O in die Schwefelsäure, kann es durch die starke Wärmeentwicklung zum Herausspritzen der Säure ($\rightarrow$ Vorsicht: Verätzungen!), vielleicht sogar zum Springen des Glasgefäßes kommen.
Die katalytische Oxidation von SO_2 zu SO_3 bildet das Kernstück der industriellen Schwefelsäureproduktion. In der Atmosphäre übernehmen Rußpartikel bzw. Metallstäube die Funktion des Katalysators. Mit dem H_2O der Luft bildet sich Schwefelsäure, die sofort zu Tropfen kondensiert (*Schwefelsäurenebel bzw. -aerosole*).

Die vorstehenden Betrachtungen machen deutlich, dass Schwefel in der Natur vor allem in Form von Verbindungen transportiert wird (Abb. 5.4), in denen er in oxidierter Form vorliegt (SO_2/SO_3, H_2SO_4/SO_4^{2-}). Natürliche Quellen wie Pflanzen und Vulkane emittieren den Schwefel in reduzierter Form (z.B. H_2S).

Die *mittlere Verweildauer* des SO_2 in der Atmosphäre liegt bei etwa 2 Wochen. Dies ist zu kurz, als dass sich das Schadgas global über größere Bereiche ausbreiten kann. Man muss demnach von Regionen mit hoher SO_2-Belastung (Industriegebiete und deren Umgebung) und Regionen mit geringer Belastung (ländliche Gebiete und Reinluftgebiete) ausgehen.

Hinsichtlich des Einflusses der Atmosphäre auf die Korrosion von Stählen und anderen Baumetallen unterscheidet man in Abhängigkeit vom Ortsklima (Makroklima) folgende vier Atmosphärentypen: *L* (Land) - *Geringe* Korrosionsbelastung, Atmosphäre ohne nennenswerte Gehalte an SO_2 und anderen Schadstoffen; *S* (Stadt) - *Mäßige* Korrosionsbelastung, Atmosphäre mit mäßigen Gehalten an SO_2 und anderen Schadstoffen; *I* (Industrie) - *Starke* Korrosionsbelastung, Atmosphäre mit hohen Gehalten an SO_2 und anderen Schadstoffen; *M* (Meer) - *Sehr starke* Korrosionsbelastung, Atmosphäre durch besonders korrosionsfördernde Schadstoffe (z.B. Cl^-) verunreinigt und/oder mit ständig hoher Luftfeuchte [KS 10].

5.5.1.3 Saurer oder London-Smog

Treten in der atmosphärischen Luft hohe SO_2-Konzentrationen z.B. durch Feuerung schwefelhaltiger Brennstoffe im Winter auf, kann es unter entsprechenden geographischen ($\rightarrow$ Tallage) und meteorologischen ($\rightarrow$ Inversionswetterlage) Bedingungen ebenfalls zu einer Smogsituation kommen. Man spricht vom *Sauren* bzw. *Wintersmog*, mitunter auch vom *London-Smog*.

Der Begriff **London-Smog** geht auf die Geschehnisse im Winter 1952 in London zurück. Die Verbrennung stark S-haltiger Brennstoffe, die Art der Heiztechnik in Fabriken und Haushalten verbunden mit einer niedrigen Auslasshöhe der Abgase, die geographische Lage Londons im Themsetal und eine nasskalte, austauscharme Wetterlage führten zu einer zwei Wochen andauernden extrem starken Smogbelastung. Als Folge der außerordentlich hohen Konzentration an schwefelhaltigem Aerosol verstarben über 4000 Menschen. Beim London-Smog handelt es sich um eine disperse Verteilung von festen (Ruß) und flüssigen (vor allem Schwefelsäure) Stoffen in der Luft, die durch thermische und/oder chemische Prozesse bzw. durch Kondensation entstanden sind. Von London abgesehen, wo sich durch drastische Reduzierung des SO_2- und Staubgehaltes der Luft die Situation seit 1952 spürbar verbessert hat, kann sich eine winterliche Smogsituation jederzeit bei Vorherrschen entsprechender Bedingungen einstellen.

5.5.2 Stickoxide (NO, NO₂)

Stickoxide (Stickstoffoxide) ist eine Sammelbezeichnung für die gasförmigen Oxide des Stickstoffs (s. Tab. 1.2). Im Umgangssprachgebrauch, vor allem aber bei der Diskussion umweltchemischer Themen, versteht man unter Stickoxiden das Stickstoffmonoxid (NO) und das Stickstoffdioxid (NO_2), allgemeine Formel NO_x. Für beide N-Verbindungen ist auch die Trivialbezeichnung „nitrose Gase" üblich. NO und NO_2 sind über die Gleichgewichtsreaktion (Gl. 5-34) miteinander verknüpft und treten deshalb stets gemeinsam auf.

Mehr als 90% der anthropogen emittierten Stickoxide gehen auf Verbrennungsvorgänge der Energieerzeugung und des Kfz- und Flugzeugverkehrs zurück. Bei Temperaturen über 1000°C entsteht aus dem Stickstoff des Brennmaterials oder der Verbrennungsluft und dem Luftsauerstoff zunächst NO, das schnell zu NO_2 oxidiert wird.

Stickstoffmonoxid NO ist ein farbloses, giftiges, nicht brennbares Gas. Es bildet sich aufgrund der inerten Natur des Stickstoffs nur bei hohen Temperaturen aus den Elementen, z.B. im elektrischen Lichtbogen oder im Verbrennungsmotor, und das auch nur in geringen Mengen. Technisch gewinnt man NO durch katalytische Oxidation von Ammoniak (Pt/Rh-Katalysatoren, T = 820...950°C; Gl. 5-33). Stickstoffmonoxid ist ein wichtiges Zwischenprodukt der Salpetersäureherstellung.

$$4\,NH_3 \; + \; 5\,O_2 \; \underset{}{\overset{Kat.}{\rightleftharpoons}} \; 4\,NO \; + \; 6\,H_2O \qquad \textit{(Ostwald-Verfahren)} \qquad\qquad (5\text{-}33)$$

NO besitzt ein ungepaartes Elektron, d.h. es ist ein radikalisches Molekül. Seine Elektronenstruktur kann durch die nachfolgenden Grenzformeln wiedergegeben werden:

$$\dot{\underline{N}} = \bar{O} \quad \longleftrightarrow \quad \overset{\ominus}{\underline{N}} = \overset{\oplus}{\dot{O}}$$

Kommt Stickstoffmonoxid mit Luft in Berührung, entstehen sofort braunrote Dämpfe von NO_2 (Gl. 5-34). Bei der ablaufenden Oxidationsreaktion erhöht sich die Oxidationszahl des Stickstoffs von +II (NO) auf +IV (NO_2).

$$2\,NO \; + \; O_2 \; \rightleftharpoons \; 2\,NO_2 \qquad\qquad \Delta H = -114{,}2 \text{ kJ/mol} \qquad\qquad (5\text{-}34)$$

Stickstoffdioxid NO_2 ist ein braunrotes, charakteristisch riechendes, stark giftiges Gas. Sein MAK-Wert beträgt 9 mg/m^3 (~5 ppm). Bei Temperaturerniedrigung wird das Gas allmählich farblos, während bei Erwärmung des Gases über die Zimmertemperatur hinaus die Intensität der braunroten Farbe zunimmt. Hintergrund dieser Farbänderung ist eine Dimerisierung (Gl. 5-35). Das braunrote NO_2 steht im Gleichgewicht mit der farblosen, dimeren Verbindung Distickstofftetraoxid N_2O_4. Mit fallender Temperatur verschiebt sich das Gleichgewicht nach rechts, unterhalb von 0°C ist nur noch N_2O_4 vorhanden.

$$2\,NO_2 \; \rightleftharpoons \; N_2O_4 \qquad\qquad \Delta H = -57{,}2 \text{ kJ/mol} \qquad\qquad (5\text{-}35)$$
$$\;\;\textit{rotbraun} \qquad\qquad \textit{farblos}$$

Wie die folgenden Grenzformeln zeigen, verfügt auch Stickstoffdioxid über ein ungepaartes Elektron. NO_2 ist ebenfalls paramagnetisch.

Bei der Dimerisierung zum N_2O_4 werden zwei NO_2-Moleküle über eine N-N-Bindung miteinander verknüpft. Die ungepaarten Elektronen der NO_2-Moleküle lagern sich zu einem Bindungselektronenpaar zusammen. Der Paramagnetismus geht verloren.

Stickstoffdioxid wird als *gemischtes Säureanhydrid* bezeichnet, da bei Lösung von NO_2 in Wasser sowohl **salpetrige Säure** (**HNO_2**, Salze: *Nitrite*) als auch **Salpetersäure** (**HNO_3**, Salze: *Nitrate*) entstehen (Gl. 5-36). Aus NO_2 (Oxidationsstufe des N: +IV) entstehen mit HNO_2 (Oxidationsstufe des N: +III) und HNO_3 (Oxidationsstufe des N: +V) zwei Verbindungen, die den Stickstoff in einer niedrigeren und einer höheren Oxidationsstufe enthalten als die Ausgangsverbindung. Die Hinreaktion des Gleichgewichts (5-36) ist damit ein Beispiel für einen besonderen Typ einer Redoxreaktion, eine *Disproportionierungsreaktion* (Kap. 7.2).

$$2\,NO_2 \; + \; H_2O \; \rightleftharpoons \; HNO_2 \; + \; HNO_3 \qquad\qquad (5\text{-}36)$$

In Anwesenheit von Sauerstoff löst sich NO_2 zu Salpetersäure (Gl. 5-37).

$$2\,NO_2 \; + \; \tfrac{1}{2}\,O_2 \; + \; H_2O \; \rightleftharpoons \; 2\,HNO_3 \qquad\qquad (5\text{-}37)$$

Das NO_2 der Luft ist zu zahlreichen chemischen Reaktionen in der Lage. Deshalb beträgt seine Verweilzeit in der Atmosphäre nur wenige Tage. Die in feuchter Luft gebildete Salpetersäure (evtl. auch salpetrige Säure) und deren Salze werden mit dem Regenwasser ausgewaschen und tragen zur Versauerung von Böden und Gewässern bei. Da die gebildeten Säuren die Oberfläche von Metallen angreifen, werden die Stickoxide auch als korrodierende Gase bezeichnet.

### 5.5.3	Schadwirkungen und Maßnahmen zu ihrer Verhinderung

Aufgrund seines säurebildenden Verhaltens bewirkt Schwefeldioxid Reizungen und Schädigungen der Schleimhäute (Augenbrennen, starker Reizhusten). Besonders empfindlich reagieren Kinder, Personen mit chronischer Bronchitis und Asthmatiker auf eine Schwefeldioxidbelastung. Da SO_2 oftmals mit anderen gesundheitsschädigenden Faktoren kombiniert auftritt, sind klare Aussagen zu seiner Schadwirkung auf den Menschen schwierig. Erwiesen ist, dass hohe Schwebstaubkonzentrationen in der Luft die Toxizität von SO_2 signifikant steigern und damit das Risiko von Bronchitiserkrankungen erhöhen können, siehe London-Smog. Bekannt ist auch, dass die Kombination NO_x/SO_2 - beide Schadgase treten häufig gemeinsam auf - zu einer Steigerung der Atemwegserkrankungen führt.

Pflanzen reagieren weitaus empfindlicher auf SO_2 als der Mensch. Das von der Pflanze vor allem über die Blätter aufgenommene SO_2 greift als schweflige Säure in den biochemischen Funktionsmechanismus der Zelle ein. Veränderungen der Feinstruktur der Zelle, Gewebeveränderungen sowie eine Blockierung des Schließmechanismus der Spaltöffnungen von Blättern und Nadeln führen zu Störungen von Transpirations- und Stoffwechselvorgängen sowie der Photosynthese. Schädigungen der Blätter und Nadeln bis hin zum Absterben sind die Folge.

5.5.3.1 Saurer Regen und Folgeschäden

Im Zuge der Selbstreinigung der Atmosphäre werden wasserlösliche Stoffe durch den Regen oder andere Niederschläge ausgewaschen. Auf diese Weise gelangen die Schadgase wieder zurück zur Erde. Regenwasser, das im Wesentlichen nur in Kontakt mit dem CO_2 der Luft steht (Reinluftgebiete), besitzt einen pH-Wert von ca. 5,6 (CO_2-Sättigung!). Es wird mitunter als *„Sauberer Regen"* bezeichnet [UC 1].

Da Regenwasser stets mehr oder weniger große Mengen an gelöstem CO_2 enthält, besitzt es niemals den pH-Wert 7 (neutral). Es reagiert immer schwach sauer.

Saurer Regen. Die sauren Gase SO_2 und NO_x bzw. die aus ihnen gebildeten Säuren H_2SO_4 und HNO_3 sind Hauptbestandteile des sogenannten **Sauren Regens** (Zusammensetzung: H_2SO_4 83%, HNO_3 12% und HCl 5% [UC 1]). Von Saurem Regen spricht man, wenn der pH-Wert unter 5,6 liegt.

In den 80er Jahren wurden in Ballungsgebieten pH-Werte von 4,2...4,5 gemessen, teilweise lagen die Werte sogar unter 4 (!). Saurer Regen führt zu einer Versauerung der Oberflächengewässer und insbesondere bei kalkarmen Böden mit einer geringen Pufferkapazität zu einer Bodenversauerung. Aufgrund unterschiedlichster Maßnahmen wie der Entschwefelung und Entstickung von Rauchgasen sowie der KfZ-Abgaskatalyse stieg der pH-Wert von Regenwasser wieder an, 2007: 5...5,5 [UC 8]. Heute liegen die Werte mitunter sogar über pH = 6.

In diesem Zusammenhang soll kurz auf das vieldiskutierte Problem des „**Waldsterbens**" eingegangen werden. Ursprünglich wurden auftretende Waldschäden unmittelbar der Produktion von Rauchgasen angelastet, standen die geschädigten Wälder doch meist im Einflussgebiet großer Braunkohlen- oder Steinkohlenkraftwerke. Seit den achtziger Jahren treten jedoch gehäuft großflächige Waldschäden in weniger belasteten Gebieten auf. Man erkannte bald, dass die sauren Gase SO_2, NO_X und HCl - ob gasförmig oder im Niederschlagswasser gelöst - nicht die alleinigen und direkten Schadensfaktoren der sogenannten **Neuartigen Waldschäden** sein können.

Heute geht man von einem Ursachenkomplex unterschiedlicher biotischer und abiotischer Faktoren aus. Luftverunreinigungen aus anthropogenen Quellen, wie z.B. aus Industrieanlagen und Kraftwerken, dem Verkehr, aus Haushalten und der Landwirtschaft, aber auch Schädlingsbefall und zunehmende Hitzeperioden als Folge des Klimawandels spielen dabei eine Schlüsselrolle.

Ursachen der Neuartigen Waldschäden:

- Wirkung anthropogen emittierter Luftschadstoffe und Photooxidantien (SO_2, NO_x, NH_3, Stäube, Herbizide, O_3)
- Versauerung der Waldböden ($\rightarrow$ Saurer Regen)
- Hitzeperioden, Dürresommer
- Schädlingsbefall durch Viren, Bakterien, Pilze und Insekten sowie Wildverbiss
- Mängel bei der forstwirtschaftlichen Bewirtschaftung, z.B. Monokulturen, mangelnde Düngung, unzureichende Waldpflege, ungeeignete Baumarten und Bodenversiegelung

Saurer Regen schädigt auch *Baustoffe* und damit *Bauwerke* in starkem Maße. Sowohl carbonathaltige Putze und Betone als auch Natursteine wie kalkig gebundene Sandsteine werden angegriffen (Kap. 9.4). Metalle korrodieren unter dem Einfluss saurer Gase bzw. des Sauren Regens schneller (Kap. 8.3), Gläser und Glasgemälde alter Bauwerke werden zerstört.

5.5.3.2 Rauchgasentschwefelung – REA-Gips

Die heute in der Bundesrepublik Deutschland gültigen gesetzlichen Verordnungen und Vorschriften zur Reinhaltung der Luft leiten sich im Wesentlichen vom *Bundes-Immissionsschutzgesetz* (BImSchG, [UC 5]) als dem zentralen Gesetz zur Luftreinhaltung ab. Das Bundes-Immissionsschutzgesetz gliedert sich in 14 Verordnungen und sechs Verwaltungsvorschriften (Stand 1986). Die wichtigsten sind die *Technische Anleitung zur Reinhaltung der Luft* (TA Luft), die *Großfeuerungsanlagenverordnung* (13. BImSchV), die *Verordnung über Immissionswerte* (22. BImSchV) und die Verordnung zur Verhinderung schädlicher Einwirkungen bei austauscharmen Wetterlagen (*Smog-Verordnungen* der Bundesländer).

Die **Methoden und Verfahren zur Luftreinhaltung** müssen in erster Linie dem Ziel dienen, von vornherein durch veränderte Synthese- und Verfahrensschritte, durch neuartige Technologien mit möglichst geschlossenen Stoffkreisläufen und durch den Einsatz alternativer Rohstoffe die Bildung von Luftschadstoffen zu minimieren oder ganz zu vermeiden. Ist eine vorbeugende Vermeidung von Luftschadstoffen (noch) nicht möglich, müssen Nachsorgetechnologien eingesetzt werden.

Zur Erfüllung der Vorgaben der Verordnung über Großfeuerungsanlagen (1983) waren die Kraftwerksbetreiber angehalten, die Kohlekraftwerke mit **R**auchgasen**e**ntschwefelungs**a**nlagen (**REA**) auszurüsten.

- **Kalk-/Kalkstein-Waschverfahren.** Von den in der BRD eingesetzten Verfahren hat sich mit etwa 90% Marktanteil das Kalk-/Kalkstein-Waschverfahren durchgesetzt. Durch Einsprühen einer Kalk- bzw. Kalksteinsuspension in den Abgasstrom wird das Schwefeldioxid wirkungsvoll gebunden (Nasswaschverfahren).

Ob Kalk (CaO) oder Kalkstein ($CaCO_3$) eingesetzt wird, hängt in der Regel von den örtlichen Gegebenheiten ab. Die Herstellung von CaO ist energieintensiv. Damit liegt der Preis der Waschflüssigkeit im Fall des natürlichen Kalksteins ungleich günstiger als beim gebrannten Kalk. Dem stehen eine geringere Löslichkeit und Reaktionsfähigkeit, ein erhöhter Verschleiß durch die größere Härte und ein höherer spezifischer Verbrauch beim Kalkstein gegenüber. Diese Fakten muss der Betreiber der REA-Anlage genau gegeneinander abwägen. Vom ökologischen Standpunkt sollte der Kalkstein gegenüber dem energieintensiven Branntkalk bevorzugt werden. Mit Blick auf die Qualität und die Verwendungsmöglichkeiten des anfallenden Gipses (s.u.) ist dem reineren Kalk gegenüber dem mehr oder weniger verunreinigten Kalkstein der Vorzug zu geben. Die wichtigsten ablaufenden chemischen Reaktionen sind:

$$Ca(OH)_2 + SO_2 \;\rightarrow\; CaSO_3 + H_2O \qquad (5\text{-}38)$$

$$CaCO_3 + SO_2 \;\rightarrow\; CaSO_3 + CO_2 \qquad (5\text{-}39)$$

$$CaSO_3 + \tfrac{1}{2} O_2 + 2\,H_2O \;\rightarrow\; CaSO_4 \cdot 2\,H_2O \,. \qquad (5\text{-}40)$$

Das primär entstehende Calciumsulfit $CaSO_3$ (5-38, 5-39) fällt als Sulfitschlamm im Kalkwaschturm an. Durch Einblasen von Luft (O_2) in die Suspension läuft unter ständigem Umrühren die Oxidation zum Sulfat ab (5-40). Nach dem Zentrifugieren und dem anschließenden Wasch- und Filtrierprozess werden die Gipskristalle als feuchtes, feinteiliges Produkt mit ca. 10% Feuchte erhalten (**REA-Gips**). Eine weitgehend mechanische Entwässerung spart Energie beim Brennen des Gipses und natürlich Transportkosten. Es werden Schwefelabscheidungsgrade von über 95% erreicht.

Tabelle 5.4 Spezifikationen und Qualitätsanforderungen für das Produkt REA-Gips [BC 12]

Eigenschaft	Anforderung
Freie Feuchte	< 10 %
Calciumsulfat-Dihydrat	> 95 %
($CaSO_4 \cdot 2\,H_2O$)	
Magnesiumsalze, wasserlöslich	< 0,10 %
Natriumsalze, wasserlöslich	< 0,06 %
Chloride	< 0,01 %
Calciumsulfit-Halbhydrat	
($CaSO_3 \cdot \frac{1}{2}\,H_2O$)	< 0,50 %
pH-Wert	5 ... 9
Farbe	weiß
Geruch	neutral
Toxische Bestandteile	keine

Während die Qualität von Naturgips für die einzelnen Lagerstätten bekannt ist und sich kaum verändert, muss die Qualität des REA-Gipses im Kraftwerk ständig neu justiert und überprüft werden. Eine entscheidende Voraussetzung für die Verwendung des Rohstoffes REA-Gips sind deshalb strenge Qualitätskriterien und Analysenmethoden (Tab. 5.4). Qualität wie auch Menge des REA-Gipses werden im Kraftwerk von verschiedenen Einflussgrößen bestimmt. Die wichtigsten sind die Betriebsweise des Kraftwerks, die Art des eingesetzten Brennstoffs (Stein- oder Braunkohle) und sein Schwefelgehalt, die vorhandene REA-Technologie sowie die chemische Natur des eingesetzten Absorptionsmittels. Zum Beispiel schwankt der S-Gehalt der Steinkohle zwischen 0,45...1,75%, der der deutschen Braunkohle bis zu 3%. Die ersten Rauchgasentschwefelungsanlagen wurden in Steinkohlekraftwerken installiert. Im mitteldeutschen wie auch im osteuropäischen Raum stellt aber die Braunkohle nach wie vor einen außerordentlich wichtigen Energieträger dar. Deshalb kommt hier der Entschwefelung von Braunkohle-Rauchgasen eine besondere Bedeutung zu.

Obwohl der REA-Gips aus Braunkohlekraftwerken („Braunkohlegips") bei entsprechender Technologie ebenfalls den gestellten Qualitätsanforderungen entsprach, unterschied er sich anfangs vom Steinkohlegips vor allem durch seine dunkle Farbe. Sie wird von feinteiligen Inertstoffen verursacht, die in die Gipskristalle eingebaut werden und nachträglich mittels mechanischer Maßnahmen nicht mehr abgetrennt werden können. Bei den Inertstoffen handelte es sich vor allem um intensiv farbige Eisenverbindungen, die zu über 90% aus dem eingesetzten Absorptionsmittel und zu weniger als 10% aus Verbrennungsrückständen wie Asche und Rußpartikel stammten. Durch neue Reinigungsverfahren wird heute REA-Gips aus Braunkohle in gleicher Qualität wie REA-Gips aus Steinkohle hergestellt.

Tabelle 5.5 Zusammensetzung von Naturgips und REA-Gips [Bundes-
verband für Kraftwerksnebenprodukte e.V.)]

Komponente (%)	Naturgips	REA-Gips
Gipsgehalt	81,2	96,7
($CaSO_4 \cdot 2\ H_2O$)		
MgO gesamt	0,06	0,03
Na_2O wasserlöslich	0,034	0,032
K_2O wasserlöslich	0,006	0,007
Fe_2O_3 gesamt	0,19	0,12
HCl- unlösl. Bestandteile	0,20	0,35
SO2	0,02	0,03
Fluorid	0,001	0,002
Chlorid wasserlöslich	0,0072	0,0073
pH-Wert	7,4	7,2

Nach Jahren intensiver wissenschaftlich-technischer Forschungsarbeit wurde der Nachweis erbracht, dass die Unterschiede zwischen Natur- und REA-Gips im Hinblick auf die chemische Zusammensetzung, auf den Gehalt an Spurenelementen und organischen Verbindungen sowie auf die radioaktive Belastung unerheblich sind (Tab. 5.5) - und zwar sowohl von Steinkohle- als auch von Braunkohle-REA-Gips. REA-Gipse sind hochwertige Sekundärrohstoffe, sie liegen mehlfein oder brikettiert vor. **REA-Gips ist ein vollwertiges Substitutionsprodukt**.

Die Menge des anfallenden REA-Gipses hängt vom Schwefelgehalt der Kohle und vom Entschwefelungsgrad der Anlage ab. Betrachtet man z.B. einen modernen Steinkohle-Kraftwerksblock mit 750 MW Leistung, einem Wirkungsgrad der Entschwefelung von 95% und einen S-Gehalt der Kohle von 0,6 − 1%, so entstehen bei Volllastbetrieb pro Stunde etwa 9 bis 14 Tonnen REA-Gips.

Beginnend mit dem Jahr 1980 ergibt sich eine stetige Steigerung der REA-Gips-Mengen. Die Inbetriebnahme der neu errichteten Entschwefelungsanlagen in den neuen Bundesländern führte zu einem weiteren signifikanten Anstieg der REA-Gips-Produktionsmengen (1992: 3,2; 1996: 4,9; 2000: 6,3). Im Jahr 2003 wurden in Deutschland etwa 7,7 Millionen Tonnen REA-Gips produziert. Das bedeutet einen Anteil an der in Europa produzierten Gesamtmenge (15,2 Mio. t) von 50,65 % [BC 13].
Im Jahr 2014 lag die Produktion von REA-Gips in Deutschland bei etwa 7 Mio. t, Der überwiegende Teil (etwa 75%) stammte aus Braunkohlekraftwerken. Die produzierten Mengen an REA-Gips werden bis heute nahezu vollständig in der Gips- und Zementindustrie als Rohstoff eingesetzt, z.B. für die Produktion von Gipsplatten, Baugipsen (Putzgips), Gips-Wandplatten, Spezialgipsen, Fließestrich und als Sulfatträger für die Zementindustrie.

Mit dem Umbau der Energieerzeugung und dem Ausstieg aus der Stein- und Braunkohle verringert sich perspektivisch die verfügbare Menge an REA-Gips, so dass der Import aus anderen Ländern, der Abbau von Naturgips und die Nutzung von Recyclinggips an Bedeutung gewinnen werden.

- **Sprühabsorptionsverfahren (SAV).** Das Sprühabsorptionsverfahren (Sprühtrockenverfahren) ist ein „halbtrockenes" Verfahren, bei dem das Abluftproblem nicht wie beim gerade besprochenen Kalk-/Kalkstein-Verfahren auf die Abwasserseite verlagert wird. In den Abgasstrom wird eine Calciumhydroxid-Suspension eingesprüht. Der Wasseranteil verdampft und die Inertstoffe des Rauchgases reagieren mit dem Kalk. Es entstehen trockene Endprodukte. Folgende Reaktionen ab:

- Bildung von $CaSO_3$: s. Gl. 5-38
- Bildung von $CaSO_4$: $Ca(OH)_2 + SO_3 \rightarrow CaSO_4 + H_2O$ ($\rightarrow CaSO_4 \cdot 2\ H_2O$)
- Bildung von $CaCl_2$ / CaF_2: $Ca(OH)_2 + 2\ HCl \rightarrow CaCl_2 + 2\ H_2O$
  $\qquad\qquad\qquad\qquad\qquad Ca(OH)_2 + 2\ HF \rightarrow CaF_2 + 2\ H_2O$
- Bildung von $CaCO_3$: $Ca(OH)_2 + CO_2 \rightarrow CaCO_3 + H_2O$

Bedingt durch unterschiedliche Verfahrensschritte sowie verschiedene Zusammensetzung der verwendeten Absorbentien und der Kohle können die Eigenschaften der SAV-Produkte schwanken (Tab. 5.6).

Tabelle 5.6 Zusammensetzung von SAV-Produkten [BKV 2003]

Inhaltsstoffe	(%)	Inhaltsstoffe	(%)
$CaSO_3 \cdot \frac{1}{2}\ H_2O$	15 - 68	$CaCl_2/CaF_2$	1 - 6
$CaSO_4 \cdot 2\ H_2O/CaSO_4 \cdot \frac{1}{2}\ H_2O$	1 - 18	$Ca(OH)_2$	1 - 18
$CaCO_3$	3 - 17	Flugasche	1 - 56
Feuchte	0 - 5		

Es werden drei Typen von SAV-Produkten unterschieden:
- Typ I: SAV-Produkt ohne Flugasche mit weniger als 10% Calciumhydroxid
- Typ II: SAV-Produkt ohne Flugasche mit mehr als 10% Calciumhydroxid
- Typ III: SAV-Produkt mit Flugasche.

Die SAV-Produkte (SAV-Stabilisate) entstehen als rieselfähige Pulver mit einem Partikeldurchmesser von 1...80 mm. Sie stellen im Wesentlichen ein Gemisch aus Entschwefelungsprodukten, nicht reagiertem Absorbens und Flugasche dar.
Kornzusammensetzung, Farbe und Schüttdichte sind vom Anteil an Flugasche abhängig. Mit zunehmende Flugascheanteil nimmt der Anteil an Feinkorn ab und die Schüttdichte zu. Die Farbe der SAV-Produkte variiert in Abhängigkeit von der Flugasche von weiß bis grau.

Eine Aufarbeitung dieser Produkte zu vermarktungsfähigem Gips wäre technisch möglich, aus Kostengründen aber nicht praktikabel. Deshalb werden SAV-Produkte überwiegend auf Deponien gelagert. Da nach einer gezielten Vermischung mit Flugasche und Wasser in diesen Produkten Reaktionen stattfinden, die zur Verfestigung führen, z.B. Gips- bzw. Ettringitbildung und puzzolanische Reaktionen, liegen Materialien vor, für die auch eine Verwertung als Deponiebaustoff, im Bergbau zur Verfüllung stillgelegter Gruben, als Beimengung zum Bergbaumörtel oder als Baustoff für Lärmschutzwände und Straßendämme in Betracht kommt.

In den vergangenen 10 Jahren fielen in deutschen Kraftwerken ca. 200.000 - 250.000 t Reststoffe pro Jahr aus dem Sprühabsorptionsverfahren an. Davon werden 1/3 wegen fehlender Verwertungsmöglichkeiten deponiert, der Rest wird wie oben beschrieben als Zuschlagstoff für verschiedene Anwendungen eingesetzt. In zunehmender Weise konkurrieren die SAV-Reststoffe hinsichtlich ihrer Verwertungsmöglichkeiten mit Reststoffen aus der Müll- und der Biomasseverbrennung. So ist z.B. die Verwertung von SAV-Reststoffen im Bergbau von ca. 150.000 t pro Jahr (2001) auf 20.000 t (2011) zurückgegangen [E.ON].

5.5.3.3 Entstickung von Rauchgas

Die Verfahren zur **Rauchgasentstickung** sind technologisch meist mit der Entschwefelung gekoppelt. Zunächst wurde auf *nicht katalytischem Wege* versucht, die Stickoxide selektiv zu reduzieren (**SNCR**-Verfahren, **s**elective **n**oncatalytic **r**eduction). Die für die Reduktion nötige Aktivierungsenergie muss hierbei durch entsprechend hohe Temperaturen zugeführt werden. Als Reduktionsmittel dient vor allem Ammoniakgas, das bei Temperaturen zwischen 920...1080°C mit NO_x zu Wasserdampf und Stickstoff reagiert (5-41, 5-42). Diese Reaktion kann auch unter Beteiligung von Luftsauerstoff ablaufen (Gl. 5-43).

$$6\,NO\ +\ 4\,NH_3 \qquad\rightarrow\quad 5\,N_2\ +\ 6\,H_2O \qquad\qquad (5\text{-}41)$$
$$6\,NO_2\ +\ 8\,NH_3 \qquad\rightarrow\quad 7\,N_2\ +\ 12\,H_2O \qquad\qquad (5\text{-}42)$$
$$2\,NO_2\ +\ 4\,NH_3\ +\ O_2 \quad\rightarrow\quad 3\,N_2\ +\ 6\,H_2O \qquad\qquad (5\text{-}43)$$

Einen befriedigenden Umsatz von NH_3 mit NO_x erhält man nur bei ausreichender Verweilzeit im angegebenen Temperaturbereich, was sich aber im technischen Betrieb meist nicht realisieren lässt. Durch den *Einsatz von Katalysatoren* kann die NO_x-Reduktion auch bei niedrigeren Temperaturen durchgeführt werden (**SCR**-Verfahren, **s**elective **c**atalytic **r**eduction). Darüber hinaus wird der NH_3-Verbrauch drastisch gesenkt. Die eingesetzten SCR-Katalysatoren enthalten vor allem Titandioxid, neben Vanadium-, Wolfram- und Molybdänverbindungen. In der Praxis ist die Entstickung des Rauchgases der Entschwefelung meist vorgeschaltet. Details zur Prozessführung und zu möglichen Nebenreaktionen siehe [UC 2].

5.5.3.4 Abgaskatalyse bei Kraftfahrzeugen

Eine Hauptquelle für die Schadstoffbelastung der Luft ist der **Kfz-Verkehr**. Die Abgase eines Viertakt-Ottomotors bestehen zu etwa 99% aus N_2 (71%), CO_2 (18,1%), H_2O (9,2%) sowie O_2 und Edelgase (0,1%). Das restliche Prozent entfällt auf die Schadstoffe Kohlenmonoxid CO (0,85%), Stickoxide NO_x (0,08%), Kohlenwasserstoffe (Abk.: KW; 0,05%) und Sonstige (0,02%); alle Angaben in Vol.-%, [UC 1]. CO, NO_x und KW sind smogbildende Komponenten und wie bereits ausgeführt z.T. außerordentlich gesundheitsgefährdend. Sie sind mitverantwortlich für den Sauren Regen und die Waldschäden.

Die besondere Spezifik der Autoabgasbehandlung besteht darin, CO und KW *oxidativ* in CO_2 bzw. CO_2/H_2O und die Stickoxide NO/NO_2 *reduktiv* in N_2 zu überführen. Bei der **Nachverbrennung von Kfz-Abgasen** in einem Abgaskatalysator müssen demnach Oxidations- und Reduktionsreaktionen in einer technologisch schlüssigen Weise miteinander gekoppelt werden.

Als Lösung hat sich heute der **Dreiwegekatalysator** durchgesetzt und bewährt, an dessen Edelmetalloberfläche die nachfolgenden Hauptreaktionen mit hoher Geschwindigkeit ablaufen (Gl. 5-44 bis 5-46).

$$C_mH_n \; + \; (m+n/4)\,O_2 \; \rightarrow \; m\,CO_2 \; + \; n/2\,H_2O \tag{5-44}$$

$$CO \; + \; \tfrac{1}{2}\,O_2 \; \rightarrow \; CO_2 \tag{5-45}$$

$$NO \; + \; CO \; \rightarrow \; CO_2 \; + \; \tfrac{1}{2}\,N_2 \tag{5-46}$$

Für die Oxidationen (Gl. 5-44, 5-46) ist ein Luft(Sauerstoff)-überschuss und für die Reduktion (Gl. 5-46) ein Luft(Sauerstoff)-unterschuss notwendig. Die Oxidationen verlaufen umso vollständiger, je sauerstoffreicher das Brennstoffgemisch ist. Da bei höheren O_2-Konzentrationen auch das CO zu CO_2 oxidiert wird, steht es für die Reduktion des NO (Gl. 5-46) nicht mehr zur Verfügung. Die Umwandlungsrate für NO ist in diesem Fall sehr gering. Arbeitet man mit einem sauerstoffarmen Brennstoffgemisch, so werden CO und KW ungenügend oxidiert und die NO-Umwandlung ist dementsprechend hoch. Um beiderseitig optimale Umwandlungsgrade zu erreichen, führt man die katalytische Nachverbrennung des Abgases innerhalb eines bestimmten Bereichs der O_2-Konzentration durch.

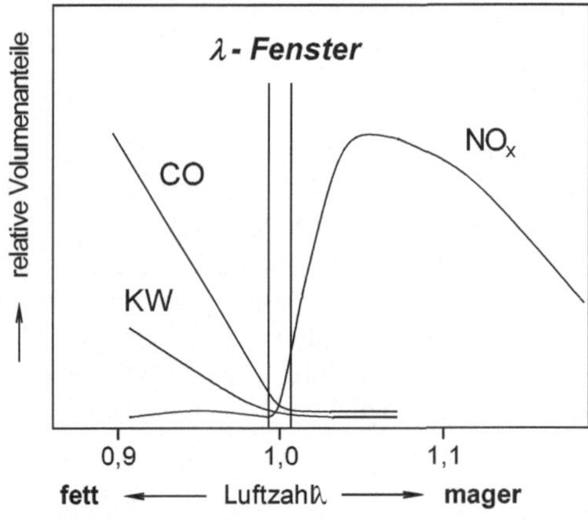

Abbildung 5.5

Schadstoffemission eines Verbrennungsmotors bei verschiedenen Luft/Kraftstoff-Verhältnissen (Luftzahlen λ).

Für den optimalen Sauerstoffanteil im Treibstoff-Luft-Gemisch sorgt die sogenannte *Lambdasonde* (Sauerstoffsonde), die vor dem Katalysator in den Abgasstrom als Messfühler eingebracht wird. Die Lambdasonde arbeitet nach dem Prinzip eines Sauerstoffkonzentrationselements. Sie misst den Sauerstoffanteil im Abgas und regelt die Zusammensetzung des in den Motorverbrennungsraum gelangenden Benzin-Luft-Gemischs. Das Verhältnis von zugeführter Sauerstoffmenge zum Sauerstoffbedarf bei vollständiger Verbrennung bezeichnet man als **Luftzahl** oder λ-Wert. Bei optimaler Zusammensetzung des Gemischs ist λ = 1. Bei Luftüberschuss (*mageres Gemisch*) ist λ > 1, bei Treibstoffüberschuss (*fettes Gemisch*) ist λ < 1. Der Bereich, in dem die optimalen Bedingungen für die ablaufenden Oxidationen und Reduktionen erreicht werden, wird als **λ-Fenster** bezeichnet (Abb. 5.5).

Der geregelte Dreiwegekatalysator besteht aus einem wabenförmigen, von unzähligen Kanälen durchzogenen Keramikkörper, auf dem eine Al_2O_3-Schicht zur Oberflächenvergrößerung aufgebracht ist. Die Aluminiumoxidschicht ist mit katalytisch aktiven Edelmetallen (Platin/Rhodium, etwa 1 - 3 Gramm pro Katalysator) überzogen. Im Neuzustand beseitigen die gegenwärtig eingesetzten Dreiwegekatalysatoren bei der optimalen Betriebstemperatur von ca. 600°C etwa 98% der in den Abgasen enthaltenen Schadstoffe. Katalysatorgifte (Öl- und Treibstoffreste, Metallabrieb) und Überhitzungen reduzieren ihren Wirkungsgrad.

Im Vergleich zu den Abgasen eines Otto-Motors mit ca. 1 Vol.-% liegt die Schadstoffkonzentration in den **Diesel-Abgasen** mit 0,3 Vol.-% deutlich niedriger. Das zentrale Problem für die Umwelt sind die hohen Konzentrationen an Rußpartikeln (teilweise schadstoffbelastet!), neben ca. 3–4-fach höheren NO_x-Emissionen. Die deutlich geringeren Konzentrationen an KW und CO im Dieselabgas sind auf die Verbrennung mit Luftüberschuss zurückzuführen.

Durch geeignete Maßnahmen zur Abgasnachbehandlung kann man auch beim Dieselmotor die Belastung der Abgase reduzieren. So werden durch den Einsatz keramischer oder metallischer Partikelfilter (DPF = Dieselpartikelfilter) die Rußpartikel zu weit über 90% aus dem Abgas entfernt und gleichzeitig die Schadstoffe CO und KW zu CO_2 und H_2O sowie NO zu NO_2 verbrannt (oxidiert).

Nach mehreren hundert Kilometern muss der DPF regeneriert werden, da er mit zunehmender Belastung (Befüllung) den Abgasdruck erhöht. Dazu müssen die Rußpartikel mit dem noch im Abgas vorhandenen Sauerstoff verbrannt, d.h. zu CO_2 oxidiert werden. Die Abgastemperaturen moderner Dieselfahrzeuge sind für diesen Zweck jedoch zu niedrig. Die für eine Regeneration notwendige Abgastemperatur liegt in Abhängigkeit von der gewählten Variante (additivgestützt oder katalytisch unterstützt) bei Temperaturen von mindestens 500-550°C. Im Stadtverkehr kann die Temperatur der Dieselabgase aber durchaus auf Werte unter 200°C (!) fallen. Zur Durchführung der Regeneration kommen heute verschiedene technische Lösungen in Frage, z.B. Einsatz von Oxidationskatalysatoren (→ Erhöhung der Abgastemperatur), katalytisch beschichtete Dieselpartikelfilter oder Additivzugabe zum Kraftstoff.

Inzwischen gibt es auch technische Lösungen zur Stickstoffdioxid-Reduktion, z.B. NO_x-Speicherkatalysatoren (NSC, *NO_x Storage Catalysts*). Sie sind mit Alkalimetall- oder Erdalkalimetalloxiden bzw. -carbonaten beschichtet und binden NO_x chemisch. Beispiel Bariumcarbonat: $BaCO_3 + 2\,NO_2 + \frac{1}{2}\,O_2 \rightarrow Ba(NO_3)_2 + CO_2$. Anschließend wird das $Ba(NO_3)_2$ wieder in $BaCO_3$ und NO überführt (Ausspeicherung) und das NO an einer katalytisch aktiven Rh-Beschichtung zu elementaren Stickstoff N_2 reduziert. Eine zweite Möglichkeit sind die *SCR (selective catalytic reduction)*-Katalysatoren. In das Abgassystem wird eine 32,5%ige Harnstofflösung (AdBlue®) gesprüht. Der Harnstoff $(NH_2)_2CO$ hydrolysiert zu Amoniak (NH_3) und CO_2 gemäß: $(NH_2)_2CO + H_2O \rightarrow NH_3 + CO_2$ und das gebildete Ammoniak reagiert im SCR-Katalysator mit den Stickoxiden gem. (Gl. 5-41, 5-42) zu Wasser und Stickstoff. Die NO_x-Emission kann durch die verschiedenen technischen Lösungen um etwa 90% minimiert werden.

6 Wasser und wässrige Lösungen

6.1 Wasser – Vorkommen und Bedeutung

Das Wasser der Erde besitzt ein Gesamtvolumen von ca. 1,4 Milliarden km^3. Der überwiegende Teil (97,23%!) davon ist Salzwasser. Die restlichen 2,77% Süßwasser liegen zu etwa drei Viertel in Form von Polar- und Gletschereis vor [UC 2]. Zieht man vom Süßwasseranteil auch die für eine geregelte Trinkwasserversorgung ungeeignete Bodenfeuchte, das Tiefengrundwasser, das Wasser der Biosphäre und den Wasserdampf der Atmosphäre ab (Tab. 6.1), steht als Trinkwasser nur ein winziger Teil der Gesamtwassermenge, nämlich 0,3%, zur Verfügung. Diese Zahl macht deutlich, dass vor dem Hintergrund des explosionsartigen Anwachsens der Weltbevölkerung (03/2015: ca. 7,2 Mrd. Menschen) der Wert des Trinkwassers nicht hoch genug einzuschätzen ist und künftig noch weiter steigen wird.

Wasser ist in bedeutendem Maße am Aufbau der Tier- und Pflanzenwelt beteiligt. Beispielsweise besteht der Körper eines erwachsenen Menschen zu etwa 70% aus Wasser, bei Kindern liegt der Anteil sogar noch etwas höher. Seine Funktion besteht unter anderem darin, gelöste oder suspendierte Stoffe zu den Körperzellen zu transportieren.

Die Atmosphäre kann bis zu 4 Vol.-% Wasser zwischenspeichern. Sie gibt es unter entsprechenden Druck- und Temperaturbedingungen in flüssiger (Regen, Nebel) oder fester Form (Reif, Schnee, Hagel) wieder ab. Eine Reihe von Mineralen speichern Wasser als Kristallwasser (Kap. 6.3.1).

Tabelle 6.1 Die Wasservorräte der Erde [UC 2]

	Wasservolumen (in 10^6 km^3)	Anteil am Gesamtvolumen (%)	Anteil am Süßwasservolumen (%)
total	1409	100,0	
Weltmeere	1370	97,23	
Süßwasser	39	2,77	100,0
davon:			
Eis und Schnee (Polarkappen usw.)	29	2,06	74,36
Grundwasser	9,5	0,67	24,36
Oberflächenwasser	0,13	$9,23 \cdot 10^{-3}$	0,33
Atmosphäre	0,013	$9,23 \cdot 10^{-4}$	$3,30 \cdot 10^{-2}$
Biosphäre	$6 \cdot 10^{-4}$	$4,26 \cdot 10^{-5}$	$1,54 \cdot 10^{-3}$

Wasser H_2O ist von fundamentaler Bedeutung für die *Photosynthese* der grünen Pflanzen (Gl. 6-1).

$$n\,CO_2 \;+\; n\,H_2O \;\xrightarrow{\;h\nu\;}\; C_n(H_2O)_n \;+\; n\,O_2 \tag{6-1}$$

Diese Reaktion, bei der die Energie des Sonnenlichts ausgenutzt wird, um direkt aus Wasser und Kohlendioxid in Gegenwart von Chlorophyll Kohlenhydrate $C_n(H_2O)_n$ und Sauerstoff zu produzieren, stellt die Grundlage für den überwiegenden Teil des irdischen Lebens

© Springer Fachmedien Wiesbaden GmbH, ein Teil von Springer Nature 2020
R. Benedix, *Bauchemie*, https://doi.org/10.1007/978-3-658-26442-0_6

dar. Sonnenenergie wird in chemische Energie umgewandelt und in den gebildeten organischen Verbindungen gespeichert.

Im *menschlichen Leben* kommt dem Wasser als Lebens- und als Reinigungsmittel eine zentrale Bedeutung zu. Während sich in der BRD der durchschnittliche Trinkwasserverbrauch pro Person und Tag in der Zeitspanne von 1950 bis 1990 von 85 auf 147 Liter, also um 73%, erhöhte, hat er sich in den letzten Jahren auf 123 Liter eingependelt. Die Verbrauchswerte hängen stark von regionalen Gegebenheiten ab. In ländlichen Gegenden liegt der Verbrauch in der Regel niedriger als in städtischen Ballungszentren.

Von den 123 Litern Trinkwasser (!) werden im Durchschnitt nur 5 Liter (ca. 4%) zum Kochen und Trinken beansprucht. Der größte Anteil, rund ein Drittel des täglichen Wasserbedarfs, entfällt auf Baden, Duschen und Körperpflege (ca. 36% /~ 46 Liter täglich). An zweiter Stellen folgt mit ca. 27% (~ 34 Liter) die Toilettenspülung. Danach folgen Wäschewaschen (12% /~ 15 Liter) sowie mit jeweils sechs Prozent (rund acht Liter) Geschirrspülen sowie Reinigen der Wohnung und Auto- und Gartenpflege. Etwa Neun Prozent entfallen auf einen Kleingewerbeanteil.

In der *Industrie* besitzt das Wasser vielfältige Bedeutung als Kühlmittel in der energieerzeugenden Industrie, als Lösungsmittel und Rohstoff für Synthesen in der chemischen Industrie sowie als Verdünnungs- und Konservierungsmittel in der Lebensmittelindustrie. Auch im Verkehrs- und Transportbereich (Schifffahrt) sowie im Rahmen der Ver- und Entsorgung hat das Wasser eine wichtige Funktion.

Im *Bauwesen* spielt Wasser als Zugabewasser, als Baugrund- und Abwasser und natürlich als Regenwasser eine wichtige Rolle.

6.2   Struktur und Eigenschaften des Wassers

6.2.1   Molekülstruktur – Dipolnatur – Wasserstoffbrückenbindung

Im Wassermolekül sind die Atome nicht linear, sondern gewinkelt angeordnet (Kap. 3.1.3). Der Bindungswinkel beträgt 104,5°. Das Sauerstoffatom ist mit den beiden Wasserstoffatomen jeweils über eine polare Atombindung verbunden. Die Polarität der Bindung ist eine Folge der Elektronegativitätsdifferenz zwischen dem Sauerstoffatom ($\chi(O) = 3{,}5$) und dem Wasserstoffatom ($\chi(H) = 2{,}1$). Aufgrund der höheren Elektronegativität des Sauerstoffs verschieben sich die Bindungselektronen zum Sauerstoffatom. Dem O-Atom muss demnach eine negative Partialladung und den Wasserstoffatomen eine positive Partialladung zugeordnet werden. Da aufgrund der Molekülgeometrie der positive und der negative Ladungsschwerpunkt nicht zusammenfallen, sondern an verschiedenen Stellen im Molekül lokalisiert sind, bildet sich ein elektrischer **Dipol** aus (Kap. 3.1.4). Wasser ist ein **Dipolmolekül**.

Die hohe Polarität des H_2O-Moleküls bewirkt das ausgezeichnete Lösevermögen des Wassers für Salze und Verbindungen aus polaren Molekülen wie z.B. Alkohole und Zucker.

Moleküle, die ein Dipolmoment besitzen, ziehen sich untereinander mit ihren entgegengesetzt geladenen Dipolenden an und stoßen sich mit den gleichsinnig geladenen Dipolenden ab. Die auftretenden Anziehungs- bzw. Abstoßungskräfte gehören zu den **intermolekularen Wechselwirkungen** (Kap. 3.4).

Dass es beim Wasser außer den Dipol-Dipol- und Dispersionswechselwirkungen noch einen weiteren Typ intermolekularer Wechselwirkungen geben muss, wird bei der Betrachtung der Schmelz- und Siedetemperaturen von Wasserstoffverbindungen der Elemente der sechsten Hauptgruppe deutlich (Abb. 6.1a).

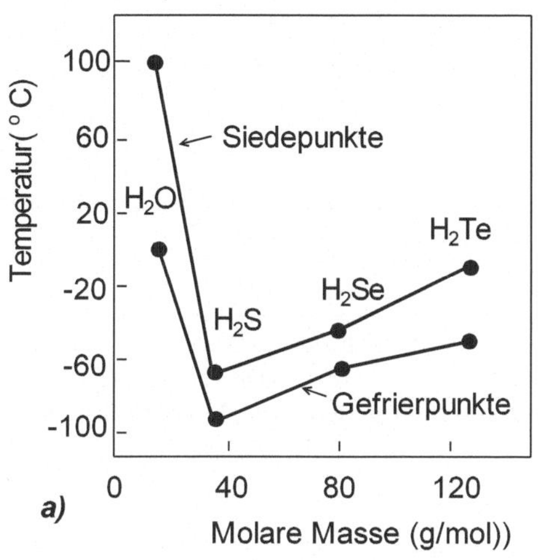

Abbildung 6.1
a) Siede- und Gefrierpunkte der Wasserstoffverbindungen der Elemente der VI. Hauptgruppe des PSE; b) Wasserstoffbrückenbindung bei Wassermolekülen

Im Gegensatz zu den homologen Wasserstoffverbindungen H_2S, H_2Se und H_2Te schmilzt und siedet Wasser H_2O bei ungewöhnlich hohen Temperaturen, während es bei Zimmertemperatur flüssig vorliegt. Ähnliche Anomalitäten ergeben sich auch für die Siedetemperaturen der Wasserstoffverbindungen Ammoniak NH_3 und Flusssäure HF. Die außerordentlich hohen Werte weisen auf ungewöhnlich starke intermolekulare Kräfte hin, die die Stärke gewöhnlicher Dipol-Dipol-Wechselwirkungen überschreiten. Sie sind auf das Vorliegen von **Wasserstoffbrückenbindungen** zurückzuführen (s. Kap. 3.4). Ein partiell positiv geladenes H-Atom eines H_2O-Moleküls tritt mit einem freien (nicht bindenden) Elektronenpaar des O-Atoms eines benachbarten Wassermoleküls in Wechselwirkung. Dabei bildet sich eine Wasserstoffbrücke aus.

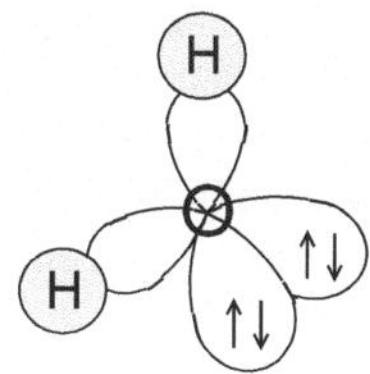

Zum Verständnis der unten beschriebenen Struktur des Eises soll noch einmal auf die Ausführungen zur räumlichen Struktur der Moleküle (Kap. 3.1.3) zurückgegriffen werden. Im Wassermolekül liegen zwei kovalente H-O-Bindungen und zwei nicht bindende, doppelt besetzte Orbitale am Sauerstoffatom vor. Da der Raumbedarf der nicht bindenden Orbitale größer ist als der der beiden bindenden Orbitale, kommt es zur Abweichung von der Tetraedergeometrie. Es ergibt sich ein zum Tetraederwinkel (109°) deutlich reduzierter H-O-H-Bindungswinkel von 104,5° (s. Abb. 3.4b). Sowohl die beiden H-Atome als auch die beiden nicht bindenden Sauerstofforbitale sind zur Ausbildung von H-Brückenbindungen in der Lage.

In der **Struktur des Eises** (Abb. 6.2a) ist jedes Sauerstoffatom eines H_2O-Moleküls tetraedrisch von vier weiteren O-Atomen benachbarter H_2O-Moleküle umgeben ($\angle$ O-O-O = 109,5°). Pro Sauerstoffatom existieren zwei kovalente Bindungen zu zwei H-Atomen (101 pm). Zu zwei weiter entfernten H-Atomen (174 pm) benachbarter H_2O-Moleküle werden zwei H-Brücken geknüpft. Durch die Tetraederstruktur im Gitter erfolgt eine Aufweitung des Bindungswinkels des Wassers von 104,5° auf 109,5° (Tetraederwinkel!).

Wasserstoffbrückenbindungen sind genau wie die kovalenten Bindungen entlang einer Vorzugsrichtung im Raum lokalisiert, es sind ebenfalls *gerichtete Bindungen*. Die Anordnung der H_2O-Moleküle ergibt ein weitmaschiges Gitter mit längsgerichteten Hohlräumen von sechseckigem Querschnitt (hexagonale Tridymitstruktur, Abb. 6.2b).

Die Weiträumigkeit der Eisstruktur resultiert aus der geringen Packungsdichte der Wassermoleküle. Sie ist die Ursache für die im Vergleich zum flüssigen Wasser (0°C!) geringere Dichte des Eises. Eis kann demnach auf dem Wasser schwimmen (Eisschollen). Dieses Verhalten ist ungewöhnlich, denn die Dichte fast aller anderen Stoffe ist im festen Aggregatzustand größer als im flüssigen.

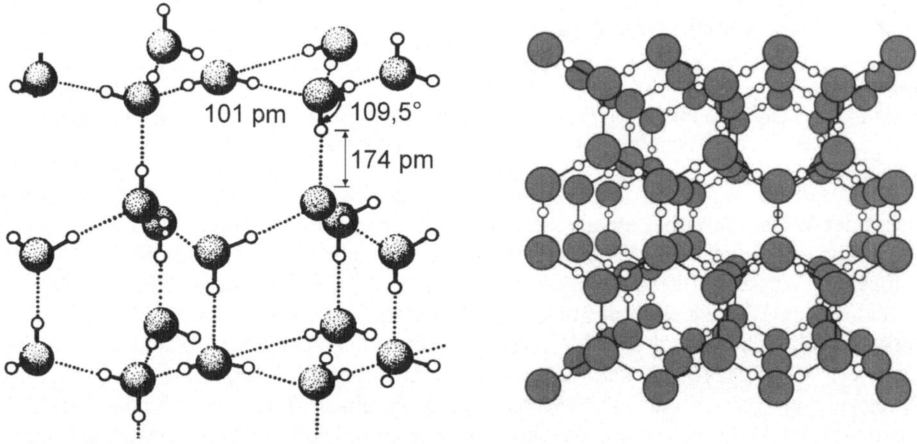

Abbildung 6.2
a) Anordnung der Wassermoleküle im Eiskristall   b) Weitmaschiges Gitter des Eises (hexagonale Struktur)

Die Wasserstoffbrückenbindung beeinflusst nicht nur eine Reihe wichtiger physikalischer Eigenschaften des Wassers. Wasserstoffbrückenbindungen spielen auch im Hinblick auf die Haftfähigkeit von Kunststoff- oder Lackschichten auf anorganischen oder organischen Untergrundmaterialien eine wichtige Rolle.

6.2.2   Anomalien des Wassers

Wasser nimmt unter den Flüssigkeiten eine Sonderstellung ein. Als Folge der zwischen den Wassermolekülen bestehenden Wasserstoffbrücken zeigt es bemerkenswerte, zum Teil anomale Eigenschaften. So besitzt Wasser neben dem bereits erwähnten hohen Siedepunkt ungewöhnlich hohe Werte für die Verdampfungswärme, die spezifische Wärmekapazität, die Oberflächenspannung und die Viskosität (Zähigkeit der Flüssigkeit). Dazu kommt für das System Eis/Wasser der ungewöhnlich hohe Schmelzpunkt des Eises.
Von besonderer Bedeutung für baupraktische Zwecke sind die Dichteanomalie und die hohe Oberflächenspannung.

6.2.2.1   Dichteanomalie

Am Nullpunkt (0°C) besitzt Eis eine Dichte von $\rho = 0{,}9168$ g/cm^3. Es ist damit bedeutend leichter als Wasser bei 0°C ($\rho = 0{,}9998$ g/cm^3). Das Schmelzen des Eises ist stets mit einer Volumenkontraktion verbunden. Sie erstreckt sich beim Erwärmen des flüssigen Wassers bis zu einer Temperatur von 4°C (Abb. 6.3).

Bei 4°C besitzt das Wasser mit $\rho = 1{,}0000$ g/cm^3 seine höchste Dichte und demzufolge sein geringstes Volumen.

Beim Schmelzen bricht die weiträumige Struktur des Eises durch den thermischen Abbau der H-Brückenbindungen zusammen. Man geht davon aus, dass während des Schmelzvorganges zunächst ca. 15% der H-Brücken gelöst werden. Die mit dem Abbau der Wasserstoffbrücken verbundene Zunahme der Packungsdichte überwiegt die thermische Ausdehnung allerdings nur bis zum Dichtemaximum von 4°C. Weitere Temperaturerhöhung führt zu einem fortschreitenden Abbau der Cluster. Das Wasser beginnt sich wie jede Flüssigkeit beim Erwärmen auszudehnen, wobei seine Dichte stetig abnimmt. Flüssiges Wasser besteht aus flexiblen, ungeordneten Molekülaggregaten unterschiedlicher Größe (2...1000 Moleküle). Da die H-Brückenbindungen relativ schwach sind, wandeln sich die Aggregate ständig ineinander um. Dabei wechseln die H-Atome auch die Sauerstoffpartner.

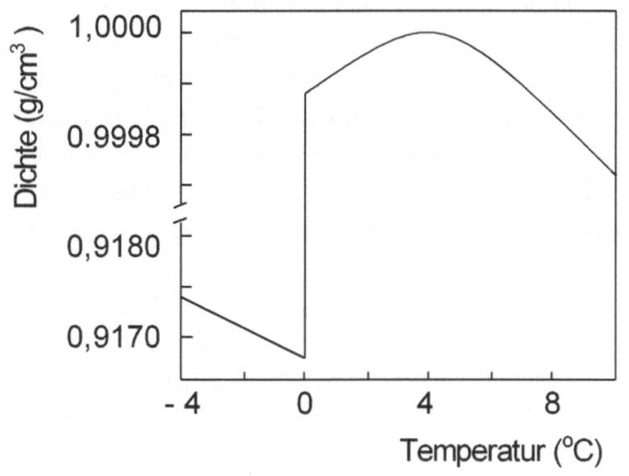

Abbildung 6.3

Dichte von Eis und flüssigem Wasser in Abhängigkeit von der Temperatur (verschiedene Ordinatenmaßstäbe)

Der vollständige Abbau der H-Brücken ist am Siedepunkt beendet, wenn die Wassermoleküle in die Gasphase übergehen. Im Wasserdampf liegen jedoch nicht nur isolierte H_2O-

Moleküle vor. Untersuchungen der letzten Jahre zeigten, dass sich auch in der Gasphase dimere bis hexamere Strukturen ausbilden können [AC 1, 2].

Die Dichteanomalie bildet die Ursache für die thermische Schichtung in Gewässern. Beim Abkühlen sinkt kaltes Wasser nach unten und wärmeres steigt auf. Das Wasser größter Dichte sammelt sich somit am Boden an. Sowohl im Sommer als auch im Winter hat das Wasser eines nicht zu flachen Sees am Boden eine Temperatur von 4°C. Darüber liegen im Sommer Wasserschichten, die wärmer sind als 4°C, und im Winter solche, die kälter sind als 4°C. In beiden Fällen sind die aufliegenden Schichten von geringerer Dichte. Sinken die Außentemperaturen unter 0°C ab, friert der See zunächst an der Oberfläche zu. Die Wärmeleitfähigkeit des Wassers (Kap. 6.2.2.5) ist mit einem Wert von 0,59 W/m·K zu gering, um die Minustemperaturen bis zum Gewässerboden zu „transportieren". Damit bleibt die Temperatur von 4°C am Boden erhalten und gewährleistet einen natürlichen Schutz des tierischen und pflanzlichen Lebens im Wasser.

Die Temperatur des Dichtemaximums sinkt mit zunehmendem Salzgehalt des Wassers um 0,2°C pro 1‰ Salzgehalt. Meerwasser mit einem mittleren Salzgehalt von 3,5% besitzt ein Dichtemaximum bei -3,5°C, gefriert aber bereits bei -1,9°C.

Wasser dehnt sich beim Gefrieren um ca. 9% aus. Diese Volumenausdehnung ist die Ursache für Gefügesprengungen von Bauteilen (**Frostangriff**). Temperaturen unterhalb des Gefrierpunktes lassen das Wassers im durchfeuchteten Beton gefrieren. Dabei baut sich ein Kristallisationsdruck auf, der zu Abplatzungen an der Betonoberfläche und zu Zerstörungen des Betongefüges führen kann. Die Frostschäden durch den im Umgangssprachgebrauch häufig als „Ausfrieren" bezeichneten natürlichen Vorgang sind allein in der BRD mit mehreren hundert Millionen Euro pro Jahr zu beziffern.

6.2.2.2   Oberflächenspannung – Benetzung – Kapillarität

Jede Flüssigkeit neigt dazu, ihre Oberfläche möglichst klein zu halten. Wirken keine äußeren Kräfte (z.B. Wechselwirkung mit einer festen Oberfläche), so nimmt eine Flüssigkeit Kugelgestalt an, da die Kugel bei einem gegebenen Volumen der Körper mit der kleinsten Oberfläche ist. Die Oberfläche des Flüssigkeitstropfens verhält sich ähnlich wie eine gespannte, elastische Membran. Das Bestreben zur Ausbildung kleinster Oberflächen lässt sich auf der Grundlage der den inneren Zusammenhalt der Flüssigkeit bewirkenden intermolekularen Kräfte (**Kohäsionskräfte**) erklären. Im Inneren der Flüssigkeit wird ein Molekül von allen benachbarten Molekülen gleich stark angezogen (Abb. 6.4). Dadurch kompensieren sich die auf das Molekül wirkenden Anziehungskräfte im zeitlichen Mittel, die Resultierende ist null.
Dagegen sind die Wechselwirkungskräfte zwischen einem Teilchen an der Flüssigkeitsoberfläche - es handelt sich um eine dünne Oberflächenschicht, deren Dicke etwa der molekularen Wirkungssphäre von $10^{-8}...10^{-9}$ m entspricht - und einem Gasteilchen weitgehend vernachlässigbar. Die Moleküle an der Flüssigkeitsoberfläche besitzen weniger Nachbarmoleküle als diejenigen im Flüssigkeitsinneren. Damit fehlt diesen Molekülen die anziehende Wirkung eines Teils der Nachbarteilchen. Es bildet sich eine resultierende Zugkraft ins Innere der Flüssigkeit aus, die als **Binnen- oder Kohäsionsdruck** bezeichnet wird.

Abbildung 6.4

Schematische Darstellung der intermolekularen Wechselwirkungskräfte im Inneren und an der Oberfläche einer Flüssigkeit

Soll die Oberfläche vergrößert werden, muss gegen die ins Innere gerichtete resultierende Zugkraft Arbeit geleistet werden. Die Oberflächenenergie muss erhöht werden.

Die Oberflächenspannung σ ist der Quotient aus der zur Vergrößerung der Oberfläche notwendigen Arbeit ΔW ($N \cdot m$ bzw. J) und der Flächenzunahme ΔA (m^2):

$$\sigma = \Delta W / \Delta A$$

Die *Einheit* der Oberflächenspannung ist N/m bzw. mN/m (= 10^{-3} N/m). Die Oberflächenspannung von Wasser ist mit einem Wert von 72,9 mN/m (20°C) etwa dreimal so groß wie die der meisten anderen Flüssigkeiten, z.B. Ethanol 22,4 mN/m, n-Hexan 18,40 mN/m. Sie ist eine unmittelbare Folge der Wasserstoffbrückenbindungen zwischen den H_2O-Molekülen. Mit ansteigender Temperatur nimmt die Oberflächenspannung ab, da die schnelleren Molekülbewegungen den intermolekularen Bindungskräften entgegenwirken. Die außergewöhnlich hohe Oberflächenspannung des Quecksilbers kann auf die metallische Bindung zwischen den Hg-Atomen zurückgeführt werden. Tab. 6.2 enthält die Werte für die Oberflächenspannung einiger ausgewählter Flüssigkeiten.

Substanz	Formel	Oberflächenspannung (10^{-3} N/m)
Quecksilber	Hg	486,5
Wasser (20°C)	H_2O	72,9
Ethanol	C_2H_5OH	22,4
Benzol	C_6H_6	28,9

Tabelle 6.2

Oberflächenspannung einiger ausgewählter flüssiger Substanzen gegen Luft (20°C)

Die experimentelle Bestimmung der Oberflächenspannung erfolgt im Praktikumsversuch mittels Bügelmethode. Man benutzt einen U-förmigen Drahtbügel mit einer verschiebbaren Brücke (Abb. 6.5).

Der Drahtbügel wird senkrecht in eine Seifenlauge getaucht. Danach wird der Bügel langsam herausgezogen, so dass sich eine Flüssigkeitshaut bildet. Vernachlässigt man die Ränder und beachtet, dass die Haut zwei Seiten besitzt, kommt man auf eine Gesamtfläche $A = 2\,l\,s$. Nun zieht man den Bügel um ein kleines Stück (Δs) heraus. Um auf diese Weise die Oberfläche zu vergrößern, muss Arbeit geleistet werden. Entsprechend der Definition von Arbeit als Kraft mal Fläche $\Delta W = F\,\Delta s$ folgt für die Oberflächenspannung (Gl. 6-2).

$$\sigma = \frac{\Delta W}{\Delta A} = \frac{F \cdot \Delta s}{2l \cdot \Delta s} = \frac{F}{2l} \quad \text{(Einheiten: J/m}^2 = \text{N/m)} \tag{6-2}$$

Die Oberflächenspannung ist die auf die Länge (l) der Randlinie bezogene Kraft. Oberflächenspannung und spezifische Oberflächenenergie sind dimensionsgleich. In Tabellen ist es üblich, Oberflächenspannungen in der Einheit 10^{-3} N/m anzugeben (Tab. 6.2), da Millinewton pro m sich mit der früher verwendeten Einheit dyn/cm deckt.

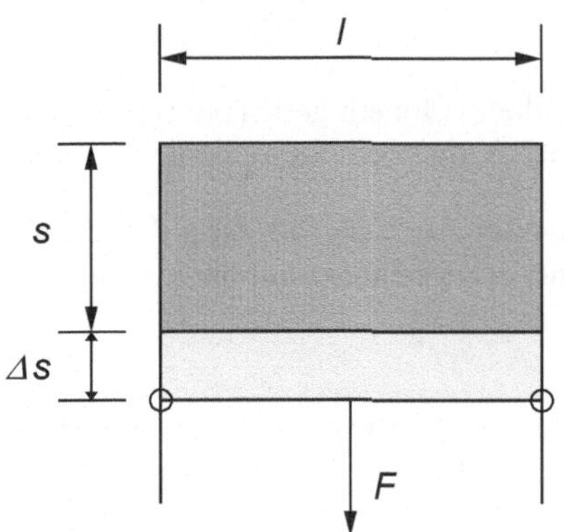

Abb. 6.5

Bügelexperiment zur Bestimmung der Oberflächenspannung

Benetzung. Unter der Benetzung versteht man die Ausbreitung einer Flüssigkeit auf einer festen Oberfläche. Das Ausmaß der Benetzung hängt von der Stärke der sich ausbildenden *Adhäsionskräfte* ab. Sind in der Grenzschicht Festkörper/Flüssigkeit die Adhäsionskräfte zwischen den Molekülen des Festkörpers und der Flüssigkeit *sehr* viel größer als die *Kohäsionskräfte* zwischen den Flüssigkeitsmolekülen, breitet sich die Flüssigkeit auf der Oberfläche des festen Körpers aus. Überwiegen die Kohäsionskräfte, zieht sich die Flüssigkeit zu mehr oder weniger flachen Tropfen zusammen. Zum Beispiel bilden sich beim Kontakt von *polaren Stoffen*, z.B. mineralischen Baustoffen und Glas, mit polarem Wasser infolge Ion-Dipol- bzw. Dipol-Dipol-Anziehung starke Adhäsionskräfte aus und die Oberfläche wird intensiv benetzt. Dagegen sind beim Kontakt von Wasser mit *unpolaren Stoffen* wie etwa Kunststoffen die Adhäsionskräfte im Vergleich zu den Kohäsionskräften vernachlässigbar klein. In diesem Fall ist die Benetzung gering.

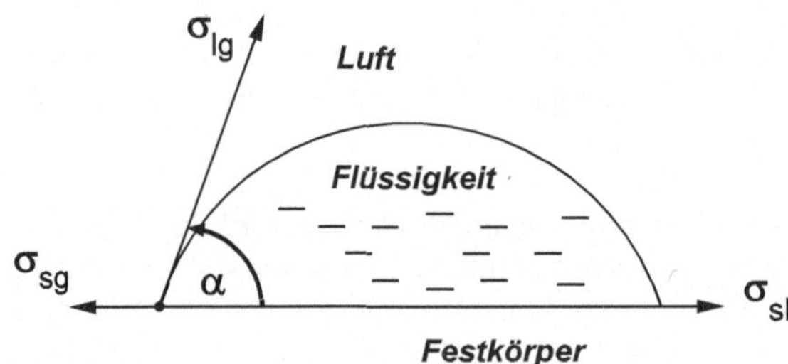

Abbildung 6.6 Benetzung einer festen Oberfläche

Ein Maß für die Benetzbarkeit einer Oberfläche ist der **Kontakt-** oder **Randwinkel** α eines auf der Oberfläche aufsitzenden Wassertropfens (Abb. 6.6). α ist der Winkel zwischen der Festkörperoberfläche und der Tangente an einem darauf ruhenden Wassertropfen an den

Phasengrenzen Wasser/Festkörper/Luft. In der Regel wird bei Kontaktwinkeln < 90° von **hydrophilen** (*wasserliebenden*) und bei Winkeln > 90° von **hydrophoben** (wasserabstoßenden) Oberflächen gesprochen. Metalloberflächen sowie Glas- und Keramikoberflächen zeigen hydrophiles Verhalten mit einer guten Benetzung. Wachse, Silicone und Teflon weisen dagegen hydrophobe Oberflächen mit einer schlechten Benetzung auf. Anorganische Baustoffoberflächen sind meist hydrophil.

Youngsche Gleichung. Bringt man einen Flüssigkeitstropfen auf eine Festkörperoberfläche, so bildet sich neben den beiden vorhandenen Grenzflächen l/g (flüssig-gasförmig) und s/g (fest-gasförmig) eine neue Grenzfläche s/l (fest-flüssig) aus (Abkürzungen: **s** solidus, fest; **l** liquidus, flüssig; **g** gaseous, gasförmig). Den Zusammenhang zwischen den drei wirksamen Grenzflächenspannungen σ_{lg} (Oberflächenspannung im engeren Sinne), σ_{sl}, σ_{sg} und dem Randwinkel α gibt die Youngsche Gleichung wieder (6-3).

$$\sigma_{sg} - \sigma_{sl} = \sigma_{lg} \cdot \cos \alpha \qquad \textit{Youngsche Gleichung} \qquad (6\text{-}3)$$

Der Randwinkel bestimmt die Größe der Kontaktfläche fest-flüssig. Für den Fall $\sigma_{sl} + \sigma_{lg} = \sigma_{sg}$ ist der Kontaktwinkel α null (cos 0° = 1), die Oberfläche wird vollständig benetzt. Die Wassertropfen spreiten, d.h. sie fließen zu einem dünnen monomolekularen Film auseinander. Dagegen bedeutet ein Kontaktwinkel von 180° vollständige Unbenetzbarkeit. Die Wassertropfen nehmen die Idealgestalt kleiner Kügelchen an und die Oberfläche bleibt trocken. Beide Grenzfälle kommen in der Natur nicht vor.

$\Rightarrow$ **Eine Erniedrigung der Oberflächenspannung** σ_{lg} und damit des Randwinkels erreicht man durch grenzflächenaktive Stoffe (Tenside, Kap. 6.2.2.3). Sie erhöhen die Benetzbarkeit und finden im Bauwesen als Betonverflüssiger, Fließmittel oder Luftporenbildner Anwendung (Kap. 9.3.4).

$\Rightarrow$ **Eine Erhöhung der Grenzflächenspannung** σ_{sl} - was gleichbedeutend mit einer Vergrößerung des Randwinkels ist - kann durch chemische Modifizierung der Oberfläche bewirkt werden, z.B. Behandlung der Oberfläche mit Silanen/Siliconen (Hydrophobierung, Kap. 10.4.5.1). Durch Hydrophobierung werden hydrophile Oberflächen wasserabweisend.

Kapillarität. Die starken Adhäsionskräfte zwischen Wasser und der inneren Oberfläche von engen Röhren (*Kapillaren*) bilden die Ursache der sogenannten Kapillarität. Durch eine Benetzung der Innenfläche der Kapillaren wird die Oberfläche vergrößert. Die hohe Oberflächenspannung des Wassers wirkt der Vergrößerung der Oberfläche entgegen, folglich steigt der Meniskus unter Verringerung der Gesamtoberfläche an. Die benetzende Flüssigkeit wird in der Kapillare nach oben gezogen. Die nötige Energie resultiert aus der Wechselwirkung der Flüssigkeit mit der Kapillarwand.

Betrachten wird das Wechselspiel zwischen Kohäsions- und Adhäsionskräften in flüssigkeitsgefüllten, engen Röhren etwas näher (Abb. 6.7). Im Fall a) *wassergefüllte Kapillare* sind die Adhäsionskräfte zwischen Glaswand und Wasser stärker als die Kohäsionskräfte des Wassers. Es bildet sich eine **konkave** (nach innen gewölbte) **Oberfläche** aus, da das Wasser bestrebt ist, soviel wie möglich von der Festkörperoberfläche zu benetzen (Kapillaraszension). Eine gekrümmte Flüssigkeitsoberfläche in einem engen Rohr wird als Meniskus (*griech.* kleiner Mond) bezeichnet. Dagegen ist der Meniskus von Quecksilber in einem Glasrohr **konvex** (nach außen gewölbt). Die Kohäsionskräfte im Quecksilber sind viel stärker als die Adhäsionskräfte zwischen dem flüssigen Metall und der Glaswand. (Abb. 6.7b).

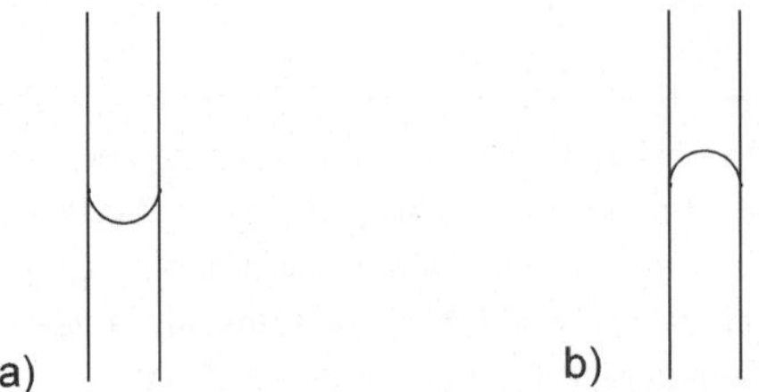

Abbildung 6.7   Wechselspiel zwischen Adhäsions- und Kohäsionskräften in engen Röhren
a) konkave Oberfläche, b) konvexe Oberfläche

Eine Flüssigkeit kann nur solange in einer Kapillare aufsteigen, solange der Gesamtprozess mit einem Gewinn an potentieller Energie verbunden ist. Die zuletzt erreichte Höhe h der Flüssigkeit ist proportional zur Oberflächenspannung σ und umgekehrt proportional zur Dichte ρ und zum Radius r des Kapillarrohres.

$$h = \frac{2 \cdot \sigma}{\rho \cdot r \cdot g} \qquad g = \text{Erdbeschleunigung } 9{,}81 \text{ m/s}^2 \qquad\qquad (6\text{-}4)$$

Aus Beziehung (6-4) folgt, dass Flüssigkeiten in Röhren geringeren Durchmessers höher steigen als in weniger engen Röhren. Beispielsweise steigt das Wasser in einer Kapillare mit einem Durchmesser von 1 mm bis zu einer Höhe $h = 3$ cm, bei einem Kapillardurchmesser von 0,01 mm beträgt die Steighöhe bereits 3 m. Die Praxis zeigt jedoch, dass die nach Gl. (6-4) berechneten Steighöhen in der Regel zu hoch liegen.

Das **kapillare Steigvermögen** spielt im Bauwesen eine wichtige Rolle, da mit Ausnahme von dichten, wenig porösen Natursteinen alle silicatischen Baustoffe Kapillaren, Poren oder Kavernen besitzen. Dadurch kann sich das Mauerwerk, der Mörtel oder der Beton, wenn sie in Kontakt mit durchfeuchtetem Boden stehen, bis in höhere Schichten mit Feuchtigkeit durchziehen. Voraussetzung ist, dass Kapillaren mit einem entsprechend geringen Durchmesser in vertikaler Richtung untereinander in Verbindung stehen. Grobporige Baustoffe sind aufgrund großer Poren von vornherein nicht **kapillaraktiv**.

Die im technischen Bereich häufig verwendeten Begriffe Kohäsions- und Adhäsionskräfte gehören hinsichtlich ihrer physikalisch-chemischen Natur zur Gruppe der intermolekularen Wechselwirkungskräfte (Kap. 3.4). In Abb. 6.7c ist der Zusammenhang zwischen intermolekularen Wechselwirkungskräften und Kohäsions- bzw. Adhäsionskräften gezeigt.

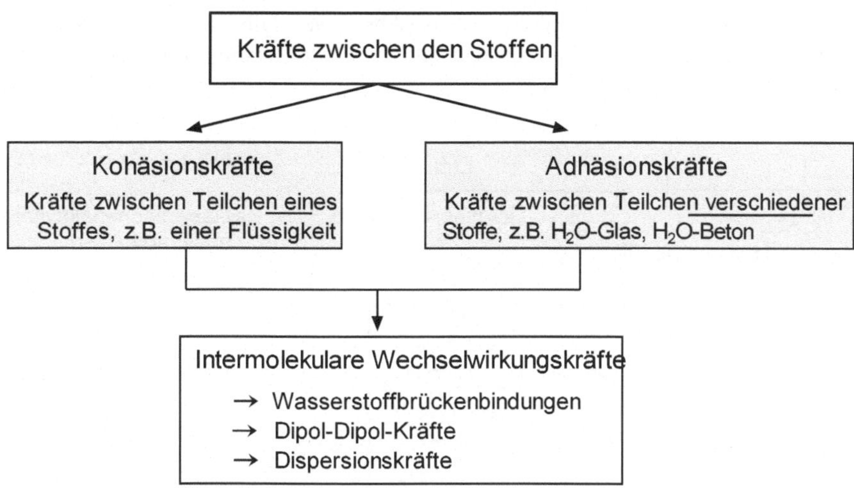

Abbildung 6.7c   Kräfte zwischen den Stoffen

6.2.2.3   Grenzflächenaktive Verbindungen: Tenside

Tenside (*lat.* tensio Spannung) sind Substanzen, die das Bestreben besitzen, sich bevorzugt an der Grenzfläche zweier nicht mischbarer Phasen (gasförmig-flüssig, flüssig-flüssig, flüssig-fest) anzulagern. Sie werden deshalb als **grenzflächenaktive Stoffe** bezeichnet. Die Grenzflächenaktivität resultiert aus ihrem besonderen chemischen Aufbau. Tensidmoleküle enthalten einen unpolaren hydrophoben und einen polaren hydrophilen Teil. Der hydrophobe Teil besteht aus langkettigen Kohlenwasserstoffresten, der hydrophile Teil meist aus Carboxylat($-COO^-$)- oder Sulfonat($-SO_3^-$)-Gruppen. Klassische Beispiele für Tenside sind die Seifen (Abb. 6.8). Das Seifenmolekül ist ein anionisches Tensid, d.h. die hydrophile Kopfgruppe ist anionisch $-COO^-$. Es gibt eine große Gruppe weiterer Tenside, z.B. kationische Tenside mit einer kationischen Kopfgruppe ($-NR_4^+$) oder nicht ionische Tenside, bei denen die Polarität des hydrophilen Rests auf Elektronegativitätsdifferenzen etwa zwischen O und C beruht. Beispiele sind die Polyether mit der polaren Gruppe $-O-R$.

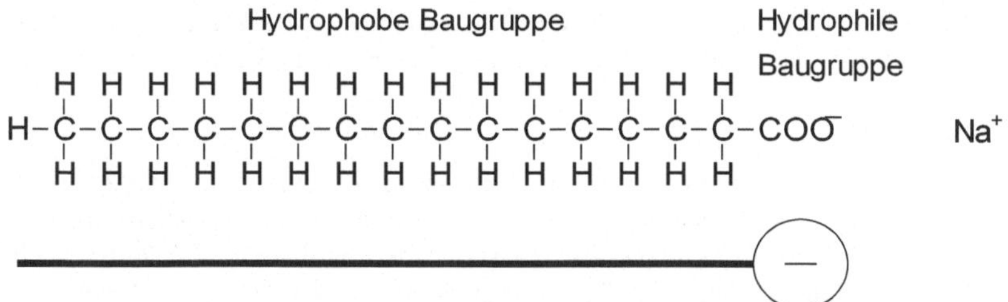

Abbildung 6.8   Schematischer Aufbau eines Tensidmoleküls (Natriumpalmitat)

In einer wässrigen Tensidlösung richten sich die Tensidmoleküle aufgrund ihrer spezifischen Struktur an der Oberfläche aus: Die hydrophile Gruppe wird ins Wasser hineingezogen und die hydrophobe Kohlenwasserstoffkette aus dem Wasser herausgedrängt. Es bildet sich eine monomolekulare Tensidschicht aus (Abb. 6.9a). Die Anziehungskräfte zwischen den Wassermolekülen werden geschwächt und die *Oberflächenspannung* des Wassers gesenkt.

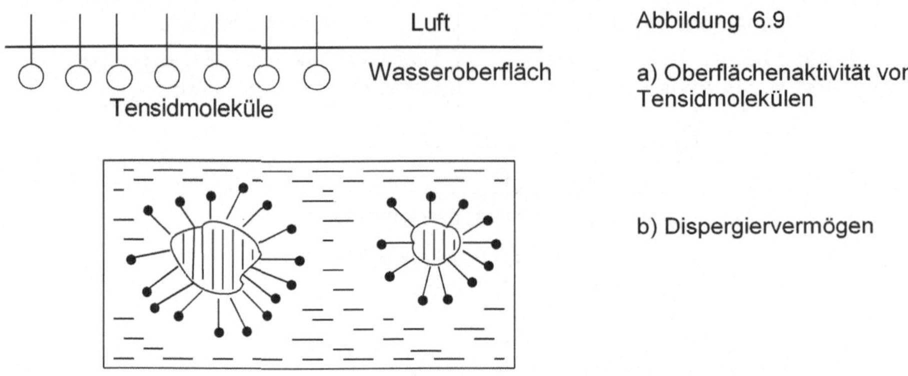

Abbildung 6.9

a) Oberflächenaktivität von Tensidmolekülen

b) Dispergiervermögen

Nach der Ausbildung der monomolekularen Oberflächenschicht dringen die Tensidmoleküle in das Innere der Lösung vor. Dort lagern sie sich zu **Micellen** zusammen. Darunter versteht man Teilchenverbände unterschiedlicher Form (meist Kugelform) aus 50 bis 1000 Tensidmolekülen. Die unpolaren Kohlenwasserstoffreste zeigen nach innen und bilden den Micellkern, während die polaren, hydrophilen Gruppen eine hydratisierte äußere Grenzschicht ausbilden. In unpolaren Lösungsmitteln wie Kohlenwasserstoffen ändern die Tensidmoleküle ihre Orientierung. Die unpolaren Molekülteile sind hier nach außen gerichtet. In diesem Fall spricht man von *inversen Micellen*.

Tenside setzen aufgrund ihrer grenzflächenaktiven Eigenschaften die Oberflächenspannung des Wassers herab und verbessern die Benetzbarkeit der Oberfläche fester Stoffe. Darüber hinaus sind sie in der Lage, dispergierte Teilchen in einem Lösungsmittel (Dispersionsmittel) zu stabilisieren („in Lösung zu halten", Abb. 6.9b). Wegen dieser besonderen Eigenschaften werden die Tenside im praktischen Gebrauch als *Detergentien*, *Netz-* oder *Dispergiermittel* und als *Emulgatoren* bezeichnet. Im Bauwesen finden Tenside als Betonzusatzmittel, in Bitumenemulsionen und in Kunststoffdispersionen Verwendung.

6.2.2.4   Viskosität

Die Viskosität (auch: innere Reibung) beschreibt die Fähigkeit einer Flüssigkeit zu fließen. Je höher die Viskosität, umso langsamer fließt die Flüssigkeit. Die Viskosität wird im Wesentlichen durch die Wechselwirkungskräfte zwischen den Molekülen der Flüssigkeit bestimmt. Je stärker sie sind, umso größer ist die Viskosität. Treten Wasserstoffbrücken zwischen den Molekülen auf, werden besonders hohe Viskositätswerte gemessen.

Die Viskosität wird physikalisch durch den Reibungswiderstand bei gegenseitiger Verschiebung parallel liegender Schichten definiert. Die **dynamische Viskosität** η entspricht der Kraft, die erforderlich ist, um zwei gleich große Schichten A und B, die durch den zu betrachtenden Stoff voneinander getrennt sind, gegeneinander zu verschieben. Die zugehörige Einheit ist mPa·s.

Aufgrund der vorhandenen Wasserstoffbrückenbindungen besitzt Wasser eine höhere Viskosität (η = 1,002 mPa·s) als etwa Tetrachlorkohlenstoff CCl_4 (η = 0,969 mPa·s) oder Benzol C_6H_6 (η = 0,647 mPa·s); alle Werte bei 20°C. Mit ansteigender Temperatur nimmt die Viskosität des Wassers ab: η(40°C) = 0,656 mPa·s, η(60°C) = 0,469 mPa·s, η(80°C) = 0,355 mPa·s und η(100°C) = 0,282 mPa·s. Die Viskositätsabnahme ist durch den fortschreitenden Abbau des durch die Wasserstoffbrücken bewirkten Netzwerkes und die zunehmende thermische Bewegung der H_2O-Moleküle bedingt. Bei Ölen (z.B. Schweröl) rührt die hohe Viskosität vor allem von den Dispersionskräften zwischen den Molekülen und der Verknäuelung der langen Kohlenwasserstoffketten her.

Amorphe Stoffe (Kap. 3.5) wie Glas, Pech oder Siegellack werden in der Regel dem festen Aggregatzustand zugeordnet. Deformierenden Kräften gegenüber verhalten sie sich wie Flüssigkeiten extrem hoher Viskosität. Damit befinden sie sich an der Grenzlinie zwischen dem festen und dem flüssigen Zustand.

6.2.2.5   Wärmeleitfähigkeit und spezifische Wärmekapazität

Wasser besitzt die größte **Wärmeleitfähigkeit** aller Flüssigkeiten (Ausnahme: Quecksilber). Im Vergleich zu Metallen wie Cu (394 W/m·K), Al (230 W/m·K) und Fe (73,3 W/m·K) ist ihr Wert von 0,59 W/m·K aber eher gering (alle Werte bei 20°C). Der Wassergehalt der im Bauwesen verwendeten Wärmedämmstoffe sollte niedrig gehalten werden, da Wasser und Wasserdampf die Wärmedämmung verringern. Sie erhöhen den Wärmedurchgangskoeffizienten und erniedrigen den Wärmedurchgangswiderstand insbesondere von polaren anorganischen Baustoffen. Die Wärmeleitfähigkeit der Luft besitzt einen Wert von 0,025 W/m·K (Kap. 5.2).

Nach Ammoniak NH_3 und flüssigem Wasserstoff hat Wasser die höchste **Wärmekapazität**. Wasser verbraucht eine relativ hohe Wärmemenge zur Erwärmung und gibt bei Abkühlung einen entsprechend hohen Betrag an Wärmeenergie wieder ab. Damit ist Wasser in der Lage, große Wärmemengen bei nur geringen Temperaturdifferenzen zu speichern und extreme Temperaturschwankungen abzupuffern. Da die Wärmekapazität eine extensive Größe ist, wird die *spezifische Wärmekapazität* (früher auch: spezifische Wärme) angegeben. Darunter versteht man die Wärme, die notwendig ist, um ein Gramm eines Stoffes um 1 K zu erwärmen. Die spezifische Wärmekapazität des Wassers beträgt 4,18 J/g·K. Zum Vergleich: Ethanol 2,42; Polyethylen 2,3; Luft 1,01; Granit 0,80; rostfreier Stahl 0,51; Messing 0,37; alle Werte in J/g·K, bei 20°C.

Die hohe Wärmekapazität und Verdampfungsenthalpie des Wassers gilt es bei der Austrocknung feuchter, kalter Innen- und Fassadenwände zu beachten. Neben der erforderlichen Wärmeenergie müssen Luftbewegungen garantiert sein (z.B. offene Fenster und Türen, Luftumwälzanlagen), um ein Dampfdruckgefälle zwischen dem Wasserdampf-Partialdruck über der Wandoberfläche und der Umgebungsluft zu gewährleisten.

6.2.3   Dampfdruck

6.2.3.1   Dampfdruck reiner Flüssigkeiten – Phasendiagramme

Nicht alle Moleküle einer Flüssigkeit bewegen sich mit der gleichen Geschwindigkeit. Zwar bewegen sie sich umso schneller, je höher die Temperatur ist, ihre Geschwindigkeiten sind jedoch nie einheitlich, sondern liegen in einem für jede Temperatur typischen Bereich. Wenn Moleküle zusammenstoßen, ergeben sich zwei Möglichkeiten: Entweder sie nehmen Energie auf und werden schneller oder sie geben welche ab und bewegen sich nach dem Zusammenstoß mit geringerer Geschwindigkeit. Statistisch gesehen wird in der Lösung eine Geschwindigkeitsverteilung (*Boltzmannsche Energieverteilung*, Kap. 4.3.3) realisiert.

Für jede Temperatur T gibt es in einer Flüssigkeit Moleküle, die eine derart hohe Energie besitzen, dass sie die Anziehungskräfte des Flüssigkeitsverbandes überwinden und in den Gasraum über der Flüssigkeitsoberfläche eintreten. Die Anzahl dieser Moleküle erhöht sich mit steigender Temperatur.

Auch unter den Molekülen der Gasphase stellt sich eine bestimmte Geschwindigkeits- bzw. Energieverteilung ein. Gasmoleküle, die sich langsamer bewegen, werden wieder eingefangen, wenn sie der Flüssigkeitsoberfläche zu nahe kommen (Abb. 6.10). Die Wahrscheinlichkeit des Einfangens der Moleküle aus der Gasphase nimmt mit deren Konzentration im Gasraum zu. Nach einer bestimmten Zeit stellt sich ein Gleichgewichtszustand ein. Die Anzahl der aus- und der eintretenden Moleküle ist pro Zeiteinheit gleich (**dynamisches Gleichgewicht**). Oder anders ausgedrückt: Die Prozesse des Verdampfens und des Kondensierens laufen mit gleicher Geschwindigkeit ab. Die Konzentration der Moleküle im Dampf und damit der Druck bleiben konstant.

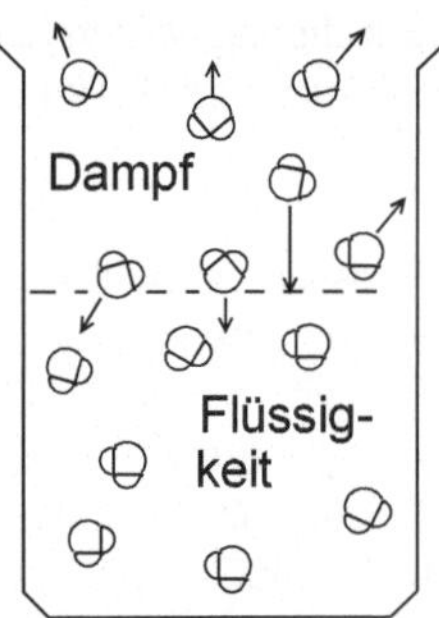

Abbildung 6.10

Dynamisches Gleichgewicht zwischen den Wassermolekülen der Flüssigkeit und des Dampfes

Der Druck, der sich in einem *geschlossenen*, teilweise mit einer Flüssigkeit gefüllten Behälter bei einer bestimmten Temperatur T über der Flüssigkeit einstellt, wird **Sättigungsdampfdruck** (kurz: **Dampfdruck**) genannt.

> **Der Druck des Dampfes, der sich bei einer gegebenen Temperatur in einem geschlossenen Gefäß einstellt, wenn sich flüssige Phase und Gasphase im dynamischen Gleichgewicht befinden, wird Dampfdruck genannt.**

Der Dampfdruck ist ein Maß für die Flüchtigkeit einer Substanz. Für reine Stoffe ist er eine nur von der Art des Stoffes und der Temperatur abhängige Größe. Mit steigender Temperatur erhöht sich der Dampfdruck (Tab. 6.3).

Tempe- ratur (°C)	Dampfdruck (mbar)	Tempe- ratur (°C)	Dampfdruck (mbar)
0	5,97	50	123,35
10	12,28	60	199,17
20	23,39	70	316,6
25	31,68	80	473,5
30	42,43	90	701,1
40	73,76	100	1013,15

Tabelle 6.3

Dampfdruck des Wassers

In einem *offenen* Gefäß findet bereits bei Raumtemperatur eine vollständige Verdunstung der Flüssigkeit statt. Da der Dampf von der Flüssigkeit wegströmt, kann sich das beschriebene dynamische Gleichgewicht aufgrund zu geringer Kondensationsgeschwindigkeit nicht einstellen. Bei Temperaturerhöhung beschleunigt sich der Vorgang des Verdunstens, es verlassen immer mehr Moleküle pro Zeiteinheit die Flüssigkeit. Je höher der Dampfdruck einer Flüssigkeit ($\rightarrow$ Benzin, Ether), umso schneller verdunstet sie. Erreicht der Dampfdruck der gasförmigen Moleküle über der Flüssigkeitsoberfläche den Wert des Atmosphärendrucks, siedet die Flüssigkeit.

Die Temperatur, bei der der Dampfdruck einer Flüssigkeit den Wert des äußeren Atmosphärendrucks erreicht hat, bezeichnet man als Siedepunkt der Flüssigkeit.

Der Dampfdruck des Wassers ist mit einem Wert von 31,7 mbar im Vergleich zu anderen Lösungsmitteln, z.B. Ethanol: 87,5 mbar, Benzol: 126,1 mbar und Methanol: 163,6 mbar (25°C), relativ gering, was wiederum mit den hohen Kohäsionskräften in der flüssigen Phase zu erklären ist.

Den direkten Übergang eines festen Stoffes in den Gaszustand unter Umgehung der flüssigen Phase nennt man **Sublimation** (Umkehrung: *Resublimation*). Genau wie bei Flüssigkeiten kann sich auch bei einem Festkörper ein dynamisches Gleichgewicht mit seinem Dampf ausbilden, dessen Lage wiederum nur von der Temperatur abhängt. Der Druck, der sich beim Verdampfen (Sublimieren) in einem evakuierten Gefäß einstellt, wird als Sublimationsdampfdruck (kurz: **Sublimationsdruck**) bezeichnet. Festes Kohlendioxid („Trockeneis"), elementares Iod und einige organische Substanzen, wie z.B. p-Dichlorbenzol (Bestandteil von Mottenkugeln), gehören zu den leicht sublimierbaren Stoffen. Für die meisten Festkörper sind die Sublimationsdrücke sehr klein, was mit den deutlich stärkeren Anziehungskräften zwischen den Teilchen im Festkörper zu erklären ist.

Die Druck- und Temperaturbedingungen, unter denen die gasförmige, die flüssige und die feste Phase einer Substanz existieren, können graphisch in einem **Phasendiagramm (Zustandsdiagramm)** dargestellt werden. Abb. 6.11 zeigt das Zustandsdiagramm von H_2O (Phasen: Eis/flüssiges Wasser/Wasserdampf). Die Linien, die die einzelnen Phasen des Diagramms voneinander abgrenzen, heißen Phasengrenzen. Die Grenzlinie T_pC trennt die Existenzbereiche des festen und flüssigen Wassers voneinander (**Schmelzdruckkurve**). Ein Punkt auf dieser Phasengrenze gibt die Druck- und Temperaturbedingungen an, unter denen Eis und Wasser im dynamischen Gleichgewicht vorliegen. Der Kurvenabschnitt AT_p

entspricht der **Sublimationsdruckkurve** des Eises. Sie bildet die Phasengrenze zwischen dem festen und dem gasförmigen Bereich. Schließlich stellt T_pB die Grenzlinie zwischen der flüssigen und der gasförmigen Phase dar. Sie ist deshalb gleichzeitig die **Dampfdruckkurve** der Flüssigkeit (auch: Siedekurve). Im **Tripelpunkt** (T_p) treffen sich die drei Grenzlinien. Der Tripelpunkt des Wassers liegt bei 6,1 mbar und +0,0098°C. Nur unter diesen besonderen Bedingungen können die drei Phasen Eis, flüssiges Wasser und Wasserdampf im dynamischen Gleichgewicht nebeneinander vorliegen.

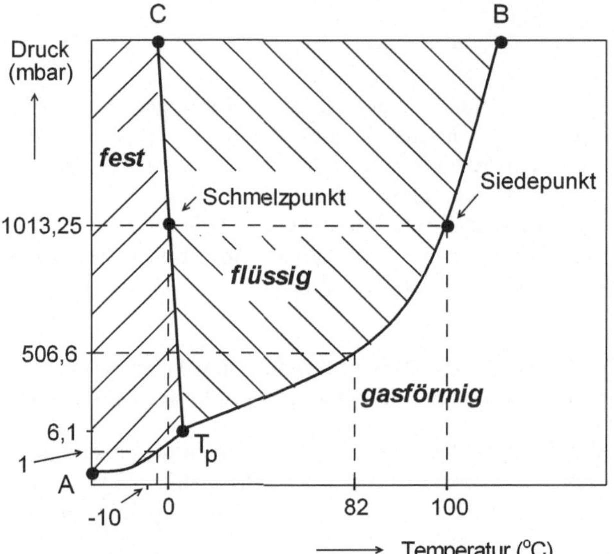

Abbildung 6.11

Phasendiagramm des Wassers (nicht maßstabsgerecht)

Bei sehr hohen Dampfdrücken erreichen Dampf und Flüssigkeit die gleiche Dichte. Der Punkt, wo Dampf und Flüssigkeit eine einheitliche Phase bilden und an dem die Dampfdruckkurve ihren Endpunkt besitzt, heißt **kritischer Punkt**. Die zugehörige Temperatur bezeichnet man als kritische Temperatur T_K und den zugehörigen Druck als kritischen Druck p_K. Der kritische Punkt des Wasser liegt bei $p_K = 218$ bar und $T_K = 374{,}15$°C. Er ist in Abb. 6.11 nicht dargestellt.

Die Schmelzdruckkurven der meisten Stoffe besitzen einen positiven Anstieg. Wasser bildet diesbezüglich eine Ausnahme. Die Neigung von T_pC bedeutet ein Absinken des Schmelzpunkts mit steigendem Druck (z.B. Schmelzen des Eises unter dem Druck eines Schlittschuhs). Ein negativer Anstieg der Schmelzdruckkurve beschreibt die seltene, bei Wasser anzutreffende Situation, dass sich ein Stoff beim Gefrieren ausdehnt. Bei 0°C nimmt 1 Mol Wasser ein Volumen von 18,00 cm³ ein, 1 Mol Eis hingegen ein Volumen von 19,63 cm³ ein (Kap. 6.2.2.1). Das entspricht einer **Volumenvergrößerung von rund 9%**. Eine Druckerhöhung wirkt dieser Volumenausdehnung entgegen, der Gefrierpunkt des Wassers sinkt bei ansteigendem Druck.

Das Zusammenspiel zwischen p, T und den verschiedenen Phasen des Wassers soll an drei ausgewählten Punkten genauer betrachtet werden. Durch Temperaturänderungen bedingte

Phasenumwandlungen bei konstantem Druck kann man im Diagramm entlang einer horizontalen Geraden (gestrichelte horizontale Linien in Abb. 6.11) ablesen. Bei Normaldruck ist Wasser bei -10°C fest, schmilzt bei 0°C (Schmelzpunkt des Eises) und siedet bei 100°C (Siedepunkt des Wassers). Bei einem Druck von 506,6 mbar (halber Normaldruck) ist H_2O bei -10°C ebenfalls fest. Bei einer Temperatur von +0,005°C, also minimal oberhalb des üblichen Schmelzpunktes, geht es in die flüssige Form über und siedet bei +82°C. Betrachtet man schließlich den sehr geringen Druck $p = 1$ mbar, so liegt H_2O bei -10 °C wiederum fest vor, geht beim Erwärmen jedoch direkt in den Dampfzustand über (sublimiert), wenn die gestrichelte Linie die Phasengrenze AT_p schneidet.

Chemische Prozesse unter Beteiligung von Wasser, die bei Temperaturen > 100°C und bei Drücken > 1 bar ablaufen, bezeichnet man als **hydrothermale Prozesse**. Sie werden, da die angewendeten Temperaturen weit über dem Siedepunkt, häufig sogar über dem kritischen Punkt liegen, in Druckgefäßen oder Autoklaven durchgeführt. Wichtige Beispiele sind neben der hydrothermalen Erhärtung von Porenbeton (180...200°C und 8...12 bar) und von Kalksandsteinen (160...220°C, etwa 16 bar, Kap. 9.3.7) die Herstellung großer Kristalle des trigonalen α-Quarzes für die Opto- und Elektronikindustrie.

Die Druckabhängigkeit des Schmelzpunkts des Eises wirkt sich günstig auf das Frostverhalten von Wasser aus, das in die Kapillaren von Baustoffen eingedrungen ist. Durch den hohen Druck, der im Inneren der Kapillaren herrscht, wird die Schmelztemperatur des Eises deutlich abgesenkt (bis ca. -8°C und tiefer). Dadurch können **Frostschäden** infolge Volumenvergrößerung des gefrierenden Kapillarwassers weitgehend ausgeschlossen werden (s. Kap. 9.4.2.2.4).

6.2.3.2 Kolligative Eigenschaften von Lösungen: Gefrierpunktserniedrigung und Siedepunktserhöhung

Einige Eigenschaften von Lösungen sind nur von der Anzahl und nicht von der chemischen Natur der gelösten Teilchen abhängig. Sie werden als **kolligative Eigenschaften** bezeichnet. Der Begriff *kolligativ* steht hier für kollektiv (durch Zusammenwirken entstanden). Zu den kolligativen Eigenschaften gehören insbesondere die von der Erniedrigung des Dampfdrucks abhängigen Veränderungen des Gefrierpunkts (*Gefrierpunktserniedrigung*) und des Siedepunkts (*Siedepunktserhöhung*). Sie sind für die Praxis von erheblichem Interesse.

Dampfdruckerniedrigung. Der Dampfdruck einer Lösung ist immer geringer als der Dampfdruck des reinen Lösungsmittels. Er hängt von der Konzentration der Lösung bzw. des gelösten Stoffes ab. Zum Beispiel besitzt Wasser bei 20°C einen Dampfdruck von 23,39 mbar, eine 20%ige Kaliumnitratlösung dagegen nur einen Dampfdruck von 22,38 mbar. Für den Dampfdruck einer Lösung gilt das *Raoultsche Gesetz*:

Der Dampfdruck der Lösung einer nicht flüchtigen Substanz ist proportional zum Stoffmengenanteil des Lösungsmittels in dieser Lösung.

Man kann schreiben: $\boxed{p = x_{Lm} \cdot p^*}$ (6-5)

p^* Dampfdruck des reinen Lösungsmittels, p Dampfdruck der Lösung,
x_{Lm} Stoffmengenanteil des Lösungsmittels.

Aufgabe:

Welchen Dampfdruck besitzt eine 15%ige Kochsalzlösung bei 20°C? Der Dampfdruck des reinen Wassers bei 20°C beträgt 23,39 mbar (Tab. 6.3).

Eine 15%ige NaCl-Lösung besteht aus 15 g NaCl und 85 g Wasser. Aus n = m/M folgt:

n(NaCl) = 15g / 58,45 g mol^{-1} = 0,26 mol und n(H_2O) = 85g / 18 g mol^{-1} = 4,72 mol. Die Summe der Molzahlen beträgt 4,98. Für den Stoffmengenanteil x_{Lm} = x(H_2O) ergibt sich:

$$x(H_2O) = \frac{n(H_2O)}{n(NaCl)+n(H_2O)} = \frac{4,72\,mol}{4,98\,mol} = 0,948$$

In Gl. (6-5) eingesetzt erhält man: p = 0,948 · 23,39 mbar = 22,17 mbar. Die 15%ige NaCl-Lösung besitzt einen Dampfdruck von 22,17 mbar.

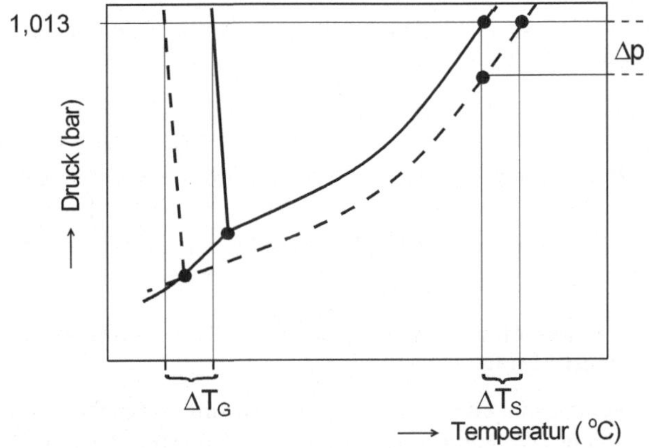

Abbildung 6.12   Dampfdruckkurven von Wasser (durchgezogene Linie) und einer wässrigen Salzlösung (gestrichelte Linie); ΔT$_G$ = Gefrierpunktserniedrigung, ΔT$_S$ = Siedepunktserhöhung; (nicht maßstabsgerecht)

Die Erniedrigung des Dampfdrucks eines Lösungsmittels durch Auflösen einer nicht flüchtigen Substanz kann phänomenologisch wie folgt erklärt werden:
Die gelöste Substanz besetzt einen Teil der Oberfläche und hindert die Lösungsmittelmoleküle daran, aus der Lösung in den Gasraum überzugehen. Die Kondensationsgeschwindigkeit wird nicht beeinflusst, denn ein zurückkehrendes Wassermolekül kann an einer beliebigen Stelle der Oberfläche auftreffen und in den Flüssigkeitsverband eintreten. Abb. 6.12 zeigt die Dampfdruckkurven einer wässrigen Salzlösung im Vergleich zum reinen Lösungsmittel Wasser.

Als Folge der Dampfdruckerniedrigung *Δp* besitzt die Lösung einen höheren Siedepunkt und einen tieferen Gefrierpunkt.

Damit erweitert sich das Gebiet der flüssigen Phase nach beiden Seiten. Voraussetzung ist allerdings, dass nur das Lösungsmittel verdampft bzw. allein auskristallisiert.

Das Ausmaß der Gefrierpunktserniedrigung (ΔT_G) und der Siedepunktserhöhung (ΔT_S) hängt nur von der Konzentration der gelösten Teilchen pro Volumeneinheit ab, nicht aber von ihrer chemischen Natur.

Die Verschiebung des Gefrierpunktes T_G bzw. des Siedepunktes T_S ist proportional der **molalen Konzentration** b (auch: Molalität). Darunter versteht man die Stoffmenge n der gelösten Substanz pro kg Lösungsmittel (Beachte den Unterschied zur Definition der Stoffmengenkonzentration bzw. Molarität!). Es ergibt sich eine Proportionalität zwischen ΔT_G (Gl. 6-6) bzw. ΔT_S (Gl. 6-7) und der Molalität der gelösten Komponente.

$$\boxed{\Delta T_G = E_g \cdot b_A}$$

b_A Molalität der Komponente A; b_A = Quotient aus der Stoffmenge des gelösten Stoffes (n_A) und der Masse des Lösungsmittels m_L (6-6)

E_g molale Gefrierpunktserniedrigung oder kryoskopische Konstante; $E_g\,(H_2O) = 1{,}86\ \mathrm{K \cdot kg/mol}$.

$$\boxed{\Delta T_S = E_s \cdot b_A}$$

E_s molale Siedepunktserhöhung oder ebullioskopische Konstante; $E_s\,(H_2O) = 0{,}512\ \mathrm{K \cdot kg/mol}$. (6-7)

Für $b_A = 1$ entspricht $\Delta T_G = E_g$ der **molalen Gefrierpunktserniedrigung** und $\Delta T_S = E_s$ der **molalen Siedepunktserhöhung**. Demnach beträgt die Gefrierpunktserniedrigung 1,86°C und die Siedepunktserhöhung 0,51°C, wenn 1 Mol einer Substanz in 1 kg Wasser gelöst werden (b = 1 mol/kg). Die Lösung erstarrt nicht bei 0°C, sondern erst bei -1,86°C und siedet nicht bei 100°C, sondern erst bei 100,51°C - unabhängig davon, welche Substanz gelöst ist. E_g und E_s sind Stoffkonstanten. Sie weisen für jedes Lösungsmittel unterschiedliche Werte auf [AC 3]:

	E_s (K · kg/mol)	E_g (K · kg/mol)
Wasser	0,51	-1,86
Ethanol	1,21	-1,99
Essigsäure	3,07	-3,90
Ammoniak	0,34	-1,32

In *stark verdünnten Lösungen* können die Beiträge der Kationen und der Anionen zur Gefrierpunkts- bzw. Siedepunktserhöhung als voneinander unabhängig betrachtet werden. Beim Auflösen von einem Mol NaCl in Wasser entstehen *zwei Mol* gelöste Teilchen, nämlich ein Mol Na^+- und ein Mol Cl^--Ionen Damit ist die Molalität der Lösung doppelt so groß, wie die auf NaCl-Formeleinheiten bezogene Molalität. Demnach führen 0,5 Mol NaCl pro 1000 g H_2O zur gleichen Gefrierpunktserniedrigung von $\Delta T_G = 1{,}86$°C wie 1 Mol Glucose.

Van't Hoff führte einen Korrekturfaktor i ein, der experimentell bestimmt wird. Der Faktor i soll den Unterschied zwischen der effektiven und der tatsächlich vorliegenden Molalität von Ionen in verdünnten Elektrolytlösungen berücksichtigen. In Gl. (6-6) eingeführt ergibt sich Gl. (6-6a).

$$\Delta T_G = i \cdot E_g \cdot b_A \tag{6-6a}$$

Für verdünnte Lösungen von Salzen gibt i die Anzahl der gelösten Ionen pro Formeleinheit an. Für Salze vom Typ AB, also 1:1-Elektrolyte wie z.B. NaCl, ist $i = 2$. Für Salze vom Typ AB_2 (1:2-Elektrolyte, z.B. $CaCl_2$) bzw. A_2B (2:1-Elektrolyte, z.B. Na_2SO_4) ist $i = 3$. Umformung von (6-6a) ergibt (6-6b) bzw. (6-6c). Eine analoge Formel erhält man für die Siedepunktserhöhung (Gl. 6-7).

$$\Delta T_G = i \cdot E_g \cdot b_A = i \cdot E_g \cdot \frac{n_A}{m_B / 1000} = i \cdot E_g \cdot \frac{n_A}{m_B} \cdot 1000 \tag{6-6b}$$

$$\boxed{\Delta T_G = i \cdot E_g \cdot \frac{m_A \cdot 1000}{M_A \cdot m_B}} \qquad \left[\frac{K \cdot g}{mol} \cdot \frac{g \cdot mol}{g \cdot g} = K \right] \tag{6-6c}$$

Für eine 0,1 mol/kg Kochsalzlösung (NaCl, starker 1:1-Elektrolyt) berechnet sich die Gefrierpunktserniedrigung ΔT_G nach Gl. (6-8) wie folgt:
$\Delta T_G = i \cdot E_G (H_2O) \cdot b (Na^+ + Cl^-) = 2 \cdot 1{,}86 \ (K \cdot kg)/mol \cdot 0{,}1 \ mol/kg = 0{,}372 \ K$. Die Gefrierpunktserniedrigung beträgt 0,372 K bzw. 0,372°C. Für eine gesättigte NaCl-Lösung (358,5 g NaCl/kg H_2O = 26,4%ig) erhält man eine Absenkung des Erstarrungspunktes auf eine Temperatur von -22,8°C (Praxis: etwa -21°C).

In *konzentrierten Lösungen* bewegen sich die entgegengesetzt geladenen Ionen nicht mehr unabhängig voneinander, sondern bilden Assoziate oder Ionenpaare. Die effektive Molalität der Lösung, bezogen auf die Anzahl der vorhandenen Teilchen (Ionen oder Ionenpaare), unterscheidet sich in diesem Fall von der Molalität einer stark verdünnten Lösung. Die gemessenen Gefrierpunktserniedrigungen weichen von den berechneten Werten ab, die streng genommen nur für ideale Lösungen gelten (Kap. 6.5.2.2; interionische Wechselwirkungen). Der Faktor i ist hier für Berechnungen sehr unzuverlässig. Quantitative Berechnungen des Gefrierpunkts sollten deshalb auf Nichtelektrolytlösungen beschränkt werden.
Sowohl die Gefrierpunktserniedrigung als auch die Siedepunktserhöhung können zur *Bestimmung der molaren Masse* gelöster Substanzen herangezogen werden, wobei ersteres Verfahren der Siedepunktserhöhung überlegen ist, da der experimentelle Effekt größer und leichter zu messen ist.

Die Bedeutung der Wirkung von Salzen auf den Siede- und Gefrierpunkt soll an zwei praktischen Beispielen gezeigt werden. Wenn man einem Topf mit kochendem Wasser Salz zufügt, hört das Sieden augenblicklich auf. Der Grund ist nach den obigen Ausführungen klar: Die zugesetzten Ionen verringern das Bestreben der Wassermoleküle, in den Gasraum überzutreten. Der Dampfdruck erniedrigt sich.
Wenn im Winter vereiste Gehwege mit Natriumchlorid bestreut werden, so wird der Umgebung sowohl die Lösungswärme des Salzes (Kap. 6.3.1) als auch die Schmelzwärme des Eises entzogen. Die Folge ist eine deutliche Abkühlung des Systems Eis/Salz/Salzlösung. Beispielsweise erreicht man mit einer Kältemischung bestehend aus 33 g NaCl und 100 g feinkörnigem Eis eine Temperatur von etwa -21°C.

Die Gefrierpunktserniedrigung der Porenlösung des Zementsteins übt einen entscheidenden Einfluss auf das Gefrierverhalten (Frostwiderstand) des Betons aus (Kap. 9.4.2.2.4).

6.2.3.3 Osmose – osmotischer Druck

Als **Osmose** bezeichnet man die Diffusion von Lösungsmittelmolekülen (z.B. Wassermolekülen) aus einer Lösung mit einer geringen Konzentration des gelösten Stoffes in eine Lösung mit einer hohen Konzentration des gelösten Stoffes durch eine semipermeable (halbdurchlässige) Membran (Abb. 6.13). Dabei erfolgt ein Konzentrationsausgleich. Die höher konzentrierte Lösung wird solange verdünnt bis beide Lösungen gleiche Konzentrationen aufweisen. Die Poren der semipermeablen Wand sind für die (kleineren) Lösungsmittelmoleküle und nicht für die (größeren) Moleküle des gelösten Stoffes durchlässig. Der gerichtete Strom der Flüssigkeit erzeugt auf der Seite der vorher stärker konzentrierten Lösung einen hydrostatischen Druck, den sogenannten **osmotischen Druck.** Der osmotische Druck hängt von der Temperatur und der Zahl (der Konzentration!) der gelösten Teilchen ab. Er ist umso höher, je größer der anfängliche Konzentrationsunterschied zwischen den Lösungen ist. Von der Art der gelösten Teilchen ist er völlig unabhängig.

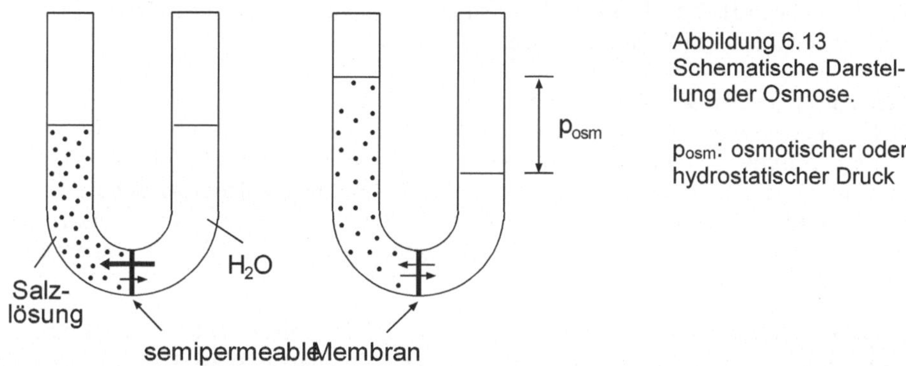

Abbildung 6.13
Schematische Darstellung der Osmose.

p_{osm}: osmotischer oder hydrostatischer Druck

Unter **Diffusion** versteht man die (von selbst ablaufende!) Vermischung von zwei oder mehreren miteinander in Berührung stehenden Stoffen. Dabei ist es gleichgültig, ob es sich um Gase, um Flüssigkeiten oder um lösliche Feststoffe in einer Flüssigkeit handelt. Die Diffusion beruht auf der thermischen Bewegung der Teilchen (Brownsche Molekularbewegung), die völlig ungeordnet nach allen Seiten erfolgt. Geht man von einer ungleichmäßigen Stoffverteilung aus, so bewegen sich statistisch gesehen mehr Teilchen aus Bereichen mit hoher in Bereiche mit niedrigerer Konzentration bzw. Teilchendichte als umgekehrt. Mit der Zeit gleichen sich die Konzentrationsunterschiede aus und die Gase bzw. Flüssigkeiten liegen als homogene Mischungen vor. Die Osmose spielt bei lebenden Zellen in Pflanzen und Tieren eine ganz wichtige Rolle. Beispielsweise besitzen die roten Blutkörperchen Zellen mit semipermeablen Wänden. Sie würden platzen (oder schrumpfen) kämen sie in Kontakt mit Lösungen zu hoher oder zu niedriger Konzentration, weshalb Infusionen den gleichen osmotischen Druck aufweisen müssen wie das Blut.

Auf beschichteten Betonflächen kann es infolge von Diffusionsprozessen zur **osmotischen Blasenbildung** kommen. Bei Vorhandensein von Feuchtigkeit im Untergrund, aber auch durch aktives Kondenswasser, können sich bei wasserdampfundurchlässigen Beschichtungen auf Epoxidharz- oder Polyurethanharzbasis Blasen ausbilden. Die wasserlöslichen Substanzen der Beschichtung fungieren als Blasenkeime. Die Grundierung der Beschichtung (in Verbindung mit dem Untergrund) wirkt als semipermeabler Bereich. Die Blasenwände sind für die Wassermoleküle durchlässig, nicht aber für Moleküle des löslichen

Stoffes. Auch in der Zementchemie spielen osmotische Prozesse eine wichtige Rolle. So diffundieren während des **Hydratationsprozesses der Klinkerphasen**, insbesondere der **C₃S**-Körner, H_2O-Moleküle durch die **C-S-H**-Phasen an der Kornoberfläche ins Korninnere. Innerhalb der Calciumsilicathydrathülle bildet sich so ein osmotischer Druck aus. Er bringt die Hülle zum Platzen und der Hydratationsprozess „frisst" sich ins Innere des Korns (Kap. 9.3.3.4).

6.3   Lösung und Löslichkeit

6.3.1   Lösungsvorgang – Hydratation – Hydrate

Aufgrund der Dipolnatur des H_2O-Moleküls ist Wasser ein hervorragendes Lösungsmittel für polare Substanzen wie Salze, Oxide, Säuren und Basen. Je ähnlicher die Moleküle des zu lösenden Stoffes und des Lösungsmittels in Bezug auf ihre Polarität sind, umso besser lösen sie sich ineinander. So verfügen z.B. Zuckermoleküle über polare OH-Gruppen, die mit den polaren H_2O-Molekülen Wasserstoffbrücken ausbilden können. Damit ist die Löslichkeit von Zucker in Wasser gegeben.

Methanol (CH_3OH) ist ebenfalls ein polares Molekül, die Polarität ist wiederum auf die OH-Gruppe zurückzuführen. Obwohl die Moleküle des Methanols und des Wassers über Wasserstoffbrücken verknüpft sind, kann man Wasser und Methanol in jedem Verhältnis miteinander mischen. Wasser ist in der Lage, die intermolekularen Anziehungskräfte im reinen Methanol zu überwinden, indem es ähnlich starke Wechselwirkungen mit den CH_3OH-Molekülen eingeht. Ethanol und Essigsäure sind aufgrund ihrer polaren funktionellen Gruppen ebenfalls gut wasserlöslich.

Unpolare Substanzen wie Tetrachlorkohlenstoff CCl_4, Hexan C_6H_{14} oder Benzol C_6H_6 bilden mit Wasser keine homogenen Lösungen. Sie sind in Wasser nicht löslich. Beispielsweise bilden sich bei Zugabe von CCl_4 zu Wasser zwei getrennte, übereinander liegende Flüssigkeitsschichten (Phasen) aus. Die polaren Wassermoleküle sind untereinander durch erheblich stärkere Anziehungskräfte verbunden als die CCl_4-Moleküle. Zwischen letzteren wirken lediglich Dispersionskräfte. Die Anziehungskräfte, die sich zwischen den unpolaren CCl_4-Molekülen und den H_2O-Dipolen aufbauen, sind zu schwach, um eine gegenseitige Durchmischung zu erreichen. Die CCl_4-Moleküle werden von den assoziierten H_2O-Molekülen verdrängt. Dagegen sind Tetrachlorkohlenstoff, Hexan und Toluol gute Lösungsmittel für unpolare feste und flüssige Molekülsubstanzen wie Fette und Öle. Es gilt die allgemeine Regel: **Gleiches löst sich in Gleichem**.

Polare Substanzen (Ionenverbindungen wie Salze und Metalloxide, Dipolmoleküle) lösen sich im Allgemeinen nur in polaren Lösungsmitteln.

Eine praktische Anwendung dieser einfachen Regel findet sich z.B. im *Säureschutzbau*. Polare organische Kunststoffe wie UP, PUR, EP und Phenolharze werden von polaren Medien wie Säuren, Laugen, Salzlösungen und organischen Verbindungen mit polaren funktionellen Gruppen angegriffen, während andererseits unpolare Kunststoffe wie PE, PIB und PP von unpolaren bzw. schwach polaren Medien (z.B. aliphatische und aromatische Kohlenwasserstoffe) angegriffen werden. Beständigkeit ist zu erwarten, wenn unpolare Medien auf polare Kunststoffe und umgekehrt, polare Medien auf unpolare Kunststoffe, einwirken.

Beim Auflösen eines Salzes in Wasser bilden sich **hydratisierte Ionen** (*Aquakomplexe*). Die Wasserdipole lagern sich an die randständigen Ionen des Gitters an, da auf diese geringere Gitterkräfte wirken als auf die übrigen Ionen. Positive Gitterionen werden von den negativen Enden der Wasserdipole und negative Ionen von den positiven Enden der Wasserdipole umhüllt. Die elektrischen Felder im Kristallgitter werden geschwächt und die elektrostatische Bindung zwischen Anion und Kation gelockert. Die *Ion-Dipol-Kräfte* zwischen den Ionen des Salzes und den Wassermolekülen sind stark genug, um die Teilchen aus dem Kristallverband zu lösen. Das Gitter zerfällt und die einzelnen Ionen gehen als hydratisierte Ionen in Lösung (Abb. 6.14). Die Ausbildung einer **Hydrathülle** durch Anlagerung von (meist sechs) Wassermolekülen nennt man **Hydratation** (ältere Bez.: Hydratisierung). Sie ist ein allgemeines Charakteristikum *aller* Ionen in Lösung. Bei Verwendung eines anderen Lösungsmittels als Wasser, z.B. Methanol oder Aceton, laufen ähnliche Prozesse ab. Anstelle von Hydratation spricht man dann ganz allgemein von *Solvatation* (*lat.* Solvens Lösungsmittel) bzw. von einer *Solvathülle*.

Der Hydratationsprozess ist stets exotherm. Die Energie, die frei wird, heißt **Hydratationsenthalpie** ΔH_H. Ihr Betrag ist ein Maß für die Stärke der Wechselwirkungskräfte zwischen Ionen und Wassermolekülen. Bei einem großen Wert für ΔH_H werden die Wassermoleküle stark gebunden. Die H_2O-Moleküle der Hydrathülle sind in der Lage, weitere Wassermoleküle über Wasserstoffbrücken anzulagern. Dabei sind die sich nach weiter außen aufbauenden Hydrathüllen immer weniger fest gebunden.

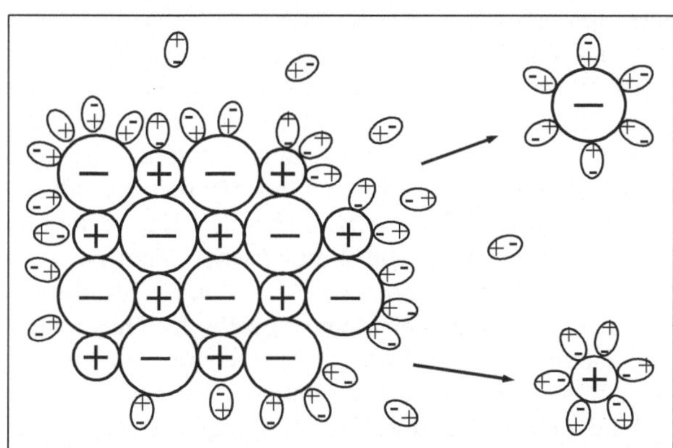

Abbildung 6.14

Auflösung eines Ionenkristalls in Wasser und Hydratation der Ionen

Anionen werden in wässriger Lösung durch die elektrostatische Anziehung zwischen dem negativ geladenen Ion und den H-Atomen der Wassermoleküle hydratisiert. Im Falle sauerstoffhaltiger Anionen, wie z.B. SO_4^{2-}, NO_3^- und PO_4^{3-}, können sich zwischen den Sauerstoffatomen des Anions und den H-Atomen des Wassers Wasserstoffbrücken ausbilden. Die Hydratation der *Kationen* erfolgt durch die Anziehung zwischen dem positiv geladenen Ion und den nicht bindenden Elektronenpaaren des O-Atoms im H_2O-Molekül. Hydratisierte Kationen können auch als Aquakomplexe (Kap. 6.5.1) bezeichnet werden. Die sich ausbildenden Bindungskräfte liegen in der Größenordnung polarer Atombindungen.

Die **Dielektrizitätskonstante** ε ist ein Maß für die Schwächung eines elektrischen Feldes. Nach dem Coulombschen Gesetz (Gl. 3-1) nimmt die Anziehungskraft F zweier Ionen mit wachsender Dielektrizitätskonstante ab. Wasser besitzt mit einem Wert von $\varepsilon = 80$ eine sehr hohe Dielektrizitätskonstante. Beim Eindringen von Wassermolekülen in ein Ionengitter werden danach die elektrostatischen Wechselwirkungen zwischen den Ionen auf ein Achtzigstel ihres ursprünglichen Wertes reduziert. Aus der hohen Dielektrizitätskonstante resultiert das ausgezeichnete Lösevermögen des Wassers für polare Stoffe.

Hydratbildung. Lässt man das Wasser einer wässrigen Natriumchloridlösung, z.B. Salzsole oder Meerwasser, allmählich verdunsten oder durch Erhitzen verdampfen, so kommt es bei Erreichen eines bestimmten Wassergehalts zu einem Abbau der Hydrathüllen. Das Salz beginnt unter Freisetzung von H_2O-Molekülen zu kristallisieren und scheidet sich als Feststoff ab.

Salze, die beim Eindampfen ihre Hydrathülle ganz oder teilweise in das Kristallgitter „mitnehmen", bezeichnet man als **Hydrate** (auch: **Salzhydrate**). Beispiele sind die Verbindungen $FeCl_3 \cdot 6\ H_2O$ *Eisen(III)-chlorid-Hexahydrat* und $CaCl_2 \cdot 6\ H_2O$ *Calciumchlorid-Hexahydrat*. Die korrekte Formel für beide Hexaaquakomplexe müsste lauten: $[Fe(H_2O)_6]Cl_3$ *Hexaaquaeisen(III)-chlorid* und $[Ca(H_2O)_6]Cl_2$ *Hexaaquacalciumchlorid*. Die Tendenz zur Bildung des Hexahydrates ist im letzteren Fall so groß, dass entwässertes Calciumchlorid als Trockenmittel für zu entwässernde Stoffe oder Stoffgemische eingesetzt werden kann.

Das in das Kristallgitter eingelagerte Wasser bezeichnet man als **Kristallwasser** (auch: Gitterwasser). Das Kristallwasser der Hydrate muss nicht generell an die Kationen oder Anionen des Gitters gebunden sein. Die Wassermoleküle können auch in das Gitter eingebaut werden, ohne an ein bestimmtes Ion assoziiert zu sein. Im Kupfersulfat-Pentahydrat $CuSO_4 \cdot 5\ H_2O$ sind vier H_2O-Moleküle unmittelbar am Kupfer(II)-Ion koordiniert, das fünfte H_2O-Molekül ist über Wasserstoffbrücken an Sulfationen und Koordinationswasser zweier verschiedener Cu-Komplexeinheiten gebunden.

Erfolgt bei Einlagerung von Wasser eine Aufweitung des Kristallgitters und damit eine Volumenvergrößerung, bezeichnet man den auftretenden Druck als **Hydratationsdruck**. Er stellt im Prinzip eine besondere Form des *Kristallisationsdruckes* dar (Kap. 9.4.4) und kann im Baustoff Sprengwirkungen hervorrufen. Von großem praktischen Interesse ist die Volumenausdehnung des Anhydrits bei Aufnahme von zwei Molekülen Kristallwasser ($CaSO_4 + 2\ H_2O \rightarrow CaSO_4 \cdot 2\ H_2O$). Das Volumen der Elementarzelle des Dihydrats ist um ca. 60% größer als das der Elementarzelle des Anhydrits. Diese enorme Volumenzunahme kann zu Gesteinssprengungen führen und ist von wesentlicher Bedeutung für die Gesteinsverwitterung. Weitere Hydrate mit bauschädigender Wirkung, die auch unterschiedliche Kristallwassergehalte aufweisen können, sind z.B. *Bittersalz* $MgSO_4 \cdot 7\ H_2O$, *Kieserit* $MgSO_4 \cdot H_2O$ und *Glaubersalz* $Na_2SO_4 \cdot 10\ H_2O$.

Hydrate weisen einen für jede Temperatur T charakteristischen **Wasserdampfdruck** auf. Seine Größe ist von dem im Gitter enthaltenen Stoffmengenanteil an Kristallwasser abhängig. Der Dampfdruck der Hydrate kann größer oder kleiner als der Wasserdampf-Partialdruck der Luft (Luftfeuchtigkeit) sein. Der ständige Wechsel zwischen Feuchtigkeit und Trockenheit beeinflusst unmittelbar das dynamische Gleichgewicht zwischen Verdunstung des Kristallwassers und Wasseraufnahme durch die Hydrate. Er bildet die Grundlage für zahlreiche Verwitterungs- und Schädigungsprozesse an Bauwerken.

- Liegt der Dampfdruck des Kristallwassers eines Hydrats über dem Wasserdampf-Partialdruck der Luft, entweicht das Kristallwasser aus dem Gitterverband des Salzes. Es erfolgt eine allmähliche Zerstörung des Ionengitters und die Verbindung zerrieselt zu Pulver (*Verwitterung*).

- Liegt umgekehrt der Dampfdruck des Kristallwassers deutlich unter dem Wasserdampf-Partialdruck der Luft, bilden sich infolge von Wasseraufnahme aus der Umgebungsluft eventuell zunächst wasserreichere Hydrate, die sich schließlich im Wasserüberschuss auflösen. Die Salzlösung „fließt" aus dem Putz bzw. Mauerwerk heraus. Kristallisiert das Salz an der Oberfläche der Bauteile wieder aus, ist die Schädigung äußerlich erkennbar (*Ausblühungen*, Kap. 9.4.4).

Feste, aber auch flüssige anorganische und organische Substanzen, wie z.B. $MgCl_2$, $CaCl_2$, $NaOH$, KOH, P_2O_5, H_2SO_4 oder Glycerin, die bei längerer Lagerung an der Luft Feuchtigkeit an sich ziehen, sich dabei allmählich verdünnen oder - soweit es sich um feste Stoffe handelt - zerfließen bzw. verklumpen, bezeichnet man als **hygroskopisch**. Diese Eigenschaft ist besonders bei Salzen ausgeprägt, die sich leicht in Wasser lösen. Der Wasserdampf der Umgebungsluft kondensiert sich auf der Oberfläche des betreffenden Salzes unter Bildung einer gesättigten Lösung. Das Salz zerfließt allmählich.

Lösungswärme. Beim Lösen einer Substanz in Wasser wird generell Energie freigesetzt oder aufgenommen. Findet der Vorgang bei konstantem Druck in einem offenen Gefäß statt, bezeichnet man die ausgetauschte Wärmemenge als *Lösungsenthalpie* oder *Lösungswärme* ΔH_L. Sie setzt sich aus zwei Energiebeiträgen zusammen (Gl. 6-8): Aus der Energie, die zum Abtrennen der Teilchen aus dem Gitterverband aufgebracht werden muss (entspricht der *Gitterenthalpie* ΔH_G) und der Energie, die bei der Hydratation der Teilchen freigesetzt wird (*Hydratationsenthalpie* ΔH_H).

$$\Delta H_L = \Delta H_H - \Delta H_G. \tag{6-8}$$

- Ein Salz löst sich **exotherm**, wenn der Absolutbetrag der Hydratationsenthalpie den Wert der Gitterenthalpie übertrifft ($\Delta H_L < 0$). Die Lösung erwärmt sich. Beispiele für sich exotherm lösende Salze sind $Al_2(SO_4)_3$, $MgCl_2$ und wasserfreies $CaCl_2$.

- Eine zweite Gruppe von Salzen, wie z.B. KNO_3, NH_4NO_3, K_2SO_4, KCl, $CaCl_2 \cdot 6H_2O$, $NaCl$, löst sich in Wasser **endotherm** ($\Delta H_L > 0$). Die Salze bewirken beim Auflösen eine Abkühlung der Lösung. In diesen Fällen ist der absolute Betrag der Hydratationsenthalpie geringfügig(!) kleiner als der der Gitterenthalpie. Der fehlende Energiebetrag wird der Umgebung entzogen.

Betrachten wir als Beispiel die Auflösung von Kochsalz $NaCl$ in Wasser: Die Gitterenthalpie besitzt einen Wert von $\Delta H_G = +780$ kJ/mol und die Hydratationsenthalpie einen Wert von $\Delta H_H = -774$ kJ/mol. Damit ergibt sich eine positive Lösungsenthalpie von +6 kJ/mol. Die Auflösung von $NaCl$ ist ein schwach endothermer Prozess.

Die Beträge von ΔH_G und ΔH_H liegen meist in vergleichbaren Größenordnungen, die resultierenden Lösungsenthalpien besitzen hingegen viel kleinere Werte. Deshalb wirken sich bereits geringe Abweichungen entscheidend auf den Differenzbetrag aus. Sie implizieren deutliche Unterschiede im Lösungsverhalten, die bei praktischen Messungen oft nicht verifizierbar sind. Ist die Gitterenthalpie viel größer als die Hydratationsenthalpie, sind die Salze in Wasser schwer löslich. Damit können die teilweise gravierenden Löslichkeitsunterschiede in erster Linie auf Unterschiede in den Gitterenthalpien zurückgeführt werden.

Der im Bauwesen zentrale Begriff der **Zementhydratation** ist weiter gefasst als die gerade beschriebene Hydratation der Ionen. Er beinhaltet alle Reaktionen des Zements mit Wasser, und zwar von Hydratations- und Protolysereaktionen bis hin zu komplizierten Festkörperprozessen, an deren Ende der erhärtete Beton steht (Kap. 9.3.3.4). Das bei der Zementhydratation eingelagerte Wasser wird in der bauchemischen Literatur häufig in chemisch und physikalisch gebundenes Wasser unterteilt. Unter **chemisch gebundenem Wasser** versteht man das vom Zement als Hydratwasser oder Hydroxid gebundene Wasser, unter **physikalisch gebundenem Wasser** dagegen das in den Gelporen durch intermolekulare Bindungskräfte gebundene Wasser. Während sich das chemisch gebundene Wasser beim Erwärmen auf eine Temperatur von 105°C nicht aus dem Zementstein austreiben lässt, entweicht das in den Gelporen physikalisch gebundene Wasser bis 105°C vollständig. Die Unterteilung in chemisch und physikalisch gebundenes Wasser hat in erster Linie einen praktischen Hintergrund. Ihre Bestimmung wird u.a. zur Beurteilung des Hydratationsgrades und damit der Nachbehandlungsqualität des Betons herangezogen.

6.3.2 Einteilung von Lösungen nach ihrem Dispersionsgrad – Kolloide

Sehr viele chemische Reaktionen laufen in Lösung ab. Das wichtigste Lösungsmittel, insbesondere was die Reaktionen der Baustoffe betrifft, ist das Wasser. Deshalb wollen wir uns im Weiteren ausschließlich mit **wässrigen Lösungen** befassen.
Bei der Auflösung eines Salzes in Wasser erhält man eine (echte) Lösung. **Echte Lösungen** sind homogene Mischungen, die aus wenigstens zwei Komponenten bestehen. Die hinsichtlich ihres Anteils überwiegende Komponente wird als **Lösungsmittel** (auch: Lösemittel) bezeichnet, die übrigen Komponenten sind die im Lösungsmittel verteilten Stoffe. Die Verteilung des gelösten Stoffes im Lösungsmittelvolumen erfolgt durch die Wärmebewegung der Teilchen.

In einer allgemeineren Betrachtungsweise ist die Lösung ein Sonderfall einer Dispersion. Unter einer **Dispersion** (*lat.* dispersio Zerteilung) versteht man ein aus mindestens zwei Phasen bestehendes System (*disperses System*), bei dem die eine Phase (*disperse* oder *dispergierte Phase*) in einer zweiten Phase, dem *Dispersionsmittel*, verteilt ist. Echte Lösungen sind molekulare Dispersionen. Sie sind durch eine molekulardisperse Verteilung eines Stoffes in einem anderen (meist H_2O) charakterisiert. Dispergierte Substanz und Dispersionsmittel können, wie die unten angeführten Beispiele zeigen, in verschiedenen Aggregatzuständen vorliegen.

Die Teilchengröße des dispergierten Stoffes ist für die Eigenschaft einer Dispersion von zentraler Bedeutung. Den Grad der Zerteilung bezeichnet man als den **Dispersionsgrad**. Je kleiner die Zerteilung des Stoffes, umso höher ist der Dispersionsgrad. Nach der Teilchengröße der dispersen Phase unterscheidet man grobdisperse, molekular- oder iondisperse (feindisperse) und kolloiddisperse Systeme.

Grobdisperse Systeme:

Teilchengröße > 10^{-7} m, Zahl der Atome im dispergierten Teilchen > 10^9. Die dispergierten Teilchen sind deutlich größer als die des Dispersionsmittels Wasser.

Ein grobdisperses System erscheint dem Auge nicht mehr als klare, sondern als trübe Lösung (**Suspension, Aufschlämmung**). Die Teilchen grobdisperser Systeme können durch Absetzen oder Filtration vom Dispersionsmittel abgetrennt werden (z.B. Filtration einer Aufschlämmung von fein zermahlenem Sand in Wasser).

Beispiele für Fest-Flüssig-Dispersionen sind Sand/Ton in Wasser (Schlamm) und die Dispersionsfarben.

Die grobdisperse Verteilung einer Flüssigkeit in einer zweiten nennt man **Emulsion**. Beispiele für natürliche Emulsionen sind Milch und Kautschuk. **Rauch** (feste Teilchen in Luft) und **Schaum** (Luftblasen in einer Flüssigkeit) sind weitere Beispiele für grobdisperse Systeme. Die grobdispersen Systeme gehören zu den *heterogenen Mischungen* (Tab. 1.1).

Molekular- oder iondisperse Systeme (echte Lösungen):

Teilchengröße < 10^{-9} m, Zahl der Atome im dispergierten Teilchen 10^3... 2. Ion- oder molekulardisperse Systeme erscheinen sowohl dem bloßen als auch dem „bewaffneten" Auge (Linse, Mikroskop) als vollkommen klare Flüssigkeiten. Sie gehören zu den *homogenen Mischungen* (Tab. 1.1). Durch Filtration ist keine Trennung möglich. *Beispiele*: Kochsalz oder Traubenzucker in Wasser.

Kolloiddisperse Systeme (Kolloide, kolloide oder kolloidale Lösungen, Sole):

Teilchengröße 10^{-9}...10^{-7} m, damit nehmen die Kolloide eine Zwischenstellung zwischen einer homogenen (einphasigen) und einer heterogenen, aus mehreren Phasen bestehenden Mischung ein. Kolloidteilchen enthalten 10^3...10^9 Atome.

Nach der Bindungsart zwischen den Atomen können Kolloide wie folgt unterteilt werden (Staudinger, in [OC 1]):

a) Dispersionskolloide: Der kolloide Zustand stellt hier eine Zerkleinerungsform der Materie dar. Er lässt sich für die meisten Stoffe durch geeignete Methoden der Zerkleinerung (Kolloidmühle, Ultraschall, Zerstäubung im Lichtbogen, Lösen in organischen Lösungsmitteln) oder der Aggregation bzw. Kondensation (Übersättigen von Lösungen, Fällung und Hydrolyse) erreichen, vorausgesetzt die Substanzen sind nicht im Dispersionsmittel löslich. Dispersionskolloide befinden sich thermodynamisch nicht im Gleichgewicht. Um eine Aggregation zu vermeiden, ist eine elektrostatische Stabilisierung oder eine sterische Stabilierung durch Schutzkolloide (s. u.) zur Aufrechterhaltung des kolloiden Zustands notwendig.

b) Molekülkolloide: Der Zusammenhalt der Atome, die ein Kolloidteilchen aufbauen, ist durch „echte" chemische Bindungen gegeben. Die kolloiden Teilchen sind Makromoleküle, die prinzipiell den gleichen chemischen Aufbau wie eine niedermolekulare Substanz aufweisen. Bestimmte Stoffe, die Makromoleküle enthalten, können sich gar nicht anders als kolloidal lösen. Es sei denn, die Makromoleküle werden unter Bindungsbruch zerstört. *Beispiele*: Lösungen von Proteinen, Polysacchariden und synthetischen Hochpolymeren sowie von Polykieselsäuren und Heteropolysäuren.

c) Assoziationskolloide (Micellkolloide): Darunter versteht man Kolloide mit einem besonderen Molekülaufbau, die sich erst ab einer bestimmten Konzentration bilden (Micellen, s. Kap. 6.2.2.3). Micellkolloide entstehen beim Auflösen der reinen Substanzen, ohne dass Schutzkolloide oder Peptisatoren notwendig sind.
Beispiele: Lösungen von Tensiden (z.B. Seife) oder Farbstoffen.

Eine weitere Möglichkeit der Einteilung von Kolloiden bezieht sich auf den *Aggregatzustand von dispergierter Phase und Dispersionsmittel*. So liegt beispielsweise bei flüssigen Aerosolen (z.B. Nebel) die Kombination flüssige dispergierte Phase und gasförmiges Dispersionsmittel und bei festen Aerosolen (z.B. Rauch, Staub) die Kombination feste dispergierte Phase und gasförmiges Dispersionsmittel vor. Bei **Emulsionen** handelt es sich um die Kombination flüssig-flüssig (z.B. wässrige Ölemulsion) und bei Messing oder bei Goldrubinglas um die Kombination fest-fest.
In den nachfolgenden Betrachtungen wollen wir uns auf kolloide Lösungen der Kombination feste disperse Phase und flüssiges Dispersionsmittel beschränken.

Kolloide Lösungen (Sole) erscheinen bei Anwendung relativ grober Untersuchungsmethoden weitgehend homogen. Bestrahlt man sie jedoch mit einem Lichtstrahl, kann der Strahlengang in der Lösung beobachtet werden, da die kleinen dispergierten Partikel das Licht nach allen Seiten streuen (**Tyndall-Effekt**, Abb. 6.15). In echten Lösungen bleibt der einfallende Lichtstrahl bei seitlicher Beobachtung unsichtbar („optisch leere" Flüssigkeit).
Dass man den Lichtstrahl eines Projektors in einem mit Zigarettenrauch gefüllten Raum oder den Lichtstrahl eines Autoscheinwerfers auf einem staubigen Weg sehen kann, ist ebenfalls auf den Tyndall-Effekt zurückzuführen.

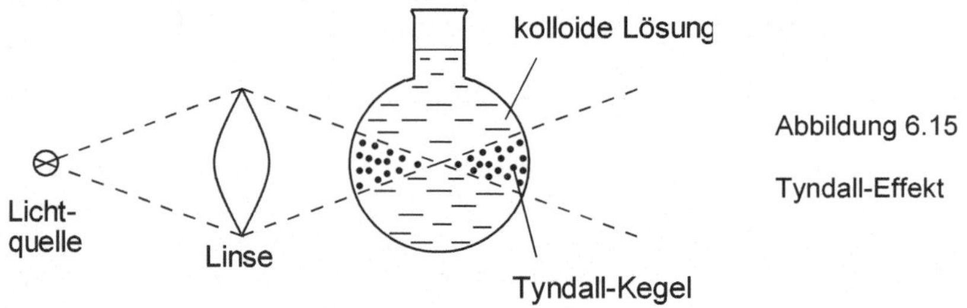

Die dispergierten Teilchen der Kolloide können im Elektronenmikroskop sichtbar gemacht werden. Eine Trennung ist durch Ultrafiltration mittels künstlicher, tierischer oder pflanzlicher Membranen mit einer mittleren Porenweite von $\sim 10^{-8}$ m möglich.

Kolloide Lösungen sind nur dann stabil, wenn die dispersen Teilchen in dem für Kolloide charakteristischen „Schwebezustand" verbleiben, ohne sich zusammenzulagern oder auszuflocken. Das wichtigste Dispersionsmittel zur Bildung kolloider Lösungen ist das Wasser. Je nach dem Verhalten der dispergierten Teilchen gegenüber Wasser bezeichnet man die Kolloide als *hydrophil* oder *hydrophob*. Die Stabilisierung erfolgt in beiden Fällen auf unterschiedliche Weise:
• **Hydrophobe Kolloide.** Kolloide Teilchen zeigen aufgrund ihrer großen Oberfläche ein beträchtliches Adsorptionsvermögen gegenüber bestimmten Ionen, z.B. H^+- bzw. OH^--Io

nen des Wassers oder Ionen der dispergierten Substanz. Die elektrostatische Abstoßung der gleichsinnig aufgeladenen Teilchen bedingt die Stabilität des Sols und verhindert den Zusammenschluss der kolloiden Teilchen zu größeren Aggregaten. Die Ladungskompensation erfolgt durch Gegenionen, die Ionenwolken um die kolloiden Teilchen ausbilden. Eine Aufladung kann auch durch Eigendissoziation von Kolloidteilchen mit dissoziationsfähigen Gruppen erfolgen. Kolloide Hydroxide wie $Fe(OH)_3$ oder $Al(OH)_3$ spalten OH^--Gruppen ab und laden sich positiv auf. Sole aus Metallsulfiden wie As_2S_3 und Sb_2S_3 sind durch Adsorption überschüssiger Sulfidionen (S^{2-}) negativ aufgeladen.

Will man die kolloide Lösung wieder zum Ausflocken (**Koagulation**) bringen, muss die abstoßende Ladung der Teilchen kompensiert werden. Um dies zu erreichen, fügt man der Lösung leicht adsorbierbare Ionen entgegengesetzter Ladung zu. Lösungen hydrophober Kolloide sind generell empfindlich gegenüber Elektrolytzusatz.

- **Hydrophile Kolloide.** Im Gegensatz zur Stabilisierung der Teilchen durch elektrische Aufladung beruht die Stabilisierung hydrophiler Kolloide im Wesentlichen auf der Hydratation der dispergierten Teilchen. Die dispergierten Teilchen lagern adsorptiv oder über Wasserstoffbrückenbindungen Wassermoleküle an und bauen Hydrathüllen auf. Die gegenseitige Abstoßung der Hydrathüllen verhindert eine Aggregation der Teilchen zu größeren Partikeln und stabilisiert die kolloide Lösung. Beispiele für hydrophile Kolloide sind organische Sole, also Lösungen von Makromolekülen wie Stärke, Proteine, Gummi, Harze und Gerbsäuren. Verantwortlich für die Ausbildung der Hydrathüllen sind hydrophile polare Gruppen der dispergierten Teilchen, z.B. -COOH, -OH, -CHO und -NH$_2$ und die Dipolnatur des Wassers.

Durch weitergehende Anlagerung von Wasser kann das Sol zu einer gallertartigen, wasserreichen Masse (**Gel**) erstarren. Wichtige Beispiele sind konzentrierte Polykieselsäure- bzw. Aluminiumhydroxidlösungen. Falls nicht vorher Alterung eintritt, z.B. durch Teilchenvergrößerung bei den Polykieselsäuren, kann das Gel durch Verdünnung mit Wasser wieder zum Sol gelöst werden. Sol-Gel-Umwandlungen (Gl. 6-9) hydrophiler Kolloide sind mehrfach wiederholbar (*reversible Kolloide*).

$$\textbf{Sol} \quad \overset{\textbf{Koagulation}}{\rightleftharpoons} \quad \textbf{Gel} \qquad (6\text{-}9)$$

flüssig; disperse Teilchen sind weitgehend voneinander getrennt

gallertartig; disperse Teilchen sind in weitmaschigen, von Lösungsmittelmolekülen unterbrochenen Gerüsten miteinander verbunden; freie Bewegung nicht länger möglich

Es genügt mitunter ein bloßes Schütteln, um die unregelmäßigen, schwachen Bindungen zwischen den dispergierten Teilchen zu lösen und das Gel wieder zu verflüssigen (**Thixotropie**). Nachdem die mechanische Störung aufhört, werden nach einer bestimmten Zeit die Bindungen wieder geknüpft. Das Sol erstarrt wiederum zum Gel. Die Erscheinung der Thixotropie ist bei Ton-Wasser- bzw. Zement-Wasser-Mischungen anzutreffen. Zum Beispiel bewirken die mechanischen Schwingungen bei der Vibrationsverdichtung von Frischbeton eine deutlich bessere Beweglichkeit des Zementleimes.

Auch Lösungen hydrophober Kolloide können in den Gelzustand übergehen. Im Gegensatz zu den hydrophilen Kolloiden lassen sich die meisten Gele jedoch nach der Ausflockung nicht mehr in den Solzustand zurückversetzen (*irreversible Kolloide*). Da hydrophobe Kolloide keine schützende Wasserhülle besitzen, erfolgt bei der Koagulation ein irreversibler Zusammenschluss zu stabilen größeren Teilchen bzw. Aggregaten. Diese Teilchenvergrößerung ist durch den Zusatz eines **Schutzkolloids** vermeidbar. Schutzkolloide sind leicht adsorbierbare hydrophile Kolloide, die eine Stabilisierung der Lösung hydrophober Kolloide bewirken. Die Teilchen des hydrophoben Kolloids nehmen durch Adsorption der Teilchen des hydrophilen Schutzkolloids selbst den Charakter eines hydrophilen Kolloids an.

Beachte: Der Begriff Sol als kolloide Lösung darf nicht mit der sogenannten **Sole** verwechselt werden. Darunter versteht man Natriumchlorid- oder Steinsalzlösungen, die z.B. durch Einleiten von Wasser in Steinsalzlager erhalten und abgepumpt werden.

Kunststoffdispersionen (Kap. 10.4.5.3) und **Bitumenlösungen** (10.3.1) sind hinsichtlich der Größe der dispergierten Teilchen im kolloiden Bereich bzw. im Grenzbereich zwischen kolloiddispersen und molekulardispersen Systemen einzuordnen.

6.3.3 Löslichkeit – Löslichkeitsprodukt

Das Löslichkeitsverhalten von Salzen bzw. organischen Molekülverbindungen in Wasser ist für eine Reihe praktischer Problemstellungen von großer Wichtigkeit.

> **Unter der Löslichkeit eines Stoffes AB versteht man die maximale Menge an AB, die sich bei einer bestimmten Temperatur T in einer bestimmten Menge Wasser gerade noch löst.**

Die Löslichkeit ist eine charakteristische Stoffeigenschaft. Fügt man einem bestimmten Wasservolumen eine größere Menge eines Stoffes AB zu, als sich darin zu lösen vermag, stellt sich ein Gleichgewicht zwischen der Lösung und dem ungelösten Rest des Stoffes ein. Den festen ungelösten Stoffrest bezeichnet man als *Bodenkörper* (auch: Bodensatz).

$$AB(s) \;\rightleftharpoons\; A^+(aq) \;+\; B^-(aq) \qquad\qquad (6\text{-}10)$$

Im Gleichgewichtszustand geht ständig ungelöster Stoff $AB(s)$ als $A^+(aq)$ und $B^-(aq)$ in Lösung, während gleichzeitig die Kationen und Anionen des gelösten Stoffes wieder als $AB(s)$ aus der Lösung ausgeschieden werden (Gl. 6-10). Es liegt *ein dynamisches heterogenes Gleichgewicht* vor. Die Konzentration in der Lösung bleibt konstant. Eine Lösung, die im Gleichgewicht mit ihrem festen Bodenkörper steht, bezeichnet man als **gesättigte Lösung**. Ihre Konzentration wird *Sättigungskonzentration* genannt. Sie entspricht der Löslichkeit des betreffenden Stoffes.

Kühlt man eine gesättigte Lösung von T_2 auf T_1 ab ($T_2 > T_1$), wird die Löslichkeit der tieferen Temperatur T_1 überschritten und ein Teil des Salzes kristallisiert aus. Häufig verzögert sich jedoch der Vorgang des Auskristallisierens („metastabiles System") und es bildet sich eine **übersättigte Lösung**. Für eine übersättigte Lösung gilt: *Konzentration der Salzlösung > Sättigungskonzentration.* Erst durch Zugabe kleiner Salzkristalle als Kristallisationskeime erfolgt die Ausscheidung des überschüssig gelösten Salzes. Dementsprechend gilt für eine **ungesättigte Lösung:** *Konzentration der Salzlösung < Sättigungskonzentration.*

Temperaturabhängigkeit der Löslichkeit. Das Lösungsverhalten der Stoffe ist temperaturabhängig. Wie sich die Änderung der Temperatur auf die Löslichkeit eines Stoffes auswirkt, hängt davon ab, ob beim Auflösen des Stoffes Energie freigesetzt oder aufgenommen wird. Kennt man das Vorzeichen der Lösungsenthalpie, kann der Einfluss der Temperaturänderung mit Hilfe des *Prinzips des kleinsten Zwanges* (Kap. 4.5.3) leicht vorhersagt werden.

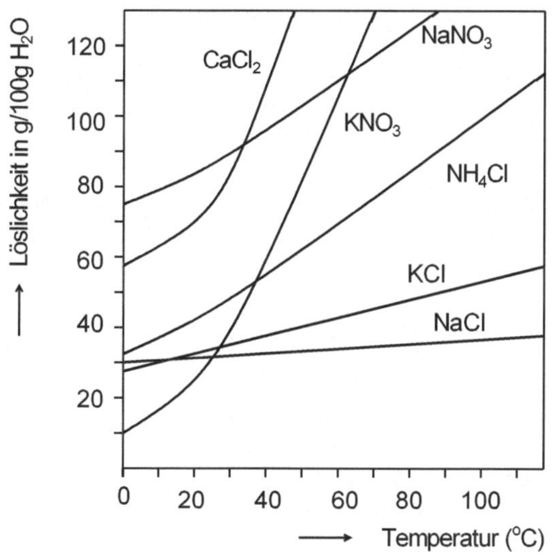

Abbildung 6.16

Temperaturabhängigkeit der Löslichkeit ausgewählter Salze

In der Mehrzahl der Fälle erhöht sich die Löslichkeit von Salzen mit steigender Temperatur (Abb. 6.16). Zu dieser Gruppe gehören die Vertreter, deren Lösungsprozess endotherm verläuft, z.B. KCl, KNO_3, NH_4Cl und $CaCl_2$. Bei Salzen, die sich unter Wärmeabgabe lösen, kehrt sich die Situation um. Nach dem Prinzip des kleinsten Zwanges nimmt bei Temperaturerhöhung die Löslichkeit ab. Beispiele für diesen eher seltenen Fall sind Lithiumcarbonat Li_2CO_3 und Natriumsulfat Na_2SO_4.

Bei endothermen Lösungsprozessen ($\Delta HL > 0$) nimmt die Löslichkeit mit steigender Temperatur zu, bei exothermen ($\Delta H_L < 0$) nimmt sie dagegen ab.

Ein für die Bauchemie wichtiges Beispiel der Löslichkeitsabnahme bei Temperaturerhöhung liegt beim Calciumhydroxid im Temperaturbereich zwischen 0 und 100°C vor (Tab.

6.4). Zwischen Temperaturanstieg und Löslichkeitsverminderung besteht eine annähernde Linearität.

Tabelle 6.4 Löslichkeit von $Ca(OH)_2$ zwischen 0 und 100°C [1]

T (in °C)	$Ca(OH)_2$ (in g/100 ml H_2O)	T (in °C)	$Ca(OH)_2$ (in g/100 ml H_2O)
0	0,189	40	0,141
10	0,182	60	0,121
20	0,173	80	0,086
30	0,16	100	0,068

[1] Solubility Database, IUPAC 2015

Die Unterteilung der Salze in leicht und schwer lösliche Vertreter gibt im Prinzip die beiden Extremlagen des heterogenen Gleichgewichts (6-10) wieder. Zu den leicht löslichen Salzen gehören NH_4NO_3 mit einer Löslichkeit von 188 g, K_2CO_3 mit 112 g und $CaCl_2$ mit 74 g, zu den schwer löslichen gehören $PbSO_4$ mit $4,1 \cdot 10^{-3}$ g und $AgCl$ mit $1,54 \cdot 10^{-4}$ g; alle Werte bezogen auf 100 g H_2O (20°C). Die Löslichkeiten einiger ausgewählter Salze sind im Anhang 3 zusammengestellt.

Durch eine *gute Wasserlöslichkeit* zeichnen sich im Allgemeinen Nitrate, Acetate, Halogenide (Ausnahme: Silber- und Blei(II)-halogenide) sowie Sulfate (Ausnahme: Sulfate der Erdalkalimetalle Ca, Sr und Ba sowie des Pb und Ag) aus.

Die für das *Bauwesen* fundamental wichtigen Verbindungen Calciumcarbonat $CaCO_3$ und Calciumsulfat-Dihydrat $CaSO_4 \cdot 2H_2O$ gehören mit ihren Löslichkeiten von $1,4 \cdot 10^{-3}$ g bzw. 0,2 g pro 100 g H_2O (20°C) zur Gruppe der schwer löslichen Verbindungen. Dass sich ihre Löslichkeiten um etwa zwei Zehnerpotenzen unterscheiden, hat unmittelbare Konsequenzen für ihren Einsatz als Baustoff. Gips mit einer Löslichkeit von ca. 2 g pro Liter Wasser darf für Außenbauten, die ständig feuchter Witterung ausgesetzt sind, nicht verwendet werden.

Löslichkeitsprodukt. Gesättigte Lösungen sind durch ein dynamisches Gleichgewicht zwischen dem festen Bodenkörper AB_s und den hydratisierten Ionen A^+_{aq} und B^-_{aq} charakterisiert (Gl. 6-10). Wendet man auf dieses temperaturabhängige Lösungsgleichgewicht das MWG an, ergibt sich Gl. (6-11).

$$K = \frac{c(A^+{}_{aq}) \cdot c(B^-{}_{aq})}{c(AB_S)}$$

(6-11)

Da die Konzentration (eigentlich Aktivität, Kap. 6.5.2.2) des festen Bodenkörpers AB gleich eins gesetzt werden kann, folgt Beziehung (6-12).

$$K_L(AB) = c(A^+) \cdot c(B^-)$$

$[mol^2/l^2]$

(6-12)

$K_L(AB)$ wird als **Löslichkeitsprodukt** der Verbindung AB bezeichnet, seine Einheit ergibt sich zu mol^2/l^2. K_L ist ein Maß für die Löslichkeit der Verbindung AB.

In einer mit einem Bodenkörper im Gleichgewicht befindlichen gesättigten Lösung besitzt das Produkt der Ionenkonzentrationen des Elektrolyten einen konstanten, nur von der Temperatur T abhängigen Wert K_L (*Löslichkeitsprodukt*).

Für das Löslichkeitsprodukt eines Salzes der allgemeinen Stöchiometrie A_mB_n gilt:

$$A_mB_n \; \rightleftharpoons \; m\,A^{n+} \; + \; n\,B^{m-}$$

$$\boxed{K_L(A_mB_n) = c^m(A^{n+}) \cdot c^n(B^{m-})} \qquad [mol^{m+n}/l^{m+n}] \qquad (6\text{-}13)$$

Je schwerer löslich ein Salz, umso kleiner ist K_L. Nach einer Festlegung wird die Löslichkeit schwer löslicher Salze ($K_L < 1$) durch das Löslichkeitsprodukt, leicht löslicher Salze ($K_L > 1$) hingegen durch die in 100 g Wasser lösliche Grammenge des Salzes angegeben. Tab. 6.5 enthält die Löslichkeitsprodukte einiger ausgewählter Salze. Aus Gl. (6-12) und Gl. (6-13) folgt, dass das Löslichkeitsprodukt verschiedene, von der stöchiometrischen Zusammensetzung des Salzes abhängige Einheiten besitzen kann.

Tabelle 6.5 Löslichkeitsprodukte einiger ausgewählter Salze (25°C, [AC 2])

Verbindung	K_L (mol^2/l^2)	Verbindung	K_L (mol^2/l^2)
AgI	$8,5 \cdot 10^{-17}$	$CaCO_3$	$4,7 \cdot 10^{-9}$
AgBr	$5,0 \cdot 10^{-13}$	$CaSO_4$	$2,4 \cdot 10^{-5}$
AgCl	$1,7 \cdot 10^{-10}$	$Mg(OH)_2$	$1,5 \cdot 10^{-12}$ [a]
CaF_2	$1,7 \cdot 10^{-10}$ [a]	$Ca(OH)_2$	$3,9 \cdot 10^{-6}$ [a]

[a] Einheit: mol^3/l^3

Die Kenntnis des Löslichkeitsprodukts ermöglicht das Verständnis zahlreicher Fällungs- und Lösungsreaktionen. Betrachtet man zum Beispiel eine gesättigte Calciumcarbonatlösung mit $K_L = c(Ca^{2+}) \cdot c(CO_3^{2-}) = 4,8 \cdot 10^{-9}\, mol^2/l^2$ (bei 25°C). Ist das Produkt der Konzentrationen von Ca^{2+}- und CO_3^{2-}-Ionen kleiner als K_L (= *ungesättigte Lösung*), löst sich solange festes Calciumcarbonat auf, bis die Gleichgewichtskonzentrationen an Ca^{2+} und CO_3^{2-} in der Lösung erreicht sind (**Auflösen**). Eine ungesättigte Lösung erreicht man auf zwei Wegen: entweder man verdünnt oder man entzieht der Lösung eine Ionenart, z.B. durch Komplexbildung. Ist das Produkt der Konzentrationen von Ca^{2+} und CO_3^{2-} in der Lösung größer als K_L (*übersättigte Lösung*), kristallisiert solange Salz aus, bis die Gleichgewichtskonzentrationen der Ionen in Lösung wieder erreicht sind (**Fällen**).

Berechnung der molaren Löslichkeit. Aus dem Löslichkeitsprodukt $K_L(AB)$ kann die Löslichkeit $c(AB)$ eines Salzes AB (**molare Löslichkeit**) ermittelt werden und umgekehrt kann aus der Löslichkeit der Wert des Löslichkeitsprodukts errechnet werden. Für eine Verbindung AB aus Ionen gleicher Ladungsstufe (1:1-Elektrolyte, z.B. $CaCO_3$, AgCl) errechnet sich die molare Löslichkeit (= **Sättigungskonzentration**) *c(AB)* entsprechend Gl. (6-14a).

$$c(AB) = c(A^+) = c(B^-) = \sqrt{K_L} \qquad \text{[mol/l]}. \tag{6-14a}$$

Für die molare Löslichkeit eines Salzes A_mB_n mit dem Löslichkeitsprodukt $K_L(A_mB_n)$ gilt allgemein Gl. (6-14b).

$$c(A_mB_n) = {}^{m+n}\!\!\sqrt{\frac{K_L(A_mB_n)}{m^m n^n}} \qquad \text{[mol/l]}. \tag{6-14b}$$

Damit ergeben sich für die Sättigungskonzentrationen der Ionen in Lösung die Beziehungen (6-15).

$$c(A^{n+}) = m \cdot c(A_mB_n) \qquad und \qquad c(B^{m-}) = n \cdot c(A_mB_n). \tag{6-15}$$

Beachte: Die K_L-Werte können nur dann für einen Vergleich der Löslichkeiten verschiedener Salze herangezogen werden, wenn die Salze dem gleichen Stöchiometrietyp angehören. Ansonsten müssen die molaren Löslichkeiten entsprechend Gl. (6-14a bzw. b) berechnet werden.

Multipliziert man die molare Löslichkeit *c(AB)* einer Verbindung AB mit ihrer molaren Masse *M*, erhält man die **Löslichkeit in Gramm pro Liter** (Gl. 6-16). Diese Größe entspricht der Massenkonzentration *β(AB)* (Gl. (1-10)) und wird mitunter auch mit $c_g(AB)$ bezeichnet. Einheit: g/l bzw. µg/l.

$$c_g(AB) = c(AB) \cdot M \qquad \text{[g/l]} \tag{6-16}$$

Werden unterschiedliche Salzlösungen vereinigt, kristallisieren zuerst die beiden Ionenarten aus, die das Salz mit der geringsten Löslichkeit bilden. Zum Beispiel fällt bei Zugabe von $BaCl_2$-Lösung zu einer K_2SO_4-Lösung augenblicklich ein weißer Niederschlag von Bariumsulfat $BaSO_4$ aus (**Sulfatnachweis**, s. Kap. 14). K^+- und Cl^-- Ionen bleiben in Lösung ($c_g(KCl) = 343$ g/l). $BaSO_4$ gehört zu den schwer löslichen Salzen, $c_g = 2{,}3 \cdot 10^{-3}$ g/l.

Entfernt man eine Ionensorte eines schwer löslichen Niederschlags, gegebenenfalls auch beide, durch eine chemische Reaktion aus dem Gleichgewicht (z.B. durch Komplexbildung), so löst sich der Niederschlag wieder auf.

Chloridionen können mit Silbernitratlösung $AgNO_3$ als schwer lösliches Silberchlorid ausgefällt werden (Gl. 6-17). Gibt man zum AgCl-Niederschlag Ammoniaklösung, löst er sich wieder auf, da die Ag^+-Ionen der Lösung durch Bildung des kationischen Diamminsilber(I)-Komplexes (Gl. 6-18) ständig aus dem dynamischen Gleichgewicht entfernt werden (**Chloridnachweis**, s. Kap. 14).

$$Ag^+ + Cl^- \rightarrow AgCl \downarrow; \qquad AgCl(s) \rightleftharpoons Ag^+(aq) + Cl^-(aq) \tag{6-17}$$

$$Ag^+ + 2\,NH_3 \rightarrow [Ag(NH_3)_2]^+ \tag{6-18}$$

Die **Beeinflussung der Löslichkeit** eines Salzes durch andere gelöste Stoffe ist ein auch für die Bauchemie wichtiges Problem. Handelt es sich um die Wirkung eines oder mehrerer *Salze*, sind zwei Fälle zu unterscheiden:

a) Beeinflussung der Löslichkeit eines Salzes durch ein anderes gelöstes Salz, wobei beide Salze eine Ionenart gemeinsam enthalten (***gleichioniger Zusatz***).
b) Beeinflussung der Löslichkeit eines Salzes durch ein oder mehrere andere gelöste Salze, wobei diese mit dem ersteren keine Ionenart gemeinsam haben *(fremdioniger Zusatz)*.

Fall **a**) liegt vor, wenn man einer gesättigten Calciumcarbonatlösung zusätzlich Ca^{2+}- oder CO_3^{2-}-Ionen zufügt, z.B. einige Tropfen $Ca(NO_3)_2$- oder Na_2CO_3-Lösung. Das Löslichkeitsprodukt wird überschritten und es fällt bis zum abermaligen Erreichen der Sättigungskonzentration festes Calciumcarbonat aus.

$\Rightarrow$ *Gleichionige Zusätze verringern die Löslichkeit eines Elektrolyten und damit die Konzentration des Gegenions.*

Die Verringerung der Löslichkeit eines Salzes durch die Anwesenheit der gleichen Ionensorte aus einer anderen Verbindung spielt bei bauchemischen Prozessen häufig eine Rolle. So ist die hohe Wasserbeständigkeit des Betons unter anderem auch dadurch bedingt, dass die an sich bereits geringen Löslichkeiten der hydratisierten **C-S-**, **C-A-** und **C-A-F**-Phasen durch die Anwesenheit des bei der Zementhydratation entstehenden $Ca(OH)_2$ noch weiter abgesenkt werden. Die Ca^{2+}-Ionen wirken als gleichioniger Zusatz.

Alkalisches Milieu verringert die Löslichkeit von $Ca(OH)_2$. Bei 20°C beträgt die Löslichkeit von $Ca(OH)_2$ 0,118 g pro 100 g Wasser (Tab. 6.4). In einer NaOH-Lösung, die 0,16 g Natriumhydroxid in 100 ml H_2O gelöst enthält, geht die Löslichkeit des Calciumhydroxids auf 0,057 g/100 ml Lösung zurück, in einer NaOH-Lösung mit 0,5 g NaOH/100 ml H_2O geht sie auf 0,018 g $Ca(OH)_2$ und in einer NaOH-Lösung mit 2 g NaOH/100 ml H_2O geht sie bereits auf 0,002 g $Ca(OH)_2$ pro 100 ml Lösung zurück.

Die *hohe Stabilität des Betons gegenüber alkalischem Milieu* ist darin begründet, dass durch mehrere miteinander verknüpfte Löslichkeitsgleichgewichte die Beständigkeit des Zementsteins deutlich erhöht wird. Zum Beispiel vermindert die Konzentration an OH^--Ionen die Löslichkeit des $Ca(OH)_2$, andererseits verringert die Anwesenheit des Calciumhydroxids die Löslichkeit der calciumenthaltenden Hydratphasen des Zements.

Fall **b)** *Fremdionige Zusätze* führen zu einer Erhöhung der Löslichkeit eines Salzes (*Salzeffekt*). Die Ionen des Fremdelektrolyten beeinflussen die elektrostatischen Wechselwirkungen zwischen den Ionen in der Lösung. Dadurch wird die Auskristallisation gehemmt und der Lösevorgang nimmt relativ gesehen zu. Die Löslichkeit des Silberchlorids liegt z.B. in einer 0,02 molaren Kaliumnitratlösung um etwa 20% höher. Die Fremdionen K^+ und NO_3^- umgeben die Silber- und Chloridionen und schirmen sie hinsichtlich einer Ausfällung zu AgCl ab.

Aufgaben:
1.	Berechnen Sie die molare Löslichkeit von Calciumsulfat (25°C)! Geben Sie die Konzentration der Ca^{2+}-Ionen (in mol/l) an und berechnen Sie, wie viel mg $CaSO_4$ sich in 100 g H_2O lösen!

$$c(CaSO_4) = \sqrt{K_L} = \sqrt{2{,}4 \cdot 10^{-5}\,mol^2\,/\,l^2} = 4{,}9 \cdot 10^{-3}\ mol\,/\,l$$

Da $CaSO_4$ ein 1:1-Elektrolyt (Typ AB) gilt: $c(CaSO_4) = c(Ca^{2+}) = 4{,}9 \cdot 10^{-3}$ mol/l .
$c_g(CaSO_4) = c(CaSO_4) \cdot M(CaSO_4) = 4{,}9 \cdot 10^{-3}$ mol/l $\cdot$ 136,2 g/mol $=$ 0,667 g/l

Die molare Löslichkeit des $CaSO_4$ beträgt $4{,}9 \cdot 10^{-3}$ mol/l; in 100 g Wasser lösen sich demnach 66,7 mg $CaSO_4$.

2. Vergleichen Sie die Löslichkeiten von Calciumcarbonat und Calciumfluorid anhand der molaren Löslichkeiten bei 25°C! Welches Salz ist leichter löslich?

$$c(CaCO_3) = \sqrt{K_L(CaCO_3)} = \sqrt{4{,}7 \cdot 10^{-9}\,mol^2\,/\,l^2} = 6{,}9 \cdot 10^{-5}\,mol/l$$

$$c(CaF_2) = \sqrt[3]{\frac{K_L}{4}} = \sqrt[3]{\frac{1{,}7 \cdot 10^{-10}\,mol^3\,/\,l^3}{4}} = 3{,}49 \cdot 10^{-4}\,mol/l$$

CaF_2 ist in Wasser besser löslich als $CaCO_3$.

3. Wie verändert sich die Konzentration an Ca^{2+}-Ionen einer gesättigten Calciumcarbonatlösung (25°C), wenn die Carbonationenkonzentration der Lösung auf 0,5 mol/l erhöht wird?

$$c(Ca^{2+}) = \frac{K_L}{c(CO_3^{2-})} = \frac{4{,}7 \cdot 10^{-9}\,mol^2\,/\,l^2}{0{,}5\,mol\,/\,l} = 9{,}4 \cdot 10^{-9}\ mol\,/\,l.$$

Die Konzentration an Ca^{2+} ändert sich von $6{,}9 \cdot 10^{-5}$ mol/l auf $9{,}4 \cdot 10^{-9}$ mol/l .

6.4 Wasser und Wasserinhaltsstoffe

6.4.1 Härte des Wassers – Enthärtung

Natürlich vorkommende Wässer sind niemals „rein" im chemischen Sinne. Zum Beispiel enthält Regenwasser durch den Kontakt mit der Luft neben gelösten Gasen wie N_2, O_2 und CO_2 auch mehr oder weniger große Mengen an Staubpartikeln. In Industriegebieten und Großstädten kommen häufig beträchtliche Mengen an SO_2 und NO_2 dazu. Sie sind für die mitunter stark sauren pH-Werte des Regenwassers verantwortlich (Kap. 5.5.3.1). Sobald das Regenwasser die Erdkruste erreicht, setzen sich die Löseprozesse fort und zwar umso stärker, je saurer das Wasser ist.
Von zentraler Bedeutung ist in diesem Zusammenhang der Kohlendioxidgehalt des Wassers. CO_2-haltige Wässer sind in der Lage, carbonathaltige Minerale wie Kalkstein $CaCO_3$ und Dolomit $CaMg(CO_3)_2$, die wesentlich am Aufbau von Gebirgszügen und Erdschichten beteiligt sind, als Hydrogencarbonate zu lösen (Gl. 5-28). Zum Beispiel kann CO_2-freies Wasser bei Raumtemperatur nur 13 mg $CaCO_3$, CO_2-gesättigtes Wasser jedoch 1086 mg $CaCO_3$ pro Liter lösen. Analoge Löslichkeitsverhältnisse gelten für $MgCO_3$, so dass auf diese Weise Calcium- und Magnesiumionen in Grund- und Oberflächenwässer gelangen.

Je nach ihrer Herkunft enthalten die aus unterschiedlichen Ressourcen gewonnenen Trink- und Brauchwässer unterschiedliche Mengen an Hydrogencarbonaten, Sulfaten und Chloriden der Erdalkalimetalle Calcium und Magnesium. Ca^{2+}- und Mg^{2+}-Ionen sind für die **Härte des Wassers** verantwortlich. Die Kenntnis der Wasserhärte ist für viele ingenieurtechnische Gebiete wie die Kraftwerkstechnik, die Wasserwirtschaft oder die Umweltanalytik von fundamentaler Bedeutung. Da in der BRD, in Frankreich und in England unterschiedliche Definitionen für die Wasserhärte gebräuchlich waren, wurde im Zuge einer EU-weiten Vereinheitlichung dieser Begriff neu gefasst und nur noch auf den **Gehalt der Calcium- und Magnesiumionen** bezogen.

Unter der Wasserhärte versteht man die Stoffmengenkonzentration der Calcium- und Magnesiumionen $c(Ca^{2+}+ Mg^{2+})$ in mmol pro Liter (DIN 38 409).

In der Regel besteht die Gesamthärte zu 70...85% aus der Calcium- und entsprechend zu 30...15% aus der Magnesiumhärte.

Eine sehr verbreitete und häufig angewendete Unterteilung der Wasserhärte *orientiert sich an den vorhandenen Anionen*. Man unterscheidet hier zwischen der Carbonathärte und der Nichtcarbonathärte (auch Resthärte).

- **Carbonathärte (temporäre Härte).** Die Carbonathärte (Abk.: KH) ist jener Anteil an Calcium- und Magnesiumionen, für den in der Volumeneinheit eine äquivalente Konzentration an Hydrogencarbonationen vorliegt. Die KH lässt sich durch Kochen entfernen (Gl. 6-19).

$$Ca^{2+} + Mg^{2+} + 4\,HCO_3^- \;\xrightleftharpoons{\,T\,}\; CaCO_3 \downarrow + MgCO_3 \downarrow + 2\,H_2O + 2\,CO_2 \qquad (6\text{-}19)$$
Kesselstein

- **Nichtcarbonathärte (permanente Härte).** Die Nichtcarbonathärte (Abk.: NKH) ist der nach Abzug der Carbonathärte von der Gesamthärte (GH) gegebenenfalls verbleibende Rest an Calcium- und Magnesiumionen, der vor allem aus der Auflösung von Sulfaten und Chloriden stammt. Zur NKH können auch Nitrate und Phosphate des Calciums bzw. Magnesiums beitragen, wenngleich in deutlich geringerem Maße. Die Nichtcarbonathärte lässt sich *nicht* durch Kochen entfernen.

Carbonat- und Nichtcarbonathärte addieren sich zur **Gesamthärte: KH + NKH = GH**.

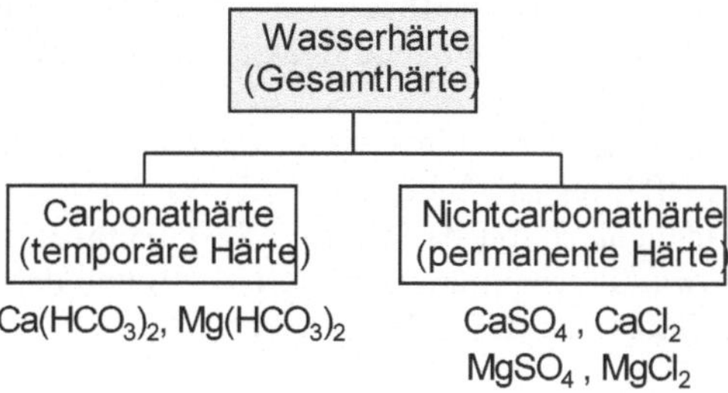

Mit dem Inkrafttreten der Neufassung des Wasch- und Reinigungsmittelgesetzes (WRMG) vom 05. Mai 2007 wurden die Härtebereiche an europäische Standards angepasst und die obige Angabe Millimol Gesamthärte pro Liter durch die Angabe Millimol Calciumcarbonat pro Liter ersetzt. Laut der Deutschen Vereinigung des Gas- und Wasserfaches e.V. soll die Angabe Millimol $CaCO_3$ je Liter unverändert als Millimol Gesamthärte (Calcium- und Magnesiumhärte!) je Liter aufgefasst und verwendet werden. Im Gesetz wurden die bisherigen vier Härtebereiche zu drei Bereichen zusammengelegt: *weich, mittel* und *hart* (Tab. 6.6).

In Deutschland wird die Wasserhärte häufig noch in **Grad deutscher Härte °dH** (auch: °d) angegeben. <u>Es gilt</u>:

$$1\ °dH = 18\ mg\ CaCO_3 = 0{,}18\ mmol\ CaCO_3\ \text{pro Liter Wasser}$$
$$1\ mmol\ (Ca^{2+} - Mg^{2+})\ /l\ H_2O = 1\ mmol\ CaCO_3\ /l\ H_2O\ =\ 5{,}6\ °dH.$$

Wasser mittlerer Härte mit einem hohen Gehalt an Hydrogencarbonat schmeckt frisch und ist als Trinkwasser hervorragend geeignet. Ist Wasser zu hart, kann z.B. der Geschmack von Tee und Kaffee beeinträchtigt werden. Waschaktive Substanzen werden in hartem Wasser teilweise unwirksam. Beim Waschen mit Seife entstehen *Calcium-* und *Magnesiumseifen* (schwer lösliche Ca- und Mg-Salze der Fettsäuren), die sich auf den Textilien niederschlagen und sie vergrauen lassen. Durch die Härtebildner kommt es im Rohrleitungssystem zur Ausbildung von Schutzschichten aus Calcium- und Magnesiumcarbonat. Obwohl diese Schichten die Korrosion wenigstens teilweise unterbinden, führen sie in Abhängigkeit von der Zusammensetzung und der Struktur zu einem Mehrverbrauch an Energie. Er ist bei einer kristallinen, weitgehend homogenen, harten Kalkschicht deutlich höher als bei einer porösen, heterogenen, mit Rostablagerungen durchzogenen Kalkkruste.

Härtebereiche	Millimol $CaCO_3$ pro Liter H_2O	°dH
weich	< 1,5 mmol	< 8,4
mittel	1,5 ... 2,5 mmol	8,4 ... 14
hart	> 2,5 mmol	> 14

Tabelle 6.6

Härtebereiche

Für eine Vielzahl technischer Anwendungen ist hartes Wasser ungünstig bzw. unbrauchbar. Deshalb wird in weiten Bereichen der Industrie wie Kraftwerken, Druckereien, Papierfabriken und Brauereien das Wasser **enthärtet** oder zumindest teilenthärtet, um Ablagerungen von Kesselstein bzw. andere störende Reaktionen zu vermindern bzw. ganz auszuschließen.

Historisch bedeutsame Verfahren zur Wasserenthärtung sind die **Destillation** des Wassers bzw. die **chemische Ausfällung** störender Ionen als schwer lösliche Verbindungen. Als Beispiel für letztere Möglichkeit soll das **Kalk-Soda-Verfahren** genannt werden. Durch Zugabe von $Ca(OH)_2$ wird die temporäre Härte (Gl. 6-20) und durch Zugabe von Na_2CO_3 (Soda) die permanente Sulfathärte (Gl. 6-21) beseitigt.

$$Ca^{2+} + 2\ HCO_3^- + Ca(OH)_2 \ \rightarrow\ 2\ CaCO_3\downarrow + 2\ H_2O \tag{6-20}$$

$$CaSO_4 + Na_2CO_3 \ \rightarrow\ CaCO_3\downarrow\ +\ Na_2SO_4 \tag{6-21}$$

Da die bei diesem Verfahren erreichte Enthärtung des Wassers bis auf etwa 0,3°dH für die Dampferzeugung in Höchstdruckkesseln nicht ausreicht, erfolgt häufig eine Nachenthärtung mit Trinatriumphosphat Na_3PO_4. Die noch im Wasser enthaltenen Spuren an Ca- und Mg-Ionen werden als schwer lösliche Phosphate gefällt, wobei gleichzeitig leicht lösliche Natriumsalze entstehen (Gl. 6-22).

$$2\ Na_3PO_4 + 3\ Ca^{2+} + 6\ HCO_3^- \rightarrow Ca_3(PO_4)_2\downarrow + 6\ NaHCO_3 \qquad (6\text{-}22)$$

Heute wird zur vollständigen Enthärtung des Wassers die Methode des **Ionenaustauschs** genutzt. Das Prinzip eines Ionenaustauschers besteht darin, störende Kationen wie Ca^{2+}, Mg^{2+}, aber auch Sr^{2+}, Ba^{2+}, Na^+ gegen H_3O^+-Ionen (*Kationenaustauscher*) bzw. störende Anionen wie Cl^-, SO_4^{2-}, CO_3^{2-}/HCO_3^- gegen OH^--Ionen *(Anionenaustauscher)* auszutauschen.
Kationenaustauscher sind Polystyrolharze mit sauren Gruppen, z.B. der Sulfonsäuregruppe $R\text{-}SO_3^-$ H^+ oder der Carboxylatgruppe $R\text{-}COO^-$ H^+. Anionenaustauscher sind Polystyrolharze mit positiven Ladungen an tertiären oder quartären Ammoniumgruppen. Als Anionen enthalten sie meist Hydroxidionen, z.B. $\text{-}NMe_3^+$ OH^-, mit Me = Methylgruppe. Leitet man Wasser durch Säulen mit Kationen- bzw. Anionenaustauscher, laufen die in Abb. 6.17 dargestellten Reaktionen ab. Es werden Salzgehalte von 0,02 mg pro Liter erreicht. Durch Versetzen der Filter mit Säuren (HCl) oder Laugen (NaOH) und nachfolgendem Waschen erfolgt eine Regenerierung. In der Technik verwendet man zunehmend Mischbett-Ionenaustauscher, in denen die Polystyrolharze nebeneinander in der sauren *und* der basischen Form vorliegen. Die vom Kationenaustauscher abgegebenen H^+-Ionen reagieren mit den vom Anionenaustauscher abgegebenen OH^--Ionen zu Wasser. Auf diese Weise wird auch das **demineralisierte Wasser** im chemischen Labor gewonnen.

In Vollwaschmitteln sorgen Gerüststoffe (*builder*) für die Enthärtung des Wassers und garantieren damit die Funktionsfähigkeit der waschaktiven Substanzen (Kap. 6.2.2.3). Ihr Anteil beträgt zwischen 20...55%. Ende der 80iger Jahre spielten Polyphosphate, wie z.B. das Pentanatriumtriphosphat $Na_5P_3O_{10}$, die dominierende Rolle. Ihre Funktion bestand darin, die Härtebildner komplex zu binden. Der ökologische Pferdefuß des Einsatzes von Phosphaten in Waschmitteln ist bekannt: Phosphor (als Phosphat) ist ein wichtiger Pflanzennährstoff. Wird er über das biologische Gleichgewicht hinaus angeboten, mutiert er zum Störfaktor im Selbstreinigungsmechanismus der Gewässer. Durch die unbegrenzte Förderung des Algenwachstums in Flüssen und Seen (**Eutrophierung**) gerät als Folge des sich einstellenden Sauerstoffdefizits das Leben in den Gewässern in Gefahr.

Die seit einiger Zeit eingeführten phosphatfreien Waschmittel enthalten **Zeolithe** (Kap. 9.2.3.1) als Wasserenthärter. Zeolithe sind kristalline wasserhaltige Alumosilicate mit einer hohlraumreichen Gerüststruktur, in der Alkalimetallionen enthalten sind. Die wasserunlöslichen Makromoleküle wirken als Ionenaustauscher. Die Na^+-Ionen im synthetisch hergestellten Zeolith A (Sasil®, $Na_2[Al_2Si_4O_{12}] \cdot x\ H_2O$) sind in dem Si-Al-O-Gerüst frei beweglich und lassen sich leicht gegen die Härtebildner Ca^{2+} und Mg^{2+} austauschen (Abb. 9.8). Zeolithe sind wegen ihrer Wasserunlöslichkeit ökologisch unbedenklich, vermehren allerdings die Menge des Klärschlamms.

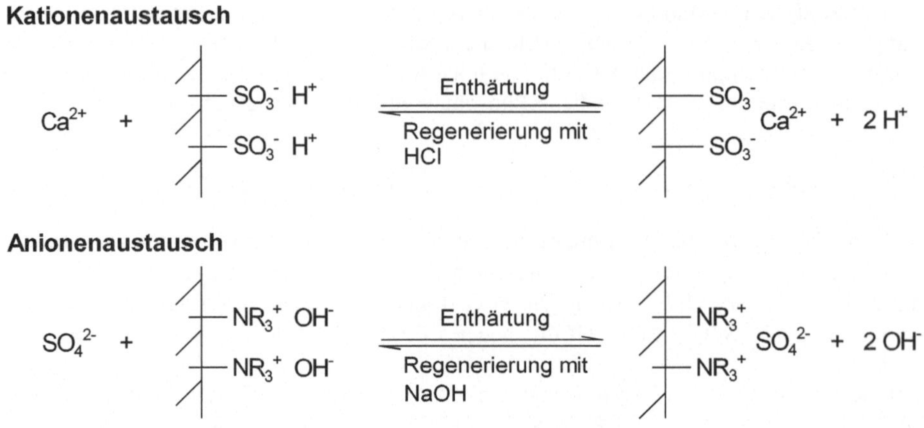

Kationenaustausch

$$Ca^{2+} \;+\; \substack{\text{—} SO_3^- \; H^+ \\ \text{—} SO_3^- \; H^+} \quad \xrightleftharpoons[\substack{\text{Regenerierung mit}\\ \text{HCl}}]{\text{Enthärtung}} \quad \substack{\text{—} SO_3^- \\ \text{—} SO_3^-} Ca^{2+} \;+\; 2\,H^+$$

Anionenaustausch

$$SO_4^{2-} \;+\; \substack{\text{—} NR_3^+ \; OH^- \\ \text{—} NR_3^+ \; OH^-} \quad \xrightleftharpoons[\substack{\text{Regenerierung mit}\\ \text{NaOH}}]{\text{Enthärtung}} \quad \substack{\text{—} NR_3^+ \\ \text{—} NR_3^+} SO_4^{2-} \;+\; 2\,OH^-$$

Abbildung 6.17 Schema des Kationen- und Anionenaustauschs

Wasser sehr hoher Reinheit kann durch die Technologie der **Umkehrosmose** erhalten werden. Dabei drückt man Leitungswasser mit 2...20 bar gegen eine semipermeable Polymermembran, wobei ein molekularer Trennprozess stattfindet. Die Wassermoleküle können in umgekehrter Richtung zur „normalen" Osmose (s. Kap. 6.2.3.3) die ultrafeinen Poren der Membran passieren. Unerwünschte Stoffe und Kontaminationen wie Salze (z.B. Carbonate, Nitrate und Sulfate), Schwermetalle, organische Verbindungen (Dioxine, Pestizide), ja selbst höhermolekulare Species wie Viren und Bakterien, werden dagegen je nach Moleküldurchmesser und Ausgangskonzentration zu 90...99% zurückgehalten.

6.4.2 Trinkwasser

Trinkwasser ist Wasser, das für den menschlichen Bedarf bzw. die Zubereitung der Nahrung geeignet ist. Es ist für uns das wichtigste, unersetzliche Lebensmittel. Trinkwasser muss keimarm, appetitlich, farblos, kühl (6...10°C), geruchlos, geschmacklich einwandfrei sein und darf nur einen geringen Gehalt an gelösten Stoffen besitzen (DIN 2000). Da die für die Trinkwassergewinnung zum Einsatz kommenden Wässer (Grund-, Quell- bzw. Oberflächenwässer) auf natürliche Weise oder durch anthropogene Aktivitäten bedingt eine Vielzahl gelöster chemischer Stoffe bzw. Mikroorganismen enthalten können, müssen bestimmte Güteeigenschaften erfüllt sein. Sie sind in der **Trinkwasserverordnung** [UC 6] niedergelegt und gelten selbstverständlich auch für Betriebswässer der Lebensmittelindustrie.

Die festgeschriebenen Grenzwerte für Metalle und Anionen, für polycyclische aromatische Kohlenwasserstoffe (PAK), organische Chlorverbindungen, chemische Stoffe zum Pflanzenschutz und zur Schädlingsbekämpfung einschließlich ihrer Abbauprodukte dürfen nicht überschritten werden (Tab. 6.7). Die Einhaltung der Grenzwerte für Eisen (0,5 mg/l) und Mangan (0,12 mg/l) erweist sich im Hinblick auf die Vermeidung von Verstopfungen in Trinkwasserrohrleitungen als äußerst sinnvoll.

Tabelle 6.7 Grenzwerte für chemische Stoffe; Auszug aus der Verordnung über Trinkwasser und über Wasser für Lebensmittelbetriebe (Trinkwasserverordnung vom 22. Mai 1986, Novellierung vom 21. Mai 2001 [UC 6])

Stoffe	Grenzwert (mg/l)	Stoffe	Grenzwert (mg/l)
Arsen	0,01	Polycylische aromatische	0,0001
Blei	0,01	Kohlenwasserstoffe	(insgesamt)
Cadmium	0,003		
Chrom	0,05	Trihalogenmethane:	0,05
Cyanid	0,05	Trichlormethan, Bromdichlor-	(insgesamt)
Fluorid	1,5	methan, Dibromchlormethan	
Nickel	0,02	und Tribrommethan	
Nitrat	50		
Nitrit	0,5	Pflanzenschutzmittel (PSM)	0,0001 (einzelne
Quecksilber	0,001	und Biozidprodukte	(Substanz)
Kupfer	2		0,0005 (insges.)

6.4.3 Wasser im Bauwesen

Im Bauwesen spielt Wasser vor allem als Zugabe- und Baugrundwasser, aber auch als Abwasser oder Regenwasser eine wichtige Rolle.

Tabelle 6.8. Grenzwerte bei chemischen Angriff durch Wässer und natürliche Böden nach DIN 4030

Parameter	Angriff			
	XA1 (schwach angreifend)	XA2 (mäßig angreifend)	XA3 (stark angreifend	Art des Angriffs [1]
pH-Wert	6,5–5,5	5,5–4,5	4,5–4,0	L
Kalklös. Angriff, CO_2 in mg/L	15–30	40–100	Über 100	L
Ammonium (NH_4^+) in mg/L	15–30	30–60	60–100	L
Magnesium (Mg^{2+}) in mg/L	300–1000	1000–3000	Über 3000	L, T
Sulfat (SO_4^{2-}) in mg/L	200–600	600–3000	3000 - 6000	T

[1] L = Lösender Angriff, T = Treibender Angriff.

Als **Zugabe-** oder **Anmachwasser** für Mörtel oder Beton kann jedes natürlich vorkommende Wasser genutzt werden, das nicht verunreinigt ist und dessen Salzgehalt unter 3,5% (Abdampfrückstand) liegt. Ansonsten ist mit Ausblühungen bzw. anderen schädigenden Folgereaktionen zu rechnen (Kap. 9.4.4). Ein hoher Chloridgehalt ist insbesondere bei Zugabewässern für bewehrten Beton oder Mörtel zu vermeiden, da die Chloridionen durch elektrochemische Effekte korrosiv auf die Bewehrung wirken (9.4.2.3)

Die schädigende Wirkung von **Baugrundwasser** ist in erster Linie auf das Vorhandensein von freier Kohlensäure und Sulfaten zurückzuführen. Zum Beispiel können bei stark mit

Gips durchsetzten Bodenschichten (Gipsmergel, Gipskeuper) Sulfatgehalte bis zu 1500 mg SO_4^{2-} pro Liter im Grundwasser auftreten. In Böden mit hohen Anteilen an Müll (alte Deponien), Bauschutt, Industrieabfällen oder Schlacke sind die Grundwässer meist reich an Chloriden, Sulfaten, Ammoniumsalzen und freier Kohlensäure. Baugrundwässer mit einem **Chloridgehalt** >1500 mg/l bzw. einem **Nitratgehalt** >150 mg/l bewirken ebenfalls eine Schädigung des Betons.

Für die Beurteilung der Betonaggressivität von Wässern natürlicher Zusammensetzung wurden auf der Grundlage der in Tab. 6.8 aufgeführten Grenzwerte für den pH-Wert, die NH_4^+-, Mg^{2+}- und die SO_4^{2-}-Konzentration die Expositionsklassen **XA1**, **XA2** und **XA3** im Hinblick auf eine Betonkorrosion festgelegt (DIN EN 206-1, DIN 1045-2).

Tabelle 6.9 Betonangriff durch aggressive chemische Umgebung (Expositionsklassen)

Klasse	Beschreibung der Umgebung	Beispiele für die Zuordnung
XA1	chemisch schwach angreifende Umgebung nach Tab. 6.8	Behälter von Kläranlagen, Güllebehälter
XA2	chemisch mäßig angreifende Umgebung nach Tab. 6.8 und Meeresbauwerke	Betonbauteile, die mit Meerwasser in Berührung kommen; Bauteile in betonangreifenden Böden
XA3	chemisch stark angreifende Umgebung nach Tab. 6.8	Industrieabwasseranlagen mit chemisch angreifenden Abwässern; Gärfuttersilos und Futtertische der Landwirtschaft; Kühltürme mit Rauchgasanbindung.

Die Belastungen der **Abwässer** können physikalischer oder chemischer Natur sein. Im Bereich der Energieerzeugung entsteht sogenanntes „thermisch verschmutztes" Kühlwasser. Durch die Erwärmung wird die Wasserlöslichkeit des Sauerstoffs verringert und damit das Sauerstoffangebot für Lebewesen in den Gewässern reduziert. Die chemische Belastung durch Fest- bzw. Schwebstoffe und gelöste Stoffe kann je nach Herkunft des Abwassers sehr unterschiedlich sein.

Häusliche Abwässer enthalten vor allem Phosphate, neben Tensiden (Waschmittel) und fäkalischen Bestandteilen. Die Phosphate stammen in erster Linie aus den Humanexkrementen, kaum noch aus Waschmitteln. Die aggressiven Eigenschaften sind in erster Linie auf die in bestimmten Sanitär-Reinigungsmitteln enthaltenen Laugen (z.B. NaOH) bzw. Säuren wie H_2SO_4 oder Essigsäure CH_3COOH zurückzuführen. Die Nitratbelastung der Wässer geht ebenfalls zu etwa einem Viertel auf die Haushalte zurück. Der größere Teil des Nitrats stammt jedoch aus der Landwirtschaft (Tierhaltung, Mineraldünger, organische Dünger). **Gewerbliche** und **industrielle Abwässer** enthalten häufig anorganische (HCl, H_2SO_4, HNO_3) und organische Säuren (Essigsäure, Milchsäure, Fruchtsäuren), neben unterschiedlichen Konzentrationen an Schwermetallen. Schwermetalle und anorganische Säuren stammen vor allem aus Abwässern der metallverarbeitenden Industrie, organische Säuren aus den der Lebensmittelindustrie und des Gärungsgewerbes.

6.5 Chemische Reaktionen in Lösung

6.5.1 Komplexbildungsreaktionen

6.5.1.1 Hydratation als Komplexbildung – Aufbau der Komplexe

Durch Anlagerung von neutralen Wassermolekülen an ein positiv geladenes Metallion bilden sich hydratisierte Kationen (Kap. 6.3.1). Dieser Hydratationsprozess kann als Spezialfall eines allgemeinen Reaktionstyps der anorganischen Chemie, der Komplexbildungsreaktion, verstanden werden. Die entstehenden Verbindungen nennt man **Komplexverbindungen** (Metallkomplexe, Komplexe oder Koordinationsverbindungen). Im Resultat der Hydratation eines Metallkations werden *Aquakomplexe* mit in der Regel sechs angelagerten H_2O-Molekülen erhalten.

Bei der Komplexbildung gruppiert sich eine bestimmte Anzahl von Molekülen oder Ionen in einer definierten geometrischen Anordnung um ein zentrales Metallatom bzw. -ion. Es entsteht eine komplexe Baugruppe, die auch bei Dissoziation der Verbindung in wässriger Lösung als solche erhalten bleibt.

In den Formeln der Komplexverbindungen werden das komplexe Kation bzw. das komplexe Anion durch eckige Klammern gekennzeichnet.

$$[Co(NH_3)_6]Cl_3 \rightleftharpoons [Co(NH_3)_6]^{3+} + 3\ Cl^-$$

$$Na[Al(OH)_4] \rightleftharpoons Na^+ + [Al(OH)_4]^-$$

Die Ladung eines Komplexes ergibt sich als Summe der Ladungen aller im Komplex enthaltenen Ionen. Erfolgt ein Ladungsausgleich, liegt ein Neutralkomplex vor. Der grundsätzliche Unterschied zu einem Salz besteht darin, dass die Anlagerung geladener Ionen um ein Metallion über die stöchiometrische Wertigkeit des Metallions hinaus erfolgen kann.

Zur **Nomenklatur von Metallkomplexen** gibt es klare Festlegungen [s. AC 1-3]. Der Formalismus soll an drei ausgewählten Beispielen gezeigt werden:

$[Co(NH_3)_6]Cl_3$	Hexaammincobalt(III)-chlorid
$K_4[Fe(CN)_6]$	Kalium-hexacyanoferrat(II)
$[CuCl_2(H_2O)_2]$	Diaquadichlorokupfer(II).

Metallkomplexe bestehen aus einem **Zentralatom** (oder **-ion**) und den **Liganden**. Die Liganden sind entweder Ionen, z.B. Halogenidionen und Hydroxidionen, oder Neutralmoleküle wie H_2O und NH_3. Sie müssen über wenigstens ein freies Elektronenpaar verfügen. Die freien Elektronenpaare sind von entscheidender Bedeutung für das Zustandekommen der chemischen Bindung zwischen Zentralatom und Ligand. Sie werden *vom Liganden* zur Verfügung gestellt. Damit liegt der grundlegende Unterschied zwischen der Bindung in Metallkomplexen und der kovalenten Bindung im Bildungsschritt: Während bei der kovalenten Bindung beide Partner ein ungepaartes Elektron zum gemeinsamen Bindungselektronenpaar beisteuern, stammen die beiden Elektronen der Elektronenpaarbindung zwischen Metall und Ligand *ausschließlich vom Liganden*. Die chemische Bindung in einem Metallkomplex (früher: *koordinative Bindung*) muss als polare Atombindung betrachtet werden. Im Sprachgebrauch der Komplexchemie sagt man, der Ligand ist am Metall „koordiniert".

Mit Ausnahme von einatomigen Liganden wie F^-, Cl^- und O^{2-} ist das am Metall koordinierende Atom (*Haftatom*) Bestandteil eines Moleküls (NH_3, H_2O) oder eines zusammengesetzten Ions (CN^-, SCN^-). Wird pro Ligand nur eine Elektronenpaarbindung zum Metallzentrum ausgebildet, liegen **einzähnige** Liganden vor.

Eine Reihe von Liganden enthalten mehrere Haftatome in sterisch günstiger Stellung. Sie sind deshalb in der Lage, mehr als eine Koordinationsstelle am Zentralatom zu besetzen (**mehrzähnige** Liganden). Ein mehrzähniger Ligand umschließt das Zentralatom zangenförmig. Deshalb werden die entstehenden Komplexe als **Chelatkomplexe** oder kurz Chelate (*griech.* chele, Krebsscheren) bezeichnet. Bevorzugt werden fünf- und sechsgliedrige Ringe gebildet. Chelatkomplexe sind im Allgemeinen stabiler als Komplexe mit einzähnigen Liganden.
Ein Beispiel für einen häufig verwendeten, einfach aufgebauten Chelatliganden ist das Ethylendiamin H_2N-CH_2-CH_2-NH_2 (Abk.: en). Dieser zweizähnige Ligand kann mit den freien Elektronenpaaren der beiden N-Atome zwei Koordinationsstellen am Zentralatom besetzen (Abb. 6.18).

Die Anzahl der Haftatome der Liganden, mit denen das Zentralatom (-ion) im Komplex verbunden ist, bezeichnet man als die **Koordinationszahl** des Komplexes. Nur bei einzähnigen Liganden ist die Koordinationszahl mit der Anzahl der koordinierten Liganden identisch. Viele Übergangsmetalle haben unterschiedliche Koordinationszahlen, am häufigsten treten die Koordinationszahlen sechs und vier auf.

Die unterschiedlichen Koordinationszahlen sind mit unterschiedlichen **Koordinationsgeometrien** verknüpft. In Komplexen mit der Koordinationszahl 6 besetzen die Haftatome in der überwiegenden Mehrzahl der Fälle die Ecken eines regulären oder verzerrten **Oktaeders** mit dem Metallion im Zentrum (Abb. 6.19: $[CoCl_6]^{3-}$). Weitere Beispiele für oktaedrische Komplexe sind $[CrF_6]^{3-}$, $[Fe(CN)_6]^{3-}$ und $[Co(en)_3]^{3+}$.

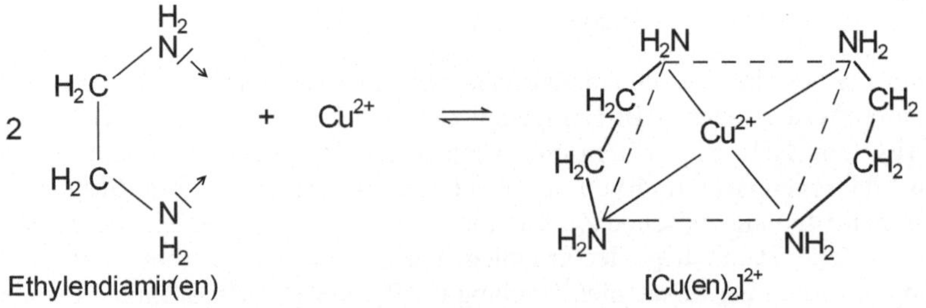

Abbildung 6.18 Komplexbildung zwischen dem zweizähnigen Liganden Ethylendiamin (en) und Cu^{2+}. Es entsteht das Bis(ethylendiamin)kupfer(II)-Ion

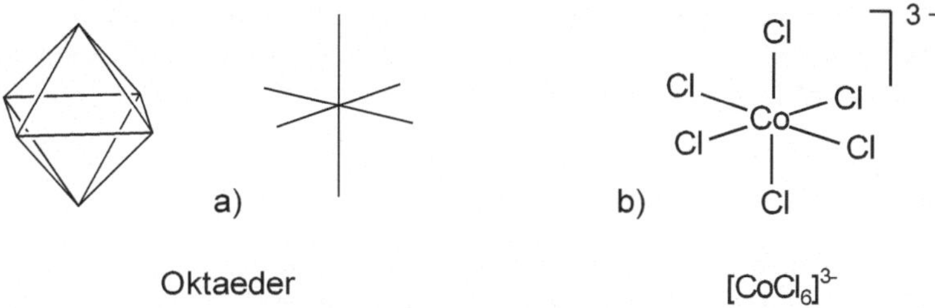

Abbildung 6.19 a) Oktaedrische Koordinationsgeometrie: Ein Oktaeder kann durch sechs einzähnige, drei zweizähnige (z.B. en) oder einen sechszähnigen Liganden (z.B. EDTA, Kap. 6.5.1.2) gebildet werden. b) $[CoCl_6]^{3-}$ als Beispiel für einen oktaedrischen Komplex, Koordinationszahl 6

In Übergangsmetallkomplexen mit der Koordinationszahl 4 befinden sich die Haftatome der Liganden entweder an den Ecken eines Tetraeders wie im $[Al(OH)_4]^-$ und im $[ZnCl_4]^{2-}$ oder an den Ecken eines Quadrates, wie z.B. im $[Ni(CN)_4]^{2-}$ und im $[Cu(NH_3)_4]^{2+}$ (Festzustand!). Es liegen **tetraedrische** oder **quadratisch-planare** Komplexe vor (Abb. 6.20). Komplexe mit der Koordinationszahl 2 sind **linear** aufgebaut. Als Beispiel soll der Silberkomplex $[Ag(NH_3)_2]^+$ (Gl. 6-18) angeführt werden.

Abbildung 6.20 Tetraedrische und quadratisch-planare Koordinationsgeometrie. Komplexe dieser Koordinationsgeometrie können durch vier einzähnige bzw. zwei zweizähnige Liganden gebildet werden

Bei Koordination mehrzähniger Liganden kommt es generell zu Abweichungen von den regulären Geometrien des Oktaeders, Tetraeders bzw. Quadrates.

6.5.1.2 Analytische Bedeutung von Komplexverbindungen

Komplexbildungsreaktionen, die mit Farb- bzw. Löslichkeitsänderungen gekoppelt sind, bilden häufig die Grundlage qualitativer und quantitativer Nachweisreaktionen (Kap. 14). Zum Beispiel wird zum qualitativen Nachweis von Kupfer(II)-Ionen die Komplexbildung mit NH_3 herangezogen. Genauer betrachtet handelt es sich bei der Bildung des tiefblauen Tetraammindiaquakupfer(II)-Komplexes um einen sukzessiven Austausch der H_2O- gegen die NH_3-Liganden (Gl. 6-23). Es liegt eine *Ligandenaustauschreaktion* vor. Aufgrund der besonderen Geometrie des entstehenden Tetraammindiaquakupfer(II)-Komplexes wird häufig die einfachere Formel $[Cu(NH_3)_4]^{2+}$ bevorzugt (s.a. Kap. 8.2.2, Gl. 8-9).

$$[Cu(H_2O)_6]^{2+} \; + \; 4\,NH_3 \; \rightleftharpoons \; [Cu(NH_3)_4(H_2O)_2]^{2+} \; + \; 4\,H_2O \qquad (6\text{-}23)$$
hellblau *tiefblau*

Zum **analytischen Nachweis von Fe(III)** dient meist die Farbreaktion mit SCN^- (Thiocyanat- oder Rhodanidion, Gl. 6-24). Auch bei dieser Umsetzung handelt es sich um eine Ligandenaustauschreaktion.

$$[Fe(H_2O)_6]^{3+} \ + \ SCN^- \ \rightleftharpoons \ [Fe(H_2O)_5SCN]^{2+} \ + \ H_2O \qquad (6\text{-}24)$$
$$\textit{blassgelb} \qquad\qquad\qquad\quad \textit{blutrot}$$

Komplexbildungsreaktionen können auch zur *quantitativen* Bestimmung von Metallionen durch Titration herangezogen werden. Unter einer **Titration** versteht man ein maßanalytisches Verfahren, bei dem eine unbekannte Menge einer gelösten Teilchenart dadurch ermittelt wird, dass man sie quantitativ von einem chemisch exakt definierten Ausgangszustand in einen ebenfalls exakt definierten Endzustand überführt (*Maßanalyse, Volumetrie*). Bei den Teilchen kann es sich um Protonen oder Hydroxidionen (*Säure-Base-Titration*), um Oxidations- oder Reduktionsmittel (*Redoxtitration*) oder um Metallionen bzw. Säurerestionen (*Komplexometrie, Fällungstitration*) handeln.

Zu der zu bestimmenden Lösung wird solange eine Lösung bekannter Konzentration zugefügt, bis ein vollständiger Umsatz zwischen den interessierenden Teilchenarten erfolgt ist. Dabei kommt es auf eine genaue Messung des zugegebenen Volumens an. Die Lösung bekannter Konzentration (**Maßlösung**) befindet sich in einer Bürette. Die Bürette ist ein Glasrohr mit einer geeichten Graduierung, an dessen unterem Ende sich ein Glashahn befindet. Er ermöglicht die kontrollierte Zugabe der Maßlösung zu der zu bestimmenden Lösung. Zur Erkennung des Endpunktes oder Äquivalenzpunktes werden unterschiedliche Methoden eingesetzt (Kap. 6.5.3.3).
Bei der komplexometrischen Titration (**Komplexometrie**) erfolgt die quantitative Bestimmung von Metallionen mittels mehrzähniger organischer Liganden (*Komplexone*). Das praktisch wichtigste Komplexon ist der sechszähnige Ligand **Ethylendiamintetraacetat**, kurz: **EDTA**, das Anion der Ethylendiamintetraessigsäure. EDTA ist ein ausgezeichneter Komplexbildner für die meisten zwei- und dreiwertigen Metallionen (Abb. 6.21).

Zur Erkennung des **Äquivalenzpunktes**, an dem sich die zu bestimmende Menge an Metallion und die zugegebene Menge an Komplexon genau entsprechen, also *äquivalent* sind, benutzt man sogenannte Metallindikatoren. Metallindikatoren sind organische Farbstoffe, die der Untersuchungslösung vor der eigentlichen Titration zugefügt werden und die mit den Metallionen farbige Metall-Indikator-Komplexe bilden. Bei der nachfolgenden Titration mit dem Komplexbildner EDTA entsteht ein Metall-EDTA-Komplex, der stabiler als der vorliegende Metall-Indikator-Komplex ist. Es läuft wiederum eine Ligandenaustauschreaktion ab. Der anfangs am Metall komplex gebundene Farbstoffligand wird im Verlauf der Titration sukzessive durch EDTA verdrängt:

$$\text{Metall-Indikator-Komplex} + \text{EDTA} \ \rightleftharpoons \ \text{Metall-EDTA-Komplex} \ + \ \text{Indikator.}$$
$$\textit{Farbe I} \qquad\qquad\qquad\qquad\qquad\qquad\qquad \textit{Farbe II}$$

Die Farbe des freigesetzten Indikators, die sich von der des Metall-Indikator-Komplexes unterscheiden muss, zeigt den Äquivalenzpunkt an. Auf komplexometrischem Wege ist es möglich, die Gesamthärte von Wässern, also die im Wasser enthaltene Menge an Calcium- und Magnesiumionen, zu bestimmen.

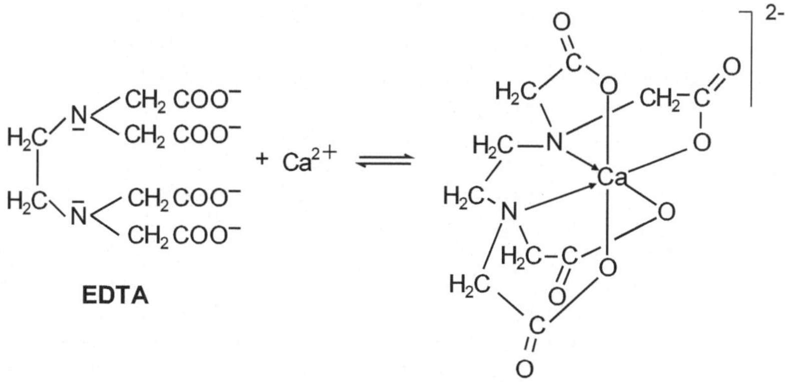

Abbildung 6.21   Komplexbildung von Ca^{2+} mit EDTA: Im gebildeten Komplex realisiert der organische Komplexbildner die Koordinationszahl 6

6.5.2   Elektrolyte und elektrolytische Leitfähigkeit

6.5.2.1   Elektrolyte – Elektrolytlösungen

Viele elektrochemische Vorgänge beruhen auf Leitungsvorgängen, bei denen der Ladungstransport durch bewegliche Ionen erfolgt. Stoffe, die einen solchen Ladungstransport ermöglichen, werden als **Elektrolyte** bezeichnet. Neben geschmolzenen oder in Wasser gelösten Salzen gehören auch saure und alkalische Lösungen zu den Elektrolyten, da sie ebenfalls Ionen enthalten.

> **Elektrolyte sind Stoffe, die in wässriger Lösung oder in der Schmelze den elektrischen Strom leiten. Der Stromtransport erfolgt durch frei bewegliche Ionen.**

Im Gegensatz zu den metallischen Leitern (Leiter I. Klasse), bei denen der Stromtransport durch Elektronen erfolgt, transportieren in Elektrolytlösungen die Ionen den elektrischen Strom (Leiter II. Klasse). Verbindungen wie Zucker oder Alkohol, die in wässriger Lösung den Strom *nicht* leiten, werden als **Nichtelektrolyte** bezeichnet. In Lösungen dieser Stoffe liegen keine Ionen, sondern neutrale Moleküle vor.

Elektrolyte können in zwei Gruppen unterteilt werden. Im Hinblick auf ihr Verhalten in Wasser unterscheidet man *starke* und *schwache* Elektrolyte. **Starke Elektrolyte** liegen in wässriger Lösung praktisch vollständig in Form von Ionen vor. Wird der starke Elektrolyt AB gelöst, liegen in Lösung ausschließlich Ionen A^+ und B^-, jedoch keine Teilchen AB vor. Zu den starken Elektrolyten gehören fast alle Salze sowie die starken anorganischen Säuren und Basen (s. Kap. 6.5.3.4). Zu den **schwachen Elektrolyten** gehören Säuren und Basen, die nur teilweise mit Wasser reagieren (Protolyse, Kap. 6.5.3.1). Je höher die Verdünnung, d.h. je geringer die Konzentration, umso stärker protolysieren die Elektrolyte und umso höher ist der Anteil der Ladungsträger für den Stromtransport. Oder umgekehrt: Mit zunehmender Konzentration des Elektrolyten sinkt der Protolysegrad.

Bei gleicher Stoffmengenkonzentration leitet die Lösung eines starken Elektrolyten den elektrischen Strom deutlich besser als die eines schwachen Elektrolyten.

Hinsichtlich Bindung und Struktur unterteilt man die Elektrolyte auch in *echte* und *potentielle* Elektrolyte. **Echte** oder **permanente Elektrolyte** sind Stoffe, die bereits im festen Zustand aus Ionen aufgebaut sind. Die in wässriger Lösung zu beobachtenden Ladungsträger sind demnach bereits im Kristallgitter vorgebildet. Der Zusammenhalt der Teilchen im Ionengitter beruht auf der Wirksamkeit elektrostatischer Kräfte (Kap. 3.2). Ein *ideal* aufgebauter Salzkristall zeigt keine elektrische Leitfähigkeit, da die in ihm enthaltenen Ladungsträger nicht beweglich sind. In *realen* Ionenkristallen kann auf Grund von Baufehlern in geringem Umfang eine Ionenbewegung erfolgen. Deshalb besitzen diese Kristalle eine geringe elektrische Leitfähigkeit, die beispielsweise für die Herstellung von Halbleitern oder sehr kleinen galvanischen Elementen von großer Bedeutung ist. Zu den echten Elektrolyten zählen fast alle Salze, sowie eine Reihe von Oxiden und Hydroxiden.

In einer Elektrolytschmelze, die je nach Temperatur aus einzelnen Ionen, Ionenpaaren und größeren Ionenassoziaten besteht, liegen bereits bewegliche Ionen vor. Deshalb leiten Schmelzen salzartiger Stoffe den elektrischen Strom. Die Vorgänge, die beim Auflösen eines Ionenkristalls in Wasser unter Bildung hydratisierter Ionen ablaufen, sind in Kap. 6.3.1 beschrieben.

Bei den **potentiellen Elektrolyten** handelt es sich um Molekülsubstanzen mit polaren kovalenten Bindungen, aus denen erst durch Reaktion mit Wasser (Protolyse) Ionen entstehen. Löst man beispielsweise den potentiellen Elektrolyten Chlorwasserstoff (HCl) in Wasser, wird die Polarisierung der Bindung zwischen dem H- und dem Cl-Atom verstärkt und das Molekül zerfällt in die Ionen H^+ (bzw. H_3O^+) und Cl^-. Zu den potentiellen Elektrolyten zählen zahlreiche anorganische und organische Säuren, die Base Ammoniak sowie einige organische Basen, z.B. Anilin.

Der Sachverhalt, dass bestimmte Stoffe unter dem Einfluss von Wasser in negativ und positiv geladene Molekülteile zerfallen, wird in der chemischen Literatur meist als **elektrolytische Dissoziation** (*lat.* dissociato Trennung) bezeichnet. Dieser Terminus geht auf den schwedischen Physikochemiker *Svante Arrhenius* (1883) zurück und ist Teil seiner Ionenhypothese. Mitunter wird der Arrheniussche Begriff der elektrolytischen Dissoziation dahingehend modifiziert, dass man vom Zerfall der Ionensubstanzen in wässriger Lösung in *frei bewegliche* Ionen spricht.

Die Arrheniussche Einteilung der Elektrolyte in starke und schwache Vertreter leitet sich vom Ausmaß der Dissoziation, d.h. vom Ausmaß des Zerfalls der Moleküle in Ionen, ab. Starke Elektrolyte sind in wässriger Lösung praktisch vollständig dissoziiert, schwache Elektrolyte dagegen nur teilweise. Im letzteren Fall stellt sich zwischen den undissoziierten Molekülen AB und den gebildeten Ionen A^+ und B^- ein Gleichgewicht ($AB \rightleftharpoons A^+ + B^-$) ein. Der Umfang der elektrolytischen Dissoziation wird durch die Lage des Gleichgewichts bestimmt. Damit kann die Stärke des Elektrolyten durch die Gleichgewichtskonstante (Dissoziationskonstante) beschrieben werden.

Auskunft über den dissoziierten Anteil eines schwachen Elektrolyten gibt der **Dissoziationsgrad** α (Gl. 6-25).

$$\alpha = \frac{\textit{Anzahl der dissoziierten Moleküle}}{\textit{Anzahl der Moleküle vor der Dissoziation}} \leq 1 \qquad\qquad (6\text{-}25)$$

In einer moderneren Betrachtungsweise sind die Termini „Elektrolytische Dissoziation" und „Dissoziationsgrad" in der wässrigen Chemie überflüssig und in ihrer Handhabung inkonsequent. Salze müssen nicht mehr dissoziieren, d.h. in negativ und positiv geladene Ionen zerfallen („aufgespalten werden"), da ihre Ionenstruktur im Gitter bereits vorgebildet ist. Da sie in wässriger Lösung praktisch vollständig in hydratisierte Ionen übergehen („dissoziieren"), besitzt der Dissoziationsgrad keine physikalische Bedeutung. Es gilt immer $\alpha = 1$. Bei den schwachen Elektrolyten, die bei der Reaktion mit Wasser nur teilweise in Ionen „dissoziieren", handelt es sich fast ausnahmslos um Säuren und Basen. Sie reagieren mit Wasser unter Bildung von Ionen (Gl. 6-48, 6-49). Statt „Dissoziationsgleichgewichte" laufen Protolysegleichgewichte ab. Das Ausmaß der Protolyse wird durch die Säure- bzw. Basekonstante (Kap. 6.5.3.4) beschrieben. Beide Größen stellen ein quantitatives Maß für die Stärke von Säuren und Basen dar. Chemisch korrekter und vor allem konsequenter wird für den Dissoziationsgrad der **Protolysegrad** α eingeführt (Gl. 6-57).

Der Protolysegrad α schwacher Säuren bzw. Basen hängt von der analytischen Konzentration der Elektrolytlösung ab (Gl. 6-58). Je höher die Verdünnung, d.h. je geringer die Konzentration, umso stärker protolysieren die Elektrolyte und umso höher ist der Anteil der Ladungsträger für den Stromtransport.

6.5.2.2   Elektrolytische Leitfähigkeit – Aktivität

Legt man an eine Elektrolytlösung durch Eintauchen zweier Metallplatten eine elektrische Gleichspannung an, findet in der Lösung ein Stromtransport durch ionische Ladungsträger statt. Die Ionen wandern zur jeweils entgegengesetzt geladenen Elektrode. Der Ladungstransport ist mit einem Stofftransport verbunden. Um eine Elektrolyse (Kap. 7.5) zu vermeiden, muss für Leitfähigkeitsmessungen eine Wechselspannung höherer Frequenz (ca. 1000 Hz) gewählt werden.

Verschiedene Elektrolyte setzen dem Stromfluss unterschiedlich große Widerstände entgegen. Damit laufen Messungen der elektrischen Leitfähigkeit letztlich auf Widerstandsmessungen hinaus. Der Widerstand eines elektrischen Leiters ist von seinen Dimensionen und seiner Natur abhängig. Für den Ohmschen Widerstand R gilt:

$$\boxed{R = \frac{\rho \cdot l}{q}} \qquad \begin{array}{l} l = \text{Länge}, \; q = \text{Querschnitt}, \\ \rho = \text{spezifischer Widerstand}. \end{array} \qquad (6\text{-}26)$$

Gl. (6-26) ist auch für Elektrolytlösungen gültig. Anstelle der Länge l tritt hier jedoch die Entfernung der Elektroden (in cm bzw. m). Statt eines Querschnitts setzt man die wirksame Elektrodenoberfläche in cm^2 bzw. m^2 ein. Der Reziprokwert des spezifischen Widerstands ρ ist die **spezifische Leitfähigkeit** æ (Gl. 6-27). Während bei Metallen Länge und Querschnitt fest vorgegeben sind und leicht berechnet werden können, besitzt im Falle von Elektrolytlösungen der Quotient l/q die Bedeutung einer gefäßspezifischen Konstanten, der Zellkonstanten C.

$$\text{æ} = \frac{l}{\rho} = \frac{l}{R \cdot q} = \frac{C}{R} \qquad \text{Einheit: } \Omega^{-1} \cdot \text{cm}^{-1} = \text{S} \cdot \text{cm}^{-1} \qquad (6\text{-}27)$$

Als Einheit der spezifischen Leitfähigkeit ergibt sich $\Omega^{-1}\cdot$ cm^{-1}. Da man Ω^{-1} als Siemens (S) bezeichnet, wird die spezifische Leitfähigkeit in S $\cdot$ cm^{-1} angegeben. Meist werden kleinere Einheiten benötigt: 1 S $\cdot$ cm^{-1} = 10^3 mS $\cdot$ cm^{-1} = $10^6\,\mu$S $\cdot$ cm^{-1}.

Die spezifische Leitfähigkeit einer Elektrolytlösung ist temperaturabhängig. Ähnlich wie bei einem Gas nimmt die Ionenbeweglichkeit mit steigender Temperatur zu. Deshalb sind Leitfähigkeitsdaten immer auf eine bestimmte Temperatur bezogen. Neben der Temperatur hängt die spezifische Leitfähigkeit einer Elektrolytlösung auch stark von der Konzentration des Elektrolyten und der Art der Ladungsträger ab. Damit können Leitfähigkeitsmessungen als analytische Routinemethode zur Beurteilung des Salzgehalts von Wässern eingesetzt werden.

Will man das Leitvermögen verschiedener Elektrolytlösungen miteinander vergleichen, ist es zweckmäßig, Lösungen gleicher Konzentration zu betrachten. Hierzu hat man die **molare Leitfähigkeit** Λ = æ $/c$ definiert. Wird æ in $\Omega^{-1}\cdot$ cm^{-1} angegeben, erhält man mit der molaren Konzentration c in mol/cm^3 für Λ die Einheit $\Omega^{-1}\cdot$ cm^2 $\cdot$ mol^{-1}. Berücksichtigt man die Äquivalentkonzentration c_n, ergibt sich die sogenannte *Äquivalentleitfähigkeit*.

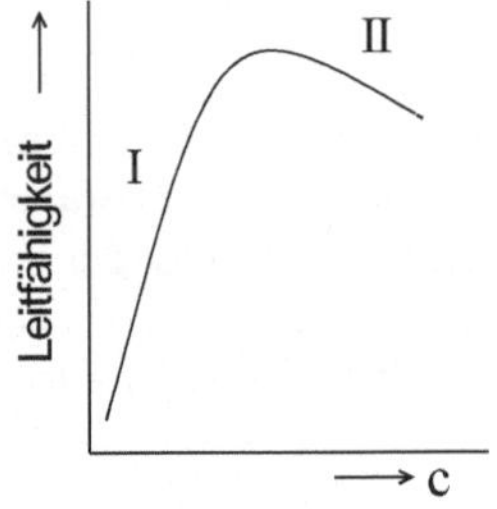

Abbildung 6.22

Konzentrationsabhängigkeit der spezifischen Leifähigkeit

Abb. 6.22 zeigt den allgemeinen Kurvenverlauf für die Konzentrationsabhängigkeit der spezifischen Leitfähigkeit. Zunächst ist zu erwarten, dass die *Leitfähigkeit eines Salzes stetig mit der Konzentration der Ionen zunimmt*, da sich die Anzahl der Ladungsträger erhöht. Diese Erwartung bestätigt sich aber nur für den ersten Teil der Kurve, also für nicht allzu hohe Konzentrationen (Teil I). Nach dem Durchlaufen eines Maximums nehmen die Leitfähigkeit und damit die Ionenbeweglichkeit ab (Teil II der Kurve). Am Leitfähigkeitsmaximum ist die Zahl der frei beweglichen Ionen am größten. Obwohl die molare Leitfähigkeit auf die Konzentration „normiert" ist, bekommt man bei der graphischen Darstellung von Λ gegen c keine Konstante. Vielmehr wird auch hier mit zunehmender Konzentration c eine Abnahme von Λ beobachtet.

Der Grund für die Leitfähigkeitsabnahme bei höheren Konzentrationen ist für die Gruppe der *schwachen Säuren und Basen* in der Konzentrationsabhängigkeit des Protolysegrades (Gl. 6-58) zu sehen. Mit zunehmender Konzentration der Elektrolytlösung wird der ionische (protolysierte) Anteil des Elektrolyten kleiner. Damit verringert sich auch die Anzahl der für den Ladungstransport verantwortlichen Ladungsträger. Die Protolyse schwacher Elektrolyte wird mit zunehmender Konzentration zurückgedrängt.

Bei *starken Elektrolyten*, z.B. starken Säuren, kann die Abnahme der Leitfähigkeit nicht auf die Konzentrationsabhängigkeit des Protolysegrades zurückgeführt werden, denn selbst bei hohen Konzentrationen ist von einer vollständigen Protolyse ($\alpha = 1$) auszugehen. Im Falle starker Elektrolyte kommt es mit ansteigender Konzentration vielmehr zur Ausbildung von Ionenassoziaten („Ionenwolken") in der Elektrolytlösung. In der unmittelbaren Umgebung eines positiven Ions sammeln sich negativ geladene Teilchen an und umgekehrt. Die entstehende „Lösungsstruktur" ist keine fixierte Anordnung, sondern stellt einen mehr oder weniger losen Verband dar, der sich infolge der Wärmebewegung der Teilchen ständig verändert. Die durch **interionische Wechselwirkungen** entstandenen Raumladungswolken beeinflussen die Ionenbeweglichkeiten bei der Wanderung im elektrischen Feld und sind für die verringerten Leitfähigkeiten verantwortlich.

Um die Wechselwirkungen zwischen den gelösten Ionen bei höheren Konzentrationen quantitativ besser zu erfassen, ersetzt man die Konzentration c durch die **Aktivität** a. Die Aktivität ist eine korrigierte, tatsächlich „wirksame Konzentration". Sie ist aufgrund der beschriebenen Wechselwirkungen immer kleiner als die analytische Konzentration.

Im Gegensatz zur analytischen Konzentration c berücksichtigt die Aktivität a das Ausmaß der in der Lösung existierenden Wechselwirkungen.

Konzentration c und Aktivität a sind über den Aktivitätskoeffizienten f verknüpft (6-28).

$$a(X) = f \cdot c(X) \qquad [\text{mol/l}]. \qquad (6\text{-}28)$$

Der Aktivitätskoeffizient f besitzt als Korrekturfaktor keine Einheit. Da für alle realen Lösungen gilt: $a < c$, muss der Aktivitätskoeffizient $f < 1$ sein. Nur im Grenzfall unendlicher Verdünnung würde gelten: $a = c$ und $f = 1$. Für reine kondensierte Phasen wie Feststoffe oder reine Flüssigkeiten kann a definitionsgemäß gleich eins gesetzt werden ($a = 1$). Es soll an dieser Stelle darauf hingewiesen werden, dass jede Anwendung des MWG sowohl auf Gas- als auch auf Lösungsgleichgewichte eine Näherung bleibt, solange man die Konzentrationen statt der Aktivitäten der beteiligten Stoffe benutzt. Zum Beispiel werden bei experimentellen Untersuchungen häufig höhere Gleichgewichtskonzentrationen erhalten, als aufgrund der tabellierten K-Werte (z.B. K_L-Werte bei Löslichkeitsmessungen) zu erwarten sind.
Im Rahmen dieses Buches werden grundsätzlich Konzentrationen verwendet. Der Leser sollte sich jedoch stets über den Näherungscharakter der abgeleiteten Beziehungen im Klaren sein.

6.5.3 Säure-Base-Reaktionen

6.5.3.1 Säure-Base-Begriff

Die Bezeichnungen Säure und Base bzw. saures und basisches Verhalten sind Ausdruck für ein fundamentales Grundprinzip in der Chemie, das Dualismus-Prinzip, bezogen auf strukturelle und funktionelle Eigenschaften der Stoffe.

Säuren und Basen sind chemische Kontrahenten, deren gegensätzliche Eigenschaften - sauer bzw. basisch zu reagieren - sich bei Wechselwirkung aufheben.

Auch die Begriffe Oxidations- und Reduktionsmittel bzw. Oxidation und Reduktion (Kap. 7.1) manifestieren diesen Dualismus. Die Eigenschaften, reduzierend bzw. oxidierend zu wirken, gehen bei gegenseitiger Wechselwirkung verloren.

⇒ *Definition nach Arrhenius*

*Arrhenius l*eitete aus der von ihm 1887 entwickelten Theorie der elektrolytischen Dissoziation die folgende Definition für Säuren und Basen ab:

Säuren sind Stoffe, die in wässriger Lösung Wasserstoffionen (H^+, Protonen) abspalten können und Basen sind Stoffe, die in wässriger Lösung Hydroxidionen (OH^-) abspalten können.

Der saure bzw. basische (auch: alkalische) Charakter von wässrigen Lösungen wird im Rahmen dieser Theorie auf das Vorhandensein von H^+- und OH^--Ionen zurückgeführt. Die Arrhenius-Theorie steht noch heute am Anfang jedes Grundkurses Chemie, gibt sie doch zunächst eine schlüssige Erklärung für die meisten Säure-Base-Reaktionen. Salzsäure HCl und Salpetersäure HNO_3 sind beispielsweise typische Arrhenius-Säuren. Sie erfüllen das konstitutionelle Kriterium dieser Theorie, Wasserstoffatome zu besitzen, und das funktionelle Kriterium, sie in wässriger Lösung abgeben zu können. Dagegen ist die einfache organische Verbindung Methan CH_4 trotz vorhandener Wasserstoffatome keine Arrhenius-Säure. Das Methanmolekül ist *nicht* in der Lage, die H-Atome in Wasser als Protonen abzuspalten. Natriumhydroxid NaOH ist nach *Arrhenius* eine typische Base. NaOH zerfällt in wässriger Lösung in Na^+- und OH^--Ionen.

Ein wichtiger funktionaler Zusammenhang zwischen Säuren und Basen konnte von *Arrhenius* in der Neutralisationsreaktion gefunden werden. Bei der **Neutralisation** von Salzsäure mit Natronlauge entsteht eine Lösung von Natriumchlorid: HCl + NaOH $\rightarrow$ NaCl + H_2O. Das Reaktionsprodukt NaCl ist ein **Salz**, sein Kation stammt von der Base und sein Anion von der Säure.

Die eigentliche Nettogleichung der Neutralisation ist die Vereinigung von H^+- und OH^--Ionen zu undissoziierten Wassermolekülen (Gl. 6-29). Die dabei frei werdende Reaktionswärme von 57,4 kJ/mol wird als *Neutralisationswärme* bezeichnet.

$$\mathbf{H^+ + OH^- \; \rightleftharpoons \; H_2O} \qquad \Delta H = -\,57{,}4 \text{ kJ/mol} \qquad\qquad (6\text{-}29)$$

Obwohl die Arrhenius-Theorie zunächst einen deutlichen Fortschritt gegenüber empirischen und halbempirischen Klassifizierungen saurer und basischer Stoffe bedeutete, erkannte man in der Folgezeit bald eine Reihe von Schwachpunkten. Nach *Arrhenius* sind nur Hydroxide Basen, obwohl Ammoniak und eine Reihe organischer Verbindungen in wässriger Lösung ebenfalls eine alkalische Reaktion hervorrufen. Für die saure bzw. basische Reaktion von Salzlösungen konnte keine Erklärung gegeben werden und schließlich erwies sich eine einseitige Ausrichtung auf wässrige Systeme als zu eng.

Wie bereits beschrieben, zerfällt die nicht leitende, gasförmige Molekülsubstanz Chlorwasserstoff (HCl) unter dem Einfluss des Lösungsmittels Wasser in ihre Ionen. Die wässrige Lösung ist elektrisch leitend und reagiert sauer. Die Chloridionen lassen sich mit Silberionen nachweisen. Das Wesen der Umsetzung wird durch die Gleichung HCl $\rightarrow H^+ + Cl^-$ allerdings nur sehr unvollkommen wiedergegeben. Das vom Chlorwasserstoffmolekül abgegebene Proton ist ein extrem kleines, positiv geladenes Teilchen, das wegen seiner hohen elektrischen Ladungsdichte viel zu reaktiv ist, als dass es frei existieren könnte. Es lagert sich in wässriger Lösung sofort an ein freies Elektronenpaar eines H_2O-Moleküls an, wobei sich ein H_3O^+-Ion bildet (Gl. 6-30). Damit geht bei der Reaktion von HCl mit Wasser ein Proton vom HCl- auf das H_2O-Molekül über. Die H_3O^+-Ionen bewirken die saure Reaktion der gebildeten Salzsäure.

$$HCl(g) \; + \; H_2O(l) \; \rightleftharpoons \; Cl^- \, (aq) \; + \; H_3O^+ \, (aq) \tag{6-30}$$

Das gebildete H_3O^+-Ion wird als *Oxoniumion* bezeichnet. Durch Hydratation, also weitere Anlagerung von Wassermolekülen, treten in wässriger Lösung Spezies der Zusammensetzung $[H_3O \cdot H_2O]^+ = H_5O_2^+$, $[H_3O \cdot 2\,H_2O]^+ = H_7O_3^+$, $[H_3O \cdot 3\,H_2O]^+ = H_9O_4^+$ usw. auf, die wiederum hydratisiert werden. Hydratisierte Oxoniumionen werden als **Hydroniumionen** $\mathbf{H_3O^+(aq)}$ bezeichnet. Da in wässriger Lösung generell hydratisierte H_3O^+-Ionen vorliegen, soll im Rahmen dieses Buches an der weithin gebräuchlichen Bezeichnung Hydroniumion für das H_3O^+-Ion (hydratisiertes Proton) festgehalten werden.

Der Einfachheit und der besseren Übersichtlichkeit halber wird mitunter anstelle von H_3O^+ nur H^+ geschrieben.

Auch das Gas Ammoniak NH_3 löst sich in Wasser. Die entstehende Lösung leitet ebenfalls den elektrischen Strom, reagiert jedoch alkalisch. Die für die alkalische Reaktion verantwortlichen Hydroxidionen sind durch einen Protonenübergang vom Wassermolekül zum NH_3-Molekül entstanden (Gl. 6-31). Das Proton wurde also nicht wie in Reaktion (6-30) auf das Wasser übertragen, sondern umgekehrt, das H_2O-Molekül hat ein Proton auf das Molekül NH_3 übertragen. Die OH^--Ionen liegen, genau wie das Proton, hydratisiert vor.

$$NH_3(g) \; + \; H_2O(l) \; \rightleftharpoons \; NH_4^+ \, (aq) \; + \; OH^- \, (aq) \tag{6-31}$$

In beiden Fällen (Gl. 6-30 und 6-31) handelt es sich um Reaktionen, wo jeweils ein Teilchen ein Proton abgibt und ein anderes Teilchen ein Proton aufnimmt. Reaktionen, bei denen Protonen übertragen werden, nennt man **Protolysereaktionen (Protolysen)**. Sie finden auch bei der Auflösung bestimmter Salze in Wasser statt (6.5.3.5).

⇒ *Definition nach Brönsted*

Auf der Grundlage der Erkenntnis, dass das Wesen aller Säure-Base-Reaktionen in wässriger Lösung Protonenübergänge sind, entstand die nachfolgende Säure-Base-Theorie von *Brönsted* (1923).

Säuren sind Verbindungen oder Ionen, die Protonen abspalten können (*Protonendonatoren*). Basen sind Verbindungen oder Ionen, die Protonen aufnehmen können (*Protonenakzeptoren*).

Alle Brönsted-Säuren verfügen über mindestens ein Proton, das sie abgeben können und alle Brönsted-Basen besitzen mindestens ein freies Elektronenpaar, an das sich ein Proton anlagern kann. Die Brönsted-Theorie bezieht damit den Säure-Base-Begriff nicht auf Stoffklassen, sondern auf die Funktion von Teilchen, Protonen abgeben oder aufnehmen zu können.

Eine Brönsted-Säure geht bei Protonenabgabe in eine Brönsted-Base über, aus der durch Protonenaufnahme die Brönsted-Säure wieder zurückgebildet werden kann. Ein solches Paar von Teilchen nennt man ein **korrespondierendes** (*mlat.* correspondere, in Beziehung stehend) oder **konjugiertes Säure-Base-Paar.**

Im Weiteren wird für die Säure kurz **S** und für die Base **B** geschrieben. Nachfolgend einige Beispiele für korrespondierende Säure-Base-Paare:

S	$\rightleftharpoons$	**B**	**+ H$^+$**
HCl	$\rightleftharpoons$	Cl$^-$	+ H$^+$
H$_2$SO$_4$	$\rightleftharpoons$	HSO$_4^-$	+ H$^+$
NH$_4^+$	$\rightleftharpoons$	NH$_3$	+ H$^+$
CH$_3$COOH	$\rightleftharpoons$	CH$_3$COO$^-$	+ H$^+$

Das Chlorwasserstoffmolekül ist die korrespondierende bzw. konjugierte Säure der Base Cl$^-$ und umgekehrt ist das Chloridion die korrespondierende bzw. konjugierte Base der Säure Chlorwasserstoff. Wenn eine starke Säure durch das Bestreben charakterisiert ist, leicht ein Proton abzugeben, muss die konjugierte Base notwendigerweise eine schwache Base sein. Das Bestreben der Base, das Proton zu halten, ist in diesem Fall gering.

Je stärker eine Säure, desto schwächer ist die zur Säure gehörige konjugierte Base und umgekehrt, je stärker eine Base, desto schwächer ist ihre konjugierte Säure.

Da in wässriger Lösung freie Protonen nicht existent sind, kann eine Brönsted-Säure dann und nur dann ein Proton abspalten, wenn eine Base vorhanden ist, die das Proton aufnehmen kann. Mit anderen Worten: Eine Brönsted-Säure kann nur dann als Säure fungieren, wenn eine Brönsted-Base zugegen ist (und umgekehrt).

Zu einer Säure-Base-Reaktion kommt es erst dann, wenn *zwei* korrespondierende Säure-Base-Paare miteinander in Beziehung treten.

Bei der Reaktion von Chlorwasserstoff mit Wasser übernehmen, wie das nachfolgende Beispiel verdeutlicht, die H$_2$O-Moleküle die Basefunktion.

Korrespondierendes Säure-Base-Paar I:
$$\text{HCl} \rightleftharpoons \text{H}^+ + \text{Cl}^-$$
$$\text{S}_1 \rightleftharpoons \text{H}^+ + \text{B}_1$$

Korrespondierendes Säure-Base-Paar II:
$$\text{H}^+ + \text{H}_2\text{O} \rightleftharpoons \text{H}_3\text{O}^+$$
$$\text{H}^+ + \text{B}_2 \rightleftharpoons \text{S}_2$$

$$\text{HCl} + \text{H}_2\text{O} \rightleftharpoons \text{H}_3\text{O}^+ + \text{Cl}^-$$
$$\text{S}_1 + \text{B}_2 \rightleftharpoons \text{S}_2 + \text{B}_1$$

HCl ist im Vergleich zu H$_3$O$^+$ die stärkere Säure. Das HCl-Molekül besitzt demnach eine größere Tendenz, Protonen abzugeben, als das Hydroniumion. Das Gleichgewicht liegt vollständig auf der rechten Seite. Der entgegengesetzte Fall liegt bei der schwachen Essigsäure vor: $CH_3COOH + H_2O \rightleftharpoons CH_3COO^- + H_3O^+$. Hier ist H_3O^+ die stärkere Säure, das Gleichgewicht liegt weitgehend auf der linken Seite.

Ampholyte sind nach der Brönsted-Theorie Moleküle oder Ionen, die je nach Reaktionspartner Protonen abgeben oder aufnehmen können. Sie verhalten sich **amphoter** (*griech.-lat.* zwitterhaft). Wichtigstes Beispiel ist das Wasser, das mit einer Säure als Base (Gl. 6-30) und mit einer Base als Säure (Gl. 6-31) reagieren kann. Auch die verschiedenen Hydrogenanionen, wie z.B. HCO_3^-, HSO_4^-, $H_2PO_4^-$ und HPO_4^{2-}, gehören zu den Brönsted-Ampholyten. *Säuren, Basen und Ampholyte werden auch als **Protolyte** bezeichnet.*

Brönsted-Protolyte können nach ihrer Ladung in *Neutralsäuren* (HCl, HNO_3, CH_3COOH, H_2O) und *Neutralbasen* (NH_3, H_2O), in *Kationsäuren* (H_3O^+, NH_4^+, $[Al(H_2O)_6]^{3+}$) und *Kationbasen* ($Al(H_2O)_5OH]^{2+}$ sowie *Anionsäuren* ($H_2PO_4^-$, HSO_4^-) und *Anionbasen* (OH^-, SO_4^{2-}, CO_3^{2-}) eingeteilt werden.

Im Umgangssprachgebrauch bezieht sich der Begriff der Säure meist auf Neutralsäuren wie HCl, H_2SO_4, HNO_3. Sie fallen sowohl nach der Arrhenius- als auch nach der Brönsted-Theorie unter den Säurebegriff. Dagegen sind die Hydroxide NaOH, KOH, $Ca(OH)_2$, deren wässrige Lösungen schlechthin als klassische Basen gelten, zwar nach Arrhenius, nicht aber nach Brönsted Basen. Vielmehr stellt das beim Auflösen der Hydroxide entstehende und für die basische Reaktion der Lösung verantwortliche OH^--Ion die Brönsted-Base dar.

6.5.3.2 Autoprotolyse des Wassers und pH-Wert

Mit Präzisionsmessgeräten kann man selbst in reinstem Wasser eine, wenn auch außerordentlich niedrige, Leitfähigkeit messen. Demnach müssen in sehr geringer Konzentration Ladungsträger, also Ionen, vorhanden sein. Die Ionen können nur im Ergebnis der Reaktion der Wassermoleküle mit sich selbst entstanden sein (Gl. 6-32). Der Ampholyt Wasser geht im Resultat eines Protonenübergangs zwischen zwei H_2O-Molekülen in seine korrespondierende Base OH^- und in seine korrespondierende Säure H_3O^+ über. Diese Reaktion wird als **Autoprotolyse des Wassers** bezeichnet.

$$H_2O + H_2O \rightleftharpoons H_3O^+ + OH^- \qquad (6\text{-}32)$$

Durch Anwendung des MWG auf (Gl. 6-32) erhält man den Ausdruck (6-33).

$$K_c = \frac{c(H_3O^+) \cdot c(OH^-)}{c^2(H_2O)} . \qquad (6\text{-}33)$$

Die experimentell ermittelte Gleichgewichtskonstante K_c beträgt $3{,}25 \cdot 10^{-18}$ (25°C). Damit liegt Gleichgewicht (6-32) praktisch auf der Seite der unprotolysierten H_2O-Moleküle.

Das Autoprotolysegleichgewicht des Wassers stellt sich selbstverständlich in allen wässrigen Lösungen von Protolyten ein. Obwohl die Konzentrationen an H_3O^+ und OH^- durch Zugabe von Säuren und Basen signifikant verändert werden können, bleibt wegen des hohen Wasserüberschusses die „Konzentration des Wassers" von 55,34 mol/l praktisch konstant. Der Wert c = 55,34 mol/l ergibt sich aus dem Quotienten der Masse von 1 Liter Wasser bei 25°C, m = 997,04 g/l, und der molaren Masse des Wassers M = 18,015 g/mol. Da dieser Wert deutlich größer ist als die Ionenkonzentrationen der Lösungen, kann der Term $c^2(H_2O)$ im Nenner von Gl. (6-33) als konstant angesehen und in die Gleichgewichtskonstante einbezogen werden:

$K_c = c^2(H_2O) = 3,25 \cdot 10^{-18} \cdot (55,34)^2 = c(H_3O)^+ \cdot c(OH^-)$. Es folgt für 25°C:

$$\boxed{c(H_3O^+) \cdot c(OH^-) = 1,0 \cdot 10^{-14} mol^2 / l^2 = K_W} \qquad (6\text{-}34)$$

Die Konstante K_W bezeichnet man als das **Ionenprodukt des Wassers**. Da die Anzahl der H_3O^+- und OH^--Ionen gleich ist, ergibt sich für deren Konzentration nach dem Ionenprodukt:

$$\boxed{c(H_3O^+) = c(OH^-) = \sqrt{K_W} = 10^{-7} mol/l} \qquad (6\text{-}35)$$

Eine Konzentration von 10^{-7} mol H_3O^+ pro Liter Wasser bedeutet, dass von 55,3 Mol H_2O nur 10^{-7} Mol H_2O protolysiert vorliegen. Demnach liegen von *einer Milliarde* Wassermolekülen nur *zwei* protolysiert als H_3O^+- und OH^--Ionen vor.

Mit steigender Temperatur nimmt das Ausmaß der Autoprotolyse und damit der Wert für das Ionenprodukt des Wassers geringfügig zu (alle Werte in mol^2/l^2):

10°C: $0,13 \cdot 10^{-14}$; 25°C: $1,00 \cdot 10^{-14}$; 60°C: $12,60 \cdot 10^{-14}$; 100°C: $74,00 \cdot 10^{-14}$

Mittels Beziehung (6-35) lassen sich die Begriffe *neutrale, saure* und *basische (alkalische)* Lösung quantitativ eindeutig erfassen:

saure Lösung	$c(H_3O^+) > c(OH^-)$
basische (alkalische) Lösung	$c(H_3O^+) < c(OH^-)$
neutrale Lösung	$c(H_3O^+) = c(OH^-)$.

In einer sauren Lösung mit einer hohen Konzentration an $c(H_3O^+)$ muss demzufolge die OH^--Konzentration niedrig sein, damit das Produkt beider Ionenkonzentrationen wieder den Wert $K_W = 10^{-14}$ mol^2/l^2 (25°C) besitzt. Entsprechend gilt für den umgekehrten Fall einer alkalischen Lösung: Eine hohe Konzentration an OH^- bedingt eine niedrige Konzentration an H_3O^+-Ionen.

pH-Wert. Es ist üblich, den sauren bzw. basischen Charakter von Lösungen quantitativ durch die vorliegende Konzentration an H_3O^+ zu beschreiben. Um möglichst einfache Zahlenwerte zu erhalten, führte *Sörensen* 1909 als Maß für die Acidität einer Lösung den pH-Wert (pH *lat.* potentia Hydrogenii, Kraft des Wasserstoffs) ein.

Der pH-Wert ist der negative dekadische Logarithmus des Zahlenwertes der H_3O^+-Konzentration, die in mol/l anzugeben ist (Gl.6-36).

In der Praxis wird anstelle des pH-Wertes mitunter vom *Säuregrad* einer Lösung gesprochen.

$$pH = -\lg\frac{c(H_3O^+)}{mol\cdot l^{-1}}$$
(6-36)

Lösungen mit pH = 7 bezeichnet man als **neutral**, Lösungen mit pH < 7 als **sauer** und Lösungen mit pH > 7 als **basisch** bzw. alkalisch. Ist der pH-Wert einer Lösung bekannt, kann man nach Beziehung (6-37) die Konzentration an H_3O^+ ermitteln.

$$c(H_3O^+) = 10^{-pH} \text{ mol/l} .$$
(6-37)

$c(H_3O^+)$ in mol/l	pH	Eigenschaft der Lösung	pOH	$c(OH^-)$ in mol/l
$10^0 = 1$	0	**sauer**	14	10^{-14}
10^{-1}	1		13	10^{-13}
10^{-2}	2		12	10^{-12}
10^{-3}	3		11	10^{-11}
10^{-4}	4		10	10^{-10}
10^{-5}	5		9	10^{-9}
10^{-6}	6		8	10^{-8}
10^{-7}	7	**neutral**	7	10^{-7}
10^{-8}	8	**alkalisch**	6	10^{-6}
10^{-9}	9		5	10^{-5}
10^{-10}	10		4	10^{-4}
10^{-11}	11		3	10^{-3}
10^{-12}	12		2	10^{-2}
10^{-13}	13		1	10^{-1}
10^{-14}	14		0	$10^0 = 1$

Tabelle 6.10

pH-Skala mit den zugehörigen Konzentrationen an H_3O^+ - und OH^- -Ionen

Ebenfalls gebräuchlich ist der analog definierte **pOH-Wert** (Gl. 6-38).

$$pOH = -\lg\frac{c(OH^-)}{mol\cdot l^{-1}}$$
(6-38)

Der pOH-Wert ist mit dem pH-Wert über das Ionenprodukt des Wassers (Gl. 6-34) verknüpft.

$$pH + pOH = pK_W = 14$$
(6-39)

Tab. 6.10 enthält Ionenkonzentrationen und zugehörige pH-Werte für saure, neutrale und Basische Lösungen (**pH-Skala**). In Tab. 6.11 sind die pH-Werte einiger im täglichen Leben häufig vorkommender Lösungen zusammengestellt.

Tabelle 6.11   pH-Werte einiger häufig vorkommender Lösungen

Substanz	pH	Substanz	pH
1 mol/l HCl	0	Urin	6,0
Magensaft	1...2	Regenwasser (BRD, Durchschnittswert 2015)	6...7
Zitronensaft	2,1	Reines Wasser (24°C)	7,0
Orangensaft	2,8	Blut	7,4
Coca Cola	~ 3	Backpulver	8,5
Wein	3,5	Seifenlauge	8,2...8,7
Tomatensaft	4,1	Boraxlösung	9,2
Kaffee (schwarz)	5,0	Ammoniaklösung (6%)	11,9
Bier	5,0...5,6	Kalkwasser (gesättigt)	12,6
Saurer Regen	< 5,6	1 mol/l NaOH	14,0

6.5.3.3   Indikatoren, Säure-Base-Titration, Normallösungen

Säure-Base-Indikatoren sind organische Farbstoffe, die selbst schwach sauren bzw. basischen Charakter aufweisen und deren Säure (bzw. Base) eine andere Farbe besitzen als der jeweilige korrespondierende Partner. So ist z.B. beim Indikator Methylorange die Säure rot und die korrespondierende Base gelb. Bezeichnet man die Indikatorsäure mit HInd, kann man für das in wässriger Lösung vorliegende reversible Protolysegleichgewicht schreiben:

$$\text{HInd} + \text{H}_2\text{O} \;\rightleftharpoons\; \text{H}_3\text{O}^+ + \text{Ind}^- . \tag{6-40}$$
rot   *gelb*

Die aktuelle Farbe der Indikatorlösung ergibt sich aus dem im Gleichgewicht vorliegenden Verhältnis $c(\text{HInd}) : c(\text{Ind}^-)$ und damit aus der Lage des pH-abhängigen Protolysegleichgewichts (6-40). Eine Erniedrigung des pH-Wertes (Zusatz von Säure) führt zu einer Verschiebung des Gleichgewichts nach links, die Lösung nimmt die Farbe der Indikatorsäure HInd an. Dagegen führt eine Erhöhung des pH-Wertes (Zusatz von Base) zur Farbe der Indikatorbase Ind⁻.

Methylrot, Methylorange und Lackmus sind **Zweifarbenindikatoren**, Phenolphthalein ist ein **Einfarbenindikator**. Bei Phenolphthalein ist die Säureform farblos, die Baseform rotviolett. Diesen gut wahrnehmbaren Farbumschlag von rotviolett nach farblos nutzt man bei der Bestimmung der *Carbonatisierungstiefe von Beton* (Kap. 9.4.2.3.1).
Universalindikatoren bestehen aus einem Indikatorgemisch, das bei verschiedenen pH-Werten unterschiedliche Farben annimmt. Anhand einer Farbvergleichsskala kann der pH-Wert ermittelt werden. Die Umschlagsbereiche und Farbänderungen einiger ausgewählter Indikatoren sind Tab. 6.12 enthalten

In einer Reihe von Fällen reicht die Genauigkeit der Indikatoren zur pH-Wert-Messung nicht aus. Dazu kommt, dass der pH-Wert farbiger Lösungen mit Farbindikatoren naturgemäß nicht bestimmbar ist. Die pH-Wert-Messung erfolgt dann meist mittels **pH-Meter**. In einem pH-Meter ist eine Elektrode, deren Potential von der Konzentration der H_3O^+-Ionen in Lösung abhängt, gegen eine Bezugselektrode mit einem konstanten Potential geschaltet

(Kap. 7.3.3). Als pH-abhängige Elektrode wird in der Regel eine **Glaselektrode** eingesetzt. Sie besteht aus einer kleinen dünnwandigen Glaskugel, die mit einer Pufferlösung bestimmten pH-Wertes gefüllt ist. Die Hydroniumionen der Pufferlösung diffundieren in die Oberflächenschicht an der Innenseite, die H_3O^+-Ionen der zu vermessenden Lösung in die Oberflächenschicht auf der Außenseite der Glaskugel. Die Konzentration an H_3O^+ in der äußeren Oberflächenschicht ist eine direkte Funktion der Konzentration der Hydroniumionen in der Messlösung. Auf beiden Seiten der Glasmembran baut sich somit ein pH-abhängiges Potential auf. Die Potentialdifferenz (Spannung) wird mit einem Voltmeter bestimmt und ist ein direktes Maß für den pH-Wert der Untersuchungslösung.

Tabelle 6.12 Umschlagbereiche und Farbänderungen ausgewählter Indikatoren

Indikator	Umschlagbereich (pH)	Farbänderung
Methylorange	3,0 ... 4,4	rot ... gelb-orange
Methylrot	4,4 ... 6,2	rot ... gelb
Lackmus	5,0 ... 8,0	rot ... blau-violett
Phenolphthalein	8,4 ... 10,0	farblos ... rot-violett

Säure-Base-Titration. Bei einer Säure-Base-Titration erfolgt die Bestimmung einer Säure (Base) unbekannter Konzentration mit einer Base (Säure) bekannter Konzentration. Einer Säure-Base-Titration liegt die Neutralisationsreaktion $H^+ + OH^- \rightleftharpoons H_2O$ zugrunde. Deshalb spricht man auch von einer **Neutralisationsanalyse**. Um beispielsweise die Konzentration einer Salzsäurelösung zu bestimmen, wird ein bestimmtes Volumen der Säurelösung genau abgemessen und mit einigen Tropfen Indikatorlösung versetzt. Dann lässt man aus einer Bürette eine Lauge, z.B. NaOH, bekannter Konzentration (*Maßlösung*) zutropfen bis der Äquivalenzpunkt erreicht ist. Der **Äquivalenzpunkt** ist durch eine vollständige stöchiometrische Umsetzung entsprechend der Reaktionsgleichung charakterisiert. Säure und Base haben sich gegenseitig vollständig neutralisiert. Der Äquivalenzpunkt ist am Farbumschlag des Indikators erkennbar.

Die graphische Darstellung des pH-Wertes der zu titrierenden Lösung in Abhängigkeit vom zugegebenen Volumen bezeichnet man als **Titrationskurve**. Aus ihrem Verlauf können interessante Schlussfolgerungen gezogen werden. Titriert man z.B. 100 ml einer 0,01 M HCl mit 0,1 M NaOH, also eine *starke Säure* mit einer *starken Base*, ergibt sich folgender Verlauf (Abb. 6.23): Nach Zugabe von 9 ml 0,1 M NaOH sind 90% der vorliegenden Säure neutralisiert. Die Konzentration an H_3O^+ hat sich auf ein Zehntel der ursprünglichen Konzentration verringert und der pH-Wert steigt von 2 auf 3 an. Werden abermals 90% der noch vorhandenen Säure neutralisiert (was einer Gesamtneutralisation von 99% entspricht!), steigt der pH-Wert wiederum um eine Einheit an, also von 3 auf 4 usw. Bei Zugabe von 10 ml 0,1 M NaOH ist eine vollständige Neutralisation erreicht. Es ergibt sich eine Kurve, die zuerst langsam und in der Nähe des Äquivalenzpunktes sprunghaft ansteigt. Am Wendepunkt der Kurve, wo ein sehr geringer Zusatz an OH^--Ionen (ein Tropfen!) eine beträchtliche Änderung des pH-Wertes bewirkt, liegt der Äquivalenzpunkt. Hier haben sich die zur Neutralisation erforderlichen Mengen an Säure und Lauge miteinander umgesetzt. Bei Zugabe von überschüssiger Lauge ändert sich der pH-Wert in entsprechender Weise.

Da die Genauigkeit einer Titration maximal ± 0,1% beträgt, können alle Indikatoren, deren Umschlagsbereich innerhalb des pH-Intervalls 4...10 liegt (Methylorange, Lackmus, Methylrot, Phenolphthalein, Abb. 6.23) zur Erkennung des Endpunkts dieser Titration verwendet werden. Der pH-Sprung ist umso kleiner, je geringer die Konzentration der zu bestimmenden Säure oder Base ist.

Den gerade beschriebenen Verlauf der Titrationskurve sollte man sich stets vor Augen halten, wenn bei praktischen Tests pH-Indikatoren herangezogen werden, z.B. bei der Beurteilung der Carbonatisierungtiefe mit Phenolphthalein (Kap. 9.4.2.3.1).

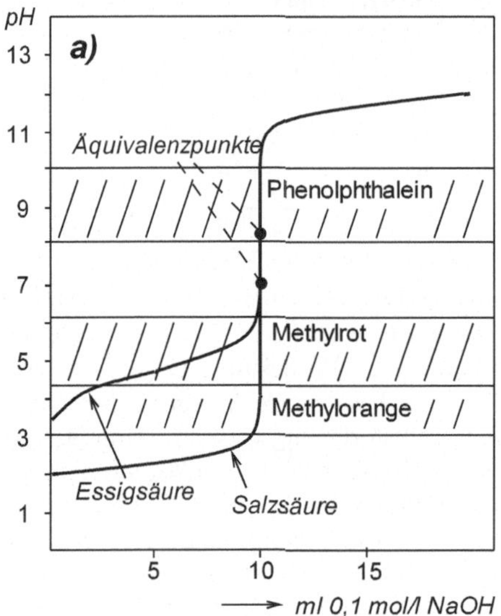

b)

0,1 M NaOH ml	neutralisiert %	$c(H_3O^+)$	pH
0	0	10^{-2}	2
9	90	10^{-3}	3
9,9	99	10^{-4}	4
9,99	99,9	10^{-5}	5
10	100	10^{-7}	7
10,01	100,1	10^{-9}	9
10,1	101,0	10^{-10}	10
11	110	10^{-11}	11

Abbildung 6.23 Säure-Base-Titration. a) Titration von 100 ml 0,01 mol/l HCl bzw. 0,01 mol/l Essigsäure mit 0,1 mol/l NaOH: Titrationskurven mit Umschlagbereichen einiger wichtiger Indikatoren; b) Neutralisationsverlauf von 100 ml 0,01 mol/l HCl mit 0,1 mol/l NaOH: Neutralisationsgrad, $c(H_3O^+)$ und pH-Werte der Lösung in Abhängigkeit von der zugegebenen Laugenmenge in ml (ohne Volumenkorrektur!)

Bei der Titration einer *schwachen Säure*, z.B. 0,01 M Essigsäure, mit einer *starken Base* wie 0,1 M NaOH verschiebt sich der pH-Wert des Äquivalenzpunktes infolge Protolyse der gebildeten Natriumacetatlösung in den alkalischen Bereich. Der pH-Sprung ist hier kleiner als im Falle *stark - stark*. Er umfasst in etwa den pH-Bereich 8...10. Als Indikator kommt somit nur Phenolphthalein in Frage. Je schwächer die zu titrierende Säure ist, umso mehr verschiebt sich der Wendepunkt in den alkalischen Bereich. Sind 50% der Essigsäure neutralisiert, gilt pH = pK_S = 4,75 (Kap. 6.5.3.7).

Berechnung. Aus dem verbrauchten Volumen V der NaOH (in ml) ermittelt man die Konzentration und den Gehalt der untersuchten Salzsäurelösung. Nach $n = c \cdot V$ ergibt sich:

$$c(Säure) \cdot V(Säure) \; = \; c(Base) \cdot V(Base) \tag{6-41}$$

bzw. $\qquad c(Säure) \; = \; c(Base) \cdot V(Base)/V(Säure)$ $\hfill$ (6-42)

Bei der **Titration von Schwefelsäure mit Natronlauge** liegen andere stöchiometrische Verhältnisse vor (Gl. 6-43).

$$H_2SO_4 \; + \; 2\,NaOH \; \rightarrow \; Na_2SO_4 \; + \; 2\,H_2O \tag{6-43}$$

Für die chemische Neutralisation von einem Mol NaOH ist nur ein halbes Mol Schwefelsäure notwendig. Demzufolge ist eine 0,5 mol/l Schwefelsäure (98 g : 2 = 49 g H_2SO_4 pro Liter) einer 1 mol/l Salzsäure (36 g HCl pro Liter) äquivalent. Die Nichtäquivalenz von einem Mol Schwefelsäure und einem Mol Natriumhydroxid ergibt sich aus der „2 : 1-Stöchiometrie" der Schwefelsäure. Ein Molekül H_2SO_4 protolysiert in wässriger Lösung zu *zwei* H_3O^+-Ionen und *einem* SO_4^{2-}-Ion. Dagegen entstehen bei der Protolyse von HCl in wässriger Lösung jeweils nur *ein* H_3O^+-Ion und *ein* Säurerestion Cl^-.
Die Stoffmengenkonzentration des gelösten Stoffes entspricht folglich nicht der Stoffmengenkonzentration der Teilchen, auf die es bei dieser Reaktion ankommt. Für Neutralisationsreaktionen sind dies H^+(bzw. H_3O^+)- und OH^--Ionen.

Wertigkeit von Säuren, Basen und Salzen. Die Anzahl der verfügbaren H^+-und OH^--Ionen von Säuren und Basen wird auch als deren Wertigkeit bezeichnet. Sie ist wie folgt definiert:
Säuren: Die Wertigkeit z ergibt sich aus der Anzahl der im Rahmen der Salzbildung durch Metallkationen ersetzbaren Protonen H^+, z.B. HCl, HNO_3 $z = 1$; H_2SO_4 $z = 2$; H_3PO_4 $z = 3$. HCl und HNO_3 sind einwertige (*einprotonige, einbasige*) Säuren, H_2SO_4 ist eine zweiwertige (*zweiprotonige, zweibasige*) und H_3PO_4 eine dreiwertige (*dreiprotonige, dreibasige*) Säure.

Basen (Laugen): Die Wertigkeit entspricht der Anzahl der durch Säurerestionen ersetzbaren Hydroxidionen OH^-. KOH und NaOH sind einwertige bzw. *einsäurige* Basen mit $z = 1$. $Ca(OH)_2$ und $Ba(OH)_2$ sind zweiwertige bzw. *zweisäurige* Basen, z beträgt 2, und $Al(OH)_3$ ist eine dreiwertige bzw. dreisäurige Base, $z = 3$.

Salze: Die Wertigkeit leitet sich von der Wertigkeit der höher geladenen ionischen Komponente des Salzes, also entweder des positiv geladenen Metallions oder des negativ geladenen Säurerestions, ab. Beispiele für Salze: KCl, $NaNO_3$ $z = 1$; Na_2SO_4, $CaCl_2$ $z = 2$ und K_3PO_4, $AlCl_3$ $z = 3$. Sind nicht alle Wasserstoffatome einer mehrbasigen Säure durch Metallkationen ersetzt, so spricht man von „**sauren**" Salzen (auch: „Hydrogen"- oder „Bi"-Salze), z.B. $KHSO_4$: „saures" Kaliumsulfat (Kaliumhydrogensulfat).

Die durch diese Wertigkeit z dividierten molaren Massen M werden auch als Äquivalentmassen $M_{\ddot{A}}$ bezeichnet.

Die **Äquivalentkonzentration** (Gl. 6-44, früher: Normalität) ist die Stoffmengenkonzentration (Kap. 1.2.6) bezogen auf *Äquivalente* bzw. *Äquivalentmengen* $n_{\ddot{A}}$. Sie wird in der Regel mit c_n abgekürzt. c_n gibt die Anzahl der Mole an Äquivalenten pro Liter an. Eine **Normallösung** ist eine Lösung, deren Konzentration als Äquivalentkonzentration angegeben wird.

$$c_n = \frac{n_{\ddot{A}}(X)}{V} \qquad \text{[mol/l]} \tag{6-44}$$

Für die Äquivalentmenge gilt:

$$n_{\ddot{A}}(X) = z \cdot n(X) = z \cdot m(X)/M(X), \qquad \text{mit } z = \text{wirksame Wertigkeit} \tag{6-45}$$

Einsetzen von (6-45) in (6-44) führt zur Beziehung (6-46).

$$c_n(X) = \frac{z \cdot n(X)}{V} = \frac{z \cdot m(X)}{M(X) \cdot V} \tag{6-46}$$

Merke: Veraltete, aber in der Praxis noch häufig anzutreffende Schreibweisen für eine Äquivalentkonzentration 0,1 mol/l sind 0,1 N oder 0,1 normal.

Der **Zusammenhang zwischen der Stoffmengen- und der Äquivalentkonzentration** ist durch Gl. (6-47) gegeben. Die Äquivalentkonzentration unterscheidet sich von der Stoffmengenkonzentration nur durch den Faktor z, also durch die Wertigkeit.

$$c_n(X) = z \cdot c(X) \tag{6-47}$$

Eine Schwefelsäure H_2SO_4 ($z = 2$) der Stoffmengenkonzentration 1 mol/l besitzt demnach eine Äquivalentkonzentration von 2 mol/l, bei HCl ($z = 1$!) entsprechen sich dagegen Stoffmengen- und Äquivalentkonzentration.

Etwas problematischer ist die Herstellung von Normallösungen bei Redoxtitrationen. Die wohl bekannteste Methode ist die Manganometrie. Mit Hilfe des Oxidationsmittels Kaliumpermanganat $KMnO_4$ können in saurer Lösung quantitativ Reduktionsmittel wie Oxalat ($C_2O_4^{2-}$) oder Fe^{2+} bestimmt werden. Das Permanganation MnO_4^- nimmt dabei 5 Elektronen auf und geht in Mn^{2+} über. Die Oxidationszahl des Mn ändert sich von +VII zu +II. Um die Äquivalentmasse des $KMnO_4$ zu ermitteln, muss man in diesem Fall die molare Masse ($M = 158$ g/mol) durch 5 dividieren (Äquivalentmasse $= 31,6$ g/mol).

6.5.3.4   Stärke von Säuren und Basen

Für quantitative Aussagen zur Stärke von Säuren und Basen ist der pH-Wert nicht geeignet, obwohl gerade pH-Wert und Säurestärke fälschlicherweise häufig gleichgesetzt und unkorrekt verwendet werden.

Zwei Beispiele sollen diesen Sachverhalt verdeutlichen: Obwohl Salzsäure gegenüber Essigsäure die deutlich stärkere Säure ist (s.u. pK_S-Werte!), ergibt sich für eine 10^{-4} mol/l Salzsäurelösung ein pH-Wert von 4, während für eine 1 molare Essigsäurelösung ein pH-

Wert von 2,4 erhalten wird. Die konzentriertere jedoch schwächere Säure zeigt demnach einen kleineren pH-Wert (oder höheren Säuregrad) als die verdünntere, aber stärkere Salzsäure.

Geht man von gleich konzentrierten Säuren (z.B. 0,1 mol/l) aus, erhält man für die Salzsäure einen pH-Wert von 1, für Essigsäure jedoch einen pH-Wert von 2,88. In der 0,1 mol/l Essigsäure beträgt die H_3O^+-Konzentration $1,32 \cdot 10^{-3}$ mol/l und nicht 10^{-1} mol/l wie in der Salzsäure. Sie ist damit etwa 76-mal kleiner als in der 0,1 mol/l Salzsäure.

Dieser Sachverhalt lässt sich leicht experimentell anhand der Reaktion beider Säuren mit aktiven (unedlen) Metallen wie Al und Mg überprüfen. Mit Salzsäure ist eine deutlich stärkere Wasserstoffentwicklung zu beobachten als mit Essigsäure.

Der pH-Wert ist durch die Konzentration steuerbar. Die Stärke von Säuren und Basen stellt dagegen eine stoffspezifische Größe dar.

Bei gleicher Ausgangskonzentration der Protolyte wird die Konzentration an H_3O^+- und OH^--Ionen durch das unterschiedliche Ausmaß der Protolysereaktion bestimmt. Quantitative Aussagen zum Ausmaß der Protolyse und damit zur Stärke von Säuren und Basen sind nur bei Wahl eines geeigneten Bezugssystems möglich. Es können deshalb keine *absoluten* Säure- und Basestärken, sondern immer nur *relative*, auf eine Base bzw. Säure bezogene Werte angegeben werden (s. Gl. 6-30, 6-31). Aufgrund seiner amphoteren Eigenschaften kann H_2O im Brönstedschen Sinne sowohl als Bezugsbase für Säuren als auch als Bezugssäure für Basen fungieren.

Reaktion der Säure HA mit Wasser: $\quad HA + H_2O \rightleftharpoons H_3O^+ + A^-$ (6-48)
Reaktion der Base B mit Wasser: $\quad B + H_2O \rightleftharpoons BH^+ + OH^-$ (6-49)

Aus der Lage dieser beiden Gleichgewichte ergeben sich klare Aussagen zur Stärke der Protolyte HA und B. Liegt das Gleichgewicht weitgehend auf der Seite der Produkte, handelt es sich um **starke Protolyte**. Im umgekehrten Fall sind die Protolyte **schwach**.

Die Stärke einer Säure HA wird durch die Leichtigkeit der Protonenabgabe an die Base Wasser, die Stärke einer Base B durch die Leichtigkeit der Protonenaufnahme von der Säure Wasser (Wasser = Brönsted-Ampholyt!) bestimmt.

Beachte: Beim Lösen von Hydroxiden (z.B. NaOH, KOH) in Wasser findet keine Protolyse statt, da die OH^--Ionen bereits im festen Hydroxid vorhanden sind.

Eine Protolysereaktion verläuft bevorzugt in die Richtung, in der die schwächere Säure und die schwächere Base entstehen. Dieser Verlauf ist in der Brönsted-Theorie synonym für den Neutralisationsprozess.
Die Anwendung des MWG auf das Protolysegleichgewicht (6-48) ergibt Gl. (6-50).

$$K = \frac{c(H_3O^+) \cdot c(A^-)}{c(HA) \cdot c(H_2O)} \qquad (6\text{-}50)$$

Sieht man die Wasserkonzentration $c(H_2O)$ als konstant an und bezieht sie in K ein, erhält man die Säurekonstante (auch: Säuredissoziationskonstante, Gl. 6-51).

$$K_S = \frac{c(H_3O^+) \cdot c(A^-)}{c(HA)} \qquad\qquad K_S \text{ Säurekonstante} \qquad\qquad (6\text{-}51)$$

Für das Protolysegleichgewicht (6-49) ergibt sich in Analogie zur Säurekonstante die Beziehung für die Basekonstante (6-52).

$$K_B = \frac{c(OH^-) \cdot c(BH^+)}{c(B)} \qquad\qquad K_B \text{ Basekonstante.} \qquad\qquad (6\text{-}52)$$

Die Säurekonstante K_S ist ein quantitatives Maß für die Stärke einer Säure HA. Je größer K_S, desto stärker ist die Säure HA. Analoges gilt für die Basekonstante K_B der Base B.

Da in wässrigen Lösungen (sehr) starker Säuren und Basen keine nicht protolysierten Moleküle (oder Teilchen) HA bzw. B mehr vorliegen, kann nicht mehr von Säure-Base-Gleichgewichten gesprochen werden. Säure- bzw. Basekonstanten sind (in H_2O!) nicht mehr bestimmbar.

Die Säure- und Basekonstanten werden aus Gründen der einfacheren Handhabbarkeit in Form ihrer negativen dekadischen Logarithmen angegeben:

$$\boxed{pK_S = -lg\,K_S} \qquad \text{und} \qquad \boxed{pK_B = -lg\,K_B} \qquad\qquad (6\text{-}53)$$

Je kleiner der pK_S-Wert, umso größer ist die Stärke einer Säure. Der pK_S-Wert wird auch als **Säureexponent**, der pK_B-Wert auch als **Baseexponent** bezeichnet.

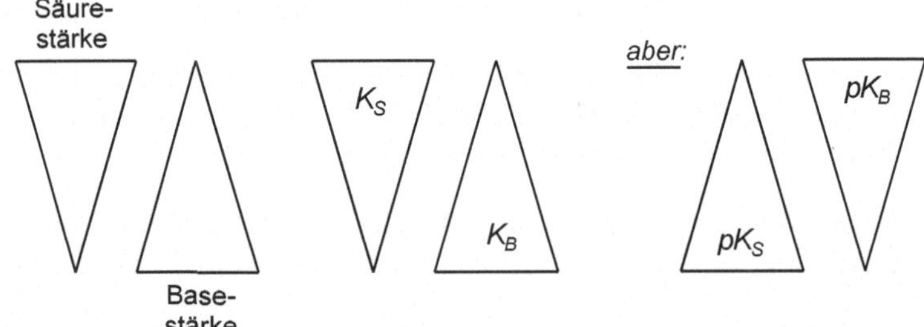

Die pK_S- und pK_B-Werte charakterisieren die Stärke von Säuren und Basen *gegenüber Wasser*. Wählt man eine andere Bezugsbasis, ergeben sich andere Werte. Einige häufig benötigte pK_S- und pK_B-Werte sind in Anhang 4 zu finden.

Der Zusammenhang zwischen dem K_S- und dem K_B-Wert (bzw. dem pK_S- und pK_B-Wert) eines korrespondierenden Säure-Base-Paares ist durch das Ionenprodukt des Wassers gegeben (Gl. 6-54).

$$\boxed{K_S \cdot K_B = K_W} \qquad \text{bzw.} \qquad \boxed{pK_S + pK_B = 14} \tag{6-54}$$

Sind K_S- bzw. pK_S-Wert bekannt, können mittels der Beziehungen (6-54) der K_B- bzw. pK_B-Wert der korrespondierenden Base ermittelt werden (und umgekehrt!).

Nivellierender Effekt des Wassers. Die starken Säuren HCl und HNO$_3$ protolysieren vollständig unter Bildung von H$_3$O$^+$- und Säurerestionen. Damit müssen diese beiden Säuren zwangsläufig stärker als die entstehende Säure H$_3$O$^+$ sein, da im Resultat einer Protolyse immer die jeweils schwächeren Säuren und Basen gebildet werden. Gleichkonzentrierte wässrige Lösungen von HCl und HNO$_3$ besitzen folglich die *gleiche* Säurestärke, nämlich die des H$_3$O$^+$-Ions. Sehr starke Säuren werden auf das Niveau der in Wasser stärksten Säure H$_3$O$^+$ nivelliert.
Der nivellierende Effekt gilt auch für Basen. Die stärkste Base in wässriger Lösung ist das Hydroxidion OH$^-$. Sind Basen stärker als das Hydroxidion, werden sie auf das Basizitätsniveau von OH$^-$ nivelliert. Gibt man beispielsweise Bariumoxid BaO in Wasser, entsteht eine stark alkalische Lösung (Gl. 6-55). Die eigentliche Base ist das im Gitter des ionischen Oxids bereits vorgebildete Oxidion O^{2-}, das mit Wasser zu Hydroxidionen reagiert (Gl. 6-56). Die sehr starke Base O^{2-} wird im Wasser auf die Basestärke des OH$^-$-Ions nivelliert.

$$\text{BaO} \;+\; \text{H}_2\text{O} \qquad \rightarrow \; \text{Ba}^{2+} \;+\; 2\,\text{OH}^- \tag{6-55}$$

$$\text{O}^{2-} \;+\; \text{H}_2\text{O} \qquad \rightarrow \; 2\,\text{OH}^- \tag{6-56}$$

Protolysegrad. Um das Ausmaß der Protolyse wässriger Säure- bzw. Baselösungen vergleichen zu können, berechnet man in Analogie zum Dissoziationsgrad α (Gl. 6-25) den Anteil der Säure HA bzw. Base B, der mit Wasser reagiert hat. Dieser Anteil wird als *Protolysegrad* α bezeichnet. Er ergibt sich für das Protolysegleichgewicht der Säure HA (Gl. 6-48) entsprechend Gl. (6-57), mit $c_o(HA)$ = Ausgangskonzentration der Säure HA.

$$\boxed{\alpha = \frac{c(H_3O^+)}{c_o(HA)} = \frac{c(A^-)}{c_o(HA)}} \qquad \boldsymbol{\textit{Protolysegrad}} \tag{6-57}$$

Sinngemäß gilt für die Reaktion der Base B mit Wasser (Gl. 6-49): $\alpha = c(\text{OH}^-)/c_o(\text{B}) = c(\text{BH}^+)/c_o(\text{B})$. Der Protolysegrad α kann Werte von 0 bis 1 annehmen. Bei starken Säuren ist $\alpha = 1$, was einer 100%igen Protolyse entspricht.

Substituiert man in (6-51) c(H$_3$O$^+$) und c(A$^-$) durch die entsprechenden Ausdrücke in (6-57) und ersetzt c(HA) durch $(1 - \alpha)c_o(HA)$, so erhält man einen einfachen Zusammenhang zwischen dem Protolysegrad α und der Säurekonstanten K_S (Gl. 6-58).

$$\boxed{K_S = \frac{\alpha^2}{1 - \alpha}\, c_o} \qquad \boldsymbol{\textit{Ostwaldsches Verdünnungsgesetz}} \tag{6-58}$$

Der Protolysegrad α einer schwachen Säure nimmt mit abnehmender Konzentration zu, d.h. er nähert sich dem Wert 1. Vereinfachung für (sehr) schwache Säuren: $K_S = \alpha^2 \cdot c_0$. Für schwache Säuren und Basen liegt der protolysierte Anteil in der Mehrzahl der Fälle unter 10%, häufig sogar *deutlich* darunter.

Zum Beispiel beträgt in einer 0,01 molaren Essigsäurelösung der Protolysegrad 4%. Demnach liegen 96% der Essigsäuremoleküle unprotolysiert und nur 4% protolysiert vor. In einer Essigsäure der Konzentration 0,1 mol/l beträgt der Protolysegrad nur noch 1,32% und in einer 1 mol/l Essigsäure hat sich der α-Wert auf 0,4% verringert. Der Protolysegrad verhält sich umgekehrt proportional zur Konzentration des Protolyten (*Ostwaldsches Verdünnungsgesetz*, Gl. 6-58).

Werden in der Lösung einer schwachen Säure die H_3O^+-Ionen durch Reaktion mit OH^--Ionen laufend aus dem System entfernt, bildet die Säure solange Hydroniumionen nach, bis keine unprotolysierten Säuremoleküle HA mehr vorhanden sind. Entsprechendes gilt umgekehrt für Basen. Daran wird deutlich, dass der Umfang der Neutralisationsreaktion einer Säure mit einer Base (und umgekehrt) nicht vom pH-Wert, sondern von der Konzentration des Protolyten abhängt. Zur Neutralisation von 100 ml 0,1 mol/l Essigsäure (pH = 2,9) benötigt man das gleiche Volumen 0,1 mol/l Natronlauge wie zur Neutralisation von 100 ml 0,1 mol/l Salzsäure (pH = 1).

Diese Tatsache ist für die *Betonkorrosion* durch saure Wässer bedeutsam. Zum Beispiel besitzen eine Essigsäure- oder eine Milchsäurelösung (landwirtschaftliche Bauten!) vom pH-Wert 4 eine wesentlich höhere Säurekonzentration als eine Salzsäure oder eine Schwefelsäure gleichen pH-Wertes. Geht man davon aus, dass beim sauren Angriff auf Beton mit dem $Ca(OH)_2$-Anteil des Zementsteins Calciumsalze gebildet werden, können bei gleichem pH-Wert schwach dissoziierte organische Säuren in wesentlich größerem Umfang Calciumionen binden, als starke Mineralsäuren.

Stärke mehrwertiger Säuren und Basen. *Mehrwertige* (auch: *mehrprotonige* oder *mehrbasige*) Säuren sind Verbindungen oder Ionen, die bei der Protolyse mehr als ein Proton abgeben können, z.B. H_2SO_4, H_3PO_4 oder H_2CO_3. Mehrwertige Basen sind Verbindungen oder Ionen, die bei der Protolyse mehr als ein Proton aufnehmen können, z.B. SO_4^{2-}, CO_3^{2-}, PO_4^{3-} oder Amine. Die Zahl der H^+-Ionen, die eine mehrprotonige Säure abgeben kann, sagt nichts über ihre Säurestärke aus.
In Wasser protolysieren mehrprotonige Säuren schrittweise, wobei jedem Schritt eine Protolyse- bzw. Säurekonstante K zugeordnet wird. Dem Symbol K werden Indices angefügt, um den Bezug zum entsprechenden Protolyseschritt deutlich zu machen.

Die Protolyse der **zweiprotonigen Schwefelsäure** verläuft in der ersten Stufe vollständig (Gl. 6-59), während das Gleichgewicht für den zweiten Protolyseschritt (Gl. 6-60) weitgehend auf der Seite des Hydrogensulfats liegt. Die Säurekonstante für die zweite Stufe besitzt einen Wert von $K_{S2} = 1,2 \cdot 10^{-2}$ mol/l ($pK_{S2} = 1,92$).

$$H_2SO_4 + H_2O \longrightarrow H_3O^+ + HSO_4^- \tag{6-59}$$
$$HSO_4^- + H_2O \rightleftharpoons H_3O^+ + SO_4^{2-} \tag{6-60}$$

In einer 0,1 mol/l Schwefelsäurelösung beträgt der Anteil an Hydroniumionen, der aus der zweiten Protolysestufe stammt, nur 9%. Es liegen also überwiegend H_3O^+- und HSO_4^--Ionen vor.

Für die **dreiwertige Orthophosphorsäure** H_3PO_4 ergeben sich die Protolysegleichgewichte (6-61 bis 6-63).

$$H_3PO_4 + H_2O \rightleftharpoons H_3O^+ + H_2PO_4^- \qquad (6\text{-}61)$$

$$H_2PO_4^- + H_2O \rightleftharpoons H_3O^+ + HPO_4^{2-} \qquad (6\text{-}62)$$

$$HPO_4^{2-} + H_2O \rightleftharpoons H_3O^+ + PO_4^{3-} \qquad (6\text{-}63)$$

Die Abstufung zwischen den Säurekonstanten $K_{S1} = 1,10 \cdot 10^{-2}$, $K_{S2} = 7,58 \cdot 10^{-8}$ sowie $K_{S3} = 4,78 \cdot 10^{-13}$ zeigt, dass mehrprotonige Säuren bei sukzessiver Protonenabgabe immer schwächer werden: $K_{S1} > K_{S2} > K_{S3}$. Begründung: Aus einem Neutralmolekül ist ein Proton leichter abspaltbar als aus einem einfach negativ geladenen Ion und aus diesem wiederum leichter als aus einem zweifach negativ geladenen Teilchen (elektrostatische Anziehung nimmt zu!). Während die H_3PO_4 hinsichtlich ihrer ersten Protolysestufe ($K = 1,10 \cdot 10^{-2}$) als mittelstarke Säure klassifiziert werden kann, gehört das HPO_4^{2-}-Ion mit $K = 4,78 \cdot 10^{-13}$ zu den sehr schwachen Säuren. Die K_S-Werte der Protolysestufen mehrwertiger Säuren unterscheiden sich um den Faktor $10^5...10^7$.

- **Starke Säuren** gibt es relativ wenige. Sie zerfallen in wässriger Lösung *vollständig* in Hydronium- und Säurerestionen. Es gilt: $c_o(S) = c(H_3O^+)$, mit $c_o(S) =$ Ausgangskonzentration der Säure. Für bauchemisch relevante Problemstellungen sind vor allem die Salzsäure, die Salpetersäure und die Schwefelsäure von Bedeutung. Zu den **starken Basen** gehört in erster Linie das Hydroxidion, das aus der Auflösung von Alkalimetallhydroxiden wie NaOH und KOH oder von Erdalkalimetallhydroxiden wie $Ca(OH)_2$ und $Ba(OH)_2$ stammen kann. Weitere Beispiele für starke Basen sind das Phosphation (PO_4^{3-}) und das Carbonation (CO_3^{2-}). Eine sehr starke Base wie das Oxidion O^{2-} liegt in wässriger Lösung vollständig protoniert als OH^--Ion vor ($O^{2-} + H_2O \rightarrow 2\,OH^-$).

- **Schwache Säuren** und schwache Basen protolysieren in wässriger Lösung *unvollständig* unter Bildung von H_3O^+- bzw. OH^--Ionen. Zu den schwachen Säuren gehören die meisten organischen Säuren wie Essigsäure, Ameisensäure, Zitronensäure und Milchsäure, aber auch anorganische Säuren wie Kohlensäure, Kieselsäure und die Hydrogenphosphationen $H_2PO_4^-$, HPO_4^{2-}. Zu den **schwachen Basen** zählen vor allem Ammoniak NH_3 und die strukturell vom Ammoniak abgeleiteten Amine.

Eine starke Säure liegt in wässriger Lösung vollständig protolysiert vor, eine schwache Säure protolysiert dagegen nur teilweise. Gleiches gilt für starke und schwache Basen.

6.5.3.5 Protolyse von Salzen

Die wässrigen Lösungen zahlreicher Salze reagieren nicht neutral, manche reagieren basisch und andere wiederum sauer. Welcher pH-Wert sich beim Auflösen eines Salzes in Wasser einstellt, hängt von einer möglichen Protolyse des Kations bzw. des Anions des Salzes mit dem Wasser ab. Man kann drei Fälle unterscheiden:

Fall A:

Salzlösungen verhalten sich **neutral**, wenn weder das Kation noch das Anion des Salzes protolysieren, d.h. mit dem Wasser reagieren können. Das ist in der Regel der Fall, wenn sowohl das Kation als auch das Anion des Salzes von einer starken Base bzw. Säure stammen ($\Rightarrow$ Salze sind die Produkte der Neutralisation einer Base mit einer Säure). Beispiele für neutrale Salzlösungen sind Lösungen von $NaCl$ oder KNO_3.

Die Metallkationen der I. und II. Hauptgruppe werden auch als *neutrale Kationen* bezeichnet, da sie zur Protolyse mit dem Wasser generell nicht fähig sind. Anionen starker Säuren, z.B. Cl^-, NO_3^-, HSO_4^- und ClO_4^-, sind sehr schwache Brönsted-Säuren. Auch in diesen Fällen ist eine Protolysereaktion mit dem Wasser zu vernachlässigen.

Besteht das Salz aus einem protolysierenden Kation *und* einem protolysierenden Anion, so entscheidet die jeweilige Säure- und Basestärke über den pH-Wert der Lösung. Sind pK_S- und pK_B-Wert gleich groß, so kann auch in diesem Fall ein pH-Wert um 7 (neutral) gemessen werden. Ein Beispiel für diesen relativ seltenen Fall ist Ammoniumacetat (Formel: $CH_3COO(NH_4)$).

Fall B:

Enthalten Salze Anionen schwacher Säuren, z.B. das Carbonation CO_3^{2-}, das (Ortho)-Phosphation PO_4^{3-} oder das Acetation CH_3COO^-, reagieren ihre wässrigen Lösungen **basisch**. Die Anionen (Anionbasen) entziehen dem Wasser Protonen unter Bildung von OH^--Ionen.

Beispielsweise reagiert beim Auflösen von Natriumacetat (CH_3COONa) in Wasser das Acetation CH_3COO^- mit dem H_2O unter Bildung der schwachen Essigsäure CH_3COOH. Da Hydroxidionen entstehen, erhöht sich der pH-Wert (Gl. 6-64).

$$CH_3COO^- + H_2O \; \rightleftharpoons \; CH_3COOH + \mathbf{OH^-} \tag{6-64}$$

Anionen, die korrespondierende Basen mehrwertiger Säuren sind, bilden bei Protonenaufnahme ebenfalls alkalische Lösungen (Gl. 6-65).

$$HPO_4^{2-} + H_2O \; \rightleftharpoons \; H_2PO_4^- + \mathbf{OH^-} \tag{6-65}$$

Auch das Lösen (Zersetzen!) von Kalkstein $CaCO_3$ durch verdünnte Säuren, z.B. verd. HCl (Gl. 5-23 a, b), ist die Reaktion der Anionbase CO_3^{2-} mit einer Säure. Das Carbonation bindet als starke Base zwei Protonen der Säure. Es entsteht Kohlensäure, die in CO_2 und H_2O zerfällt. Unter Aufschäumen löst sich der Kalkstein

Fall C:

Die wässrigen Lösungen von Salzen schwacher Basen (vornehmlich Salze der schwachen Base Ammoniak NH_3, also Ammoniumsalze) reagieren **sauer**. Das Kation NH_4^+ (Kationsäure) überträgt ein Proton auf das Wasser unter Bildung des Hydroniumions.

Löst man z.B. Ammoniumchlorid NH_4Cl in Wasser, reagiert das NH_4^+-Ion mit H_2O unter Bildung von NH_3 und einem H_3O^+-Ion (Gl. 6-66). Da Hydroniumionen entstehen, sinkt der pH-Wert.

$$NH_4^+ \; + \; H_2O \; \rightleftharpoons \; NH_3 \; + \; \mathbf{H_3O^+} \tag{6-66}$$

Einen **Sonderfall** stellen kleine, hochgeladene Metallionen wie Al^{3+} und Fe^{3+} dar, deren Salze in wässriger Lösung ebenfalls sauer reagieren können. Die Erklärung dieses interessanten Verhaltens ergibt sich aus der Existenz hydratisierter Metallionen. Die hohe Ladung des Metallions polarisiert die Sauerstoff-Wasserstoff-Bindung *eines* der H_2O-Moleküle der Hydrathülle so stark, dass es zur Abspaltung eines Protons und damit zur sauren Reaktion der Lösung kommt (Gl. 6-67).

$$[Al(H_2O)_6]^{3+} \; + \; H_2O \; \rightleftharpoons \; [Al(H_2O)_5OH]^{2+} \; + \; \mathbf{H_3O^+} \tag{6-67}$$

Die Protolyse eines Ions mit Wasser wird mitunter auch als **Hydrolyse** (älterer Begriff!) bezeichnet.

6.5.3.6 Berechnung des pH-Wertes

Zahlreiche praktische Vorgänge werden wesentlich durch den pH-Wert der Lösung beeinflusst. Beispiele sind die metallische Korrosion, der Säureangriff auf anorganisch-nichtmetallische Baustoffe und die Carbonatisierung des Betons. Es ist deshalb wichtig, Näherungsformeln zur Verfügung zu haben, um aus vorhandenen Daten pH-Werte berechnen, vor allem aber interpretieren zu können.

Betrachten wir wieder die Gleichung (6-48):

$$\mathbf{HA} \quad + \; \mathbf{H_2O} \; \rightleftharpoons \; \mathbf{H_3O^+} \; + \; \mathbf{A^-}$$

Ausgangszustand: $\quad c_0(S) \qquad\qquad\qquad\qquad 0 \qquad 0$

Gleichgewicht: $\quad c(HA) = \; c_0(S) - c(H^+) \qquad\qquad c(H^+) \quad c(H^+) \tag{6-68}$

Zu Beginn ist die Konzentration an HA gleich $c_0(S)$, der Ausgangskonzentration der Säure. Es liegen noch keine A^-- und H_3O^+-Ionen aus der Protolyse von HA vor (Ausn.: 10^{-7} mol/l H_3O^+ aus der Autoprotolyse des Wassers). Der Einfachheit halber verwenden wir im Weiteren wieder $c(H^+)$ anstelle von $c(H_3O^+)$. Die *Gleichgewichtskonzentration* an HA ($\rightarrow$ $c(HA)$) entspricht dem Ausdruck ($c_0(S) - c(H^+)$). Unter Vernachlässigung der Autoprotolyse des Wassers gilt für die Konzentrationen an H^+ und $A^- \Rightarrow c(H^+) = c(A^-)$.

Anwendung des MWG auf Gl. (6-68) führt zu Gl. (6-69). Von den beiden Lösungen der quadratischen Gleichung (6-70) ist die mit dem negativen Vorzeichen vor der Wurzel chemisch unsinnig (negative Konzentration!), sie wurde nicht berücksichtigt. Die Konzentration an H^+ ergibt sich nach Gl. (6-71).

$$K_S = \frac{c(H^+) \cdot c(A^+)}{c(HA)} = \frac{c^2(H^+)}{c_0(S) - c(H^+)} \tag{6-69}$$

$$0 = c^2(H^+) + K_s \cdot c(H^+) - K_s \cdot c_0(S) \tag{6-70}$$

$$c(H^+) = -\frac{K_S}{2} + \sqrt{\frac{K_S^2}{4} + K_S \cdot c_o(S)} \qquad\qquad (6\text{-}71)$$

- ***pH-Werte schwacher Säuren (pK$_S$ > 4) und Basen (pK$_B$ > 4)***

Schwache Säuren. In Lösungen schwacher Säuren HA sind weder die Gleichgewichtskonzentrationen an H_3O^+ (bzw. H^+) und A^- noch die an nicht protolysierter Säure HA bekannt. Um trotzdem die Konzentration an Hydroniumionen und damit den pH-Wert ermitteln zu können, führt man in den Ausdruck für die Säurekonstante (6-69) folgende Näherung ein: Da $c_o(S) \gg c(H^+)$, kann der Ausdruck $c_o(S) - c(H^+)$ durch $c_o(S)$ ersetzt werden. Das heißt, die Gleichgewichtskonzentration $c(HA)$ wird der Ausgangskonzentration $c_o(S)$ gleichgesetzt (Gl. 6-72), wobei man den geringen Anteil an protolysierter Säure vernachlässigt.

Es ergibt sich: $K_S = \dfrac{c^2(H^+)}{c_o(S)}$ bzw. $c(H^+) = \sqrt{K_S \cdot c_o(S)}$. $\qquad (6\text{-}72)$

Logarithmieren von (6-72) ergibt Beziehung (6-73).

$$pH = \frac{1}{2}\left(pK_S - lg\frac{c_o(S)}{mol \cdot l^{-1}}\right) \qquad\qquad (6\text{-}73)$$

Schwache Basen. Betrachten wir nun die Protolyse der Base B (Gl. 7-74):

$$\mathbf{B \qquad + \ H_2O \ \rightleftharpoons \ BH^+ + \ OH^-}$$

Ausgangszustand: $c_o(B)$ 0   0

Gleichgewicht: $c(B) = c_o(B) - c(OH^-)$ $c(OH^-)$ $c(OH^-)$ $\qquad (6\text{-}74)$

Analog zur Protolyse von Säuren (6-68) ist die Konzentration an A^- zu Beginn gleich $c_o(B)$, der Ausgangskonzentration der Base. Es liegen noch keine Teilchen HA und OH^- aus der Protolyse von A^- vor (Ausn.: 10^{-7} mol/l OH^- aus Autoprotolyse des Wassers). Die Anwendung des MWG auf (6-74) führt zu Gl. (6-75). Die *Gleichgewichtskonzentration* an A^- ($\rightarrow c(A^-)$) entspricht dem Ausdruck ($c_o(B) - c(OH^-)$). Unter der Annahme $c(HA) = c(OH^-)$ kann im Zähler von (6-75): $c^2(OH^-)$ geschrieben werden. Von den beiden Lösungen der quadratischen Gleichung (6-76) wurde die mit dem negativen Vorzeichen vor der Wurzel wiederum nicht berücksichtigt. Die Konzentration an OH^- ergibt sich nach Gl. (6-77).

$$K_B = \frac{c(HA) \cdot c(OH^-)}{c(A^-)} = \frac{c^2(OH^-)}{c_o(B) - c(OH^-)} \qquad\qquad (6\text{-}75)$$

$$0 = c^2(OH^-) + K_B \cdot c(OH^-) - K_B \cdot c_o(B) \qquad\qquad (6\text{-}76)$$

$$c(OH^-) = -\frac{K_B}{2} + \sqrt{\frac{K_B^2}{4} + K_B \cdot c_o(B)}$$

(6-77)

Da gilt: $c_o(B) \gg c(OH^-)$, kann in (6-75) der Ausdruck $c_o(B) - c(OH^-)$ näherungsweise durch $c_o(B)$ ersetzt werden. In Analogie zu (6-72, 6-73) ergeben sich für die $c(OH^-)$-Konzentration und den pOH-Wert schwacher Basen die Beziehungen (6-78, 6-79).

$$c(OH^-) = \sqrt{K_B \cdot c_o(B)}$$

(6-78)

$$pOH = \frac{1}{2}\left(pK_B - lg\frac{c_o(B)}{mol \cdot l^{-1}}\right)$$

(6-79)

- ***pH-Werte starker Säuren ($pK_S < -1$) und Basen ($pK_B < -1$)***

Starke Säuren. Für Säuren mit einem pK_S-Wert < -1 ($\rightarrow HNO_3$, HCl) wird in wässriger Lösung eine vollständige Protolyse angenommen. Ein chemisches Gleichgewicht kann sich nicht einstellen, die Gleichgewichtskonzentration c(HA) ist null. Damit gilt $c(H_3O^+)$ bzw. $c(H^+) = c_o(S)$, mit $c_o(S)$ = Ausgangskonzentration der Säure S und für den pH-Wert ergibt sich die Beziehung (6-80).

	HA	$\rightarrow$	**H$^+$**	**+**	**A$^-$**
Ausgangszustand:	$c_o(S)$		0		0
Gleichgewicht:	c(HA) = 0		$c_o(S)$		$c_o(S)$

$$pH = -lg\frac{c_o(S)}{mol \cdot l^{-1}}$$

(6-80)

Starke Basen (Metallhydroxide NaOH, KOH). Für Basen mit einem pK_B-Wert < -1 wird in wässriger Lösung ebenfalls eine vollständige Protolyse angenommen. Damit gilt $c(OH^-) = c_o(B)$, mit $c_o(B)$ = Ausgangskonzentration der Base B. Die Konzentration an OH^- entspricht der Ausgangskonzentration der Base $c_o(B)$. Für den pOH-Wert folgt Gl. (6-81).

$$pOH = -lg\frac{c_o(B)}{mol \cdot l^{-1}}$$

(6-81)

- ***pH-Werte mittelstarker Säuren (-1 $< pK_S <$ 4) und Basen (-1 $< pK_B <$ 4)***. Es bleibt die Frage zu beantworten, wie die pH-Werte mittelstarker Säuren bzw. Basen zu berechnen sind, also von Säuren und Basen, deren pK_S- bzw. pK_B-Werte zwischen -1 und 4 liegen.

Betrachten wir die beiden mittelstarken Säure H_2SO_3 (1. Protolysestufe!) und Fluorwasserstoffsäure HF. Zur Berechnung des pH-Wertes soll sowohl die exakte Formel (Gl. 6-71) als auch die Näherungsformel für schwache Säuren (Gl. 6-73) herangezogen werden.

Beispiele:

A) 0,1 mol/l H_2SO_3 (nur 1. Protolysestufe, s.u.)

$$pK_S = 1,81 \qquad \text{Theorie (Gl. 6-71):} \qquad pH = 1,49$$
$$\text{Näh.gleichung (6-73):} \quad pH = 1,41$$

B) 0,1 mol/l HF, $pK_S = 3,14$ Theorie (Gl. 6-71):   pH = 2,09
$$\text{Näh.gleichung (6-73):} \quad pH = 2,07.$$

Mit steigendem pK_S-Wert wird die Übereinstimmung des nach Gl. 6-73 berechneten pH-Wertes mit dem theoretischen Wert (Gl. 6-71) immer besser.

Die Ergebnisse zeigen, dass auch für die Berechnung des pH-Wertes mittelstarker Säuren die Näherungsformel für schwache Säuren (Gl. 6-73) mit guter Genauigkeit herangezogen werden kann. Differenzen in der zweiten Stelle nach dem Komma sind für die Diskussion von pH-Werten, insbesondere im Hinblick auf praktische Problemstellungen, irrelevant. Entsprechendes gilt für $c(OH^-)$ bzw. die pOH-Werte von Lösungen schwacher Basen.

- *Besonderheit: pH-Werte mehrwertiger Säuren und Basen.* Wie in Kap. 6.5.3.4 besprochen, protolysieren mehrprotonige Säuren in Wasser schrittweise, wobei jedem Schritt eine Säurekonstante K_S zugeordnet wird. Das erste Proton wird am leichtesten abgegeben, die Abtrennung des 2. Protons geht schon weniger leicht usw. Deshalb genügt es im obigen Beispiel **(A)**, nur die erste Protolysestufe ($H_2SO_3 + H_2O \rightleftharpoons H_3O^+ + HSO_3^-$; $pK_{S1} = 1,81$) zu betrachten. Das gebildete HSO_3^--Ion ist mit einem pK_{S2} von 7 eine schwache Säure, weshalb die zweite Protolysestufe auf die Berechnung des pH-Wertes kaum Einfluss hat.

Die dreiwertige Orthophosphorsäure H_3PO_4 kann theoretisch drei Protonen abgeben. Bezüglich des 1. Protolyseschrittes ($pK_{S1} = 2,12$) ist die Phosphorsäure eine mittelstarke Säure. Das im ersten Schritt gebildete $H_2PO_4^{2-}$-Ion gehört mit einem pK_{S2}-Wert von 7,20 bereits zu den schwachen Säuren. Zieht man zur Berechnung des pH-Wertes mittels Gl. (6-73) nur die erste Protolysestufe ($pK_{S1} = 2,12$) heran, kommt man auf einen Wert von 1,57. Die Differenz zum exakten, mit Gl. (6-71) berechneten Wert von 1,62 beträgt 0,05 Einheiten!

$\Rightarrow$ **Sonderfall Schwefelsäure H_2SO_4.** Die Protolyse der **zweiprotonigen Schwefelsäure** verläuft in der ersten Stufe vollständig (Gl. 6-59, $pK_{S1} \sim$ -3).). Alle H_2SO_4-Moleküle haben ein Proton an das Wasser abgegeben, so dass für die 1. Protolysestufe $c(H_2SO_4) = c(H_3O^+)$ $= c_0(S)$ gesetzt werden kann.

	H_2SO_4	+	H_2O	$\rightarrow$	H_3O^+	+	HSO_4^-
Ausgangszustand:	$c_0(S)$				0		0
Gleichgewicht:	$c(HA) = 0$				$c_0(S)$		$c_0(S)$

$$(6\text{-}82)$$

Die Säurekonstante für die zweite Stufe (Gl. 6-60) besitzt einen Wert von $K_{S2} = 1,2 \cdot 10^{-2}$ mol/l ($pK_{S2} = 1,92$), d.h. das Gleichgewicht weitgehend auf der linken Seite.

$$HSO_4^- \;+\; H_2O \;\rightleftharpoons\; H_3O^+ \;+\; SO_4^{2-}$$

Ausgangszustand:	$c_o(S)$	$c_o(S)$	0
Gleichgewicht:	$c_o(S) - x$	$c_o(S) + x$	x

(6-83)

Nur ein kleiner Teil der HSO_4^--Teilchen hat ein Proton an das Wasser abgegeben. HSO_4^- ist eine mittelstarke Säure. Für eine <u>exakte</u> Berechnung des pH-Wertes kann die zweite Protolysestufe nicht vernachlässigt werden.

Anwendung des MWG auf (6-83) ergibt für die Säurekonstante K_{S2} den Ausdruck (6-84).

$$K_{S2} = \frac{c(H^+) \cdot c(SO_4^{2-})}{c(HSO_4^-)} \tag{6-84}$$

Der protolysierte Anteil von HSO_4^- soll mit x bezeichnet werden, damit gilt $c(SO_4^{2-}) = x$. Die Konzentration an HSO_4^- nimmt um x ab und die Konzentration an H^+ um x zu. Einsetzen in Gl. (6-84) ergibt Gl. (6-85), durch Umformen erhält man die quadratische Gleichung (6-86) und unter Ausschluss der Lösung mit dem negativen Vorzeichen vor der Wurzel den Ausdruck (6-87a).

$$K_{S2} = \frac{(c_o(S) + x) \cdot x}{c_o(S) - x} \tag{6-85}$$

$$0 = x^2 + (K_{S2} + c_o(S)) \cdot x - K_{S2} \cdot c_o(S) \tag{6-86}$$

$$\boxed{\; x = -\frac{c_o(S) + K_{S2}}{2} + \sqrt{\frac{(c_o + K_{S2})^2}{4} + K_{S2} \cdot c_o(S)} \;} \tag{6-87a}$$

Die Konzentration an H^+ sowie der pH-Wert errechnen sich dann wie folgt:

$$c(H^+) = c_o + x \;\;\Rightarrow\;\; pH = -\lg(c_o + x) \tag{6-87b}$$

Setzt man in den Ausdruck für K_{S2} (Gl. 6-85) $c_o = 10^{-2}$ und für K_{S2} den Wert $1,2 \cdot 10^{-2}$ ein, ergibt sich **x = 0,454 · 10⁻²** (s. Beispiel unten: pH-Wert von 10^{-2} mol/l H_2SO_4).

Kann diese etwas komplizierte Berechnung durch Näherungen abgekürzt werden? Es gibt zwei Möglichkeiten:

 a) Man betrachtet <u>nur</u> die erste Protolysestufe. H_2SO_4 ist eine starke Säure, die vollständig unter Bildung von H_3O^+ und HSO_4^- protolysiert (Gl. 6-82): $c(H_3O^+) = c(HSO_4^-) = c_o(S)$, mit $c_o(S)$ = Ausgangskonzentration der Säure.

 b) Man nimmt an, dass sowohl H_2SO_4 als auch HSO_4^- vollständig protolysieren. Dann gilt: **$c(H_3O^+) = 2 \cdot c_o(S)$**. Die Konzentration an H_3O^+-Ionen wäre doppelt so groß wie die Ausgangskonzentration der Säure $c_o(S)$. Die Berechnungsformel würde dann lauten:

$$\mathbf{pH = -\lg(2 \cdot c_o(S)) \,/\, mol \cdot l^{-1}} \tag{6-88}$$

Beispiele:

- **10^{-1} mol/l H_2SO_4**

    Näherung **a)** pH = - lg $c_o(S)$/mol l^{-1} = - lg 10^{-1}/mol l^{-1} = 1

    Näherung **b)** pH = - lg $(2 \cdot c_o(S))$/mol l^{-1} = - lg $(2 \cdot 10^{-1})$ = 0,70

    c) pH-Wert exakt (Gl. 6-87): $c(H^+)$ = c_o + x = 10^{-1} + 9,8 $\cdot$ 10^{-3} = 0,1098;
    pH = **0,96**

- **10^{-2} mol/l H_2SO_4**

    a) pH = - lg 10^{-2}/mol l^{-1} = 2

    b) pH = - lg $(2 \cdot 10^{-2})$ = 1,70

    c) pH-Wert exakt (Gl. 6-87): $c(H^+)$ = 10^{-2} + 0,454 $\cdot$ 10^{-2} = 1,454 $\cdot$ 10^{-2}
    pH = **1,84**

- **10^{-3} mol/l H_2SO_4**

    a) pH = - lg 10^{-3}/mol l^{-1} = 3

    b) pH = - lg $(2 \cdot 10^{-3})$ = 2,70.

    c) pH-Wert exakt (nach Gl. 6-87): $c(H^+)$ = 10^{-3} + 8,65 $\cdot$ 10^{-4} = 1,865 $\cdot$ 10^{-3}
    pH = **2,73**

- **10^{-4} mol/l H_2SO_4**

    a) pH = - lg 10^{-4}/mol l^{-1} = 4

    b) pH = - lg $(2 \cdot 10^{-4})$ = 3,70.

    c) pH-Wert exakt (nach Gl. 6-87): $c(H^+)$ = 10^{-4} + 10^{-4} = 2 $\cdot$ 10^{-4}
    pH = **3,70**

$\Rightarrow$ Für die Berechnung des pH-Werts einer wässrigen Schwefelsäurelösung können mit ausreichender Genauigkeit sowohl Näherung *a) Berücksichtigung nur der ersten Protolysestufe* als auch Näherung *b) pH = - lg (2 $\cdot$ $c_o(S)$) / mol $\cdot$ l^{-1}* benutzt werden. Mit zunehmender Verdünnung (c $\leq$ 10^{-2} mol/l) nähern sich die nach Gl. *b)* berechneten Werte immer mehr dem nach Gl. (6-87) berechneten, exakten Werten an.

Zweiwertige Basen. Für starke zweiwertige Basen (z.B. $Ca(OH)_2$) ist die OH^--Konzentration doppelt so groß ist wie die Ausgangskonzentration der Base $c_o(B)$. Die Ionen sind im Gitter vorgebildet, eine Protolyse läuft nicht ab. Es gilt $c(OH^-)$ = 2 $\cdot$ $c_o(B)$, damit ergibt sich die Beziehung

$$pOH = -lg\ (2 \cdot c_o(B))\ /\ mol \cdot l^{-1} \tag{6-89}$$

- ***pH-Wertes von Salzlösungen.*** Zur Berechnung des pH-Wertes von Salzlösungen sind keine zusätzlichen Beziehungen notwendig. Im Falle einer protolysierenden Base (Anionbase) wird Gleichung (6-79), bei Vorliegen einer protolysierenden Säure (Kationsäure) dagegen Gl. (6-73) benutzt.

Aufgaben:

1.   Berechnen Sie die pH-Werte einer 0,2 mol/l Salzsäure und einer 0,05 mol/l Natronlauge!

HCl: $pH = -lg\ c_o(S)/mol \cdot l^{-1} = -lg\ (2 \cdot 10^{-1}) = (-lg\ 2 - lg\ 10^{-1}) = 1 - lg\ 2 = 0{,}7$.

NaOH: $pOH = -lg\ c_o(B)/mol \cdot l^{-1} = -lg\ (5 \cdot 10^{-2}) = 1{,}3\ ;\ pH = 14 - 1{,}3 = 12{,}7$

2. Eine gesättigte Calciumhydroxidlösung (Kalkwasser) enthält 1,26g $Ca(OH)_2$ pro Liter Wasser gelöst. Berechnen Sie den pH-Wert der Lösung!

Nach Gl. (1-15) ist die Stoffmengenkonzentration der Lösung

$$c = \frac{n}{V} = \frac{m}{M \cdot V} = \frac{1{,}26\,g}{74{,}1\,g/mol \cdot 1\,l} = 1{,}7 \cdot 10^{-2}\ mol/l.$$

$c(OH^-) = 2 \cdot c = 3{,}4 \cdot 10^{-2}\ mol/l,\quad pOH = -lg\ (3{,}4 \cdot 10^{-2})\ /mol \cdot l^{-1} = 1{,}47\ ;\ pH = 12{,}53$.

3. Welche Konzentration an H_3O^+ in mol/l liegt bei einem pH-Wert von 2,4 vor?

$2{,}4 = -lg\ c(H_3O^+)/mol \cdot l^{-1}\ ,\quad c(H_3O^+)/mol \cdot l^{-1} = 10^{-2{,}4}\ ,\quad c(H_3O^+) = 3{,}98 \cdot 10^{-3}\ mol/l$.

4. Berechnen Sie den pH-Wert a) einer 0,5 M Essigsäurelösung und b) einer 0,03 M Ammoniaklösung !

zu a) $pH = \frac{1}{2}\ [pK_S - lg\ c_o(S)/mol \cdot l^{-1}] = \frac{1}{2}\ (\ 4{,}75 - lg\ 0{,}5) = 2{,}53$.

zu b) $pOH = \frac{1}{2}\ [pK_B - lg\ c_o(B)\ /mol \cdot l^{-1}] = \frac{1}{2}\ (4{,}75 - lg\ 0{,}03) = 3{,}14;\ pH = 10{,}86$.

5. Berechnen Sie den pH-Wert einer $5 \cdot 10^{-3}$ mol/l Schwefelsäure! Schwefelsäure ist eine zweiprotonige Säure, näherungsweise kann Formel (6-88) verwendet werden.

$pH = -\ lg\ (2 \cdot c_o(S))\ /\ mol\ l^{-1}\ \Rightarrow\ pH = -\ lg\ (2 \cdot 0{,}005)\ /\ mol\ l^{-1} = 2$.

6. Berechnen Sie den pH-Wert einer 0,1 M K_2CO_3-Lösung!

Bei Dissoziation von K_2CO_3 in Wasser entsteht die Anionbase CO_3^{2-}, die zur Protolyse mit H_2O in der Lage ist. Deshalb ist zur pH-Berechnung Gl. (6-79) anzuwenden.

$pOH = \frac{1}{2}\ [pK_B - lg\ c_o(Salz)/mol \cdot l^{-1}] = \frac{1}{2}\ [3{,}6 - lg\ 0{,}1] = 2{,}3\ ;\ pH = 11{,}7$.

6.5.3.7 Pufferlösungen

Praktische Aufgabenstellungen machen es mitunter notwendig, Lösungen eines definierten pH-Wertes herzustellen, der darüber hinaus eine längere Zeit konstant ist. Die erste Forderung ist kein Problem. Lösungen eines gewünschten pH-Wertes lassen sich leicht durch geeignete Wahl der Konzentration entsprechender Säuren oder Basen herstellen. Schwieriger ist es schon, den pH-Wert der hergestellten Lösung über einen bestimmten Zeitraum konstant zu halten. Jede Lösung nimmt aus der Luft CO_2 auf. Damit wird sie stärker sauer und der pH-Wert erniedrigt sich (Gl. 5-24 bis 5-26). Bewahrt man eine Lösung über längere Zeit in einem Glasgefäß auf, können zusätzlich basische Verunreinigungen aus der Gefäßwand herausgelöst werden.

Pufferlösungen (Puffergemische) zeigen diese Probleme nicht. Sie „puffern" die Wirkung der Hydroniumionen (*Säurezugabe*) und Hydroxidionen (*Basezugabe*) ab und halten damit den pH-Wert weitgehend konstant.

Puffergemische sind wässrige Lösungen aus einer schwachen Säure (Base) und einem Salz dieser schwachen Säure (Base). Sie halten den pH-Wert weitgehend konstant, wenn Säuren oder Basen in begrenzter Menge zugegeben werden.

Pufferlösungen bestehen aus den beiden Bestandteilen eines korrespondierenden Säure-Base-Paares. Die in der Lösung wirksame Säure HA wird als *Puffersäure*, die wirksame Base B als *Pufferbase* bezeichnet.

Die quantitative Beschreibung der Puffergemische erfolgt durch die sogenannte **Puffergleichung** (nach **Henderson-Hasselbalch**, Gl. 6-90).). Sie wird durch einfache Umstellung der Definitionsgleichung für die Säurekonstante K_S der Puffersäure HA (Gl. 6-51) erhalten.

$$c(H_3O^+) = K_S \cdot \frac{c(HA)}{c(A^-)}$$

$$\boxed{pH = pK_S - lg\frac{c(HA)}{c(A^-)} \quad \Rightarrow \quad pH = pK_S - lg\frac{c(Säure)}{c(Salz)}} \qquad (6\text{-}90)$$

Bei Berechnungen des pH-Wertes von Pufferlösungen wird für c(HA) die Konzentration der Säure und für c(A⁻) die Konzentration des Salzes eingesetzt. Die maximale Pufferkapazität einer Pufferlösung ergibt sich nach Gl. (6-90) zu: pH = pK_S. Entspricht der pH-Wert dem pK_S-Wert, liegen äquimolare Mengen an Salz und Säure vor.

Damit eine Pufferlösung effektiv wirksam ist, sollte das Stoffmengenverhältnis von Säure zu Salz c(HA)/c(A⁻) im Bereich zwischen 1/10 und 10/1 liegen. Setzt man diese Stoffmengenverhältnisse in Gl. (6-90) ein, erhält man die Beziehung (6-91).

$$pH = pK_S \pm 1 \qquad (6\text{-}91)$$

Innerhalb eines pH-Bereichs von pH = $pK_S \pm 1$ lässt sich der pH-Wert eines Puffergemischs durch Variation der Konzentrationen von Säure und Base gezielt einstellen (**Pufferbereich**).

Die **Wirkungsweise** eines Puffersystems soll am Beispiel des Essigsäure-Acetat-Puffers erklärt werden. Die Pufferlösung soll x mol/l Essigsäure und x mol/l Acetat (als Natriumacetat) enthalten. Dem System liegt das Gleichgewicht Gl. (6-92) zugrunde.

$$CH_3COOH \ + \ H_2O \ \rightleftharpoons \ CH_3COO^- \ + \ H_3O^+ \qquad (6\text{-}92)$$

Konzentration der Säure   *Konzentration des Salzes*

$$pH = pK_S - lg\frac{c(HA)}{c(A^-)} \ , \quad pH = 4{,}75 - lg\frac{x\,mol\,/\,l}{x\,mol\,/\,l} \ , \quad pH = pK_S = 4{,}75.$$

Für eine Lösung, die äquimolare Mengen an Essigsäure und Natriumacetat enthält (Verhältnis 1:1), ergibt sich ein pH-Wert von 4,75. Die Pufferkapazität des Essigsäure-Acetat-Puffers liegt somit nach Gl. (6-91) im pH-Bereich von 3,75...5,75.

Gibt man der Pufferlösung eine Säure (H_3O^+) zu, reagiert das Hydroniumion mit der Base CH_3COO^- unter Bildung von Essigsäure und Wasser. Gleichung (6-92) verläuft so lange von rechts nach links, bis sich das gestörte Gleichgewicht neu eingestellt hat. Setzt man der Lösung Hydroxidionen (z.B. NaOH) zu, neutralisieren diese die sich im Gleichgewicht befindlichen H_3O^+-Ionen. Das so gestörte Gleichgewicht stellt sich durch weitere Protolyse der Essigsäure wieder ein, indem Hydroniumionen nachgeliefert werden. Gleichung (6-92) verläuft von links nach rechts.

Die H_3O^+-Ionen werden durch den Vorrat an Acetationen und die OH^--Ionen durch den Vorrat an Essigsäuremolekülen abgepuffert. In beiden Fällen bleibt der pH-Wert weitgehend konstant.

Sollen „basische" Pufferlösungen (pH > 7) hergestellt werden, muss man konjugierte Säure-Base-Paare mit pK_S-Werten > 7 verwenden. Als Beispiel soll der Ammoniumchlorid (NH_4Cl)/Ammoniak (NH_3)-Puffer angeführt werden. Der pK_S-Wert der Kationsäure NH_4^+ beträgt 9,25. Damit liegt der Pufferbereich des Ammoniumchlorid/Ammoniak-Puffers (*kurz*: NH_4^+/NH_3-Puffer) zwischen pH = 10,25 und 8,25.

Pufferlösungen spielen nicht nur bei zahlreichen technischen Prozessen wie etwa dem Galvanisieren, der Herstellung photographischer Schichten oder dem Gerben von Leder eine wichtige Rolle. Die Reaktionen aller biologischen Systeme sind gepuffert. Der Kohlensäure/Hydrogencarbonat-Puffer (CO_2, H_2O/HCO_3^-) stellt das wichtigste Puffersystem für das Blutplasma dar. Er hält den pH-Wert des menschlichen arteriellen Blutes konstant auf 7,38 ± 0,05. Ein Absinken des pH-Wertes des Blutes auf 7,0 über einen längeren Zeitraum ist lebensbedrohlich. Der Erdboden enthält in der Humusschicht verschiedene Puffersysteme, von denen das System $CaCO_3$/ Ca^{2+}, HCO_3^- eine besondere Bedeutung besitzt.

6.5.3.8   Technisch und bauchemisch wichtige Säuren und Basen

Schwefelsäure H_2SO_4. Wasserfreie Schwefelsäure ist eine farblose, ölig-dicke Flüssigkeit (Smp. 10°C, Sdp. 280°C) mit einer Dichte von ρ = 1,83 g/cm³. Die im Handel erhältliche *konzentrierte Schwefelsäure* ist 98%ig, das entspricht einer Stoffmengenkonzentration $c(H_2SO_4)$ von 18 mol/l. Enthält sie SO_3 im Überschuss gelöst, spricht man von „rauchender Schwefelsäure".
Konzentrierte H_2SO_4 wirkt stark **hygroskopisch** (wasserentziehend). Deshalb wird sie im chemischen Laboratorium als Trocknungsmittel für Chemikalien genutzt. Sie ist auch in der Lage, einer Reihe von Verbindungen das Wasser zu entziehen (Dehydratisierungsmittel). Zum Beispiel entsteht beim Einwirken von konz. H_2SO_4 auf Zucker eine poröse Kohlenstoffmasse.
Schwefelsäure ist eine *oxidierende Säure*, da neben den Hydroniumionen (H_3O^+) auch das Sulfation als Oxidationsmittel reagieren kann. Zwar ist ihre Oxidationskraft geringer als die der Salpetersäure, trotzdem ist konz. H_2SO_4 insbesondere bei höheren Temperaturen in

der Lage, Metalle wie Cu, Ag und Hg zu lösen. Verdünnte H_2SO_4 reagiert mit unedlen Metallen unter H_2-Entwicklung.

Die Reaktion der Schwefelsäure mit Wasser ist stark exotherm. Beim Verdünnen von reiner oder konz. H_2SO_4 mit Wasser ist es deshalb notwendig, die Säure in dünnem Strahl, oder noch besser tropfenweise, unter Umrühren in das Wasser einzutragen. Gibt man umgekehrt H_2O in die Schwefelsäure, kann es durch die starke Wärmeentwicklung zum Herausspritzen der Säure, vielleicht sogar zum Springen des Glasgefäßes kommen.

Schwefelsäure ist eine zweiprotonige Säure. Die Protolyse erfolgt in zwei Stufen (Gl. 6-59: $H_2SO_4 + H_2O \rightarrow H_3O^+ + HSO_4^-$ und Gl. 6-60: $HSO_4^- + H_2O \rightleftharpoons H_3O^+ + SO_4^{2-}$), wobei die Abspaltung des ersten Protons praktisch vollständig abläuft. Das bedeutet, Gl. 6-59 liegt weitgehend auf der rechten Seite. Es entstehen **Hydrogensulfationen** (HSO_4^-) und Hydroniumionen (H_3O^+). Das zweite Gleichgewicht (6-60) liegt dagegen – insbesondere bei höheren Konzentrationen – vorwiegend auf der Seite des Hydrogensulfations. Damit sind in einer laborüblichen, verdünnten H_2SO_4-Lösung der Konzentration 1 mol/l als vorherrschenden Species HSO_4^-- und H_3O^+-Ionen zu finden. Erst bei relativ starker Verdünnung ($c < 10^{-2}$ mol/l) oder bei Zugabe von stärkeren Basen als Wasser (z.B. Hydroxidionen: $HSO_4^- + OH^- \rightarrow H_2O + SO_4^{2-}$) liegen überwiegend **Sulfationen** (SO_4^{2-}) vor.

Vor dem Hintergrund der obigen Protolysegleichgewichte kann eine Schwefelsäurelösung als Mischung zweier verschieden starker Säuren aufgefasst werden, einer sehr starken Säure (H_2SO_4) und einer nur teilweise protolysierten, mittelstarken Säure (HSO_4^-). Trotzdem kristallisiert bei Zugabe von mehrfach geladenen Metallionen (z.B. Ca^{2+}) das entsprechende Metallsulfat und nicht das Hydrogensulfat aus. Begründung: Die frei werdende Gitterenergie (Kap. 3.2.2) ist im Fall eines Kristalls aus zweifachgeladenen Kationen und Anionen größer als bei einer Kombination von zweifach geladenen Kationen und einfach geladenen Anionen.

Die Sulfate insbesondere der Erdalkali- und Alkalimetalle sind von außerordentlicher Bedeutung für das Bauwesen. So ist zum Beispiel Calciumsulfat als Halbhydrat, Dihydrat oder Anhydrit ein wichtiger Bau- bzw. Zementzusatzstoff. Auf der anderen Seite bildet $CaSO_4$ den Ausgangspunkt für gefürchtete Bauschäden (Gips- bzw. Sulfattreiben, Kap. 9.4.2.2).

Salpetersäure HNO_3. Reine Salpetersäure ist eine farblose Flüssigkeit, die bei 82,6°C siedet. Da sie sich bei Lichteinwirkung teilweise zersetzt, wird sie in braunen Flaschen aufbewahrt. Das bei der Zersetzung ($2\,HNO_3 \rightarrow 2\,NO_2 + H_2O + \frac{1}{2}\,O_2$) entstehende braune Gas NO_2 färbt verdünnte Lösungen gelb, in höheren Konzentrationen rot. Die an der Luft rotbraun dampfende Lösung bezeichnet man als „rote rauchende Salpetersäure".

Handelsübliche *konzentrierte Salpetersäure* ($\rho = 1,41$ g/cm^3 bei 20°C; Sdp. 121,8°C) ist eine 69%ige Lösung von Salpetersäure in Wasser (c = 14,4 mol/l). Die Salze der Salpetersäure heißen **Nitrate**. Der Name *Salpeter* leitet sich von den historisch entstandenen Bezeichnungen für einige Nitrate ab, z.B. Natriumnitrat $NaNO_3$ (*Chilesalpeter*), Kaliumnitrat KNO_3 (*Salpeter*), Ammoniumnitrat NH_4NO_3 (*Ammonsalpeter*) und Calciumnitrat $Ca(NO_3)_2$ (*Kalksalpeter*). Das hygroskopische $Ca(NO_3)_2$ gehört zu den stark bauschädigenden Salzen (*Mauersalpeter*, Kap. 9.4.4).

Sowohl konzentrierte als auch die im Laborbetrieb gebräuchliche halbkonzentrierte Salpetersäure (~30%ig) sind starke Oxidationsmittel. Sie lösen Metalle wie Kupfer, Quecksilber und Silber auf. Gold und Platin werden nicht gelöst (Kap. 7.3.4). Neben den Metallkationen entstehen Stickoxide. Mit halbkonzentrierter Salpetersäure bildet sich überwiegend NO, mit zunehmender Konzentration der Salpetersäure wird mehr und mehr NO_2 zum Hauptprodukt des oxidativen Angriffs. Das bedeutet, dass neben dem H_3O^+-Ion auch das Nitration NO_3^- als Oxidationsmittel reagieren kann. Salpetersäure gehört deshalb zu den *oxidierenden Säuren*. Stärker verdünnte HNO_3 reagiert mit unedlen Metallen unter H_2-Entwicklung.

Salzsäure HCl. Salzsäure (Chlorwasserstoffsäure) ist die wässrige Lösung des Gases Chlorwasserstoff (HCl). Chlorwasserstoff ist in Wasser extrem gut löslich. Zum Beispiel löst 1 Liter Wasser bei 0°C unter starker Wärmeentwicklung 507 Liter, bei 20°C 442 Liter Chlorwasserstoffgas. Der Name Salzsäure rührt von der Darstellung der Säure her. Salzsäure wird aus Kochsalz (NaCl) gewonnen.
Handelsübliche konzentrierte Salzsäure ($\rho = 1{,}19$ g/cm^3 bei 20°C) ist 38%ig. Das entspricht einem Stoffmengenanteil von etwa 12 mol/l. Da sie an der Luft stark raucht, wird sie auch als „rauchende Salzsäure" bezeichnet. Die Salze der Salzsäure heißen **Chloride**. Charakteristisch für konzentrierte Salzsäure ist ihr stechender Geruch. Er ist auf HCl-Moleküle in der Gasphase zurückzuführen. Die im Laborbetrieb verwendete verdünnte HCl besitzt in der Regel eine Stoffmengenkonzentration von 2 mol/l.

Verdünnte Salzsäure ist in der Chemie <u>die</u> *nicht oxidierende* Säure schlechthin, denn wenn ein unedles Metall wie z.B. Zink von HCl gelöst wird (Bildung von Zn^{2+} und H_2), kommen nur die H_3O^+-Ionen als Oxidationsmittel in Frage. Die Chloridionen sind redoxstabile Teilchen. Salzsäure löst deshalb nur unedle Metalle wie Zn, Al und Fe. Carbonate werden von Salzsäure unter Bildung von CO_2 zersetzt ($CaCO_3 + 2\,HCl \rightarrow CaCl_2 + CO_2 + H_2O$). Mit Basen reagiert Salzsäure im Allgemeinen zu Chloriden.
Salzsäure bildet sich bei der Reaktion von Chlorwasserstoff (Gas!) mit Wasser. In der wässrigen Lösung liegen ausschließlich H_3O^+- und Cl^--Ionen vor. Alle HCl-Moleküle haben sich im Ergebnis einer Protolysereaktion umgesetzt (Merkmal einer *starken Säure*!). Wenn bei stöchiometrischen Aufgabenstellungen von Salzsäure die Rede ist, bezieht man sich stets auf die Stoffmenge des gelösten Chlorwasserstoffs, obwohl dieser in Lösung praktisch nicht mehr vorliegt. Es gilt somit: $c(\text{HCl}) = c(\text{H}_3\text{O}^+)$.

Reine Salzsäure ist farblos. Technische Salzsäure weist dagegen eine Gelbfärbung auf, die von Eisenverunreinigungen ($FeCl_3$ bzw. $[FeCl_4]^-$) stammt.
Wasserlösliche Chloride fördern generell die Korrosion von Eisen/Stahl (Kap. 8.1). Wirken chloridhaltige Wässer, z.B. Meerwasser oder chloridhaltige Taumittel, auf Stahlbeton ein, müssen besondere Schutzmaßnahmen getroffen werden.

Schwefelsäure, Salpetersäure und Salzsäure gehören zu den stark betonaggressiven Stoffen. Ihr Angriffsgrad hängt von der Konzentration ab.

Phosphorsäure H$_3$PO$_4$. Wenn man im praktischen Sprachgebrauch von der Phosphorsäure spricht, meint man im Allgemeinen die *Orthophosphorsäure* H_3PO_4. Sie entsteht durch Umsetzung von Phosphorpentoxid P_2O_5 mit Wasser. H_3PO_4 ist eine mittelstarke dreiproto-

nige Säure, die ihre Protonen in drei Protolysestufen abspalten kann (Gl. 6-61 bis 6-63).
Dabei entstehen drei Gruppen von Salzen:

$M^I H_2PO_4$ **Dihydrogenphosphate** (*primäre Phosphate*),
$M^I_2 HPO_4$ **Hydrogenphosphate** (*sekundäre Phosphate*),
$M^I_3 PO_4$ **Orthophosphate** (*tertiäre Phosphate*).

Orthophosphorsäure H_3PO_4 bildet farblose Kristalle (Smp. 42,3°C, ρ = 1,87 g/cm^{-3} bei
25°C), die sich gut in Wasser lösen. Handelsübliche konz. Phosphorsäure (85%ig) ist eine
sirupöse Lösung der Dichte 1,69 g/cm^3 (20°C). Ihre hohe Viskosität ist auf Wasserstoffbrückenbindungen zwischen den Molekülen zurückzuführen. Verdünnte Phosphorsäure ist
eine mittelstarke Säure. Sie ist weit weniger aggressiv als die vorher besprochenen Säuren
H_2SO_4, HNO_3 und HCl.

Die **betonangreifende Wirkung** der Phosphorsäure ist als gering einzustufen. Im Bauwesen findet H_3PO_4 vor allem als Bestandteil von Rostwandlern und beim Phosphatieren von
Stahloberflächen (8.3.5.1) Anwendung.

Salz-, Schwefel- und Salpetersäure werden häufig als **Mineralsäuren** bezeichnet, da sie in
Form ihrer Salze in den meisten Mineralen enthalten sind.

Die **Kohlensäure** und die **Kieselsäuren** werden in Kap. 5.4.3.2 bzw. 9.2.2 näher besprochen.

Natriumhydroxid NaOH und Kaliumhydroxid KOH. Natriumhydroxid und Kaliumhydroxid sind weiße, hygroskopische Substanzen. Sie lösen sich sehr gut in Wasser (z.B. bei
25°C: 1090 g NaOH pro Liter H_2O) und bilden unter Wärmeentwicklung Basen (*Laugen*).
Sowohl Natronlauge als auch Kalilauge reagieren stark basisch. Sie wirken ätzend und sind
giftig. Beide Laugen greifen Zink und Aluminium an, in heißer hochkonzentrierter Form
sogar Eisen.

Na_2O und K_2O (mitunter kurz als „*Alkalien*" bezeichnet) sind in geringen Mengen im Zement enthalten bzw. entstehen aus Natrium- oder Kaliumsalzen. Bei Zugabe von Wasser
bilden sie Laugen (M_2O + H_2O → 2 MOH, M = Na, K). Verdünnte Alkalilaugen schädigen
den Zementstein nicht. Bei Verwendung von Gesteinskörnungen mit alkalilöslicher Kieselsäure können die Alkalien zur Alkali-Kieselsäure-Reaktion führen (*Alkalitreiben*, Kap.
9.4.2.2.3).
Die wichtigsten basischen Verbindungen der Bauchemie, das **Calciumhydroxid** $Ca(OH)_2$
bzw. dessen Baseanhydrid, das **Calciumoxid** CaO, werden in Kap. 9.3.2.1 näher besprochen. Die Eigenschaften von Ammoniakwasser (Ammoniaklösung), d.h. der Lösung von
gasförmigem NH_3 in Wasser (NH_3 + H_2O ⇌ NH_4^+ + OH^-), wurden in Kap. 5.4.1.2 näher
besprochen.

7 Redoxreaktionen – Grundlagen der Elektrochemie

7.1 Begriffe: Oxidation – Reduktion, Oxidationszahl

Sehr viele Prozesse der Baupraxis wie die metallische Korrosion, das Ausbleichen von Fassaden oder die Alterung von Kunststoffen sind auf Oxidations- bzw. Reduktionsreaktionen zurückzuführen. Die Begriffe Oxidation und Reduktion sind im Laufe der historischen Entwicklung der Chemie mehrfach erweitert und auf einer höheren Erkenntnisebene neu definiert worden. Ursprünglich wurde unter einer Oxidation die Reaktion eines Stoffes mit Sauerstoff (Oxygenium), also eine Sauerstoffaufnahme verstanden. Die Rückführung des Stoffes in den ursprünglichen Zustand, d.h. die Abgabe von Sauerstoff, wurde als Reduktion bezeichnet.

Zum Beispiel verbrennt Magnesium bei höheren Temperaturen unter Aussendung von blendend weißem Licht. Mg wird oxidiert und es bildet sich weißes Magnesiumoxid MgO (Gl. 7-1).

$$2\,Mg + O_2 \;\rightarrow\; 2\,MgO \tag{7-1}$$

Betrachtet man andererseits die Umsetzung von Magnesium mit Chlor (Gl. 7-2), ergeben sich eine Reihe von Analogien zur Oxidation des Mg mit Luftsauerstoff.

$$Mg + Cl_2 \;\rightarrow\; MgCl_2 \tag{7-2}$$

Obwohl Sauerstoff nicht beteiligt ist, verläuft auch diese Reaktion heftig und exotherm. Auch in diesem Falle spricht man von einer *Verbrennung* des Magnesiums im Chlorstrom. In beiden Reaktionen - und darin besteht ihre Gemeinsamkeit - gibt das Magnesiumatom Elektronen ab. Mg wird oxidiert (Gl. 7-3).

$$Mg \;\rightarrow\; Mg^{2+} + 2\,e^- \qquad \textit{(Elektronenabgabe, Oxidation)} \tag{7-3}$$

Die Elektronen werden vom jeweiligen Reaktionspartner aufgenommen, der dabei reduziert wird (Gl. 7-4 und 7-5).

$$\tfrac{1}{2}\,O_2 + 2\,e^- \rightarrow\; O^{2-} \tag{7-4}$$
$$\textit{(Elektronenaufnahme, Reduktion)}$$
$$Cl_2 + 2\,e^- \;\rightarrow\; 2\,Cl^- \tag{7-5}$$

Im Resultat dieser Betrachtungen können die Begriffe Oxidation und Reduktion neu gefasst werden:

Eine Oxidation ist stets mit einer Elektronenabgabe und eine Reduktion stets mit einer Elektronenaufnahme verbunden. Oxidation und Reduktion laufen immer gekoppelt ab. Der Gesamtprozess wird als Redoxreaktion bezeichnet.

Um beide Begriffe klarer zu fassen, soll der Terminus **Oxidationszahl** (auch: *Oxidationsstufe*) eingeführt werden. Oxidationszahlen sind fiktive Ladungen, die man erhält, wenn die Elektronen einer polaren Elektronenpaarbindung vollständig dem elektronegativeren Atom zuordnet werden. Folgende *Regeln* sind bei ihrer Bestimmung zu beachten:

© Springer Fachmedien Wiesbaden GmbH, ein Teil von Springer Nature 2020
R. Benedix, *Bauchemie*, https://doi.org/10.1007/978-3-658-26442-0_7

1. Metalle erhalten positive Oxidationszahlen
2. Fluor erhält die Oxidationszahl -I
3. Wasserstoff erhält die Oxidationszahl +I
4. Sauerstoff erhält die Oxidationszahl -II

Die Regeln 1. – 4. sind als Hierarchie aufzufassen. Ist ein Metall in einer chemischen Verbindung vorhanden, so wird zuerst die Oxidationszahl des Metalls, dann die der übrigen unter 2. bis 4. genannten Elemente in der angegebenen Reihenfolge bestimmt. Fluor wird also vor Wasserstoff und Sauerstoff (z.B. in HF, OF_2) und Wasserstoff jeweils vor Sauerstoff (z.B. in H_2O oder H_2O_2) bestimmt. Auf diese Weise kommt man z.B. in der Verbindung OF_2 zu der seltenen, aber chemisch korrekten Oxidationszahl +II für den Sauerstoff. *Bei einem einatomigen Ion ist die Oxidationszahl mit der Ionenladung identisch. Bei neutralen Verbindungen ist die Summe der Oxidationszahlen aller Atome null. Bei mehratomigen Ionen ist die Summe der Oxidationszahlen aller Atome gleich der Ionenladung. Die Oxidationszahl eines Atoms im elementaren Zustand (z.B. Fe, N_2, He) ist null.*

Oxidationszahlen werden als römische Ziffern über die Atomsymbole geschrieben und beziehen sich auf jeweils *ein* Atom der betrachteten Sorte.

$$\overset{+I\ -II}{H_2O}, \quad \overset{+IV\ -II}{CO_2}, \quad \overset{+I\ +V\ -II}{HNO_3}, \quad \overset{+VI\ -I}{SF_6}, \quad \overset{+VI\ -II}{SO_4^{2-}}, \quad \overset{-III\ +I}{NH_3}, \quad \overset{+I\ -I}{NaH}, \quad \overset{+I\ +V\ -II}{H_2PO_4^-}$$

Im praktischen Gebrauch, vor allem bei der Aufstellung von Redoxgleichungen, interessiert in erster Linie das Atom der Verbindung, das durch Reduktion bzw. Oxidation seine Oxidationszahl ändert. Generell gilt:
Die **höchstmögliche Oxidationszahl** eines Elements ergibt sich formal als die Zahl der Elektronen, die bis zum nächstniedrigen Edelgas abgegeben werden müsste, die **niedrigstmögliche Oxidationszahl** als die Zahl der Elektronen, die bis zum nächsthöheren Edelgas aufgenommen werden müsste. Zum Beispiel reicht der Oxidationszahlbereich beim Stickstoff von +V (z.B. in HNO_3) bis –III (z.B. in NH_3). Lediglich bei den Hauptgruppenelementen Fluor (Oxidationszahlen: -I und 0) und Sauerstoff (-II, -I und 0) wird die maximale Oxidationszahl nicht erreicht.

Die maximale (höchstmögliche) Oxidationszahl eines Elements entspricht der Hauptgruppennummer im Periodensystem der Elemente.

Als erleichternd für die Bestimmung der Oxidationszahlen erweisen sich folgende *Orientierungshilfen*: Alkalimetalle (Na, K, Li) besitzen stets die Oxidationszahl +I, Erdalkalimetalle (Ca, Mg, Ba): +II und Aluminium +III; für Sauerstoff ergibt sich bis auf wenige Ausnahmen die Oxidationszahl -II und für Wasserstoff +I.

Beispiele für die Bestimmung der Oxidationszahlen:

H_2SO_4: Als Summe der Oxidationszahlen ergibt sich für die beiden H-Atome $2 \cdot (+I) = +II$ und für die vier O-Atome $4 \cdot (-II) = -VIII$. Damit erhält man als Gesamtsumme -VI. Da Schwefelsäure ein Neutralmolekül ist, kann die Oxidationszahl für den Schwefel nur +VI lauten.

Betrachtet man dagegen das Sulfation SO_4^{2-}, ergibt sich wiederum $4 \cdot (-II) = -VIII$. Da das Sulfation zweifach negativ geladen ist, sind diese beiden Ladungen von der Summe (-VIII) für die vier O-Atome abzuziehen, so dass sich (logischerweise!) für das S-Atom wiederum die Oxidationszahl +VI ergibt.

KNO_3: Als Summe der Oxidationszahlen der drei O-Atome ergibt sich $3 \cdot (-II) = -VI$. Da Kalium die Oxidationszahl +I besitzt, erhält man als Gesamtsumme -V und als Oxidationszahl für den Stickstoff +V.

Unter Verwendung der Oxidationszahlen ergeben sich die folgenden Aussagen:

Die Oxidation ist mit einer Erhöhung der Oxidationszahl und die Reduktion mit einer Erniedrigung der Oxidationszahl verbunden.

Eine Elektronenabgabe kann nur erfolgen, wenn ein Reaktionspartner vorhanden ist, der die Elektronen aufnehmen kann. Dieser Reaktionspartner wird als Oxidationsmittel (gebräuchliche Abk. **OM**) bezeichnet. Denjenigen Reaktionspartner, der die Elektronen abgibt und damit die Reduktion hervorruft, nennt man Reduktionsmittel (kurz: **RM**).

Oxidationsmittel sind Stoffe, die Elektronen aufnehmen können (*Elektronenakzeptoren*) und dabei selbst reduziert werden. Reduktionsmittel sind Stoffe, die Elektronen abgeben können (*Elektronendonatoren*) und dabei selbst oxidiert werden.

Bei der Oxidation von Magnesium mit Sauerstoff ist Mg das Reduktionsmittel. Magnesium wird oxidiert und erhöht seine Oxidationszahl von ±0 auf +II. Der Sauerstoff als Oxidationsmittel erniedrigt seine Oxidationszahl von ±0 auf -II.

Beispiele für praktisch wichtige **Oxidationsmittel** sind: Cl_2, O_2 (bzw. O_3), H_2O_2, Kaliumpermanganat ($KMnO_4$), Kaliumchromat bzw. -dichromat (K_2CrO_4 bzw. $K_2Cr_2O_7$). Wichtige **Reduktionsmittel** sind die Alkalimetalle, Koks (C), Sulfite (z.B. Natriumsulfit Na_2SO_3), Nitrite (z.B. Kaliumnitrit KNO_2) und Fe(II)-Salze (z.B. Eisen(II)-sulfat $FeSO_4$).

Wie Säure-Base-Reaktionen sind auch die Redoxprozesse umkehrbar. Schreibt man Gl. (7-3) und (7-5) als Gleichgewichtsreaktionen, entspricht jeweils die Hinreaktion einer Oxidation und die Rückreaktion einer Reduktion (Gl. 7-6a und b).

$$Mg \underset{Reduktion}{\overset{Oxidation}{\rightleftharpoons}} Mg^{2+} + 2\,e^- \qquad\qquad (7\text{-}6a)$$

$$2\,Cl^- \underset{Reduktion}{\overset{Oxidation}{\rightleftharpoons}} Cl_2 + 2\,e^- \qquad\qquad (7\text{-}6b)$$

Reduzierte Form (Red) und oxidierte Form (Ox) stehen im Gleichgewicht. Sie bilden zusammen ein **korrespondierendes Redoxpaar** (auch: *Redoxsystem*).

$$\boxed{\; Red \underset{Reduktion}{\overset{Oxidation}{\rightleftharpoons}} Ox + z\,e^- \;}$$

Für Redoxpaare wurde die Kurzschreibweise Red/Ox festgelegt. Vor dem Schrägstrich steht stets die reduzierte Form und nach dem Schrägstrich die oxidierte Form, z.B. Mg/Mg^{2+}. Im Redoxsystem (7-6b) ist die reduzierte Form das Chloridion und die oxidierte Form ein molekular vorkommendes Gas. Man schreibt deshalb definitionsgemäß Cl^-/Cl_2. Der Stöchiometriefaktor 2 (*2* Cl^- auf der linken Seite von Gl. 7-6b) bleibt bei dieser Schreibweise des Redoxpaares unberücksichtigt. Diese Festlegung trifft auch auf Redoxpaare wie H_2/H_3O^+ und H_2O/O_2 zu. Weitere Beispiele für Redoxpaare sind Fe^{2+}/Fe^{3+}, Na/Na^+ oder Mn^{2+}/MnO_4^-.

Im Allgemeinen liegt das Gleichgewicht zwischen reduzierter und oxidierter Form auf einer Seite. In einem korrespondierenden Redoxpaar steht einem stärkeren Reduktionsmittel stets ein schwächeres Oxidationsmittel und umgekehrt einem schwächeren Reduktionsmittel stets ein stärkeres Oxidationsmittel gegenüber.

An einer Redoxreaktion sind stets zwei korrespondierende Redoxpaare beteiligt.

$$\text{Red}_1 \ + \ \text{Ox}_2 \ \rightleftharpoons \ \text{Ox}_1 \ + \ \text{Red}_2$$

Beispiel: *Verkupfern von Zink*

$$\text{Zn} \ + \ \text{Cu}^{2+} \ \rightleftharpoons \ \text{Zn}^{2+} \ + \ \text{Cu}$$

7.2 Formulieren von Redoxgleichungen

Bei zahlreichen Redoxreaktionen sind die ablaufenden Elektronenübergänge in komplizierter Weise miteinander verknüpft, so dass es dem Anfänger häufig schwer fällt, eine stöchiometrisch exakte Gleichung für die zu betrachtende Reaktion zu formulieren. Ein schrittweises Vorgehen gestattet es, die einzelnen Redoxvorgänge adäquat zu erfassen. Dabei soll im Weiteren grundsätzlich die *Ionenschreibweise* verwendet werden. **Ionengleichungen** geben die Verhältnisse in Lösung korrekter wieder und sind wesentlich einfacher und übersichtlicher zu handhaben.

Vorgehensweise:

(A) Zunächst sollte man sich Klarheit über die aus den Ausgangsstoffen entstehenden Reaktionsprodukte verschaffen und Ausgangsstoffe und Produkte aufschreiben (Ionenform!).

(B) Formulieren der Teilgleichungen für die beteiligten Redoxpaare und Bestimmung der Oxidationszahlen. Die Teilgleichungen haben im Prinzip formalen Charakter. Das bedeutet, sie laufen in dieser Weise nicht isoliert ab, helfen uns aber, die Bilanz zwischen Elektronenabgabe und -aufnahme besser zu verstehen und zu erfassen (Suche nach dem kleinsten gemeinsamen Vielfachen).

(C) Die Gesamtgleichung erhält man durch Addition der Teilgleichungen.

(D) Die Stöchiometrie der Gesamtgleichung ist bestimmt durch
- die Anzahl der abgegebenen und aufgenommenen Elektronen (muss gleich sein!),
- die Anzahl der Einzelatome,
- die Summe der Ionenladungen auf beiden Seiten (muss ebenfalls gleich sein!).

Dieser einfache Formalismus zur Erstellung von Redoxgleichungen soll an zwei Beispielen erläutert werden.

Beispiel 1: Auflösung von Kupfer in halbkonzentrierter Salpetersäure

(A) Ausgangsstoffe: Cu, NO_3^-, H_3O^+; Reaktionsprodukte: Cu^{2+}, NO und H_2O.

(B) Formulieren der Teilgleichungen und Bestimmung der Oxidationszahlen:

Teilgleichung I:

$$\overset{\pm 0}{Cu} \;\rightarrow\; \overset{+II}{Cu^{2+}} + 2\,e^- \qquad \textit{Oxidation} \qquad (Gl.\ Ia)$$

Teilgleichung II:

Aus der Differenz der Oxidationszahlen der Stickstoffs im Nitrat und im NO ergibt sich für die 2. Teilgleichung zunächst:

$$\overset{+V}{NO_3^-} + 3\,e^- \rightarrow \overset{+II}{NO}\ (+\,2\,O^{2-}) \qquad \textit{Reduktion} \qquad (Gl.\ IIa)$$

Da O^{2-}-Teilchen in freier Form nicht beständig sind, reagieren sie in wässriger Lösung mit den von der Salpetersäure stammenden H_3O^+-Ionen unter Bildung von H_2O.

$$NO_3^- + 3\,e^- + 4\,H_3O^+ \rightarrow NO + 6\,H_2O \qquad (Gl.\ IIb)$$

(C) Kombination beider Redoxprozesse (Teilgleichungen):

Die Koeffizienten der Teilgleichungen werden so gewählt, dass die Anzahl der abgegebenen und aufgenommenen Elektronen gleich ist (Suche nach dem kleinsten gemeinsamen Vielfachen). Anschließend werden die Teilgleichungen mit den entsprechenden Faktoren multipliziert und addiert.

$$Cu \rightarrow Cu^{2+} + 2\,e^- \quad (\cdot\,3)$$

$$NO_3^- + 3\,e^- + 4\,H_3O^+ \rightarrow NO + 6\,H_2O \quad (\cdot\,2)$$

$$\overline{3\,Cu + 2\,NO_3^- + 8\,H_3O^+ \rightarrow 3\,Cu^{2+} + 2\,NO + 12\,H_2O} \qquad (7\text{-}7a)$$

Häufig ersetzt man der besseren Übersichtlichkeit halber die Hydroniumionen (H_3O^+) durch H^+-Ionen. Dadurch vereinfachen sich Teilgleichung IIb und die Gesamtgleichung wie folgt:

$$NO_3^- + 3\,e^- + 4\,H^+ \quad \rightarrow \quad NO + 2\,H_2O$$

$$3\,Cu + 2\,NO_3^- + 8\,H^+ \rightarrow 3\,Cu^{2+} + 2\,NO + 4\,H_2O \qquad (7\text{-}7b)$$

Beispiel 2: **Umsetzung von Kaliumpermanganat- mit Eisen(II)-sulfatlösung in saurem Milieu (also unter Zugabe von Säure!)**

(A) Ausgangsstoffe: MnO_4^-, Fe^{2+}, H_3O^+; Reaktionsprodukte: Mn^{2+}, Fe^{3+}, H_2O.

Die für die Umsetzung interessanten Teilchen sind das MnO_4^-- und das Fe^{2+}-Ion. Sie entstehen durch Dissoziation der Salze $KMnO_4$ bzw. $FeSO_4$ in wässriger Lösung. Für das Aufstellen der Gleichung ist es notwendig zu wissen, dass in saurer Lösung immer eine Reduktion der MnO_4^-- zu Mn^{2+}-Ionen erfolgt, wobei die Fe^{2+}- zu Fe^{3+}-Ionen oxidiert werden.

(B) Formulieren der Teilgleichungen und Bestimmung der Oxidationszahlen:

Teilgleichung I:

$$\overset{+II}{Fe^{2+}} \rightarrow \overset{+III}{Fe^{3+}} + e^- \qquad\qquad \textit{Oxidation}$$

Teilgleichung II:

$$\overset{+VII}{MnO_4^-} + 5\,e^- + 8\,H_3O^+ \rightarrow \overset{+II}{Mn^{2+}} + 12\,H_2O \qquad \textit{Reduktion}$$

(C) Bestimmung des kleinsten gemeinsamen Vielfachen und Addition der Teilgleichungen:

$$Fe^{2+} \rightarrow Fe^{3+} + e^- \qquad\qquad (\cdot\,5)$$

$$MnO_4^- + 5\,e^- + 8\,H_3O^+ \rightarrow Mn^{2+} + 12\,H_2O \qquad (\cdot\,1)$$

$$MnO_4^- + 5\,Fe^{2+} + 8\,H_3O^+ \rightarrow Mn^{2+} + 5\,Fe^{3+} + 12\,H_2O \qquad (7\text{-}8a)$$

bzw. in vereinfachter Schreibweise:

$$MnO_4^- + 5\,Fe^{2+} + 8\,H^+ \rightarrow Mn^{2+} + 5\,Fe^{3+} + 4\,H_2O \qquad (7\text{-}8b)$$

Ein spezieller Typ einer Redoxreaktion liegt vor, wenn aus einer Verbindung, die ein Element in einer mittleren Oxidationsstufe enthält, zwei Produkte entstehen, die dieses Element in einer höheren und einer niedrigeren Oxidationsstufe enthalten (**Disproportionierung**). Das Element wird bei dieser Reaktion gleichzeitig oxidiert und reduziert. Ein Beispiel für eine Disproportionierungsreaktion ist die Reaktion von Chlor (Cl_2) mit Wasser (Gl. 7-9).

$$\overset{\pm 0}{Cl_2} + H_2O \rightleftharpoons H^+ + \overset{-I}{Cl^-} + \overset{+I}{HOCl} \qquad (7\text{-}9)$$

Das Gegenstück zur Disproportionierung ist die **Komproportionierung** (auch: Synproportionierung). Bei einer Komproportionierung reagieren zwei Verbindungen, die dasselbe Element in einer höheren und einer niedrigeren Oxidationsstufe enthalten, zu einem Reaktionsprodukt, in dem dieses Element in einer dazwischen liegenden (mittleren) Oxidationsstufe vorliegt. Da die Komproportionierung die Umkehrung der Disproportionierung darstellt, ist die Rückreaktion von (7-9) ein Beispiel für diesen Reaktionstyp.

Redoxampholyte sind Stoffe, die sowohl als Oxidations- als auch als Reduktionsmittel reagieren können. Sie sind Oxidationsmittel, wenn der Reaktionspartner unter den gegebenen Bedingungen das stärkere Reduktionsmittel ist oder Reduktionsmittel, wenn der Reaktionspartner das stärkere Oxidationsmittel ist. Verbindungen mit diesen Eigenschaften müssen ein Element in einer mittleren Oxidationsstufe enthalten. Wichtige Beispiele sind das *Wasserstoffperoxid* H_2O_2 sowie die vom H_2O_2 abgeleiteten *Peroxide* (z.B. Na_2O_2). Im H_2O_2 kann dem Sauerstoffatom die (mittlere) Oxidationsstufe -I zugeordnet werden. Sie liegt zwischen der Oxidationsstufe des oxidischen (-II) und des elementaren (± 0) Sauerstoffs. Reagiert H_2O_2 als Oxidationsmittel, wird es zum H_2O reduziert (Gl. 7-10).

$$H_2O_2 + 2\,e^- + 2\,H^+ \rightarrow 2\,H_2O \qquad (7\text{-}10a)$$

Beispiel: $\quad H_2O_2 + 2\,I^- + 2\,H^+ \rightarrow I_2 + 2\,H_2O \qquad (7\text{-}10b)$

Reagiert H_2O_2 andererseits als Reduktionsmittel, wird es zu O_2 oxidiert (Gl. 7-11a, b).

$$H_2O_2 \rightarrow O_2 + 2\,e^- + 2\,H^+ \qquad (7\text{-}11a)$$

Beispiel: $\quad 2\,MnO_4^- + 5\,H_2O_2 + 6\,H^+ \rightarrow 2\,Mn^{2+} + 5\,O_2 + 8\,H_2O \qquad (7\text{-}11b)$

7.3 Redoxreaktionen – Spannungsreihe

7.3.1 Redoxvermögen der Metalle – Halbzellen

Für das Verständnis der Redoxvorgänge, die zahlreichen technischen Prozessen zugrunde liegen, sind häufig genauere Kenntnisse im Hinblick auf die oxidierenden bzw. reduzierenden Eigenschaften der beteiligten Stoffe notwendig. So ist es beispielsweise bei Korrosionsprozessen in der Praxis von großer Wichtigkeit, aus der Kenntnis des elektrochemischen Verhaltens der Metalle heraus gezielt Korrosionsschutzmaßnahmen einleiten zu können.

Betrachten wir zuerst Redoxreaktionen zwischen unterschiedlichen Metallen. Taucht man z.B. einen Eisennagel in eine Kupfersulfatlösung, ist eine augenblickliche Abscheidung von Kupfer auf dem Eisen zu beobachten (*Verkupfern von Eisen*). Metallisches Eisen ist in der Lage, Cu^{2+}-Ionen zu metallischem Kupfer zu reduzieren. Wie ein weiteres Experiment sofort zeigt, gilt gleiches auch für metallisches Zink. Auch Zink bewirkt eine reduktive Abscheidung der Cu^{2+}-Ionen als metallisches Kupfer an der Zn-Oberfläche.

Reduktion: $\qquad Cu^{2+} + 2\,e^- \rightarrow Cu$

Oxidation: $\qquad Fe \qquad\qquad \rightarrow Fe^{2+} + 2\,e^-$

$\qquad\qquad\qquad Zn \qquad\qquad \rightarrow Zn^{2+} + 2\,e^-$

Gibt man allerdings umgekehrt ein Stück Kupferblech in eine Eisen(II)-sulfatlösung, findet keine Reaktion statt. Kupfer ist nicht in der Lage, Fe^{2+}-Ionen zu metallischem Eisen zu reduzieren. Offensichtlich gibt Eisen leichter Elektronen ab als Kupfer. Fe ist das stärkere Reduktionsmittel. Von den beiden Ionensorten Cu^{2+} und Fe^{2+} ist dagegen Cu^{2+} das stärkere Oxidationsmittel.

Um zu *quantitativen Aussagen* hinsichtlich des Reduktions- und Oxidationsvermögens der Metalle zu gelangen, kehren wir zunächst zum obigen Experiment Zinkstab/Kupfersulfatlösung zurück. Diese Redoxreaktion lässt sich auch in einer experimentellen Anordnung durchführen, bei der Oxidations- und Reduktionsvorgang räumlich getrennt sind und das jeweilige Metall in Kontakt mit der Lösung seiner Ionen steht.

Die Kombination *Elementsubstanz/Lösung der Ionen dieser Elementsubstanz* nennt man in der Elektrochemie **Halbzelle** (auch: **Halbelement, Elektrode**). Mitunter wird der Begriff „Elektrode" in einer abweichenden Bedeutung verwendet, indem man die jeweiligen metallischen Leiter (Stab, Blech) meint, über die bei einer leitenden Verbindung zweier Halbzellen der Stromfluss erfolgt. Zwischen der metallischen Phase und der Elektrolytlösung kommt es zum Übergang von Ladungsträgern (Ionen, Elektronen).

Betrachten wir nun folgende Versuchsanordnung: In einem Gefäß I soll ein Zinkstab in eine Zinksalzlösung, z.B. $ZnSO_4$-Lösung mit den Ionen Zn^{2+} und SO_4^{2-}, eintauchen (**Zinkhalbzelle**). Aus der Metalloberfläche gehen Zn^{2+}-Ionen in die zunächst elektrisch neutrale Lösung über. Die frei werdenden Elektronen bleiben im Zinkstab zurück und führen zu seiner negativen Aufladung. Die sich ergebende Ladungstrennung zwischen Metall und Elektrolytlösung führt zur Ausbildung einer *elektrischen Potentialdifferenz* (auch: Potentialsprung, elektrisches Potential). Sie ist umso größer, je mehr hydratisierte Ionen sich an der Grenze zwischen fester und flüssiger Phase gebildet haben. Die elektrische Aufladung der beiden Phasen wirkt einem weiteren einseitigen Übergang von Zinkionen in die Lösung entgegen. Umgekehrt besteht die Tendenz, dass Metallkationen der Lösung die Potentialdifferenz überwinden und sich am Metall entladen. Es bildet sich schließlich ein für jedes Metall charakteristisches dynamisches Gleichgewicht aus, das zur Ausbildung einer *elektrischen Doppelschicht* aus Elektronen und Ionen an der Phasengrenze Metall/Elektrolyt führt. Diese Doppelschicht ist infolge der Teilchenbewegung nicht starr, sondern diffus.

In einem zweiten Gefäß soll ein Kupferstab in eine Kupfersulfatlösung, die Cu^{2+}- und SO_4^{2-}-Ionen enthält, eintauchen (**Kupferhalbzelle**). Die Tendenz zur Bildung hydratisierter Ionen ist beim Kupfer geringer als beim unedleren Zink. Bis zum Erreichen des elektrochemischen Gleichgewichts werden weitaus weniger Ionen aus Metallatomen gebildet. Am Kupferstab bleiben weniger Elektronen zurück. Die Folge sind unterschiedliche elektrische Potentialdifferenzen zwischen Lösung und Metall für beide Reaktionsgefäße (Abb. 7.1). Im Reaktionsgefäß I liegt das Redoxpaar Zn/Zn^{2+} und im Gefäß II das Redoxpaar Cu/Cu^{2+} vor.

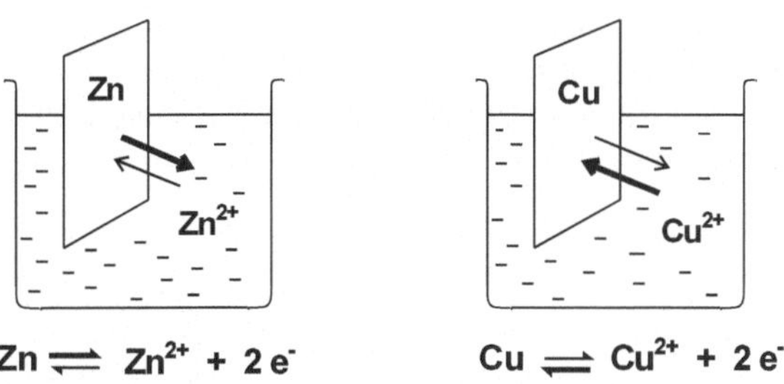

Abbildung 7.1 Zink- und Kupferhalbzelle mit den potentialbestimmenden Vorgängen

Das elektrische Potential, das sich zwischen der metallischen Phase und einer Elektrolytlösung ausbildet und die Lage des Gleichgewichts $M \rightleftharpoons M^{z+} + ze^-$ bestimmt, ist keiner direkten Messung zugänglich. Man führt deshalb einen Potentialvergleich durch, indem man zwei Metallelektroden kombiniert und die auftretende **Potentialdifferenz** (auch: **Zellspannung, Spannung**) zwischen beiden Metallelektroden misst. Die entstehende Anordnung entspricht der einer galvanischen Zelle.

7.3.2 Galvanische Zellen

Eine galvanische Zelle (auch: galvanisches Element, galvanische Kette) besteht aus zwei leitend miteinander verbundenen Halbzellen, deren Lösungen über eine poröse durchlässige Trennwand (Diaphragma) oder einen Stromschlüssel in Kontakt stehen.

Die Kombination Zinkhalbzelle - Kupferhalbzelle (Abb. 7.2) geht auf *Daniell* (1836) zurück. Sie stellt eine der ältesten bekannten elektrochemischen Zellen zur Stromerzeugung dar, Kurzschreibweise: $Zn/Zn^{2+}//Cu^{2+}/Cu$. Der Schrägstrich symbolisiert die Phasengrenze fest/flüssig, die beiden Halbzellen werden durch einen Doppelstrich getrennt. Vereinbarungsgemäß steht links immer die Donatorzelle (elektronenliefernd) und rechts die Akzeptorzelle (elektronenaufnehmend). Unterscheiden sich die Konzentrationen der Salzlösungen, werden diese in Klammern nach den Ionensymbolen eingefügt, z.B. Zn^{2+} (0,02 mol/l) bzw. Cu^{2+} (0,5 mol/l).

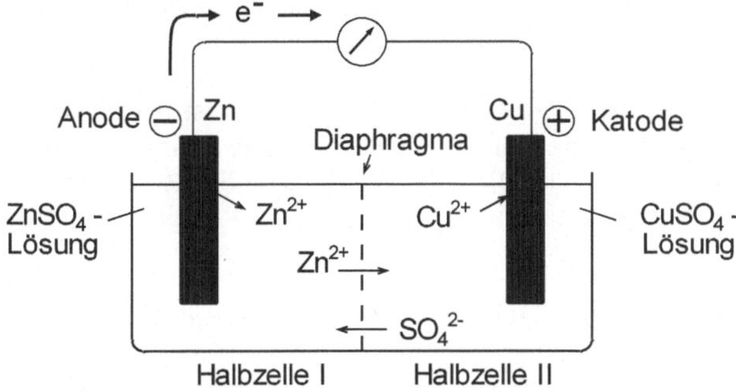

Abbildung 7.2 Daniell-Element (Schematischer Aufbau)

Wie Abb. 7.2. zeigt, bildet im Daniell-Element die Zinkelektrode den Minuspol (Anode) und die Kupferelektrode den Pluspol (Katode). In der Zn-Halbzelle gehen Zn^{2+}-Ionen in Lösung, während in der Cu-Halbzelle Cu^{2+}-Ionen an der Kupferelektrode abgeschieden werden. Die Elektronen fließen demnach vom Zink zum Kupfer. Folgende Teilreaktionen laufen ab:

Halbzelle I (Redoxpaar I):   *Halbzelle II (Redoxpaar II):*

$$Zn \ \rightarrow \ Zn^{2+} \ + \ 2\,e^-$$ $$Cu^{2+} \ + \ 2\,e^- \ \rightarrow \ Cu$$

   (Oxidation)   **(Reduktion)**

Gesamtreaktion (Zellenreaktion):

$$Zn \ + \ Cu^{2+} \ \rightarrow \ Zn^{2+} \ + \ Cu \ .$$

Die Zn-Elektrode löst sich langsam auf, während die Masse der Cu-Elektrode allmählich zunimmt. Durch die ablaufenden Reaktionen entstehen im Reaktionsgefäß I überschüssige positive Ladungen. Im Reaktionsraum II stellt sich dagegen ein Defizit an positiven Ladungen und damit ein Überschuss an negativen Ladungen ein. Der Ladungsausgleich erfolgt im Ergebnis der Ionenwanderung durch das **Diaphragma** (poröse Scheidewand). Negativ geladene Sulfationen der Kupferhalbzelle wandern zur Zinkhalbzelle und kompensieren den Überschuss an positiven Ladungen. Die positiven Zinkionen der Zn-Halbzelle wandern in entgegengesetzte Richtung zur Kupferzelle und kompensieren dort die überschüssigen negativen Ladungen. Zum Ladungsausgleich können auch Salze eingesetzt werden, die mit den Salzlösungen der galvanischen Kette keine Ionenart gemeinsam haben. Beispielsweise wandern aus einem mit KCl-Lösung gefüllten **Stromschlüssel** (Salzbrücke), der in beide Gefäße eintaucht, die K^+-Ionen zum Katodenraum (Cu-Halbzelle) und die Chloridionen zum Anodenraum (Zn-Halbzelle).

Bei der Kombination zweier Metallhalbzellen zu einer galvanischen Kette bildet generell das unedlere Metall die Anode. Die Metallatome gehen unter Elektronenabgabe als Kationen in die Elektrolytlösung über (Oxidation). Damit entsteht am unedlen Metall ein Elektronenüberschuss (Minuspol). Das edlere Metall bildet stets die Katode. Durch die Entladung der Kationen (Reduktion) bildet sich ein Elektronenmangel aus. Die Katode stellt somit den Pluspol dar. Die anodische Oxidation (Zersetzung) des unedleren Metalls ist z.B. die Ursache für die *Kontaktkorrosion* (Kap. 8.3.3) und wird andererseits gezielt im Rahmen des aktiven *Korrosionsschutzes* ausgenutzt (Prinzip der Opferanode, Kap. 8.3.5.2).

Im Unterschied zu den Verhältnissen bei einer Elektrolyse (Kap. 7.5) ist bei galvanischen Elementen die Anode der Minuspol und die Katode der Pluspol. Die Oxidation findet am Minuspol und die Reduktion am Pluspol statt. Die galvanische Zelle bildet die Messanordnung für die Bestimmung quantitativer Werte des Oxidations- und Reduktionsvermögens der Metalle und Nichtmetalle.

Ein besonderer Typ galvanischer Elemente liegt vor, wenn zwei *gleiche Metallhalbzellen* kombiniert werden, die sich nur in der Konzentration der Elektrolytlösung unterscheiden. Eine solche Anordnung bezeichnet man als **Konzentrationskette**. Betrachten wir wieder die Zinkhalbzelle. Ein Beispiel für eine Konzentrationskette wäre die Anordnung: $Zn/Zn^{2+}(0{,}1 \ mol/l)//Zn^{2+}(0{,}001 \ mol/l)/Zn$. Aus der Konzentrationsabhängigkeit des Elektrodenpotentials (Kap. 7.3.6) ergibt sich ein Stromfluss von der Halbzelle mit der niedrigeren Konzentration (negativeres Potential) zu der mit der höheren Konzentration (positiveres Potential). Konzentrationsketten sind selbstverständlich nicht auf metallische Halbzellen beschränkt. Zum Beispiel beruht der Rostprozess (Sauerstoffkorrosion) auf der Ausbildung einer Sauerstoff-Konzentrationskette (Kap. 8.3.2).

7.3.3 Standardelektrodenpotentiale – Elektrochemische Spannungsreihe

Um die zwischen zwei Metallelektroden gemessene Potentialdifferenz *zur Beurteilung des Redoxvermögens der Metalle* heranziehen zu können, bedarf es der Festlegung eines Bezugspunkts. Es muss ein „Standard-Reaktionspartner" bestimmt werden, der formal mit allen zu untersuchenden Stoffen in einer Redoxreaktion umgesetzt werden kann. Der Verlauf der Reaktion bzw. die Lage des sich einstellenden Gleichgewichts ermöglicht dann einen Vergleich der Reaktionsfähigkeit. Als Bezugspunkt einigte man sich international auf das Redoxpaar H_2/H_3O^+. Praktisch erfolgt das so, dass unterschiedliche Halbzellen mit einer konstanten „Bezugs-Halbzelle" in einer galvanischen Kette kombiniert werden, wobei jeweils die Potentialdifferenz bestimmt wird. Die Bezugs-Halbzelle ist die Wasserstoffelektrode (Abb. 7.3).

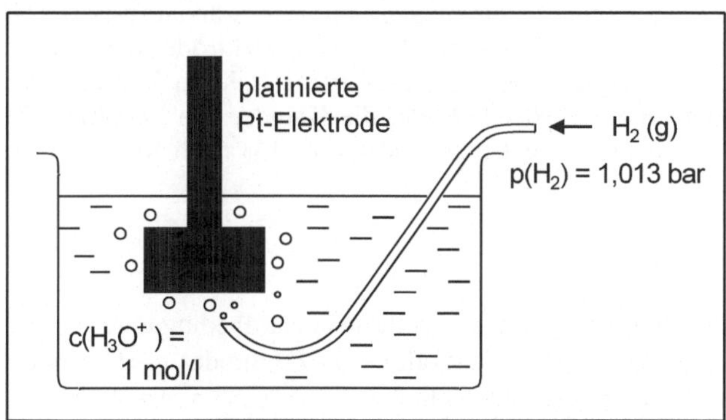

Abbildung 7.3

Standardwasserstoffelektrode (SWE)

Die Wasserstoffelektrode ist eine Gaselektrode. Sie besteht aus einem Platinblech, dessen Oberfläche durch aufgebrachtes, fein verteiltes Platin (*Platinmohr*) stark vergrößert wurde. Das Pt-Blech, das ständig von Wasserstoff umspült wird, taucht in eine Säure bestimmter Konzentration. Um vergleichbare Werte für die verschiedenen Metalle zu erhalten, müssen für die Temperatur, den Druck und die Konzentration der Elektrolytlösung Standardbedingungen gelten.

Bei der **Standardwasserstoffelektrode** (Abk.: **SWE**; ältere Bezeichnung: *Normalwasserstoffelektrode*) taucht das Pt-Blech, das bei einer Temperatur von 25°C von reinstem Wasserstoff unter einem Druck von 1,013 bar umspült wird, in eine Säure der Hydroniumionenkonzentration 1 mol/l (exakt: a = 1 mol/l; s. Kap. 6.5.2.2). Am Pt-Blech stellt sich das Potential des Redoxsystems (7-12) ein.

$$H_2 \; + \; 2\,H_2O \; \rightleftharpoons \; 2\,H_3O^+ \; + \; 2\,e^- \qquad\qquad (7\text{-}12)$$

Die Bestimmung des **Standardelektrodenpotentials** E^O (kurz: **Standardpotential**, auch: **Redoxpotential** oder **Normalpotential**) eines Redoxsystems erfolgt durch Messung der Spannung eines galvanischen Elements, bei dem das interessierende Halbelement (Standardbedingungen!) gegen die Standardwasserstoffelektrode geschaltet ist. Die Spannung der galvanischen Zelle

$$Zn/Zn^{2+}(c = 1 \text{ mol/l}) \mathbin{/\!/} H_3O^+(c = 1 \text{ mol/l})/H_2(p = 1{,}013 \text{ bar})[Pt]$$

bezeichnet man als Standardelektrodenpotential E^O des Redoxpaares Zn/Zn^{2+}, also der Zinkhalbzelle. Da das Elektrodenpotential der Standardwasserstoffelektrode definitionsgemäß gleich null gesetzt wird, sind die Standardpotentiale Relativwerte.

Die Spannung einer galvanischen Zelle, bestehend aus der Standardwasserstoffelektrode und einem bestimmten Halbelement im Standardzustand, wird als Standardelektrodenpotential bezeichnet. Standardelektrodenpotentiale werden mit dem Symbol E^o gekennzeichnet und in Volt angegeben. Sie sind ein quantitatives Maß für das Redoxverhalten eines Redoxpaares.

Kombiniert man die Zinkhalbzelle (Standardbedingungen) mit der Standardwasserstoffelektrode (SWE), fließen Elektronen von der Zink- zur Wasserstoffelektrode. Reaktion (7-12) läuft bevorzugt von rechts nach links ab, es entsteht Wasserstoff. Die Zn-Elektrode lädt sich negativ auf (Anode), die Wasserstoffelektrode bildet die Katode. Die Potentialdifferenz einer galvanischen Zelle berechnet sich entsprechend Gl. (7-13) nach folgender Beziehung:

$$\varDelta E \; = \; E(\text{Katode}) - E(\text{Anode}). \tag{7-13}$$

Damit ergibt sich für die obige Anordnung Zinkhalbzelle (Standardbedingungen) gegen Standardwasserstoffelektrode: $\varDelta E^o = E^o(\text{SWE}) - E^o(\text{Anode}) = 0 - E^o(\text{Anode}) = - E^o(\text{Anode})$. Man erhält einen *negativen Wert* für das Standardpotential, $\varDelta E^o = E^o(Zn/Zn^{2+}) = -0{,}76$ V. Die Bruttogleichung für den abgelaufenen Prozess lautet:

$$Zn + 2\,H_3O^+ \rightarrow Zn^{2+} + H_2 + 2\,H_2O. \tag{7-14}$$

Ersetzt man in der Messkette das Halbelement Zn/Zn^{2+} durch die Kupferhalbzelle, so fließen die Elektronen in umgekehrter Richtung von der Wasserstoff- zur Kupferelektrode. Gleichung (7-12) läuft bevorzugt von links nach rechts ab. Der Wasserstoff bildet unter Elektronenabgabe Protonen (Gl. 7-15).

$$Cu^{2+} + H_2 + 2\,H_2O \rightarrow Cu + 2\,H_3O^+ \tag{7-15}$$

In der Messkette $Cu/Cu^{2+}(c = 1 \text{ mol/l}) \mathbin{/\!/}$ SWE ist die Cu-Halbzelle die Katode und die SWE die Anode. Damit ergibt sich mit $\varDelta E^o = E^o(\text{Katode}) - \text{SWE} = E^o(\text{Katode}) - 0 = E^o(\text{Katode})$ ein positiver Wert. Er beträgt für die Cu-Halbzelle +0,34 V.

Das Standardelektrodenpotential E^o ist ein Maß für das Bestreben eines Redoxpaares, Elektronen an das gewählte Standardsystem H_2/H_3O^+ abzugeben bzw. von ihm aufzunehmen.

Halbzellen, deren potentialbestimmender Vorgang auf einen Elektronenübergang zwischen nichtmetallischen Teilchen (Molekülen, Ionen) zurückzuführen ist, z.B.

$$2\,Cl^- \rightleftharpoons Cl_2 + 2\,e^- \qquad\qquad NO + 6\,H_2O \rightleftharpoons NO_3^- + 4\,H_3O^+ + 3\,e^-$$

$$2\,OH^- \rightleftharpoons \tfrac{1}{2}\,O_2 + H_2O + 2\,e^- \qquad SO_2 + 6\,H_2O \rightleftharpoons SO_4^{2-} + 4\,H_3O^+ + 2\,e^-$$

können ebenfalls gegen die Standardwasserstoffelektrode vermessen werden. Je nach ihrer elektronenliefernden oder elektronenentziehenden Funktion erhalten sie negative oder positive Standardpotentiale.

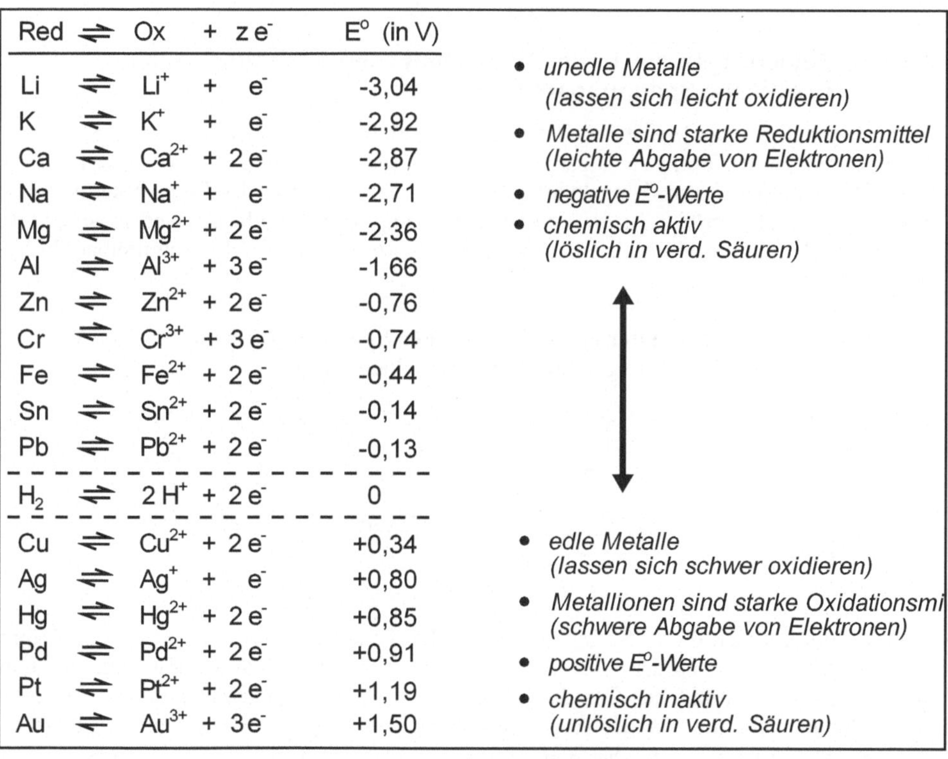

Abbildung 7.4 Elektrochemische Spannungsreihe der Metalle und Folgerungen; Red ist die reduzierte und Ox die oxidierte Form des jeweiligen Redoxpaares

Ordnet man die Elektrodenpotentiale metallischer Halbzellen M/M^{z+} nach ansteigenden Standardpotentialen, erhält man die elektrochemische **Spannungsreihe** der Metalle (Abb. 7.4). Die dargestellte Spannungsreihe enthält die *Oxidationspotentiale*: Red $\rightleftharpoons$ Ox + z e⁻. Mitunter werden in der Literatur auch Reduktionspotentiale angegeben, wobei die oxidierte

Form (Ox) des Redoxpaares zuerst genannt wird (Ox + z e$^-$ $\rightleftharpoons$ Red). Die Standardpotentiale sind in beiden Fällen die gleichen!

Bei der Anordnung nichtmetallischer Redoxpaare nach ihren Standardpotentialen ergibt sich dementsprechend eine Spannungsreihe der Nichtmetalle. Diese Differenzierung ist allerdings wenig zweckmäßig, deshalb werden in der Regel beide kombiniert.

Die Anordnung der Redoxsysteme nach der Größe ihrer Standardelektrodenpotentiale bezeichnet man als elektrochemische Spannungsreihe.

Vereinbarungsgemäß stehen bei vertikaler Anordnung der Standardelektrodenpotentiale die Systeme mit den negativeren Standardpotentialen über denen mit den positiveren. Eine Zusammenfassung der Standardelektrodenpotentiale wichtiger Redoxsysteme befindet sich im Anhang 5.

7.3.4 Folgerungen aus der elektrochemischen Spannungsreihe - Praktische Spannungsreihe

Generell gilt: Je kleiner (negativer) das Redoxpotential, umso größer ist die Reduktionswirkung der reduzierten Form eines Redoxpaares und umso schwächer ist die Oxidationswirkung der oxidierten Form. Umgekehrt gilt, je größer (positiver) das Redoxpotential eines Redoxpaares, umso größer ist die Oxidationswirkung seiner oxidierten und umso schwächer ist die Reduktionswirkung seiner reduzierten Form (Abb. 7.4). Als unmittelbare Folgerung ergibt sich:

Jedes Metall kann das in der elektrochemischen Spannungsreihe unter ihm stehende Metall aus der Lösung seiner Salze ausscheiden.

$$(7-16)$$

Vereinfacht lässt sich dieser Sachverhalt wie folgt darstellen (Schema 7-16): Eine Redoxreaktion ist nur zwischen den Atomen bzw. Ionen innerhalb der Spannungsreihe möglich, die sich durch eine abfallende Gerade verbinden lassen. Stoffe links unten und Stoffe rechts oben können nicht miteinander reagieren (gestrichelte Linie). Oder anders ausgedrückt: Eine Reaktion ist nur dann (thermodynamisch) erlaubt, wenn ΔE° (Gl. 7-13) positiv ist. Beispiel: Cu^{2+}/Zn (Zinkstab taucht in eine Kupfersalzlösung ein), Zn = RM, Cu^{2+} = OM; ΔE° = -0,76V - (+0,34V) = 1,1 V $\rightarrow$ Reaktion erlaubt! Umgekehrt: In der Reaktion Cu + Zn^{2+} (Kupferblech taucht in eine Zinksalzlösung ein) müsste Cu das RM und die Zn^{2+}-Ionen müssten OM sein (gestrichelte Linie). Nach Gl. (7-13) ergibt sich ein negativer Wert (ΔE° = -1,1 V!). Die Reaktion läuft nicht ab!

Ein instruktives Beispiel aus dem Gebiet des Bauwesens bildet die **Kombination Cu** (Kupferdach, Firstblech aus Cu) und **Zn** (Zinkdachrinne). Regenwasser darf niemals vom Metall mit dem höheren Standardpotential (Cu) zum Metall mit dem niedrigeren Standardpotential (Zn) abfließen. Begründung: Im abfließenden Wasser enthaltene Cu^{2+}-Ionen (Oxidationsmittel) sind in der Lage, Zink bzw. verzinkte Stahlteile, aber auch Aluminium (beides Reduktionsmittel!) korrosiv anzugreifen und allmählich aufzulösen.

Zink, verzinkte Stahl- oder Aluminiumteile sollten nicht in Fließrichtung unterhalb von Kupferwerkstoffen verwendet werden.

Alle Metalle mit einem negativen Standardpotential, also Metalle, die in der Spannungsreihe über dem Wasserstoff stehen, lösen sich in verdünnten Mineralsäuren wie HCl, H_2SO_4 und HNO_3 (s. Gl. 7-14). Diese Säuren werden auch als **nicht oxidierende Säuren** bezeichnet. Die Metalle geben ihre Elektronen an die H_3O^+-Ionen ab und setzen Wasserstoff frei. Man bezeichnet diese Metalle als **unedle Metalle**. Bei sehr unedlen Metalle, wie z.B. K, Na und Ca, genügt bereits die geringe H_3O^+-Konzentration des Wassers (10^{-7} mol/l), um sie oxidativ aufzulösen.

Neutrales Wasser (pH = 7) besitzt ein Elektrodenpotential von -0,41 V (Kap. 7.3.6). Daher sollten alle Metalle mit einem Standardpotential < -0,41 V mit Wasser unter Wasserstoffentwicklung reagieren. Gl. (7-17) zeigt die Reaktion des Calciums mit Wasser.

$$Ca + 2\,H_2O \;\rightarrow\; Ca^{2+} + 2\,OH^- + H_2 \tag{7-17}$$

Einige Metalle, wie z.B. Aluminium, Zink und Chrom, verhalten sich anders als nach der Spannungsreihe zu erwarten ist. Obwohl die Standardelektrodenpotentiale dieser drei Metalle $E^o(Al/Al^{3+})$ = -1,66 V, $E^o(Zn/Zn^{2+})$ = -0,76 V und $E^o(Cr/Cr^{3+})$ = -0,74 V unter dem des neutralen Wassers liegen, weiß jeder aus Erfahrung, dass sich Werkteile oder Haushaltgegenstände aus Al, Zn oder Cr nicht in (neutralem) Leitungswasser auflösen. Man bezeichnet diese Erscheinung als **Passivität**. Das Metall verhält sich „passiver" als es seinem Standardpotential entspricht. Ursache der Passivität ist die Ausbildung einer dünnen, fest an der Oberfläche der Metalle haftenden, unlöslichen Oxidschicht. Beispielsweise ist Chrom dank dieser dichten passivierenden Schicht schwerer oxidierbar als Eisen, obwohl es in der Spannungsreihe über Eisen steht. Ist bei verchromten Stahlteilen die Chromschicht verletzt, wird die Korrosion des darunter liegenden Eisens geradezu gefördert (Kap. 8.3.3) und die Chromschicht platzt ab. Stark basische Lösungen können diese oxidische Schutzschicht unter Komplexbildung auflösen.
Metalle mit einem positiven Standardpotential (**edle Metalle**), wie z.B. Cu, Ag und Au, lösen sich *nicht* in Säuren unter H_2-Entwicklung. Die oft gestellte Frage, warum sich Zn in Salzsäure löst, Cu jedoch nicht, kann mit einem Blick auf die Spannungsreihe leicht beantwortet werden. Würde Kupfer von HCl gelöst, wäre in der ablaufenden Redoxreaktion Kupfer das Reduktionsmittel (es würde oxidiert) und die H_3O^+-Ionen der Salzsäure wären die Elektronenakzeptoren (Oxidationsmittel). Sie würden unter H_2-Bildung entladen. Da das Standardpotential des Kupfers positiver ist als das des Redoxpaares H_2/H_3O^+, kann Cu laut Spannungsreihe gegenüber H_3O^+-Ionen nicht als Reduktionsmittel reagieren (Schema 7-16: ansteigende Gerade!). Oder umgekehrt: Die Hydroniumionen sind nicht in der Lage, das Kupfer zu oxidieren. Zink mit seinem negativen Standardpotential erfüllt die Forderung an ein Reduktionsmittel, nämlich ein negativeres Potential zu besitzen als das Oxidationsmittel. Es löst sich unter H_2-Entwicklung auf.

Die Auflösung der edleren Metalle kann nur durch **oxidierende Säuren** wie konz. Salpetersäure HNO_3 und konz. Schwefelsäure H_2SO_4 erfolgen. In oxidierenden Säuren liegt neben dem H_3O^+-Ion noch ein weiteres potentielles Oxidationsmittel vor, in der HNO_3 das Nitration (NO_3^-) und in der H_2SO_4 das Sulfation (SO_4^{2-}).

Zum Beispiel löst sich Kupfer in Salpetersäure höherer Konzentration unter Bildung von Stickoxiden. Mit halbkonzentrierter HNO_3 entsteht Stickstoffmonoxid NO (Gl. 7-7), mit zunehmender Konzentration der HNO_3 wird dagegen Stickstoffdioxid NO_2 zum Hauptprodukt der Redoxreaktion. Dem Reduktionsmittel Cu sind demzufolge nicht die H_3O^+-Ionen, sondern die Nitrationen als Oxidationsmittel gegenübergestellt. Das Standardpotential E° (Cu/Cu^{2+}) ist mit einem Wert von +0,34 V „negativer" als das des Redoxpaares NO/NO_3^- mit E° = +0,96 V. Auch metallisches Silber und Quecksilber lassen sich in konz. Salpetersäure in Lösung bringen.

Platin und Gold werden wegen ihrer hohen positiven Standardpotentiale (> +0,96 V) von konz. HNO_3 nicht mehr angegriffen. Sie lösen sich jedoch in **Königswasser**, einem Gemisch aus 3 Teilen konz. Salzsäure und 1 Teil konz. Salpetersäure. Die außerordentlich hohe Oxidationskraft des Königswassers (es löst den „König der Metalle" - das Gold) beruht auf der Entstehung von aktivem Chlor Cl, neben Nitrosylchlorid NOCl (Gl. 7-18).

$$HNO_3 \; + \; 3\,HCl \; \rightarrow \; NOCl \; + \; 2\,Cl \; + \; 2\,H_2O \tag{7-18}$$

Die Chloridionen komplexieren beim Auflösen von Gold die entstehenden Au^{3+}-Ionen. Durch die Bildung des Komplexes $[AuCl_4]^-$ wird das Standardpotential stark herabgesetzt ($E^\circ(Au/[AuCl_4]^-)$ = 1,0 V im Unterschied zu $E^\circ(Au/Au^{3+})$ = 1,50 V!).

Die elektrochemische Spannungsreihe ist eine wichtige und verlässliche Basis zur theoretischen Deutung von Redoxprozessen. Die praktisch interessierenden Potentiale haben allerdings mit den theoretisch ermittelten Standardpotentialen in der Regel wenig gemein, beziehen sich letztere doch auf Ionenlösungen der Konzentration 1 mol/l. Ionenkonzentrationen dieser Größenordnung spielen bei realen Prozessen wie Korrosionsvorgängen kaum eine Rolle. Ist die Konzentration an Fe^{2+}-Ionen in der Lösung nicht 1 mol/l sondern nur 10^{-6} mol/l - eine in der Praxis durchaus gängige Spurenkonzentration - so ergibt sich bereits ein Potentialwert von -0,62 V statt $E^\circ(Fe/Fe^{2+})$ = -0,44 V). Unterschiedliche Legierungsmetalle und schützende Oxidschichten wie bei Al, Cr und Ni sind weitere Faktoren, die den Potentialwert beeinflussen.

Die Elektrodenpotentiale der Praxis weichen demnach meist deutlich von den tabellierten Standardpotentialen ab, weshalb es in der Vergangenheit mehrfach Versuche gegeben hat, die Elektrodenpotentiale von gebräuchlichen Werkstoffen – und zwar sowohl von reinen Metallen als auch von Legierungen - in realen Elektrolytlösungen zu bestimmen und nach ansteigender Größe anzuordnen (**praktische bzw. technische Spannungsreihe**).

Die Zahlenwerte der publizierten Spannungsreihen streuen sehr stark, da sie in empfindlicher Weise von Werkstoffeigenschaften, Verunreinigungen und Beimischungen sowie von der Art und dem Anteil des Legierungselements abhängen. Darüber hinaus werden sie bei Korrosionsprozessen stark vom angreifenden Medium, seiner Zusammensetzung, seinem

Gehalt an Luft (O_2) und Chloridionen beeinflusst. Die ermittelten Potentialwerte in Tab 7.1 können somit nur Richtwerte sein. Die Klammern um einige Werkstoffe sollen andeuten, dass für die jeweilige Gruppe hinsichtlich der Potentiale annähernd Gleichwertigkeit besteht.

Tabelle 7.1   Praktische Spannungsreihe einiger Werkstoffe in Wasser und ausgewählte Standardpotentiale [KS 2]

Trinkwasser pH = 6, 25°C, belüftet	Meerwasser pH = 7, 25°C, belüftet	Standardpotentiale (in Volt)	
Silber	Silber	Ag/Ag^+	$= + 0,80$
Messing (CuZn 37)			
SF-Kupfer	Nickel		
NiCu30Fe	Messing (CuZn 37)		
Nickel	NiCu30Fe	Cu/Cu^{2+}	$= + 0,34$
	SF-Kupfer		
AlMgSi			
Aluminium (rein)	Blei	Pb/Pb^{2+}	$= - 0,13$
Hartchrom	Zink	Sn/Sn^{2+}	$= - 0,14$
Zinn	Hartchrom	Ni/Ni^{2+}	$= - 0,23$
Blei	Stahl (St 37-2)	Fe/Fe^{2+}	$= - 0,44$
Stahl (St 37-2)			
	Cadmium		
Cadmium	Aluminium (rein)	Zn/Zn^{2+}	$= - 0,76$
	AlMgSi		
Zink	Zinn	Al/Al^{3+}	$= - 1,66$

Die korrosive Zerstörung metallischer Werk- und Baustoffe ist ein zentrales Problem jeder Volkswirtschaft. Sowohl die verschiedenen Arten der Metallkorrosion als auch der Korrosionsschutz fußen auf elektrochemischen Gesetzmäßigkeiten. Sie werden im Kap. 8.3 besprochen.

7.3.5   Triebkraft chemischer Reaktionen – Potentialdifferenz

Die Zellspannung einer galvanischen Zelle bezeichnet man auch als **elektromotorische Kraft (EMK)**. Ihr Betrag (in V) ist umso größer, je größer die Tendenz zum Ablaufen der chemischen Reaktion in der Zelle ist. Die EMK hängt von der Natur und der Konzentration der an der Umsetzung beteiligten Stoffe, sowie von der Temperatur ab. Liegen Ausgangsstoffe und Reaktionsprodukte im Standardzustand vor, spricht man von der Standard-EMK der galvanischen Zelle.

Ist die Potentialdifferenz einer galvanischen Zelle ungleich null, besitzt die Zellreaktion stets das Bestreben in einer bestimmten Richtung abzulaufen. Die Elektronen werden in dieser Vorzugsrichtung durch den Stromkreis „gepumpt". Die zugehörige Reaktion ist durch eine negative freie Reaktionsenthalpie ΔG charakterisiert (Kap. 4.2.4). Ist ΔG negativ und sein Absolutwert groß, ist die Tendenz zum Ablauf der Reaktion ebenfalls groß. Damit verknüpft ist eine große Potentialdifferenz ΔE zwischen den Redoxpartnern. Entsprechend folgt für einen negativen, vom Absolutwert her kleinen ΔG-Wert eine geringe Potentialdifferenz ΔE. Im Gleichgewichtszustand ($\Delta G = 0$) ist auch ΔE gleich null.

Die für den Ablauf einer chemischen Reaktion verantwortliche Größe, die freie Enthalpie ΔG, ist mit der Potentialdifferenz ΔE gemäß Beziehung (7-19) verknüpft.

$$\boxed{\Delta G = - z \cdot F \cdot \Delta E} \qquad\qquad F = \text{Faraday-Konstante} \qquad\qquad (7\text{-}19)$$

z = Anzahl der ausgetauschten Elektronen

Δ = Potentialdifferenz zwischen den Halbzellen (Redoxpaaren).

Die **Faraday-Konstante** F entspricht der Ladung von 1 Mol Elektronen:

F = Ladung des Elektrons · Anzahl der Elektronen pro Mol

F = $(1{,}602\ 1892 \cdot 10^{-19}\ C) \cdot (6{,}022\ 0453 \cdot 10^{23}\ mol^{-1})$

F = 96 485 C/mol.

Für gleiche Elektrolytkonzentrationen beträgt die EMK für das Daniell-Element 1,1 V. Nach Gl. (7-19) lässt sich die freie Reaktionsenthalpie der ablaufenden Redoxreaktion berechnen:

$$\Delta G = -\ 2 \cdot 96\ 485\ C/mol \cdot 1{,}1\ V = -212{,}3\ kJ/mol.$$

Der ΔG-Wert von -212,3 kJ/mol entspricht der maximalen Arbeit, die mit der Zelle geleistet werden kann. Errechnet man die freie Reaktionsenthalpie mit einer Standard-EMK ΔE^o, erhält sie das Symbol ΔG^o (Gl. 7-20). Der im Beispiel ermittelte ΔG-Wert bezieht sich somit auf das Standard-Daniell-Element.

$$\Delta G^o\ =\ -z \cdot F \cdot \Delta E^o. \qquad\qquad\qquad\qquad\qquad\qquad (7\text{-}20)$$

Der Zusammenhang zwischen der freien Reaktionsenthalpie ΔG als Maß für die Triebkraft einer chemischen Reaktion und der Potentialdifferenz ΔE bildet die Grundlage für das Verständnis der Korrosion der Metalle (Kap. 8.3).

7.3.6 Konzentrationsabhängigkeit der Elektrodenpotentiale: Nernstsche Gleichung und ihre Anwendung

Standardelektrodenpotentiale E^o beziehen sich definitionsgemäß auf eine Elektrolytkonzentration von 1 mol/l. Um Elektrodenpotentiale E für abweichende Konzentrationen berechnen zu können, leitete *Nernst* (1889) eine quantitative Beziehung zwischen beiden Größen her (Gl. 7-21).

$$E = E^o + \frac{R \cdot T}{z \cdot F} \ln\frac{c(Ox)}{c(Red)}$$

Nernstsche Gleichung (7-21)

R = molare Gaskonstante
F = Faraday-Konstante
z = Zahl der pro Formelumsatz ausgetauschten Elektronen
$c(Ox)$ = Konzentration der oxidierten Form des Redoxpaares
$c(Red)$ = Konzentration der reduzierten Form des Redoxpaares

Durch Einsetzen der Zahlenwerte für R und F sowie Umrechnung des natürlichen in den dekadischen Logarithmus ergibt sich für eine Temperatur $T = 298{,}15$ K die Beziehung (7-22).

$$E = E^o + \frac{0{,}059\ V}{z} \lg\frac{c(Ox)}{c(Red)}$$

(7-22)

Die Nernstsche Gleichung gibt die Konzentrationsabhängigkeit des Elektrodenpotentials an. Sie gilt exakt nur für verdünnte Lösungen.

Anwendung der Nernstschen Gleichung auf eine Metallhalbzelle:

Der Zusammenhang zwischen Elektrodenpotential und Elektrolytkonzentration einer Metallhalbzelle soll am Beispiel der *Zinkhalbzelle* (Zn/Zn^{2+}) gezeigt werden. Die Nernstsche Gleichung lautet:

$$E(Zn/Zn^{2+}) = E^o(Zn/Zn^{2+}) + \frac{0{,}059\ V}{2} \lg\frac{c(Zn^{2+})}{c(Zn)}.$$

Für reine kondensierte Stoffe (Feststoffe) kann die Aktivität a gleich 1 gesetzt werden (Kap. 6.5.2.2). Damit ergibt sich für den Nenner: $a(Zn) \sim c(Zn) = 1$ und es folgt Gl. (7-23). Man erhält eine *unmittelbare Abhängigkeit des Elektrodenpotentials von der Konzentration der Ionen in Lösung.*

$$E(Zn/Zn^{2+}) = E^o(Zn/Zn^{2+}) + \frac{0{,}059\ V}{2} \lg c(Zn^{2+}).$$

(7-23)

Je geringer die Konzentration der Elektrolytlösung, umso negativer ist das Elektrodenpotential und umso größer ist das Reduktionsvermögen des Metalls.

Beispiel

Man berechne das Elektrodenpotential der Zinkhalbzelle bei 25°C für folgende Zn^{2+}-Ionenkonzentrationen: a) 1 mol/l; b) 10^{-2} mol/l; c) 10^{-4} mol/l!

a) $E = -0{,}76$ V $+ \dfrac{0{,}059\ V}{2} \lg 1$ $E = -0{,}76$ V $\Rightarrow E = E^o$

b) $E = -0,76$ V $+ \dfrac{0,059 \, \text{V}}{2} \lg 10^{-2}$ $E = -0,76 - 0,059 = -0,819$ V

c) $E = -0,76$ V $+ \dfrac{0,059 \, \text{V}}{2} \lg 10^{-4}$ $E = -0,76 - 0,118 = -0,878$ V.

Die Ergebnisse bestätigen die vorstehende Aussage: Je verdünnter die Zinksalzlösung, desto stärker wirkt Zn als Reduktionsmittel.

Anwendung der Nernstschen Gleichung auf eine Gaselektrode:

Der Zusammenhang zwischen dem Elektrodenpotential und der Elektrolytkonzentration einer *Gaszelle* soll am Beispiel der ***Wasserstoffelektrode*** ($H_2 + 2\,H_2O \; \rightleftharpoons \; 2\,H_3O^+ + 2\,e^-$) gezeigt werden. Die Nernstsche Gleichung lautet:

$$E(\text{H}_2/\text{H}_3\text{O}^+) = E^o(\text{H}_2/\text{H}_3\text{O}^+) + \frac{0{,}059 \; V}{2} \, lg \frac{c^2 (H_3 O^+)}{p(H_2)}.$$

Da $E^o\,(\text{H}_2/\text{H}_3\text{O}^+)$ definitionsgemäß gleich *null* ist, kann man für einen Wasserstoffdruck von $p = 1$ bar schreiben:

$$E = 0{,}059 \text{ V} \cdot \lg c(\text{H}_3\text{O}^+).$$

Die Abhängigkeit des Elektrodenpotentials von der Elektrolytkonzentration bedeutet für die Wasserstoffelektrode eine Abhängigkeit von der Konzentration der Hydroniumionen und damit vom pH-Wert. Durch Umformen erhält man Gl. (7-24).

$$E = (-\,0{,}059 \text{ V}) \cdot (-\lg c(\text{H}_3\text{O}^+)) \quad \text{bzw.}$$

$$\boxed{E = -0{,}059 V \cdot pH} \tag{7-24}$$

Einsetzen von pH = 7 führt zu dem bereits oben benutzten Elektrodenpotential der Wasserstoffelektrode für reines (neutrales) Wasser: $E = (-0{,}059 \text{ V}) \cdot 7 = -0{,}41$ V. Für pH = 14 (stark alkalisches Milieu) ergibt sich ein Elektrodenpotential von -0,83 V. Der potentialbestimmende Vorgang muss in diesem Fall entsprechend Gl. (7-25) formuliert werden.

$$2\,\text{H}_2\text{O} + 2\,e^- \; \rightleftharpoons \; \text{H}_2 + 2\,\text{OH}^-. \tag{7-25}$$

Eine wichtige Anwendung der Nernstschen Gleichung besteht in der **Berechnung der Zellspannung** bzw. der **EMK** galvanischer Elemente.

Die Zellspannung ΔE berechnet sich aus der Differenz der Elektrodenpotentiale der Halbelemente entsprechend Gl. (7-13): $\Delta E = E(Katode) - E(Anode)$. Das bedeutet für Metallhalbzellen: Das Elektrodenpotential des unedleren ist stets vom Elektrodenpotential des edleren Metalls abzuziehen. Im anderen Fall würden keine positiven Spannungswerte erhalten.

Beispiel: Daniell-Element

$$\Delta E = E(\text{Cu/Cu}^{2+}) - E(\text{Zn/Zn}^{2+})$$

$$\Delta E = E^o(\text{Cu/Cu}^{2+}) - E^o(\text{Zn/Zn}^{2+}) + \frac{0,059V}{2} \; lg \frac{c(Cu^{2+})}{c(Zn^{2+})} \tag{7-26}$$

Für den Fall *gleicher Elektrolytkonzentrationen* $c(\text{Cu}^{2+}) = c(\text{Zn}^{2+})$ reduziert sich die Berechnung der Zellspannung auf die Differenzbildung zwischen den Standardelektrodenpotentialen:

$$\Delta E^o = E^o(\text{Cu/Cu}^{2+}) - E^o(\text{Zn/Zn}^{2+}) \tag{7-27}$$

Für das Daniell-Element ergibt sich $\Delta E^o = +0,34$ V - (-0,76 V) = 1,10 V. Dieser Wert entspricht der Zellspannung des galvanischen Elements im Standardzustand. Bei *unterschiedlichen Elektrolytkonzentrationen* muss der Konzentrationsterm $c(\text{Cu}^{2+})/c(\text{Zn}^{2+})$ aus Gl. 7-26 in die Berechnung der Zellspannung einbezogen werden.

Liegt eine **Konzentrationskette** vor (Kap. 7.3.2 → Galvanische Kette bestehend aus zwei gleichen Metallhalbzellen, die sich nur in der Konzentration der Elektrolytlösung unterscheiden), berechnet sich die Zellspannung wie folgt:

Beispiel: Zink-Konzentrationskette: $\text{Zn/Zn}^{2+}(0,1 \text{ mol/l})//\text{Zn}^{2+}(0,001 \text{ mol/l})/\text{Zn}$.

$$\Delta E = \frac{0,059V}{2} \; \{(lg\ 10^{-1}) - (lg\ 10^{-3})\} = \frac{0,059V}{2} \; lg \frac{10^{-1}}{10^{-3}} \tag{7-28}$$

$$\Delta E = 0,059\ V = 59\ mV. \tag{7-29}$$

Die Standardpotentiale lassen nur Voraussagen darüber zu, welche Redoxreaktionen möglich sind und welche nicht. Es gibt eine Reihe von Reaktionen, bei denen ein spontaner Reaktionsablauf anhand der Redoxpotentiale möglich sein sollte (*thermodynamische Bedingung*), praktisch aber ausbleibt. Ursache für dieses Verhalten sind kinetische Hemmungen. Die erforderliche Aktivierungsenergie ist so groß, dass die Reaktionsgeschwindigkeit nahezu null ist. Wichtige Beispiele sind Redoxreaktionen, bei denen Gase wie Wasserstoff oder Sauerstoff entstehen. Obwohl sich infolge seines negativen Standardpotentials Zink unter H_2-Entwicklung spontan in Säuren lösen sollte, läuft diese Reaktion stark gehemmt ab. Dieses ungewöhnliche Verhalten ist auf die sogenannte *Überspannung* zurückzuführen (Kap. 7.5).

7.4   Elektrochemische Stromerzeugung

Galvanische Zellen sind als ortsunabhängige Stromquellen aus dem täglichen Leben nicht mehr wegzudenken. Sie werden nicht nur zum Betrieb von Taschenlampen, Elektro- bzw. elektronischen Geräten und Kraftfahrzeugen benutzt, sie spielen auch in nahezu jedem technischen Bereich als Stromversorgungsaggregate in unterschiedlichster Form eine wichtige Rolle.

Ist eine Umwandlung von chemischer in elektrische Energie nur *einmalig* nutzbar, liegen **Primärelemente** vor. Sie sind solange einsetzbar, bis die zur Erzeugung der elektrischen

Energie notwendigen Stoffe, d.h. die zu oxidierenden und zu reduzierenden Substanzen, verbraucht sind. Eine Wiederaufladung ist nicht möglich. Nach dem Ende der Reaktion werden sie als Sondermüll entsorgt.
Galvanische Elemente, die durch Zufuhr von elektrischer Energie wieder in den alten Zustand zurückversetzt und somit erneut als galvanische Elemente genutzt werden können, nennt man **Sekundärelemente** oder **Akkumulatoren**.
Beim praktischen Einsatz muss eine galvanische Zelle eine für das jeweilige Anwendungsprofil ausreichende Stromstärke liefern. Diese hängt von der Art der eingesetzten Stoffe und der Konstruktion der Zelle ab.

Zur Gruppe der Primärelemente gehört die häufig verwendete Taschenlampenbatterie. Sie geht im Wesentlichen auf die 1867 von *Leclanché* entwickelte **Zink-Kohle-Batterie** (Leclanché-Element) zurück.

Das **Leclanché-Element** beruht auf dem Redoxsystem Zink/Braunstein (MnO_2) in Ammoniumchloridlösung (Abb. 7.5a). Sein Wirkprinzip ist leicht zu verstehen: In einem Zinkzylinder befindet sich ein Kohlestab, der von einem Gemisch Graphit/Braunstein umgeben ist. Als Elektrolyt dient eine 20%ige wässrige Ammoniumchlorid („Salmiak")-Lösung, deshalb auch *Salmiakzelle*. Bei kommerziellen Ausführungen des Leclanché-Elements wird die Elektrolytlösung mit Quellmitteln wie Gelatine, Cellulose, Stärke oder Sägemehl verdichtet, damit sie bei Beschädigungen nicht auslaufen kann. Obwohl man von einem Trockenelement spricht, ist die Batterie natürlich nicht trocken. Das Wasser ist „gebunden", es spielt aber sowohl als Lösungsmittel als auch im Rahmen der Zellreaktion eine wichtige Rolle. Das Zink löst sich auf (Anode, Minuspol) und die Elektronen fließen zu der mit Mangan(IV)-oxid umgebenen Graphitelektrode (Katode, Pluspol). MnO_2 ist das Oxidationsmittel, wobei das Mangan zur Oxidationsstufe +III reduziert wird. Der Kohlestab stellt den elektrischen Kontakt nach außen her. An der Zn-Anode werden Zn^{2+}-Ionen gebildet und an der Katode findet eine Reduktion des Braunsteins (7-30) statt.

$$2\,MnO_2 + 2\,e^- + 2\,H^+ \;\rightarrow\; 2\,MnO(OH) \tag{7-30}$$

Es entsteht Mangan(III)-oxidhydroxid. Die erforderlichen Protonen stammen von den NH_4^+-Ionen. Die klassische Zn/MnO_2-Zelle ist somit eine saure Zelle (pH < 7, Protolyse von Ammoniumsalzen, Kap. 6.5.3.5). Durch Reduktion der H_3O^+-Ionen am Zinkmantel eventuell entstehender Wasserstoff wird oxidiert: $H_2 + 2\,MnO_2 \rightarrow 2\,MnO(OH)$.

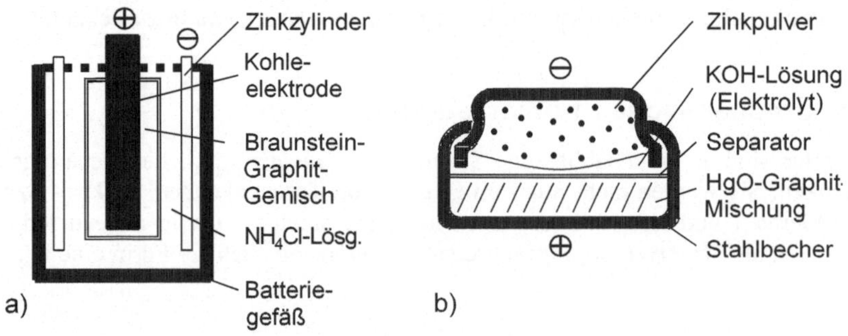

Abbildung 7.5 a) Leclanché-Element, b) Quecksilberoxid-Batterie.

Eine wichtige Weiterentwicklung der Zn/MnO_2-Zelle ist die **Alkali-Mangan-Batterie**. Sie arbeitet nicht mehr mit einer Zink-Ummantelung, sondern enthält das Zink im Innern der Batterie als amalgiertes Zinkpulver (in KOH). Die Braunsteinmasse befindet sich in gepresster Form hinter dem Stahlgehäuse.

Die meisten Neuentwicklungen auf dem Gebiet der Trockenelemente benutzen weiterhin Zink als Anode, die Gegenelektroden wurden jedoch optimiert. Genannt werden sollen die **Zink-Luft-Zelle** (Katodenvorgang: $\frac{1}{2} O_2 + H_2O + 2\,e^- \rightleftharpoons 2\,OH^-$), die **Quecksilberoxid-Zelle** (Katodenvorgang: $HgO + H_2O + 2\,e^- \rightleftharpoons Hg + 2\,OH^-$, Abb. 7.5b) bzw. die **Silber-oxid-Zelle** (Katodenvorgang: $Ag_2O + H_2O + 2\,e^- \rightleftharpoons 2\,Ag + 2\,OH^-$).
Lithiumzellen besitzen heute ein breites Anwendungsspektrum, z.B. in Fotoapparaten, Armbanduhren, Herzschrittmachern usw. Lithium bildet das Anodenmaterial. Die Elektrolytlösung ist ein Gemisch aus organischen Lösungsmitteln und darin gelösten Lithiumsalzen, z.B. $LiClO_4$ und $Li[BF_4]$. Eine wässrige Lösung kommt nicht in Betracht, da das stark unedle Li ($E^\circ = -3{,}04$ V) Wasser unter H_2-Entwicklung zersetzen würde. Für das Katodenmaterial werden neben MnO_2 (*Lithium-Mangan-Batterie*) und CuO auch komplizierter aufgebaute Substanzen wie Chromoxide (z.B. Cr_3O_8), Thionylchlorid ($SOCl_2$) und Bismutoxid (Bi_2O_3) verwendet. Je nach Oxidationsmittel ergeben sich unterschiedliche Batteriespannungen.
Das wohl wichtigste Sekundärelement ist der **Bleiakkumulator**. Er ist bis heute das in der Technik am häufigsten eingesetzte galvanische Element zur Stromerzeugung. Als Elektroden werden Gitterplatten aus Hartblei verwendet, die entweder mit fein verteiltem Blei (*Anode, Minuspol*) oder mit Bleidioxid PbO_2 (*Katode, Pluspol*) gefüllt sind. Schwefelsäure fungiert als Elektrolyt. Die Dichte der H_2SO_4 beträgt im geladenen Zustand je nach verwendeter Säure $1{,}22\dots1{,}29$ g/cm^3, das entspricht einer $30\dots38{,}5\%$igen Lösung. Beim Entladen entstehen an beiden Polen Pb^{2+}-Ionen. Sie bilden mit den Sulfationen des Elektrolyten einen schwer löslichen Niederschlag von Bleisulfat $PbSO_4$ (Gl. 7-31), der sich auf den Elektroden, aber auch als Bodenkörper abscheidet.
Während der Pb-Akkumulator Strom liefert werden $PbSO_4$ und H_2O gebildet und Schwefelsäure verbraucht. Deshalb kann man von der Konzentration der Schwefelsäure auf den Ladezustand des Bleiakkumulators schließen. Im entladenen Zustand sinkt die Dichte der H_2SO_4 je nach Akku-Typ um $0{,}05\dots0{,}13$ g/cm^3 ab. Die H_2SO_4-Konzentration lässt sich leicht durch eine Dichtemessung („Spindeln" mit dem Aräometer) bestimmen. Beim Aufladen wird die Reaktion (7-31) zur Umkehr gezwungen.

$$\text{Minuspol (Anode):} \quad Pb + SO_4^{2-} \rightleftharpoons PbSO_4\downarrow + 2\,e^-$$

$$\text{Pluspol (Katode):} \quad PbO_2 + 4\,H^+ + SO_4^{2-} + 2\,e^- \rightleftharpoons PbSO_4\downarrow + 2\,H_2O$$

Bruttoreaktion:

$$Pb + PbO_2 + 4\,H^+ + 2\,SO_4^{2-} \underset{\text{Laden}}{\overset{\text{Entladen}}{\rightleftharpoons}} 2\,PbSO_4 + 2\,H_2O \qquad (7\text{-}31)$$

Bei guter Wartung kann für stationär untergebrachte Pb-Akkus von einer Nutzungsdauer von etwa 20 Jahren ausgegangen werden. Die mögliche Anzahl von Lade/Entlade-Zyklen liegt entsprechend den jeweiligen Bedingungen zwischen $300\dots2000$. Beim Einsatz als Starterbatterie in Kraftfahrzeugen geht man von einer Lebensdauer bis zu 5 Jahren aus. Als

Weiterentwicklungen sollen der Nickel-Cadmium-Akkumulator (Reduktionsmittel: Cd) und der Nickel-Eisen-Akkumulator (Reduktionsmittel: Fe) genannt werden. In beiden Fällen besteht der Elektrolyt aus Kalilauge (*alkalische Akkumulatoren*).

Der heute breit eingesetzte **Lithium-Ionen-Akkumulator** (Li-Akku) ist ein moderner und effizienter Energiespeicher. Er findet sich in Handys, Notebooks, Smartphones, Uhren, Digitalkameras und in größerem Maßstab in Elektrofahrzeugen, Notstromaggregaten sowie in Form von Lithium-Ionen-Batteriesystemen in Batterie-Speicherkraftwerken.

Als Elektroden verwendet man Li-Speichermaterialien mit unterschiedlichen Li/Li^+-Redoxpotentialen. Der Minuspol besteht aus Graphit mit eingelagerten Lithiumionen (LiC_n, $n \leq 6$, Abb. 7.6 links). Die positive Elektrode bilden Li-Metalloxide wie $LiMnO_2$ oder $LiCoO_2$ (Abb. 7.6 rechts). Das Oxid wird auf Aluminium und die Graphitelektrode auf eine Kupferfolie aufgebracht. Als Elektrolyt fungieren organische protonenfreie (aprotische) Lösungsmittel, z.B. Propylencarbonat, in denen ein organisches oder ein anorganisches Lithiumsalz gelöst ist. Die beiden Elektroden werden von einem Separator, z.B. Polyethylenterephthalat (Kap. 10.4.4.2), getrennt, um einen Kurzschluss zwischen den Elektroden zu vermeiden. Der Separator ist für die Li-Ionen durchlässig.

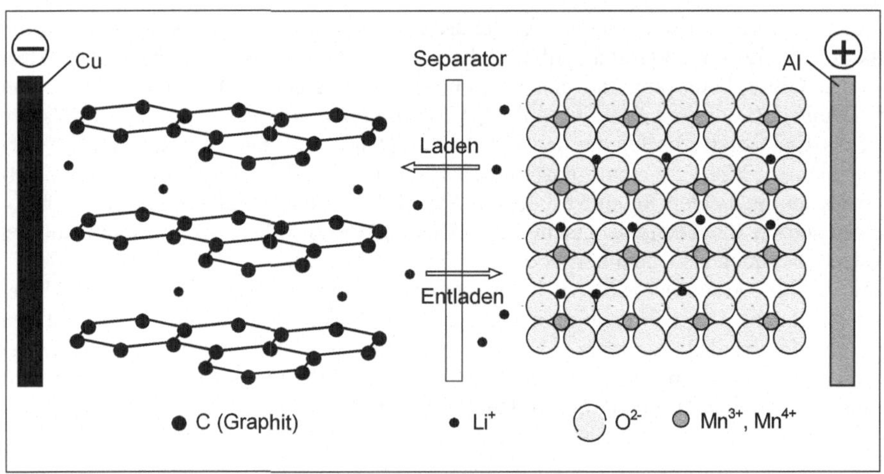

Abbildung 7.6 Schema eines Lithium-Ionen-Akkumulators.

Beim **Laden** wandern Lithiumionen von der Metalloxid-Elektrode in das Graphitgitter, wo sie sich zwischen den Molekülebenen einlagern und mit dem Kohlenstoff sogenannte Interkalationsverbindungen (Li_xC_n) bilden. Beim **Entladen** treten Li-Ionen aus dem Graphitgitter aus und wandern zurück zur Li-Metalloxid-Elektrode (z.B. zum $LiMnO_2$), während die Elektronen über den äußeren Stromkreis zur positiven Elektrode fließen.

$$C_n + x\,Li^+ + x\,e^- \xrightleftharpoons[\text{Entladen}]{\text{Laden}} Li_xC_n \qquad\qquad (7\text{-}32)$$

$$Li_{1-x}MnO_2 + x\,Li^+ + x\,e^- \overset{\text{Entladen}}{\underset{\text{Laden}}{\rightleftharpoons}} LiMnO_2 \tag{7-33}$$

Die Nennspannung der Li-Akkus liegt mit einem Wert von ca. 3,7 Volt deutlich höher als die herkömmlicher Akkumulatoren, z.B. Ni-Metallhydrid-Akku: 1,2 V. Li-Akkus zeigen keinen Memory-Effekt. Man muss sie also vor erneutem Laden nicht vollständig entladen. Die Lebensdauer wird mit ca. 700 Lade-/Entlade-Zyklen angeben, mitunter liegt sie noch darüber.

Brennstoffzellen. Abschließend noch einige Bemerkungen zur Brennstoffzelle. Bei den bisher betrachteten galvanischen Zellen wird die bei der Redoxreaktion frei werdende Energie direkt in elektrische Energie umgewandelt. Auch Verbrennungsreaktionen sind Redoxreaktionen. Ihre Realisierung in galvanischen Zellen geht bereits auf Überlegungen von *W. Ostwald* (1894) zurück. Knackpunkt dieser Technologie ist eine kontinuierliche Zufuhr der Brennstoffe von außen, damit über einen längeren Zeitraum elektrische Energie erzeugt werden kann.

Brennstoffzellen sind galvanische Zellen, bei denen das Reduktionsmittel („Brennstoff", z.B. H_2) und das Oxidationsmittel (z.B. Luftsauerstoff) kontinuierlich von außen zugeführt werden müssen. Da sie keine Schadstoffe emittieren, eignen sich für den Antrieb umweltfreundlicher Elektrofahrzeuge.

Die bekannteste Brennstoffzelle ist die **Wasserstoff/Sauerstoff-Brennstoffzelle** (auch: Knallgaszelle oder Knallgasbatterie). Sie basiert auf der Umkehrung der elektrolytischen Zersetzung des Wassers, d.h. sie nutzt die stark exotherm verlaufende Oxidation von Wasserstoff zur Stromerzeugung. Indem die Oxidation von H_2 und die Reduktion von O_2 räumlich getrennt werden, erreicht man, dass der größte Teil der chemischen in elektrische Energie umgewandelt wird.

$$\text{Anode: } 2\,H_2 \rightleftharpoons 4\,H^+ + \mathbf{4\,e^-} \qquad \textit{Wasserstoffoxidation}$$
$$(\Delta E^o = 0\ V)$$

$$\text{Katode: } O_2 + \mathbf{4\,e^-} + 4\,H^+ \rightleftharpoons 2\,H_2O \qquad \textit{Sauerstoffreduktion}$$
$$(\Delta E^o = 1{,}23\ V)$$

$$2\,H_2 + O_2 \overset{\textit{Brennstoffzelle}}{\underset{\textit{Elektrolyse}}{\rightleftharpoons}} 2\,H_2O$$

Die Zellspannung der Reaktion beträgt: $\Delta E^o = \Delta E^o(Katode) - \Delta E^o(Anode) = 1{,}23\ V$. Allerdings ist die Sauerstoffreduktion kinetisch gehemmt (s.u. Überspannung), so dass praktisch nur eine Spannung von etwa ca. 0,9 V erzielt werden kann.

Brennstoffzellen bestehen aus zwei Elektroden, die mit Wasserstoff und Sauerstoff versorgt werden müssen, sowie einer dazwischen liegenden Trennschicht, dem Elektrolyten. Der Elektrolyt ist notwendig, damit sich die Gase nicht mischen und nicht in direkten Kontakt treten können. Er ist gewöhnlich flüssig, z.B. KOH, H_3PO_4, oder halbflüssig, z.B. wassergequollenes, ionenleitendes Polymer (PEM $\Rightarrow$ Polymermembran-Brennstoffzelle). Neben gasförmigen Brennstoffen wie H_2, CH_4 und NH_3 können auch flüssige Brennstoffe wie Hydrazin $H_2N - NH_2$, höhermolekulare Kohlenwasserstoffe, Methanol, Formaldehyd und Ameisensäure eingesetzt werden. Zum Beispiel kann aus flüssigem Methanol durch den sogenannten *Reforming-Prozess* bei 280°C Wasserstoff gewonnen werden: $CH_3OH + H_2O \rightarrow 3\,H_2 + CO_2$.

Benutzt man Kalilauge (KOH) als Elektrolyt, laufen an den Elektroden (Pt, palladiniertes Nickel) folgende Reaktionen ab (Gl. 7-34, **alkalische Brennstoffzelle**). Die OH^--Ionen passieren das Diaphragma.

$$
\begin{array}{lllll}
\text{Minuspol (Anode):} & 2\,H_2 + \mathbf{4\,OH^-} & \rightarrow & 4\,H_2O + 4\,e^- & \\
\text{Pluspol (Katode):} & O_2 + 2\,H_2O + 4\,e^- & \rightarrow & \mathbf{4\,OH^-} & (7\text{-}34) \\
\text{Gesamtreaktion:} & 2\,H_2 + O_2 & \rightarrow & 2\,H_2O & \\
\end{array}
$$

Bei der **sauren Brennstoffzelle** dient konz. Phosphorsäure (als Gel in einer Matrix fixiert) als Elektrolyt. Hier passieren die H^+-Ionen das Diaphragma, folgende Reaktionen laufen ab (7-35):

$$
\begin{array}{lllll}
\text{Anode:} & 2\,H_2 & \rightarrow & 4\,H^+ + \mathbf{4\,e^-} & \\
\text{Katode:} & O_2 + 4\,H^+ + 4\,e^- & \rightarrow & 2\,H_2O & (7\text{-}35) \\
\text{Gesamtreaktion:} & 2\,H_2 + O_2 & \rightarrow & 2\,H_2O & \\
\end{array}
$$

Neben der geringen Schadstoffemission besitzen Brennstoffzellen einen extrem hohen Verstromungswirkungsgrad. Er kann bis zu 65% betragen. Aufgrund der geringen Spannung pro Brennstoffzelle müssen gewöhnlich mehrere Zellen zu einer Brennstoffzellen-Batterie geschaltet werden („Stacks").

7.5 Elektrolyse – Faradaysche Gesetze

Redoxreaktionen, die unter dem Einfluss einer elektrischen Spannung erzwungen werden, bezeichnet man als *Elektrolysen*. Im Gegensatz zu den in einer galvanischen Zelle ablaufenden elektrochemischen Vorgängen ist zur Durchführung einer Elektrolyse eine äußere Spannungsquelle erforderlich.

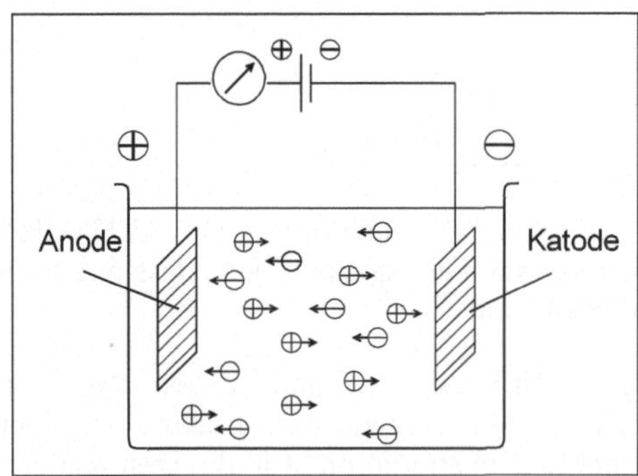

Abbildung 7.7

Ionenwanderung bei der Elektrolyse.

Die positiven Ionen wandern zur Katode (*Kationen*), die negativen Ionen (*Anionen*) zur Anode.

Tauchen zwei Elektroden, an die eine genügend große Gleichspannung angelegt wurde, in die Schmelze bzw. Lösung eines Elektrolyten, so kommt es zwischen den Elektroden zu einer gerichteten Bewegung der vorhandenen Ionen (Abb. 7.7). Die Kationen wandern zum Minuspol der Elektrolysezelle (**Katode**) und werden dort unter Elektronenaufnahme reduziert (*katodische Reduktion*). Die Anionen wandern zum Pluspol der Elektrolysezelle (**Anode**) und werden dort oxidiert (*anodische Oxidation*).

Betrachten wir den Redoxprozess des Daniell-Elements:

$$Zn + Cu^{2+} \underset{\text{erzwungen}}{\overset{\text{freiwillig}}{\rightleftharpoons}} Zn^{2+} + Cu.$$

Im Daniell-Element läuft dieser Prozess freiwillig von links nach rechts ab. In einer Elektrolysezelle kann der Ablauf von rechts nach links erzwungen werden. An die beiden eintauchenden Elektroden (Zn- und Cu-Blech) wird eine Gleichspannung angelegt. Der negative Pol soll sich am Zn-Blech befinden. Von der Stromquelle fließen die Elektronen zur Zinkelektrode. Dort werden die Zn^{2+}-Ionen entladen. An der Cu-Elektrode gehen Cu^{2+}-Ionen in Lösung. Die dabei frei werdenden Elektronen fließen zum positiven Pol der Stromquelle. Es wird deutlich, dass die Richtung des angelegten Feldes die Richtung des Elektronenflusses und damit die Reaktionsrichtung bestimmt.

Wie die nachfolgende Gegenüberstellung zeigt, ist der Minuspol im galvanischen Element die Anode, in der Elektrolysezelle die Katode. Dementsprechend ist der Pluspol in der galvanischen Zelle die Katode und in der Elektrolysezelle die Anode. *Generell gilt*: An der Anode findet die Oxidation und an der Katode die Reduktion statt.

Galvanisches Element			**Elektrolysezelle**
Minuspol = Anode $\rightarrow$	*Elektronenüberschuss*	$\leftarrow$	Minuspol = Katode
Pluspol = Katode $\rightarrow$	*Elektronenmangel*	$\leftarrow$	Pluspol = Anode

Elektrolyse einer wasserfreien Schmelze. Besonders einfach gestalten sich die Verhältnisse bei der Elektrolyse einer wasserfreien Schmelze (*Schmelzfluss- bzw. Schmelzelektrolyse*). Zum Beispiel wandern in einer Kochsalzschmelze die Kationen (Na^+) zur Katode, wo sie zu Natrium reduziert werden (Gl. 7-36), und die Anionen (Cl^-) zur Anode, wo Oxidation zu Chlor erfolgt (Gl. 7-37).

$$\text{Katode(-):} \quad 2\,Na^+ + 2\,e^- \;\rightarrow\; 2\,Na \qquad \textit{Reduktion} \qquad (7\text{-}36)$$

$$\text{Anode(+):} \quad 2\,Cl^- \;\rightarrow\; Cl_2 + 2\,e^- \qquad \textit{Oxidation} \qquad (7\text{-}37)$$

Elektrolyse einer wässrigen Salzlösung. Bei einer wässrigen Elektrolytlösung sind die Verhältnisse etwas komplizierter. Außer den gelösten Ionen des Salzes können sich dort prinzipiell auch die durch die Autoprotolyse des Wassers vorhandenen H_3O^+- und OH^--Ionen an der elektrochemischen Reaktion beteiligen. Generell gilt, dass bei Elektrolysen immer die elektrochemischen Reaktionen ablaufen, die die geringste Zersetzungsspannung erfordern.

Unter der Zersetzungsspannung versteht man die Mindestspannung, bei der eine Zersetzung des Elektrolyten beginnt. Sie muss mindestens so groß sein wie die Spannung, die das zugrunde liegende galvanische Element liefern würde. Wie die Zellspannung galvanischer Elemente kann auch die Zersetzungsspannung aus den Elektrodenpotentialen abgeschätzt werden (Differenz der Elektrodenpotentiale!).

In den Fällen, wo bei der Elektrolyse Gase entstehen, ist die gemessene Zersetzungsspannung häufig größer als die Differenz der Elektrodenpotentiale. Diese Erhöhung der Spannung bezeichnet man als **Überspannung**. Die Abscheidung der Ionen an den Elektroden ist kinetisch gehemmt. Erst bei Erhöhung der angelegten Spannung läuft die Reaktion mit einer nennenswerten Geschwindigkeit ab. Die Größe der Überspannung hängt von der Art des Elektrodenmaterials und seiner Oberflächenbeschaffenheit, aber auch von der Art und der Konzentration der abzuscheidenden Ionen und der Stromdichte an der Elektrodenoberfläche ab. Wasserstoff weist eine hohe Überspannung an Zink-, Blei- und Quecksilberelektroden auf, an Graphit- und Platinelektroden ist dagegen die Abscheidung von Sauerstoff stark kinetisch gehemmt.

Betrachten wir als Beispiel die *elektrolytische Zersetzung einer **wässrigen Kochsalzlösung**.* Bei 25°C und einer Natrium- und Chloridionenkonzentration von 1 mol/l betragen die Abscheidungspotentiale $E^0(Na/Na^+)$ = -2,71 V und $E^0(Cl^-/Cl_2)$ = +1,36 V. Beim pH-Wert 7 erhält man für das Elektrodenpotential des Systems (H_2/H_3O^+) einen Wert von -0,41 V und für das des Systems (OH^-/O_2) einen Wert von +0,82 V. Die Zersetzungsspannung wäre demnach im Falle der Entladung von H^+- und OH^--Ionen am niedrigsten. Bei Verwendung von Pt-Elektroden scheidet sich jedoch kein Sauerstoff ab, da aufgrund der hohen Überspannung das Abscheidungspotential der OH^--Ionen den Wert +1,36 V übersteigt.

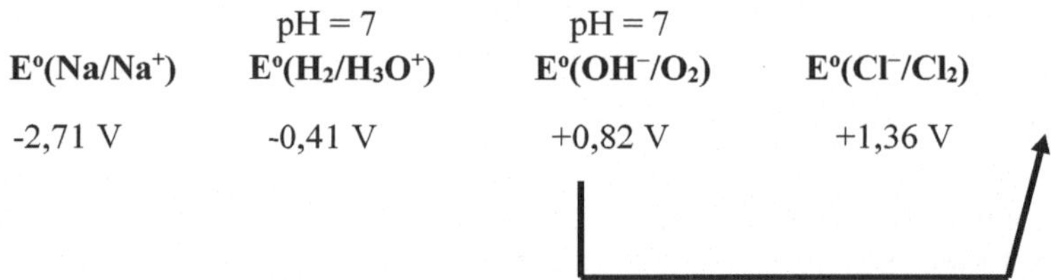

$E^0(Na/Na^+)$	pH = 7 $E^0(H_2/H_3O^+)$	pH = 7 $E^0(OH^-/O_2)$	$E^0(Cl^-/Cl_2)$
-2,71 V	-0,41 V	+0,82 V	+1,36 V

Die Produkte der Elektrolyse einer NaCl-Lösung sind folglich Wasserstoff und Chlor. Na^+ und OH^- bleiben in der wässrigen Lösung des Elektrolysegefäßes zurück. Es bildet sich Natronlauge ($\rightarrow$ Chloralkalielektrolyse zur technischen NaOH-Gewinnung).

Faradaysche Gesetze. Im Mittelpunkt der bisherigen Betrachtungen stand die Frage, welche Stoffe sich bei einer Elektrolyse an den Elektroden abscheiden. Nun soll noch der Zusammenhang zwischen den abgeschiedenen Stoffmengen und der durch die Elektrolysezelle geflossenen Ladungsmenge näher betrachtet werden. Untersuchungen zu diesem Problem wurden 1833 von Faraday durchgeführt, indem er unterschiedliche Elektrolytlösungen elektrolysierte, die Stromstärke und die Elektrolysedauer variierte und die abgeschiedenen Massen bestimmte. Er fand, dass sich die abgeschiedenen Stoffmassen (bei

Gasen die Volumina) proportional zur Zeit t und zur Stromstärke I verhalten. Da für die Ladung Q gilt: $Q = I \cdot t$ formulierte er folgenden Zusammenhang:

Die elektrolytisch abgeschiedenen Stoffmengen n sind der Zeit t und der Stromstärke I, also der transportierten Ladung Q, proportional (1. Faradaysches Gesetz).

Elektrolysiert man gleichzeitig Silbernitratlösung, Kupfersulfatlösung und Schwefelsäure, laufen folgende Elektrodenreaktionen ab:

$$Ag^+ + \mathit{1}\,e^- \rightarrow Ag \qquad\qquad Cu^{2+} + \mathit{2}\,e^- \rightarrow Cu;$$
$$2\,H^+ + 2\,e^- \rightarrow H_2 \qquad\qquad 2\,H_2O \rightarrow O_2 + 4\,H^+ + \mathit{4}\,e^-.$$

Die abgeschiedenen Stoffmengen an Ag, Cu, H_2 und O_2 stehen in folgendem Verhältnis zueinander: $n(Ag) : n(Cu) : n(H_2) : n(O_2) = 1 : \frac{1}{2} : \frac{1}{2} : \frac{1}{4}$.

Zur elektrolytischen Abscheidung von 1 Mol Ag-Atomen ist eine Ladung von 96485 C erforderlich. Daraus leitet sich die Faraday-Konstante $F = 96485\ C \cdot mol^{-1}$ ab. Zur Abscheidung von 1 Mol Cu-Atomen oder 1 Mol H_2-Molekülen ist die Ladungsmenge von $\mathit{2} \cdot 96485$ C und zur Abscheidung von 1 Mol O_2-Molekülen die Ladungsmenge von $\mathit{4} \cdot 96485$ C erforderlich. Hieraus ergibt sich das **2. Faradaysche Gesetz**:

Zur elektrolytischen Abscheidung von 1 Mol Teilchen eines Stoffes ist die Ladung von z · 96485 C erforderlich, wobei z die Zahl der Elektronen ist, die bei der Abscheidung eines Teilchens an der Elektrode ausgetauscht werden.

Lässt man gleiche Ladungsmengen Q durch zwei Elektrolysezellen fließen, in denen sich Lösungen von Silbernitrat bzw. Kupfersulfat befinden, ist die erhaltene Stoffmenge an Kupfer nur halb so groß wie die des Silbers. Ursache ist die doppelte Ionenladung z des Kupferions. Die abgeschiedene Stoffmenge n kann nach Gl. (7-38) berechnet werden.

$$\boxed{\; n = \frac{I \cdot t}{z \cdot F} \;}$$

(7-38)

7.6 Redoxreaktionen in nicht wässrigem Milieu

Obwohl die meisten Redoxreaktionen in wässriger Lösung ablaufen, ist das Vorhandensein von Wasser keine notwendige Voraussetzung für eine Elektronenübertragungsreaktion. Redoxreaktionen können auch in nicht wässrigen Lösungsmitteln, z.B. in reinem Ammoniak, in Schmelzen oder zwischen Gasteilchen ablaufen.
Als Beispiel für letzteren Fall sei die Verbrennung von NH_3 in Sauerstoff unter Bildung von Stickstoff und Wasser angeführt.

$$\begin{array}{llll} & \overset{-III}{} & \overset{\pm 0}{} & \\ \text{Teilglichungen:} & 2\,NH_3 & \rightarrow N_2 + 6\,H^+ + 6\,e^- & (\cdot\,2) \end{array}$$

$$\begin{array}{lll} \overset{\pm 0}{} & \overset{-II}{} & \\ O_2 + 4\,H^+ + 4\,e^- & \rightarrow 2\,H_2O & (\cdot\,3) \end{array}$$

Multiplikation der Teilgleichungen und Addition ergibt die Redoxgleichung (Gl. 7-39).

$$4\,NH_3 \;+\; 3\,O_2 \;\rightarrow\; 2\,N_2 \;+\; 6\,H_2O \tag{7-39}$$

Selbst beim Erhitzen nur einer Substanz kann es zu einer Redoxreaktion bzw. -zersetzung kommen. Die Elektronenübertragung erfolgt in einem solchen Fall zwischen bestimmten Atomen der Molekül- oder Ionensubstanz. Es läuft eine **intramolekulare Redoxreaktion** ab. Voraussetzung ist, dass die betreffenden Atome in den für die Redoxreaktion erforderlichen Oxidationsstufen vorliegen. Gl. (7-40) zeigt die thermische (Redox)Zersetzung des Kaliumnitrats (KNO_3) zu Kaliumnitrit (KNO_2) und Sauerstoff.

$$\overset{+V}{K\underline{N}O_3} \;\rightarrow\; \overset{+III}{K\underline{N}O_2} \;+\; \tfrac{1}{2}\,O_2 \tag{7-40}$$

Das Stickstoffatom in der Oxidationsstufe +V (Kaliumnitrat) geht in ein Stickstoffatom der Oxidationsstufe +III (Kaliumnitrit) über. Die bei diesem Reduktionsschritt aufgenommenen zwei Elektronen stammen von einem oxidischen Sauerstoffatom des Nitrats, das von der Oxidationsstufe -II in die des elementaren Sauerstoffs (±0) übergeht.

8 Chemie der Baumetalle

Neben der großen Gruppe nichtmetallischer Baustoffe (Kap. 9) gehören vor allem die Metalle und ihre Legierungen mit ihren ganz spezifischen chemischen und technologischen Eigenschaften zu den wichtigsten Bau- und Werkstoffen. Inhalt des vorliegenden Kapitels sollen die physikalisch-chemischen Besonderheiten metallischer Werkstoffe, ihr Verhalten gegenüber atmosphärischen Einflüssen (Korrosion) sowie gegenüber anorganisch-nichtmetallischen Baustoffen wie Gips, Kalk und Beton sein.

8.1 Eisen und Stahl

8.1.1 Physikalische und chemische Eigenschaften des Eisens

Eisen (**Fe**) ist in der Erdkruste nach Aluminium das zweithäufigste Metall, als Gebrauchsmetall steht es jedoch an erster Stelle. Mit einer Dichte von $\rho = 7{,}87$ g/cm^3 gehört es zu den Schwermetallen (**Schwermetalle**: $\rho > 5$ g/cm^3). Wegen seines unedlen Charakters tritt es in der Lithosphäre kaum in gediegener Form, sondern meist gebunden auf, z.B. in Oxiden, Sulfiden und Carbonaten. Wichtige Eisenerze sind Magneteisenstein (Fe_3O_4, *Magnetit*), Roteisenstein (Fe_2O_3, z.B. *Hämatit*, Eisenglanz), Brauneisenstein ($Fe_2O_3 \cdot nH_2O$, z.B. *Limonit*), Spateisenstein ($FeCO_3$, *Siderit*) und Eisenkies (FeS_2, *Pyrit*, „Schwefelkies"). Die rotbraunen und gelben Farbtöne des Erdbodens rühren häufig von Eisen(III)-oxiden bzw. Eisen(III)-oxidhydraten her. Reines Eisen ist ein silberweißes, relativ weiches (Härte 4,5 nach *Mohs*), plastisch verformbares Metall. Es besitzt deshalb für das Bauwesen kaum Bedeutung.

Wichtige physikalische Daten:
Dichte 7,87 g/cm^3 (25°C), Smp. 1538°C, Sdp. 2861°C, Wärmeleitfähigkeit 73,3 W/m·K, spezifische elektrische Leitfähigkeit $1{,}05 \cdot 10^5$ S/cm (Leitfähigkeitswerte für 20°C).

Eisen rostet an feuchter Luft unter Bildung von FeO(OH), Eisen(III)-oxidhydroxid (s.a. Kap. 8.3.2.2). An trockener Luft und in gering durchlüftetem Wasser verändert es sich kaum (Kap. 8.3.2). Beim Glühen an der Luft überzieht sich Eisen mit einer dünnen Oxidschicht (**Zunder**), die hauptsächlich aus Fe_3O_4 besteht.
Eisen zeigt als unedles Metall eine geringe chemische Beständigkeit gegenüber einem sauren Angriff. In nicht oxidierenden Säuren wie Salzsäure und verdünnter Schwefelsäure löst es sich unter Wasserstoffentwicklung und Bildung von Fe^{2+}-Ionen. Von konz. Schwefelsäure und Salpetersäure wird Eisen nicht angegriffen, da es sich - wie die Metalle Chrom und Aluminium - durch eine dünne, zusammenhängende Oxidschicht schützt (**Passivierung**). Gegenüber Alkali- bzw. Erdalkalilauge ist Eisen in der Kälte beständig. Diese Inertheit ist eine wesentliche Voraussetzung für die Rostsicherheit des Stahls im Beton (Kap. 9.4.2.3).
In seinen Verbindungen tritt Eisen überwiegend in den Oxidationsstufen +II und +III auf, die Stufe +III ist die stabilere. In wässrigen Eisen(II)-Salzlösungen liegt das bläulichgrüne $[Fe(H_2O)_6]^{2+}$-Kation vor. Eisen(III)-Salzlösungen weisen eine gelbe Färbung auf, die auf die Bildung von Eisen(III)-Hydroxokomplexen, z.B. $[Fe(H_2O)_5OH]^{2+}$, zurückzuführen ist. In Kontakt mit Luft gehen die instabilen Eisen(II)-Salzlösungen allmählich in gelbbraune Eisen(III)-Salzlösungen über (Luftoxidation).

© Springer Fachmedien Wiesbaden GmbH, ein Teil von Springer Nature 2020
R. Benedix, *Bauchemie*, https://doi.org/10.1007/978-3-658-26442-0_8

Eisen kommt in drei Modifikationen vor, deren Umwandlungspunkte bei 911°C und 1401°C liegen:

$$\alpha\text{-Eisen} \underset{}{\overset{911°C}{\rightleftharpoons}} \gamma\text{-Eisen} \underset{}{\overset{1401°C}{\rightleftharpoons}} \delta\text{-Eisen} \underset{}{\overset{1538°C}{\rightleftharpoons}} \text{Schmelze}$$

Die Erscheinung, dass ein Stoff je nach Zustandsbedingungen (Temperatur, Druck) in verschiedenen festen Zustandsformen (**Modifikationen**) auftritt, nennt man **Polymorphie.** Man findet sie nicht nur beim Eisen, sondern auch bei Elementen wie Kohlenstoff (Diamant, Graphit, Fullerene), Schwefel, Phosphor und Zinn. Die gegenseitige Umwandelbarkeit zweier Modifikationen wird als **Enantiotropie** bezeichnet. Eisen besitzt demnach drei enantiotrope Modifikationen. Auch chemische Verbindungen können in unterschiedlichen festen Zustandsformen vorkommen. Ein bekanntes Beispiel ist das Calciumcarbonat mit seinen polymorphen Modifikationen *Calcit* (Kalkspat), *Aragonit* und *Vaterit*.

Kühlt man eine Schmelze von reinem Eisen (kohlenstofffrei) langsam ab und registriert die Temperaturänderung pro Zeiteinheit (Abb. 8.1), so ist an den drei Temperaturpunkten 1536°C, 1401°C und 911°C der annähernd lineare Abfall der Abkühlkurve unterbrochen. Die Temperaturen, die diesen waagerechten Kurvenverläufen entsprechen, nennt man *Haltepunkte*. Sie charakterisieren Phasenübergänge wie Umwandlungen der Kristallstruktur oder Änderungen des Aggregatzustandes. Die bei der Aufheizung an diesen Stellen aufgenommene Wärmemenge wird bei der Abkühlung wieder freigesetzt. Abkühlkurve und Aufheizkurve verhalten sich wie Bild und Spiegelbild.

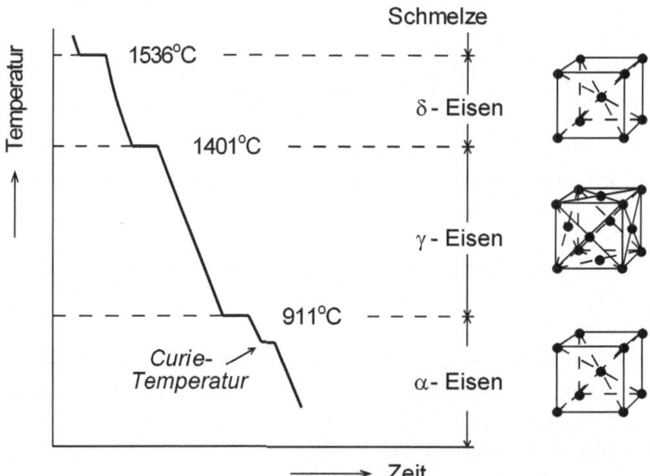

Abbildung 8.1   Abkühlkurve und Elementarzellen des Kristallgitters von reinem Eisen

Bei 1536°C kristallisiert zunächst das kubisch-raumzentrierte δ-Eisen aus. Beim Haltepunkt von 1401°C wandelt sich das δ-Eisen in das kubisch-flächenzentriert kristallisierende γ-Eisen um. Diese Strukturänderung ist exotherm, damit stellt das Kristallsystem des γ-Eisens die energieärmere Struktur dar. Bei 911°C wandelt sich γ-Eisen in das noch energieärmere α-Eisen um, dessen Gitter analog dem δ-Eisen eine kubisch-raumzentrierte Elementarzelle besitzt. Die Kantenlänge der Elementarzelle des δ-Eisens ist allerdings um 10 pm zum α-Eisen aufgeweitet. Die Kristallumwandlungen werden durch Diffusion der Atome im Gitter möglich. Oberhalb der *Curie-Temperatur* von 769°C verliert das α-Eisen seinen Ferromagnetismus.

8.1.2 Produkte des Hochofenprozesses

Das Hauptprodukt des Hochofenprozesses ist das **Roheisen**. Es wird durch Reduktion von oxidischen Eisenerzen mit Koks (C) gewonnen. Um eine Verschlackung der Gangart zu erreichen, werden Zuschlagstoffe (Zuschläge) zugesetzt. Die Art der Zuschläge richtet sich nach der chemischen Zusammensetzung der Gangart. Unter der **Gangart** versteht man die das Erz begleitenden metallischen und nichtmetallischen Minerale. Saure Erze werden mit basischen Zuschlägen versetzt und umgekehrt. Ist die Gangart Al_2O_3- und SiO_2-haltig, kommen als Zuschläge basische Kalkkomponenten wie Kalkstein, Branntkalk, Löschkalk oder Dolomit in Frage. Bei CaO-haltiger Gangart werden tonerde- und kieselsäurehaltige (also saure) Zuschläge wie Feldspat, Quarz, Flussspat oder Tonschiefer eingesetzt.

Der Reaktionsapparat für die Herstellung von Roheisen ist der **Hochofen**. Damit eine hinreichende Verschlackung gewährleistet ist, werden die Eisenerze mit den Zuschlagstoffen gemischt und der Hochofen abwechselnd mit Schichten aus Koks und Eisenerz/Zuschlägen von oben beschickt. In den unteren Teil des Hochofens wird heiße Luft geblasen (Heißwind, 900...1300°C). Auf diese Weise verbrennt der Koks und erzeugt die erforderliche Reaktionstemperatur (bis 2300°C). In den sehr heißen unteren Bereichen des Hochofens kann die Reduktion der Eisenerze (wegen der unterschiedlichen Zusammensetzung allgemein als Fe(O) formuliert, Gl. 8-1) direkt durch den Koks (C) erfolgen, meist ist jedoch Kohlenmonoxid CO das Reduktionsmittel. Das bei der Reduktion gebildete CO_2 reagiert mit dem heißen Koks gemäß Gl. (8-2) unter Wärmeverbrauch wieder zu CO (***Boudouard-Gleichgewicht***).

$$\text{Fe(O)} \; + \; \text{CO} \quad \rightarrow \quad \text{Fe} \; + \; CO_2 \qquad\qquad\qquad\qquad (8\text{-}1)$$

$$CO_2 \; + \; \text{C} \quad \rightleftharpoons \quad 2\,\text{CO} \qquad \Delta H = +173 \text{ kJ/mol} \qquad\qquad (8\text{-}2)$$

Ein Teil des sich bildenden amorphen Kohlenstoffs wird vom Roheisen aufgenommen. Roheisen enthält 2,5...4% Kohlenstoff sowie wechselnde Mengen Silicium (0,5...3%), Mangan (0,5...6%), Phosphor (0...2%) und Spuren von Schwefel (0,01...0,05%). Mit steigendem C-Gehalt sinkt seine Zähigkeit und wächst seine Härte.

Eisen ist nur walz- und schmiedbar, wenn der Kohlenstoffgehalt weniger als 2,06% beträgt. Roheisen (C-Gehalt > 2%) ist wegen seines hohen Kohlenstoffgehalts sehr spröde und erweicht beim Erhitzen plötzlich. Es kann deshalb nur vergossen werden. Etwa 90% des Roheisens werden auf metallurgischem Wege in **Stahl** (C-Gehalt < 2%; exakt: 2,06%) umgewandelt, der Rest wird zu **Gusseisen** verarbeitet.

Eisenlegierungen mit einem C-Gehalt > 2 % werden als Gusseisen bezeichnet.

Das Nebenprodukt des Hochofenprozesses, die **Schlacke**, ist für die Bauindustrie gleichfalls von großer Bedeutung. Sie besteht vor allem aus Calcium-(Gl. 8-3) und Aluminiumsilicaten.

$$SiO_2 \;+\; CaCO_3 \;\rightarrow\; CaSiO_3 \;+\; CO_2 \tag{8-3}$$

Hochofenschlacke besitzt etwa folgende Zusammensetzung (auf Oxide bezogen): 30...50% CaO, 27...40% SiO_2, 5...15% Al_2O_3, weiterhin MgO, FeO, MnO und CaS. Ihre Eigenschaften und damit ihre Verwendungsmöglichkeiten ändern sich mit der Art der Abkühlung.

Bei *langsamer Abkühlung* der Schlacke kommt es zu einer Auskristallisation der Bestandteile. Es bilden sich heterogene feste Gemische. Größere Stücke der festen Schlacke (**Stückschlacke, Betonschlacke**) werden als *Schotter* im Straßen- und Gleisbau oder als *Splitt* im Betonbau verwendet. Durch Vergießen der Schmelze in spezielle Formen (**Gussschlacke**) und langsames Erstarren werden rauflächige *Schlackenpflastersteine* hergestellt.

Erfolgt eine *schnelle Abkühlung* (Abschrecken) durch Granulation der flüssigen Schlacke in Wasser, wird eine vollständige Kristallisation verhindert. Man erhält eine granulierte, amorphe Hochofenschlacke (**Hüttensand**), die latent-hydraulische Eigenschaften besitzt. Sie wird für die Herstellung von Zementen verwendet. Erfolgt die Abkühlung unter Zugabe eines *Unterschusses an Wasser*, bildet sich ein geschäumtes Produkt, die Schaumschlacke (**Hüttenbims**). Hüttenbims besitzt wärmedämmende Eigenschaften und wird für die Herstellung von Leichtbeton verwendet.

Bläst man schließlich Wasserdampf in einen dünnen Strahl flüssiger, herabfließender Hochofenschlacke, erhält man **Schlackenwolle**. Sie besteht aus äußerst feinen, der Glaswolle ähnlichen Fäden und wird für die Wärme- und Schalldämmung eingesetzt.

8.1.3 Stahl

Wie bereits oben beschrieben ist Kohlenstoff der Bestandteil, der dem Eisen die Gebrauchseigenschaften verleiht. Er ist damit das wichtigste Legierungselement des Eisens. Die spezifischen Wechselwirkungen des Kohlenstoffs mit den unterschiedlichen Modifikationen des Eisens in Abhängigkeit von der Temperatur machen die Vielfalt dieses außerordentlich wichtigen Werkstoffes aus. Darüber hinaus zeigt Eisen eine gute „Löslichkeit" für eine Reihe weiterer Nichtmetalle und Metalle, die entweder aus den Eisenerzen stammen (Si, Mn, P, S) oder als Legierungselemente zugesetzt werden (Cr, Ni, W, Mn, Co, V, Ti, Ta).

Zur Herstellung von Stahl aus Roheisen muss der Kohlenstoffgehalt des Eisens deutlich gesenkt werden (**Entkohlung**), andere Begleitstoffe müssen dagegen ganz entfernt werden. Der Raffinationsprozess umfasst das *Frischen*, also die Oxidation gelöster Bestandteile wie C, Si, Mn und P, die *Entschwefelung* mit CaO und eine als *Desoxidation* bezeichnete Nachbehandlung. Dabei wird der in der Stahlschmelze gelöste Sauerstoff durch Desoxidationsmittel (Al, Legierungen vom Typ Fe-Si „Ferrosilicium" oder vom Typ Ca-Si „Calciumsilicium", z.B. $CaSi_2$) entfernt. Das Frischen geschieht heute überwiegend im Sauerstoffaufblasverfahren (LD-Verfahren).

Stahl ist ein warmverformbarer Eisenwerkstoff mit einem Kohlenstoffgehalt ≤ 2 %.

Stahl kann durch die Art seiner Herstellung, durch den Zusatz von Legierungsmetallen und durch entsprechende Wärmebehandlung für die verschiedensten technischen Anwendungsbereiche aufbereitet werden.

Für das Verständnis der bei der Wärmebehandlung von Stahl und Gusseisen ablaufenden Phasenumwandlungen ist das **Zustandsdiagramm Eisen-Kohlenstoff** von grundlegender Bedeutung. Das in Abb. 8.2 dargestellte Zustandsdiagramm gilt ausschließlich für die Kombination *Eisen-Kohlenstoff*, nicht aber bei Anwesenheit weiterer Legierungsmetalle. Für den letzteren Fall ergeben sich teilweise beträchtliche Veränderungen der Phasenbereiche.

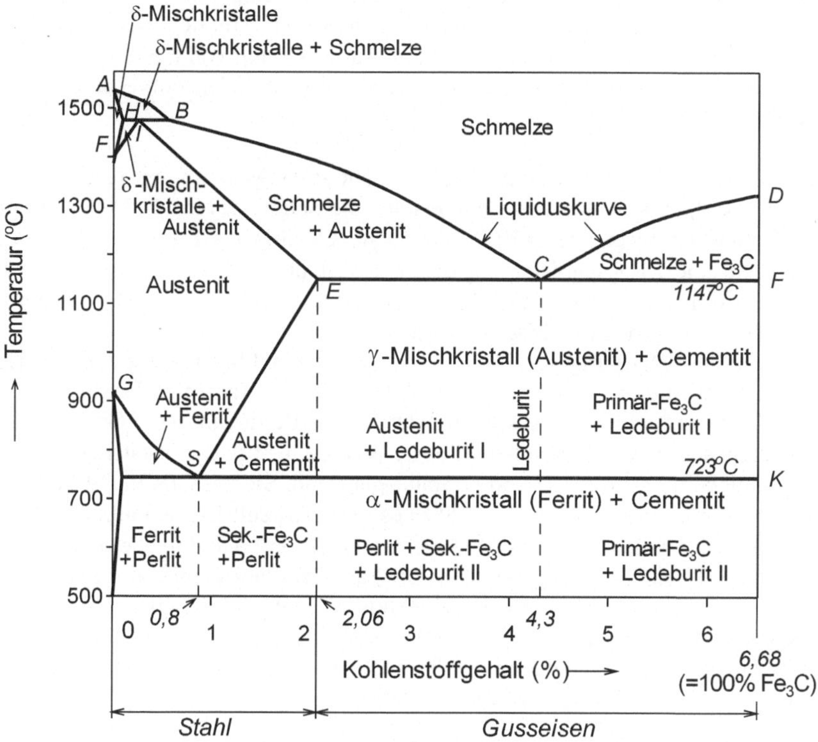

Abbildung 8.2 Zustandsdiagramm Eisen-Kohlenstoff

Die Linie ABCD in Abb. 8.2 ist die *Liquiduslinie*, oberhalb derer ausschließlich die flüssige Phase vorliegt. Unterhalb der Linie AHIECF (*Soliduslinie*) existieren nur feste kristalline Formen. Beim Massenanteil 0 liegt reines Eisen vor, seine temperaturabhängige Phasenumwandlung wurde in Abb. 8.1 dargestellt. Der Kohlenstoffgehalt wird generell in Prozent angegeben, auch wenn Eisencarbid Fe_3C vorliegt. Ein C-Massenanteil von 6,68% entspricht der reinen Verbindung Fe_3C. Für die Herstellung von Stahl ist im Prinzip nur der Bereich von 0,02 ... 1,3% C von Bedeutung.

Obwohl γ-Eisen (kubisch-flächenzentriert) in einer dichteren Packung kristallisiert als α-Eisen (kubisch-raumzentriert), ist die Löslichkeit von Kohlenstoff in α-Eisen mit einem Maximalwert von 0,02% (bei 738°C) geringer als in γ-Eisen. Der entstehende α-Misch-

kristall wird **Ferrit** genannt. Die zweite feste Fe-Modifikation, das γ-Eisen, vermag wesentlich mehr C zu lösen. So beträgt die C-Löslichkeit des sich bildenden γ-Mischkristalls (**Austenit**) bei 1147°C maximal 2,06% (Bereich GSEIF). Während die C-Atome im Ferrit nur Würfelkanten besetzen können, ordnen sie sich im Austenit auch im Würfelinneren an. Die sich ausbildenden Mischkristalle sind Einlagerungsmischkristalle.
Der Kohlenstoff kann im Kristallgefüge der Eisenlegierungen in unterschiedlicher Form vorkommen. Er kann entweder gelöst sein (α- bzw. γ-Mischkristalle) oder als Graphitkriställchen (Grauguss) bzw. Eisencarbid (Fe_3C, **Cementit**) vorliegen. Bei einem Kohlenstoffgehalt von 4,3% weist das Zustandsdiagramm mit einer Temperatur von 1147°C den tiefsten Schmelzpunkt für das Eisen auf. Rechts der Linie SE wird die Löslichkeit des Kohlenstoffs im γ-Eisen überschritten und es kommt zur Ausscheidung von Cementit. Die Cementitphase ist hart, außerordentlich spröde und weist ein kompliziert aufgebautes Gitter auf (intermetallische Phase).

Kühlt man eine Fe/C-Schmelze (C-Gehalt > 4,3%) nicht zu langsam ab, entsteht so lange Cementit bis der C-Gehalt 4,3% beträgt. Dann erstarrt die Schmelze bei 1147°C unter Bildung eines als **Ledeburit** bezeichneten Eutektikums aus C-haltigen γ-Eisen und Cementit. Kühlt man dagegen eine Eisenschmelze mit einem C-Gehalt < 4,3% ab, kristallisiert so lange eine feste Lösung von γ-Eisen und Kohlenstoff (Austenit) aus, bis sie wiederum 4,3% C enthält und bei 1147°C in Ledeburit übergeht.
Abkühlung von kohlenstoffgesättigtem (2,1% C) Austenit unter 1147°C führt zur Auskristallisation von Cementit unter Erniedrigung des C-Gehalts des Austenits. Beträgt der C-Gehalt nur noch 0,8%, entsteht beim Abkühlen unter 723°C (Perlit-Linie) ein Gefüge alternierender Schichten aus α-Mischkristallen (Ferrit) und Cementit. Die entstehende feste Mischung ist lamellenartig strukturiert und perlmutt-glänzend. Sie wird als **Perlit** bezeichnet. Kühlt man Stahl mit einem C-Gehalt < 0,8% aus dem Austenit-Bereich allmählich ab, scheiden sich γ-Mischkristalle (Ferrit) aus. Sie werden ärmer an Fe und reichern sich dementsprechend mit Kohlenstoff (entlang der Linie GS!) an. Bei einer Temperatur von 723°C weisen sie einen C-Gehalt von 0,8% auf. Im eutektoiden Punkt S kristallisiert Perlit aus. Kohlenstoffreicheres Austenit (0,8...2,06% C) scheidet beim Abkühlen zunächst Cementit an seinen Korngrenzen aus, bis sich der an Kohlenstoff ärmer werdende γ-Mischkristall mit einem C-Gehalt von 0,8% bei 723°C wiederum in Perlit umwandelt.

Bei einer *raschen* Abkühlung des glühenden Stahls in Wasser (Abschrecken) kann die beschriebene Umwandlung des γ-Mischkristalls in Ferrit und Cementit als Folge der Wanderung der C-Atome im Gitter nicht stattfinden. Das kubisch-flächenzentrierte γ-Eisen wandelt sich in die kubisch-raumzentrierte Struktur um ("Umklappumwandlung"), wobei die Kohlenstoffverteilung des Austenitgitters beibehalten wird. Die dadurch entstehenden inneren Spannungen, die mit einer Aufweitung des α-Gitters verbunden sind, beeinflussen die Eigenschaften des Eisens. Seine Härte nimmt zu. Das sich ausbildende nadelige Gefüge wird als **Martensit** bezeichnet. Der beschriebene Vorgang spielt sich beim *Härten von Stahl* ab. Durch anschließende Erwärmung (**Anlassen**) werden die inneren Spannungen abgebaut und die Martensit-Phase wird teilweise zerstört (Anlassgefüge, Vergütungsgefüge). Es entstehen kristalline Gefüge höchster Härte, die sich durch einen hohen Verschleißwiderstand, hohe Druckfestigkeit und hohe Belastungsfähigkeit auszeichnen.

Zur Problematik *Wärmebehandlung von Stählen*, bei der Werkstücke einer gesteuerten Aufheiz- und Abkühlgeschwindigkeit ausgesetzt werden, um bestimmte Stahleigenschaften zu erzielen, wird auf Lehrbücher der Baustoffkunde verwiesen [BK 1, 2].

Stahlsorten. Nach DIN EN 10 020 können Stähle entweder nach ihrer chemischen Zusammensetzung oder nach Hauptgüteklassen (Unlegierte Qualitäts- bzw. Edelstähle, legierte Qualitäts- bzw. Edelstähle und nicht rostende Stähle) unterteilt werden. Auf letztere Gruppen soll im Rahmen des vorliegenden Buches nicht näher eingegangen und auf Lehrbücher der Baustoffkunde verwiesen werden [BK 1, 2]. Nach ihrer chemischen Zusammensetzung unterscheidet man drei Klassen: unlegierte Stähle, legierte Stähle und nicht rostende Stähle.

Unlegierte Stähle enthalten den Kohlenstoff als wesentlichen Härtungsbestandteil. Herstellungsbedingt enthält der Stahl neben Eisen und Kohlenstoff noch andere Elemente (Eisenbegleiter), die in unterschiedlichen Mengen enthalten sind. Sie dürfen in unlegierten Stählen die nachfolgend angegebenen Grenzwerte nicht überschreiten: Mn $\leq$ 1,65%, Si $\leq$ 0,6%, Cu $\leq$ 0,4%, Pb $\leq$ 0,4%, Al $\leq$ 0,3%, Cr $\leq$ 0,3%, Co $\leq$ 0,3%, Ni $\leq$ 0,3%, W $\leq$ 0,3%, V $\leq$ 0,1%, Bi $\leq$ 0,1%, Mo $\leq$ 0,08%, Nb $\leq$ 0,06%, Ti $\leq$ 0,05%, Zr $\leq$ 0,05% (Schmelzanalyse, nach DIN 10 020; [BK 1]). Wird der Grenzwert von wenigstens einem dieser Elemente erreicht oder überschritten, gilt der Stahl als **legiert**. Als Grenze zwischen legierten und hochlegierten Stählen wurde ein Gesamtgehalt an Legierungsbestandteilen von 5% festgelegt. Beispiele für wichtige Legierungselemente und ihre Wirkungen sind: **Cr** (erhöht Härte, Verschleißwiderstand und Korrosionsbeständigkeit), **Mn** (erhöht Schmied- und Schweißbarkeit, Härte und Zugfestigkeit), **V** und **W** (erhöhen Verschleißwiderstand und Zugfestigkeit), **Mo** (erhöht Härte, Zug- und Warmfestigkeit), **Ni** (erhöht Härte, Zugfestigkeit und Korrosionsbeständigkeit), **Si** (erhöht Zugfestigkeit, Verschleißwiderstand und Säurebeständigkeit).

Nicht rostende Stähle (rostfreie Stähle, Edelstähle rostfrei oder nur Edelstähle) sind Stähle mit einem Gehalt von mindestens 10,5% Chrom (bis max. 25%!) und höchstens 1,2% Kohlenstoff. Durch den hohen Chromanteil sind die Stähle in der Lage, sich in Gegenwart von Sauerstoff zu passivieren, d.h. an der Oberfläche eine sehr dünne oxidische Schutzschicht vorwiegend aus Chromoxiden auszubilden. Wird diese Schicht etwa durch mechanische Einflüsse beschädigt, kann sie sich in Gegenwart von Sauerstoff wieder neu bilden. Nicht rostende Stähle werden in korrosionsbeständige, hitzebeständige und warmfeste Sorten eingeteilt. Ein bekanntes Beispiel für einen Edelstahl ist der V2A-Stahl (V steht für Versuchsreihe und A für Austenit), exakte Bezeichnung: X5CrNi 18 9. Daraus sind die Cr- und Ni-Gehalte unmittelbar ersichtlich: 18% Cr, 9% Ni. Der V4A-Stahl enthält 18% Cr, 11% Ni, 2% Mo und 0,07% C.

8.2 Nichteisenmetalle

8.2.1 Aluminium

Aluminium (**Al**) ist das wichtigste Leichtmetall in der Bauindustrie. Als *Leichtmetalle* werden alle die Metalle bezeichnet, deren Dichte unter 5 g/cm^3 liegt. Aluminium ist ein silberweißes, kubisch-flächenzentriert kristallisierendes Metall, das bereits in der Kälte gut verformbar ist. Man kann es zu Drähten ausziehen oder zu dünnen Blechen bis hin zu sehr feinen Folien (bis 0,004 mm Dicke, „Blattaluminium") auswalzen bzw. aushämmern. Bei

600°C wird das Aluminium körnig. Es kann dann in Schüttelmaschinen zu Aluminiumgrieß verarbeitet werden. Bei noch feinerer Zerteilung erhält man Aluminiumpulver. Die spezifische Leitfähigkeit des Aluminiums beträgt etwa zwei Drittel von der des Kupfers.

Wichtige physikalische Daten:
Dichte 2,7 g/cm^3 (25°C), Smp. 660,2°C, Sdp. 2470°C, Wärmeleitfähigkeit 230 W/m·K, spezifische elektrische Leitfähigkeit 3,77·10^5 S/cm (Leitfähigkeitswerte für 20°C).

Aluminium sollte als unedles Metall leicht oxidiert werden können. Es ist aber sowohl an der Luft als auch in Wasser beständig, da es sich mit einer fest haftenden, zusammenhängenden, dünnen Oxidschicht überzieht (0,05...0,1 µm). Diese Deckschicht schützt das darunter liegende Metall vor weiterer Oxidation (**Passivierung**). Die Oxidschicht kann auf elektrolytischem Wege verstärkt werden (**ELOXAL**-Verfahren, **E**lektrolytisch **O**xidiertes **Al**uminium). Die elektrolytisch verstärkte, härtere Oxidhaut kann eine Dicke bis zu 20 µm erreichen. Beim ELOXAL-Verfahren wird das zu oxidierende Werkstück als Anode einer Elektrolysezelle geschaltet. Das Katodenmaterial ist Aluminium und als Elektrolyt wird verdünnte Schwefelsäure verwendet. An der Katode entwickelt sich Wasserstoff und an der Anode oxidiert der gebildete Sauerstoff Aluminium zu Al_2O_3. Eloxiertes Aluminium ist beständig gegen Witterung, Meerwasser und Alkalien.

In seinen Verbindungen tritt Aluminium in der Oxidationsstufe +III auf, z.B. im Aluminiumoxid Al_2O_3 oder im Aluminiumhydroxid $Al(OH)_3$. Reines Aluminiumoxid (*Tonerde*) kommt in der Natur als *Korund* vor. Aluminium ist Bestandteil wichtiger Minerale wie der Feldspäte, Glimmer und Tone (Kap. 9.2), allesamt Ausgangsmaterialien für eine Reihe wichtiger Baustoffe.
Entsprechend seinem Standardpotential löst sich Al in nicht oxidierenden Säuren wie HCl oder verd. H_2SO_4 unter H_2-Entwicklung (Gl. 8-4), nicht aber in (kalten) oxidierenden Säuren wie HNO_3 (Passivierung!).

$$Al + 3\,H^+ \rightarrow Al^{3+} + 1\tfrac{1}{2}\,H_2 \tag{8-4}$$

In wässriger Lösung liegen die Al^{3+}-Ionen hydratisiert vor ($[Al(H_2O)_6]^{3+}$). Wässrige Lösungen der Aluminiumsalze reagieren sauer. Ursache ist die polarisierende Wirkung des dreifach positiv geladenen Aluminiumions, das zur Bildung des Pentaaquahydroxoaluminium-Komplexes $[Al(H_2O)_5OH]^{2+}$ führt. Dabei kommt es zur Abspaltung eines Protons (s. Gl. 6-67).

Tabelle 8.1 Stoffabträge an einer Reinaluminiumoberfläche in g/cm² pro Tag (20°C)

Säure	Konzentration in %				
	1	10	25	65	96
H_2SO_4	1,1	1,6	2,0	25	27
HNO_3	1,5	8,8	14,5	6,4	0,7

In Tab. 8.1 sind die Stoffabträge an einer Reinaluminiumoberfläche bei Angriff von Schwefelsäure und Salpetersäure unterschiedlicher Konzentration gegenübergestellt. Der aggressive Angriff organischer Säuren nimmt in der Reihenfolge Ameisensäure, Oxalsäure und Essigsäure ab. Er wird durch die Konzentration und die Temperatur der Elektrolyte bestimmt.

In Alkalilaugen löst sich Al ebenfalls unter Wasserstoffentwicklung, wobei sich **Aluminate** $[Al(OH)_4]^-$ (Gl. 8-5) bilden. Aluminium ist in alkalischem Milieu *nicht* in der Lage, eine Schutzschicht auszubilden. In Wasser oder sehr schwachen Säuren ist Al unlöslich.

$$Al + 3\,H_2O + OH^- \rightarrow [Al(OH)_4]^- + 1\tfrac{1}{2}\,H_2 \qquad (8\text{-}5)$$

Aluminium wird in feinverteilter Form (Pulver oder Paste) als Treibmittel bei der Herstellung von **Porenbeton** (Kap. 9.3.7) verwendet. Die treibende Wirkung wird durch den im alkalischen Milieu des Betons entwickelten Wasserstoff verursacht (Gl. 8-5). Er bläht den Beton auf und führt zur Porenbildung.

Mit Laugen kann man aus Aluminiumsalzlösungen wasserunlösliches Aluminiumhydroxid $(Al(OH)_3)$ ausfällen. $Al(OH)_3$ ist ein amphoteres Hydroxid. Es löst sich sowohl im sauren Milieu unter Bildung von Al^{3+}-Ionen (Gl. 8-6) als auch im Basischen unter Bildung von Tetrahydroxoaluminationen (kurz: Aluminationen, Gl. 8-7).

$$Al(OH)_3 + 3\,H^+ \;\rightleftharpoons\; Al^{3+} + 3\,H_2O \qquad (8\text{-}6)$$

$$Al(OH)_3 + OH^- \;\rightleftharpoons\; [Al(OH)_4]^- \qquad (8\text{-}7)$$

Beim Verschmelzen von Al_2O_3 mit Metalloxiden M^I_2O bzw. $M^{II}O$, mit M^I = Element der I. und M^{II}: Element der II. Hauptgruppe, entstehen *wasserfreie Aluminate* des Typs $M^I[AlO_2]$, z.B. $Na[AlO_2]$, und $M^{II}[AlO_2]_2$. Kristallisierte Aluminate der stöchiometrischen Zusammensetzung $M^{II}[AlO_2]_2 = M^{II}Al_2O_4$ kommen in der Natur vor. Sie werden als **Spinelle** bezeichnet. Beispiele für Spinelle sind der *Zinkspinell* $ZnAl_2O_4$ und der *Eisenspinell* $FeAl_2O_4$.

Al ist ein kräftiges Reduktionsmittel. Diese Eigenschaft wird im **aluminothermischen Verfahren** nach *Goldschmidt* (Thermitverfahren) zur Darstellung von Metallen wie Mn, Cr, Fe und V genutzt. Aufgrund der hohen Bildungsenthalpie des Al_2O_3 ist Aluminium in der Lage, alle Metalloxide zu reduzieren, deren Bildungsenthalpien kleiner als die des Aluminiumoxids sind. Beispielsweise kann ein Gemisch aus Eisenoxid und Aluminiumgrieß („Thermit") zum Verbinden und Schweißen von Eisenteilen, z.B. von Straßenbahnschienen, verwendet werden. Nach der Entzündung entsteht innerhalb weniger Sekunden weißglühendes, flüssiges Eisen (Gl. 8-8).

$$3\,Fe_3O_4 + 8\,Al \rightarrow 4\,Al_2O_3 + 9\,Fe \qquad \mathit{\Delta H} = -3341\ \text{kJ/mol} \qquad (8\text{-}8)$$

Legierungen des Aluminiums mit Mg, Cu, Mn und Si zeigen teilweise deutlich verbesserte Werkstoffeigenschaften im Vergleich zum reinen Al, das wegen seiner geringen Härte und Zugfestigkeit im Bauwesen kaum Anwendung findet. Man unterscheidet Al-Knetwerkstoffe und Al-Gusswerkstoffe. Erstere sind warm- oder kaltumformbar („knetbar"), aber auch spanend zu bearbeiten. Sie finden auf dem Bausektor vielfältigen Einsatz, z.B. für Dachbedeckungen, Bänder, Profile und Wandverkleidungen. Die Al-Gusswerkstoffe sind nur spanend zu bearbeiten und dienen der Herstellung von Gussstücken (Platten, Beschläge). Die im Bauwesen eingesetzten Aluminiumlegierungen können zwar aufgrund ihrer inhomogenen Kristallstruktur zu Heterogenitäten in der Oxidschicht und damit zur Ausbildung unterschiedlicher elektrochemischer Potentiale führen, letztendlich verhindert aber das System Al/Al_2O_3 ein Voranschreiten korrosiver Zersetzungsvorgänge. Die Schutzschicht kann atmosphärische Verunreinigungen einlagern, was zu einer Aufrauung der Oberfläche führt.

Bei Kontakt mit edleren Metallen wie Cu, Ag, Au, Pt, aber auch Eisen und Stahl wird die Oxidhaut zerstört und *Kontaktkorrosion* (Kap. 8.3.3) setzt ein.

Das Baumetall Aluminium ist im pH-Bereich zwischen 4 (Saurer Regen, pH-Wert $\leq$ 4!) und ~ 8,5 einsatzfähig und vor Zersetzung geschützt. Aluminiumbauteile, die in Berührung mit alkalisch reagierenden Betonen oder Putzen kommen, müssen durch Folien oder Deckschichten > 100 µm, z.B. organische Schutzlacke, geschützt werden.

8.2.2 Kupfer

Kupfer (**Cu**) ist ein rötlich glänzendes, sehr zähes, schmied- und dehnbares Metall, das in einer kubisch-flächenzentrierten Struktur kristallisiert. Es lässt sich zu feinen Drähten ausziehen und zu sehr dünnen Folien ausschlagen. Cu besitzt nach Silber die höchste elektrische und Wärmeleitfähigkeit aller Metalle.

Wichtige physikalische Daten:
Dichte 8,92 g/cm^3 (20°C), Smp. 1084°C, Sdp. 2595°C, Wärmeleitfähigkeit 394 W/m·K, spezifische elektrische Leitfähigkeit $5,8 \cdot 10^5$ S/cm (Leitfähigkeitswerte für 20°C).

An der Luft bildet Kupfer langsam rotbraunes Cu(I)-oxid Cu_2O, das an der Oberfläche fest haftet und für die typische Farbe des Kupfers verantwortlich ist. In Gegenwart höherer Konzentrationen an CO_2 (in Städten), SO_2 (in Ballungs- und Industriegebieten) oder chloridhaltigen Aerosolen (vorzugsweise in Küstennähe) bildet sich auf dem Kupfer allmählich ein grüner Überzug von basischem Carbonat $CuCO_3 \cdot Cu(OH)_2$, basischem Sulfat $CuSO_4 \cdot Cu(OH)_2$ oder basischem Chlorid $CuCl_2 \cdot Cu(OH)_2$. Dieser Überzug wird als **Patina** bezeichnet. Die Patina-Deckschicht besteht demnach in der Stadt- und Industrieatmosphäre vorwiegend aus basischem Kupfersulfat und in Reinluftgebieten vor allem aus basischem Kupfercarbonat. Sie schützt das darunter liegende Metall vor weiterer Zerstörung und verleiht den Kupferdächern die sehr schöne grüne Farbe.

In seinen Verbindungen tritt Cu vorzugsweise in der Oxidationsstufe +II auf, z.B. im Kupfer(II)-oxid CuO und im Kupfer(II)-sulfid CuS (*Covellin*), seltener in der Oxidationsstufe +I, z.B. im Kupfer(I)-oxid Cu_2O. In Kupfersalzlösungen liegt das hellblaue $[Cu(H_2O)_6]^{2+}$-Ion vor. Die 6 H_2O-Moleküle bilden ein tetragonal-verzerrtes Oktaeder, in dem die beiden axialen Wassermoleküle weiter entfernt und schwächer gebunden sind.

Das bekannteste Kupfersalz ist das **Kupfer(II)-sulfat**. Es entsteht beim Auflösen von metallischem Kupfer in heißer verdünnter Schwefelsäure in Gegenwart von Luftsauerstoff und kristallisiert als Pentahydrat $CuSO_4 \cdot 5\ H_2O$ („Kupfervitriol") in Form blauer, durchsichtiger Kristalle aus. In seiner Festkörperstruktur sind vier H_2O-Moleküle in quadratisch-planarer Anordnung am Cu^{2+} koordiniert. Das fünfte H_2O-Molekül ist über Wasserstoffbrücken an ein Sulfation und ein koordiniertes H_2O-Molekül gebunden. Beim Erhitzen des Kupfervitriols auf 130°C werden zunächst vier Moleküle Wasser unter Bildung des Monohydrats $CuSO_4 \cdot H_2O$ abgegeben. Erst oberhalb von 200°C setzt das Monohydrat das letzte, stärker gebundene H_2O-Molekül frei. Entwässertes $CuSO_4$ ist weiß.

Versetzt man eine Kupfersulfatlösung mit Ammoniakwasser (NH_3), bildet sich nach anfänglicher Ausfällung eines hellblauen Hydroxidniederschlags eine tiefblaue Lösung. Im zunächst vorliegenden Aquakomplex $[Cu(H_2O)_6]^{2+}$ werden die vier quadratisch-planar koordinierten H_2O-Moleküle gegen vier Ammoniakmoleküle ausgetauscht. Es bildet sich das Tetraammindiaquakupfer(II)-Ion $[Cu(NH_3)_4(H_2O)_2]^{2+}$. Die beiden verbleibenden (axialen) H_2O-Moleküle sind als Spitze und Fußpunkt eines verzerrten Oktaeders deutlich weiter vom Cu-Zentralion entfernt, als die vier NH_3-Liganden. Deshalb schreibt man häufig vereinfacht die Formel $[Cu(NH_3)_4]^{2+}$ (Gl. 8-9).

$$[Cu(H_2O)_6]^{2+} + 4\,NH_3 \;\rightleftharpoons\; [Cu(NH_3)_4]^{2+} + 6\,H_2O \qquad \textbf{\textit{Cu-Nachweis}} \qquad (8\text{-}9)$$
$$\textit{hellblau} \qquad\qquad\qquad\qquad\qquad \textit{tiefblau}$$

Entsprechend seiner Stellung in der Spannungsreihe wird Kupfer nur von oxidierenden Säuren wie konz. HNO_3 und konz. H_2SO_4 gelöst. Gegenüber Wasser ist Kupfer beständig. In letzter Zeit ist mehrfach darauf hingewiesen worden, dass bereits schwach saure Wässer in der Lage sind, die Schutzschicht zu zerstören und Kupferrohre bzw. -armaturen korrosiv anzugreifen. So konnten im Trinkwasser, insbesondere nach längeren Standzeiten in den Rohrleitungen, Cu-Gehalte gemessen werden, die den empfohlenen Richtwert 2 mg/l (s. Tab. 6.7) deutlich übertrafen. Es ist deshalb unbedingt empfehlenswert, bei der Verwendung des Werkstoffs Kupfer für Rohrleitungen vorher die Wasserbeschaffenheit, insbesondere den pH-Wert, genauer zu untersuchen.

Cu^{2+}-Ionen sind für niedere Organismen wie Bakterien, Algen und Pilze toxisch. Deshalb werden sie zu Desinfektionszwecken eingesetzt, z.B. in Swimming Pools oder Hallenbädern.

Im *Bauwesen* besitzen **Kupferlegierungen** eine weitaus größere Bedeutung als das unlegierte Kupfer. Cu-Legierungen mit Zink (und evtl. weiteren Metallen) werden als **Messing** bezeichnet. Man unterscheidet je nach dem Zn-Gehalt: *Rotmessing* (bis zu 20% Zn): rötlich goldähnliche Legierung, sehr dehnbar, bis zu feinsten Blättchen aushämmerbar („Blattkupfer", unechtes Blattgold); *Gelbmessing* (20...40% Zn): dient besonders zur Fertigung von Maschinenteilen; *Weißmessing* (50...80% Zn): blassgelbes, sprödes Legierungsmetall, kann nur vergossen werden. Wird Ni zulegiert, erhält man z.B. *Nickelmessing* (auch: *Neusilber*) der Zusammensetzung 45...67% Cu, 12...38% Zn, 10...26% Ni, der Rest ist Zn. Veraltete Bezeichnungen für Neusilber sind *Alpaka* sowie *Argentan*. Um der Entzinkung (Kap. 8.3.4) vorzubeugen, wurde *dr-Messing* entwickelt.

Bronzen sind Legierungen aus Cu mit einem oder mehreren Legierungsmetallen (außer Zn). Ihr Cu-Gehalt beträgt mindestens 60%. *Zinnbronzen* („*Bronzen*" im engeren Sinne) sind Cu-Sn-Legierungen mit bis zu 10% Sn. Durch den Zinnzusatz kann das Kupfer vergossen und geschmiedet werden. Die Härte und Festigkeit des Cu wird erhöht. Ein Zusatz von Phosphor erhöht die Dichte und Festigkeit der Legierung und verhindert die Oxidbildung beim Guss (*Phosphorbronzen*, z.B. 92,5% Cu, 7% Sn und 0,5% P). Phosphorbronzen werden für besonders beanspruchte Maschinenteile (z.B. Achslager) verwendet. *Glockenbronzen* enthalten 20...25% Zinn. Durch Zusatz von 1...2% Si (*Siliciumbronzen*) kommt es zu einer weiteren Erhöhung der Härte und Festigkeit. *Bleibronzen* (bis zu 28% Pb) sind gut gieß- und verarbeitbar. Sie dienen als Guss- und Gleitwerkstoffe, z.B. Achslagermetall für Eisenbahnwagen.

Wie zahlreiche, aus vergangenen Jahrhunderten stammende Bauwerke belegen, ist Kupfer als Baumetall durch seine Patina-Schutzschicht weitgehend vor *atmosphärischer Korrosion* geschützt. Die Patinabildung setzt in Reinluftgebieten nach etwa 30 Jahren, in Stadtatmosphäre nach 15 bis 20 Jahren, in Industrieatmosphäre nach 8 bis 12 Jahren und in Meeresluft nach 4 bis 6 Jahren ein. Wird die Patina-Schutzschicht mechanisch beschädigt, setzt ein Selbstheilungsprozess ein und der Überzug bildet sich neu.

Problematisch ist der Einsatz von Regenfallleitungen aus Kupfer in der Nähe von Kläranlagen, landwirtschaftlichen Dunggruben, Ställen oder Toiletten, wo aggressive, das Cu angreifende Zersetzungs- bzw. Faulgase wie Ammoniak oder Schwefelwasserstoff entweichen. Gegenüber Gips, Kalk und Zement ist Kupfer beständig. Gelangt durch sauren Regen gelöstes Kupfer ($\rightarrow$ Cu^{2+}) von Kupferdächern in darunter angebrachte Zinkdachrinnen, kommt es zur Abscheidung des edleren Cu unter Auflösung von Zn (s. Kap. 7.3.3, Spannungsreihe). Die Folge sind Lochfraßkorrosionen. Cu^{2+}-haltige Niederschlagswässer können bei Kontakt mit Betonplatten oder mineralischen Putzen infolge Salzbildung grünblaue Verfärbungen hervorrufen.

8.2.3 Zink

Zink (**Zn**) ist ein bläulich weißes, an frischen Schnittstellen glänzendes Metall, das in einer verzerrt hexagonal-dichtesten Kugelpackung kristallisiert. Es ist bei gewöhnlichen Temperaturen sehr spröde. Beim Erwärmen über 100°C wird es weich und dehnbar, so dass es gewalzt und zu Draht gezogen werden kann. Bei höheren Temperaturen (> 150°C) nimmt die Sprödigkeit des Zinks wieder zu, über 200°C ist sie so groß, dass sich das Metall pulverisieren lässt.

Wichtige physikalische Daten:
Dichte 7,14 g/cm^3 (25°C), Smp. 419,5°C, Sdp. 907°C, Wärmeleitfähigkeit 113 W/m·K, spezifische elektrische Leitfähigkeit 1,69·10^5 S/cm (Leitfähigkeitswerte für 20°C).

In seinen Verbindungen liegt Zn in der Oxidationsstufe +II vor, z.B. im Zinkoxid ZnO. An feuchter Luft überzieht sich Zink mit einer dünnen, fest haftenden Schutzschicht aus Zinkoxid und basischem Zinkcarbonat ($ZnCO_3$· $Zn(OH)_2$), die es vor weiteren korrosiven Angriffen schützt. ZnO wie auch Lithopone ($ZnS/BaSO_4$) sind wichtige Weißpigmente in der Farben- und Lackindustrie.

Entsprechend seiner Stellung in der Spannungsreihe löst sich Zn in Säuren unter Wasserstoffentwicklung, z.B. $Zn + 2\ HCl \rightarrow ZnCl_2 + H_2\uparrow$. Bei sehr reinem Zink erfolgt die Auflösung bei Raumtemperatur allerdings sehr langsam, da Wasserstoff am Zink eine hohe Überspannung besitzt (Kap. 7.5).
Entgegen seiner Stellung in der Spannungsreihe löst sich Zink nicht in Wasser. Ursache ist die schwer lösliche Zinkhydroxid-Schutzschicht, die sich bei Kontakt von metallischem Zink mit Wasser rasch ausbildet ($Zn + 2\ H_2O \rightarrow Zn(OH)_2 + H_2$) und einen weiteren Angriff des H_2O verhindert. In saurer Lösung wird diese Schutzschicht zunächst aufgelöst

$(Zn(OH)_2 + 2\,H^+ \rightarrow Zn^{2+} + 2\,H_2O)$, ehe die Zersetzung des Zinks unter Wasserstoffentwicklung eintritt.

In Laugen löst sich Zink ebenfalls unter Wasserstoffentwicklung, wobei sich Zink-Hydroxokomplexe **(Zinkate)** bilden (Gl. 8-10).

$$Zn(OH)_2 \; + \; 2\,OH^- \; \rightarrow \; [Zn(OH)_4]^{2-} \tag{8-10}$$
$$\textit{Zinkat}$$

Im mittleren pH-Bereich weist Zink eine gute Beständigkeit auf. Ca- und Mg-Ionen sowie „Kohlensäure" (CO_2/H_2O) im Leitungswasser begünstigen die Entstehung von Schutzschichten in Zinkleitungen. Sie bilden basische schwer lösliche Erdalkalimetallcarbonate, die in die Schutzschicht eingebaut werden können. Aus diesem Grund ist der Einsatz von verzinkten Stahlrohren für Wasserleitungen im Falle von Wässern niedriger Härte generell problematisch. Bei direktem Kontakt mit edleren Metallen (Cu!) kommt es in Gegenwart von Feuchte zu starker Kontaktkorrosion (Kap. 8.3.3).

Zink ist aufgrund seiner $ZnO/Zn(OH)_2/ZnCO_3$-Schutzschicht ein sehr witterungsbeständiges Metall. Trotzdem erfolgt durch ständigen Temperaturwechsel und kontinuierlich wechselnde Nässe- und Trockenperioden ein allmählicher Abtrag der Deckschichten. Indem sich die Deckschicht ständig erneuert, wird fortlaufend Zink verbraucht. Der Zinkabtrag beträgt pro Jahr 4...8 μm (Stadtatmosphäre). Er ist damit deutlich höher als der des Kupfers (1...2 μm), des Al (0,1...1,0 μm) und des Pb (ca. 0,5 μm) pro Jahr.
Der Saure Regen zerfrisst in Industriegegenden Zinkdächer und -bauteile relativ schnell unter Bildung von löslichem Zinksulfat ($Zn + H_2SO_4 \rightarrow ZnSO_4 + H_2$; $Zn + SO_2 + \frac{1}{2}\,O_2 + H_2O \rightarrow ZnSO_4 + H_2$). Dabei kann der Zinkabtrag in den Wintermonaten (Heizperiode) den des Sommers um ein Mehrfaches übersteigen.

Im *Bauwesen* wird vorzugsweise die Knetlegierung *D-Zn* (DIN 17770) für Dachabdeckungen und -rinnen sowie für Regenfallrohre eingesetzt. Diese Legierung, die häufig aufgrund ihres geringen Titananteils (neben Cu!) als *Titanzink* bezeichnet wird, besitzt einen im Vergleich zum Feinzink reduzierten Wärmeausdehnungskoeffizienten.

Mit Ausnahme von Zinkchromat $ZnCrO_4$ (krebserregend) finden die nachfolgend angeführten Zinkverbindungen nach wie vor Anwendung als **Korrosionsschutzpigmente**: Zink-Kalium-Chromat (Zinkgelb, $KZn_2(CrO_4)_2OH$), basisches Zink-Kaliumchromat (Zitronengelb, $K_2CrO_4 \cdot 3\,ZnCrO_4 \cdot Zn(OH)_2 \cdot 2\,H_2O$); Zinktetraoxichromat $ZnCrO_4 \cdot 4\,Zn(OH)_2$; Zinkdichromat $ZnCr_2O_7 \cdot 3\,H_2O$. Die Zn-Cr-Verbindungen passivieren entweder die Metalloberfläche oxidativ unter Bildung von Cr_2O_3, FeO und ZnO oder reagieren mit Eisen zu unlöslichem Fe(III)-chromat $Fe_2(CrO_4)_3$. Als Ersatzstoffe werden zunehmend Zinkstaub, basisches Zinkphosphat-und Zinkaluminiumphosphat-Hydrat, Bariummetaborat, Zink- und Calciumferrite eingesetzt.

8.2.4 Blei

Blei **(Pb)** ist ein bläulich graues, weiches, dehnbares Metall, das in einer kubisch-flächenzentrierten Struktur kristallisiert. Es ist duktil, lässt sich gut walzen und pressen und ist sehr gut gießbar.

Wichtige physikalische Daten:
Dichte 11,3 g/cm^3 (20°C), Smp. 327,5°C, Sdp. 1744°C, Wärmeleitfähigkeit 34,7 W/m·K, spezifische elektrische Leitfähigkeit 4,82·10^4 S/cm (Leitfähigkeitswerte für 20°C).

An frischen Schnittflächen zeigt Pb einen metallischen Glanz. Ansonsten überzieht es sich an der Luft mit einer dünnen Schicht von Bleioxid PbO. Diese Schicht schützt das darunter liegende Metall vor weiterer oxidativer Zerstörung. In seinen Verbindungen tritt Pb in den Oxidationsstufen +II (z.B. PbO, $PbSO_4$) und +IV (z.B. PbO_2) auf.

Trotz seines negativen Standardpotentials löst sich Blei nicht in Salzsäure und in verdünnter Schwefelsäure. Mit diesen beiden Säuren bilden sich die schwer löslichen Verbindungen $PbCl_2$ und $PbSO_4$, die auf der Oberfläche sofort einen schützenden Überzug bilden und einen weiteren Angriff verhindern. In oxidierenden Säuren erfolgt eine rasche Auflösung unter Bildung von Pb(II)-Salzen. Auch organische Säuren lösen Pb in Gegenwart von Luft unter Salzbildung, z.B. bildet Essigsäure Bleiacetat $Pb(CH_3COO)_2$. Eine 6%ige Essigsäure löst pro Tag bis zu 800 g Pb pro m^2. Auch Milchsäure, Buttersäure und Zitronensäure greifen Pb in Gegenwart von Luftsauerstoff oxidativ an. In heißen Laugen löst sich Blei unter Bildung von *Plumbiten*, komplexen Hydroxoanionen der Formeln $[Pb(OH)_3]^-$, $[Pb(OH)_4]^{2-}$ und $[Pb(OH)_6]^{4-}$.

Luftfreies Wasser greift Blei nicht an, dagegen wird Pb von sauerstoffhaltigem Wasser allmählich in Bleihydroxid überführt (Gl. 8-11).

$$Pb + \tfrac{1}{2} O_2 + H_2O \rightarrow Pb(OH)_2 \qquad\qquad (8\text{-}11)$$

Diese Reaktion ist die Ursache für die Bleibelastung von Trinkwasser, das durch Bleirohre geleitet wird. Nach längeren Verweilzeiten des Wassers in Bleileitungen konnten Werte bis zu 0,3 mg Pb pro Liter (!) gemessen werden. Der Grenzwert für Pb liegt laut Trinkwasserverordnung bei 0,01 mg/l (gültig ab 01.12.2013). Kohlensäurehaltige Wässer lösen Pb unter Hydrogencarbonatbildung (Gl. 8-12).

$$Pb + \tfrac{1}{2} O_2 + H_2O + 2\,CO_2 \rightarrow Pb(HCO_3)_2 \qquad\qquad (8\text{-}12)$$

Blei, das lange Zeit atmosphärischen Einflüssen ausgesetzt war, z.B. Bleidachdeckungen, überzieht sich mit einem schützenden Überzug aus $PbO \cdot Pb(OH)_2 \cdot PbCO_3$, *basischem Bleicarbonat*. Das in SO_2-haltiger Atmosphäre gebildete Bleisulfat wird zusätzlich in die Schutzschicht eingebaut.

Blei gehört zu den starken Umweltgiften. In den menschlichen Körper gelangt es vor allem inhalativ über das Atmungssystem (Einatmen von Pb-Stäuben) oder oral über die Nahrungsaufnahme in Form löslicher anorganischer Verbindungen. Kennzeichen chronischer Bleivergiftungen sind u.a. Blutarmut, schmerzhafte Koliken, Leber- und Nierenschäden. Besonders giftig sind organische Bleiverbindungen. Sie führen zu schweren Schädigungen des Zentralnervensystems.
Die rote *Mennige* (Pb_3O_4) fand als Rostschutzmittel lange Zeit breite Anwendung. Wegen der Toxizität des Schwermetalls Blei ist sie inzwischen durch andere Rostschutzpigmente

ersetzt worden (Kap. 8.3.5.1). In Mennige liegt Pb sowohl in der Oxidationsstufe +II als auch in der Oxidationsstufe +IV vor. Pb_3O_4 kann als Pb(II)-Salz der hypothetischen Bleisäure H_4PbO_4, also als Blei(II)-plumbat(IV) Pb_2PbO_4 aufgefasst werden. Die häufig für Mennige gebrauchte Schreibweise $2\,PbO \cdot PbO_2$ verdeutlicht das Vorliegen unterschiedlicher Pb-Oxidationsstufen. Bleichromat $PbCrO_4$ (*Chromgelb*) und basisches Bleicarbonat $PbCO_3 \cdot Pb(OH)_2$ (*Bleiweiß*) sind wichtige Farbpigmente.

Alkalische Bindemittel wie Zement- oder Kalkmörtel greifen Blei an (Schutzanstrich!). Gegegenüber Gipsputz ist Pb allerdings beständig, es bildet sich schwer lösliches $PbSO_4$. Bei direktem Kontakt mit Metallen wie Aluminium oder Zink kann es zur *Kontaktkorrosion* kommen.

8.2.5 Chrom

8.2.5.1 Physikalisch-chemische Eigenschaften und Verwendung

Chrom (**Cr**) ist ein silberglänzendes, kubisch-raumzentriert kristallisierendes Metall, das nur in reinem Zustand aufgrund seiner Zähigkeit dehn- und schmiedbar ist. Bereits Spuren von Verunreinigungen machen es hart und spröde. Chrom gehört zur Gruppe der hochschmelzenden und hochsiedenden Metalle.

Wichtige physikalische Daten:
Dichte $7{,}14\ g/cm^3$ (20°C), Smp. 1907°C, Sdp. 2672°C, Wärmeleitfähigkeit 67 W/m·K, spezifische elektrische Leitfähigkeit $6{,}7 \cdot 10^4$ S/cm (Leitfähigkeitswerte für 20°C).

Obwohl unedel, ist Chrom gegenüber atmosphärischen Einflüssen bei Normaltemperatur beständig. Deshalb wird es in großem Umfang zum Schutz anderer, reaktionsfähigerer Metalle verwendet. Ist das Chrom durch Tauchen in starke Oxidationsmittel wie konz. HNO_3 oder durch anodische Oxidation vorbehandelt (**Passivierung**), wird es selbst von verdünnten Säuren nicht angegriffen Auch kalte Salpetersäure, Königswasser und Alkalilaugen greifen passiviertes Chrom nicht an.

In seinen Verbindungen liegt Cr vorzugsweise in den Oxidationsstufen +III, wie im Chrom(III)-oxid Cr_2O_3, oder +VI, wie im Kaliumchromat K_2CrO_4 bzw. Kaliumdichromat $K_2Cr_2O_7$, vor. Zwischen den beiden letzteren Verbindungen besteht in Lösung ein pH-abhängiges Gleichgewicht (Gl. 8-13).

$$2\,CrO_4^{2-} + 2\,H^+ \;\rightleftharpoons\; Cr_2O_7^{2-} + H_2O\,. \tag{8-13}$$

Verbindungen, die Cr in der Oxidationsstufe +VI enthalten (Chromate, Dichromate) sind **toxisch**. Sie wirken ätzend gegenüber Haut und Schleimhäuten. Chromate sind krebserzeugend.

Einige Chromverbindungen besitzen als Farbpigmente praktische Bedeutung. Beispiele sind Cr_2O_3 (*Chromgrün*) und $PbCrO_4 \cdot PbO$ (*Chromrot*).

Wegen seiner Sprödigkeit spielt Chrom als Werkstoff kaum eine Rolle. Trotzdem gilt Cr als eines der wichtigsten Legierungsmetalle für die Stahlherstellung. Bereits geringe Cr-

Zusätze verbessern die mechanischen Eigenschaften des Stahls signifikant (Kap. 8.1.3). Als Überzugsmetall wird Cr in großem Umfang zur Erhöhung der Verschleißfestigkeit von Bauteilen und Werkzeugen sowie für dekorative Zwecke verwendet (z.B. Galvanisieren, Kap. 8.2.6.1).

8.2.5.2 Chrom im Zement – Chromatreduzierer

Der Gehalt an wasserlöslichen Chrom(VI)-Verbindungen liegt bei deutschen Zementen zwischen 1...30 mg/kg. Er geht auf Chrom(III)-Verbindungen zurück, die vor allem über die Zementausgangsstoffe eingetragen und während des Brennprozesses in Chrom(VI)-Verbindungen (Chromate) überführt werden. Seit Anfang der 90er Jahre gilt es als medizinisch gesichert, dass wasserlösliche Chromate der Auslöser für das sogenannte **Kontaktekzem** (*„Maurerkrätze"*) sind.

Mit der Umsetzung der EU-Richtlinie 2003/53/EG dürfen ab dem 17.01.2005 in allen EU-Mitgliedsstaaten nur noch Zemente und zementhaltige Zubereitungen hergestellt, verkauft und verwendet werden, deren Gehalt an löslichem Chrom (VI) nach Hydratisierung nicht mehr als 0,0002% (2 ppm) der Trockenmasse des Zements beträgt.

Um den Chromatgehalt des Zements zu reduzieren, muss das enthaltene wasserlösliche Chrom(VI) durch ein Reduktionsmittel in Chrom(III) umgewandelt werden. Cr(III)-Verbindungen sind nicht toxisch und besitzen keine sensibilisierende Wirkung. Sie lösen keine „Maurerkrätze" aus. In alkalischer Lösung geht Chrom(III) in bläulich-grüne Chrom(III)-hydroxid-Gele über.

Als **Chromatreduzierer (CR)** kommen Eisen(II)-sulfat, Zinnsulfat und verschiedene Sulfonate zum Einsatz. Aus Kostengründen wird bisher am häufigsten Eisen(II)-sulfat eingesetzt, meist als gut lösliches Heptahydrat $FeSO_4 \cdot 7\,H_2O$. Gl. (8-14) beschreibt grob die Reduktion von Chromat durch Eisen(II)-sulfat. Die Redoxprodukte sind die Hydroxide von Cr^{III} und Fe^{III}. Sie werden in die Betonmatrix eingebaut.

$$CrO_4^{2-} + 3\,Fe^{2+} + 4\,OH^- + 4\,H_2O \;\rightarrow\; Cr(OH)_3 + 3\,Fe(OH)_3 \qquad (8\text{-}14)$$

Zur Reduktion von 1 Mol Cr^{VI} werden theoretisch 3 Mole Fe^{II} bzw. für 1 mg Cr^{VI} 3,22 mg Fe^{II} benötigt. Praktisch arbeitet man meist mit dem 7...10fachen Überschuss an $FeSO_4$, damit die Reduktion von Chrom(VI) so vollständig wie möglich erfolgt. Das Reduktionsmittel kann entweder als Zementzusatzmittel bei der Herstellung des Zements oder als Betonzusatzmittel bei der Betonherstellung eingesetzt werden.

Untersuchungen haben ergeben, dass der Einsatz von Chromatreduzierern zu keinen gravierend negativen Einflüssen auf die Frisch- und Festbetoneigenschaften von Beton und Mörtel sowie auf die Bewehrungskorrosion führt. Dennoch sind einige Fragen noch nicht bis ins Detail aufgeklärt. Durch die Zugabe von $FeSO_4 \cdot 7\,H_2O$ als Chromatreduzierer wird der Anteil an Sulfatträger verändert. Das kann die Wirksamkeit der Betonzusatzmittel beeinflussen, z.B. können sich die Verarbeitungseigenschaften bei der Verwendung moderner Fließmittel ändern.

Betrachtet man die Auslaugrate von Schwermetallen, insbesondere von Chrom, aus Beton als ein Indiz für seine Umweltverträglichkeit (Kap. 9.3.8), so ist der ohnehin geringe Anteil an auslaugbarem Chrom bei chromatreduzierten Betonen noch kleiner. Insofern kann man von einer verbesserten Umweltverträglichkeit chromatreduzierter Betone sprechen.

Da zweiwertiges Eisen relativ leicht durch Luftoxidation in Eisen(III) überführt wird, nimmt der Eisen(II)-Gehalt chromatarmer Zemente mit der Zeit infolge Luftoxidation unter Bildung von Eisen(III)-Verbindungen ab und steht so für die Reduktion von Chromat nicht mehr zur Verfügung. Die volle Reduktionskraft wird bei chromatarmen Zementen auf etwa zwei Monate veranschlagt. Das macht die Angabe eines Verfallsdatums notwendig.

Tab. 8.2 enthält einige orientierende Angaben zum korrosiven Angriff nichtmetallisch-anorganischer Baustoffe auf ausgewählte Nichteisen-Baumetalle.

Tabelle 8.2   Korrosiver Angriff nichtmetallisch-anorganischer Baustoffe
              auf Nichteisenmetalle

Nichtmetallisch-anorganischer Baustoff	Baumetalle				
	Al	Cu	Zn	Pb	Cr
Kalke, Zementmörtel, Beton (basisches Milieu)	–	+	–	–	+
Gips- und Anhydritbinder (Sulfate)	–	+	–	+	+
Magnesiabinder (Chloride)	–	–	–	+	+

(+ beständig, – korrosiver Angriff)

8.3   Korrosion von Eisen/Stahl

Für den Bauingenieur hat der Begriff „Korrosion" eine doppelte Bedeutung. Er bezieht sich zum einen auf die unerwünschte Zerstörung von Metallen, zum anderen aber auch auf die Zerstörung nichtmetallisch-anorganischer Werkstoffe durch den Einfluss der sie umgebenden Medien. Im folgenden Kapitel soll ausschließlich die metallische Korrosion betrachtet werden. Der Angriff aggressiver Medien auf Mörtel, Beton und Natursteine wird in Kap. 9.4 besprochen.

Ausgehend von der DIN-Definition (DIN 50900) kann man unter **Korrosion** (*lat.* corrodere, zernagen, zerfressen) die von der Oberfläche ausgehende, unerwünschte Zerstörung eines metallischen Werkstoffs durch chemische, insbesondere aber elektrochemische Reaktionen mit der Umgebung verstehen. Durch Korrosionsprozesse wird die Funktionalität des metallischen Werkstoffs beeinträchtigt. Es kommt zu Substanz- und Festigkeitsverlust sowie (evtl.) zur Volumenzunahme.

Die Unterteilung zwischen chemischer und elektrochemischer Korrosion ist von jeher problematisch und nicht immer schlüssig anwendbar. Abbildung 8.3 gibt einen Überblick über die wichtigsten Korrosionstypen.

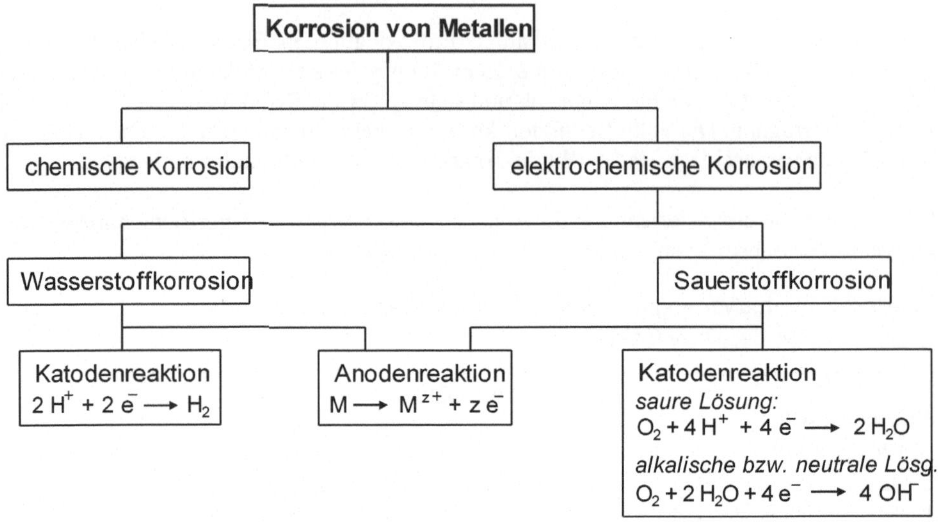

Abbildung 8.3 Übersicht über die Korrosionstypen

8.3.1 Wesen der metallischen Korrosion – Korrosionstypen

Als Merkmal der **chemischen Korrosion** gilt die Abwesenheit eines Elektrolyten. Es erfolgt eine *direkte* Reaktion zwischen Metallen bzw. Legierungsbestandteilen und Gasen. Charakteristische Beispiele sind die Prozesse der Hochtemperaturkorrosion von Metallen in oxidierenden Gasen wie Sauerstoff und Wasserdampf. Eisen bildet oberhalb von 575°C auf der Metalloberfläche eine **Zunderschicht** aus Eisen(II)-oxid FeO (*Wüstit*), die nach außen über eine dünne Zwischenschicht aus Fe_3O_4 (*Magnetit*) in Fe_2O_3 (*Hämatit*) übergeht.

Unterhalb von 575°C besteht der Zunder nahezu ausschließlich aus Fe_3O_4 mit einer dünnen Außenhaut aus Fe_2O_3. Die Zusammensetzung der Zunderschicht hängt demnach empfindlich von der Temperatur ab. Bei legierten Stählen sind in der Zunderschicht neben Eisenoxiden auch Oxide der Legierungselemente enthalten.

Der Verlauf dieses Korrosionstyps wird sowohl durch die chemische Natur als auch durch die physikalische Beschaffenheit des auf der Werkstoffoberfläche gebildeten Korrosionsprodukts beeinflusst. Ist das Korrosionsprodukt flüchtig wie beispielsweise das bei der Oxidation von Molybdän (Mo) entstehende MoO_3, hat es keinen Einfluss auf den weiteren Verlauf. Ist es hygroskopisch, wie das bei der Korrosion von Mg in einer Cl_2-Atmosphäre gebildete Magnesiumchlorid $MgCl_2$, liegt ein Elektrolyt vor und die chemische Korrosion wird zur elektrochemischen. Bildet sich ein poröses Reaktionsprodukt, setzt sich der korrosive Angriff durch die Poren fort. Ungleichmäßige Stoffabträge sind die Folge.

Elektrochemische Korrosion. Die wichtigsten Korrosionsvorgänge der Praxis sind allesamt elektrochemischer Natur, sie sollen im Weiteren detaillierter dargestellt werden.

Ein Metall wird korrosiv zersetzt, wenn in einem wässrigen Elektrolyten zwei gekoppelte, aber lokal getrennte Elektrodenreaktionen ablaufen können. Wegen der Protolysereaktion(en) des im Wasser immer gelösten CO_2, evtl. auch SO_2 bzw. NO_2 ($\rightarrow$ Bildung von H_3O^+- und Säurerestionen), übernehmen bereits Regen- oder Kondenswasser die Funktion der Elektrolytlösung. Es bilden sich auf der Metalloberfläche Bezirke aus, in denen vorwiegend Metallionen in Lösung gehen (Anode), und Bezirke, in denen Oxidationsmittel reduziert werden können (Katode). *Anode und Katode sind Stellen mit verschiedenem elektrochemischem Potential.* Indem sie durch den Elektrolyten leitend verbunden werden, kann zwischen ihnen ein Strom fließen. Im Metall erfolgt der Transport des Stroms durch Elektronen- und in der Elektrolytlösung durch Ionenleitung. Der Stromkreis stellt ein kleines, kurzgeschlossenes galvanisches Element dar, das als **Korrosionselement** bezeichnet wird. Im Mikrobereich (<1 mm^2) spricht man auch von einem **Lokalelement**. Die Elektrodenflächen betragen nur Bruchteile eines Quadratmillimeters.

Zur Ausbildung von Korrosionselementen kommt es bei Vorhandensein

- lokal unterschiedlicher Konzentrationen eines angreifenden Mediums, z.B. Sauerstoff, oder lokal unterschiedlicher Temperaturen einer Elektrolytlösung auf einer Metalloberfläche. Es entstehen *Konzentrations-* bzw. *Belüftungselemente* oder *Temperaturelemente.*
- verschieden edler Metalle, deren Berührungsstelle in Kontakt mit einer Elektrolytlösung steht (*Kontaktkorrosion*).
- verschieden edler Komponenten im Gefüge oder auf der Oberfläche eines metallischen Werkstoffs. Die Komponenten können unterschiedliche Kristallphasen einer Legierung oder oxidische Deckschichten auf der Oberfläche eines zu schützenden Grundmetalls sein (*selektive Korosion*).
- lokal unterschiedlicher mechanischer Spannungs- und Verformungszustände.

Anodenvorgang: Die Anodenreaktion ist immer die oxidative Auflösung des Metalls (Gl. 8-15). Sie ist der eigentliche materialzerstörende Vorgang.

$$M \;\rightarrow\; M^{z+} \;+\; z\,e^- \tag{8-15}$$

Damit die anodische Teilreaktion kontinuierlich ablaufen kann, müssen die freigesetzten Elektronen durch ein Oxidationsmittel aufgenommen werden (Prinzip der Elektroneutralität). Sie werden durch in der Lösung vorhandene, oxidierende Stoffe verbraucht (katodische Teilreaktion).
Bei den im Bauwesen am häufigsten auftretenden Korrosionsprozessen im schwach-sauren bis alkalischem Milieu, z.B. der Korrosion von Stahl an feuchter Luft, in Wässern, in Böden oder bei Kontakt mit Baustoffen, fungiert der Sauerstoff als Oxidationsmittel. Ist die angreifende Lösung stärker sauer, dominiert die Reduktion der H^+-Ionen als vorherrschende Katodenreaktion (s.u.). Der Verbrauch der Elektronen im Rahmen der Katodenreaktion setzt neben dem Oxidationsmittel eine leitfähige Metalloberfläche voraus. Die Leit-

fähigkeit und damit der Ablauf der Katodenreaktion können durch Passivschichten oder Deckschichten aus Korrosionsprodukten behindert oder ganz unterbunden werden.

Die bei der Oxidation entstehenden Metallionen liegen entweder hydratisiert vor oder bilden schwer lösliche Verbindungen mit den Bestandteilen des Elektrolyten, z.B. Oxide oder Carbonate. In Anwesenheit komplexbildender Liganden L können aus den Aquakomplexen Metallkomplexe des Typs $[ML_n]^{m+}$ entstehen.

Katodenvorgang: Als Katodenreaktion kommen je nach Bedingungen (pH-Verhältnisse, Sauerstoffkonzentration!) verschiedene Teilprozesse in Frage, bei denen die nach (Gl. 8-15) freigesetzten Elektronen verbraucht werden. In der Mehrzahl der Fälle übernehmen der Sauerstoff oder die H^+-Ionen die Rolle des Elektronenakzeptors bzw. Oxidationsmittels (Gl. 8-16 bis 8-18).

- Betrachten wir zunächst die Redoxverhältnisse in *neutralen* bzw. *schwach alkalischen, sauerstoffhaltigen Wässern*. Hier fungiert der Sauerstoff als Oxidationsmittel unter Bildung von OH^--Ionen (Gl. 8-16). Es liegt Sauerstoffkorrosion vor.

$$O_2 + 2\,H_2O + 4\,e^- \rightarrow 4\,OH^- \qquad \textbf{\textit{Sauerstoffkorrosion}} \qquad (8\text{-}16)$$
$$(\tfrac{1}{2}\,O_2 + H_2O + 2\,e^- \rightarrow 2\,OH^-)$$

Von praktischem Interesse ist insbesondere der *schwach saure Bereich* ($4 < \text{pH} \leq 6{,}5$), denn in diesem Bereich liegen die pH-Werte des mehr oder weniger stark belasteten Regenwassers bzw. des Kondenswassers. Gelangt Wasser dieses pH-Bereichs in Kontakt etwa mit einer Eisenoberfläche, läuft neben der Entladung von H^+-Ionen (Gl. 8-18) selbstverständlich auch eine Reduktion des Sauerstoffs ab (Gl. 8-17) und der Rostprozess setzt ein.

$$O_2 + 4\,H^+ + 4\,e^- \rightarrow 2\,H_2O \qquad (8\text{-}17)$$
$$(\tfrac{1}{2}\,O_2 + 2\,H^+ + 2\,e^- \rightarrow H_2O)$$

- In *stärker sauren* Lösungen (z.B. verd. Säuren, pH < 4) erfolgt die Reduktion der H^+-Ionen zu Wasserstoff (Wasserstoff- oder Säurekorrosion; Gl. 8-18).

$$2\,H^+ + 2\,e^- \rightarrow H_2 \qquad \textbf{\textit{Wasserstoffkorrosion}} \qquad (8\text{-}18)$$

- Bei **Sauerstoffmangel** läuft *im neutralen bis schwach-alkalischen Milieu* Reaktion (8-19) ab. Der Wasserstoff des Wassermoleküls wird unter Freisetzung von Hydroxidionen zu elementaren Wasserstoff reduziert. Die Wasserzersetzung besitzt vor allem bei der Korrosion von aktiven Metallen mit negativen Potentialen (Zink, verzinkter Stahl) in O_2-armen Wässern Bedeutung.

$$2\,H_2O + 2\,e^- \rightarrow H_2 + 2\,OH^- \qquad (8\text{-}19)$$

Ein Maß für die Geschwindigkeit der Korrosion ist der anodische Teilstrom (Korrosionsstrom). Er lässt sich anhand der Masse des abgetragenen Metalls nach der aus den Faradayschen Gesetzen (Kap. 7.5) abgeleiteten Gleichung (8-20) berechnen:

$$I = \frac{m \cdot z \cdot F}{M \cdot t}$$

m elektrochemisch umgesetzte Masse (g),   (8-20)
M Molare Masse (g/mol),
z Anzahl der Elementarladungen,
I Stromstärke (A), t Zeit in s,
F Faradaykonstante (96485 C/mol)

Der katodische Teilstrom kann aus der Menge (Volumen) des entwickelten Wasserstoffs bzw. verbrauchten Sauerstoffs ermittelt werden. Können äußere Einflüsse ausgeschlossen werden, sind anodischer und katodischer Teilstrom dem Betrag nach gleich. In der Praxis ist die Ermittlung von Korrosionsströmen eine wichtige Aufgabe im Rahmen von Korrosionsuntersuchungen.

Die beiden nachfolgend behandelten Korrosionsprozesse (Rosten von Eisen, Kontaktkorrosion) können sowohl nach dem Sauerstoff- als auch nach dem Wasserstofftyp (oder aber nach beiden!) ablaufen. Art und Umfang des jeweiligen Katodenprozesses hängen von der O_2-Konzentration und vom pH-Wert ab.

8.3.2   Rosten von Eisen

Der Rostvorgang ist *der* Korrosionsprozess schlechthin. Werden keine Schutzmaßnahmen vorgenommen, beginnen Eisenwerkstoffe wie unlegierter bzw. niedrig legierter Stahl oder Grauguss *oberhalb einer relativen Luftfeuchtigkeit von ~ 65%* zu korrodieren. In der Bundesrepublik Deutschland werden ca. 20% der jährlichen Eisenproduktion allein für den Ersatz von Gegenständen benötigt, die durch Verrosten unbrauchbar geworden sind. Darüber hinaus sind die Folgeschäden zu berücksichtigen, deren Kosten die der Korrosion häufig noch übertreffen. Zu nennen wären undichte Wasser- und Gasleitungen und sich daraus ergebende mögliche Unfallgefahren, der Ausfall von Produktionsanlagen oder ökologische Katastrophen, z.B. durch korrodierende Öltanks.

Die Spannungsreihe liefert die elektrochemischen Grundlagen zum Verständnis des Korrosionsprozesses und der Möglichkeiten zu seiner Eindämmung bzw. Vermeidung.

8.3.2.1   Potential-pH-Diagramm (*Pourbaix-Diagramm*)

Das Korrosionsverhalten der Metalle lässt sich in einem Pourbaix-Diagramm graphisch veranschaulichen. Auf der Abszisse werden die pH-Werte und auf der Ordinate die aus der Nernstschen Gleichung ermittelten Redoxpotentiale für das jeweilige System Metall-wässrige Lösung dargestellt. Das Pourbaix-Diagramm gibt die Bereiche an, in denen Korrosion, Korrosionsbeständigkeit (Immunität) und Passivierung zu erwarten ist. Die angegebenen thermodynamischen Stabilitätsgrenzen können infolge kinetischer Hemmung verschoben sein.

Im Pourbaix-Diagramm des Eisens (Abb. 8.4) sind die Existenzbereiche von Eisen, Eisenionen (Fe^{2+}/Fe^{3+}), festen Reaktionsprodukten (Fe_3O_4, Fe_2O_3) und löslichem Ferrat ($HFeO_2^-$) dargestellt [KS 12]. Die eingezeichneten Grenzlinien gelten für eine Gesamtkonzentration (Fe^{2+}, Fe^{3+}) von 10^{-6} mol/l - ein für praktische Verhältnisse durchaus realistischer Wert.

In den Bereichen I und IV findet eine aktive Korrosion statt - im Bereich I unter Bildung von Eisenionen (Gl. 8-21) und im Bereich IV unter Bildung von löslichem Ferrat. Im Bereich II bilden sich feste Korrosionsprodukte, die eine Passivierung der Oberfläche bewirken. Im Bereich III ist das Eisen thermodynamisch stabil (Immunitätsbereich). Es wird nicht korrosiv angegriffen.

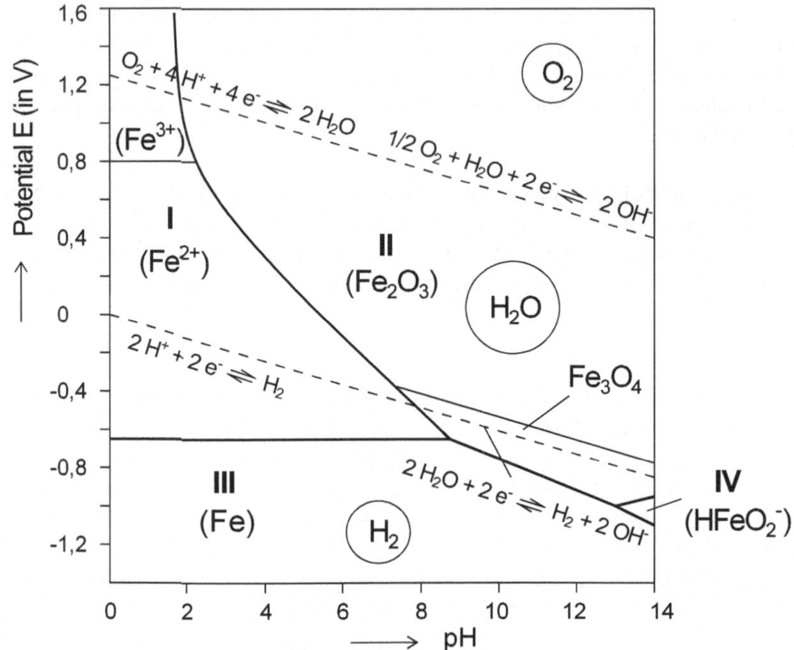

Abbildung 8.4 Pourbaix-Diagramm für Eisen in wässriger Lösung, Eisenkonzentration 10^{-6} mol/l; [KS 12, KS 2]

Die gestrichelten Linien in Abb. 8.4 entsprechen den Gleichgewichtspotentialen der Wasserstoffelektrode (untere Linie) und der Sauerstoffelektrode (obere Linie), Annahme: p = 1 atm. Zwischen den beiden gestrichelten Linien liegt der Existenzbereich des Wassers. Unterhalb der unteren Linie wird Wasser unter H_2-Bildung zersetzt. Oberhalb der oberen Linie zersetzt sich H_2O unter Sauerstoffentwicklung (s. Kap. 8.3.2.2). Der Immunitätsbereich des Eisens liegt bei Redoxpotentialen E < -1,1 V. Er ist nahezu unabhängig vom pH-Wert. Der eigentliche Korrosionsbereich liegt unterhalb eines pH-Wertes von 9 bei Redoxpotentialen ≥ -0,6 V. Der kleine Korrosionsbereich (pH ≥ 12,5; E = -0,8... -1,2 V) resultiert aus der Bildung löslicher Ferrate $HFeO_2^-$. Bei den für die Baupraxis üblichen basischen pH-Werten bilden sich dünne Fe_2O_3-Deckschichten, die das Metall passivieren und eine Auflösung verhindern. Man kann davon ausgehen, dass das Eisen ab einem pH-Wert von etwa 9,5 aufgrund seiner Passivschicht vor Korrosion geschützt ist (s. a. Carbonatisierung des Betons, Kap. 9.4.2.3.1). Eine Erhöhung des Redoxpotentials auf Werte E > 0,9 bewirkt eine Vergrößerung des Passivitätsbereichs bis zu einem pH-Wert von ~ 3.

8.3.2.2   Chemische Prozesse

Anodenvorgang: Der Anodenvorgang bei der Korrosion des Eisen ist generell der Übergang des Metalls in seine oxidierte Form (**anodische Oxidation**, Gl. 8-21).

$$Fe \rightarrow Fe^{2+} + 2\,e^- \qquad\qquad E^o(Fe/Fe^{2+}) = -0{,}44\ V \qquad\qquad (8\text{-}21)$$

Laut Spannungsreihe wird Eisen mit einem Standardpotential von -0,44 V von Oxidationsmitteln mit einem Redoxpotential > -0,44 V oxidiert.

Katodenvorgang: Dem Standardpotential $E^o(Fe/Fe^{2+}) = -0{,}44$ V steht in *sauerstoffarmen, sauren Wässern* das pH-abhängige Potential der Wasserstoffelektrode gegenüber. Die H^+-Ionen wirken als Oxidationsmittel und werden unter Wasserstoffentwicklung entladen (*Wasserstofftyp*, Gl. 8-18). Es erfolgt ein Redoxprozess zwischen dem Metall und den H^+-Ionen: **Fe + 2 H^+ $\rightarrow$ Fe^{2+} + H_2**, unter Bildung von Eisensalzen. Die Säurekorrosion ist für das Beizen von Stählen von Bedeutung (Kap. 8.3.5.2).

Von Interesse sind die Redoxverhältnisse in *neutralem* (z.B. **Trinkwasser**) bzw. *schwach alkalischem Wasser*. Nicht die H^+-Ionen, sondern die Wassermoleküle fungieren als Oxidationsmittel. Für neutrales Wasser (pH = 7) berechnet man nach $E = -0{,}059\ V \cdot pH$ (Gl. 7-24) ein Potential von E = -0,41 V.
Da dieser Wert mit dem Potential des Fe/Fe^{2+}-Redoxpaares fast übereinstimmt, besitzt neutrales sauerstoffarmes Wasser eine nur geringe Neigung zur Oxidation des Eisens. Die Triebkraft des Redoxprozesses ist aufgrund der kleinen Potentialdifferenz ($\Delta E = 0{,}03$ V) sehr gering (Gl. 7-19). Der Korrosionsprozess verläuft unter Luftausschluss außerordentlich langsam, weshalb man für Heizungsrohre lange Zeit normales Eisen verwendet hat. Solange die Rohre innen mit Wasser gefüllt und luftfrei blieben, trat jahrelang kein nennenswerter Korrosionsschaden auf. Erfolgt ein oxidativer Angriff, entstehen flockige Formen des zweiwertigen Eisens.

Untersuchungen der letzten Jahre zeigten, dass Eisen unter diesen Bedingungen oft von *anaeroben Bakterien* angegriffen wird [KS 16]. Hauptbeteiligt sind sulfatreduzierende Bakterien, die in fast allen Gewässern vorkommen. Diese Bakterien leben davon, dass sie das in den natürlichen Wässern verbreitete Sulfat zu Schwefelwasserstoff (H_2S) reduzieren. Als Reduktionsmittel dienen ihnen Produkte aus natürlichen Verwesungsprozessen. Auf eine noch nicht in allen Details aufgeklärte Weise können ihnen auch die Elektronen aus dem Eisen zur Sulfatreduktion dienen. Der dabei gebildete Schwefelwasserstoff reagiert mit dem freigesetzten Eisen zu Eisensulfid FeS. Diese Art der Biokorrosion ist seit mehr als 70 Jahren bekannt und gefürchtet, z.B. in der Erdöltechnologie.

Bringt man Eisen in *sauerstoffhaltiges Wasser* bzw. setzt es *feuchter Luft* aus, kommt der Rostprozess recht schnell in Gang. Schon nach wenigen Stunden ist am Rand kleiner Wasserinseln auf einer Eisenoberfläche die beginnende Rostbildung zu beobachten. Wieder ist der elektronenliefernde anodische Prozess die Auflösung des Eisens (Gl. 8-21). Die Elektronen werden jetzt jedoch vom Sauerstoff aufgenommen. Sauerstoff wird reduziert ($O_2 + 4\ e^- \rightleftharpoons 2\ O^{2-}$), O_2 reagiert als Oxidationsmittel. Da das Sauerstoffion O^{2-} in wässriger Lösung nicht existent ist, reagiert es gemäß: $O^{2-} + H_2O \rightleftharpoons 2\ OH^-$ sofort weiter. In einer Folgereaktion reagieren die Hydroxidionen mit Fe^{2+}-Ionen zu Eisen(II)-hydroxid (Gl. 8-

22). Das gebildete Eisen(II)-hydroxid wird bei Sauerstoffzutritt zum Elektrolyten zu schwer löslichem **Eisen(III)-oxidhydroxid**, dem Rost, aufoxidiert (Gl. 8-23).

$$Fe^{2+} + 2\,OH^- \quad \rightarrow \quad Fe(OH)_2 \tag{8-22}$$

$$2\,Fe(OH)_2 + \tfrac{1}{2}\,O_2 \rightarrow 2\,FeO(OH) + H_2O \tag{8-23}$$
$$\textit{\textbf{Rost}}$$

In *schwach sauren, sauerstoffhaltigen Wässern* kommen neben dem Sauerstoff zusätzlich die H^+-Ionen als Elektronenakzeptor in Frage (Gl. 8-18). Infolge der hohen Aktivierungsenergie für die Reduktion von O_2 werden im ersten Schritt bevorzugt H^+-Ionen entladen, gemäß: $Fe + 2\,H^+ \rightarrow Fe^{2+} + H_2$. Der gebildete Wasserstoff setzt sich anschließend mit Luftsauerstoff zu Wasser um, wobei das Eisen katalytisch wirkt (8-24). Die Fe^{2+}-Ionen werden durch den Sauerstoff in der Elektrolytlösung zum Teil zu Fe^{3+}-Ionen oxidiert (8-25). In Abhängigkeit vom pH-Wert entstehen neben Rost (Gl. 8-26) Eisensalze.

$$Fe + 2\,H^+ + \tfrac{1}{2}\,O_2 \quad \rightarrow \quad Fe^{2+} + H_2O \tag{8-24}$$

Folgereaktion:

$$2\,Fe^{2+} + \tfrac{1}{2}\,O_2 + 2\,H^+ \rightarrow 2\,Fe^{3+} + H_2O \tag{8-25}$$

Die Fe^{3+}-Ionen fallen dann als hydratisiertes Eisenoxid ($Fe_2O_3 \cdot H_2O$) aus .

$$2\,Fe^{3+} + 4\,H_2O \quad \rightarrow \quad Fe_2O_3 \cdot H_2O + 6\,H^+ \tag{8-26}$$
$$\textit{\textbf{Rost}}$$

Wendet man die Nernstsche Gleichung auf die pH-abhängige Reduktion von Sauerstoff an, folgt für die Abhängigkeit des Elektrodenpotentials $E(H_2O/O_2)$ vom pH-Wert die Beziehung: $E = 1{,}23\ V - 0{,}059\ V \cdot pH$. Für pH $= 7$ ergibt sich ein Wert von $+0{,}82\ V$ und für einen pH-Wert von $5{,}6$ (CO_2-gesättigtes Regenwasser) erhält man ein Elektrodenpotential von $+0{,}9\ V$. Beide Werte liegen deutlich über dem Redoxpotential des Fe/Fe^{2+}-Paares. Sauerstoff (Luft) und Wasser sind demnach in der Lage, Eisen zu Eisen(II)-ionen zu oxidieren (Gl. (8-27).

$$2\,Fe + H_2O + 1\,\tfrac{1}{2}\,O_2 \rightarrow Fe_2O_3 \cdot H_2O \quad bzw. \quad 2\,FeO(OH) \tag{8-27}$$

Eisen, Sauerstoff (Luft) und Wasser sind die drei für den Rostprozess notwendigen Komponenten. Fehlt eine dieser Komponenten, findet praktisch keine Korrosion statt.

Bringt man beispielsweise ein Stück Eisen in Öl, so rostet es auch dann nicht, wenn kontinuierlich Sauerstoff eingeleitet wird. Ein weiteres Beispiel ist die geringe Korrosionsneigung von Autowracks in der Wüste. Aufgrund der äußerst geringen Luftfeuchtigkeit laufen Korrosionsprozesse sehr langsam ab. In beiden Fällen fehlt die „Rost-Komponente" Wasser.

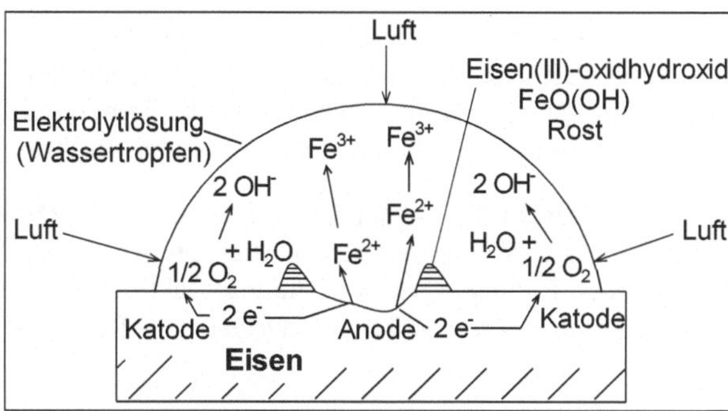

Abbildung 8.5 Korrosion von Eisen: Mechanismus der Rostbildung (neutrale Lösung)

Abb. 8.5 zeigt den Mechanismus der Rostbildung. Ein Tropfen Leitungswasser (pH ~ 7) auf einer Eisenoberfläche wirkt als Elektrolytlösung einer winzigen galvanischen Zelle. Aufgrund des längeren Diffusionsweges ist die Konzentration an gelöstem Sauerstoff im Zentrum des Tropfens geringer als in den Randzonen. Damit liegt eine Sauerstoff-Konzentrationskette bzw. ein „**Belüftungselement**" vor. Es arbeitet nach folgendem Prinzip: Die Flächenbereiche des Metalls, bei denen der Elektrolyt eine höhere O_2-Konzentration aufweist, bilden die Katode, und die Bereiche geringerer O_2-Konzentration die Anode. Im sauerstoffarmen (wenig belüfteten) Bereich in der Tropfenmitte treten Fe^{2+}-Ionen in die Elektrolytlösung über (*Anodenvorgang*). Die Elektronen fließen im Metall an den Rand des Tropfens, wo höhere O_2-Konzentrationen vorliegen. Hier erfolgt die Reduktion des Sauerstoffs (*Katodenvorgang*). Die an der Anode gebildeten Fe^{2+}-Ionen reagieren zunächst mit den entstandenen Hydroxidionen zu $Fe(OH)_2$ (Gl. 8-22), das durch weiteren Sauerstoff im Tropfen zu **braunem, amorphem Rost FeO(OH)**, Eisen(III)-oxidhydroxid, oxidiert wird (Gl. 8-23).

Die räumliche Trennung von anodischer und katodischer Teilreaktion beim Rostvorgang konnte von *Evans* mit dem sogenannten **Tropfenversuch** nachgewiesen werden. Werden einem Tropfen Kochsalzlösung, der sich auf einer sauberen Eisenoberfläche befindet, rotes Blutlaugensalz $K_3[Fe(CN)_6]$ und der Indikator Phenolphthalein zugemischt, so reagiert das in der Tropfenmitte freigesetzte Fe^{2+} mit $K_3[Fe(CN)_6]$ zu Berliner Blau, während die am Tropfenrand gebildeten OH^--Ionen eine Rotfärbung des Phenolphthaleins bewirken. Die Ablagerung von braunem Rost erfolgt in der Zone zwischen Anode und Katode.

Rost besitzt keine einheitliche Zusammensetzung. Neben sich primär bildenden Eisen(II)-hydroxid $Fe(OH)_2$ und wasserhaltigem Eisen(II)-Eisen(III)-oxid ($Fe_3O_4 \cdot x\ H_2O$) liegt rotbraunes Eisen(III)-oxidhydroxid FeO(OH) als *Hauptkomponente* vor. Insbesondere bei *Sauerstoffmangel* kann eine vollständige Oxidation des Fe^{2+} zu Fe^{3+} nicht stattfinden. Deshalb entstehen Fe(II,III)-Zwischenprodukte wie das grüne Magnetithydrat $Fe_3O_4 \cdot H_2O$ („Grünrost": $6\ Fe(OH)_2 + O_2 \rightarrow 2\ Fe_3O_4 \cdot H_2O + 4\ H_2O$) oder schwarzer Magnetit Fe_3O_4 ($2\ Fe_3O_4 \cdot H_2O \rightarrow 2\ Fe_3O_4 + 2\ H_2O$). Das Auftreten einer schwarzen inneren und einer grünen bzw. rotbraunen äußeren Rostschicht ist ein oft zu beobachtendes Korrosionsbild.

Rost besitzt mit einer Dichte von ρ = 3,5 g/cm^3 in etwa *das doppelte Volumen* von Eisen (ρ = 7,87 g/cm^3). Tatsächlich kann sich sein Volumen aufgrund der hohen Porosität bis auf das Siebenfache ausdehnen. Infolge der durch die Porosität bedingten großen inneren Oberfläche bindet Rost je nach Luftfeuchtigkeit beträchtliche Mengen an Wasser.

Merke: Häufig wird für Rost vereinfacht die allgemeine Formel **$Fe_2O_3 \cdot x\ H_2O$**, chemisch: Eisen(III)-oxidhydrat, angegeben. Sie soll verdeutlichen, dass der Anteil des Wassers im Rost variabel ist. Er hängt von den Bedingungen der Bildungsreaktion ab. Für x = 1 lässt sich diese Formel in die Hauptkomponente des Rosts FeO(OH) ($\rightarrow$ 2 FeO(OH) = $Fe_2O_3 \cdot H_2O$) umwandeln.

Die Rostschicht bewirkt *keine Passivierung* ($\rightarrow$ Bildung einer oxidischen, schützenden Deckschicht). Die primären Korrosionsprodukte sind spröde, körnig und haften kaum auf der Eisenoberfläche (**Flugrost**). Dadurch ist ein fortlaufendes Eindringen von Wasser und Sauerstoff gegeben, der Rostprozess setzt sich fort. Die Freisetzung weiterer Oxidationsprodukte führt zu einer Verdickung der Rostschicht. Zusammensetzung und Dicke der Rostschicht sind eine Funktion des Sauerstoff- und Wasserangebots, des Vorliegens aggressiver atmosphärischer Schadgase und - bei Stählen - der zulegierten Bestandteile. Eine stabilere Rostschicht wirkt zwar hemmend auf den weiteren Rostprozess, verhindern kann sie ihn nicht.
Ungeschützte Eisenteile im Erdreich wie metallische Leitungen und Grundpfeiler unterliegen infolge des Sauerstoffgehalts des **Bodens** und des anwesenden Grundwassers immer der Sauerstoffkorrosion. Da unterschiedliche Bodensorten in vertikaler Richtung meist unterschiedliche Belüftung aufweisen, können sich Belüftungselemente ausbilden.

Eisen(II)-hydroxid und basische Eisencarbonate bilden mit Kalk bevorzugt eine mehrere Millimeter dicke „**Kalk-Rost-Schutzschicht**" auf der Metalloberfläche aus, die sie vor weiterem Angriff schützt. Die Eisen(II)-Ionen werden durch $FeCO_3$-Bildung abgefangen und damit einer weiteren Oxidation zu Fe^{3+} entzogen. Diese Reaktion ist vor allem für Wasserrohre aus Gusseisen oder Stahl von Bedeutung.

Tabelle 8.3   Einfluss der äußeren Bedingungen auf den korrosiven Stoffabtrag in g/m^2 pro Tag

	Stoffabtrag in $g \cdot m^{-2} \cdot d^{-1}$		
Umgebung	Stahl	Zink	Kupfer
Industrieatmosphäre	0,15	0,1	0,029
Meeresatmosphäre	0,29	0,031	0,032
Erdboden	0,5	0,3	0,07
Meerwasser	2,5	1,0	0,8

Salze beschleunigen die Korrosion der Metalle. Als Elektrolyte sorgen sie dafür, dass der für den Ablauf der elektrochemischen Reaktion notwendige elektrische Stromkreis geschlossen ist. Wasser, das gelöste Salze (und damit Ionen!) enthält, leitet den elektrischen Strom besser als „reines" entionisiertes Wasser. Eine Bestätigung dieses Sachverhalts kann leicht gefunden werden: In Gebieten, wo die vereisten Straßen im Winter mit Tausalz gestreut werden, rosten die Autos viel schneller als in Regionen, wo kein Salz zum Einsatz kommt. Die extrem korrosionsfördernde Luft der Küstenstädte mit ihrem hohen Salzgehalt kann als weiteres Beispiel angeführt werden.

Der besondere korrosionsfördernde Einfluss der **Chloridionen**, die aus Tausalzen oder dem Meerwasser stammen können, besteht darin, dass sie durch die Korrosionsschicht hindurch diffundieren und einen Ladungsausgleich bewirken können. Dadurch wird die Polarisation aufgehoben, die durch den Austritt und die Anhäufung positiver Metallionen (ohne Gegenion!) an der Metalloberfläche entstanden ist. Darüber hinaus sind Chloridionen in der Lage, mit den entstandenen Fe^{3+}-Ionen lösliche Chlorokomplexe zu bilden, z.B. $[FeCl_4]^-$ oder $[FeCl_6]^{3-}$. Dadurch behindern sie die Entstehung schwer löslicher Oxidhydrate und die Korrosion kann ungehemmt weiter ablaufen (s.a. Kap. 9.4.2.3.2).

Der Einfluss der äußeren Bedingungen wie der Konzentration an Luftschadstoffen und an Elektrolyten auf den Umfang des Stoffabtrags einiger Baumetalle ist in Tab. 8.3 gezeigt.

8.3.2.3 Korrosive Prozesse beim Stahl

Die chemische Zusammensetzung der meisten metallischen Werkstoffe ist nicht homogen. Das kann auf Fremdatome als Folge natürlicher Verunreinigungen oder absichtlicher Zulegierung von Metallen zurückzuführen sein. Inhomogenitäten können ihre Ursache aber auch in Unregelmäßigkeiten im Kristallgitter (Fehlstellen) haben.

Der uneinheitliche Aufbau kann zur Ausbildung elektrochemischer Potentiale führen. Befinden sich Fe-Atome in der Umgebung von Kristallbaufehlern, werden sie leichter oder schwerer als die übrigen Eisenatome oxidiert. Auch die Einschlüsse selbst sind naturgemäß edler oder unedler als das Wirtsmetall. Baustähle enthalten neben C, S, P und Si wechselnde Mengen an Cr, Cu und Ni. Die beiden letzteren Metalle besitzen positivere Standardpotentiale als das Eisen. Unter den Bedingungen eines sich ausbildenden Lokalelements übernehmen sie die Katodenfunktion und bewirken die anodische Zersetzung des Eisens. Kommt eine Stahloberfläche mit Wasser in Berührung, ist generell mit der Ausbildung von Lokalelementen dieses Typs zu rechnen.

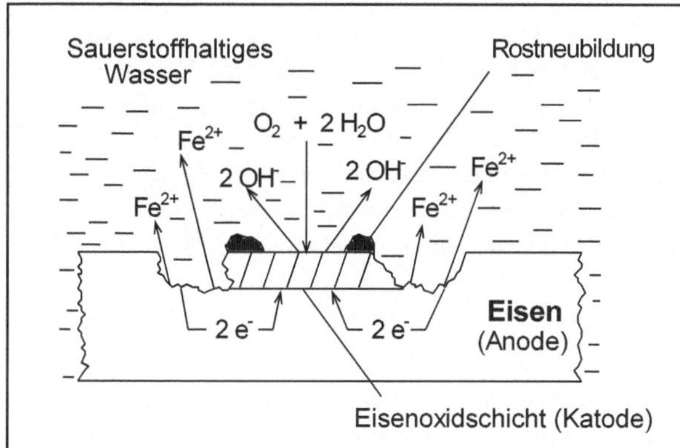

Abbildung 8.6

Lokalelement Eisen/Rost (Sauerstoffkorrosion):

Anode:
$Fe \rightarrow Fe^{2+} + 2\,e^-$

Katode:
$\frac{1}{2}\,O_2 + 2\,e^- + H_2O \rightarrow 2\,OH^-$

Darüber hinaus kann die stets vorhandene, nicht zusammenhängende Eisenoxidschicht zur Ausbildung unregelmäßig verteilter katodischer und anodischer Bezirke auf der Oberfläche führen (Abb. 8.6). Es entstehen Lokalelemente mit der Eisenoberfläche als Anode und dem „edleren" Rost als Katode. Die meisten Metalloxide besitzen ein positiveres Potential, sie sind edler als die zugehörigen Metalle. Damit können sie, sofern sie den Strom leiten, als Elektrode einer galvanischen Zelle fungieren. In Gegenwart eines sauren Elektrolyten fließen die Elektronen vom Eisen zum Eisenoxid. Wenn sich gleichzeitig Sauerstoff als Elektronenakzeptor an der Reaktion beteiligt, erweitern sich die Rostbereiche. Der beschriebene Fall stellt eine spezielle Variante der Kontaktkorrosion (s.u.) dar.

Durch Zulegieren von Metallen wie Kupfer, Chrom, Nickel und Molybdän wird die Korrosionsanfälligkeit des Eisens deutlich verringert. Die Schutzfunktion der sich ausbildenden Korrosionsdeckschicht erhöht sich. Das insbesondere durch den Einfluss von SO_2 entstandene Eisen(II)-sulfat $FeSO_4$ wird in Gegenwart der Legierungsmetalle Cu, Ni und Cr in schwer lösliche Hydroxidsulfate überführt. Durch ihren Einbau in die Poren der Rostschicht erfolgt eine weitere Abdichtung und Stabilisierung der Korrosionsschicht.

Hochlegierte Stähle (Edelstähle) weisen vor allem durch ihren *hohen Cr-Anteil* eine besondere Korrosionsbeständigkeit auf. Es bildet sich eine relativ widerstandsfähige Chromoxid-Schutzschicht aus. Als Schwellenwert („**Resistenzgrenze**") werden 13% Cr angegeben. Oberhalb dieses Wertes erfolgt in Gegenwart von Sauerstoff eine Passivierung der Edelstähle. Mit steigendem Chromgehalt erhöht sich die Korrosionsbeständigkeit, da die Schutzschicht aus Chromoxid immer undurchlässiger wird. Durch Zulegieren von Nickel und/oder Molybdän wird ihre Beständigkeit weiter erhöht.
Allerdings ist auch bei sogenannten „nicht rostenden" Stählen stets von einer wenn auch mit geringer Geschwindigkeit ablaufenden Sauerstoffkorrosion auszugehen. Die Korrosionsgeschwindigkeit hängt, wie in allen anderen Fällen auch, von der Aggressivität der umgebenden Atmosphäre ab ($\rightarrow$ Reinluftgebiete, Industrie- oder Meeresluft). Weit wichtiger sind für die legierten Stähle jedoch lokalisierte Angriffe wie die Loch- und die Spaltkorrosion sowie die Spannungsrisskorrosion (Kap. 8.3.4).

Für das Bauwesen ist das **Korrosionsverhalten des Bewehrungsstahls** von fundamentaler Bedeutung. Das im Beton eingeschlossene Porenwasser ist wegen der im Zement enthaltenen Alkalien und des bei der Zementhydratation entstehenden Calciumhydroxids stark alkalisch (pH 13...13,8). Das ist genau der pH-Bereich, in dem Eisen als Hauptbestandteil des Stahls nicht bzw. kaum rostet (**Passivität** des Stahls im alkalischen Medium). Diese außerordentlich günstige, dem System Beton natürlich innewohnende Eigenschaft, bildet die Grundlage für die Verwendung der Baumaterialkombination Stahl-Beton. Korrosionsprobleme treten beim Bewehrungsstahl dann auf, wenn in das stark alkalische Milieu drastisch eingegriffen wird oder wenn Cl^--Ionen in den Beton eindringen (Kap. 9.4.2.3).

8.3.3 Kontaktkorrosion

Gelangt die Berührungsstelle zweier verschieden edler Metalle in Kontakt mit einer Elektrolytlösung, bildet sich wiederum ein kleines galvanisches Element (Lokalelement) aus. Man spricht von *Kontaktkorrosion*. Das unedlere Metall wird korrosiv aufgelöst. Kontaktkorrosion kann an Schraub- und Nietverbindungen unterschiedlicher Metalle, aber auch an beschädigten metallischen Überzügen auftreten. Der Mechanismus dieses Korrosionstyps soll an zwei Beispielen erläutert werden:

Korrosion an verzinntem Stahlblech. Zinn (Sn) ist aufgrund seiner Beständigkeit gegen Luft und Wasser, aber auch gegen schwache Säuren und Basen, ein geeignetes Überzugsmaterial für Stahlblech („Weißblech"). Es verleiht dem Stahlblech einen zuverlässigen Korrosionsschutz. Da Zinn darüber hinaus noch ungiftig ist, wird Weißblech vor allem in der Lebensmittelbearbeitung bzw. -aufbewahrung (Konservendosen) eingesetzt.

Wird die Zinnschicht allerdings beschädigt und gelangt die Schadstelle in Kontakt mit einer Elektrolytlösung, kommt das gegenüber Eisen höhere Standardpotential des Zinns $(E^o(Sn/Sn^{2+}) = -0{,}14\ V > E^o(Fe/Fe^{2+}) = -0{,}44\ V)$ zum Tragen. Das unedlere Eisen bildet die Anode (Abb. 8.7). Es löst sich auf und geht in Rost über. Folgende chemische Reaktionen laufen ab:

Anode (Oxidation): $\quad Fe \quad\quad\quad\quad\longrightarrow\quad Fe^{2+} + 2\,e^-$

Katode (Reduktion): Art und Umfang des ablaufenden Katodenprozesses hängen wie beim Rostprozess von der O_2-Konzentration und vom pH-Wert ab. Es liegt entweder der Sauerstofftyp (Gl. 8-16, 8-17)

$$\tfrac{1}{2}\,O_2 + H_2O + 2\,e^- \;\longrightarrow\; 2\,OH^-$$
$$\tfrac{1}{2}\,O_2 + 2\,H^+ + 2\,e^- \;\longrightarrow\; H_2O$$

oder der Wasserstofftyp (Gl. 8-18) oder eine Kombination beider vor.

$$2\,H^+ + 2\,e^- \;\longrightarrow\; H_2\,.$$

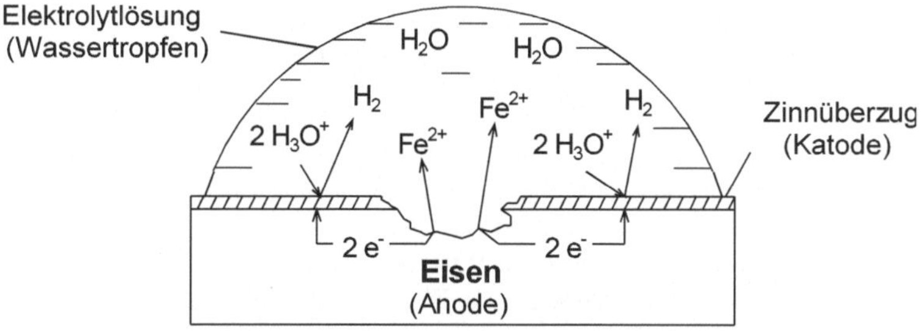

Abbildung 8.7   Lokalelement Fe/Sn: Korrosion von Eisen, das mit metallischem Zinn in Kontakt steht (Wasserstoffkorrosion).

Die beim Anodenvorgang freigesetzten Elektronen fließen zum edleren Metall (Sn) und werden je nach pH-Wert und O_2-Konzentration an dessen Oberfläche von H^+-Ionen oder von Sauerstoff aufgenommen. Das edlere Zinn bleibt im Wesentlichen unverändert. Bei Beschädigung der Schutzschicht korrodiert der Stahl. Es kommt zum *Unterrosten* der Schutzschicht und der Korrosionsabtrag schreitet in die Tiefe fort (Lochfraß). Ein analoges elektrochemisches Verhalten zeigt ein durch eine Kupferschicht geschütztes Stahlblech.

Korrosion an verzinktem Stahlblech. Anders sind die Verhältnisse, wenn Zink als Überzugsmaterial für Stahlteile (Kfz-Karosserien, Stahlmasten, Dachrinnen) eingesetzt wird. Ist die Zinkschicht beschädigt und gelangt die Schadstelle in Kontakt mit einer Elektrolytlösung, fungiert das Eisen als Katode des sich ausbildenden Lokalelements. Das unedlere Zink (E^o(**Zn/Zn^{2+}**) = **-0,76 V** < E^o(**Fe/Fe^{2+}**) = **-0,44 V**) bildet die Anode und wird zu Zn^{2+}-Ionen oxidiert. Die Zinkschicht löst sich allmählich auf (Abb. 8.8). Die Elektronen fließen zum edleren Eisen, wo sie in Abhängigkeit vom pH-Wert vom Sauerstoff oder den H$^+$-Ionen aufgenommen werden. Das Eisen ist weitgehend vor dem Rosten geschützt.

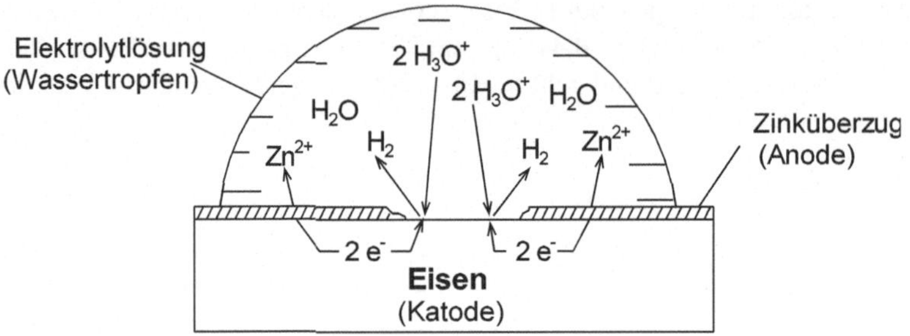

Abbildung 8.8   Lokalelement Zn/Fe: Katodischer Schutz von Eisen durch leitenden Kontakt mit Zink (Wasserstoffkorrosion).

Folgende chemische Reaktionen laufen ab:

<u>Anode</u> (*Oxidation*):   Zn $\rightarrow$ Zn^{2+} + 2 e$^-$

<u>Katode</u> (*Reduktion*): Art und Umfang des ablaufenden Katodenprozesses hängen wiederum von der O$_2$-Konzentration und vom pH-Wert ab, s. oben Fe/Sn).

In beiden betrachteten Fällen wird jeweils das unedlere Metalls korrosiv zerstört. Für den **praktischen Korrosionsschutz** ergibt sich damit folgende Schlussfolgerung: Wenn keine Bedenken funktioneller Art dagegen sprechen, sollte die Schutzschicht immer aus einem unedleren Metall als die zu schützende Schicht bestehen (z.B. Zink auf Eisen). Dann geht bei einer Beschädigung der Schutzschicht immer zuerst das unedlere Metall (Zn) in Lösung und das edlere (Fe) bleibt so lange erhalten, so lange noch Zink vorhanden ist. Edlere Überzüge schützen das Grundmetall nur, wenn sie porenfrei aufgetragen und vollkommen dicht sind.
Bei Kontakt von Al- und Zn-Werkstoffen mit Cu, Cu-Legierungen, Fe, Ni und Edelstählen ist prinzipiell eine Gefährdung durch Kontaktkorrosion gegeben. Auch bei der Wechselwirkung von Eisenwerkstoffen mit Cu, Cu-Legierungen, Ni und Ni-Legierungen, Edelstählen und Chrom kann es – immer die Gegenwart eines Elektrolyten vorausgesetzt – zur Kontaktkorrosion kommen (Lager, Buchsen, Schraubverbindungen!). Zur Vermeidung der Korrosion zwischen zwei Metallen mit unterschiedlichen Elektrodenpotentialen können isolierende Zwischenschichten aus Kunststoffen bzw. Isolierpasten aufgebracht werden, die den leitenden Kontakt zwischen den Metallen unterbinden. Ist ein leitender Kontakt zwischen zwei verschieden edlen Metallen technisch nicht vermeidbar, sollte der unedlere Partner eine möglichst große Oberfläche im Vergleich zum edleren besitzen.

8.3.4 Erscheinungsformen der Korrosion

Je nach dem verwendeten Werkstoff, den Korrosionsbedingungen, der Art des Stoffabtrags und der mechanischen Belastung können die Erscheinungsformen der Korrosion sehr vielfältig sein. Die wichtigsten Formen sind:

- ***Gleichmäßige Flächenkorrosion (Abtragende Korrosion)***

Der Korrosionsangriff erfolgt parallel zur Oberfläche. Es bilden sich anodische und katodische Bereiche auf der gesamten Oberfläche aus. Damit wird der metallische Werkstoff eben und gleichmäßig über große Bereiche der Metalloberfläche abgetragen, wobei eine allmähliche Querschnittsverminderung eintritt (Abb. 8.9a). Flächenkorrosion findet vor allem an unlegierten bzw. niedrig legierten Stählen in neutralen Wässern oder feuchter Atmosphäre statt. Sie ist die bekannteste und häufigste Form der Korrosion. Aus technischer Sicht ist ein gleichmäßiger Korrosionsabtrag wenig problematisch. Die Korrosionsraten sind meist gering, so dass die Flächenkorrosion trotz ihres gefährlichen Aussehens leicht überwacht und die Standzeit eines Stahlbauteils gut abgeschätzt werden kann.

- ***Ungleichmäßige oder lokal begrenzte (punktförmige) Korrosion***

Eine ungleichmäßige Korrosion liegt vor, wenn an bestimmten, lokal begrenzten Stellen die korrosive Zersetzung mit einer deutlich höheren Geschwindigkeit abläuft als an anderen Stellen der Werkstoffoberfläche. Voraussetzung sind örtliche Konzentrationsunterschiede im korrosiven Medium und daraus resultierende Potentialdifferenzen auf der Werkstoffoberfläche. Die Folge der Zersetzungsprozesse sind lokal unterschiedliche Materialabträge. Sie können zu schwerwiegenden Schädigungen des Werkstoffs führen.

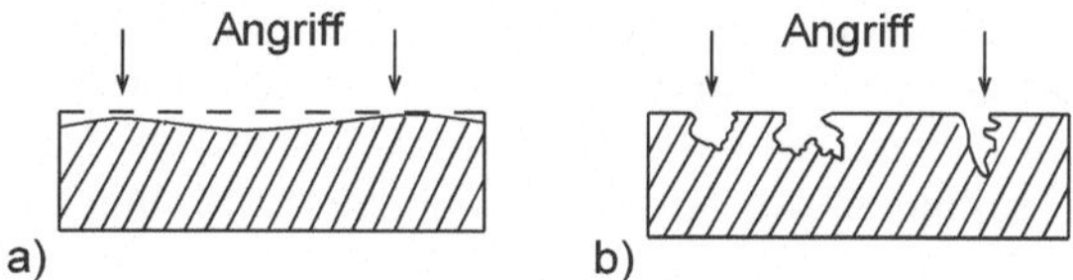

Abbildung 8.9 Typische Erscheinungsformen der Korrosion: a) Gleichmäßige Flächenkorrosion; b) Lochfraßkorrosion (Lochkorrosion, Lochfraß).

Besondere Arten dieser Korrosionsform sind die Lochfraßkorrosion (Lochkorrosion) und die selektive Korrosion. Beim **Lochfraß** (Abb. 8.9b) treten kraterförmige, die Oberfläche unterhöhlende tiefe Löcher auf. Außerhalb der Lochfraßstellen findet praktisch kein Flächenabtrag statt. Die Tiefe der Lochfraßstelle ist im Allgemeinen gleich oder größer als ihr Durchmesser. Das relativ schnelle Wachstum in die Tiefe des metallischen Werkstoffs wird durch Faktoren wie pH-Wert, Temperatur und Halogenkonzentration (vor allem Chloridionen) beeinflusst. Lochfraßkorrosion tritt nur an Metallen im „Passivzustand", d.h. an passivierten metallischen Werkstoffen auf. Zu den passiven Werkstoffen, die besonders durch Lochkorrosion gefährdet sind, gehören hochlegierte ferritische Chrom- und Chrom-Nickel-Stähle sowie Aluminiumteile.

Ausgangspunkt für die Lochkorrosion sind Fehl- und Störstellen in der Passivschicht. Darunter sind herstellungs- und bearbeitungsbedingte mechanische Oberflächendefekte, Heterogenitäten des Werkstoffs oder auch Oberflächenverunreinigungen bzw. Ablagerungen zu verstehen. Indem Chlorid- bzw. Bromidionen an diesen Fehlstellen adsorbiert werden oder die oxidischen Sauerstoffatome der Passivschicht verdrängen, wird die Passivschicht verändert bzw. zerstört. Das Metall ist an diesen Stellen nicht mehr durch eine Oxidschicht geschützt und bietet Angriffspunkte für korrosive Prozesse. Wegen ihrer hohen Adsorptions- und Polarisationswirkung, aber auch wegen ihrer Fähigkeit, aufgrund des geringen Ionenradius die Passivschicht zu durchdringen und die kristallinen Oxide in eine kolloide Form zu überführen [KS 2], sind insbesondere die **Chloridionen** zur Lochfraßkorrosion in der Lage (s.a. Kap. 9.4.2.3.2). Findet auf einer ansonsten kaum korrosiv angegriffenen Metalloberfläche ein örtlich begrenzter Abtrag statt und der Durchmesser der Löcher (Mulden) ist größer als ihre Tiefe, spricht man von **Muldenkorrosion**. In zahlreichen Schadensfällen ist zwischen Lochfraß und Muldenfraß keine eindeutige Abgrenzung möglich.

Unter **selektiver Korrosion** fasst man Korrosionsformen zusammen, bei denen „bestimmte Gefügebestandteile, korngrenzennahe Bereiche oder Legierungsbestandteile bevorzugt gelöst werden" (DIN 50 900 Tl.1). Man unterscheidet die interkristalline Korrosion (ältere irreführende Bezeichnung: „Kornzerfall"), die transkristalline Korrosion, die Entzinkung (bei Messing), die Entnickelung und Entaluminierung sowie die Spongiose.

Die **interkristalline Korrosion** tritt vorwiegend bei passivierenden Legierungen im Bereich der Korngrenzen des Werkstoffgefüges auf. Unter **Korngrenzen** versteht man die Grenzen zwischen den Metallkristalliten im Metallverbund. Unsachgemäße Behandlung, z.B. durch zu starke Wärmeeinwirkung bei bestimmten Bearbeitungsschritten wie Schweißen oder Warmverformungsverfahren, kann zu Inhomogenitäten im Werkstoffgefüge und damit zur Ausbildung von Lokalelementen an den Korngrenzen führen. An den Korngrenzen können sich chromreiche Phasen ausscheiden, wobei den unmittelbar benachbarten Bereichen Cr entzogen wird. Damit bilden sich an den Korngrenzen Lokalelemente aus. Folge der *interkristallinen Korrosion* ist eine Auflockerung des Gefüges verbunden mit einem Festigkeitsverlust des Metalls. Das Gefüge kann so stark geschwächt werden, dass ein Kornzerfall eintritt. Interkristalline Korrosion ist vor allem an Cr-Ni- und Cr-Ni-Mo-Stählen zu beobachten.

In Ausnahmefällen wird an Bauteilen aus Messing, die in ständigem Kontakt mit Trinkwasser oder Schwitzwasser stehen, die sogenannte **Entzinkung** beobachtet. Sie kann im Extremfall zu Schäden an Armaturen oder Rohren führen. Die Entzinkung wird - was nicht ganz korrekt ist - ebenfalls der selektiven Korrosion zugerechnet. Sie ist als Schädigungsprozess seit langem bekannt. Vereinfacht dargestellt lösen sich bei der Entzinkung die Mischkristalle des Messings auf. Die edleren Cu-Ionen werden durch die unedleren Zn-Ionen aus der Lösung „verdrängt". Sie scheiden sich an der Messingoberfläche wieder ab und bilden einen rötlichen, schwammigen Niederschlag. Damit täuschen sie eine entzinkte Oberfläche vor. Die angegriffene Stelle weist praktisch keine Eigenfestigkeit mehr auf. Aus der fälschlichen Annahme einer lokalen Verminderung des Zn-Gehaltes wurde früher der Begriff „Entzinkung" geprägt. Die Entzinkung ist in der Regel mit einer örtlichen pfropfenförmigen Zerstörung (Lochfraß) des Bauteils verbunden.

Voraussetzung für diese Korrosionserscheinung ist chloridhaltiges, relativ weiches Wasser. Der Entzinkung kann in unserer Zeit problemlos vorgebeugt werden. Der Einsatz von entzinkungsbeständigem Messing (**dr-Messing, d**ezincification **r**esistant) ist heute Stand der Technik. Entzinkungsbeständige dr-Messinge werden durch eine spezielle Wärmebehandlung hergestellt, die den Anteil der Messing-α-Phase gegenüber der β-Phase (wird bei der Entzinkung bevorzugt angegriffen!) erhöht. Im Gefüge von dr-Messing dominiert demzufolge die α-Phase. Sie lässt sich im Gegensatz zur β-Phase durch Zusatz geringer Mengen an Hemmstoffen (Inhibitoren) gegen die Entzinkung schützen.

Die **Spongiose** (Graphitisierung) beim Grauguss wird ebenfalls der selektiven Korrosion zugerechnet. Durch den Angriff bevorzugt sauerstoffarmer Wässer oder Wasserdampf werden aus dem Grauguss dessen Gefügebestandteile Ferrit und Perlit herausgelöst. Zurück bleibt ein relativ weiches, schwammähnliches ("Eisenschwamm"), im Wesentlichen aus Graphit bestehendes Korrosionsprodukt. Hervorgerufen wird die Spongiose durch die Ausbildung eines Lokalelements zwischen dem edleren Graphit und der unedleren Ferrit/Perlit-Metallmatrix. Die ursprüngliche Form des Werkstücks bleibt erhalten, die Festigkeit geht verloren.

Gehen Korrosionsprozesse auf Spalten oder kleine Hohlräume in Werkstoffdeckschichten zurück, spricht man von **Spaltkorrosion.** Wie bei der Lochfraßkorrosion führen unterschiedliche Sauerstoffkonzentrationen in der den Spalt füllenden Elektrolytlösung zur Ausbildung von Belüftungselementen. Ursache für unterschiedliche O_2-Konzentrationen sind Diffusionshemmungen. Der Bereich im Inneren des Spaltes ist sauerstoffärmer als der obere Bereich. Die gut belüftete obere Spaltseite bildet die Katode, an der die Reduktion des Sauerstoffs stattfindet. Im Bereich des Sauerstoffunterschusses im Inneren des Spaltes läuft der Anodenprozess ab, z.B. die Auflösung (Oxidation) des Eisens. Spaltkorrosion tritt unter Dichtungen, an Schraubengewinden sowie zwischen Wellen und Schutzhülsen auf.

Korrosion bei mechanischer Belastung. Wirken außer einem aggressiven Medium *mechanische Spannungen (Zugspannungen)* auf den metallischen Werkstoff ein, können Korrosionsprozesse ausgelöst bzw. verstärkt werden. Die Korrosionsschäden resultieren aus dem Zusammenwirken werkstoffbezogener, medienseitiger und mechanischer Wirkgrößen. Sie treten nur dann auf, wenn im speziellen Fall die kritische mechanische Beanspruchung überschritten wird. Ist dies nicht der Fall, reicht der korrosive Angriff durch Medien nicht aus, um einen Schaden hervorzurufen.

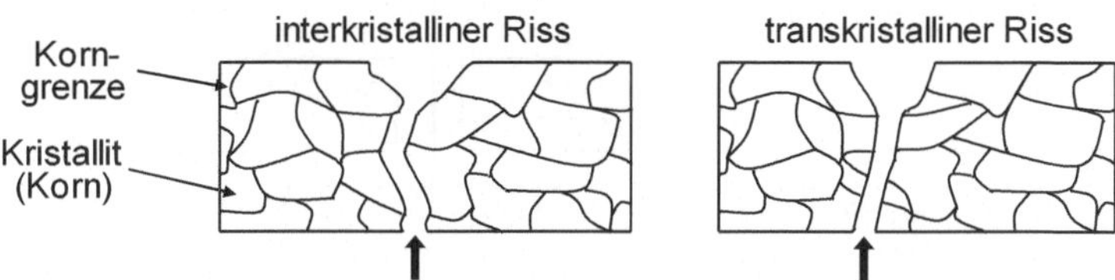

Abbildung 8.10 Rissverlauf bei Spannungsrisskorrosion

Voraussetzung für die **Spannungsrisskorrosion** (Abb. 8.10) ist die Wirkung einer Zugspannung, also einer statischen Beanspruchung, die entweder eine Eigen- oder eine Lastspannung sein kann, bei gleichzeitiger Einwirkung eines Korrosionsmediums wie z.B. chloridhaltige oder stark alkalische Lösungen. Spannungsrisskorrosion führt meist zu verästelter Rissbildung mit verformungsarmen Trennungen als Folge. Das Metallgefüge "reißt" entlang der Korngrenzen auf. Betroffen sind vor allem nicht rostende austenitische Cr-Ni-Stähle. Je nach Rissbildung unterscheidet man inter- und transkristalline Spannungsrisskorrosion (Abb. 8.10). In der Praxis häufig anzutreffende Beispiele für diesen Korrosionstyp sind die an der Außenseite gebogener Metalle sowie an Schweißnähten von Rohren auftretenden Spannungsrisse. In ihnen schreitet die Korrosion sehr schnell fort.

Schwingungsbelastungen, die normalerweise keine Schädigungen an Werkstoffen hervorrufen würden, können in Verbindung mit einem Korrosionsmedium zu schwerwiegenden Korrosionserscheinungen führen. Man spricht von **Schwingungsrisskorrosion** oder Ermüdungskorrosion. Die Rissbildung erfolgt stets *transkristallin* (Abb. 8.10 rechts). Das Korrosionsmedium ist wenig spezifisch, einen wesentlich stärkeren Einfluss besitzt das Werkstoffgefüge.
Spalt- und Spannungsrisskorrosion sind weit verbreitet. Die von ihnen ausgehenden Gefahren sind nicht zu unterschätzen, da der gesamte Umfang des Schadens häufig erst dann festgestellt wird, wenn die Bauteile bzw. Werkstücke oder die gesamte Stahlkonstruktion kaum noch zu retten sind. Die gebildeten Risse sind so fein, dass sie mit bloßem Auge oft nicht erkennbar sind. Meist sind sie mit Korrosionsprodukten gefüllt. Obwohl der chemische Umsatz der Korrosionsreaktion von vernachlässigbarer Größe ist, kann es trotzdem zu einer signifikanten Schädigung des Werkstoffquerschnitts kommen.

8.3.5 Korrosionsschutz

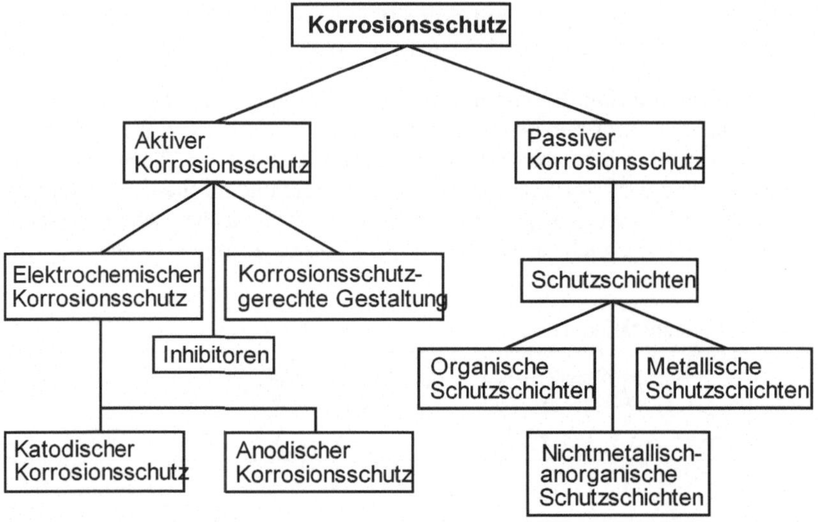

Abb. 8.11 Methoden und Maßnahmen des aktiven und passiven Korrosionsschutzes

Die Schäden durch Korrosion haben wirtschaftliche Konsequenzen von nahezu gigantischem Ausmaß. Deshalb sind Maßnahmen zu ihrer Verhütung von allergrößter Bedeutung. Untersuchungen haben gezeigt, dass die Kosten, die zur Erhaltung von Stahlkonstruktionen im Laufe der Zeit aufgewendet werden müssen, mitunter ein Vielfaches der ursprünglichen Baukosten betragen. Man geht davon aus, dass in den entwickelten Industrieländern pro Jahr etwa 3 - 5% des Bruttosozialproduktes durch Korrosion verloren gehen. Dabei weisen die Gesamtkosten durch Korrosionsschäden und für Aufwendungen zum Korrosionsschutz eine zunehmende Tendenz auf. Als exemplarische Ursachen für diesen Anstieg sollen die zunehmende Aggressivität der Atmosphäre durch eine erhöhte Schadstoffbelastung, das Auftreten neuartiger Korrosions- und Korrosionsschutzprobleme und höhere technologische Anforderungen (hohe Drücke und Temperaturen) bei Industrieprozessen angeführt werden. Die Erarbeitung von Korrosionsschutzprojekten unter Berücksichtigung ökonomischer, funktioneller und bautechnischer Aspekte sowie standortspezifischer Einflüsse ist heute Teil jeder Projektierungsphase für Industrieanlagen und Bauten.

Verfahren und Maßnahmen zum Korrosionsschutz an Eisen, d.h. zur Verhinderung des Rostens bzw. Durchrostens von Eisen, werden häufig unter der Sammelbezeichnung **Rostschutz** zusammengefasst. Die Methoden und Maßnahmen zur Vermeidung von Korrosionsschäden an Werkstoffen sind äußerst vielseitig (Abb. 8.11). Man unterscheidet im Allgemeinen zwischen passivem und aktivem Korrosionsschutz. Zum **aktiven Korrosionsschutz** gehören Verfahren, die Korrosionserscheinungen durch den aktiven Eingriff in das System Werkstoff-angreifendes Medium ausschalten sollen. Als Möglichkeiten ergeben sich Veränderungen am Werkstoff z.B. durch Legieren, durch Maßnahmen zur Kompensation des Korrosionsstroms oder durch eine Reduzierung der Angriffswirkung des korrosiven Mediums. Der Schutz des Werkstoffs vor dem aggressiven Medium durch geeignete Deckschichten ist das Anliegen des **passiven Korrosionsschutzes**. Verfahren zum passiven Korrosionsschutz besitzen die volkswirtschaftlich größere Bedeutung. Ihr Einsatz ist oft ökonomisch sinnvoller als eine Veredlung des Grundwerkstoffs bzw. die Anwendung elektrochemisch basierter Verfahren.
Der Begriff des passiven Korrosionsschutzes steht in keinem Zusammenhang mit der Passivität der Metalle.

8.3.5.1 Passiver Korrosionsschutz

Die Grundidee des passiven Korrosionsschutzes ist eine räumliche Trennung des metallischen Bau- oder Werkstoffes vom angreifenden Medium durch eine Schutzschicht. Diese Schicht muss porenfrei sein (und bleiben!) und gegenüber dem korrosiven Agens eine höhere Beständigkeit aufweisen als der Grundwerkstoff. Entscheidend für den Wirkungsgrad und die Lebensdauer der Schutzschicht ist eine sorgfältige **Vorbehandlung der Oberfläche**. Werden Oxidationsprodukte wie Rost und Zunder nicht entfernt, setzen sich die Korrosionsvorgänge unter der Schutzschicht weiter fort (Unterrosten). Durch die Vorbehandlung sollen auch artfremde Verunreinigungen von der Metalloberfläche entfernt werden. Dazu zählen Staub, Salzreste und Schmutz, aber auch organische Verunreinigungen, die von bestimmten technologischen Bearbeitungsschritten oder von Konservierungsmitteln wie Fetten, Ölen und Siliconen stammen.

Im *Bauwesen* kommen als passive Schutzsysteme für Stahl neben Spritzmetallschichten (Zn, Al) und Feuerverzinkungen (s.u.) insbesondere organische Beschichtungen zum Einsatz. Eine optimale Schutzwirkung durch die Beschichtung kommt allerdings nur in direktem Kontakt mit einer *technisch reinen Metalloberfläche* zum Tragen. Die Reinheit der Oberfläche wird durch denn sogenannten **Norm-Reinheitsgrad** charakterisiert. Bei Beschichtungen ist der Norm-Reinheitsgrad Sa 2 ½ gefordert: Zunder, Rost und Restschichten sind durch Strahlen soweit zu entfernen, dass Reste auf der Stahloberfläche lediglich als leichte Schattierungen erscheinen.

Korrosionsschutzbeschichtungen sollen zwei Aufgaben erfüllen: Sie sollen *a)* eine schützende, gegebenenfalls passivierende Wirkung auf den Untergrund ausüben und *b)* widerstandsfähig gegen äußere Einflüsse sein. Um diese Aufgabe zu erfüllen, werden mehrere Schichten aufgetragen (Mindestschichtdicken: 200 μm in Stadtluft, 300 μm in Industrieluft). Das kann z.B. durch Streichen oder im Spritzverfahren erfolgen.

Die *Grundbeschichtung* enthält die aktiven *Korrosions- oder Rostschutzpigmente*, deren Aufgabe es ist, die Passivierung durch die oxidische Schicht dauerhaft zu erhalten und an den Stellen, wo sie durch mechanische Einwirkungen beschädigt wird, nachzubilden. Die darüber liegenden *Deckschichten* haben die Aufgabe, die Grundbeschichtung vor Witterungseinflüssen zu schützen, indem sie dichte, thermisch und chemisch widerstandsfähige, evtl. durch Farbpigmente eingefärbte Kunstharze ausbilden.

Um beispielsweise die Passivität einer Stahloberfläche über längere Zeiträume zu erhalten, muss dafür gesorgt werden, dass die oxidische Passivschicht ständig intakt bleibt und sich dort, wo sie beschädigt wird, nachbildet. Diese Funktion erfüllt das Rostschutzpigment Mennige Pb_3O_4 in hervorragender Weise. Obwohl es noch vor Jahren breit eingesetzt wurde, wird es heute kaum noch verwendet. Das gleiche gilt für das Rostschutzpigment Zinkchromat $ZnCrO_4$. Blei- und Chrom(VI)-haltige Rostschutzanstriche gefährden die Gesundheit, insbesondere wenn sie inhalativ aufgenommen werden. Die inhalative Aufnahme erfolgt weniger beim Aufbringen der Beschichtung, sondern eher bei ihrer Entfernung von einer Werkstoffoberfläche. Beide Pigmente werden heute durch Zinkstaub bzw. Zinkphosphat ersetzt (Kap. 8.2.3).

Der Wirkmechanismus des Korrosionsschutzpigmentes **Mennige Pb_3O_4**, der auf einer Reihe interessanter elektrochemischer Prozesse beruht, soll im Folgenden kurz dargestellt werden:
Prinzipiell bieten die für den Korrosionsschutz von Stahlkonstruktionen häufig benutzten *Leinöl/Mennige-Anstriche* über längere Zeiträume einen guten Schutz vor Feuchtigkeit und Luft. Infolge der immer vorhandenen Poren im Anstrichfilm diffundieren jedoch im Laufe der Zeit geringe Mengen Wasser und Sauerstoff an die Metalloberfläche. Da selbst sandgestrahlte Stahloberflächen noch Oxidspuren aufweisen, bilden sich anodische und katodische Bereiche aus. Normalerweise müsste eine Sauerstoffkorrosion einsetzen. Durch die Gegenwart von Mennige verlaufen die elektrochemischen Prozesse jedoch in eine etwas andere Richtung: Der Anodenprozess ist wieder die Auflösung des Eisens zu Fe^{2+}. Die Elektronen fließen in den katodischen Bereich (Rost), wo je nach pH-Wert und O_2-Konzentration die Teilreaktionen (8-16 bis 8-18) ablaufen. An der Anode oxidiert die Mennige das entstandene Fe^{2+} zu Fe^{3+}, wobei sie selbst zu Blei(II)-oxid PbO reduziert wird. Das PbO vermischt sich mit Rost FeO(OH) und „wächst" mit ihm zu einer besonders festen, dichten, passivierenden Deckschicht zusammen. Der Korrosionsprozess wird gestoppt. Das PbO kann daneben mit den Fettsäuren des Leinöls schwer lösliche Salze („Bleiseifen") bilden. Über die genaue Zusammensetzung der Schutzschicht gibt es in der Literatur widersprüchliche Angaben, als Bruttogleichung kann Gl. (8-24) geschrieben werden.

$$2\,Fe^{2+} + Pb_3O_4 + 4\,OH^- \;\rightarrow\; 2\,FeO(OH)\cdot PbO \;+\; PbO + H_2O \qquad (8\text{-}24)$$
korrosionshemmende
Deckschicht

- ***Organische Schichten***

Die verbreitetste Methode des Korrosionsschutzes von Stahlkonstruktionen, Elektromasten und Brücken ist das Aufbringen **organischer Beschichtungen** (ca. 80% aller Schichten). Organische Beschichtungsstoffe enthalten neben Korrosionsschutzpigmenten wie Zn-Staub, Zn- oder Zn-Al-Phosphaten entweder in organischen Lösungsmitteln lösliche Bindemittel (Chlorkautschuk, PVC, Acryl- und Epoxidharze) oder wasserlösliche Bindemittel, z.B. Acrylharz-, Vinylharz- und Polyurethan-Dispersionen. Des Weiteren können Füllstoffe wie $BaSO_4$, $CaSO_4$ und Silicate (Glimmer, Quarz und Talk), Farbmittel und evtl. Zusatzstoffe wie Verdicker und Weichmacher enthalten sein. Die Filmbildung bei diesen Beschichtungsstoffen erfolgt durch Verdunstung des organischen Lösungsmittels oder des Wassers. Im letzteren Fall ist die Beschichtung nach der Filmbildung nicht mehr wasserlöslich.

- ***Metallische Schutzschichten***

Unter den Methoden zur Erzeugung metallischer Schutzschichten, den sogenannten *Metallisierungsverfahren*, sind vor allem das Schmelztauchen und das Galvanisieren hervorzuheben. Beim **Schmelztauchen** (Feuermetallisieren) wird das zu schützende Metall in die Schmelze eines Überzugsmetalls getaucht. Die nach dem Abschrecken an der Luft oder in Wasser erstarrte metallische Schutzschicht ist im Allgemeinen dicker als ein auf galvanischem Wege hergestellter Überzug. Aus ökonomischen Gründen wird das Schmelztauchen vor allem zur Erzeugung von Korrosionsschutzschichten aus niedrig schmelzenden Metallen eingesetzt. Die wichtigste Anwendungsform ist die **Feuerverzinkung**. Nach dem Entfetten und Beizen mit verdünnten Säuren werden die Stahlbleche, Stahlrohre und -halbzeuge bzw. Stahlfertigerzeugnisse (z.B. Eimer, Kessel) in flüssiges Zink (Smp. 419,5°C) getaucht. Wegen der Dicke der Schutzschicht von ca. 0,05 mm und der sofortigen Passivierung der Zinkoberfläche an der Luft, wird die Feuerverzinkung bevorzugt als Schutzmaßnahme gegen Außenbewitterung im Stahlbau, im Bauwesen, in der Landwirtschaft und in der Elektroversorgung eingesetzt.

Eine Erhöhung der Schutzwirkung ergibt sich durch eine zusätzlich aufgebrachte organische Deckschicht (**Duplex-System**: *Feuerverzinkung + organische Beschichtung*). Durch die Kombination Zink/organische Beschichtung erhöht sich die Schutzwirkung um das 1,5- bis 2,5-fache der Summe der individuellen Schutzfaktoren. Das ist vor allem für den Einsatz von Bauteilen in belasteten Industrieregionen und in aggressiven Böden von Bedeutung. Bei großen Stahlkonstruktionen wird die Zinkschicht auf die Oberfläche des zu schützenden Grundmetalls aufgespritzt (**Spritzverzinkung**). In einer Spritzpistole wird das Zink (entweder als Pulver oder als Draht) durch ein Brennstoff-O_2-Gemisch geschmolzen, unter Druck zerstäubt und anschließend auf den Werkstoff aufgespritzt.

Beim **Galvanisieren** wird das Überzugsmetall elektrolytisch auf der zu schützenden Oberfläche abgeschieden. Man unterscheidet zwischen der *dekorativen Galvanotechnik*, bei der es im Wesentlichen auf ein gutes Aussehen der Oberflächen und auf den Glanz ankommt, und der *funktionellen Galvanotechnik*, bei der es um eine Verbesserung bestimmter funktioneller Eigenschaften wie des Korrosions-, Verschleiß- und Leitfähigkeitsverhaltens von Werkstücken bzw. Bauteilen geht.

Das zu beschichtende Werkstück wird als Katode einer Elektrolysezelle geschaltet. Die Anode besteht aus dem als Schutzschicht aufzubringenden Metall. Das Werkstück taucht in eine Elektrolytlösung (galvanisches Bad), die ein Salz des Schichtmetalls in schwefelsaurer Lösung enthält. Die Kationen der Salzlösung scheiden sich an der Katode ab und bilden die Deckschicht auf dem Werkstück. Das allmähliche Auflösen des Anodenmaterials hält die Konzentration an Metallkationen im Elektrolytbad annähernd konstant. Die erzeugten Überzüge (~ 0,012 mm) haften bei sachgemäßer Vorbehandlung des Werkstücks gut auf der Metalloberfläche. Eines der am häufigsten angewendeten galvanischen Verfahren ist die **Vernickelung**. Große wirtschaftlich-technische Bedeutung kommt auch galvanischen Überzügen aus Edelmetallen (vor allem Gold und Silber), aus Kupfer, Chrom und Zinn, aber auch aus Legierungen wie Messing und Bronze zu. Für eine Reihe von Anwendungen ist es zweckmäßig, mehrere Schichten übereinander abzuscheiden (Mehrschichtsysteme). Zum Beispiel werden gut haftende und besonders glänzende Nickelschichten erzielt, wenn das Werkstück aus Stahl zunächst einer vorhergehenden Verkupferung unterzogen wird. Die erzeugte Schichtfolge Fe/Cu/Ni ist im Falle einer mechanischen Beschädigung der äußeren Nickelschicht weitgehend gegen Korrosion geschützt.

Bei den **Diffusionsverfahren** werden an der Oberfläche des zu schützenden Metalls dünne Schutzschichten erzeugt, indem Atome des eingesetzten Schutzmetalls in die darunter liegende Oberfläche des zu schützenden Metalls diffundieren. Beim **Inchromieren (Diffusionschromieren)** glüht man die zu schützenden Stahlteile (C-Gehalt < 0,1%) in einem Ofen bei 1100°C etwa zehn Stunden in Gegenwart leicht flüchtiger Chrom(II)-halogenide (CrI_2 bzw. $CrCl_2$). Das in Gegenwart von H_2 (Reduktionsmittel!) freigesetzte Chrom diffundiert in die Stahloberfläche, wobei 30...40% der Fe- durch Cr-Atome ersetzt werden. Die Chromierung des Stahls wird solange durchgeführt, bis die äußere, etwa 0,15 mm dicke Schicht einen Chromgehalt > 12% aufweist. Inchromierte Stähle sind nicht nur korrosionsbeständiger, sie weisen zusätzlich eine höhere Härte, Verschleißfestigkeit und Zunderbeständigkeit auf.

● *Anorganisch-nichtmetallische Schutzschichten*

Anorganische Überzüge auf Metalloberflächen erhält man entweder durch gezielte Oberflächenreaktionen (**Reaktionsbeschichten**) oder durch **Aufschmelzen** anorganischer Stoffe auf die Oberfläche des zu schützenden Werkstoffs. Es entstehen Konversions- oder Umwandlungsschichten, die eine ausgezeichnete Haftfestigkeit besitzen, da sie „aus dem Metall heraus" gebildet werden. Die auf der Metalloberfläche aufwachsenden amorphen oder kristallinen Schichten weisen im Allgemeinen eine geringe Formbeständigkeit auf, besonders wenn es sich um spröde Oxidschichten handelt.

Oxidschichten können durch unterschiedliche Verfahren erhalten werden. Zur Erzeugung oxidischer Schichten auf Stählen nutzt man die kontrollierte Oxidation mit überhitzter Luft bzw. mit etwa 500°C heißem Wasserdampf (*Bläuen*) oder das Tauchen von Stahlteilen in heiße oxidierende Schmelzen.

Die Korrosionsbeständigkeit *und* der dekorative Charakter von Stahlwerkstoffen lassen sich durch **Brünieren** (Schwarzoxidieren) verbessern. Das Werkstück wird in eine heiße (135 – 145°C) NaOH-Lösung getaucht, die Natriumnitrat $NaNO_3$ als Oxidationsmittel enthält. Anschließend wird mit inhibitorhaltigen Ölen nachbehandelt. Es bildet sich eine dünne, fest haftende, dunkelbraune bis schwarze Oxidschicht der Dicke 0,45 – 1 µm aus. Die Oberflächen von Bedienteilen und Waffen werden durch Brünieren behandelt.

Bei dem in Kap. 8.2.1 besprochenen, sehr bedeutsamen **Eloxal-Verfahren** wird die natürlich vorhandene oxidische Schutzschicht des Aluminiums auf elektrochemischem Wege verstärkt.

Der wahrscheinlich technisch wichtigste anorganische Überzug auf Gusseisen oder Stahl ist das *Email* (*frz.* Emaille). Er hat große Bedeutung für antikorrosive, säurefeste Auskleidungen von Apparaturen der chemischen und pharmazeutischen Industrie, für Haushaltgeräte und für den Sanitärbereich. Beim **Emaillieren** werden durch Aufschmelzen anorganischer Substanzen (Ausgangsstoffe: Borax, Quarzmehl und Feldspat sowie geringe Mengen Soda, Kryolith und Flussspat als Flussmittel) glasartige Überzüge erhalten. Die heute gängigen Emailsorten bestehen aus Borsilicatgläsern, die bei technischen Anwendungen getrübt sein können. Durch Zusatz von Metalloxiden entstehen farbige Schichten, die für dekorative Zwecke Verwendung finden. Emailliert wird im Allgemeinen in *mehreren,* mindestens jedoch in *zwei Schichten,* dem Grund- und dem Deck-Email. Bei säure- und hochsäurefesten Emaillierungen werden mehrere Deckschichten aufgebrannt, wobei die Schichten nach außen kieselsäurereicher werden. Die Säurefestigkeit eines Emails nimmt mit dem Anteil an SiO_2 zu. Im Gegensatz zu ihrer Säurefestigkeit sind Emailschichten gegenüber Alkalien sehr anfällig. Die Oberfläche wird angeätzt (s. Kap. 9.2.3, SiO_2/Silicate). Emailschichten reagieren empfindlich auf plötzliche Temperaturwechsel, obwohl sie thermisch hoch beansprucht werden können. Darüber hinaus besitzen sie eine nur geringe Schlag- und Biegefestigkeit. Sie weisen eine fast ideale Porenfreiheit und eine hohe Oberflächenglätte auf.

Zu einer weiteren, wenn auch strukturell völlig anderen Gruppe anorganischer Schutzüberzüge gehören die *Phosphatschichten.* Sie lassen sich durch **Phosphatieren** der Oberfläche von Stählen, Zink, Aluminium, Cadmium und Magnesium erzeugen. Bei diesem besonders für Eisenwerkstoffe wichtigen Verfahren wird eine dünne (0,002...0,02 mm) Oberflächenschicht aus schwer löslichen Phosphaten gebildet. Sie stellt trotz eventueller Nachbehandlung jedoch nur einen kurzfristigen Korrosionsschutz dar, weist aber eine Reihe praktisch bedeutsamer Vorteile auf. Zum einen ist sie durch ihre feinkristalline Struktur ein gut geeigneter Haftgrund für Rostschutzbeschichtungen. Zum anderen vermindert sie bei Verformungen den Gleitwiderstand und wirkt deshalb als Schmiermittelträger.

Bei der **Zinkphosphatierung** von Stahl wird das zu phosphatierende Teil in eine Lösung getaucht, die aus primären Zink- oder Manganphosphaten ($Zn(H_2PO_4)_2$ bzw. $Mn(H_2PO_4)_2$), Phosphorsäure und anderen Zusätzen besteht. Primäre Phosphate sind generell leicht löslich. Das Wirkprinzip dieses Verfahrens besteht darin, die Lage der in der Lösung ablaufenden unterschiedlichen chemischen Gleichgewichte so zu beeinflussen, dass die leicht löslichen primären Metallphosphate in schwer lösliche sekundäre oder sehr schwer lösliche tertiäre Phosphate überführt werden.

Zunächst ätzen (beizen) die H^+-Ionen der Phosphorsäure die Eisenoberfläche (Gl. 8-25).

$$Fe + 2\,H_3PO_4 \rightarrow H_2 + Fe^{2+} + 2\,H_2PO_4^- \tag{8-25}$$

Neben primären $H_2PO_4^-$-Ionen entstehen Wasserstoff und Fe^{2+}-Ionen. Die Zinkionen der Phosphatierungslösung bilden mit den $H_2PO_4^-$-Ionen schwer lösliches sekundäres Zinkphosphat $ZnHPO_4$ (Gl. 8-26), das die Deckschicht auf dem Stahl ausbildet. In einem nächsten Schritt wandelt sich das sekundäre Zinkphosphat allmählich in das sehr schwer lösliche tertiäre Zinkphosphat um (Gl. 8-27).

$$Zn^{2+} + 2\,H_2PO_4^- \;\rightleftharpoons\; ZnHPO_4 + H_3PO_4 \tag{8-26}$$

$$3\,ZnHPO_4 \;\rightleftharpoons\; Zn_3(PO_4)_2 + H_3PO_4 \tag{8-27}$$

Auf unverzinkten Eisen- bzw. Stahlwerkstoffen entsteht darüber hinaus das schwer lösliche *Phosphophyllit* ($Zn_2Fe(PO_4)_2 \cdot 4H_2O$), auf verzinkten Eisen- bzw. Stahlwerkstoffen *Hopeit* ($Zn_3(PO_4)_2 \cdot 4H_2O$). Phosphatierte, verzinkte Stahlbleche werden für Kraftfahrzeugkarosserien eingesetzt.

Die Wirkungsweise von **Rostwandlern** beruht im Prinzip auf der Umwandlung des fest haftenden Rostes in eine schwer lösliche Eisen(III)-phosphatschicht, die auf der Stahloberfläche gut verankert ist. Rostwandler bestehen im Wesentlichen aus einem Gemisch von Phosphorsäure und verschiedenen Additiven zur Reinigung und Entfettung der Metalloberfläche. Das gebildete $FePO_4$ ist ein sehr guter Haftgrund für Beschichtungen (*Haftgrundvermittler*). Problematisch bei der Verwendung von Rostumwandlern ist die richtige Dosierung des Phosphorsäureanteils, um den Rostprozess zu stoppen. Wird zuviel aufgebracht, greift der Rostwandler auch nicht korrodiertes Eisen oxidativ an, wird zuwenig aufgebracht, bleiben Rostinseln erhalten. In beiden Fällen geht der Korrosionsprozess weiter. Kombiniert man Rostwandler mit deckschichtbildenden organischen Verbindungen, wird der Rostschutz für Eisen- und Stahloberflächen deutlich erhöht.

Schließlich soll noch das **Chromatieren** als Verfahren zur Erzeugung anorganischer Korrosionsschutzschichten angeführt werden. Durch Tauchen der metallischen Werkstoffe in Lösungen von Chromsäure H_2Cr_4 oder Cr(III)-Verbindungen bilden sich Schutzschichten bis zu einer Dicke von ca. 1 μm aus. Die schwer löslichen Schichten bestehen neben Chromaten und Cr(III)-oxid (Cr_2O_3) aus Metalloxiden des Grundmetalls. Besonders im Bereich der metallischen Grenzschicht werden Kationen des zu schützenden Metalls in die Schutzschicht eingebaut.

8.3.5.2 Aktiver Korrosionsschutz

Zum aktiven Korrosionsschutz gehören zunächst alle Methoden, die gezielt in die Struktur des potentiell korrodierenden Systems eingreifen. Man nutzt die Besonderheit aus, dass sich die **Passivität** von Metallen wie z.B. Chrom auf Legierungen übertragen lässt, wenn das betreffende Metall in der Legierung einen bestimmten Grenzwert überschreitet. Auch durch eine Wärmebehandlung (**temporärer Korrosionsschutz**) kann die Korrosionsbeständigkeit verbessert werden. Die Ausbildung eines homogenen, weitgehend spannungsfreien Metallgefüges erschwert die Entstehung von Korrosionselementen. Die Korrosionsstabilität steigt. Schließlich tragen alle Maßnahmen korrosionsgerechten Konstruierens und sachkompetenten Werkstoffeinsatzes wie die Minderung der zu schützenden Oberfläche und die Anwendung elektrochemisch sinnvoller Werkstoffkombinationen zur Senkung der Korrosionsverluste bei.

- ***Katodischer Korrosionsschutz***

Eine Variante des aktiven Korrosionsschutzes besteht darin, durch gezielte Anwendung elektrochemischer Grundlagen und Zusammenhänge eine Kompensation des zwischen den katodischen und anodischen Bereichen der Metalloberfläche fließenden Korrosionsstroms zu erreichen. Man erzeugt einen Schutzstrom (Gleichstrom), der dem Korrosionsstrom entgegengerichtet ist und dessen Stärke mindestens der des Korrosionsstroms entspricht. Ziel ist ein Potentialausgleich auf der gesamten Werkstoffoberfläche, so dass ein Übertritt von positiven Metallionen in die Elektrolytlösung nicht mehr möglich ist. Eine Kompensation des anodischen, die Metallauflösung bewirkenden Korrosionsstroms kann entweder durch geeignete galvanische Anoden oder durch einen Fremdstrom erreicht werden. Da das zu schützende Metall als Katode fungiert, spricht man vom **katodischen Korrosionsschutz**. Er kommt überall dort zur Anwendung, wo Eisen(Stahl)-Konstruktionen großflächig in Kontakt mit Elektrolytlösungen stehen.

Prinzip der Opferanode. Eine erste Möglichkeit zur Erzeugung eines Korrosionsschutzstroms ergibt sich aus der Tatsache, dass bei der elektrochemischen Korrosion das korrodierende, anodisch in Lösung gehende Metall stets das unedlere ist. Man schaltet das zu schützende Metall (meist Eisen) als Katode eines galvanischen Elements und verbindet es leitend mit einem unedleren Metall als Anode (Abb. 8.12a). Die vorhandene Bodenfeuchtigkeit reicht als erforderliche Elektrolytlösung vollkommen aus. Das unedlere Metall korrodiert, d.h. es wird „geopfert" (*Opferanode, Aktivanode*). Die Elektronen fließen zum Eisen (Schutzstrom) und kompensieren den Korrosionsstrom auf der Eisenoberfläche. Die Bildung von Fe^{2+}-Ionen wird unterdrückt und das zu schützende Objekt (Katode) vor der Zerstörung bewahrt. Als Material für Aktivanoden, die in speziellen Bettungsmassen verlegt werden, eignet sich im Prinzip jedes Metall, wenn es nur unedler als das zu schützende ist. In der Praxis verwendet man neben Mg und Mg-Legierungen auch Zn und Al.

Da die Stärke des benötigten Schutzstroms nicht nur von der Potentialdifferenz zwischen eingesetzter Anode und dem Schutzobjekt, sondern auch vom spezifischen Widerstand der umgebenden Elektrolytlösung (Erdboden) abhängt, stellt der Korrosionsschutz mittels Opferanode eine relativ unflexible Methode dar. Bei dieser Art des Korrosionsschutzes ist es nicht möglich, auf stetig sich verändernde Parameter des Elektrolyten zu reagieren. Anwendungen: Gleise, Wasserbauwerke, Spundwände, Kraftwerke, Rohrleitungen, Warmwasserspeicher und Schiffe.

Einsatz von Fremdstrom. Den gleichen Effekt wie mit einer Opferanode kann man durch den Einsatz eines Fremdstroms erreichen. In diesem Fall wird der notwendige Korrosionsschutzstrom durch eine Gleichspannungsquelle (meist ein mit Wechselstrom gespeister Gleichrichter) von außen geliefert. Die dazu notwendigen Hilfselektroden (Anoden) bestehen aus Siliciumeisen, Graphit oder Magnetit und sind in einiger Entfernung vom zu schützenden Objekt in einer Koksbettung positioniert. Verbindet man den positiven Pol der Gleichspannungsquelle mit der Hilfselektrode und den Minuspol mit dem zu schützenden Objekt, so fließt ein Strom von der Hilfselektrode durch den Elektrolyten zur Katode, z.B. zu einer Rohrleitung (Abb. 8.12b).
Katodischer Korrosionsschutz mit Fremdstrom stellt heute den Stand der Technik dar, er findet bevorzugt Anwendung zum Schutz großer Flächen. Die besondere Attraktivität die-

ser Variante besteht darin, dass über potentialregelnde Gleichrichter ständig Korrekturen des Einspeisepotentials möglich sind, die sich etwa aus jahreszeitlich bedingten Änderungen der Leitfähigkeit des Elektrolyten ergeben.

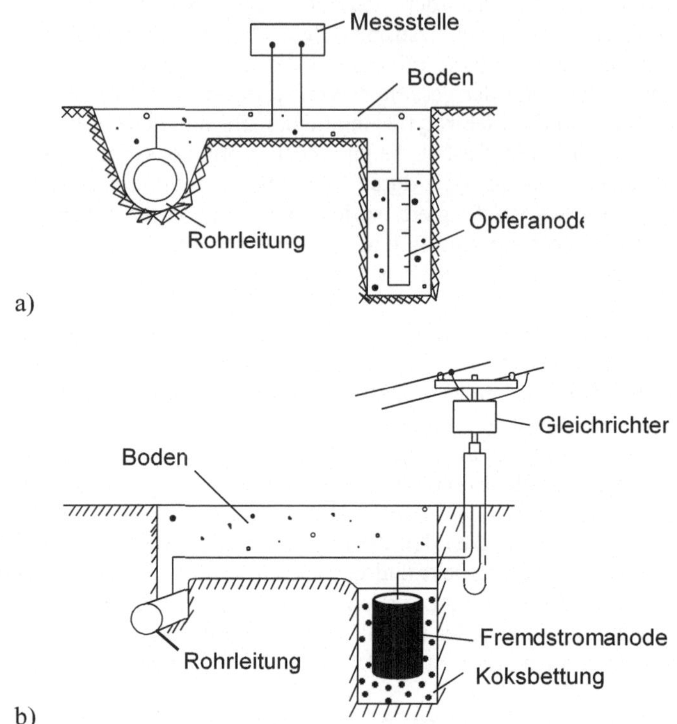

Abbildung 8.12 Katodischer Korrosionsschutz: a) durch den Einsatz einer Opferanode; b) durch Fremdstrom.

Heute rüsten die Werften ihre Schiffe überwiegend mit Fremdstromanlagen aus. Die Gründe wurden im Prinzip bereits genannt. Der Schutzstrom kann effektiver unterschiedlichen Schiffsgeschwindigkeiten, unterschiedlichen Temperaturen und einem sich häufig ändernden spezifischen Widerstand des Meerwassers angepasst werden. Weitere Anwendungen: Rohrleitungen, Stahlwasserbauwerke, Bohrinseln, Windenergieanlagen, Schleusen und Stahlbeton.

- **_Anodischer Korrosionsschutz_**

Ein Werkstück kann auch durch eine gezielte Beeinflussung des Anodenvorgangs vor korrosivem Angriff geschützt werden. Voraussetzung für die Anwendung des anodischen Korrosionsschutzes ist die Passivierbarkeit eines metallischen Werkstoffs. Durch einen Fremdstrom wird ein passives Verhalten des Werkstoffs erzwungen. Man prägt dem Metall von außen einen anodischen Strom auf, der das Potential in den Passivbereich verschiebt. Der Strom muss kontinuierlich fließen, damit der korrosionsfreie Zustand aufrechterhalten bleibt. Der anodische Korrosionsschutz findet vor allem bei Chrom- und Chrom-Nickel-Stählen Anwendung, die in Kontakt mit konzentrierter Schwefelsäure oder Phosphorsäure stehen. Auch unlegierte Stähle, die H_2SO_4, HNO_3, Sulfaten, Nitraten oder Düngemittellösungen ausgesetzt sind, können anodisch vor Korrosion geschützt werden.

Korrosionsinhibitoren vermindern die angreifende Wirkung korrosiver Medien. Durch Zusatz bestimmter chemischer Substanzen zu dem mit dem metallischen Werkstoff in Kontakt stehenden Medien (saure bzw. alkalische Lösungen, Öle, aggressive Gase, Lösungsmittel oder Kraftstoffe) werden physikalische oder chemische Veränderungen an der Metalloberfläche bewirkt, die den elektrochemischen Korrosionsvorgang direkt beeinflussen. Die Korrosionsinhibitoren setzen die Geschwindigkeit des Korrosionsvorganges herab (negative Katalyse). Eine Reaktionshemmung wird erreicht, indem die zugesetzten Chemikalien die metallische Elektrodenfläche blockieren. Sie bilden durch Adsorptionsprozesse (physikalische Inhibitoren) oder chemische Reaktionen (chemische Inhibitoren) einen stabilen Film auf der zu schützenden Oberfläche aus, der den Elektronenfluss zwischen anodischen und katodischen Bezirken weitgehend hemmen soll. Die als Korrosionsinhibitoren in Frage kommenden Stoffe müssen im Korrosionsmittel löslich sein und in möglichst kleinen Mengen eine optimale Wirkung erreichen. Darüber hinaus dürfen sie die Eigenschaften des Werkstoffes nicht nachteilig beeinflussen.

Zur Gruppe der *physikalischen Inhibitoren* gehören die **Beizinhibitoren**. Metalle werden gebeizt, d.h. mit Säuren behandelt, um „reine" Metalloberflächen zu erzeugen. Bei den von Rost und Zunder gereinigten Stählen erfolgt das Beizen in der Regel mit anorganischen Säuren wie HCl, H_2SO_4 und HNO_3 in speziellen Bädern. Durch den Zusatz von *Sparbeizen* erreicht man eine bevorzugte Auflösung der Eisenoxide. Beizinhibitoren wie aliphatische und aromatische Amine bzw. deren Oniumverbindungen sowie Thioharnstoffderivate vermindern den Angriff der Säuren auf das Grundmetall.

Zu den **chemischen Inhibitoren** gehören oxidierende Anionen wie Nitrate oder Chromate. Sie bilden durch chemische Reaktion mit der Metalloberfläche einen dünnen, gleichmäßigen Schutzfilm (ca. 20 nm), der passivierend wirkt und damit die Korrosion verhindern soll (*Passivatoren*). Die Wirkung von Reduktionsmitteln wie Natriumsulfit Na_2SO_3 und Hydrazin N_2H_4 beruht auf der reduktiven Entfernung des korrosionsfördernden, im Elektrolyten gelösten Sauerstoffs, z.B.: $N_2H_4 + O_2 \rightarrow N_2 + 2\,H_2O$.

Korrosionsinhibitoren kommen in den verschiedensten Anwendungsgebieten zum Einsatz, von der Erdöl- und Erdgasförderung, dem Automobilsektor bis hin zur Metallbearbeitung.

9 Chemie nichtmetallisch-anorganischer Baustoffe

9.1 Minerale und Gesteine

Die äußerste Schicht unserer Erde ist aus einer Vielzahl unterschiedlicher Gesteine aufgebaut, die sich über lange geologische Zeiträume hinweg gebildet haben. Von der Art der bei der Bildung der Gesteine ablaufenden physikalischen oder chemischen Vorgänge hängen Struktur und Aufbau und damit die Gebrauchseigenschaften eines Gesteins wie Härte, Druckfestigkeit, Porosität und Wasseraufnahmevermögen ab.

Natursteine besitzen als Baustoffe eine zentrale Bedeutung. Sie finden unter anderem für Fassadenbekleidungen und Dachbedeckungen, für Treppen und Fensterbänke, als Setzsteine für Massivmauerwerk und als Beton- und Mörtelzuschläge Anwendung. Im Straßenbau werden sie als Sand, Splitt, Pflaster- bzw. Bordsteine und im Eisenbahnbau vor allem als Schotter genutzt. Darüber hinaus stellt man aus Natursteinen wichtige Baustoffe her, zum Beispiel aus Kalkstein *Kalk*, aus Kalkmergel *Zement* und aus Gipsstein *Gips*.

9.1.1 Gesteinsbildende Minerale

Gesteine sind heterogene Gemenge von Einzelbausteinen, den **Mineralen**. Unter einem Mineral (*lat.* minera, Erzader) versteht man einen in der Erdkruste gebildeten, chemisch und physikalisch einheitlichen natürlichen Stoff. Als Bestandteil der Gesteine kommen die Minerale meist in kristalliner Form vor. Ihre räumliche Anordnung bzw. Verteilung im Gestein bezeichnet man als die *Textur* des Gesteins.

Von der Vielzahl gesteinsbildender Minerale sind nur etwa 40 mit großer Häufigkeit anzutreffen. Die wichtigsten sind: Feldspäte (55...60%); Ketten- und Bandsilicate, z.B. Amphibole (15...16%); Quarz (12%); Glimmer (3...4%); Olivin, Kalkspat und Aragonit (1,5%); Tonminerale, Dolomit, Limonit, Gips/Anhydrit (1...1,5%), weiterhin Salze (NaCl, KCl), Graphit, Serpentin, Apatit, Talk. Chemisch handelt es sich bei den angeführten Mineralen vor allem um Silicate und Siliciumdioxid, um Carbonate, Sulfate, Phosphate, Oxide, Hydroxide sowie Sulfide (Tab. 9.1). Manche Gesteine wie Quarz und Gipsstein bestehen nur aus *einem* Mineral.

Geologische Prozesse vollziehen sich als Wechselspiel exogener und endogener Kräfte. **Exogene Kräfte** sind auf die Erdoberfläche einwirkende Kräfte, die den ständigen Kreislauf von Erosion, Transport und Sedimentation in Gang halten. **Endogene Kräfte** sind durch Magmabewegungen im Innern der Erde wirksam werdende Kräfte. Sie sind verantwortlich für den Vulkanismus, gebirgsbildende Vorgänge und Erdbeben. Bis auf chemische (Kalkstein, Salze) und biogene Ablagerungen (Kohle) entstammen die Gesteine ursprünglich der glutflüssigen Schmelze im Inneren unserer Erde (*magmatische Gesteine*). Gelangen sie an die Oberfläche, unterliegen sie der Verwitterung und Abtragung. Die in den Meeren und Seebecken abgelagerten Gesteinsmaterialien sind Ausgangspunkt für die Entstehung von *Sedimentgestein*. Gelangen Gesteine in Bereiche hoher Drücke und Temperaturen, werden sie umgewandelt. Zunächst erfolgt eine mechanische Verformung, anschließend verändern sich Gefüge und Zusammensetzung. Es entstehen neue Gesteinsarten, die *metamorphen Gesteine*. Sie werden durch exogene Faktoren umgehend in den Gesteinskreislauf einbezogen. Die Erdkruste besteht bis in ca. 16 km Tiefe zu etwa 95% aus magmatischen und metamorphen Gesteinen und nur zu etwa 5% aus Sedimentgesteinen.

© Springer Fachmedien Wiesbaden GmbH, ein Teil von Springer Nature 2020
R. Benedix, *Bauchemie*, https://doi.org/10.1007/978-3-658-26442-0_9

Dieses Verhältnis kehrt sich um, betrachtet man die die Erdoberfläche bedeckenden Gesteine. Hier findet man zu etwa 75% Sedimentgesteine und nur zu 25% Magmagesteine.

Tabelle 9.1 Einteilung der Minerale nach ihrer chemischen Zusammensetzung

Klasse	Wichtige chemische Verbindungen bzw. Elemente	Beispiele
I	Elemente	Schwefel, Kupfer, Diamant
II	Sulfide: Kiese Glanze Blenden	Kupferkies $CuFeS_2$, Magnetkies FeS Bleiglanz PbS Zinkblende ZnS
III	Halogenide	Flussspat CaF_2, Sylvin KCl
IV	Oxide und Hydroxide	Quarz SiO_2, Korund Al_2O_3, Magnetit Fe_3O_4, Hämatit Fe_2O_3, Rutil TiO_2
V	Carbonate	Kalkspat bzw. Aragonit $CaCO_3$, Dolomit $CaMg(CO_3)_2$
VI	Sulfate	Gips $CaSO_4 \cdot 2H_2O$, Schwerspat $BaSO_4$
VII	Phosphate	Phosphorit $Ca_3(PO_4)_2$, Hydroxylapatit $Ca_5(PO_4)_3(OH)$, Fluorapatit $Ca_5(PO_4)_3F$
VIII	Silicate	Feldspäte (Kap. 9.2.3.1)

Im Bauwesen werden die Gesteine nach verschiedenen Gesichtspunkten unterteilt. Man unterscheidet:

- **Naturstein** als natürlich entstandenes Gestein im Gegensatz zu **künstlich hergestellten Steinen** wie Beton und Ziegel
- **Hart-** und **Weichgestein**: Unterscheidung im Hinblick auf die Druckfestigkeit des Gesteins; die Grenze liegt bei ca. 180 N/mm². Unterhalb dieser Grenze liegt Weichgestein wie Sandsteine und Kalksteine, oberhalb Hartgestein wie Granite, Porphyre und Basalte vor.
- **Fest-** und **Lockergestein**: Unterscheidung hinsichtlich des Zusammenhalts im Kristallit- bzw. Kornverband. Während das Festgestein im Bauwesen als Naturwerksteine unmittelbar verwendet werden kann, muss Lockergestein (Sande, Tone) mit Hilfe eines Bindemittels verfestigt werden.

Im Hinblick auf ihre **Entstehung** unterteilt man die Gesteine in 3 Gruppen: magmatische Gesteine, Sedimentgesteine und metamorphe Gesteine. Alle drei Gesteinsgruppen gehören zum *Festgestein*.

9.1.2   Gesteine

9.1.2.1   Magmatische Gesteine

Zu den magmatischen Gesteinen (*Erstarrungsgesteine, Magmatite*) gehören alle Gesteine, die durch Abkühlung der magmatischen, hauptsächlich silicatischen Schmelze (*Magma*) entstanden sind. Das Magma befindet sich in etwa 100...120 km Tiefe. Seine Temperatur wird auf ca. 1200°C geschätzt. Je nach dem Ort der Abkühlung unterscheidet man zwischen Tiefengesteinen und Ergussgesteinen. **Tiefengesteine** oder Plutonite bilden sich, wenn die heißen Schmelzen innerhalb der Erdkruste erstarren. Da die Abkühlung sehr langsam erfolgt, entstehen große Kristalle, die im Gesteinsmaterial gut sichtbar sind. Die magmatischen Tiefengesteine weisen eine richtungslose (keine Schichtung oder Schieferung!), gleichmäßig körnige bis grobkörnige Mineralstruktur auf. Die wichtigsten Tiefengesteine sind *Granit* (Abb. 1.1), *Syenit, Gabbro* und *Diorit*. Granit ist mit einem Anteil von ~ 95% das mit Abstand am häufigsten vorkommende Tiefengestein. Gelangt das flüssige Magma durch Risse, Spalten oder Schwachstellen der Erdkruste an die Oberfläche und ergießt sich dort als Lava, werden die Kristallisationsprozesse aufgrund der schnellen Abkühlung weitgehend unterdrückt. Es entstehen feinkristalline Strukturen oder glasige Erstarrungsprodukte, die man als **Ergussgesteine** oder Vulkanite bezeichnet. Ihr Gefüge erscheint einheitlich und massiv, sie besitzen eine dichte Grundmasse. Wichtige Ergussgesteine sind *Basalt, Diabas, Trachyt* und *Quarzporphyr*. Bei explosionsartigen Eruptionen (Vulkanismus) kann es zum Auswurf von **Lockerprodukten** kommen. Zu den Lockerprodukten gehören *Aschen, Bimssteine* (durch Gase aufgeblähte, glasig erstarrte Magmateilchen) und *Tuffe* (verfestigte vulkanische Aschen).

Sind in der feinkörnigen, dichten Gesteinsmasse größere Körner eines anderen Minerals enthalten, sogenannte Einsprenglinge, nennt man die Struktur **porphyrisch**. Einsprenglinge entstehen durch Auskristallisation von Mineralen, bevor das Magma die Erdoberfläche erreicht. Eine porphyrische Struktur ist häufig bei **Ganggesteinen** vorzufinden. Ganggesteine bilden sich wenn dünnflüssiges Magma in schmale Gesteinsspalten eindringt und dort abkühlt. Wichtige Ganggesteine sind *Granitporphyr, Syenitporphyr, Diorit-* und *Gabbroporphyr*.

Hinsichtlich ihres SiO_2-Gehalts werden die Magmatite in *saure* (65...82%), *intermediäre* (52...65%) und *basische* (40...52%) Gesteine unterteilt. Zu den sauren Magmatiten gehören die Tiefengesteine *Granit* und *Trachyt* sowie die Ganggesteine *Granitporphyr* und *Syenitporphyr*. Sie bilden aufgrund ihres hohen Gehalts an Quarz und Quarzabkömmlingen meist hellere Gesteine. Die dunkle Färbung der basischen Magmatite ist dagegen auf einen mehr oder weniger hohen Anteil an grauen bis schwarzen Fe(II)-haltigen Mineralen zurückzuführen, z.B. in *Augiten* (Pyroxene), *Amphibolen* (Hornblenden) und im *Olivin*. Beispiele für basische Magmatite sind *Gabbro, Basalt* und *Diabas*.

Mit Ausnahme von porösen Lavagesteinen sind Magmatite (Porenvolumen < 1 Vol%) sehr dichte Gesteine. Ihre Druckfestigkeit liegt im Bereich zwischen 160...400 N/mm^2, z.B. Granit, Syenit: 160...400 N/mm^2; Diorit, Gabbro: 170...300 N/mm^2; Quarzporphyr, Porphyrit: 180 ...300 N/mm^2; Basalt: 250...400 N/mm^2; Diabas: 180...250 N/mm^2. Dagegen beträgt die Druckfestigkeit von Basaltlava 80...150 N/mm^2.

9.1.2.2 Sedimentgesteine – Kalkstein

Sedimentgesteine (Schichtgesteine, Sedimentite) entstehen als Verwitterungsprodukte anderer Gesteine. Die Geschwindigkeit des Verwitterungsprozesses wird vom Gefüge des Gesteins beeinflusst. Grobkörnige Minerale verwittern schneller als feinkörnige. Die Art der Verwitterung hängt von den klimatischen Bedingungen und den geologischen Gegebenheiten ab. Gesteine können durch mechanische und/oder chemische Verwitterungsprozesse zerfallen bzw. umgebildet werden. Die **mechanische (physikalische) Verwitterung** führt infolge ständigen Temperaturwechsels, kontinuierlichen Frost-Tau-Wechsels, des Kristallisationsdruckes auskristallisierender Salze sowie des ständigen Einflusses stürmischer Winde und fließenden Wassers zu einer allmählichen Zerkleinerung der Gesteine. Dabei ändert sich die chemische Zusammensetzung der Gesteine nicht. Diese mechanischen Abtragungsprozesse werden auch als **Erosion** bezeichnet.

Die **chemische Verwitterung (Lösungsverwitterung)** umfasst chemische Reaktionen, die zwischen den Bestandteilen des Gesteins und dem Wasser, einschließlich der darin gelösten Stoffe, ablaufen. Sie beruht auf Lösungs-, Protolyse- und Hydrolysereaktionen sowie auf Oxidationsprozessen. Wasserlösliche Bestandteile werden gelöst, an andere Stellen transportiert und dort beim Überschreiten der Löslichkeitsgrenze als Salze abgelagert. Da in den oberen Bodenschichten vornehmlich schwer lösliche Verbindungen anzutreffen sind, vollziehen sich die Lösereaktionen überwiegend in tieferen Schichten. Sie betreffen vor allem Kalke und Gipse. Die *Carbonatverwitterung* führt zu einer „**Entkalkung**" carbonathaltiger Gesteine. Kalklösende Prozesse spielen im Bauwesen bei der Korrosion von Natursteinen, z.B. von kalkig gebundenen Sandsteinen, und von kalkhaltigen mineralischen Baustoffen eine wichtige Rolle (Kap. 9.4).

Die durch hydrolytische Prozesse ausgelöste **Silicatverwitterung** ist ebenfalls von bauchemischem Interesse. Ihr unterliegen vor allem Feldspäte. Zum Beispiel verläuft die hydrolytische Verwitterung von Kalifeldspat $KAlSi_3O_8$ infolge Protolyse über die Zwischenverbindung $HAlSi_3O_8$ (Gl. 9-1). Der pH-Wert steigt an, sofern nicht saure Komponenten neutralisierend wirken. Nachfolgend kommt es entweder zur Bildung von Tonmineralen wie Kaolinit (Gl. 9-2) oder von $Al(OH)_3$.
Die Bruttoreaktion der hydrolytischen Zersetzung von Kalkfeldspat (Anorthit, $CaAl_2Si_2O_8$) ist in Gl. (9-3) wiedergegeben.

$$KAlSi_3O_8 \;+\; H_2O \;\rightarrow\; HAlSi_3O_8 + K^+ + OH^- \tag{9-1}$$
Kalifeldspat

$$2\,KAlSi_3O_8 + 3\,H_2O \;\rightarrow\; Al_2(OH)_4Si_2O_5 + 4\,SiO_2 + 2\,K^+ + 2\,OH^- \tag{9-2}$$
Kaolinit

$$CaAl_2Si_2O_8 + 2\,CO_2 + 3\,H_2O \;\rightarrow\; Al_2(OH)_4Si_2O_5 + Ca^{2+} + 2\,HCO_3^- \tag{9-3}$$
Kalkfeldspat

Die Verwitterungsprodukte werden zunächst als Lockermassen (Geröll, Kies, Sand, Ton) abgelagert und im Laufe der Zeit ständig weiter überdeckt, wodurch sie in tiefere Schichten gelangen. Durch allmählichen Druck- und Temperaturanstieg, chemische Umsetzungen sowie Dehydratisierungs- und Umkristallisationsprozesse erfolgt eine Verfestigung des Gesteins (**Diagenese**). Es entstehen Sedimente, in denen die Lockergesteine durch Bindemittel wie $CaCO_3$, Tonerdeminerale und/oder Kieselsäure verkittet sind.
Nach ihrem Entstehungsort unterscheidet man *terrestrische* (auf dem Land entstandene) und *marine* (im Meer entstandene) *Sedimentgesteine*. Nach der Art ihrer Entstehung unterteilt man sie in zwei Gruppen: in *klastische Sedimente* und *chemische* bzw. *biogene Sedimente*.
Klastische Sedimente. Zu den klastischen Sedimenten gehören durch Diagenese verfestigte grobe Steine (Konglomerate, Brekzien), verfestigte Sande (Sandsteine) und Tone (Tonschiefer). **Sandsteine** besitzen im Bauwesen eine große Bedeutung. Sie enthalten vorwiegend Quarz, Feldspat und Glimmer, die in ein kieseliges, kalkiges oder toniges Bindemittel eingebettet sind. Kieselig gebundene Sandsteine bezeichnet man auch als *saure* Sandsteine. Sie gehören zu den hochwertigen Sandsteinen mit einer hohen Festigkeit. Sind ihre Poren weitgehend mit Bindemittel gefüllt, sind sie frostsicher. *Quarzite* sind Sandsteine mit einem hohen Prozentsatz an kieseligem Bindemittel und einem vergleichsweise

geringen Prozentsatz an Quarzkristallen. Kalkig gebundene Sandsteine werden auch als *basische* Sandsteine bezeichnet. Sie sind, wie die Rauchgasschädigungen an Sandsteinfassaden alter Kirchen und Dome zeigen, empfindlich gegenüber einem Angriff saurer Gase (vor allem SO_2). *Grauwacken* sind im Erdaltertum entstandene graue Sandsteine.
Die Qualität eines Sandsteins richtet sich nach seiner Körnung. Je feiner und gleichmäßiger er im Korn ist, umso qualitativ hochwertiger ist er. Die Druckfestigkeiten liegen für Quarzit und Grauwacke zwischen 150...300 N/mm², für kieselig gebundene Sandsteine im Bereich 120...200 N/mm² und für sonstige Quarzsandsteine zwischen 30...180 N/mm².

Chemische und biogene Sedimente. Zu den am häufigsten vorkommenden und gleichzeitig für den Menschen nutzbringendsten Sedimentgesteinen gehören die **Kalksteine.** Sie bestehen überwiegend aus Calciumcarbonat $CaCO_3$ und werden der Gruppe der chemischen und biogenen (organischen) Sedimente zugeordnet. Gerade bei der Entstehung des Kalksteins wird deutlich, dass eine scharfe Trennung zwischen chemischen und biogenen Sedimenten nicht möglich ist.
Natürlich vorkommender Kalkstein ist zum einen durch Verwitterung von Feldspäten entstanden. Er ist ein feinkristallines Calciumcarbonat, das vor allem durch Tonminerale verunreinigt ist ($\rightarrow$ *Kalkstein-Ton-Gestein*). Liegt der Carbonatgehalt über 90% spricht man von *Kalksteinen*, liegt er unter 10% von *Tonen*. Dazwischen folgen die Stufen *Mergelton* (>10...30%), *Tonmergel* (>30...50%), *Mergel* (>50...70%), *Kalkmergel* (>70... 85%) und *Mergelkalk* (>85...90%); in Klammern jeweils die Carbonatgehalte. Bei den angeführten Mergelgesteinen darf der $MgCO_3$-Anteil 5% des Gesamtcarbonatgehalts nicht übersteigen. *Dolomit* $CaMg(CO_3)_2$ ist durch das Eindringen höher konzentrierter magnesiumhaltiger Lösungen in kalkhaltige Gesteine entstanden. Der $MgCO_3$-Anteil liegt hier über 30% des Gesamtcarbonatgehalts.
Zum anderen entstand (und entsteht) der Kalkstein infolge Ausfällung der im Meer gelösten Calcium- durch Carbonationen. Der Kalkgehalt des Meeres beruht auf den durch Verwitterungslösungen vom Festland herangeführten Härtebildnern (Kap. 6.4.1).
Ein Teil der Calciumionen wird von den im Meer lebenden Organismen aufgenommen und zu kalkhaltigen Hartteilen wie Schalen, Panzer und Skelette verarbeitet (**Biomineralisation**). Sterben die Organismen ab, sinken sie zu Boden und bilden ebenfalls Kalkstein. Damit ist der am Meeresboden sedimentierte Kalkstein ein Gemisch aus ausgefälltem und biogenem Sediment. *Muschelkalk, Kreide* (z.B. Kreidefelsen auf der Insel Rügen) und *Korallenkalk* bestehen überwiegend aus organischen Sedimenten. Die biogene Sedimentierung von kieselsäurehaltigen Schalen und Hartteilen der Diatomeen (Kieselalgen) führte zur Bildung von *Kieselgur* (Kap. 9.2.2).
Kalktuffe sind gelbe bis rötliche, weiche, sehr gut bearbeitbare Kalksteine. Reiner *Marmor* ist weiß und unter hohem Druck entstanden. Die Farbigkeit der roten Varietäten ist auf Eisenoxid, der gelben bis braunen auf Eisenhydroxid und der grauen bis schwarzen auf Kohlenstoff zurückzuführen. *Marmor* ist gleichzeitig die Handelsbezeichnung für alle polierfähigen Kalksteine.
Dolomite und dichte Kalksteine einschließlich der Marmorvarietäten besitzen Druckfestigkeiten im Bereich von 80...180 N/mm². Mergel und Kalktuffe weisen deutlich reduzierte Druckfestigkeiten auf, z.B. Mergel 20...90 N/mm², Travertin 20...60 N/mm².
Salzgesteine wie Gips und Steinsalz sind chemische Sedimente. Sie sind im Ergebnis der Verdunstung von Meerwasser entstanden.

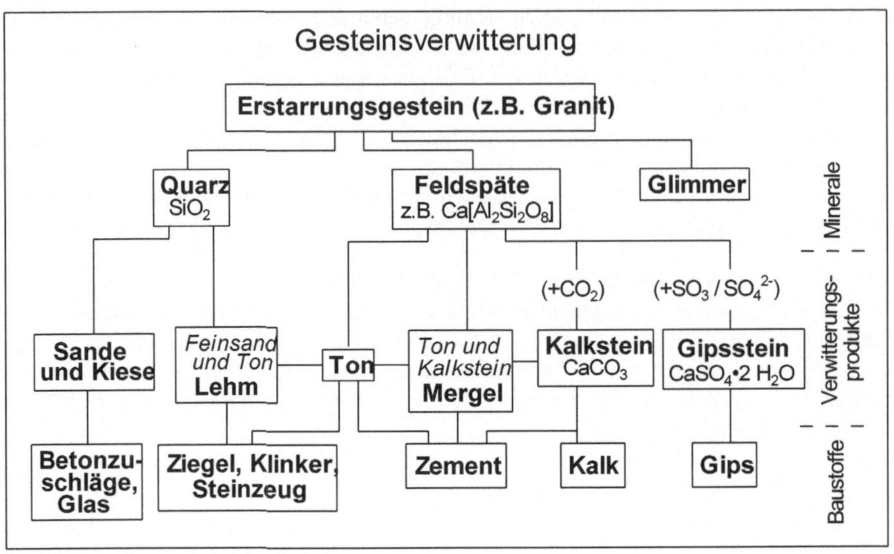

Abbildung 9.1   Verwitterung eines magmatischen Erstarrungsgesteins, Verwitterungsprodukte und daraus hergestellte Baustoffe (nach: [BC 4b])

Abb. 9.1 zeigt schematisch den Verwitterungsprozess eines Erstarrungsgesteins, z.B. von Granit. Granit besteht hauptsächlich aus den Mineralen Quarz, Feldspat und Glimmer. Im Verlaufe des Verwitterungsprozesses werden die Alkali- und Erdalkalimetallbestandteile herausgelöst, wobei sich leicht lösliche Alkalimetall- und schwer lösliche Erdalkalimetallverbindungen bilden. Aus letzteren entstehen Kalkstein bzw. Gips; *Tone* und *Sande* bleiben zurück. Tone bilden mit Feinsand *Lehm* und mit Kalkstein *Mergel*. Einige ausgewählte, aus den Verwitterungsprodukten hergestellte Baustoffe sind ebenfalls in Abb. 9.1 aufgeführt.

9.1.2.3   Metamorphe Gesteine

Metamorphe Gesteine (Umwandlungsgesteine, Metamorphite) sind durch Umwandlung von magmatischen oder Sedimentgesteinen entstanden. Durch Verschiebungen, Überwerfungen oder Faltungen der Erdoberfläche gelangten Magmatite und Sedimentite im Laufe der erdgeschichtlichen Entwicklung in tiefere Erdschichten. Hier veränderte sich unter dem Einfluss starken Drucks und hoher Temperaturen ihre Gesteinsstruktur. Die Ausgangsgesteine wurden umgewandelt („metamorphisiert"). Spätere Erdbewegungen förderten sie wieder zutage.

Ein charakteristisches Strukturmerkmal der Metamorphite ist ihre **Schieferung**. Durch Druckeinwirkung in einer bestimmten Vorzugsrichtung erfolgte eine parallele Ausrichtung von blättchenförmigen Mineralen senkrecht zur Druckrichtung. Aus Graniten, Dioriten bzw. Syeniten entstanden *Gneise* (*kristalline Schiefer*), aus Tongesteinen *Glimmerschiefer* bzw. *Phyllite* und aus Kalkgesteinen wie Marmor *Kalkschiefer*. Die Druckfestigkeit der Gneise liegt im Bereich 160...280 N/mm². Tonschiefer, der als Dachschiefer verwendet werden soll, muss im Verlaufe langer geologischer Zeiträume vollständig metamorphisiert (entwässert, silicatisiert) worden sein. Er soll eine Biegezugfestigkeit von etwa 50...80 N/mm² besitzen.

9.2 Silicate und siliciumorganische Verbindungen

Silicate, einschließlich Siliciumdioxid, sind zu etwa 90% am Aufbau unserer Erdkruste beteiligt. Sie werden im Bausektor entweder direkt als Natursteine verwendet oder sie bilden die Rohstoffbasis für technische Silicate wie Zement, Glas, Keramik und Hochofenschlacke. Siliciumorganische Verbindungen sind wichtige Hydrophobierungsmittel im Bautenschutz.

9.2.1 Siliciumdioxid

Siliciumdioxid tritt in zahlreichen kristallinen wie auch amorphen Modifikationen auf. Die wichtigste kristalline Modifikation ist - neben Tridymit und Cristobalit - der *Quarz*. Amorphe Formen des Siliciumdioxids sind *Kieselgur*, *Trass* und der *Opal*. Kristalliner reiner Quarz (*Bergkristall*) ist sehr hart, wasserklar und schmilzt bei einer Temperatur von 1713°C. Die Farbigkeit natürlich vorkommender Quarzkristalle ist meist auf Spuren von Übergangsmetallionen zurückzuführen, die in das Quarzgitter eingebaut sind, z.B. *Rosenquarz* (rosa, Ti), *Amethyst* (violett, Fe), *Rauchquarz* (braun, Al) und *Citrin* (gelbbraun, Fe). Gut ausgebildete Kristalle werden als Schmucksteine verwendet.

Anders als Kohlenstoff bildet Silicium nur in seltenen Fällen Doppelbindungen aus. Deshalb existiert Siliciumdioxid nicht wie CO_2 als isoliertes Molekül, sondern bildet ein **dreidimensionales Kristallgitter** aus. Jedes Si-Atom ist tetraedrisch von vier O-Atomen umgeben (sp^3-Hybridisierung, Abb. 3.5b, S. 54) und jedes Sauerstoffatom besitzt zwei Si-Atome als Nachbarn. Demnach sind die SiO_4-Tetraeder über gemeinsame Ecken verknüpft. Die hin und wieder anzutreffende Formel $(SiO_2)_n$ für Siliciumdioxid trägt dieser besonderen Bindungssituation im räumlichen Netzwerk Rechnung. Ordnet man jedes Brückensauerstoffatom zur Hälfte den beiden an ihm gebundenen Siliciumatomen zu, kommen auf ein Si-Atom 4/2 O-Atome. Damit erhält auch die weithin gebräuchliche Formel SiO_2 ihre Berechtigung.

Die polaren Einfachbindungen zwischen Si und O sind durch π-Bindungsanteile verstärkt. Die Folge ist eine relativ große Härte und hohe thermische Stabilität des SiO_2. Die stabilen Bindungen sind auch der Grund für die chemische Inertheit von Siliciumdioxid. SiO_2 wird von Säuren kaum angegriffen (Ausnahme: Flusssäure HF). Selbst heißen, wässrigen Laugen gegenüber verhält sich Siliciumdioxid relativ inert. Schmilzt man es jedoch mit Alkalihydroxiden oder -carbonaten, entstehen Alkalimetallsilicate (Kap. 9.2.3.1, Gl. 9-4 bis 9-7).

Die verbrückten SiO_4-Tetraeder des SiO_2-Gitters können sich in Abhängigkeit von der Temperatur umordnen. Es entstehen verschiedene **polymorphe Modifikationen**, die bei bestimmten Temperaturen ineinander übergehen. Bei Normaldruck ist Quarz bis 870°C die stabile Modifikation. Bis 573°C liegt er in der Niedertemperaturform (α-Quarz), darüber in der Hochtemperaturform (β-Quarz) vor. Die Umwandlung von der α- in die β-Form ist mit einer *Volumenausdehnung* verknüpft, was u.a. zu Problemen bei der Verwendung SiO_2-haltiger Gesteinskörnungen bei feuerfesten Baustoffen führt. Bei 870°C geht der β-Quarz in Tridymit und bei 1470°C geht Tridymit in Cristobalit über. Bei 1713°C schmilzt Cristobalit. Wegen der außerordentlich geringen Umwandlungsgeschwindigkeiten kommen auch die Hochtemperaturmodifikationen Tridymit und Cristobalit in der Natur vor. Mit zunehmender Temperatur nimmt die Dichte der Kristallmodifikationen des SiO_2 ab: α-Quarz 2,66 g/cm^3, β-Quarz (Hochquarz) 2,60 g/cm^3, Tridymit 2,30 g/cm^3 und Cristobalit 2,21 g/cm^3. Eine SiO_2-Schmelze erstarrt bei rascher Abkühlung zu einer glasartig, amorphen Masse, dem **Quarz-** oder **Kieselglas** (Kap. 9.2.3.2.1).

Die durch Gesteinsverwitterung entstandenen **Quarzkiese** (> 97% SiO_2) und **Quarzsande** (> 98% SiO_2) besitzen vor allem Bedeutung als industrielle Rohstoffe. *Quarzsand* wird für die Herstellung von Glas, Wasserglas, elementarem Silicium, Siliciumcarbid (Werkstoff großer Härte, extrem hoher Wärmeleitfähigkeit und geringer Wärmeausdehnung) sowie als Formgrundstoff in Gießereien verwendet. *Quarzmehl* (gemahlener Quarzsand) wird vor allem in der Glas-, Email- und keramischen Industrie eingesetzt.

Sande und Kiese, die einen hohen Prozentsatz an Siliciumdioxid enthalten, werden in großen Mengen zur Herstellung von Beton und Mörtel benötigt.

9.2.2   Kieselsäuren

Orthokieselsäure H_4SiO_4 („Kieselsäure") ist praktisch in allen natürlichen Gewässern enthalten. Sie bildet sich durch Auflösen von amorphem Siliciumdioxid, das durch Verwitterung aus den Silicaten entstanden ist:

$$SiO_2 \ + \ 2\,H_2O \ \rightleftharpoons \ H_4SiO_4$$
fest   *gelöst*

H_4SiO_4 ist eine *Monokieselsäure*. Sie kommt im Gegensatz zu den anderen Kieselsäuren (s.u.) als isoliertes Molekül vor. Allerdings ist sie nur in sehr verdünnter Lösung $(c(H_4SiO_4) < 2 \cdot 10^{-3}$ mol/l$)$ kurzzeitig stabil. Derartig verdünnte Lösungen erhält man im Labor durch Auflösen von amorphem, aus der Gasphase abgeschiedenem SiO_2 in Wasser. Die Löslichkeit von amorphem SiO_2 ist mit einem Wert von 120 mg pro Liter Wasser (25°C) deutlich größer als die von kristallinem oder glasigem SiO_2 (Quarz: 2,9 mg/l; Quarzglas 39 mg/l; 25°C).

Die in verdünnter Lösung vorliegende Orthokieselsäure ist eine schwache Säure (pK_{S1} = 9,51; pK_{S2} = 11,74). In neutraler Lösung liegt sie praktisch unprotolysiert vor.

Charakteristisches Merkmal der Kieselsäure ist ihre Neigung zur **intermolekularen Wasserabspaltung** (Kondensation) unter Bildung von **Polykieselsäuren**. Die Geschwindigkeit der Kondensation ist abhängig von der Konzentration, der Temperatur und dem pH-Wert. Am beständigsten sind H_4SiO_4-Lösungen bei einem pH-Wert um 2.

Die Orthokieselsäure geht unter H_2O-Abspaltung zunächst in die Dikieselsäure $H_6Si_2O_7$ und durch weitere Kondensation über die Stufen der Tri- und Tetrakieselsäuren in höhermolekulare Polykieselsäuren, z.B. Polymetakieselsäuren, $(H_2SiO_3)_n$, über (Abb. 9.2). Die Kondensation der sich zunächst im Solzustand befindlichen Polykieselsäuren setzt sich fort. Unter Wasseraustritt werden weitere Si-O-Si-Bindungen geknüpft. Am Ende der Kondensationsreaktionen stehen kugelförmig verknäuelte Polykieselsäureaggregate kolloider Dimension mit einer relativen Molekülmasse von etwa 6000. Sie bestehen aus einem SiO_2-

Gerüst unregelmäßig miteinander verknüpfter SiO$_4$-Tetraeder, das nach außen durch eine Schicht OH-Gruppen enthaltender Kieselsäureeinheiten begrenzt wird (Abb. 9.3a). Im Verlauf des Kondensationsprozesses wandelt sich das Sol allmählich in eine gelartige Masse um, die als **Kieselgel** (auch: Kiesel-Hydrogel) bezeichnet wird.

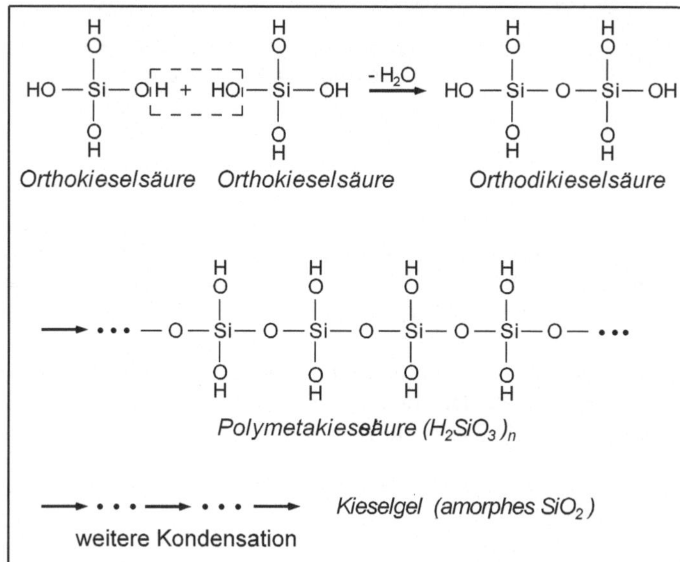

Abbildung 9.2

Kondensation der Kieselsäuren

Beim Trocknen (Entwässern) von Kieselgel erhält man ein poriges, lockeres Produkt mit einer großen inneren Oberfläche (**Silicagel**, auch: Kiesel-Xerogel). Getrocknetes Kieselgel ist eine amorphe Form des Siliciumdioxids mit einem völlig ungeordneten Netzwerk aus SiO$_4$-Tetraedern (*reaktives SiO₂, reaktive Kieselsäure*). Aufgrund der an der Oberfläche lokalisierten OH-Gruppen ist die reaktive Kieselsäure in der Lage, mit dem Ca(OH)$_2$ des Kalks oder Zements im Sinne einer Neutralisationsreaktion schwer lösliche Calciumsilicate zu bilden (*Puzzolanwirkung*).

Die Begriffe *Kieselgel* für die hochkondensierte, wasserreiche Kieselsäure und *Silicagel* für die entwässerte Form des Kieselgels werden sowohl in der Literatur als auch in der Praxis nicht einheitlich verwendet. Das entwässerte Produkt wird mitunter auch als Kieselgel bezeichnet.

Amorphes Kieselgel eignet sich als „Puffer" zur Vermeidung des Alkalitreibens, da es relativ rasch mit der gebildeten Alkalilauge reagiert und so die Gesteinskörnung vor dem alkalischen Angriff schützt (9.4.2.2.3). Darüber hinaus ist Silicagel ein hervorragendes Adsorptionsmittel für Gase und Dämpfe (z.B. H$_2$O-Dampf), aber auch für gelöste Stoffe.

Kieselgur (Diatomeenerde, Diatomit) ist natürlich vorkommende, durch Sedimentierung kieselsäurehaltiger Schalen und Hartteile von Kieselalgen (*Diatomeen*) entstandene, amorphe Kieselsäure. Ihr SiO$_2$-Gehalt liegt zwischen 85...90 %. Kieselgur gehört zu den natürlichen Puzzolanen (Kap. 9.3.3.3.1). Als Betonzusatzstoff wurde sie weitgehend durch Trass ersetzt.

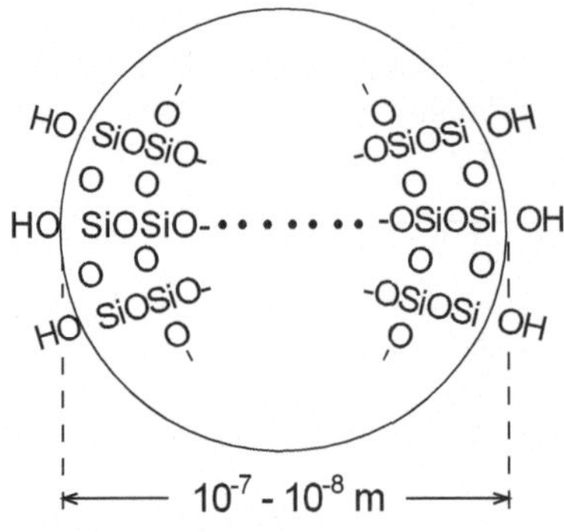

Abbildung 9.3a

Schema eines kolloiden SiO_2-Teilchens (reaktive Kieselsäure)

Silicastaub ist feinteiliger SiO_2-Staub. Er fällt als Nebenprodukt bei der Herstellung von Reinstsilicium und Si-Legierungen im elektrischen Lichtbogenofen an. Wegen seiner puzzolanischen Aktivität und seiner Füllereigenschaft wird er für Hochleistungsbetone verwendet (Kap. 9.3.3.3.1).

Pyrogene Kieselsäure (pyrogenes SiO_2) wird durch Flammenpyrolyse von Chlorsilanen, z.B. Siliciumtetrachlorid $SiCl_4$, hergestellt. Die flüssigen Chlorsilane verdampfen in der Knallgasflamme, hydrolysieren mit dem in situ gebildeten Wasser und bilden *hochdisperse Kieselsäure*:

$$SiCl_4 + 2\,H_2 + O_2 \rightarrow SiO_2 + 4\,HCl.$$

Durch gezielte Prozessführung wie der Variation der Konzentration der eingesetzten Ausgangsstoffe, der Flammtemperatur sowie der Verweilzeit im Verbrennungsraum entsteht Kieselsäure in Form nanoskaliger Teilchen ($\varnothing$ 5...30 nm). Hersteller für hochdisperse Kieselsäure sind Evonik Industries (Aerosile®) und Wacker-Chemie (HDK®). Hochdisperse Kieselsäure ist ein wichtiges Thixotropierungsmittel (s. Kap. 6.3.2).

Die Eigenschaft der Thixotropie beruht auf den besonderen strukturellen Merkmalen der Kieselsäuremoleküle. Die $Si(OH)_4$-Moleküle besitzen nach außen gerichtete OH-Gruppen, die sich im Ruhezustand über Wasserstoffbrückenbindungen zu dreidimensionalen Netzwerken zusammenlagern können. In wässriger Lösung werden weitere Wasserstoffbrückenbindungen zwischen Wassermolekülen und den OH-Gruppen an der Oberfläche der Kieselsäuremoleküle ausgebildet. In den Hohlräumen dieser Nanopartikel-Aggregate können Flüssigkeiten oder Gase gespeichert und so weitgehend immobilisiert werden. In diesem Zustand ist das System zähflüssig bis fest. Bei mechanischer Beanspruchung wie Schütteln oder Rühren werden die schwachen Wasserstoffbrücken gebrochen, die Aggregate teilweise zerstört und das System wird wieder leicht flüssig (Abb. 9.3b).

Je länger die äußere mechanische Störung einwirkt und je mehr Wasserstoff-Brückenbindungen aufbrechen, umso flüssiger wird das disperse System.
Nach dem Ende der äußeren Einwirkung kommt das System wieder zur Ruhe. Es bilden sich erneut dreidimensionale Kieselsäure-Aggregate und die Mischung wird wieder zähflüssig bis fest. Hochdisperse Kieselsäure wird als Thixotropierungsmittel in Fugendichtmassen, in Farben und Lacken und in Druckfarben eingesetzt. Darüber hinaus wird sie zur

thermischen Isolierung von Außenfassaden und als puzzolanisches Zusatzmittel für Hochleistungsbetone verwendet.

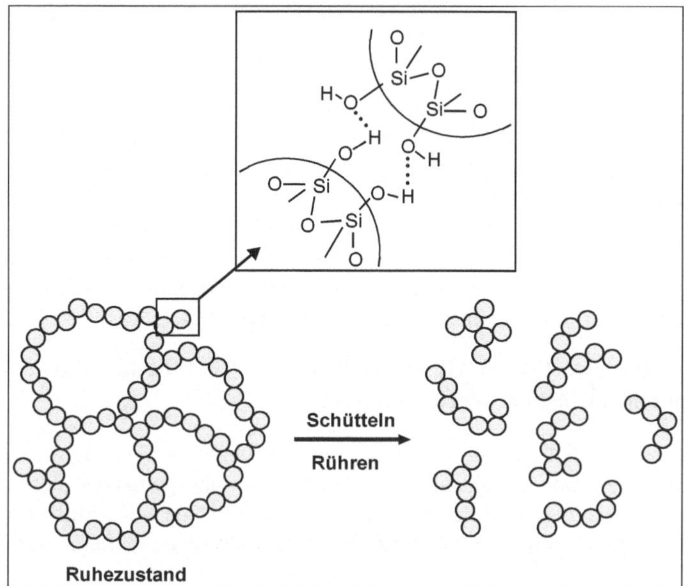

Abbildung 9.3b

Hochdisperse Kieselsäure als Thixotropiermittel

Bei mechanischer Einwirkung brechen die H-Brückenbindungen zwischen den Kieselsäurepartikeln (Bild oben im Rahmen). Das System geht aus dem Ruhe- in den flüssigeren Zustand über.

9.2.3 Silicate

9.2.3.1 Alkalimetallsilicate – Silicatklassen – Asbeste

Silicate sind die Salze der Kieselsäuren. Alkalimetallsilicate werden durch Zusammenschmelzen von SiO_2 mit Alkalimetallhydroxiden (Gl. 9-4, 9-5) bzw. -carbonaten (Gl. 9-6, 9-7) bei etwa 1300°C erhalten. Ob ein Orthosilicat (z.B. Na_4SiO_4) oder ein polymeres Metasilicat (z.B. Na_2SiO_3) entsteht, hängt vom eingesetzten Molverhältnis ab.

$$SiO_2 + 4\,NaOH \quad \rightarrow \quad Na_4SiO_4 \quad + \quad 2\,H_2O \qquad (9\text{-}4)$$
Natriumorthosilicat

$$SiO_2 + 2\,NaOH \quad \rightarrow \quad Na_2SiO_3 \quad + \quad H_2O \qquad (9\text{-}5)$$
Natriummetasilicat

$$SiO_2 + 2\,Na_2CO_3 \quad \rightarrow \quad Na_4SiO_4 \quad + \quad 2\,CO_2 \qquad (9\text{-}6)$$

$$SiO_2 + \quad Na_2CO_3 \quad \rightarrow \quad Na_2SiO_3 \quad + \quad CO_2 \qquad (9\text{-}7)$$

Die durch Schmelze technisch erzeugten Natrium- und Kaliumsilicate sind klare glasige, eventuell durch Verunreinigungen gefärbte Produkte. Wegen ihrer Wasserlöslichkeit werden sie als „**Wassergläser**" bezeichnet. Wassergläser kommen als dickflüssige Lösungen in den Handel. Da die Silicationen als Anionen der schwachen Kieselsäure protolysieren, reagieren die Lösungen *basisch* (Gl. 9-8). Wasserglaslösungen enthalten neben Alkalimetall- und Hydroxidionen unterschiedlich protolysierte Monosilicationen $HSiO_4^{3-}$, $H_2SiO_4^{2-}$,

$H_3SiO_4^-$ sowie Polysilicationen. Die Protolyse der (Mono)-Silicationen SiO_4^{4-} und $HSiO_4^{3-}$ ist in den Gln. (9-8) gezeigt.

$$SiO_4^{4-} \quad + \quad H_2O \quad \rightleftharpoons \quad HSiO_4^{3-} \quad + \quad \mathbf{OH^-} \qquad\qquad\qquad (9\text{-}8a)$$

$$HSiO_4^{3-} \quad + \quad H_2O \quad \rightleftharpoons \quad H_2SiO_4^{2-} \quad + \quad \mathbf{OH^-} \quad\quad usw. \qquad\qquad (9\text{-}8b)$$

Durch Zugabe von Säuren bzw. Einwirkung von Kohlendioxid kommt es zu einer Verfestigung der Wasserglaslösung (Gl. 9-54). Die OH^--Gruppen werden neutralisiert, das Gleichgewicht damit gestört und die Kondensation verstärkt.

Wasserglaslösungen dienen als mineralische Leime zum Kitten von Glas und Porzellan (Kap. 10.4.8) sowie als Imprägnier- und Flammschutzmittel für Gewebe und Holz. Im *Bausektor* werden sie als Injektionsflüssigkeiten zur Trockenlegung des Mauerwerks, als Bestandteil der Silicatfarben, als Isolationsschicht in Brandschutzgläsern sowie zur Imprägnierung von natürlichen und künstlichen Steinen (Kap. 9.4.5) verwendet.

Im Gegensatz zu den wasserlöslichen Alkalimetallsilicaten sind Erdalkalimetall- und Aluminiumsilicate schwer lösliche Verbindungen.

Silicatklassen. Die natürlichen Silicate bilden nicht nur mengenmäßig, sondern auch hinsichtlich ihrer Strukturvielfalt eine der umfangreichsten Klassen anorganischer Verbindungen. In Analogie zum SiO_2 liegt auch in den Silicaten die tetraedrische SiO_4-Einheit als struktureller Grundbaustein vor. Für die außerordentliche Vielfalt möglicher Silicatstrukturen sind drei Gründe anzuführen:

- Die SiO_4-Bausteine können sich über ihre Tetraederecken (O-Atome) miteinander verknüpfen und Si-O-Si-Bindungen bilden. Da von jeder SiO_4-Einheit maximal bis zu *vier* Bindungen ausgehen, ergeben sich zahlreiche Anordnungsmöglichkeiten für die SiO_4-Tetraeder.
- Kleinere Kationen wie dreiwertiges Aluminium, dreiwertiges Bor oder zweiwertiges Beryllium können das vierwertige Silicium der Silicatbausteine teilweise ersetzen, wodurch Alumosilicate, Borosilicate oder Beryllosilicate entstehen. Die Elektroneutralität bleibt durch den zusätzlichen Einbau von Alkali- oder Erdalkalimetallionen in die Silicatstruktur gewahrt.
  Anmerkung: Wenn in der Literatur wie auch in den nachfolgenden Betrachtungen oft von einem Ersatz der Si- durch Al- oder andere Atome gesprochen wird, soll stets im Auge behalten werden, dass es sich eigentlich um Kationen (Si^{4+}-, Al^{3+}- bzw. Mg^{2+}) in einer Umgebung negativ geladener Sauerstoffionen handelt.
- Die Kationen, die in den Lücken des Silicatgitters sitzen und aufgrund elektrostatischer Anziehungskräfte die Stabilität des Gitters bewirken, können leicht gegen andere ausgetauscht werden, z.B. Na^+ gegen Ca^{2+}, Fe^{2+} gegen Mg^{2+}.

Die natürlich vorkommenden Silicate kann man nach gemeinsamen Strukturmerkmalen in *sechs Klassen* einteilen:

1. Inselsilicate bzw. *Neosilicate* (Abb. 9.4a) sind Silicate mit isolierten SiO_4-Tetraedern. Sie kommen relativ selten vor. Vertreter sind *Olivin* $(Fe,Mg)_2SiO_4$, *Forsterit* Mg_2SiO_4 und *Zirkon* $ZrSiO_4$. Neosilicate sind sehr harte Substanzen.

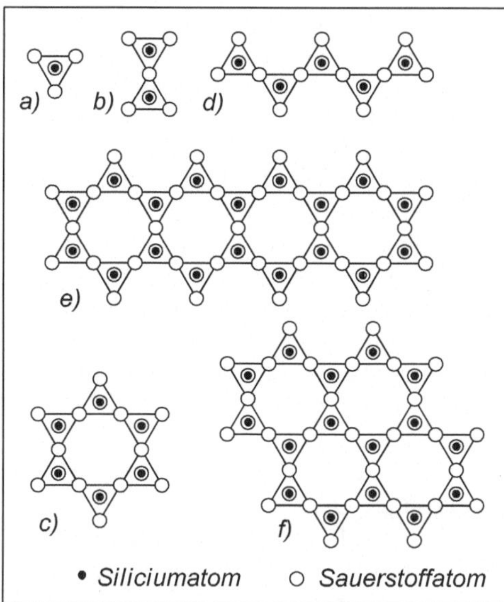

Abbildung 9.4

a) Inselsilicate
b) Gruppensilicate
c) Ringsilicate
d) Kettensilicate
e) Bandsilicate
f) Schichtsilicate

Der Einfachheit halber sind die tetraedrischen Struktureinheiten in die Ebene projiziert und als gleichseitige Dreiecke dargestellt.

2. Gruppensilicate bzw. *Sorosilicate* (Abb. 9.4b) enthalten zwei verknüpfte SiO_4-Tetraeder $[Si_2O_7]^{6-}$. Als Vertreter können *Barysilit* $Pb_3[Si_2O_7]$ und *Akermanit* $Ca_2Mg[Si_2O_7]$ angeführt werden.

3. Ringsilicate bzw. *Cyclosilicate* (Abb. 9.4c). In den Ringsilicaten sind die SiO_4-Tetraeder entweder zu Dreierringen $[Si_3O_9]^{6-}$, z.B. *Benitoit* $BaTi[Si_3O_9]$, oder zu Sechserringen mit der Struktureinheit $[Si_6O_{18}]^{12-}$ verknüpft, z.B. *Beryll* $Al_2Be_3[Si_6O_{18}]$.

4. Kettensilicate bzw. *Inosilicate* (Abb. 9.4d) enthalten zu unendlichen Ketten oder Bändern (Doppelkette, **Bandsilicate** 9.4e) verknüpfte tetraedrische SiO_4-Einheiten. Die *Pyroxene* bestehen aus *Ketten*, in denen sich benachbarte SiO_4-Einheiten zwei O-Atome teilen. Damit ergibt sich für die Struktureinheit die Formel SiO_3^{2-}. Beispiele sind *Enstatit* $MgSiO_3$ und *Diopsid* $CaMg(SiO_3)_2$ (*Pyroxen* im engeren Sinne). Zwischen den teilweise gefalteten Ketten sind die Kationen angeordnet.

Zu den Polysilicaten mit *Bandstruktur* (Summenformel der Struktureinheit $[Si_4O_{11}]^{6-}$) gehört die Gruppe der *Amphibole*. Vertreter sind der *Tremolit* $Ca_2Mg_5(OH)_2[Si_4O_{11}]_2$ (*Amphibol* im engeren Sinne), der *Amosit* $(Fe^{II}/Mg)_7(OH)_2[(Si,Al)_4O_{11}]_2$ sowie der *Krokydolith* mit der Formel $Na_2(Fe^{II}_3Fe^{III}_2)[(Si,Al)_4O_{11}]_2$. *Amosit* und *Krokydolith* leiten sich vom *Tremolit* durch Ersatz eines Teils der Si-Atome der SiO_4-Baueinheiten durch Al-Atome und der Calcium- und Magnesiumkationen durch Na^+, Fe^{2+}, Fe^{3+} oder Al^{3+} ab. Die Amphibole bestehen aus Si_4O_{11}-Bändern (Doppelketten), wobei je zwei Bänder über Metallhydroxidbänder kondensiert sind. Die hohen Schichtladungen werden durch die Kationen ausgeglichen. Wegen der Faserform der Silicatteilstrukturen zählt man die Amphibole zu den Asbesten (**Amphibolasbeste**, s.u.). *Krokydolith* wird als Blauasbest und *Amosit* als Braunasbest bezeichnet.

5. Schichtsilicate bzw. *Phyllosilicate* (Abb. 9.4f). Zu den Schichtsilicaten gehören einige der wichtigsten und bekanntesten Minerale wie die Tonminerale *Kaolinit* und *Montmorillonit*, die Glimmer *Muskovit* und *Biotit* sowie *Chrysotil* (weißer Asbest), *Talk* und *Pyrophyllit*. Die physikalisch-chemischen Eigenschaften dieser Minerale lassen sich unmittelbar aus der Kristallstruktur ableiten. Schichtsilicate enthalten SiO_4-Tetraeder, die jeweils über drei Ecken mit den Nachbartetraedern verknüpft sind. Die sich ausbildenden unendlichen Schichten besitzen die Summenformel $[Si_2O_5^{2-}]_n$. Die Verknüpfung erfolgt meist zu sechsgliedrigen Ringen. Eine derartige, vollkommen planare Struktur ist allerdings selten. Häufig findet man kompliziertere Anordnungen, in denen die das Netzwerk bildenden Sechsringe durch Ringe mit verschiedener Tetraederzahl (4-, 8- und 12-Ringe) ersetzt sind. Doppelschichten entstehen, wenn über das vierte Sauerstoffatom des Tetraeders, das sich an der Spitze befindet, benachbarte Tetraeder gebunden werden. Damit würde eine Stöchiometrie SiO_2 resultieren (jedes O-Atom ist mit zwei Si-Atomen verbunden). Ersetzt man die Hälfte der Si- durch Al-Atome, ergibt sich die Zusammensetzung $[Al_2Si_2O_8]^{2-}$ (Abb. 9.5).

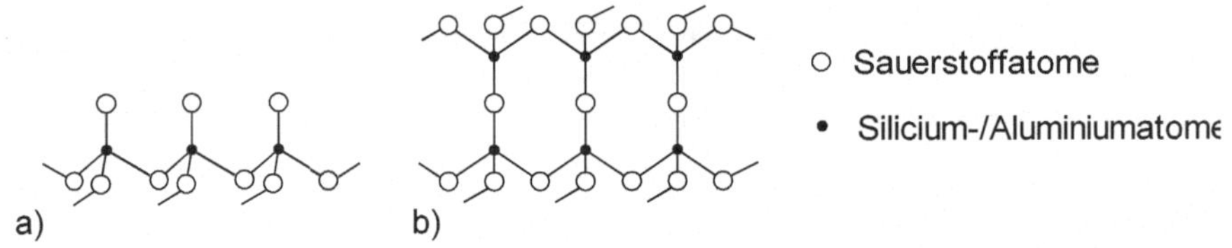

Abbildung 9.5 a) Zweidimensionale Kondensation von SiO_4-Tetraedern (Seitenansicht); b) Seitenansicht der Doppelschichten der Formel $[Al_2Si_2O_8]^{2-}$, gebildet durch Kondensation der unter a) gezeigten Schicht über die O-Atome der Tetraederspitze. Die mit ● bezeichneten Stellen in b) enthalten gleich viele Si- bzw. Al-Atome

Im Schichtsilicat *Kaolinit* $Al_2(OH)_4[Si_2O_5]$ sind die „freien" Sauerstoffatome der zweidimensional-verknüpften SiO_4-Tetraeder einheitlich nach einer Seite (nach oben in Abb. 9.6a!) ausgerichtet. Sie gehören, gemeinsam mit den Hydroxidgruppen, einer oberhalb der Si_2O_5-Schicht (Tetraederschicht) liegenden Oktaederschicht an, deren Zentren mit Aluminiumionen besetzt sind. Wiederholt sich der Prozess auf der anderen Seite der Oktaederschicht, gelangt man zum *Pyrophyllit* $Al_2(OH)_2[Si_2O_5]_2$ (Abb. 9.6b).

Ersetzt man im Kaolinit die zwei Al^{3+}- durch drei Mg^{2+}-Ionen, ergibt sich die Struktur des *Chrysotils* $Mg_3(OH)_4[Si_2O_5]$. Mitunter gibt man für diesen Typ von Tonmineralen auch die doppelte Summenformel an, z.B. *Chrysotil* $Mg_6(OH)_8[Si_4O_{10}]$. *Chrysotil* gehört zu den *Serpentinasbesten* (s.u.). In entsprechender Weise gelangt man durch den Austausch der Aluminium- gegen Magnesiumionen vom *Pyrophyllit* zum *Talk* $Mg_3(OH)_2[Si_2O_5]_2$.

Die miteinander verknüpften Schichten des *Kaolinits* und *Pyrophyllits* (Abb. 9.6) lassen sich als Reaktionsprodukte der Kondensation (Wasserabspaltung) von Kieselsäureschichten $H_2Si_2O_5$ (Si in tetraedrischer O-Umgebung) mit den benachbarten $Al(OH)_3$- bzw. $Mg(OH)_2$-Schichten (Al bzw. Mg in oktaedrischer O-Umgebung) verstehen (Gl. 9-9, 9-10).

$$2\,Al(OH)_3 + H_2Si_2O_5 \quad\longrightarrow\quad Al_2(OH)_4[Si_2O_5] + 2\,H_2O \qquad (9\text{-}9)$$
$$\text{\textit{Kaolinit}}$$

$$H_2Si_2O_5 \;+\; 2\,Al(OH)_3 \;+\; H_2Si_2O_5 \;\rightarrow\; [O_5Si_2]Al_2(OH)_2[Si_2O_5] + 4\,H_2O \qquad (9\text{-}10)$$
$$\textit{Pyrophyllit}$$

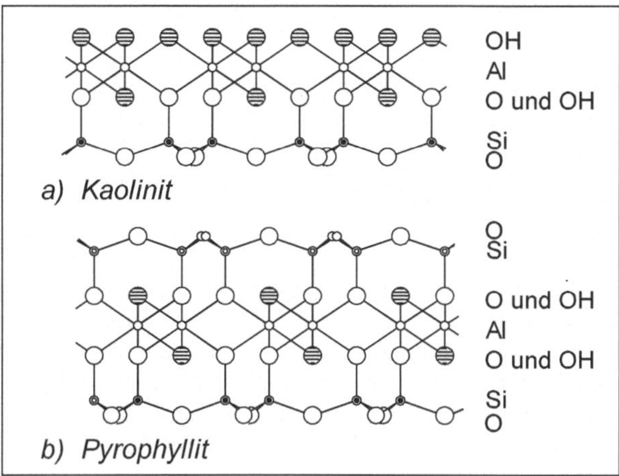

Abbildung 9.6
a) Schematische Darstellung der Kaolinitstruktur (Seitenansicht), die [SiO$_3$O]-Tetraeder der unteren Schicht sind über gemeinsame O-Atome mit den {Al(OH)$_2$O}-Einheiten verknüpft. Es entstehen zusammengesetzte Schichten der Formel Al$_2$(OH)$_4$[Si$_2$O$_5$]. *b)* Schematische Struktur des Pyrophyllits mit den über O-Atome verknüpften [SiO$_3$O]-Tetraedern unterhalb und oberhalb der {Al(OH)$_2$O}-Schicht. Die zusammengesetzte Schicht besitzt die Formel Al$_2$(OH)$_2$[Si$_2$O$_5$]$_2$.

Die entstehenden Strukturen werden als **Zweischichtsilicate** bezeichnet. Je eine Tetraeder- und eine Oktaederschicht bilden ein Schichtpaket. *Pyrophyllit* und *Talk* gehören zu den **Dreischichtsilicaten.** Bei diesem Silicattyp sind je zwei Tetraederschichten mit der Oktaederschicht zu einem Paket verknüpft.

Die Kompliziertheit der Strukturen nimmt noch um ein Vielfaches zu, da aufgrund ähnlicher Atom- bzw. Ionenradien die Si^{4+}-Ionen in tetraedrischer Umgebung leicht durch Al^{3+}-Ionen ersetzt werden können. Durch diesen Austausch erhält man negativ geladene Polysilicatschichten. Wird die Ladungsneutralität durch den Einschub ein- und/oder zweiwertiger Kationen zwischen die Silicatschichten bewirkt, gelangt man zur Gruppe der Glimmer, z.B. *Muskovit* (Abb. 9.7a). Werden hydratisierte Kationen eingelagert, liegen Tonminerale vor, z.B. *Montmorillonit* (Abb. 9.7b), allgemeine Formel: M$_x$(Mg,Al,Fe)$_2$(OH)$_2$[Si$_4$O$_{10}$] · n H$_2$O, mit M = Na, K, ½ Mg oder ½ Ca. **Montmorillonit** ist ein Dreischichtsilicat. Für *Natrium-Montmorillonit* ergibt sich die Summenformel Na$_{0,33}$ (Al$_{1,67}$Mg$_{0,33}$)(OH)$_2$[Si$_4$O$_{10}$] · n H$_2$O und für das ebenfalls häufig anzutreffende Tonmineral *Illit* K$_{0,7}$Al$_2$(OH)$_2$[Al$_{0,7}$Si$_{3,3}$O$_{10}$].

Montmorillonit ist ein stark quellfähiges, weißes Tonmineral, welches neben verschiedenen anderen Mineralen zu etwa 60…80% im **Bentonit** enthalten ist. Das erklärt die starke Wasseraufnahme- und Quellfähigkeit sowie das hohe Adsorptionsvermögen des Bentonits. Zum Beispiel besitzt Natriumbentonit eine Wasseraufnahmefähigkeit von ca. 700%(!). Neben Montmorillonit enthalten Bentonite verschieden Begleitminerale wie Quarz, Glimmer, Feldspäte oder Kalk in unterschiedlichen Anteilen. Bentonite finden inzwischen im

Bauwesen eine breite Anwendung, z.B. bei Bauwerksabdichtungen gegen Wassereinwirkung, als mineralische Dichtung von Deponien, Baugruben und Kanälen, als Gleitmittel beim Vortrieb von Tunneln und Rohren sowie als Stützflüssigkeit zum Befüllen von Schlitzwänden.

Die Struktur des **Glimmers** kann wie folgt abgeleitet werden: Jedes vierte Si^{4+}-Ion im Pyrophyllit- oder Talkgitter ist durch ein Al^{3+}-Ion ersetzt, der Ladungsausgleich erfolgt durch Kaliumionen (Abb. 9.7a).

$$Al_2(OH)_2[Si_4O_{10}] \rightarrow K\{Al_2(OH)_2[AlSi_3O_{10}]\}$$
$$\textit{Pyrophyllit} \qquad\qquad \textit{Muskovit}$$

Statt der OH-Gruppen sind teilweise Fluoridionen ins Gitter eingebaut. Die besonderen Eigenschaften der Schichtsilicate hängen in erster Linie vom Zusammenhalt innerhalb der Schichten ab. Zwischen den Kaliumionen und den negativ geladenen Silicatschichten bilden sich starke elektrostatische Anziehungskräfte aus. Dadurch sind die Glimmer wesentlich härter als die Ausgangsminerale *Pyrophyllit* und *Talk*. Sie besitzen aber nach wie vor längs der Schichten eine gute Spaltbarkeit. Glimmer gehören, wie die Feldspäte (siehe 6. Gerüstsilicate), zu den **Alumosilicaten** (SiO_4- und AlO_4-Tetraeder!).

Technisch bedeutsame Glimmerminerale sind *Muskovit* („Moskauer Glas") und der vom *Talk* abgeleitete *Biotit* $K(Mg,Fe)_3(OH)_2[AlSi_3O_{10}]$. Sie werden zu Isolierzwecken verwendet. Treten zwischen den Schichten nur schwache van-der-Waals-Kräfte auf, liegen weiche Minerale vor. Ihre Schichten lassen sich leicht gegeneinander verschieben. Beispiele sind Talk und Kaolinit. *Talk* ist ein weißes, sich fettig anfühlendes, außerordentlich weiches Mineral (*Speckstein*) der Härte 1 (nach *Mohs*). Er dient als Füllstoff in Thermoplasten, Elastomeren, Lacken und Anstrichstoffen.

Kaolinit ist das wichtigste Schichtsilicat. Da der Abstand der Schichtflächen nicht variabel ist, kann Kaolinit nicht quellen. Als Hauptbestandteil des *Kaolins* (Porzellanerde) dient das weiße, weiche Kaolinit vor allem als Rohstoff für Porzellan. Darüber hinaus wird es als Füllstoff in der Papierindustrie sowie bei der Gummi- und Kunststoffherstellung eingesetzt.
Das Polysilicat *Chrysotil* ist ein faseriges Mineral. Schichtsilicate mit Fasereigenschaften werden nach dem Mineral *Serpentin,* dem sie strukturell gleichen und aus dem sie letztlich entstanden sind, **Serpentinasbeste** genannt. Bei den Serpentinasbesten (z.B. *Chrysotil*) sind Schichten von zweidimensional-unendlich miteinander verknüpften SiO_4-Tetraedern, die einheitlich nach einer Seite ausgerichtet sind, über ihre Ecken („freie Sauerstoffatome") mit einer Oktaederschicht verbunden. Die Oktaederschicht besteht aus den freien Sauerstoffatomen der Tetraederschicht und aus Hydroxidgruppen. Die Zentren der Oktaeder sind vollständig mit Magnesiumionen besetzt.
Infolge der deutlich größeren Ausdehnung der Oktaederschicht kommt es zu einer Krümmung beider Schichten. Sie rollen sich zu dünnen Röhren oder Röllchen ein, wobei sich die $Mg(O,OH)_6$-Schicht außen und die (Si_2O_5)-Schicht innen befindet. *Chrysotil* (Weißasbest) baut sich aus langen, gebündelten, dünnen, innen hohlen Fasern (Fibrillen) auf. Die Röhrchenstruktur ist die Ursache für das hervorragende Wärmedämmvermögen der Serpentinasbeste.

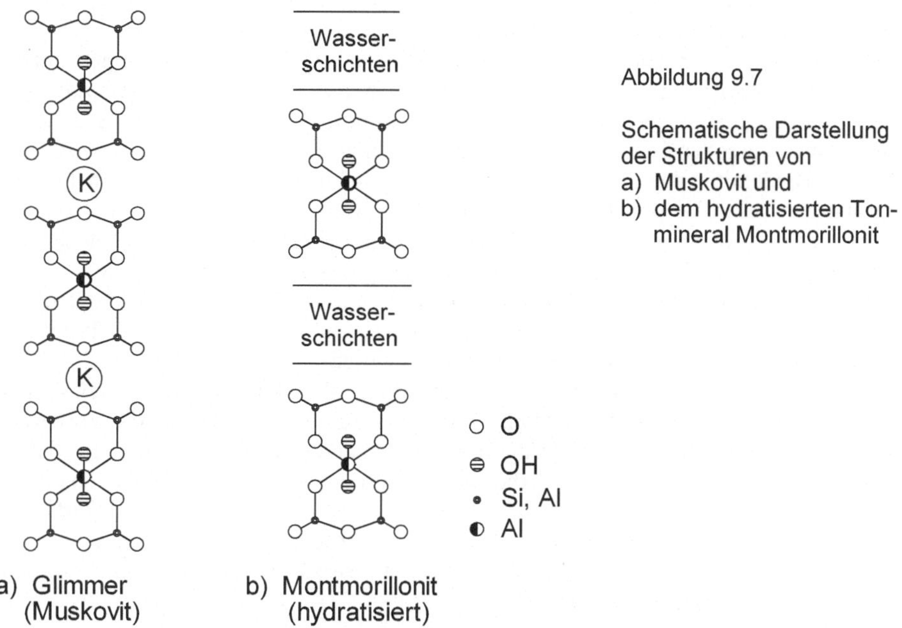

Abbildung 9.7

Schematische Darstellung
der Strukturen von
a) Muskovit und
b) dem hydratisierten Tonmineral Montmorillonit

Asbeste. Unter der Sammelbezeichnung Asbest (*griech*. asbestos unbrennbar) versteht man faserförmige, natürlich vorkommende Silicate mit Schichtstruktur (→ Serpentinasbeste) und Bandstruktur (→ Amphibolasbeste). Beide Gruppen unterscheiden sich im Hinblick auf ihre Faserabmessungen. Während die Serpentinasbeste aus gebündelten Einzelfasern von etwa 15...40 nm Durchmesser bestehen, liegt der Durchmesser der Amphibolasbestfasern zwischen 100 bis 300 nm, also deutlich höher. Das ist der Grund für das höhere kanzerogene Potential der Amphibolasbeste.

Der wichtigste Vertreter der Serpentinasbeste ist der bereits oben beschriebene **Chrysotil** („Asbest schlechthin"), Formel: $Mg_3(OH)_4[Si_2O_5]$. Wegen seiner weißen Farbe wird er auch Weißasbest genannt. Chrysotil macht(e) etwa 95% der weltweiten Asbestproduktion aus. Wichtigste Vertreter der Gruppe der Amphibolasbeste (Polysilicate mit Bandstruktur, s.o.) sind **Krokydolith** (*Blauasbest*) und **Amosit** (*Braunasbest*).

Asbeste brennen nicht, sind thermisch stabil (Smp. > 1200°C, obwohl bei etwa 600°C die Struktur zusammenbricht) und weisen bei geringer Eigenmasse hohe Zugfestigkeiten auf. Sie werden von Laugen kaum angegriffen, was für ihre Verwendung als Zementzusatz von großer Bedeutung ist. Darüber hinaus weisen sie niedrige elektrische und Wärmeleitfähigkeiten auf. Mit diesen herausragenden Eigenschaften konnte sich Asbest in kürzester Zeit in der Bauindustrie, der Werftindustrie, der Autoreifen- und der Textilindustrie (Arbeitsschutzbekleidung) durchsetzen. Die Blütezeit der Verwendung von Asbest waren die Jahre 1950 – 80. Mit zunehmendem Asbesteinsatz stiegen allerdings die gesundheitlichen Gefahren. Die Gefährlichkeit der Asbeste resultiert aus ihrer faserigen Struktur. Asbestfasern sind auf Grund ihrer Abmessungen lungengängig. Nach dem Einatmen können sie bei entsprechender Einwirkungsdauer und entsprechend hohen Konzentrationen zu Asbestose und gegebenenfalls zu Lungenkrebs führen.

Die im **Bauwesen** verwendeten Asbestprodukte können grob in zwei Gruppen unterteilt werden: in Asbestprodukte mit *starker* und in solche mit *schwacher Asbestbindung*. Zur ersten Gruppe gehören überwiegend Asbestzementprodukte wie Dach- und Bodenbelagsplatten sowie Fassadenelemente. Der Asbestanteil liegt in diesen Produkten zwischen 10-15%, der Bindemittelanteil beträgt 85...90%. Die Gefahr der Freisetzung von Fasern ist aufgrund des hohen Bindemittelanteils gering. Zur zweiten Gruppe gehört in erster Linie der Spritzasbest. Im Spritzasbest mit einem Asbestanteil > 60% und einem Bindemittelanteil unter 40% sind die Asbestfasern nur schwach gebunden. Sie können leicht als Feinstaub in die Raumluft gelangen. Spritzasbest wurde u.a. zur Isolierung von Decken, Wänden, Böden in Hallen und anderen Räumlichkeiten, zur Ummantelung von Rohren und Leitungen sowie für Brandschutzabschottungen eingesetzt.

Seit etwa 1960 häuften sich die Fälle von Asbestfolgeerkrankungen, die schließlich in der BRD im Jahr 1979 zu einem Verbot von *Spritzasbest* führten. 1981 wurde die Verwendung einer Vielzahl von asbesthaltigen Produkten verboten und seit 1993 gilt ein generelles Herstellungs- und Verwendungsverbot asbesthaltiger Produkte. Damit sollte das Kapitel Asbest als abgeschlossen betrachtet werden können. Vom bautechnischen und wirtschaftlichen Standpunkt bleibt dieser Faserstoff aber weiter in der Diskussion, weil sich die Arbeiten zur Asbestsubstitution noch über Jahrzehnte erstrecken und Kosten in zweistelliger Milliardenhöhe verursachen werden.

6. Gerüstsilicate bzw. *Tektosilicate* besitzen eine dreidimensionale Struktur. Die SiO_4-Tetraeder sind, analog dem Quarzgitter, über alle vier O-Atome mit den Nachbartetraedern verbunden. Wie bei den Glimmern ist ein Teil der Si-Atome des Gitters durch Al-Atome substituiert. Damit liegen wiederum *Alumosilicate* vor. Da die Al^{3+}-Ionen eine positive Ladung weniger als die Si^{4+}-Ionen besitzen, oder anders ausgedrückt das AlO_4-Tetraeder verglichen mit dem SiO_4-Tetraeder eine zusätzliche negative Ladung aufweist, müssen wiederum Kationen für den Ladungsausgleich sorgen. Meist handelt es sich um Alkali- bzw. Erdalkalimetallkationen. Pro eingebautes Al-Atom erhält das Gerüst *eine* zusätzliche negative Ionenladung. Eine außerordentlich wichtige Gruppe von Gerüstsilicaten bilden die **Feldspäte** mit ihren Vertretern

- *Albit* (Natronfeldspat) $Na[AlSi_3O_8]$
- *Orthoklas* (Kalifeldspat) $K[AlSi_3O_8]$
- *Anorthit* (Kalkfeldspat) $Ca[Al_2Si_2O_8]$.

Im Natron- und Kalifeldspat ist jedes vierte und im Kalkfeldspat jedes zweite Si-Atom des SiO_4-Gitters durch ein Al-Atom ersetzt. Das tetraedrische Raumnetz der Alumosilicate erstreckt sich ähnlich wie das des Siliciumdioxids regelmäßig über den gesamten Kristall. Dadurch steht die Härte der Feldspäte der des Quarzes nur wenig nach. Die farblosen bis mattgrauen Feldspäte (durch Einschlüsse können sie rot, braun, grün usw. gefärbt sein) sind bis zu einem Massenanteil von 60% am Aufbau der festen Erdkruste beteiligt.

Feldspäte bilden den Hauptanteil der meisten magmatischen Gesteine wie der Granite, Gneise, Porphyre und Basalte. In der Regel liegen Mischkristalle zwischen den Feldspatkomponenten vor. Beispielsweise bilden *Albit* und *Anorthit* über einen großen Temperaturbereich Mischkristalle, die *Plagioklase* (Kalknatronfeldspäte). *Albit*, *Orthoklas* und *Anorthit* sind wichtige Rohstoffe in der Glas- und Keramikindustrie. Daneben finden sie als Schleifmittel und als Füllstoffe (Lacke und Farben, Kunststoffe, Gummi) Verwendung.

Die **Zeolithe** bilden eine weitere wichtige Gruppe von Gerüstsilicaten. Zu den natürlich vorkommenden Zeolithen gehören die Minerale *Faujasit* $Na_2Ca[Al_2Si_4O_{12}]_2 \cdot 16\ H_2O$ und *Natrolith* $Na_2[Al_2Si_3O_{10}] \cdot 2\ H_2O$. Zeolithe sind wasserhaltige Alumosilicate mit einem regelmäßigen Raumgitter aus $(Al,Si)O_4$-Tetraedern. Das anionische Raumnetzwerk besitzt große Hohlräume („Poren"), die durch kleine Kanäle verbunden sind. Im Innern der Hohlräume und Kanäle befinden sich H_2O-Moleküle sowie Alkali- und Erdalkalimetallionen. Charakteristisches Merkmal der Zeolithe ist ihre Fähigkeit zum **Ionenaustausch**. Die im Alumosilicatgerüst nicht fest gebundenen Kationen können leicht gegen andere ausgetauscht werden. Darüber hinaus ist eine reversible Entwässerung möglich.

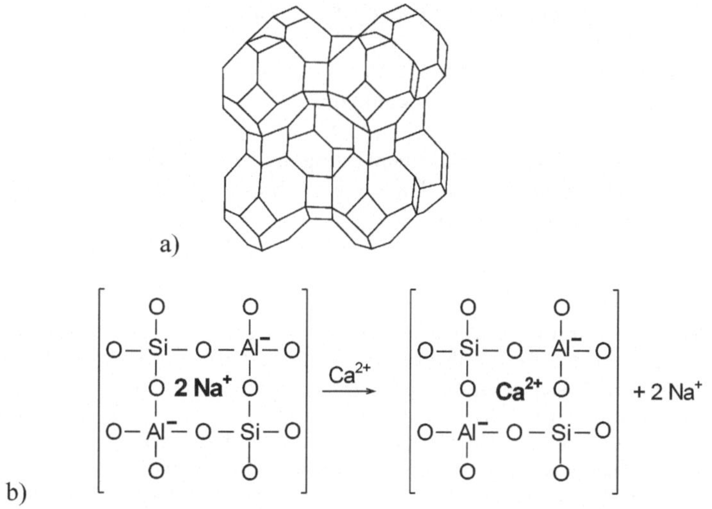

Abbildung 9.8   a) Ausschnitt aus der Struktur von Zeolith A, b) Bindung von Ca^{2+}-Ionen durch Ionenaustausch in Zeolith A

Technische Bedeutung besitzen vor allem *synthetische Zeolithe*. Durch unterschiedliche Herstellungsprozeduren können Struktur und damit Porengröße der Zeolithe variiert werden (Zeolith A, Zeolith P und Zeolith X). Da nur solche Moleküle durch die Kanäle in das Porensystem gelangen können, denen der Zugang aufgrund ihres Moleküldurchmessers möglich ist, finden die Zeolithe als *Molsiebe* Anwendung. Beispielsweise lassen sich unverzweigte Kohlenwasserstoffe von den sperrigeren verzweigten Isomeren (Kap. 10.1.1) abtrennen. Eine breite Anwendung findet **Zeolith A** ($Na_2[Al_2Si_4O_{12}] \cdot x\ H_2O$, Handelsbezeichnung Sasil®; Abb. 9.8a) als Wasserenthärter in modernen Waschmitteln, wo man sich die Fähigkeit zum Ionenaustausch zunutze macht. Die sich in den Hohlräumen befindlichen Na^+-Ionen können gegen die Härtebildner Ca^{2+}- und Mg^{2+} (Kap. 6.4.1) ausgetauscht werden (Abb. 9.8b).

9.2.3.2   Technische Silicate (Künstliche Silicate)

Neben den im vorigen Kapitel besprochenen Alkalimetallsilicaten und Zeolithen gehören auch Gebrauchsgläser, Silicatkeramik und Zemente zu den technischen Silicaten. Herstellung, Zusammensetzung, Struktur und Eigenschaften dieser für das Bauwesen außerordentlich bedeutsamen Stoffe sollen in den folgenden Kapiteln behandelt werden.

9.2.3.2.1 Gläser

Glas ist aufgrund seiner spezifischen Eigenschaften, der vielfältigen industriellen Fertigungsmöglichkeiten in Verbindung mit praktisch unbegrenzt und preisgünstig vorliegenden Rohstoffen, ein Werkstoff mit äußerst vielseitigen Anwendungsbereichen im Bauwesen. Nach der Form und ihrem Gefüge werden Gläser in die folgenden Hauptgruppen eingeteilt: Flachglas, Bauhohlglas, Schaumglas und Glasfasern.

Der Begriff **Glas** bezieht sich im strengen Sinne nicht auf einen bestimmten Stoff, sondern auf einen spezifischen Zustand der Materie. Als Glas wird ein Material bezeichnet, das aus einer Schmelze in den festen Zustand übergegangen ist, ohne zu kristallisieren.

> **Glas ist ein anorganisches Schmelzprodukt, das ohne Kristallisation erstarrt ist. Es liegt als eingefrorene, unterkühlte Schmelze vor.**

Thermodynamisch gesehen liegt Glas in einem „eingefrorenen", energetisch metastabilen Zustand vor. Es besitzt das Bestreben, in den energetisch niedrigeren Zustand einer kristallinen Verbindung überzugehen. Aufgrund der zu geringen Beweglichkeit der Baugruppen ist dies im vorliegenden eingefrorenen Zustand in einer endlichen Zeit jedoch nicht möglich.

Metastabile Phasen bzw. **Stoffe** besitzen unter den gegebenen Bedingungen (Druck, Temperatur) eine höhere Energie (korrekter: freie Enthalpie) als die stabile Phase. Aufgrund einer hohen Aktivierungsenergie wandeln sie sich nicht oder nur langsam in die stabile Phase um. Sie verbleiben auf einem höheren energetischen Zwischenzustand, man spricht von kinetisch gehemmten Systemen. Die Aufhebung der Hemmung kann durch Zufuhr von mechanischer oder thermischer Energie bzw. durch Katalysatoren erfolgen. Beispiele für metastabile Systeme sind überhitzte oder unterkühlte Flüssigkeiten, übersättigte Lösungen und Klinkerphasen, z.B. C_3S, β-C_2S (Kap. 9.3.3.2).

Glas ist ein *amorpher Festkörper*. Im Unterschied zur regelmäßigen Anordnung der Gitterbausteine im Kristall, wo eine Fernordnung der einzelnen Struktureinheiten vorliegt, treten in der Glasstruktur lediglich gewisse Nahordnungen in kleineren Bezirken auf. Wegen der fehlenden Symmetrie der Atomanordnung sind Gläser isotrop, d.h. ihr Festigkeitsverhalten und ihre thermische Ausdehnung hängen *nicht* von der Raumrichtung ab.

Der generelle Unterschied zwischen einer Glas- und einer Kristallschmelze ist in Abb. 9.9 dargestellt. Eine Kristallschmelze geht am Schmelzpunkt (T_S) schlagartig in den kristallinen (geordneten) Zustand über, was mit einer sprunghaften Abnahme des Volumens verbunden ist. Bei weiterer Abkühlung nimmt das Volumen des kristallinen Festkörpers entsprechend seines thermischen Ausdehnungskoeffizienten ab. Glas hat dagegen keinen festen Schmelzpunkt. Eine bei hoher Temperatur dünnflüssige Glasschmelze wird mit abnehmender Temperatur immer zäher (viskoser). Unterhalb des sogenannten **Transformati-**

onspunktes T_g *(auch: Transformationstemperatur)*, der in Abhängigkeit von der Glassorte zwischen 400...600°C liegt, geht das Glas aus dem plastischen in den starren Zustand über.

Der Transformationspunkt T_g spielt in der Glaschemie die gleiche Rolle wie der Schmelzpunkt bei kristallinen Verbindungen. Sowohl beim Erhitzen als auch beim Abkühlen ändern sich innerhalb des Transformationsbereichs zahlreiche physikalische Eigenschaften wie die Viskosität, die Dichte und der Brechungsindex zum Teil recht deutlich.

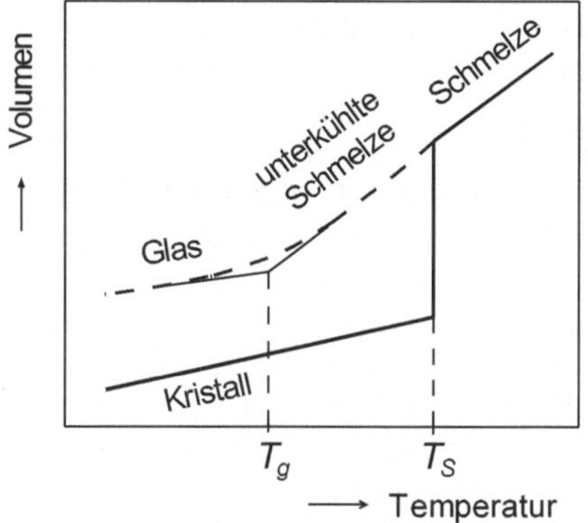

Abbildung 9.9

Volumen-Temperatur-Kurve eines kristallinen Stoffes und eines Glases;

T_g Transformationstemperatur,
T_S Schmelz- oder Erstarrungstemperatur

Die Enthalpie-Temperatur-Kurve weist einen analogen Verlauf wie die Kurve für die Volumen-Temperatur-Abhängigkeit auf (Abb. 9.9). Die Tatsache, dass die Enthalpie-Temperatur-Kurve unterhalb des Transformationspunktes deutlich über der des Kristalls liegt, kennzeichnet den wesentlich höheren Energieinhalt des Glases.

Es bleibt die Frage zu beantworten, warum das System nicht in den thermodynamisch stabilen Zustand übergeht und eine spontane Kristallisation der Glasschmelze ausbleibt.
Die Antwort ergibt sich bei Betrachtung der Viskosität und ihrer Temperaturabhängigkeit. Silicatschmelzen besitzen Viskositätswerte, die um Größenordnungen über denen anderer Flüssigkeiten liegen (z.B. 320 dPa·s gegenüber Wasser mit 0,01 dPa·s). Eine Glasschmelze ist demnach ausgesprochen zähflüssig und eine geregelte Anordnung der kristallbildenden Baugruppen ist erschwert. Kühlt man die Schmelze ab, nimmt die Viskosität weiter zu und dementsprechend die Beweglichkeit der in ihr enthaltenen Baugruppen ab. Ihre Umgruppierung zu einer kristallinen Phase wird aus kinetischen Gründen fast unmöglich, wenngleich die thermodynamische Triebkraft zur Ausbildung einer kristallinen Struktur ansteigt.

In bestimmten Bezirken eines Glases kann ein Übergang in den thermodynamisch stabilen Zustand erfolgen, indem sich kristalline Strukturen ausbilden. Dieser Prozess, der mit einer Trübung dieser Glasbereiche verbunden ist, wird als **Entglasung** bezeichnet. Zu einer Entglasung, d.h. zu einer lokalen Kristallisation, kann es bei nicht sachgemäßer Abkühlung kommen. Andererseits können durch Zugabe von Kristallisationskeimen zur Glasschmelze gezielt kristalline Bereiche erzeugt werden (s. Glaskeramiken).

Quarzglas (Kieselglas). Schmilzt man kristallinen Quarz und kühlt die Schmelze ab, erhält man Quarzglas. Im geschmolzenen Zustand werden die Si-O-Si-Bindungen der Tetraederstruktur des SiO_2 (Abb. 9.10a) gespalten. Dadurch wird eine Verschiebung der Struktur-elemente gegeneinander möglich, die Schmelze fließt. Der Glaszustand ist dadurch charakterisiert, dass die beim Abkühlen in der Schmelze zufällig und unregelmäßig geknüpften Bindungen erhalten bleiben. Quarzglas besteht aus einem ungeordneten dreidimensionalen Netzwerk von an den Ecken verknüpften SiO_4-Tetraedern (Abb. 9.10b). Es verfügt über eine Reihe von Eigenschaften, die es für bestimmte Spezialanwendungen geradezu prädestinieren: Es ist ein vollkommen durchsichtiges und klares, erst bei ca. 1700°C schmelzbares Glas, dessen chemische Widerstandsfähigkeit der des Quarzes entspricht. Es ist durchlässig für UV-Strahlung – was für normales Fensterglas nicht gilt – und besitzt einen sehr kleinen linearen Ausdehnungskoeffizienten (1/18 des gewöhnlichen Glases). Zur Rotglut erhitztes Quarzglas kann in kaltes Wasser getaucht werden, ohne dass es zerspringt.

Quarzglas wird aufgrund seiner besonderen Eigenschaften als Spezialglas für optische Instrumente und Laborgeräte verwendet. Technisch unterscheidet man heute zwischen synthetischem und natürlichem Quarzglas. Synthetisches Quarzglas wird nach dem Verfahren der Flammpyrolyse aus reinem Siliziumtetrachlorid ($SiCl_4$) hergestellt. Dieses Verfahren gewährleistet Gläser höchster Reinheit und somit mit geringster Absorption. Für Quarzglas, das aus natürlichen kristallinen Rohstoffen erschmolzen wird, verwendet man Bergkristall oder pegmatierten Quarz. Diese Rohmaterialen werden zu feinen Granulaten vermahlen und mit einer Wasserstoff-Sauerstoffflamme zu Quarzglas geschmolzen.

Zu den glasig-amorph erstarrenden Stoffen gehören neben Siliciumdioxid und den Silicaten Oxide wie B_2O_3, GeO_2, P_2O_5 und As_2O_3. Diese Verbindungen sind für die Ausbildung der dreidimensionalen Netzwerkstruktur eines Glases verantwortlich (*Netzwerkbildner*). Die Silicatgläser werden als *Gläser im engeren Sinne* bezeichnet.
Die wichtigsten Ausgangsstoffe für die Glasherstellung sind Quarzsand (SiO_2), Kalkstein ($CaCO_3$) und Dolomit ($CaMg(CO_3)_2$) sowie Soda (Na_2CO_3).

Normalglas (Kalk-Natron-Glas) besteht aus Siliciumdioxid (SiO_2), Alkalimetalloxiden (Na_2O und $K_2O \rightarrow$ aus den Carbonaten Na_2CO_3 bzw. K_2CO_3) sowie Erdalkalimetalloxiden (CaO und $MgO \rightarrow CaCO_3$ bzw. $MgCO_3$). Durch den Einfluss der Alkalimetall- und Erdalkalimetalloxide werden Si-O-Si-Bindungen gespalten. Die Kationen lagern sich als Gegenionen an die Sauerstoffionen der Trennstellen an (Abb. 9.10c). Das Netzwerk wird gesprengt. Der Strukturverband lockert sich und die Erweichungstemperatur sinkt ab.

$$Na_2O + \quad -\overset{|}{\underset{|}{Si}}-O-\overset{|}{\underset{|}{Si}}- \quad \longrightarrow \quad -\overset{|}{\underset{|}{Si}}-O^{\ominus}\,Na^{\oplus} \qquad Na^{\oplus}\,O^{\ominus}-\overset{|}{\underset{|}{Si}}-$$

Glassorten gibt es in großer Zahl. Da man den Gläsern keine stöchiometrischen Formeln zuschreiben kann, gibt man ihre Zusammensetzung in Prozent der enthaltenen Oxide an (Tab. 9.2). Die gegenüber Quarzglas bedeutend billigeren Alkali-Erdalkali-Silicatgläser finden vor allem als technische Gläser Anwendung. Das **Natron-Kalk-Glas** („Normal-glas") wird aus *Quarzsand* (SiO_2), *Soda* („*Natron*", $Na_2CO_3 \rightarrow Na_2O + CO_2$) und *Kalkstein* (ohne unerwünschte Beimengungen, $CaCO_3 \rightarrow CaO + CO_2$) bei Temperaturen zwischen 1300...1500°C erschmolzen. Normalglas der Zusammensetzung $Na_2O \cdot CaO \cdot 6\ SiO_2$ besitzt eine hohe Lichtdurchlässigkeit und Wasserbeständigkeit. Seine Erweichungstemperatur liegt bei 600°C. Natron-Kalk-Glas ist gegenüber den meisten Chemikalien sehr beständig. Generell kann die chemische Widerstandsfähigkeit eines Glases durch seine Zusammensetzung gesteuert werden. Sie erhöht sich mit seinem Siliciumgehalt.

Flusssäure HF greift Glas unter Zerstörung der Netzwerkstruktur an. Deshalb wird sie zum Glasätzen z.B. für Mattglas verwendet. Stark basische Lösungen greifen die Glasoberfläche ebenfalls unter Bruch der Si-O-Bindungen und Zerstörung des Netzwerkes der Glasmatrix an. Gegenüber den meisten organischen Verbindungen ist Normalglas beständig. Silicone besitzen die besondere Eigenschaft, Bindungen mit den Silicaten der Glasoberfläche einzugehen. Deshalb lassen sich Siliconschichten nur äußerst schwer von Glas lösen (*Achtung*: Bei Arbeiten mit Siliconen Glasoberflächen schützen!). Normalglas wird auf dem Bausektor vor allem für Verglasungen unterschiedlichster Art verwendet, daneben findet es aber auch für Behälter- und Flaschenglas Verwendung.

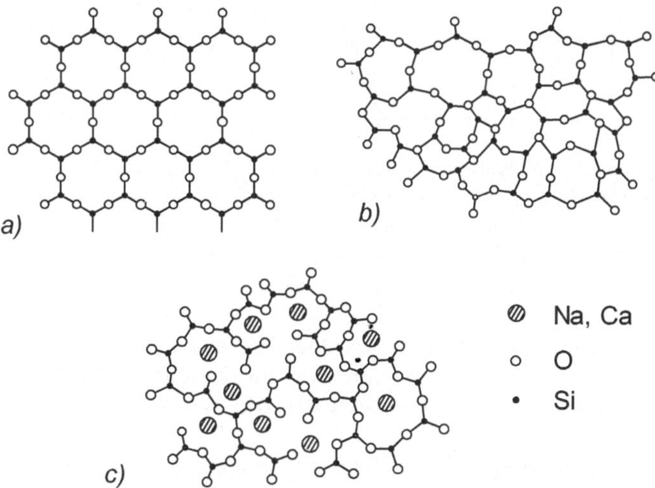

Abbildung 9.10 Schematische zweidimensionale Darstellung der Anordnung der SiO$_4$-Tetraeder in a) kristallinem SiO$_2$ (Bergkristall), b) Kiesel- oder Quarzglas und c) in Natron-Kalk-Glas

Ersatz von Na$_2$O durch K$_2$O, d.h. Zusatz von K$_2$CO$_3$ (*Pottasche*) statt Na$_2$CO$_3$, erhöht die Schmelzbarkeitsgrenze und bewirkt eine Verbesserung der optischen Eigenschaften (**Kali-Kalk-Glas**, auch Pottasche-Kalk-Glas). Das bekannteste Kali-Kalk-Glas ist das „*Böhmische Kristallglas*". Natron-Kalk-Glas und Kali-Kalk-Glas werden oft unter dem Begriff **Alkali-Kalk-Gläser** zusammengefasst.

Die Gebrauchseigenschaften des Glases, insbesondere seine Widerstandsfähigkeit gegenüber Wasser, Chemikalien und auftretenden Temperaturunterschieden, werden in starkem Maße erhöht, ersetzt man einen Teil des Siliciumdioxids durch Bor (B$_2$O$_3$)- und Aluminiumoxid (Tonerde, Al$_2$O$_3$). Der hohe Vernetzungsgrad der entstehenden **Bor-Tonerde-Gläser** (Borosilicatgläser) infolge geringerer Anteile an Metalloxiden bewirkt eine verringerte

Wärmeausdehnung des Glases sowie eine erhöhte Beständigkeit gegenüber Säuren und Alkalien. Der Zusatz von Tonerde verleiht dem Glas zusätzliche positive Eigenschaften im Hinblick auf seine mechanische Festigkeit, Wärmeausdehnung, chemische Widerstandsfähigkeit sowie seine Neigung zur Entglasung. Bor-Tonerde-Gläser werden in der chemischen Technik, im Laboratorium und im Haushalt als „feuerfestes Geschirr" verwendet. Eines der bekanntesten Borosilicatgläser ist das „Jenaer Glas" (Tab. 9.2).

Tabelle 9.2 Zusammensetzung ausgewählter Gläser (in %)

Glaskomponente	Natron-Kalk-Glas (Normalglas)	Bor-Tonerde-Gläser		Bleiglas
		Jenaer Glas	Supremax-Glas	
SiO_2	71 ... 73	74,5	56,4	35 ... 65
Na_2O	12 ... 15	7,7	0,4	5 ... 8
K_2O	-	-	0,7	6 ... 15
CaO	8 ... 10	0,8	4,8	0 ... 2
B_2O_3	-	4,6	8,9	0 ... 1
Al_2O_3	0,5 ... 1	8,3	20,1	-
MgO	1 ... 3	0,1	8,7	-
BaO	-	3,9	-	-
PbO	-	-	-	18 ... 58

Ersetzt man schließlich im Kali-Kalk-Glas das CaO durch Bleioxid, erhält man ein **Kali-Blei-Glas** (**Bleikristallglas**, Bleiglas). Es wird infolge seines starken Lichtbrechungsvermögens, seiner hohen Dichte und seiner guten Bearbeitbarkeit (Schleifen) zu optischen Gläsern sowie Schmuck- und Ziergegenständen verarbeitet. Rohstoffe des Kali-Blei-Glases sind *Pottasche*, *Borax*, *Kaolinit* oder *Feldspat* und *Mennige*.

Farbige Gläser erhält man durch Zusatz von Metalloxiden, z.B. blaue Gläser durch Zusatz von Cobalt(II)-oxid (Cobaltglas), grüne durch Chrom(III)- oder Kupfer(II)-oxid, blaugrüne durch Eisen(II)-oxid und braune durch Eisen(III)-oxid bzw. Braunstein, MnO_2 (Flaschenglas).

Es würde sowohl dem Anliegen des vorliegenden Buches widersprechen, als auch seinen Rahmen sprengen, an dieser Stelle Gebrauchseigenschaften und Anwendungsfelder der einzelnen für das Bauwesen relevanten Gruppen von Gläsern darzustellen. Von bauchemischem Interesse erscheint es mir dagegen, einige ausgewählte Gläser bzw. Produkte zu besprechen, zu deren Herstellung bzw. Funktionsweise interessante chemische Lösungsansätze herangezogen wurden.

Schaumglas ist ein geschäumtes Glas mit einer geringen Dichte und einem hohen Wärmedämmvermögen, das meist in Platten oder Blöcken vorliegt. Ausgangsstoff ist ein Al-Silicat-Glas, das zu Pulver vermahlen und mit Kohlenstoff versetzt wird. Anschließend erfolgt Erhitzen der auf Formen verteilten Masse auf etwa 1000°C. Die Oxidation des Kohlenstoffs führt zur Bildung kleiner CO_2-Gasblasen in der Schmelze, die untereinander nicht durch Kapillaren verbunden sind, sondern eine geschlossene Zellstruktur ausbilden. Damit ist Schaumglas undurchlässig für Wasserdampf. Eventuell auftretende Schwarzfärbungen der Schaumglasplatten stammen von überschüssigem Kohlenstoff. Schaumglas wird zur *Wärmedämmung* eingesetzt.

Glasfaserprodukte: Aus Ca-Al-Borosilicatschmelzen oder anderen Schmelzen gezogene und versponnene Fäden (Glasfasern) werden zur Verstärkung von Kunststoffen (Gebäudebau), zur Herstellung von Glasfasergeweben z.B. für Dachdeckungen oder in Glasfaserkabeln eingesetzt. Für Betonbewehrungen finden alkaliunempfindliche Glasfasern aus Borosilicatglas Anwendung. In Form von Glaswolle werden Glasfasern als *Mineraldämmstoffe* für den Schall-, Wärme- sowie Brandschutz verwendet.

Sicherheitsglas: *Einscheibensicherheitsglas* (ESG) wird aus thermisch vorgespanntem Flachglas erzeugt, indem das auf ca. 600°C erwärmte Glas schnell abgekühlt wird (beide Oberflächen werden mit Kaltluft abgeblasen). Dadurch bauen sich zwischen den Oberflächenschichten und dem Glaskern Spannungen auf. Bei Bruch der Glasscheibe entstehen weitgehend stumpfkantige Glaskrümel. *Anwendung*: Fassadengläser, Verglasungen von Sportanlagen, Glastüren und -wände, Brüstungen und Geländer. Bei der Herstellung von *Verbund-Sicherheitsglas* (VSG) werden zwei oder mehrere Glasscheiben mit Kunststoffschichten hoher Elastizität (z.B. Polyvinylbutyral oder Polyethylenterephthalat) verbunden, indem die Scheiben entweder bei erhöhter Temperatur durch Walzen hindurchgehen und dabei fest zusammengepresst oder aber im Autoklaven Hitze und Druck ausgesetzt werden. Die Zwischenschichten können farblos aber auch farbig, matt oder UV-absorbierend sein. Für spezielle Anwendungen werden in die Zwischenschichten Heizdrähte oder Signaldrähte für Alarmanlagen eingebaut. Bei Bruch des Verbund-Sicherheitsglases durch mechanische Einwirkungen wie Stoß, Schlag oder Beschuss bleiben die Bruchstücke fest an der Zwischenschicht haften. Das Verletzungsrisiko durch lose, scharfkantige Glassplitter ist stark reduziert.

Brandschutzgläser sind Funktionsgläser, die den Durchtritt von Flammen und Brandgasen (G-Klasse) oder aber den Durchtritt von Flammen, Brandgasen *und* der Brandhitze (F-Klasse) verhindern. Das wesentliche Unterscheidungsmerkmal zwischen F- und G-Verglasungen ist demnach die thermische Isolation. Sie ist gleichbedeutend mit einer Schutzschildwirkung der Verglasung, die selbst unter dauerhafter Brandeinwirkung den Durchgang von Hitzestrahlung verhindert. Als Schutzschicht zwischen zwei Glasscheiben wird z.B. Wasserglas eingebracht. Wenn durch ansteigende Temperaturen die dem Feuer zugewandte Scheibe springt, schäumt die Zwischenschicht zu einer dicken, festen und zähen Masse auf, die die Energie des Feuers teilweise absorbiert.

Zu den glasigen Materialien gehören ferner Mineraldämmstoffe wie *Steinwolle, Schlackenwolle* und *keramische Wolle*.

Glaskorrosion. Die Widerstandsfähigkeit von Silicatglas gegenüber Chemikalien hängt in erster Linie vom Siliciumgehalt, also vom Gehalt an Netzwerkbildner, ab. Bei der Glaskorrosion werden zwei grundlegende Mechanismen unterschieden: die *Auslaugung* und die *Auflösung*. Die Art des ablaufenden Mechanismus beim Angriff wässriger Lösungen hängt stark vom pH-Wert ab. Es existiert ein mittlerer pH-Wert von etwa 5, bei dem die Schädigungen am geringsten sind. Bei der **Auslaugung** durch *saure Wässer* werden vor allem Alkalimetall (Na^+, K^+)-, aber auch Erdalkalimetallionen (Ca^{2+}, Ba^{2+}) der Glasstruktur gegen H^+-Ionen der Lösung ausgetauscht. Durch diese Ionenaustauschreaktion bildet sich eine netzwerkwandlerarme Schicht, die relativ gesehen reich an Silicat ist.

$$\equiv Si\text{ - }O\ Na^+ + H^+ \longrightarrow\ \equiv Si\text{ - }OH + Na^+$$

Durch Kondensation der Silanol-Einheiten Si-OH (Kap. 9.2.2) bilden sich gelartige Schichten. Das freigesetzte Wasser wird molekular eingelagert. Die durch diesen Zerfallsprozess veränderte Kristallstruktur an der Glasoberfläche ist verantwortlich für veränderte physikalische Eigenschaften wie Lichtbrechung (Eintrübung!) und mechanische Haltbarkeit. Bei der **Auflösung** von Glas werden durch den Angriff von Wasser Si-O-Si-Bindungen im Glasnetzwerk gebrochen:

$$\equiv Si\text{ - }O\text{ - }Si\equiv\ + H_2O \longrightarrow\ \equiv Si\text{ - }OH + HO\text{ - }Si\equiv$$

Reagieren alle vier Bindungen des $[SiO_4]$-Tetraeders mit H_2O, gelangt man formal zur monomeren Kieselsäure $Si(OH)_4$. Die Gegenwart von OH^- (*Angriff von Laugen!*) beschleunigt die Silanolbildung. Es tritt eine vollständige Auflösung des Glases auf, ohne dass sich eine Gelschicht bildet. Durch den Abbau der Glasstruktur bzw. das Herauslösen von SiO_2 kann die Oberfläche aufrauen. Damit verbunden ist meist eine Trübung.

Glaskeramiken (Vitrokerame). Während normales Glas bei Raumtemperatur in einem thermodynamisch metastabilen Zustand vorliegt und eine Umwandlung in den stabilen kristallinen Zustand kaum stattfindet, wird bei den Glaskeramiken durch Wärmebehandlung eines entsprechenden Glases Keimbildung und Kristallwachstum bewusst herbeigeführt. Es findet eine *gesteuerte Entglasung* statt. Glas- und kristalline Phase bilden ein feinkörniges Gefüge. Glaskeramiken sind das Bindeglied zwischen Gläsern und Tonkeramiken.

> **Glaskeramiken bestehen aus einer Vielzahl kleinerer Kristallite, die in einer amorphen Matrix verteilt sind.**

Sind die erzeugten Kristallite kleiner (~ 50 nm) als die Wellenlängen des sichtbaren Lichts und unterscheiden sich die Brechzahlen von Kristalliten und Glasphase nur wenig, sind die Glaskeramiken klar und durchsichtig. Verglichen mit Gläsern gleicher Zusammensetzung weisen Glaskeramiken eine merklich höhere Temperaturbeständigkeit und eine z.T. extreme Temperaturwechselbeständigkeit auf. Ursache sind die außerordentlich **niedrigen thermischen Ausdehnungskoeffizienten** der gebildeten kristallinen Alumosilicate, z.B. des *Cordierits*. Aus diesen ungewöhnlichen Eigenschaften resultiert die enorme wirtschaftliche und wissenschaftliche Bedeutung dieser Werkstoffe. Sie werden für Kochfelder, Laborgeräte, aber auch im medizinischen Bereich eingesetzt, z.B. als Knochenersatz.

9.2.3.2.2 Tone und Tonkeramik

Tone sind ein wesentlicher Bestandteil der natürlichen Böden und besitzen somit allergrößte Bedeutung zur Erhaltung des menschlichen Lebens. Gleichzeitig liefern sie das Rohmaterial für einige der ältesten und bedeutendsten vom Menschen hervorgebrachten Erzeugnisse wie Töpferwaren, Ziegel und Kacheln. Tone entstehen durch Verwitterung und Zerfall von Erstarrungsgestein. Sie bestehen hauptsächlich aus den Tonmineralen *Kaolinit*, *Montmorillonit* und *Illit,* die alle drei zur Gruppe der Schichtsilicate gehören (Kap. 9.2.3.1). Dazu kommen Quarz, Feldspäte bzw. deren Verwitterungsprodukte (Gl. 9-1 bis 9-

3), weitere Schichtsilicate wie Glimmer bzw. dessen Verwitterungsprodukte und eventuell Carbonatminerale.

Mit Sand verunreinigter Ton wird als **Lehm** bezeichnet. **Kaolin** (Porzellanerde) mit seinem Hauptbestandteil *Kaolinit* ist ein sehr wertvoller Ton. Er besitzt im Unterschied zu den dunkleren Tonen eine weiße Farbe und dient als *Rohstoff zur Porzellanherstellung*. Weniger reine Tone (**keramische Tone**) werden zur Herstellung von Steingut und Steinzeug benutzt. Sind Eisenoxide bzw. -oxidhydrate enthalten, werden die Tone beim Brennen braun bis rot. Aus diesen Tonen stellt man das gewöhnliche *Töpfergeschirr* und *Terrakotten* (porös gebrannte, unglasierte Erzeugnisse) her.

Die charakteristischen Eigenschaften der Tone wie *Plastizität, Einbindevermögen für Wasser* und *thixotropes Verhalten* lassen sich anhand der Plättchenstruktur der Tonminerale erklären. So bildet beispielsweise Kaolinit sechseckige dünne Plättchen mit einer Kantenlänge von 0,1 - 3 μm und einer Dicke < 10 nm aus, die sich strukturell von den parallelen $\{Al_2(OH)_4[Si_2O_5]\}$-Schichten des Tonminerals ableiten. Die Abmessungen, insbesondere die Dicke der Kaolinitplättchen, fallen in den Bereich kolloider Teilchen (Kap. 6.3.2).

Tone werden beim Vermischen mit Wasser weich, plastisch und formbar. Die plättchenförmigen Tonkristalle sind in der Ton-Wasser-Mischung von Wassermolekülen umgeben. Deshalb gleiten sie beim Verformen aneinander vorbei, ohne dass sich Risse bilden. Die negativ geladenen Silicatplättchen werden durch die an ihrer Oberfläche lokalisierten Kationen (Ca^{2+}, Mg^{2+}) zusammengehalten. Die Kationen stellen eine Verbindung zwischen den Silicatschichten über die Wasserschicht hinweg her. Sie sind damit für die sich ausbildende gerüstartige Anordnung der Plättchen verantwortlich (Abb. 9.11). In die Hohlräume zwischen den Plättchen können sich Wassermoleküle einlagern. In der Verarbeitungsphase wird die gerüstartige Struktur wieder zerstört und der Ton geht wiederum in eine weiche formbare Masse über (*Thixothropie*, Abb. 9.11).

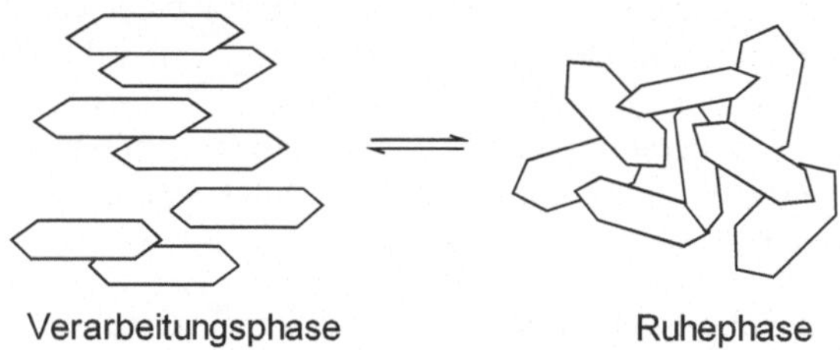

Abbildung 9.11 Thixotropie von Tonmineralen

Keramik. Unter Keramik bzw. keramischen Erzeugnissen versteht man im klassischen Sinne alle Produkte, die durch Brennen von feinteiligen, meist feuchten, geformten Tonen bei Temperaturen zwischen 900...1500°C hergestellt werden (**Tonkeramik**). Die Verfahrensschritte zur Herstellung von Tonkeramik können wie folgt unterteilt werden: 1) Auswahl der Rohstoffe, Vor- und Nachbehandlung; 2) Formgebung; 3) Trocknung (Schwinden); 4) Keramischer Brand und 5) Nachbehandlung bzw. Veredlung. Die größte Bedeutung für tonkeramische Erzeugnisse besitzen der *Kaolinit* und der *Illit*.
Beim keramischen Brand (Tonbrennen) laufen in Abhängigkeit von Reaktionstemperatur und Reaktionszeit unterschiedliche Fest-Fest- und Fest-Flüssig-Reaktionen ab. Die Verfes-

tigung beim Brennprozess wird als Sinterung bezeichnet. Die verbreitetste Nachbehandlung bzw. Veredlung ist das Aufbringen einer schützenden und/oder dekorativen Glasur (s.u.).

Prozesse beim Brennen. Da kaolinitreiche Tone auch auf der Suche nach neuen Kompositmaterialien zunehmend in den Blickpunkt des Interesses treten (Kap. 9.3.3.7), sollen die ablaufenden Prozesse beim Brennen am Beispiel des Kaolinits beschrieben werden.

Bis zu einer Temperatur von etwa 200°C entweicht sowohl das in den Hohlräumen des Gerüsts eingeschlossene als auch das gebundene Wasser und der Ton wird starr und spröde. Ab etwa 450°C zerfallen die Tonminerale unter sukzessiver Abgabe des „hydroxidisch gebundenen" Wassers aus den OH-Gruppen der Oktaederschicht. Der Kaolinit zersetzt sich unter Bildung von amorphem **Metakaolinit** (auch: Metakaolin) $Al_2Si_2O_7$ bzw. $Al_2O_3 \cdot 2$ SiO_2 (Gleichung: $Al_2(OH)_4[Si_2O_5] \rightarrow Al_2O_3 \cdot 2\ SiO_2 + 2\ H_2O$). Oberhalb 800°C entsteht aus dem Metakaolinit eine amorphe, reaktive Mischung aus Al_2O_3 und SiO_2. Diese Oxidphase weist aufgrund vorliegender hexagonaler Schichten eine gewisse Ordnung auf, ohne kristallin zu sein. Bei Temperaturen über 1000°C lösen sich die amorphen Modifikationen von SiO_2 und *Mullit* in der entstehenden Schmelze auf und scheiden sich anschließend in Form von *Cristobalit* und kristallinem *Mullit* ($Al_2Al_{2+2x}Si_{2-2x}O_{10-x}$ mit x = Anzahl der Sauerstoffleerstellen in der Elementarzelle) wieder aus.

Das aus dem Feldspat bzw. aus *Illit* stammende K_2O bildet mit dem SiO_2 bei Temperaturen über 1000°C ein Glas, das nach dem Abkühlen des keramischen Produkts die kleinen Keramikteilchen verkittet. Durch Zusatz von Feldspat, Eisenoxid oder Kalkstein als Flussmittel kann die Sintertemperatur, d.h. die Temperatur des Schmelzbeginns der einzelnen Phasen mit anschließender Verdichtung der Schmelze, erniedrigt werden.

Durch den Einsatz hochreiner Oxide, Carbide, Nitride oder Boride sowie die Verwendung neuer Technologien hat sich die Vielfalt keramischer Werkstoffe sowie ihr Anwendungsspektrum stark erweitert, wobei die Entwicklung noch lange nicht abgeschlossen ist. Neben den **tonkeramischen Werkstoffen** (Tongehalt der Rohmischung > 20%) unterscheidet man deshalb noch die Gruppe der **Sonderkeramischen Werkstoffe** (Tongehalt ≤ 20% bis tonmineralfrei). Hierzu gehören *Oxid-* und *Nichtoxidkeramiken* sowie die *Cermets* (Keramik-Metall-Verbundwerkstoffe). Zu ihren herausragenden Eigenschaften gehören eine hohe Festigkeit und Härte sowie eine ausgezeichnete chemische Beständigkeit. Sie werden auch als *Hochleistungskeramiken* bezeichnet.

Tonkeramische Erzeugnisse. Mengenmäßig besitzen die tonkeramischen Erzeugnisse die weitaus größte industrielle Bedeutung. Sie werden hinsichtlich ihrer Scherbenhomogenität in *feinkeramische* (kristalline Gefügebestandteile < 0,2 mm) und *grobkeramische* (Gefügebestandteile bzw. Poren ≥ 0,2 mm) Erzeugnisse unterteilt. Eine Erhöhung der Brenntemperatur hat stets eine Verdichtung der keramischen Struktur verbunden mit einer Abnahme der Porosität sowie eine zunehmende Festigkeit des Tonprodukts zur Folge.

Grob- und feinkeramische Erzeugnisse lassen sich in solche mit wasserdurchlässigem (porösem) und solche mit wasserundurchlässigem (dichtem) Scherben einteilen. Keramische Erzeugnisse der ersten Gruppe bezeichnet man als **Irdengut** (*Tongut*), die der zweiten als **Sinterzeug** (*Tonzeug, Sintergut*). Tab. 9.3 gibt einen Überblick über keramische Produkte und ihre Verwendung.

Zu den *keramischen Baustoffen* zählen sowohl Ziegeleierzeugnisse wie Mauerziegel und Dachziegel als auch Steinzeugrohre, Schamottesteine und -rohre sowie Magnesit- und Dolomitsteine. Zur Herstellung von *Mauerziegeln* verwendet man billige, sand- und kalkhaltige Tone (Lehm, Mergel). Sandarmen Lehmen wird Sand als Magerungsmittel zugesetzt und die Mischung unter Zugabe geringer Mengen Wasser verarbeitet. Das Brennen erfolgt bei Temperaturen zwischen 950...1100°C im Ringofen. Stark eisenoxidhaltiger Lehm ergibt rote und kalkreicher Lehm gelbe Ziegel. Stärker gebrannte dichtere und festere Ziegel bezeichnet man als **Klinker.**

Tabelle 9.3 Keramische Erzeugnisse und ihre Verwendung

Werkstoff		Brenntemperatur (°C)	Produkte	Verwendung
Irdengut (Tongut)	Farbiges Irdengut, poröser Scherben	900 ... 1100	Mauerziegel, Dachziegel	Hoch- und Tiefbau
	Steingut, poröser Scherben	1100 ... 1300	Irdengutfliesen und gemeines Geschirr (farbig), Steingutfliesen und weißes Geschirr mit Glasur	Innenausbau, Sanitärausbau, Haushalt
Sinterzeug (Tonzeug)	Steinzeug, dichter Scherben	1200 ... 1300	Klinker und Riemchen, Kanalisationsrohre	Fassadenverkleidung, Abwasserbeseitigung
	Porzellan, dichter Scherben	1200 ... 1500	Fliesen, Sanitärartikel	Innenausbau, Sanitärausbau, Haushalt
Feuerfeste Steine, grobporiger Scherben		1300 ... 1800	Steine, Formstücke	Auskleidung von Öfen und Feuerungen, Zementherstellung

Feuerfeste Steine. Nach DIN 51060 unterscheidet man zwischen feuerfesten (> 1500°C) und hochfeuerfesten (> 1800°C) Werkstoffen. Feuerfeste Steine werden zum Auskleiden von Öfen, Hochöfen, Schornsteinen, zum Bau von Schmelzwannen usw. verwendet. Zur Herstellung von Feuerfestmaterialien kommen vorwiegend Silicate und Oxide mit höheren Erweichungspunkten zum Einsatz, z.B. SiO_2, Al_2O_3, MgO, Cr_2O_3. Die Herstellung erfolgt im Nass- oder Trockenpressverfahren und durch schmelzflüssiges Gießen mit nachfolgendem Brand.

Schamottesteine werden durch Brennen von rohem plastischem Bindeton (hoher Anteil an feinsten Tonmineralteilchen) und Schamottemehl als Magerungsmittel bei Temperaturen über 1250°C hergestellt. Schamottemehl ist ein gebrannter, gemahlener Schamotteton. Die feuerfesten Eigenschaften sind vor allem auf die Bildung von kristallinem *Mullit* (Smp. 1740°C) zurückzuführen. Die Anwendungsgrenze der Schamottesteine liegt bei etwa 1300 bis 1400°C. In der Regel werden die Steine mit Schamottemörtel vermauert. Schamotte ist der meistverwendete feuerfeste Baustoff. Im Umgangssprachgebrauch werden häufig alle feuerfesten Steine bzw. Werkstoffe als „Schamotte" bezeichnet, es gibt aber zahlreiche weitere feuerfeste Werkstoffe für unterschiedliche Einsatzbereiche.

Magnesitsteine werden aus Magnesit ($MgCO_3$) bei Temperaturen über 1600°C gebrannt. Es sind basische, hochfeuerbeständige Steine, die bis 1700°C verwendbar sind.

Silikasteine bestehen zu mind. 93% aus reinem SiO_2. Sie werden aus reinem, gemahlenem Quarzit bei etwa 1500°C gebrannt und sind verwendbar bis etwa 1650°C (Einsatz in Stahlwerks- und Koksöfen). Weitere feuer- und hochfeuerfeste Steine sind *Sillimanitsteine* (durch Erhöhung des Tonerdegehalts wird die Erweichungstemperatur erhöht, Brennen von Alumosilicaten, verwendbar bis 1850°C), *Dynamidonsteine* (Brennen von geschmolzener Tonerde mit 10% Ton als Bindemittel, verwendbar bis 1900°C und *Korundsteine* (verwendbar bis 2000°C).

Porzellan und **Steinzeug** besitzen einen dichten Scherben, es überwiegt die Glasphase. Porzellan wird gewöhnlich in *Hartporzellan* (~50% Kaolin, ~25% Quarz, ~25% Feldspat; Brenntemperatur 1400...1500°C) und *Weichporzellan* (~25% Kaolin, ~45% Quarz und ~30% Feldspat; Brenntemperatur 1200...1300°C) unterteilt. *Feinporzellane* wie Meißner Porzellan und chinesisches Porzellan sind Hartporzellane.

Oberflächenveredlung. Die Oberfläche der gebrannten, einfarbigen tonkeramischen Produkte ist meist rau. Eine Glättung und eventuelle Einfärbung der Oberfläche lässt sich durch Aufschmelzen von Glasuren erreichen. **Glasuren** sind glasartige Überzüge, die neben farbgebenden Bestandteilen auch Trübungsmittel (z.B. Zirkonsilicat) enthalten können. Die mit Wasser angerührten Gemische (*Schlicker*) aus Quarz, Feldspat, Marmor und Kaolin werden durch Tauchen, Spritzen oder Begießen auf die Oberfläche aufgebracht und unterhalb der Schmelztemperatur der Grundsubstanz (bis 1400°C) gesintert. Dabei entsteht der glasige Überzug. Die Farbigkeit wird durch Zumischen bestimmter Metalloxide, z.B. Cobaltoxid → blau, Eisenoxid → rot und Chromoxid → grün, erreicht.

9.2.4 Siliciumorganische Verbindungen

Silicone (systematische Bezeichnung: **Polyorganosiloxane**) sind synthetische polymere Verbindungen, in denen die Siliciumatome über Sauerstoffatome ketten- und/oder netzartig verknüpft sind. Die restlichen zwei Bindungen der Si-Atome sind durch organische Kohlenwasserstoffreste R (R = Alkylreste, Phenylrest; Kap. 10.1.1) abgesättigt.

Charakteristisches Merkmal der Silicone ist das Vorliegen einer Si-O-Si-Kette (**Siloxankette**). Darin unterscheiden sie sich grundsätzlich von den Makromolekülen herkömmlicher organischer Kunststoffe, deren Hauptkette aus Kohlenstoffatomen besteht (Kap. 10.4). Silicone nehmen somit eine Zwischenstellung zwischen anorganischen Verbindungen (Silicaten) und organischen Polymeren ein. Abb. 9.12a zeigt ein lineares Polyorganosiloxan mit R = CH_3. Da das Molekül um die Si-O-Bindungen frei drehbar ist, ergibt sich die typische geknäuelte Form (Abb. 9.12a rechts). Aufgrund der Kombination von Siloxan (Si-O)- und Silicium-Organo (Si-C)-Bindungen bezeichnet man die Silicone auch als *Organosiliciumverbindungen* bzw. *siliciumorganische Verbindungen*.

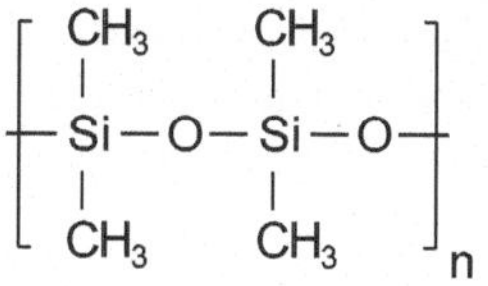

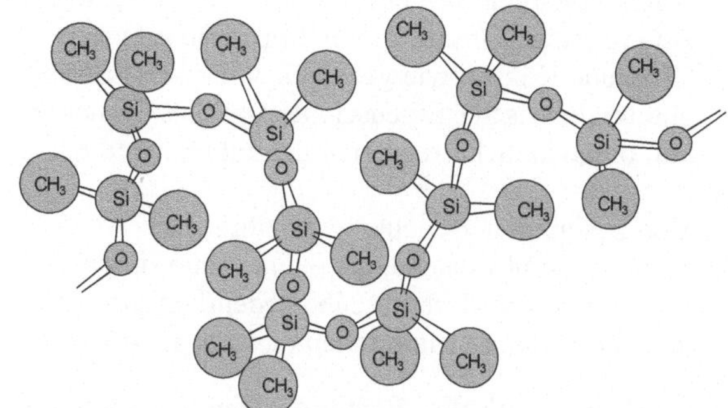

Abbildung 9.12a

Links: Lineares Polyorganosiloxan
(Silicon); rechts: Geknäuelte Struktur des linearen Siliconmoleküls

Darstellung. Silicone entstehen durch kontrollierte Hydrolyse von Organochlorsilanen.
Silane sind kettenförmige Siliciumwasserstoffe der allgemeinen Formel Si_nH_{2n+2}, die den
acyclischen gesättigten Kohlenwasserstoffen C_nH_{2n+2} (Kap. 10.1.1.1) entsprechen. Der einfachste Siliciumwasserstoff ist das Monosilan SiH_4. Die Wasserstoffatome der Silane lassen sich schrittweise durch Halogene unter Bildung von Chlorsilanen (H_3SiCl, H_2SiCl_2
usw.) ersetzen. Organochlorsilane R_nSiCl_{4-n} (R = Alkyl- oder Arylrest) sind sehr hydroly-
seempfindlich und setzen sich zu Organosilanolen um, die anschließend unter Wasserabspaltung in die Silicone übergehen:

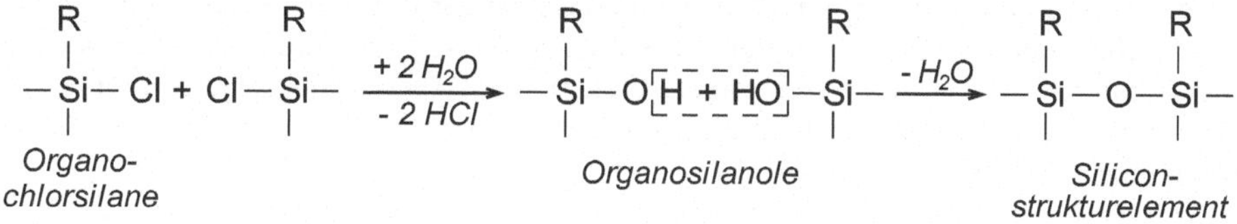

Die günstigen Eigenschaften der Silicone sind eine Folge der thermischen und chemischen
Stabilität der Si-C- und der Si-O-Bindungen. Polyorganosiloxane sind aus mono(M)-,
di(D)-, tri(T)- und tetrafunktionellen(Q) Struktureinheiten aufgebaut (Abb. 9.12b). Aus den
verschiedenen Möglichkeiten der Verknüpfung dieser Struktureinheiten zu linearen, cyclischen und vernetzten Anordnungen resultiert die große Strukturvielfalt dieser Stoffgruppe.

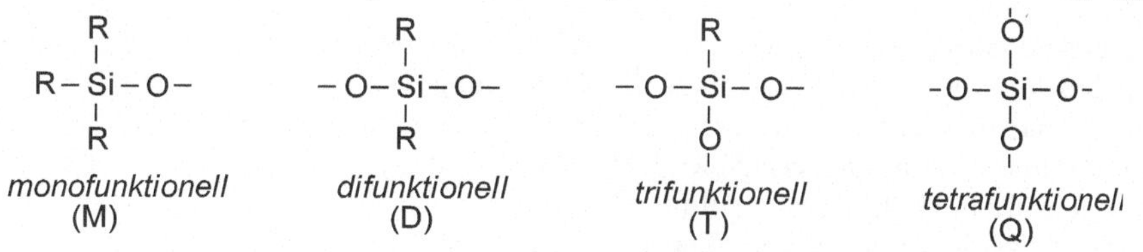

Abbildung 9.12b Strukturelemente der Silicone mit Angabe der Vernetzungsmöglichkeiten

Je nach Wahl der Ausgangsstoffe, der Reaktionsbedingungen und dem Grad der Vernetzung entstehen flüssige (Siliconöle), feste (Siliconharze) und elastische (Siliconkautschuke) Produkte. **Siliconöle** bestehen aus linearen Polymeren mit Kettenlängen von zwei
bis mehr als 1000 Si-O-Einheiten. Sie finden als Entschäumer, Hydraulikflüssigkeiten,
Schmier- und Trennmittel sowie als Hydrophobierungsmittel Anwendung.

Allen **Siliconen** gemeinsam ist eine Reihe **herausragender Eigenschaften**, die sie für einen breiten Einsatz in der Praxis qualifizieren: Sie besitzen eine hohe Resistenz gegen Hitze und Kälte sowie gegen Ozon und UV-Strahlung. Sie weisen eine hohe Elastizität und gute dielektrische Eigenschaften (hohes Isoliervermögen und gute Kriechstromfestigkeit) auf, brennen nicht, reagieren neutral und sind ökologisch unbedenklich.

Von besonderer Bedeutung für ihre *Anwendung im Bautenschutz*: Siliconharze sind hart, stark wasserabweisend, gas- und dampfdurchlässig und besitzen eine hohe Lebensdauer. Sie eignen sich deshalb außerordentlich gut als **Hydrophobierungsmittel** für organische und anorganische Materialien (s. Kap. 10.4.5.1).

Siliciumorganische Verbindungen im Bautenschutz. Zum Einsatz im Bautenschutz kommen monomere Si-organische Verbindungen (Silane und Siliconate), oligomere Si-organische Verbindungen, die Oligosiloxane („Siloxane") und polymere Si-organische Verbindungen, die eigentlichen Siliconharze.

Wenn nicht bereits vorhanden (→ „auspolymerisierte" Harze), entsteht bei der Anwendung dieser Produkte durch Polykondensation im mineralischen Substrat oder in der Beschichtung das Siliconnetzwerk als Träger der für diese Substanzklasse wichtigen Eigenschaften: *Wasserabstoßung, Wasserdampfdurchlässigkeit* und *Langlebigkeit*.

⇒ **Silane und Siloxane.** Es gibt auf kaum einem Gebiet der Bauchemie eine solche Konfusion zwischen exakter und praktischer Bezeichnungsweise von Verbindungen bzw. Verbindungsgruppen wie auf dem Gebiet der siliciumorganischen Bautenschutzmittel. In der Bauanwendung, und das soll auch im Folgenden so gehandhabt werden, versteht man unter **Silanen** generell Alkylalkoxysilane.

$$
\begin{array}{ll}
\begin{array}{c}
R \\
| \\
R'O - Si - OR' \\
| \\
OR'
\end{array}
&
\begin{array}{l}
R \quad = \quad CH_3 \text{ (Methyl)}, \\
\qquad \text{auch: } C_4H_9 \text{ (Butyl)}, \\
\qquad C_8H_{17} \text{ (Octyl)}; \\
OR' = \quad OCH_3 \text{ (Methoxy)}, \\
\qquad OC_2H_5 \text{ (Ethoxy)}
\end{array}
\end{array}
$$

Alkyltrialkoxysilan   *Methyltriethoxysilan*

Silane sind überwiegend niedrigviskose, klare Flüssigkeiten. Auf eine Betonoberfläche aufgebracht, fördert deren Alkalität die Entstehung der Alkylkieselsäure (Alkylsilanol, Abb. 9-13a) und deren Vernetzung zum hydrophobierenden Endprodukt (Abb. 9.13 b,c). Silane können durch ihre geringe Molekülgröße leichter und tiefer in den Baustoff eindringen - gewünscht sind mehrere Millimeter - und auf feuchtem, nicht zu nassem Untergrund eingesetzt werden. Dem stehen allerdings auch einige *Nachteile* gegenüber. Silane enthalten hohe Mengen an gebundenem Alkohol (Ethanol, Methanol), sind flüchtig und besitzen lange Reaktionszeiten bis zum Aufbau des dreidimensionalen Siliconnetzwerkes.

Die Bezeichnung **Siloxan** für oligomere Alkylalkoxysilane ist vom chemischen Standpunkt her problematisch, da der Begriff „Siloxan" ganz allgemein für die gesamte Klasse von Verbindungen mit Si-O-Si-Ketten unterschiedlichen Polymerisationsgrades steht. In der praktischen Bauanwendung versteht man unter Siloxanen generell *oligomere Alkylalkoxy-*

silane (Oligosiloxane), die durch Kondensation von 3 bis 6 Molekülen eines monomeren Alkylalkoxysilans unter Ausbildung von Siloxanbindungen entstehen. Aufgrund der vorliegenden Teilvernetzung stehen die oligomeren Organosiloxane strukturell zwischen Organosilanen und Siliconharzen.

Siloxane sind in der Regel leicht bewegliche, klare, kaum noch flüchtige Flüssigkeiten. Ihr Gehalt an gebundenem Alkohol liegt deutlich unter dem der Silane. Sie besitzen ein tendenziell schlechteres Eindringvermögen als die Silane. Trotzdem zeigen sie in der Praxis meist die besseren Resultate, denn die oligomeren Moleküle sind immer noch klein genug, um in die Baustoffporen einzudringen und ihre Molmasse ist groß genug, um einen nicht zu hohen Dampfdruck aufzuweisen. Der entscheidende Vorteil gegenüber den Silanen besteht in der schnelleren Ausbildung des Siliconnetzwerkes. Bei dieser Verbindungsgruppe wurde versucht, die vorteilhaften Eigenschaften der Organosilane und der Siliconharze zu kombinieren. Besonders bewährt haben sich Kombinationen aus Silanen und Siloxanen.

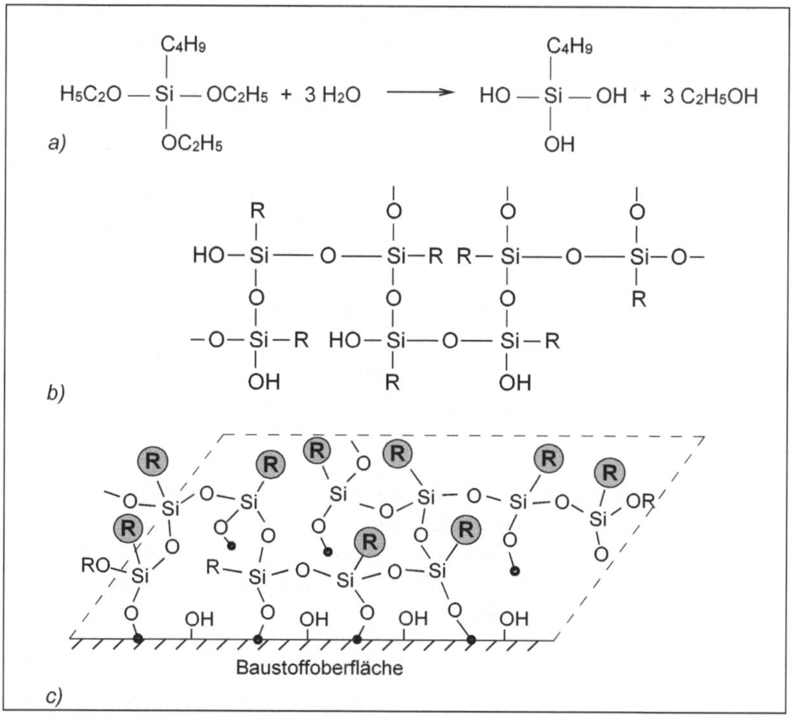

Abbildung 9.13 a) Verseifung des Butyltriethoxysilans zur Butylkieselsäure (exakt: Butylsilantriol); b) Vernetzung (Polykondensation) der Silanole zum Siliconharz; c) Fixierung des Siliconharzes durch kovalente Bindungen auf der Oberfläche mineralischer Baustoffe. Die Bindung erfolgt über die Si-OH-Gruppen der silicatischen Komponente(n) des Baustoffes.

Siliconate sind Salze von Alkylkieselsäuren. Sie entstehen, wenn vor dem Kondensationsprozess Alkalilauge (z.B. KOH) zugegeben wird. Eine wässrige Kaliumsiliconatlösung

$$\begin{array}{c} OH \\ | \\ H_3C - Si - O^- \; K^+ \\ | \\ OH \end{array} \qquad \textit{Kaliummethylsiliconat}$$

reagiert wie eine Wasserglaslösung mit dem CO_2 der Luft unter Bildung von hygroskopischem K_2CO_3 (s. Kap. 9.4.5, Gl. 9-54) und der Ausbildung des Siliconnetzwerkes. Wasserlösliche Methylsiliconate besitzen heute kaum noch Bedeutung. Als Gründe sind die starke Alkalität, die Wasserlöslichkeit des unvernetzten Produkts und die Bildung von weißen Salzkrusten auf stark alkalischen Untergründen anzuführen.

$\Rightarrow$ **Siliconharze** sind hochmolekulare, dreidimensional vernetzte Verbindungen. Abweichend von der Quarzstruktur (SiO_4-Tetraeder) ist bei den Siliconharzen in der Regel jedes vierte O-Atom durch eine organische Gruppe R ersetzt.

Die Polykondensation ist so weit fortgeschritten, dass zähflüssige bzw. feste, in organischen Lösungsmitteln noch lösbare polymere Siloxane vorliegen (*Flüssig- oder Festharze*). Sie finden Anwendung als Bindemittel in Siliconharzfarben und Siliconharzputzen. Im Vergleich zu anderen organischen Harzen besitzen Siliconharze niedrige Molmassen (2000 bis 5000), der Anteil an gebundenem Alkohol beträgt nur noch 2...4%. Für Beschichtungen werden meist Methylsiliconharze verwendet. Siliconharze werden in organischen Lösemitteln gelöst oder lösemittelfrei in Pulverform vermarktet. Auf Baustoffoberflächen aufgebracht, trocknen sie aus organischen Lösungen oder Emulsionen schnell und klebfrei auf. Die wasserabweisende Wirkung ist von Anfang an voll ausgebildet. Siliconharzlösungen spielen als Hydrophobierungsmittel heute nur noch eine untergeordnete Rolle. Der Grund dafür ist zum einen im zunehmenden ökologischen Bewusstsein des Verbrauchers hinsichtlich der Anwendung lösemittelfreier Produkte und zum anderen in der Teilchengröße der Polyorganosiloxane zu sehen ($\rightarrow$ größere Teilchen mit einer geringeren Eindringtiefe!). Der weitaus größte Teil der für den Bausektor produzierten Siliconharze wird für Siliconharzfarben und Siliconharzputze verwendet.

Siliconharzimprägnierungen wirken wasserabstoßend (hydrophob). Sie schützen die poröse Oberflächenstruktur mineralischer Baustoffe gegen eindringende Feuchtigkeit und damit verbundene Schäden. Wasserdampf- und CO_2-Durchlässigkeit werden kaum reduziert. Trotz der nur geringfügig abnehmenden Gasdurchlässigkeit kommt es zu einer deutlichen Verzögerung der Carbonatisierung des Betons.

Heute werden für Fassadenimprägnierungen vor allem Gemische aus Silanen und Siloxanen mit unterschiedlicher Zusammensetzung und unterschiedlichem Verhältnis in organischen Lösemitteln gelöst oder als lösemittelfreie Emulsion verwendet.

$\Rightarrow$ **Siliconkautschuke** sind in den gummielastischen Zustand überführbare Siliconmassen. Sie enthalten neben der [-$Si(R)_2$-O-]-Hauptkette funktionelle Gruppen wie die Hydroxy- und die Vinylgruppe (-$CH=CH_2$), die eine weitmaschige Vernetzung ermöglichen. Die Gruppen können sich an den Kettenenden befinden oder in die Kette eingebaut sein. Zugesetzte Füllstoffe beeinflussen in Abhängigkeit von der Art und der Menge die mechanischen und chemischen Eigenschaften der Vulkanisate. Die Vernetzung der Kautschuke zum Elastomeren kann sowohl bei Raumtemperatur (RTV-Typen, *r*oom *t*emperature *v*ul-canizing) als auch durch Heißvulkanisation (HTV-Typen, *h*igh *t*emperature *v*ulcanizing) erfolgen. Bei den im Bauwesen angewandten Typen unterscheidet man Einkomponenten (RTV-1)- und Zweikomponentensysteme (RTV-2).

- **RTV-1-Siliconkautschuke** sind Einkomponentensysteme, die mit der Feuchtigkeit der Luft zu einem elastischen Silicon vernetzen. Der Kautschuk besteht überwiegend aus linearen Organosiloxanmolekülen (Molekülmassen: $10^4...10^5$). An den siliciumfunktionellen Endgruppen befinden sich meist Acetoxygruppen ($-O-CO-CH_3$), die als Vernetzerkomponente wirken. Unter Ausschluss von Feuchtigkeit, z.B. in einer verschlossenen Kartusche, sind Einkomponenten-Kautschuke lagerstabil. Bei Einwirkung von Feuchtigkeit entstehen an den Enden der Polymerkette unter Abspaltung von Essigsäure Hydroxygruppen, die durch Kondensation vernetzen und Si-O-Bindungen ausbilden können. Zur Erhöhung der Elastizität werden dem Kautschuk Füllstoffe, z.B. amorphe Kieselsäure, sowie Siliconöl zugesetzt.
- **RTV-2-Siliconkautschuke**. Bei einem kalthärtenden Zweikomponentensystem werden die Polymerkomponente und die Vernetzerkomponente (z.B. Tetraalkoxysilane $Si(OR)_4$) in Gegenwart von kondensationsbeschleunigenden Zinnverbindungen und Füllstoffen erst vor der Verwendung gemischt. Die Härtung zu einem elastischen Silicongummi erfolgt entweder durch Polykondensation oder Polyaddition. RTV-2-Kautschuke finden dort Anwendung, wo die Einkomponenten-Kautschuke wegen zu geringer Luftfeuchtigkeit und/oder zu großer Stoffdicke zu langsam oder gar nicht aushärten. Siliconkautschuke besitzen eine hohe Beständigkeit gegenüber Wärme. Sie sind elastisch, flammfest und ölbeständig, weisen aber eine relativ geringe mechanische Festigkeit auf.

Siliconkautschuke werden sowohl im Bauwesen als auch im Sanitär- und Kfz-Bereich als Dichtstoffe und Beschichtungsmassen verwendet.

9.3 Anorganische Bindemittel

9.3.1 Einleitende Bemerkungen – Historisches

Die Bezeichnung **Bindemittel** für eine bestimmte Gruppe pulverförmiger anorganischer Verbindungen leitet sich von deren Fähigkeit ab, Gesteinskörnungen (früher: Zuschlagstoffe) wie Sand, Kies oder Splitt „einbinden" zu können. Mit Wasser zu einem Bindemittelleim verarbeitet, erhärtet die zunächst form- und gießbare Mischung aus Bindemittel, Zugabewasser und Gesteinskörnung im Verlaufe verschiedener physikalisch-chemischer Prozesse zu einem künstlichen Stein. Das Bindemittel bewirkt eine feste Verkittung der Gesteinskörnung. Das *klassische* Bindemittel ist von alters her der *Kalk*. Er wird vorwiegend für Mauer- und Putzmörtel, aber auch zur Herstellung von Kalksandsteinen und Porenbetonsteinen verwendet.

Nach ihrem Erhärtungsverhalten werden die Bindemittel in nicht hydraulische (Erhärtung ausschließlich an der Luft) und hydraulische Bindemittel (Erhärtung sowohl an der Luft als auch unter Wasser) eingeteilt. Zu den **nicht hydraulischen Bindemitteln** (auch: Luftbindemittel) gehören neben den Luftkalken vor allem die Baugipse bzw. Anhydritbinder und die Magnesiabinder, zu den **hydraulischen Bindemitteln** die Zemente und die hydraulisch erhärtenden Kalke.

Historisches. Als ältestes künstlich hergestelltes Bindemittel muss der Gips angesehen werden. Ähnlich wie beim Kalk kann nur spekuliert werden, wie der Mensch die besonderen Eigenschaften, die Gips so wertvoll machen, entdeckt haben könnte. Vielleicht haben Gesteinsbrocken aus Gips zur Begrenzung eines Feuers gedient, sind durch die Hitze mürbe geworden und zu Pulver zerfallen bzw. zu Pulver zerstoßen worden. Bei Kontakt mit Wasser entstand dann eine formbare mörtelähnliche Masse, die an der Luft erhärtete. Gips kam bereits Jahrtausende vor unserer Zeitrechnung zum Einsatz. Der älteste gesicherte Nachweis für die Verwendung von Gips geht auf die Jungsteinzeit (~ 9000 v. Chr., Kleinasien) zurück. In der Stadt Catal Hüyük, heutige Türkei/Südanatolien, wurde gebrannter Gips als Gipsputz verwendet. Weitere Funde stammen aus Israel (~ 7000 v. Chr.). Gips-Kalk-Mörtel wurden beim Bau der Türme von Jericho (~ 2500 v. Chr.) und beim Bau der Chephren-Pyramide/Gizeh (~ 2000 v. Chr.) eingesetzt. Der gezielte Gebrauch von Gips ist wahrscheinlich auf die Griechen zurückzuführen. Sie bezeichneten dieses Gestein als „Gypsos". Von den Griechen übernahmen die Römer die Grundkenntnisse im Umgang mit diesem Bindemittel und verbreiteten sie bis in die Gebiete Mittel- und Nordeuropas. Mit dem Niedergang des Römischen Reiches geriet auch der Baustoff Gips in Vergessenheit, er wurde erst im 11. Jahrhundert in den Klöstern wiederentdeckt. Die Bildhauer und Bauleute des 15. Jahrhunderts entwickelten in der Frührenaissance die Technik des Brennens von Gips und seine Anwendung von neuem. In der Folgezeit wurde Gips auch in Deutschland zu einem häufig eingesetzten Baustoff (Mauersteine, Gipsestrich, Mauer- oder Putzmörtel und „Gipsbeton"). Dass Gips eine feuerhemmende Wirkung besitzt, wurde beim großen Brand von London (1666) entdeckt. Eine erste Blütezeit erreichte der Gips zur Zeit des Barock und Rokoko, wo es gelang, mit Gips künstlichen Stuckmarmor täuschend echt nachzuempfinden. Heute ist Gips aus unserem Alltag nicht mehr wegzudenken. Neben einer Vielzahl unterschiedlicher Bauprodukte gibt es eine Reihe von Spezialgipsen z.B. für die Keramikindustrie, die Landwirtschaft, für Gießereien und Ziegeleien sowie für medizinische Zwecke.

Fast ebenso alt wie die ersten erhaltenen Gipsputze sind Funde, die den Einsatz von gebranntem Kalk als Bindemittel dokumentieren. Sie stammen aus der Zeit zwischen 7000 und 5500 v. Chr. aus der Region am unteren Donaulauf. Zum Beispiel bestanden die Fußböden von Hütten der Siedlung Lepenski Vir aus Kies und Sand sowie einem Kalk-Wasser-Gemisch als Bindemittel. Das Kalkbrennen und -löschen wurde wahrscheinlich, ähnlich wie beim Gips, zufällig bei der Hitze- und der nachträglichen Wassereinwirkung auf Kalkstein an Feuerstellen entdeckt. Erste Belege für eine gezielte Kalkherstellung stammen aus Mesopotamien (2000 v. Chr.). Die Römer entwickelten eine Technologie des Kalkbrennens, während ihrer Zeit entstanden auch in Deutschland die ersten Kalköfen und Löschgruben.

Die ersten Bindemittel, die nach heutigem Verständnis hydraulisch zu nennen sind, wurden beim Bau der Zisternen von Jerusalem 1000 v. Chr. eingesetzt. Indem man dem gebrannten Kalk Ziegelmehl zusetzte, wurde ein hydraulischer Mörtel erhalten, der sich durch eine hohe Dauerfestigkeit auszeichnete. Eine ganze Reihe späterer Bauwerke der Griechen und Römer auf dem Gebiet des Hafen-, Brücken- und Wasserleitungsbaus wären ohne geeignete hydraulische Zusätze wie Ziegelmehl, vulkanische Aschen oder Trass zum Kalk nicht realisierbar gewesen.

Als (bisheriges!) Endglied in der langen Entwicklungsgeschichte der Bindemittel ist der Zement anzusehen. Der Begriff „Zement" tauchte erstmals, wenn auch mit einer völlig anderen Bedeutung als heute, bei den Römern auf. Sie nannten die Zuschlagstoffe, die sie für ihr Gussmauerwerk („Opus Caementitum" - Römerbeton) einsetzten, als Caementum. Später wurden hydraulische Zusatzstoffe vulkanischen Ursprungs bzw. Ziegelmehle als Ciment (Frankreich), Cement (England) oder Zyment (Deutschland) bezeichnet. Mit dem Niedergang des Römischen Reiches gingen auch zahlreiche theoretische und praktische Erfahrungen und Erkenntnisse der römischen Baukunst verloren. Die Rezepturen zur Herstellung hydraulischer Bindemittel gerieten in Vergessenheit oder wurden vernichtet. Im Mittelalter fanden überwiegend Baustoffe Verwendung, die wenig dauerhaft waren.

Die moderne Geschichte des Bindemittels Zement geht auf den Engländer *J. Smeaton* (1724-1792) zurück. Er beschäftigte sich in den Jahren 1756-1759 intensiv mit dem Problem der Hydraulizität von Kalken. Dabei erkannte er die besondere Bedeutung des Tongehaltes im Kalkstein für die Herstellung hydraulischer Bindemittel. Angeregt durch diese Untersuchungen stellte *J. Parker* 1796 erstmals industriell hydraulische Kalke her. Er nannte sein Bindemittel, das durch Brennen aus den sogenannten Mergelnieren des Londoner Septarien-Tones hergestellt wurde, „Romancement". Als Geburtsjahr des Portlandzements gilt im Allgemeinen das Jahr 1824. In diesem Jahr meldete der englische Maurermeister *Joseph Aspdin* ein Patent zur Herstellung eines Zements an, der aus einer Schlämme aus Kalk und Ton bei hohen Temperaturen erbrannt wurde. Das Produkt, das nachfolgend zu einem feinen Pulver zermahlen wurde, bezeichnete er als **Portlandzement**, da es im abgebundenen Zustand dem graustichig-weißen Farbton des auf der Insel Portland gewonnenen Kalksteins ähnelte. Dieses Bindemittel entsprach nach unserem heutigen Verständnis immer noch einem hydraulischen Kalk und *nicht* einem Portlandzement. *Aspdin* brannte sein Gemisch unterhalb der Sintertemperatur. Den ersten Portlandzement nach heutiger Nomenklatur stellte sein Sohn *William Aspdin* im Jahre 1843 her, indem er bei deutlich höheren Temperaturen brannte. In der Folgezeit entwickelte sich die englische Zementindustrie sprunghaft, die Zementqualität wurde zunehmend verbessert. Im Jahre 1853 wurde in Züllchow bei Stettin durch *H. Bleibtreu* das erste deutsche Zementwerk errichtet. In den Folgejahren entwickelte sich die deutsche Zementindustrie stetig und erfolgreich, so dass die teuren englischen Importe immer mehr zurückgedrängt werden konnten. 1862 entdeckte *E. Langen* die latent-hydraulischen Eigenschaften von glasig-erstarrter Hochofenschlacke (Hüttensand). Die Überlegung, granulierte Hochofenschlacke durch Portlandzement anzuregen, geht auf *G. Prüssing* zurück. Er stellte 1882 den ersten Hüttenzement mit einem Hüttensandanteil von 30% her. Zwischen 1914-1918 wurde in Frankreich der erste Tonerdezement hergestellt. In den nachfolgenden Jahren stellten sich die Zementproduzenten auf immer speziellere Anforderungen ein: Herstellung von Zementen mit hohem Sulfatwiderstand, Herstellung von frühfesten Zementen und Zementen mit niedriger Hydratationswärme.

Die gegenwärtige Entwicklung auf diesem Sektor ist gekennzeichnet durch die Forderung nach höheren (Früh)-Festigkeiten etwa durch den Einsatz von Silicastaub oder von Fasern sowie nach ressourcenschonender Produktion (s. Kap. 9.3.8). Für letztere Forderung gibt es zwei prinzipielle Wege: Zum einen können natürliche Roh- und Brennstoffe durch Sekundärstoffe wie Altreifen und Klärschlämme substituiert werden. Zum anderen kann der Klinkeranteil im Zement durch Zumahlstoffe oder geeignete Sekundärrohstoffe sukzessive reduziert werden. Auf diese Weise würde die CO_2-Emission deutlich gemindert.

9.3.2   Baukalke

„Kalk" ist seit Jahrhunderten das Bindemittel schlechthin. Hauptbestandteil der Baukalke sind die Oxide und Hydroxide des Calciums (CaO, $Ca(OH)_2$) neben geringeren Anteilen an Oxiden und Hydroxiden des Magnesiums (MgO, $Mg(OH)_2$), Siliciums (SiO_2), Aluminiums (Al_2O_3) und Eisens (Fe_2O_3). Die chemisch aktiven Bestandteile hinsichtlich der Carbonaterhärtung sind CaO und MgO. Als Rohstoffe für die Herstellung von Baukalken kommen Kalkstein, Kalkstein-Ton-Gesteine (Kalkmergel) und Dolomit zum Einsatz.

Kalksteine sind grob- bis feinkristalline Gesteine, die durch chemische oder biogene Sedimentation entstanden sind. Sie bestehen vorwiegend aus Calciumcarbonat $CaCO_3$, als Verunreinigungen treten tonige (vor allem Al_2O_3 und Fe_2O_3) oder quarzitische (SiO_2) Beimengungen auf. Dolomit $CaMg(CO_3)_2$ fungiert als Begleitmineral. Calciumcarbonat tritt in drei kristallinen Modifikationen auf: als trigonal-rhomboedrisch kristallisierender *Calcit* (Kalkspat), als orthorhombisch kristallisierender *Aragonit* und als hexagonal kristallisierender *Vaterit*. Die beständigste, den Hauptteil des Kalksteins bildende Form, ist der Calcit. Vaterit stellt dagegen die instabilste $CaCO_3$-Modifikation dar.

9.3.2.1   Luftkalke

Brennen. Durch Brennen von Kalkstein (vereinfacht als $CaCO_3$ angenommen) bei Temperaturen über 900°C wird gebrannter Kalk CaO gewonnen (Gl. 4-10). Die thermische Zersetzung des Kalksteins unter Freisetzung von Kohlendioxid („Kohlensäure") wird auch als *Entsäuerung* oder *Calcinierung* bezeichnet.

$$CaCO_3(s) \quad \rightarrow \quad CaO(s) \quad + \quad CO_2(g) \qquad \Delta H = +178 \text{ kJ/mol}$$
$$\textit{Kalkstein} \qquad\qquad \textit{gebrannter Kalk}$$

Der Brennprozess muss unterhalb 1200°C erfolgen, um ein Sintern des Brennprodukts zu vermeiden. Nach obiger Reaktion werden beim Brennen aus 100g $CaCO_3$ etwa 56g CaO und 44g CO_2 gewonnen. Der **gebrannte Kalk** (**ungelöschter Kalk**, früher: Branntkalk) entsteht als ein hochporöses Material mit einem Porenvolumen von etwa 52 Vol.-%, Volumenkonstanz vorausgesetzt. Die im gebrannten Kalk entstandenen Poren sind von allergrößter Bedeutung für den sich anschließenden Löschvorgang.

Wird Kalkstein zu hoch erhitzt („überbrannt"), entsteht kristallines CaO. Der auf diese Weise erhaltene *Sinterkalk* reagiert infolge der Verdichtung der CaO-Kristalle und einer stark verringerten Porosität nur langsam mit Wasser. Damit wird der nachfolgende Löschprozess teilweise oder ganz unterbunden.

Kalk ist die in der Praxis gebräuchliche Bezeichnung für Calciumoxid CaO. Dass häufig auch Kalkstein und gelöschter Kalk als Kalk bezeichnet werden, ist zwar vom chemischen Standpunkt her falsch, führt aber in der Praxis kaum zu Problemen.

Löschen. Um als Bindemittel wirken zu können, muss der Kalk gelöscht werden. Dabei reagiert CaO in einer stark exothermen Reaktion (Gl. 9-11) mit Wasser zu Calciumhydroxid (**gelöschter Kalk**, Löschkalk; nicht ganz korrekt: Kalkhydrat).

$$CaO(s) \quad + \quad H_2O(l) \quad \rightarrow \quad Ca(OH)_2(s) \qquad \Delta H = -65 \text{ kJ/mol} \qquad (9\text{-}11)$$
$$\textit{gebrannter Kalk} \qquad\qquad \textit{gelöschter Kalk}$$

Die stark exotherme Löschreaktion führt zu einer Erwärmung des Stoffsystems. Zum Beispiel entwickelt 1 kg CaO beim Löschen eine Wärmemenge von 1162 kJ. Sie reicht aus, um 2,8 Liter Wasser von 0° auf 100°C zu erwärmen (Verspritzungsgefahr!). Erfolgt das Löschen im stöchiometrischen Verhältnis, wird also die laut Gl. (9-11) erforderliche, einschließlich der verdampfenden Menge an Wasser zugegeben, fällt der Löschkalk als trockenes Pulver an (werkmäßige Herstellung, *Trockenlöschen*). Löscht man Kalk mit einem mäßigen Überschuss an Wasser (*Nasslöschen*), erhält man den auf der Baustelle eingesetzten *Kalkbrei*. Durch Ablöschen von Kalk mit einem hohen Überschuss an Wasser wird eine dünnflüssige Suspension von $Ca(OH)_2$ in Wasser (*Kalkmilch*) erhalten.

Beim Löschen dringt das Wasser in die Poren des gebrannten Kalks ein und es findet eine Umsetzung im Inneren des Korns statt. Die harten Kalkstücke quellen und ihr Volumen vergrößert sich fast bis auf das Doppelte. Der stückig gebrannte Kalk zerfällt infolge der Volumenvergrößerung (Dichteänderung von 3,34 auf 2,24 g/cm^3) zu mikrokristallinen $Ca(OH)_2$-Teilchen. Die Teilchengröße ist in erster Linie von der Art des Löschens abhängig. Sie liegt mit Werten von 0,01 bis > 10 µm im Grenzbereich zwischen grob- und kolloiddispersen Lösungen. Die geringe Größe der $Ca(OH)_2$-Teilchen ist die Ursache für das gute Sandeinbindevermögen des Kalkbreis und für sein thixotropes Verhalten. Der Löschvorgang muss vor der Verarbeitung des Kalks als Bindemittel abgeschlossen sein. Vermörtelter Luftkalk (*Kalkmörtel*) ist ein steifer, wässriger Brei, der aus gelöschtem Kalk als Mörtelbildner und Sand als Magerungsmittel besteht.

Enthält Kalkmörtel zu harte oder überbrannte Kalkanteile, die unter dem Einfluss der Feuchtigkeit erst nach dem Aufbringen des Mörtels ablöschen, können infolge der Volumenzunahme Sprengwirkungen auftreten (*Nachlöschen*). Beim Mauermörtel kommt es zur Gefügezerstörung und damit zur Festigkeitsminderung, bei Putzmörteln treten Risse, Blasen bzw. Absprengungen auf (Kalktreiben, Kap. 9.4.2.2).
Wie CaO ist auch $Ca(OH)_2$ in Wasser schwer löslich, bei 20°C lösen sich ca. 1,7 g $Ca(OH)_2$ in einem Liter Wasser (s.a. Tab. 6.4). Technische Kalkhydrate sind aufgrund der in ihnen enthaltenen anorganischen und organischen Verbindungen zu etwa 5...10% besser löslich als chemisch reines $Ca(OH)_2$. Die stark basisch reagierende gesättigte Lösung besitzt einen pH-Wert von 12,6 (bei 20°C). Wie für eine sich exotherm lösende Verbindung zu erwarten (Kap. 6.3.1), nimmt die Löslichkeit des Calciumhydroxids mit zunehmender Temperatur ab.

Erhärten. Beim Aufbringen von Kalkmörtel auf Mauersteine erfolgt relativ schnell eine erste Verfestigung und Versteifung des Mörtels, da die porösen Steine einen Teil des Mörtelwassers „absaugen". Der *chemische Erhärtungsprozess* besteht in der Bindung von Kohlendioxid aus der Luft, er läuft exotherm ab. Das Erhärten von Luftkalken wird als **Carbonatisierung** bezeichnet (s. Gl. 4-11).

$$Ca(OH)_2(s) + CO_2(g) \longrightarrow CaCO_3(s) + H_2O(l) \qquad \Delta H = -113 \text{ kJ/mol.}$$

Die Carbonatisierung kann allerdings nur in Gegenwart von Wasser ablaufen, da es sich chemisch um eine *Neutralisation* der Base $Ca(OH)_2$ mit der Kohlensäure H_2CO_3/CO_2, H_2O handelt (Gl. 9-12). Die Kohlensäure entsteht durch Reaktion des CO_2 der Luft mit dem Mörtelwasser.

$$Ca(OH)_2 \quad + \quad H_2O \quad + \quad CO_2 \quad \rightarrow \quad CaCO_3 \quad + \quad 2\,H_2O \qquad (9\text{-}12)$$

Gelöschter Kalk   *Mörtel-*   *aus Luft*   *Calciumcarbonat*   *Frei werdende*
               wasser   *(erhärteter Kalk)*   *Baufeuchtigkeit*

Durch den geringen CO_2-Gehalt der Luft von ca. 0,04 Vol% verläuft die Carbonatisierung sehr langsam. Man geht davon aus, dass sie nach etwa einem Jahr abgeschlossen ist. Bei großen Putzflächen im Freien muss man selbst bei warmen Wetter mit einer Carbonatisierungsdauer von einigen Monaten rechnen. In tiefen Mauerfugen benötigt die Carbonatisierung einige Jahre bis Jahrzehnte und verläuft auch dann nicht vollständig.

Bei der Erhärtung der Luftkalke wird als Nebenprodukt Wasser freigesetzt (Gl. 9-12). Es tritt als **Baufeuchtigkeit in Neubauten** in Erscheinung. In Abhängigkeit von der Carbonatbildung ist die Wasserabgabe je nach Wandstärke und -beschaffenheit frühestens nach etwa einem Jahr abgeschlossen. Der Kreislauf des „Kalkes": Brennen – Löschen – Erhärten ist in Abb. 9.14 dargestellt.

Um möglichst schnell eine vollständige $CaCO_3$-Bildung zu erreichen, muss Kohlendioxid im Überschuss angeboten werden. Dazu wurden früher Koksöfen oder Propangasbrenner in Innenräumen eingesetzt (Achtung Verbrennungsgase!). Die erzeugte Wärme führt gleichzeitig zu einer zusätzlichen Verdunstung des gebildeten Wassers. Der Einsatz von Brennern und Öfen hat sich heute jedoch weitgehend erübrigt, da in Innenräumen fast nur noch Gipsputze zum Einsatz kommen.

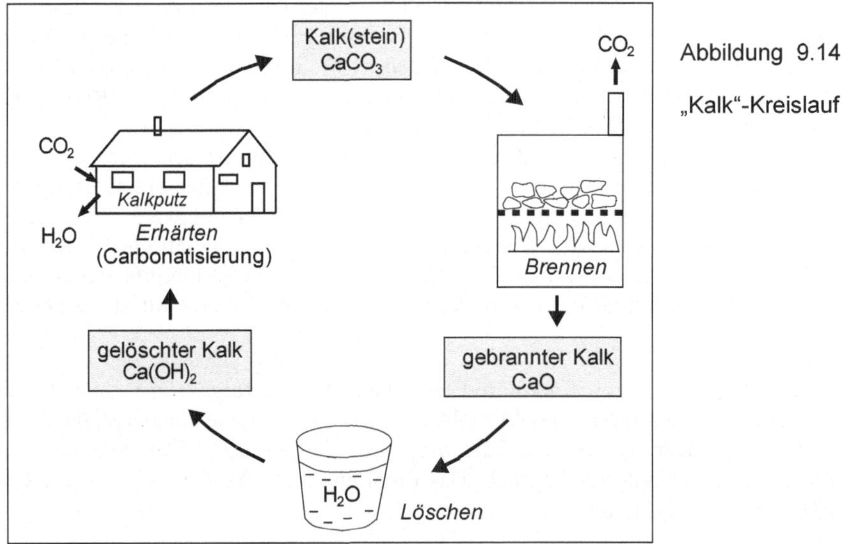

Die zur Carbonatisierung benötigte Wassermenge darf dem Mörtel durch zu starke Wärmeeinwirkung bzw. Sonneneinstrahlung, durch Vermauern trockener, saugfähiger Steine oder durch Putzen auf trockenem Untergrund nicht zu rasch wieder entzogen werden. Geschieht dies, kommt der Carbonatisierungprozess zum Erliegen, denn mit CO_2 allein ist keine $CaCO_3$-Bildung möglich (Gl. 9-12). Das wird unter anderem auch durch die Tatsache belegt, dass pulverförmiger Löschkalk in Papiersäcken im Trockenen über längere Zeit lagerfähig ist. Saugende Steine und trockener Putzgrund müssen stets gut vorgenässt werden.

Die Carbonatisierung, die langsam und immer nur teilweise abläuft, ist nicht die einzige Ursache der Kalkerhärtung. Kalkbrei ist eine feinkörnige Lösung von $Ca(OH)_2$-Partikeln, deren spezifische Oberfläche sich in der Größenordnung von 10...30 m^2/g bewegt. Durch die große Oberfläche sind die Teilchen in der Lage, Wasser adsorptiv zu binden. Es bilden sich Oberflächenkräfte aus, die die Kalkteilchen untereinander zusammenhalten („verkleben"). Nachdem das Überschusswasser durch die Mauersteine oder den Untergrund abgesaugt worden ist, bewirken die über das Adsorptionswasser wirksam werdenden intermolekularen Wechselwirkungskräfte eine erste Verfestigung (Gelbildung) des Kalkputzes. Eine durchaus treffende Analogie zu diesem Vorgang stellt der Sandburgenbau am Meeresstrand dar. Feuchten Sand kann man gut formen und „vermauern". Ist das als Bindemittel fungierende Wasser verdunstet, zerrieselt das Sandbauwerk. Größe und Adsorptionsvermögen der kleinen Quarzkristalle des Sandes sind allerdings in keiner Weise mit denen der $Ca(OH)_2$-Teilchen vergleichbar.

Obwohl reine Luftkalkmörtel infolge ihrer hohen Porosität nur eine geringe Festigkeit aufweisen, besitzen sie im Gegensatz zu Zementputzen den Vorteil, aufgrund ihrer Elastizität geringfügige Bewegungen im Bauwerk ohne Rissbildung auszuhalten.

Zur Gruppe der Luftkalke gehören der Weiß- und der Dolomitkalk. **Weißkalk** (CL, calcium lime) wird durch Brennen von möglichst reinem Kalkstein erhalten. Handelsüblicher CaO-Gehalt: 94%, früher auch: *Speck-* oder *Fettkalk*. **Dolomitkalk** (DL, dolomitic lime) wird durch Brennen von Dolomit $CaMg(CO_3)_2$ erhalten, MgO-Gehalt $\geq$ 10%.

9.3.2.2 Hydraulische Kalke

Im Gegensatz zu den Luftkalken können hydraulische Kalke (HL, hydraulic lime) sowohl durch Reaktion mit Wasser an der Luft als auch unter Wasser erhärten. Ursache für letztere Eigenschaft sind Klinkerphasen, wie sie auch im Zement vorkommen. Sie erstarren infolge von Hydratationsprozessen und gehen in schwer lösliche Erhärtungsprodukte hoher Festigkeit über. Der Begriff „**hydraulisch**" hat in der Bauchemie eine doppelte Bedeutung: Er steht zum einen für *wasserbindend* und zum anderen für *wasserfest* und wird damit in gänzlich anderem Sinne verwendet als in der Physik.

Durch **Brennen** tonhaltiger Kalksteine (Kalkmergel) bei Temperaturen unterhalb der Sintergrenze von ca. 1250°C wird die Kristallstruktur der Tone zerstört. Es entstehen die sogenannten **Hydraulefaktoren** (Al_2O_3, SiO_2 und Fe_2O_3). Sie reagieren oberhalb 900°C mit dem aus der Kalksteinkomponente gebildeten basischen CaO zu Verbindungen ähnlicher Struktur wie sie im Portlandzementklinker vorliegen: Tricalciumaluminat 3 CaO $\cdot$ Al_2O_3 (**C₃A**), Dicalciumsilicat 2 CaO $\cdot$ SiO_2 (**C₂S**) und Tetracalciumaluminatferrat 4 CaO $\cdot$ Al_2O_3 $\cdot$ Fe_2O_3 (**C₄AF**).

Bereits in Kap. 1.1.2 (S. 5) wurde darauf verwiesen, dass in der Baustoff- und Zementchemie aus praktischen Gründen Kurzzeichen eingeführt wurden. Für CaO steht **C**, für SiO_2 **S**, für Al_2O_3 **A**, für Fe_2O_3 **F**, für H_2O **H**, für $Ca(OH)_2$ **CH,** für $CaSO_4$ **Cs** und für MgO **M**. Um eventuelle Verwechslungen mit den Elementsymbolen des Kohlenstoffs, Schwefels, Wasserstoffs, Fluors und Caesiums auszuschließen, wird beim Gebrauch dieser Baustoffsymbolik generell ein anderer Schrifttyp verwendet.

Erhärtung. Die gebildeten Verbindungen C_3A, C_2S und C_4AF reagieren mit Wasser und erhärten hydraulisch. Die entstehenden Hydratphasen sind in Kap. 9.3.3.4.1 genauer beschrieben. Hydraulische Kalke enthalten noch etwa 3% freies CaO, das nicht an SiO_2, Al_2O_3 oder Fe_2O_3 gebunden ist. Dieser Kalkanteil erhärtet wie Luftkalk. Die Erhärtung der hydraulischen Kalke beruht demnach zum einen auf der Carbonatisierung und zum anderen auf der Hydratation. Hydraulische Kalke erhärten schneller als Luftkalke und erreichen höhere Festigkeiten.

Kalke, die durch Brennen von mehr oder weniger tonhaltigen bzw. kieselsäurehaltigen Kalksteinen mit nachfolgendem Löschen und gegebenenfalls Mahlen hergestellt werden, bezeichnet man als „**Natürliche hydraulische Kalke**" NHL. Werden hydraulische Kalke durch werkmäßiges Mischen von Luftkalk (z.B. CL 90) mit bis zu 20% latent hydraulischen (Hüttensand), hydraulischen (Zement) oder puzzolanischen Stoffen (Trass, Flugasche) hergestellt, erhalten sie die Bezeichnung **HL**.

Während früher die hydraulischen Kalke nach ihrem Anteil an hydraulisch erhärtenden Bestandteilen in *Wasserkalk, Hydraulischen Kalk* und *Hochhydraulischen Kalk* eingeteilt wurden, erfolgt heute die Klassifizierung nach ihrer Druckfestigkeit.
Hydraulische Kalke stellen das Bindeglied zwischen Luftkalken und Zementen dar. Dementsprechend nimmt die Druckfestigkeit mit dem Anteil an hydraulischer Komponente zu. Man klassifiziert die hydraulischen Kalke wie folgt: **HL 2** (Druckfestigkeit nach 7 Tagen nicht gefordert, nach 28 Tagen 2...7 N/mm^2), **HL 3,5** (Druckfestigkeit nach 7 Tagen nicht gefordert, nach 28 Tagen 3,5...10 N/mm^2) und **HL 5** (Druckfestigkeit nach 7 Tagen ≥ 2 N/mm^2, nach 28 Tagen 5...15 N/mm^2).

9.3.3   Zemente

Zement ist mit einer Jahresproduktion von etwa 4,1 Mrd. Tonnen (2019) weltweit der wichtigste Baustoff unserer Zeit (Deutschland: 33,6 Mio. t (2018), vdz-online). Die derzeit in Deutschland und vielen anderen europäischen Ländern gültige Norm DIN EN 197-1 definiert Zement in folgender Weise: „Zement ist ein hydraulisches Bindemittel, das heißt ein fein gemahlener anorganischer Stoff, der, mit Wasser gemischt, Zementleim ergibt, welcher durch Hydratation erstarrt und erhärtet und nach dem Erhärten auch unter Wasser fest und raumbeständig bleibt." Nach DIN EN 197-1 besteht Normzement aus Haupt- und 0 - 5% Nebenbestandteilen. Die möglichen Hauptbestandteile sind Portlandzementklinker (K), Hüttensand (S), Puzzolane $\rightarrow$ Natürliche Puzzolane (P), $\rightarrow$ natürliche getemperte Puzzolane (Q); Flugasche $\rightarrow$ kieselsäurereiche Flugasche (V), $\rightarrow$ kalkreiche Flugasche (W); gebrannter Schiefer (T) und Silicastaub (D). Daneben enthält Zement noch Nebenbestandteile, Calciumsulfat und Zusätze.

Nach DIN EN 197-1 unterscheidet man fünf Hauptzementarten: CEM I Portlandzement, CEM II Portlandkompositzement, CEM III Hochofenzement, CEM IV Puzzolanzement und CEM V Kompositzement. Die Zusammensetzung der den Hauptzementarten zugeordneten 27 Normalzemente ist in Kap. 9.3.3.6 beschrieben. Die nachfolgenden Ausführungen beziehen sich zunächst auf Portlandzement, die mit einem Anteil von über 75% bei Weitem wichtigste Zementart.

9.3.3.1 Rohstoffe und Herstellung von Portlandzement

Die Rohstoffe für die Herstellung von Portlandzement **CEM I** (altes Kurzzeichen: **PZ**) sind in erster Linie Kalk und Ton oder ihre „natürlichen Gemische" Kalkmergel bzw. Mergelkalk. Da entsprechende Mergel allerdings nur selten in der benötigten Zusammensetzung zur Verfügung stehen, kommen meistens geeignete Mischungen aus Kalkstein und Ton („Rohmehle") zum Einsatz. Für die Herstellung eines Zements ist von einem ungefähren Mischungsverhältnis Kalkstein: Ton = 3 : 1 auszugehen. Durch den Verlust an Kristallwasser verringert sich der Tonanteil auf einen Wert von ca. 22%. Nach der Entsäuerung des Kalksteins verbleiben etwa 43% CaO, so dass für die Bildungsreaktionen der Zementklinker Calcium und Ton im Verhältnis 2 : 1 zur Verfügung stehen [BC 4b]. Falls nötig, werden dem Rohmehl als Korrekturkomponenten Sande, Eisenerze oder hochwertige Kalksteine beigemischt. Um einen normgerechten Zement herzustellen, muss das Rohmehl eine optimale chemische Zusammensetzung besitzen. Zu ihrer Berechnung werden Kennwerte oder Moduln verwendet, in die die durch chemische Analyse ermittelten Prozentgehalte für die einzelnen Oxide eingesetzt werden.

Zur Berechnung des optimalen Kalkgehaltes dienen die sogenannten **Kalkstandards** (*KSt*) (Gl. 9-13), sie werden in Prozent angegeben. Ein hoher Kalkgehalt ist für die Bildung der kalkreichen, silicatischen Klinkerphasen verantwortlich. Er muss auf die Bildung der Hydraulefaktoren abgestimmt sein. Ist er zu hoch, liegt ein Überschuss an ungebundenem CaO (Freikalk) vor. Der Freikalk kann bei einer späteren Reaktion des Betons mit Wasser zu Treiberscheinungen führen (*Kalktreiben*, s. Kap. 9.4.2.2.2). Ist der Kalkgehalt zu niedrig, kann es zu Einbußen in der Festigkeit kommen, da die **C₃S**-Bildung unvollständig verläuft. In die Gleichungen (9-13a, b) werden die anhand der chemischen Analyse eines Zements bzw. eines Rohmehls ermittelten Oxidgehalte in Prozent eingesetzt.

$$KStI = \frac{CaO \cdot 100}{(2,8 \cdot SiO_2) + (1,1 \cdot Al_2O_3) + (0,7 \cdot Fe_2O_3)} \qquad (9\text{-}13a)$$

Beim *Kalkstandard I* (nach Kühl) wird der Berechnung die mögliche Bildung der Phasen **C₃S**, **C₁₂A₁₇** und **C₄AF** zugrunde gelegt. Die Koeffizienten vor den Hydraulefaktoren leiten sich aus den Stöchiometrieverhältnissen der entstehenden Phasen ab. Zum Beispiel binden 3 Mol CaO 1 Mol SiO₂ zu Tricalciumsilicat **C₃S**, damit lautet das Massenverhältnis: 168,3 g CaO/ 60,1 g SiO₂ = 2,8.

Beim *Kalkstandard II* [BC 1] wurden die Faktoren für SiO₂, Al₂O₃ und Fe₂O₃ der Praxis besser angepasst. Wird zusätzlich Magnesiumoxid (MgO-Gehalt < 2%) berücksichtigt, ergibt sich der Kalkstandard III (Gl. 9-13b, *Spohn*, *Woermann* und *Knöfel* [BC 1]).

$$KStIII = \frac{(CaO + 0,75 MgO) \cdot 100}{(2,8 \cdot SiO_2) + (1,18 \cdot Al_2O_3) + (0,65 \cdot Fe_2O_3)} \qquad (9\text{-}13b)$$

Ist der MgO-gehalt ≥ 2%, steht im Zähler von Gl. (9-13b) der Ausdruck (CaO + 1,5 MgO).

In einem PZ-Klinker mit einem theoretischen *KSt*-Wert von 100% ist das gesamte CaO an die Hydraulefaktoren gebunden, damit liegt der optimale CaO-Gehalt vor. In der Praxis liegt der Kalkstandard für normale Zemente zwischen 90...95%, für Zemente höherer Festigkeit zwischen 95...98%.

Zur Beurteilung der Zementeigenschaften wurden noch weitere Kennwerte eingeführt. Dabei handelt es sich meist um Verhältniszahlen zwischen einzelnen Bestandteilen (Moduln) des Zements (*Oxidgehalte werden jeweils in Prozent eingesetzt!*). So erfasst der **Hydraulemodul** *HM* das Massenverhältnis zwischen Kalk CaO und den Tonbestandteilen bzw. Hydraulefaktoren Al_2O_3, SiO_2 und Fe_2O_3 (Gl. 9-14). Für HM werden im Allgemeinen Werte zwischen 2,0 und 2,4 angestrebt.

$$HM = \frac{CaO}{SiO_2 + Al_2O_3 + Fe_2O_3} \tag{9-14}$$

Der **Silicatmodul (SM)** kennzeichnet das Verhältnis des SiO_2- zu den Al_2O_3-/Fe_2O_3-Gehalten (Gl. 9-15a). Mit steigendem Silicatmodul, d.h. steigendem SiO_2-Anteil, erhöht sich die Festigkeit, allerdings verschlechtert sich das Sinterverhalten. Der SM kann zwischen 1,8 und 3,0 schwanken. In der Regel liegen die Werte zwischen 2,2 und 2,6.

$$SM = \frac{SiO_2}{Al_2O_3 + Fe_2O_3} \tag{9-15a}$$

Der **Tonerdemodul (TM**, Gl. 9-15b) ist schließlich ein wichtiger Indikator für die Zusammensetzung der Schmelzphase beim Klinkerbrennen. Auf die Festigkeitsentwicklung hat er keinen Einfluss. Nimmt TM ab, sinkt der **C₃A**-Gehalt des Zements. Der Tonerdemodul liegt üblicherweise zwischen 1,5 und 2,9 und nur selten darüber. **C₃A**-freie Zemente weisen einen hohen Sulfatwiderstand auf.

$$TM = \frac{Al_2O_3}{Fe_2O_3} \tag{9-15b}$$

Brennen. Hinsichtlich der beim Brennprozess der Zementrohstoffe ablaufenden Vorgänge gibt es einige Gemeinsamkeiten mit den hydraulischen Kalken. Da es sich um komplizierte Festkörperreaktionen handelt, müssen die Reaktionspartner zunächst in einen möglichst intensiven Kontakt zueinander gebracht werden. Um dies zu erreichen, mahlt man die Rohstoffe im richtigen Mengenverhältnis so fein, bis etwa 90% der Teilchen einen geringeren Durchmesser als 90 µm besitzen. Während des Mahlens wird das Mahlgut bereits mit heißem Ofengas vorgetrocknet. Das fertige Rohmehl durchläuft bei den heute üblichen Trockenverfahren einen vorgeschalteten, mehrstufigen Zyklonvorwärmer, bevor es in den Drehrohrofen gelangt. Es wird im Gegenstrom zu den Ofengasen geführt wird und auf diese Weise bereits auf Temperaturen bis ca. 900°C aufgeheizt. Damit finden wesentliche Umwandlungsprozesse am Rohmehl bereits im Vorwärmer und nicht erst im Ofen statt. Neuerdings werden in Zementofenanlagen *Vorcalcinatoren* eingesetzt, in denen durch eine Zweitfeuerung der im Brenngut enthaltene Carbonatanteil bereits weitgehend calciniert wird, was zu einer Verbesserung der Energiebilanz gesamten Brennprozesses führt. Das Rohmehl gelangt nach einem Homogenisierungsschritt (Pressluft!) in die 40...70 m langen Drehrohröfen (Ø 3,5 - 5 m, Neigung 3° - 4°).

Der Drehrohrofen wird in drei Zonen unterteilt: Nach Eintritt in den Ofen gelangt das Rohmehl zunächst in die Calcinierzone, in der das $CaCO_3$ im Rohmehl mit fortschreitender Aufheizung entsäuert wird. In dieser Zone verbleibt das Rohmehl ca. 20 - 30 min, wo es sich auf Temperaturen bis etwa 1000°C aufheizt. In der sich anschließenden Übergangszone wird das Brenngut auf etwa 1300°C erhitzt. Danach erreicht es die Sinterzone, die es in etwa 10 min durchläuft. Hier wird die Maximaltemperatur von 1450°C erreicht. Die Verweilzeit des Brenngutes im Drehrohrofen liegt zwischen 30 - 45 min. Am Ende des Drehrohrofens durchläuft das Brenngut eine Kühlzone (1350 - 1200°C), in der es zur Auskristallisation der Aluminat- und Ferratphasen (s.u.) kommt.

Temperaturabhängig laufen folgende Reaktionen ab: Nach dem Trocknen des fein gemahlenen Brenngutes erfolgt zunächst die Zersetzung/Dehydratisierung der Tonminerale, wobei die Hydraulefaktoren entstehen (450 - 600°C). Aus Kaolinit ($Al_2(OH)_4[Si_2O_5]$) bildet sich Metakaolinit.

Oberhalb 600°C (bis etwa 1000°C) zersetzt sich Metakaolinit wieder und es erfolgt die Abspaltung von CO_2 aus dem Kalkstein. Die nach dem Dehydratisierungsprozess und der Calcinierung vorliegenden Brennprodukte, instabiles CaO und entwässerter Ton, reagieren bei ansteigender Temperatur miteinander, wobei sich unterschiedlich aufgebaute Zwischenverbindungen (Calciumsilicate, Aluminate, Aluminatferrite) bilden. Bei etwa 1250°C erweicht das Rohmehl und es entsteht eine Schmelze. Die Zwischenverbindungen zerfallen wieder. Bei der maximalen Temperatur im Drehrohrofen von ca. 1450°C (*Sintertemperatur*) liegen alle Bestandteile außer den Silicaten geschmolzen vor.

Aus dem Dicalciumsilicat entsteht das für den Zement charakteristische Tricalciumsilicat entsprechend: $2\ CaO \cdot SiO_2 + CaO \rightarrow 3\ CaO \cdot SiO_2$ (**$C_2S + C \rightarrow C_3S$**).

Der Abkühlvorgang stellt die letzte Phase der Klinkerherstellung dar. Nach dem Durchlauf der inneren Kühlzone des Drehrohrofens wird der Klinker mit Kaltluft abgekühlt, wobei die mineralische Zusammensetzung des Klinkers im Wesentlichen erhalten bleibt. Die Schmelze kristallisiert aus. Es bilden sich vorwiegend **Aluminat- und Ferratphasen**, in die die Calciumsilicate (**C_3S** und **C_2S**) eingebunden sind. Die Abkühlung muss rasch erfolgen, da ansonsten Tricalciumsilicat unterhalb von 1250°C wieder in Dicalciumsilicat und CaO (Freikalk!) zerfällt.

Die beim Brennen entstehenden Calciumsilicate sind energiereiche, bei normaler Temperatur nicht beständige Verbindungen. Sie besitzen das Bestreben, sich unter Energieabgabe in kalkärmere Verbindungen umzulagern. Die im Herstellungsprozess "eingefrorene" *metastabile* Form (s. Kap. 9.2.3.2.1) ist auf Grund der relativen Unbeweglichkeit der Moleküle bzw. Ionen zu Umlagerungsreaktionen jedoch nicht in der Lage. Diese Reaktionen werden erst durch den Kontakt der Zementkörner mit Wasser ermöglicht.

Die Klinkerminerale werden im Ergebnis des Sinterprozesses als harte Massen, meist in Form walnussgroßer Stücke erhalten (**Portlandzementklinker**). Der Begriff *Zementklinker* wurde wegen der Ähnlichkeit der Brennprodukte mit den aus Lehm gewonnenen und ebenfalls bis zur Sinterung gebrannten, dichten, sehr festen Ziegelsteinen (*Klinkern*) gewählt. Die anschließende Feinmahlung (Mahlfeinheit: mind. 85% < 70 μm) bewirkt eine signifikante Vergrößerung der reaktiven Oberfläche. Um den Energieverbrauch beim Mahlprozess zu senken, werden Mahlhilfsmittel wie Glycole (z.B. Polyethylenglycol) und Amine zugesetzt. Der Mahldurchsatz wird deutlich gesteigert und bei gleichem Energieverbrauch eine weitere Oberflächenvergrößerung erreicht. Erst jetzt liegt ein hydraulisches, rasch erstarrendes Bindemittel vor.

Aufgrund der komplexen Prozesse im Herstellungsprozess besitzt Zementklinker eine inhomogene Mikrostruktur. Die Calciumsilicate sind in eine Matrix aus Calciumaluminaten und -aluminatferraten eingebunden, die lokal unterschiedliche Mengen an Freikalk enthält.

9.3.3.2 Portlandzementklinker: Zusammensetzung und Eigenschaften

Portlandzementklinker besteht im Wesentlichen aus zwei silicatischen Phasen, dem Tricalciumsilicat C_3S (auch **Alit**) und dem Dicalciumsilicat C_2S (auch **Belit**) sowie der Calciumaluminat(C_3A)- und der Ferrat(C_4AF)-Phase. Die Begriffe Alit und Belit sind 1897 von Törnebohm eingeführt worden, als er die zunächst noch nicht bekannten Minerale des Zements nach den Anfangsbuchstaben des Alphabets benannte. Die Bezeichnungen sind bis heute beibehalten worden. Wie aus Tab. 9.4 zu ersehen, bilden die beiden silicatischen Phasen mit etwa 80% den Hauptanteil am Zement. Sie sind die festigkeitsgebenden Phasen. Der fein gemahlene Klinker (Teilchengröße < 60 μm) reagiert außerordentlich schnell mit Wasser. Würde er für Mörtel oder Beton verwendet, wären die Verarbeitungszeiten bis zu seiner Verfestigung außerordentlich kurz. Durch werkseitiges Zumahlen von Gips/Anhydrit (*Sulfatträger*, Anteil: 3...5%) wird die Erstarrungszeit so verlangsamt, dass günstigere Verarbeitungszeiten erreicht werden.

Die einzelnen Klinkerbestandteile weisen nicht nur eine verschiedene chemische Zusammensetzung auf, sie unterscheiden sich auch hinsichtlich ihrer Erhärtungsgeschwindigkeit, ihrer Empfindlichkeit gegenüber Sulfatangriff und hinsichtlich der bei ihrer Erhärtung freigesetzten Hydratationswärme. Um die Zementhydratation als Gesamtprozess zu verstehen, ist eine genauere Kenntnis der Zusammensetzung und der Eigenschaften der Klinkerphasen unerlässlich.

Tabelle 9.4 Portlandzementklinker: Zusammensetzung und Eigenschaften

Klinkerphase	Oxidschreibweise	Baustoffsymbol	Farbe der reinen Phase	Anteil im Klinker (%) [1]	
				Bereich	Mittelwert
Alit (Tricalciumsilicat)	$3\,CaO \cdot SiO_2$	C_3S	weiß	40...80	65
Belit (Dicalciumsilicat)	$2\,CaO \cdot SiO_2$	C_2S	weiß	2...30	13
Aluminatphase (Tricalciumaluminat)	$3\,CaO \cdot Al_2O_3$	C_3A	weiß	3...15	11
Ferratphase [2] (Calciumaluminatferrat)	$4\,CaO\,(Al_2O_3, Fe_2O_3)$	C_4AF	dunkelbraun, bei MgO-Einbau graugrün	4...15	8

[1] [vdz-online 2013]   [2] auch: Ferritphase

Alit. Alit ist mit durchschnittlich 65% der Hauptbestandteil im Portlandzementklinker. Er besteht im Wesentlichen aus **Tricalciumsilicat C_3S** (Oxidschreibweise $3CaO \cdot SiO_2 = 73,7\%\ CaO + 26,3\%\ SiO_2$; $\rho = 3,13$ g/cm³; Formel: Ca_3SiO_5). Tricalciumsilicat ist das wichtigste Klinkermineral und kann als Hauptträger der hydraulischen Erhärtung angesehen werden.

C_3S baut Fremdoxide wie MgO (0,3...2,1%), Al_2O_3 (0,4...1,8%) und Fe_2O_3 (0,2...1,9%) in sein Gitter ein, in diesem Sinne kann Alit als ein mit Fremdionen dotiertes Tricalciumsilicat betrachtet werden. Von praktischer Bedeutung ist vor allem der Einbau von MgO (Kap.

9.4.2.2.2, Magnesiatreiben). Reines C_3S ist bei Temperaturen >1250°C stabil. Beim langsamen Abkühlen (<1250°C) tritt eine Zersetzung unter Bildung von C_2S und CaO ein ($C_3S \rightarrow C_2S + C$), so dass für eine rasche Abkühlung der Schlackenschmelze auf etwa 150°C gesorgt werden muss.

Im C_3S-Gitter liegen Ca^{2+}-, SiO_4^{4-}- und O^{2-}-Ionen vor. Durch den Fremdioneneinbau können die Ca^{2+}- durch Mg^{2+}-Ionen und die Silicium- durch Aluminiumatome ersetzt werden. Damit kann Alit als eine feste Lösung von C_3S mit Fremdionen betrachtet werden. Im technischen Klinker liegt Alit vor allem monoklin kristallisiert vor. Durch die Bildung fester Lösungen mit den verschiedenen Oxiden bzw. Spurenelementen, die sowohl durch die Rohstoffe als auch durch die Brennstoffe in den Klinker eingetragen werden, erfolgt eine Stabilisierung der Hochtemperaturform(en). Alite sind umso reaktiver, je höher der Grad der Gitterstörung ist.

Belit. Hauptbestandteil der Klinkerphase Belit ist die β-Modifikation des **Dicalciumsilicats** (β-C_2S, $2CaO \cdot SiO_2$ = 65,1% CaO + 34,9% SiO_2; Formel: Ca_2SiO_4). C_2S kann vor allem Fremdoxide wie Al_2O_3 (0,5...3,0%), Fe_2O_3 (0,4...2,7%), K_2O (0,1...1,9%) und Na_2O (0,1...0,8%) in sein Gitter einbauen. Die Metalle bilden mit dem C_2S feste Lösungen unterschiedlicher Konzentration.

C_2S schmilzt bei 2130°C. Zwischen 1500°C und 20°C existieren sowohl stabile (α, α' und γ) als auch metastabile (β) Modifikationen. Von den Hochtemperaturumwandlungen ($\alpha \rightarrow \alpha'$, $\alpha' \rightarrow \beta$) abgesehen, ist vor allem die unterhalb 400°C stattfindende Umwandlung der metastabilen β-Form (ρ = 3,28 g/cm^3) in die bei Raumtemperatur stabile γ-Form (ρ = 2,97 g/cm^3) von Interesse. Mit der Dichteänderung ist eine 8%ige Volumenausdehnung verknüpft, die zum Zerrieseln des Klinkers und zum Zerfall des C_2S führen kann. Da die γ-Form keine hydraulische Aktivität besitzt, wird durch schnelles Abkühlen des Klinkers die Bildung dieser Phase zugunsten der metastabilen, reaktiven β-C_2S-Form verhindert. Die im Belitkristall enthaltenen Alkalien (> 0,2%) stabilisieren die β-Form. Sie werden vor allem durch die tonigen Bestandteile des Rohmehls in den Zement eingetragen.

Die *Aluminat-* und *Ferratphasen* sind im Gegensatz zu Alit und Belit feinkörnig. Sie werden deshalb oft zur sogenannten Zwischen- oder Grundmasse des Zementklinkers zusammengefasst. Da sich beide bei der Abkühlung des Klinkers aus der Schmelze bilden, werden sie auch als *Schmelzphase* bezeichnet. In dieser Schmelzphase sind Alit und Belit eingebunden.

Aluminatphase. Hauptbestandteil der Aluminatphase ist das **Tricalciumaluminat C_3A** ($3CaO \cdot Al_2O_3$ = 62,3% CaO + 37,7% Al_2O_3; ρ = 3,04 g/cm^3). Reines C_3A schmilzt bei 1542°C, polymorphe Umwandlungen sind nicht bekannt. Es besteht aus Ringen verbrückter [AlO_4]-Tetraeder der Formel $[Al_6O_{18}]^{18-}$. Die Cyclohexaaluminat-Baugruppen werden durch Calciumionen zusammengehalten, wobei sich das Ca^{2+}-Ion in einer verzerrt oktaedrischen Umgebung von O-Atomen befindet (Summenformel: $Ca_9Al_6O_{18}$). Der relativ kurze Ca-O-Abstand und die vorliegende Verzerrung der Oktaederumgebung erzeugen eine gewisse Spannung im Kristall. Diese Spannung und die großen Hohlräumen im Gitter sind als Ursache für die schnelle Reaktion mit Wasser anzusehen (s.u.).

Auch die Aluminatphase enthält Fremdionen. In das Tricalciumaluminatgitter können vor allem Fe_2O_3 (4,8...11,4%), MgO (0,4...2,2%), SiO_2 (2,9... 7,1%), Na_2O (0,3...4,6%) und

K_2O (0,1...3,1%) als Fremdoxide eingebaut werden. Von besonderer Bedeutung ist der Einbau von Alkalien. Die Aluminatphase kann bis zu 5,7% Alkalioxide (Na_2O, K_2O) in das Kristallgitter einbauen, wodurch es zu Veränderungen der Gittersymmetrie kommt. Dies ist von praktischer Bedeutung für das Erstarrungsverhalten des Zements: Bereits **C_3A** mit einem geringen Alkaligehalt besitzt eine signifikant höhere hydraulische Aktivität als undotiertes **C_3A**. Im technischen Klinker liegt **C_3A** vor allem kubisch und orthorhombisch, seltener monoklin kristallisiert vor.

Wichtige Eigenschaften des Klinkers wie die Festigkeit des Zements und der Wasseranspruch werden direkt vom **C_3A**-Gehalt des Klinkers beeinflusst. Mit steigendem **C_3A**-Gehalt erhöhen sich Frühfestigkeit und Wasseranspruch, die Spätfestigkeit nimmt ab. Bei Zementen mit hohem Sulfatwiderstand (Kap. 9.3.3.6) muss der **C_3A**-Gehalt unter 3% liegen.

Ferratphase. Die Ferratphase (auch: Aluminatferratphase) besitzt keine definierte stöchiometrische Zusammensetzung, sondern besteht aus Mischkristallen mit einem variablen Al_2O_3/Fe_2O_3-Verhältnis. Welches Al_2O_3/Fe_2O_3-Verhältnis vorliegt, wird im Wesentlichen durch die Massenverhältnisse an Al_2O_3 und Fe_2O_3 im Rohmehl bestimmt. Ursache der Mischkristallbildung zwischen der Verbindung **C_2F** und dem hypothetischen "**C_2A**" sind ähnliche Radien der Al^{3+}- und Fe^{3+}-Ionen. Dieser Situation trägt die verallgemeinerte Formel **$C_2(A,F)$** Rechnung.

In der Literatur wird anstelle von Ferrat bzw. Ferratphase auch häufig Ferrit bzw. Ferritphase verwendet.

Das Calciumaluminatferrat der technischen Klinker besitzt häufig die chemische Zusammensetzung **C_4AF** ($4CaO \cdot Al_2O_3 \cdot Fe_2O_3$, **Tetracalciumaluminatferrat**). Diese Zusammensetzung entspricht stöchiometrisch der Struktur des natürlich vorkommenden Minerals *Brownmillerit*. In die Ferratphase bauen sich ebenfalls Fremddionen ein. Reines **C_4AF** besitzt wie die meisten eisen(III)-haltigen Verbindungen eine braune Farbe. Durch die Einlagerung von MgO in das **C_4AF**-Gitter (max. 1,5...2%) erhält der Portlandzement seine charakteristische graue bis graugrüne Färbung. Die Ferratphase ist weniger reaktiv als die Aluminatphase. Sie ist umso reaktionsträger, je höher der Gehalt an Fe_2O_3 ist.

Berechnung des Phasengehaltes eines Klinkers aus der chemischen Analyse. Vom Amerikaner ***Bogue*** wurden im Jahre 1929 Formeln entwickelt, die es ermöglichen, aus den Daten der chemischen Analyse des Portlandzementklinkers seinen potentiellen Gehalt an Klinkerphasen zu berechnen [AB 1]:

$$C_3S \quad = 4{,}071\ CaO - 7{,}602\ SiO_2 - 6{,}719\ Al_2O_3 - 1{,}430\ Fe_2O_3$$

$$C_2S \quad = 2{,}867\ SiO_2 - 0{,}754\ C_3S$$

$$C_3A \quad = 2{,}650\ Al_2O_3 - 1{,}692\ Fe_2O_3$$

$$C_2(A,F) = 3{,}043\ Fe_2O_3$$

Diese Formeln basieren auf folgenden Annahmen: *a)* gesamtes Fe_2O_3 setzt sich mit Al_2O_3 und CaO zu $C_2(A,F)$ um; *b)* verbleibender Rest an Al_2O_3 reagiert mit dem entsprechenden stöchiometrischen Anteil an CaO zu C_3A; *c)* vorliegendes SiO_2 reagiert mit dem entsprechenden stöchiometrischen Anteil an noch vorhandenem CaO zu C_2S und *d)* der aus Reaktion *c)* verbleibende Rest an CaO reagiert mit C_2S zu C_3S. Für CaO ist in den Formeln der effektive CaO-Gehalt einzusetzen. Er berechnet sich durch Subtraktion des freien und des sulfatisch gebundenen Kalks vom Gesamtkalkgehalt gemäß der Beziehung CaO(eff) = CaO(ges) - CaO(frei) - $0,7 \cdot SO_3$. Der Faktor 0,7 berücksichtigt das Molverhältnis CaO : SO_3 im $CaSO_4$.

Beispiel:

Die chemische Analyse eines PZ-Klinkers ergab: 66,45% CaO, 21,52% SiO_2, 6,95% Al_2O_3, 3,23% Fe_2O_3, 0,5% SO_3 und 1,1% freier Kalk; der Rest entfällt auf MgO, TiO_2, K_2O u.a. Es ist der potentielle Gehalt an Klinkerphasen zu berechnen!

$$\textbf{CaO(eff)} = 66,45 - 1,1 - (0,7 \cdot 0,5) = \textbf{65\%}$$

$$\textbf{C}_3\textbf{S} = 4,071 \cdot 65 - 7,602 \cdot 21,52 - 6,719 \cdot 6,95 - 1,43 \cdot 3,23 = \textbf{49,7\%}$$

$$\textbf{C}_2\textbf{S} = 2,867 \cdot 21,52 - 0,754 \cdot 49,7 = \textbf{24,2\%}$$

$$\textbf{C}_3\textbf{A} = 2,65 \cdot 6,95 - 1,692 \cdot 3,23 = \textbf{13\%}$$

$$\textbf{C}_2\textbf{(A,F)} = 3,043 \cdot 3,23 = \textbf{9,8\%}$$

Die Addition der prozentualen Anteile an den Klinkerphasen C_3S, C_2S, C_3A und $C_2(A,F)$ einerseits, wie auch der Anteile an den berücksichtigten Oxiden CaO(eff), SiO_2, Al_2O_3 und Fe_2O_3 andererseits, liefern Übereinstimmung (96,7%).

Da die Bogue-Formeln die in den Klinkermineralen enthaltenen Fremdionen nicht berücksichtigen, liefern sie keine exakten, sondern lediglich Anhaltswerte. Heute wird der Phasengehalt meist durch Röntgendiffraktometrie und anschließender Auswertung mittels *Rietveld-Methode* [BC 14c] ermittelt. Dazu werden rechnerisch Röntgendiffraktogramme erzeugt, die unterschiedlichen Klinkerzusammensetzungen entsprechen. Stimmt ein für eine bestimmte Zusammensetzung der Klinkerphasen berechnetes Diffraktogramm mit dem tatsächlich gemessenen Diffraktogramm überein, ist der Phasengehalt der Untersuchungsprobe bestimmt.

Weitere Klinkerphasen. Neben den vier Hauptklinkerphasen sind in den meisten Klinkern nicht gebundenes CaO (*Freikalk*) und MgO (*Periklas*) enthalten. Ihre Gehalte sollten jeweils unter 2% liegen, da es sonst zu Treiberscheinungen in den mit diesen Zementen hergestellten Betonen kommen kann (Kap. 9.4.2.2.2).
Außer CaO und MgO enthält der Portlandzementklinker noch Alkalien, hauptsächlich Sulfate (Na_2SO_4, K_2SO_4), und geringe Mengen an Schwermetallverbindungen.

Portlandzement, hergestellt durch Vermahlung von Klinker und Gips/Anhydrit, besteht aus 58–66% CaO, 18–26% SiO_2, 4–10% Al_2O_3 und 2–5% Fe_2O_3.

9.3.3.3   Bestandteile von Normzementen

Zemente enthalten nach DIN EN 197-1 unterschiedliche Haupt- und Nebenbestandteile. Nachfolgend sind die Hauptbestandteile angeführt und kurz charakterisiert.

9.3.3.3.1 Hauptbestandteile

Portlandzementklinker (Kurzzeichen: **K**; Kap. 9.3.3.2)

Hüttensand (S)

Hüttensand ist eine granulierte Hochofenschlacke, die bei der Erzeugung von Roheisen aus der Gangart des Eisenerzes, aus Koksasche und den jeweiligen Zuschlägen anfällt (Kap. 8.1.2). Zur Herstellung eines als Zementzusatzstoff geeigneten Hüttensandes ist ein sehr schnelles Abkühlen der Schlackenschmelze von ca. 1500°C unter die Transformationstemperatur von 840°C erforderlich. Dies erfolgt meist durch Nassgranulation. Wasser wird durch Hochdruckdüsen auf die flüssige Schlacke gesprüht, wobei das Wasserstrahlbündel die Schlacke zerteilt (granuliert). Anschließend erfolgt die Feinmahlung der **glasig-amorphen** Schlacke.

Hüttensand ist ein **latent-hydraulischer** Stoff. Er besitzt ein „verborgenes" Erhärtungsvermögen und kann - im Gegensatz zu den Puzzolanen (s.u.) - mit Wasser reagieren. Allerdings bilden sich die Erhärtungsprodukte so langsam, dass sie für den Bausektor ohne Bedeutung sind. Die hydraulischen Eigenschaften des Hüttensandes werden erst wirksam, wenn sie durch die Gegenwart einer zweiten Komponente, dem sogenannten **Anreger**, aktiviert werden.

Als Anreger kommen basische Stoffe wie $Ca(OH)_2$, Kalk, Alkalimetallcarbonate (vor allem Na_2CO_3) und Alkalimetallsilicate in Betracht. Eine zusätzliche Anregungswirkung kann dem Sulfatträger im Zement zugeschrieben werden (sulfatische Anregung). Die Anregersubstanzen bewirken in Gegenwart von Wasser eine hydraulische Erhärtung.

Hochofenschlacke ist eine Kalk-Tonerde-Silicatschlacke, deren Hauptbestandteile CaO, SiO_2 und Al_2O_3 sind. Damit entspricht ihre Zusammensetzung in etwa der des Portlandzements, wenngleich der CaO-Gehalt der Schlacke niedriger ist. Die latent-hydraulischen Eigenschaften hängen vor allem vom Kalkgehalt ab. Er muss über 40% liegen. Die Hauptbestandteile des Hüttensandes sind (Oxidschreibweise): CaO (30...50%); SiO_2 (27...40%); Al_2O_3 (5...15%), und MgO (1...10%). Die oxidische Zusammensetzung der glasigen Hüttensande entspricht in etwa der Zusammensetzung der *Melilithe* (Mischkristalle aus *Gehlenit* und *Akermanit*).

Nach DIN EN 197-1 ist ein Hüttensand nur dann als Zementhauptbestandteil (→ Portlandhüttenzement CEM II-S, Hochofenzement CEM III, Kompositzement CEM V) geeignet, wenn er mindestens zwei Drittel glasige Bestandteile enthält. Er muss zu zwei Dritteln aus den Komponenten CaO, MgO und SiO_2 bestehen (→ Massenverhältnis (CaO + MgO)/SiO_2 größer als 1). Hüttensande müssen demnach „basisch" sein. Die Basizität, also das Verhältnis (CaO + MgO) zu SiO_2, liegt bei deutschen Hüttensanden im Mittel bei 1,32. Der Glasgehalt heutiger Hüttensande liegt über 95 %.

Die hydraulischen Eigenschaften eines Hüttensandes verbessern sich mit steigenden Gehalten an CaO, MgO und Al_2O_3.

Die Forderung nach hoher Glasigkeit ist für eine Anwendung als latent-hydraulischer Zusatzstoff deshalb wichtig, da nur bei einer schnellen Abkühlung das Dicalciumsilicat C_2S in der β-Modifikation entsteht. Auf diesem metastabilen β-C_2S beruhen im Wesentlichen die hydraulischen Eigenschaften der Hochofenschlacke.

Bei der alkalischen Anregung werden die glasigen Hüttensandpartikel angelöst und in Silicat- und Aluminateinheiten gespalten. Durch anschließende Kondensationsreaktionen erfolgt eine Verknüpfung dieser Einheiten. Es bilden sich kettenförmige Reaktionsprodukte, die in ihrer Zusammensetzung den Hydratphasen des Portlandzements ähneln. Durch die Bildung der Hydratationsprodukte wird der metastabile glasige Zustand quasi „abgebaut".

Hüttensand verändert die Betoneigenschaften. Einer langsameren Erhärtung und einer geringeren Anfangsfestigkeit steht eine höhere Nacherhärtung gegenüber, die mit steigendem Anteil an Hüttensand zunimmt [AB 7]. Die langsamere Anfangserhärtung macht eine längere Nachbehandlung erforderlich. Mit zunehmende Hüttensandanteil erhöht sich der Widerstand gegen chemischen Angriff. So steigt ab Hüttensandgehalten > 65% der Widerstand gegen sulfathaltige Wässer, was auf den hohen Diffusionswiderstand des erhärteten Hochofenzements gegenüber Sulfationen zurückzuführen ist. Die Carbonatisierung schreitet in hüttensandhaltigem Beton schneller voran als in Beton mit Portlandzement, allerdings verhindert das dichtere Gefüge eine Bewehrungskorrosion.

Puzzolane (P, Q)

„Puzzolane sind natürliche Stoffe mit kieselsäurehaltiger oder alumosilicatischer Zusammensetzung oder eine Kombination davon (DIN EN 197-1)". Sie besitzen *keine hydraulischen Eigenschaften*. Puzzolane erhärten nach dem Anmachen mit Wasser nicht selbstständig, sondern reagieren fein gemahlen und in Gegenwart von Wasser mit $Ca(OH)_2$ unter Bildung (zusätzlicher!) hydraulischer Erhärtungsprodukte. Diese Verbindungen sind denen ähnlich, die bei der Erhärtung hydraulischer Stoffe entstehen (→ **C-S-H**-Phasen).

Puzzolane bestehen hauptsächlich aus amorphem reaktionsfähigem Siliciumdioxid (SiO_2, „reaktive Kieselsäure"; Kap. 9.2.2) und aus Aluminiumoxid Al_2O_3. Der Rest entfällt auf Eisen(III)-Oxid Fe_2O_3 und andere Oxide. Der Anteil an reaktionsfähigem SiO_2 muss mindestens 25% betragen. Die reaktive Kieselsäure kann mit dem vom Kalk oder Zement stammenden $Ca(OH)_2$ schwer lösliche Calciumsilicathydrate und das reaktionsfähige Al_2O_3 mit dem gelösten $Ca(OH)_2$ Calciumaluminathydrate bilden.

Der Name Puzzolan geht auf eine in der Nähe des Ortes Puteoli am Fuße des Vesuvs bei Neapel (heute: Pozzuoli) gefundene tuffhaltige Erde zurück (***Puzzolanerde***). Indem die Römer diese Puzzolanerde gebranntem Kalk zusetzten, hatten sie einen hydraulischen Kalk in der Hand, der ihnen die Errichtung von Hafen- und anderen Wasserbauten ermöglichte. Obwohl Flugasche und Silicastaub ebenfalls puzzolanische Eigenschaften aufweisen, werden sie nach DIN EN 197-1 in gesonderten Abschnitten (s.u.) behandelt.

Natürliche Puzzolane (P)

Natürliche Puzzolane sind mineralische Stoffe vulkanischen Ursprungs oder Sedimentgesteine entsprechender chemisch-mineralischer Zusammensetzung. Sie müssen obiger Definition eines Puzzolans genügen. Unter den natürlichen Puzzolanen kommt in Deutschland dem **Trass** die größte Bedeutung zu. Der Abbau erfolgt in der Eifel, besonders am Laacher See, und im Neuwieder Becken (→ *rheinischer Trass*) sowie im Ries bei Nördlingen (*Suevit-Trass*).

Trass ist ein fein gemahlener, saurer vulkanischer Tuff der allgemeinen Zusammensetzung 50...67% SiO_2 und 14...20% Al_2O_3, neben Fe_2O_3 (2...5%), CaO und MgO (< 10%), Alkalien (3...8%) und Wasser (5...8%). Sein Glasgehalt (> 50%) ist wie bei den Hüttensanden für die Reaktionsfähigkeit verantwortlich.

Natürlich getemperte Puzzolane (Q)

Natürlich getemperte Puzzolane sind thermisch aktivierte Stoffe vulkanischen Ursprungs, Tone, Schiefer oder Sedimentgesteine. Sie müssen der obigen allgemeinen Definition eines Puzzolans entsprechen.

Flugasche (V, W)

Flugasche fällt bei der Kohleverbrennung in Wärmekraftwerken an. Sie wird durch elektrostatische oder mechanische Abscheidung von staubartigen Partikeln aus Rauchgasen von Kohlekraftwerken erhalten, die mit fein gemahlener Kohle befeuert werden. Asche, die durch andere Verfahren entsteht, darf im Zement, der der DIN EN 197-1 entspricht, nicht verwendet werden. Besonders bedeutsam ist *Steinkohlenflugasche* (**SFA**), *Braunkohlenflugaschen* (**BFA**) weisen mitunter zu hohe Anteile an Calciumsulfat und Freikalk auf, um als Zumahlstoff verwendet werden zu können [AB 7a]. Allerdings gibt es auch Braunkohlenflugaschen, die hinsichtlich ihrer Zusammensetzung als Zumahlstoff in Frage kommen (s.u.).
Flugasche ist sehr feinteilig und hat einen hohen Anteil an glasigen, kugelförmigen Partikeln des Durchmessers von 0,5...100 μm. Mit dieser Korngröße ist SFA meist feiner als der gemahlene Portlandzementklinker. Sie kann deshalb das Porenvolumen verringern (**Füller-Effekt**) und den Kornaufbau des Gefüges verbessern.
Die Art der Feuerung (Trockenfeuerung, Temp. bis 1300°C) bzw. Schmelzkammerfeuerung ~1600°C) beeinflusst den Glasgehalt und damit die puzzolanischen Eigenschaften der Asche. So liegen die Gehalte an glasig-amorphen Bestandteilen bei Flugaschen aus Trockenfeuerungen mit etwa 70% deutlich niedriger als die der Flugaschen aus Schmelzfeuerungen (ca. 95%).
Um Flugaschen alkalisch zu aktivieren, werden höher konzentrierte Alkalihydroxid- bzw. Alkalimetallsilicatlösungen benötigt [AB 10]. Ähnlich wie bei den Hüttensanden lösen die Alkalien die glasigen Partikel der Flugasche und spalten sie in Silicat- und Aluminateinheiten auf. Diese kleinen Bausteine verknüpfen sich anschließend zu einem dreidimensionalen alumosilicatischen Netzwerk. Generell gilt, dass mit abnehmendem CaO-Gehalt - vom Portlandzementklinker über den Hüttensand bis zur Flugasche - die Konzentration des alkalischen Anregers erhöht werden muss, um die glasigen Bestandteile zu lösen. Entsprechend ändern sich die Reaktions- bzw. Hydratationsprodukte.

Mit sinkendem CaO-Gehalt nimmt der Anteil der bei der Hydratation gebildeten **C-S-H**- und **C-A-H**-Phasen ab und es werden zunehmend Phasen mit einem alumosilicatischen Netzwerk gebildet.

Man unterteilt Flugaschen in *kieselsäurereiche* und *kalkreiche Aschen*. Erstere weisen puzzolanische Eigenschaften auf, letztere können <u>zusätzlich</u> hydraulische Eigenschaften besitzen.

Kieselsäurereiche Flugasche (V) ist ein feinkörniger Staub aus hauptsächlich kugeligen Partikeln (Abb. 9.15) mit *puzzolanischen Eigenschaften.* Sie besteht überwiegend aus reaktionsfähigem SiO_2 und Al_2O_3, neben geringen Anteilen an Fe_2O_3 und anderen Verbindungen. Der Gehalt an reaktionsfähigem CaO muss unter 10% liegen, der Anteil an freiem CaO darf 1,0% nicht übersteigen (Bestimmungsverfahren laut EN 451-1). Der Anteil an reaktionsfähigem SiO_2 muss mindestens 25% betragen.

Steinkohlenflugaschen sind kieselsäurereiche Flugaschen. Sie zeichnen sich durch hohe Kieselsäure- und Aluminiumoxid-Anteile aus. Steinkohlenflugaschen besitzen folgende mittlere chemische Zusammensetzung (Oxidschreibweise): SiO_2 40...55%, Al_2O_3 23...35%, Fe_2O_3 4...17%, Alkalien 0,1...5,5%, CaO 1...8%, MgO 0,8...4,8%, SO_3 0,1...2% (Quelle: Bundesverband Kraftwerksnebenprodukte e.V.).

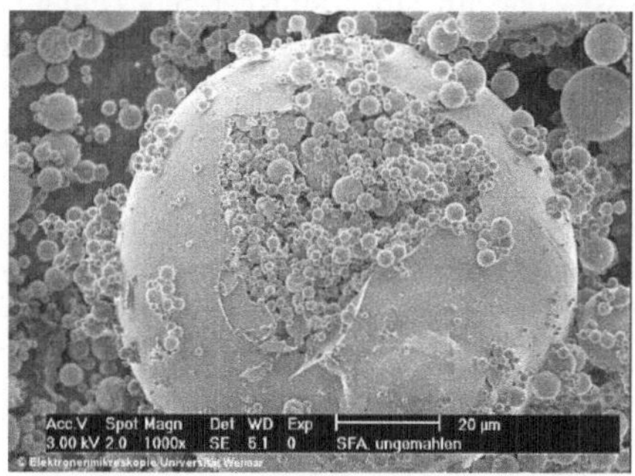

Abbildung 9.15

REM-Aufnahme von Steinkohlenflugasche, 1000fache Vergrößerung

(Quelle: F. A. Finger-Institut für Baustoffkunde, Bauhaus-Universität Weimar)

Kalkreiche Flugasche (W) ist ein feinkörniger Staub mit *hydraulischen und/oder puzzolanischen Eigenschaften.* Sie besteht im Wesentlichen aus reaktionsfähigem CaO, reaktionsfähigem SiO_2 und Al_2O_3. Der Rest entfällt auf Fe_2O_3 und andere Verbindungen. Der Anteil an CaO darf 10% nicht unterschreiten. Kalkreiche Flugasche mit Anteilen an reaktionsfähigem CaO zwischen 10...15% muss mindestens 25% reaktionsfähige Kieselsäure (SiO_2) enthalten.

Braunkohlenflugaschen sind kalkreiche Flugaschen. Ihr CaO-Gehalt liegt zwischen 10 und 44 %. Daneben enthält sie SiO_2 (15...63 %), Al_2O_3 (2...16%) und Fe_2O_3 (6...24 %); (Quelle: Bundesverband Kraftwerksnebenprodukte e.V.).

Erfüllt die gerade im mittel- und ostdeutschen Raum durch die Braunkohleverbrennung in großen Mengen anfallende *Braunkohlenflugasche* die Anforderungen der DIN EN 450 oder ist ihre Eignung anderweitig nachgewiesen, kann sie ebenfalls als Betonzusatzstoff verwendet werden.

Laut DIN EN 197-1 dürfen drei Zementarten Flugasche enthalten: *Portlandkompositzement* 0...28%, *Portlandflugaschezement* 10...28% und *Puzzolanzement* bis zu 40% Flugasche.

Silicastaub (D)

Silicastaub (silica fume), auch **Mikrosilica** oder **Silica**, entsteht als Nebenprodukt bei der Herstellung von Reinstsilicium und Si-Legierungen im elektrischen Lichtbogenofen im Rahmen der Abgasreinigung. Er besteht aus sehr feinen, glasig-kugeligen Partikeln mit einer *mittleren Teilchengröße* < 1 µm. Damit ist er etwa 50...100-mal feiner als durchschnittliche Zementpartikel. Hauptbestandteil des Silicastaubes ist Siliciumdioxid SiO_2 (Anteil > 85%), der Rest entfällt auf Al_2O_3, Fe_2O_3, CaO, MgO, Na_2O, K_2O, SO_3 und Ruß.

Der sehr reaktionsfähige SiO_2-Staub wirkt als **Puzzolan**. Seine puzzolanische Aktivität beruht auf der Bildung zusätzlicher festigkeitsbildender Calciumsilicathydrate durch Reaktion des SiO_2 mit dem während der Zementhydratation entstehenden Calciumhydroxid ($Ca(OH)_2$ + SiO_2 → Calciumsilicathydrate). Damit erfolgt eine Reduzierung der Kapillarporen im Beton.

Neben der puzzolanischen Reaktion bewirkt Silicastaub aufgrund seiner Feinheit eine wesentliche Verringerung des Porenvolumens (**Füller**) sowie eine Veränderung der Mikrostruktur in der Kontaktzone Zementstein/Gesteinskörnung. Die Folge ist eine deutliche Verbesserung des Verbundes. Die ansonsten poröse Zone im Übergangsbereich Zementstein/Gesteinskörnung wird aufgrund der höheren Packungsdichte und der puzzolanischen Reaktion des Silicastaubes verfestigt. Silicastaub findet deshalb Einsatz im Bereich der *Hochleistungsbetone*. Er wird pulverförmig, häufiger jedoch als Suspension („Slurry") eingesetzt.

Nanosilica, mittlere Teilchengröße ca. 25 nm, fällt nicht als Nebenprodukt eines Industrieprozesses an, sondern wird synthetisch hergestellt. Die SiO_2-Partikel (amorphe Kieselsäure) sind aufgrund ihrer extremen Feinteiligkeit und der damit verbundenen hohen aktiven Oberfläche noch reaktiver hinsichtlich der Bildung zusätzlicher **C-S-H**-Phasen (Kap. 13.2.2).

Gebrannter Schiefer (T)

Gebrannter Schiefer wird aus Ölschiefer in speziellen Öfen bei Temperaturen von ca. 800°C hergestellt. Ölschiefer sind dunkelgraue bis schwarze, tonig-nadelige Sedimentgesteine. Sie enthalten bis zu 30% Kerogen, einem polymeren organischen Material, aus dem sich im Verlaufe geologischer Prozesse Kohlenwasserstoffe bilden. Daneben enthält Ölschiefer Calciumcarbonat (~ 40%), Tonminerale (25...27%) und SiO_2 (11...13%).
Nach der korrekten petrografischen Klassifizierung ist der Ölschiefer kein Schiefer im eigentlichen Sinne (Kap. 9.1.2), sondern ein geschichtetes, nicht geschiefertes (!) Sedimentgestein. Vorkommen in Deutschland: Vorland der Schwäbisch-Fränkischen Alb, Niedersachsen, Umgebung von Braunschweig. Ölschiefer wird derzeit in Baden-Württemberg (Dotternhausen-Dormettingen) von einem Zementwerk abgebaut und gebrannt.

Aufgrund der Zusammensetzung des natürlichen Ausgangsmaterials und der Spezifik des Herstellungsverfahrens enthält der gebrannte Schiefer Klinkerphasen, vor allem Dicalciumsilicat und Monocalciumaluminat, sowie neben geringen Mengen an freiem CaO und $CaSO_4$ auch größere Anteile an puzzolanisch reagierenden Oxiden, z.B. SiO_2. Demzufolge besitzt gebrannter Schiefer in fein gemahlenem Zustand neben puzzolanischen auch ausgeprägte hydraulische Eigenschaften wie Portlandzement.

Flugasche, Silicastaub, gebrannter Schiefer und Ziegelmehl werden häufig zur Gruppe der **künstlichen Puzzolane** zusammengefasst.

Kalkstein (L, LL)
Kalkstein wird dem Zement vor allem als Zumahlstoff zugegeben. Dabei muss er folgende Anforderungen erfüllen:

- Der $CaCO_3$-Gehalt, berechnet aus dem Gehalt an CaO, muss mindestens 75% betragen.
- Der Tongehalt darf 1,20 g/100 g (Bestimmung nach EN 933-9) nicht übersteigen.
- Der TOC-Wert (*engl.* Total Organic Carbon; Summenparameter für den organisch ge-bundenen Kohlenstoff), ermittelt nach Prüfverfahren prEN 13639, muss einem der bei-den Kriterien entsprechen: LL   organisch gebundener Kohlenstoff < 0,20%
                L   organisch gebundener Kohlenstoff < 0,50%.

Die oben beschriebenen anorganischen puzzolanischen Stoffe wie Flugaschen, Silicastaub, Trass, gebrannter Schiefer, aber auch inerte Gesteinsmehle wie Kalkstein- oder Quarzmehl werden als **Betonzusatzstoffe** bezeichnet. Sie beeinflussen den Mehlkorngehalt, die Kon-sistenz und die Verarbeitbarkeit des Frischbetons, können aber auch die Festigkeit, die Dichtigkeit und die Beständigkeit des erhärteten Betons verbessern. Sie sind als Volumen-anteile zu berücksichtigen, da sie dem Beton in deutlich höheren Mengen zugegeben wer-den als die chemischen Zusatzmittel (Kap. 9.3.4). Nach DIN EN 206-1/ DIN 1045-2 unter-scheidet man zwei Arten anorganischer Zusatzstoffe. **Typ I**: nahezu inaktive Stoffe wie Gesteinsmehle (nach DIN EN 12620) oder Pigmente (nach DIN EN 12878). Sie reagieren nicht mit dem Zement oder dem Wasser und greifen nicht in die Hydratationsprozesse ein. Aufgrund ihrer Korngröße, Kornzusammensetzung und -form dienen sie der Verbesserung des Kornaufbaus im Mehrkornbereich. **Typ II** beinhaltet puzzolanische oder latent-hyd-raulische Zusatzstoffe wie Trass (nach DIN 51043), Flugasche (nach DIN EN 450-1) oder Silicastaub (nach DIN EN 13263-1). Sie reagieren mit dem bei der Hydratation des Ze-mentsteins entstehenden $Ca(OH)_2$ und bilden dabei zementsteinähnliche Hydratationspro-dukte. Hüttensandmehl (nach DIN EN 15167-1) ist ein latent-hydraulischer Zusatzstoff, für den die Eignung als Betonzusatzstoff Typ II als nachgewiesen gilt.

9.3.3.3.2 Nebenbestandteile

Nebenbestandteile des Zements sind besonders ausgewählte anorganische, natürliche mine-ralische Stoffe, die aus der Klinkerherstellung stammen oder Bestandteile wie unter Kap. 9.3.3.3.1 beschrieben betreffen, es sei denn, sie sind bereits als Hauptbestandteil im Ze-ment enthalten (EN 197-1). Ihr Anteil soll nicht mehr als 5% der Gesamtsumme aller Haupt- und Nebenbestandteile betragen.

Nebenbestandteile sollen aufgrund ihrer Korngrößenverteilung wichtige physikalische Zementeigenschaften wie die Verarbeitbarkeit oder das Wasserrückhaltevermögen verbes-sern. Sie können schwach ausgeprägte hydraulische, latent-hydraulische oder puzzolani-sche Eigenschaften besitzen oder inert sein. Nebenbestandteile dürfen den Wasserbedarf des Zements nur unwesentlich erhöhen, die Beständigkeit des Betons oder Mörtels in kei-ner Weise beeinträchtigen und den Korrosionsschutz der Bewehrung nicht herabsetzen. In Frage kommen inerte Stoffe, Stoffe mit schwachen bzw. latent-hydraulischen oder puzzolanischen Eigenschaften, auch solche, die zuvor bereits unter dem Punkt Hauptbestandteile genannt wurden, sofern sie nicht Hauptbestandteil eines Zements sind.

9.3.3.3.3 Calciumsulfat

Calciumsulfat wird den anderen Bestandteilen des Zements bei seiner Herstellung zur Regelung des Erstarrungsverhaltens in Mengen von 3…5% zugegeben. Calciumsulfat (*„Sulfatträger"*) kann Gips ($CaSO_4 \cdot 2\ H_2O$; Dihydrat), Halbhydrat ($CaSO_4 \cdot \frac{1}{2}\ H_2O$) oder Anhydrit II ($CaSO_4$) oder eine Mischung davon sein. Gips und Anhydrit liegen als natürliche Stoffe vor. Calciumsulfat ist auch als Nebenprodukt bestimmter industrieller Verfahren verfügbar (DIN EN 197-1).

9.3.3.3.4 (Zement) Zusätze

Zusätze im Sinne der DIN EN 197-1 sind Bestandteile, die nicht in Kap. 9.3.3.3.1 bis 9.3.3.3.3 erfasst sind und die dem Zement in geringen Mengen zugegeben werden, um die Herstellung oder die Eigenschaften des Zements zu verbessern. Hierzu gehören vor allem Mahlhilfsmittel und Pigmente. Die Gesamtmenge der Zusätze darf 1%, bezogen auf die Zementmasse (Pigmente ausgenommen), nicht überschreiten. Die Menge an organischen Zusätzen darf im Trockenzustand einen Anteil von 0,5%, bezogen auf die Zementmasse, nicht überschreiten. Wiederum gilt, dass die Zusätze die Eigenschaften des Zements oder des mit dem Zement hergestellten Betons oder Mörtels nicht beeinträchtigen und den korrosiven Angriff auf die Bewehrung nicht fördern dürfen.

9.3.3.4 Reaktionen des Zements mit Wasser

9.3.3.4.1 Hydratation der Klinkerphasen

Die energiereichen metastabilen Klinkerphasen (Kap. 9.3.3.2) sind erst durch den Kontakt mit Wasser zu chemischen Reaktionen in der Lage. Durch die bessere Beweglichkeit der Teilchen in wässriger Lösung erfolgen Umlagerungen, in deren Resultat die stabilen Hydratphasen entstehen. Der damit verbundene Stabilitätsgewinn ist die thermodynamische Voraussetzung für den Ablauf dieser Umlagerungs- und Hydratbildungsprozesse.

Bei Zugabe von Wasser zum Zement entsteht zunächst **flüssiger Zementleim**. Er ist plastisch, thixotrop, bindet die Gesteinskörnung ein und füllt die Hohlräume zwischen den Körnern aus. Die in der Folge einsetzenden Prozesse und Reaktionen führen über das Ansteifen, Erstarren und Erhärten zum festen *Zementstein*, der die Gesteinskörnung miteinander verkittet. Aus den Klinkerphasen entstehen wasserhaltige Verbindungen, die Hydratphasen. Der Gesamtprozess wird als **Zementhydratation** bezeichnet.
Der Begriff „Hydratation" ist in diesem Zusammenhang deutlich weiter gefasst als bisher (s. Kap. 6.3.1: Hydratation als Anlagerung von H_2O). Da die verschiedenartigen Prozesse beim Mischen von Zement mit Wasser allesamt unter „Verbrauch" von H_2O ablaufen, bezeichnet man sie in ihrer Gesamtheit als Hydratationsprozesse. Und zwar unabhängig von der Art und Weise wie das Wasser reagiert oder wie es gebunden wird.

Bei der Zementhydratation laufen verschiedene Reaktionen nach- und nebeneinander ab:

- Hydratations- und Protolysereaktionen

- Lösungs- und Kristallisationsvorgänge, wobei aus gesättigten bzw. übersättigten Lösungen gelartige oder kristalline wasserhaltige Verbindungen entstehen können, die Hydratphasen
- Grenzflächenprozesse, die eine „Verbindung" der Bestandteile des Zementsteins bzw. Betons bewirken

Für den Prozess der Zementerhärtung existieren zwei klassische Theorien [AB 7]. Die *Kristalltheorie* von Le Chatelier (1882) beschreibt zwei Perioden der Entwicklung der Hydratphasen:

- Die Klinkerbestandteile gehen in Lösung und es laufen Hydratations- und Protolyseprozesse ab. Es entsteht eine an Hydraten unterschiedlicher Zusammensetzung übersättigte Lösung.
- Aus der übersättigten Lösung scheiden sich verfilzende, nadelförmige Kristalle aus.

Die *Kolloidtheorie* von Michaelis (1892) geht ebenfalls von zwei Teilprozessen aus:
- Ausbildung einer kolloiden Grundmasse aus Ca-Silicathydraten, Ca-Aluminathydraten und Ca-Ferrathydraten (Gelbildung)
- Schrumpfung der kolloiden Grundmasse (Hydrogelbildung) infolge „innerer Absaugung" des Wassers durch den noch nicht hydratisierten Zement

Im Licht neuerer Untersuchungen und Vorstellungen geht man davon aus, dass sowohl die Gel- als auch die Kristallbildung die beiden entscheidenden Prozesse bei der Erhärtung des Zements sind. Die Komplexität der ablaufenden Prozesse ergibt sich auch daraus, dass die Klinkerphasen nicht unabhängig voneinander reagieren, sondern sich in ihrer Reaktionsfähigkeit gegenseitig beeinflussen.

Die Reaktion der vier Klinkerphasen mit Wasser erfolgt mit unterschiedlicher Intensität und Wirkung, woraus die verschiedenen Eigenschaften des Zements resultieren. Tricalciumsilicat C_3S, als Hauptbestandteil des Portlandzements, zeichnet sich durch eine schnelle Erhärtung sowie durch eine hohe Anfangs- und Endfestigkeit bei hoher Hydratationswärme (ca. 520 J/g) aus. Die kalkärmere Calciumsilicatphase C_2S erhärtet dagegen langsam, aber stetig. Die dabei frei werdende Hydratationswärme ist mit einem Wert von 260 J/g entsprechend niedrig. Die Anfangsfestigkeit ist gering, die Endfestigkeit entspricht der des Alits, d.h. sie ist sehr hoch. Tricalciumaluminat C_3A ist die reaktivste aller Klinkerphasen. Sie zeichnet sich durch schnelles Erstarren und eine relativ hohe Hydratationswärme (z.B. $C_3A(Cs)H_{12}$: 1140 J/g, $C_3A(Cs)_3H_{32}$: 1670 J/g) aus. Der Beitrag zur Festigkeitsentwicklung ist gering. C_4AF erhärtet langsam aber stetig, die Hydratationswärme beträgt 420 J/g. Sowohl Anfangs- als auch Endfestigkeit sind gering. Für die hydraulische Erhärtung hat die Ferratphase ebenfalls nur geringe Bedeutung (alle Werte: vdz-online.de)

Die gebildeten Hydratationsprodukte sind praktisch wasserunlöslich, d.h. der Zementstein ist wasserbeständig.

Die Reaktionen, die zur Bildung der **Hydratphasen** führen, lassen sich *nicht* durch einfache stöchiometrische Gleichungen beschreiben, da vielfach Festkörperprodukte unterschiedlicher Zusammensetzung entstehen bzw. die Umsetzungen über Zwischenstufen verlaufen.

Hydratation der Silicate, Bildung von Calciumsilicathydraten

Für die Erhärtung des Zements ist die Hydratation der silicatischen Phasen, also des Alits (Tricalciumsilicat C_3S) und des Belits (Dicalciumsilicat C_2S) von überragender Bedeutung. Sie sind die festigkeitsgebenden Phasen, ihr Anteil an der Festigkeitsentwicklung des Zementsteins beträgt über 80%. Die entstehenden Hydratationsprodukte unterschiedlicher Stöchiometrie enthalten im Wesentlichen CaO, SiO_2 und Wasser. Ihre spezifische Zusammensetzung hängt vor allem vom Wasserzementwert (Kap. 9.3.3.5) ab.

Die Reaktion der Calciumsilicate mit Wasser soll vereinfacht durch die Gln. (9-16 und 9-17) wiedergegeben werden. Neben Calciumsilicathydraten variabler Zusammensetzung entsteht Calciumhydroxid (mineralogische Bezeichnung **Portlandit, CH**; Abb. 9.17). Für die unterschiedlichen Hydratationsprodukte der Calciumsilicate wurde die allgemeine Bezeichnung **C-S-H**-Phasen eingeführt.

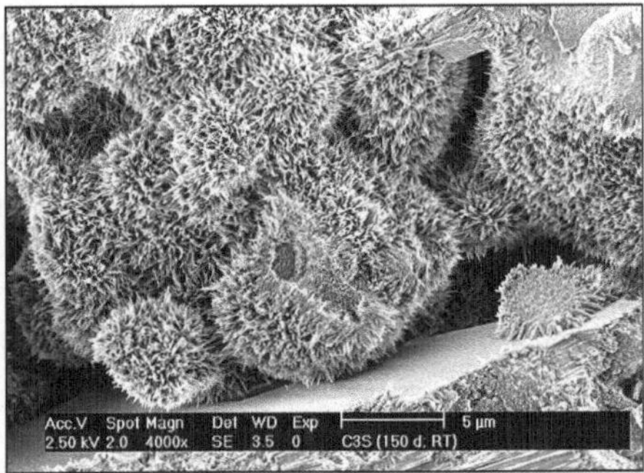

Abbildung 9.16 links: Bildung von spitznadeligen **C-S-H**-Phasen bei der Hydratation von C_3S. Die Fasern wachsen nach 600 Tagen Hydratationszeit bis auf eine Länge von 1,5 μm. rechts: Gefügeverdichtung durch das gerichtete Wachstum von Säumen aus **C-S-H**-Phasen um die reagierenden Partikel (Quelle: F. A. Finger-Institut für Baustoffkunde, Bauhaus-Universität Weimar)

Alit (C_3S):

$$2\,(3\,CaO \cdot SiO_2) + 6\,H_2O \rightarrow 3\,CaO \cdot 2\,SiO_2 \cdot 3\,H_2O + 3\,Ca(OH)_2 \qquad (9\text{-}16a)$$
$$\textit{C-S-H-Phase} \qquad\qquad \textit{Portlandit}$$

Kurzschreibweise:

$$2\,C_3S + 6\,H \rightarrow C_3S_2H_3 + 3\,CH \qquad (9\text{-}16b)$$

Belit (C_2S):

Für die Hydratation von Belit (C_2S) kann man vereinfacht die Gln. (9-17) schreiben.

$$2\,C_2S + 5\,H \rightarrow C_3S_2H_4 + CH \qquad (9\text{-}17a)$$

$$2\,C_2S + 4\,H \;\rightarrow\; C_3S_2H_3 + CH \tag{9-17b}$$

Die Calciumsilicatkörner beginnen sofort nach dem Kontakt mit Wasser Ca^{2+}- und OH^--Ionen freizusetzen. Belit hydratisiert deutlich langsamer als Alit, was auf seine geringere Löslichkeit in Wasser zurückzuführen ist. Die Geschwindigkeit dieser Prozesse sinkt rasch ab, geht aber auch während der Ruheperiode (s.u.) niemals gegen null. Werden in der wässrigen Phase die jeweiligen Sättigungskonzentrationen (bzw. die Löslichkeitsprodukte, Kap. 6.3.3) überschritten, beginnt die Kristallisation des Portlandits (**CH**) und der Calciumsilicathydrate (**C-S-H**-Phasen). Die Reaktion des Tricalciumsilicats gewinnt wieder deutlich an Intensität. Die Ruheperiode ist somit der Zeitraum, in dem eine ausreichende Anzahl von Ionen in Lösung gehen, um die Voraussetzung für die eigentliche Kristallbildung zu schaffen.

Zunächst bilden sich an der Oberfläche der Klinkerphase vereinzelt winzige kristalline **C-S-H**-Phasen (Abb. 9.16 a). Sie wachsen im Verlauf der Hydratation zu spitznadeligen Kristallen mit einer Länge von 1...1,5 µm und einem Durchmesser von etwa 50 nm [AB 9]. Die Nadeln sind strukturiert. Die kleineren Struktureinheiten weisen Querschnitte von wenigen Nanometern auf. Die geringen Abmessungen der einzelnen **C-S-H**-Phasen sind für die außerordentlich große Oberfläche des Zementsteins (50 - 200 m^2/g) verantwortlich.

Im Verlauf der Hydratation bildet sich eine dichte Hülle aus nadelförmigen **C-S-H**-Phasen um das Klinkerkorn, wobei die **C-S-H**-Phasen nur in Richtung des Porenraumes wachsen. Dies bewirkt nach einigen Stunden ein Verzahnen der einzelnen „Hydratationssäume" (Abb. 9.16 b), wobei eine stabile Matrix entsteht. Dies erklärt den hohen Beitrag der silicatischen Hydratphasen zur Festigkeitsentwicklung des Zementsteins. Der exakte chemisch-mineralogische Aufbau der Kristallstruktur der **C-S-H**-Phase ist gegenwärtig noch nicht geklärt. Im Resultat von NMR-Untersuchungen wird vermutet, dass sie in Form von *Dreier-Einfachketten (kettenförmig verknüpfte SiO₄-Tetraeder)* vorliegen [AB 6]. Da die Ketten der **C-S-H**-Phasen nur unvollständig verbunden sind, Fehlordnungen aufweisen und Fremdionen einlagern, besitzen sie nur kleine Bereiche mit einem Ordnungsgrad wie er für eine Identifikation mittels Röntgenbeugung erforderlich ist.

Der Hydratationssaum bildet sich nicht nur um den Alitbereich der Klinkerkörner aus. Es werden auch langsamer reagierende Bereiche wie Belit und Ferrat davon überdeckt. Nach mehreren Monaten kann ein dichter Bewuchs von verfilzten **C-S-H**-Nadeln auf der Kornoberfläche als Endpunkt der Hydratation angesehen werden.

Portlandit kristallisiert aus der Lösung in Form großer tafelförmiger Kristalle (bis zu 0,2 mm!) aus (Abb. 9.17). Die Kristalle besitzen eine definierte Zusammensetzung, ihr Festigkeitsbeitrag wird als niedrig eingeschätzt. Der geringe Anteil an gelöstem Portlandit führt zu einer Erhöhung der Konzentration an Calcium- und Hydroxidionen im Anmachwasser. Infolge der Konzentrationserhöhung an OH^--Ionen steigt der pH-Wert augenblicklich an. Eine gesättigte $Ca(OH)_2$-Lösung besitzt einen pH-Wert von 12,5. Durch die zusätzliche Wirkung der im Zement enthaltenen Alkalien liegt der pH-Wert meist sogar noch etwas höher (pH > 13). Dieser stark basische pH-Wert ist verantwortlich für die Rostsicherheit des Bewehrungsstahls im Beton. Darüber hinaus sind die Ca^{2+}-Ionen von großer Wichtigkeit für die Reaktion mit latent-hydraulischen Stoffen und Puzzolanen.

Abbildung 9.17

Einzelner Portlanditkristall zwischen **C-S-H**-Phasen; Präparat C_3S

(Quelle: F. A. Finger-Institut für Baustoffkunde, Bauhaus-Universität Weimar)

Die Zementhydratation läuft als Summe exothermer Prozesse ab. Die während der Hydratation frei werdende Wärmemenge (**Hydratationswärme**) ist ein Charakteristikum für das jeweilige Stadium des ablaufenden Prozesses. Sie wird häufig herangezogen, um den Gesamt-Hydratationsprozess in einzelne Abschnitte zu unterteilen: die Anfangs- oder Frühphase (Beginn der Protolyse-/Hydrolyse- und Hydratationsreaktionen), die dormante oder Ruheperiode, die Accelerations- oder Beschleunigungsperiode, die Retardations- oder Entschleunigungsperiode und die Finalperiode (Tab. 9.5). Jede dieser Perioden ist durch unterschiedliche Reaktionen gekennzeichnet. In Abb. 9.18 ist der zeitliche Verlauf der Wärmeentwicklung der C_3S-Phase dargestellt. Nach einer kurzen intensiven Reaktionsphase in den ersten Minuten nach dem Anmachen mit Wasser tritt eine Ruheperiode ein. Es finden nur noch sehr geringfügige Reaktionsumsätze statt.

Nach einigen Stunden ist die Ruheperiode abgeschlossen, nun beginnt die Hauptperiode der Zementhydratation (Beschleunigungs- und Entschleunigungsperiode). Nach dem Abklingen der Hauptperiode werden nur noch geringe Wärmemengen freigesetzt (9.18b). Die Untergliederung der C_3S-Reaktionen in Perioden lässt sich auf die Hydratation des Portlandzements übertragen (Kap. 9.3.3.4.2).

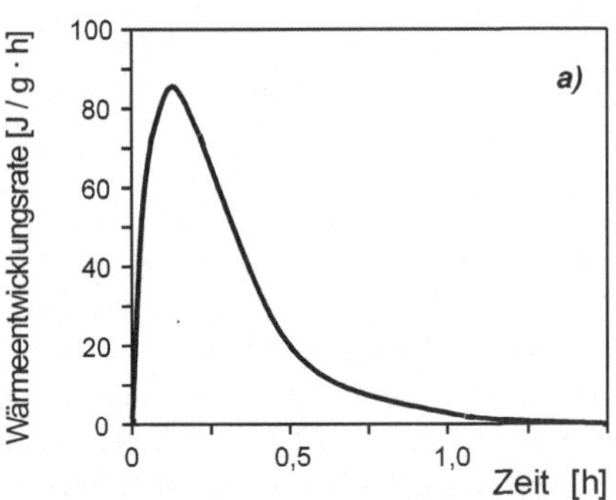

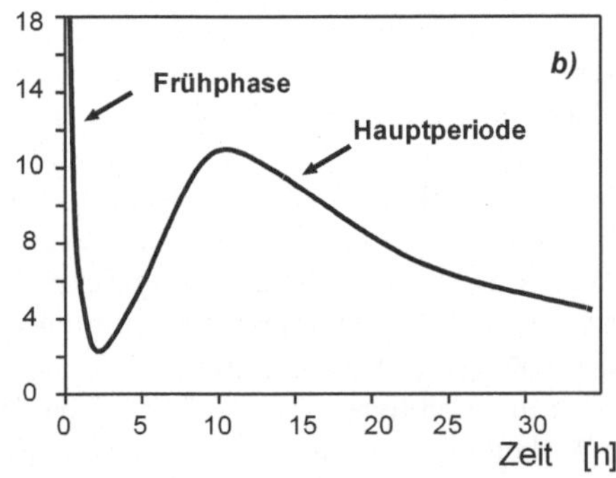

Abbildung 9.18 Zeitlicher Verlauf der Wärmeentwicklung der C_3S-Phase [AB 9]

Die bei der Hydratation primär anfallenden Calciumsilicathydrate sind nanokristallin bzw. röntgenamorph. Sie sind einer direkten röntgenographischen Beobachtung nicht zugänglich.

Tabelle 9.5 Reaktionsfolge bei der Hydratation von C_3S [AB 5,7]

Periode/Stadium	Kinetik der Reaktion	Chemische Prozesse	Einfluss auf Betoneigenschaften
I Anfangsphase (pre-induction period)	chemisch kontrollierte, schnelle Reaktion	Beginn der Protolyse, Ionen gehen in Lösung	Einstellung des basischen pH-Wertes
II Ruheperiode (dormant period)	langsame Reaktion, keimbildungskontrolliert	Ionen gehen kontinuierlich in Lösung, **C-S-H**-Keimbildung	Ansteifen und Erstarrungsbeginn
III Beschleunigungsperiode (acceleration period)	chemisch kontrolliert, schnelle Reaktion	Beginn der Bildung von **C-S-H**-Phasen	Erstarrungsende und Erhärtungsbeginn
IV Entschleunigungsperiode (deceleration period)	chemisch und diffusionskontrollierte Reaktion	kontinuierliche Bildung von **C-S-H**-Phasen	bestimmt die Entwicklung der Frühfestigkeit
III Stetige Periode (final period)	diffusionskontrollierte Reaktion	langsame Bildung von **C-S-H**-Phasen	bestimmt die Entwicklung der Endfestigkeit

Für die **C-S-H**-Phasen lässt sich die allgemeine Formel x CaO $\cdot$ SiO$_2$ $\cdot$ y H$_2$O angeben. *Richartz* und *Locher* beschrieben 1965 die Ausbildung zweier verschiedener Typen von **C-S-H**-Phasen [AB 2]. In den **C-S-H(I)**-Phasen soll das Verhältnis zwischen CaO und SiO$_2$ (C/S-Verhältnis) zwischen 0,8 und 1,5 und in den **C-S-H(II)**-Phasen zwischen 1,0...2,0 liegen. Mit der Erhöhung des C/S-Verhältnisses erniedrigt sich die Kristallinität der Phasen. Die **C-S-H(I)**-Phasen werden als blättchenförmig bzw. in folienförmigen Täfelchen kristallisierend beschrieben. Die Verbindungen des Typs **C-S-H(II)** sind dagegen faserförmig aufgebaut. Die Fasern bestehen aus Folien, die zu dünnen, röhrchenartigen Strukturen mit eingelagerten **CH**-Schichten zusammengerollt sind. Sie bilden Faserbündel.

Taylor (1992) bezeichnet die **C-S-H**-Phasen als „tobermoritähnlich" [AB 6]. *Tobermorit*, benannt nach der schottischen Landschaft Tobermory, besteht aus CaO-Teilschichten, die zwischen anionischen silicatischen Schichten angeordnet sind. Je nach der Menge an gebundenem Wasser beträgt der Schichtabstand 1,4 nm, 1,1 nm oder 0,9 nm. Als weitere Vergleichsstruktur wird von ihm das Mineral *Jennit* herangezogen. *Jennit* besitzt ein höheres **C/S**-Verhältnis als *Tobermorit*, die Schichten aus SiO$_4$-Tetraedern sind durch (Ca-OH)-Endgruppen voneinander getrennt.

1,4 nm Tobermorit (**C$_5$S$_6$H$_9$**) und Jennit (**C$_9$S$_6$H$_{11}$**) können als „Grenzen" für die im Zementstein vorkommenden **C-S-H**-Phasen angesehen werden. Innerhalb dieser strukturellen Grenzen sind zahlreiche Calciumsilicate bekannt und mineralogisch exakt charakterisiert. Zu ihnen zählen:

Hillebrandit	2 CaO $\cdot$ SiO$_2$ $\cdot$ H$_2$O	**C$_2$SH**
Gyrolit	2 CaO $\cdot$ 3 SiO$_2$ $\cdot$ 2 H$_2$O	**C$_2$S$_3$H$_2$**
Afwillit	3 CaO $\cdot$ 2 SiO$_2$ $\cdot$ 3 H$_2$O	**C$_3$S$_2$H$_3$**

| Foshagit | $4\,CaO \cdot 3\,SiO_2 \cdot H_2O$ | $\mathbf{C_4S_3H}$ |
| Xonotlit | $6\,CaO \cdot 6\,SiO_2 \cdot H_2O$ | $\mathbf{C_6S_6H}$ |

Ob diese Phasen (oder evtl. noch ganz andere!) im Zementstein auftreten, ist mit den gegenwärtigen Untersuchungsmethoden nicht aufklärbar. Auf alle Fälle hängt die Stöchiometrie der gebildeten **C-S-H**-Phasen von einer Reihe unterschiedlicher Einflussgrößen ab. Die wichtigsten sind die Temperatur, der w/z-Wert, die Mahlfeinheit des Zements, die Kornverteilung und natürlich die Zusammensetzung des Zements. Zum Beispiel beeinflussen größere Mengen an Puzzolan bzw. Silicastaub signifikant das **C/S**-Verhältnis und damit die Stöchiometrie der **C-S-H**-Phasen.

Seit Mitte der 90er Jahre führten *Stark und Mitarb.* [AB 7-9] systematische Untersuchungen zur Hydratation der Klinkerphasen durch, wobei einige grundlegende neue Erkenntnisse gewonnen werden konnten. Sie sollen im Folgenden stichpunktartig dargestellt werden:

- Anfangsstadium der Hydratation: Um das Alit-Korn bildet sich eine Reaktionsschicht, Dicke der umhüllenden Schicht: 20...30 nm. Diese Schicht wirkt als Membran. Sie behindert den Stofftransport zwischen fester und flüssiger Phase, was zu einer Erniedrigung der Reaktionsgeschwindigkeit führt (Ruhephase).
- Nach 2 bis 3 Stunden (Acceleration): An der Oberfläche der Klinkerphase bilden sich erste, vereinzelte, kristalline **C-S-H**-Phasen, gleichzeitig werden Löcher und Kavitäten auf der Oberfläche beobachtet.
- Die **C-S-H**-Phasen wachsen im Laufe der Hydratation zu spitznadeligen Kristallen mit einer Länge bis zu 1 - 2 µm und einem Durchmesser von maximal 50 nm (Abb. 9.16a). Die Nadeln sind strukturiert. Die kleineren Struktureinheiten weisen Querschnitte von wenigen Nanometern auf. Die geringen Abmessungen der einzelnen **C-S-H**-Phasen sind für die außerordentlich große Oberfläche des Zementsteins (50 - 200 m²/g) verantwortlich.
- Durch die Alithydratation bildet sich eine dichte Hülle aus nadelförmigen **C-S-H**-Phasen um das Klinkerkorn. In der Regel wachsen die **C-S-H**-Phasen nur in Richtung des Porenraumes. Dies bewirkt nach einigen Stunden ein Verwachsen der einzelnen „Hydratationssäume" (Abb. 9.16b), wobei eine stabile Matrix entsteht. Die Faserspitzen verzahnen sich allmählich ineinander „reißverschlussartig". Das erklärt den hohen Beitrag der silicatischen Hydratphasen zur Festigkeitsentwicklung des Zementsteins.
- Innerhalb der **C-S-H**-Phasen des Hydratationssaumes befinden sich einzelne Ettringitkristalle, die möglicherweise Reaktionsprodukte des als Fremdoxid im Alit enthaltenen Aluminiums mit Sulfat sind.
- Der Hydratationssaum bildet sich nicht nur um den Alitbereich der Klinkerkörner aus. Es werden auch langsamer reagierende Bereiche wie Belit und Ferrat davon überdeckt.
- Nach mehreren Monaten kann ein dichter Bewuchs von verfilzten **C-S-H**-Nadeln auf der Kornoberfläche als Endpunkt der Hydratation angesehen werden.

⇒ Die bei der Zementhydratation entstehenden **C-S-H**-Phasen besitzen eine variable Zusammensetzung. Für das Ca : Si-(Atom)Verhältnis werden Werte zwischen 1,6 und 1,9 angegeben, damit bewegt sich die Stöchiometrie eher in Richtung des Minerals Tobermorit. Der Wassergehalt der **C-S-H**-Phasen liegt zwischen 20...40%. Eine röllchen-

bzw. blättchenförmige Gestalt der **C-S-H**-Phasen, wie sie zunächst von *Richartz* und *Locher* publiziert wurde [AB 2], konnte in neueren Untersuchungen nicht nachge wiesen werden.

Eine exakte analytische Aufklärung des chemisch-mineralogischen Aufbaus der Kristallstruktur der **C-S-H**-Phasen ist gegenwärtig noch nicht möglich. Mittels Si-NMR-Untersuchungen [AB 13] konnte nachgewiesen werden, dass die isolierten SiO_4-Tetraeder, die zu Beginn der Hydratation vorliegen, allmählich kondensieren und sich teilweise zu Einfachketten verknüpfen. Diese unvollständige Verknüpfung, kombiniert mit der Einlagerung von Fremdionen in die **C-S-H**-Phasen und dem Auftreten von Fehlordnungen, kann als Ursache angesehen werden, dass die **C-S-H**-Phasen nur sehr kleine Bereiche mit einem hohen Ordnungsgrad aufweisen. Solche Bereiche sind aber gerade für eine Identifizierung mittels Röntgenbeugung notwendig.

Hydratation der Aluminat- und Aluminatferrathydrate. Die Umwandlung des **C₃A** und **C₂(A,F)** in die Hydratphasen ist ein wesentlich komplexerer Prozess als die Hydratation der Silicate. Die Calciumaluminathydrate bilden sich am schnellsten, sie sind für das Erstarren des Zements verantwortlich.

Reaktionen des Aluminats C₃A

Sind *keine Sulfatträger* als Erstarrungs- oder Abbinderegler vorhanden, reagiert **C₃A** so rasch mit Wasser, dass ein frisch angemachter Zementmörtel bereits nach Minuten erstarrt und nicht mehr verarbeitbar ist (*„Löffelbinder"*). Es bilden sich dünntafelige Calciumaluminathydrate (Abb. 9.19), wobei eine erhebliche Wärmemenge (ca. 900 J/g) freigesetzt wird. In Gl. 9-18a ist die Bildung von **C₂AH₈** und **C₄AH₁₃** formuliert.

$$2\ (3CaO \cdot Al_2O_3) + 21\ H_2O \ \rightarrow \ 4\ CaO \cdot Al_2O_3 \cdot 13\ H_2O + 2\ CaO \cdot Al_2O_3 \cdot 8\ H_2O \qquad (9\text{-}18a)$$

$$2\ \mathbf{C_3A} + 21\ \mathbf{H} \ \rightarrow \ \mathbf{C_4AH_{13}} + \mathbf{C_2AH_8}$$

Die entstehenden Kristalle der sulfatfreien Hydratphase verknüpfen die einzelnen Zementpartikel. Sie überbrücken den wassergefüllten Porenraum durch Ausbildung eines kartenhausähnlichen Gefüges und verursachen so nach Wasserzugabe eine erste Verfestigung. Die instabilen Calciumaluminathydrate **C₄AH₁₃** und **C₂AH₈** wandeln sich anschließend in stabiles **C₃AH₆** (*Katoit*) um (Gl. 9-18b).

$$\mathbf{C_4AH_{13}} + \mathbf{C_2AH_8} \rightarrow 2\ (\mathbf{C_3AH_6}) + 9\ \mathbf{H} \qquad\qquad\qquad (9\text{-}18b)$$

Anwesenheit von Sulfatträgern. Um das spontan einsetzende Erstarren des Aluminats zu verhindern, werden dem Zement Calciumsulfate $CaSO_4 \cdot x\ H_2O$ (**CsHₓ**) als Erstarrungs- oder Abbinderegler zugesetzt. Zum Einsatz kommen in der Regel das Di- oder das Halbhydrat bzw. ein Gemisch beider. Ist der Gehalt an $CaSO_4 \cdot x\ H_2O$ hoch, verzögert dies das Erstarren bzw. Abbinden stärker als ein geringer Gehalt. Je nach der **CsHₓ**-Konzentration laufen unterschiedliche Reaktionen ab, die zu verschiedenen Calciumaluminatsulfaten als Hydratationsprodukte führen.

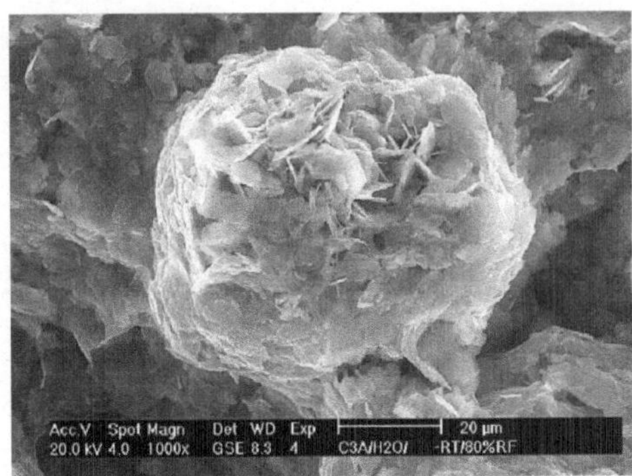

Abbildung 9.19

Hydratation von C_3A ohne Sulfatzusatz: auf ein C_3A-Korn aufgewachsene dünntafelige Calciumaluminatkristalle

(Quelle: F. A. Finger-Institut für Baustoffkunde, Bauhaus-Universität Weimar)

Steht ein hoher $CaSO_4$-Gehalt zu Verfügung, reagiert das C_3A mit Wasser und $CaSO_4$ zu **Ettringit** (Gl. 9-19a). Die Bezeichnung Ettringit wurde aufgrund der strukturellen Analogie des Tricalciumaluminattrisulfathydrates mit dem bei Ettringen/Eifel gefundenen Mineral $Ca_6Al_2[(OH)_4/SO_4]_3 \cdot 26\ H_2O$ gewählt. Ettringit bildet stäbchenförmige Kristalle (Abb. 9.20). Bei ausreichendem Sulfatangebot ist es sehr stabil und ändert seine Kristallform kaum. Da pro Mol Ettringit drei Mole $CaSO_4$ gebunden werden, bezeichnet man Ettringit auch als „**Trisulfat**" (in der englischsprachigen Literatur: „**AFt**-Phase").

$$3\ CaO \cdot Al_2O_3 + 3\ (CaSO_4 \cdot 2\ H_2O) + 26\ H_2O\ \rightarrow$$

$$3\ CaO \cdot Al_2O_3 \cdot 3\ CaSO_4 \cdot 32\ H_2O \qquad (9\text{-}19a)$$
$$\textit{Trisulfat (Ettringit), AFt}$$

$$\mathbf{C_3A + 3\ CsH_2 + 26\ H \rightarrow C_3A(Cs)_3H_{32}} \qquad (9\text{-}19b)$$

Nachdem die primäre Ettringitbildung abgeschlossen ist, steht in der Regel noch ursprüngliches C_3A zur Verfügung. Es reagiert aufgrund der großen Neigung der Aluminatphase zur Bildung sulfathaltiger Hydrate mit Trisulfat und Wasser gemäß Gl. (9-20) zu Monosulfat als sulfatärmere Phase („AFm-Phase"). Monosulfat bildet hexagonale, plättchenförmige Kristalle. Die Sulfationenkonzentration, unterhalb der das Trisulfat nicht mehr stabil ist und sich in Monosulfat umwandelt, beträgt 2,85 mg SO_4^{2-}/Liter. Der Übergang ist mit einer Volumenänderung verbunden: ρ(Trisulfat) = 1,78 g/cm^3, ρ(Monosulfat) = 2,03 g/cm^3.

$$\mathbf{C_3A(Cs)_3H_{32} + 2\ C_3A + 4\ H \rightarrow\ 3\ C_3A(Cs)H_{12}} \qquad (9\text{-}20)$$
$$\textit{Monosulfat, AFm}$$

Ist die Sulfationenkonzentration in der Lösung zu gering, d.h. kann der Sulfatträger für das reaktive C_3A nicht schnell genug Sulfationen liefern, bildet sich anstelle von Trisulfat sofort das Monosulfat als sulfatärmere Phase (Gl. 9-21). Eine Ettringitbildung ist somit nur möglich, wenn eine bestimmte Konzentration an Sulfationen vorliegt.

$$\mathbf{C_3A +\ CsH_2 + 10\ H \rightarrow C_3A(Cs)H_{12}} \qquad (9\text{-}21)$$
$$\textit{Monosulfat}$$

Ebenfalls wie bei der **C-S-H**-Bildung entsteht durch das an der Körneroberfläche kristallisierte Trisulfat eine Diffusionsbarriere und die Reaktion des **C₃A** wird sukzessive gehemmt. Mit der Umwandlung des Tri- in Monosulfat wird diese Barriere wieder abgebaut und **C₃A** beginnt erneut zu reagieren. Wann die erneute Reaktion des **C₃A** einsetzt hängt davon ab, nach welcher Zeit der Gips chemisch verbraucht ist. Bei gebräuchlichen Zementen ist dies nach 12...36 h der Fall.

Sollte nach der Umwandlung des Trisulfats in Monosulfat immer noch nicht umgesetztes **C₃A** vorhanden sein, bildet sich sulfatfreies **C₄AH₁₃** (Gl. 9-22a), das später in stabiles **C₃AH₆** (9-22b) übergehen kann.

$$3\,CaO \cdot Al_2O_3 + Ca(OH)_2 + 12\,H_2O \;\rightarrow\; 4\,CaO \cdot Al_2O_3 \cdot 13\,H_2O \qquad (9\text{-}22a)$$

$$\mathbf{C_3A + CH + 12\,H \;\rightarrow\; C_4AH_{13}}$$

$$4\,CaO \cdot Al_2O_3 \cdot 13\,H_2O \;\rightarrow\; 3\,CaO \cdot Al_2O_3 \cdot 6\,H_2O + Ca(OH)_2 + 6\,H_2O \qquad (9\text{-}22b)$$

$$\mathbf{C_4AH_{13} \;\rightarrow\; C_3AH_6 + CH + 6\,H}$$

Abbildung 9.20

Lokale Anreicherung der stäbchenförmigen Ettringitkristalle auf der Oberfläche der Aluminatphase. Links: **C-S-H**-Phasen
(Quelle: F. A. Finger-Institut für Baustoffkunde, Bauhaus-Universität Weimar

Ist die Gipsmenge zu reichlich bemessen, kann es im bereits *erhärteten Zementstein* zur Trisulfatbildung kommen. Da das Trisulfat ein im Vergleich zum **C₃A** deutlich größeres Volumen aufweist, sind Sprengwirkungen im Gefüge die Folge. Diese Schädigung kann vor allem durch den späteren Kontakt des Zementsteins mit sulfathaltigen Wässern (Abwässer, Grundwasser) eintreten (Kap. 9.4.2.2.1, Sulfattreiben).

Tabelle 9.6 Hydratationsprodukte für verschiedene **C₃A/CsH₂**–Verhältnisse [AB 7]

C₃A/CsH₂	Hauptprodukte der Hydratation
> 3	Ettringit und freier Gips
3,0	Ettringit
1,0...3,0	Ettringit und Monosulfat
1,0	Monosulfat
< 1,0	Monosulfat und **C₄AH₁₃**, **C₂AH₈** bzw. **C₃A (Cs,CH)H₁₂**
0	**C₃AH₆**

Um zu erreichen, dass die Aluminatphase möglichst vollständig in Ettringit umgewandelt wird, müssen Menge und Löslichkeit der zugeführten Sulfatträger äußerst genau auf die Reaktionsfähigkeit des C_3A abgestimmt sein. Das gelingt in der Praxis nur selten. Deshalb können je nach dem Verhältnis C_3A/CsH_2 unterschiedliche Hydratationsprodukte erwartet werden (Tab. 9.6).

Hydratation der Aluminatferratphase $C_2(A,F)$

Die Hydratation der Aluminatferratphase gehört bis heute zu den am wenigsten aufgeklärten und verstandenen Prozessen. Prinzipiell bilden sich ähnliche Produkte wie bei der Hydratation von C_3A, wobei Aluminium teilweise durch Eisen ersetzt ist. In welcher Form das Eisen in die Hydratationsprodukte eingebaut wird, ist bis heute unklar.

Tetracalciumaluminatferrat C_4AF, als typischer Vertreter der Aluminatferrate, setzt sich zwar langsamer mit Wasser um als C_3A, die Reaktion muss aber ebenfalls mit einem Sulfatträger verzögert werden.
Nach Taylor [AB 6] laufen nachfolgende Reaktionen ab:

- Bei *Abwesenheit eines Sulfatträgers* entsteht neben den instabilen Ferratphasen $C_4(A,F)H_{13}$ und $C_2(A,F)H_8$ ein Gemisch aus Eisen(III)-hydroxid $Fe(OH)_3$ und Aluminium-hydroxid $Al(OH)_3$ (kurz: $(A,F)H_3$, Gl. 9.23a). Die Ferratphasen zerfallen anschließend gemäß Gl. (9-23b) in $C_3(A,F)H_6$ und Wasser.

$$2\ C_4AF + 32\ H \ \rightarrow\ C_4(A,F)H_{13} + 2\ C_2(A,F)H_8 + (A,F)H_3 \qquad (9\text{-}23a)$$

$$C_4(A,F)H_{13} + C_2(A,F)H_8 \ \rightarrow\ 2\ C_3(A,F)H_6 + 9\ H \qquad (9\text{-}23b)$$

- In *Gegenwart eines Sulfatträgers* werden ebenfalls Trisulfate $C_3(A,F)(Cs)_3H_{32}$ (Aluminatferrat-Trisulfat, *„Eisenettringit"*) gebildet (Gl. 9-24a), die sich später in Monosulfate der allgemeinen Formel $C_3(A,F)\ Cs\ H_{12}$ umwandeln können (Gl. 9-24b).

$$3\ C_4AF + 12\ CsH_2 + 110\ H \rightarrow\ 4\ [C_3(A,F)(Cs)_3H_{32}] + 2\ (A,F)H_3 \quad (9\text{-}24a)$$
Eisenettringit

$$3\ C_4AF + 2\ [C_3(A,F)(Cs)_3H_{32}] + 14\ H$$
$$\rightarrow\ 6\ [C_3(A,F)CsH_{12}] + 2\ (A,F)H_3 \quad (9\text{-}24b)$$
Aluminatferrat-Monosulfat

Im Resultat der in den letzten Jahren von *Stark* und Mitarb. [AB 7–9] durchgeführten Untersuchungen wurden auch hierzu neuere Erkenntnisse gewonnen:

- Die im Vergleich zur Aluminatphase langsamere Hydratation des C_4AF wird durch eine Auslaugung des Aluminiums aus den C_4AF-Körnern erklärt. Je höher der Eisenanteil in den Aluminatferraten ist, desto langsamer verläuft der Hydratationsprozess.

- Das in Lösung gelangte Aluminat reagiert mit Sulfat und $Ca(OH)_2$ zu Ettringit. Gleichzeitig entstehen an Aluminium verarmte, eisenreiche C_4AF-Körner. Sie sind im Gefüge auch nach langer Zeit noch sichtbar.

- Da die Auslaugung ein langsamer Prozess ist, der Sulfatträger dagegen meist sehr rasch in Lösung geht, kann vorübergehend **sekundärer Gips** im Gefüge des Zementsteins gebildet werden. Er verschwindet wieder, sobald für die Ettringitbildung des ausgelaugten Aluminats weiteres Sulfat benötigt wird.

- Die Hydratation des **C₄AF** führt demnach zunächst zur Bildung von eisenfreiem Ettringit, der sich später in Monosulfat und sekundären Gips umwandelt (s. Abb. 9.21). Entgegen den Vorstellungen von Taylor konnte kein Eisenhydroxid gefunden werden.

Zur vollständigen Klärung des **C₄AF**-Hydratationsprozesses sind ebenfalls weitere Untersuchungen notwendig.

9.3.3.4.2 Hydratation von Zementen

Beim Anmachen von Zement mit Wasser füllt das Wasser sowohl Poren und Risse in den Zementpartikeln als auch alle Zwischenräume aus. Der entstehende plastische *Zementleim* beginnt zu erstarren und allmählich zu erhärten. **Erstarrung** und **Erhärtung** sind zwei nicht scharf trennbare Perioden des Verfestigungsprozesses eines Baustoffes, sie gehen fließend ineinander über. Die sofort nach Zugabe des Anmachwassers einsetzende Erstarrung eines Frischbetons ist durch den Übergang von der plastisch-breiigen Konsistenz zu einer gewissen, allerdings noch geringen Anfangsfestigkeit gekennzeichnet.
In der sich anschließenden *Erhärtungsphase* verfestigt sich das erstarrte System immer weiter. Es geht mit fortschreitender Dauer in einen Zementstein hoher Festigkeit über. In der Praxis wird der anfangs eintretende Erstarrungsprozess kurz als *Abbinden* und der Gesamtprozess als *Erhärten* bezeichnet. Während des Hydratationsverlaufs wird das Zementkorn allmählich aufgelöst, es wandelt sich in Zementgel um. Die Hydratationsprodukte wachsen in den wassergefüllten Raum zwischen den Zementkörnern hinein. Mit Abschluss der Hydratation nehmen sie etwa das Doppelte des Platzbedarfs der ursprünglichen Zementkörner ein.

Die zuvor für die einzelnen Klinkerphasen beschriebenen Prozesse laufen bei der Hydratation von Zement in unterschiedlichem Umfang neben- und hintereinander ab. Die Zementhydratation stellt somit ein komplexes Reaktionssystem mit mehreren, sich teilweise beeinflussenden Einzelreaktionen dar. In Abb. 9.21 sind die Bildung der Hydratphasen und die Gefügeentwicklung bei der Hydratation des Zements nach dem Modell von *Locher, Richartz* und *Sprung* [AB 3-5] schematisch dargestellt.

Man unterscheidet **drei Hydratationsstufen:**

Stufe I: Der beim *Anmachen* von Zement mit Wasser entstehende Zementleim liegt bis etwa eine Stunde nach Wasserzugabe als Suspension von Zementkörnern in einer Ca(OH)₂-gesättigten, wässrigen Lösung vor. Die Suspension ist zunächst ohne jede Festigkeit. Sie ist aufgrund ihrer Plastizität verform- und verdichtbar und durch ein gutes Einbindevermögen für die Gesteinskörnung gekennzeichnet. Sofort nach Wasserzugabe reagieren ca. 10% des im Zement enthaltenen **C₃A** und ca. 2% des im Zement enthaltenen **C₃S** [AB 9]. Um das Zementkorn bildet sich ein dünner Belag aus Hydratphasen, vor allem aus nanokristallinem Ettringit. Er verhindert zunächst den weiteren Zutritt von Wasser zum Zementkorn. Nach

0,5...2 Stunden kommt sowohl die Reaktion des Aluminats mit dem $CaSO_4$ als auch die Reaktion des **C₃S** weitgehend zum Stillstand. Es setzt eine Ruheperiode von 2...4 Stunden ein (Tab. 9.5). Allmählich diffundieren jedoch H_2O-Moleküle und Sulfationen durch die Hydratschicht und setzen sich im Korninneren zu Ettringit um. Da das Volumen der sich bildenden Reaktionsprodukte das der Ausgangsstoffe deutlich übersteigt, sprengt der Kristallisationsdruck die erste Ettringithülle. Solange noch genügend Sulfationen vorhanden sind, erfolgt eine sofortige Neubildung der Ettringitschicht. Ist der Vorrat an Sulfationen jedoch aufgebraucht, können die gesprengten Ettringitschichten nicht länger „abgedichtet" werden und das Aluminat hydratisiert rasch weiter.

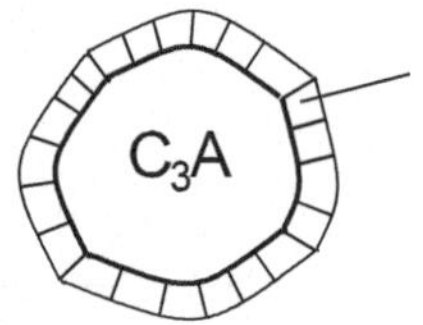

Ettringithülle

Beim Aufreißen der Ettringithülle erfolg weiterer Zutritt von H_2O und SO_4^{2-}- Ionen.

Nach Stunden entstehen aus den kleinen, auf der Oberfläche liegenden Ettringitkristallen größere prismatische, stäbchenförmige Kristalle. Sie bewirken eine Verzahnung und rufen eine erste Verfestigung (Erstarrung) hervor. Die Reaktionen der **C₄AF**-Phase entsprechen denen des **C₃A**.

In ähnlicher Weise wie bei den Aluminaten diffundieren die Wassermoleküle durch die Calciumsilicathydrathülle in das Innere der **C₃S**-Körner. Umgekehrt können auch Ionen, vor allem Calciumionen, aus dem Korn nach außen diffundieren. Durch die Diffusion der H_2O-Moleküle ins Korninnere bildet sich innerhalb der Calciumsilicathydrathülle ein osmotischer Druck aus, der die Hülle schließlich zum Platzen bringt. Auf diese Weise „frisst" sich der Hydratationsprozess nach innen. Im Ergebnis der Hydratation der Calciumsilicate wird Calciumhydroxid (**CH**) freigesetzt. Es bildet sich eine übersättigte $Ca(OH)_2$-Lösung, aus der *Portlandit* auskristallisiert. Der Zementleim wird nach etwa 1...4 Stunden steif (Erstarrungsbeginn). Bei der Reaktion der Nebenbestandteile Freikalk (CaO) und Periklas (MgO) mit Wasser entstehen die Hydroxide beider Erdalkalimetalle. Sie tragen gemeinsam mit dem bei der Hydratation der Calciumsilicate freigesetzten **CH** und den im Zement enthaltenen Alkalien zum hohen pH-Wert des Anmach-/Porenwassers von > 13 bei.

Liegt CaO in grobkristalliner Form in größeren Mengen vor, läuft die Reaktion mit Wasser sehr langsam ab. Sie ist in der Regel noch nicht beendet, wenn die Erhärtung des Zements schon abgeschlossen ist ($\rightarrow$ Kalktreiben, Kap. 9.4.2.2.2). Der Freikalk kann sich auch mit Alkalimetallsulfaten zu Gips oder mit Aluminat und Alkalimetallsulfaten zu Ettringit umsetzen.

Aus dem Sulfatträger und in der Porenlösung vorhandenen Kaliumionen K^+ kann sich vorübergehend die Mineralphase **Syngenit** ($K_2SO_4 \cdot CaSO_4 \cdot H_2O$) bilden. Die Kaliumionen stammen von den während der Klinkerkühlung auf der Oberfläche auskristallisierenden Alkalimetallsulfaten, insbesondere von Arcanit (α-K_2SO_4) und den gemischten Kaliumsulfaten Langbeinit ($K_2Mg_2[SO_4]_3$) und Ca-Langbeinit ($K_2Ca_2[SO_4]_3$). Alkalimetallsulfate sind sehr gut wasserlöslich und bewirken so hohe Konzentrationen an K^+.

Bei alkalireichen Portlandzementen entsteht Syngenit neben Ettringit sofort zu Reaktionsbeginn (Abb. 9.22). Erste Kristalle sind nach wenigen Minuten sichtbar, danach bilden sich zunehmend größere Kristallaggregate aus. Bei Zementen mit einem sehr niedrigen Alkaligehalt wird die Syngenitbildung zeitlich verzögert beobachtet. Nach 4...6 Stunden verschwindet Syngenit wieder. Es entsteht sekundärer Gips, der zu verstärkter Ettringitbildung führt. Zum genauen Verständnis von Funktion und Bedeutung der temporären Syngenitbildung sind weitere Untersuchungen notwendig [AB 7, AB 9].

Stufe II: Nach 4...6 Stunden erfolgt eine beschleunigte Bildung der Hydratphasen des **C₃S** und **C₂S** (Accelerationsperiode). Die Erstarrung des Zementleims schreitet deutlich voran. An Ecken und Kanten der **C₃S**- und **C₂S**-Körner entstehen kurze, stumpfnadelige **C-S-H**-Faserbündel (etwa 600 nm), aus denen sich allmählich spitznadelige Calciumsilicathydrat-Kristalle (1...1,5 μm) bilden. Die nadelförmigen **C-S-H**-Phasen wachsen in die wassergefüllten Porenräume zwischen den Zementpartikeln und verknüpfen benachbarte Zementkörner. Durch diese Gefügeverfestigung entsteht das Grundgefüge des Zementsteins. In die Gefügehohlräume lagern sich Ca(OH)₂-Kristalle ein. Der Erstarrungsprozess ist nach etwa 24 Stunden abgeschlossen (Abb. 9-21, 9-22). Selbst bei dichtester Packung können die Hydratphasen die Hohlräume nicht vollständig ausfüllen. Es verbleiben sehr kleine Zwischenräume, die *Gelporen* (s.u.).

Stufe III: Nach etwa 24 Stunden setzt der eigentliche Erhärtungsprozess ein. Durch weiteres Längenwachstum der **C-S-H**-Fasern erfolgt eine noch stärkere Verzahnung der Partikel. Calciumhydroxid wird in großen Mengen frei, es liegt entweder in Ionenform in der Porenlösung oder kristallin als Portlandit im Zementstein vor. Nach 2 bis 3 Tagen setzt der Abbau des Trisulfats durch **C₃A** bzw. **C₄AF** zum Monosulfat ein. Die Festigkeit des Zementsteins wird davon nicht berührt, da Monosulfat kaum zur Festigkeit beiträgt. Nach Verbrauch des Gipses bilden sich kristalline Calciumaluminat- und Calciumaluminatferrathydrate.

Die Hydratation der silicatischen Phasen ist nach ca. zwei Wochen auch im Inneren des Korns deutlich fortgeschritten. Da sie diffusionsgesteuert abläuft, ist sie erst nach Monaten, bei gröberen Zementpartikeln eventuell erst nach Jahren abgeschlossen.

Wie bereits beschrieben, sind die Umwandlungsprozesse der Klinkerminerale in die Hydrate exotherme Vorgänge. Beim Erstarren und Erhärten des Zements wird demnach entsprechend des Reaktionsfortschritts Wärme frei. Dabei setzen die kalkreichen Minerale **C₃A** und **C₃S** größere Wärmemengen in kürzerer Zeit frei als die kalkärmeren Klinkerkomponenten **C₂S** und **C₄AF**. Die Gesamt-Hydratationswärme eines Zements ergibt sich als Summe der Reaktionswärmen der Klinkerminerale, deren Betrag wiederum vom Anteil der Klinkerminerale im Zement abhängt. Bei Annahme einer vollständigen Hydratation liegt die **Hydratationswärme** eines PZ je nach Zusammensetzung zwischen 375...525 J/g.

Die praktische Konsequenz der Exothermie der Hydratationsreaktionen besteht in der Temperaturerhöhung im Beton während des Erstarrungs- bzw. Erhärtungsprozesses. Für Bauteile üblicher Abmessungen, die im Winter betoniert werden, ist dieser Sachverhalt durchaus von Vorteil. Die schnelle Freisetzung von Wärme in der Anfangsphase verhindert ein Durchfrieren des jungen Betons vor dem Erreichen der in der Norm festgelegten Mindestdruckfestigkeit. Bei Massenbeton oder dickwandigen Konstruktionen stellt die Hydratationswärme ein echtes Problem dar. Sie muss möglichst gering gehalten werden, um Temperaturspannungen zwischen dem Kern und den äußeren Schichten des Bauteils so niedrig wie möglich zu halten. Ansonsten kann es zum Auftreten von Spaltrissen kommen.

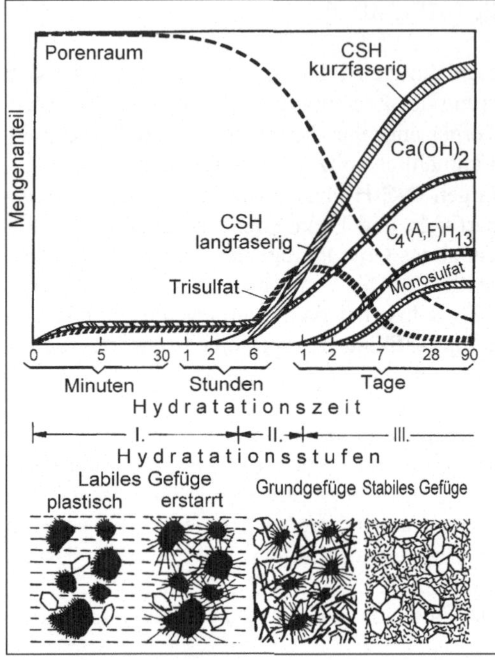

Abbildung 9.21

Bildung der Hydratphasen und Gefügeentwicklung des Zements nach Locher und Mitarb. [AB 3]

Im Resultat ihrer Untersuchungen formulierten *Stark* und Mitarb. [AB 7-9] ein modifiziertes, verfeinertes Hydratationsmodell (Abb. 9.22). Einige wesentliche Unterschiede zum Modell von Locher und Mitarb. sollen im Weiteren stichpunktartig angeführt werden:

- Aus dem Sulfatträger und Kaliumionen bildet sich vorübergehend die Mineralphase **Syngenit** ($K_2SO_4 \cdot CaSO_4 \cdot H_2O$). Ursache für eine hohe Konzentration an K^+ in der Porenlösung sind die während der Klinkerkühlung auf der Oberfläche auskristallisierenden Alkalimetallsulfate, insbes. Arcanit (α-K_2SO_4) und die gemischten Kaliumsulfate Langbeinit ($K_2Mg_2[SO_4]_3$) und Ca-Langbeinit ($K_2Ca_2[SO_4]_3$). Sie sind sehr gut wasserlöslich und erhöhen die Konzentration an K^+-Ionen.
Bei alkalireichen Portlandzementen entsteht Syngenit neben Ettringit sofort zu Reaktionsbeginn. Erste Kristalle sind nach wenigen Minuten sichtbar, danach bilden sich zunehmend große Kristallaggregate aus. Bei Zementen mit einem sehr niedrigen Alkaligehalt wird die Syngenitbildung zeitlich verzögert beobachtet. Syngenit fällt als plättchen- oder leistenförmige Kristalle an.

- Nach 4-6 Stunden verschwindet Syngenit wieder. Es entsteht sekundärer Gips, der zu verstärkter Ettringitbildung führt. Das Verständnis von Bedeutung und Funktion der temporären Syngenitbildung bedarf weiterer Untersuchungen.

- **C-S-H**-Phasen sind zunächst stumpfnadelig (bis 300 nm), wandeln sich nach einigen Tagen in spitznadelige Phasen (bis 1,5 µm) um. Eine Umwandlung von lang- in kurzfaserige **C-S-H**-Kristalle, wie sie von *Richartz* und *Locher* postuliert wurde, konnte nicht beobachtet werden.

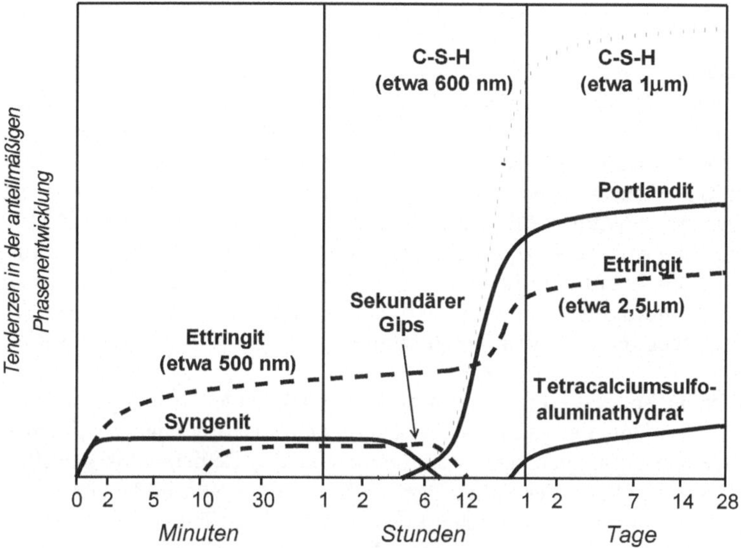

Abb. 9.22 Schematische Darstellung der Zementhydratation in Abhängigkeit von der Hydratationsdauer (nach Stark, [AB 9])

Hüttensandhaltige Zemente

Wie bereits beschrieben, handelt es sich bei Hüttensanden um fein gemahlene Kalk-Tonerde-Silicatschlacke. Die Schlacke besteht aus Calciumalumosilicaten unterschiedlicher stöchiometrischer Zusammensetzung. Die Calciumalumosilicate sind durch ein niedrigeres CaO/SiO_2-Verhältnis charakterisiert als die Verbindungen des Portlandzementklinkers. Ihre latent-hydraulischen Eigenschaften werden durch die Gegenwart eines alkalischen oder eines sulfatischen Anregers wirksam, wobei sich in Anwesenheit von Wasser überwiegend die gleichen festigkeitsgebenden Hydratphasen bilden wie sie bei der Hydratation von Klinkermineralen entstehen.

Durch das bei der Hydratation der Calciumsilicate entstehende $Ca(OH)_2$ und die Alkalien des Zements sind die Voraussetzungen für eine alkalische Anregung des Hüttensandes gegeben. Die stark basische Lösung greift die glasig-amorphen Hüttensandkörner an und löst sie von der Oberfläche her auf. Zwei mögliche Reaktionen der Calciumalumosilicate bzw. Calciumsilicate sind in Gl. 9-25 und 9-26 angegeben [BC 14].

$$C_2AS \rightarrow C_4AH_{13} + C\text{-}S\text{-}H \tag{9-25}$$

$$C_2S \rightarrow C\text{-}S\text{-}H + CH \tag{9-26}$$

Das $Ca(OH)_2$ wird vom Hüttensand bei der Bildung der hydratisierten Phasen teilweise verbraucht. Wie Gl. 9-26 zeigt, sind auch Reaktionen ohne Beteiligung von Calciumhydroxid möglich. Der geringe $Ca(OH)_2$-Anteil sowie das Vorliegen CaO-ärmerer Calciumsilicathydrate führen bei hydratisierten Hochofenzementen zu einer erhöhten Widerstandsfähigkeit gegenüber dem Angriff saurer Wässer.

9.3.3.4.3 Erstarren – Erstarrungsstörungen

Die Bedeutung des Sulfatträgers als Erstarrungs- oder Abbinderegler wurde bereits in den vorhergehenden Kapiteln beschrieben. Ist der Sulfatträger nicht optimal auf die Menge und die Reaktivität des **C₃A** abgestimmt, treten Erstarrungsstörungen auf. Die Reaktivität des Klinkers bzw. des **C₃A** wird sehr stark von der Mahlfeinheit bestimmt. Zemente mit vergleichbaren **C₃A**-Gehalten, aber unterschiedlichen Reaktivitäten, erstarren bei Verwendung von natürlichem Anhydrit als Erstarrungsregler rasch [AB 3]. Wird der Anhydrit schrittweise durch Halbhydrat ersetzt, erhöht sich die erstarrungsverzögernde Wirkung des Sulfatträgers. Sie durchläuft ein Maximum, nimmt dann jedoch wieder ab. Die Lage des Maximums hängt empfindlich von der Reaktivität des **C₃A** ab. Untersuchungen belegen, dass der Erstarrungsbeginn stark von der Zusammensetzung des zugesetzten Sulfatträgers abhängt.

Ist das Sulfatangebot zu gering, kommt es augenblicklich zur Bildung von Calciumaluminathydraten. Die dünntafeligen Kristalle lagern sich im Porenraum zu einem kartenhausähnlichen Gefüge zusammen. Die Verarbeitbarkeit des Zementleims verschlechtert sich (**„Frühes Erstarren"**). Ist der Sulfatträger zu hoch eingestellt, bildet sich neben Trisulfat *sekundärer Gips*. Aus der übersättigten Lösung kristallisiert Dihydrat in Form von Gipsnadeln aus. Die Gipsnadeln bilden aufgrund ihrer Länge ein starres Gefüge aus und lassen den Zementleim ebenfalls erstarren (**„Falsches Erstarren"**). Durch Nachmischen, eventuell auch durch Rütteln, kann die zu frühe Erstarrung behoben werden. Nachteile für die Endeigenschaften des Mörtels entstehen dadurch nicht.

9.3.3.5   Aufbau und Eigenschaften des Zementsteins

Unter **Beton** ist ein *künstlicher Stein* zu verstehen, der durch Erhärten einer Mischung aus Zement, Wasser und Gesteinskörnung entsteht. Solange der Beton noch verarbeitbar ist, heißt er *Frischbeton*. Nach der Erhärtung nennt man ihn *Festbeton*.
Verantwortlich für die Festigkeit des Zementsteingefüges sind Form und Größe, räumliche Anordnung sowie Packungsdichte (**Porosität**) der gebildeten Hydratationsprodukte. Im Vergleich zum ursprünglichen Volumen von Zementpartikeln und Anmachwasser erhöht sich das Volumen des Zementsteins nach *vollständiger* Hydratation etwa auf das Doppelte. Der Zementstein ist ein Festkörper mit einer mehr oder weniger hohen Porosität. Zum Beispiel entsteht bei einem w/z-Wert (s.u.) von 0,5 ein Porenvolumen von 40...45% [AB 7]. Damit besteht fast die Hälfte des Zementsteinvolumens aus Poren.

Die Porenverhältnisse spielen für die Eigenschaften des Betons eine dominierende Rolle. Dabei ist nicht so sehr der Gesamtporenraum von Bedeutung, sondern vielmehr die Porengröße. Aufgrund der ablaufenden, sehr unterschiedlichen Hydratationsvorgänge erstreckt sich die Porosität des Zementsteins über einen kaum vorstellbaren Porengrößenbereich. So kann der Durchmesser der kleinsten Poren noch unter 1 nm liegen, während andererseits sichtbare Poren mit Durchmessern von mehreren Millimetern auftreten können.

Porenarten. Die verschiedenen Porengrößen lassen sich mit der unterschiedlichen Art ihrer Entstehung erklären. Die größten Poren im Zementstein, die **Verdichtungsporen** (auch: natürliche Luftporen), werden beim Anmachen des Zements in den Zementleim eingetragen. Sie können durch nachfolgende Verdichtung niemals vollständig ausgetrieben werden. Verdichtungsporen kann man mitunter mit bloßem Auge erkennen. Ihr Größenbereich erstreckt sich 1 bis zu 10 mm [AB 7]. Ihr Anteil im Beton wird umso geringer sein, je verdichtungswilliger der Beton ist. Verdichtungsporen dürfen nicht mit den künstlich in den Zementstein eingeführten Luftporen verwechselt werden, deren Aufgabe es ist, den Frost-Tausalz-Widerstand zu erhöhen (Kap. 9.3.4, Luftporenbildner).

Kapillarporen umfassen einen Porenbereich von 10 nm bis 100 μm (Abb. 9.23). Sie sind durch Überschusswasser entstanden, das vom Zement weder chemisch bei der Bildung der Hydratationsprodukte, noch adsorptiv (physikalisch) von den **C-S-H**-Phasen gebunden werden kann. Dieses Wasser ist für die Ausbildung eines Systems feiner, häufig zusammenhängender, unregelmäßig geformter kleiner Hohlräume verantwortlich, dem *Kapillarporensystem* (Abb. 9.24). Im Gegensatz zu den vorher beschriebenen Verdichtungsporen ändert sich der Kapillarporenraum mit fortschreitender Hydratation. Die gebildeten Hydratationsprodukte binden ständig Anmachwasser und füllen dessen Volumen aus. Damit wird der Kapillarporenanteil reduziert. Über das Kapillarporensystem finden alle Transportvorgänge statt, in den Zementstein hinein und aus dem Zementstein heraus. Der Anteil der Kapillarporen an der Gesamtporosität eines Zementsteins hängt primär vom w/z-Wert, dem Hydratationsgrad und der Art des Zements ab. Ein hoher Anteil an Kapillarporen vermindert die Festigkeit, die chemische Widerstandsfähigkeit und das Frost-Tau-Verhalten eines Zementsteins bzw. Betons.

Die kleinsten Poren im Zementstein sind die **Gelporen**. Ihr Durchmesser liegt unter 50 nm. Gelporen sind Bestandteil des Zementgels bzw. der Hydratphasen und durch Schrumpfen entstanden. Es wurde bereits darauf verwiesen, dass der Begriff Zementgel, obwohl weit verbreitet, wissenschaftlich nicht korrekt ist. Es sind im kolloidchemischen Sinne keine Gele, die sich bilden, sondern wasserhaltige nanokristalline Phasen. In gleicher Weise ist natürlich der Begriff *Gelporen* inkorrekt. Da er aber in der Zementchemie zum Sprachgebrauch gehört und in fast allen Fach- und Lehrbüchern anzutreffen ist, soll er im Weiteren trotzdem verwendet werden.
Das in den Gelporen verbliebene Wasser wird zum überwiegenden Teil durch starke intermolekulare Wechselwirkungen an den Porenwänden adsorptiv gebunden. Da der Größenunterschied zwischen dem Durchmesser einer Gelpore und den Abmessungen eines Wassermoleküls nur rund eine Zehnerpotenz beträgt, sind die Gelporen mit Gelwasser ($\rightarrow$ Porenlösung) vollständig gefüllt. Gelporen sind für Gase undurchlässig. Das in den Gelporen „physikalisch gebundene" Wasser ist im Gegensatz zu dem in den Hydraten gebundenen Wasser bei 105°C verdampfbar.

Das Verhältnis von Kapillar- zu Gelporen ist ein wichtiger Indikator für den Hydratationsfortschritt und damit für die erreichte Festigkeit. Sind viele Gel- und wenig Kapillarporen vorhanden, kann von einer fortgeschrittenen Hydratation und einer hohen Festigkeit ausgegangen werden.

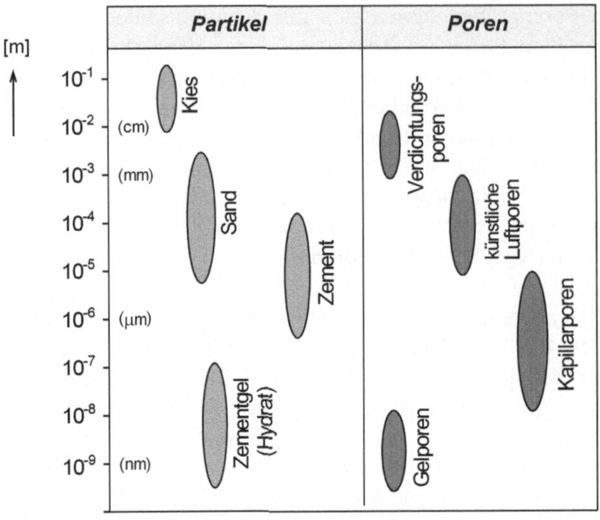

Abb. 9.23

Größenbereiche von

Feststoffpartikeln und

Zementsteinporen [AB 14]

Wasserzementwert (*w/z-Wert*). Kapillarporen üben einen großen Einfluss auf die Dichtigkeit und Festigkeit und damit auf die Dauerhaftigkeit des Betons aus. Deshalb stellt die Minimierung des Kapillarporenanteils eines der wichtigsten betontechnologischen Probleme dar. Der Anteil der Kapillarporen an der Gesamtporosität hängt neben dem Hydratationsgrad und der Zementart in erster Linie vom Wasserzementwert (Gl. 9-27) ab.

Der Wasserzementwert (w/z) kennzeichnet das Massenverhältnis zwischen Wasser (wirksamer Wasseranteil) und Zement.

$$w/z = \frac{wirksamer\,Wasseranteil\ w\ (in\,kg\,oder\,kg/m^3)}{Zementgehalt\ z\ (in\,kg\,oder\,kg/m^3)} \tag{9-27}$$

Unter dem **wirksamen Wassergehalt** versteht man die Differenz zwischen der Gesamtwassermenge und der Wassermenge, die von der Gesteinskörnung durch Poren aufgenommen wird. Der Begriff Gesamtwassermenge umfasst das Zugabe- oder Anmachwasser, die Eigenfeuchtigkeit der Gesteinskörnung, Wasser bei Einsatz wässriger Zusatzmittel und Zusatzstoffe sowie Wasser, das bei speziellen technologischen Verfahren verwendet wird.

Zur vollständigen Bildung der Hydratphasen benötigt ein Zement eine Wasserzugabemenge von etwa 25...30%, bezogen auf die Zementmasse. Das entspricht einem w/z-Wert von 0,25...0,30. Mit dieser Wassermenge kann jedoch kein verarbeitbarer Beton hergestellt werden. Bei der Rezeptur für einen verarbeitbaren Beton geht man deshalb von einem „chemischen" (25% der Wasserzugabemenge) und einem „physikalischen" (15% der Wasserzugabemenge) Wassergehalt aus. Das entspricht einem Wasserzementwert von *w/z* = **0,4**. Diesem Wert kommt damit eine theoretische Bedeutung zu. Er bezieht sich auf den Fall der vollständigen Zementhydratation, d.h. auf einen Hydratationsgrad von 100%. Der Zement bindet in diesem Fall chemisch und physikalisch 40% seiner Masse an Wasser. Nach Abschluss der Hydratation würde bei einem Wasserzementwert von 0,4 das gesamte

Zugabewasser in gebundener Form vorliegen. Kapillarporen wären im Zementstein nicht vorhanden, es käme nur zur Ausbildung von Gelporen. Praxisgerechte w/z-Werte liegen in der Regel zwischen 0,5 - 0,6.

Bei niedrigeren *w/z*-Werten dürften ebenfalls keine Kapillarporen auftreten. Das zugegebene Wasser ist nicht mehr in der Lage, die Zementpartikel vollständig zu hydratisieren. Im Gefüge des Zementsteins bleiben nicht hydratisierte Anteile des Zementklinkers zurück. Das Vorliegen nicht hydratisierter Klinkeranteile ist aber *nicht* gleichbedeutend mit einem Festigkeitsabfall des Zementsteins. Die Festigkeit nimmt sogar zu, da zum einen der nicht hydratisierte Zement die Gesamtporosität vermindert und zum anderen die Eigenfestigkeit der Klinkerreste und ihr enger Verbund mit den nanokristallinen wasserhaltigen Phasen festigkeitssteigernd wirken. Allerdings ist ein angemachter Zement mit *w/z*-Werten $\leq$ 0,4 schlecht verarbeitbar, so dass der Einsatz von Zusatzmitteln erforderlich wird. *w/z*-Werte > 0,4 führen aufgrund eines Zugabewasserüberschusses immer zu einem mehr oder weniger ausgeprägten Kapillarporenraum (Abb. 9.24).

Je größer der w/z-Wert, umso geringer sind Dichtigkeit und Festigkeit des Betons. Mit geringer werdenden w/z-Werten sinkt die Porosität des Zementsteins. Festigkeit und Dichtigkeit steigen an. Für hochfeste Betone kommen sogar w/z-Werte von 0,25 zur Anwendung.

Unter praktischen Bedingungen ist im Beton ein bestimmter Kapillarporenraum selbst bei *w/z*-Werten < 0,4 nicht zu vermeiden, da auch nach einer langen Erhärtungszeit der Zement nicht vollständig hydratisiert vorliegt. Liegt der Kapillarporenraum unter 25%, kann man von einem dichten Beton sprechen. Die Begründung ist in der Kapillarstruktur zu suchen: Bis zu einem Kapillarporenanteil von etwa 25% sind die Kapillarporen untereinander kaum verbunden (Diskontinuität). Die Wasserdurchlässigkeit ist somit vernachlässigbar gering. Bei Anteilen > 25% stehen die Kapillarporen untereinander in Verbindung (Kontinuität) und die Wasserdurchlässigkeit steigt stark an. Geht man von praxisnahen Hydratationsbedingungen aus, muss man den Hydratationsgrad eines Portlandzements selbst bei fachgerechter Nachbehandlung zwischen 70...80% ansetzen. Um eine Kontinuität des Kapillarporensystems zu verhindern, muss ein *w/z*-Wert von etwa 0,5 gewählt werden.

Die **Druckfestigkeit** (Festigkeit) ist für alle Baumaterialien, die im Bauwerk auf Druck beansprucht werden, eine außerordentlich wichtige Kenngröße. Unter der Druckfestigkeit versteht man die bei einer zügigen einachsigen Druckbeanspruchung ertragbare Höchstkraft F_{max}, bezogen auf den Ausgangsquerschnitt S_o: $\beta_d = F_{max}/S_o$, Einheit: N/mm². β_d wird vorzugsweise an würfelförmigen Probekörpern auf einer Druckprüfmaschine bestimmt, wobei die Probekörper zwischen zwei ebenen, völlig planen Stahlplatten aufliegen (Details, s. Lehrbücher der Baustoffkunde, [BK 1, 2]).

Wie in Kap. 9.3.3.4.1 beschrieben, leisten die verschiedenen Hydratationsprodukte der Klinkerphasen einen recht unterschiedlichen Beitrag zur Festigkeit des Zementsteins. Am stärksten tragen die Hydratationsprodukte der silicatischen Phasen zur Festigkeit bei, der Beitrag von **C₃A** und **C₄AF** ist dagegen als gering einzuschätzen. Abb. 9.25 zeigt die unterschiedlichen Hydratationsgeschwindigkeiten und die Festigkeitsentwicklung der Klinkerminerale [AB 1]. Während **C₃S** anfänglich relativ schnell hohe Festigkeiten erreicht, liefert **C₂S** zu Beginn nur einen geringen Beitrag. Nach etwa drei Jahren hat sich dieser Unterschied jedoch ausgeglichen, beide Phasen weisen die gleiche Endfestigkeit auf.

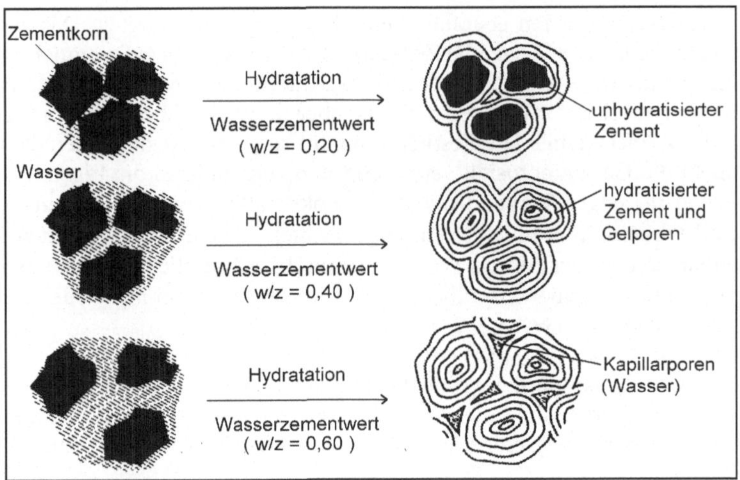

Abbildung 9.24 Erhärtung: Bildung des Zementsteins bei verschiedenen w/z-Werten [AB 14]

Für die Beurteilung des Fortgangs der hydratischen Verfestigung, d.h. des Grades der Wasserbindung, wird häufig der **Hydratationsgrad** α herangezogen. Er gibt die Masse an Zement an, die - bezogen auf die ursprüngliche Zementmasse in der Mischung - bereits reagiert hat (Gl.9-28a).

$$\alpha = \frac{m_{z,0} - m_{z,t}}{m_{z,0}}$$

$m_{z,0}$ = Masse des nicht hydratisierten Zements zur Zeit $t = 0$

$m_{z,t}$ = Masse des nicht hydratisierten Zements zur Zeit t

(9-28a)

$$\alpha = \frac{m_{w,t}}{m_{z,theor.}}$$

$m_{w,t}$ = Masse des von einer bestimmten Zementmenge zur Zeit t nach Wasserzugabe gebundenen Wassers

$m_{w,theor.}$ = Masse des theoretisch von der gleichen Zementmenge bei vollständiger Hydratation gebundenen Wassers

(9-28b)

Der experimentelle Nachweis sowohl des Anteils an nichthydratisiertem Zement als auch der Menge an gebildeten Reaktionsprodukten ist recht aufwändig. Deshalb werden meist Ersatzgrößen herangezogen wie die Masse an chemisch gebundenem Wasser, die Festigkeitsentwicklung, die Freisetzung von Wärme oder die Masse an gebildetem $Ca(OH)_2$. Die näherungsweise Bestimmung der bei der Hydratation verbrauchten Wassermenge kann nach Gl. 9-28b erfolgen.

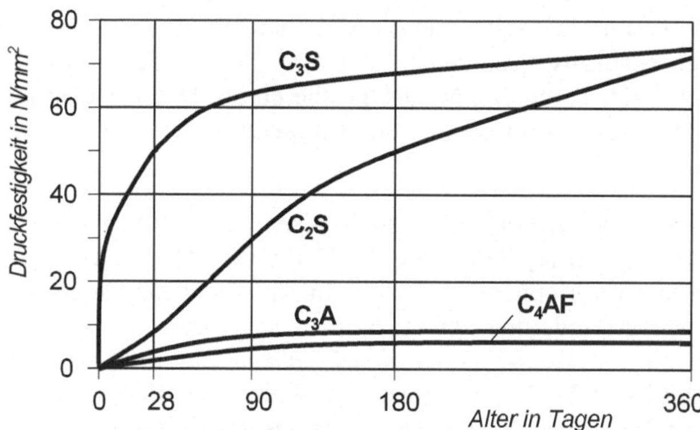

Abbildung 9.25 Druckfestigkeit der Klinkerphasen nach unterschiedlichen Hydratationszeiten; nach Bogue [AB 1]

Die Zemente werden bezüglich ihrer Druckfestigkeit nach 2 und nach 7 Tagen (*Anfangsfestigkeit*) sowie nach 28 Tagen (*Normfestigkeit*) in folgende **Festigkeitsklassen** unterteilt Tab. 9.7). An die Stelle der bisherigen Festigkeitsklassen Z 35, Z 45 und Z 55 sind jetzt die Klassen 32,5, 42,5 und 52,5 (Mindestdruckfestigkeit nach 28 Tagen in N/mm²) getreten. Für jede Klasse der Normfestigkeit sind zwei Klassen der Anfangsfestigkeit definiert: eine Klasse mit üblicher Anfangsfestigkeit, die mit N gekennzeichnet wird, und eine Klasse mit hoher Anfangsfestigkeit, gekennzeichnet mit R (*engl.* rapid). Zemente der Festigkeitsklasse 52,5 erreichen nach 28 Tagen fast ihre Endfestigkeit, die Nachhärtung ist gering.

Festigkeits-klasse	Druckfestigkeit (N/mm²)			
	Anfangsfestigkeit		Normfestigkeit	
	2 Tage	7 Tage	28 Tage	
32,5 N	-	≥ 16	≥ 32,5	≤ 52,5
32,5 R	≥ 10	-		
42,5 N	≥ 10	-	≥ 42,5	≤ 62,5
42,5 R	≥ 20	-		
52,5 N	≥ 20	-	≥ 52,5	-
52,5 R	≥ 30	-		

Tabelle 9.7

Festigkeitsklassen von Zementen nach DIN EN 197-1

Formänderungen. Mit dem Wassergehalt eng verknüpft sind Form- bzw. Volumenänderungen. Besonders bedeutsam sind das Schwinden und das Quellen des Betons.
Das *Schwinden* stellt eine Volumenverminderung durch Abgabe von Feuchtigkeit dar. Dabei kann es zu Bauteilverkürzungen und zum Auftreten von Schwindrissen kommen. Man unterscheidet verschiedene Arten von Schwindprozessen:

Das *Kapillar- oder Frühschwinden (auch: plastisches Schwinden)* beruht auf Kapillarkräften, die beim Entzug des Wassers aus dem frischen, noch verarbeitbaren Beton durch Verdunstung (Wind, Sonneneinstrahlung und/oder hohe Temperaturen bei niedriger relativer Luftfeuchtigkeit) bzw. durch wassersaugende Gesteinskörnungen wirksam werden. Bei unzureichender Nachbehandlung können in den Betonen Risse senkrecht zur Oberfläche mit einer Tiefe von mehreren Zentimetern auftreten.

Mit dem Begriff *Trocknungsschwinden* beschreibt man die Volumenverminderung infolge Abgabe des in den Kapillarporen adsorptiv gebundenen Wassers. Trocknungsschwinden läuft beim erhärtenden, aber auch beim bereits erhärteten Festbeton ab. Das Ausmaß des Schwindprozesses hängt vor allem von der Luftfeuchte, der Temperatur, der Betonzusammensetzung sowie den Bauteilabmessungen ab.

Unter dem *chemischen Schwinden (Schrumpfen)* versteht man die Volumenabnahme infolge Wasserbindung bei der Bildung der Hydratphasen. Im Verlauf der Hydratation baut der Zement etwa 25% Wasser in die Hydratphasen ein („chemisch gebundenes Wasser"). Damit verbunden ist eine Volumenverminderung um ca. 6 cm^3/100 g Zement. *Das Volumen der gebildeten Hydratphasen ist somit kleiner ist als die Summe der Volumina von Zement und Anmachwasser.* Hydratisiert Zement bei einem w/z-Wert von 0,40 vollständig, beträgt das Volumen des Zementsteins nur noch 93% des Volumens des Zementleims [AB 5]: 100 mm^3 PZ + 125 mm^3 H_2O → 209 mm^3 Zementstein. Die Porosität des Zementsteins wird mit fortschreitender Hydratation geringer. Beim Schrumpfen tritt weder eine Veränderung der äußeren Abmessungen ein, noch kommt es zur Ausbildung von Schwindrissen. Die resultierende Volumenverringerung von etwa 7% bezieht sich nahezu ausschließlich auf die interne Porosität. Für Normalbeton hat das Schrumpfen keine praxisrelevante Bedeutung.
Mit fortschreitender Hydratationsdauer ist kaum noch freies Wasser verfügbar und der hydratisierende Zement verbraucht Wasser aus den Kapillarporen. Man spricht von einer inneren Austrocknung (Selbstaustrocknung). Die Volumenverringerung durch diese innere Austrocknung bezeichnet man als *autogenes Schwinden*. Ein aus PZ mit einem w/z-Wert von 0,4 hergestellter Zementstein weist im Alter von 28 Tagen eine Längenänderung von 0,7...0,8 mm/m infolge autogenen Schwindens auf. Bei w/z-Werten < 0,4 können die autogenen Schwindverformungen weitaus größer sein [AB 14b].

Carbonatisierungsschwinden. Durch Reaktion von Kohlendioxid mit Calciumhydroxid carbonatisieren die oberflächennahen Zonen eines Betons. Dieser Prozess bewirkt ein zusätzliches Schwinden, da im carbonatisierten Gefüge des Betons Produkte mit einem geringeren Volumen im Vergleich zu einem nicht carbonatisierten Beton entstehen. Bereits bestehende Schwindrisse können sich vergrößern oder in oberflächennahen Bereichen entstehen Netzrisse.

Um dem Schwinden entgegen zu wirken werden dem Portlandzement **Quellzusätze** zugegeben, z.B. Calciumsulfoaluminate (→ **CSA**-Zemente). Grundgedanke: Ein gesteuertes Treiben (Sulfattreiben) soll das Schwinden kompensieren. Schwindreduzierte Systeme werden auch von der *Trockenmörtelindustrie* angeboten. Dem Trockenmörtel werden Tonerdezement (Kap. 9.3.3.6) und Anhydrit zugemischt, um das Schwinden durch eine verstärkte Ettringitbildung zu kompensieren. Wassergelagerter bzw. wassergesättigter Zementstein zeigt keine Schwindneigung. Der Endwert (*Größtwert*) des Schwindens wird meist erst nach einigen Jahren erreicht.

Quellen. Das Quellen des Betons durch Wasseraufnahme wirkt sich in der Praxis weit weniger aus. Das Endquellmaß ist bei Normalbeton deutlich geringer als das Schwindmaß. Es liegt im Bereich von 0,1...0,2 mm/m. Gequollener Beton besitzt eine höhere Wasserdichtigkeit. Aufgabe der Zuschläge ist es, das Schwinden und Quellen des Zementsteins herabzusetzen.

9.3.3.6 Zementarten – Spezialzemente

Die Hauptzementarten CEM I bis CEM V, die hinsichtlich der Zusammensetzung ihrer wichtigsten Bestandteile Portlandzementklinker (**K**), Hüttensand (**S**), Silicastaub (**D**), natürliche Puzzolane, z.B. Trass (**P**), natürliche getemperte Puzzolane, z.B. Phonolith (**Q**), kieselsäurereiche (**V**) oder kalkreiche (**W**) Flugasche, Kalkstein mit einem Gesamtgehalt an organischem Kohlenstoff (TOC) $\leq$ 0,5% (**L**) bzw. $\leq$ 0,2% (**LL**) und gebrannter Schiefer (**T**) unterteilt werden, sind in Tab. 9.8 zusammengefasst.

Zemente mit besonderen Eigenschaften erhalten zusätzlich folgende Kennbuchstaben: **NW** für Zemente mit niedriger Hydratationswärme, **HS** für Zemente mit hohem Sulfatwiderstand und **NA** für Zemente mit niedrigem wirksamen Alkaligehalt.
- **Niedrige Hydratationswärme NW.** Zement NW: Anforderung an die Lösungswärme in den ersten 7 Tagen $\leq$ 270 J/g Zement.
Hauptanwendungsgebiete: massige Betonteile, Betonieren bei hohen Außentemperaturen.
- **Hoher Sulfatwiderstand HS.** Portlandzement-HS: Für CEM I: **C$_3$A** $\leq$ 3%, Al_2O_3 $\leq$ 5%; Hochofenzement-HS: Hochofenzemente CEM III/B und CEM III/C.
Hauptanwendungsgebiete: Bauteile, die sulfathaltigen Wässern (> 600 mg SO_4^{2-} je Liter) bzw. Böden (> 3000 mg SO_4^{2-} je kg) ausgesetzt sind.
- **Niedriger wirksamer Alkaligehalt NA.** Zement-NA: Anforderung an den Gesamtalkaligehalt in % Na_2O-Äquivalent: Für CEM I, CEM II (außer CEM II/B-S), CEM IV, CEM V: $\leq$ 0,60%; Portlandhüttenzement-NA: CEM II/B-S $\leq$ 0,70; Hochofenzement-NA: CEM III/A (mit Hüttensandgehalt $\leq$ 49%) $\leq$ 0,95%, CEM III/A (mit Hüttensandgehalt $\geq$ 50%) $\leq$ 1,10% und CEM III/B, CEM III/C $\leq$ 2,00.
Hauptanwendungsgebiete: Bauteile, die mit alkaliempfindlichen Gesteinskörnungen hergestellt werden, s. Kap. 9.4.2.2.3.

Spezialzemente (Auswahl):

- **Weißzemente** werden aus weitgehend Fe- und Mn-freien (Fe_2O_3 < 0,4%, Mn_2O_3 < 0,2%) Rohstoffen wie Kalkstein, Kaolin und Quarz in speziellen Verfahren hergestellt. Da beim Brennen kein C_4AF (mit eingelagertem Mg) entstehen kann, das für die „betongraue" Färbung verantwortlich ist, werden helle, gut einfärbbare Betone erhalten, die insbesondere als Sichtbeton Anwendung finden.

- **Hydrophobierte Zemente** (*Pectacrete*) sind wasserabweisend eingestellte Portlandzemente. Durch Zugabe eines hydrophoben Stoffes (Anwendung finden u.a. Salze langkettiger Fettsäuren) werden die Zementkörner umhüllt und wasserabweisend gemacht. Erst bei der Verarbeitung wird die wasserabweisende Schicht um das Korn durch die Reibewirkung des Sandes und/oder den Kontakt mit der Bodenkrume zerstört und der normale Erhärtungsprozess kann einsetzen. *Verwendung*: Im Straßenbau und zur Verfestigung feinkörniger, sandiger Böden.

- **Tonerdezemente** bestehen zu 70…80% aus Calciumaluminaten („Calciumaluminat-Zemente"), daneben enthalten sie bis zu 10% SiO_2 und bis zu 15% Fe_2O_3. Ihre Klinker werden aus Bauxit und Kalkstein durch Sintern (~1500°C) oder Schmelzen (~1600°C; Tonerdeschmelzzement, **TSZ**) hergestellt. **Bauxit** ist ein Gemenge aus verschiedenen Aluminiumoxidhydraten bzw. –hydroxiden, wie z.B. *Böhmit* γ-AlO(OH), *Diaspor* α-AlO(OH) und *Hydrargillit* α-Al(OH)$_3$, aus Alumosilicaten, Eisen- und Titanoxiden u.a. Der Aluminiumoxidgehalt des Bauxits beträgt in der Regel 50...65%.

Die Calciumaluminate liegen in den Tonerdezementen nicht als Tricalciumaluminat **C$_3$A**, sondern als kalkärmere Aluminatphasen vor, überwiegend als Monocalciumaluminat **CA** neben Calciumdialuminat **CA$_2$** (CaO $\cdot$ 2 Al$_2$O$_3$), **C$_{12}$A$_7$**. SiO$_2$ ist in Form von **C$_2$S** oder **C$_2$AS** (*Gehlenit*) gebunden, Eisenoxid bildet wie im Portlandzementklinker Calciumaluminatferrate. Die exakte Zusammensetzung der Tonerdezemente hängt wesentlich von der chemischen Zusammensetzung der Rohstoffe und den Brennbedingungen ab.

Da die beiden Klinkerphasen Monocalciumaluminat **CA** und Calciumdialuminat **CA$_2$** sehr schnell hydratisieren, können bereits nach 24 Stunden hohe Anfangsfestigkeiten von 20...60 N/mm^2 erreicht werden. Die Hydratationswärmen von 545...585 J/g liegen deutlich höher als die anderer Zemente, z.B. Portlandzement 375 bis 525 J/g. Die Hydratationswärme wird beim TZ im Wesentlichen innerhalb des ersten Tages freigesetzt, CEM I- und CEM III-Zemente entwickeln dagegen ihre Hydratationswärme über einen deutlich längeren Zeitraum. Tonerdezemente binden etwa doppelt soviel Wasser wie Portlandzement und sind ca. 1,5...2 h verarbeitbar. Sie spalten praktisch kein Ca(OH)$_2$ ab.

Art und Zusammensetzung der bei der Hydratation entstehenden Hydratationsprodukte hängen wesentlich von der Temperatur ab. Bei Temperaturen < 25°C entstehen aus **CA** die festigkeitsbestimmenden, aber metastabilen Phasen **CAH$_{10}$** und **C$_2$AH$_8$** (Gln. 9-29a und b).

$$\mathbf{CA} \ + \ 10\,\mathbf{H} \ \rightarrow \ \mathbf{CAH_{10}} \hspace{6cm} \text{(9-29a)}$$
$$2\,\mathbf{CA} \ + \ 11\,\mathbf{H} \ \rightarrow \ \mathbf{C_2AH_8} \ + \ 2\,\text{Al(OH)}_3 \hspace{3cm} \text{(9-29b)}$$

Im Temperaturbereich 25...40°C wird eine Mischung aus **CAH$_{10}$** und **C$_2$AH$_8$** erhalten, der Anteil an **C$_2$AH$_8$** erhöht sich mit der Temperatur. Über 40°C entsteht zunehmend die stabile **C$_3$AH$_6$**-Phase (Gl. 9-30).

$$3\,\mathbf{CA} \ + \ 12\,\mathbf{H} \ \rightarrow \ \mathbf{C_3AH_6} \ + \ 4\,\text{Al(OH)}_3 \hspace{4cm} \text{(9-30)}$$

Die Hydratation des **CA$_2$** verläuft analog, die Reaktionsgeschwindigkeit ist jedoch deutlich niedriger. Die metastabilen, energiereichen Phasen **C$_2$AH$_8$** und **CAH$_{10}$** wandeln sich bei Temperaturen über 40°C und einem hohen Feuchtigkeitsgehalt der Luft ebenfalls in das stabile Hexahydrat **C$_3$AH$_6$** um (Gl. 9-31a: Umwandlung von **CAH$_{10}$** in **C$_3$AH$_6$**; *Konversionsreaktion* von Tonerdezement).

$$3\,\mathbf{CAH_{10}} \ \rightarrow \ \mathbf{C_3AH_6} \ + \ 4\,\text{Al(OH)}_3 \ + \ 18\,\mathbf{H} \hspace{3cm} \text{(9-31a)}$$

Die gebildeten festen Reaktionsprodukte **C$_3$AH$_6$** und Al(OH)$_3$ nehmen nur ca. 50% des Volumens des Ausgangsstoffes **CAH$_{10}$** ein. Diese Volumenverringerung sowie die Freisetzung von H$_2$O führen zu einer erhöhten Porosität und zu Schwindrissen. Die Festigkeitseigenschaften verschlechtern sich.

Tab. 9.8 Zementarten und Zusammensetzung nach DIN EN 197-1

Haupt-zement-arten	Bezeichnung der 27 Produkte (Normalzement-arten)		Zusammensetzung (in %) [1] [2] — Hauptbestandteile									
			Portland-zement-klinker	Hütten-sand	Silica-staub	Puzzolane natürlich	naürlich getempert	Flugasche kiesel-säure-reich	kalk-reich	gebrann-ter Schiefer	Kalkstein	
			K	S	D [3]	P	Q	V	W	T	L	LL
CEM I	Portland-zement	CEM I	95-100	-	-	-	-	-	-	-	-	-
CEM II	Portland-hütten-zement	CEM II/A-S	80-94	6-20	-	-	-	-	-	-	-	-
		CEM II/B-S	65-79	21-35	-	-	-	-	-	-	-	-
	Portland-silica-staub-zement	CEM II/A-D	90-94	-	6-10	-	-	-	-	-	-	-
	Portland-puzzolan-zement	CEM II/A-P	80-94	-	-	6-20	-	-	-	-	-	-
		CEM II/B-P	65-79	-	-	21-35	-	-	-	-	-	-
		CEM II/A-Q	80-94	-	-	-	6-20	-	-	-	-	-
		CEM II/B-Q	65-79	-	-	-	21-35	-	-	-	-	-
	Portland-flugasche-zement	CEM II/A-V	80-94	-	-	-	-	6-20	-	-	-	-
		CEM II/B-V	65-79	-	-	-	-	21-35	-	-	-	-
		CEM II/A-W	80-94	-	-	-	-	-	6-20	-	-	-
		CEM II/B-W	65-79	-	-	-	-	-	21-35	-	-	-
	Portland-schiefer-zement	CEM II/A-T	80-94	-	-	-	-	-	-	6-20	-	-
		CEM II/B-T	65-79	-	-	-	-	-	-	21-35	-	-
	Portland-kalkstein-zement	CEM II/A-L	80-94	-	-	-	-	-	-	-	6-20	-
		CEM II/B-L	65-79	-	-	-	-	-	-	-	21-35	-
		CEM II/A-LL	80-94	-	-	-	-	-	-	-	-	6-20
		CEM II/B-LL	65-79	-	-	-	-	-	-	-	-	21-35
	Portland-komposit-zement [4]	CEM II/A-M	80-94	.... 6-20									
		CEM II/B-M	65-79	.... 21-35									
CEM III	Hochofen-zement	CEM III/A	35-64	36-65	-	-	-	-	-	-	-	-
		CEM III/B	20-34	66-80	-	-	-	-	-	-	-	-
		CEM III/C	5-19	81-95	-	-	-	-	-	-	-	-
CEM IV	Puzzolan-zement [4]	CEM IV/A	65-89	-	.... 11-35					-	-	-
		CEM IV/B	45-64	-	.... 36-55					-	-	-
CEM V	Komposit-zement [4]	CEM V/A	40-64	18-30	-	.... 18-30			-	-	-	-
		CEM V/B	20-38	31-50	-	.... 31-50			-	-	-	-

1) Die Werte in der Tabelle beziehen sich auf die Summe der Haupt- und Nebenbestandteile (ohne $CaSO_4$ und Zementzusätze).
2) Zusätzlich Nebenbestandteile bis 5% möglich.
3) Der Anteil von Silicastaub ist auf 10% begrenzt.
4) In den Zementen CEM II/A-M, CEM II/B-M, CEM IV/A und CEM IV/B sowie CEM V/A und CEM V/B müssen die Hauptbestandteile neben Portlandzementklinker angegeben werden, z.B. CEM II/A-M (S-V-L) 32,5 R.

Da das Decahydrat **CAH$_{10}$** mit dem CO_2 der Luft zu $CaCO_3$ und $Al(OH)_3$ reagiert (Gl. 9-31b), sinkt der pH-Wert allmählich auf Werte < 9. Damit ist die Rostsicherheit der Stahlbewehrung nicht mehr gewährleistet.

$$3\ \textbf{CAH}_{10} + 3\ CO_2\ \rightarrow\ 3\ CaCO_3 + 6\ Al(OH)_3 + 21\ \textbf{H} \qquad (9\text{-}31b)$$

Tonerdezement ist in Deutschland nicht genormt und darf nicht zur Herstellung von bewehrtem Beton verwendet werden. Er wird vor allem im Feuerungsbau (Beton für hohe Temperaturen), zur Auskleidung von Abwasserrohren (Korrosionsschutz) sowie für Trockenmörtel verwendet, die eine besonders schnelle Erhärtung erfordern.

• **Schnellzement.** Der ebenfalls nicht genormte Schnellzement (Regulated Set Cement, Jet-Cement) ist ein spezieller PZ, der sehr schnell erstarrt und erhärtet und hohe Frühfestigkeiten erreicht, z.B. nach ca. 4 Stunden: Druckfestigkeit 10 N/mm^2, nach 2 Tagen: ca. 40 N/mm^2. Das entspricht einem Zement der Festigkeitsklasse 52,5 R. Die Verarbeitungszeit liegt bei etwa 30 min. Schnellzemente sind kalkreiche Portlandzemente mit einem erhöhten Aluminat- sowie einem zusätzlichen Fluorgehalt. Neben **C$_3$S** tritt als wesentlicher Bestandteil eine Calciumaluminatfluoridphase der Zusammensetzung 11 CaO · 7 Al$_2$O$_3$ · CaF$_2$ auf. Sie bewirkt die schnelle Erstarrung und Erhärtung. *Anwendung*: schnelle Reparaturen beschädigter Betonflächen, Betonieren unter Wasser. BRD: „Wittener Schnellzement". *Weitere Informationen und Details zu speziellen Zementen, ihren Eigenschaften und Anwendungsfeldern s. Lehrbücher der Baustoffkunde [AB 1, 2].*

9.3.3.7   Zemente: Umweltaspekte und Trends

Bei der Produktion einer Tonne Zementklinker werden rund 800 kg des Treibhausgases Kohlendioxid freigesetzt. Das CO_2 stammt zu etwa 70% rohstoffbedingt aus der Entsäuerung des Kalksteins ($CaCO_3 \rightarrow CaO + CO_2$, Kap. 9.3.2.1), der Rest resultiert aus dem Energieaufwand beim Sintern und Vermahlen des Klinkers. Aufgrund dieser hohen CO_2-Mengen ist die Zementindustrie für 5 - 7% des globalen CO_2-Ausstoßes verantwortlich. Tendenz steigend! Um trotz des prognostizierten Anstiegs der weltweiten Zementproduktion eine Reduktion der CO_2-Emissionen zu erreichen, müssen entsprechende Maßnahmen eingeleitet werden. Im Mittelpunkt dieser Maßnahmen steht die Verringerung des Klinker/Zement-Faktors.
Zur Klinkerreduktion im Zement kommen gegenwärtig vor allem reaktive und inerte Kompositmaterialien zum Einsatz und bei realistischer Betrachtung wird diese Strategie auch auf absehbare Zeit die bestimmende Herangehensweise zur Senkung des rohstoffbedingten Kohlendioxids bei der Zementherstellung bleiben. Komposite, die zur Klinkersubstitution eingesetzt werden können, gibt es nur wenige. Von den in Frage kommenden reaktiven Materialien stehen nur **Flugasche** (ca. 900 Mio. t/a) und **Hüttensand** (ca. 300 Mio. t/a) in entsprechenden Mengen zur Verfügung.
Portlandkompositzemente (CEM II mit Kalksteinmehl oder Flugasche als Kompositmaterialien) oder Hochofenzement (CEM III) haben in Deutschland, aber auch in Europa, den Portlandzement als meist verwendete Zementart abgelöst. Die damit verbundene CO_2-Reduktion ist deutlich: Der CO_2-Ausstoß bei der Herstellung einer Tonne CEM II liegt aufgrund des geringeren Klinkeranteils nur noch bei 600...650 kg CO_2, verglichen mit 800 kg CO_2 für 1 t CEM I-Klinker [BC 14b]. CEM II-Zemente und Portlandzemente besitzen

weitgehend vergleichbare Eigenschaften. In Abhängigkeit von Art und Menge des eingesetzten Kompositmaterials können hinsichtlich einzelner Kenngrößen wie Wasser- und
Fließmitteleinsatz sowie Frühfestigkeit jedoch Unterschiede auftreten.

Was die zukünftige Qualität und Verfügbarkeit (Energiewende!) der Kompositmaterialien
Flugasche und Hüttensand betrifft, existieren allerdings Unwägbarkeiten, weshalb weltweit
nach Alternativen gesucht wird.

Vor diesem Hintergrund kommt **calcinierten Tonen** eine besondere Bedeutung zu. Sie
sind global verfügbar und verursachen geringe Transportkosten. Von Nachteil sind der
notwendige Temperaturprozess (Calcinieren), um die Tonminerale in ein natürliches Puzzolan zu überführen und die in den Tonen auftretenden Verunreinigungen wie Quarz, Feldspat, Calcit/Dolomit und Eisenverbindungen.

Eine breite Anwendung finden bislang getemperte kaolinitreiche Tone, die als **Metakaolin**
entweder zur Verbesserung der Dauerhaftigkeit von Beton, als Silicastaub-Ersatz in Hochleistungsbetonen oder als alumosilicatische Komponente in Geopolymeren zum Einsatz
kommen [AB 22]. Geopolymere sind künstlich hergestellte Alkali- bzw. Erdalkalimetall-
Alumosilicate mit amorpher bis nanokristalliner Struktur. Sie bilden eine neue Klasse anorganischer, alumosilicatischer Bindemittel, deren Festigkeitsbildung mit dem Begriff
„Geopolymerisation" beschrieben wird. Ihre chemische Zusammensetzung entspricht gesteinsbildenden, alumosilicatischen Mineralen wie z.B. Feldspäten, Glimmern, Zeolithen,
Tonen).

Neben der Senkung des Klinkeranteils wird weltweit nach Alternativen zum klassischen
Portlandzementklinker gesucht. Das ist keine einfache Aufgabe, denn der PZ-Klinker bietet
ideale Eigenschaften und Voraussetzungen für einen Massenbaustoff [AB 22]: Er ist hoch
leistungsfähig (Festigkeit, Dauerhaftigkeit), robust gegen Rezepturschwankungen, einfach
zu verarbeiten und die Hauptoxide im Zement gleichen den Erdoxiden. Darüber hinaus
sind alle Betonzusatzmittel auf portlandzementklinkerbasierte Systeme abgestimmt. Er-
folgsversprechend sind Arbeiten zu modifizierten *Belitzementen*, zu Bindern basierend auf
amorphen metastabilen Calciumcarbonaten und zu *Phosphatbindern*.

Ein wichtiger Aspekt im Rahmen der **Ressourcenschonung** ist der Einsatz von **Sekundärrohstoffen** wie Ziegelmehlen, getrockneten Klärschlämmen, Gießereialtsanden und
Aschen aus Müllverbrennungsanlagen. Sie enthalten als Hauptbestandteile ebenfalls SiO_2,
Al_2O_3, Eisenoxide und/oder CaO und werden meist mit den „natürlichen" Rohstoffen so
kombiniert, dass bei homogener Aufbereitung die Anforderungen an die Klinkerzusam-
mensetzung erfüllt werden. Der Einsatz von Sekundärrohstoffen ist ökologisch sinnvoll, er
schont die natürlichen Ressourcen und reduziert Kosten.

Zur Einsparung fossiler Brennstoffe wie Kohle, Erdöl und Erdgas werden teilweise sogenannte **Ersatz-** oder **Sekundärbrennstoffe** in der Zementindustrie eingesetzt. Als Sekundärbrennstoffe eignen sich heizwertreiche Fraktionen aus Gewerbe-, Siedlungs- und Industrieabfällen, Altöl und Lösungsmitteln, ganzen oder geschredderten Autoreifen, getrockneten Klärschlämmen sowie Tiermehlen und Tierfetten. Ihr Energieanteil liegt mittlerweile bei 15% (und darüber).

9.3.4 Chemische Zusatzmittel und ihre Wirkungsweise

Seit 1950 hat sich in Deutschland eine bauchemische Industrie entwickelt, die Zusatzmittel
für den Einsatz in zement- und gipsbasierenden Bindemittelsystemen produziert. Das Sortiment ist breit gefächert. Heute wird eine Vielzahl von Zusatzmitteln hergestellt, die sich

in der Wirkung unterscheiden und in unterschiedlichen Anwendungsbereichen eingesetzt werden.

„Ein Betonzusatzmittel ist ein Stoff, der während des Mischvorgangs des Betons in einer Menge hinzugefügt wird, die einen Massenanteil von 5 % des Zementanteils im Beton nicht übersteigt (DIN EN 934)". Betonzusatzmittel sollen durch chemische und/oder physikalische Wirkungen Eigenschaften des Frisch- bzw. des Festbetons wie Verarbeitbarkeit, Erstarren und Erhärten, Dichtigkeit und Dauerhaftigkeit verändern.

Tab. 9.9 enthält die in DIN EN 934 aufgeführten Wirkungsgruppen, deren zugeordnete Kurzzeichen und ihre Farbkennzeichnung. Neben den genormten Betonzusatzmitteln ist in Deutschland der Einsatz von Zusatzmitteln mit einer allgemeinen bauaufsichtlichen Zulassung des Deutschen Instituts für Bautechnik (DIBt) zulässig. Sie sind ebenfalls in Tab. 9.9 aufgeführt.

Tabelle 9.9   Wirkungsgruppen, Kurzzeichen und Farbkennzeichnung von Betonzusatzmitteln nach DIN EN 934

Wirkungsgruppe (Kurzzeichen)	Farbkennzeichen	Wirkungsgruppe (Kurzzeichen)	Farbkennzeichen
Betonverflüssiger (BV)	gelb	Verzögerer (VZ)	rot
Fließmittel (FM)	grau	Erstarrungsbeschleuniger (BE)	grün
Luftporenbildner (LP)	blau	Einpresshilfen (EH) DIN EN 943-4	weiß
Dichtungsmittel (DM)	braun	Stabilisierer (ST)	violett
Zulassung nach DIBt		*Zulassung nach DIBt*	
Chromatreduzierer (CR)	rosa	Schaumbildner (SB)	orange
Recyclinghilfen für Waschwasser (RH)	schwarz	Recyclinghilfe für Restbeton (RB)	schwarz

Verflüssiger (Betonverflüssiger, BV, *engl.* plasticizer) werden dem Zementleim zugesetzt, um seine Viskosität (in der Sprache der Betontechnologie „Konsistenz") herabzusetzen. Damit wird bei gleichem Wasserzementwert die Verarbeitbarkeit des Frischbetons verbessert. Eine zweite Möglichkeit ist die Reduzierung des Wasseranspruchs von Beton oder Zement- bzw. Gipsmörteln. Durch den Einsatz des Verflüssigers wird bei gleicher Verarbeitbarkeit der w/z-Wert abgesenkt. Eine reduzierte Menge an Zugabewasser und damit ein kleinerer w/z-Wert bewirken eine Erhöhung der Druckfestigkeit, der Dichtigkeit und der Widerstandsfähigkeit des Betons. Ist eine besonders hohe Wassereinsparung oder eine Verbesserung der Konsistenz notwendig, sind *Fließmittel (FM)* einzusetzen. Fließmittel sind Stoffe, deren verflüssigende Wirkung die der Betonverflüssiger um den Faktor 2 bis 3 übertrifft. Sie werden deshalb auch als **Superverflüssiger** (*engl.* superplasticizer) bezeichnet. Die Viskosität des Zementleims wird derart reduziert, dass die thixotropen Eigenschaften nahezu verloren gehen.

Fließmittel und Betonverflüssiger sind *grenzflächenaktive Substanzen* (Kap. 6.2.2.3). Sie reduzieren die Oberflächenspannung und bewirken so eine effektivere Benetzung der Baustoffpartikel und der Gesteinskörnung. Darüber hinaus wirken sie durch elektrostatische und/oder sterische Abstoßung dispergierend.

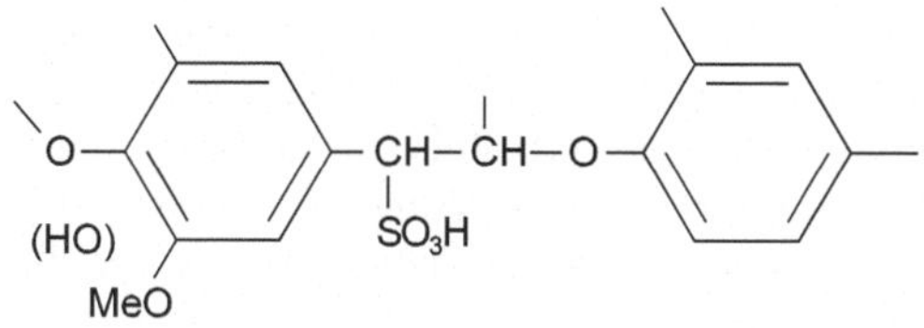

Abbildung 9.26

Ligninsulfonat (Strukturelement)

Der historisch erste und bei weitem gebräuchlichste Verflüssiger ist das **Ligninsulfonat** (auch Lignosulfonat, Abb 9.26). Seine verflüssigende Wirkung wurde um 1920 beim Straßenbau in den USA entdeckt. Bei den Ligninsulfonaten handelt es sich um modifizierte Naturprodukte. Sie fallen bei der Herstellung von Cellulose etwa für die Papierindustrie an. Um zum Ligninsulfonat für bauchemische Anwendungen zu gelangen, muss das Rohprodukt mit Hilfe von Enzymen abgebaut, mit Oxidationsmitteln depolymerisiert und mittels Sulfomethylierung gereinigt werden. Der Reinigungsschritt erfolgt durch Umsetzung des „rohen" Ligninsulfonats mit Formaldehyd und Natriumsulfit Na_2SO_3 (Sulfonierung). Die Sulfonierung macht das Lignin wasserlöslich und lädt es anionisch auf ($\rightarrow$ Sulfonsäuregruppen $-SO_3^-$). Je nach Ausgangsmaterial und Herstellungsverfahren fallen die Ligninsulfonate als polymere, vernetzte Strukturen an, wobei eine allgemein gültige chemische Formel nicht angegeben werden kann.

Durch Adsorption der Ligninpolymeren auf dem Zementkorn laden sich die Oberflächen der Zementpartikel negativ auf. Die Folge ist eine elektrostatische Abstoßung der gleichsinnig geladenen Oberflächen der Zementkörner. Die in der Praxis verwendeten Ligninsulfonate, meist Na-, Ca- oder NH_4-Salze, sind braune, wässrige Lösungen, die einen holzartigen süßlichen Geruch aufweisen. Der Geruch geht auf Zuckerverbindungen zurück. Sie besitzen eine hydratationsverzögernde Wirkung. Noch vorhandene Reste von Baumharzen oder -ölen können schaumbildend wirken, weshalb heute einige Hersteller bereits entschäumte, zuckerfreie Ligninsulfonate anbieten. Von Nachteil sind ihre kurze Wirkungsdauer und ihre hydratationsverzögernde Wirkung auf den Erstarrungsverlauf.

$\Rightarrow$ **Fließmittel** unterteilt man hinsichtlich ihrer chemischen Struktur in *zwei Gruppen*, in Polykondensate und in Polycarboxylate:

Polykondensate

Polykondensate entstehen durch Verknüpfung gleicher oder verschiedener Monomere unter Abspaltung kleiner anorganischer Moleküle (s. Kap. 10.4.4.2). Es bilden sich Polymere, die aufgrund ihres mehr oder weniger hohen Vernetzungsgrades als unlösliche, harzartige Substanzen anfallen (Kondensatharze). Die bei weitem wichtigste Polykondensat-Fließmittelgruppe sind die **Naphthalinsulfonsäure-Formaldehyd-Harze (NSF-Harze, Naphthalin-Harze)**. Ihre zementverflüssigende Wirkung wurde 1962 von K. Hattori (Fa. Kao Soap, Japan) entdeckt, ihr Einsatz führte zur Entwicklung des Transportbetons.

Die Herstellung der NSF-Harze (Abb. 9.27a) erfolgt durch Sulfonierung von Naphthalin unter Druck, anschließender Umsetzung mit Formaldehyd und nachfolgender basischer Kondensation. Das Polykondensat wird durch Sulfonierung wasserlöslich gemacht, wobei die eingeführten anionischen Sulfonsäuregruppen für die Fließmittelwirkung verantwortlich sind. Die kommerziell erhältlichen NSF-Fließmittel sind wässrige, gelbbraune Lösungen mit einem Harzgehalt zwischen 40 und 45%. Im Trockenmörtelbereich kommen pulvrige NSF-Harze zum Einsatz. Zu den Vorteilen der NSF-Harze gehören sehr gute Plastifizierungseigenschaften und ein günstiges Preis-Leistungs-Verhältnis. Ihre hydratationsverzögernde Wirkung ist gering. NSF-Harze führen allerdings in geringem Maße Luftporen ein, so dass der Zusatz eines Entschäumers notwendig wird. Hauptanwendungsgebiet: Transportbeton.

Eine weitere Gruppe von Polykondensat-Fließmitteln wurde 1962 von der Fa. SKW Trostberg/Deutschland entwickelt, die **Melaminsulfonsäure-Formaldehyd-Harze** (kurz: **MFS-Harze**). MFS-Harze bilden sich bei der Umsetzung von Melamin mit Formaldehyd zu Trimethylolmelamin, nachfolgender Sulfonierung durch Zugabe von $NaHSO_3$ bzw. $Na_2S_2O_5$ und anschließender Kondensation im Sauren. Nach der Neutralisation mit NaOH fallen die MFS-Harze als Natriumsalze an. Kommerziell werden die MFS-Harze als farblose, klare Lösungen mit einem Harzgehalt von 40...60% angeboten. Damit bieten sie sich auch für einen Einsatz in Gipsprodukten an. Im Gegensatz zu den NSF-Harzen führen sie keine Luftporen in den Beton ein. Wegen ihres günstigen Einflusses auf die Frühfestigkeit werden sie vor allem in der Fertigteilindustrie verwendet. Für Transportbeton ist ihre Wirkungsdauer zu kurz, da ihre verflüssigende Wirkung bereits wenige Minuten nach Zugabe zum Beton verloren geht. Abb. 9.27b zeigt das Strukturelement eines MFS-Harzes, n liegt bei den industriell hergestellten Produkten zwischen 4 und 10. Damit sind die MFS-Harze wie die NSF-Harze oligomere Kondensate.

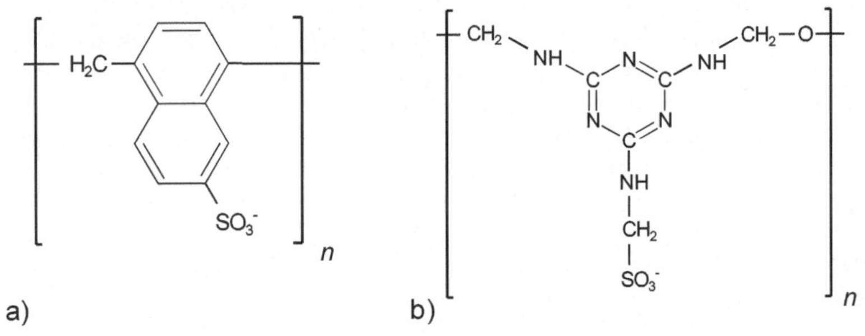

Abbildung 9.27   Strukturelemente von Polykondensaten: a) Naphthalinsulfonsäure-Formaldehyd-Harze und b) Melamin-Formaldehyd-Sulfit-Harze

Wirkungsweise der NSF- und MFS-Harze. Die Polykondensate weisen eine hohe Ladungsdichte auf. Deshalb werden sie sofort und nahezu vollständig mittels ihrer anionischen Sulfonsäuregruppen ($-SO_3^-$) an die positiven Ladungszentren der Oberfläche (positives Zetapotential!) der Zementkörner adsorbiert. Die Folge ist eine negative Aufladung der Oberflächen. Die resultierende elektrostatische Abstoßung zwischen den gleichsinnig geladenen Oberflächen der Zementkörner bewirkt einen Dispergiereffekt, der eine Zusammenballung der Partikel verhindert (Abb. 9.28). Zusätzlich zur elektrostatischen Abstoßung kommt es zu einer geringfügigen sterischen Abstoßung als Folge der Wechselwirkung zwischen den Polymerketten.

Grenzen der Anwendbarkeit von Polykondensaten: Durch die sofortige und effektive Adsorption nimmt die Fließwirkung rasch ab. Bei w/z-Werten < 0,40 ist die Wirksamkeit gering bzw. nicht mehr vorhanden.

Das bedeutet für die Praxis, dass bei langen Anfahrtswegen des Betonmischfahrzeuges oder bei Arbeiten in warmen Regionen dem Transportbeton neben dem Fließmittel auch ein Verzögerer (z.B. Natriumgluconat) beigemischt werden muss - auf Kosten der Frühfestigkeit. Diese offensichtlichen Nachteile des Einsatzes von Polykondensaten führte Anfang der 80iger Jahre zur Suche nach neuen Fließmitteltypen mit günstigeren Eigenschaften.

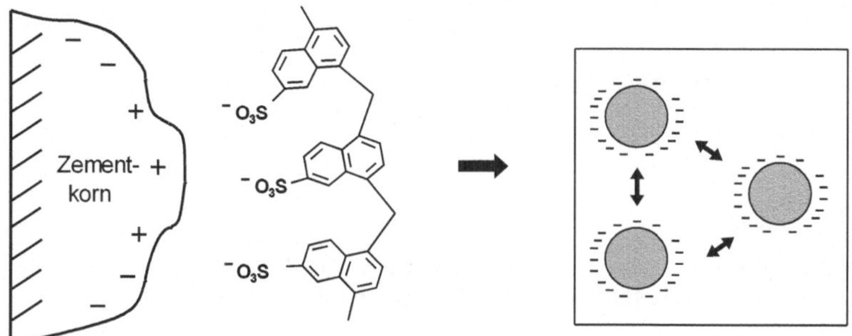

Abbildung 9.28 Wirkmechanismus von Polykondensaten, z.B. NSF-Harze [BC 15]

Polycarboxylat-Fließmittel (PCE)

Polycarboxylat-Fließmittel, auch Polycarboxylat-Ether (kurz: **PCE**), bilden heute die mit Abstand leistungsfähigste Gruppe von Fließmitteln. Sie erlauben selbst bei sehr niedrigen w/z-Werten die Herstellung eines fließfähigen Zementleims und bilden so die Grundlage für die Herstellung von ultrafesten Betonen.

Erfunden wurden diese modifizierten Polycarboxylate 1981 in Japan von T. Hirata. Chemisch gesehen handelte es sich um Copolymere aus der ungesättigten Methacrylsäure und Methacrylsäureestern (Polyethylenglycolester der Methacrylsäure, kurz: MPEG-Ester, Abb. 9.29). Häufig wird auch von MPEG-basierten Fließmitteln gesprochen.

Polycarboxylat-Fließmittel bestehen aus einer Haupt- und mehreren Seitenketten. Bausteine der Hauptkette sind ungesättigte Carbonsäuren wie Methacrylsäure, seltener Acrylsäure (Kap. 10.1.6). Die Seitenketten bestehen aus Methoxypoly(ethylenglycolen), die über eine Estergruppierung (Abb. 9.29) an die Hauptkette gebunden sind. Durch die Seitenketten besitzt das Polymer eine kammartige Struktur. Da MPEG-basierte Fließmittel als erste auf dem Markt gebracht wurden, bezeichnet man sie auch als *Fließmittel der 1. Generation*. Die zahlreichen Carboxylgruppen (-COOH) der Hauptkette liegen in alkalischer Lösung deprotoniert (-COO⁻) vor. Damit ist die Hauptkette negativ geladen, die Polyethylenoxid-Seitenketten tragen keine Ladung.

Der Nachteil der Fließmittel der 1. Generation besteht in der pH-Abhängigkeit der Esterbindung. Insbesondere Acrylsäure-basierte Polymere hydrolysieren im alkalischen Milieu des Zementleims, wobei ihre Wirkung nachlässt. Methacrylsäure-basierte Polymere weisen eine geringere Hydrolyseempfindlichkeit auf, bei höheren Temperaturen kommt es jedoch ebenfalls zu hydrolytischen Zersetzungen.

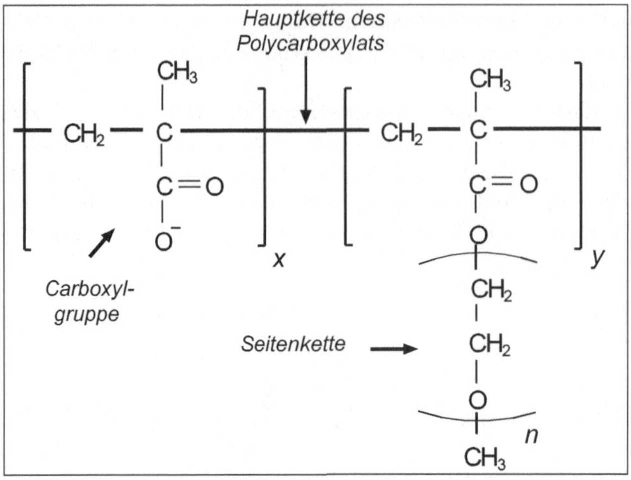

Abbildung 9.29 Schematischer Aufbau eines Polycarboxylat-Fließmittels auf Methacrylsäure-Ester-Basis; MPEG-basiertes Fließmittel

Im Jahre 1989 wurden von der japanischen Fa. Nippon Oil&Fats neue, auf Maleinsäure und einem Allyl-Methoxypolyethylenglycol-**Ether** basierende Fließmittel entwickelt. Man spricht von *PCE-Fließmitteln der 2. Generation*. Die Seitenketten sind bei diesen Polymeren mit der Hauptkette durch eine stabile Etherbindung verknüpft. Hydrolyseeffekte wie bei den Estern treten nicht auf. Aufgrund der starren, alternierenden Struktur sind bei diesen Polymeren die Variationsmöglichkeiten allerdings geringer als bei den Fließmitteln der 1. Generation.

Etwa zeitgleich mit den Allylether-basierten Fließmitteln wurden in den USA von der Fa. W. R. Grace Fließmittel auf Acrylamidbasis entwickelt (*Fließmittel der 3. Generation*). Die Ethylen- und Propylenoxid-Seitenketten sind durch Amid- oder Imidverknüpfung an die Hauptkette gebunden. Weitere Entwicklungen sind MPEG-ähnliche Fließmittel, bei denen neben Polyethylenglycolen noch weitere Seitenketten aus Polyamidoamine an die Hauptkette gebunden sind (*4. Generation*). Diese Fließmittel weisen zwitterionische Eigenschaften auf, d.h. sie besitzen anionische Ladungen an der Hauptkette und kationische Ladungen in den Polyamidoamin-Seitenketten. Diese Ladungsverteilung bewirkt besondere Adsorptionseigenschaften auf der Oberfläche der Zementpartikel, so dass die Fließmittel selbst bei niedrigen w/z-Werten bis zu 0,15 noch dispergierende Eigenschaften aufweisen. Fließmittel der dritten und vierten Generation sind allerdings deutlich teurer als die der ersten und zweiten Generation, so dass sie meist nur für Spezialanwendungen eingesetzt werden. Gegenwärtig werden vor allem vorhandene Fließmittelstrukturen verfeinert und durch Hinzunahme neuer Molekülgruppen optimiert.

Struktur-Wirkungsbeziehungen. Im ersten Schritt werden die Fließmittelmoleküle an den positiv geladenen Oberflächen der Hydratphasen adsorbiert. Wie Untersuchungen zeigten sind insbesondere Oberflächen von Ettringit, in geringerem Maße auch von Monosulfat, mit Fließmittelmolekülen belegt. Die Calciumsilicathydrate nehmen dagegen wenig Fließmittel auf.

Während bei den Polykondensaten die verflüssigende Wirkung ausschließlich auf der elektrostatischen Abstoßung der mit Fließmittel belegten Zementpartikel beruht (elektrostatische Stabilisierung), kommen bei den PC *zusätzlich sterische Effekte* dazu. Die Polymer-Seitenketten, die von den Zementpartikeln in den Raum gerichtet sind, stoßen sich gegenseitig ab und verhindern ein Zusammenballen der Zementteilchen („**sterische Stabilisierung**", Abb. 9.30). Je nach Seitenkettenlänge liegt bei den Polycarboxylaten eine Mischform aus elektrostatischer und sterischer Stabilisierung vor. Bei kurzen Seitenketten überwiegt die elektrostatische Stabilisierung und bei (sehr) langen Seitenketten wird die Dispergierung weitgehend durch sterische Stabilisierung erzeugt. Die sterischen Abstoßungskräfte sind für die höhere Wirksamkeit der PC verantwortlich.

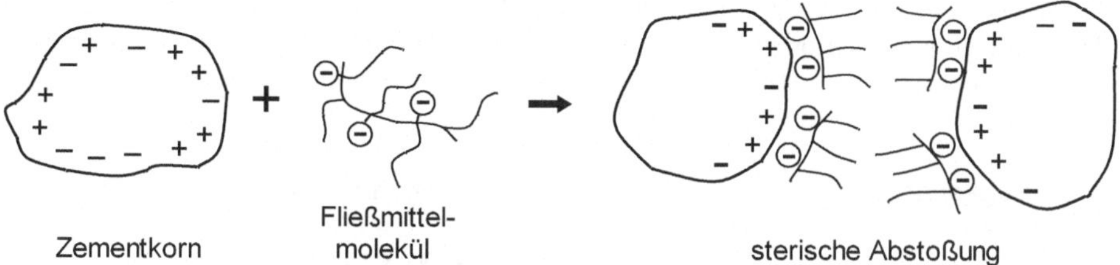

Abbildung 9.30   Wirkmechanismus von Polycarboxylaten: Stabilisierung durch sterische Abstoßung zwischen den Seitenketten

Die Besonderheit der Polycarboxylat-Fließmittel besteht in den vielseitigen Variationsmöglichkeiten ihrer Struktur, so dass für jeden Verwendungszweck gezielt spezielle Fließmittel hergestellt werden können. Ein wichtiges Kriterium ist die Dichte der Seitenketten, die direkten Einfluss auf die Anzahl der anionischen Ladungsträger hat. Je höher die Anzahl der anionischen Ladungen bzw. je niedriger die Seitenkettendichte, desto rascher adsorbieren die Fließmittelmoleküle an den positiv geladenen Bereichen der Zementpartikeloberfläche. Fließmittel mit einer solchen Molekülstruktur zeichnen sich durch eine hohe Anfangsverflüssigung aus, die aber rasch nachlässt.

Im Gegensatz dazu zeigen Fließmittel mit niedrigerer anionischer Ladungs- und hoher Seitenkettendichte eine lang anhaltende Verflüssigungswirkung. Durch die niedrigere Anzahl anionischer Ladungsträger adsorbieren die Fließmittelmoleküle nicht vollständig auf der Zementoberfläche. Als Folge bildet sich in der Porenlösung ein Depot nicht adsorbierter Fließmittelmoleküle. Kristallisieren die ersten Hydratphasen aus, so ist noch genügend Fließmittel vorhanden, um auch diese zu benetzen. Die verflüssigende Wirkung bleibt erhalten. Fließmittel mit einer hohen anionischen Ladungsdichte (und einer hohen Anfangsverflüssigung!) werden vor allem bei Anwendungen eingesetzt, bei denen kurze Verarbeitungszeiten erforderlich sind, z.B. im **Betonfertigteilbereich**. Dieser Effekt wird verstärkt durch sehr lange Seitenketten. Dagegen werden Fließmittel mit einer hohen Dichte kurzer bis mittellanger Seitenketten (und damit lang anhaltender Verflüssigungswirkung) für **Transportbetone** eingesetzt.

PCE-Fließmittel weisen auch einige *unerwünschte Eigenschaften* auf. So besitzen diese Moleküle aufgrund ihrer chemischen Struktur einen schwachen Tensidcharakter (Kap. 6.2.2.3). Die Carboxylatgruppe und die Polyglycole zeigen hydrophiles und die Alkylgruppen im Molekül (→ Kohlenwasserstoffketten) hydrophobes Verhalten. Dieser Tensidcharakter wirkt sich negativ auf die Festigkeit des Betons aus, da sich der Luftporengehalt signifikant erhöht. Die Industrie setzt deshalb Polycarboxylat-Fließmitteln Entschäumersubstanzen zu, was zu einer limitierten Lagerstabilität der industriellen Fließmittel führen kann (eventuelles Absetzen des Entschäumers an der Oberfläche). Desweitern kann eine Komplexierung der Calciumionen durch die PCE-Fließmittelmoleküle zu einer Verzögerung der Hydratation der silicatischen Klinkerphasen C_3S und C_2S führen. Das kann insbesondere bei Dosierungen wie sie in Hochleistungsbetonen eingesetzt werden, zu einer Reduktion der 24 h-Druckfestigkeit führen [BC 15 b,c].

Polycarboxylate liegen wie **Polykondensate** als anionische Polymere vor, sie unterscheiden sich jedoch von den Polykondensaten durch eine geringere anionische Ladungsdichte. Beide Fließmitteltypen zerstören die Netzwerkstrukturen der Zementpartikel und setzen in den Hohlräumen eingeschlossenes Wasser frei. Damit wird der Zementleim flüssiger.
Die wesentlichen strukturellen Unterschiede zwischen PCE und Polykondensaten sind in Abb. 9.31 dargestellt.

Polykondensate

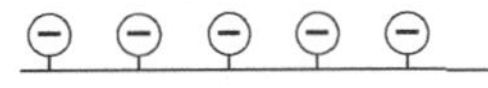

- hohe Ladungsdichte
- SO_3^--Gruppen als Ladungsträger
- kurzkettig, teilweise oligomer
- relative Molmasse: 500–20.000

Polycarboxylate

- mittlere bis niedrige Ladungsdichte
- Carboxylatgruppen als Ladungsträger
- Haupt- und Seitenkette
- relative Molmasse: 20.000–150.000

Abbildung 9.31 Vergleich zwischen polykondensat- und polycarboxylat-basierten Fließmitteln [BC 14]

Vorteile der PCE gegenüber den Polykondensaten:
Große Variationsbreite hinsichtlich *Länge* der Haupt- und Seitenketten sowie der *Anzahl* von Carboxylatgruppen und Seitenketten, hohe Frühfestigkeiten, niedrigere Dosierungen (0,4...2%, bezogen auf die Zementmasse). Sie sind effektiv bei niedrigen w/z-Werten (0,15...0,35) und halten die Konsistenz bis zu 2 Stunden. **Nachteile:** Höherer Preis.

$\Rightarrow$ **Luftporenbildner (LP)** sind Zusatzmittel, die den Luftgehalt und damit die Frost- und Frost-Taumittel-Beständigkeit des Betons erhöhen sollen. LP sind grenzflächenaktive Stoffe (Tenside, Detergentien; Kap. 6.2.2.3). Sie bilden während des Mischens im alkalischen Milieu des Zementleims feinblasige Schäume mit langer Standzeit. Im Resultat entstehen im Beton kugelförmige Luft-Mikroporen ($\varnothing$ bis 0,3 mm) in geringem Abstand. Der **Abstandsfaktor** als Mittelwert der größten Entfernung eines beliebigen Punktes im Zementstein bis zum Rand der nächsten Luftpore soll unter 0,2 mm liegen. Die Luftporen unterbrechen die röhrenförmigen Kapillaren im Zementstein und vermindern aufgrund ihres größeren Durchmessers dessen Saugwirkung. Damit wird die Eindringtiefe für das aufsteigende Wasser verringert. Gleichzeitig bewirken sie eine Verbesserung der Verdichtungswilligkeit des Betons. Bewährt haben sich Seifen aus natürlichen Harzen, wie z.B. Tallharzen, Vinsolharzen, Balsamharzen (Kolophonium) und deren Derivaten, sowie synthetische nichtionische und ionische Tenside, z.B. Fettsäuren, Alkylsulfate bzw. -sulfonate und Alkylpolyglycolether. Aufgrund ihrer hohen Wirksamkeit werden Luftporenbildner dem Beton nur in geringen Mengen zugesetzt (0,01…0,1%). Luftporenbildner verringern die Festigkeit des Betons.

$\Rightarrow$ **Dichtungsmittel (DM)** sind Zusatzmittel, die die kapillare Wasseraufnahme von Festbeton verringern sollen. In erster Linie sind für die Herstellung dichter Betone natürlich die entsprechenden betontechnologischen Voraussetzungen wie ein niedriger w/z-Wert, ein ausreichend hoher Zementgehalt, eine gute Verdichtung sowie eine entsprechende Nachbehandlung zu beachten. Werden dennoch Dichtungsmittel notwendig, z.B. für Betone, die am Bauwerk gegen aufsteigende Feuchtigkeit oder herabfließendes Wasser zusätzlich geschützt werden sollen, setzt man Stoffe begrenzter Quellfähigkeit oder mit hydrophoben Eigenschaften ein. Quellfähige Stoffe wie dispergierte Kieselsäure, Phosphate oder quellfähige Eiweiße sollen die Kapillarporen verschließen bzw. verstopfen. Hydrophobe Stoffe, wie z.B. Erdalkalimetallsalze von Fettsäuren, sollen dagegen die kapillare Wasseraufnahme reduzieren. Die Langzeitwirkung von Dichtungsmitteln lässt allerdings oft zu wünschen übrig. Darüber hinaus kann durch DM Luft in den Beton eingeführt werden, was zu einer Verminderung der Festigkeit führt.

$\Rightarrow$ **Verzögerer (VZ)**, auch Abbindeverzögerer, sind Zusatzmittel, die den Zeitraum zwischen dem verarbeitbaren plastischen Beton (Frischbeton) und dem festen Beton, also der sogenannten Ruhephase, verlängern sollen. Ein mit Normzement hergestellter Beton beginnt nach 2…3 Stunden zu erstarren. Um bei hohen Betoniertemperaturen etwa im Hochsommer, bei der Herstellung größerer massiver Bauteile ohne Arbeitsfugen oder bei Transportbeton ausreichend lange Verarbeitungszeiten zu gewährleisten, werden dem Beton VZ zugesetzt. Die am häufigsten als VZ eingesetzten Verbindungen sind Saccharosen (Rohroder Rübenzucker), Gluconate (modifizierte Zucker; häufig findet das Na-Salz der Gluconsäure Anwendung) und Phosphate, z.B. Tetrakaliumdiphosphat $K_4P_2O_7$ oder Natriumpolybzw. Natriummetaphosphate. Sowohl Phosphate als auch Saccharosen sind für Verzögerungszeiten > 24 h geeignet.

Je nach der chemischen Natur der Verzögerersubstanzen können unterschiedliche *Wirkmechanismen* auftreten: Zum einen können sie an der Bindemitteloberfläche adsorbieren und so den Wasserzutritt erschweren. Zum anderen können sie direkt in die chemische Reaktion zwischen Zement und Wasser eingreifen, indem sie mit den für die Hydratation notwendigen Calciumionen des Anmach- oder Porenwassers schwer lösliche Calciumverbindungen oder Chelatkomplexe bilden. Damit verringern sie ihre Konzentration. Durch Ablagerung der schwer löslichen Calciumverbindungen auf den **C₃A**-Oberflächen verhindern sie vorübergehend das Inlösunggehen der schnell reagierenden Zementbestandteile (Aluminate!) und verzögern die Auskristallisation der Hydratphasen. Die VZ können auch auf den Oberflächen der bereits gebildeten Hydratphasen adsorbieren und so ihr weiteres Wachstum hemmen.

Die Dosierungsmengen für Verzögerer liegen zwischen 0,2…2%, je nachdem welche Verarbeitbarkeitsdauer gefordert ist. Bei zu hohen Dosierungen und/oder Zusatzmittelkombinationen können die Verzögerer ein „Umschlagen" bewirken. Sie wirken dann nicht länger verzögernd sondern beschleunigen den Erstarrungsprozess. Weitere Nebenwirkungen können eine stärkere Ausblühneigung sowie Farbunterschiede an glattem Sichtbeton sein.

⇒ **Beschleuniger (BE)** werden nach DIN EN 934-2 in Erstarrungs- und Erhärtungsbeschleuniger unterteilt. *Erstarrungsbeschleuniger* sollen den Zeitraum zwischen dem plastischen und dem festen Zustand des Betons verkürzen, z.B. beim Betonieren bei tiefen Außentemperaturen (Gefrierschutz für jungen Beton!) oder im Tunnelbau. *Erhärtungsbeschleuniger* sollen dagegen das Erreichen einer bestimmten Anfangsfestigkeit beschleunigen, mit oder ohne Einfluss auf die Erstarrungszeit. Sie werden ebenfalls für das Betonieren bei tiefen Außentemperaturen sowie für die Steigerung der Frühfestigkeit von Betonwaren eingesetzt. Erstarrungsbeschleuniger werden heute vor allem für Spritzbeton verwendet. Auf dem Markt befinden sich zahlreiche Systeme mit unterschiedlicher chemischer Zusammensetzung. Sie werden sowohl in flüssiger als auch in Pulverform angeboten.

Anfangs wurden als Beschleuniger zunächst Alkalimetallsilicate und/oder Alkalimetallcarbonate eingesetzt. Später ging man zu Al-Verbindungen wie Natrium (Na[Al(OH)$_4$]- oder Kaliumaluminat K[Al(OH)$_4$] über. Die angeführten Substanzen sind allesamt hochalkalisch (pH-Werte um 13). Sie gehören zur Gruppe der **alkalihaltigen Beschleuniger**. Bei ihrer Verarbeitung treten oft unerwünschte Belästigungen wie Hautverätzungen und Augenentzündungen auf. Durch Einatmen des beim Verarbeiten entstehenden Staubes kommt es zu Schädigungen der Atemwege. Darüber hinaus können durch Auslaugung des Betons, z.B. bei Wechselwirkung von Bergwasser mit Tunnelbeton, Alkalien in das Grundwasser gelangen und den pH-Wert erhöhen. Alkalihaltige Beschleuniger bewirken ein sehr schnelles Erstarren. Erstarrungsbeschleuniger gelten dann als alkalifrei (**alkalifreie Beschleuniger**), wenn ihr Alkaligehalt, ausgedrückt durch das Na_2O-Äquivalent, < 1% ist. Ihre pH-Werte müssen im Bereich zwischen 3...8 liegen. Zum Einsatz kommt vor allem amorphes Aluminiumhydroxid-Hexahydrat $Al(OH)_3 \cdot 6\ H_2O$, das mit aktiven Sulfaten (Aluminium- und/oder Eisensulfat) kombiniert wird. Gesundheitsschädigungen können bei diesen Substanzen ausgeschlossen werden. Festigkeit und die Wasserdichtigkeit des Betons werden verbessert.

Chemische Wirkung. Die Alkalimetallsilicate reagieren mit dem $Ca(OH)_2$ des Spritzbetons zu unlöslichen **C-S-H**-Phasen, was zu einem raschen Ansteifen führt. Dem Spritzbeton zugesetzte Alkalimetallcarbonate reagieren dagegen mit dem bei der Hydratation der Calciumsilicate freigesetzten $Ca(OH)_2$ zu $CaCO_3$ und Alkalimetallhydroxiden. Die Calciumcarbonat-Bildung führt zu einem raschen Erstarren. Alkalimetallaluminate M[Al(OH)$_4$] mit M = Na und K, wie auch die alkalifreien Beschleuniger beeinflussen die frühe Hydratation von **C$_3$A** und **C$_3$S**. Sie greifen aktiv in den Hydratationsprozess ein und bilden zusätzliche Hydratationsprodukte. Die Alkalimetallaluminate wie auch gelöstes $Al(OH)_3$ reagieren mit $Ca(OH)_2$ zunächst unter Bildung von **C$_3$A**, das sich anschließend mit Wasser und dem Sulfatträger zu Ettringit umsetzt.

Obwohl Beschleuniger im Allgemeinen die Frühfestigkeit erhöhen, reduzieren sie häufig die Endfestigkeit. Sie vergrößern das Schwinden, was zur Rissbildung führen kann. Chemisch gesehen bewirken sie eine beschleunigte Hydratation der Zementkomponenten.

⇒ **Einpresshilfen (EH)** finden vor allem im Spannbetonbau Anwendung. Ziel ist ein möglichst vollständiges Ausfüllen der Hohlräume in den Spannglied-Hüllrohren mit Zementmörtel. Einpresshilfen sollen den Wasseranspruch und das Absetzen des Einpressmörtels vermindern, die Fließfähigkeit des Mörtels verbessern und ein mäßiges Quellen bewirken. Die Quellwirkung wird durch Zugabe von Aluminiumpulver als Einpresshilfe erreicht. Das Aluminium löst sich im alkalischen Milieu unter H_2-Entwicklung auf (Gl. 8-5), der damit verbundene Treibeffekt (Volumenvergrößerung) soll dem normalen Schwinden entgegenwirken. Wegen der starken Quellwirkung sind die Wirkstoffgehalte der gebräuchlichen Einpresshilfen sehr gering (0,1…1%), die Dosiermengen liegen bei 0,2…1%, bezogen auf die Zementmasse. Die Wirksamkeit der Einpresshilfen ist von der Temperatur und der Zusammensetzung des Zements, aber auch von der Mischintensität und der Zugabemenge an EH abhängig.

⇒ **Stabilisierer (ST)** werden dem Beton zugegeben, um ein Absondern von Anmachwasser des Frischbetons („Bluten") verhindern sollen. Das Zusammenhaltevermögen des Frischbetons soll verbessert werden, indem dem Entmischen durch Sedimentieren der Feinststoffe und dem Absetzen der Gesteinskörnung entgegengewirkt wird. Bei den ST handelt es sich um Zusätze, die in der Lage sind, im alkalischen Milieu des Betons Wasser zu binden und es für die nachfolgend ablaufenden Hydratationsvorgänge wieder zur Verfügung zu stellen. Als Stabilisierer kommen vor allem lösliche organische Polymere mit langen Molekülketten wie Polyethylenoxid und Polysaccharide (Cellulose- und Stärkeether) zum Einsatz. Die makromolekularen Verbindungen „halten" über ihre polaren OH-Gruppen und O-Atome Wassermoleküle fest (Wasserstoffbrückenbindungen!) und bauen so Hydrathüllen auf. Anwendung finden die ST bei Pumpbeton, um einem Entmischen vorzubeugen und bei Leichtbeton, um ein „Aufschwimmen" von leichten Gesteinskörnungen zu verhindern. Stabilisatoren werden auch eingesetzt, um einer zu starken Wasserabsaugung durch den Untergrund (Mauersteine) entgegenzuwirken (*Wasserretentionsmittel*).

Chromatreduzierer (CR), siehe Kap. 8.2.5.2).

• *Vom Deutschen Institut für Bautechnik zugelassene Zusatzmittel:*

⇒ **Schwindreduzierer** (*engl.* Shrinkage Reducing Admixtures, **SRA**) werden dem Frischbeton zugefügt, um das Schwinden des Betons (Kap. 9.3.3.5) zu verringern. Das Funktionsprinzip der meisten heute verwendeten Schwindreduzierer besteht in der Verringerung der Oberflächenspannung des Wassers - und zwar sowohl des Zugabewassers als auch der Porenlösung. Auf diese Weise trocknet der Beton gleichmäßiger und vor allem langsamer aus. Eingesetzt werden wiederum tensidische Verbindungen, vor allem langkettige Alkohole und Glycolether.

⇒ **Recyclinghilfen (RH)** ermöglichen die Wiederverwendung von Waschwasser, das bei der Reinigung von Mischfahrzeugen und Mischern anfällt, indem sie die Hydratation des im Waschwasser enthaltenen Zementes ggf. über mehrere Tage blockieren. Bei den Recyclinghilfen handelt es sich um Langzeitverzögerer. Als Substanzen kommen organische Derivate der Phosphonsäure und Fruchtsäuren (vor allem Zitronensäure) zum Einsatz.

⇒ **Schaumbildner** (Schäumer; **SB**) dienen der Herstellung eines Schaumbetons (Porenleichtbeton) bzw. eines Betons mit porosiertem Zementleim durch Einführung eines hohen Gehalts an Luftporen. Zur Anwendung kommen neben synthetischen anionischen und zwitterionischen Tensiden wie Alkyl- und Polyglycolsulfaten auch Eiweißhydrolysate (Proteinschäumer). Der aus Proteinen hergestellte Schaumbeton weist hohe Festigkeiten auf. Von

Nachteil ist allerdings der unangenehme Geruch der Proteinschäumer, die durch Verkochen von Rinderhäuten, Rinderknochen bzw. -blut mit Salzsäure hergestellt werden.

$\Rightarrow$ **Korrosionsinhibitoren** auf Nitritbasis, z.B. Calciumnitrit $Ca(NO_2)_2$, sollen die Passivschicht des Bewehrungsstahls erhalten bzw. verstärken, um den Stahl besser vor Korrosion zu schützen. Nitrite können sowohl Oxidations- als auch Reduktionsmittel sein. Hier wirkt NO_2^- oxidierend. Es oxidiert die Fe(II)- zu Fe(III)-Ionen, wobei NO_2^- zu NO reduziert wird. Fe^{2+} ist ein stärkeres Reduktionsmittel als das Nitrition.

$$2\,Fe^{2+} + 2\,OH^- + 2\,NO_2^- \rightarrow 2\,NO + Fe_2O_3 + H_2O$$

Im Ergebnis der Redoxreaktion bildet sich Fe_2O_3 als wesentlicher Bestandteil der Passivschicht. Der korrosionsauslösende (kritische) Chloridgehalt wird durch die Zugabe $Ca(NO_2)_2$ als Korrosionsihibitor deutlich erhöht (> 50%). Ein Teil des Nitrits wird zu Nitrat (NO_3^-) oxidiert, was bei niedrig legierten Stählen zur Spannungsrisskorrosion führen kann. Bei den für die Anwendung vorgeschriebenen Nitrit-Dosiermengen sind jedoch keine kritischen Nitratkonzentrationen im Hinblick auf eine Spannungsrisskorrosion zu erwarten.

Nach heutigem Wissen werden die meisten der oben besprochenen Zusatzmittel fest in die Zementsteinmatrix eingebunden. So reichern sich z.B. Luftporen- und Schaumbildner aufgrund ihrer tensidischen Molekülstruktur am Rand der Luftporen an. Der polare Teil ist fest in der Zementsteinmatrix verankert, während der unpolare Molekülteil in die Luftpore hineinragt.

Weitere chemische Zusatzmittel: Werktrockenmörtel (Trockenmörtel, DIN 18557) bestehen aus drei Hauptbestandteilen, dem Bindemittel (Zement, Kalk), der Gesteinskörnung und den Additiven. Zu den eingesetzten Additiven zählen folgende Zusatzmittel und Hilfsstoffe: Wasserrückhaltemittel (Wasserretentionsmittel), Verdickungsmittel, Luftporenbildner, Kunststoffdispersionen (Kap. 10.4.5.3), Hydrophobierungsmittel (Kap. 10.4.5.1) sowie Fasern und anorganische Pigmente.

• **Wasserretentionsmittel** binden das Anmachwasser und verhindern beim Aufbringen des Mörtels auf saugende, poröse Untergründe wie Ziegel, Kalksandsteine oder Porenbeton eine unerwünschte Wasserabgabe. Auf diese Weise erhalten sie dem Zement (oder Gips!) das für den Abbindeprozess notwendige Wasser und gewährleisten eine gute Verarbeitbarkeit sowie eine vollständige Hydratation. Als Wasserretentionsmittel kommen vor allem Celluloseether zum Einsatz. Celluloseether sind Derivate der Cellulose (Abb. 11.1), die durch partielle oder vollständige Substitution der H-Atome in den Hydroxylgruppen der Cellulose entstanden sind. Im technischen Bereich spielen vor allem Methylcellulose (kurz: MC), Methylhydroxyethylcellulose (MHEC) bzw. Methylhydroxypropylcellulose (MHPC) eine wichtige Rolle. Die beiden letztgenannten Verbindungen sind doppelt derivatisierte Celluloseether. Sie werden durch Umsetzung von MC mit Ethylen- oder Propylenoxid erhalten. Eine Derivatisierung der Cellulose ist notwendig, da sich reine Cellulose praktisch nicht in Wasser löst.
Die Bindung des Wassers beruht auf der Wasserstoffbrückenbindung (Kap. 3.4). Freie OH-Gruppen der Celluloseethermoleküle bilden mit den Wassermolekülen Wasserstoffbrücken aus und „halten" so das Wasser. Ein Glucose-Sechsring kann mehrere Hundert Wassermo-

leküle binden. Dabei quellen die Cellulosestränge bei Wasseraufnahme um ein Vielfaches ihres Durchmessers auf.

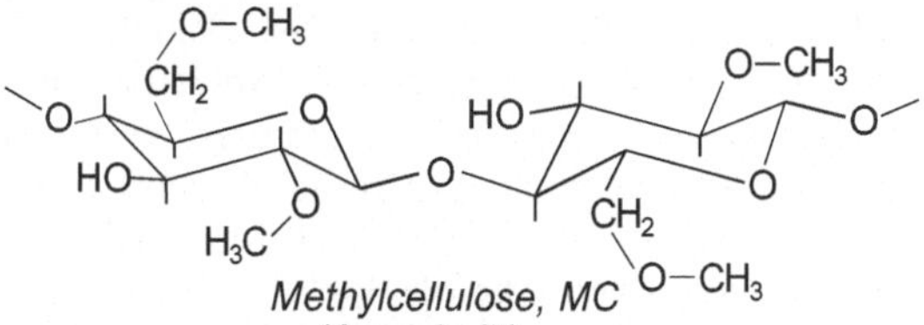

Methylcellulose, MC (Ausschnitt)

Die Eigenschaften der Methylcelluloseether werden durch den Polymerisationsgrad (Kap. 10.4.4), die Viskosität und den Grad der Substitution, d.h. die Anzahl der Methylgruppen pro Ring, bestimmt. Ihre Wirksamkeit ist umso besser, je höher Polymerisationsgrad und Viskosität sind. In der Trockenmörtelindustrie wird allerdings kaum noch reine Methylcellulose verwendet. Zur Anwendung kommt heute in zement- oder gipsbasierten Putzen überwiegend MHPC. Die Ergiebigkeit ist höher und die wärmeisolierenden und wasserspeichernden Eigenschaften des Putzes werden verbessert. Die üblichen Dosierungen liegen bei 0,2%, bezogen auf die Zementmasse. Häufig werden bis zu 10% synthetische Polymere wie z.B. Polyacrylamide zugemischt, um optimale Viskositätsprofile zu erreichen. Bei Gipsputzen liegen die MHPC-Dosierungen höher.

Für Fliesenkleber, Fugenmörtel und Selbstverlaufmassen werden vor allem Methylhydroxyethylcellulose-Typen eingesetzt. Wasserretentionsmittel finden auch beim Unterwasserbetonieren Verwendung, um das Auswaschen von Zement und feiner Gesteinskörnung beim Einbringen in Wasser zu vermeiden. Zum Einsatz kommt hier vor allem Hydroxypropylcellulose (HPC).

• **Verdickungsmittel** werden vor allem in der Trockenmörtelindustrie mit dem Ziel eingesetzt, einen viskoseren, steiferen Mörtel (bzw. Beton) zu erzielen. Sie beeinflussen das Fließverhalten und damit die Verarbeitbarkeit des Baustoffs. Zum Einsatz kommen die bereits oben beschriebenen Celluloseether, neben Stärkeethern und Polyacrylamiden. Verdickungsmittel erhöhen sowohl die plastische Viskosität als auch in geringerem Maße die Fließgrenze (Details s. [BK 1, 2]). Zu den wichtigen anorganischen Verdickungsmitteln für Putze zählen Schichtsilicate wie die Bentonite (s. Kap. 9.2.3.1). Sie quellen im Basischen (pH > 9) unter Schichtaufweitung, wobei eine hochviskose Tonsuspension entsteht.

9.3.5 Gips und Anhydrit

Baugipse sind anorganisch-mineralische Bindemittelsysteme, die überwiegend aus Dehydratationsprodukten des Calciumsulfat-Dihydrats $CaSO_4 \cdot 2\,H_2O$ bestehen. Die dehydratisierten Formen besitzen die Fähigkeit - und darin besteht ihre baupraktische Bedeutung - unter Aufnahme von Wasser wieder „rehydratisieren" zu können. Baugipse werden aus Rohgips oder REA-Gips, kaum noch aus Chemiegips, durch entsprechende Aufbereitungs- und Brennverfahren mit anschließender Mahlung hergestellt. Sie werden kommerziell ohne Zusatz (Stuckgips, Putzgips) oder mit Zusätzen (Fertigputzgips, Haftputzgips, Maschinenputzgips, Spachtel- oder Fugengips) angeboten. Als Zusätze kommen Verzögerer, Beschleuniger, Plastifizierer und Haftungsmittel zum Einsatz. Sie sollen bestimmte Eigenschaften wie die Ansteif- und Verarbeitungszeit, die Konsistenz und die Haftung günstig beeinflussen. Zusätzlich können noch Füllstoffe wie Sand, Kalksteinmehl oder Perlite zugemischt sein.

9.3.5.1 Vorkommen, Darstellung, Eigenschaften und Verwendung

Calciumsulfat kommt in der Natur überwiegend als Dihydrat $CaSO_4 \cdot 2\,H_2O$ **Gips (Gipsstein)** und als wasserfreie Form $CaSO_4$ **Anhydrit (Anhydritstein)** vor. Varietäten des Gipses sind das analog zum Glimmer leicht spaltbare *Marienglas* und der dem weißen Marmor ähnelnde *Alabaster*. Gips- und Anhydritstein können je nach Vorkommen und Lagerstätte mit anderen schwer löslichen Verbindungen wie Kalkstein und Ton vergesellschaftet sein. Sind diese Mengen gering, beeinträchtigt das die Verwendbarkeit des Rohstoffs nicht. Neben den natürlichen Vorkommen fallen große Mengen von **Chemiegips** als Nebenprodukt chemischer Prozesse wie der Nassherstellung von Phosphorsäure (Gl. 9-32a, b) und der Herstellung von Titandioxid sowie von **REA-Gips** bei der Rauchgasentschwefelung (Kap. 5.5.3.3) an. Da Chemiegips eine relativ hohe radioaktive Belastung aufweist (erhöhte Konzentrationen an Ra-226 und K-40) findet er nur noch eingeschränkt Anwendung. Baugipse werden heute zu einem erheblichen Anteil aus REA-Gips hergestellt.

$$Ca_3(PO_4)_2 \;+\; 3\,H_2SO_4 \;\xrightarrow{\;H_2O\;}\; 3\,CaSO_4 \cdot 2\,H_2O \;+\; 2\,H_3PO_4 \qquad (9\text{-}32a)$$

Phophorit   Phosphorsäure

$$Ca_5(PO_4)_3F \;+\; 5\,H_2SO_4 \;\xrightarrow{\;H_2O\;}\; 5\,CaSO_4 \cdot 2\,H_2O \;+\; 3\,H_3PO_4 \;+\; HF \quad (9\text{-}32b)$$

Fluorapatit   Flusssäure

Brennen von Gips. Voraussetzung für die Verwendung von Gips als Bindemittel ist das Brennen des Calciumsulfat-Dihydrats $CaSO_4 \cdot 2\,H_2O$ (**Dihydrat, DH**). Beim Brennen erfolgt die thermische Dehydratisierung (Entwässerung). In Abhängigkeit von der Temperatur und der Zeitdauer entstehen fünf verschiedene Phasen, zwei wasserhaltige Phasen ($CaSO_4 \cdot 2\,H_2O$ und $CaSO_4 \cdot \tfrac{1}{2}\,H_2O$) und drei wasserfreie Phasen (Anhydrit III, Anhydrit II und Anhydrit I). Thermodynamisch stabil sind nur das Dihydrat und der Anhydrit II. Beide Formen kommen in der Natur frei vor oder fallen bei chemischen Prozessen an. Die metastabilen Phasen Halbhydrat und Anhydrit III sowie der „erbrannte" Anhydrit II können „künstlich" aus dem Dihydrat durch Dehydratisierung erhalten werden. Sie besitzen große technische Bedeutung.

Erhitzt man Gips im Labor auf etwa 120°C, wird ein Teil des Kristallwassers abgespalten. Aus dem Dihydrat bildet sich das **Halbhydrat** (HH), Gl. (9-33a).

$$CaSO_4 \cdot 2\,H_2O \;\rightarrow\; CaSO_4 \cdot \tfrac{1}{2}\,H_2O \;+\; 1\tfrac{1}{2}\,H_2O \qquad\qquad (9\text{-}33a)$$

$$CaSO_4 \cdot \tfrac{1}{2}\,H_2O \;\rightarrow\; CaSO_4 \;+\; \tfrac{1}{2}\,H_2O \qquad\qquad\qquad (9\text{-}33b)$$

Beim technischen Brennprozess können je nach Entwässerungsbedingungen zwei unterschiedliche Modifikationen entstehen, das **α-Halbhydrat** oder das **β-Halbhydrat** (Tab. 9.10). In der nassen Atmosphäre des Autoklaven bildet sich das α-Halbhydrat. Es fällt in relativ großen, weißen bis durchsichtigen Kristallen an. Die β-Form, die sich bei der Entwässerung in trockener Atmosphäre bildet, wird als mikrokristallines Produkt erhalten. Die kleinen nadeligen, mattweißen Kristalle besitzen eine deutlich größere Oberfläche als die Kristalle der α-Form. Der für die Bauanwendung wesentliche Unterschied zwischen beiden Formen besteht im Anmachwasserbedarf und in den verschiedenen Druck- und Zugfestigkeiten (Druckfestigkeit: α-HH ca. 45 N/mm^2, β-HH ca. 12,5 N/mm^2; Zugfestigkeit: α-HH ca. 12,5 N/mm^2, β-HH ca. 4,5 N/mm^2).

Tabelle 9.10 Phasen im System CaSO$_4$/H$_2$O und ihre Eigenschaften [AB 15]

Chemische Formel der Phase	CaSO$_4$ · 2 H$_2$O	CaSO$_4$ · ½ H$_2$O	CaSO$_4$ III	CaSO$_4$ II
Bezeichnung	Calciumsulfat-Dihydrat (DH)	Calciumsulfat-Halbhydrat (HH)	Anhydrit III	Anhydrit II
Weitere Bezeichnungen	Naturgips, Rohgips, Chemiegips, Gipsstein, technischer Gips, abgebundener Gips	β-Halbhydrat, β-Gips, Stuckgips, α-Halbhydrat, α-Gips, Autoklavengips	löslicher Anhydrit	Natur-Anhydrit, Rohanhydrit, Anhydritstein, synthetischer Anhydrit, erbrannter Anhydrit
Formen		α-Form β-Form	α-A III β-A III	A II-s [a)] A II-u [a)] A II-E (Estrichgips) [a)]
Kristallwasser (%)	20,92	6,21	0	0
Dichte (g/cm3)	2,31	β: 2,619 α: 2,757	2,58	2,93 2,97
Molmasse (g/mol)	172,17	145,15	136,14	136,14
Kristallsystem	monoklin-prismatisch	monoklin-prismatisch	orthorhombisch	orthorhombisch
Löslichkeit in H$_2$O, 20°C (g CaSO$_4$/L)	2,05	β: 8,8 α: 6,7	β: 8,8 α: 6,7	2,7
Stabilität	< 40°C	metastabil	metastabil	40-1180°C
Bildungstemperatur im Labor		β: 45-200°C in trockener Luft α: > 45°C in H$_2$O-Dampf	50°C Vakuum 100% Luftfeuchtigkeit	200-1180°C
Bildungstemperatur im technischen Prozess		β: 120-180°C trocken α: 80-180°C nass	β: 290°C trocken α: 110°C nass	300-900°C A II-s u. A III-u: 300-500°C A II-E: > 700°C

[a)] Unterteilung entsprechend ihrer Reaktivität gegenüber Wasser : A II-s (schwer löslicher Anhydrit), Rehydratationszeit ½ h bis 3 d, pH = 6; A II-u (unlöslicher Anhydrit), Rehydratationszeit 3-7 d, pH = 6; A II-E (**Estrichgips**), Rehydratationszeit > 3 d, pH = 9.

Bildung der CaSO$_4$-Phasen [AB 15]. Beim Erhitzen über 200°C wird das restliche Kristallwasser bis auf einen Restgehalt $\leq$ 1% ausgetrieben (Gl. 9-33b). Es entsteht **Anhydrit III** (CaSO$_4$ III), von dem ebenfalls je eine α- und eine β-Form existieren. Anhydrit III ist eine metastabile Phase, die bereits an feuchter Luft wieder in das Halbhydrat übergeht. Die Bildungstemperatur von **Anhydrit II** im technischen Prozess liegt zwischen 300...900°C. Nach der Brenntemperatur und der Reaktionsfreudigkeit mit Wasser zum Dihydrat werden drei Formen unterschieden: **Anhydrit II$_S$** entsteht unterhalb von 500°C. Das „s" steht für schwer löslich, die Hydratation erfolgt innerhalb von Stunden bis Tagen. Der **Anhydrit II$_U$** bildet sich bei Temperaturen zwischen 500...700°C aus dem Anhydrit II$_S$. Das „u" steht für unlöslich, die Rehydratationszeit liegt bei über drei Tagen. Anhydrit II wird auch als „totgebrannter" Gips bezeichnet.

Wie bereits erwähnt, reagiert Anhydrit II im Gegensatz zum Halbhydrat sehr langsam mit Wasser und setzt sich meist nicht vollständig um. Für die Anwendung im Bauwesen muss deshalb die Reaktionsgeschwindigkeit deutlich erhöht werden, d.h. der Anhydrit muss *angeregt* werden (Kap. 9.3.5.2).
Bei einer Temperatur von etwa 1200°C bildet sich sogenannter Hochtemperaturanhydrit (**Anhydrit I**, $CaSO_4$ I). Er besitzt keine technische Bedeutung.

In der Technik kann man durch die Art der Verfahrensführung einschließlich der Variation der Temperatur- und Druckverhältnisse die Zusammensetzung und Abbindeeigenschaften der entstehenden Baugipse gezielt beeinflussen. Da die Phasenumwandlungen stark kinetisch gehemmt sind, werden unter technischen Reaktionsbedingungen niemals reine Phasen, sondern stets *Phasengemische* erhalten.

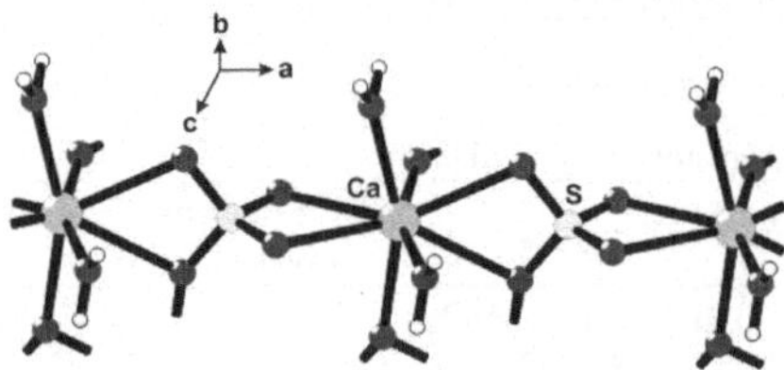

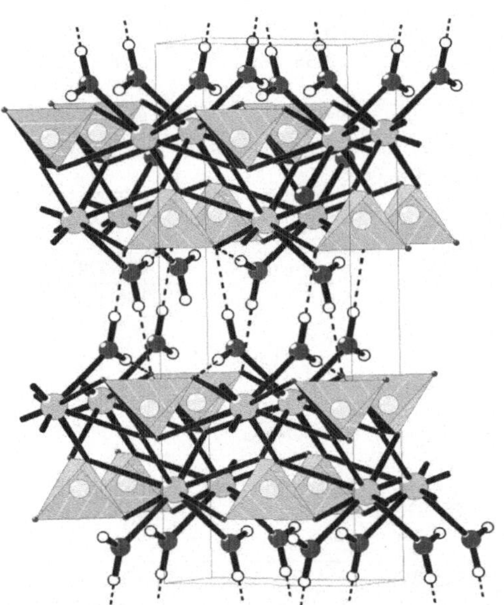

Abbildung 9.32

Kristallstruktur von Calciumsulfat-Dihydrat ($CaSO_4 \cdot 2\,H_2O$)
oben: SO_4 - Ca - SO_4 –Ketten,
links: Bindung der Schichten über Wasserstoffbrückenbindungen; die grauen Tetraeder sind Sulfationen

Die Kristallstrukturen aller Phasen im System $CaSO_4$ / H_2O bestehen aus $CaSO_4$-Schichten, zwischen denen, abhängig von der Art der Phase, verschiedene Mengen an Wasser eingelagert sind. Abb. 9.32 zeigt die Kristallstruktur des $CaSO_4 \cdot 2\,H_2O$ [AB 16]. Die Calciumsulfatschichten, die aus SO_4-Ca-SO_4-Ketten bestehen, alternieren mit Zwischenschichten aus Wassermolekülen. Untereinander sind die Schichten über *schwache* Wasserstoffbrückenbindungen zwischen den Wasserstoffatomen der an den Calciumionen koordinierten H_2O-Moleküle und den O-Atomen von Sulfationen benachbarter Schichten verbunden. Dies erklärt die relativ leichte Wasserabgabe des Calciumsulfat-Dihydrats, die nicht erst bei Temperaturen > 100°C, sondern bereits bei 42°C beginnt. Bei der Entwässerung bleibt nicht nur der Gitteraufbau erhalten, auch die Kristallform bleibt weitgehend unverändert. Das Kristallwasser entweicht über Risse auf der Kristalloberfläche. Mit dem Wasserverlust ist eine signifikante Dichtezunahme verbunden (Tab. 9.10).

Baugipse bestehen zu mindestens 50% aus Dehydratationsprodukten des Dihydrats. Laut DIN EN 13279-1 unterscheidet man zwei Gruppen:

- Baugipse ohne werkseitig beigegebene Zusätze (Stuckgips und Putzgips)
- Baugipse mit werkseitig beigegebenen Zusätzen (Maschinenputzgips, Haftputzgips, Fertigputzgips).

Die für das Bauwesen wichtigsten Gipstypen sind β-Gips und Mehrphasengips. **β-Gips** (*früher: Stuckgips*) besteht überwiegend aus β-Halbhydrat. Daneben enthält er Anhydrit III und Reste von ungebranntem Dihydrat, alles Dehydratationsprodukte des Niedertemperaturbereichs. Der Versteifungsbeginn kann zwischen 9...13 min nach dem Anmachen des Gipses mit Wasser liegen, das Versteifungsende zwischen 22...28 min. **Mehrphasengipse** (*früher: Putzgipse*) bestehen aus Dehydratationsprodukten des Nieder- und Hochtemperaturbereichs: β-Halbhydrat, β-Anhydrit III und Anhydrit II, wobei erst ein bestimmtes Verhältnis zwischen diesen Komponenten den eigentlichen Putzgips ausmacht. Dieses Verhältnis kann durch die Art der Brandführung unter Einsatz von Gipsstein bestimmter Korngröße eingestellt werden. Der Versteifungsbeginn liegt bei 6 min, das Versteifungsende zwischen 27...35 min.

Für die Verwendung als **Modell- oder Formengips** sind erhöhte Anforderungen an die Reinheit (geringere Anteile an Fremdmaterialien) und die Aufbereitung des Ausgangsmaterials (feinere Aufmahlung) notwendig. Zur Anwendung kommt α-Halbhydrat (ρ = 2,757 g/cm^3 !), wodurch höhere Festigkeiten der Formteile erreicht werden ($\rightarrow$ Hartgips).

Anwendung von Baugipsen: Innenputze (Gips- und Gipskalkputz), Herstellung von Gipsplatten und -faserplatten, Gips-Wandbauplatten sowie Stuck-, Form- und Rabitzarbeiten. Etwa 50% des geförderten Gips- bzw. Anhydritsteins werden von der Zementindustrie als Abbinderegler für Portland- und Hochofenzemente verwendet.

9.3.5.2 Hydratations- und Erhärtungsprozess

Die Erhärtung des Gipses ist eine Umkehrung des Brennprozesses. Das beim Brennen aus den Kristallen ausgetriebene Wasser wird beim Anmachen mit Wasser wieder eingebaut. Die Halbhydrate und die Anhydrite II und III reagieren mit Wasser unter Bildung von Calciumsulfat-Dihydrat. Damit weisen sie Bindemitteleigenschaften auf, man spricht auch von *hydratischer Verfestigung*. Bei der Bildung des Dihydrats aus Halbhydrat (Gl. 9-34) werden je nach der kristallinen Modifikation zwischen 34,4 und 38,6 kJ/mol, bei der Bildung des Dihydrats aus Anhydrit (Gl. 9-35) dagegen nur 30,2 kJ/mol Wärme frei. Die Dihydratbildung läuft exotherm ab.

$$CaSO_4 \cdot \tfrac{1}{2}\,H_2O + 1\tfrac{1}{2}\,H_2O \quad \rightarrow \quad CaSO_4 \cdot 2\,H_2O \tag{9-34}$$

$$CaSO_4 + 2\,H_2O \quad \rightarrow \quad CaSO_4 \cdot 2\,H_2O \tag{9-35}$$

Nach der Kristallisationstheorie von *Le Chatelier* lässt sich die Bildung des Dihydrats nach dem Einstreuen von gepulvertem Halbhydrat in Wasser wie folgt erklären:

Das $CaSO_4$ der äußersten Schicht der Halbhydratkörner geht zunächst in Lösung. Es bildet sich eine übersättigte Lösung, aus der das Dihydrat infolge seiner geringeren Löslichkeit auskristallisiert. Die $CaSO_4$-Kriställchen, die sich an der Oberfläche der Halbhydratkörner ausbilden, wandeln sich sukzessive in das Dihydrat um. Auflösung von Halbhydrat und Abscheidung von Dihydrat setzen sich über den gesamten Zeitraum der Hydratation fort. Aus den primär entstandenen Kristallkeimen bilden sich feine Nadeln (Abb. 9.33), die untereinander verfilzen und so die Versteifung bewirken. Nach dem Trocknen (Austrocknen) des Gipses liegt ein polykristallines Gefüge hoher Festigkeit vor. Die zunächst einsetzende Volumenkontraktion von 7…9% wird infolge Dihydratbildung durch eine **Volumenvergrößerung** (bis zu 1%) überlagert.

Gips weist ein Porenvolumen von ca. 50% auf. Er ist deshalb im trockenen Zustand gut wärmedämmend.

Abbildung 9.33 Wachstum von Gipskristallen auf einem β-Halbhydratkristall. ESEM-Aufnahmen bei 11°C nach 4 min (links, 6000x) und nach 8 min (rechts, 2500x). Quelle: F. A. Finger-Institut für Baustoffkunde, Bauhaus-Universität Weimar

In Abb. 9.34 ist die Abhängigkeit der Löslichkeit der Calciumsulfathydratphasen und des Anhydrit II von der Temperatur dargestellt. Bedeutsam für den Erhärtungsprozess ist die Tatsache, dass sich bei der Bildung des Dihydrats die Löslichkeit sukzessive verringert: $CaSO_4 \cdot \frac{1}{2} H_2O$ (β-HH) ca. 8,8 g, Anhydrit II ca. 2,7 g, $CaSO_4 \cdot 2 H_2O$ ca. 2 g (alle Werte pro Liter H_2O, 20°C). Die Löslichkeit des Dihydrats steigt bis zu einem Maximum bei etwa 50°C, um anschließend wieder abzufallen. Anhydrit II löst sich bei niedrigen Temperaturen besser als Dihydrat, schneidet dessen Löslichkeitskurve bei ca. 45°C. Die geringen Löslichkeitsunterschiede zwischen Dihydrat und Anhydrit sind die Ursache, weshalb reiner Anhydrit als Bindemittel ungeeignet ist. Erst wenn durch Zugabe von Beschleunigern (s.u.) das Löslichkeitsprodukt der Dihydrate abgesenkt wird, ergeben sich ein genügend großer Löslichkeitsunterschied und damit ein für praktische Anwendungen hinreichendes Abbindeverhalten. Unter 45°C stellt das Dihydrat und über 45°C der Anhydrit II die thermodynamisch stabilste Modifikation dar.

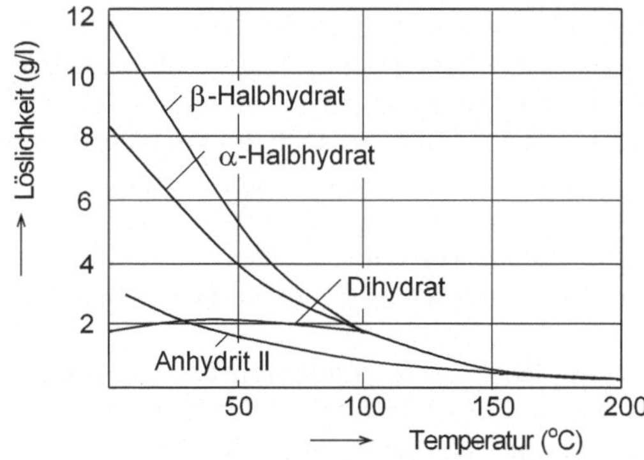

Abbildung 9.34

Abhängigkeit der Löslichkeit der Calciumsulfathydratphasen sowie von Anhydrit II von der Temperatur

Härtungsbeschleuniger. Wie bereits beschrieben, hydratisiert Anhydrit II aufgrund seiner geringen Löslichkeit deutlich langsamer als die Halbhydrate. Um trotzdem eine technische Anwendung zu ermöglichen, wurden frühzeitig Härtungsbeschleuniger (Anreger) entwickelt, die die Hydratationsgeschwindigkeit erhöhen sollen. Die eingesetzten Beschleuniger können in zwei Gruppen unterteilt werden: in sulfatische und in basische Vertreter. Zu den *sulfatischen Härtungsbeschleunigern* gehören Alkalimetall-, Ammonium- und Schwermetallsulfate wie z.B. K_2SO_4, Na_2SO_4, $(NH_4)_2SO_4$, $CuSO_4$, $FeSO_4$ und $ZnSO_4$, zu den *basischen Beschleunigern* $Ca(OH)_2$ und Portlandzement. Ihre Dosierung beträgt etwa 0,3%, bezogen auf die Masse des Anhydrits.

Die Wirkungsweise dieser Härtungsbeschleuniger beruht vor allem auf der Beeinflussung der Löslichkeitsverhältnisse. Die überwiegend sulfatischen Verbindungen wirken als gleichioniger Zusatz (Kap. 6.3.3). Sie erniedrigen die molare Löslichkeit des $CaSO_4$ und führen zu einer beschleunigten Abscheidung von Gipskristallen. Der Einsatz basisch reagierender Substanzen wie $Ca(OH)_2$ oder Portlandzement bewirkt infolge der Erhöhung der Calciumionenkonzentration in der Lösungsphase ebenfalls eine Herabsetzung der $CaSO_4$-Löslichkeit. Wiederum ist eine beschleunigte Auskristallisation von Gipsstein die Folge. In der Praxis werden aus Kostengründen Mischungen von Beschleunigern verwendet, z.B. setzt man dem Anhydrit sowohl K_2SO_4 (sulfatische Beschleunigung) als auch Zement (basische Beschleunigung) zu.
Härtungsbeschleuniger haben nicht nur Einfluss auf das Erstarrungsvermögen von Anhydritbindern. Sie beeinflussen auch deren Schwinden und Quellen.

Untersuchungen zum Hydratationsverhalten von Natur-, Synthese- und REA-Anhydrit zeigten, dass Anhydrit II praktisch nie vollständig mit Wasser zum Dihydrat reagiert [BC14a]. Eine vollständige Hydratation, wie etwa beim Zement, erfolgt bei Anhydriten nicht. Den höchsten Hydratationsgrad weist mit etwa 80 - 90% REA-Anhydrit auf, während der Hydratationsgrad von Naturanhydrit selten über 50% liegt. Das kann zu unerwünschten Auswirkungen bei einer nachträglichen Befeuchtung des Baustoffes führen. Als Folge der Volumenzunahme bei der Dihydratbildung treten Aufwölbungen und Abplatzungen auf - ein Schadensbild, das im Alltag häufig zu beobachten ist. Eine solche „Nachhydratation" kann auch im Estrich zu enormen Gefügespannungen führen. Das Bindemittel wird mürbe und die Festigkeit nimmt ab.

Enthalten Gipsbaustoffe α- oder β-Halbhydrat als Bindemittel, werden häufig **Härtungsverzögerer** (Verzögerer) eingesetzt. Sie sollen durch Bildung von Calciumkomplexen oder schwer löslichen Calciumverbindungen die Keimbildung unterdrücken und so die Geschwindigkeit der Auflösung des Halbhydrats und die Bildung der Dihydratkristalle erniedrigen. Als besonders wirksam haben sich α-Hydroxycarbonsäuren wie Citronen- oder Weinsäure bzw. deren Salze erwiesen. Daneben kommen Iminodisuccinat, Aminosäuren (z.B. Polyasparaginsäure), carboxylgruppenenthaltende Polymere, Zucker und Leime, aber auch anorganische Substanzen wie Polyphosphate, Sulfonate, Phosphonsäuren oder Wasserglas als Verzögerer zum Einsatz.

Die **Festigkeitseigenschaften** der Baugipse werden in erster Linie von der Gipsart und vom Wasser-Gips-Verhältnis bestimmt. Das Wasser-Gips-Verhältnis (Verhältnis: Anmachwassermenge/Gipsmenge) wird in der Baupraxis als **Wassergipswert R** bestimmt (DIN EN 13279-2). Er ist entsprechend Gl. (9-36) als Quotient aus der Wassermenge (100 g) und der Einstreumenge Gips (in Gramm) definiert.

$$\boxed{Wassergipswert R = \frac{100g\,Wasser}{Einstreumenge\;Gips\,in\,g}} \tag{9-36}$$

Die *Einstreumenge* ist die Gipsmenge in Gramm, die beim Einstreuen in 100 g Wasser gerade durchfeuchtet wird. Stuckgipse sollten bei einem Wassergipsverhältnis von 0,6...0,8 verarbeitet werden. In Analogie zur Zementerhärtung gilt: *Die Festigkeit der Gipse nimmt mit zunehmender Menge an Anmachwasser ab.*

9.3.5.3 Eigenschaften von Bindemitteln auf der Basis von CaSO$_4$

Aus dem physikalisch-chemischen Verhalten der Calciumsulfathydratphasen und des Anhydrits können einige wichtige Eigenschaften für die Baupraxis abgeleitet werden:

- **Gipslösung reagiert chemisch neutral.** Im Unterschied zur basischen Reaktion des Zementmörtels und Betons reagiert eine Gipslösung weitgehend neutral (pH-Wert ~7). Damit ist für Eisen und Stahl kein Rostschutz gegeben, Stahlteile müssen durch Schutzanstriche (z.B. Lacke, Bitumen) geschützt werden.

- **Relativ hohe Wasserlöslichkeit des Dihydrats.** $CaSO_4 \cdot 2\,H_2O$ besitzt bei normalen Temperaturen eine verhältnismäßig hohe Wasserlöslichkeit (ca. 2 g/Liter). Gips ist deshalb nur an Bauteilen zu verwenden, die *nicht* ständiger Feuchtigkeit ausgesetzt sind bzw. mit fließendem Wasser in Berührung kommen. Kurzzeitige Feuchtigkeitsaufnahme, z.B. in Wohnungsküchen und -bädern, führt zu keinen Schäden, obwohl natürlich die Festigkeit reduziert wird. Dauernde Durchfeuchtung mit Wasser sowie ständige Einwirkung von Temperaturen > 60°C führen zu Löseerscheinungen und Gefügeveränderungen. Damit ist Gips für den Außenbau und für extrem feuchte Räume wie Hallenbäder nicht geeignet. Sind Gipskartonplatten wasserabweisend imprägniert, können sie auch in Räumen mit einem erhöhten Kondenswasseranfall eingebaut werden. Für Außenputz, der permanent feuchter Witterung ausgesetzt ist, darf Gipsbinder nicht verwendet werden. Wegen ihrer Wasserlöslichkeit dürfen Gipse nicht mit Zementen und/oder hydraulischen Kalken verarbeitet werden, da ansonsten bei späterer Durchfeuchtung das Gefüge zerstört wird (Kap. 9.4.2.2.1, Sulfattreiben). Aus dem gleichen Grunde ist äußerste Vorsicht bei der Verarbeitung von Gipsmörtel auf Beton oder zementgebundenem Untergrund geboten.

- **Gips wirkt feuchtigkeitsregulierend.** Gipsbauteile und -flächen besitzen aufgrund ihres hohen Porengehaltes im trockenen Zustand ein beachtliches Saugvermögen für Wasser (Wasseraufnahme bis zu 50% ihrer Eigenmasse), das aber ebenso schnell wieder abgegeben werden kann. Gips ist „atmungsaktiv", deshalb sind Gipsplatten für den Ausbau von Wohnräumen besonders empfehlenswert.
- **Feuerschutzwirkung von Gipsstein und Gipsbaustoffen.** Gipsbaustoffe wirken feuerhemmend, da das in der Hitze verdampfende Kristallwasser die Temperatur am Brandherd erniedrigt. Gipsplatten besitzen eine hohe Feuerschutzwirkung.

- **Volumenzunahme beim Abbinden.** Da die Bildung von Dihydrat durch die Aufnahme von Kristallwasser mit einer Volumenzunahme von etwa 1% verbunden ist, kann das Auftreten von Schwindrissen bei Gipsputzen bzw. die Lockerung von Verdübelungen weitgehend ausgeschlossen werden. Feinste Unebenheiten können ausgeglichen werden.

- **Lagerung und Verarbeitung.** Baugipse müssen stets trocken gelagert werden, damit sich keine Dihydrate bilden. Um eine Klumpenbildung (lokale Hydratation!) zu vermeiden, sollen beim Anmachen die Halbhydrate immer in das Wasser eingestreut werden. Der Abbindeprozess darf nicht durch mechanische Einflüsse unterbrochen werden, da es ansonsten zu einer Störung der Ausbildung der Kristallstruktur kommt. Saubere Gefäße benutzen, da alte Gipsreste als Kristallisationskeime wirken und die Verarbeitungszeit verkürzen!

9.3.6 Magnesia- und Phosphatbinder

Magnesiabinder. Der Magnesiabinder ist ein nicht hydraulisches Bindemittel. Er besteht aus trockenem Magnesiumoxid MgO (*Magnesia*) und löslichen Magnesiumsalzen (Chloride, Sulfate). Die erstmalige Verwendung dieses Bindemittels geht auf das Jahr 1867 zurück. Sie wurde vom Franzosen *S. Sorel* beschrieben, weshalb man in der Folgezeit Magnesiabinder „Sorelzement" nannte. Diese Bezeichnung ist insofern unkorrekt, als es sich beim Magnesiabinder um ein „hydratisches" und nicht um ein hydraulisches Bindemittel handelt.

Kaustische („ätzende") Magnesia erhält man durch Brennen von $MgCO_3$-haltigen Rohstoffen, z.B. *Magnesit*, unterhalb der Sintergrenze von 800...900°C. In fein gemahlener Form erhärtet das so hergestellte MgO in Gegenwart von konzentrierten $MgCl_2$- bzw. $MgSO_4$-Lösungen nach einigen Stunden steinartig. Das Massenverhältnis $MgCl_2 : MgO$ soll zwischen 1 : 2,5...3,5 liegen. Es muss eingehalten werden, da ein Überschuss an $MgCl_2$ aufgrund seiner Hygroskopizität eine erhöhte Durchfeuchtung des Mörtels, ein Unterschuss an $MgCl_2$ dagegen die Bildung eines porösen Mörtels geringer Festigkeit bewirkt.

Die infolge Protolyse schwach sauer reagierende $MgCl_2$-Lösung (Gl. 9-37) ist in der Lage, größere Mengen an Magnesiumoxid, das selbst mit H_2O nur sehr langsam reagiert, aufzulösen (Gl. 9-38). Es läuft quasi eine Neutralisation ab.

$$Mg^{2+} + 2\,Cl^- + 4\,H_2O \ \rightleftharpoons\ Mg(OH)_2 + 2\,H_3O^+ + 2\,Cl^- \qquad (9\text{-}37)$$

$$MgO + 2\,H_3O^+ \ \rightarrow\ Mg^{2+} + 3\,H_2O \qquad (9\text{-}38)$$

Im Verlaufe der Erhärtung des Magnesiamörtels scheiden sich aus der zunächst entstehenden, gallertartigen Masse nadelförmige Kristalle aus. Neben schwer löslichen basischen Chloriden wie $MgCl_2 \cdot 3\,Mg(OH)_2 \cdot 8\,H_2O$ treten im erhärteten Mörtel MgO, $Mg(OH)_2$,

MgCO$_3$ und freies MgCl$_2$ als Nebenprodukte auf. Die Struktur der stabilen Hydratphase MgCl$_2$ · 3 Mg(OH)$_2$ · 8 H$_2$O leitet sich von der des Mg(OH)$_2$ ab. Es liegen Doppelketten der Stöchiometrie [Mg$_4$(OH)$_6$(H$_2$O$_6$)]$^{2+}$ 2 Cl$^-$ · 2 H$_2$O (Bild) vor, wobei die kationischen

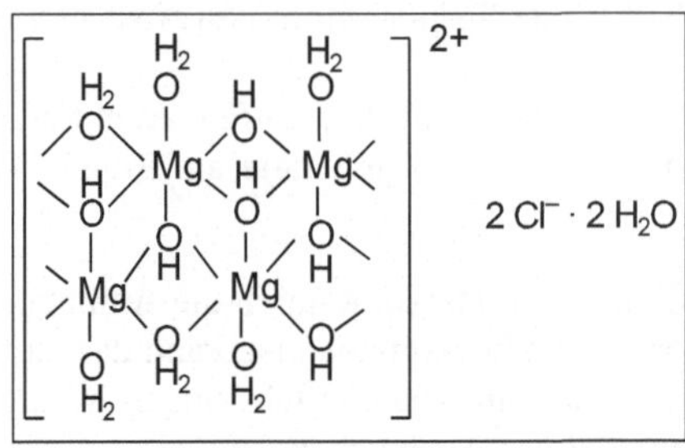

[Mg$_2$(OH)$_3$(H$_2$O)$_3$]$^+$-Ketten durch Chloridionen zusammengehalten werden. Diese Kettenverknüpfung ist der Grund für die hohe Festigkeit der entstehenden Hydratphase [AC 2].

MgCO$_3$ entsteht durch Reaktion des gebildeten Mg(OH)$_2$ mit dem CO$_2$ der Luft. Die basischen, schwer löslichen Neubildungen liegen immer als Mischungen vor. Da Chloridionen die Korrosion fördern, müssen vor der Verarbeitung des Magnesiabinders alle mit ihm in Kontakt stehenden Metallteile geschützt werden, z.B. durch Bitumenanstriche.

Den Magnesiabindern können anorganische (Sand, Korund Al$_2$O$_3$, Bims) oder organische (Sägespäne, Holzschliff, Kork, Textilfasern, Papier) **Zusatz- oder Füllstoffe** beigegeben werden. Zur Einfärbung setzt man häufig Farbpigmente zu.

Magnesiabinder werden zur Herstellung von **Magnesiaestrich** *(„Steinholz")* und *Holzwolle-Leichtbauplatten* verwendet. Da Steinholz empfindlich gegen Feuchtigkeit ist, sollte es gegen eindringende Nässe mit Ölen oder Wachsen geschützt werden. Die Feuchtigkeit bedingt eine erhöhte elektrische Leitfähigkeit, so dass im Magnesiabinder verlegte Rohre und Leitungen unbedingt geerdet sein müssen. Beim Auftragen von Steinholz auf Stahlbetondecken bzw. Beton sind MgCl$_2$-Überschüsse unbedingt zu vermeiden. Neben einer erhöhten Korrosionsanfälligkeit des Bewehrungsstahles durch die Chloridionen kann auch der Beton angegriffen werden (Kap. 9.4.2.2.2, Magnesiatreiben).

Die Hygroskopizität des Magnesiaestrichs wird verringert, wenn MgSO$_4$ statt MgCl$_2$ benutzt wird. Die entstehenden Erhärtungsprodukte (z.B. MgSO$_4$ · 5 Mg(OH)$_2$ · 8 H$_2$O) besitzen allerdings eine geringere Festigkeit als die basischen Chloride.

Phosphatbinder. Phosphatbinder gehören ebenfalls zu den nicht hydraulischen Bindemitteln. Abbinden und Erhärten erfolgt bei diesem Bindemitteltyp sowohl hydratisch (wie beim Magnesiabinder) als auch durch Neutralisation zwischen einer sauren und einer basischen Komponente. Phosphatbinder werden deshalb auch als *Säure-Base-Binder* bezeichnet. Die Produkte des Erhärtungsprozesses sind Salze mit einem mehr oder weniger hohen Anteil an Kristallwasser. Als saure Komponenten kommen anorganische Säuren, „saure" Salze wie Ammonium- oder Alkalimetallhydrogenphosphate sowie organische Komplexbildner in Frage. Die basischen Komponenten bestehen meist aus einem basischen bzw. amphoteren Metalloxid (MgO, CaO, Al$_2$O$_3$, ZnO) oder aus Metallhydroxiden wie Al(OH)$_3$ und Mg(OH)$_2$.

Aus der Vielzahl möglicher saurer und basischer Komponenten resultiert eine Vielzahl möglicher Phosphatbindersysteme. Das Reaktionsprinzip dieses Bindertyps soll am Beispiel des **Magnesiumphosphatbinders** dargestellt werden (Gl. 9-39a).

$$\text{MgO} + (\text{NH}_4)_2\text{HPO}_4 + 5\,\text{H}_2\text{O} \rightarrow \text{NH}_4\text{MgPO}_4 \cdot 6\,\text{H}_2\text{O} + \text{NH}_3 \qquad (9\text{-}39a)$$

Das im Resultat einer stark exothermen Reaktion gebildete schwer lösliche Ammonium-magnesiumphosphat-Hexahydrat $NH_4MgPO_4 \cdot 6\,H_2O$ (*Struvit*) ist das (erwünschte!) Hauptprodukt des Erhärtungsprozesses. Als Nebenprodukte können $NH_4MgPO_4 \cdot H_2O$ (*Dittmarit*), $(NH_4)_2Mg(HPO_4)_2 \cdot 4\,H_2O$ (*Schertelit*) sowie Magnesiumphosphate entstehen. Nach ca. 1 Stunde ist das Bindemittel erhärtet, innerhalb von 4 Stunden sind mehr als 50% der Endfestigkeit erreicht. Die Abbindereaktion, die außerordentlich schnell verläuft, kann durch Verzögerer wie Borsäure, Borax und Natriumsilicat verlangsamt werden. *Anwendungsfelder*: Mörtel oder Betone für schnelle Ausbesserungsarbeiten, z.B. Schlaglochreparatur auf Betonfahrbahnen.

Mischungen von Aluminiumhydroxid und Phosphorsäure reagieren unter Bildung von schwer löslichem Aluminiumphosphat (Gl. 9-39 b und c; **Aluminiumphosphatbinder**).

$$Al(OH)_3 + H_3PO_4 \rightarrow AlPO_4 + 3\,H_2O \tag{9-39b}$$

$$3\,Al(OH)_3 + 2\,H_3PO_4 + 3\,H_2O \rightarrow 2\,AlPO_4 \cdot Al(OH)_3 \cdot 5\,H_2O \tag{9-39c}$$
$$\textit{Wavellit}$$

Aluminiumphosphatbinder haben gegenüber Zement den Vorteil, dass ihre Verfestigungsprodukte nicht alkalisch reagieren. Sie werden gemeinsam mit weiteren Hochtemperaturzuschlägen (Schamotte, Korund) zu feuerfesten Ausmauerungen verwendet.

9.3.7 Kalksandstein und Porenbeton

Kalksandstein wird aus gemahlenem Branntkalk CaO und Quarzsand SiO_2 (Massenverhältnis 1 : 12) unter Zugabe geringer Mengen Wasser zum Ablöschen des Kalks hergestellt. Die abgelöschte Kalk-Sand-Masse wird nach 3...4 h zu Rohlingen verpresst und anschließend unter Sattdampfdruck (~16 bar) bei 160...220°C in einem Härtekessel (Autoklaven) 4...8 h gehärtet. Unter diesen *hydrothermalen Bedingungen* (Kap. 6.2.3.1) findet eine chemische Reaktion zwischen dem Kalk und dem durch den heißen Wasserdampf aufgeschlossenen Siliciumdioxid statt. An der Oberfläche der Sandkörnchen entstehen kristalline **C-S-H**-Phasen, die eine dauerhafte feste Verkittung der Sandkörner bewirken. Kalksandsteine sind feste Mauersteine, die nach dem Verlassen des Autoklaven und anschließender Abkühlung auf der Baustelle unmittelbar verarbeitet werden können.

Porenbeton (früher: Gasbeton) gehört zu den Leichtbetonen. Leichtbetone besitzen gegenüber Normalbeton als Folge ihrer hohen Porosität von 70...80 Vol.-% eine verminderte Rohdichte und damit eine geringere Masse. Mit der Verminderung der Rohdichte und der Erhöhung der Porigkeit ist eine verringerte Druckfestigkeit verbunden. Porenbetone werden im Herstellungsstadium im flüssigen Zustand mit Hilfe eines zugesetzten Gasbildners porosiert, d.h. aufgebläht. Als Bindemittel verwendet man gebrannten Kalk und/oder Zement in wechselnden Massenverhältnissen. Der Zement dient der Stabilisierung des erzeugten Porengerüsts sowie der Verbesserung der Festigkeit. Als Zuschlagstoffe kommen quarzhaltige Sande oder geeignete Flugaschen zum Einsatz. Mitunter werden auch geringe Anteile an Gips oder Anhydrit beigegeben. Der Wasseranteil wird so dosiert, dass eine fließfähige Suspension entsteht.

Als Gasbildner (*Treibmittel*) fungiert metallisches Aluminium, das als feinkörniges Aluminiumpulver oder als Aluminiumpaste in die Suspension eingebracht wird und in der stark basischen Lösung des Betons gemäß Gl. (8-5) Wasserstoff freisetzt. Die Durchmesser der erzeugten Poren liegen im Millimeterbereich mit Höchstwerten zwischen 1,5...2 mm. Daneben befinden sich im Mörtel natürlich die üblichen Poren des Zementsteins. Das in Formen gegossene und geblähte Gemisch wird hydrothermal im Autoklaven gehärtet. Porenbetone eignen sich hervorragend zur wärmedämmenden Ausführung von Mauerwerksbau.

9.3.8   Umweltverträglichkeit von zementgebundenen Baustoffen

Die Auswirkungen von Baustoffen, speziell von zementgebundenen Baustoffen, auf Umwelt und Gesundheit des Menschen, werden seit Jahren intensiv untersucht. Dabei betrachtet man die Umweltverträglichkeit der Baustoffe vor allem unter dem Aspekt der Wechselwirkung mit den Schutzgütern Wasser, Boden und Luft. In Tab. 9.11 sind ökologisch bedeutsame Betoninhaltsstoffe zusammengefasst. Sie können sowohl vom Restwasser, von Recycling- oder Reststoffen, aber auch von Zusatzmitteln bzw. -stoffen sowie von der Gesteinskörnung und dem Zement stammen.

Die Freisetzung ökologisch bedenklicher Stoffe aus zementgebundenen Baustoffen, speziell aus dem Baustoff Beton, kann im Prinzip auf drei Wegen erfolgen, durch

a) Auswaschung bzw. Auslaugung bei Kontakt des Baustoffes mit einer Auslaugflüssigkeit wie dem Regen- oder Grundwasser
b) Emission flüchtiger Bestandteile, vor allem organischer Stoffe
c) Emission von radioaktiver Strahlung.

Tabelle 9.11 Ökologisch bedeutsame Betoninhaltsstoffe [AB 18]

Inhaltsstoffe	Hy-droxid	Sulfat	Chlorid	Natrium	Kalium	Schwer-metalle	organ. Verbin-dungen
Wasser	–	–	–	–	–	–	–
Restwasser	•	•	•	•	•	•	•
Gesteinskörnung (nat.)	–	•	•	–	–	•	•
Recyclingstoffe	•	•	•	•	•	•	•
Abstoffe	-	•	•	•	•	•	•
Zement	–	•	–	•	•	•	•
Zusatzstoffe	–	•	–	•	•	•	–
Zusatzmittel	–	–	–	•	•	–	•

Eine potentielle Belastung der Umwelt durch sachgerecht hergestellte Betone ist durch die Freisetzung von Alkalien, Salzen und Schwermetallen infolge Wechselwirkung der Betonoberfläche mit Regen- oder Grundwasser gegeben (**Auslaugung**). Zur Untersuchung des Auslaugverhaltens werden im Labor sogenannte Auslaugtests durchgeführt. Ein häufig angewandter Test ist der **Schütteltest** nach DIN 38414 S-4, kurz: DEV-S4. Das Prüfgut wird zerkleinert, fein gemahlen und anschließend unter intensivem Schütteln mit Wasser eluiert. Obwohl bei dieser Prozedur der Anteil des Gesamtgehaltes eines Stoffes bestimmt wird, der unter den gegebenen Auslaugbedingungen mobilisiert werden kann, sind Aussagen über die Mengen, die aus einem kompakten Betonkörper in einer bestimmten Zeit ausgelaugt werden, nicht möglich. Um die *zeitabhängige Auslaugung* kompakter, zementgebundener Baustoffe unter Praxisbedingungen zu erfassen, liefern sogenannte **Standtests** realistischere Resultate. Bei diesen Tests werden Zementstein-, Mörtel- oder Betonprobekörper so in einen Behälter eingebracht, dass sie von allen Seiten mit der Auslaugflüssigkeit umgeben sind. Die Probekörper werden kontinuierlich im Auslaugmedium bewegt und die eluierten Stoffe in bestimmten Zeitabständen analytisch bestimmt. Details zu den Auslaugverfahren s. [AB 17-20].

• **Beeinflussung der Auslaugbarkeit.** Die Auslaugbarkeit eines Baustoffes hängt von verschiedenen Faktoren ab, die wichtigsten sind die chemische und physikalische Beschaffenheit des Baustoffs, die Löslichkeit der Schadstoffe bzw. die Mobilisierung von Ionen, der pH-Wert, die Temperatur des eindringenden Wassers, das Wasser-Feststoff-Verhältnis ($\rightarrow$ Verhältnis von auslaugendem Medium zu auslaugbarem Feststoff) sowie die Dauer der Elution.
Im Beton befinden sich zahlreiche Stoffe, die auch nach abgeschlossener Hydratation mehr oder weniger gut wasserlöslich und damit potentiell auslaugbar sind. Mit der Zunahme an Betonausgangsstoffen erhöht sich die Gefahr, dass umweltgefährdende Substanzen aus dem Beton in die Umwelt gelangen. Die Löslichkeit stellt somit eine zentrale Größe für den Auslaugprozess dar. Abb. 9.35 zeigt das Potential an auslaugbaren Stoffen pro m^3 Beton mit 350 kg Portlandzement [AB 20] und die zu den Inhaltsstoffen zugehörigen Löslichkeiten. Dabei wird die Wechselbeziehung zwischen Verfügbarkeit und Löslichkeit deutlich. Zum Beispiel kann ein Liter Wasser nur 1,3 g $Ca(OH)_2$ aufnehmen, obwohl $Ca(OH)_2$ in großer Menge vorliegt. Andererseits lösen sich pro Liter Wasser 1120 g Kaliumhydroxid, das wiederum in ganz geringer Menge vorliegt.

Die Auslaugbarkeit von Alkalien und ihre Konsequenzen wurden vor allem bei der Spritzbetonanwendung im Tunnelbau untersucht. Die zugesetzten Beschleuniger sind meist alkalisch reagierende Substanzen. Deshalb werden bei Kontakt mit Bergwasser mehr oder weniger hohe Konzentrationen an OH^--Ionen ausgelaugt. Sie erhöhen den pH-Wert des wegfließenden Wassers, was insbesondere in Trinkwasser- und Heilwasserschutzgebieten Probleme bereitete. Durch die Verwendung von Hochofenzement bzw. den Einsatz gipsarmer Zemente ohne Erstarrungsbeschleuniger mit Silicastaub konnte die Auslaugbarkeit von Alkalien aus Spritzbeton drastisch reduziert werden.
Die Auslaugrate nimmt mit zunehmender Erhärtung ab. Im frischen Zustand ist Beton natürlich leichter auswaschbar, da die löslichen Inhaltsstoffe noch nicht in der festen Matrix fixiert sind. Im Festbeton kann eine Auslaugung nur noch über die Poren des Zementsteins und über Risse erfolgen.

• **Schwermetalle** stammen vorwiegend aus den natürlichen Einsatzstoffen, evtl. auch aus eingesetzten Sekundärrohstoffen. Generell sind für eine Beurteilung der Umweltverträglichkeit nicht die Grundgehalte umweltrelevanter Bestandteile wesentlich, sondern die Mengen, die während der Verarbeitung, Nutzung und Entsorgung von Frisch- und Festbeton freigesetzt werden können. Das gilt insbesondere für Schwermetalle. Es ist also nicht der im Resultat einer chemischen Gesamtanalyse ermittelte Schwermetallanteil interessant, sondern der Anteil, der in einer löslichen (mobilen) Form vorliegt und deshalb ausgelaugt werden kann. Er hängt wesentlich von der Art und der Stabilität der Bindung der betrachteten Elemente im Beton sowie vom Diffusionswiderstand der Zementsteinmatrix ab.

In ihren Untersuchungen zur Betonauslaugbarkeit verwendeten *Sprung und Mitarb.* einen Portlandzement mit folgenden Schwermetallgehalten: Cr 79 mg/kg, Hg < 0,02 mg/kg und

Tl < 0,2 mg/kg [AB 19]. Es wurden jeweils Prüfkörper mit w/z-Werten zwischen 0,5 und 0,7 hergestellt, nachbehandelt und anschließend in einem Trog 200 Tage lang entweder der Einwirkung von Leitungswasser oder von CO_2-angereichertem Wasser ausgesetzt. Es zeigte sich, dass die ausgelaugten Mengen an Cr, Hg und Tl generell außerordentlich niedrig sind. Beim Übergang von Leitungswasser zur kalklösenden Kohlensäure nimmt die Auslaugmenge erwartungsgemäß zu, wenngleich nur sehr geringfügig. Für einen Normalbeton (w/z = 0,5) ergeben sich für die insgesamt eluierten Schwermetallmengen, bezogen auf das Gesamtvolumen, folgende Konzentrationen (mg/l): Cr $4 \cdot 10^{-3}$, Hg $2 \cdot 10^{-6}$ und Tl: $2 \cdot 10^{-5}$. Diese Werte liegen deutlich unter den in der Trinkwasserverordnung angeführten Grenzwerten für Cr ($5 \cdot 10^{-2}$ mg/l), Hg (10^{-3} mg/l) und Tl (nicht angegeben). Selbst im Ergebnis von Schütteltests nach DIN-S4, bei dem das gebrochene Material 24 Stunden in einer entsprechenden Apparatur in Wasser geschüttelt wurde, ergab sich keine Überschreitung der Grenzwerte der Trinkwasserverordnung (vdz-online.de).

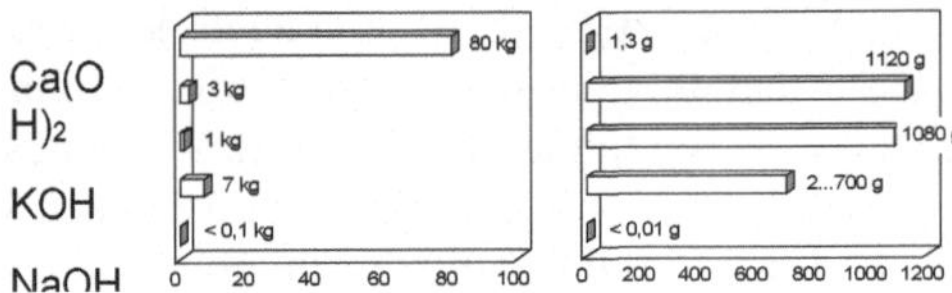

Abbildung 9.35 Potential an auslaugbaren Stoffen pro Kubikmeter Beton mit 350 kg Portlandzement (links) und Löslichkeit der Stoffe (rechts) nach [AB 20]

• **Organische Verbindungen** gelangen vor allem über organische Zusatzstoffe und Zusatzmittel, aber auch über Recyclingmaterialien in den Mörtel bzw. Beton. Untersuchungen ergaben, dass bei den im Betonbau üblicherweise eingesetzten Mengen an verflüssigenden Zusatzmitteln wie Ligninsulfonaten und Naphthalinsulfonsäure-Formaldehyd-Harzen unter realen Auslaugbedingungen vernachlässigbar geringe Anteile eluiert werden [AB 20]. Die organischen Substanzen werden demnach weitgehend in die Zementsteinmatrix eingebunden bzw. eingekapselt.

Die **Emission flüchtiger Stoffe** (Ammoniak, organische Verbindungen) scheint nach bisherigen Untersuchungen ebenfalls vernachlässigbar gering zu sein und keinerlei Gefahr für Mensch und Umwelt darzustellen. Das Ausgasen von Ammoniak und flüchtigen organischen Stoffen hängt von den Parametern ab, die generell für die Emission von Gasen aus einem Feststoff gelten: dem Dampfdruck der Substanz, der Temperatur sowie der Dichtigkeit der Zementmatrix. Leicht flüchtige Komponenten werden in erster Linie aus dem Frischbeton während der Verarbeitung freigesetzt. Wie im Resultat von Untersuchungen zur Gasentwicklung bei Estricharbeiten in einem geschlossenen Raum bei der Verwendung von NH_3-befrachteter Steinkohlenasche gezeigt werden konnte, sind diese Vorgänge nach kurzer Zeit abgeschlossen [AB 17b]. Es traten nur geringfügige Geruchsbelästigungen auf,

die nach etwa 1 Tag kaum noch wahrnehmbar bzw. messbar waren. Bei ausreichender Belüftung, wie es im Betonbau in der Regel der Fall ist, treten keinerlei Probleme auf.
Die **Emission radioaktiver Strahlen** aus Baustoffen wurde in Kap. 2.1.2 besprochen.

9.4 Korrosion nichtmetallisch-anorganischer Baustoffe

9.4.1 Korrosive Medien

Korrosive Prozesse sind nicht nur auf metallische Werkstoffe beschränkt (Kap. 8.3). Dem zerstörenden Einfluss korrosiver Medien sind alle Werkstoffe ausgesetzt, die im Bauwesen Verwendung finden. Die zugrunde liegenden Wirkmechanismen sind vielgestaltig, man unterscheidet:

- *physikalische Einflüsse*   Wärme, Temperaturwechsel, Strahlung (insbes. UV-Strahlung), Frost bzw. Frost-Tau-Wechsel, fließendes Wasser, Wind- und Staubbelastung
- *chemische Einflüsse*   anorganische bzw. organische Säuren und Basen, Salze, Rauch- und Abgase sowie Fette und Öle
- *biologische Einflüsse*   Bakterien, Algen, Pilzbefall, Flechten und Moose.

Während die aufgeführten Faktoren bereits einzeln eine korrosive Belastung darstellen, führt ihre Kombination meist zu einer Potenzierung der Wirksamkeit und damit zu einer verstärkten bzw. vollständigen Zerstörung des Werkstoffs. Natürlich ist die Wechselwirkung zwischen den verschiedenen Baustoffen und aggressiven Medien recht unterschiedlich. Manche Baustoffe werden stark, andere wiederum gar nicht angegriffen. So reagieren z.B. schwache Säuren mit Kalk und Beton, mit Kunststoffen findet dagegen kaum eine Reaktion statt. Organische Lösungsmittel wie die Halogenkohlenwasserstoffe lösen zwar bitumenhaltige Baustoffe an, nicht aber mineralische. Im Weiteren soll die Betonkorrosion besprochen werden, obwohl die beschriebenen Mechanismen auch bei Korrosionsprozessen an Bindemitteln wie Kalk und Gips anzutreffen sind.

9.4.2 Chemischer Angriff auf Beton

Die für die Baustoffkorrosion entscheidenden Prozesse sind im Wesentlichen chemischer Natur. Voraussetzung für das Einsetzen der Korrosion ist die *Anwesenheit von Wasser* in jeglicher Form ($\rightarrow$ Regen, Tau, Nebel, Luftfeuchtigkeit, Grundwasser, aufsteigende Baufeuchtigkeit), da anorganische und organische Stoffe, gleichgültig ob fest oder gasförmig, den Beton nur dann korrosiv angreifen können, wenn sie in wässriger Lösung vorliegen.
Damit kommt dem Sauren Regen, zu dessen Acidität die säurebildenden Luftschadstoffe SO_2/SO_3, NO_x und HCl beitragen, eine besondere Rolle zu (Kap. 5.5.3.1). Gelangen Gase bzw. aggressive Salze in trockener Form mit Beton in Kontakt, genügt bisweilen die normale Eigenfeuchtigkeit des Betons, um Zersetzungsreaktionen einzuleiten.

Gegenüber einem Angriff aggressiver Medien stellt der Zementstein im Gefüge *Zementstein-Gesteinskörnung-Bewehrung* den schwächsten Punkt dar. Da der Zementstein wesentlich die Festigkeitseigenschaften des Betons bestimmt, sind diese Schädigungen eine ernsthafte Gefahr für die Bausubstanz. Die zumeist silicatischen Zuschlagstoffe werden seltener angegriffen (Ausn.: Alkali-Kieselsäure-Reaktion, Kap. 9.4.2.2.3). Besitzt der Zementstein eine geringe Dichtigkeit und demzufolge eine hohe Porosität, bietet sich den angreifenden Medien eine große innere Angriffsfläche. Es muss deshalb zunächst der w/z-Wert niedrig gehalten werden (< 0,40), um die Widerstandsfähigkeit des Betons zu erhöhen. Im Ergebnis chemischer Reaktionen, die anorganische und/oder organische Verbindungen mit dem Zementstein eingehen, können lösliche (*lösender Angriff*) oder voluminöse, sich im Inneren der Bausubstanz bildende Reaktionsprodukte (*treibender Angriff*) entstehen. Beide Arten von Schädigungen unterscheiden sich in ihrem äußeren Erscheinungsbild und in ihren Auswirkungen auf die Festigkeit des Gefüges.

9.4.2.1 Lösender Angriff

Beim lösenden Angriff kommt es zu chemischen Reaktionen angreifender Stoffe an der Betonoberfläche. Aus den schwer löslichen Verbindungen des Zementsteins bilden sich leicht lösliche Reaktionsprodukte. Der Zementstein wird von der Oberfläche her aufgelöst und es entsteht zunächst eine „waschbetonartige" Oberfläche. Später bricht die Gesteinskörnung heraus und es erfolgt ein allmählicher Abtrag des Betons.

- **Angriff durch Säuren.** Starke Säuren wie die Mineralsäuren HCl, HNO_3 und H_2SO_4 greifen die Komponenten des Zementsteins unter Bildung leicht löslicher Calcium-, Aluminium- und Eisensalze sowie gallertartiger Kieselsäure an. Zum Beispiel reagiert Salpetersäure mit der $C_3S_2H_3$-Phase des Zementsteins bzw. mit vorliegendem Calciumhydroxid gemäß (9-40) und (9-41).

$$3\,CaO \cdot 2\,SiO_2 \cdot 3\,H_2O + 6\,HNO_3 \;\rightarrow\; 3\,Ca^{2+} + 6\,NO_3^- + 2\,SiO_2 + 6\,H_2O \qquad (9\text{-}40)$$

$$Ca(OH)_2 + 2\,HNO_3 \;\rightarrow\; Ca^{2+} + 2\,NO_3^- + 2\,H_2O \qquad (9\text{-}41)$$

Für den **Angriffsgrad** der Säuren ist nicht nur ihre Konzentration (*je höher, umso stärker der Angriff!*), sondern auch ihre Säurestärke ausschlaggebend. Starke Säuren (Kap. 6.5.3.4) greifen alle Bestandteile des Zementsteins an.

Der Angriffsgrad organischer Säuren sollte aufgrund der geringeren Säurestärke generell geringer als der von Mineralsäuren sein. Allerdings können Lösungen mittelstarker bis schwacher organischer Säuren wie der Milchsäure oder der Essigsäure - insbesondere bei höheren Temperaturen - ebenfalls zu ernsthaften Schädigungen am Beton führen. Ursache ist auch hier die Bildung wasserlösliche Calciumsalze (Calciumlactate, -acetate), die vom Regenwasser weggeführt werden und damit den Zementstein allmählich von der Oberfläche her abbauen.

Mineralsäuren gelangen sowohl in Form von Säuredämpfen (z.B. chemische Industrie) als auch als Bestandteil gewerblicher und industrieller Abwässer der metallverarbeitenden Industrie in Kontakt mit der Bausubstanz. *Organische Säuren*, wie z.B. die Milchsäure, die Ameisensäure, die Essigsäure und Fruchtsäuren, stammen in erster Linie aus den Abwässern der Lebensmittelindustrie. Gerbsäuren wie Tannin sind in den Abwässern der Gerbereien und lederverarbeitenden Industrie zu finden.

Kalklösender Angriff von Kohlensäure. Von besonderer Bedeutung ist der *Angriff CO_2-haltiger Wässer („Kohlensäure")* auf Kalkputz oder Beton. Kohlendioxid ist in Wasser sehr gut löslich (Kap. 5.4.3). In geringfügigem Maße bildet sich im Ergebnis der chemischen Reaktion von CO_2 mit Wasser Kohlensäure H_2CO_3. Deren Protolyse ist für die saure Reaktion des CO_2-haltigen Wassers verantwortlich (Gl. 5-25, 5-26).

Die Kohlensäure ($H_2CO_3 \rightleftharpoons CO_2 / H_2O$) setzt sich im anfangs mit Calciumhydroxid $Ca(OH)_2$ unter Bildung schwer löslichen Calciumcarbonats um (s. Gl. 9-12).

$$Ca(OH)_2 + CO_2 + H_2O \rightarrow CaCO_3 + 2\,H_2O$$

Damit erfolgt zunächst eine Verfestigung der Beton- oder Kalkoberfläche. Durch weiteren Einfluss von Kohlensäure bildet sich aus dem $CaCO_3$ („Kalk") leicht lösliches Calciumhydrogencarbonat $Ca(HCO_3)_2$ (Gl. 5-28).

$$CaCO_3 + CO_2 + H_2O \rightleftharpoons Ca^{2+} + 2\,HCO_3^-$$
(Kalklösender Angriff von Kohlensäure)

Das lösliche Calciumhydrogencarbonat wird vom Regen- oder Sickerwasser aufgenommen und wegtransportiert. Auf diese Weise werden $Ca(OH)_2$ bzw. $CaCO_3$ sowie bestimmte basische Hydratphasen des Zementsteins allmählich abgebaut.

Der Hydrogencarbonatgehalt eines Wassers ist für seine Carbonathärte verantwortlich (Kap. 6.4.1). Mit zunehmender Härte wird ein immer größerer Mehranteil an freier Kohlensäure zur Stabilisierung des Hydrogencarbonats notwendig. Die Gefahr der Kohlensäurekorrosion ist bei großer Carbonathärte demzufolge eher gering. Kalklösende Kohlensäure ist am ehesten in weichen Grundwässern aus magmatischen (Granit), metamorphen (Glimmerschiefer) oder Sedimentgesteinen (Quarzite bzw. quarzitische Schiefer) enthalten. Dringt Kohlendioxid der Luft durch Diffusion über die Poren allmählich in das Innere des Betons vor, wird das bei der Zementhydratation entstandene $Ca(OH)_2$ unter $CaCO_3$-Bildung neutralisiert (**Betoncarbonatisierung**). Der pH-Wert sinkt und der natürlich gegebene Korrosionsschutz des Bewehrungstahles geht verloren (Kap. 9.4.2.3.1).

- **Angriff durch Laugen**. Gegenüber Laugen ist der Zementstein, der selbst basisches Milieu aufweist, weitgehend beständig. Höher konzentrierte Alkalilaugen (> 10%ig) können allerdings die Calciumaluminathydratphase unter Aluminatbildung auflösen (Gl. 9-42).

$$4\,CaO \cdot Al_2O_3 \cdot 13\,H_2O + 2\,NaOH \rightarrow 2\,Na[Al(OH)_4] + 4\,Ca(OH)_2 + 6\,H_2O \qquad (9\text{-}42)$$
Natriumaluminat

- **Angriff durch Salzlösungen**. Die Lösungen einiger sauer reagierender Salze wie der *Ammonium-, Aluminium- und Eisen(III)-Chloride und -Nitrate* greifen Beton unter Bildung leicht löslicher Calciumverbindungen an. In Analogie zum Säureangriff, wenngleich bedeutend langsamer, reagieren die infolge Protolyse schwach sauer reagierenden Salzlösungen mit dem Calciumhydroxid des Zementsteins. Nachdem das $Ca(OH)_2$ umgesetzt ist, kann es infolge der Absenkung des pH-Wertes auch zu einer hydrolytischen Zersetzung der Hydratphasen kommen. Dabei werden die Calciumionen gegen NH_4^+-, Al^{3+}- oder Fe^{3+}-Ionen „ausgetauscht" und als lösliche Calciumsalze vom Regen- oder Sickerwasser weggeführt. Beim Entweichen des Ammoniaks verbleiben Lücken im Kristallgefüge, die zu dessen zusätzlicher Schwächung beitragen. Ammoniumcarbonat, -oxalat und -fluorid greifen in wässriger Lösung den Zementstein kaum an, da ihre Anionen mit dem Ca^{2+}-Ionen schwer lösliche Verbindungen bilden.

Obwohl wässrige Magnesiumsalzlösungen, z.B. eine $MgCl_2$-Lösung, neutral bis schwach sauer reagieren, sind auch sie zu einem Austausch von Ca^{2+} gegen Mg^{2+} unter Verminderung der Festigkeitseigenschaften in der Lage. Im Gegensatz zum kristallinen Calciumhydroxid ist das entstehende, amorphe, schwer lösliche Magnesiumhydroxid $Mg(OH)_2$ (Brucit) nicht in der Lage, die verfestigende Funktion der entsprechenden Calciumverbindung zu übernehmen. Es reagiert jedoch in Gegenwart von CO_2 an der Baustoffoberfläche zu (sehr) schwer löslichem Magnesiumcarbonat, womit sich eine Schutzschicht gegen weiteren Angriff bildet.

- **Angriff durch sehr weiche Wässer**. Sehr weiche Wässer, die nur einen geringen Gehalt an gelösten Calcium- und Magnesiumsalzen enthalten ($< 3°dH$, z.B. Gletscher- und Gebirgswasser, Regenwasser), können Betonoberflächen auslaugen. Zunächst wird Calciumhydroxid gelöst, anschließend kann eine hydrolytische Zersetzung der Hydratphasen erfolgen. Die Porosität des Betons erhöht sich und die Festigkeit des Gefüges nimmt ab. Aus dem Zusammenhang zwischen der Wasserhärte und dem Löslichkeitsprodukt $K_L(Ca(OH)_2)$ folgt, dass die Auslaugung dann besonders intensiv ist, wenn ständig weiches, lösungsintensives Wasser zufließt und das $Ca(OH)_2$-gesättigte Wasser kontinuierlich weggeführt wird. Sachgemäß hergestellte Betone hoher Dichtigkeit sind gegenüber einem korrosiven Angriff durch weiche Wässer weitgehend widerstandsfähig.
Die Expositionsklassen und Grenzwerte bei chemischen Angriff durch Wässer und natürliche Böden sind in den Tab. 6.8 und 6.9 zusammengefasst (Kap. 6.4.3).

- **Angriff durch Fette und Öle**. Tierische und pflanzliche Öle und Fette sind Ester des dreiwertigen Alkohols Glycerin $HOH_2C-CHOH-CH_2OH$ mit längerkettigen Carbonsäuren, den Fettsäuren. Das alkalische Milieu des Zementsteins spaltet die Fette oder Öle auf (*Verseifung*, Kap. 10.1.7). Die freigesetzten organischen Säuren greifen Beton unter Bildung von Calciumsalzen („*Kalkseifen*") an:

$$\textbf{Fett, Öl} + \textbf{Ca(OH)}_2 \rightarrow \textbf{Kalkseife} + \textbf{Glycerin}$$

Die Kalkseifen besitzen eine teigige, seifenartige Konsistenz. Sie weichen den Beton auf und setzen seine Festigkeit herab. Äußerlich sichtbar wird die vom basischen Milieu des Betons initiierte Verseifung der Öle und Fette, wenn man beispielsweise einen leinölhaltigen Anstrich auf Beton oder Kalkmörtel aufbringt. Durch die Kalkseifenbildung blättert die Anstrichschicht allmählich ab.

Erdöl und Erdöldestillate(**Mineralöle und -fette**) sind als Gemische gesättigter langkettiger und cyclischer Kohlenwasserstoffe (KW) nicht mit Laugen verseifbar. Insofern wirken sie *nicht* schädigend auf Mörtel oder Beton ein, vorausgesetzt sie enthalten keine Harze oder Öle auf Basis von Glycerinsäureestern. Kommt es durch eingedrungene Mineralöle oder Treibstoffe zu einer vollständigen Durchtränkung des Betons, kann allerdings eine Verminderung seiner Festigkeit um bis zu 25% eintreten. Die abnehmende Druckfestigkeit des Gefüges wird in diesem Fall auf einen „Schmiereffekt" zurückgeführt, der zwischen den Teilchen wirksam wird. Er hat seine Ursache in der unpolaren Natur und damit im hydrophoben Verhalten der Kohlenwasserstoffe. Es bilden sich Kohlenwasserstoff-Zwischenschichten aus, die die intermolekularen Kräfte zwischen den Teilchen des Gefüges vermindern bzw. ganz aufheben.

9.4.2.2 Treibender Angriff

Bilden sich im Innern eines Betonbauteils durch chemische Reaktion zwischen einem aggressiven Medium und dem Zementstein bzw. der Gesteinskörnung Produkte, die ein größeres Volumen beanspruchen als die festen Ausgangsstoffe, kommt es zum sogenannten **Treiben.** Der durch die Neubildungen hervorgerufene Druck führt zu Gefügespannungen, die ein Auftreiben des Betons bewirken. Als Folge dieser auch als *Sprengkorrosion* bezeichneten Schädigung treten Risse und Abplatzungen auf, was mit einem Verlust der Festigkeit verbunden ist. Treibvorgänge wirken stärker schädigend als Löseprozesse, in der Regel treten beide kombiniert auf. Sie sind deshalb so gefährlich, da sie zunächst äußerlich nicht erkennbar sind.

Die nachstehend beschriebenen Treibprozesse werden durch den Angriff sulfathaltiger bzw. Mg^{2+}-haltiger Wässer auf den Zementstein, durch eine nicht sachgemäße Rohstoffzusammensetzung des Zementklinkers oder durch Fehler in der Technologie des Zementbrennens verursacht.

9.4.2.2.1 *Sulfattreiben*

Das Sulfattreiben ist eine der häufigsten Ursachen der chemischen Zersetzung von Beton. Sulfate gelangen auf unterschiedliche Weise in Oberflächen- und Grundwässer. Die wichtigsten Sulfatquellen sind das SO_2 der Luft (Saurer Regen), Gips-/Anhydrit- oder $MgSO_4$-haltige Bodenschichten, industrielle und gewerbliche Abwässer, landwirtschaftliche Aktivitäten (Mineraldüngung) sowie bakterielle Abbauprozesse schwefelhaltiger organischer Stoffe.

Greifen sulfathaltige Wässer erhärteten Beton oder Mörtel an, kann sich durch Auflösen des kristallisierten Calciumhydroxids bzw. anderer calciumhaltiger Phasen aus der Lösung Gips ausscheiden (Gl. 9-43).

$$Ca(OH)_2 + SO_4^{2-} + 2\,H_2O \rightarrow CaSO_4 \cdot 2\,H_2O + 2\,OH^- \tag{9-43}$$

Die Gipsbildung ist mit einer Volumenvergrößerung verbunden, was bei hohen Konzentrationen an SO_4^{2-}-Ionen zu einer Treibwirkung führen kann. In Gegenwart von Tricalciumaluminat **C$_3$A** (Gl. 9-19) bzw. Calciumaluminathydraten wie z.B. **C$_4$AH$_{13}$** (Gl. 9-44) bilden sich stäbchenförmige bis nadelige Kristalle aus (Abb. 9.20, 9.37), der **Ettringit** (Trisulfat). Wegen ihrer zerstörenden Wirkung wurden diese Kristalle früher als *Zementbazillus* bezeichnet.

$$3\,CaO \cdot Al_2O_3 + 3\,(CaSO_4 \cdot 2\,H_2O) + 26\,H_2O \rightarrow$$
$$(\mathbf{C_3A})$$
$$3\,CaO \cdot Al_2O_3 \cdot 3\,CaSO_4 \cdot 32\,H_2O \quad (\rightarrow 9\text{-}19)$$
$$\textit{Ettringit}$$

$$4\,CaO \cdot Al_2O_3 \cdot 13\,H_2O + 3\,(CaSO_4 \cdot 2\,H_2O) + 14\,H_2O \rightarrow$$
$$(\mathbf{C_4AH_{13}})$$
$$3\,CaO \cdot Al_2O_3 \cdot 3\,CaSO_4 \cdot 32\,H_2O + Ca(OH)_2 \tag{9-44}$$
$$\textit{Ettringit}$$

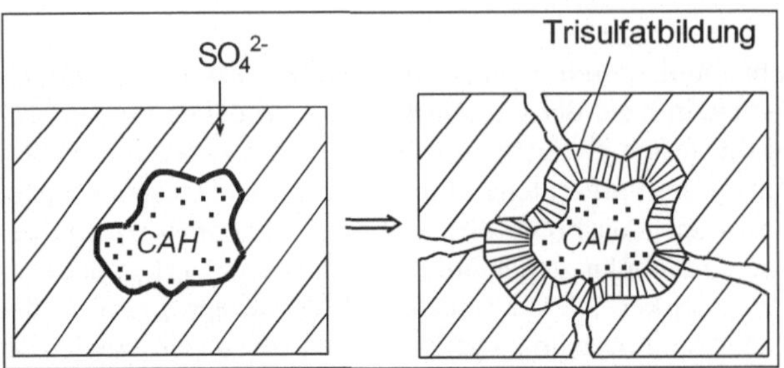

Abbildung 9.36

Treibwirkung des aus einer Calciumaluminathydratphase (**CAH**) gebildeten Trisulfats

Die Volumenzunahme bei der Ettringitbildung soll am Beispiel von Gl. (9-19) gezeigt werden: Beim Übergang vom **C₃A** (ρ = 3,04 g/cm³) zum Trisulfat (ρ = 1,75 g/cm³) erhöht sich das Volumen von 89 cm³/mol auf einen Wert von 717 cm³/mol, also auf das **Achtfache** (genauer Wert: 8,06). Ettringit kristallisiert bevorzugt in den Mikroporen (Abb. 9.37) und an der Oberfläche der Gesteinskörnung (Phasengrenze Zementstein/Gesteinskörnung). Damit bewirkt die Ausfällung von Ettringit zunächst eine Verdichtung des Porengefüges und eine Festigungssteigerung des Betons. Bei der sich anschließenden Volumenvergrößerung und Dehnung kommt es infolge der sich ausbildenden Mikrorisse und Gefügeveränderungen zu einem starken Festigkeitsabfall. Eine schematische Darstellung der durch die Treibwirkung des gebildeten Ettringits hervorgerufenen Risse im Beton zeigt Abb. 9.36. Abb. 9.37 zeigt eine ESEM-Aufnahme der Ettringitbildung in einer Zementsteinpore.

Abbildung 9.37

Ettringitbildung in einer Zementsteinpore

Quelle: F. A. Finger-Institut für Baustoffkunde, Bauhaus-Universität Weimar

Auch bei Kalkputzen kann es durch Sulfatangriff zur Gipsbildung (Gl. 9-43) und damit zu Treibvorgängen kommen („**Gipstreiben**", Abb. 9.38).

Die **Sulfatbeständigkeit** eines Zements ist entscheidend vom **C₃A**-Gehalt und von dessen Reaktionsfähigkeit abhängig. Sulfattreiben kann bei Verwendung **C₃A**-armer bzw. **C₃A**-freier Zemente weitgehend vermieden werden. Liegt die Sulfatbelastung in angreifenden Wässern über 600 mg/l (Tab. 6.8) und in Böden über 3000 mg/kg (lufttrocken!), müssen Zemente mit hohem Sulfatwiderstand (HS-Zemente, Kap. 9.3.3.6) eingesetzt werden. Calciumaluminatferrathydrate sind ebenfalls in der Lage, mit Sulfationen komplexe Calciumverbindungen zu bilden. Allerdings ist die Geschwindigkeit der Umsetzung mit SO₄²⁻ im Vergleich zum **C₃A** stark vermindert.

Eisenreiche Zemente (hoher C_4AF-Gehalt!) weisen im Vergleich zu aluminiumreichen Zementen gegenüber einem Sulfatangriff einen wesentlich höheren Widerstand auf. Der nach Gl. (9-24a) gebildete Eisenettringit wirkt allerdings nicht treibend.

Abbildung 9.38

Putzschäden durch Sulfattreiben und kalklösenden Angriff

Primäre (frühe) und sekundäre (späte) Ettringitbildung. Wie in den vorhergehenden Kapiteln ausgeführt, ist normgerechtes Erstarren des Zementleims ohne die Bildung von Ettringit im Frühstadium der Erhärtung nicht möglich. Man spricht von der **primären** oder *frühen* **Ettringitbildung**. In einem normal erhärteten Beton liegen sowohl Ettringit (Trisulfat) als auch Monosulfat vor. Sie machen etwa 10...15% der Hydratneubildungen aus. Ettringit ist demzufolge ein normales Reaktionsprodukt der Zementhydratation eines Portlandzements. Seine Anwesenheit im Betongefüge muss nicht zwangsläufig Auslöser für betonschädigende Reaktionen sein.

Nach dem Abklingen der Hydratationsreaktionen liegen neben dem Ettringit, der teilweise bei der Bildung von Monosulfat (Gl. 9.20) wieder verbraucht wurde, unterschiedliche Aluminatphasen vor. Sie sind später in der Lage, mit eindringenden Sulfationen zu Ettringit zu reagieren. Diesen Vorgang bezeichnet man als **sekundäre** oder *späte* **Ettringitbildung**. Je größer die Menge an aluminathaltigen Hydratphasen nach der Betonerhärtung ist, umso intensiver ist die Ettringitbildung bei einem späteren Sulfatangriff.

Allerdings kann Ettringit zu einem späteren Zeitpunkt im bereits erhärteten Beton auch ohne Sulfatangriff von außen entstehen. Seit den 80iger Jahren des vorigen Jahrhunderts wurde diese (verspätete) Ettringitbildung zunehmend an wärmebehandelten Betonfertigteilen wie Spannbetonschwellen, Außenwandelementen und Treppenstufen beobachtet. Und zwar immer dann, wenn sie der freien Bewitterung mit häufiger Durchfeuchtung ausgesetzt waren.

Die häufig in der Fertigteilindustrie angewandte Wärmebehandlung soll die Hydratationsgeschwindigkeit des Zements erhöhen und damit die Periode der Festigkeitsentwicklung verkürzen. Das Problem ist, dass sich bei zu hohen Temperaturen im Betonelement neben einer schnelleren Festigkeitsentwicklung das Verhältnis Monosulfat : Trisulfat stark zum Monosulfat verschiebt. Die thermodynamische Stabilität von Ettringit nimmt im Bereich zwischen 70...90°C deutlich zugunsten von Monosulfat ab. Der theoretische Umwandlungspunkt Trisulfat $\rightarrow$ Monosulfat liegt bei 90°C, er wird jedoch durch die in der Porenlösung immer vorhandenen Alkalien abgesenkt (bei entsprechendem Alkaligehalt bis auf 50...60°C!). Die Zersetzung von Ettringit in Monosulfat und Sulfat wird also bereits bei niedrigeren Temperaturen ablaufen (Gl. 9-45).

$$C_3A(Cs)_3H_{32} + 4\,OH^- \;\xrightleftharpoons[20\,°C]{50...80\,°C}\; C_3A(Cs)H_{12} + 2\,SO_4^{2-}$$
$$\text{\textit{Monosulfat}}$$
$$+ 2\,Ca(OH)_2 + 20\,H_2O$$

(9-45)

Ein Teil des freigesetzten Sulfats liegt entweder in der Porenlösung oder adsorptiv an die **C-S-H**-Phasen gebunden vor. Im erhärteten Zustand kann das Monosulfat *unter feuchten Nutzungsbedingungen* mit dem Sulfat wiederum zu Ettringit reagieren (Gl. 9-45, Rückreaktion). Die Folge ist eine Volumenvergrößerung. Im Vergleich zur frühen Ettringitbildung bei der **C₃A**-Hydratation verläuft diese Reaktion sehr langsam. Die späte Ettringitbildung kann zu Treiberscheinungen führen, die erst nach Monaten, meist erst nach Jahren zu einem Zerfall von wärmebehandelten Betonen führen.

Inzwischen sind auch einige wenige Beispiele bekannt, wo eine verspätete Ettringitbildung nicht als Folge der Wärmebehandlung von Betonbauteilen, sondern durch ungünstige Verarbeitungsbedingungen wie Temperaturen der Gesteinskörnung von weit über 30°C im Sommer oder hohe Eigentemperaturen des verwendeten Zements ausgelöst wurde.

Thaumasitbildung.

Bis Anfang der 90er Jahre wurde ausschließlich die Bildung von Ettringit (und Gips) als Ursache für Schäden beim Sulfatangriff angesehen. Zunehmend rückte jedoch auch das Mineral **Thaumasit** $CaSiO_3 \cdot CaSO_4 \cdot CaCO_3 \cdot 15\,H_2O$ als Schadensverursacher beim Sulfatangriff in den Blickpunkt des wissenschaftlichen Interesses. Der erste Nachweis von Thaumasit in einer geschädigten Betonkonstruktion wurde 1965 bekannt. Danach konnten in den 90er Jahren zunächst in Großbritannien, später auch in Deutschland, mehrere Schadensfälle dokumentiert werden, die auf eine Thaumasitbildung zurückgeführt wurden.

Thaumasit entsteht durch Reaktion der **C-S-H**-Phasen mit Sulfaten (Gips oder Sulfatlösungen) in Anwesenheit einer Carbonatquelle. Er bildet ähnlich wie Ettringit nadelige, prismatisch hexagonale Kristalle. Anders als die Silicate besteht es jedoch nicht aus SiO_4-Tetraedern, sondern aus SiO_6-Oktaedern. Die strukturelle Verwandtschaft zwischen Thaumasit und Ettringit zeigt sich im ähnlichen Gitteraufbau. Im Vergleich zum Ettringit sind im Thaumasit die Al^{3+}- durch Si^{4+}-Ionen und die SO_4^{2-}-Ionen durch CO_3^{2-}-Ionen ersetzt. Thaumasit bildet sich bevorzugt bei Temperaturen zwischen 0...15°C und hoher Feuchtigkeit.

In einer Stellungnahme des Deutschen Ausschusses für Stahlbetonbau (2003) werden folgende Randbedingungen für eine Thaumasitbildung im Beton angegeben:

- Feuchteeinwirkung
- überwiegend niedrige Temperaturen
- carbonathaltige Zusätze wie Kalksteinmehl bzw. Kalksteinzuschlag

Zurzeit geht man in der Literatur von zwei Reaktionswegen zur Bildung des Thaumasits aus [AB 9c]:

a) Direkte Reaktion der festigkeitsbildenden **C-S-H**-Phasen mit Sulfat- und Carbonationen in Gegenwart von Calciumionen und Wasser zu Thaumasit (Gl. 9-46). Man nimmt an, dass die Reaktion erst durch den Abbau des SiO_2 aus den **C-S-H**-Phasen abläuft. Das $CaCO_3$ entsteht entweder durch Reaktion von $Ca(OH)_2$ mit CO_2 (Gl. 9-12) oder es entstammt den Zuschlagstoffen bzw. dem verwendeten Zement.

$$\mathbf{C_3S_2H_3} + 2\,(CaSO_4 \cdot 2\,H_2O) + 2\,CaCO_3 + 24\,H_2O \rightarrow$$
$$2\,(CaSiO_3 \cdot CaSO_4 \cdot CaCO_3 \cdot 15\,H_2O) + Ca(OH)_2 \qquad (9\text{-}46)$$
$$\textit{Thaumasit}$$

Es findet keine Substitution der Ionen in der Kristallstruktur statt. Vielmehr erfolgt eine Ausfällung des Thaumasits aus einer übersättigten Lösung.

b) Bei einem zweiten Reaktionsweg werden im zunächst gebildeten Ettringit die Al^{3+}- und SO_4^{2-}-Ionen substituiert (durch Si^{4+}- und CO_3^{2-}-Ionen), wobei durch allmähliche Umkristallisation Thaumasit entsteht. Dieser Reaktionsweg wird als **Woodfordit-Route** bezeichnet (Gl. 9-47). Woodfordit ist ein nach seinem Entdecker benannter Mischkristall, dessen Endglieder Ettringit und Thaumasit sind.

$$\mathbf{C_3A} \cdot 3\,CaSO_4 \cdot 32\,H_2O + \mathbf{C_3S_2H_3} + 2\,CaCO_3 + 4\,H_2O \rightarrow$$
$$2\,(CaSiO_3 \cdot CaSO_4 \cdot CaCO_3 \cdot 15\,H_2O) + CaSO_4 \cdot 2\,H_2O + 2\,Al(OH)_3 \qquad (9\text{-}47)$$
$$\textit{Thaumasit} \qquad\qquad\qquad + 4\,Ca(OH)_2$$

Die Thaumasitbildung ist ebenfalls mit einer geringen Volumenvergrößerung verbunden, sie ist aber nicht schadenauslösend. Vielmehr werden durch die Thaumasitbildung die festigkeitsbildenden **C-S-H**-Phasen zerstört. Der Beton wird ganz oder teilweise aufgelöst und in eine breiige Masse umgewandelt. Damit unterscheiden sich auch die Schadensbilder. Während die Ettringitbildung zu Gefügespannungen, Rissen und Abplatzungen führt, kommt es im Ergebnis der Thaumasitbildung zur Schlammbildung und zur vollständigen Entfestigung des Betons.
Sollten die im zweiten Reaktionsweg freigesetzten Komponenten Gips, Aluminiumhydroxid und Calciumhydroxid wiederum zu Ettringit reagieren, sind neben den Entfestigungserscheinungen auch Treiberscheinungen zu erwarten.

Baupraktisch kann der Thaumasitbildung begegnet werden, indem ein völlig $CaCO_3$-freier Zement und ein $CaCO_3$-freier Zuschlag verwendet werden. Es hat sich gezeigt, dass die Thaumasitbildung bei moderaten Konzentrationen an Sulfationen zurückgedrängt werden kann, wenn bei der Betonherstellung ausreichende Mengen an puzzolanischen oder latenthydraulischen Stoffen zugegeben werden. Thaumasitbildung konnte auch in Kalk-Gips-Mörteln nachgewiesen werden.

9.4.2.2.2 *Kalk- und Magnesiatreiben*

Portlandzemente dürfen maximal 2% CaO (**Freikalk, Freier Kalk**) und 5% MgO enthalten. Infolge der Bedingungen bei der Zementherstellung (1400 ...1500°C!) fällt der Kalk dicht gesintert an. Die Reaktionsfähigkeit des CaO nimmt mit steigenden Brenntemperaturen ab, deshalb hydratisiert es bei der Erhärtung des Zements sehr langsam. Enthält ein Zement über 2% freien, nicht an SiO_2 und Al_2O_3 gebundenen Kalk, kann eindringende

Feuchtigkeit zum Treiben führen (**Kalktreiben**). Das Kalktreiben beruht auf der Volumenzunahme des Kalks bei der Wasseraufnahme. Man beobachtet beim Übergang vom CaO ($16,7 \ cm^3/mol$) zum $Ca(OH)_2$ ($35,6 \ cm^3/mol$) eine Volumenzunahme um das 2,1-fache, die mit einer Abnahme der Dichte von $\rho = 3,35 \ g/cm^3$ auf $\rho = 2,08 \ g/cm^3$ (alle Werte für 20°C) verbunden ist.

Magnesiatreiben tritt ein, wenn der Zementklinker mehr als 5% Magnesiumoxid MgO enthält. Während etwa 2...2,5% des MgO in die Klinkerphasen eingebaut werden können, reagiert das freie, als *Periklas* vorliegende, grobkristalline Magnesiumoxid langsam unter Bildung von Magnesiumhydroxid $Mg(OH)_2$. In Analogie zum Kalktreiben ist mit der Dichteabnahme beim Übergang vom MgO ($\rho = 3,58 \ g/cm^3$, 20°C) zum $Mg(OH)_2$ ($\rho = 2,36 \ g/cm^3$, 20°C) eine 2,2-fache Volumenzunahme verknüpft. Das Magnesiatreiben ist problematischer als das Kalktreiben, da die Schäden zum Teil erst nach Jahren beobachtbar sind.

Treibwirkung durch angreifende Magnesiumsalze. Dringen Mg^{2+}-haltige Wässer in Beton ein, lösen sie aufgrund des um Zehnerpotenzen kleineren Löslichkeitsprodukts von $Mg(OH)_2$ (Tab. 6.5) das Calciumhydroxid auf Gl. (9-48a).

$$Mg^{2+} + 2 \ Cl^- + Ca(OH)_2 \ \rightarrow \ Mg(OH)_2 + Ca^{2+} + 2 \ Cl^- \qquad (9\text{-}48a)$$

Die Magnesiumionen können von $MgCl_2$ oder Magnesiumacetat $(CH_3COO)_2Mg$ stammen. Beide Salze sind Bestandteil zahlreicher Taumittel. Eine besondere Rolle spielt in diesem Zusammenhang Magnesiumsulfat. $MgSO_4$-haltige Lösungen bewirken nicht nur die Bildung von $Mg(OH)_2$, die Sulfationen führen zusätzlich zur Gipsbildung (Gl. 9-48b). Die damit verbundene Volumenzunahme kann Sprengwirkungen hervorrufen.

$$Mg^{2+} + SO_4^{2-} + Ca(OH)_2 + 2 \ H_2O \ \rightarrow \ CaSO_4 \cdot 2 \ H_2O + Mg(OH)_2 \qquad (9\text{-}48b)$$

9.4.2.2.3 *Alkali-Kieselsäure-Reaktion*

Unter der Alkali-Kieselsäure-Reaktion (**AKR**; *engl.* alkali silica reaction, ASR) versteht man die chemische Reaktion zwischen reaktiven kieselsäurehaltigen Bestandteilen der Gesteinskörnung einerseits und Alkalimetallhydroxiden der Porenlösung des erhärteten Betons bzw. von außen eindringenden Alkalien andererseits (Gl. 9-49).

$$2 \ MOH \quad + \quad SiO_2 \quad \xrightarrow{\ H_2O\ } \quad \{ M_2SiO_3 \}_{aq} \qquad (9\text{-}49)$$

Alkalilauge   *reaktive*   *Alkalimetallsilicatgel*
(M = Na, K)   *Gesteinskörnung*   *voluminös, treibend*
           (Opal, Flint)

Das bei der AKR gebildete Alkalimetallsilicat geht bei Wasserzutritt unter Quellung in Alkalimetallsilicatgel (Alkali-Kieselsäure-Gel, "Alkalikieselgel") über. Diese Gelbildung ist mit einer Volumenvergrößerung verbunden, weshalb es zu Quelldruckspannungen und Rissbildungen im verfestigten Beton kommen kann (Abb. 9.39).

Bis 1965 war man der Meinung, dass in Deutschland aufgrund der geologischen Situation Alkalireaktionen, durch die Betonteile geschädigt werden, keine Rolle spielen. Die deutsche Öffentlichkeit wurde durch Schäden an der Lachswehrbrücke in Lübeck/Schleswig-Hohlstein auf das Problem der Alkali-Kieselsäure-Reaktion aufmerksam. Die Brücke wurde 1964 gebaut und musste im Frühjahr 1968 wegen Gefährdung der Standsicherheit wieder abgerissen werden [AB 9b]. Inzwischen sind zahlreiche weitere Schäden an Plattenbauten, an Spannbetonschwellen der Bundesbahn sowie an Fahrbahnbetonen aufgetreten. Alkali-Kieselsäure-Reaktionen, im praktischen Sprachgebrauch oft als „**Betonkrebs**" bezeichnet, verursachen Bauschäden in volkswirtschaftlichen Dimensionen.

Ursachen für das Auftreten einer Alkali-Kieselsäure-Reaktion:

- Verwendung von reaktiver, kieselsäurehaltiger Gesteinskörnung
- hoher Alkaligehalt des eingesetzten Zements
- ständige bzw. häufige Durchfeuchtung des Betons
- externe Alkalibelastungen durch Taumittel, durch sulfathaltige Wässer bzw. durch Grund- oder Bergwässer

Gesteinskörnung. Als AKR-auslösend gelten in erster Linie amorphe, gittergestörte SiO_2-Mineralphasen wie Opal, Chalcedon, Cristobalit, Tridymit sowie durch Druck- und Temperaturspannungen stark beanspruchte Quarze ($\rightarrow$ gestresste Quarze, Stressquarze). Gestresste Quarze enthalten Quarzanteile, die während der gesteinsbildenden Prozesse metamorph beansprucht wurden und deren Kristallstruktur dadurch stark verzerrt wurde. Wichtige *alkaliempfindliche Gesteine* sind Opalsandstein, Flint, Kieselkreide und Kieselschiefer, Rhyolit (Quarzporphyr), Grauwacken und bestimmte Granite und Basalte. Bei recyclisierten Gesteinskörnungen (gebrochener Altbeton) wurden ebenfalls Alkali-Kieselsäure-Reaktionen beobachtet [AB 9b].
Opalsandsteine, Flinte und Kieselkreiden kommen vor allem im Ostseeküstenraum und den angrenzenden norddeutschen Gebieten vor. Die Gewinnungsgebiete präkambrischer Grauwacken liegen in der Lausitz (Görlitz, Boxberg, Cottbus).

Die Reaktion zwischen den reaktiven SiO_2-Mineralphasen (*reaktive Kieselsäure*) und den Alkalien hängt in empfindlicher Weise vom kristallinen Zustand des SiO_2 und von der Konzentration an OH^--Ionen in der Porenlösung ab. Die OH^--Ionen der Porenlösung reagieren mit den reaktiven Oberflächen-OH-Gruppen der reaktiven Gesteinskörnung im Sinne einer Säure-Base-Reaktion, <u>Säure</u>: Oberflächen-OH-Gruppen der SiO_2-Mineralphase (s. Abb. 9.3a), <u>Base</u>: OH^--Ionen der Porenlösung. Die Protonen der Oberflächen-OH-Gruppen werden abgespalten und es entstehen $Si-O^-$-Ionen, an die sich in der Folge Alkalimetall- und Calciumionen anlagern. Die freigesetzten H^+-Ionen lagern sich dagegen an innere Si-O-Si-Gruppierungen an und brechen sie auf. Allmählich wird der Vernetzungsgrad im Inneren des Quarzkorns abgebaut. Steht weiteres Alkalimetallhydroxid zur Verfügung, schreitet die Reaktion unter Bildung des Alkalimetallsilicatgels fort.
Die beim Abbau des Quarzkristalls gebildeten Kieselsäureanionen können mit Ca^{2+}-Ionen der Porenlösung zu Calciumsilicathydraten **C-S-H** oder mit Calcium- *und* Kaliumionen zu Calcium-Kaliumsilicathydraten **C-K-S-H** weiter reagieren [AB 9b].

Grobkristalline und nicht gittergestörte Quarze werden vom alkalischen Milieu des Porenwassers kaum angegriffen. Die chemischen Reaktionen sind auf die Oberfläche des Quarzkorns beschränkt. Die Kornoberflächen werden angeätzt bzw. aufgeraut, was den Verbund mit dem Zementstein sogar verbessert.

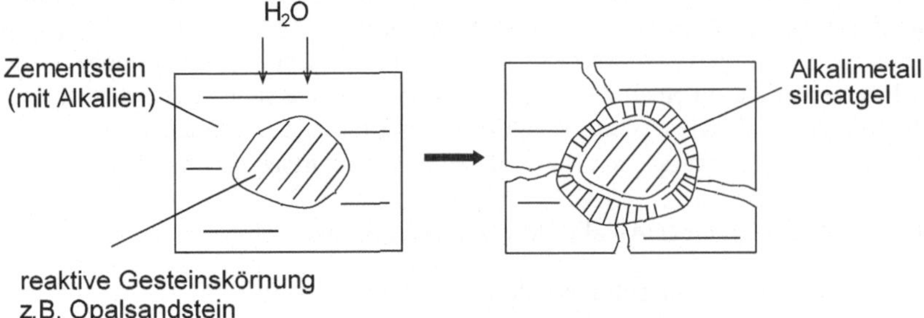

Abbildung 9.39   Aufbau von Quelldruckspannungen durch die Alkali-Kieselsäure-Reaktion (schematisch).

Äußerliche erkennbare Merkmale einer schädigenden AKR sind feine, netzartig verzweigte Risse auf Betonoberflächen, Abplatzungen sowie aus Rissen an der Oberfläche austretende Geltropfen. Das dickflüssige, anfänglich klare Alkali-Kieselsäure-Gel reagiert mit dem CO_2 der Luft zu M_2CO_3 (M = Na, K) und SiO_2 (Gl. 9-54) und trocknet zu weiß-grauen Belägen aus. Durch Auswaschen der Alkalimetallcarbonate bleibt amorphes Kieselgel zurück.

Die **Maßnahmen zur Verhinderung der AKR** müssen sich je nach Umweltbedingungen auf die *Auswahl der Zemente und der Gesteinskörnung* erstrecken. Hauptquelle für die Alkalien ist der Zement - wenngleich gerade in den letzten Jahren deutlich wurde, dass die externe Zufuhr von Alkalien, vor allem durch Taumittel auf Fahrbahnbeton, nicht unterschätzt werden darf. Alkalien beeinflussen gemeinsam mit Sulfaten das Erstarrungs- und Erhärtungsvermögen eines Zements. Deshalb kann ihr Anteil im Zement nicht unbegrenzt reduziert werden (NA-Zemente, Kap. 9.3.3.6). NA-Zemente weisen einen niedrigen wirksamen Alkaligehalt auf. Unter der **wirksamen Alkalität** versteht man den Alkalianteil eines Zements, der in wirksamer Form als Alkalimetallhydroxid in der Porenlösung eines Zementleims gelöst ist und die Ursache für eine betonschädigende AKR sein kann.
Beispielsweise wird im Fall einer opalhaltigen Gesteinskörnung wird bei einer Mindestmenge von ca. 3 kg Na_2O-Äquivalenten pro m^3 Beton eine Schadensreaktion ausgelöst [AB 5]. Für andere Gesteinskörnungen oder bei äußerer Alkalizufuhr gilt dieser Richtwert nicht.

Ein weiteres Mittel zur Reduzierung der Gefahr einer AKR ist die **Verwendung puzzolanischer und/oder latent-hydraulischer Zusatzstoffe**. Sie sollen eine Abpufferung der freien Alkalien bewirken.
In Gegenwart kieselsäurereicher Puzzolane wie Trass, Mikrosilica und Flugasche tritt in der Regel schon im Frischbeton eine AKR ein, so dass spätere Schädigungen im Beton nahezu ausgeschlossen werden können. Insbesondere Silicastaub bietet die Möglichkeit, die AKR ganz oder teilweise zu unterbinden. Der Silicastaub verringert den Alkaligehalt von Porenlösungen, indem bereits im Frischbeton ein großer Teil der freien Alkalien gebunden werden. Zudem reduziert er die Durchlässigkeit im Beton und damit die Aufnahme

und den Transport von Wasser und Salzlösungen. Schließlich ermöglicht die Verwendung von Silicastaub die Reduzierung des Zementgehalts pro m^3, was ebenfalls mit einer Verringerung der freien Alkalien einhergeht.

Die Beurteilung der Gesteinskörnung hinsichtlich alkaliempfindlicher Bestandteile erfolgt nach der DAfStb-Richtlinie (**Alkali-Richtlinie**) „Vorbeugende Maßnahmen gegen schädigende Alkalireaktion im Beton", Neufassung vom Januar 2007, Deutscher Ausschuss für Stahlbeton (DAfStb). In der neu gefassten Alkali-Richtlinie wurde aus aktuellem Anlass (zunehmende Schäden durch AKR an Fahrbahnbetonen!) neben den Feuchtigkeitsklassen WO, WF und WA die Klasse **WS - "feucht + Alkalizufuhr + starke dynamische Beanspruchung"** eingeführt. Für diese Feuchtigkeitsklasse wurden für die anzuwendenden Zemente zusätzliche Anforderungen bzgl. des Alkaligehalts festgeschrieben. Die Prüfung der Alkaliempfindlichkeit der Gesteinskörnung (Teil 3) wurde um Schnellprüfverfahren erweitert (Referenzverfahren: DAfStb-Mörtelschnelltest; Alternativverfahren: LMPA-Mörtelschnelltest).

9.4.2.2.4 *Frostangriff auf Beton*

Temperaturschwankungen um den Gefrierpunkt können sowohl bei natürlichem Gestein als auch bei Bauwerken aus nicht fachgerecht eingebautem Beton zu Schädigungen führen. Diese Schädigungen wirken progressiv, sie nehmen mit der Anzahl der Frost-Tau-Zyklen zu. Auf lange Sicht können Frosteinwirkungen die Dauerhaftigkeit eines Bauwerkes beeinträchtigen

Tabelle 9.12   Wichtige Einflussgrößen für den Frost-Tau- bzw. Frost-Tausalz-Widerstand [AB 7b]

Betonzusammensetzung	Technologische Größen
w/z-Wert	Transport
Zementart	Nachbehandlung
Gesteinskörnung	Verdichtung
Zusatzmittel, Zusatzstoffe	Schutzmaßnahmen

Tab. 9.12 enthält wichtige Einflussgrößen, die den Frost-Tau- bzw. Frost-Tausalz-Widerstand beeinflussen. Im Gegensatz zu nicht (oder nur wenig) beeinflussbaren Umweltfaktoren wie Temperaturverhältnissen und Feuchtigkeitsangebot können eine optimierte Betonzusammensetzung sowie entsprechende Herstellungs- und Verarbeitungstechnologien den Frost-Tau- bzw. Frost-Tausalz-Widerstand erheblich erhöhen.
Der Mechanismus der Frostschädigung ist ein komplexer Vorgang, bei dem sich mehrere physikalische und chemische Effekte überlagern. Trotz langjähriger Forschungen zu dieser Thematik gibt es bis heute keine einheitliche Theorie, die die ablaufenden unterschiedlichen Vorgänge schlüssig erklären kann.

Wird ein Beton einer Frost-Tau-Wechselbeanspruchung ausgesetzt, können – unabhängig voneinander - äußere und innere Schädigungsprozesse auftreten. Unter *äußeren Schädigungen* versteht man das Abplatzen und Abwittern von dünnen äußeren Mörtelschichten. Der Zementstein wird an der Oberfläche schichtenweise zerstört. Darüber hinaus kann es zu Abplatzungen an der Gesteinskörnung in Oberflächennähe kommen, sogenannten *Popouts*. Abplatzungen und Abwitterungen an der Betonoberfläche werden durch den Einsatz von Taumitteln signifikant verstärkt. Sie gelten als Indikatoren für einen Tausalzangriff. Popouts treten allerdings nicht nur im Resultat von Frostschäden, sondern auch im Zusammenhang mit einer Alkali-Kieselsäure-Reaktion auf. Baustoffspezifische statische Kenngrößen werden durch äußere Schädigungen nicht beeinflusst.

Unter *inneren Schädigungen* versteht man dagegen das Auftreten mikroskopisch feiner Risse in der Zementmatrix. Sie treten vor allem bei „reinen" Frostangriffen auf und beeinflussen die mechanischen Kenngrößen des Betons. Letztendlich sind äußere und innere Schädigungen auf gleiche physikalische Phänomene zurückzuführen, aufgrund unterschiedlicher Ausprägung und Kombination sind sie jedoch klar zu unterscheiden.
Bei einer Frost-Tau-Wechselbeanspruchung dominieren in erster Linie physikalische Prozesse. Dagegen treten bei einer Frost-Tausalz-Beanspruchung neben physikalischen Prozessen auch chemische Reaktionen auf, die zu Schädigungen führen.

Anfangs wurde die betonschädigende Wirkung von Frost-Tau-Zyklen weitgehend auf die 9%ige Volumenzunahme bei der Phasenumwandlung Wasser → Eis (Kap. 6.2.2.1) und den dabei entstehenden Druck reduziert. Diese Sicht vernachlässigt das *anomale Gefrierverhalten* des Wassers im Porensystem des Betons. Selbst weit unter dem Gefrierpunkt ist nur ein Teil des Wassers im Beton gefroren. Die Erniedrigung des Gefrierpunkts beruht auf zwei Effekten:

⇒ Salzlösungen besitzen einen geringeren Dampfdruck als das reine Lösungsmittel Wasser. Als Folge dieser Dampfdruckerniedrigung besitzt die Lösung einen höheren Siedepunkt und einen niedrigeren Gefrierpunkt (Kap. 6.2.3.2). Die Porenflüssigkeit von Beton enthält zahlreiche Ionen (Alkali- und Erdalkalimetallionen, Hydroxid-, Chlorid- und Sulfationen), die eine **Gefrierpunktserniedrigung** bewirken. *Tausalze* verstärken den Effekt.

In Deutschland wird seit den 30er Jahren des vergangenen **Tausalz** als bewährtes Mittel zur Bekämpfung von Schnee-, Eis- und Reifglätte im Straßenwinterdienst eingesetzt. Allerdings bringt sein Einsatz neben der (erwünschten) Tauwirkung auf den Fahrbahnbelägen nicht nur Vorteile. Der Tausalzeinsatz kann zu Kontaminationen von Böden und Grundwasser führen und ist für Korrosionsprozesse an Metallteilen und Verkehrsbauwerken aus Beton und Stahlbeton verantwortlich.

Als Tausalze kommen vor allem Natriumchlorid (NaCl), Magnesiumchlorid (MgCl$_2$ · 6 H$_2$O) sowie Gemische wie das Feuchtsalz (70% NaCl, 6% CaCl$_2$ und 24% H$_2$O) zur Anwendung. Wegen seiner Wirtschaftlichkeit und seiner im Vergleich zu CaCl$_2$ und MgCl$_2$ höheren Schmelzkapazität wird hauptsächlich NaCl verwendet.
Chloridhaltige Tausalze rufen sowohl am Bewehrungsstahl (Kap. 9.4.2.3) als auch an Fahrzeugen Korrosion hervor. Deshalb setzt man für spezielle Anwendungsfelder **organische Taumittel** ein. Auf Flughäfen wurden früher überwiegend Alkohole (vor allem Ethylalkohol) und synthetischer Harnstoff CO(NH$_2$)$_2$ verwendet. Da sich sowohl der Einsatz von Alkoholen (Griffigkeit der behandelten Betonfläche geht verloren) als auch von Harnstoff (kurze Wirkungsdauer, Eintrag von Stickstoffverbindungen in Böden und Grundwasser) als nachteilig erwiesen haben, werden heute als Enteisungsmittel Kalium-

und Natriumsalze der Ameisen- und der Essigsäure eingesetzt (Handelsnamen: *Clearway, Safeway, Killfrost*). Die Alkalimetallformiate bzw. -acetate sind aufgrund ihrer biologischen Abbaubarkeit umweltfreundlicher. Darüber hinaus sind sie bei tieferen Temperaturen wirksamer und können sparsamer dosiert werden.

$\Rightarrow$ Der Gefrierpunkt der Porenlösung kann auch durch die Wirkung von Oberflächenkräften in den Poren des Zementsteins herabgesetzt werden. Durch die auftretenden Oberflächenkräfte sind die Moleküle in ihrer freien Bewegung eingeschränkt. Damit Wasser gefrieren kann ist jedoch eine Bewegung der Moleküle in die geordnete Eisstruktur notwendig. Das Porenwasser bleibt folglich bei Abkühlung zunächst flüssig und gefriert erst, wenn der entsprechend dem Porenradius erniedrigte Gefrierpunkt unterschritten wird.

Zementstein weist eine große innere Oberfläche auf (ca. 200 m^2/g). Sie beruht im Wesentlichen auf den nadelförmigen, die Festigkeit des Zementsteins bewirkenden **C-S-H**-Phasen. Die Gesteinskörnung, die etwa 70% der Betonmasse ausmacht, trägt aufgrund ihres dichten Gefüges nicht zu dieser Oberfläche bei. Die aus der großen Oberfläche resultierenden Adsorptionskräfte, mit denen das Porenwasser an die Poreninnenseiten gebunden wird, verringern das chemische Potential. Die relative Oberfläche (Oberfläche/Volumen) steigt mit geringer werdendem Porendurchmesser an. In gleicher Weise wachsen die Oberflächenkräfte an und der Gefrierpunkt erniedrigt sich. Die Gefrierpunktserniedrigung ist umso größer, je kleiner die Pore ist. Im Bereich der Gel- und Mikrokapillarporen (Kap. 9.3.3.5) setzen die wirkenden Oberflächenkräfte den Gefrierpunkt bereits deutlich herab. Zum Beispiel liegen bei einer Temperatur von -20°C etwa 30...60% des Porenwassers noch in ungefrorener Form vor.
Aufgrund des Zusammenhangs zwischen der Gefrierpunktserniedrigung und der Porengröße existieren im Zementstein über einen Temperaturbereich von 0° bis -60°C die drei H$_2$O-Phasen Eis - flüssiges Wasser - Wasserdampf nebeneinander als stabile Phasen [AB 24]. Während in den Kapillarporen das Wasser bereits gefroren ist, liegt es in den Gelporen noch in flüssiger Form vor.

Für eine detaillierte Betrachtung der Zerstörungsmechanismen ist es sinnvoll, zwischen makroskopischen ($\rightarrow$ schichtenweises Gefrieren, ungleiche Temperaturausdehnungskoeffizienten, Temperatursturz) und mikroskopischen Schadensursachen ($\rightarrow$ hydraulischer und Kapillardruck, Osmose, Mikrolinsenbildung) zu unterscheiden. Sie sollen im Weiteren kurz dargestellt werden.

Makroskopische Schadensursachen

Für eine Frostbeanspruchung ohne Tausalzeinsatz ist lediglich das unterschiedliche Temperaturverhalten der Betonkomponenten zu berücksichtigen. Im Allgemeinen kann davon ausgegangen werden, dass unterschiedliche *Temperaturausdehnungskoeffizienten* α_T nicht zu einer Betonschädigung führen. Allerdings können Prozesse im mikroskopischen Bereich durch auftretende Spannungen infolge unterschiedlicher α_T-Werte zwischen Zementstein und Eis verstärkt werden. Während der α_T-Wert von Eis $50 \cdot 10^{-6}$/K beträgt, liegen die α_T-Werte von Zementstein zwischen $9 \cdot 10^{-6}$/K (trocken, 30% Feuchtigkeit) und $24 \cdot 10^{-6}$/K (65% r.F.). Die Koeffizienten der Gesteinskörnungen liegen in den Bereichen $3{,}5...7{,}5 \cdot 10^{-6}$/K (Kalkstein) und $10...12{,}5 \cdot 10^{-6}$ K (Quarz) [AB 27].

⇒ **Temperatursturz**. Die für das Auftauen von Schnee und Eis mittels Taumittel benötigte Schmelzwärme wird den oberflächennahen Schichten des Betons entzogen. Es resultiert ein Temperatursturz, der in der Betonrandzone starke Druck- und Zugspannungen hervorruft. Obwohl diese Zugspannungen die des Zementsteins übersteigen, ist der Temperatursturz als Schadensursache in der Praxis nicht von primärer Bedeutung [AB 7b].

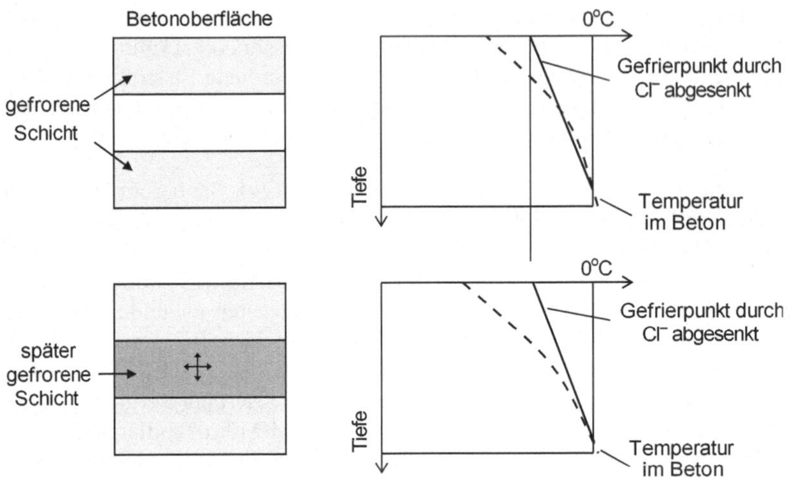

Abbildung 9.40 Schichtweises Gefrieren des Betons infolge Tausalzeinwirkung [AB 29]

⇒ **Schichtenweises Gefrieren** stellt einen bedeutsamen, zerstörungsfördernden Faktor dar. Die ablaufenden Vorgänge sind in Abb. 9.40 dargestellt. Die linke Seite zeigt jeweils die Querschnitte durch ein Betonteil, die rechte Seite die dazugehörigen Verläufe der Gefrier- und Betontemperatur in Abhängigkeit von der Tiefe.

Die beim Einsatz von Tausalzen zunächst entstehende Lösung verhindert bei entsprechenden Außentemperaturen eine erneute Eisbildung als Folge des niedrigeren Dampfdruckes der Salzlösung. Die Tausalzlösung dringt in tiefere Schichten des Betons ein und es entsteht ein Konzentrationsgefälle von außen nach innen (Chromatographieeffekt). Bei niedrigeren Temperaturen gefriert das Wasser zunächst in den tieferen Betonschichten, in die noch kein Tausalz vorgedrungen ist. Die Oberfläche ist aufgetaut. Sinken die Temperaturen weiter, gefriert von außen beginnend auch die Salzlösung in der oberflächennahen Schicht. Die die flüssige Salzlösung enthaltende Schicht ist nun nach innen gewandert und wird von oben und unten von einer gefrorenen Schicht begrenzt (Abb. 9.40, oben links). Der sich durch die Volumenausdehnung aufbauende Kristallisationsdruck der begrenzenden gefrorenen Schichten kann noch in benachbarte Bereiche abgeleitet werden. Das gelingt nicht mehr, wenn bei weiter absinkenden Temperaturen auch die mittlere Wasserschicht gefriert (Abb. 9.40, unten links). Der sich aufbauende Kristallisationsdruck kann nun nicht mehr abgeleitet werden. Die auftretenden Spannungen erreichen eine solche Stärke, dass die Betonmatrix sie nicht mehr aufzunehmen vermag. Die Folge sind Rissbildungen und Absprengungen der oberen Schicht. Tausalzschäden ähneln gewöhnlichen Frostabsprengungen, die bei Betonen mit hohen w/z-Werten auftreten.

Um die Widerstandsfähigkeit des Betons gegen Frost- und Tausalzangriff zu erhöhen, werden künstlich Luftporen in den Beton eingeführt (Luftporenbildner, Kap. 9.3.4).

Mikroskopische Schadensursachen

⇒ **Hydraulischer und Kapillardruck.** Nach Powers ist der hydraulische Druck einer der wichtigsten mikroskopischen Faktoren für Schädigungen bei Frost-Tau- und Frost-Tausalz-Belastung („Hydraulic Pressure Theory", [AB 10]). Infolge der Expansion beim Phasenübergang Wasser → Eis entsteht ein Innendruck (hydraulischer Druck). Die fortschreitende Eisfront presst das verbleibende Porenwasser durch die Kapillarporen. Je länger der Weg des Wassers bis zu einem die Spannung abbauenden Ausweichraum, also einer Luftpore ist, desto größer wird der hydraulische Druck. Übersteigt der Druck die vom Beton aufnehmbaren Zugspannungen, wird er durch Risse in der Betonmatrix abgebaut. Die Größe des Drucks hängt von der Menge des gefrierenden Wassers, der Abkühlgeschwindigkeit, der Permeabilität des Betons sowie von Unterkühlungseffekten ab. Vor allem aber hängt der hydraulische Druck von den zur Verfügung stehenden „Ausweichräumen" ab, in die das Wasser entweichen kann, um einen Druckausgleich zu bewirken. Zwischen Luftporen und Frostwiderstand eines Betons existiert eine enge Wechselbeziehung.

⇒ **Der Kapillareffekt** wird durch die bereits beschriebene Abhängigkeit des Gefrierpunkts von der Porengröße hervorgerufen. Während sich in den größeren Poren bereits Eis gebildet hat, befindet sich in den kleineren Poren noch Wasser. Aufgrund des Unterdrucks infolge der Dampfdruckdifferenz zwischen Wasser und Eis ist das Wasser bestrebt, zu den größeren Poren zu wandern.

Inwiefern dieser mikroskopische Vorgang das Gefüge schädigt, wird in der Literatur kontrovers diskutiert [AB 30]. Powers und Helmuth gehen davon aus, dass das Wasser zu den größeren Poren transportiert wird und dort gefriert [AB 31]. Die Folge ist eine Expansion durch das Wachsen der Eislinsen in den groben Kapillarporen und eine Kontraktion durch das Schwinden der Gelporen. Welcher der beiden Effekte den anderen überlagert, hängt vom w/z-Wert und dem Vorhandensein künstlicher Luftporen ab. Litvan [AB 32] vertritt dagegen die Auffassung, dass der Transport des Gelporenwassers durch lange Diffusionswege, hohe Abkühlgeschwindigkeiten oder eine zu geringe Permeabilität des Zementsteins behindert bzw. ganz unterdrückt wird. Damit entstehen Eigenspannungen und das Gefüge wird geschädigt.

⇒ **Osmose.** Wenn das Wasser in den Kapillarporen zu gefrieren beginnt, wird die Konzentration an gelösten Salzen im Restwasser der Poren heraufgesetzt. Es resultiert ein Konzentrationsunterschied zwischen diesem Restwasser und dem Porenwasser der Gelporen, in denen noch keine Phasenumwandlung stattgefunden hat. Infolge dieser Konzentrationsunterschiede wandert das Wasser von den kleineren zu den größeren Poren. Der Zementstein wirkt als semipermeable Wand und setzt der Bewegung des Porenwassers einen Widerstand entgegen [AB 24]. Es bilden sich **osmotische Drücke** aus, die zwar als primäre Schadensursachen ausgeschlossen werden, eine mögliche Wasserumverteilung beim kapillaren Effekt jedoch verstärken können.

Mit dem Modell der **Mikroeislinsenpumpe** (Abb. 9.41) liefert Setzer eine in sich konsistente, systematische Erklärung der Vorgänge beim Gefrieren des Wassers im System Zementstein [AB 24 - 26]. Gefrier- und Tauvorgänge werden als dynamische Prozesse verstanden, die sich über die Frostangriffsfläche in den Beton hinein bewegen. Sein Modell beruht auf folgende Grundlagen:

- Der Gefrierpunkt des Porenwassers in den Gelporen liegt infolge Gefrierpunktserniedrigung unter 0°C. Er kann in Abhängigkeit vom Porenradius bis auf Werte von -60°C absinken, damit existieren im Porensystem des Betons die drei Phasen Eis, flüssiges Wasser und Wasserdampf nebeneinander.
- Gefriert in einer Pore Wasser zu Eis, verbleibt immer eine adsorbierte Wasserschicht zwischen Eis und Porenwandung. Infolge der Ausbildung neuer Grenzflächen zwischen der dünnen Wasserschicht und dem Eis entstehen Drücke, die umso größer sind, je kleiner der Porenradius ist.
- Wasser wird zu den Eiskristallen transportiert und zwar sowohl direkt als auch als Folge des Verdunstens der Porenflüssigkeit und des Gefrierens an den Eispartikeln. Damit erfolgt ein Wassertransport aus dem nanoporösen System der Gelporen zum Eis in den größeren Kapillarporen. Die Zementmatrix ist nicht als unendlich starr zu betrachten.

Bei **Abkühlung** (Abb. 9.41 B) gefriert zuerst die Flüssigkeit in den größeren Poren, wobei es durch die 9%ige Volumenzunahme beim Phasenübergang Wasser → Eis zu einer leichten Aufweitung kommen kann. Kühlt man weiter ab (Temperaturbereich -10... -25°C), zieht sich das mit ungefrorenem Wasser gefüllte Gel zusammen und in den Gelporen baut sich ein hoher Unterdruck auf. Es kommt zum Schwinden. Als Folge der Kontraktion des Gelporenraumes wird Wasser aus den Gelporen heraus zum Eis in den Kapillarporen gedrückt, wo es an den Mikroeislinsen anfriert. Die Kontraktion des Gelporensystems bezeichnet man als Gefrierschwinden. Wird die Temperatur weiter abgesenkt (bis zu -60°C) gefriert auch das in den Gelporen verbliebene Wasser unter Volumenzunahme. Da die Umgebung gefroren ist, baut sich ein Druck auf.

Beim **Erwärmen** (Abb. 9.41 C) entspannt sich das Mikrogefüge wieder. Die Gelporen dehnen sich aus (ein Teil der erfolgten Aufweitung ist irreversibel!) und das darin befindliche Eis schmilzt zu Wasser unter Volumenabnahme. Es entsteht erneut ein Unterdruck. Das Gel ist wieder in der Lage Wasser aufzunehmen. Da die Flüssigkeit in den großen Poren noch gefroren ist, kann das Wasser nur von äußeren Quellen (Wasser, Taumittellösung) stammen. Auf diese Weise stellt das Mikrogefüge während eines Frost-Tau-Zyklus eine Pumpe dar, durch die der Sättigungsgrad im Beton kontinuierlich ansteigt. Diese „Frostpumpe" wurde von Setzer als **Mikroeislinsenpumpe** bezeichnet.

Durch den Pumpeffekt werden die Kapillarporen mit jedem Frost-Tau-Wechsel stärker gesättigt. Erst mit Erreichen einer **kritischen Sättigung** erfolgt eine Schädigung des Betongefüges. Die Poren sind so weit mit Wasser gefüllt, dass bei einem Gefriervorgang nicht mehr genügend Ausweichraum zur Verfügung steht, um das durch Eisbildung vergrößerte Volumen auszugleichen. Volumenausdehnung und hydraulische Drücke werden wirksam, sie führen zu einer schnellen Schädigung des Betons. Der kritische Sättigungsgrad liegt weit über der Sättigung durch kapillares Saugen [AB 33].

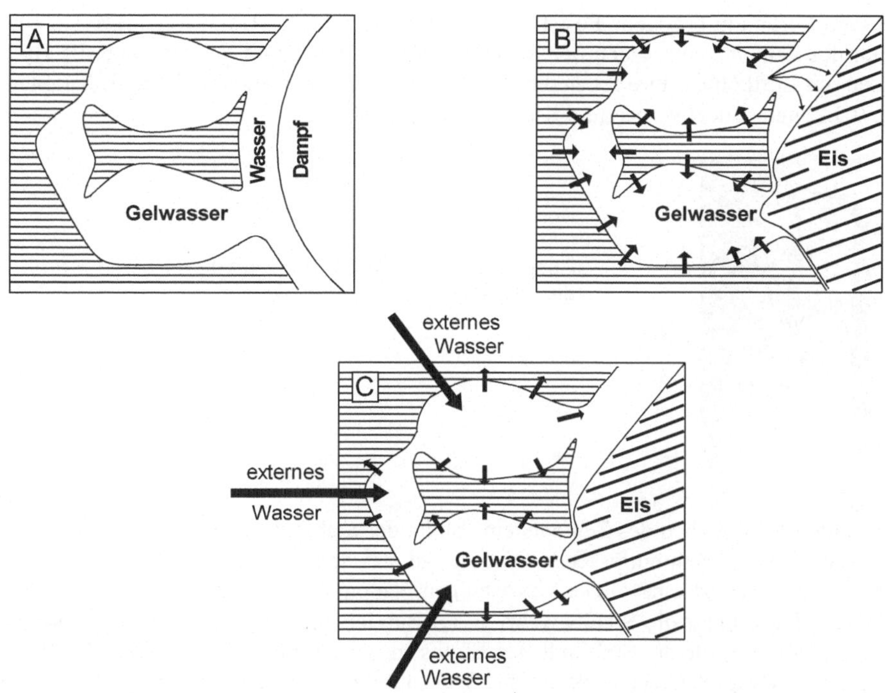

Abbildung 9.41 Schematische Darstellung der Mikroeislinsenpumpe (nach Setzer [AB 24])

Die oben beschriebenen Mechanismen bei Frostangriff sind auf Vorgänge im Zementstein bezogen. Allerdings ergeben sich auch Schädigungen, die auf frostbasierte Prozesse in der **Gesteinskörnung** zurückzuführen sind. Wie eingangs beschrieben ist trotz ausreichenden Widerstands einer Gesteinskörnung gegen Frost ein Ausfrieren einzelner Körner, d.h. ein Abplatzen der Gesteinskörnung an freien Betonoberflächen, möglich.

9.4.2.3 Korrosive Angriffe auf die Bewehrung

9.4.2.3.1 *Carbonatisierung des Betons*

Der pH-Wert des Porenwassers liegt durch das bei der Hydratation der Calciumsilicatphasen gebildete $Ca(OH)_2$ (Gl. 9-16, 9-17) sowie die in Lösung gehenden Alkalien im Bereich 12,5…13,5. Diffundiert CO_2 aus der Umgebungsluft in das Porensystem des Betons, erfolgt eine Neutralisation des basischen Milieus. Das CO_2 reagiert mit dem im Porenwasser gelösten $Ca(OH)_2$ zu Calciumcarbonat $CaCO_3$ (*Calcit*, Gl. 9-12).

$$Ca(OH)_2 + CO_2 + H_2O \rightarrow CaCO_3 + 2\,H_2O$$

Diesen Vorgang bezeichnet man als **Carbonatisierung des Betons**. Durch die ablaufende Neutralisation wird die Konzentration der OH^--Ionen erniedrigt und der pH-Wert des Porenwassers sinkt ab. Die Umwandlung des $Ca(OH)_2$ in $CaCO_3$ führt zu einem ständigen Mangel an $Ca(OH)_2$ in der Porenlösung, was eine allmähliche Auflösung der Portlanditkristalle im Zementstein zur Folge hat. Durch die Bildung von Calciumcarbonat erhöht sich das auf Portlandit bezogene Feststoffvolumen um etwa 13%. Damit verringert sich die Porosität des Zementsteins. Nach der Reaktion mit dem Portlandit können auch die Hydratphasen mit Luftkohlensäure reagieren. Es entsteht $CaCO_3$ (in allen drei Modifikationen, s. Kap. 9.3.2) neben hochvernetztem Kieselgel $SiO_2 \cdot n\, H_2O$.

Abbildung 9.42

Absprengung der Betondeckung durch Rosten der Bewehrung eines Stützpfeilers

Im stark alkalischen Milieu des Zementsteins bildet der Stahl auf der Oberfläche eine dünne, nur wenige Atomlagen umfassende Oxidschicht aus, den sogenannten **Passivfilm**. Diese Schutzschicht besitzt eine Dicke von wenigen Nanometern und besteht vor allem aus Eisenoxiden. Sie schützt die Stahlbewehrung im Bereich $11,5 \leq pH \leq 13,8$ gegen Korrosion. Eine Erklärung für die Stabilität des Eisens in diesem pH-Bereich liefert das Pourbaix-Diagramm (Kap. 8.3.2.1). Sinkt der pH-Wert unter Carbonatisierungsbedingungen auf Werte < 9, geht die Passivität des Stahls verloren (**Depassivierung**). Der allmähliche Abbau der Passivschicht beginnt bereits ab einem pH-Wert von ~ 11.
Die ablaufenden Korrosionsmechanismen entsprechen denen der Sauerstoffkorrosion (Kap. 8.3.2.2). Nachdem die Carbonatisierungsfront die Stahloberfläche erreicht hat, erfolgt an der Anode die Auflösung des Eisens (anodische Oxidation: $Fe \rightarrow Fe^{2+} + 2\, e^-$) und an der lokalen Katode die Reduktion des Sauerstoffs (katodische Reduktion: $\frac{1}{2}\, O_2 + H_2O + 2\, e^- \rightarrow 2\, OH^-$). Der erforderliche Sauerstoff diffundiert durch die Betondeckung zur Stahloberfläche und ist in der Regel in ausreichender Menge vorhanden. Der katodische Teilprozess bewirkt *keine* Schädigung der Stahloberfläche.

Je nach der elektrolytischen Leitfähigkeit des Betons können Anode und Katode lokal weit voneinander entfernt liegen, bis zu einigen Metern (!). Man spricht von *Makro- bzw.* Makrokorrosionselementen, im Gegensatz zu lokal nicht trennbaren Anoden- und Katodenbereichen bei einer gleichmäßigen Flächenkorrosion.
Voraussetzung für die Korrosionsprozesse, d.h. für einen effektiven Ladungstransport sind Potentialunterschiede zwischen den Anoden und Katoden des Makroelements. Sie entstehen durch unterschiedliche Sauerstoffkonzentrationen infolge ungleicher Betonqualität oder im Ergebnis der ablaufenden Depassivierungsprozesse. Die sich bildenden Korrosionsprodukte (Eisenoxide/-hydroxide) nehmen allesamt ein größeres Volumen ein als der metallische Stahl. So erhöht sich z.B. im Falle der Bildung von $FeO(OH)$ das Volumen auf mindestens das Doppelte. Die Folge sind Treibwirkungen. Sie reichen häufig aus, um die im Schadensfall zu geringe Betondeckung abzusprengen (Abb. 9.42). Für den unbewehrten Beton hat die Carbonatisierung (früher auch: *chemische Alterung des Betons*) keinerlei

Konsequenzen. Im Gegenteil: Durch die Bildung von kristallinem $CaCO_3$ erhöht sich die Dichtigkeit des Zementsteins bei Portlandzementen.

Das **Ausmaß der Carbonatisierung**, die im Beton langsam von außen nach innen fortschreitet, hängt wesentlich von der Betonzusammensetzung (Porosität, w/z-Wert), der Nachbehandlung des Betons, den Lagerungsbedingungen während der Carbonatisierung (relative Luftfeuchte, Feuchtigkeitsgehalt des Betons) sowie der Carbonatisierungsdauer ab. Maßgeblich für den Carbonatisierungsfortschritt sind die klimatischen Umgebungsbedingungen. Relative Luftfeuchtigkeiten zwischen 50...70% bewirken einen schnellen Carbonatisierungsfortschritt, da für den Neutralisationsprozess CO_2 <u>und</u> H_2O benötigt werden. An trockener Luft (relative Luftfeuchtigkeit < 30%) kann der Zementstein nicht carbonatisieren. Mit zunehmender Feuchtigkeit dringt die Carbonatisierungsfront langsamer in Richtung Bewehrung vor, da die Diffusion des CO_2 sukzessive erschwert wird. Befindet sich der Beton vollständig unter Wasser, kann infolge weitgehenden Luftausschlusses eine Carbonatisierung ebenfalls vernachlässigt werden. Vor Regen ungeschützter Beton im Freien carbonatisiert etwa 2...3 mal langsamer als vor Regen geschützter („im Freien unter Dach"), da wie bereits betont, in den mit Wasser gefüllten Poren die Diffusion des CO_2 ins Betoninnere vernachlässigbar ist. Die Betoncarbonatisierung verläuft entlang gut sichtbarer Fronten, denn erst wenn lokal der gesamte Kalk carbonatisiert ist, kann sich der Neutralisationsprozess nach innen fortsetzen. Die *Carbonatisierungstiefe s* verhält sich proportional der Quadratwurzel aus der Zeit: $s \sim \sqrt{t}$. Demnach wächst s am Anfang schnell, nach 20 bis 30 Jahren sehr langsam. Hat die Carbonatisierungsfront die Bewehrung erreicht, setzt die Korrosion am Stahl ein.

In der Praxis wird die Carbonatisierungstiefe meist durch den **Phenolphthalein-Test** bestimmt. Man benutzt eine ca. 1%ige alkoholische Phenolphthaleinlösung, die auf die frische Bruchstelle des Mörtels oder Betons aufgesprüht wird. Carbonatisierte Bereiche (< 9) bleiben farblos, nicht carbonatisierte Bereiche (> 12,5) färben sich rot. Die Carbonatisierungstiefe ergibt sich als Abstand der Grenze des Farbumschlags zur jeweiligen Baustoffoberfläche.

9.4.2.3.2 *Chloridangriff*

Zu einer Depassivierung des Stahls im Beton kommt es nicht nur durch das Absinken des pH-Wertes der Porenlösung infolge Carbonatisierung. Die Passivität des Bewehrungsstahls geht auch verloren, wenn der Chloridgehalt an der Stahloberfläche einen kritischen Grenzwert überschreitet. Die angreifenden Chloride können entweder von Tausalzen ($NaCl$, $CaCl_2$, $MgCl_2$), aus Meer- bzw. chloriertem Schwimmbadwasser oder aus PVC-Brandgasen (Freisetzung von HCl!) stammen.

Je nach Feuchtegehalt des Betons können die Chloridionen durch Diffusion oder kapillar transportiert werden. Sie treten, wenn sie die Stahloberfläche erreichen, in Wechselwirkung mit dem Passivfilm des Stahls. Die exakt ablaufenden Vorgänge an der Passivschicht, die letztendlich zum Lochfraß führen, sind sehr komplex und bis heute mechanistisch nicht vollständig geklärt [KS 3]. Drei Modelle zur Interaktion der aggressiven Chloridionen mit dem Passivfilm, die zu dessen Zerstörung führen, werden diskutiert [KS 3a]. Ein erstes mechanistisches Modell (*Penetrationsmechanismus*) geht davon aus, dass die Cl^--Ionen infolge Migration durch die Oxidschicht zu Metalloberfläche wandern, wobei der Eintritt der Chloridionen in den Passivfilm an Stellen lokaler Störungen erfolgt. Es bilden sich in der Oxidschicht Kanäle mit einer hohen Leitfähigkeit durch die die Fe^{2+}-Ionen zur Oberfläche transportiert werden. Ein zweites Modell geht von der *Adsorption* der Cl^--Ionen an der Passivschicht-Oberfläche und nicht von ihren Einbau in das Oxidgitter aus. An den Adsorptionsstellen findet ein Austausch mit den OH^-- und den O^{2-}-Ionen des Passivfilms statt, was zu einer Durchlöcherung der Oxidschicht führt. Schließlich wird ein *Schichtrissmechanismus* diskutiert, bei dem die Chloridionen direkt zur freien Metalloberfläche vordringen. Allen drei Modellen ist gemeinsam, dass eine Zunahme der Passivschichtdicke und eine Reduktion der Fehlstellen innerhalb des Oxidgitters die Empfindlichkeit des Passivfilms hinsichtlich Chloridangriff minimieren.

Die chloridinduzierte Korrosion führt zur Ausbildung von Makroelementen bestehend aus dem depassivierten Bereich (Lokalanode) und der sie umgebenden passiven Stahloberfläche (Katode). *Chloridionen zerstören die Passivschicht stets örtlich und an lokal scharf begrenzten Stellen (Lochkorrosion).*

Ein großer Teil des in den Beton eingedrungenen Chlorids wird von den Komponenten des Zementsteins gebunden. Es entstehen Verbindungen unterschiedlicher, zum Teil noch ungeklärter Stöchiometrie. Beispielsweise bildet sich mit der Calciumaluminathydratphase das **Friedelsche Salz** $3\ CaO \cdot Al_2O_3 \cdot CaCl_2 \cdot 10\ H_2O$. Durch die Verbindungsbildung verringert der Zementstein die Konzentration des Chlorids und schützt in gewisser Weise den Bewehrungsstahl, denn nur das im Porenwasser vorliegende ungebundene Chlorid ist zu einem korrosiven Angriff in der Lage.

Während man bei der Carbonatisierung des Betons eine mehr oder weniger scharfe Carbonatisierungsfront beobachten kann, ergeben sich für die eindringenden Cl^--Ionen Chloridkonzentrationsprofile. Zunächst besitzen die Chloridionen an der Betonoberfläche ihre höchste Konzentration, mit der Dauer der Beaufschlagung mit Cl^--Ionen nimmt ihre Konzentration mit zunehmenden Abstand von der Betonoberfläche zu.

Die Chloridkonzentrationsprofile lassen Rückschlüsse auf den Eindringwiderstand zu, der wesentlich von der Betonzusammensetzung, der Verdichtung und Nachbehandlung sowie vom Chloridbindevermögen des Betons abhängt.

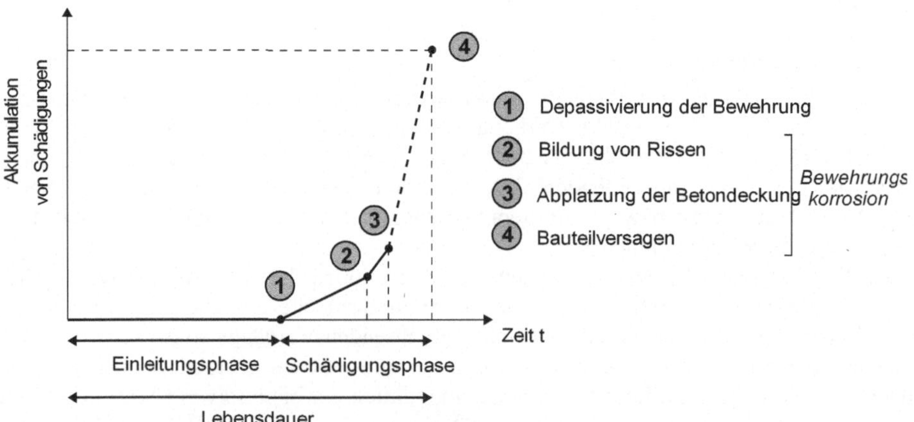

Abbildung 9.43 Zeitlicher Ablauf der akkumulierten Schädigungen an Bauwerken mit chloridinduzierter Korrosion [KS 4]

Betrachtet man die Betonzusammensetzung, die Porigkeit der Grenzschicht, die Zusammensetzung des Stahls, die Art der Chloride und die Umgebungsbedingungen, alles Faktoren, die den kritischen, korrosionsauslösenden Chloridgehalt im Beton beeinflussen, so wird deutlich, dass es **den** kritischen Chloridgehalt als feststehende Größe nicht geben kann. Ein Wert von 0,5 % Cl^-, bezogen auf die Zementmasse, stellt jedoch für die Mehrzahl der Fälle einen guten Anhaltswert dar, der nicht überschritten werden sollte. Abb. 9.43 zeigt den zeitlichen Ablauf der akkumulierten Schädigungen mit Cl^--induzierter Korrosion.

9.4.3 Biokorrosion

Abgesehen von Spannungen durch Quell- und Wachstumsprozesse von Sporen, Samen und Wurzeln, die zu außerordentlich hohen Drücken im Baugefüge führen können, sowie von Verschmutzungen durch Tiere (z.B. Taubenkot) wurden bis in die 70er Jahre des vergangenen Jahrhunderts biologische Faktoren als Ursache für eine korrosive Zerstörung von Baustoffen in Untersuchungen nicht einbezogen. Diese Tatsache ist umso bemerkenswerter, da bereits 1945 der australische Biologe Parker eine Arbeit über die Zersetzung von Beton in Abwasserleitungen durch Bakterien der Gattung *Thiobacillus* publizierte [KS 14] und damit erstmalig den Beweis für eine mikrobielle Zerstörung nichtmetallisch-anorganischer Baustoffe lieferte. An mikrobiellen Korrosionsvorgängen (Biokorrosion) können Mitglieder aller Gruppen von Mikroorganismen beteiligt sein, also Bakterien, Algen, Flechten und Pilze.

Biogenen Schadensprozessen an anorganischen Werk- und Baustoffen ist in den letzten Jahren verstärkt Aufmerksamkeit gewidmet worden [KS 15-17]. Dabei wurde eines offensichtlich: Ihr Anteil an der Korrosion nichtmetallisch-anorganischer Baustoffe ist erheblich größer als bisher angenommen. Biokorrosion verursacht hohe wirtschaftliche Kosten und einen unwiederbringlichen Verlust an Kulturgütern.

Trotz unterschiedlicher Mikroflora lassen sich auf anorganischen Werkstoffen folgende Gruppen in wechselnder Vielfalt und Artendominanz nachweisen [KS 16]:

- **Chemolithotrophe Bakterien**, die reduzierte anorganische Verbindungen wie NH_4^+ und NO_2^-, H_2S / Sulfid, elementaren Schwefel und Thiosulfat sowie Eisen(II)-Ionen als Energiequelle und Elektronendonatoren benutzen. Sie vermögen aus deren Oxidation Energie zu gewinnen. Dabei kommt es zur Bildung von salpetriger Säure (*Nitrosomonas*) bzw. Salpetersäure (*Nitrobacter*), zu schwefliger oder Schwefelsäure (*Thiobacillus*) und von Eisen(III)-Ionen. Der Kohlenstoff zum Zellaufbau wird von dieser Gruppe von Mikroorganismen aus der CO_2-Fixierung gewonnen (autotroph).
- **Photolithotrophe Mikroorganismen** wie Algen und Cyanobakterien nutzen das Sonnenlicht als Energiequelle für ihr Wachstum. Bei diesem Prozess wird Sauerstoff freigesetzt. Ihren C-Bedarf decken sie durch Fixierung von CO_2 aus der Atmosphäre.
- **Chemoorganotrophe Bakterien und Pilze** gewinnen ihre Energie aus der Oxidation organischer Verbindungen (Wasserstoffdonatoren). Die organischen Stoffe werden in der Regel zum Aufbau der Zellsubstanz verwendet (heterotroph).
- **Flechten** bestehen aus einer autotrophen Alge und einem heterotrophen Pilz. Der Pilz bezieht von der Alge organische Nährstoffe, die diese über die Photosynthese produziert hat. Im Gegenzug versorgt der Pilz die Alge mit Mineralien, die er mittels tief ins Baumaterial eindringender Hyphen und Ausscheidungen von Flechtensäuren aus dem Gestein gewonnen hat.

Die wichtigste und am besten untersuchte mikrobielle Materialschädigung ist der **Säurean-griff**. Bestimmte spezialisierte Mikroorganismen scheiden als Zwischen- oder Endprodukte ihres Stoffwechsels starke anorganische Säuren wie Schwefel- oder schweflige Säure, Sal-peter- oder salpetrige Säure und Kohlensäure ab.

Ein seit Jahren intensiv diskutiertes Problem ist die Schädigung von Beton durch soge-nannte biogene Schwefelsäure **(Biogene Schwefelsäurekorrosion, BSK [KS 17 -19])**. An Kläranlagen, aber auch an Schächten und Kanälen aus Beton, die dem Einfluss von Faulga-sen ausgesetzt sind, treten häufig massive Schäden durch den Angriff von Schwefelsäure auf. Ihr Entstehen soll im Folgenden kurz skizziert werden (Abb. 9.44).

Im Abwasser enthaltene Eiweißstoffe werden zunächst durch anaerobe Mikroorganismen in Schwefelwasserstoff H_2S umgewandelt.

> **Schwefelwasserstoff (H_2S)** ist ein farbloses, in Wasser lösliches, brennbares, stark giftiges Gas von unangenehmem Geruch (faule Eier!). H_2S ist noch in sehr großer Verdünnung an seinem Ge-ruch wahrnehmbar. Seine Toxizität, die noch höher als die von Blausäure HCN ist, wird oft un-terschätzt. Die wässrige Lösung von H_2S (Schwefelwasserstoffwasser) ist eine schwache zweiba-sige Säure. Sie bildet bei Protolyse mit Wasser Hydrogensulfide HS^- (z.B. Natriumhydrogensul-fid NaHS) und Sulfide S^{2-} (z.B. Zinksulfid ZnS). Der Schwefelwasserstoff greift als schwache Säure mineralische Baustoffe wie Beton nur geringfügig an, wenngleich er in der Lage ist, mit Schwermetallen schwer lösliche Sulfide zu bilden. Das kann zu starker metallischer Korrosion führen.

Der in den Gasraum übergegangene Schwefelwasserstoff kann entweder dort verbleiben und evtl. durch Entlüftung abgeleitet werden (Geruchsprobleme!) oder aber von der Feuch-tigkeit unter Bildung von Sulfiden absorbiert werden. An den Kanalwänden wird der sulfi-dische Schwefel von aerob lebenden, schwefeloxidierenden Mikroorganismen, z.B. Thio-bacillen, zu Schwefel und anschließend zu Schwefelsäure umgesetzt (Gl. 9-50, 9-51).

$$HS^- + \tfrac{1}{2}\,O_2 + H^+ \rightarrow S^{\pm 0} + H_2O; \quad S^{\pm 0} + H_2O + 1\tfrac{1}{2}\,O_2 \rightarrow 2\,H^+ + SO_4^{2-} \qquad (9\text{-}50)$$

$$\Sigma\; H_2S + 2\,O_2 \rightarrow 2\,H^+ + SO_4^{2-} \qquad (9\text{-}51)$$

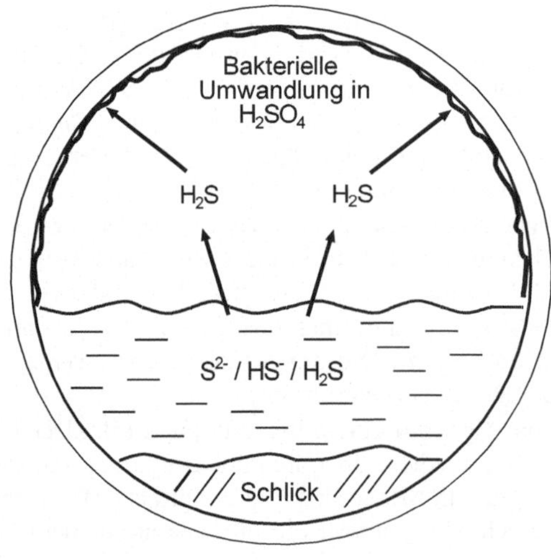

Abbildung 9.44

Entstehung biogener Schwe-felsäure in einem Kanalrohr:

- Bildung von sulfidischem Schwefel (S^{2-}, HS^-) in anaerobem Wasser

- Ausgasen von Schwefel-wasserstoff und bakteri-elle Bildung von H_2SO_4

Die gebildete (biogene) Schwefelsäure greift massiv Betonoberflächen an (Kap. 9.4.2.1). Der Zementstein wird aufgelöst und die Gesteinskörnung freigelegt. Die Schäden sind erwartungsgemäß oberhalb des Abwasserspiegels feststellbar. Sie sind abhängig von der Abwasserbeschaffenheit, den Milieubedingungen (Temperatur und Sauerstoffgehalt) sowie der Kontaktzeit des Abwassers mit dem Beton. Bei langen Aufenthaltszeiten, fehlender Belüftung, beim Mischen mit warmem oder saurem Abwasser und bei Turbulenzen ist die Gefahr des Auftretens von H_2S besonders groß.

Schutzmaßnahmen. *Aktive Schutzmaßnahmen* gegen die biogene Schwefelsäurekorrosion sollen das Entstehen und die Emission von H_2S und anderen flüchtigen Sulfiden aus dem Abwasser verhindern. In erster Linie muss das Abwassernetz konstruktiv fachgerecht errichtet und entsprechende Betriebsbedingungen wie Vermeidung von Turbulenzen und Aufwirbelungen, keine Abwasserstaus, optimale Belüftung und regelmäßige Reinigung und Spülung der Abwasserleitungen (Beseitigung der Sielhaut) eingehalten werden.
Im Rahmen *passiver Maßnahmen* wird die biogene Schwefelsäurebildung nicht unterbunden, vielmehr soll der Beton vor der aggressiv wirkenden Schwefelsäure geschützt werden. Der chemische Widerstand des Betons gegenüber dem Angriff biogener Schwefelsäure kann zunächst durch bestimmte betontechnologische Maßnahmen erhöht werden, z.B. durch eine Verringerung des w/z-Wertes auf $\leq$ 0,45, den Einsatz von Hochleistungsbetonen C 75/85 sowie den Einsatz reaktiver, die Dichtigkeit verbessernder Zusatzstoffe.

In DIN EN 206 werden Expositionsklassen für Betone beschrieben, die unter anderem die Anforderungen an Betone gegenüber chemischem Angriff festlegen. Je nach Stärke des auf den Beton wirkenden chemischen Angriffs werden die Betone in die Klassen XA 1, XA 2 und XA 3 eingeordnet (Kap. 6.4.3, Tab. 6.9). Der Stärke des chemischen Angriffs bei Belastung durch biogene Schwefelsäure wird allerdings auch mit der höchsten Eingruppierung XA 3 nicht ausreichend Rechnung getragen. Deshalb wurde zusätzlich die Expositionsklasse XBSK eingeführt (Merkblatt DWA M 211). Für diese Expositionsklasse stehen folgende Oberflächenschutzsysteme zur Verfügung:

– **Alkalisilicatmörtel** bestehen aus einer hochalkalischen Silicatlösung als flüssiger Komponente, einer pulvrigen Bindemittelkomponente aus verschiedenen latent-hydraulischen und/oder puzzolanischen Stoffen und entsprechenden Gesteinskörnungen neben weiteren Begleit- und Hilfsstoffen. Im Gegensatz zu zementgebundenen Baustoffen bildet sich bei den Alkalisilicatmörteln ein amorphes Silicatgel aus, das die Matrix des erhärteten Materials bildet. Angeregt wird die latent-hydraulische bzw. puzzolanische Reaktion des Bindemittels durch die hohe Alkalität der Silicatlösung. Die Besonderheit dieser rein mineralischen Mörtel, die frei von Zementen und Kunststoffen sind, besteht darin, dass sie anders als Beschichtungen auf Epoxid- bzw. Polyurethanbasis, als wasserdampfdiffusionsoffene Baustoffe keine Ablösungen vom Untergrund infolge osmotischer und/oder Dampfdiffusionsdrücke aufweisen. Im Gegensatz zu zementgebundenen Baustoffen sind sie beständig gegen alle anorganischen und organischen Säuren (außer Flusssäure) sowie gegenüber Lösemitteln, Fetten und Ölen. Beschichtungen auf Basis eines Alkalisilicat-Bindemittels sind flüssigkeitsdicht, aber dampfdiffusionsoffen.

– **Entkoppelte Oberflächenschutzsysteme** bestehen meist aus einem Trägersystem, das am Betonuntergrund mechanisch befestigt wird und auf das vor Ort, ohne flächigen Verbund zum Untergrund, z.B. ein Reaktionsharz als Oberflächenschutzschicht aufgebracht wird. Aufgrund der Entkopplung sind keine Schäden durch Osmose bei rückseitiger Durchfeuchtung zu erwarten.

– **Montagesysteme** sind vorgefertigte Oberflächenschutzsysteme, die aus einzelnen Segmenten vor Ort zusammengesetzt werden. Dabei sind unterschiedliche Temperaturkoeffizienten und daraus resultierende Längenänderungen zu beachten. Zu den Montagesystemen zählen unter anderem PE-HD- und GFK-Systeme (Kap. 10.4.4), keramische Systeme mit säurefesten Fugen, nicht rostende Stahlsysteme und Glassysteme. Darüber hinaus können Oberflächenschutzsysteme (Bahnen, Platten, Auskleidungen) nach DIN 28052 bzw. AGI - Arbeitsblatt S 20 verwendet werden.

Die **Veralgung und Vergrünung** von Fassaden hat in den letzten Jahrzehnten an Bedeutung gewonnen - Tendenz steigend! Dabei kommt es sowohl auf Fassaden mit Silicat- oder Mineralputzen als auch auf kunststoffgebundenen Beschichtungssystemen zur Algenbildung. Es gibt demnach keine bevorzugten Beschichtungssysteme, die das Algenwachstum generell unterbinden. Untersuchungen der letzten Jahre haben gezeigt, dass bei Wechselwirkung der Algen mit der Baustoffoberfläche die Oberflächenstruktur chemisch und physikalisch beeinflusst und verändert wird, so dass man heute davon ausgehen kann, dass eine mit Algen besiedelte Baustoffoberfläche langfristig geschädigt wird [KS 19]. Damit muss dem weit verbreiteten Vorurteil entgegengetreten werden, dass ein Algenbewuchs lediglich einen ästhetischen Mangel darstellt. Als Baustoffoberflächen besiedelnde Algen wurden vor allem Grünalgen (*Chlorophycea*) und Blaualgen (*Cyanobacter*) identifiziert.
Die Ursachen für eine Veralgung einer Oberfläche sind gut bekannt: Störung des Wasserhaushaltes im Bereich der Fassade bzw. des Bauwerkes, Wärmedämmung, Staub- und Schmutzablagerungen, die einen idealen Nährboden für die Algen bilden und hohe Konzentrationen an Ammoniak (Landwirtschaft) und Stickoxiden (Kfz-Verkehr) in der Atmosphäre, die die Wachstumsbedingungen für Algen verbessern.
Um die Verschmutzung als Grundlage für das Algenwachstum zumindest teilweise zu unterbinden, sollten Beschichtungen eingesetzt werden, die eine äußerst geringe Neigung zu Schmutzablagerungen aufweisen. Mittel der Wahl sind hydrophob eingestellte, diffusionsfähige Beschichtungen wie Siliconharzputze und Siliconharzfarben.

Um die Veralgung effektiv zu bekämpfen, sind chemische Schutzmaßnahmen unerlässlich. Als Methode der Wahl gilt hier immer noch die Anwendung algizider Substanzen. **Algizide** sind biozid wirksame Verbindungen (Biozide), die speziell gegen Algen wirken. Sie werden in der Regel als Lösungen aufgebracht oder Beschichtungsstoffen als Additiv beigegeben.
Zu den gegenwärtig eingesetzten **Bioziden**, also Bakteriziden, Algiziden und Fungiziden (wirken gegen Pilze), gehören Substanzen wie Phenole und deren Derivate, Salicylanilide und Carbanilide, Dibenzamidine, quarternäre Ammoniumsalze, Aldehyde und Organometallverbindungen. Heute sind mehr als 250 Biozide im Handel, dazu kommen zahlreiche Formulierungen und Kombinationen. Neben ihrer unspezifischen Wirksamkeit sind die Biozide im Allgemeinen toxisch, bilden gesundheitlich bedenkliche Abbauprodukte und werden häufig unkontrolliert an die Umwelt abgegeben. Eine moderne Alternative sind

Beschichtungs- und Anstrichstoffe, die photokatalytisch aktive TiO_2-Pigmente enthalten. Die TiO_2-Partikel besitzen nicht nur eine schadstoffzersetzende, sondern auch eine biozide Wirkung (s. Kap. 13.2.1).

Generell ist festzuhalten, dass die durch Biokorrosion resultierenden Veränderungen am künstlichen bzw. natürlichen Gestein von Verfärbungen über Salzausblühungen, Krustenbildungen bis zu tiefgreifenden Zerstörungen der Gesteinsmatrix reichen können.

9.4.4 Salzablagerungen auf Bauwerksoberflächen (Ausblühungen)

Auf der Oberfläche von Bauteilen, die aus porösen mineralischen Baustoffen wie Mörtel, Ziegel, Beton oder Natursteinen bestehen, können weiße bis schmutzig-gelbe Salzablagerungen, sogenannte **Ausblühungen**, auftreten. Sie entstehen, wenn innerhalb eines Bauteils vorhandene wasserlösliche Salze durch Flüssigkeitsbewegung nach außen transportiert werden und sich nach dem Verdunsten des Wassers an der Oberfläche kristallin oder amorph ablagern. Ausblühungen sind nicht nur „Schönheitsfehler" am Bauwerk, sie schädigen durch das Herauslösen der ausblühenden Substanzen die Struktur der Baustoffe. Insofern existiert ein enger Zusammenhang zwischen der Chemie des lösenden bzw. auslaugenden Angriffs und der Chemie der Ausblühungen.

Voraussetzungen für ihr Entstehen sind:

- ein poriges Gefüge der Baustoffe
- das Vorliegen löslicher Salze bzw. deren Bildung durch ins Mauerwerk diffundierende Gase wie CO_2 und SO_2
- die Anwesenheit von Feuchtigkeit

Als Feuchtigkeitsquellen kommen die Witterungsfeuchtigkeit, die aufsteigende Bodenfeuchtigkeit, das in das Mauerwerk eindringende Gebrauchswasser und die durch den Erhärtungsprozess bedingte Baufeuchtigkeit in Betracht.

Der Laie bezeichnet weiße Salzflecken, die unter bestimmten Bedingungen an der Oberfläche von Putzen und Mauerwerk auftreten, meist als *„Salpeter"*. Glücklicherweise ist der das Mauerwerk stark schädigende Mauersalpeter $Ca(NO_3)_2 \cdot 4\,H_2O$ heute nur noch selten anzutreffen. In der Mehrzahl der Fälle handelt es sich bei den abgelagerten Salzen um Carbonate und Sulfate.

- **Carbonate.** Die häufigste Carbonatausblühung ist die Ablagerung von Calciumcarbonat $CaCO_3$ („Kalkausblühung", Kalksinter). Kalkausblühungen entstehen, wenn das $Ca(OH)_2$ des erhärteten Kalkmörtels oder Betons durch eindringende oder aufsteigende Feuchtigkeit gelöst und durch Flüssigkeitsbewegung an die Oberfläche befördert wird. In Kontakt mit dem CO_2 der Luft kristallisiert es gemäß Gl. (4-11) als $CaCO_3$ aus. $CaCO_3$-Ausblühungen treten häufig als weiße Krusten auf Beton (Abb. 9.45) und von den Mörtelfugen ausgehend als vertikale Streifen auf Mauerwerksflächen auf. Im letzteren Fall sind die Ausblühungen ein Indiz dafür, dass zwei oder mehrere übereinander liegende horizontale Mörtelfugen undicht sind. Kalkablagerungen können durch Regenwasser/CO_2 in lösliches Hydrogencarbonat überführt (Gl. 5-28) und vom Regen weggespült werden.

Abbildung 9.45
Calciumcarbonat-Ausblühungen auf Betonbauteilen

Abbildung 9.46
Alkalimetallsulfat-Ausblühungen auf Ziegel-
steinmauerwerk

- **Sulfate.** Sulfatausblühungen sind sehr häufig anzutreffen. In den meisten Fällen handelt es sich um auskristallisierte, lösliche Alkalimetall- und Erdalkalimetallsulfate, vor allem Natriumsulfat-Decahydrat $Na_2SO_4 \cdot 10\ H_2O$, Kaliumsulfat K_2SO_4 oder $MgSO_4 \cdot n\ H_2O$ sowie um schwerlösliches Calciumsulfat-Dihydrat (Gips $CaSO_4 \cdot 2\ H_2O$). Die Sulfate können aus den Baustoffen stammen (insbes. Ziegel sind sehr sulfatreich!), aus dem Untergrund zugeführt werden oder aus SO_2-haltigen Rauchgasen stammen.

$\Rightarrow$ **Gipsausblühungen** (Gl. 9-52) sind auf Beton, Kalk- und Zementmörtel sowie auf kalkhaltigen Natursteinen anzutreffen. Die Calciumionen entstammen in der Regel dem Baustoff.

$$Ca(OH)_2 + SO_2 + \tfrac{1}{2} O_2 + H_2O \rightarrow CaSO_4 \cdot 2\ H_2O \qquad (9\text{-}52)$$

Wird beispielsweise das Mörtelwasser von porösen Ziegeln oder anderen Gesteinen mit größeren Poren aufgesaugt, diffundiert es anschließend an die Oberfläche und bildet dort die häufig zu beobachtenden weißen Gipsablagerungen. Im Extremfall kann die gesamte Steinoberfläche mit einer Gipskruste überzogen sein. Gipsablagerungen weisen im Gegensatz zu Kalkablagerungen keine vertikale Ausrichtung auf. Sie sind bevorzugt an Mauerwerksflächen anzutreffen, bei denen durch undichte Stellen wie Risse, Mörtel- oder Kittfugen Wasser in größeren Mengen eindringt und eine Durchfeuchtung der angrenzenden Steine von innen her bewirkt.

Die besondere Gefährlichkeit von Gipsausblühungen besteht darin, dass sie häufig in Kombination mit Oberflächenabsprengungen auftreten. Das gilt insbesondere für schlagregenbeanspruchte Fassaden, die bei schönem Wetter einer intensiven Sonneneinstrahlung ausgesetzt sind. In Phasen der Austrocknung verlagert sich die Gipsbildung von der Oberfläche in das Gesteinsinnere was zu Treiberscheinungen führen kann.

$\Rightarrow$ Ausblühungen von **wasserlöslichen Sulfaten** entstehen meist im Übergangsbereich zwischen nassem und trockenem Mauerwerk. In den meisten Fällen handelt es sich um Salzgemische, bei denen entweder Natriumsulfat oder Magnesiumsulfat dominiert. Kaliumsulfat und Natriumcarbonat treten häufig als Beimischungen auf. Ausblühungen von wasserlöslichen Salzen sind oft jahreszeitlich begrenzt. Sie treten typischerweise in den Monaten Januar bis März auf, da in dieser Zeit das Mauerwerk am stärksten durchnässt wird und die tiefen Temperaturen die Kristallbildung fördern.

Die Verwitterung der Baustoffoberflächen ist häufig eine Folge des Wechselspiels zwischen Auflösung und Auskristallisation von Salzen. Der Übergang eines Salzes vom gelösten in den kristallisierten Zustand ist prinzipiell mit einer Volumenvergrößerung verbunden. Sie ist die Ursache für den sich ausbildenden **Kristallisationsdruck**. Der Kristallisationsdruck ist vergleichbar mit dem Druck, der entsteht, wenn Wasser gefriert (Volumenausdehnung ca. 9%, Kap. 6.2.2.1). Befinden sich in den Poren eines Baustoffs übersättigte Salzlösungen, führt die Kristallisation dann zu einer Schädigung, wenn das Gefüge den Kristallisationsdruck nicht aufnehmen kann.

Tabelle 9.13 Kristallisationsdrücke wichtiger bauschädlicher Salze [KS 6]

Chemische Formel	Volumen eines Mols der Substanz (in l)	Kristallisationsdruck (N/mm²)			
		c/cs = 2		c/cs = 10	
		0°C	50°C	0°C	50°C
$CaSO_4 \cdot \frac{1}{2} H_2O$	46	33,5	39,8	112,0	132,5
$CaSO_4 \cdot 2\,H_2O$	55	28,2	33,4	93,8	111,0
$MgSO_4 \cdot 7\,H_2O$	147	10,5	12,5	35,0	41,5
$MgSO_4 \cdot 6\,H_2O$	130	11,8	14,1	39,5	49,5
$MgSO_4 \cdot H_2O$	57	27,2	32,4	91,0	107,9
$Na_2SO_4 \cdot 10\,H_2O$	220	7,2	8,3	23,4	27,7
Na_2SO_4	53	29,2	34,5	97,0	115,0
$NaCl$	28	55,4	65,4	184,5	219,0
$Na_2CO_3 \cdot 10\,H_2O$	199	7,8	9,2	25,9	30,8
$Na_2CO_3 \cdot 7\,H_2O$	154	10,0	11,9	33,4	36,5
$Na_2CO_3 \cdot H_2O$	55	28,0	33,3	93,5	110,9

c/cs = Wert für die Übersättigung der Lösung

Kristallisationsdrücke sind abhängig von den jeweiligen Temperaturverhältnissen sowie vom Sättigungsgrad der Lösung In Tab. 9.13 sind die Kristallisationsdrücke einiger wichtiger bauschädlicher Salze aufgeführt. Die Umwandlung dreier in Bindemitteln häufig enthaltener schwer löslicher Carbonate in leichter lösliche, kristallwasserhaltige Sulfate ist mit folgenden Volumenzunahmen verbunden:

$CaCO_3 \rightarrow CaSO_4 \cdot 2\,H_2O$ (ca. 100%), $MgCO_3 \rightarrow MgSO_4 \cdot 7\,H_2O$ (*Bittersalz*; ca. 430%) und $FeCO_3 \rightarrow FeSO_4 \cdot 7\,H_2O$ (ca. 480%) [KS 6].

Von besonderem Interesse sind Salze, die in Abhängigkeit von der Temperatur und der Luftfeuchtigkeit unterschiedliche Hydrate, also unterschiedliche kristallwasserhaltige Formen ausbilden (Kap. 6.3.1). Der mit der Umwandlung der Hydrate verbundene Druck wird in der bauchemischen Literatur häufig als **Hydratationsdruck** bezeichnet. Er kann ebenfalls Absprengungen bewirken. Zu gravierenden Schäden führen vor allem solche Salze, die in relativ *niedrigen Temperaturbereichen* durch Feuchtigkeitsaufnahme oder -abgabe Hydrate mit unterschiedlichem Wassergehalt bilden.

Als Beispiele sollen die Salze **Natriumsulfat** (Na_2SO_4) und **Natriumcarbonat** (Na_2CO_3) angeführt werden. Kristallisiert z.B. **Natriumsulfat** aus einer wässrigen Lösung aus, fällt es unterhalb von 32,4°C als Decahydrat $Na_2SO_4 \cdot 10\ H_2O$ (*Glaubersalz*) und oberhalb von 32,4°C als wasserfreies Na_2SO_4 (*Thenardit*) an. **Natriumcarbonat** kristallisiert unterhalb von 32,5°C ebenfalls als Decahydrat $Na_2CO_3 \cdot 10\ H_2O$ („Kristallsoda") aus. Oberhalb von 32,5°C geht das Deca- in das Heptahydrat ($Na_2CO_3 \cdot 7\ H_2O$) und oberhalb von 35,4°C das Hepta- in das Monohydrat ($Na_2CO_3 \cdot H_2O$) über. Scheiden sich die kristallwasserhaltigen Formen dieser Salze in den Poren ab, kann unter der Voraussetzung, dass der Wasserdampf-Partialdruck der Luft deutlich unter dem Dampfdruck des Hydrats liegt (trockene Witterung!), Kristallwasser an die Umgebungsluft abgegeben werden. Es entstehen die wasserärmeren bzw. wasserfreien Formen.

Tabelle 9.14   Hydratationsdrücke für zwei bauchemisch relevante Reaktionen in Abhängigkeit von der Temperatur und der Luftfeuchte [KS 6]

$CaSO_4 \cdot \frac{1}{2}\ H_2O \rightarrow CaSO_4 \cdot 2\ H_2O$				$Na_2CO_3 \cdot H_2O \rightarrow Na_2CO_3 \cdot 7\ H_2O$			
rel. Luftfeuchte (%)	Hydratationsdrücke (N/mm²)			rel. Luftfeuchte (%)	Hydratationsdrücke (N/mm²)		
	0°C	20°C	60°C		0°C	20°C	30°C
100	219,0	175,5	92,6	100	93,8	61,1	43,0
70	160,0	114,5	25,4	80	63,7	28,4	9,4
50	107,2	57,5	0	60	24,3	0	0

Durch fortgesetzte Auflösung, Auskristallisation und hohe Verdunstungsgeschwindigkeiten lagern sich größere Mengen an entwässerten Salzen in die Baustoffporen ein. Kommt es anschließend zu einer länger andauernden, extrem feuchten Witterung, bilden sich unter starker Volumenzunahme die wasserhaltigen Formen zurück. Die sich ständig ändernden Hydratationsdrücke zermürben allmählich Mörtel und Steine. Absprengungen und Risse sind die Folge. Tab. 9.14 enthält die Hydratationsdrücke für die Bildung der beiden Salze $CaSO_4 \cdot 2\ H_2O$ und $Na_2CO_3 \cdot 7\ H_2O$ aus wasserärmeren Hydraten in Abhängigkeit von der Temperatur und der Luftfeuchtigkeit [KS 6].

• **Nitrate.** Der *Mauersalpeter*, Calciumnitrat-Tetrahydrat $Ca(NO_3)_2 \cdot 4\ H_2O$ (auch: Kalksalpeter), gehört zu den gefährlichsten Bauschädigungen. Oberhalb 40°C wandelt sich das Tetrahydrat in wasserärmere Formen um, über 100°C entsteht das wasserfreie Calciumnitrat. Der Übergang der verschiedenen Hydratstufen ineinander, insbesondere der Übergang zum Tetrahydrat, ist wiederum mit der Ausbildung von Hydratationsdrücken verbunden, die zu Baufolgeschäden führen können.

Mauersalpeter kann naturgemäß nur dort entstehen, wo Stickstoffverbindungen in hohen Konzentrationen auftreten. Das ist vor allem im landwirtschaftlichen Bereich der Fall. Das aus organischen Stickstoffverbindungen wie Harn/Jauche oder faulenden Eiweißstoffen freigesetzte Ammoniak wird durch nitrifizierende Bakterien zum Nitrat oxidiert (s. Kap. 5.4.1.2), das sich mit dem Kalk des Mörtels zum $Ca(NO_3)_2 \cdot 4\ H_2O$ umsetzt. Mauersalpeter ist demnach vor allem auf Mauern von Ställen, Dung- und Jauchegruben, aber auch auf undichten Rohren in WCs zu finden. Eine analoge Umsetzung zwischen Kalk und Nitrat findet statt, wenn Fäkalwasser in den Kapillaren eines Mauerwerkes hochsteigt.

Die fortgesetzte Bildung des leicht löslichen Mauersalpeters führt vor allem infolge seiner Hygroskopie zu einer starken Zerstörung des Mauerwerks (**Mauerfraß**). Zum einen kommt es infolge des Herauslösens der Kalkbestandteile zu einer Lockerung des Mörtelgefüges. Zum anderen wird - und das gilt auch für andere wasserlösliche Salze - die Gesteinsoberfläche durch das ständige Ablagern und Lösen von Salzen geschädigt. Oberflächennahe Gesteinsporen sind durch die an den Wechsel von feuchter und trockener Witterung geknüpften Lösungs- und Kristallisationsvorgänge ständig wechselnden Kristallisations- und Hydratationsdrücken ausgesetzt.

Mauersalpeter wird umgangssprachlich oft inkorrekt als *Salpeter* bezeichnet. Dieser Trivialname bezieht sich jedoch ausschließlich auf Kaliumnitrat KNO_3.

Vermeidung und Behandlung von Ausblühungen. Ausblühungen gänzlich zu vermeiden ist in der Praxis schwer zu realisieren. Um den Salztransport zu unterbinden, muss eine der beiden Komponenten Salz bzw. Wasser ausgeschlossen werden. Da es nahezu unmöglich ist, salzfreie bzw. -arme Baustoffe zu verwenden, beschränkt sich die Schadensvermeidung auf das Wasser. Als erste Maßnahme muss die Ursache der Mauerdurchfeuchtung, z.B. aufsteigende Bodenfeuchtigkeit bzw. aufsteigende Salzlösungen aus dem Boden, gefunden und wenn möglich unterbunden werden.

Sind bereits Ausblühungen aufgetreten, sollte man ihre chemische Zusammensetzung bestimmen. Die am häufigsten auftretenden Salzausblühungen wie Carbonate und Sulfate werden vom Regen abgewaschen oder können im Inneren durch trockenes Abbürsten entfernt werden. Bei Nassbehandlung werden die durch das Wasser gelösten Salze meist wieder vom Mauerwerk aufgenommen. Ausnahme: Kalkausblühungen können nach intensivem Vornässen mit verd. Essigsäure behandelt werden. Dabei zersetzen sich die Carbonate (Gl. 5-23a).

Besonders problematisch ist das Auftreten von Mauersalpeter. Dort, wo die für die Nitratbildung notwendigen N-Verbindungen Harnstoff und Ammoniak aus der Umgebung ständig nachgeliefert werden, erfolgt eine kontinuierliche Bildung von $Ca(NO_3)_2 \cdot 4\ H_2O$. Bei starker Versalzung kommt nur noch ein Austausch des Mauerwerks als letzte und radikalste Lösung in Frage.

Korrosion von Natursteinen. Natursteine, die vor allem für Fassadenbekleidungen Verwendung finden, unterliegen beim Angriff aggressiver Medien im Prinzip den gleichen Reaktionen wie die zementgebundenen Baustoffe. Das Ausmaß der durch die Luftschadstoffe bedingten Gesteinsverwitterung hängt von der chemischen Zusammensetzung und der Porosität des Gesteins ab. Magmatite wie Basalte, Granite, Syenite und einige Porphyrarten werden praktisch kaum angegriffen. Auch bestimmte Sedimentite wie dichte Kalksteine, kieselig gebundene Sandsteine und Grauwacken sind relativ gut beständig. Dagegen werden kalkig gebundene Sandsteine beim Angriff saurer Wässer (→ Saurer Regen) durch

Auflösung der Bindemittelmatrix geschädigt. Zu den über längere Zeiträume beständigen Metamorphiten gehören Quarzit, Dachschiefer und Marmor. Bestimmte Gneise und einige Schiefervarietäten können dagegen aufgrund ihres spezifisch lagigen Aufbaus schnell verwittern. Der Schutz von Natursteinen erfolgt meist durch Imprägnierung mit Silanen und Siliconen (Kap. 10.4.5.1). Tab. 9.15 fasst die chemische Zusammensetzung, das Vorkommen und das Aussehen typischer Salzausblühungen zusammen.

Tabelle 9.15 Zusammensetzung, Vorkommen und Aussehen typischer Salzausblühungen

Salze	Zusammensetzung	Vorkommen	Aussehen
wasserlösliche **Sulfate**	Alkalimetall-, Erdalkalimetallsulfate, z.B. $Na_2SO_4 \cdot 10\,H_2O$ $MgSO_4 \cdot n\,H_2O$	vor allem auf Ziegelmauerwerk	weißer Salzbelag auf Oberfläche
schwer lösliche	$CaSO_4 \cdot 2\,H_2O$	Ziegelmauerwerk, Beton- und Putzoberflächen	Krusten, horizontale schmale Streifen, „Gipsnasen"
Carbonate	$CaCO_3$, tritt meist in Kombination mit $Ca(OH)_2$ auf	auf Beton, auf Mauerwerksoberflächen von Mörtelfugen ausgehend	weiße Krusten, vertikale Streifen, auch Zapfen
Nitrate	$Ca(NO_3)_2 \cdot 4\,H_2O$	gleichmäßiger weißer Belag auf Oberfläche, tritt auch in Streifen auf	Stallmauern, Dung- und Jauchegruben, alte Toiletten

9.4.5 Anorganische Oberflächenschutzsysteme

● **Kieselsäureester** gehören zu den *Steinkonservierungsmitteln.* Praktische Bedeutung besitzen die Ester der Orthokieselsäure der allgemeinen Formel $Si(OR)_4$, mit R = Alkyl- oder Arylresten. Kieselsäureester hydrolysieren unter dem Einfluss der Luftfeuchtigkeit zu Orthokieselsäure (Kap. 9.2.2), die in anschließenden Kondensationsreaktionen in Polykieselsäuren übergeht und schließlich amorphes Siliciumdioxid SiO_2 bildet (Gl. 9-53). Aufgrund der Toxizität von Methanol werden die Methanol abspaltenden Orthokieselsäuretetramethylester (Tetramethylorthosilicate) nicht mehr verwendet. Stattdessen kommen ausschließlich Tetraethylorthosilicate zum Einsatz (Gl. 9-53, R = Ethyl), die bei Hydrolyse das ungefährlichere Ethanol abspalten.

$$Si(OR)_4 \;+\; 4\,H_2O \;\xrightarrow{\;Kat.\;}\; Si(OH)_4 \;+\; 4\,ROH$$

$$\text{Kieselsäure-} \qquad\qquad \text{Kieselsäure} \quad \text{Alkohol}$$
$$\text{ester} \qquad\qquad\qquad\qquad \downarrow$$
$$SiO_2 \;+\; 2\,H_2O$$

(9-53)

Die steinfestigende Wirkung der Kieselsäureester beruht auf der Ausbildung wasserhaltiger, amorpher SiO_2-Gele im Porenraum der Gesteine. Tiefer gehende Schäden wie Rissbildungen oder sich von der Oberfläche ablösende Schalen können durch die Behandlung mit Kieselsäureestern nicht repariert werden. Dazu sind aufwendigere Maßnahmen notwendig wie das Verfüllen der Risse bzw. das Hinterfüllen der Schalen mit speziellen Mörteln.

Kieselsäureester besitzen günstige Eindringtiefen und bilden keine störenden Krusten und bauschädigenden Nebenprodukte. Sie reduzieren die Wasser- und Schadstoffaufnahme. In der praktischen Anwendung muss der Hydrolyseschritt durch den Einsatz von Katalysatoren beschleunigt werden. Die bisher als Katalysatoren eingesetzten Säuren oder Basen (saure bzw. basische Katalyse) werden zunehmend durch metallorganische Verbindungen ersetzt. Der Katalyseschritt wird im Vergleich zur sauren oder basischen Katalyse verlangsamt und der Gesamtprozess besser kontrollierbar. Trotzdem spielt die alkalisch katalysierte Hydrolyse bei Steinkonservierungen weiterhin eine Rolle.

Durch Zusatz von Alkylalkoxysilanen, die unter den gegebenen Reaktionsbedingungen und dem Einfluss katalytisch wirksamer Substanzen zu langkettigen Polyorganosiloxanen reagieren, wird eine zusätzliche hydrophobierende Wirkung erreicht. **Kieselsäureester mit hydrophoben Zusätzen** werden zum Verfestigen und Hydrophobieren von Natursteinen im Rahmen des Denkmalschutzes eingesetzt.

- **Wasserglasimprägnierungen** haben in den letzten Jahren an Bedeutung verloren, da ihre Eindringtiefe und damit ihre schützende Wirkung relativ gering ist. Wasserglas, meist Kaliumwasserglas K_2SiO_3, zerfällt unter dem Einfluss des CO_2 der Luft zu kolloider Kieselsäure SiO_2 und K_2CO_3 (Gl. 9-54). In Anwesenheit von $Ca(OH)_2$ kann sich schwer lösliches Calciumsilicat bilden (Gl. 9-55).

$$K_2SiO_3 + CO_2 \quad \rightarrow \quad SiO_2 + K_2CO_3 \tag{9-54}$$

$$K_2SiO_3 + Ca(OH)_2 \quad \rightarrow \quad CaSiO_3 + 2\,KOH \tag{9-55}$$

Aufgrund ihrer Molekülgröße (polymere Kieselsäure-Anionen!) besitzen die Wassergläser ein schlechtes Eindringverhalten. Die Abscheidung von Kieselgel (Gl. 9-54) bewirkt eine Verfestigung der Oberfläche (Verkieselung). Das zusätzlich gebildete Kaliumcarbonat ist *hygroskopisch* (wasseranziehend), so dass feuchte Stellen bzw. Ausblühungen entstehen können. Darüber hinaus kann die hohe Alkalität der Lösungen Bestandteile des Untergrunds, z.B. Eisenoxide, mobilisieren und zu Verfärbungen führen. De Wirksamkeit von Wasserglasanstrichen kann durch den Zusatz von Härtern verbessert werden.

- **Fluate** bewirken eine Härtung der Oberflächenschichten von Bauteilen aus Mörtel, Beton oder kalkhaltigen Natursteinen durch chemische Reaktion mit den vorhandenen angreifbaren Komponenten des Baustoffes. Fluate, chemisch: **Flu**orosilicate, sind die Salze der Hexafluorokieselsäure H_2SiF_6, z.B. Magnesiumhexafluorosilicat $Mg[SiF_6]$ das Mg-Salz der Hexafluorokieselsäure. Wird die Oberflächenschicht eines Kalkputzes mit wässriger $Mg[SiF_6]$-Lösung getränkt, entstehen in den Poren der Oberflächenschicht neben Wasser ausschließlich schwer lösliche Reaktionsprodukte (Gl. 9-56). Sie bewirken eine Härtung der Oberfläche sowie eine geringfügige Verbesserung der Widerstandsfähigkeit gegen eindringende aggressive Lösungen.

$$Mg[SiF_6] + 3\,Ca(OH)_2 \quad \rightarrow \quad 3\,CaF_2 + Mg(OH)_2 + SiO_2 + 2\,H_2O \tag{9-56}$$

Heute sind im Bautenschutz vor allem **organische Oberflächenschutzsysteme** (Imprägnierungen, Versiegelungen, Polymerbeschichtungen) Stand der Technik. Sie werden in Kap. 10.4.5 besprochen.

10 Chemie organischer Stoffe im Bauwesen

Im **Bauwesen** spielen Kohlenstoffverbindungen sowohl als Hilfsstoffe (Lösungs- und Verdünnungsmittel, Füllstoffe, Zusatzmittel) als auch direkt als Baustoffe (Bitumenhaltige Bindemittel, Kunststoffe, Holz) eine wichtige Rolle. Für ein besseres Verständnis ihres chemischen Aufbaus, ihres Verhaltens und ihrer Eigenschaften sollen in diesem Kapitel zunächst einige grundlegende organische Stoffklassen besprochen werden.

10.1 Grundklassen organischer Verbindungen

10.1.1 Kohlenwasserstoffe

Kohlenwasserstoffe (gebräuchliche Abk.: KW) bestehen, wie der Name bereits sagt, ausschließlich aus Kohlenstoff und Wasserstoff. Sie werden in drei Hauptklassen unterteilt: gesättigte, ungesättigte und aromatische KW. Dieser Unterscheidung liegen die Typen der im Molekül auftretenden Kohlenstoff-Kohlenstoff-Bindungen zugrunde. Gesättigte KW besitzen ausschließlich C-C-Einfachbindungen, ungesättigte dagegen eine oder mehrere C-C-Doppel- oder C-C-Dreifachbindungen (oder beides) im Molekül. Die aromatischen KW sind eine besondere Gruppe cyclischer (ringförmiger) ungesättigter Verbindungen, die sich vom Benzol ableiten.

Die in der Literatur häufig anzutreffende Unterteilung der KW in aliphatische und alicyclische Verbindungen bezieht sich auf die Art des vorliegenden Kohlenstoffgerüsts. **Aliphatische** (oder *acyclische*) KW bestehen aus offenen Ketten von C-Atomen und enthalten keine Ringe. Die Ketten können unverzweigt, also linear, oder verzweigt sein. **Alicyclische** (oder *cyclische*) Verbindungen enthalten Ringe aus C-Atomen, die man sich durch Cyclisierung (Ringschluss) der aliphatischen Verbindungen entstanden denken kann.

10.1.1.1 Gesättigte Kohlenwasserstoffe: Alkane und Cycloalkane

Alkane und Cycloalkane enthalten neben C-H- nur C-C-Einfachbindungen. Die Kohlenstoffatome der Alkane bzw. Cycloalkane sind durch Bindung der maximal möglichen Anzahl von H-Atomen *abgesättigt*, man spricht von *gesättigten Kohlenwasserstoffen*. Die Molekülstruktur dieser Verbindungen kann durch eine sp^3-Hybridisierung der C-Atome beschrieben werden (Kap. 3.1.3).

$\Rightarrow$ **Alkane**. Alkane bilden eine homologe Reihe von Verbindungen mit der allgemeinen Formel C_nH_{2n+2} (n = 1, 2, …). In einer **homologen Reihe** unterscheiden sich zwei benachbarte Glieder jeweils um eine CH_2-Gruppe (*Methylengruppe*). Die Verbindungen einer homologen Reihe besitzen ähnliche chemische Eigenschaften und weisen hinsichtlich ihrer physikalischen Eigenschaften, wie z.B. den Schmelz- und Siedepunkten, eine regelmäßige Abstufung auf.

Alkane mit einem unverzweigten Gerüst, in dem die C-Atome in durchgehender Reihenfolge miteinander verbunden sind, nennt man **Normalalkane** (normale Alkane, n-Alkane). Die Bezeichnung *Paraffine* (*lat.* parum affinis, wenig reaktionsfähig) für Alkane entstammt ihrem Reaktionsverhalten. Von der Verbrennung abgesehen sind Alkane wegen der stabilen C-C- und C-H-Bindungen chemisch eher reaktionsträge.

Die **Summenformel** einer organischen Verbindung kennzeichnet Art und Anzahl der vorhandenen Atome. Die für anorganische Verbindungen häufig benutzte Valenzstrichformel

© Springer Fachmedien Wiesbaden GmbH, ein Teil von Springer Nature 2020
R. Benedix, *Bauchemie*, https://doi.org/10.1007/978-3-658-26442-0_10

wird bei organischen Verbindungen **Konstitutionsformel** genannt. Sie gibt zusätzlich Auskunft über die *Art der Verknüpfung* der Atome.

Summenformel: C_2H_6 C_3H_8

Abgekürzte Konstitutionsformel: $CH_3 - CH_3$ $CH_3 - CH_2 - CH_3$

Konstitutionsformel:

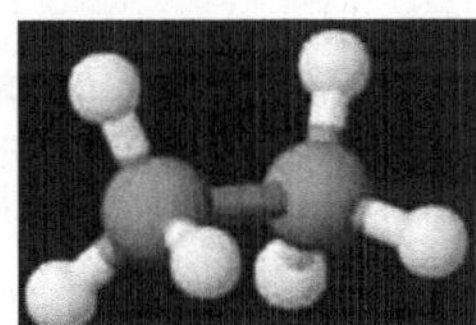

Die Konstitutionsformeln werden häufig dahingehend vereinfacht, dass die Valenzstriche völlig weggelassen werden, z.B. CH_3CH_3 oder $CH_3CH_2CH_3$. Tab. 10.1 enthält Namen, Formeln und Siedepunkte (Normaldruck) der ersten zehn Vertreter der unverzweigten Alkane.

Obwohl man die Alkane in der Regel als lineare Ketten schreibt (siehe oben), muss man stets bedenken, dass sie wegen der Tetraedergeometrie der gesättigten C-Atome (sp^3-Hybridisierung, Kap. 3.1.3) in Wirklichkeit als zickzackförmige, meist ineinander verknäuelte Ketten vorliegen, links: Ethan. rechts: n-Butan.

Tabelle 10.1   Namen, Formeln und Siedepunkte der ersten zehn unverzweigten Alkane

Name	Zahl der C-Atome	Summenformel	Konstitutionsformel	Siedepunkt ($^\circ$C)
Methan	1	CH_4	CH_4	-161
Ethan	2	C_2H_6	CH_3-CH_3	-89
Propan	3	C_3H_8	CH_3-CH_2-CH_3	-42
Butan	4	C_4H_{10}	CH_3-CH_2-CH_2-CH_3	-0,5
Pentan	5	C_5H_{12}	CH_3-CH_2-CH_2-CH_2-CH_3	36
Hexan	6	C_6H_{14}	CH_3-CH_2- CH_2-CH_2-CH_2-CH_3	68
Heptan	7	C_7H_{16}	CH_3-$(CH_2)_5$-CH_3	98
Octan	8	C_8H_{18}	CH_3-$(CH_2)_6$-CH_3	126
Nonan	9	C_9H_{20}	CH_3-$(CH_2)_7$-CH_3	151
Decan	10	$C_{10}H_{22}$	CH_3-$(CH_2)_8$-CH_3	174

Ab der Summenformel C_4H_{10} treten durch mögliche Kettenverzweigung in zunehmender Zahl Verbindungen auf, die sich von den n-Alkanen in ihren Siede- und Schmelzpunkten unterscheiden. Diese Erscheinung bezeichnet man als **Konstitutions-** oder **Stellungsisomerie**.

Konstitutionsisomerie liegt vor, wenn Verbindungen mit gleicher Summenformel unterschiedliche Konstitutionsformeln (→ also unterschiedliche Atomverknüpfungen) aufweisen.
Der Molekülformel C_4H_{10} können zwei Konstitutionsformeln zugeordnet werden, denen zwei Verbindungen (Konstitutionsisomere, kurz: Isomere) mit unterschiedlichen Siede- und Schmelzpunkten entsprechen: das n-Butan und das Isobutan.

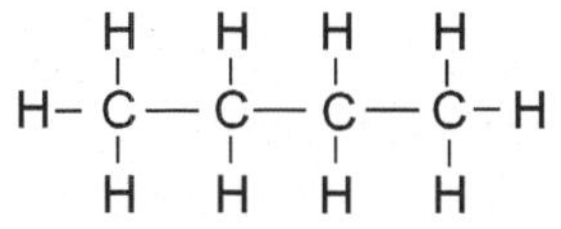

n-Butan (Sdp. - 0,5 °C) 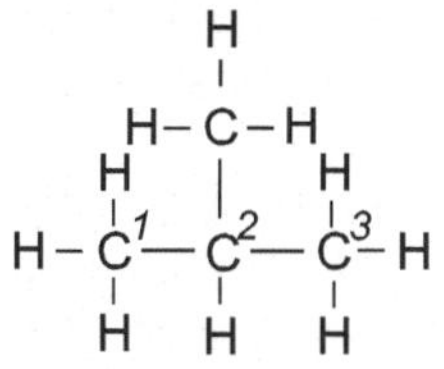   2-Methylpropan (Sdp. -11,7 °C)
                                 (Isobutan, i - Butan)

Die Anzahl der konstitutionsisomeren Alkane nimmt mit steigender Anzahl der C-Atome in den Molekülen zu. So gibt es bereits *drei* konstitutionsisomere Pentane (Kurzschreibweise):

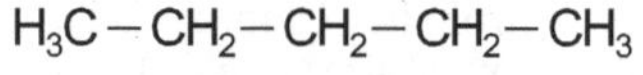

$$H_3C - CH_2 - CH_2 - CH_2 - CH_3$$

n-Pentan (Sdp. 36,1 °C)

$$H_3C - CH - CH_2 - CH_3$$

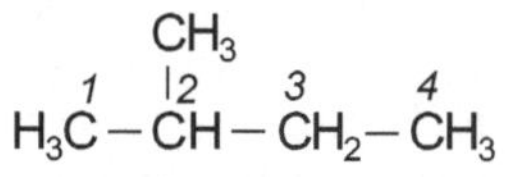

2-Methylbutan (Sdp. 29 °C)
(Isopentan, i - Pentan)

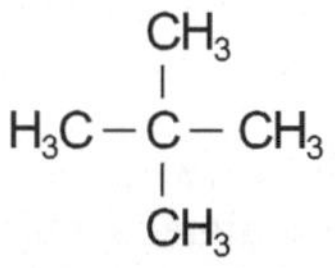

2,2-Dimethylpropan (Sdp. 9,5 °C)

Die **Benennung** der verzweigten Alkane leitet sich von der längsten Kohlenstoffkette im Molekül ab, die als Verbindungsstamm oder Stammkette betrachtet wird. Gruppen, die an der Stammkette gebunden sind, bezeichnet man als **Substituenten**. Sie ersetzen (substituieren) ein Wasserstoffatom an der Stammkette. Substituenten, die sich von einem gesättigten Kohlenwasserstoff durch Entfernen eines H-Atoms ableiten (allgemeine Formel: C_nH_{2n+1}), bezeichnet man als **Alkylreste** oder **-gruppen**. Ihr Name ergibt sich aus der Bezeichnung des jeweiligen Alkans, indem die Endung **-an** gegen **-yl** ausgetauscht wird. Die in den obigen Beispielen an der Stammkette gebundenen Substituenten enthalten nur *ein* C-Atom. Sie leiten sich demnach vom Methan ab und heißen *Methylgruppen*. Weitere häufig anzutreffende Alkylgruppen sind die *Ethylgruppe* ($-C_2H_5$), die *Propylgruppe* ($-C_3H_7$) und die *Butylgruppe* ($-C_4H_9$).
Die *Position* (Stellung) der Gruppe am Verbindungsstamm wird mit einer Ziffer bezeichnet. Die Nummerierung der C-Atome der Kette erfolgt so, dass der erste Substituent entlang der Kette die niedrigste Stellungsziffer erhält. Treten zwei oder mehrere gleiche Gruppen auf, so wird dies durch die Vorsilben di-, tri-, tetra-, ... gekennzeichnet. *Jeder* Substituent muss benannt und beziffert werden. Die Konstitutionsisomerie ist die eigentliche Ursache für die ungeheuer große Zahl organischer Verbindungen.

Aggregatzustand. Die ersten vier Glieder der homologen Reihe der Alkane (C_1...C_4) sind unter Normalbedingungen gasförmig. Ab Propan (C_3H_8) lassen sie sich durch Druck leicht verflüssigen. Das in Stahlflaschen gehandelte *Flüssiggas* besteht aus Propan, Butan und deren Gemischen. Die mittleren Homologen C_5...C_{16} sind flüssige, farblose Verbindungen (typischer Benzingeruch!) und die höheren Homologen ab C_{17} (Heptadecan $C_{17}H_{36}$) sind farb- und geruchlose, feste Stoffe. Ursache der unterschiedlichen Aggregatzustände bei Raumtemperatur sind ansteigende Schmelz- und Siedetemperaturen (Tab. 10.1) innerhalb der homologen Reihe.

Brennbarkeit und Löslichkeit. Alle Alkane verbrennen bei genügender Luftzufuhr zu Kohlendioxid und Wasser. Mit Luft bilden die gasförmigen und leicht flüchtigen Vertreter explosive Gemische. Auf dieser Eigenschaft beruht ihre Verwendung als Vergaserkraftstoffe. Handelsübliche Ottokraftstoffe (**Benzine**) sind Gemische aus bis zu 150 Kohlenwasserstoffen mit 5...12 C-Atomen, in denen neben Alkanen noch wechselnde Mengen an Alkenen, Cycloalkanen und -alkenen (frühere Bezeichnung: Naphthene) sowie Aromaten enthalten sind. Gewöhnliches Benzin ist eine wasserhelle, leicht verdunstende, außerordentlich feuergefährliche, brennbare Flüssigkeit, deren Flammpunkt (Kap. 10.2) unter 21°C liegt.

Benzine verschiedener Siedegrenzen (**Siedegrenz-** bzw. **Spezialbenzine**) werden im Laboratorium und in der Technik unter bestimmten, in Normen festgelegten Bezeichnungen gehandelt. Nach DIN 51630-51636 unterscheidet man: Petrolether (Sdp. 25... 80°C), Siedegrenzbenzine I (60...95°C), II (80...110°C) und III (100...140°C), Testbenzine (130... 220°C), Wetterlampenbenzin (60...160°C), Leucht-, Brenn- und Lösungspetroleum (130...280°C). Daneben kennt man noch Bezeichnungen wie Waschbenzin (Sdp. 80... 110°C), Lack- oder Testbenzine und Wundbenzin (Sdp. 40...70°C).

Die in der Praxis als **Paraffin** (*Paraffinwachs*) bezeichnete wachsähnliche, mitunter auch dickflüssige Masse ist ein Gemisch gesättigter Kohlenwasserstoffe, das vorwiegend aus Alkanen der Kettenlänge C_{14} bis C_{30} besteht. Seine Konsistenz hängt von der Molekülmasse der KW ab. Das geruch- und geschmacklose, ungiftige, isolierend wirkende Paraffin löst sich nicht in Wasser. **Mineralöle** (flüssige Destillationsprodukte des Erdöls) sind Gemische aus gesättigten Kohlenwasserstoffen.

Wegen der geringen Elektronegativitätsdifferenz zwischen Kohlenstoff und Wasserstoff sind die Alkane - wie alle anderen Kohlenwasserstoffe auch - **unpolare Verbindungen.** Sie lösen sich deshalb nicht im polaren Lösungsmittel Wasser, sie sind *hydrophob*.
Zum Beispiel bildet ein Hexan/Wasser-Gemisch zwei Schichten aus, da es den unpolaren Hexanmolekülen nicht gelingt, in die durch Wasserstoffbrückenbindungen dominierte Wasserstruktur einzudringen. Beide Flüssigkeiten sind nicht miteinander mischbar. Da alle Alkane eine geringere Dichte als Wasser besitzen, bilden sie die obere Phase. Hexan ist demnach im Zweiphasensystem mit Wasser die spezifisch leichtere (obere) Phase (ρ = 0,68 g/cm^3, 25°C). Gut löslich sind die Alkane dagegen in unpolaren bzw. schwach polaren Lösungsmitteln, wie z.B. in Benzol, Ether, Chloroform oder Tetrachlorkohlenstoff. Die praktische Bedeutung der Alkane Pentan, Hexan oder Heptan als Lösungsmittel ist vor allem auf ihre gute Fettlöslichkeit zurückzuführen.

$\Rightarrow$ **Cycloalkane.** Spalten die endständigen CH_3-Gruppen eines n-Alkans je ein H-Atom ab und erfolgt ein Ringschluss, liegen Cycloalkane vor. Die homologe Reihe der Cycloalkane wird durch die allgemeine Formel C_nH_{2n} (n = 3, 4, …) beschrieben. Sie beginnt mit dem kleinstmöglichen Ring aus drei CH_2-Gruppen, dem **Cyclopropan** (C_3H_6).

Cyclopropan *Cyclobutan* *Cyclopentan* *Cyclohexan*

Cyclopentan (C_5H_{10}) und **-hexan** (C_6H_{12}) sind farblose, mit Wasser nicht mischbare Flüssigkeiten. Sie sind reaktionsträge wie die Alkane und verbrennen ebenfalls zu Kohlendioxid und Wasser. Vor allem Cyclohexan findet als Lösungsmittel Anwendung.

10.1.1.2 Ungesättigte Kohlenwasserstoffe: Alkene und Alkine

Ungesättigte Kohlenwasserstoffe sind Verbindungen der Elemente Kohlenstoff und Wasserstoff, die im Unterschied zu den Alkanen und Cycloalkanen C-C-Mehrfachbindungen enthalten. Die Kohlenstoffatome sind nicht mehr mit der maximal möglichen Anzahl von H-Atomen abgesättigt, man spricht von *ungesättigten Kohlenwasserstoffen*. Zu den ungesättigten KW gehören die Alkene und die Alkine.

⇒ **Alkene** (auch: **Olefine**) bilden eine homologe Reihe von Verbindungen der allgemeinen Formel C_nH_{2n}, mit n = 2, 3, … (Tab. 10.2). Charakteristisches Merkmal der Alkenmoleküle ist das Vorliegen einer kovalenten **Doppelbindung** zwischen zwei C-Atomen. Das erste Glied der homologen Reihe der Alkene ist das *Ethen* (auch: Ethylen) $CH_2=CH_2$.

Der **Name** eines Alkens ergibt sich aus dem Namen des zugrundeliegenden Alkans, indem die Endung *–an* durch die Endung *-en* ersetzt wird. Bei verzweigten Alkenen bildet die Kette mit den meisten Gliedern den Verbindungsstamm, an ihm sind die übrigen Substituenten gebunden. Die Bindungsverhältnisse zwischen den an der Doppelbindung beteiligten C-Atomen können durch eine sp^2-Hybridisierung (Kap. 3.1.3) beschrieben werden. Die C-Atome der Doppelbindung und die mit ihnen direkt verbundenen Atome liegen in einer Ebene.

Beginnend mit Buten gibt es für die Lage der Doppelbindung im Molekül mehrere Möglichkeiten. Ihre Position in der C-Hauptkette ist durch die kleinstmögliche Ziffer anzugeben (Tab. 10.2). So existieren z.B. das 1-Buten und das 2-Buten, nicht aber das 3-Buten. Es treten zunehmend Isomere auf, die sich durch die Lage der Doppelbindung, durch Kettenverzweigung bzw. durch eine cis- bzw. trans-Anordnung von Atomen oder Atomgruppen an der Doppelbindung unterscheiden.

Unter der **cis-trans-Isomerie** (auch: **geometrische Isomerie**) versteht man die unterschiedliche räumliche Anordnung von Atomen oder Atomgruppen in Molekülen mit *gleicher* Verkettung der Atome. Während sich die Methylgruppen des Ethans um die C-C-Achse praktisch frei drehen können, ist in einer C=C-Doppelbindung die freie Drehbarkeit der Molekülteile aufgehoben. Die ebene Struktur der Ethengruppierung bedingt damit bei

mehrfach substituierten Ethenen das Auftreten zweier stereoisomerer Formen, einer cis-
und einer trans-Form. Zum Beispiel existieren drei isomere Dichlorethene mit unterschiedlichen Siedepunkten:

1,1-Dichlorethen   *trans-1,2-Dichlorethen*   *cis-1,2-Dichlorethe*
(Sdp. 37°C)   (Sdp. 47,5°C)   (Sdp. 60,3°C)

Die Restgruppe, die durch Entfernen eines H-Atoms aus einem Alkenmolekül entsteht,
benennt man nach dem Alkenmolekül, indem die Endung **-yl** angefügt wird. Der einfachste
Alkenrest ist die *Ethenyl-* oder *Vinylgruppe* ($-CH=CH_2$).

Die Alkene unterscheiden sich hinsichtlich ihrer physikalischen Eigenschaften kaum von
den Alkanen. Die Verbindungen von Ethen bis Buten ($C_2...C_4$) sind gasförmig, von Penten
bis Pentadecen ($C_5...C_{15}$) flüssig und die längerkettigen ab Hexadecen ($\geq C_{16}$) fest. Sie verbrennen wie die Alkane an der Luft nach Entzündung mit leuchtender Flamme zu CO_2 und
H_2O. Hinsichtlich ihrer chemischen Reaktivität unterscheiden sich die Alkene allerdings
deutlich von den Alkanen, sie sind wesentlich reaktiver. Bevorzugt laufen Additions- und
Polymerisationsreaktionen ab.
Beispielsweise wird bei der Reaktion von Ethen mit Brom das Br_2-Molekül an die Doppelbindung des Ethens zum 1,2-Dibromethan (Formel: CH_2Br-CH_2Br) addiert. Dabei verschwindet die braune Farbe des elementaren Broms (*analytischer Nachweis für Doppelbindungen*).

Ethen   Brom   1,2-Dibromethan

Das bei der Addition von Chlor an Ethen entstehende 1,2-Dichlorethan ist eine ölige Flüssigkeit, auf die der historische Name *Olefin* (Ölbildner), der später auf die gesamte Verbindungsgruppe ausgedehnt wurde, zurückgeht. Ethen, Propen und Vinylverbindungen, wie
z.B. Vinylchlorid $CH_2=CHCl$, Vinylacetat $CH_2=CH-O-COCH_3$, Acrylnitril $CH_2=CH-CN$
und Styrol $CH_2=CH-C_6H_5$, sind wichtige *Monomere für die Kunststoffherstellung* (s. Polymerisation Kap. 10.4.4.1).
Enthalten organische Moleküle zwei oder mehrere C=C-Doppelbindungen, gibt es für deren Anordnung verschiedene Möglichkeiten: **Kumulierte** Doppelbindungen folgen direkt
aufeinander, **konjugierte** Doppelbindungen sind durch *eine* und **isolierte** Doppelbindungen
durch *mehrere* Einfachbindungen voneinander getrennt. Verbindungen mit zwei Doppelbindungen werden als **Diene**, solche mit einer größeren Anzahl von Doppelbindungen als
Polyene bezeichnet. Die größte Bedeutung sowohl für großtechnische Synthesen als auch
auf dem Gebiet der Naturstoffchemie besitzen Verbindungen mit *konjugierten* Doppelbindungen. Wichtige Diene sind 1,3-Butadien (kurz: Butadien) $CH_2=CH-CH=CH_2$ und das

Isopren (2-Methylbutadien) $H_2C=C(CH_3)-CH=CH_2$. Sie werden im großtechnischen Maßstab zu Synthesekautschuk verarbeitet.

Tabelle 10.2 Namen, Konstitutionsformeln und Siedepunkte einiger wichtiger Alkene und Alkine

Name	Konstitutionsformel	Siedepunkt (^oC)
Ethen (Ethylen)	$H_2C = CH_2$	-104
Propen (Propylen)	$H_2C = CH - CH_3$	-48
1-Buten	$H_2C = CH - CH_2 - CH_3$	-6
2-Buten	$H_3C - CH = CH - CH_3$	4 (cis)
1-Penten	$H_2C = CH - CH_2 - CH_2 - CH_3$	30
2-Penten	$H_3C - CH = CH - CH_2 - CH_3$	36
1,3-Butadien	$H_2C = CH - CH = CH_2$	-4
Ethin (Acetylen)	$HC \equiv CH$	-84
Propin (Methylacetylen)	$HC \equiv C - CH_3$	-23
1-Butin (Ethylacetylen)	$HC \equiv C - CH_2 - CH_3$	8
2-Butin (Dimethylacetylen)	$H_3C - C \equiv C - CH_3$	27

$\Rightarrow$ **Alkine**, nach dem einfachsten Vertreter C_2H_2 auch als **Acetylene** bezeichnet, bilden eine homologe Reihe von Verbindungen der allgemeinen Formel C_nH_{2n-2}, mit n = 2, 3, ... (Tab. 10.2). Charakteristisches Merkmal dieser Moleküle ist das Vorliegen einer kovalenten **Dreifachbindung** zwischen zwei Kohlenstoffatomen. Der Name eines Alkins leitet sich wiederum vom Namen des zugrundeliegenden Alkans ab, indem die Endung *–an* durch die Endung *-in* ersetzt wird. Die Restgruppe, die durch Entfernen eines H-Atoms aus einem Alkinmolekül entsteht, benennt man nach dem Alkinmolekül, indem die Endung **-yl** angefügt wird, z.B. $HC\equiv C$- *Ethinylrest*.

Die Bindungsverhältnisse der an der Dreifachbindung beteiligten C-Atome können durch eine sp-Hybridisierung (Kap. 3.1.3) beschrieben werden. Die Besonderheit des Ethins und homologer Verbindungen mit endständiger Dreifachbindung besteht darin, dass das an das sp-hybridisierte Kohlenstoffatom gebundene H-Atom leicht durch ein Metallion ersetzt werden kann. Diese C-H-Bindung ist demnach stark polar und kann leicht unter Freisetzung eines Protons gespalten werden.

Der einfachste und zugleich technisch bedeutendste Vertreter der Alkine, das **Ethin C_2H_2** (Acetylen), ist ein farbloses, angenehm riechendes, narkotisch wirkendes Gas. Im Gemisch mit Luft ist es über einen großen Mischungsbereich (von ca. 3 bis 70 Vol-% C_2H_2) hinweg außerordentlich explosiv. C_2H_2 verbrennt bei genügender Luftzufuhr mit hellleuchtender Flamme zu CO_2 und H_2O. In reinem Sauerstoff erreicht die Acetylenflamme Temperaturen über 2700°C. Diese hohe Verbrennungswärme wird zum Schweißen und Schneiden von Metallen genutzt. Im Gegensatz zu Ethan und Ethen löst sich Ethin gut in Wasser. Typisch für Alkine sind ebenfalls *Additionsreaktionen*.

Früher wurde Acetylen aus Kohle und Calciumoxid über die Zwischenstufe des Calciumcarbids gewonnen (Gl. 10-1).

$$3\;C\;+\;CaO\;\xrightarrow[\text{ca. 2200 °C}]{\text{Lichtbogen}}\;CaC_2\;+\;CO\qquad \Delta H = +461\;\text{kJ/mol}\qquad(10\text{-}1)$$

Calciumcarbid CaC_2 ist eine ionische Verbindung. Das Anion C_2^{2-} (*Carbidion*) bildet sich durch Abspaltung der an der Dreifachbindung des Acetylens gebundenen H-Atome (als Protonen!). Die Ca^{2+}-Ionen sind die positiven Gegenionen im Calciumcarbidgitter. Mit Wasser reagiert Calciumcarbid zu C_2H_2 entsprechend Gl. (10-2).

$$CaC_2\;+\;2\;H_2O\;\rightarrow\;C_2H_2\;+\;Ca(OH)_2\qquad \Delta H = -130\;\text{kJ/mol}\qquad(10\text{-}2)$$

Das Calciumhydroxid fällt zwar verunreinigt an, kann aber dennoch im Bauwesen als Baukalk verwendet werden (Geruchsbelästigung!). Acetylen wird heute überwiegend aus Erdgas bzw. Erdöl gewonnen. C_2H_2 ist Ausgangspunkt für zahlreiche großtechnische Synthesen („Reppe-Chemie").

10.1.1.3 Aromatische Kohlenwasserstoffe und Abkömmlinge

Zu den aromatischen Verbindungen zählen das Benzol, davon abgeleitete substituierte Benzole (Benzolderivate) sowie Verbindungen, die mehrere „kondensierte" Benzolringe (s.u.) enthalten.

Bereits 1865 erkannte der deutsche Chemiker *Kekulé*, dass Benzol C_6H_6 einen besonderen Typ einer „ungesättigten" Verbindung darstellt. Er postulierte eine dreifach ungesättigte Sechsringformel, in der die sechs CH-Gruppen alternierend durch C-C-Einfach- und C=C-Doppelbindungen untereinander verknüpft sind und ein konjugiertes System bilden (Abb. 10.1a). Die ungewöhnliche Trägheit des Benzols gegenüber bestimmten, für Alkene typischen Reaktionen, erklärte *Kekulé* mit sehr raschen Positionsänderungen der Doppelbindungen, so dass Additionsreaktionen nicht stattfinden können. Der schnelle Wechsel zwischen Einfach- und Doppelbindung lieferte gleichzeitig eine plausible Begründung für die Gleichartigkeit der C-C-Bindungslängen im Benzolmolekül.

Im Licht moderner Bindungstheorien lassen sich die Bindungsverhältnisse im Benzol wie folgt erklären: Sechs sp^2-hybridisierte C-Atome bilden ein regelmäßiges Sechseck. Je zwei sp^2-Hybridorbitale eines C-Atoms überlappen mit den entsprechenden sp^2-Hybridorbitalen benachbarter C-Atome unter Ausbildung des σ-Gerüsts des Sechsringes. Das dritte sp^2-Hybridorbital überlappt mit dem 1s-Orbital eines H-Atoms, wobei zwischen dem Kohlenstoff- und dem Wasserstoffatom ebenfalls eine σ-Bindung ausgebildet wird. Damit besitzt das Benzolmolekül eine ebene Struktur.

Senkrecht zur Ebene der drei sp^2-Hybridorbitale pro C-Atom steht das dritte, nichthybridisierte p-Orbital (π-Orbital), das mit *einem* Elektron besetzt ist. Es überlappt mit den nichthybridisierten p-Orbitalen (π-Orbitalen) der anderen C-Atome des Rings, wobei sich eine gleichmäßig über den Sechsring verteilte π-Elektronenwolke ausbildet *(π-Elektronensextett)*. Die π-Elektronen sind über den gesamten Ring *delokalisiert*. Dieser Sachverhalt kommt in der Formel-Schreibweise 10.1c zum Ausdruck

Was die formelmäßige Veranschaulichung der Bindungsverhältnisse im Benzolmolekül betrifft, so ist man wie bereits beim Ozon (Kap. 5.4.2.2) und den Stickoxiden (Kap. 5.5.2), wiederum an einem Punkt angelangt, wo die experimentellen Bindungsverhältnisse nicht durch <u>eine</u> Valenzstrich-Formel wiedergegeben werden können. Sie lassen sich entweder durch **mesomere Grenzformeln** (Abb. 10.1b) oder aber durch ein Sechseck mit einem eingezeichneten Kreis darstellen, der das delokalisierte Elektronensextett symbolisieren soll (Abb. 10.1c). Dieses Symbol hat sich zur Kennzeichnung des aromatischen Charakters weitgehend durchgesetzt und wird im Weiteren benutzt. Die *Kekulé*-Schreibweise ist nach wie vor bei der Formulierung von Reaktionen am Benzolring eine große Hilfe. Bei den Schreibweisen 10.1b und 10.1c sollte man nie vergessen, dass an jedem C-Atom des Sechsecks noch ein H-Atom gebunden ist, das aus Gründen der Vereinfachung jedoch weggelassen wird.

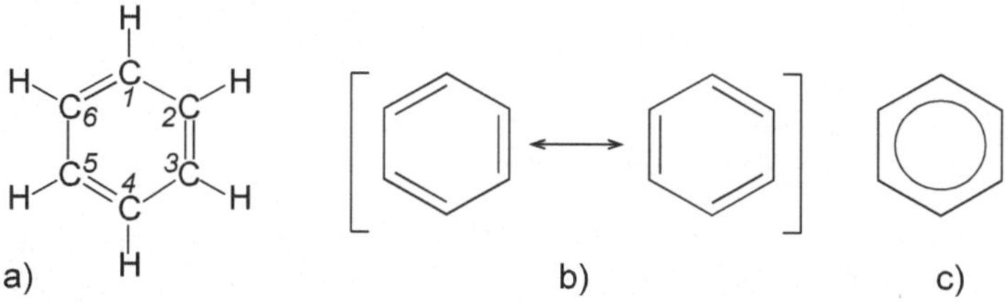

Abbildung 10.1
a) Dreifach ungesättigte Sechsringformel für Benzol (nach Kekulé); b) mesomere Grenzformeln für Benzol (nach Kekulé); c) Benzolsymbol nach Robinson: Der Kreis im Ring veranschaulicht die Delokalisation der π-Elektronen im Sechsring.

Der nach Entfernen eines H-Atoms aus dem Benzol verbleibende Rest $-C_6H_5$ wird als **Phenylrest**, nicht als Benzylrest (!) bezeichnet (Benzyl- steht für die C_6H_5-CH_2-Gruppe). Für einen nicht näher benannten aromatischen Rest benutzt man die Bezeichnung **Arylrest**.

Benzol (Benzen) ist eine farblose, stark lichtbrechende, unangenehm riechende Flüssigkeit (Sdp. 80,1°C), die an der Luft mit gelber, stark rußender Flamme verbrennt. Wie alle Kohlenwasserstoffe ist Benzol mit Wasser nicht mischbar. Das Einatmen seiner Dämpfe führt zu schweren Vergiftungen, die akute letale Dosis (oral) liegt beim Menschen bei 50 mg Benzol pro Kilogramm Körpergewicht. Benzol ist krebserregend (s.a. Tab. 10.8).

Aromatische Verbindungen neigen generell zu Reaktionen, bei denen das energiearme π-Elektronensystem erhalten bleibt. Es dominieren **Substitutionsreaktionen**, in deren Ergebnis ein oder mehrere H-Atome am Ring durch andere Atome oder Atomgruppen ersetzt werden. Durch Alkylierung (Substitution eines H-Atoms durch eine Alkylgruppe) erhält man beispielsweise Methylbenzol oder *Toluol* (Gl. 10-3). Sind zwei H-Atome durch Methylgruppen ersetzt, liegen *Dimethylbenzole (Xylole)* vor.

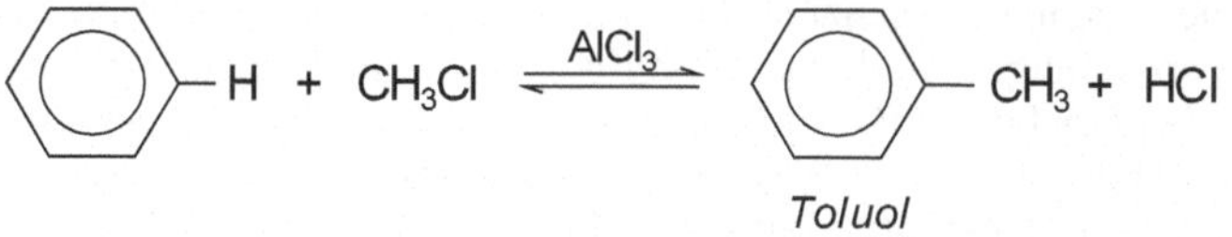

$$\text{C}_6\text{H}_5-\text{H} + \text{CH}_3\text{Cl} \xrightleftharpoons{\text{AlCl}_3} \text{C}_6\text{H}_5-\text{CH}_3 + \text{HCl} \qquad (10\text{-}3)$$

Toluol

Zur Kennzeichnung der Substituenten nummeriert man die C-Atome des Benzolrings im Uhrzeigersinn von 1 bis 6 durch, wobei dem ersten, bereits vorhandenen Substituenten die Ziffer *1* zugeordnet wird. Im Toluol (CH$_3$-Gruppe befindet sich am C-Atom 1) kann eine zweite CH$_3$-Gruppe an den Atomen 2, 3 oder 4 gebunden werden. Damit existieren drei stellungsisomere Dimethylbenzole, die durch die Bezifferung 1,2 (auch: **ortho**, kurz: *o*), 1,3 (**meta**, *m*) und 1,4 (**para**, *p*) gekennzeichnet werden. Bei einem 1,2-Isomeren befindet sich somit der Zweitsubstituent in ortho-Stellung zum Erstsubstituenten usw.

Toluol   *1,2- oder o-*   *1,3- oder m-*   *1,4- oder p-*
Dimethylbenzol (Xylol)

Toluol (Methylbenzol) ist eine farblose, giftige Flüssigkeit, die als Lösungsmittel und als Treibstoff Verwendung findet. Die **Xylole** sind sehr gute Lösungs- und Verdünnungsmittel.

Durch Alkylierung des Benzols mit Ethylen und nachfolgende Dehydrierung erhält man **Styrol** (Vinylbenzol), das Monomere des Kunststoffs Polystyrol (Gl. 10-4).

Ethylbenzol   *Styrol*   (10-4)

Lässt man unter bestimmten Bedingungen Chlor mit Benzol reagieren, entsteht das **Chlorbenzol** C_6H_5-Cl, ein aromatischer Chlorkohlenwasserstoff. Chlorbenzol findet als Lösungsmittel Verwendung.

Zu den chloraromatischen Verbindungen, die aufgrund ihrer Verteilung in der Atmosphäre eine globale Umweltbelastung darstellen, gehören vor allem **polychlorierte Biphenyle** (**PCB**, Abb. 10.2a). Sie zählen neben den Fluorchlorkohlenwasserstoffen (Kap. 10.1.2), den Chlormethanen, Formaldehyd sowie einigen anderen Verbindungen zu den global verbreiteten (ubiquitären) Spurenstoffen. Das bedeutet, sie sind selbst in Reinluftgebieten in messbaren Konzentrationen nachweisbar. PCB besitzen eine Reihe ungewöhnlicher Eigenschaften wie Nichtbrennbarkeit, Beständigkeit gegen Chemikalien, thermische Stabilität, günstige Viskosität und hohe Siedepunkte, weshalb sie eine breite technische Anwendung als Kühlmittel, Hydraulikflüssigkeit, Imprägniermittel für Holz und Papier und als Weichmacher in Kunststoffen gefunden haben. Die ökologischen Konsequenzen des breiten Einsatzes der PCB wurden erst in den sechziger Jahren des vergangenen Jahrhunderts erkannt. Chloraromatische Verbindungen sind nur geringfügig toxisch. Die *kontinuierliche* Aufnahme kleiner und kleinster Dosen führt jedoch zu ernsthaften Schädigungen des Organismus, vor allem von Leber und Niere. Wegen ihrer schweren Abbaubarkeit, ihrer Fettlöslichkeit und ihrer geringen Mobilität treten sie in die Nahrungskette ein und reichern sich beim Menschen im Fettgewebe an. In der BRD wurde 1985 die Produktion von PCB eingestellt.

Zahlreiche polyhalogenierte Verbindungen fanden (und finden) als Insektizide und Herbizide Verwendung. Die berühmteste Verbindung, und zwar in positiver wie auch in negativer Hinsicht, ist das **DDT** (**D**ichlor**d**iphenyl**t**richlorethan, Abb. 10.2b). Zunächst als segensreiches Mittel zur Bekämpfung von Insekten aller Art, zur Eindämmung solcher Krankheiten wie Malaria, Typhus, Cholera und Fleckfieber eingesetzt, führte der unbedachte Einsatz sehr großer Mengen in der Landwirtschaft rasch zur Akkumulation der biologisch schwer abbaubaren Chlorverbindung im tierischen Fettgewebe. In allen Ländern, die das Stockholmer Abkommen aus dem Jahre 2001 ratifiziert haben, ist die Herstellung und die Verwendung von DDT verboten, ausgenommen sind Anwendungen zum Zweck der Krankheitsbekämpfung in Übereinstimmung mit der WHO. In einigen wenigen afrikanischen Staaten sowie in Nordkorea wird DDT weiterhin landwirtschaftlich eingesetzt, was einen Verstoß gegen die Stockholmer Konvention bedeutet.

Die Höchstgehalte an DDT in Lebensmitteln sind gesetzlich geregelt. Das in Abb. 10.2c dargestellte Pentachlorphenol PCP, aus ökologischer Sicht ebenfalls eine Problemchemikalie, wird in Kap. 10.1.1.3 und 11 näher besprochen.

a) *PCB* b) *DDT* c) *PCP*

Abbildung 10.2 a) Polychlorierte Biphenyle (PCB); b) Dichlordiphenyltrichlorethan (DDT); c) Pentachlorphenol (PCP).

Durch Substitution lassen sich anstelle von Alkylgruppen und Halogenen noch weitere funktionelle Gruppen an den Benzolring binden. Zum Beispiel entsteht bei der Erwärmung von Benzol mit konz. Salpetersäure oder mit Nitriersäure (Gemisch aus konz. HNO_3 und H_2SO_4) Nitrobenzol $C_6H_5\text{-}NO_2$ *(Nitrierung)*. Nitrobenzol ist der einfachste Vertreter der **aromatischen Nitroverbindungen**. Die funktionelle Gruppe der Nitroverbindungen ist die **Nitrogruppe -NO$_2$**. Statt eines aromatischen Rests können auch Alkylreste an der Nitrogruppe gebunden sein, z.B. der Methylrest im Nitromethan ($CH_3\text{-}NO_2$) oder der Ethylrest im Nitroethan ($CH_3CH_2\text{-}NO_2$). Beide Verbindungen gehören zu den **Nitroalkanen**.

Chlorbenzol *Nitrobenzol* *Anilin (Aminobenzol)*

Nitrobenzol ist eine gelbliche, bei 211°C siedende Flüssigkeit, die stark nach bitteren Mandeln riecht. Neben seiner Verwendung als Lösungsmittel ist Nitrobenzol das Ausgangsmaterial für die Anilinproduktion. Dabei wird in salzsaurer Lösung in Gegenwart von Eisenspänen die Nitrogruppe zur Aminogruppe reduziert.

Die Aminogruppe ist die funktionelle Gruppe der **Amine (R - NH$_2$)**. Ist R = Phenylrest, liegt **Anilin** $C_6H_5\text{-}NH_2$ *(Aminobenzol)* vor. Anilin ist eine schwach basische, farblose, unangenehm riechende, ölige Flüssigkeit (Sdp. 184°C), die sich an der Luft infolge Autoxidation langsam braun färbt. Anilindämpfe wirken wie die des Nitrobenzols giftig. Anilin ist der Ausgangsstoff für viele technisch wichtige Produkte wie Azofarbstoffe, Polyurethane und Pharmaka (z.B. Schmerzmittel).

Durch *Annelierung*, d.h. Anfügen eines oder mehrerer Ringe an das Benzolmolekül, entstehen kondensierte aromatische Ringsysteme (**kondensierte Aromaten**), deren einzelne Kohlenstoffringe mindestens zwei gemeinsame C-Atome aufweisen müssen. Sie werden auch als *p*olycyclische *a*romatische *K*ohlenwasserstoffe (kurz: PAK) bezeichnet. Der bekannteste und zugleich einfachste Vertreter ist das **Naphthalin**. Der charakteristische Geruch dieser bei Raumtemperatur in farblosen, glänzenden Blättchen vorliegenden Verbindung (Smp. 80°C) ist von Mottenkugeln her bekannt. Zahlreiche hochkondensierte aromatische Ringsysteme sind Inhaltsstoffe von Teeren und Bitumen (Kap. 10.3).

Naphthalin (Naphthalen)

10.1.2   Halogenkohlenwasserstoffe

⇒ **Halogenalkane** entstehen durch Halogenierung von Alkanen, wobei ein oder mehrere H-Atome des zugrundeliegenden Alkans durch Halogenatome ersetzt werden (Gl. 10-5).

$$CH_4 \xrightarrow[-HCl]{+Cl_2} CH_3Cl \xrightarrow[-HCl]{+Cl_2} CH_2Cl_2 \xrightarrow[-HCl]{+Cl_2} CHCl_3 \xrightarrow[-HCl]{+Cl_2} CCl_4 \qquad (10\text{-}5)$$

Chlor-   *Dichlor-*   *Trichlor-*   *Tetrachlor-*
methan   *methan*   *methan*   *methan*

Je nach Versuchsbedingungen (Photohalogenierung, thermische oder katalytische Halogenierung, Menge des eingesetzten Chlors) entstehen unterschiedlich halogenierte Produkte. Einige Fluor(FKW)-, Chlor(CKW)- und Fluorchlorkohlenwasserstoffe(FCKW) sind in Tab. 10.3 aufgeführt. Die wichtigsten Vertreter sind die chlorierten Abkömmlinge des Methans Chlormethan (Methylchlorid) CH_3Cl, Dichlormethan (Methylenchlorid) CH_2Cl_2, Trichlormethan (Chloroform) $CHCl_3$ und Tetrachlormethan (Tetrachlorkohlenstoff „Tetra") CCl_4 sowie des Ethans, z.B. Chlorethan (Ethylchlorid) $CH_3\text{-}CH_2Cl$.

Bei Raumtemperatur liegen Chlormethan und Chlorethan gasförmig, Dichlormethan, Trichlormethan und Tetrachlormethan dagegen als farblose, charakteristisch riechende Flüssigkeiten vor. Die Halogenalkane sind mit Wasser nicht mischbar. Beim Vermischen entstehen Zweiphasensysteme, in denen das Halogenalkan die jeweils spezifisch schwerere (untere) Phase bildet.

Halogenalkane sind gute (wenn auch problematische!) Lösungsmittel für Fette, Öle und Harze. Ihre gesundheitsgefährdende Wirkung beruht auf ihrer hohen Flüchtigkeit und ihrem Fettlösevermögen. Durch ihre Flüchtigkeit gelangen die Halogenalkane über die Atemwege in den Organismus, wo sie sich aufgrund ihrer Fettlöslichkeit im Fettgewebe und im Zentralnervensystem anreichern. Die Giftwirkung der Halogenalkane ist zweistufig: Zunächst kann es zu Schleimhautreizungen und zu einer narkotischen Wirkung (Rausch, Suchtgefahr, Schnüffeln) kommen. In der zweiten Stufe treten dann schwere Schädigungen der

Leber, der Nieren und des Zentralnervensystems auf. Tetrachlorkohlenstoff CCl_4 ist darüber hinaus als krebserregend eingestuft, so dass sein Einsatz als Fleckenwasser und Entfettungsmittel bereits 1976 verboten wurde. Heute werden vor allem 1,1,1-Trichlorethan (Tab. 10.3) und Tetrachlorethylen (Per, $Cl_2C=CCl_2$) als Entfettungs- und Reinigungsmittel in der Metallindustrie und in der chemischen Reinigung verwendet. Tetrachlorethylen ist der Gruppe der ungesättigten halogenierten KW zuzuordnen.

Beim Umgang mit Lösungen bzw. Dispersionen, die als Lösungsmittel halogenierte KW, Alkane oder Cycloalkane enthalten, ist generell Vorsicht geboten.

Die Entflammbarkeit bzw. Brennbarkeit der Chlormethane nimmt mit wachsender Anzahl der Chloratome ab. Tetrachlorkohlenstoff wurde deshalb lange Zeit als „Füllstoff" in Feuerlöschern („Tetra-Löscher") verwendet. Aufgrund der Vergiftungsgefahr infolge Phosgenbildung ($COCl_2$) wird CCl_4 allerdings kaum noch als Feuerlöschmittel verwendet. Phosgen entsteht in der Brandhitze ($T > 500°C$) durch Zersetzung von CCl_4 in Anwesenheit von Feuchtigkeit: $CCl_4 + H_2O \rightarrow COCl_2 + 2\,HCl$. Das Phosgen hydrolysiert anschließend zu Chlorwasserstoff: $COCl_2 + H_2O \rightarrow 2\,HCl + CO_2$. Beim Einatmen bildet sich mit vorhandener Feuchtigkeit Salzsäure, die Lungengewebe und Alveolen verätzt. Dies kann nach einer Latenzzeit von mehreren Stunden zu schweren Lungenödemen, ja sogar zum Tode führen.

Tabelle 10.3 Formeln, Namen und Siedepunkte einiger ausgewählter Halogenalkane

Formel	Name	Sdp. ($°C$)
CH_3Cl	Chlormethan (Methylchlorid)	-24
CH_2Cl_2	Dichlormethan (Methylenchlorid)	41
$CHCl_3$	Trichlormethan (Chloroform)	61
CCl_4	Tetrachlormethan (Tetrachlorkohlenstoff)	77
$CH_3 - CH_2Cl$	Monochlorethan (Ethylchlorid)	12
$CH_3 - CCl_3$	1,1,1-Trichlorethan (Methylchloroform)	74
CHF_3	Trifluormethan	-82
CF_4	Tetrafluormethan	-128
CCl_3F	Trichlorfluormethan, *R 11* [a]	25
CCl_2F_2	Dichlordifluormethan, *R 12*	-30
$CClF_3$	Chlortrifluormethan, *R 13*	-81

[a] Genormte R-Nummern für die FCKW

$\Rightarrow$ **Fluorchlorkohlenwasserstoffe (FCKW)** sind fluorierte <u>und</u> chlorierte Kohlenwasserstoffe. Zumeist handelt es sich um Abkömmlinge des Methans bzw. des Ethans. Wichtige Vertreter sind Trichlorfluormethan (CCl_3F, Industriebezeichnung: *R 11*), Dichlordifluormethan (CCl_2F_2, *R 12*), Chlortrifluormethan ($CClF_3$, *R 13*) und 1,1,2-Trichlor-1,2,2-Trifluorethan ($CCl_2F - CClF_2$, *R 113*).

Fluorchlorkohlenwasserstoffe sind überwiegend leicht zu verflüssigende Gase, die über eine Reihe herausragender Eigenschaften verfügen: Sie sind chemisch und thermisch stabil, besitzen niedrige Siedetemperaturen und Wärmeleitfähigkeiten sowie eine geringe Brennbarkeit und Toxizität. Damit waren sie für zahlreiche Anwendungen wie den Einsatz als Treibgas für Aerosole und Schäume (Schaumpolystyrol, PUR-Hartschaum), als Kühlmittel in Kühlschränken und Klimaanlagen, als Lösemittel in der Mikroelektronik sowie als Feuerlöschmittel geradezu prädestiniert. Die ökologischen Auswirkungen der Produktion und der Freisetzung von FCKW im Hinblick auf den stratosphärischen Ozonabbau und den Treibhauseffekt wurden in den Kapiteln 5.4.2.2.2 und 5.4.3.3 besprochen. Der EU-weite Ausstieg aus der Produktion und dem Einsatz von FCKW erfolgte zum 01.07.1997.

10.1.3   Alkohole und Phenole

Werden in die Moleküle der Kohlenwasserstoffe, die sich allesamt durch eine geringe chemische Reaktivität auszeichnen, Heteroatome ($\rightarrow$ Nichtkohlenstoffatome wie O, N, S) eingebaut, bestimmen diese Heteroatome oft die Eigenschaften der entstehenden neuen Verbindungen. Ursache sind in der Regel Elektronegativitätsunterschiede zwischen Hetero- und Kohlenstoffatom und daraus resultierende Polaritäten im Molekül. **Alkohole** sind wie die Carbonsäuren, die Aldehyde und die Ether organische Sauerstoffverbindungen. Die funktionelle Gruppe der Alkohole und Phenole ist die **Hydroxygruppe** (auch: Hydroxylgruppe).

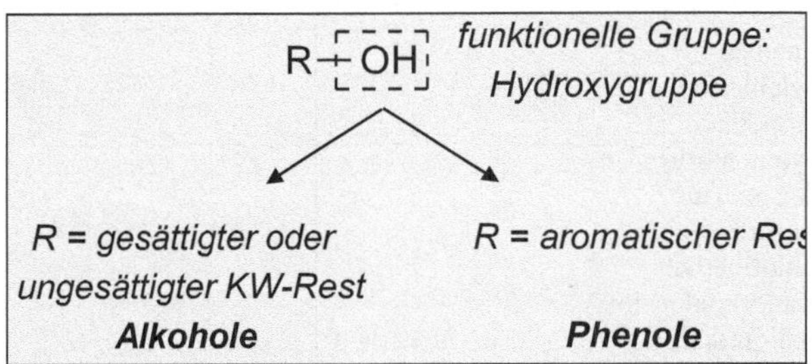

Die Alkohole leiten sich von den Kohlenwasserstoffen durch Austausch eines oder mehrerer H-Atome gegen Hydroxygruppen (-OH) ab. Nach der Anzahl der Hydroxygruppen im Molekül unterscheidet man ein- und mehrwertige Alkohole (s.u.). Einwertige gesättigte Alkohole werden als *Alkanole* bezeichnet. Ist die Hydroxygruppe an einen Benzolring gebunden, liegen *Phenole* vor. Sind zwei, drei oder mehr Hydroxygruppen im Molekül vorhanden, so wird der Endung **-ol** das entsprechende griechische Zahlwort *di-*, *tri-* usw. vorangestellt. Je nach der Anzahl der OH-Gruppen spricht man von **ein-**, **zwei-** oder **mehrwertigen Alkoholen**. Dabei gilt die *Erlenmeyer-Regel*: Pro C-Atom kann nur maximal eine Hydroxygruppe gebunden sein.

Hinsichtlich der **Stellung der OH-Gruppe im Molekül** teilt man die Alkohole in primäre, sekundäre und tertiäre Alkohole ein. Bei **primären** Alkoholen ist die OH-Gruppe mit einem C-Atom verknüpft, an dem *zwei H-Atome* gebunden sind (primäres C-Atom). Bei **se-**

kundären Alkoholen ist die OH-Gruppe mit einem C-Atom verknüpft, das nur *ein H-Atom* gebunden enthält (sekundäres C-Atom) und bei **tertiären** Alkoholen ist die OH-Gruppe mit einem C-Atom verknüpft, das *kein H-Atom* gebunden enthält (tertiäres C-Atom). Eine Ausnahme bildet der einfachste primäre Alkohol Methanol, bei dem die OH-Gruppe an einem C-Atom hängt, an dem drei H-Atome gebunden sind.

$$
\begin{array}{ccc}
\text{H} & \text{H} & \text{R} \\
| & | & | \\
\text{R} - \text{C} - \text{OH} & \text{R} - \text{C} - \text{OH} & \text{R} - \text{C} - \text{OH} \\
| & | & | \\
\text{H} & \text{R} & \text{R} \\
\textit{primärer} & \textit{sekundärer} & \textit{tertiärer Alkoho}
\end{array}
$$

⇒ **Alkanole**. Die Alkanole leiten sich von den gesättigten Kohlenwasserstoffen, den Alkanen, ab. Sie bilden eine homologe Reihe von Verbindungen der Formel $\mathbf{C_nH_{2n+1}OH}$, mit n = 1, 2, … (Tab. 10.4). Die Namen der einzelnen Vertreter werden durch Anfügen der Endung **-ol** an den Namen des zugrunde liegenden Alkans gebildet. Die Stellung der Hydroxygruppe in der Kette wird im Namen durch die kleinstmögliche Zahl gekennzeichnet, z.B. $CH_3\text{-}CH(OH)\text{-}CH_2\text{-}CH_3$ ⇒ 2-Butanol und nicht 3-Butanol.

Bei den Alkoholen liegt ein ähnlicher Fall wie bei den Ethern (s. nächstes Kap.) vor. Im Umgangssprachgebrauch versteht man unter „Alkohol" den Ethylalkohol (Ethanol), obwohl sich hinter der Bezeichnung Alkohol eine ganze Stoffklasse organischer Verbindungen verbirgt.

Tabelle 10.4 Namen, Formeln und Siedepunkte einiger Alkohole

Name	**Formel**	**Siedepunkt (°C)**
Methanol	CH_3OH	65
Ethanol	$CH_3\text{-}CH_2\,OH$	78
1-Propanol	$CH_3\text{-}CH_2\text{-}CH_2OH$	97
2-Propanol (Isopropanol)	$CH_3\text{-}CH\text{-}CH_3$ | OH	82
1-Butanol	$CH_3\text{-}CH_2\text{-}CH_2\text{-}CH_2OH$	118
2-Butanol	$CH_3\text{-}CH\text{-}CH_2\text{-}CH_3$ | OH	100
2-Methyl-1-propanol (Isobutanol)	$CH_3\text{-}CH\text{-}CH_2OH$ | CH_3	108
2-Methyl-2-propanol (tert. Butanol)	$CH_3\text{-}C(OH)\text{-}CH_3$ | CH_3	83

Methanol (Methylalkohol), **Ethanol** (Ethylalkohol) und **Propanol** (Propylalkohol) sind farblose, brennbare Flüssigkeiten von charakteristischem Geruch und brennendem Geschmack, die sich mit Wasser in jedem Verhältnis mischen. Die gute Wasserlöslichkeit sowie die im Vergleich zu den KW analoger Molmasse deutlich höheren Siedepunkte der Alkohole sind auf Wasserstoffbrückenbindungen sowohl zwischen den OH-Gruppen der Alkohole und H_2O-Molekülen als auch zwischen den alkoholischen OH-Gruppen untereinander zurückzuführen. Mit zunehmender Größe des KW-Restes ($R = C_4$ bis C_{11}) kompensiert dessen hydrophober Charakter die hydrophilen Eigenschaften der funktionellen Gruppe und die Wasserlöslichkeit nimmt rasch ab. Zum Beispiel lösen sich in 100 ml H_2O 7,9 g 1-Butanol, 2,7 g 1-Pentanol und 0,59 g 1-Hexanol (20°C). Höhermolekulare Alkohole sind feste, wasserunlösliche Stoffe. Alkohole reagieren praktisch neutral.

Die niedermolekularen Alkohole (C_1 bis C_4) werden vor allem als Konservierungsmittel, als Kraftstoffzusatz sowie in unterschiedlicher Weise für die Synthese von Folgeprodukten wie Kunstharze, Klebstoffe und Farben verwendet.

Die wichtigsten **mehrwertigen Alkohole** sind Ethylenglycol als einfachster zweiwertiger Alkohol und Glycerin als einfachster dreiwertiger Alkohol.

$$
\begin{array}{cc}
\begin{array}{c} H_2C-OH \\ | \\ H_2C-OH \end{array} & \qquad \begin{array}{c} H_2C-OH \\ | \\ HC-OH \\ | \\ H_2C-OH \end{array}
\end{array}
$$

Ethylenglycol   *Glycerin*
(1,2 - Ethandiol)   *(1,2,3 - Propantrio*

Ethylenglycol (unkorrekt: *Glycol*) ist ein farbloses, viskoses Öl, das mit Wasser und Ethanol in jedem Verhältnis mischbar ist. Es wird als Frostschutzmittel verwendet. Daneben ist es - in reiner wie auch in abgewandelter Form (z.B. als Ester) - ein wertvolles Lösungsmittel für Lacke und Acetylcellulose sowie ein wichtiges Ausgangsprodukt für die Polyesterfaserproduktion.

Glycerin (Glycerol) kommt als Baustein in nahezu allen tierischen Fetten und pflanzlichen Ölen vor (Kap. 10.1.7). Es ist eine farblose, sirupöse, hochsiedende Flüssigkeit, die in jedem Verhältnis mit Wasser mischbar ist. Glycerin dient als Bremsflüssigkeit sowie im Gemisch mit Wasser als Frostschutzmittel. Darüber hinaus findet es in der pharmazeutischen, kosmetischen, polygraphischen sowie der Sprengstoffindustrie Verwendung.

Reaktionen der Alkohole. Alkohole sind vor allem zu Substitutionsreaktionen ($\rightarrow$ im Substrat wird ein Atom oder eine Atomgruppe durch ein anderes Atome oder eine Atomgruppe ersetzt) und zu Oxidationsreaktionen in der Lage. Primäre Alkohole werden zu Aldehyden und sekundäre Alkohole zu Ketonen (Kap. 10.1.5) oxidiert.

$\Rightarrow$ **Phenole**. Im Gegensatz zu den Alkoholen zeigen die Phenole eine schwach saure Reaktion, worauf die ältere Bezeichnung *Carbolsäure* zurückzuführen ist. Phenol dissoziiert in Wasser in geringem Umfang unter Bildung des Phenolat- und Hydroniumions (Gl. 10-6).

$$C_6H_5-OH + H_2O \longrightarrow C_6H_5-\bar{O}|^{\ominus} + H_3O^{\oplus} \qquad (10\text{-}6)$$

Phenol — Phenolat-Anion

Phenol bildet farblose Kristalle von charakteristischem Geruch (Smp. 41°C), die sich an der Luft schwach rötlich färben und in kaltem Wasser nur mäßig lösen. In Alkohol und Ether ist Phenol leicht löslich. Phenollösungen (ca. 5%ig) wirken desinfizierend und keimtötend. Phenol ist ein wichtiges Ausgangsprodukt für die Herstellung von Kunststoffen (Kap. 10.4.4.2) sowie von künstlichen Farb- und Gerbstoffen.

Das vollchlorierte Phenol, **Pentachlorphenol** (**PCP**, Abb. 10.2c), hat eine weite Verbreitung als Holzschutzmittel und Fungizid gefunden. Bald wurde jedoch bekannt ist, dass PCP ähnlich wie andere Chloraromaten nicht nur fischtoxisch ist, sondern auch beim Menschen aufgrund seiner schweren Abbaubarkeit und seiner Akkumulation im Fettgewebe zu erheblichen gesundheitlichen Schäden führen kann. Im Jahr 1989 wurden die Produktion, das Inverkehrbringen und die Verwendung von PCP in der BRD verboten. PCP ist stark krebserregend.

10.1.4 Ether

Ether sind organische Verbindungen, in denen zwei Kohlenwasserstoffreste über ein Sauerstoffatom verbunden sind. Die allgemeine Formel für einen Ether lautet: **R - O - R**, wobei die Reste R (R = Alkyl-, Aryl- oder heterocyclischer Rest) identisch oder verschieden sein können. Im ersten Fall spricht man von *symmetrischen*, im zweiten von *asymmetrischen* oder gemischten Ethern. Ist der Sauerstoff Bestandteil eines ringförmigen KW, liegt ein cyclischer Ether vor. Die Benennung der Ether erfolgt, indem man dem Wort „ether" die Namen der Kohlenwasserstoffreste voranstellt. Tab. 10.5 enthält Namen, Formeln und Siedepunkte einiger ausgewählter Ether.

Bei der im Umgangssprachgebrauch als „Ether" bezeichneten Verbindung handelt es sich um **Diethylether** C_2H_5-O-C_2H_5. Diethylether war lange Zeit <u>das</u> Standardnarkotikum bei operativen Eingriffen. Wegen der Nebenwirkungen ist er inzwischen als Narkotikum abgelöst worden, wird aber immer noch als Hautdesinfektionsmittel verwendet. Diethylether ist brennbar, seine Dämpfe bilden mit Luft explosive Gemische. Aufgrund der leichten Flüchtigkeit (Sdp. 34,6°C) sind beim Umgang mit Diethylether besondere Vorsichtsmaßnahmen erforderlich. Bei Einwirkung von Licht reagiert Ether mit Luftsauerstoff zu Peroxiden, die beim Erwärmen explosionsartig zerfallen können (Aufbewahrung in braunen Flaschen!). Diethylether ist mit Wasser nicht mischbar.

Ether sind allesamt farblose Verbindungen mit einem charakteristischen, durchaus angenehmen Geruch. Ihre Siedepunkte liegen deutlich unter denen der Alkohole mit analoger C-Atomzahl, was auf die Abwesenheit von Wasserstoffbrückenbindungen zwischen den Ethermolekülen zurückzuführen ist. Die Reaktionsträgheit, kombiniert mit der Fähigkeit, nahezu alle organischen Verbindungen lösen zu können, machen die Ether zu wichtigen *Lösungs-* und *Extraktionsmitteln*. Insbesondere die cyclischen Ether Tetrahydrofuran und 1,4-Dioxan besitzen als Lösungsmittel für Kunststoffe eine große technische Bedeutung.

Tabelle 10.5   Namen, Formeln und Siedepunkte (bei Normaldruck) ausgewählter Ether

Name	Formel	Sdp. ($^{\circ}$C)
Dimethylether	$CH_3 - O - CH_3$	-25
Diethylether ("**Ether**")	$C_2H_5 - O - C_2H_5$	34,6
Methylphenylether (Anisol)	$CH_3 - O - \bigcirc$	154
Tetrahydrofuran (THF)		65
1,4-Dioxan		101,5

10.1.5   Aldehyde und Ketone

Aldehyde und Ketone gehören zu den Carbonylverbindungen, deren strukturelles Merkmal die polare Carbonylgruppe (C = O) ist. In den **Aldehyden** ist die Carbonylgruppe mit einem H-Atom *und* einem Alkyl-, Aryl- oder heterocyclischen Rest R verknüpft:

funktionelle Grupp der Aldehyde.

Eine Ausnahme bildet der Formaldehyd (Methanal) als einfachster Vertreter der homologen Reihe der aliphatischen Aldehyde, bei dem die Carbonylgruppe mit *zwei* H-Atomen verbunden ist. Der *Name* der aliphatischen Aldehyde leitet sich vom jeweiligen Stammkohlenwasserstoff durch Anhängen der Endung **-al** ab (*Beispiel*: Methan → Methanal). Die allgemeine Bezeichnung für die Stoffklasse lautet daher auch **Alkanale.**
Bei aromatischen und heterocyclischen Aldehyden hängt man die Endung **-aldehyd** an den (evtl. verkürzten!) Namen des Ringsystems (*Beispiel*: Benzol → Benzaldehyd). Für die homologe Reihe der Alkanale gilt die allgemeine Formel $\mathbf{C_nH_{2n+1}\,CHO}$ (n = 0, 1, …).

Die Stoffklasse der **Ketone** enthält die Carbonyl- oder *Ketogruppe* zwischen zwei Alkyl-, Aryl- oder heterocyclischen Resten (auch gemischt).

funktionelle Grupp der Ketone.

Der *Name* der aliphatischen Ketone (**Alkanone**) leitet sich vom jeweiligen Stammkohlenwasserstoff durch Anhängen der Endung **-on** ab (*Beispiel:* Propan → Propanon). Für komplizierter aufgebaute Ketone gilt die allgemeine Nomenklaturregel: Benennung der beiden an die Carbonylgruppe gebundenen Reste sowie Anhängen der Silbe **-keton**. *Beispiele* sind: Ethylphenylketon, Ethylpropylketon und Dimethylketon (Propanon). Zur Bezeichnung von Aldehyden und Ketonen sind eine Reihe von Trivialnamen üblich. Sie sind in Tab. 10.6 jeweils in Klammern angegeben.

Tabelle 10.6   Namen, Formeln und Siedepunkte ausgewählter Aldehyde und Ketone

Name	Formel	Sdp. (°C)
Methanal (Formaldehyd)	$H - CHO$	-19
Ethanal (Acetaldehyd)	$CH_3 - CHO$	21
Propanal (Propionaldehyd)	$CH_3 - CH_2 - CHO$	49
Benzaldehyd	$C_6H_5 - CHO$	180
Propanon (Aceton)	$CH_3 - CO - CH_3$	56
Butanon (auch: Methylethylketon)	$CH_3 - CO - CH_2 - CH_3$	80

Die Bindungsverhältnisse des Kohlenstoffatoms der Carbonylgruppe können durch eine sp^2-Hybridisierung beschrieben werden. Das senkrecht auf dem C-Atom stehende nichthybridisierte p-Orbital überlappt mit einem p-Orbital des Sauerstoffatoms und bildet die π-Bindung. Infolge der unterschiedlichen Elektronegativitäten zwischen Kohlenstoff und Sauerstoff ist die C=O-Doppelbindung stark polarisiert. Die Bindungselektronen sind in Richtung Sauerstoffatom verschoben. Das chemische Verhalten der Aldehyde und Ketone wird wesentlich durch die Carbonylgruppe bestimmt und zeigt sich vor allem im Auftreten von Additions- und Kondensationsreaktionen.

Carbonylverbindungen sind die Oxidationsprodukte der primären und sekundären Alkohole. Die Oxidation primärer Alkohole führt zu Aldehyden, die Oxidation sekundärer Alkohole zu Ketonen. Demnach werden Ethanol zu Ethanal (Acetaldehyd, Gl. 10-7) und Isopropanol zu Propanon (Aceton, Gl. 10-8) oxidiert. Im Gegensatz zu Ketonen können Aldehyde weiter zu Carbonsäuren oxidiert werden.
Aldehyde besitzen somit *reduzierende* Eigenschaften. Der Nachweis ihres Reduktionsvermögens kann mittels **Tollens Reagenz** (ammoniakalische Silbernitratlösung) oder **Fehlingscher Lösung** (Kupfersulfatlösung + alkalische Lösung von Kalium-Natrium-Tartrat) erfolgen. Im ersten Fall wird aus der Lösung fein verteiltes metallisches Silber (Braun- bis Schwarzfärbung, evtl. Silberspiegel, Gl. 10-9) und im zweiten Fall rotbraunes, schwer lösliches Kupfer(I)-oxid ausgeschieden (Gl. 10-10; evtl. bildet sich auch ein Cu-Spiegel!).

Die **Wasserlöslichkeit** der Aldehyde und Ketone hängt wiederum von der Kettenlänge des Restes R ab. Formaldehyd, Acetaldehyd und Aceton sind vollständig mit Wasser mischbar. Aldehyde und Ketone mit fünf und mehr C-Atomen sind nicht mehr wasserlöslich.

$$CH_3-\underset{H}{\overset{H}{C}}-OH \;\xrightarrow{+O}\; CH_3-\underset{\underset{H}{\overset{|}{O}}}{\overset{H}{C}}-[OH] \;\xrightarrow{-H_2O}\; CH_3-C\!\!\underset{H}{\overset{O}{\diagup}} \qquad (10\text{-}7)$$

Ethanol　　　　　　　　　　　　　　　　　　　　　Ethanal
　　　　　　　　　　　　　　　　　　　　　　　　(Acetaldehyd)

$$CH_3-\underset{H}{\overset{CH_3}{C}}-OH \;\xrightarrow{+O}\; CH_3-\underset{\underset{H}{\overset{|}{O}}}{\overset{CH_3}{C}}-[OH] \;\xrightarrow{-H_2O}\; \underset{H_3C}{\overset{H_3C}{\diagdown\!\diagup}}C=O \qquad (10\text{-}8)$$

Isopropanol　　　　　　　　　　　　　　　　　　Propanon
　　　　　　　　　　　　　　　　　　　　　　　　(Aceton)

$$CH_3CHO + 2\,[Ag(NH_3)_2]^+ + H_2O \;\rightarrow\; 2\,Ag^{\pm0} + CH_3COOH + 2\,NH_3 + 2\,NH_4^+ \qquad (10\text{-}9)$$

$$CH_3CHO + 2\,Cu^{2+} + 5\,OH^- \;\rightarrow\; Cu_2O + CH_3COO^- + 3\,H_2O \qquad (10\text{-}10)$$

Formaldehyd H-CHO ist der für baupraktische Belange wichtigste Aldehyd. H-CHO ist ein sehr reaktives, stechend riechendes, gut wasserlösliches Gas. Die im Handel erhältliche 35...40%ige Formaldehydlösung bezeichnet man als **Formalin**. Sie wird als Konservierungs- und Desinfektionsmittel verwendet.

Formaldehyd gehört zu den am häufigsten auftretenden *Innenraumschadstoffen*. Er kann aus Baustoffen, aber auch aus Einrichtungsgegenständen (Möbel!), aus Textilien, aus Bodenbelägen sowie aus Reinigungs- und Pflegemitteln stammen. Baustoffe, die Formaldehyd emittieren, enthalten häufig Harnstoff-Formaldehydharze (Kap. 10.4.4.2). Harnstoff-Formaldehydharze werden zur Herstellung von Leimharzen für Holzwerkstoffe (Span- und Faserplatten, Sperrholz) sowie als Bindemittel in Mineralwolleerzeugnissen verwendet. Eine weitere Formaldehydquelle sind säurehärtende Lacke, die zur Oberflächenversiegelung von Möbeln, Paneelen und Parkettfußböden eingesetzt werden.

Die Wahrnehmungsschwelle für Formaldehyd ist individuell verschieden, sie liegt zwischen 0,05...1,0 ppm. Bereits unterhalb dieser Schwellenkonzentration kann es zu Augen- und Schleimhautreizungen kommen. Im Tierexperiment erwies sich Formaldehyd als krebserregend. Eine entsprechende Wirkung beim Menschen konnte bisher nicht festgestellt werden. In der BRD gilt für die Innenraumluft der von der Weltgesundheitsorganisation (WHO) empfohlene Grenzwert von 0,120 mg H-CHO/m^3 Raumluft (= 0,1 ppm).

Acetaldehyd ist eine farblose, stechend riechende Flüssigkeit, die sich mit Wasser, Alkohol und Ether in jedem Verhältnis mischt. **Aceton**, ebenfalls eine farblose Flüssigkeit, ist leicht entflammbar, wasserlöslich und besitzt einen angenehmen Geruch. Aceton ist ein ausgezeichnetes Lösungsmittel, z.B. zum Lösen von Lacken und Kunstfasern.

10.1.6　Carbonsäuren und Ester

Die funktionelle Gruppe der Carbonsäuren ist die **Carboxygruppe** (auch: **Carboxylgruppe**) -COOH.

funktionelle Grupp der Carbonsäuren.

Die Carboxygruppe besitzt wie die Carbonylgruppe eine trigonal-planare Struktur (sp^2-Hybridisierung). Je nach der Anzahl der in einem Molekül gebundenen Carboxygruppen wird zwischen Mono-, Di- und Tricarbonsäuren unterschieden. Die in Tab. 10.7 aufgeführten organischen Säuren sind allesamt Monocarbonsäuren. Für R = Alkylrest gelangt man zur Gruppe der *Alkansäuren*.

Tabelle 10.7   Namen, Formeln sowie Schmelz- und Siedepunkte einiger ausgewählter Carbonsäuren

Systematischer Name	Trivialname (Salze)	Formel	Smp. ($^{\circ}$C)	Sdp. ($^{\circ}$C)
Alkansäuren (Gesättigte aliphatische Monocarbonsäuren):				
Methansäure	Ameisensäure (Formiate)	$H - COOH$	8	101
Ethansäure	Essigsäure (Acetate)	$CH_3 - COOH$	17	118
Propansäure	Propionsäure (Propionate)	$CH_3 - CH_2 - COOH$	-22	141
1-Butansäure	n-Buttersäure (Butyrate)	$CH_3 - CH_2 - CH_2 - COOH$	-6	164
Hexadecansäure	Palmitinsäure (Palmitate)	$CH_3 - (CH_2)_{14} - COOH$	63	390 Zers.
Octadecansäure	Stearinsäure (Stearate)	$CH_3 - (CH_2)_{16} - COOH$	70	376 Zers.
Ungesättigte aliphatische Monocarbonsäuren:				
2-Propensäure	Acrylsäure (Acrylate)	$CH_2 = CH - COOH$	14	141
9-Octadecensäure	Ölsäure (Oleate)	$C_{17}H_{33} COOH$	16	360 Zers.
Aromatische Monocarbonsäuren:				
Benzoesäure	Salze: Benzoate	$C_6H_5 - COOH$ (⬡– COOH)	122	249

Die gesättigten aliphatischen **Monocarbonsäuren** bilden eine homologe Reihe von Verbindungen der allgemeinen Formel $\mathbf{C_nH_{2n+1}\ COOH}$ (n = 0, 1, …). Die ersten vier Glieder sind die Ameisensäure (Methansäure), Essigsäure (Ethansäure), Propionsäure (Propansäure) und die Buttersäure (Butansäure). Bei der Essigsäure ist der Methylrest ($-CH_3$), bei der Propionsäure der Ethylrest ($-C_2H_5$) und bei der Buttersäure der Propylrest ($-C_3H_7$) mit der Carboxygruppe verbunden.

Die *Benennung* der Alkansäuren erfolgt entsprechend der Nomenklaturregeln durch Anhängen der Endung **-säure** an den Namen der Stammkohlenstoffverbindung. Für die meisten Carbonsäuren werden, wie die obigen Beispiele bereits zeigen, Trivialnamen verwendet. In Tab. 10.7 sind neben der systematischen Bezeichnung auch jeweils die Trivialnamen der Säure und des zugehörigen Salzes angegeben.

Die Ameisensäure (Methansäure) als einfachster Vertreter der homologen Reihe der Alkanmonosäuren bildet wiederum eine Ausnahme. Hier ist die Carboxygruppe mit einem H-Atom und nicht mit einem organischen Rest R verknüpft. Damit ist in der Strukturformel der Ameisensäure die Aldehydgruppe enthalten. Die Ameisensäure nimmt somit eine Sonderstellung zwischen Aldehyd und Carbonsäure ein. Sie ist durch Oxidationsmittel zu CO_2 und H_2O oxidierbar und reduziert Tollens Reagenz. Die übrigen Monocarbonsäuren sind gegen Oxidationsmittel resistent. Da einige höhere aliphatische Carbonsäuren wie die Stearinsäure $C_{17}H_{35}COOH$ und die Palmitinsäure $C_{15}H_{31}COOH$ Bestandteil der natürlichen Fette und Öle sind (Kap. 10.1.7), werden sie als *Fettsäuren* bezeichnet.

Eigenschaften. Wie bereits bei Alkoholen und Aldehyden resultiert auch bei den Carbonsäuren das Löslichkeitsverhalten aus der Konkurrenz zwischen polarer Carboxygruppe und unpolarem Alkylrest. Niedermolekulare Alkansäuren (C_1 ... C_3) sind mit Wasser in jedem Verhältnis mischbar. Mit zunehmender Kettenlänge nimmt die **Löslichkeit** ab.
Interessanterweise weisen Carbonsäuren im festen und flüssigen Zustand sowie in unpolaren Lösungsmitteln eine doppelt so hohe Molekülmasse auf, wie die aus ihrer Summenformel errechnete. Sie liegen als Dimere vor. Es bilden sich über H-Brückenbindungen verknüpfte Doppelmoleküle aus.

$$R-C\underset{\overline{O}-H\cdots O}{\overset{\overline{O}\cdots H-\overline{O}}{\Big\langle}}C-R$$

Die Wasserstoffbrückenbindungen sind auch der Grund für die relativ hohen Siede- und Schmelzpunkte der Carbonsäuren. In der Gasphase werden die H-Brücken gelöst und die Moleküle liegen monomer vor.
Carbonsäuren gehören zu den **schwachen Säuren** (Kap. 6.5.3.4). Innerhalb der homologen Reihen der aliphatischen Mono- und Dicarbonsäuren stellen jeweils die Anfangsglieder die stärksten Säuren dar. Mit zunehmender Kettenlänge nimmt die Säurestärke ab. Carbonsäuren protolysieren in wässriger Lösung unter Bildung eines **Carboxylations** und eines Hydroniumions (Beispiel: Essigsäure, Gl. 6-75).

$$CH_3COOH + H_2O \rightleftharpoons CH_3COO^- + H_3O^+$$
Carbonsäure   *Carboxylation*
(Essigsäure)   *(Acetation)*

Bei der Neutralisation von Carbonsäuren mit Basen bilden sich Salze, z.B. entsteht bei der Umsetzung von Essigsäure mit Natronlauge Natriumacetat CH_3COONa (Gl. 10-11).

$$CH_3COOH + NaOH \rightleftharpoons CH_3COONa + H_2O \qquad (10\text{-}11)$$
Essigsäure   *Natriumacetat*

In wässriger Lösung liegt Natriumacetat protolysiert vor und reagiert alkalisch (Kap. 6.5.3.5: $CH_3COO^- + H_2O \rightleftharpoons CH_3COOH + OH^-$).

Ameisensäure ist eine farblose, stechend riechende Flüssigkeit, die aufgrund ihrer besonderen Struktur sowohl als Aldehyd als auch als Säure reagieren kann. Damit unterscheidet sie sich deutlich von den anderen Alkansäuren. Beispielsweise lässt sie sich durch Oxidationsmittel wie $KMnO_4$ zu Kohlendioxid und Wasser oxidieren. Sie besitzt wie die Aldehyde *reduzierende* Eigenschaften. Ameisensäure wird u.a. als Konservierungs- und Desinfektionsmittel verwendet.

Essigsäure ist die wichtigste organische Säure. Wie die Ameisensäure ist sie eine stechend riechende, ätzende Flüssigkeit. In stark verdünnter Form (5...10%ig) kommt sie als Speiseessig in den Handel. Ihre Salze, die Acetate, sind gut wasserlöslich. Wasserfreie Essigsäure erstarrt bereits bei 16,6°C zu einer eisartigen, festen Masse (*Eisessig*).

Ist die Carboxygruppe an Alkenylreste gebunden, liegen **ungesättigte Carbonsäuren** vor. Der einfachste Vertreter der Gruppe der ungesättigten Carbonsäuren ist die **Acryl-** bzw. **Propensäure** $CH_2=CH-COOH$ (Tab. 10.7). Sie bildet gemeinsam mit der Methacrylsäure $CH_2=C(CH_3)-COOH$ das Ausgangsprodukt für die Herstellung von Kunststoffen (Polyacrylate und Polymethacrylate, Kap. 10.4.4.1). Die **Ölsäure** $C_{17}H_{33}COOH$, ebenfalls eine ungesättigte Carbonsäure, ist ein wesentlicher Bestandteil fetter Öle und zahlreicher Fette.

Bei der **Benzoesäure** C_6H_5-COOH ist die Carboxygruppe an einen Benzolring gebunden. Sie ist die einfachste **aromatische Carbonsäure** (Abb. 10.3a). Benzoesäure wird als Konservierungsmittel in der Lebensmittelindustrie verwendet. Ihre Salze heißen *Benzoate*.

Alkandisäuren, also gesättigte aliphatische Dicarbonsäuren, enthalten zwei Carboxygruppen im Molekül. Aufgrund von Wasserstoffbrückenbindungen zwischen den Molekülen sind alle Dicarbonsäuren bei Raumtemperatur fest. Der einfachste Vertreter der Alkandisäuren, die **Oxalsäure**, leitet sich strukturell vom Ethan ab (systematischer Name: *Ethandisäure*). Als zweiprotonige Säure bildet die Oxalsäure zwei Gruppen von Salzen: Hydrogenoxalate $HOOC-COO^-$ und Oxalate $(COO)_2^{2-}$. Ca^{2+}-Ionen bilden mit dem Oxalation schwer lösliches Calciumoxalat $Ca(COO)_2$ (**analytischer Calciumnachweis**).

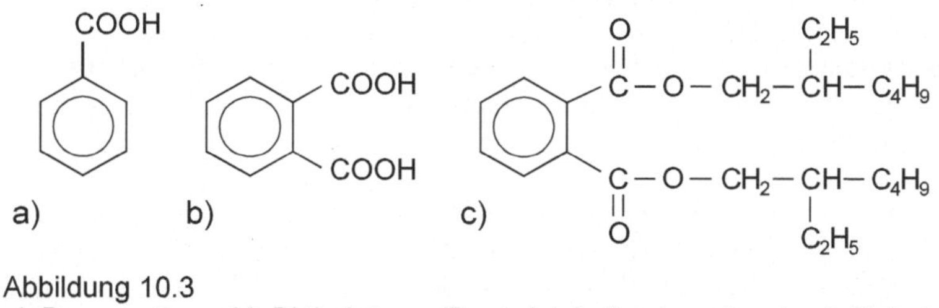

Abbildung 10.3
a) Benzoesäure; b) Phthalsäure (Benzol-1,2-dicarbonsäure); c) Phthalsäureester. Das in 10.3c) dargestellte Di(2-ethylhexyl)-phthalat (DEHP) ist der mit über 50% Produktionsvolumen wichtigste Weichmacher für Kunststoffe (Kap. 10.4.3.1).

Technisch wichtige **aromatische Dicarbonsäuren** sind die **Phthalsäure** (Benzol-1,2-dicarbonsäure, Abb. 10.3b; Salze: *Phthalate*) und die **Terephthalsäure** (Benzol-1,4-dicarbonsäure; Salze: *Terephthalate*). Phthalsäure reagiert beim Erhitzen unter Wasserabspaltung zu Phthalsäureanhydrid, das in großem Umfang zur Synthese von Farbstoffen und zur Gewinnung von Kunstharzen verwendet wird. Die Phthalsäureester höherer Alkohole (Abb. 10.3c) besitzen eine außerordentlich große Bedeutung als Weichmacher für Polyvinylchlorid. Die Phthalsäureester mehrwertiger Alkohole (z.B. des Glycerins) werden zur Herstellung von Lackrohstoffen (Alkydharze) verwendet. Terephthalsäure ist einer der Ausgangsstoffe für Polyesterharze (Kap. 10.4.4.2).

Carbonsäureester (Ester). Eine der wichtigsten Reaktionen der Carbonsäuren ist ihre Umsetzung mit Alkoholen zu Carbonsäureestern unter Abspaltung von Wasser (**Veresterung**). Die Veresterung ist eine typische Gleichgewichtsreaktion, sie läuft säurekatalysiert ab. Gl. (10-12) zeigt die Veresterung von Essigsäure mit Ethanol.

$$\textbf{Carbonsäure} + \textbf{Alkohol} \underset{\text{Verseifung}}{\overset{\text{Veresterung}}{\rightleftharpoons}} \textbf{Carbonsäureester} + \textbf{Wasser}$$

(10-12)

$$CH_3-C{\overset{\displaystyle O}{\underset{\displaystyle OH}{}}} + \; H\!-\!O-C_2H_5 \; \rightleftharpoons \; CH_3-C{\overset{\displaystyle O}{\underset{\displaystyle O-C_2H_5}{}}} + \; H_2O$$

Essigsäure   *Ethanol*   *Essigsäureethylester*

Zur Erhöhung der Ausbeute an Ester muss das Gleichgewicht nach rechts, auf die Seite der Reaktionsprodukte verschoben werden. Dies geschieht entweder durch Erhöhung der Konzentration eines der Ausgangsstoffe (meist des Alkohols) oder durch Verwendung von konz. H_2SO_4 als Katalysator. Die konzentrierte Schwefelsäure bindet gleichzeitig das bei der Veresterung frei werdende Wasser und entzieht es so dem Gleichgewicht. Durch Isotopenmarkierung mit ^{18}O konnte nachgewiesen werden, dass das entstehende H_2O-Molekül aus der OH-Gruppe des Carboxyrestes und dem Proton der alkoholischen OH-Gruppe stammt (Gl. 10-12).

Der systematische Name eines Esters wird aus dem Namen der Carbonsäure, dem Restnamen des Alkohols und der Endung **-ester** gebildet. Ester sind keine Salze, sondern Molekülverbindungen. Trotzdem ist es in der Praxis immer noch gebräuchlich, den Ester nach dem Restnamen des Alkohols und dem Namen der Salze der Carbonsäuren zu benennen. Die Bezeichnungen Essigsäureethylester und Ethylacetat für das in Gl. (10-12) gebildete Produkt werden gleichberechtigt verwendet.

Ester niedermolekularer Carbonsäuren mit einfachen Alkoholen sind farblose, leicht entflammbare Flüssigkeiten mit einem meist angenehm fruchtigen Geruch (Fruchtaromen). Essigsäuremethylester (Sdp. 57°C) und Essigsäureethylester (Sdp. 77,2°C) sind wichtige Lösungs- und Lackverdünnungsmittel.

Die Rückreaktion von Gl. (10-12), die Hydrolyse des Esters, wird als **Verseifung** bezeichnet. Dieser Name ist historisch entstanden, da bei der Spaltung von Fetten ($\rightarrow$ Ester der Fettsäuren) in alkalischer Lösung **Seifen** entstehen. Seifen sind Kalium- bzw. Natriumsalze der höheren Fettsäuren.

Obwohl bisher nur Carbonsäuren betrachtet wurden, ist die Veresterung ein Reaktionstyp, der generell die Umsetzung von Säuren - also *auch von anorganischen Säuren* - mit Alkoholen umfasst. Betrachten wir die Reaktion eines Alkohols R-OH mit einer Halogenwasserstoffsäure HX (Gl. 10-13). Während in diesem Falle die OH-Gruppe des Alkohols abgespalten wird und mit dem Proton der Säure Wasser bildet, kann bei Sauerstoffsäuren wie der HNO_3 (Gl. 10-14) die Wasserbildung wiederum aus der OH-Gruppe des Carboxyrestes der Säure und dem Proton der OH-Gruppe des Alkohols erfolgen. Setzt man Methanol mit Salzsäure um, entsteht ein Halogenalkan (Alkylhalogenid) als Ester der Halogenwasserstoffsäure, im speziellen Falle Methylchlorid CH_3Cl.

$$R - \boxed{O\,H\ +\ H} - X \ \rightleftharpoons\ R - X\ +\ H_2O \qquad (10\text{-}13)$$

Alkohol   *Säure*   *Ester*   *Wasser*

Im Ergebnis der Umsetzung von Ethanol mit Salpetersäure (Gl. 10-14) bildet sich Salpetersäureethylester (Ethylnitrat).

$$C_2H_5 - \boxed{O\,H\ +\ H}\,O - NO_2 \ \rightleftharpoons\ C_2H_5 - O - NO_2\ +\ H_2O \qquad (10\text{-}14)$$

Ethanol   *Salpetersäure*   *Salpetersäureethylester*

10.1.7   Fette und Öle

Natürliche Fette und Öle besitzen den gleichen chemischen Aufbau, obwohl die einen im Allgemeinen bei Raumtemperatur fest und die anderen flüssig sind. Sie sind **Triester** des dreiwertigen Alkohols *Glycerin* mit langkettigen, unverzweigten Carbonsäuren, deren Hauptketten in der Regel aus 12 - 20 C-Atomen bestehen. Fette und Öle werden deshalb auch als **Triglyceride** bezeichnet.

$$
\begin{array}{llll}
H_2C-O-H & + & HO\ OC-C_{15}H_{31} & \\
\ \ |\ \ \ \ \ \ \ \ \ \ \ \ \ \ \ \ \ \ & & & \\
HC-O-H & + & HO\ OC-C_{17}H_{35} & \\
\ \ |\ \ \ \ \ \ \ \ \ \ \ \ \ \ \ \ \ \ & & & \\
H_2C-O-H & + & HO\ OC-C_{17}H_{33} &
\end{array}
\longrightarrow
\begin{array}{l}
H_2C-O-CO-C_{15}H_{31} \\
\ \ | \\
HC-O-CO-C_{17}H_{35} \\
\ \ | \\
H_2C-O-CO-C_{17}H_{33}
\end{array}
\ +\ 3\,H_2O \qquad (10\text{-}15a)
$$

Glycerin   *Fettsäuren*   *Fett*

Die am Aufbau der Triglyceride am häufigsten beteiligten Carbon- oder Fettsäuren sind die Ölsäure $C_{17}H_{33}COOH$, die Stearinsäure $C_{17}H_{35}COOH$ und die Palmitinsäure $C_{15}H_{31}COOH$ (Gl. 10-15a). Die einzelnen Fette und Öle unterscheiden sich vor allem hinsichtlich ihres Gehaltes an diesen drei Säuren. Einheitliche Triglyceride kommen in der Natur selten vor, in der Regel handelt es sich bei den Fetten und Ölen um komplexe Gemische von Triglyceriden mit jeweils drei verschiedenen Fettsäuren.
Natürliche Fette kommen in Pflanzen, z.B. Oliven-, Raps-, Sonnenblumen- oder Erdnussöl, Kakaobutter, Kokos- oder Palmkernfett, und in Tieren vor, z.B. Schweineschmalz, Rindertalg und Butter, Wal- oder Robbenöle, Leberfette vom Dorsch.

Zwischen dem Sättigungsgrad der Fettsäuren und der Konsistenz eines Fettes besteht eine enge Beziehung. **Feste Fette** bestehen aus Triglyceriden mit einem hohen Anteil an *gesättigten* Fettsäuren. Steigt der *Anteil an ungesättigten Fettsäuren*, wird das Fett flüssiger (niedrigviskoser).

Fette sind Ester des Glycerins mit unverzweigten, gesättigten oder ungesättigten Fettsäuren. Bei Zimmertemperatur flüssige Fette bezeichnet man als Öle.

Eigenschaften der Fette. Fette und Öle sind überwiegend unpolare Substanzen und deshalb in Wasser nicht löslich. Sie lösen sich aber in Lösungsmitteln wie Diethylether, Chloroform, Benzol oder Kohlenwasserstoffen. Reine Fette und Öle sind geruch- und geschmacklose Substanzen mit einer geringen Flüchtigkeit.

Unter dem Einfluss von Luftsauerstoff neigen Öle mit einem hohen Gehalt an mehrfach ungesättigten Fettsäuren wie z.B. Leinöl zur oxidativen Vernetzung, wobei sie **verharzen**. Diese sogenannten **"trocknenden Öle"** finden in Firnissen, Ölfarben sowie Ölkitten Anwendung. Sie wirken als oxidativ trocknende Bindemittel. Die zur Bildung der harzigen Produkte führende Vernetzung der Moleküle erfolgt an den Stellen, an denen sich die Doppelbindungen der ungesättigten Fettsäuren befinden.

Verseifung der Fette. Erhitzt man Fette oder Öle mit Alkalilauge, z.B. mit NaOH, werden die Esterbindungen gespalten und es entstehen Glycerin und die Alkalisalze der Fettsäuren (*Seifen*). Die alkalische Esterhydrolyse wird deshalb als Verseifung bezeichnet (Gl. 10-15b). Die Herstellung von Seifen durch Verkochen von tierischem Fett mit Pflanzenasche ($\rightarrow$ enthält basische Alkalimetallcarbonate, z.B. Pottasche K_2CO_3) ist seit ca. 2300 Jahren bekannt und gehört zu den ältesten chemischen Prozessen.

$$
\begin{array}{lll}
H_2C-O-CO-C_{15}H_{31} & H_2C-OH & C_{15}H_{31}\,COO^-\;Na^+ \\
\quad | & \quad | & \\
HC-O-CO-C_{17}H_{35}\;+\;3\,NaOH \longrightarrow & HC-OH\;+ & C_{17}H_{35}\,COO^-\;Na^+ \quad (10\text{-}15b) \\
\quad | & \quad | & \\
H_2C-O-CO-C_{17}H_{33} & H_2C-OH & C_{17}H_{33}\,COO^-\;Na^+ \\[4pt]
\textit{Fett} & \textit{Glycerin} & \textit{Seifen}
\end{array}
$$

Wachse unterscheiden sich von den Fetten dadurch, dass anstelle des dreiwertigen Alkohols Glycerin langkettige, geradzahlige Alkohole ($C_{16}...C_{36}$) mit Fettsäuren verestert sind. Damit liegen keine Tri-, sondern Monoester vor. Beispielsweise enthält Bienenwachs als Hauptkomponente den Palmitinsäureester des Myricylalkohols, einem Gemisch der höheren Alkohole $C_{30}H_{61}OH$ und $C_{32}H_{65}OH$. Weitere Bestandteile sind - wie bei vielen anderen natürlichen Wachsen - Paraffine unterschiedlicher Kettenlänge.

Wie bereits in Kap. 10.1.1.1 besprochen, besitzen **Mineralöle** eine grundsätzlich andere chemische Zusammensetzung als die natürlichen Öle. Mineralöle fallen als Rohprodukte bei der Erdölraffination im Sumpf der atmosphärischen Destillation an. Sie werden in paraffinbasische (Hauptbestandteil Paraffin) und naphthenbasische (Hauptbestandteil Cycloalkane und Aromaten) Grundöle eingeteilt und finden vor allem als Schmieröle Verwendung.

Fette können Beton korrosiv schädigen, da im alkalischen Milieu eine Verseifung der Triester erfolgt. Die freigesetzten Fettsäurereste binden die Calciumionen zu schwer löslichen Verbindungen (Calciumseifen). Das führt zu einem Aufweichen und zu einer Lockerung der Struktur (Kap. 9.4.2.1).

10.1.8   Heterocyclische Verbindungen

In heterocyclischen Verbindungen (kurz: Heterocyclen) ist mindestens ein Atom des cyclischen Ringsystems ein Heteroatom, also ein Nichtkohlenstoffatom. Obwohl die Atome zahlreicher Elemente als Heteroatom in einem Ring auftreten können, handelt es sich in der Mehrzahl der Fälle um Sauerstoff-, Stickstoff- und Schwefelatome. Sind die Heteroatome Bestandteil eines aromatischen Rings, spricht man auch von *Heteroaromaten.*

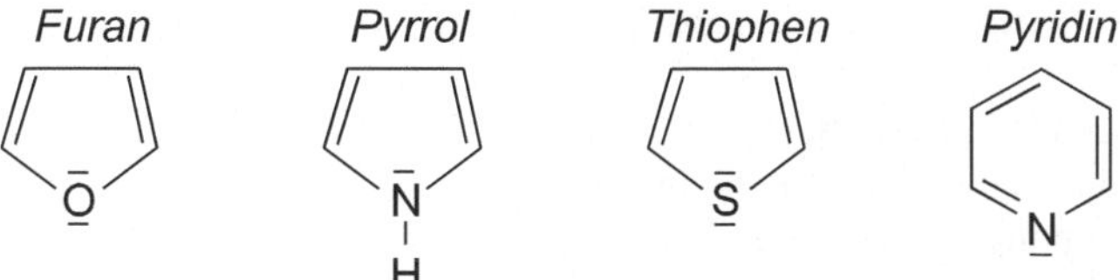

Wichtige fünfgliedrige heterocyclische Verbindungen sind Furan, Pyrrol und Thiophen. Da sich in diesen Fünfringen das freie Elektronenpaar an der Elektronendelokalisation im Ring beteiligt und zur Ausbildung eines π-Elektronensextetts beiträgt, liegen aromatische Systeme vor. Der wichtigste sechsgliedrige Heteroaromat ist das Pyridin. Von den heterocyclischen Systemen leiten sich zahlreiche weitere Verbindungen ab, in denen ein oder mehrere H-Atome des heterocyclischen Rings durch Kohlenwasserstoffreste oder funktionelle Gruppen ersetzt sind. Die in Tab. 10.5 aufgeführten cyclischen Ether Tetrahydrofuran und 1,4-Dioxan sind der Gruppe der O-Heterocyclen zuzuordnen.

Traurige Berühmtheit hat eine Verbindungsklasse erlangt, deren Grundstruktur aus einem zweifach ungesättigten sechsgliedrigen Ringsystem mit zwei Sauerstoffatomen (1,4-Dioxin oder p-Dioxin) und zwei annelierten Benzolringen besteht. **Polychlorierte Dibenzo-p-dioxine (PCDD)** entstehen als Kondensationsprodukt von 2,4,5-Trichlorphenol bei technischen Prozessen. In geringen Mengen können sie sich auch bei Verbrennungsvorgängen in Müllverbrennungsanlagen, Diesel- und Benzinmotoren, häuslichen Kaminen oder Öfen, beim Grillen und im Zigarettenrauch bilden - also letztlich bei allen Verbrennungsvorgängen, bei denen organisch oder anorganisch gebundenes Chlor anwesend ist. In den Blickpunkt des öffentlichen Interesses sind die Dioxine durch den Chemieunfall in Seveso/Oberitalien im Juli 1976 gerückt, wo größere Mengen des extrem starken Gifts 2,3,7,8-Tetrachlorodibenzo-p-dioxin („Seveso-Dioxin") freigesetzt wurden und zu einer Umweltkatastrophe bisher unbekannten Ausmaßes führten.

Das umgangssprachlich als Dioxin bezeichnete 2,3,7,8-PCDD gilt als das stärkste künstlich hergestellte Gift. Es führt zu gefährlichen Hautausschlägen (Chlorakne) und hat sich im Tierversuch als krebserregend erwiesen. Ob es beim Menschen krebserregend wirkt, ist noch strittig. Wie zahlreiche Halogenalkane und chlorierte Aromaten, ist auch das 2,3,7,8-PCDD inzwischen global verbreitet.

10.2   Organische Lösungs- und Verdünnungsmittel

Organische Lösungs- und Verdünnungsmittel sind wichtige Bestandteile von Beschichtungs- und Klebstoffen, von Kitten und anderen plastischen Massen. Wie aus Tab. 10.8 zu ersehen, handelt es sich in der Regel um niedermolekulare organische Substanzen, die den in Abschnitt 10.1 besprochenen Grundklassen organischer Verbindungen zuzuordnen sind.

Die Wahl des im konkreten Fall zu verwendenden Lösungsmittels bzw. Lösungsmittelgemischs hängt von den folgenden Kriterien ab:

- hohes Lösevermögen für das Bindemittel
- ausreichende Verdunstungsgeschwindigkeit
- möglichst hoher Flammpunkt (d.h. geringe Entflammbarkeit)
- physiologische Unbedenklichkeit.

Unter dem **Flammpunkt** (FP) versteht man die niedrigste Temperatur (in °C), bei der sich die aus der Flüssigkeit entweichenden Dämpfe bei Atmosphärendruck durch eine offene Flamme (oder andere Zündquellen) entflammen lassen. Bei dieser Temperatur erlischt die Flamme allerdings wieder, sobald die Zündquelle entfernt wird. Damit das Gemisch dauerhaft brennt, ist eine Temperatur erforderlich, die ungefähr 10°C über dem Flammpunkt liegt. Diese Temperatur wird als der **Brennpunkt** der Flüssigkeit bezeichnet. Der Flammpunkt wird zur Beurteilung der Brandgefährdung einer Flüssigkeit herangezogen. Je niedriger der Flammpunkt, desto stärker neigen die Flüssigkeiten zur Bildung explosiver Dampf-Luft-Gemische (z.B. Flammpunkt von Diethylether: -40°C, von Benzol: -11°C und von Benzin: ca. -26°C).

Die Lösungsmittel wurden bisher hinsichtlich ihrer Mischbarkeit mit Wasser in zwei *Gefahrengruppen* unterteilt:

- Gefahrengruppe A: mit Wasser nicht oder nur begrenzt mischbar;
- Gefahrengruppe B: mit Wasser mischbar.

Diese Unterteilung ist mit dem Inkrafttreten der neuen **Betriebssicherheitsverordnung** (10/ 2002) - BetrSichV - am 01.01.2003 und dem gleichzeitigen Außerkrafttreten der Verordnung über brennbare Flüssigkeiten (VbF) weggefallen. Seitdem gelten für die **Entzündlichkeit** der Lösungsmittel nur noch die Einstufungen und Kennzeichnungen laut Richtlinie 67/ 548/EWG, was eine Vereinfachung und Harmonisierung im europäischen Gefahrstoffrecht bedeutet. Die Entzündlichkeitskriterien sind wie folgt festgelegt:

- Flammpunkt < 0°C und Siedepunkt von höchstens 35°C, Einstufung: „Hochentzündlich", Kennzeichnung: F+;

- Flammpunkt < 21°C aber nicht hoch entzündlich, Einstufung: „Leicht entzündlich", Kennzeichnung: F;

- Flammpunkt 21...55°C, Einstufung: „Entzündlich", Kennzeichnung: ohne;

- Flammpunkt > 55°C, keine Einstufung, Kennzeichnung: ohne.

Tabelle 10.8   Organische Lösungs- und Verdünnungsmittel

Bezeichnung	Formel	Löslichkeit [a] in H_2O (g/l)	Flamm-punkt (°C)	Dichte [a] (g/cm^3)	AGW [b] (mg/m^3)
Kohlenwasserstoffe					
Benzin (z.B. n-Hexan)	C_nH_{2n+2}	0,013	-26	0,6594	180
Cyclohexan	C_6H_{12}	0,050	-10	0,7785	700
Benzol	C_6H_6	1,77	-11	0,8788	krebs-erzeugend
Toluol	C_6H_5-CH_3	0,47	+7	0,866	190
Xylole	$C_6H_4(CH_3)_2$	0,2	+23	0,857-0,876	440
Styrol	$CH_2 = CH$-C_6H_5	0,24	+31	0,909	86
Chlorkohlenwasserstoffe					
Dichlormethan	CH_2Cl_2	20	–	1,3283	260
Trichlormethan (Chloroform)	$CHCl_3$	8,2	–	1,4832	2,5
Tetrachlormethan (Tetrachlorkohlenstoff)	CCl_4	0,8	–	1,5924	3,2
Chlorbenzol	C_6H_5Cl	0,49	+28	1,1058	47
Alkohole					
Methanol	CH_3OH	mischbar	+11	0,7914	270
Ethanol	C_2H_5OH	mischbar	+12	0,7894	960
Isobutanol	i-C_4H_9OH	95	+27	0,8027	310
Ethylenglycol	CH_2OH-CH_2OH	mischbar	+111	1,1131	26
Ether					
Diethylether	C_2H_5-O-C_2H_5	75	-40	0,7137	1200
Ketone					
Aceton	CH_3-CO-CH_3	mischbar	-19	0,7908	1200
Ester					
Essigsäureethylester (Ethylacetat)	C_2H_5-O-CO-CH_3	86	-4	0,9020	1500
Essigsäurebutylester (iso-Butylacetat)	C_4H_9-O-CO-CH_3	30	+19	0,8716	300
Methylmethacrylat (MMA)	$CH_2 = C(CH_3)$-$COOCH_3$	16	+8	0,944	210
Sonstige					
Schwefelkohlenstoff	CS_2	2,2	-30	1,2625	30

[a] bei 20°C; [b] AGW Arbeitsplatzgrenzwert, Quelle: Technische Regeln für Gefahrstoffe „Arbeitsplatzgrenzwerte", TRGS 900.

Physiologisch völlig unbedenkliche Lösungsmittel gibt es nur wenige. Hat man die Wahl, sollte man stets ein Lösungsmittel mit einem hohen AGW-Wert (Tab. 10.8, Kap. 5.4.2.2.1), also ein Lösungsmittel mit einer geringen gesundheitsschädigenden Wirkung und einem hohen Flammpunkt verwenden.

Die Gefahrenstufe eines Lösungsmittels kann der Kennzeichnung auf dem Etikett bzw. dem Sicherheitsdatenblatt entnommen werden. Am 16.12.2008 wurde mit der EG-Verordnung Nr. 1272/2008, „Verordnung über die Einstufung, Kennzeichnung und Verpackung von Stoffen und Gemischen" (Regulation on Classification, Labelling and Packaging of Substances and Mixtures; CLP) das **G**lobal **H**armonisierte **S**ystem (GHS) zur Einstufung und Kennzeichnung von Chemikalien in der EU eingeführt. Die CLP-Verordnung trat am 20.01.2009 in Kraft und gilt seitdem in allen EU-Mitgliedsstaaten. Ab dem 01.12.2010 müssen „Stoffe" gemäß GHS/CLP gekennzeichnet sein.

Mit der GHS-Verordnung wurden neue Kennzeichnungssymbole eingeführt. Zur Visualisierung der Gefahren dienen jetzt neun Gefahrenpiktogramme (rot-umrandete Raute, schwarzes Symbol auf weißem Hintergrund). Sie lösen die alten, orangefarbenen Symbole ab. Die meisten der neuen Gefahrensymbole entsprechen den bisherigen. Allerdings entfallen die Kennzeichnungen X_n / X_i. Drei Piktogramme sind neu hinzugekommen: die Gasflasche, das Ausrufezeichen und das Korpussymbol. Mit letzterem werden krebserzeugende und atemwegssensibilisierende Stoffe gekennzeichnet. Die wichtigsten Gefahrenpiktogramme der GHS-Verordnung sind in Anhang 8 wiedergegeben.

Das Lösungsmittel bewirkt eine molekulare Auflösung bzw. Verteilung des Bindemittels. Häufig werden dem Lösungsmittel aus Kostengründen oder zur Verdünnung des Bindemittelanteils **Verschnittmittel** beigemischt. Obwohl sie allein nicht in der Lage sind, das Bindemittel aufzulösen, verbessern sie die Verarbeitbarkeit von Beschichtungsstoffen unterschiedlichster Art. Ein glatter, porenfreier Anstrichfilm kann bei Verwendung von Verschnittmitteln allerdings nur dann entstehen, wenn sie schneller verdunsten als die Lösungsmittel. Anderenfalls fällt der gelöste Stoff während des Trocknens aus. Ölige Bindemittel lassen sich beispielsweise mit Terpentinölen oder Nitroverdünnung verdünnen. Für Ölfarben wird auch Leinölfirnis benutzt. Eine Übersicht über die Mischbarkeit der Lösungsmittel ist Abb. 10.4 zu entnehmen.

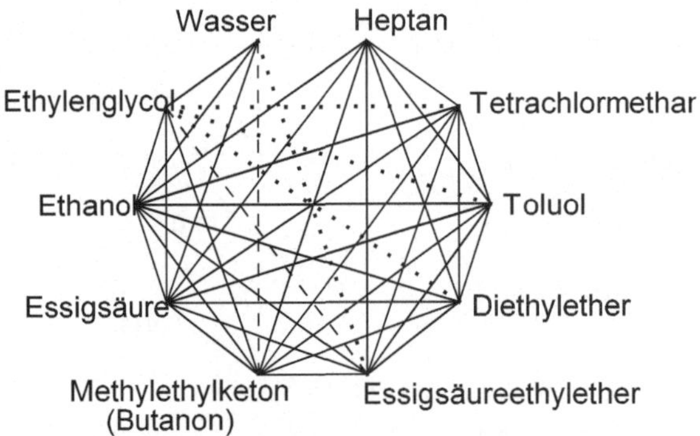

Abbildung 10.4
Mischbarkeit von Lösungsmitteln: a) durchgezogene Linien: unbegrenzt mischbar; b) gestrichelte Linien: begrenzt mischbar; c) gepunktete Linien: wenig mischbar und d) keine Verbindung: nicht mischbar.

Die lösende bzw. verdünnende Wirkung ist zeitlich begrenzt, da bereits mit dem Auftragen der Mischung Lösungs- und Verdünnungsmittel wieder zu verdunsten beginnen. Man geht davon aus, dass sich beispielsweise in einer lösungsmittelhaltigen Kunststoffdispersion der Lösungsmittelanteil durch Verdunsten innerhalb der ersten 24 Stunden um ca. 80% verringert. Bei der Verarbeitung lösungsmittelhaltiger Kleb- und Anstrichstoffe ist deshalb in Innenräumen für eine gute Belüftung zu sorgen.

Die *Gesundheitsgefährdung* durch Lösungsmittel auf der Grundlage von aliphatischen und/oder aromatischen Kohlenwasserstoffen, Estern oder Ketonen hängt mit der hohen Flüchtigkeit und dem ausgezeichneten Fettlösevermögen dieser Substanzen zusammen. Durch Anreicherung im Organismus kommt es zu Schädigungen der Leber, der Nieren und des Zentralnervensystems. Aufgrund ihrer gesundheitsschädigenden Wirkungen geht die Industrie heute mehr und mehr zur Entwicklung und Produktion von lösungsmittelarmen bzw. -freien, wasserverdünnbaren Beschichtungsstoffen über.

10.3 Bitumen, Teer und Asphalt

Im täglichen Leben werden Bitumen und Teer immer noch verwechselt, obwohl sie sich in ihrer chemischen Zusammensetzung grundlegend unterscheiden (Tab. 10.9). Bis heute werden beim Umgang mit Bitumen noch Gefahren gesehen, die es nachweislich nur beim Umgang mit Teeren und Pechen gibt. Das betrifft insbesondere den Gehalt an polycyclischen aromatischen Kohlenwasserstoffen (PAK).

Begriffe: *Bitumen* sind Bindemittel, die als Rückstand bei der Destillation von Erdöl anfallen, *Teere* entstehen bei der thermischen Zersetzung fossiler Brennstoffe, vor allem von Steinkohle (→ Steinkohlenteer). *Peche* sind Rückstände, die bei der Destillation von Steinkohlenteer erhalten werden. Jahrzehntelang wurde sowohl im Straßenbau als auch im Bautenschutz Pech verwendet, jedoch als Teer bezeichnet. Im Umgangssprachgebrauch heißt es immer noch: „Die Straße wird geteert ...", wenn eine Fahrbahn eine neue Asphaltschicht erhält. Dabei werden Asphalte seit den 80er Jahren nicht mehr mit Teerpechen, sondern mit bitumenhaltigen Bindemitteln produziert.

Tabelle 10.9 Gegenüberstellung von Bitumen und Teeren (Pechen)

	Bitumen	**Teere, Peche**
Farbe	schwarz	schwarz
Ausgangsstoff	Erdöl	Kohle
Herstellungsverfahren / ungefähre Herstellungstemperatur	Destillation 350 – 400°C	Pyrolyse: thermische Zersetzung bei Temp. > 1000°C unter Luftausschluss
Hauptbestandteile	Asphaltene und Maltene	PAK (polycyclische aromatische Kohlenwasserstoffe)
BaP-Gehalt [a]	max. 5 mg/kg	ca. 5 g/kg
Phototoxische Reaktionen / Hautkrebsrisiko	nicht bekannt / nicht bekannt	Teer kann in Verbindung mit Sonneneinstrahlung Hauterkrankungen bzw. -verfärbungen verursachen; teerverursachte Hautkrebserkrankungen werden als Berufkrankheit anerkannt.

[a] BaP Benzo[a]pyren, aromatisches 5-Ringsystem, krebserzeugend; s. Abb. 10.6

10.3.1   Bitumen und Bitumensorten

Nach DIN EN 12597 werden bitumenhaltige Bindemittel in zwei Gruppen unterteilt, in „Bitumen in Naturasphalt" und in „Bitumen und abgeleitete Produkte".

Bitumen (*lat.* pix tumens ausschwitzendes Pech) ist nach DIN EN 12597 ein „nahezu nicht flüssiges, klebriges und abdichtendes, erdölstämmiges Produkt, das auch im Naturasphalt vorkommt und das in Toluol vollständig oder nahezu vollständig löslich ist. Bei Umgebungstemperatur ist es hochviskos oder nahezu fest." Bitumen sind Gemische unterschiedlicher hochmolekularer Kohlenwasserstoffe mit einem geringen Anteil an Heteroatomen (O, S und N).

In der Natur kommt Bitumen als Naturasphalt (häufig im Gemisch mit feinen bis feinsten Mineralstoffanteilen) und als Bestandteil von Asphaltgesteinen vor. Zu den bekanntesten Beispielen gehört der auf der Insel Trinidad gelegene Asphaltsee, dessen Bitumengehalt etwa 40% beträgt. Asphaltgesteine, z.B. Asphalt-Kalksteine, sind in langen geologischen Zeiträumen durch Verdunsten der leichter siedenden Anteile des Erdöls entstanden.

Rohstoff für die Herstellung von Bitumen ist das Erdöl. Es wird in einer ersten Stufe nach Erwärmen unter Atmosphärendruck destilliert, wobei Benzin und die Mitteldestillate Petroleum und Gasöle verdampfen und anschließend wieder kondensieren. Unterzieht man in einer zweiten Stufe den Rückstand einer Vakuumdestillation, werden weitere Bestandteile abgetrennt (Schmieröle). Zurück bleibt ein hochsiedender, braunschwarzer Rückstand, das *Bitumen*. Sein Härtegrad ist in gewissen Grenzen steuerbar, indem mehr oder weniger Destillatanteile „abgezogen" werden.

Chemische Zusammensetzung und Eigenschaften. Die Bitumenbestandteile, die beim Lösen mit dem 30fachen Volumen n-Heptan ausfallen, also praktisch nicht löslich sind, nennt man **Asphaltene**. Die tiefschwarzen Asphaltene besitzen hohe Molekülmassen (1000...4000), durch Micellbildung können sich die Molekülmassen auf über 50 000 erhöhen. Micellen sind Aggregate aus grenzflächenaktiven Substanzen (Kap. 6.2.2.3), die sich in einem meist wässrigen Dispersionsmedium spontan zusammenlagern. Asphaltene bestehen aus hochmolekularen unpolaren und polaren Molekülteilen bzw. Molekülgruppen. Die unpolaren Molekülteile können kondensierte Aromaten, gesättigte Ringe oder Ketten sein. Die in Normalheptan löslichen öligen, niedermolekularen Bestandteile werden als **Maltene** bezeichnet. Ihre relativen Molekülmassen liegen zwischen 500-1000.

Bitumen sind kolloide Systeme, in denen Bestandteile hoher Molekülmasse (Asphaltene) in einer flüssigen Phase aus Bestandteilen niedrigerer Molekülmasse dispergiert sind. Das Dispersionsmittel besteht aus gesättigten Kohlenwasserstoffen und partiell hydrierten, kondensierten aromatischen Ringsystemen, den Maltenen. Die Anordnung der Asphaltene in den Micellen ist in Abb. 10.5 gezeigt.

> **Bitumen sind kolloide Systeme (meist Sole), die in öligen Maltenen dispergierte Asphaltene und Erdölharze enthalten.**

Die Stabilisierung der Asphalten-Micellen in der öligen Maltenphase erfolgt durch polare Aromaten niedriger Molekülmasse (**Erdölharze**). Die Erdölharze bilden eine Schutzschicht um die Asphalten-Micellen und bewahren sie auf diese Weise vor dem Ausflocken. Durch Einblasen von Luft (Oxidationsbitumen, s.u.) wird infolge einsetzender chemischer Reaktionen und infolge von Aggregationsvorgängen die Schutzschicht um die Asphaltene zerstört. Dabei wandeln sich die polaren Aromaten teilweise in Asphaltene um. Es entsteht ein

Asphaltengerüst, in dessen Hohlräume Maltene eingelagert sind. Das Bitumen geht aus dem Solzustand in eine gelartige Konsistenz höherer Härte über.

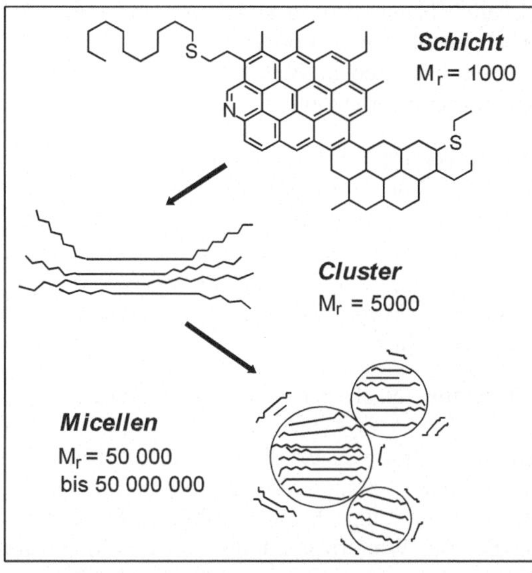

Abbildung 10.5

Struktur der Asphaltene;
M_r = relative Molekülmasse.

Eigenschaften. Bitumen liegen bei Raumtemperatur als braunschwarze und halbfeste, mitunter auch feste spröde Massen vor. Ihre mechanischen Eigenschaften, insbesondere ihre Festigkeit, ihre Temperaturverhalten und ihre Verformbarkeit, hängen wesentlich vom Verhältnis Maltene : Asphaltene ab. Bitumen zeigen **thermoplastisches Verhalten**, d.h. ihre Viskosität ist temperaturabhängig. Als nicht kristalline Stoffe besitzen sie keinen definierten Schmelzpunkt, sondern sie durchlaufen einen Schmelzbereich, da die verschiedenen Komponenten des Kohlenwasserstoffgemischs unterschiedliche Schmelzpunkte aufweisen. Unterhalb des sog. *Brechpunktes* (BP) liegen sie in einem festen, spröden Zustand vor, oberhalb des *Erweichungspunktes* (EP) werden sie zunehmend flüssig. Im Temperaturbereich zwischen BP und EP weisen sie zähplastisches Verhalten auf, man spricht vom Plastizitätsbereich oder der „Plastizitätsspanne". Für die Praxis ist es wünschenswert, dass der Gebrauchsbereich eines Bitumens mit seiner Plastizitätsspanne weitgehend übereinstimmt. EP und BP sind wichtige Temperaturpunkte für die praktische Anwendung von Bitumen, sie werden mittels spezieller Prüfverfahren bestimmt (s. [BK 1]).

⇒ Bitumen sind *in Wasser praktisch unlöslich*. Bei intensivem Kontakt mit Wasser oder Wasserdampf liegt die Löslichkeit von Bitumen zwischen 0,001...0,1%. Bitumen kann Wasser also nur in Spuren aufnehmen. Hinsichtlich seiner Wasserundurchlässigkeit übertrifft es eine Reihe von Kunststoffen, die sich als Korrosionsschutzstoffe bereits bewährt haben. Da Bitumen auch gegenüber Lufteinwirkung (O_2) beständig sind, gelten sie als ideale Abdicht- und Korrosionsschutzmittel.

⇒ Gegenüber Lösungen von Salzen, aggressiven Wässern, Säuren und Laugen sind Bitumen, zumindest bei Normaltemperatur, weitgehend beständig. Ihre *Widerstandsfähigkeit gegen Chemikalien* erhöht sich mit zunehmender Härte.

⇒ Bitumen lösen sich in gesättigten Kohlenwasserstoffen, Benzinen und Ölen, aber auch in anderen organischen Lösungsmitteln wie Schwefelkohlenstoff (CS_2), Chloralkanen (z.B. CCl_4, $CHCl_3$), Benzol und Toluol. Löslich bedeutet in diesem Zusammenhang, dass sich das zugesetzte Lösungsmittel mit den öligen Maltenen vermischt, d.h. in die kolloide Struktur „eingebaut" wird. Die Löslichkeit der Bitumen in Benzin führt zu Zerstörungen der Asphaltdecke durch auslaufendes oder tropfendes Benzin auf Straßen oder an Tankstellen.

Physikalische Kenndaten der Bitumen. Niedrige Dichten: ρ = 1,07...1,10 g/cm³ (25°C), die Dichte nimmt mit steigender Härte des Bitumens zu; niedrige Wärmeausdehnungskoeffizienten: $6 \cdot 10^{-4}$ K^{-1} im Temperaturbereich 15...200°C; niedrige spezifische Wärmekapazitäten: 1,7 J/g·K (0°C), 1,9 J/g·K (100°C); geringe elektrische Leitfähigkeit; sehr geringe Wärmeleitfähigkeiten (im Temperaturbereich 0...70°C beträgt die Wärmeleitfähigkeit λ = 0,16 W/m K). Die außerordentlich niedrigen Wärmeleitfähigkeiten sind für die hervorragende Isolierwirkung des Bitumens verantwortlich.

Bitumensorten und Haupteinsatzbereiche. Nach der Herstellungsweise unterscheidet man folgende Bitumensorten:
• *Destillationsbitumen* werden durch Destillation von Erdöl in mehreren Stufen unter vermindertem Druck bei Temperaturen zwischen 350...400°C erhalten. Es handelt sich um weiche bis mittelharte Bitumensorten, die bevorzugt als Bindemittel im Straßenbau (*Straßenbaubitumen*) Verwendung finden. Bei der Weiterbehandlung von Destillationsbitumen in einer zusätzlichen Bearbeitungsstufe im erhöhten Vakuum fällt *Hochvakuumbitumen* (auch: *Hartbitumen*) an. Es besitzt einen geringeren Ölanteil als Destillationsbitumen und dementsprechend einen höheren Erweichungspunkt (85...140°C). Hochvakuumbitumen finden vor allem als Bindemittel für Gussasphalt (Estriche) sowie bei der Produktion von Lacken, Gummiwaren und Isoliermaterial Verwendung.
• *Oxidationsbitumen* (*geblasenes Bitumen*) stellt man in speziellen Reaktoren her, indem man weiche Destillationsbitumen bei Temperaturen zwischen 230...290°C durch Einblasen von Luft oder Wasserdampf weiterbehandelt. Durch eine innere Umwandlung lagern sich die dispergierten Anteile zu einem Gel zusammen, wobei Produkte mit einer vergrößerten Plastizitätsspanne erhalten werden (Erweichungspunkte 70...175°C). Je nach eingesetztem Produkt, der Temperatur und der Blaszeit werden Bitumensorten mit verbesserter Kälte- und Wärmebeständigkeit hergestellt. Oxidationsbitumen werden im Baubereich zur Herstellung von Dach- und Dichtungsbahnen, von Klebemassen sowie zur Isolierung von Rohrleitungen verwendet. In der Gummiindustrie finden diese Bitumen Anwendung als Weichmacher für Kautschuk.
• *Polymermodifizierte Bitumen* (PmB) sind werksmäßig hergestellte Gemische aus Destillationsbitumen und etwa 3...5% Polymeren wie Ethylenvinylacetat, Ethylenbutylacrylat und Styrol-Copolymerisaten. Die chemische Vernetzung des Polymers mit dem Bitumen bewirkt eine Veränderung des elastoviskosen Verhaltens des Bitumens, was eine Optimierung der Produkteigenschaften für den jeweiligen Verwendungszweck ermöglicht. PmB weisen eine höhere Kohäsion und eine bessere Haftung an Gesteinskörnungen, eine größere Plastizitätsspanne, eine große elastische Rückstellung nach Entlastung sowie eine hohe Ermüdungsbeständigkeit auf. *Anwendungsfelder* sind besonders beanspruchte Verkehrsflächen im Straßen- und Flughafenbau, Dach- und Dichtungsbahnen sowie offenporige Asphaltschichten.

Aus Bitumen abgeleitete Produkte liegen vor, wenn Bitumen mit anderen Komponenten wie Erdöldestillaten, Lösungsmitteln oder Wasser gemischt werden:

• **Bitumenlösungen.** Bitumen können mit anderen Komponenten vermischt („verschnitten" oder technisch korrekt: „gefluxt") werden. Durch Zugabe von Verschnittölen (*Fluxölen*) erhöht man die Verarbeitbarkeit des Bitumens. Die Erhärtung erfolgt durch langsames Entweichen des Lösungsmittels.

Fluxbitumen (früher: Verschnittbitumen) werden unter Zusatz schwer flüchtiger Fluxöle in Raffinerien hergestellt, indem weiche Straßenbaubitumen mit bestimmten Erdöldestillaten bei etwa 100°C vermischt werden. Durch das Verschneiden wird die Viskosität der eingesetzten Bitumen deutlich herabgesetzt, so dass sie bei nur leichter Erwärmung verarbeitet werden können (Einbautemperatur ca. 60°C). Verwendung finden die Fluxbitumen im Straßenbau bei hohlraumreichen Decken, wobei ein Verdunsten der Fluxöle gewährleistet sein muss. Da diese Decken nur noch selten gebaut werden, ist die Anwendung von Fluxbitumen deutlich zurückgegangen.

Werden zum Verschneiden von weichem bis mittelhartem Straßenbaubitumen niedrig siedende Lösemittel wie Benzine verwendet, erhält man **Kaltbitumen**. *Kaltbitumen* sind schnell abbindend und dienen zur Herstellung von Straßenbaugemischen für den Soforteinbau (Bitumenanteil ca. 70 – 80%).

• **Bitumenemulsionen.** Obwohl nicht wasserlöslich, verteilt sich in heißes Wasser eingerührtes Bitumen tröpfchenförmig. Es bildet sich eine Bitumenemulsion. Sind der wässrigen Lösung vorher keine Emulgatoren zugesetzt worden, kommt es sofort nach Beendigung des Rührvorganges zu einer Koagulation, d.h. zu einem „Zusammenbacken" der Bitumentröpfchen. Sie fließen ineinander und bilden wieder eine zusammenhängende Masse. Zugesetzte Emulgatoren reichern sich an der Grenzfläche Bitumen/Wasser an und verhindern die Koagulation.

Nach der Art der Emulgatoren wird zwischen einer *kationischen* und einer *anionischen Bitumenemulsion* unterschieden. Als kationische Emulgatoren kommen hochmolekulare Ammoniumsalze $R\text{-}NH_3^+ \ Cl^-$, mit R = organischer Rest, und als anionische Emulgatoren Alkalisalze von Fett- bzw. Harzsäuren zur Anwendung. Die hochmolekularen Ammoniumsalze lagern sich an die Bitumentröpfchen an. Die geladenen NH_3^+-Gruppen sind vom Bitumentropfen weg zur wässrigen Lösung gerichtet und vermitteln die Wasserlöslichkeit der Tröpfchen. Durch die positive Aufladung der Bitumenkügelchen und die daraus resultierende Abstoßung werden sie im Schwebezustand gehalten. Alkalische Emulgatoren (anionische Emulsionen) führen zu einer negativen Aufladung der Oberfläche der Bitumenteilchen und damit ebenfalls zur elektrostatischen Abstoßung der Bitumenkügelchen.

Gelangen im Verarbeitungsschritt die 5...10µm großen Bitumenteilchen in Kontakt mit der Gesteinskörnung, lagern sie sich am Mineral an und Wasser wird ausgeschieden. Diesen Abbindevorgang bezeichnet man als **Brechen** der Emulsion. Die Bitumenteilchen koagulieren augenblicklich zu einem kontinuierlichen Bitumenfilm. Das Wasser verdunstet. Der *Brechvorgang* wird sowohl durch die chemische Natur des Emulgators als auch durch die mineralische Zusammensetzung und die Oberflächenbeschaffenheit des Untergrunds beeinflusst. **Kationische Emulsionen** sind besonders für den Einsatz auf einem silicatischen sauren Untergrund, z.B. Quarzit und Kiese, geeignet. Die sich ausbildenden elektrostatischen Wechselwirkungen zwischen den positiv geladenen Ammoniumgruppen und den nicht abgesättigten, negativ geladenen Sauerstoffatomen der silicatischen Gesteinsoberfläche sind die Ursache für die ausgezeichnete Haftung des Bitumenfilms auf der Gesteinsoberfläche. Die Fettsäurereste der anionischen Emulgatoren können durch basische Gesteine gebunden werden. Deshalb werden **anionische Emulsionen** bevorzugt für basische Gesteine wie Kalksteine verwendet. Auch Adsorptionsprozesse tragen zur Filmbildung bei. Sie ist dann abgeschlossen, wenn das Emulsionswasser vollständig verdunstet ist.

Hinsichtlich der Anwendbarkeit von Bitumen unterscheidet man die **Heiß-** und die **Kaltverarbeitung.** So wird z.B. bei der Herstellung von Bitumenbahnen das Bitumen mit Zuschlagstoffen bei etwa 160°C vermischt und bei Temperaturen zwischen 180 und 190°C auf das Trägermaterial aufgebracht. Der Einbau auf den Baustellen kann dann durch Schweißen mittels Propangasbrenner (Verarbeitungstemperatur ~200°C, Bitumenbahn wird angeschmolzen und mit Untergrund verklebt) oder durch Einlegen in Heißbitumen (180 bis 230°C) erfolgen. Heißflüssige Bitumenmassen werden zum Verkleben von Dämmstoffen oder zum Verschließen von Fugen verwendet. Der mit Abstand größte Bitumenanteil (75 bis 80%) wird für die Herstellung von Walzasphalt für den Straßenbau verwendet. Daneben finden auch Gussasphalte als Estriche für Werkhallen, Parkdecks, im Wohnungsbau sowie für Deckschichten im Straßen- und Brückenbau Anwendung.

Bitumenanstrichmittel können aus Bitumenlösungen oder -emulsionen bestehen. Die Bitumenlösungen besitzen die gleichen Eigenschaften wie Kaltbitumen. Allerdings kommt statt weichem bis mittelhartem Straßenbaubitumen hartes Straßenbaubitumen, Hochvakuumbitumen oder Oxidationsbitumen zum Einsatz. Als organische Lösungsmittel werden vor allem Benzine und chlorierte Kohlenwasserstoffe verwendet. Bitumenanstrichmittel kommen vornehmlich im Bautenschutz und in der Abdichttechnik zum Einsatz.
Achtung: Kaltbitumenanstrichmittel sollen möglichst nur dort verwendet werden, wo eine gute Verdunstung des Lösungsmittels gewährleistet ist. In geschlossenen Räumen muss für eine ausreichende Belüftung gesorgt werden. Das Einatmen der Dämpfe von organischen Lösungsmitteln, insbesondere von halogenierten (chlorierten) Lösungsmitteln kann zu schweren gesundheitlichen Schäden führen. Zudem sind die meisten organischen Lösungsmittel leicht brennbar.

Mögliche gesundheitliche Auswirkungen bei der Verarbeitung von Bitumen. In ihrer MAK-Liste des Jahres 2001 hat die Senatskommission zur Prüfung gesundheitsschädlicher Arbeitsstoffe der Deutschen Forschungsgemeinschaft Bitumendampf und -aerosol als hautresorptiv (H) und krebserzeugend (Kategorie 2) eingestuft. Die Kategorie 2 enthält Stoffe, die als krebserregend für den Menschen angesehen werden, weil Ergebnisse aus Tierversuchen Hinweise darauf zulassen. Bei den krebserregenden Stoffen im Bitumen handelt es sich in erster Linie um polycyclische aromatische Kohlenwasserstoffe (PAKs). Dabei ist allerdings zu berücksichtigen, dass der Gehalt an Benzo[a]pyren (BaP, Abb. 10.6), das als Leitsubstanz für die polycyclischen aromatischen Kohlenwasserstoffe gilt, mit 0,4...4 mg/kg im Bitumen deutlich unter den 50 mg/kg liegt, ab denen Substanzen laut Gefahrstoffverordnung als krebserzeugend gelten. Zum Vergleich: Teer enthält 5 g/kg BaP! Zudem werden die PAK nur bei Temperaturen deutlich über 100°C freigesetzt.
Der im Jahr 1979 aufgestellte, technisch begründete Luftgrenzwert (Technische Richtkonzentration TRK-Wert) für Dämpfe und Aerosole aus Bitumen von 20 mg/m^3 wurde zum 01.01.2000 aufgrund neuer Daten auf 10 mg/m^3 abgesenkt. TRK-Werte wurden bis zum Jahr 2004 für kanzerogene und mutagene Arbeitsstoffe aufgestellt.

Aus festem Bitumen im Straßenbelag, aus Dachbahnen, aus Isolieranstrichen u.a. treten bei normalen Temperaturen praktisch *keine Emissionen* auf. Bitumen sind keine Gefahrenstoffe.

Alterungsprozesse von Bitumen, also die zeitliche Veränderung der Eigenschaften von Bitumen bzw. bitumenhaltigen Bindemitteln, sind in erster Linie auf die Einwirkung von UV-Strahlung, von Luftsauerstoff und auf hohe Temperaturen zurückzuführen. Diese Faktoren wirken natürlich nicht getrennt voneinander, sondern immer im komplexen Zusammenspiel.
Bei Lichteinwirkung kommt es in Gegenwart von Luftsauerstoff zu einer Oxidation der Kohlenwasserstoffe, die Oberflächenschicht wird chemisch verändert. Man spricht von *oxidativer Alterung*. Eine Bindemittelverhärtung kann auch auf physikalischen Prozessen beruhen. So verdampfen bei erhöhten Gebrauchstemperaturen leicht flüchtige Ölanteile und führen zu einer Verhärtung der Bitumenschicht (*Verdunstungsalterung* oder destillative Alterung). Schließlich führt die sogenannte *Strukturalterung* zu einer Vergröberung der Kolloidstruktur. Durch die Vergrößerung der in den Micellen vorliegenden Bestandteile kommt es zu einer Strukturänderung vom Sol über ein strukturiertes Sol zu einem Gel. Das Bitumen gewinnt an Härte und durch die Strukturierung auch an Festigkeit, verliert aber an Elastizität und Plastizität. Alle Alterungsprozesse laufen irreversibel ab.

10.3.2   Teer und Pech

Teer (*mittelniederdt.* tere das zu Baum gehörende) ist ein aus verschiedenen organischen Verbindungen bestehendes, flüssiges bis halbfestes, tiefschwarzes bis braunes Gemisch, das durch trockene Destillation (→ Pyrolyse: thermische Zersetzung bei hohen Temperaturen) von organischen Naturstoffen wie Stein- oder Braunkohle, Holz, Torf und anderen fossilen Brennstoffen gewonnen wird. Die chemische Zusammensetzung der Teere ist je nach Ausgangsmaterial recht unterschiedlich. Steinkohlenteer ist beispielsweise ein Gemisch aus weit über 1000 Einzelsubstanzen, 500 davon wurden mit Sicherheit identifiziert. Dazu gehören vor allem aromatische Kohlenwasserstoffe wie Benzol, Naphthalin, Phenol, Pyridin, Kresole, Indole, Anthracen, Phenanthren u. a. In die Diskussion sind die Teere in den 70-80er Jahren vor allem wegen ihres relativ hohen Anteils an polycyclischen aromatischen Kohlenwasserstoffen (kurz: PAK, s. Kap. 10.1.1.3) gekommen. Polycyclische aromatische Kohlenwasserstoffe, vor allem Benzo[a]pyren (Abb. 10.6), gelten als krebserzeugend.

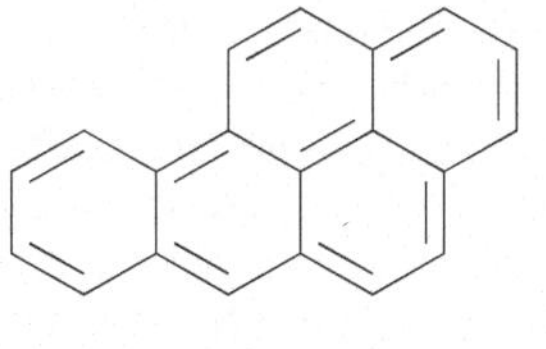

Abbildung 10.6

Benzo[a]pyren (BaP) als Vertreter der polycyclischen aromatischen Kohlenwasserstoffe (PAK)

Größte wirtschaftliche Bedeutung besitzt nach wie vor der Steinkohlenteer – mit Abstrichen auch der Braunkohlenteer. Sie gehören beide zu den Hochtemperaturteeren. Steinkohlenteer wird bei der Verkokung von Steinkohle als tiefschwarze, viskose Flüssigkeit erhalten. Die bei der fraktionierten Destillation von Steinkohlenteer anfallenden Teeröle sind ölige Flüssigkeiten. Sie machen etwa 30% des Rohteers aus. Teeröle werden zur Gewinnung von aromatischen Verbindungen wie Naphthalin und Anthracen sowie zur Produktion von Heizölen, Imprägnierölen für den Holzschutz und zur Gewinnung von Ruß genutzt.

Teerpeche sind die zähflüssigen bis festen, teerartigen bis schmelzbaren Rückstände, die bei der Destillation der oben genannten Naturstoffe zurückbleiben. Peche sind Gemische aus hochmolekularen cyclischen Kohlenwasserstoffen und heterocyclischen Verbindungen mit mittleren Molmassen bis ca. 30.000.

Längerfristige Einwirkung von Teer auf die Haut kann Hautveränderungen hervorrufen, die im schlimmsten Falle zu Hautkrebs führen können. Wegen ihres Gehaltes an PAK sind die Teere und Peche in die Gruppe III der MAK-Liste (Krebserzeugende Stoffe, Kategorie 1) eingestuft worden. Seit 1987 werden in Deutschland Peche als Bindemittel für technische Asphalte (evtl. auch in Kombination mit Bitumen) nicht mehr eingesetzt.

10.3.3 Asphalte

Unter Asphalten versteht man natürlich vorkommende oder technisch hergestellte Gemische aus dem Bindemittel Bitumen und Mineralstoffen bzw. Gesteinskörnungen. **Naturasphalte** sind durch Verdunstung der leicht flüchtigen Bestandteile des Erdöls und oxidative Polymerisation der schwerer flüchtigen Bestandteile unter eventuellem Einfluss von Mikroorganismen entstanden. Nach ihrem Bitumengehalt werden sie in Asphaltite, Seeasphalte und Asphaltgesteine unterteilt.

Die als Straßenbelag eingesetzten Mischungen von körnigen Mineralstoffen und Bitumen werden als **technische Asphalte** bezeichnet. Als Mineralstoffe kommen entweder natürliche (Kiese, Sande, aus Felsgestein hergestellte Korngemische) oder künstliche Vertreter (Hochofen- und Metallhüttenschlacke, Aschen) zum Einsatz. Asphalte zeichnen sich durch einen hohen Gesteinsanteil aus. Er liegt bei Asphalten für den Straßenbau etwa bei 95%. Bindemittelgehalt und Härte des Bitumens (Bindemittelsorte) bestimmen signifikant das Materialverhalten des Asphalts.
In baustofftechnischer Hinsicht wird zwischen ungebrochenen Mineralstoffen wie Kies und Natursand (*Rundkorn*) und gebrochenen Mineralstoffen wie Schotter, Splitt, Brechsand und Gesteinsmehlen (*Brechkorn*) unterschieden. Aufgrund der guten Benetzungseigenschaften des flüssigen Bitumens ergibt sich eine dauerhafte Bindung zu den Gesteinsflächen. Die Einzelkörner werden durch Bitumen zu einem dauerhaften Verbundmaterial „verkittet".

Die *Festigkeit* des Asphalts wird durch die Umgebungstemperatur bestimmt. Im Winter bei tiefen Temperaturen zeigt Asphalt elastisches, im Sommer bei hohen Temperaturen dagegen *viskoelastisches Verhalten*. Substanzen werden als viskoelastisch bezeichnet, wenn sie temperaturabhängig ein teilweise elastisches und ein teilweise viskoses Materialverhalten aufweisen. Oder anders ausgedrückt, wenn sie die Merkmale von Flüssigkeiten und Festkörpern in sich vereinigen. Dieses Temperaturverhalten, das übrigens auch bei anderen Materialien wie polymeren Schmelzen und Kunststoffen zu finden ist, beeinflusst Kenngrößen wie Elastizitätsmodul und Schubmodul des Asphalts (s. [BK 1,2]).

Hauptanwendungsgebiet für den Asphalt ist der Straßenbau. In der Bundesrepublik Deutschland sind etwa 95% aller befestigten Straßen mit einer Asphaltdecke ausgestattet (Statistisches Bundesamt, 2013). Dabei wird zwischen Walz- und Gussasphalt unterschieden. Während Walzasphalt den geforderten Verdichtungsgrad erst durch den Einsatz von

Straßenwalzen erhält, wird Gussasphalt flüssig verarbeitet und muss nicht verdichtet werden.

10.4   Kunststoffe

10.4.1   Allgemeine Eigenschaften

Kunststoffe sind makromolekulare Werkstoffe, die ihren einstigen Ruf als „Ersatzstoffe" für Naturstoffe wie Kautschuk, Horn und pflanzliche Harze durch eine Reihe günstiger Eigenschaften und eine hohe Wirtschaftlichkeit lange widerlegt haben. Auf bestimmten Anwendungsgebieten sind die Kunststoffe den traditionellen Werkstoffen inzwischen weit überlegen. Dazu kommt der vergleichsweise geringe Energieaufwand bei der Herstellung von Kunststoffen im Gegensatz zu klassischen Metallen wie Aluminium und Eisen. Vergleicht man beispielsweise den Energieverbrauch für die Produktion gleicher Volumina Aluminium und Polyethylen, ergibt sich für Aluminium ein neunmal höherer Verbrauch [OC 5]. Zur Gewinnung des gleichen Volumens Stahl muss immerhin noch die dreifache Energiemenge aufgewendet werden.

Obwohl im Bauwesen nach wie vor mineralische Baustoffe dominieren, findet heute bereits ein Viertel der Kunststoffproduktion der BRD im Bausektor Anwendung.

Zu den herausragenden Eigenschaften des Werkstoffs Kunststoff zählen:

* *eine geringe Massendichte*
  Mit Dichten im Bereich von 0,8 bis 2,2 g/cm^3 sind Kunststoffe deutlich leichter als Metalle, bei Schaumstoffen werden sogar Werte $\leq$ 0,05 g/cm^3 erreicht.

* *eine hohe Korrosionsbeständigkeit*
  Kunststoffe weisen gegenüber den meisten aggressiven Flüssigkeiten bzw. Chemikalien eine hohe Widerstandsfähigkeit auf (Ausnahme: Organische Lösungsmittel).

* *eine niedrige Verarbeitungstemperatur und gute Verformbarkeit*
  Die Verarbeitungstemperaturen liegen in der Regel unter 250°C. Es ist sowohl eine spanende als auch eine spanlose Verformung möglich.

* *eine geringe thermische und elektrische Leitfähigkeit.*
  Die Mehrzahl der Kunststoffe weist eine geringe thermische und elektrische Leitfähigkeit auf, weshalb sie für Isolations- und Wärmedämmzwecke geradezu prädestiniert sind. Andererseits können auch leitfähige Kunststoffe hergestellt werden, z.B. Polypyrrol und Polyacetylen. Ihre Leitfähigkeit kann durch Dotieren z.B. mit AsF$_5$ oder Natrium auf Werte von etwa 10^4 S/cm, also in den Leitfähigkeitsbereich des metallischen Quecksilbers, erhöht werden. Leitfähige Kunststoffe finden beispielsweise in metallfreien Batterien Anwendung.

Kunststoffe weisen allerdings auch eine Reihe *nachteiliger Eigenschaften* auf. Sie sind meist nur wenig wärmebeständig, leicht brennbar und altern schnell (Kap. 10.4.7). Darüber hinaus besitzen sie meist niedrigere Festigkeiten und eine deutlich höhere Wärmeausdehnung als die Metalle.

Kunststoffe zeigen ein charakteristisches thermisches Verhalten. Entweder sind sie oberhalb einer bestimmten Temperatur plastisch erweichbar oder sie härten nach einmaligem Durchlaufen eines plastischen Zustands irreversibel aus. Deshalb werden sie auch als *Plaste* oder *Plastik* (*engl.* plastics) bezeichnet. Für Kunststoffe mit harzähnlicher Konsistenz verwendet man die Begriffe *Kunstharze* bzw. *synthetische Harze, Reaktionsharze, Gießharze* oder *Laminatharze*. Reaktionsharze sind Kunstharze, die entweder für sich oder durch chemische Reaktion mit einer zweiten Komponente, z.B. einer Härter-, einer Beschleuniger- oder einer weiteren Harzkomponente, zum eigentlichen Kunstharz aushärten.

Bei den Reaktionsharzen handelt es sich meist um flüssige oder verflüssigbare niedermolekulare Harze (**Grundharze**) mit mittleren Molmassen im Bereich von 380...500. *Härter* sind Stoffe oder Stoffgemische, die die Aushärtung des Grundharzes zum ausgehärteten Harz bewirken.

Der neue Begriff *Polymerwerkstoff* schließt den Begriff Kunststoff vollständig ein. Ausgangsstoffe für die vollsynthetischen Kunststoffe sind vor allem Erdöl, aber auch Kohle und Erdgas sowie Kalk, Kochsalz und Wasser.

10.4.2   Aufbau und Struktur

Kunststoffe (**Polymere**) bestehen aus Makromolekülen, die durch Verknüpfung von kleineren Bausteinen, den **Monomeren**, entstehen. Da es eine Reihe natürlicher Polymere wie Cellulose, Eiweiße und Kautschuk gibt, bezeichnet man die Kunststoffe auch als **synthetische Polymere**. Durch bestimmte Aufbau- oder Bildungsreaktionen (Polymerisation, Polykondensation, Polyaddition, s.u.) werden Monomere zu Polymeren verknüpft.

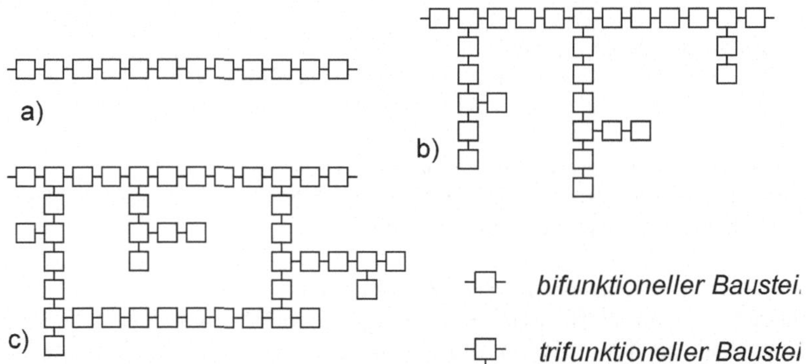

Abbildung 10.7 Schematische Darstellung a) linearer, b) verzweigter, c) vernetzter Makromoleküle gleicher Monomerbausteine (Homopolymere).

Synthetische Polymere bestehen aus Makromolekülen mit molaren Massen > 10 000 g/mol. Die Anzahl der Grundbausteine, aus denen ein Makromolekül aufgebaut ist, wird durch den **Polymerisationsgrad** P charakterisiert. Er ist der Quotient aus der molaren Masse des Polymers (M_{poly}) und der molaren Masse des Grundbausteins (M_o): $\boldsymbol{P = M_{poly} / M_o}$. Die Moleküle eines Kunststoffs besitzen niemals die gleiche Länge. Für einen bestimmten Kunststoff kann immer nur ein mittlerer Polymerisationsgrad und eine mittlere Molmasse angegeben werden. Besitzt ein Kunststoff beispielsweise einen Polymerisationsgrad von 5000, sind die Makromoleküle des Polymers aus *durchschnittlich* 5000 Monomermolekülen aufgebaut.

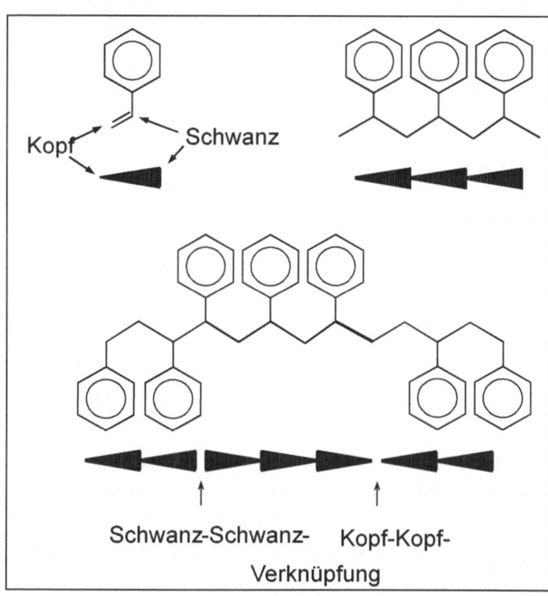

Abbildung 10.8

Unterschiedliche Möglichkeiten der räumlichen Verknüpfung von Styrol zu Polystyrol

Für den Aufbau von Makromolekülen gibt es unterschiedliche Möglichkeiten: Um aus Monomeren Makromoleküle zu bilden, müssen die Grundbausteine zumindest *bifunktionell* im Sinne der angestrebten Polyreaktion sein.
Im einfachsten Fall erhält man ein lineares *Polymer* (Abb. 10.7a). Dagegen führen trifunktionelle Bausteine zu verzweigten und vernetzten Polymeren (Abb. 10.7 b,c). Vernetzte Makromoleküle bilden ein dreidimensionales Netzwerk aus.

In Abb. 10.7a wurde zunächst angenommen, dass es nur eine einzige Möglichkeit gibt, Monomerbausteine in eine Kette einzubauen. Häufig existieren jedoch mehrere Möglichkeiten, wie das Beispiel der Verknüpfung von Polystyrol zeigt (Abb. 10.8). Moleküle einer solchen Grundstruktur besitzen zwei reaktive Zentren, ein Zentrum am „Kopf" und eines am „Schwanz" des Moleküls. Die Makromoleküle können sich demnach durch Schwanz-Kopf-, Kopf-Schwanz-, Kopf-Kopf- und Schwanz-Schwanz-Verknüpfung aufbauen. Aber selbst bei *einer* einheitlichen Art der Verknüpfung gibt es jeweils zwei Möglichkeiten für das Monomer, sich an die wachsende Kette anzulagern: Da die Kettenmoleküle zwei verschiedene Seiten besitzen, kann sich das Monomer entweder von der „rechten" oder von der „linken" Seite an die Polymerkette anlagern. Die Folge sind Makromoleküle mit unterschiedlicher Anordnung der Seitenketten.

Makromoleküle können aus einer einzigen oder aus mehreren Arten von Monomereinheiten bestehen. Im ersten Fall liegen **Homopolymere** (z.B. Polyethylen) vor. Sind zwei oder mehrere *verschiedene* Arten von Monomerbausteinen zu sogenannten **Copolymeren** miteinander verknüpft (Abb. 10.9), erhöhen sich naturgemäß die Variationsmöglichkeiten hinsichtlich der Struktur und der Eigenschaften des Kunststoffs. Je nach ihrer Verknüpfung unterscheidet man *alternierende* und *statistische Copolymere* (Abb. 10.9). *Blockcopolymere* entstehen, wenn entweder die Polymerisation der einen Komponente mit einer höheren Reaktionsgeschwindigkeit abläuft als die der anderen oder beide Polymerisationen zeitlich versetzt erfolgen. Zur Bildung von *Pfropfcopolymeren* kommt es, wenn eine zweite Komponente auf die Makromoleküle einer ersten als Seitenverzweigungen aufpolymerisiert wird. Indem sich die Seitenketten miteinander verbinden, erfolgt wiederum eine Vernetzung der Polymerketten.

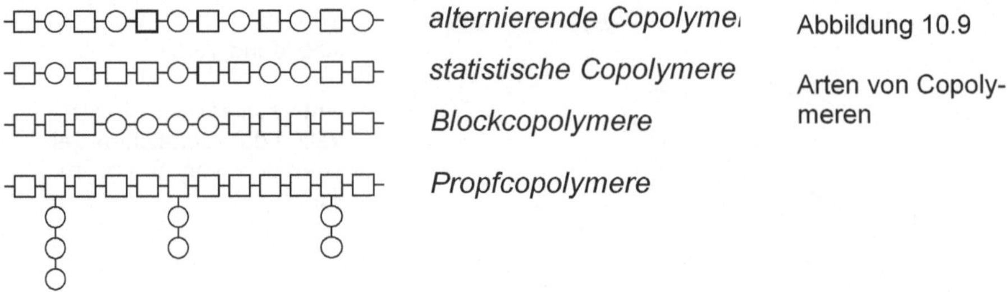

Abbildung 10.9

Arten von Copolymeren

Die räumliche Anordnung der Substituenten einer polymeren Kette charakterisiert man durch die **Taktizität** (*griech.* taxis ordnen). Man unterscheidet zwischen einer isotaktischen, syndiotaktischen und ataktischen Anordnung der Substituenten (Abb. 10.10). Bei *isotaktischen* Polymeren befinden sich die Seitengruppen alle auf der gleichen Seite, bei *syndiotaktischen* Polymeren abwechselnd auf der einen und der anderen Seite und bei *ataktischen* Polymeren statistisch verteilt auf beiden Seiten der Molekülkette. Der Begriff der Taktizität spielt natürlich beim Polyethylen keine Rolle, wohl aber beim Polypropylen, wo eines der H-Atome durch eine CH_3-Gruppe ersetzt ist.

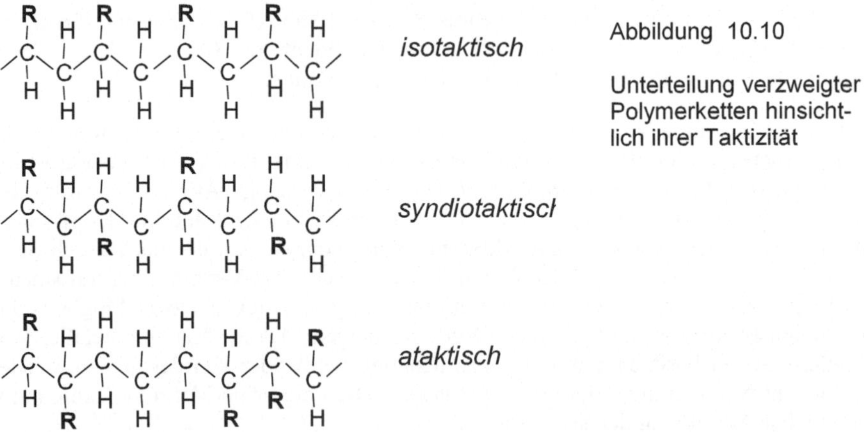

Abbildung 10.10

Unterteilung verzweigter Polymerketten hinsichtlich ihrer Taktizität

Der räumliche Molekülaufbau hat starken Einfluss auf physikalische Eigenschaften der Substanz wie etwa den Erweichungspunkt und die Härte. So sinken bei ataktischen Strukturen im Vergleich zu den jeweiligen isotaktischen Strukturen des Polymers Härte und Erweichungstemperatur. Die unverzweigt-linearen und verzweigten Makromoleküle können untereinander recht verschieden gelagert sein. Den kettenförmigen, teilweise ineinander verschlungenen Makromolekülen ist es nahezu unmöglich, sich regelmäßig im Raum anzuordnen und ein Kristallgitter zu bilden. Allenfalls ist es vorstellbar, dass sich innerhalb der unregelmäßigen Molekülanordnung kristalline bzw. teilkristalline Teilbereiche ausbilden.

Stark verzweigte und sehr unregelmäßig aufgebaute Makromoleküle liegen ungeordnet, ineinander verknäuelt vor (*Filzstruktur*). Sie bilden vorzugsweise amorphe Produkte mit einem geringen Anteil kristalliner Bereiche (**amorphe Polymere**). Ein hoher Anteil an kristallinen Bereichen ist zu erwarten, wenn lineare, möglichst wenig verzweigte Makromoleküle sich infolge geringer sterischer Hinderung in Teilbereichen parallel zueinander ausrichten.
Regelmäßige Strukturen bilden sich vor allem dann, wenn zwischen den einzelnen Makromolekülen zusätzliche intermolekulare Wechselwirkungskräfte auftreten, die zu einer gewissen Ausrichtung der Kettenmoleküle führen. Hier sind in erster Linie Wasserstoffbrückenbindungen zu nennen wie sie sich z.B. bei den Polyamiden ausbilden. Sind Carboxygruppen im Makromolekül vorhanden, kann es in Gegenwart von Metallkationen wie Mg^{2+} oder Zn^{2+} zur elektrostatischen Anziehung zwischen den positiv geladenen Metallionen und den negativ geladenen ionischen Molekülfragmenten kommen. Die relativ festen ionischen Bindungen lockern sich jedoch bei höheren Temperaturen allmählich wieder, so dass sich diese Polymere (*Ionomere*) mittels der in der Kunststofftechnik gängigen Formgebungsverfahren für Thermoplaste verarbeiten lassen.

Je weniger Seitenketten eine Polymerhauptkette hat, d.h. je „linearer" sie ist, umso höher ist der Anteil an kristallinen Bereichen. Polymere mit einem hohen Anteil kristalliner Bereiche, also einer hohen Kristallinität, werden deshalb als **kristalline Polymere** bezeichnet. Der Volumenanteil an kristallinen Bereichen im Kunststoff liegt häufig zwischen 40...70%. Bei Polyethylen kann er je nach Herstellungsverfahren noch darüber liegen (bis 80%). Der theoretische Wert von 100% kann jedoch nie erreicht werden.

Kunststoffe liegen stets als teilkristalline Polymere mit einem mehr oder weniger großen Anteil kristalliner Bereiche in einer ansonsten ungeordneten Molekülanordnung vor.

10.4.3   Einteilung nach thermischen und mechanischen Eigenschaften

10.4.3.1   Thermoplaste (Plastomere)

Thermoplaste (*griech.* thermos warm, plastikos formbar) bestehen aus kettenförmigen oder verzweigten Makromolekülen, zwischen denen nur schwache intermolekulare Kräfte wirken. Je stärker die Verzweigung bzw. je sperriger die Seitengruppen, umso ungeordneter und stärker verknäuelt liegen die Makromoleküle vor (*amorpher Thermoplast*, Abb. 10.11a). Zeigen die Kettenmoleküle eine mehr oder weniger starke Ausrichtung, liegen teilkristalline Thermoplaste vor (Abb. 10.11b). Kristalline Teilbereiche führen zu einer Verbesserung mechanischer Kennwerte, z.B. zu einer Erhöhung der Schlagzähigkeit.

Im Gegensatz zu mineralischen oder metallischen Baustoffen, von denen jeweils *zwei* kondensierte Aggregatzustände (fest und flüssig) existieren, werden bei den Thermoplasten in Abhängigkeit von der Temperatur *drei* kondensierte Zustandsformen unterschieden: fest (bzw. hartelastisch), weichelastisch und ölig-flüssig.

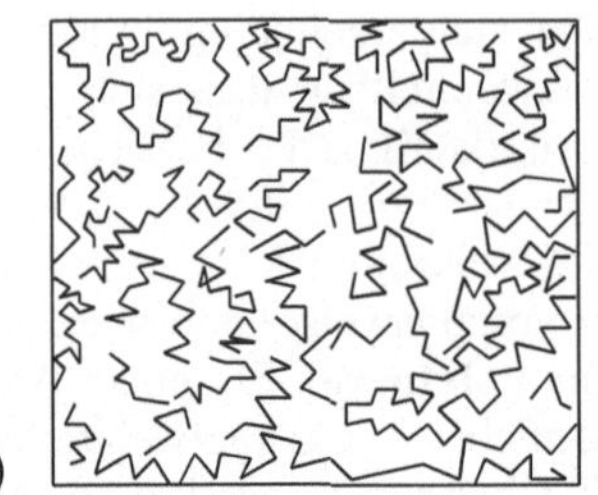
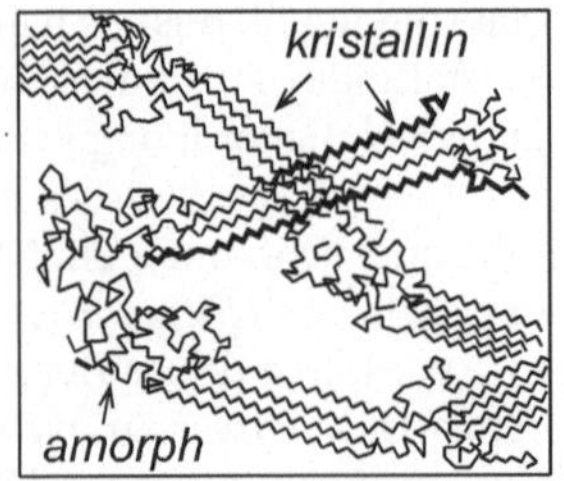

Abbildung 10.11
Strukturen thermoplastischer Kunststoffe: a) Thermoplast mit einem geringen Anteil
an kristallinen Bereichen (amorpher Thermoplast); b) Thermoplast mit einem höheren Anteil an kristallinen Bereichen (teilkristalliner Thermoplast).

Amorphe Thermoplaste sind durch die **Glasübergangstemperatur** T_g (auch: *Glastemperatur*) charakterisiert. Sie kennzeichnet die Temperatur, bei der die amorphen Polymere im
Verlauf der Temperaturerhöhung vom glasartig harten, spröden in einen zäh- bis weichelastischen Zustand übergehen. Die Beweglichkeit der Molekülketten nimmt zu und die
intermolekularen Wechselwirkungen werden allmählich überwunden. Sind sie vollständig
abgebaut, können die Molekülketten ungehindert aneinander vorbeigleiten. Der Kunststoff
nimmt eine teigig-zähe bis ölig-flüssige Konsistenz an. Der Übergang aus dem thermoelastischen in den thermoplastischen Bereich ist durch die **Fließtemperatur** T_f gekennzeichnet.
Bei teilkristallinen Thermoplasten bezeichnet man diesen Übergang als **Kristallitschmelz-
temperatur** T_m. Ab einer bestimmten Temperatur T_z (**Zersetzungstemperatur**) erfolgt die
thermische Zersetzung des Polymers durch Spaltung der kovalenten Bindungen im Makromolekül.
Die Zustandsformen und -bereiche der Thermoplaste sind in Abb. 10.12 dargestellt. Es wird
deutlich, dass bereits geringe Temperaturunterschiede eine Veränderung der mechanischen
Eigenschaften bewirken können. Im thermoelastischen Zustandsbereich lassen sich die
Thermoplaste *umformen*, z.B. durch Biegen, Tief- oder Streckziehen, im thermoplastischen
Bereich dagegen *urformen*, z.B. durch Gießen, Extrudieren und Kalandrieren, sowie
Schweißen.

Kühlt man die Schmelze ab, wird unterhalb von T_g die Beweglichkeit und Drehbarkeit der
Makromoleküle stark eingeschränkt und die intermolekularen Wechselwirkungskräfte werden wieder wirksam. Die Struktur wird praktisch „eingefroren". Man bezeichnet T_g deshalb
auch als **Einfriertemperatur**. Im Gegensatz zu monomeren kristallinen Substanzen sind
die Übergänge von einer Zustandsform zu einer anderen nicht exakt lokalisiert. Sie erstrecken sich vielmehr über ein mehr oder weniger breites Temperaturintervall. Man spricht
deshalb besser vom *Erweichungs(Einfrier)-, Fließ-* und *Zersetzungsbereich*.

**Thermoplaste erweichen bei Erwärmung und sind im erweichten Zustand verform-
und verarbeitbar. Sie härten nicht aus.**

Thermoplaste können je nach ihrer chemischen Zusammensetzung bei Normaltemperatur
im hartelastischen (spröden), im weichelastischen oder sogar im ölig-flüssigen Zustand
vorliegen. Dies hat seine Ursache in unterschiedlichen Erweichungsbereichen. Thermo-

plaste sind in den meisten organischen Lösungsmitteln gut löslich, da die Lösungsmittelmoleküle die schwachen intermolekularen Wechselwirkungskräfte zwischen den Makromolekülen überwinden können.

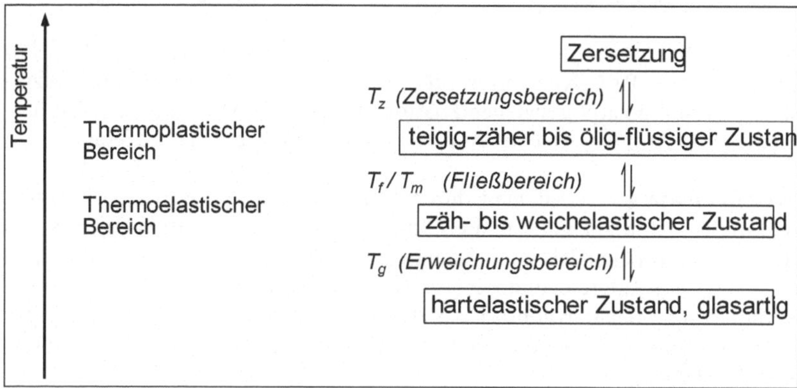

Abbildung 10.12 Zustandsbereiche und -formen von Thermoplasten

Durch den Zusatz von **Weichmachern** zu Thermoplasten, z.B. zu Polyvinylchlorid, werden Elastizitätsmodul und Einfrier- bzw. Glasübergangstemperatur erniedrigt. Der thermoplastische Bereich wird zu niedrigeren Temperaturen verschoben. Das Formveränderungsvermögen und die elastischen Eigenschaften erhöhen sich. Die Härte nimmt ab.

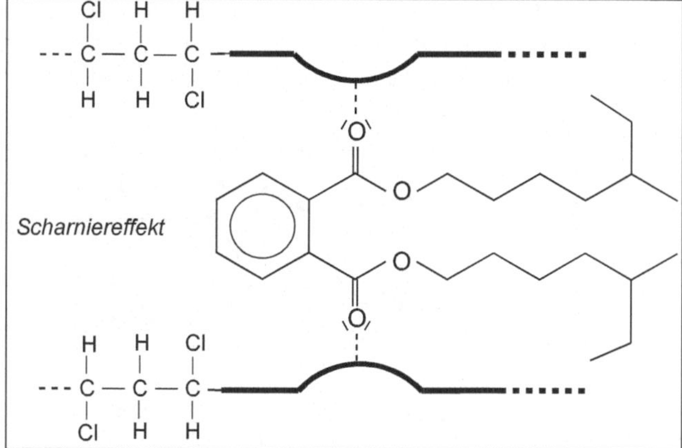

Abbildung 10.13

Weichmachung durch Phthalsäureester (Scharniereffekt)

Bei der *Weichmachung eines Polymers* verringert man gezielt die Wechselwirkungen zwischen den Makromolekülen. Das kann zum einen - was in der Praxis überwiegend angewandt wird - durch den Zusatz von Weichmachern erfolgen (**äußere Weichmachung**). Die polaren Gruppen des Weichmachermoleküls treten mit den polaren Gruppen des Kunststoffs in Wechselwirkung. Die kleinen, beweglichen Weichmachermoleküle schieben sich zwischen die Kettenmoleküle des Kunststoffs, wo sie durch intermolekulare Wechselwirkungskräfte festgehalten werden. Auf diese Weise vergrößern sie den Abstand zwischen den Makromolekülen und verringern die zwischen ihnen existierenden Anzie hungskräfte. Die Polymerketten werden aufgelockert und beweglicher. Weichheit und Dehnbarkeit des Kunststoffs nehmen zu. Da vor allem die O-Atome der COOR-Gruppen aufgrund ihrer hohen Elektronegativität zu Polaritäten führen, sind Carbonsäureester als Weichmacher besonders geeignet. Vorrangig werden Ester der Phthalsäure (Kap. 10.1.6) eingesetzt.

Abb. 10.13 zeigt die Scharnierwirkung eines Phthalsäureestermoleküls. Das Molekül schiebt sich zwischen zwei PVC-Kettenmoleküle und durch die elektrostatische Anziehung zwischen den partiell positiv geladenen H-Atomen der PVC-Moleküle und den partiell negativ geladenen O-Atomen der Estergruppe erfolgt eine Fixierung der Ketten.

Eine **innere Weichmachung** erreicht man durch Copolymerisation. Polymerisiert man z.B. Vinylchlorid mit Co-Monomeren, die raumfüllende Seitengruppen aufweisen (→ Acrylsäuremethylester), vergrößern sich die Abstände zwischen den Makromolekülen. Die Möglichkeiten zur intermolekularen Bindung verringern sich und die Kettenbeweglichkeit nimmt zu. Substituiert man bei Polyamiden die H-Atome durch CH_3-Gruppen, führt das zu einer Verringerung des Anteils an Wasserstoffbrückenbindungen. Damit sinkt der Anteil an kristallinen Bereichen.

Zu den wichtigsten Thermoplasten gehören Polyethylen, Polyvinylchlorid, Polystyrol, Polypropylen und Polymethylmethacrylat.

10.4.3.2 Elastomere

Elastomere (*griech.* elastos dehnbar, biegsam) sind polymere Werkstoffe, die aus weitmaschig vernetzten, linearen bis schwach verzweigten Makromolekülen bestehen (Abb. 10.14a). Durch kovalente und zwischenmolekulare Bindungen wird die freie Beweglichkeit der Kettenmoleküle zwar begrenzt, die Kettensegmente bleiben aber beweglich und können aneinander vorbeigleiten. Die Folge ist ein **gummielastisches Verhalten** der Elastomere.

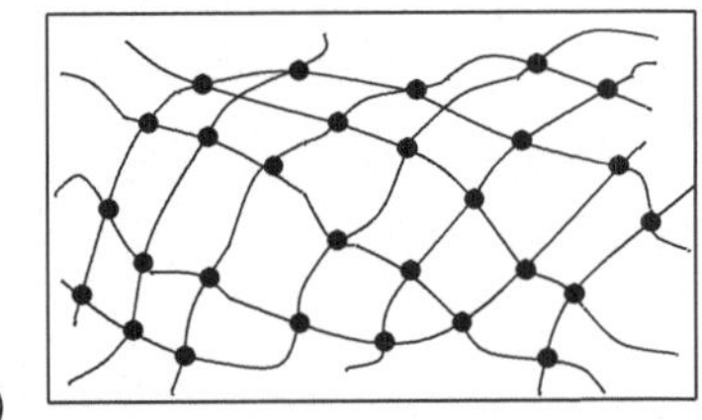
a)

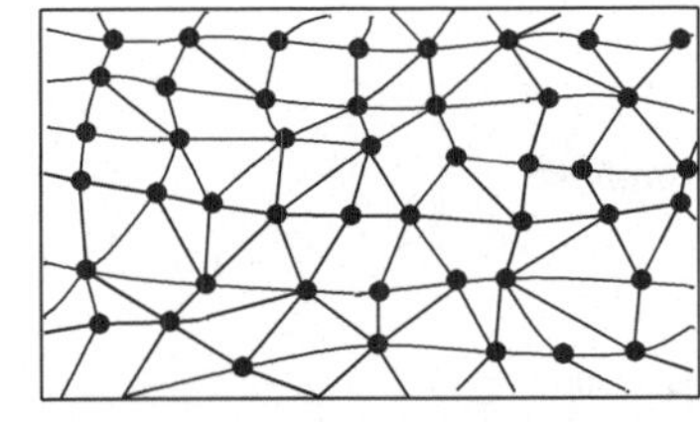
b)

Abbildung 10.14   a) Weitmaschige Vernetzung der Makromoleküle in einem Elastomer und b) Anordnung der Makromoleküle in einem Duroplast.

Wirkt beispielsweise auf ein Stück Gummi eine äußere Kraft, werden die Molekülketten aus einer ungeordneten, statistisch wahrscheinlicheren Position in eine geordnetere, statistisch unwahrscheinlichere Position überführt. Die Makromoleküle strecken sich. Lässt die äußere Kraft nach, gehen die Makromoleküle in ihre verknäuelte Lage zurück und der Gummi nimmt seine ursprüngliche Form wieder an. Die reversible Dehnung kann bis auf das Acht- bis Zehnfache der Ausgangslänge erfolgen.

Der Zustand der Gummielastizität erstreckt sich über den gesamten Bereich oberhalb der Glasübergangstemperatur T_g bis zur Zersetzungstemperatur T_z. Ein thermoplastischer Zustand wird zwischen T_g und T_z nicht durchlaufen. Demnach zersetzen sich die Elastomere ohne vorher hochviskos-flüssig zu werden, also ohne zu schmelzen. Im Gegensatz zu den Thermoplasten ist keine plastische Verformbarkeit möglich, Elastomere können weder wärmeverformt noch verschweißt werden. Die Glasübergangstemperaturen der Elastomere liegen zwischen -100...-20°C. Unterhalb T_g sind die Elastomere hart und fest. Sie sind in den gängigen Lösungsmitteln kaum löslich, aufgrund der Einlagerung von Lösungsmittelmolekülen in das weitmaschige Netzwerk jedoch quellbar.

Elastomere sind Polymere mit einem kautschukartigen, gummielastischen Verhalten. Da sie keinen thermoplastischen Zustand durchlaufen, sind sie nicht wärmeverformbar.

Zusätzliche chemische Bindungen zwischen den Makromolekülen erreicht man durch Zugabe vernetzender Verbindungen *während* des Polymerisationsprozesses oder durch Vulkanisation mittels Schwefel bzw. Schwefelverbindungen *am fertigen Polymerisat*. Durch die **Vulkanisation von Naturkautschuk** mit Schwefel wird beispielsweise eine schwache zusätzliche Vernetzung erreicht (Abb. 10.15). Die in den Makromolekülen noch enthaltenen Doppelbindungen spalten unter Einschub von Disulfidbrücken (-S-S-) zwischen je zwei Polymerketten auf, wobei sich in geringer Anzahl zusätzliche Bindungen zwischen benachbarten Ketten ausbilden.

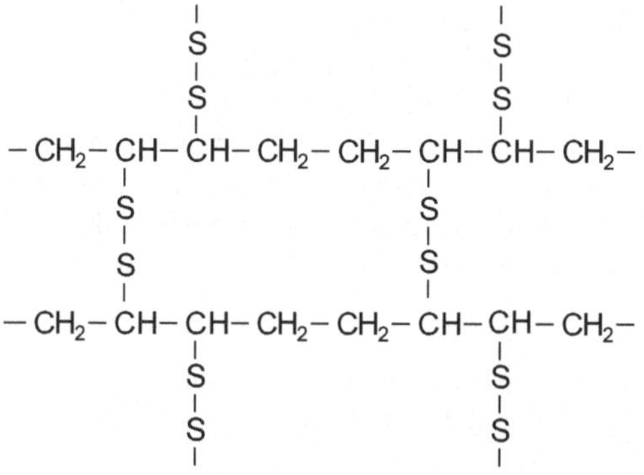

Abbildung 10.15

Vernetzung von Makromolekülen mittels Disulfidbrücken (Vulkanisation)

Auf dem Bausektor werden vor allem **Siliconkautschuke** (Abk.: *SI*, Kap. 9.2.4) und **Polysulfidkautschuke** (*SR*) als reaktionshärtende Elastomere eingesetzt. Polysulfidkautschuke bestehen aus Molekülsegmenten der allgemeinen Formel HS-(R-S-S)$_n$-R-SH, in denen lineare Makromolekülketten über zwei oder mehrere Schwefelatome miteinander verbunden sind. Die endständige, reaktive SH-Gruppe (*Mercaptogruppe*) ist in der Lage, mit einem Härter zu reagieren, wobei sich unter Wasseraustritt Disulfidbrücken ausbilden (Gl. 10-16).

$$R\text{-}S\text{-}H + O + H\text{-}S\text{-}R \longrightarrow R\text{-}S\text{-}S\text{-}R + H_2O \qquad (10\text{-}16)$$

Den zur Verknüpfung notwendigen Sauerstoff liefert das Härter- bzw. Vernetzersystem, z.B. MnO_2 *Braunstein*. Die meist flüssig vorliegenden aliphatischen Polysulfide werden durch oxidative Vernetzung in hochmolekulare, gummielastische Produkte überführt, die im Bauwesen vor allem als *Zweikomponenten-Dichtstoffe* Anwendung finden.

Als **thermoplastische Elastomere** bezeichnet man Verbindungen, die zwar bei Normaltemperatur ebenfalls gummielastisch sind, bei höheren Temperaturen jedoch wie Thermoplaste verarbeitet werden können. Damit fallen sie streng genommen nicht unter die in DIN 7724 gegebene Definition für Elastomere. Vertreter dieser Gruppe polymerer Werkstoffe sind Blockpolymere aus weichen, dehnbaren Segmenten niedrigerer Erweichungstemperatur (z.B. Polybutadien) *und* Segmenten, die entweder eine hohe Glastemperatur oder einen hohen Anteil kristalliner Bereiche besitzen (z.B. Polystyrol). Die thermoplastische Verarbeitung wird möglich, da die bei der Gebrauchstemperatur vernetzend wirkenden, harten Polymerblöcke bei höheren Temperaturen aufbrechen und die Makromoleküle beweglich machen. Die thermoplastischen Elastomere bilden das Verbindungsglied zwischen Thermoplasten und Elastomeren

Thermoelaste bilden eine Untergruppe der Elastomere. Bei den thermoelastischen Werkstoffen handelt es sich um weitmaschig vernetzte Polymere, die nicht oberhalb der Glasübergangstemperatur, sondern erst ab 20°C (oder bei höherer Temperatur) bis zur Zersetzungstemperatur gummielastische Eigenschaften aufweisen.

10.4.3.3 Duroplaste (Duromere)

Duroplaste (*lat.* duros hart, *griech.* plastikos formbar) bestehen aus Makromolekülen, die durch kovalente Bindungen fest zu einem engmaschigen Raumnetzwerk verknüpft sind. Sie liegen bei Raumtemperatur als harte, spröde Polymerwerkstoffe vor, die ihre starre Form und ihre mechanische Festigkeit bis zur Zersetzungstemperatur T_z beibehalten.
Duroplaste sind plastisch nicht verformbar. Oberhalb von T_z geht die Festigkeit durch den Bruch der kovalenten Bindungen innerhalb und zwischen den Makromolekülen verloren. Allerdings führt Temperaturerhöhung unterhalb von T_z ebenfalls zu einer gewissen Erweichung der Duroplaste. Der Umfang der Erweichung hängt unter anderem von der Vernetzungsdichte der Makromoleküle und vom (geringen) Anteil an intermolekularen Wechselwirkungskräften ab.

Duroplaste sind in organischen Lösungsmitteln praktisch unlöslich, kaum quellbar und besitzen eine hohe thermische und chemische Widerstandsfähigkeit.

> **Duroplaste sind Polymere, die nach einmaligem Durchlaufen eines plastischen Zustandes im Verlauf der Verarbeitungsprozesse irreversibel aushärten.**

In der Praxis sind die Ausgangsmaterialien der Duroplaste entweder feste vorgeformte Pressmassen aus Harzen oder hochviskose zähflüssige Reaktionsharze. Während erstere unter Druck und evtl. Hitze räumlich vernetzen und aushärten, benötigt man für die räumliche Vernetzung der Reaktionsharze eine Härterkomponente. Die endgültige Form des Duroplasts ist erst nach der Aushärtung erreicht. Der Prozess der Härtung ist irreversibel.

Bautechnisch wichtige Duroplaste sind die durch *Polykondensation* entstehenden Amino- und Phenoplaste und die Furanharze, die durch *Polyaddition* entstehenden Polyurethane und Epoxidharze sowie die durch vernetzende *Polymerisation* entstehenden Polyacrylate (Kap. 10.4.4).

10.4.3.4   Hilfs-, Füll- und Verstärkungsstoffe in Polymeren

Die unterschiedlichen physikalisch-chemischen Eigenschaften von Kunststoffen lassen sich nicht nur durch eine gezielte Beeinflussung von Struktur und Vernetzung der Makromoleküle bzw. durch Kombination verschiedener Polymere mit sich ergänzenden Eigenschaften abwandeln, sie sind auch durch den Einsatz geeigneter Füll-, Hilfs- und Verstärkungsstoffe steuerbar.

Füllstoffe sind feste, nichtreaktive Stoffe, die sowohl reaktionshärtenden Duroplasten und Elastomeren als auch Thermoplasten in sehr feiner Verteilung zugegeben werden und die nahezu alle Eigenschaften des Kunststoffs beeinflussen können. Zum Einsatz kommen sowohl anorganische ($CaCO_3$, $CaSO_4 \cdot 2\,H_2O$, $BaSO_4$, Quarz, Tone und Glimmer) als auch organische (Holzmehl und Cellulose) Stoffe.

Zu den **Hilfsstoffen**, die den Polymeren zur Einstellung günstiger Verarbeitungs- und Gebrauchseigenschaften in relativ kleinen Mengen zugesetzt werden, zählen vor allem Weichmacher (Kap. 10.4.3.1), Initiatoren, Beschleuniger, Katalysatoren und Inhibitoren, Antioxidantien, Stabilisatoren sowie Farbmittel.

Initiatoren sind Verbindungen, die beim Erwärmen oder in Gegenwart eines Beschleunigers in Radikale zerfallen und dadurch eine Kettenreaktion auslösen können. In der Regel handelt es sich um Peroxide wie H_2O_2 und Benzoylperoxid sowie um Persulfate. Aber auch Azoverbindungen wie Azobis(isobutyronitril) $(H_3C)_2(CN)C-N=N-C(CN)(CH_3)_2)$ finden Anwendung als Initiatoren. Substanzen mit Initiatorfunktion werden in der Praxis, aber auch in der baupraktischen Literatur häufig unkorrekterweise als Katalysatoren bezeichnet.

Zugesetzte **Beschleuniger** bewirken einen raschen Zerfall der Initiatoren. In Abhängigkeit von der gewählten Perverbindung werden Co(II)-Salze bzw. -Komplexe oder tertiäre Amine verwendet. Die Bildung der Radikale unter Zersetzung der Perverbindung erfolgt im Ergebnis einer Redoxreaktion.

Katalytisch wirksame Substanzen finden vor allem bei der Härtung von Epoxidharzen und Polyurethanen Anwendung. Sie sollen die Geschwindigkeit der Härtungsreaktion erhöhen.
Dagegen werden dem Reaktionsgemisch **Inhibitoren** zugesetzt, um radikalische Polymerisations- und/oder Vernetzungsvorgänge zu verzögern. Indem die Inhibitorsubstanzen die entstehenden Radikale binden, wird die Lagerstabilität der reaktiven Ausgangsprodukte, z.B. der ungesättigten Polyester- und Methacrylatharze, erhöht.

Antioxidantien (Antioxidationsmittel) sind chemische Substanzen, die unerwünschte, durch Sauerstoffeinwirkung und/oder andere oxidative Prozesse bedingte Abbauprozesse in den Kunststoffen hemmen bzw. verhindern sollen. Verantwortlich für den Polymerabbau sind in der Regel Radikale. Die *primären* Antioxidantien wandeln die durch Wärme, mechanische Beanspruchung oder auch durch Licht gebildeten freien Radikale um. Sie wirken als Radikalfänger. Meist handelt es sich um substituierte Phenole mit sterisch anspruchsvollen Gruppen, z.B. 2-tert.-Butylphenol. *Sekundäre* Antioxidantien wie z.B. Phosphite

Na_2HPO_3 zersetzen die Peroxide präventiv. Sie verhindern von vornherein die Entstehung von Radikalen. Häufig werden primäre und sekundäre Antioxidantien kombiniert.

Die als **Stabilisatoren** zugesetzten Stoffe sollen den Kunststoff vor Schädigungen durch Licht, vor allem von UV-Licht der Wellenlängen 315...400 nm (*UV-Stabilisatoren*), durch Wärme (*Wärmestabilisatoren*) und durch Mikroorganismen (*Biostabilisatoren*) schützen. Die UV-Strahlung kann aufgrund ihrer hohen Energie zur direkten photolytischen Spaltung von chemischen Bindungen im Polymer führen. Bindungsspaltung, Radikalbildung und Autoxidationsprozesse bewirken eine Alterung der Kunststoffe (Kap. 10.4.7).

UV-Stabilisatoren zeichnen sich durch ein ausgeprägtes Absorptionsvermögen im ultravioletten Bereich aus. Die durch Absorption aufgenommene Energie wird als Wärme wieder abgegeben (strahlungslose Desaktivierung) und so eine photochemisch induzierte Zersetzung der Makromoleküle verhindert. Als UV-Absorber verwendet man substituierte Benzophenone und Übergangsmetallkomplexe, z.B. des Nickels. Wo es das Anwendungsprofil erlaubt, kommt auch Ruß als UV-Absorber zum Einsatz. Bei Zusatz von TiO_2 soll das hohe Reflexionsvermögen des Weißpigments genutzt werden.
Die Alterung von Polymeren (s.a. Kap. 10.4.7) durch **Wärmeeinwirkung**, also durch Sonneneinstrahlung, künstliche Wärmequellen oder heiße Gase bzw. Flüssigkeiten, wird meist durch die zugesetzten Antioxidationsmittel minimiert.

Die Stabilisierung gegen Mikroorganismen ($\rightarrow$ Schimmel- und Mikrobenbefall) durch den Zusatz von **Biostabilisatoren** ist nur für einige bestimmte, bedingt beständige Kunststoffe wie Polyurethan, Polyvinylacetat oder Polyvinylalkohol bedeutsam. Mitunter führt erst die Anwesenheit von niedermolekularen Zusatzstoffen wie Weichmachern und organischen Füllstoffen zu einer Instabilität gegenüber Mikroorganismen.

Zur farblichen Gestaltung werden dem Polymer **Farbmittel** zugesetzt. Der Begriff Farbmittel erstreckt sich lt. DIN 55 943 auf Pigmente und organische Farbstoffe. Zum Einsatz kommen vor allem Pigmente. Pigmente sind in Lösungs- und Bindemitteln praktisch unlösliche, meist anorganische Substanzen, die feinkristallin im Kunststoff dispergiert sind (Teilchengröße $10^{-6}...10^{-8}$m). Das wichtigste anorganische *Weißpigment* ist Titandioxid TiO_2. Es verfügt über ein ausgezeichnetes Deckvermögen und ist witterungs- und chemikalienbeständig. Das wichtigste *Schwarzpigment* ist Ruß (amorpher Kohlenstoff). Hochwertige *Rotpigmente* sind Hämatit Fe_2O_3, Mennige Pb_3O_4 und Cadmium-Rot Cd(S,Se); *Blaupigmente* sind Preußisch-Blau $K[Fe^{III}Fe^{II}(CN)_6]$ (idealisierte Formel!) und Spinell-Blau $CoAl_2O_4$ und *Grünpigmente* Spinell-Grün $(Co,Ni,Zn)TiO_4$ und Chromoxid-Grün Cr_2O_3. Lösliche organische Farbstoffe gibt es sehr viele. Sie liegen im Kunststoff molekular verteilt vor. Da ihre Deckfähigkeit deutlich geringer als die der Pigmente ist, besitzen sie zum Einfärben von Kunstharzen kaum Bedeutung.

Als **Verstärkungsstoffe** kommen in erster Linie Glasfasern zum Einsatz. Durch die Einbettung der Glasfasern in die Polymermatrix lassen sich die mechanischen Eigenschaften, vor allem die Festigkeit und dadurch bedingt die konstruktive Belastbarkeit, deutlich steigern. Von bautechnischem Interesse sind vor allem glasfaserverstärkte Polyester- und Epoxidharze. Eine verstärkende Wirkung wird auch durch Zusatz von Kohlenstoff- und Textilfasern erreicht.

10.4.4 Einteilung der Kunststoffe nach ihrer Bildungsreaktion

Polymere können nach der Art ihrer Bildungsreaktion klassifiziert werden. Demnach unterteilt man die Kunststoffe in Polymerisate, Polykondensate und Polyaddukte.

10.4.4.1 Polymerisationskunststoffe (Polymerisate)

Polymerisationskunststoffe entstehen im Resultat einer Polymerisationsreaktion. Darunter versteht man die Bildung von Makromolekülen aus Monomeren mit reaktionsfähigen Doppelbindungen, ohne dass ein niedermolekulares Nebenprodukt abgespalten wird.

Der entscheidende Schritt ist die Aktivierung der C=C-Doppelbindung. Sie kann durch Initiatorsubstanzen, aber auch durch Wärmezufuhr und Lichteinwirkung erfolgen. Durch „Entkopplung" der π-Bindung entstehen reaktionsfähige Radikale, die sich durch Reaktion mit weiteren Molekülen über kovalente Einfachbindungen verknüpfen und den Aufbau makromolekularer Kohlenstoffketten bewirken. Da sich während des Polymerisationsvorganges kein Reaktionsprodukt abspaltet, ist die elementare Zusammensetzung von Monomer und Polymer gleich. Die Polymerisation verläuft stets unter Wärmeabgabe, also exotherm. Damit sind die Polymerisate reaktionsärmer als die ungesättigten Ausgangsverbindungen.

Die Polymerisation läuft als **Kettenreaktion** ab. Nach dem Reaktionsmechanismus unterscheidet man zwischen einer *radikalischen*, einer *kationischen* und einer *anionischen* Polymerisation. Im ersten Fall reagieren Makroradikale und Monomere, im zweiten Fall Makrokationen und Monomere und im letzten Fall Makroanionen und Monomere miteinander. Welcher Mechanismus abläuft, hängt vor allem von der Elektronenverteilung im Monomermolekül ab.

Die grundlegenden *Reaktionsschritte* sind in allen drei Fällen immer die gleichen: *Kettenstart, Kettenwachstum* und *Kettenabbruch*. Sie sollen am Beispiel der **radikalischen Polymerisation von Ethen** kurz erläutert werden:

Kettenstart:

$$R\bullet \; + \; CH_2 = CH_2 \; \longrightarrow \; R - CH_2 - \overset{\bullet}{C}H_2$$

Kettenwachstum:

$$R - CH_2 - \overset{\bullet}{C}H_2 \; + \; CH_2 = CH_2 \; \longrightarrow \; R - CH_2 - CH_2 - CH_2 - \overset{\bullet}{C}H_2 \; \textit{usw.}$$

Kettenabbruch:

$$2\,R - CH_2 - \overset{\bullet}{C}H_2 \; \longrightarrow \; R - CH_2 - CH_2 - CH_2 - CH_2 - R$$

Ethen (Ethylen) ist die einfachste Ausgangsverbindung für eine Polymerisationsreaktion. Es reagiert bei 200°C und 2000 bar in Gegenwart von Spuren von Sauerstoff zu Polyethylen.

Beim **Kettenstart** entstehen Radikale R•, die im Folgeschritt an die C=C-Doppelbindung eines Ethenmoleküls addiert werden. Dabei entkoppelt das Radikal die π-Bindung der Doppelbindung und es entsteht ein neues Radikal.

Während des **Kettenwachstums** reagieren Alkylradikale mit weiteren Ethylenmolekülen zu neuen, stets um eine Monomereinheit verlängerten Radikalen. Im Ergebnis der fortgesetzten Kettenreaktion erhält man schließlich Makromoleküle, in denen mehr als 1000 Ethylenmoleküle miteinander verknüpft sind.

Zum **Kettenabbruch** kommt es, wenn zwei Radikale rekombinieren, d.h. sich miteinander umsetzen. Indem sie eine kovalente Bindung ausbilden, verlieren beide Reaktionspartner ihren radikalischen Charakter.

Als Initiator für die Startreaktion fungiert bei der Synthese von Hochdruckpolyethylen der diradikalische Sauerstoff (Kap. 5.4.2.1), bei anderen Polymerisationen werden vorwiegend instabile Peroxide (R-O-O-R → 2 R-O•) als Radikalbildner eingesetzt.

Bautechnisch wichtige Polymerisate:

Polymerisate zeigen ein mehr oder weniger ausgeprägtes thermoplastisches Verhalten. Ihre leichte Verarbeitbarkeit und ihre vielseitigen Einsatzmöglichkeiten sind die Ursache für die dominierende Stellung solch wichtiger Polymerisationskunststoffe wie Polyethylen, Polypropylen, Polyvinylchlorid und Polystyrol.

A) *Polyolefine und abgeleitete Verbindungen*

• **Polyethylen (Polyethen), PE** $\left[CH_2 - CH_2 \right]_n$ n Anzahl der verknüpften Monomerbausteine

Die Herstellung von Polyethylen erfolgt überwiegend nach dem Hochdruck- oder dem Niederdruckverfahren. In Abhängigkeit vom jeweiligen Verfahren unterscheiden sich die Makromoleküle hinsichtlich Verzweigungs- und Kristallisationsgrad sowie Molekülmasse. Mit abnehmendem Verzweigungsgrad und einer Verkürzung der Seitenketten wird der Anteil an kristallinen Bereichen größer und die Dichte des Polymers erhöht sich.

Beim *Hochdruckverfahren* findet eine radikalische „Gaspolymerisation" bei Drücken zwischen 1000...3000 bar und Temperaturen um 200°C in Anwesenheit geringer Mengen an Sauerstoff statt. Der Sauerstoff fungiert als Initiator für die Startreaktion. Das anfallende PE (**PE-LD**; *engl.* **LDPE** *L*ow *D*ensity *P*ol*y*ethylene) besteht aus verzweigten Makromolekülen, die einen relativ großen Abstand voneinander haben. Daraus resultiert eine gewisse Beweglichkeit der Makromoleküle, so dass PE-LD als ein weiches Material geringer Festigkeit und Dichte ($\rho = 0,91 - 0,93$ g/cm^3) erhalten wird. Der Volumenanteil an kristallinen Bereichen liegt zwischen 40...55%. Die maximale Gebrauchstemperatur beträgt etwa 85°C. Bei Temperaturen zwischen 105...115°C beginnt PE-LD zu erweichen.

Beim *Niederdruckverfahren* wird Ethylen bei Normal- bzw. geringem Überdruck und Temperaturen < 100°C in Gegenwart von *Ziegler-Natta-Katalysatoren* (Gemische aus Li-, Be- oder Al-organischen Verbindungen und einem Übergangsmetallhalogenid, z.B. TiCl$_4$, in einem inerten Lösungsmittel) polymerisiert (**PE-HD**; *engl.* **HDPE** *H*igh *D*ensity *P*ol*y*ethylene). Die Polymerisation findet im Unterschied zum Hochdruckverfahren an der Katalysatoroberfläche statt.

PE-HD besitzt wegen der weitgehend linearen und unverzweigten Struktur seiner Makromoleküle eine höhere Dichte (ρ = 0,94...0,97 g/cm^3). Es weist eine höhere Kristallinität (bis zu 80%) und eine höhere mechanische Festigkeit auf. Niederdruckpolyethylen wird deshalb auch als **Hart-PE** und Hochdruckpolyethylen als **Weich-PE** bezeichnet. Die maximale Gebrauchstemperatur von PE-HD liegt zwischen 10...120°C, die Erweichungstemperatur bei etwa 130°C.

Bei einem *Mitteldruckverfahren* (Philips-Petroleum-Comp.) wird Ethylen bei etwa 35 bar und 150...180°C in einem organischen Lösungsmittel, z.B. Xylol, an Chromium(VI)-oxid / Aluminiumsilicat-Katalysatoren polymerisiert. Dabei entsteht ein fast vollkommen linear gebautes Polyethylen mit einem kristallinen Anteil von 65...75%. Dichte, Härte und Zugfestigkeit des Mitteldruck-PE liegen zwischen denen des Hart- und Weich-PE.

Polyethylen ist ein transparentes bis milchig durchscheinendes (*opakes*) Material. Gegenüber verdünnten Säuren und Laugen sowie gegenüber den meisten Lösungsmitteln ist es weitgehend beständig. Es ist auch resistent gegenüber dem Angriff von Mikroorganismen. Von oxidierenden Säuren wird PE jedoch angegriffen. Durch UV-Strahlen und durch den Einfluss von Wärme werden in Gegenwart von Sauerstoff Alterungsprozesse ausgelöst (Kap. 10.4.7). Deshalb werden die PE-Sorten grundsätzlich mit Stabilisatoren produziert. Aliphatische und aromatische Kohlenwasserstoffe bewirken eine Quellung. PE-Formmassen lassen sich durch Spritzgießen, Extrudieren und durch Blasverfahren bearbeiten. Sie sind spanend verformbar und gut schweißbar. Polyethylen enthält keine Weichmacher.
Verwendung: Folien, Dichtungsbahnen, Kabelummantelungen; Rohrleitungen für Trinkwasser, Abwässer und Gase; Behälter (Eimer, Wannen, Container, Mörtelkübel, Tanks), Tafeln, Rohrzubehör, Bodenverfestigungsgitter u.a.

- **Polypropylen (Polypropen), PP**
$$\left[CH_2 - \underset{\underset{CH_3}{|}}{CH} \right]_n$$

Polypropylen unterscheidet sich vom Polyethylen durch eine Methyl-Seitengruppe. Im Ergebnis der Polymerisation von Propylen können die Methylgruppen isotaktisch, syndiotaktisch und ataktisch angeordnet vorliegen (Abb. 10.10). Die gleichmäßige räumliche Ausrichtung der CH_3-Gruppen des isotaktischen PP führt zu einem Kristallinitätsanteil von 50...70% und einem im Vergleich zum PE erhöhten Erweichungsbereich (160...170°C). Deshalb ersetzt Polypropylen Polyethylen vor allem dort, wo es auf eine gute Wärmebeständigkeit ankommt. Die maximale Gebrauchstemperatur liegt bei etwa 130°C. Das durchsichtige bis milchig-trübe Material zeichnet sich durch eine besonders niedrige Dichte (ρ = 0,90 g/cm^3) aus, was auf den Raumbedarf der Methylgruppen und die daraus resultierende geringe Packungsdichte der Makromoleküle zurückzuführen ist. Im Gegensatz zu PE ist seine Oberfläche hart und glänzend und lässt sich nicht mit dem Fingernagel ritzen. PP ist nicht spannungsrissempfindlich, versprödet unterhalb von 0°C jedoch leicht. Wie Polyethylen neigt auch Polypropylen zu statischer Aufladung. Sie wird für bestimmte Anwendungszwecke durch den Zusatz von Antistatika vermindert.
Gegenüber verdünnten Säuren, Laugen, Salzlösungen sowie den meisten Lösungsmitteln ist es beständig. Von konz. H_2SO_4 und HNO_3 sowie von Wasserstoffperoxid H_2O_2 wird es angegriffen. Nichtstabilisiertes PP ist empfindlich gegen Lichteinwirkung. Wie PE brennt

es nach dem Entzünden mit einer nichtrußenden, einen blauen Kern aufweisenden Flamme unter Abtropfen weiter (Paraffingeruch). *Verwendung*: Rohre, Sanitärarmaturen, Beschläge, Folien, Haushaltgeräte.

$$\left[\!-CH_2\!-\!\underset{\displaystyle \underset{\displaystyle CH_3}{\overset{\displaystyle |}{\underset{|}{CH_2}}}}{\overset{\displaystyle |}{CH}}\!-\!\right]_n$$

- **Polybutylen (Polybuten), PB**

Wie Propen ist auch 1-Buten durch stereospezifische Polymerisation in ein isotaktisches, teilkristallines Polymerisat überführbar, das in seinen Eigenschaften weitgehend dem Polypropylen ähnelt. PB besitzt eine Dichte von 0,915 g/cm^3, seine Erweichungstemperatur liegt bei 100°C. Es zeichnet sich durch hohe Schlagzähigkeit und Festigkeit (auch bei höheren Temperaturen!) sowie eine hohe Spannungsrissbeständigkeit aus.
PB ist gegenüber nichtoxidierenden Säuren, Laugen, Ölen, Fetten und den meisten organischen Lösungsmitteln beständig. Von oxidierenden Säuren sowie aromatischen und Halogenkohlenwasserstoffen wird es angegriffen. Polybutylen brennt wie PE und PP mit einer leuchtenden, nichtrußenden Flamme, die einen blauen Kern aufweist. Die Rauchschwaden riechen stechend nach Paraffin. *Verwendung:* Rohrleitungen, Behälterauskleidungen, Folien, Kabelisolation u.a.

- **Polyisobutylen (Polyisobuten), PIB**

$$\left[\!-CH_2\!-\!\underset{\displaystyle CH_3}{\overset{\displaystyle CH_3}{C}}\!-\!\right]_n$$

Polyisobutylen fällt je nach Polymerisationsgrad als klebrig-öliges bis kautschukartiges Produkt an. Niedermolekulare Polyisobutylene sind bei Raumtemperatur viskose Flüssigkeiten, hochmolekulare Polybutylene (Molekülmassen bis 200 000) dagegen gummielastische, dem Kautschuk ähnliche Materialien (ρ = 0,92 g/cm^3). Die maximale Gebrauchstemperatur liegt bei 120°C, ab 380°C erfolgt Zersetzung. Durch Zusatz von Füllstoffen wie Ruß, Tonerde oder Talkum werden Festigkeit und Härte verbessert.
Von Säuren, Laugen und Salzlösungen wird PIB nicht angegriffen, wohl aber von Mineralölen und Benzin. Nach dem Entzünden brennt es mit leuchtender Flamme, seine Schwaden riechen nach verbranntem Gummi. *Verwendung*: Folien, Dach- und Dichtungsbahnen (hochmolekulares PIB), Klebstoffe und Abdichtmassen (niedermolekulares PIB).

B) *Polyvinyle und abgeleitete Verbindungen*

In den Vinylverbindungen CH_2=CH-R ist ein H-Atom des Ethylens durch unterschiedliche Reste R ersetzt, z.B. R = Cl: Vinylchlorid CH_2=CH-Cl, R = Phenyl: Vinylbenzol (Styrol) CH_2=CH-C_6H_5 und R = Acetat: Vinylacetat CH_2=CH-OCOCH$_3$. Die einseitige Substitution eines oder beider Wasserstoffatome im Ethylen durch Atome oder Atomgruppen, die eine höhere Elektronegativität als Kohlenstoff aufweisen, führt zu einer mehr oder weniger starken Polarisierung der Doppelbindung. Damit wäre eine ionische Polymerisation begünstigt. Ein ionischer Polymerisationsmechanismus ist aber nur bei Vinylethern anzutreffen, bei den Vinylhalogeniden und Vinylacetaten laufen die Polymerisationen radikalisch ab. Auf alle Fälle bewirken die unterschiedlichen Reste R eine Aktivierung der C=C-Doppelbindung, so dass Vinylverbindungen außerordentlich rasch polymerisieren.

● **Polyvinylchlorid, PVC**

$$\left[CH_2 - \underset{Cl}{CH} \right]_n$$

Polyvinylchlorid ist neben Polyethylen und Polystyrol einer der am häufigsten verwendeten thermoplastischen Kunststoffe. Die Polymerisation des Vinylchlorids läuft in Gegenwart von Peroxiden als Initiatoren radikalisch ab. Im Ergebnis unterschiedlicher Polymerisationsverfahren (Suspensions-, Emulsions- und Massepolymerisation) fällt Polyvinylchlorid als Pulver bzw. in Form kleiner Perlen an. Um während der thermischen Verarbeitung des Roh-PVC (bei etwa 160°C) die Abspaltung von HCl zu vermeiden, werden ihm Stabilisatoren zugesetzt, z.B. anorganische Schwermetallsalze, Metallseifen des Ba, Zn und Ca, Soda und Alkaliphosphate.

Man unterscheidet weichmacherfreies (*u*nplasticized) Polyvinylchlorid **PVC-U** und weichgemachtes (*p*lasticized) Polyvinylchlorid **PVC-P**. Ersteres wird als Hart-PVC und letzteres als Weich-PVC bezeichnet. Weichmacher sind der Schlüssel für die beeindruckende Vielseitigkeit des Kunststoffs PVC. Reines PVC ist ein ziemlich sprödes Material. Je mehr Weichmacher hinzugefügt wird, umso geschmeidiger wird es.

Hart-PVC (PVC-U)

Hart-PVC ist ein bei Raumtemperatur harter, polymerer Werkstoff, der zwischen 75...80°C in den weichelastischen Zustand übergeht. Er enthält grundsätzlich keine Weichmacher. Seine Dichte beträgt 1,38...1,40 g/cm³, die maximale Gebrauchstemperatur liegt bei 60°C. Bei 170°C wird PVC-U ölig-flüssig und bei 230°C kommt es zur Zersetzung. PVC-U ist leicht einfärbbar, spanend verarbeitbar, schweißbar, verklebbar und zwischen 130...140°C verformbar. Bis zu einer Temperatur von ca. 60°C zeigt PVC-U gegenüber den meisten Chemikalien eine gute bis sehr gute Beständigkeit (Ausn.: konz. H_2SO_4 und konz. HNO_3). In Ketonen, Estern, Chlorkohlenwasserstoffen und aromatischen KW wird PVC-U angequollen bzw. gelöst. *Verwendung*: Rohre für Wasserleitungen und Gasversorgung, Dränrohre, Bedachungen, Tafeln, Dachrinnen u.a.

Weich-PVC (PVC-P)

Weich-PVC enthält zwischen 20...50% Weichmacher, vor allem Phthalsäureester (Abb. 10.3c). In Abhängigkeit vom Weichmacheranteil fallen Produkte von weichgummi- bis lederähnlicher Beschaffenheit an. Infolge der tiefen Einfriertemperaturen (< -5°C) liegen die weichgemachten PVC-Sorten bei normalen Gebrauchstemperaturen im thermoelastischen Zustand vor.

Die Eigenschaften von PVC-P hängen von der Art und der Menge des zugesetzten Weichmachers ab. Eine Urformung durch Extrudieren, Gießen, Tauchen, Streichen, Kalandrieren, Schäumen und Hohlkörperblasen ist oberhalb 150°C möglich. PVC-P lässt sich sehr gut schweißen. Bei einem Weichmacheranteil von 30...40% Dioctylphthalat (DOP) beträgt die Dichte des PVC-P etwa 1,3 g/cm³.

Weich-PVC besitzt naturgemäß eine geringere chemische Beständigkeit als Hart-PVC. Es ist stärker quellbar und leichter in organischen Lösungsmitteln löslich. Verlust des Weichmachers durch Verflüchtigung, Herauslösen oder mikrobiellen Verzehr der Weichmacher-

moleküle, etwa bei bekiesten PVC-Flachdächern mit unzureichendem Gefälle und Pfützenbildung, führt zur **Versprödung**. PVC ist schwer entflammbar. Es brennt in der Flamme gelb rußend, wobei der untere Flammenteil bei Anwesenheit von Cu grün gesäumt ist ($\rightarrow$ *Beilstein-Probe, Cu-Nachweis*). Außerhalb der Flamme erlischt das PVC wieder.
Verwendung: Folien, Planen, Dichtungs- und Dachbelagbahnen, Fußbodenbeläge, Weichschaumstoff, Schläuche, Draht- und Kabelisolation u.a.

- **Polyvinylidenchlorid, PVDC**

Polyvinylidenchlorid ist ein thermoplastischer, widerstandsfähiger, nicht brennbarer Kunststoff, der durch radikalische Polymerisation von Vinylidenchlorid $CH_2=CCl_2$ hergestellt wird. PVDC weist einen hohen Anteil kristalliner Bereiche auf. Die Glasübergangstemperatur beträgt -19°C, bei etwa 200°C kommt es zur Schmelze. Aufgrund ungünstiger thermischer Eigenschaften werden für praktische Belange meist Copolymerisate unter Zusatz von Vinylchlorid (bis zu 20%) bzw. Vinylacetat (13%) *und* Acrylnitril (2%) hergestellt. Die Copolymerisate sind harte, nichtbrennbare, abriebfeste, wasserdampfundurchlässige und chemikalienbeständige Produkte. Ihr Erweichungsbereich liegt zwischen 100...120°C.
Verwendung: Folien, Lackrohstoff, Fäden (Weichmacherzusatz!), Rohre, Siebe, Borsten, Dispersionen für Anstrichmittel.

- **Polystyrol, PS**

Polystyrol wird hauptsächlich durch radikalische Polymerisation (Kopf-Schwanz-Verknüpfung, Abb. 10.8) von Styrol in Gegenwart peroxidischer Radikalbildner hergestellt. Das Polymerisat ist ein harter, glasklarer Werkstoff geringer Schlagzähigkeit. Es besitzt eine glänzende Oberfläche, die allerdings nicht kratzfest ist. Die Sprödigkeit unterhalb der Glasübergangstemperatur ist auf die sterische Behinderung der Makromoleküle durch die Phenylgruppen zurückzuführen. Sie erschwert ihre Beweglichkeit.
Reines Polystyrol (Homopolymerisat) besitzt eine Dichte von 1,05 g/cm³. Es erweicht zwischen 80...90°C und ist gut verformbar. PS lässt sich problemlos einfärben, spanabhebend bearbeiten, polieren und kleben.

Gegenüber Säuren, Laugen, Alkoholen und Mineralölen ist es beständig, gegenüber den meisten organischen Lösungsmitteln jedoch unbeständig. PS brennt mit leuchtender, stark rußender Flamme nach dem Entfernen der Zündquelle weiter und verbreitet einen süßlichen Geruch (Styrol!). Unter dem Einfluss von UV-Licht erfolgt eine allmähliche Vergilbung des Polystyrols. Seine Festigkeit nimmt ab und die Oberfläche wird langsam matt.
Verwendung: PS-Formmassen werden zu Haushaltgegenständen (Dosen, Behälter, Wegwerfgeschirr, Spielzeuge usw.) sowie zu Profilen, Beschlägen, Folien für Kabel u.a. verarbeitet.

PS-Hartschaum besitzt als Dämmstoff allergrößte technische Bedeutung. Er ist ein geschlossenzelliger, harter Schaumstoff entweder aus reinem Polystyrol oder aus Mischpolymerisaten mit einem überwiegenden Polystyrolanteil.

Bei der **Herstellung von Schäumen** unterscheidet man zwei grundsätzliche Herangehensweisen: die chemische und die physikalische Schaumerzeugung. Bei der *chemischen Schaumerzeugung* wird das notwendige Treibgas entweder in einer chemischen Reaktion erzeugt (PUR-Weichschaum, s.u.) oder es entsteht durch Zersetzung des zugesetzten Treibmittels (PVC). Bei der physikalischen Schaumerzeugung erfolgt das Aufblähen des Polymerisats durch Änderung des physikalischen Zustands des Treibmittels (z.B. Verdampfen; PS- und PUR-Hartschaum) oder Gase werden in die Grundmasse eingemischt (Phenolharze, PF).

Nach der Herstellungsart der PS-Schaumstoffe unterscheidet man zwischen dem eher grobporigen Partikelschaumstoff aus geblähtem Polystyrolgranulat (*EPS-Partikelschaum*; EPS steht für expandierbares PS), z.B. *Styropor* (BASF), und dem eher feinporigen extrudergeschäumten PS-Schaumstoff (XPS, Extrudierter **PS-Hartschaum**), z.B. *Styrodur* (BASF).
Polystyrolpartikelschaum (EPS): Enthält das Polymerisat in der Hitze verdampfende Treibmittel, entsteht geschäumtes Polystyrol. Als Treibmittel finden Pentan (Sdp. 36°C) oder CO_2 Einsatz.
Beispiel: *Styropor* (BASF): Das Ausgangspolymerisat für Styropor sind kleine Polymerkugeln. Sie werden mit H_2O-Dampf bei Temperaturen >90°C vorgeschäumt, wobei die PS-Perlen infolge des verdampfenden Treibmittels Pentan, zum Teil auch infolge des eingedrungenen H_2O-Dampfs, um das 20...50fache ihres ursprünglichen Volumens aufblähen. Im Inneren der Polymerperlen bildet sich eine geschlossene Zellstruktur aus. Der Grad der Aufschäumung bestimmt die Rohdichte der späteren Styroporplatte, sie liegt zwischen 10...35 kg/m^3. Der Aufschäumgrad hängt von der Dauer der Wärmeeinwirkung ab. Die vorgeschäumten Perlen müssen einige Zeit unter Luftzufuhr zwischengelagert werden (bis 48 Stunden). Beim Abkühlen der Partikel kondensieren in den einzelnen Zellen noch vorhandenes Treibmittel und Wasserdampf. Der sich hierbei ausbildende Unterdruck wird durch eindiffundierende Luft ausgeglichen. Beim späteren Einsatz sind die Zellen mit Luft gefüllt. Die vorgeschäumten, zwischengelagerten Schaumstoffperlen werden anschließend in Formen gefüllt und durch weiteres Erhitzen mit H_2O-Dampf bei etwa 130°C zu Platten u.a. verschmolzen (Quelle: Fa. Knauf).
Verwendung: Dämmstoffe für die Wärmedämmung (WDVS), für Trittschalldämmung bei Estrichen, für Drainplatten und als Verpackungsmaterial.

Extrudergeschäumtes Polystyrol (XPS). Das Polystyrol-Granulat wird in einem Extruder aufgeschmolzen und unter Zugabe von Kohlendioxid als Treibmittel über eine Breitschlitzdüse ausgetragen, hinter der sich kontinuierlich der Schaumstoffstrang aufbaut. Nach Durchlaufen einer Kühlzone wird der Strang zu Platten gesägt.

Extrudergeschäumtes Polystyrol ist homogen und geschlossenzellig. Die mit CO_2 aufgeschäumten XPS-Dämmplatten enthalten nach raschem Gasaustausch mit der Umgebungsluft bei ihrem Einsatz nur noch Luft als wärmedämmendes Gas (→ *Styrodur*, BASF). Extrudergeschäumtes PS besitzt aufgrund der kompakteren Zellstruktur eine höhere Festigkeit als ein durch zugesetzte Treibmittel geschäumtes PS.

Verwendung: XPS-Hartschaum wird aufgrund seiner höheren Festigkeit und seiner geringeren H_2O-Aufnahme für die Dämmung von Gebäuden gegen das Erdreich eingesetzt; weiterhin: Verwendung für Dachdämmung, Bodendämmung bei hoher Belastung, Einsatz im Sockelbereich (Wand).
In speziellen **Brandschutzplatten** ist geschäumtes Polystyrol mit wasserhaltigem Natriumsilicat kombiniert, das durch eine wasserdichte Epoxidharzschicht gegen Austrocknen geschützt ist (BASF). Bei Hitzeeinwirkung (Feuer!) blähen sich die dünnen Platten infolge der Zersetzung des PS und des freiwerdenden Wasserdampfs auf und erzeugen eine unbrennbare, poröse Brandschutzschicht (Verwendung für Wände und Türen).

Um die thermischen und mechanischen Eigenschaften des Homopolymerisats zu verbessern, wird Polystyrol mit anderen Monomeren copolymerisiert. Das sogenannte **schlagfeste Polystyrol** ist ein Styrol-Butadien-Pfropfcopolymer (Kurzzeichen: **SB**), dessen Butadienanteil zwischen 10...15% liegt. SB-Formmassen sind Zweiphasensysteme. Die gummiartigen Butadienteilchen (disperse Phase) sind im thermoplastischen Werkstoff Polystyrol (als Dispersionsmittel) verteilt und verbessern dessen Schlagzähigkeit entscheidend. SB-Copolymere weisen allerdings eine geringere Alterungsbeständigkeit als das Homopolymerisat auf und neigen zur Versprödung.
Für die Praxis wichtige Copolymerisate sind die **Acrylnitril-Butadien-Styrol-Copolymerisate (ABS)** und die **Styrol-Acrylnitril-Copolymerisate (SAN)**. Das chemische Verhalten der Copolymerisate unterscheidet sich nicht grundlegend von dem der Reinpolymerisate, wenngleich sich die Unbeständigkeit gegenüber oxidierenden Säuren, Alkoholen, Estern, Aceton, aromatischen und Chlorkohlenwasserstoffen etwas erhöht.
Verwendung der Copolymerisate: Rohre, Gehäuse für Telefonapparate und Radios, Geräteteile, Schutzhelme, Kfz-Teile usw.

Acrylharze (Acrylatharze)

Acrylharze sind thermoplastische und wärmehärtbare synthetische Harze, die durch Homo- und Copolymerisation von (Meth)acrylsäureestern gewonnen werden. Reine Acrylharze basieren ausschließlich auf (Meth)acryl-Monomeren. Zur Copolymerisation setzt man Monomere wie Styrol oder Vinylester ein. Über die Wahl der Monomeren lassen sich sowohl Löslichkeits- als auch Filmeigenschaften der Acrylharze breit variieren. Acrylharze sind transparente, gegen UV-Licht beständige, nicht verfärbende Werkstoffe.

● **Polyacrylsäureester (Polyacrylate)**

$$\left[\begin{array}{c} CH - CH_2 \\ | \\ COOR \end{array} \right]_n$$

Polyacrylsäureester sind Polymere auf Basis von Estern der Acrylsäure $H_2C=CH\text{-}COOR$ mit niederen Alkoholen. Sie entstehen durch radikalische Polymerisation. Je nach Polymerisationsgrad fallen sie als durchsichtige, farblose, viskose, evtl. klebrige Flüssigkeiten oder feste Produkte an. Ihre Einsatzmöglichkeiten werden durch ihre sehr niedrigen Glasübergangstemperaturen limitiert. Durch Copolymerisation mit Methacrylsäure, Styrol, Acrylnitril, Vinylchlorid oder Vinylacetat können ihre Eigenschaften verbessert werden.
Verwendung: Elastische Harze (Acrylharze), Klebstoffe (Acrylat-Klebstoffe), Beschichtungen, Anstriche (Acrylat-Lacke), Imprägnierungen, Betonzusätze, Grundstoffe für Fugendichtmassen.

● **Polymethacrylsäuremethylester , PMMA**
  (Polymethylmethacrylate)

$$\left[\begin{array}{c} CH_3 \\ | \\ C - CH_2 \\ | \\ COOCH_3 \end{array}\right]_n$$

Polymethacrylate (Polymethacrylsäureester) werden durch radikalische Polymerisation von Estern der Methacrylsäure $H_2C{=}C(CH_3){-}COOR$ mit $R = CH_3$, C_2H_5, C_3H_7 ... als amorphe, glasartig harte und transparente Kunststoffe („**organisches Glas**") erhalten.

Die technisch größte Bedeutung haben die **Polymethylmethacrylate** (obiges Formelbild, Veresterung mit Methanol) erlangt. Polymethylmethacrylate (PMMA, $\rho = 1,18$ g/cm^3) sind glasklare polymere Werkstoffe (**Acrylglas**) hoher Härte und Festigkeit sowie hoher Wärme- und Witterungsbeständigkeit. Im Gegensatz zu Fensterglas sind sie auch für UV- Licht durchlässig. Sie sind hochglänzend, kratzfest und lassen sich gut bearbeiten, z.B. polieren, sägen, fräsen und bohren. Sie können verklebt und verschweißt werden. Die Erweichungstemperaturen der PMMA-Polymere liegen zwischen 120...140°C. Bei etwa 150°C, also im thermoelastischen Bereich, können sie gebogen, gezogen bzw. tiefgezogen werden.

PMMA sind beständig gegenüber verdünnten Säuren ($\leq 20\%$), verdünnten Laugen, Benzin, Mineralölen sowie tierischen und pflanzlichen Ölen. Nicht beständig bzw. löslich bis quellbar sind sie in Benzol, Toluol, Estern, Ketonen, Chlorkohlenwasserstoffen sowie konz. Säuren und Laugen. PMMA brennt nach der Entzündung mit leuchtender, nichtrußender Flamme (blauer Kern) knisternd ab, wobei ein scharfer, fruchtartiger Geruch entsteht. *Verwendung*: Verglasungen, lichtdurchlässige Platten, Stäbe, Rohre, Profile, Sanitärartikel; Sicherheitsglas (splitterfrei und schusssicher). Das bekannteste Polymethylmethacrylat ist **Plexiglas** (Fa. Röhm).

● **Polyvinylacetat, PVAC**

$$\left[\begin{array}{c} CH - CH_2 \\ | \\ O - COCH_3 \end{array}\right]_n$$

PVAC wird durch radikalische Polymerisation von Vinylacetat $CH_2{=}CH{-}O{-}COCH_3$ erhalten. Die Polymerisate sind glasklare, spröde, licht-, wärme- und witterungsbeständige Thermoplaste mit Dichten zwischen 1,16...1,18 g/cm^3. Die Glasübergangstemperaturen der Polyvinylacetate liegen in Abhängigkeit von der relativen Molekülmasse zwischen 28 bis 180°C.

PVAC ist unlöslich in Wasser, löslich dagegen in vielen organischen Lösungsmitteln. Aufgrund seiner geringen mechanischen Festigkeit kann PVAC nicht als Konstruktionswerkstoff eingesetzt werden. *Verwendung*: Bindemittel für Anstriche und Beschichtungen, zur Herstellung von Lacken, Klebstoffen und Spachtelmassen, Haft- und Kontaktmittel.

● **Polyvinylalkohol (PVAL)** lässt sich durch eine alkalisch katalysierte Umesterung von Polyvinylacetat mit Alkohol (vorzugsweise Methanol!) herstellen. Die makromolekulare Kette bleibt erhalten (Gl. 10-17). Bei einer *Umesterung* wird der Alkoholrest eines Carbonsäureesters gegen einen anderen ausgetauscht. Dabei geht ein Ester in einen anderen über.

Die Umesterung kann somit als eine Abfolge einer Verseifungs- und einer Veresterungs-
reaktion angesehen werden.

$$\left.\left[\begin{array}{c} CH-CH_2 \\ | \\ O-COCH_3 \end{array}\right.\right]_n \quad \xrightarrow[-\,n\,H_3CCOOCH_3]{+\,n\,CH_3OH} \quad \left.\left[\begin{array}{c} CH-CH_2 \\ | \\ OH \end{array}\right.\right]_n \qquad (10\text{-}17)$$

Polyvinylacetat   Polyvinylalkohol

Handelsübliche PVAL sind weiß-gelbliche Pulver oder Granulate unterschiedlichen Polymerisationsgrades. Aufgrund der im Polymer enthaltenen polaren OH-Gruppen sind die
Polyvinylalkohole wasserlöslich und bilden schwach- bis zähviskose Lösungen. Trockener
PVAL ($\rho = 1{,}25...1{,}35$ g/cm^3) ist sehr spröde, weshalb mitunter Wasser oder weichma-
chende Substanzen wie Ethylenglycol und Glycerin zugesetzt werden. Mit Ausnahme einiger stark polarer Lösungsmittel wie Dimethylformamid und Dimethylsulfoxid ist PVAL in
den meisten organischen Lösungsmitteln unlöslich. PVAL-Folien sind weitgehend undurchlässig für Gase wie N_2, O_2, CO_2 und H_2, jedoch durchlässig für Wasserdampf.
Verwendung: Folien, Klebstoffe, Dichtungen, Schläuche u.a. Durch die polare OH-Gruppe
sind sie als Schutzkolloide verwendbar.

Durch Umsetzung von PVAL mit Butanal (Butyraldehyd C_3H_7 -CHO) entsteht **Polyvinylbutyral, PVB**, der technisch wichtigste Vertreter der Gruppe der **Polyvinylacetale**. Das
Strukturelement der Polyvinylacetale besitzt die allgemeine Formel:

$$\left.\left[\begin{array}{ccc} CH_2-CH-CH_2-CH \\ \quad\;\; | \qquad\qquad | \\ \quad\;\; O \qquad\qquad O \\ \quad\;\;\;\; \diagdown \;\; CH \;\; \diagup \\ \qquad\qquad | \\ \qquad\qquad R \end{array}\right.\right]_n$$

Die pulverförmig anfallenden Polyvinylbutyrale ($R = C_3H_7$) sind wasserunlösliche, amorphe, transparente Produkte. Sie bilden zähe und feste Filme. *Verwendung*: Folien als Zwischenschichten in Sicherheitsglasscheiben, Lacke und Klebstoffe, Anstrichmittel.

● **Polyvinylether, PVE**
$$\left.\left[\begin{array}{c} CH-CH_2 \\ | \\ O-R \end{array}\right.\right]_n$$

Polyvinylether entstehen überwiegend durch kationische Polymerisation von Alkylvinyl-
ethern CH_2=CH-OR. Technische Bedeutung haben der **Polyvinylmethylether** ($R = CH_3$),
der **Polylvinylethylether** ($R = C_2H_5$) und der **Polyvinylisobutylether** ($R = CH_2$-CH(CH$_3$)$_2$)
erlangt. Polyvinylether besitzen in Abhängigkeit von Alkylrest und Polymerisationsgrad
eine klebrig-flüssige bis feste wachsartige Konsistenz. Sie lösen sich in den meisten organischen Lösungsmitteln und besitzen eine außerordentlich gute Haftfähigkeit.
Verwendung: Klebstoffe (z.B. auf Klebe- und Isolierbändern), wieder befeuchtbare Papier-
klebstoffe (PVM), Lacke u.a.

● **Polytetrafluorethylen, PTFE**

$$\left[\begin{array}{cc} \underset{|}{\overset{F}{|}} & \underset{|}{\overset{F}{|}} \\ C & C \\ \underset{F}{|} & \underset{F}{|} \end{array}\right]_n$$

Polytetrafluorethylene entstehen durch radikalische Polymerisation von Tetrafluorethylen $CF_2=CF_2$. Die außerordentlich temperaturbeständigen Thermoplaste bestehen weitgehend aus linearen Makromolekülen und weisen einen hohen Anteil kristalliner Bereiche (bis zu 70%) auf. PTFE sind wasserabweisende und nicht brennbare Werkstoffe mit Dichten zwischen $2,1...2,3$ g/cm^3. Der Kristallitschmelzpunkt dieser Polymere geringer Härte liegt bei 327°C. Oberhalb 400°C zersetzen sie sich unter Freisetzung fluorhaltiger toxischer Abbauprodukte wie Fluorphosgen (COF_2) und Perfluorisobuten.

Der Gebrauchsbereich der PTFE erstreckt sich von -200 ... +250°C, über das gesamte Temperaturintervall ändern sich die mechanischen und chemischen Eigenschaften kaum. Außer der hohen Thermostabilität besitzen PTFE eine hohe Chemikalienbeständigkeit. Ein Angriff erfolgt nur durch Fluor, Fluorverbindungen bei erhöhten Temperaturen und durch flüssige Alkalimetalle. *Verwendung*: Wartungsfreie Gleitlager, Brückenlager, Dichtungen, Rohre, Folien, Platten, Beschichtungen für Küchengeräte (*Teflon*) und Isolationsmaterial.

10.4.4.2 Polykondensationskunststoffe (Polykondensate)

Polykondensationskunststoffe entstehen im Resultat einer Kondensationsreaktion. Monomere mit zwei funktionellen, meist endständigen Gruppen (bifunktionelle Monomere) bilden lineare, unverzweigte Polymere, polyfunktionelle Monomere mit drei oder mehr funktionellen Gruppen bilden dagegen verzweigte oder räumlich vernetzte Polymere.

Bei einer Polykondensation reagieren Monomere mit mindestens zwei meist verschiedenen funktionellen Gruppen zu einem Makromolekül unter Abspaltung kleiner anorganischer Moleküle, in der Regel H_2O, seltener NH_3 oder HCl.

Im Unterschied zur Polymerisation, bei der die Makromoleküle nach einem Kettenwachstumsmechanismus gebildet werden, läuft die Polykondensation nach einem Stufenmechanismus ab. Die Polykondensate entstehen stufenweise über stabile Zwischenprodukte, die die gleiche Reaktionsfähigkeit wie die Monomeren aufweisen. Zu jedem Zeitpunkt können Moleküle, so unterschiedlich ihre Größe auch sein mag, miteinander reagieren.

Kondensationsreaktionen repräsentieren einen allgemeinen Reaktionstyp, der nicht nur in der organischen, sondern auch in der anorganischen Chemie anzutreffen ist, z.B. Kondensation von Kieselsäuren unter Bildung von Polykieselsäuren (Kap. 9.2.2).

Bautechnisch wichtige Polykondensate:

● **Polyamide (PA)** entstehen durch Umsetzung von Diaminen und Dicarbonsäuren oder durch Polykondensation von Aminosäuren. Sie werden sowohl zu Textilfasern als auch zu Werkstoffen verarbeitet. Gl. (10-18) zeigt die Umsetzung von Hexamethylendiamin H_2N-$(CH_2)_6$-NH_2 mit Adipinsäure HOOC-$(CH_2)_4$-COOH zu einem Polyamid. Die Anzahl der Kohlenstoffatome der Methylenkette einschließlich der Säureamidgruppe (-NH-CO-) wird zur Kennzeichnung des Polyamids herangezogen. Das in Reaktion (10-18) gebildete Polykondensat trägt die Bezeichnung PA 66 (*Nylon*).

$$n\left\{H_2N-(CH_2)_6-\underset{H}{N}{+}H \;+\; HO\,OC-(CH_2)_4-COOH\right\}\quad\xrightarrow{-\,(2n-1)\,H_2O}$$

$$\left[H{-}\underset{H}{N}-(CH_2)_6-\underset{H}{N}{-}\overset{O}{\overset{\|}{C}}-(CH_2)_4-\overset{O}{\overset{\|}{C}}{-}OH\right]_n \tag{10-18}$$

Polyamide sind ziemlich harte, zähe, abriebfeste, farblose bis schwach gelbliche Thermoplaste mit glänzender Oberfläche. Die hornartigen Stoffe besitzen aufgrund ihres relativ hohen kristallinen Anteils keinen breiten Erweichungsbereich, sondern einen mehr oder weniger scharf ausgeprägten Schmelzpunkt. Er liegt je nach PA-Sorte zwischen 185 und 255°C. Polyamide lassen sich verspinnen, gießen, pressen und spanabhebend bearbeiten. Von Nachteil für den Werkstoffeinsatz ist ihre Empfindlichkeit gegenüber Luftsauerstoff bei höheren Temperaturen (>100°C) und gegenüber UV-Strahlung. Darüber hinaus nehmen sie in Abhängigkeit von der Luftfeuchtigkeit wechselnde Mengen Wasser auf (bis zu 10%). Gegenüber Alkalien und den meisten organischen Lösungsmitteln sowie Kraftstoffen und Ölen sind die PA beständig. Von konz. Säuren und starken Oxidationsmitteln werden sie angegriffen. Polyamide brennen mit leuchtender Flamme unter Abtropfen (Geruch nach verbranntem Horn). *Verwendung*: Folien, Platten, Schrauben, Dübel, Beschläge, Dichtungen, Textilfasern u.a.

Formaldehydkondensationsprodukte:

• **Phenol-Formaldehyd-Harze** (**PF**, *Phenolharze*, *Phenoplaste*) entstehen durch Einwirkung von Formaldehyd auf Phenol im basischen bis schwach sauren Milieu. Phenol und Formaldehyd reagieren unter Wasserabspaltung zunächst stufenweise zu Zwischenprodukten (Abb. 10.16a), wobei die Substitution der H-Atome des Phenols in ortho- und in para-Stellung erfolgen kann. Die zunächst entstehenden linearen und verzweigten Makromoleküle (**Vorkondensate**) besitzen einen niedrigen Polymerisationsgrad. Die Polykondensation ist noch nicht abgeschlossen. Bei den Vorkondensaten handelt es sich um zähflüssige bis feste pulverförmige, thermoplastische Massen, die in der Regel mit Füllstoffen wie Mineral- und Gesteinsmehlen, Holzmehlen, Textil- und Glasfasern versetzt und anschließend mit Hilfe von Vernetzungsmitteln (Härtern) unter Druck oder durch Hitzeeinwirkung verpresst werden. Die Füllstoffe sollen die Kosten für den Kunststoff senken und seine mechanischen Eigenschaften verbessern.

Die bei der *alkalischen Kondensation* anfallenden löslichen thermoplastischen Vorprodukte bzw. Vorkondensate werden **Resole** (A-Harze) genannt. Sie gehen durch weitere Kondensation beim Erhitzen auf 150°C in **Resitole** (B-Harze) über, die kaum noch löslich und nur in der Hitze thermoplastisch sind. Durch Zugabe einer Säure als Härter werden die Resitole bei Normaltemperatur in unlösliche, schwer schmelzbare Formen überführt (**Resite**). Resite sind durch eine räumliche Vernetzung der Molekülketten (Abb. 10.16b) gekennzeichnet. Bei der *sauren Kondensation* reagieren Phenol und Formaldehyd zu halbflüssigen, weitgehend löslichen Produkten (**Novolake**). Sie können durch Zusatz von Hexamethylentetramin ausgehärtet werden.

Ein Phenol-Formaldehyd-Harz war der erste und lange Zeit einer der wichtigsten synthetischen Kunststoffe, der unter dem Namen seines Erfinders *L. H. Baekeland* als **Bakelit** bekannt geworden ist.

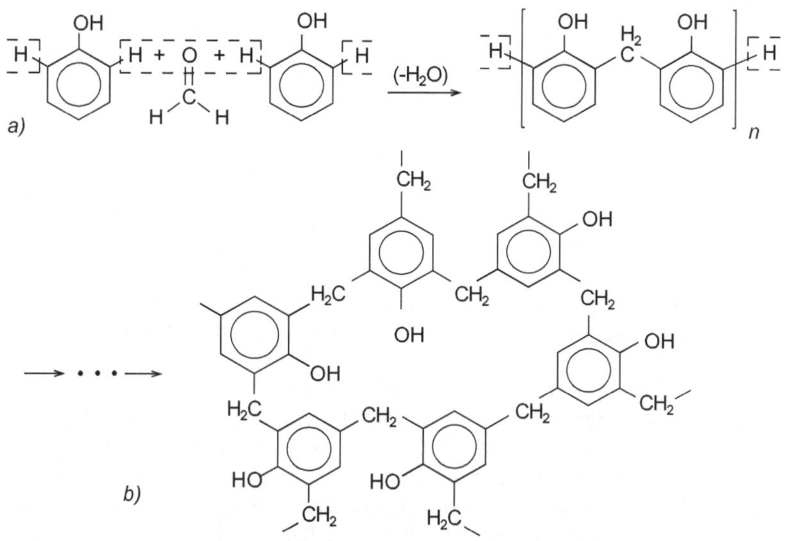

Abbildung 10.16 Phenol-Formaldehyd-Harze: a) Bildung des Vorkondensats durch intermolekulare H_2O-Abspaltung; b) Ausschnitt aus der vernetzten Struktur.

Die geruch- und geschmacklosen Phenol-Formaldehyd-Harze besitzen den Nachteil, dass sie im Laufe der Zeit nachdunkeln. Deshalb werden sie vor der Weiterverarbeitung meist dunkelbraun oder schwarz eingefärbt. Sie sind widerstandfähig gegenüber Wasser und Chemikalien, auch gegenüber organischen Lösungsmitteln, und besitzen etwa die Härte des Kupfers. *Verwendung*: Wegen ihrer niedrigen elektrischen und Wärmeleitfähigkeit werden Phenolharze zur Herstellung von Isolatoren, Schaltern, Steckdosen usw. verarbeitet. Darüber hinaus finden sie Verwendung in Schichtpressstoffen, Holzspan- bzw. Holzfaserplatten. Die durch Zusatz von Säuren kalt härtenden Resole sind Bestandteil einiger Kleb- und Schaumstoffe.

• **Harnstoff-Formaldehyd-Harze** (**UF**, *Harnstoffharze*) gehören zur Gruppe der **Aminoplaste**. Aminoplaste sind Kunststoffe, die durch Einwirkung von Aldehyden (meist Formaldehyd) auf Amine hergestellt werden. Das Kurzzeichen **UF** leitet sich von *U*rea (*griech.-lat.* Harnstoff) und *F*ormaldehyd ab.

Bei der Umsetzung von *Harnstoff* $H_2N\text{-}CO\text{-}NH_2$ und *Formaldehyd* H-CHO entstehen unter entsprechenden Reaktionsbedingungen zunächst kettenförmige Moleküle (Abb. 10.17a) als **Vorkondensate**. Sie werden ähnlich wie die Phenolharze durch Erhitzen unter Druck vernetzt. Abb. 10.17b zeigt einen Ausschnitt aus der vernetzten Struktur eines Harnstoff-Formaldehyd-Harzes.

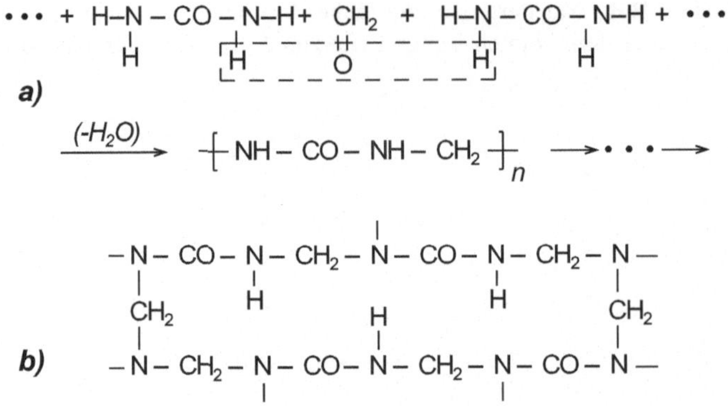

$$\cdots + \underset{\underset{H}{|}}{H\text{--}N} \text{--} CO \text{--} \underset{H}{N\text{--}H} + CH_2 + \underset{\underset{H}{|}}{H\text{--}N} \text{--} CO \text{--} \underset{\underset{H}{|}}{N\text{--}H} + \cdots$$

a)

$$\xrightarrow{(-H_2O)} \quad \Big[\!\!-NH - CO - NH - CH_2 -\!\!\Big]_n \quad \longrightarrow \cdots \longrightarrow$$

$$-N - CO - N - CH_2 - N - CO - N - CH_2 - N -$$

b)

Abbildung 10.17   Harnstoff-Formaldehyd-Harze: a) Bildung des Vorkondensats unter H$_2$O-Abspaltung; b) Ausschnitt aus der vernetzten Struktur.

Harnstoff-Formaldehyd-Harze sind glasklar und farblos, jedoch gut anfärbbar. Sie werden meist mit Füllstoffen wie Holzmehl, Cellulose oder Textilfasern zu weißen Pressmassen verarbeitet, die sich durch Lichtechtheit sowie Geschmacks- und Geruchlosigkeit auszeichnen. Allerdings sind sie empfindlich gegen Hitze und Feuchtigkeit. Ihre Widerstandsfähigkeit gegenüber Chemikalien entspricht der der Phenolharze. Problematisch ist die nachträgliche Abspaltung von Formaldehyd aus den Fertigprodukten. Die Emission von Formaldehyd aus Möbeln und Spanplatten führt zu einer teilweise beträchtlichen Belastung der Innenraumluft (s. Kap. 12.2). *Verwendung*: Bindemittel für Pressmassen (Sanitärbereich, Elektroinstallation), Bindemittel für Holzwerkstoffe, nichtelastische Schaumstoffe (Wärmedämmung).

Die Kondensation von Harnstoff und Formaldehyd in Gegenwart von Alkoholen (z.B. Butanol) führt zu hochwertigen Lackharzen, die als lösungsmittelbeständige, nicht vergilbende Einbrennlacke Anwendung finden.

- **Melamin-Formaldehyd-Harze** (**MF**, *Melaminharze*) entstehen durch Polykondensation von Melamin (2,4,6-Triamino-1,3,5-triazin) mit Formaldehyd. Wie die Harnstoffharze gehören auch die Melaminharze zu den Aminoplasten. Aufgrund der drei freien Aminogruppen kann Melamin bis zu sechs Formaldehydmoleküle anlagern. Die Vorkondensate fallen als feinpulvrige, wasserlösliche Harze an. Sie vernetzen beim Erhitzen auf 120...165°C zu unlöslichen, schwer schmelzbaren Produkten von guter Lichtbeständigkeit.

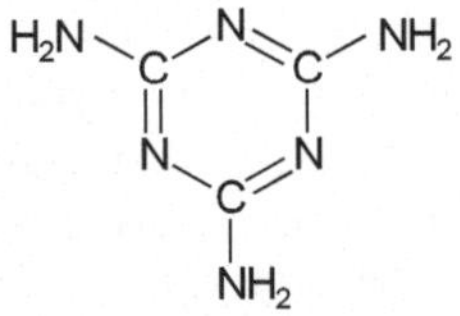

Melamin

MF sind glasklar, gut anfärbbar und übertreffen die Harnstoffharze in Bezug auf Wasser- und Temperaturbeständigkeit deutlich. Sie sind geruchsfrei und physiologisch unbedenklich. *Verwendung*: Mit Füllstoffen wie Gesteinsmehl, Holzmehl, Cellulose oder Textilfasern versetzt, werden die Melaminharze zu Pressmassen verarbeitet, die in der Elektroindustrie, Möbelindustrie (Deko-Platten, Deckfurniere), Rundfunk- und Fernsehtechnik Verwendung finden. Darüber hinaus werden sie als Rohstoffe für Lacke und Leime eingesetzt.

- **Polyesterharze - Alkydharze**

- *Lineare Polyester* werden durch Polykondensation von zweiwertigen Alkoholen mit Dicarbonsäuren erhalten. Der wohl bekannteste Vertreter dieser Gruppe von Kunststoffen ist das **Polyethylenterephthalat, PET**. PET entsteht durch Umsetzung von Ethylenglycol mit Terephthalsäure (Gl. 10-19).

$$n\left\{ HO-(CH_2)_2-O\overline{|H} + \overline{HO|}\,OC-\!\!\left\langle\bigcirc\right\rangle\!\!-COOH \right\} \xrightarrow{\;-(2n-1)\,H_2O\;}$$

Ethylenglycol   Terephthalsäure   (10-19)

$$H\!-\!\!\left[O-(CH_2)_2-O-\overset{O}{\overset{\|}{C}}-\!\!\left\langle\bigcirc\right\rangle\!\!-\overset{O}{\overset{\|}{C}}-\right]_{\!n}\!\!-OH$$

Aus PET werden vor allem Dichtungsbahnen für Bauwerksabdichtungen und Folien mit einer außerordentlich hohen Reißfestigkeit und Temperaturbeständigkeit hergestellt. PET wird außerdem zu Kunstfasern, Polyesterseilen und Getränkeflaschen (geringe Masse!) verarbeitet. Setzt man 1,4-Butandiol anstelle von Ethylenglycol mit Terephthalsäure um, erhält man **Polybutylenterephthalat (PBT)**. PBT besitzt ähnliche Eigenschaften wie PET.

- *Vernetzte Polyester*. Bei der Polykondensation eines drei- (z.B. Glycerin) oder höherwertigen Alkohols (Kap. 10.1.3) mit einer zweiwertigen aromatischen Dicarbonsäure oder deren Anhydrid bilden sich bei Temperaturen um 250°C vernetzte, schwer schmelzbare Kondensationsprodukte (*Glyptalharze*). Setzt man pflanzliche Öle, z.B. Leinöl, oder Fettsäuren zu, bilden sich im Resultat von Polykondensationsreaktionen **Alkydharze (ölmodifizierte Alkydharze)**. Dabei wird mindestens eine OH-Gruppe des Polyols mit einer Fettsäure verestert. Je nach „Ölbasis" unterscheidet man (luft)trocknende, halb- und nichttrocknende Alkydharze. Alkydharze bilden wetter- und wasserfeste, lichtbeständige Anstrichfilme, weshalb sie vor allem als Lackharze verwendet werden.

Ungesättigte Polyesterharze (UP) werden durch Polykondensation ungesättigter Dicarbonsäuren bzw. polyfunktioneller ungesättigter Carbonsäurederivate mit mehrwertigen Alkoholen erhalten. Die zunächst durch Kondensation entstehenden **linearen** und **verzweigten ungesättigten Polyester** fallen als glasig-amorphe, feste Massen an. Indem man sie in einem polymerisationsfähigen Lösungsmittel wie Styrol löst, erreicht man eine Vernetzung (*vernetzte Polyester*). Ihre Synthese stellt eine Kopplung von Polykondensations- und Polymerisationsreaktionen dar.

Die Lösungen der ungesättigten Polyester in Styrol (*Achtung*: Styroldämpfe wirken reizend auf Augen, Atemwege und Haut!) bezeichnet man als *Gieß-* oder *Reaktionsharze* (auch: *Laminarharze)*. Der Styrolgehalt kommerziell gehandelter Lösungen liegt zwischen 35...40%. Die Aushärtung kann je nach eingesetztem Härter und evtl. Beschleunigern bei höheren Temperaturen oder bei Normaltemperatur erfolgen. Durch Zugabe organischer Peroxide als Härter erfolgt die Polymerisation der Kondensate bei Temperaturen zwischen 80...160°C. Soll eine effektive Aushärtung unter 80°C erreicht werden, müssen Beschleunigersubstanzen (Metallsalze) zugesetzt werden.

Die **vernetzten ausgehärteten Polyesterharze** sind harte, spröde, farblose und glasklare Werkstoffe, die sich leicht einfärben lassen. Sie sind beständig gegenüber Wasser, verdünnten Mineralsäuren und Alkalien, Salzlösungen sowie den meisten organischen Lösungsmitteln (Ausn.: Aceton, Essigsäureethylester). Die mechanischen Eigenschaften der Polyesterharze können durch Glasfaserverstärkung verbessert werden (**Glasfaserverstärkte Polyesterharze UP-GF**).
Verwendung: UP werden für Klebstoffe (Zweikomponenten-Kleber), Gießharze, Polymermörtel und -betone und glasfaserverstärkte ungesättigte Polyester verwendet.

Glasfaserverstärkte Kunststoffe (GFK). Die Glasfaserverstärkung von Polyesterharzen ist von großer bautechnischer wie auch wirtschaftlicher Bedeutung. Neben UP-GF sind eine Reihe weiterer Kunststoffe mit Glasfaserverstärkung im Handel: Epoxidharze (EP-GF), Polystyrol, Polyamide, Polycarbonate, Phenol- und Melaminharze.
Verwendung der GFK: lichtdurchlässige, ebene bzw. gewellte Platten und Tafeln für Fassaden, Dächer, Wände, Betonbekleidungen; Profile, Rohre, Behälter, Öltanks, Fenster, Türen, Tore u.a.

• **Polycarbonate (PC)** sind lineare Polyester, die durch Polykondensation von Derivaten der Kohlensäure mit Dialkoholen hergestellt werden. Die Bezeichnung dieser Kunststoffe als Polycarbonate geht auf die Gruppierung (-O-CO-O-, *Carbonat:* CO_3^{2-}) zurück.
Von Bedeutung sind vor allem Polycarbonate auf der Basis aromatischer Dihydroxyverbindungen, hauptsächlich des 4,4'-Dihydroxy-dimethyl-diphenyl-methans (*Bisphenol A*, auch: *Dian*, Abb. 10.18a). Durch Umsetzung mit Phosgen Cl-CO-Cl, dem Dichlorid der Kohlensäure, bilden sich unter Abspaltung von HCl *lineare Makromoleküle* (Abb. 10.18 b).

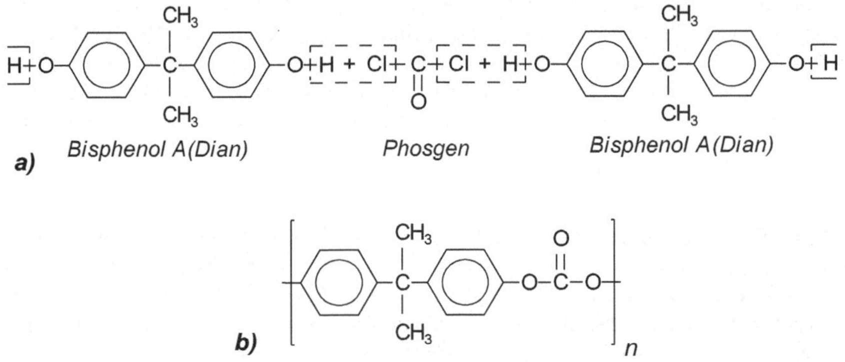

Abbildung 10.18 Polycarbonate: a) Kondensationsreaktion von Phosgen mit Dian unter Abspaltung von HCl; b) Strukturelement des Kunststoffs.

Polycarbonate sind klare, durchsichtige, farblose bis schwach gelbliche, thermoplastische Kunststoffe, die in ihren mechanischen, thermischen und elektrischen Eigenschaften zahlreichen anderen Kunststoffen überlegen sind. Sie sind hartelastisch und lassen sich polieren, spanend bearbeiten, kleben, schweißen und nageln. PC sind bis -100°C schlagzäh und wegen ihres relativ hoch liegenden Erweichungsbereichs bis ca. 130°C einsetzbar. Sie sind beständig gegenüber Wasser, Salzlösungen, verdünnten Mineralsäuren, Kohlenwasserstoffen, Ölen und Fetten. Von bestimmten Chlorkohlenwasserstoffen, wie z.B. CH_2Cl_2 und

CCl$_4$, sowie von Benzol werden sie angequollen. Polycarbonate weisen eine ausgezeichnete Beständigkeit gegenüber Sonnenlicht, Witterungseinflüssen und radioaktiver Strahlung auf. Von Alkalien (Zement!) werden sie angegriffen. *Verwendung*: Platten, Tafeln und Stangen, lichtdurchlässige Formplatten, Verglasungen, durchsichtige Geräteabdeckungen, Telefonzellen, CD und DVD u.a.m.

• **Furanharze** sind Polymere, die in der Hauptkette Furanringe (s. Kap. 10.1.8) enthalten. Sie werden durch Polykondensation von Furfurylalkohol (2-Furanmethanol) mit sich selbst oder mit Furfurol (α-Furfurylaldehyd), Formaldehyd, Harnstoff, Ketonen und/oder Phenol als Co-Monomeren hergestellt.

Furanharze sind braune bis schwarze, viskose Flüssigkeiten, die in Anwesenheit stark saurer Katalysatoren zu Produkten mit ausgezeichneten Gebrauchseigenschaften vernetzen. Kommerziell erhältliche Furanharze bestehen aus den entsprechenden Furfurylalkohol-Cokondensaten, denen zur Viskositätserniedrigung Reaktivverdünner wie Furfurol, Furfurylalkohol und aromatische Aldehyde zugesetzt sind. Die Kalthärtung erfolgt entweder mit wässrig-alkoholischen Lösungen von Mineralsäuren (H$_3$PO$_4$, verd. H$_2$SO$_4$) oder mit festen, kristallinen aromatischen Sulfonsäuren. Sie können dem Harz in fester Form, z.B. im Gemisch mit den Füllstoffen, aber auch als wässrig-alkoholische Lösung, zugesetzt werden. *Verwendung*: Chemikalienbeständige Kitte und bei niedriger Temperatur härtende Klebstoffe. Glasfaserverstärkte Furanharze werden als Konstruktionsmaterialien mit hoher Korrosions-, Hitze- und Flammbeständigkeit für Behälter, Rohrleitungen und Reaktoren eingesetzt.

10.4.4.3 Polyadditionskunststoffe (Polyaddukte)

Polyadditionskunststoffe entstehen im Resultat einer Polyadditionsreaktion bei der die Bildung eines Makromoleküls durch wechselseitige Verknüpfung (Addition) verschiedenartiger Monomere erfolgt. Ein Molekül mit zwei oder mehreren reaktiven Gruppen addiert sich an ein zweites Molekül, das als reaktives Strukturelement Doppelbindungen aufweist. Dabei wird ein Proton von der funktionellen Gruppe der addierten Verbindung zu einem Atom des ungesättigten Monomers übertragen. Im Gegensatz zur Polykondensation entstehen keine Nebenprodukte.

Wesentliche Voraussetzung für den Ablauf einer Polyaddition ist das gleichzeitige Vorhandensein eines Protonendonators und eines Protonenakzeptors. Eines der beiden sich verknüpfenden Moleküle muss demnach als Brönsted-Säure und eines als Brönsted-Base fungieren können. Als Protonendonatoren kommen vor allem Diole und als Protonenakzeptoren Diisocyanate mit reaktiven Isocyanatgruppen (O=C=N-) zur Anwendung. Die Protonen der beiden OH-Gruppen des Diols wandern jeweils zu einer Isocyanatgruppe, wobei sich das partiell positiv geladene H-Atom an das Stickstoffatom und das partiell negativ geladene Sauerstoffatom der Hydroxylgruppe an das Kohlenstoffatom der O=C=N-Gruppe anlagert. Die N=C-Doppelbindung wird aufgespalten (Additionsreaktion) und zwischen den beiden Monomerkomponenten bildet sich eine kovalente Bindung aus.

Die in Gl. (10-20) dargestellte Umsetzung eines Diisocyanats mit einem Diol zu einem Polyaddukt läuft bei der Darstellung von **Polyurethanen** (s.u.) ab.

$$n \left\{ HO{-}CH_2{-}CH_2{-}OH \ + \ O{=}C{=}N{-}(CH_2)_6{-}N{=}C{=}O \right\} \longrightarrow$$

Ethylenglycol   *1,6-Hexandiisocyanat*

$$\left[O{-}CH_2{-}CH_2{-}O{-}\overset{\displaystyle O}{\overset{\displaystyle \|}{C}}{-}\underset{\displaystyle H}{\overset{\displaystyle |}{N}}{-}(CH_2)_6{-}\underset{\displaystyle H}{\overset{\displaystyle |}{N}}{-}\overset{\displaystyle O}{\overset{\displaystyle \|}{C}} \right]_n \qquad (10\text{-}20)$$

Bautechnisch wichtige Polyaddukte:

- **Polyurethane (PUR)**. Setzt man aliphatische Diisocyanate, z.B. 1,6-Hexandiisocyanat, mit Diolen wie Ethylenglycol (Gl. 10-20) oder 1,4-Butandiol um, erhält man überwiegend **lineare Polyurethane**. Sie besitzen ähnliche Eigenschaften wie die Polyamide. Durch Zusatz von Füllstoffen wie Ruß oder Metalloxide (Al_2O_3, TiO_2) können ihre Gebrauchseigenschaften verbessert werden. **Vernetzte Polyurethane** entstehen durch Polyaddition von Di- und Triisocyanaten (Gemische!) an höhermolekulare Alkohole bzw. verzweigte Polyester. Ihre Eigenschaften sind je nach Vernetzungsgrad über einen weiten Bereich variierbar. Sie fallen als harte, spröde Feststoffe oder als Elastomere (*Polyurethanelastomere*) an.

PUR-Harze haften gut auf unterschiedlichen Untergrundmaterialien, altern nur geringfügig und werden von verdünnten Säuren und Laugen, Kohlenwasserstoffen sowie Ölen und Fetten kaum angegriffen. Konz. Laugen und Säuren lösen die Harze allerdings an. PUR-Harze sind reißfest und elastisch. Entsprechend breit gefächert wie das Eigenschaftsspektrum ist auch das Verwendungsgebiet der Polyurethane. Es reicht von zähharten Fußbodenbeschichtungen (Gießharze), Fugenfüllstoffen, Abdichtungen, Lackbindemitteln, Klebstoffen, Spachtelmassen bis hin zu Polyurethanschaumstoffen (s.u.).

Polyurethanschaumstoffe lassen sich in *PUR-Weich-* und *PUR-Hartschaumstoffe* unterteilen. Sie wurden in der Vergangenheit ausnahmslos durch FCKW (bes. CCl_3F, R 11) geschäumt. Die Suche nach Alternativen machte schnell deutlich, dass es ein halogenfreies Treibmittel, das alle günstigen Eigenschaften der FCKW in sich vereint, nicht geben kann. So wurden je nach Schaumstofftyp anwendungsspezifische Ersatzlösungen entwickelt.

Ein alternatives Treibmittel für die **Weichschäume** zu finden, war nicht schwierig. Führt man nämlich die Polyaddition in wässriger Lösung durch, kommt es unter Abspaltung von CO_2 zur Bildung von Diaminen (Gl. 10-21), die als Vernetzerkomponente wirken. Zu Beginn der Polyaddition kann das CO_2 noch aus der flüssigen Reaktionsmischung entweichen. Je viskoser die Mischung wird, umso weniger Gasblasen können entweichen. Sie bleiben „gefangen" und verleihen dem festen Polymer eine schaumige Struktur. Das CO_2 besitzt demnach blähende und schaumbildende Eigenschaften (*chemische Schaumerzeugung*). Die Menge an zugesetztem Wasser beeinflusst das Raumgewicht (kg/m^3; je höher das Raumgewicht, desto besser die Qualität!) des entstehenden Schaums.

$$O{=}C{=}N{-}(CH_2)_n{-}N{=}C{=}O \ + \ 2\,H_2O \longrightarrow H_2N{-}(CH_2)_n{-}NH_2 \ + \ 2\,CO_2 \uparrow \qquad (10\text{-}21)$$

Für die Produktion von **PUR-Hartschäumen** ist heute vor allem Cyclopentan (BASF) das Treibmittel der Wahl (*physikalische Schaumerzeugung*). Cyclopentan verdampft durch die Reaktionswärme. Es kommt hinsichtlich seines Siedepunkts (49°C) und seiner Wärmeleitfähigkeit den Anforderungen an ein FCKW-Ersatztreibmittel am nächsten. Die physikalische Schäumung ist besonders für die Herstellung harter geschlossenzelliger Schaumstoffe geeignet. Die zukünftige Entwicklung wird zum alleinigen Einsatz von CO_2 als Treibmittel gehen. *PUR-Weichschäume* finden ein breites Einsatzspektrum, z.B. als Polster- und als Teppichrückenmaterial sowie als Filtermaterial. *PUR-Hartschäume* werden in erster Linie zur Wärmedämmung von Gebäuden, von Wärme- und Kältespeichern sowie zur Dämmung in bestimmten Rohrsystemen eingesetzt.

● **Epoxidharze (EP)**, sind härtbare, industriell hergestellte organische Verbindungen, deren Reaktivität auf den im Molekül befindlichen Epoxidgruppierungen beruht. *Epoxide* enthalten den Sauerstoff in einer cyclischen, aus drei Atomen bestehenden Etherstruktur, bei der ein Sauerstoffatom an zwei direkt miteinander verknüpfte C-Atome gebunden ist.

$$- CH - CH - \qquad \text{\textit{Epoxidgruppe}}$$
$$\diagdown \ O \diagup$$

Epoxidharze sind aus zwei Komponenten bestehende Reaktionsharze (2 K-Systeme), einem Grund- oder Basisharz und einem Härter. Die *Grundharze* entstehen durch Umsetzung von Epichlorhydrin (exakt: 1-Chlor-2,3-epoxipropan) mit zumeist aromatischen Dihydroxyverbindungen (Phenolen), unter Zusatz von Alkalilauge. Als phenolische Komponente verwendet man hauptsächlich das bereits von den Polycarbonaten bekannte Bisphenol A (Dian, Abb. 10.18). Aufgrund der endständigen Epoxidgruppen sind die Grundharze (Abb. 10.19a) in der Lage, mit aminogruppenhaltigen Härtern zu reagieren (Abb. 10.19b). Zur Herabsetzung der Viskosität und Verbesserung der Gießbarkeit können den Epoxiden Reaktivverdünner wie Glycidether aliphatischer und aromatischer Alkohole oder Glycidester höherer Carbonsäuren zugesetzt werden.
Durch Polyaddition der **Härterkomponenten** an die Epoxid(grund)harze entstehen vernetzte Makromoleküle unter Bildung eines harten Duroplasts. Als Härter werden vor allem mehrfunktionelle primäre und sekundäre Amine verwendet, z.B. Dipropylentriamin oder Diaminodiphenylamin. Verantwortlich für die räumliche Vernetzung des EP-Grundharzes sind die reaktiven H-Atome des Amins, damit liegen im ausgehärteten Epoxidharz überwiegend tertiäre Amine vor (Abb. 10.19b).
Die Heißhärtung der Grundharze erfolgt bei Temperaturen zwischen 100...150°C mit sauren Härtern, z.B. Dicarbonsäureanhydriden. Dabei werden Harze mit einer höheren Wärmebeständigkeit und günstigeren elektrischen Eigenschaften erhalten. Die ausgehärteten EP-Harze sind relativ hart und abriebfest, chemisch sehr beständig und haften gut auf den verschiedensten Untergrundmaterialien.

Breite Anwendung in der Baupraxis finden heute **Epoxidharzemulsionen** (*wässrige 2-Komponenten-EP-Systeme*). Die Besonderheit dieser Emulsionen, die wie die konventionellen EP-Systeme auf der Umsetzung von EP-Harz mit reaktiven Polyaminen beruhen, besteht darin, dass mindestens eine Komponente mit Wasser verdünnbar sein muss. Zur Bildung eines kolloiddispersen Systems werden entweder Dispergiermittel eingesetzt oder in die polymere Struktur des Harzes werden hydrophile Gruppen eingebaut (in der Praxis setzt man überwiegend Dispergiermittel ein!). Als Härter finden wasserverdünnbare Polyaminoamide oder hydrophil modifizierte Epoxid-Amin-Addukte Verwendung.

Grundharz und Härter werden auf der Baustelle vermischt, wo sie unter Freisetzung von Wärme das Epoxidharz bilden. Nach 12...16 Stunden ist die Aushärtung im Wesentlichen abgeschlossen.

$$a)\quad H_2C-CH-CH_2\underset{O}{\Big[}O-\!\!\bigcirc\!\!-\overset{CH_3}{\underset{CH_3}{C}}-\!\!\bigcirc\!\!-O-CH_2-\underset{OH}{CH}-CH_2\Big]_n O-CH_2-CH-CH_2$$

$$b)\quad \cdots-O-CH_2-\underset{O}{CH-CH_2} + H-\underset{R}{N}-H + CH_2-\underset{O}{CH}-CH_2-O-\cdots \longrightarrow$$

$$\cdots-O-CH_2-\underset{OH}{CH}\!-\!CH_2-\underset{R}{N}-CH_2\!-\!\underset{OH}{CH}-CH_2-O-\cdots$$

tertiäres Amin

Abbildung 10.19 a) Struktur eines Epoxid-Grundharzes; b) Reaktion der endständigen Epoxidgruppen eines Grundharzes mit dem Härter (z.B. Amin R-NH$_2$).

Da Epoxidharze als Duromere eine harte Oberfläche aufweisen, eignen sie sich sehr gut für mechanisch stark belastete Beschichtungen. Sie zeigen eine geringe Feuchtigkeitsempfindlichkeit und eine hohe Chemikalienbeständigkeit, haften gut und weisen eine geringe Wasserdampfdurchlässigkeit auf.

Verwendung: Lack- und Gießharze, Injektionsharz für Abdichtungen, Klebstoffe (Zweikomponenten-Kleber), Bindemittel zur Beschichtung oder zur Herstellung von Kunstharzmörtel und Kunstharzbeton (Kap. 10.4.6).

Achtung: Der *ungeschützte* Einsatz von Epoxiden (Epoxidharze, Reaktivverdünner, Härter und ggf. Lösungsmittel) kann neben Reizungen der Augen zu allergischen Kontaktekzemen führen (Handschuhe!).

Polyurethan- und Epoxidharze, aber auch die vorher besprochenen ungesättigten Methacrylat- und Polyesterharze bezeichnet man als **Reaktionsharze.** Sie werden in der Regel als Vorprodukte angeliefert bzw. eingesetzt und vor Ort verarbeitet.

10.4.5   Organische Oberflächenschutzsysteme

Oberflächenschutzsysteme (Beschichtungen, Beschichtungssysteme) besitzen die Aufgabe, Beton-, insbesondere Stahlbetonkonstruktionen, vor dem Angriff von Wasser, in Wasser gelösten Schadstoffen (Salze, Luftschadstoffe, Staubpartikel), aber auch vor dem Zutritt von CO$_2$ (Carbonatisierungsbremse!) zu schützen. Sie werden weiterhin eingesetzt, um mechanisch oder chemisch stark beanspruchte Fußböden, z.B. in Parkhäusern, Werk- und Lagerhallen, vor Verschleiß zu schützen. Darüber hinaus sollen sie die Reinigung der Betonoberflächen erleichtern, einen schädigenden bakteriologischen Befall unterbinden und eine eventuelle farbliche Gestaltung ermöglichen. Je nach Anforderungsprofil reichen die Schutzmaßnahmen von der *Imprägnierung (Hydrophobierung)* bis hin zu *Kunststoffbeschichtung.*

Im Sinne von DIN 55945 steht der Begriff **Beschichtungsstoff** für flüssige bis pastöse oder pulvrige Stoffgemische, die aus **Bindemitteln** (Kunststoffe, siliciumorganische Verbindungen, Bitumen) sowie gegebenenfalls aus **Pigmenten** bzw. anderen **Farbmitteln** (Kap. 10.4.3.4), **Lösungs-** und **Verdünnungsmitteln** (Kap. 10.2), **Hilfsstoffen** (Dispergiermittel, Biozide, katalytisch aktive Substanzen) und **Füllstoffen** (Kap. 10.4.3.4) bestehen. Füllstoffe sollen die Verarbeitbarkeit (Viskosität), die Diffusionsdichtigkeit und die Elastizität der Beschichtung beeinflussen. Von praktischer Bedeutung sind vor allem Quarz-, Schiefer- oder Dolomitmehle sowie Talkumpuder.

Zu den Beschichtungsstoffen zählt man Lacke, Anstrichstoffe, Beschichtungsstoffe für Kunstharzputz, Spachtelmassen und Bodenbeschichtungsmassen [BK 1]. In der Praxis werden die Begriffe Beschichtungsstoff, Anstrichstoff und Lack teilweise alternativ verwendet.

a)  b) 

Abbildung 10.20 Schematischer Vergleich zwischen einer a) imprägnierten und b) einer beschichteten Betonoberfläche

Erfolgt die **Härtung** der Beschichtungsstoffe durch Verdunsten oder anderweitigen Entzug des enthaltenen Lösungs- bzw. Dispersionsmittels, liegen **physikalisch trocknende Bindemittel** vor. Erfolgt die Härtung durch chemische Vernetzung der Makromoleküle, spricht man von **chemisch vernetzenden Bindemitteln**. Ölige Bindemittel (Ölfarben, Ölkitte) enthalten mehrfach ungesättigte Fettsäuren, z.B. Leinöl. Unter dem Einfluss von Luftsauerstoff erfolgt eine oxidative Vernetzung über die Zwischenstufe von Hyperoxiden zu festen polymeren Produkten (Linoxyn; auch: Linoxid). Die trocknenden Öle gehören zur Gruppe der **oxidativ trocknenden Bindemittel**.

10.4.5.1 Imprägnierung (Hydrophobierung)

Eine den Baustoff schützende Imprägnierung (*lat.* imprägnare eindringen, durchdringen) muss folgenden Anforderungen genügen:

⇒ Gemäß dem Grundsatz *„Bautenschutz ist Schutz vor Feuchtigkeit"* sollen Imprägnierungen hydrophob (wasserabstoßend) wirken. Sie sollen das Eindringen von Wasser in den Baustoff und so die kapillare Wasseraufnahme durch die Betonoberfläche (weitgehend) verhindern. Damit verbunden ist ein erhöhter Frost- und Frost-Tausalz-Widerstand und eine verringerte Aufnahme von in Wasser gelösten schädigenden Substanzen, z.B. Chloriden.

⇒ Imprägnierungen sollen möglichst tief in den porösen Untergrund eindringen, ohne einen dichten, deckenden Film auszubilden (Abb. 10.20a) Die Poren werden nicht gefüllt, vielmehr überzieht das Imprägniermittel die Innenwandungen der Poren mit einem dünnen Film. Damit bleibt der zu schützende Baustoff wasserdampfdurchlässig.

⇒ Hydrophobierende Imprägnierungen sollen darüber hinaus alkali-, UV- und witterungsbeständig sein sowie klebfrei auftrocknen.

Alle diese Forderungen werden von den siliciumorganischen Verbindungen (Kap. 9.2.4) erfüllt. Silane, Siloxane und Siliconharze sind die wichtigsten **Hydrophobierungsmittel** im Bautenschutz.

Bei der korrekt ausgeführten Hydrophobierung einer Betonoberfläche sollte die **Eindring-tiefe** ca. 5...10 mm betragen. Diese Angabe ist natürlich nur ein Richtwert, denn die reale Eindringtiefe hängt von vielfältigen Einflüssen ab wie der Betongüte und der Porosität.

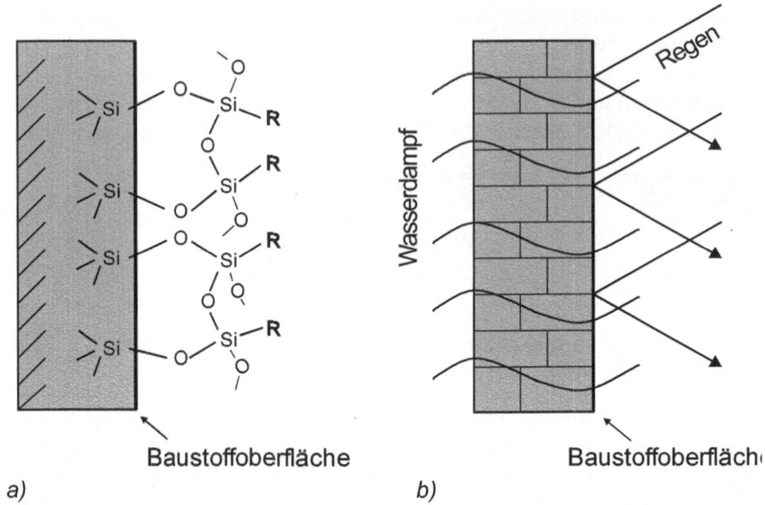

Abbildung 10.21 *a)* Molekülorientierung von Siliconen auf einer Baustoffoberfläche: Die unpolaren Kohlenwasserstoffreste sind von der Oberfläche weggerichtet. *b)* Wirkung einer Siliconimprägnierung: schlagregenabweisend und wasserdampfdurchlässig

Die besondere Stabilität der Siliconimprägnierungen beruht auf dem Vermögen der Silicone, sich kovalent an die mineralischen Baustoffe zu binden (s. Abb. 9.13c). Dadurch besitzen sie eine außerordentlich gute Haftung zum Untergrund. Die Bindung erfolgt derart, dass die unpolaren Kohlenwasserstoffreste der Silicone von der Oberfläche weggerichtet sind. Diese **Molekülorientierung** ist die Ursache für die wasserabweisende Wirkung dieser Verbindungen. Molekülorientierung und Funktion einer hydrophobierenden Siliconimprägnierung sind in Abb. 10.21 gezeigt. Siliconimprägnierungen werden bei Natursteinen, Kalksandsteinen, Ziegelmauerwerk und Betonen angewandt.

Zur *Haltbarkeit von Hydrophobierungen* gibt es recht unterschiedliche Angaben. Tatsache ist, dass nach einer gewissen Zeit ausnahmslos an allen hydrophobierten Bauwerken die Wirkung an der Oberfläche nachlässt im Sinne eines schwindenden Abperleffekts. Es wird von Bauwerken berichtet, wo für die Hydrophobierung eine Lebensdauer von 30 Jahren (!) durch Messungen belegt werden konnte, andererseits werden Objekte beschrieben, bei denen die hydrophobierende Wirkung bereits nach wenigen Jahren verloren gegangen ist. Ein wesentlicher Grund für den nach einer bestimmten Zeit nicht mehr nachweisbaren Abperleffekt ist die unterschiedliche Porosität der Baustoffoberfläche und der daraus resultierenden unterschiedliche Eintrag an löslichen Feinstaub- und Schmutzpartikeln [KS 20]. Die in die Poren der Fassadenbaustoffe eindringenden Partikel überlagern den wasserabweisenden Effekt der Oberfläche. Oft ist auch eine zu geringe Eindringtiefe des Imprägnierungsmittels die Ursache für den frühen Verlust der hydrophoben Wirkung.

10.4.5.2   Versiegelungen

Versiegelungen (versiegelnde Imprägnierungen oder Grundierungen) dienen dazu, das Eindringen flüssiger und gasförmiger Stoffe zu verhindern. Sie sollen wie Imprägnierungen in den Beton eindringen, allerdings aufgrund intensiveren Tränkens sowie einer anderen Stoffzusammensetzung (höherer Bindemittelgehalt) den oberflächennahen Porenraum stärker ausfüllen. Durch eine Versiegelung entsteht auf der Oberfläche ein ungleichmäßiger, weitgehend geschlossener, dünner Film (bis 0,3 mm Dicke). Zum Einsatz kommen Versiegelungen auf Basis von Polyurethan-, Acrylat- und Epoxidharzen.

10.4.5.3   Beschichtungen auf Kunststoffbasis (Kunststoffdispersionen, Dispersionspulver)

Beschichtungen auf Kunststoffbasis bilden die weitaus größte Gruppe von Oberflächenschutzsystemen. Sie werden in flüssiger Form aufgestrichen, aufgespritzt oder aufgespachtelt und führen zu durchgehenden, gleichmäßigen Schichten auf der Betonoberfläche (Abb. 10.20 b). Die Oberflächenporen werden durch das aufgebrachte Bindemittel gefüllt und es entsteht ein geschlossener, etwa 1...5 mm dicker Polymerfilm.
Kunststoffbeschichtungen sollen das Eindringen flüssiger und gasförmiger Stoffe in den Beton sowie das Austrocknen des Betons weitgehend verhindern, den Beton vor mechanischen Belastungen und dem Angriff chemischer Substanzen schützen und/oder Risse in der Betonoberfläche überbrücken (Haftbrücken). Sie bestehen in der Regel aus mehreren Schichten, weshalb sie auch als Beschichtungssysteme bezeichnet werden. Ihr genauer Aufbau hängt vom konkreten Ziel und den gegebenen Bedingungen ab. Zum Einsatz kommen Kunststoffdispersionen oder Dispersionspulver.

- **Kunststoffdispersionen** enthalten in wässrigen, seltener nichtwässrigen Dispersionsmitteln fein verteilte thermoplastische Kunststoffe. Die im Bauwesen verwendeten milchigweißen Dispersionen sind durch Teilchengrößen $> 10^{-6}$ m charakterisiert. Der Polymeranteil wässriger Kunststoffdispersionen kann bis zu 55% betragen. Ihre Herstellung erfolgt meist durch **Emulsionspolymerisation**, einem Verfahren, bei dem die Polymerisation durch Radikale ausgelöst wird (Kap. 10.4.4.1). Zunächst werden die Monomere mit Hilfe von Dispergiermitteln (Emulgatoren) in wässriger Lösung verteilt. Anschließend erfolgt in den entstandenen Tröpfchen die Polymerisation zu langkettigen Makromolekülen. Die adsorbierten Dispergiermittelmoleküle richten sich an der Oberfläche der Kunststoffpartikel entsprechend ihrer tensidischen Struktur so aus, dass sich die dispergierten Partikel in Wasser abstoßen und nicht zusammenballen. Eine weitere Möglichkeit der Stabilisierung von Kunststoffdispersionen besteht im Zusatz von Schutzkolloiden, z.B. von Polyvinylalkohol oder Cellulosederivaten.
Kunststoff- bzw. Polymerdispersionen werden in der Praxis oft als **Latexdispersionen** bezeichnet (*lat.* latex Flüssigkeit, Plural latices). Im historischen Sinne verstand man darunter Dispersionen von Naturprodukten wie dem Naturkautschuk, einer Dispersion des Milchsaftes des Kautschukbaumes.
Wichtige in Kunststoffdispersionen verwendete Monomere sind Acrylate bzw. Methacrylate, Vinylacetate, Vinylpropionate, Styrol sowie Butadien. Im *Baubereich* finden häufig Copolymere Anwendung, z.B. Acrylat-Styrol-Copolymere, Styrol-Butadien-Copolymere und Vinylacetat-Copolymere.
Die aus der großen spezifischen Oberfläche der kolloiden Teilchen resultierende hohe Oberflächenenergie ist die Ursache für die gute **Bindemittelwirkung** der Kunststoffdisper-

sionen. Die filmbildende Wirkung beruht auf der Verschmelzung der Polymerkugeln zu einem Film unter Verdunstung des Wassers. Die Temperatur, bei der die Filmbildung einsetzt, bezeichnet man als **Mindestfilmtemperatur.** Sie liegt beispielsweise für PVAC (und Copolymere) zwischen 10...30°C und für Polyvinylpropionat (und Copolymere) zwischen 20...30°C. Der Kunststofffilm ist umso fester, je langkettiger die dispergierten Makromoleküle sind. Durch zugesetzte Vernetzer werden zusätzliche kovalente Bindungen geknüpft. Eintrocknen einer Dispersion unterhalb der Mindestfilmtemperatur bewirkt einen weißen, opaken Film sehr geringer Festigkeit. Trocknet die Dispersion deutlich unterhalb der Mindestfilmtemperatur aus, fällt ein weißes Pulver an, ohne dass sich ein Film ausbilden kann.

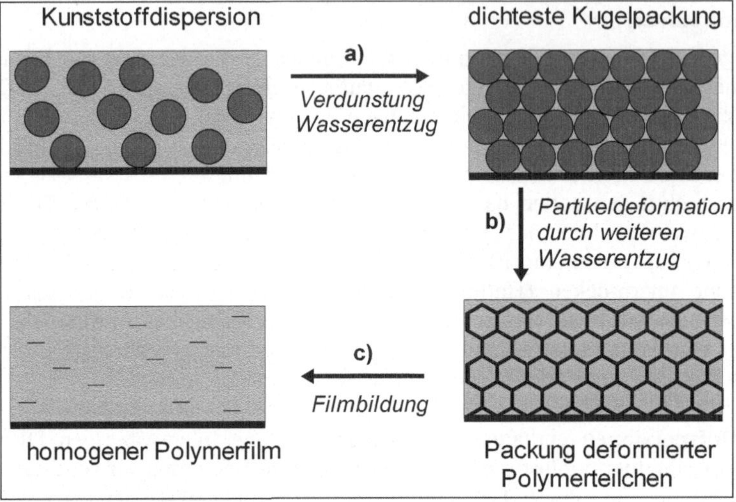

Abbildung 10.22 Filmbildung von Polymerteilchen einer Kunststoffdispersion [OC 6]

Man geht von **drei Phasen der Filmbildung** aus (Abb. 10.22): *a)* Verdunstung und/oder Entzug des Wassers durch den kapillaren Untergrund führt zu allmählicher Einengung der Bewegungsfreiheit der Polymerteilchen („Aufkonzentration"); *b)* Die Teilchen nähern sich infolge wirkender Kapillarkräfte an und die Makromoleküle werden zunehmend aneinandergepresst und deformiert. Es bildet sich eine dreidimensionale Wabenstruktur aus. *c)* Weiteres starkes Aneinanderpressen der Polymerteilchen bewirkt ein „Verhaken" der hochmolekularen Polymerketten zwischen den verschiedenen Wabenelementen. Die vollständige Verdunstung bzw. der Entzug des Wassers durch kapillares Saugen des Untergrunds führt zur Ausbildung eines homogenen Polymerfilms.

• **Dispersionspulver.** Durch Sprühtrocknung können aus Dispersionen Dispersionspulver *(redispergierbare Pulver)* erzeugt werden. Rührt man die Pulver mit Wasser an, bildet sich wieder eine stabile wässrige Dispersion. Um zu vermeiden, dass bei der Herstellung der Dispersionspulver zu früh eine Filmbildung einschließlich irreversibler „Verklebung" einsetzt, umhüllt man die entstehenden feinen Pulverpartikel mit einem wasserlöslichen Schutzkolloid, z.B. mit Celluloseetherderivaten. Redispergierbare Pulver werden zumeist in der Trockenmörtelindustrie eingesetzt.

Kunststoffdispersionen finden neben ihrem Einsatz in Oberflächenschutzsystemen Verwendung in Kunststoffdispersionsfarben, Dispersionsklebern, kunststoffmodifizierten Zementmörteln, Reaktionsharzbetonen bzw. -mörteln sowie in Spachtel- und Fugenmassen. Man spricht von *dispersionsgebundenen Baustoffen*.

10.4.6 Beton mit Kunststoffen

Im praktischen Sprachgebrauch werden die Begriffe Kunstharzbeton bzw. Polymerbeton mitunter als Sammelbezeichnung für Werkstoffe aus Beton verwendet, in denen zur Verbesserung der Verarbeitungs- und/oder Gebrauchseigenschaften das hydraulische Bindemittel ganz oder teilweise durch Zusatzstoffe auf der Basis von Harzen, insbesondere Reaktionsharzen, ersetzt ist. Da sich ein Kunstharzzementmörtel hinsichtlich Verarbeitung und Eigenschaften grundsätzlich von einem Gemenge unterscheidet, das nur Kunststoff(e) als Bindemittel enthält, hat es sich aus baustofftechnologischen Gründen als notwendig erwiesen, zwischen beiden Fällen klar zu unterscheiden. In der Literatur hat sich folgende Einteilung von Betonen mit Kunststoffen durchgesetzt:

Kunststoffmodifizierter Beton (PCC)	Zement und Kunststoffe erfüllen im Idealfall gemeinsam eine Bindemittelfunktion
Reaktionsharzbeton / Kunstharzgebundener Beton (PC)	Reaktionsharze sind das einzige Bindemittel
Kunststoffgetränkter Beton (PIC)	Kunststoff füllt die Kapillarporen eines zementgebundenen, bereits erhärteten Betons.

Für kunststoffmodifizierte Betone wurde die Abkürzung **PCC** (*Polymer Cement Concrete*), für Reaktionsharzbetone die Abk. **PC** (*Polymer Concrete*) und für kunststoffgetränkte Betone die Abk. **PIC** (*Polymer Impregnated Concrete*) eingeführt. Im letzteren Fall werden die Kapillarporen eines bereits erhärteten Zementsteins mit unvernetztem bzw. unpolymerisiertem Kunststoff getränkt. Nach der Tränkung polymerisieren die Monomere bzw. Harzvorstufen in den Zementporen aus. PIC konnten sich vor allem auf dem Gebiet des Denkmalschutzes durchsetzen.

Im Folgenden soll näher auf die kunststoffmodifizierten und die Reaktionsharzbetone eingegangen werden.

10.4.6.1 Kunststoffmodifizierte Mörtel und Betone

Kunststoffmodifizierte Mörtel und Betone (PCC) sind Mörtel bzw. Betone, bei denen bestimmte Eigenschaften durch die Zugabe eines Kunststoffes (Polymers) günstig beeinflusst werden sollen. Zement bleibt das Hauptbindemittel. Der Kunststoffanteil handelsüblicher kunststoffmodifizierter Mörtel liegt zwischen 5...10%, bezogen auf die Zementmasse. Für eine Modifizierung werden die Polymere entweder in Form von Dispersionen oder als Pulver (Redispersionspulver) zugesetzt.

Versuche, die Eigenschaften zementgebundener Mörtel durch Kunststoffzusatz zu verbessern, datieren zurück bis in die 20er Jahre des vergangenen Jahrhunderts. 1923 ließ sich der Engländer *Cresson* eine Kombination aus Portlandzement und Kautschuk-Latex patentieren, wobei der Zement zunächst noch die Rolle eines reaktiven Füllstoffes übernahm. Der Zusatz von Kunstharzen auf der Basis von Polyvinylacetat (PVAC) zum Zementmörtel wurde ab den 50er Jahren systematisch untersucht. PVAC haben sich jedoch wegen ihrer geringen Beständigkeit gegenüber dem basischen Zementmörtel nicht bewährt. Es kam zu Quellungen und Verseifungsreaktionen. Heute stehen dem Anwender eine Vielzahl von Kunststoffen zur Modifizierung von zementgebundenen Mörteln und Betonen zur Verfügung: Polyvinylpropionat (u. Copolymere), Polyvinylacetat-Copolymere, Polyacrylate, Polyvinylchlorid (u. Copolymere), Polyacrylat-Acrylnitril-Copolymere, Polyacrylat-Styrol-Copolymere.

Die für PCC eingesetzten Kunststoffdispersionen müssen folgende **Anforderungen** erfüllen:

- *Alkalibeständigkeit*: Das basische Milieu des Zementmörtels darf den Aufbau eines räumlich vernetzten Kunststoffs nicht beeinflussen oder gar verhindern.
- Zugesetzte Kunststoffdispersionen dürfen die *Zementhydratation nicht oder nur unwesentlich beeinflussen.*
- Dispersionen dürfen beim Anrühren des Mörtels *nicht koagulieren*, bei späterer Wasserbelastung nicht quellen und bei höheren Temperaturen keine korrosiv wirksamen Substanzen abspalten.

Während im Laufe der Entwicklung kunststoffmodifizierter Mörtel und Betone die Kunststoffe zunächst ausschließlich als flüssige Dispersion zugegeben wurden, ist heute der Kunststoffanteil redispergierbar im Trockenmörtel enthalten. Damit kann der Mischfehler verringert werden, da dem Trockenmörtel ausschließlich Wasser im vorgeschriebenen Verhältnis „zugemischt" werden muss.

Verbesserung wichtiger Eigenschaften zementgebundener Werkstoffe durch die Zugabe von Kunststoffen:
- Verarbeitbarkeit des Frischmörtels
- Reduzierung des w/z-Wertes, Erhöhung der Dichtigkeit durch Auffüllen des Porengefüges
- Bessere Haftung des Frisch- und Festmörtels, z.B. auf Altbeton, Holz und PVC
- Verringerung des Blutens und Schwindens des Festmörtels
- Bessere Biegezugfestigkeit.

Eine Erhöhung der Druckfestigkeit wird nicht erreicht. Es ist festzuhalten, dass mit *einem* Kunststoff niemals alle oben angeführten vorteilhaften Eigenschaften realisiert werden können. Je nach Art und Gehalt des eingesetzten Polymers sind immer nur bestimmte Eigenschaften zu erreichen.

Filmbildung. Liegen die Temperaturen über der Mindestfilmtemperatur, bildet sich durch den Wasserentzug infolge Verdunstung, Zementhydratation und kapillaren Absaugens durch den Untergrund ein geschlossener Kunststofffilm hoher Zugfestigkeit aus. Er bewirkt eine zusätzliche Bindemittelwirkung. Wird die Mindestfilmtemperatur unterschritten, kommt infolge ungenügender Filmbildung kein Verbund zwischen Kunststoff, Zement und Gesteinskörnung zustande. Die Kunststoffpartikel besitzen in diesem Fall lediglich die Funktion eines organischen Füllstoffs, der zudem die mechanischen Eigenschaften des erhärteten Mörtels oder Betons negativ beeinflussen kann.

Epoxidharzmodifizierte Systeme (ECC, Epoxy Cement Concrete) bilden eine Untergruppe der PCC. Wie in Kap. 10.4.4.3 ausgeführt, erfolgt die Bildung des Festkörpers bei den Epoxidharzen durch Reaktion des Grundharzes mit einem Härter. Zur Herstellung der ECC werden die in Wasser emulgierten Gemische aus EP-Grundharz und Härter dem Frischbeton bzw. -mörtel zugegeben. Die chemische Vernetzung von Grundharz und Härter, die unmittelbar mit der Mischung der Komponenten einsetzt, verläuft idealerweise parallel zur Zementhydratation.

Trotz Unterschieden in der Film- und Festkörperbildung sind die Eigenschaften von duroplastmodifizierten Mörteln und Betonen denen der thermoplastmodifizierten vergleichbar.

PCC/ECC werden als Instandsetzungsbaustoffe für geschädigte Betonbauteile, für die Herstellung von Industrieestrichen sowie von Fahrbahnbelägen verwendet.

10.4.6.2 Kunstharzgebundene Mörtel und Betone, Reaktionsharzbetone (PC)

In kunstharzgebundenen Mörteln oder Betonen (in der Praxis auch als Polymermörtel bzw. -betone, Kunststoffmörtel bzw. -betone oder Reaktionsharzmörtel bzw. -betone bezeichnet) wird die Gesteinskörnung allein durch das Polymerbindemittel verkittet. Anstelle des Zementleims kommen flüssige Reaktionsharze zum Einsatz, die nach Zugabe von Reaktionsmitteln wie Härtern, Katalysatoren, Beschleunigern und Stabilisatoren durch Polyaddition oder -kondensation bei normaler Umgebungstemperatur aushärten. Im Vergleich zur „normalen" Hydratation des Zements verläuft die Erhärtung reaktionsharzgebundener Mörtel und Betone deutlich schneller. Als reaktive Harze werden vor allem ungesättigte Polyesterharze, aber auch Epoxide, Methacrylate, Phenole, Furane und Vinylester verwendet. Das breite Spektrum von Füllstoffen ermöglicht die Herstellung von Polymermörteln und -betonen mit sehr unterschiedlichen Eigenschaften, die den jeweiligen Anforderungen angepasst werden können.

Die Wahl des jeweiligen Polymerbindemittels hängt für die konkrete Situation von Parametern wie Chemikalienbelastung, Verformungsverhalten, thermische Belastung und Haftung auf dem Untergrund ab. Eine Groborientierung zur Auswahl reaktiver Polymerbindemittel ist in Tab. 10.10 gegeben.

Vorteile des Einsatzes kunstharzgebundener Mörtel/Betone:

- kürzere Erhärtungsphasen, hohe Früh- und Endfestigkeiten
- höhere Dichtigkeit
- hohe Schlagzähigkeit und Abriebbeständigkeit
- vernachlässigbares Wasseraufnahme- bzw. Quellvermögen

Aufgrund des fehlenden Kapillarsystems weisen polymergebundene Mörtel und Betone eine sehr gute Beständigkeit gegenüber dem Angriff aggressiver Medien auf. Das prädestiniert sie für einen *Einsatz* in der Abwassertechnik und dem Unterwasserbau. Polymergebundene Mörtel und Betone werden auch zum Abdichten von Bauwerken gegen Feuchtigkeit (Korrosionsschutz), zum Ausbessern schadhafter Betonflächen *(Reparatur- und Beschichtungsmörtel)* sowie für Klebearbeiten verwendet.

Härtungsvorgang. Der Grad der Vernetzung der Makromoleküle wird vom verwendeten Härtersystem, den eingesetzten *Modifikatoren* sowie der Temperatur beeinflusst. Modifikatoren greifen entweder in den Mechanismus ein, wobei sie zusätzliche Vernetzungen initiieren, oder sie verbleiben nach der Aushärtung zwischen den Makromolekülen und „lockern" das Netzwerk auf. Temperaturerhöhung führt generell zu einer höheren Vernetzung. Mit steigender Temperatur erhöhen sich Beweglichkeit und Reaktionsfähigkeit der reagierenden Teilchen. Unterhalb einer Arbeitstemperatur von etwa 10°C kann der Vernetzungs- bzw. Härtungsprozess zum Erliegen kommen. In Analogie zu Zementmörteln findet auch bei der Erhärtung der Polymermörtel und -betone ein *Schrumpfen* statt. Ursache ist die Exothermie der Vernetzungsreaktion.

Tabelle 10.10 Orientierende Hinweise zur Auswahl des Polymerbindemittels [OC 6]

Bindemittel	Hinweise für ihre Verwendung
Durch Polyaddition aushärtende Reaktionsharze:	
Epoxidharze (EP)	gute Chemikalienbeständigkeit, geringe Schrumpfung, hohe Festigkeit
Polyurethane (PUR)	hohe Dehnung, geringe Schrumpfung
Durch Polymerisation aushärtende Reaktionsharze:	
Ungesättigte Polyesterharze (UP)	gute Chemikalienbeständigkeit, hohe Festigkeit, hohe Schrumpfung
Ungesättigte Methacrylatharze (PMMA) u. a. Vinylesterharze	gute Chemikalienbeständigkeit, hohe Reaktivität bei niedrigen Temperaturen, hohe Festigkeit, hohe Schrumpfung
Durch Polykondensation härtbare reaktive Polymerbindemittel:	
Phenolharze	gute Chemikalienbeständigkeit

10.4.7 Alterung von Kunststoffen

Kunststoffe unterliegen Alterungserscheinungen, die in mitunter recht kurzen Zeiträumen wichtige Werkstoffeigenschaften wie die Oberflächenbeschaffenheit, die Schlagzähigkeit, die Zugfestigkeit, die Reißdehnung und die Untergrundkorrosion, aber auch die Farbgestaltung signifikant verändern können. Natürliche Witterungs- und Umwelteinflüsse bewirken eine allmähliche Veränderung der chemischen Struktur der Kunststoffe, die letztendlich zum vollständigen Abbau der Polymere führen kann. Nachkristallisations- und Diffusionsprozesse verstärken den Polymerabbau.

Ebenso wie für die Korrosion metallischer und mineralischer Baustoffe gilt auch für die Alterung von Kunststoffen, dass die einzelnen Witterungs- und Umwelteinflüsse nicht isoliert, sondern stets komplex wirken. Deshalb lässt sich im speziellen Fall eben nicht klar entscheiden, ob die auftretenden Alterungsprozesse ursächlich auf die Einwirkung von Wärme, UV-Strahlen, O_2 (bzw. O_3), Feuchtigkeit, Schadgase oder etwa Mikroorganismen zurückzuführen sind.

• **Wärme.** Wie für alle anderen chemischen Reaktionen gilt auch für Abbaureaktionen in Polymeren, dass sich die Reaktionsgeschwindigkeit mit ansteigender Temperatur erhöht (Kap. 4.3.3). Dabei ist für den Abbauprozess nicht nur die Höhe der Temperatur, sondern auch die Dauer der Wärmeeinwirkung von entscheidender Bedeutung. Die mit steigender Temperatur zunehmende Wärmebewegung der Atome kann zu einem Auseinanderbrechen bzw. einem Abbau der Polymerketten bis hin zu den Monomeren führen. Es erfolgt eine *Depolymerisation*. Energiereiche Strahlung und der Einfluss bestimmter Chemikalien können ebenfalls depolymerisierend wirken. In der Mehrzahl der Fälle entstehen bei Abbauprozessen Kettenfragmente unterschiedlicher Größe, weshalb in der Literatur mitunter von Kettenfragmentierung oder kurz von Fragmentierung gesprochen wird. Letzterer Ausdruck ist allerdings unglücklich gewählt, da der Begriff der Fragmentierung in der organischen Chemie einem anderen Reaktionstyp vorbehalten ist.

Tabelle 10.11 Bindungsenergien ausgewählter chemischer Bindungen [AC 3]

Bindung	Bindungsenergie (kJ/mol)	Bindung	Bindungsenergie (kJ/mol)
C ≡ C	811	C = C	615
C - C	345	C - H	416
C - F	489	C - Cl	327
C - Br	272	C - S	289
C - O	358	C - N	305
O - H	463	Si - O	444
Si - C	306	Si - H	323

Der Abbau eines Polymers beginnt mit einem Bindungsbruch. Naturgemäß werden zuerst die chemischen Bindungen „gebrochen", zu deren Spaltung die geringste Bindungsenergie notwendig ist. Unter der *Bindungsenergie* (auch: Bindungsdissoziationsenergie, Dissoziationsenergie) eines Moleküls AB versteht man die Energie, die nötig ist, um die kovalente Bindung zwischen zwei Atomen eines Moleküls vollständig zu spalten (*Dissoziation*). Bei mehratomigen Molekülen AB_n erhält man die Bindungsenergie A-B als arithmetisches Mittel der Summe der ersten, zweiten, dritten bis n-ten Bindungsdissoziationsenergie des Moleküls AB_n.

$$\left[CH-CH-CH-CH_2-CH \right]_n \xrightarrow[-HCl]{\Delta T} \left[CH-CH=CH-CH_2-CH \right]_n \qquad (10\text{-}22)$$

Polyvinylchlorid

Aufgrund ihrer vergleichsweise geringen Bindungsenergien (Tab. 10.11) beginnen die Abbaureaktionen halogenhaltiger Kunststoffe bevorzugt an den C-X-Bindungen (X = Cl, Br). Das erklärt die thermische Instabilität von PVC, dessen C-Cl-Bindungen nicht nur durch energiereiche UV-Strahlung, sondern auch durch Wärmeenergie gespalten werden können. Unter Abspaltung von Chlorwasserstoff entstehen C=C-Doppelbindungen (Gl. 10-22). Weitere HCl-Abspaltung führt zum Aufbau konjugierter Doppelbindungssysteme innerhalb der Makromolekülketten. Sie sind auf Grund ihrer spezifischen Absorptionseigenschaften verantwortlich für eventuell auftretende Verfärbungen (**Vergilbung**).

Die hohe Bindungsenergie der C-F-Bindung bildet die Ursache für die Thermostabilität des Polytetrafluorethylens. Dagegen ist die thermische Instabilität des Polyvinylalkohols und anderer Polymere mit Hydroxygruppen auf zwei unterschiedliche chemische Reaktionen zurückzuführen, die einzeln oder kombiniert ablaufen können: Polyvinylalkohole sind in der Lage, unter Dehydrierung, also Abspaltung von H_2, in Ketone und unter Dehydratisierung in ungesättigte Alkohole (Alkenole, Gl. 10-23) überzugehen. Verantwortlich für die Instabilität der ungesättigten Alkohole ist die hohe Reaktivität der entstandenen Doppelbindungen. Die Alkenole zersetzen sich in Folgereaktionen.

$$\left[CH-CH_2-CH-CH_2-CH \right]_n \quad \xrightarrow{-n\,H_2} \quad \left[CH-CH_2-\underset{O}{\overset{\|}{C}}-CH_2-CH \right]_n \quad Keton$$

$$\left[CH-CH_2-CH-CH_2-CH \right]_n \quad \xrightarrow{-n\,H_2O} \quad \left[CH-CH=CH-CH_2-CH \right]_n \quad ungesättigter\ Alkohol \tag{10-23}$$

Polyvinylalkohol

Bei Polymeren, die ausschließlich C-C- und C-H-Bindungen enthalten, z.B. PE, PP, PB und PIB, setzen die Fragmentierungsreaktionen bevorzugt an den Seitenketten ein.

Kunststoffe enthalten in unterschiedlicher Zahl und Menge organische und anorganische Hilfs-, Füll- und Verstärkungsstoffe. Da organische Zusatzstoffe häufig niedrige Schmelz- und Siedepunkte aufweisen, kann bereits eine mäßige, jedoch länger andauernde Temperaturerhöhung zu ihrer teilweisen Verflüchtigung führen. Insbesondere das Verdunsten oder Herauslösen von Weichmachern bewirkt bei Kunststoffen wie Weich-PVC eine merkliche Veränderung der Gebrauchseigenschaften (**Versprödung**).

- **UV-Strahlung**. Die UV-A-Strahlung (λ = 315...380 nm) umfasst den Energiebereich von 380...315 kJ. Damit ist insbesondere der kurzwellige Teil der UV-A-Strahlung in der Lage, eine Reihe von Bindungen photolytisch zu spalten (Tab. 10.11). Beispielsweise liegt die Energie von UV-Licht der Wellenlänge λ = 320 nm (= 373,8 kJ) sowohl über der Energie der C-C- als auch über der einer ganzen Reihe von C-Heteroatom-Bindungen.
Als ausgesprochen beständig gegenüber UV-Strahlung erweisen sich die lichtdurchlässigen Polymethylmethacrylate und die Polytetrafluorethylene, was mit den relativ hohen Bindungsenergien der C-O- und C-F-Bindung begründet werden kann.

- **Sauerstoff/Ozon**. Im Sonnenlicht geht der unter normalen Temperaturen eher reaktionsträge Sauerstoff in Anwesenheit eines Farbstoffs als Sensibilisator in eine besonders aggressive, energiereiche Form über, den *Singulett-Sauerstoff* (Kap. 5.4.2.1). Singulett-Sauerstoff spielt aufgrund seines stärkeren Oxidationsvermögens eine wichtige Rolle bei der Autoxidation der Kunststoffe. Trotz zugesetzter Antioxidantien kann es zum Ausbleichen der Kunststoffe sowie zum Abblättern von Kunststoffüberzügen kommen.
Die lichtinduzierten Veränderungen der Kunststoffstruktur werden an der Luft durch den Einfluss von Ozon noch verstärkt. Ozon addiert sich aufgrund seines hohen Oxidationsvermögens ($E° = 2,075$ V!) leicht an ungesättigte organische Verbindungen unter Bildung von Ozoniden. Das kann zu unerwünschten Vernetzungen bei Gummi und anderen Polymeren mit endständigen ungesättigten Gruppen führen, wodurch die Materialien spröde und brüchig werden.

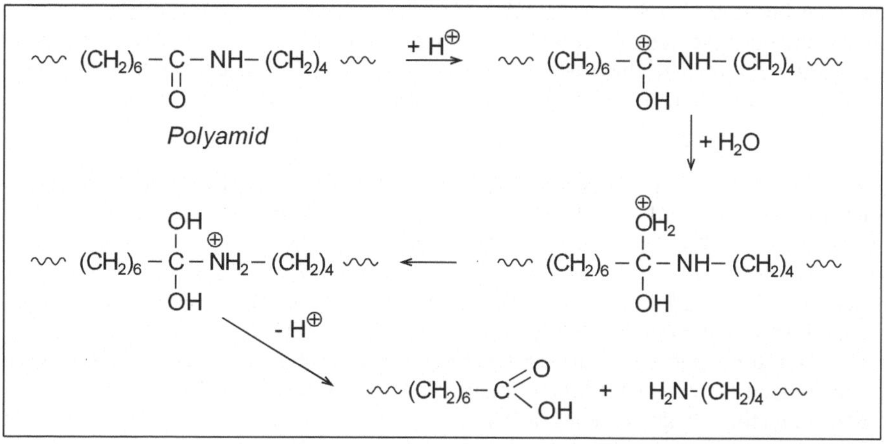

Abbildung 10.23   Säurekatalysierter Abbau von Polyamiden am Beispiel von PA 66 (schematisch).

- **Wasser/Chemikalien.** Gegenüber dem Angriff aggressiver Industriegase, Wasser bzw. saurer Lösungen und Salzlösungen sind Kunststoffe weitgehend widerstandsfähig. Das betrifft insbesondere Kunststoffe, die aus unpolaren C-C- und C-H-Bindungen aufgebaut sind. Polymere mit Heteroatomen in der Hauptkette bzw. in den Seitenketten, wie z.B. Polyamide, Polyurethane, Polyether, Polyester und Polycarbonate, werden von Säuren bzw. Laugen angegriffen. Die Stärke der Schädigung hängt von der Konzentration des Elektrolyten ab.

Zum Beispiel unterliegt Polyamid, dessen Makromoleküle ursprünglich durch Polykondensation (Abspaltung von Wasser) entstanden sind, der säurekatalysierten Hydrolyse. Im ersten Schritt lagert sich ein Proton an das Sauerstoffatom der Carbonylgruppe (C=O) an und anschließend wird ein Molekül Wasser an das nunmehr positive C-Atom addiert. Protonenwanderung und Bindungsbruch führen zu Kettenfragmenten mit Carboxy- und Amino-Endgruppen (Abb. 10.23). Polyamid kann das bei der Kondensation abgespaltene Wasser wieder einlagern. Somit läuft zumindest teilweise die Rückreaktion der Kondensation, die Hydrolyse ab.

Das Auftreten von **Spannungsrissen** durch mechanische Zugbelastungen oder durch Eigenspannungen, die von Bearbeitungsprozessen herrühren, führt zu einer Verminderung der Festigkeit des Kunststoffs. Zu einer Rissbildung kommt es insbesondere dann, wenn der unter Einwirkung mechanischer Spannungen stehende Kunststoff in Kontakt mit polaren organischen Flüssigkeiten wie Alkoholen, Estern, Aminen und organischen Säuren, mit wässrigen tensidischen Lösungen oder bestimmten Gasen gerät. Dabei kann der Kunststoff in Abwesenheit mechanischer Spannungen gegenüber den genannten Chemikalien bzw. Gasen absolut beständig sein.

10.4.8   Klebstoffe – Fugendichtstoffe – Kitte

Klebstoffe. Unter Klebstoffen versteht man laut DIN EN 923 nichtmetallische Bindemittel, die sowohl über Adhäsion als auch über Kohäsion in der Lage sind, zwei Fügeteile zu verbinden („Verkleben"). Die Haftung (Adhäsion) des Klebstoffs an der Oberfläche des zu

verklebenden Fügeteils beruht auf der Wirkung schwacher zwischenmolekularer Wechselwirkungen und/oder (starker) chemischer Bindungen. Chemische Bindungen treten jedoch
nur bei wenigen Fügeteil-Klebstoff-Kombinationen auf, so z.B. zwischen Silicon(harz) und
Glas, zwischen Polyurethan und Glas und zwischen Epoxid und Aluminium. Ihr Anteil
kann bis zu 50% der gesamten Wechselwirkungen betragen.

Die adhäsiven Wechselwirkungskräfte betreffen nicht nur die reinen Berührungsflächen
von Klebstoff und Fügeteil, die **Adhäsionszone**. Sie beeinflussen auch den Zustand des
Klebstoffes in der Nähe der Oberfläche des Fügeteils, wo es zu einer Entmischung des
Klebstoffs kommen kann. In dieser *Übergangszone* können kleine Klebstoffbestandteile in
Poren der Oberfläche diffundieren, die Zusammensetzung des Klebstoffs verändern und
damit seine Funktionalität beeinträchtigen. In Abhängigkeit von der Art der Oberfläche, der
Natur des Klebstoffs und den Härtungsbedingungen kann die Dicke der Übergangszone
wenige Nanometer bis einige Millimeter betragen. In der sogenannten **Kohäsionszone** zwischen den Fügeteilen liegt der Klebstoff in seinem ursprünglichen Zustand vor. Zu den
Kohäsionskräften zählt man die chemischen Bindungen innerhalb und zwischen den Kleb-
stoff-Polymeren (Vernetzung!), intermolekulare Wechselwirkungen zwischen den Klebstoffmolekülen sowie mechanische „Verklammerungen" zwischen den Klebstoffmolekülen.

Die in Kap. 10.4.3 vorgenommene Einteilung der Kunststoffe in Thermoplaste, Duroplaste
und Elastomere ist bei Klebstoffen wenig hilfreich. So gibt es z.B. Polyurethanklebstoffe,
die als Duromere, als Elastomere oder als Thermoplaste aushärten können. Man bezieht
sich vielmehr auf den Abbinde- bzw. Härtungsprozess als Ordnungskriterium und unterscheidet zwischen physikalisch abbindenden und chemisch vernetzenden Klebstoffen. Einige wichtige Vertreter beider Gruppen sollen im Folgenden kurz vorgestellt werden.

Physikalisch abbindende Klebstoffe:

Schmelzklebstoffe (*Hotmelts*) sind bei Raumtemperatur feste, wasser- und lösungsmittel-
freie Klebstoffe, die auf die zu verklebenden Teile im geschmolzenen Zustand aufgebracht
werden. Sie erhärten nach dem Zusammenfügen der Teile unter Druck durch Erstarren der
Schmelze beim Abkühlen. Der Klebstoff kann allerdings auch fest durch Auflegen als Folie
oder Netz aufgebracht und anschließend heiß verpresst werden. Basisrohstoffe: Ethylen-
Vinylacetat-Copolymere, Polyamide, Polyester u.a.; Anwendungsgebiete: Verpackungsin-
dustrie, Holzverarbeitende Industrie, Fahrzeugbau.

Lösungsmittelhaltige Nassklebstoffe (auch Kleblacke) enthalten in *organischen* Lösungsmitteln wie Aceton oder Dichlormethan gelöste Polymere. Anwendung finden Vinylverbindungen, Natur- und Synthesekautschuk, PUR, Polyacrylate, Cellulosenitrat (z.B.
UHU®) u.a. Der Lösungsmittelgehalt beträgt etwa 75...85%. Die Erhärtung erfolgt wie bei
den Dispersionen durch Verdunsten des Lösungsmittels. Löst das eingesetzte Lösungsmittel
gleichzeitig die zu verklebenden Flächen an, ergibt sich eine besonders feste Verbindung
zwischen den zu verklebenden Oberflächen und dem Klebefilm. Dieser „Anlöseprozess"
wird beispielsweise beim Verkleben von PVC-Rohren mit Tetrahydrofuran-Klebstoff ausgenutzt. Ein ähnlicher Vorgang läuft beim *Quellverschweißen* ab. Die Überlappungsflächen
von Dichtungs- oder Dachbahnen (z.B. Polyisobutylen) werden mit einem Lösungsmittel
angelöst, wobei sich ein Klebefilm aus gelöstem Polymer ausbildet. Die Bahnen fügt man
dann unter leichtem Druck zusammen und nach dem Verdunsten des Lösungsmittels ent-

steht eine in sich homogene, stabile Klebeverbindung. Weitere Anwendungsgebiete: Verpackungs- und Druckindustrie, Haushaltklebstoffe.

Kontaktklebstoffe enthalten in organischen Lösungsmitteln gelöste Elastomere wie z.B. Polychloroprene (Chloropren $H_2C=CH–CH(Cl)=CH_2$) und Butadien-Acryl-Kautschuk. Der gummiartige Klebefilm wird erzeugt, indem der Kontaktklebstoff auf die beiden zu verklebenden Flächen aufgetragen wird und die Klebeflächen erst nach dem Verdunsten des Lösungsmittels kurzzeitig zusammengedrückt werden. Während also die Nassklebstoffe einen nassen Klebefilm verursachen und ihr Lösungsmittel erst während des Klebeprozesses entweicht, kleben Kontaktklebstoffe sozusagen „trocken" an. Anwendungsgebiete: Verkleben von Bodenbelägen und Schichtstoffplatten, Automobil- und Schuhindustrie. Wegen der gesundheitsgefährdenden Wirkung organischer Lösungsmittel werden von der Industrie zunehmend lösungsmittelarme bzw. -freie, wasserverdünnbare Klebstoffe entwickelt.

Dispersionsklebstoffe (auch Klebedispersionen) enthalten im Dispersionsmittel Wasser unlösliche Thermoplaste, meist polymere Vinylverbindungen bzw. abgeleitete Copolymere, aber auch Elastomere wie Natur- und Synthesekautschuk. Zur Stabilisierung der Dispersionsklebstoffe werden spezielle Substanzen bzw. Dispergiermittel zugesetzt. Der „Abbindeprozess" erfolgt durch Verdunstung des Wassers. Zugesetzte Füllstoffe sollen die Klebeeigenschaften verbessern. Anwendung: Holzverarbeitende Industrie, Verpackungs- und Schuhindustrie u.a.
Zu den auf **Wasser als Dispersionsmittel** basierenden Klebstoffen (kurz: KS) gehören weiterhin *a)* KS auf Basis tierischer Bindegewebsproteine (Glutinleime), *b)* KS auf Basis pflanzlicher Naturprodukte (Stärkeleime → Mais, Kartoffeln, Reis; Methylcelluloseleime → Holz), *c)* KS auf Basis tierischer Eiweiße (Caseinleime → Milch) und *d)* PVAC-Leime (Weißleim). Die Ausbildung der Klebeschicht erfolgt durch Verdunstung oder Aufnahme des Wassers durch die Fügeteile.

Haftklebstoffe nehmen innerhalb der Gruppe der physikalisch abbindenden Klebstoffe eine Sonderstellung ein. Sie binden nicht zu einem Feststoff ab, sondern bleiben zähflüssig. Haftklebstoffe liegen bereits auspolymerisiert in hochviskoser Form vor und werden in der Regel als Film auf ein flexibles Trägermaterial aufgebracht. Anwendung: Klebebänder oder Etiketten. Der Begriff „Haftklebstoff" ist so zu verstehen, dass im Unterschied zu anderen Klebstoffen beim Fügen sofort starke Adhäsions- und Kohäsionskräfte wirksam werden. Als Basispolymere kommen spezielle Polyacrylate, Polyvinylether, Naturkautschuk sowie Styrol-Copolymere in Kombination mit entsprechenden Zusätzen (klebrig machende Harze, Weichmacher, Antioxidantien u.a.) zum Einsatz.

Chemisch härtende Klebstoffe (Reaktionsklebstoffe):
Reaktionsklebstoffe härten durch chemische Reaktion aus. Nach der Art der Härtung, d.h. der dem entstehenden Polymer zugrundeliegenden Aufbaureaktion, können sie in *Polymerisationsklebstoffe* (Cyanacrylate, Methylmethacrylate, anaerob härtende Klebstoffe, z.B. Diacrylsäureester und ungesättigte Polyester-Harze), *Polykondensationsklebstoffe* (Phenol-Formaldehyd-Klebstoffe, Silicone, silanvernetzende Polymerklebstoffe) und *Polyadditionsklebstoffe* (Epoxidharz- und Polyurethan-Klebstoffe) unterteilt werden.

In der Praxis gebräuchlicher ist ihre *Unterteilung nach dem Mechanismus der Aushärtung.* Klebstoffe, die nach Mischung mit ihrem Reaktionspartner spontan bereits bei Raumtemperatur reagieren, werden kommerziell als **Zweikomponenten-Klebstoffe (2-K)** vertrieben, und zwar getrennt als „Harz" (Harzmonomere) und als „Härter". Ihre Reaktivität ist sozusagen mechanisch blockiert. Erst vor dem Auftragen werden sie zum eigentlichen Klebstoff gemischt und erhärten dann zu festen, hochpolymeren Verbindungen. Zu den wichtigsten Zweikomponenten-Klebstoffen gehören Epoxidharze, ungesättigte Acryl- und Polyesterharze, Polyurethane sowie Siliconkautschuke. Sie werden für Verklebungen von Steinen, Betonen und Metallen verwendet.

Einkomponenten-Klebstoffe (1-K) liegen bereits vor der Verarbeitung in ihrer endgültigen Mischung vor. Sie kleben jedoch nicht, solange nicht die zur Härtung erforderlichen Bedingungen vorliegen, um den Verfestigungsmechanismus zu initiieren. Das können hohe Temperaturen oder das Verdunsten des Lösungsmittels, der Zutritt von Luftfeuchtigkeit oder der Ausschluss von Sauerstoff sein. Auch bei Einkomponenten-Klebstoffen sind für den Aufbau des Polymers chemische Reaktionen zwischen Harzmonomeren und Härter verantwortlich. Beide Komponenten können unter den vom Hersteller empfohlenen Lagerbedingungen jedoch nicht miteinander reagieren, sind „chemisch blockiert".

Als Beispiel für einen Einkomponenten-Klebstoff soll der **Cyanacrylat-Klebstoff** auf Basis des 2-Cyanacrylsäuremethylesters (Gl. 10-24) näher betrachtet werden. Cyanacrylat-Klebstoffe werden umgangssprachlich als „Sekundenkleber" bezeichnet. Innerhalb von Sekunden erreicht man mit diesem Klebstoff handfeste Klebungen, die Endfestigkeit wird allerdings erst nach einigen Stunden erreicht. Gestartet wird die Polymerisation durch Spuren von Wasser. Durch die Nachbarschaft der Cyan- und der Estergruppe wird das an der Doppelbindung beteiligte C-Atom infolge elektronischer Effekte positiviert. Damit können negative OH-Gruppen, die aus der Autoprotolyse des Wassers stammen, am C-Atom angreifen und die (anionische) Polymerisation in Gang setzen. Cyanacrylsäureester polymerisieren zu harten, hochmolekularen Polymeren. Zur Auslösung der Polymerisation reicht im Allgemeinen die in der Luft bzw. auf den zu verklebenden Flächen befindliche Feuchtigkeit oder der Kontakt mit einem basischen Untergrund.

$$
n \begin{array}{c} \text{CN} \\ | \\ \text{C} = \text{CH}_2 \\ | \\ \text{COOCH}_3 \end{array}
\quad \xrightarrow{(H_2O)} \quad
\left[\begin{array}{c} \text{CN} \\ | \\ -\text{C} - \text{CH}_2- \\ | \\ \text{COOCH}_3 \end{array} \right]_n
\qquad (10\text{-}24)
$$

2-Cyanacrylsäure-
methylester   Polymethylcyanacrylat
("Polycyanacrylat")

Anaerob härtende Reaktionsklebstoffe. Einkomponenten-Klebstoffe auf Basis von Diacrylsäureestern mit Diolen härten anaerob aus. Die Erhärtungsreaktion läuft nur unter Sauerstoffausschluss und in Gegenwart von Metallionen ab. Anaerobe Verhältnisse sind z.B. nach der Verarbeitung im Fügespalt gegeben, wenn die Geometrie der Fügeteile zu einem Sauerstoffausschluss führt. Diese Reaktionsklebstoffe werden in erster Linie zur Verklebung metallischer Werkstoffe (Fe, Cu) eingesetzt. Bei Metall-Nichtmetall-Verklebungen ist der Einsatz von Beschleunigern notwenig. Damit der Klebstoff nicht vorzeitig aushärtet, muss er bis zum Gebrauch in seinem Lagerbehälter Kontakt mit Sauerstoff haben. Man verwendet hierzu luftdurchlässige Kunststoffflaschen, die nur halb gefüllt sind und vor der

Befüllung mit Sauerstoff durchspült werden. Ein häufig eingesetzter Grundstoff für anaerobe Klebstoffe ist Tetraethylenglycoldimethacrylat, TEGMA.

Methylmethacrylat-Klebstoffe sind Zweikomponenten-Klebstoffe auf Basis von Methacrylsäuremethylestern. Daneben sind Härter, Dibenzoylperoxid als Radikalbildner und N,N-Dimethyl-p-toluidin als Beschleuniger enthalten. Die Aushärtung erfolgt nach dem Mechanismus einer radikalischen Kettenreaktion. Das zum Start der Polymerisationsreaktion benötigte reaktive Radikal entsteht im Ergebnis der Reaktion zwischen Peroxid und Beschleuniger. Methylmethacrylat-Klebstoffe werden zur Verklebung von Metallen und Kunststoffen eingesetzt.

Fugendichtstoffe (Dichtstoffe) sind Stoffe, die als spritzbare Massen in Fugen eingebracht werden und sie abdichten, indem sie an geeigneten Flächen in der Fuge haften. Fugendichtstoffe sind als Ein- und Zweikomponenten-Dichtstoffe im Handel. Den größten Marktanteil besitzen die Silicon-Dichtstoffe, gefolgt von Polysulfid-, Acryl-, Polyurethan- und Butylkautschuk-Dichtstoffen. Auf die Wirkungsweise von Silicon-Dichtstoffen (Siliconkautschuke) wurde in Kap. 9.2.4 eingegangen.

Die neueste Generation von Verfugungs- und Klebstoffen enthält sogenannte **MS-Polymere**. MS-Polymere (MS steht für modified silanes) wurden Anfang der 80er Jahre in Japan entwickelt (Kaneka Corp. Osaka). Seit dieser Zeit werden sie erfolgreich als Rohstoff für Hochleistungsdicht- und -klebstoffe eingesetzt, seit den 90er Jahren auch auf dem europäischen Markt. Am Beginn dieser sich rasant entwickelnden Produktgruppe silanmodifizierter Polymere (silan modified polymers, SMP) standen Polymere aus einer Polypropylenglycol-Hauptkette mit Dimethoxymethylsilyl-Vernetzungsgruppen (Abb. 10.24). Die Aushärtung erfolgt bei Umgebungstemperatur im Ergebnis ablaufender Hydrolyse- und Kondensationsreaktionen (Abb. 9.13). Ausgelöst wird der Vernetzungsprozess durch Luftfeuchtigkeit in Gegenwart eines Katalysators. Durch Verseifung der Methoxygruppen mit Wasser entstehen Silanole ($-Si(OH)_2R$, mit R = Methyl- oder Ethylrest) und Alkohol wird frei. Beim in Abb. 10.24 dargestellten Polymer wird Methanol CH_3OH freigesetzt. Inzwischen verwendet man Silane mit Ethoxygruppen, so dass ungiftiges Ethanol entsteht. Die Silanole vernetzen durch Kondensation zum Silicongerüst.

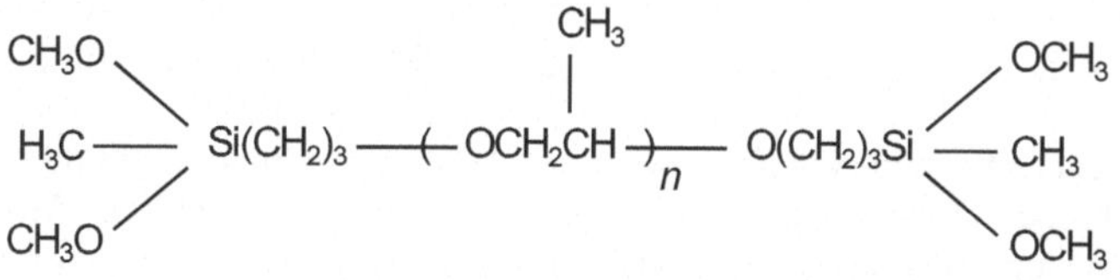

$$CH_3O\diagdown$$

$$H_3C - Si(CH_2)_3 - (\!-OCH_2CH\!-)_n - O(CH_2)_3Si - CH_3$$

$$CH_3O\diagup$$

Abbildung 10.24 Struktur eines silanmodifizierten Polymers (MS-Polymer): Polypropylenglycol-Hauptkette mit Dimethoxymethylsilyl-Vernetzungsgruppen

Das gebildete dreidimensional verzweigte Netzwerk kann entweder als Polyether verstanden werden, wobei die Polyethereinheiten durch Siloxanbrücken verbunden sind oder es sind Siliconketten, die durch Polyetherbrücken verknüpft sind.

MS-Polymere sind besonders umweltfreundliche Produkte. Im Gegensatz zu Polyurethan-Dichtstoffen, die immer einen geringen Anteil an freiem, in höheren Konzentrationen gesundheitsschädigendem Isocyanat aufweisen, enthalten die MS-Polymere weder Isocyanate

noch Oxime oder Lösungsmittel. Die Mehrzahl der am Markt erhältlichen Dicht- und Klebstoffe dieser Substanzklasse sind Einkomponentensysteme (1-K), mit der Luftfeuchtigkeit als zweiter Komponente.
Der besondere strukturelle Aufbau von MS-Polymeren und ihr Aushärtungsmechanismus bieten dem Anwender eine Reihe günstiger Verarbeitungseigenschaften. Es kommt im Gegensatz zu Polyurethan-Dichtstoffen zu keiner Blasenbildung und die MS-Polymere sind selbst bei tiefen Temperaturen (bis ca. 0°C!) gut ausspritzbar.

Die Netzstruktur des ausgehärteten MS-Polymers verleiht dem Dichtstoff

- *eine ausgezeichnete UV-Stabilität*
  Die Bindungsenergie der Si-O-Bindung im MS-Polymer ist mit 444 kJ/mol deutlich höher als die der leichter spaltbaren und daher weniger UV-beständigen C-N-Bindung (305 kJ/mol) der Polyurethan-Dichtstoffe. Die Polyetherketten, die das Rückgrat der MS-Polymere bilden, enthalten C-H- und C-O-Bindungen. Um vor allem die C-O-Bindung vor UV-Licht und Bindungsbruch zu schützen, werden UV-Absorber zugesetzt.

- *eine sehr gute Haftung auf unterschiedlichsten Baumaterialien*
  MS-Dichtstoffe haften sehr gut auf Metallen wie Al, Messing, Stahl und Sn, auf Mörtel, Schiefer, Granit oder Keramikfliesen, auf den meisten Kunststoffen (nicht auf PE und PP!) sowie auf verschiedenen Holzarten.

- *stabile mechanische, insbesondere elastische Eigenschaften über die gesamte Lebensdauer.*

MS-Polymere sind mit den meisten am Markt erhältlichen Lack- und Farbsystemen überstreichbar.
Silanmodifizierte Polymere bilden auch die Basis für **Hochleistungsklebstoffe**. Die unterschiedlichen Eigenschaften für die oben besprochenen Dichtstoffe einerseits und die Klebstoffe andererseits lassen sich durch Variation der Länge der Polymerketten und des Verzweigungsgrades einstellen. Die oft als *„Silyl-Klebstoffe"* bezeichneten Produkte können im Hoch- und Tiefbau, in der Automobil- und der Elektronikindustrie zum Einsatz kommen, d.h. in Feldern, in denen heute auch Epoxid- und Polyurethan-Klebstoffe verwendet werden. Es hat sich gezeigt, dass die elastischen Silyl-Klebstoffe die beiden letzteren hinsichtlich Alterungsbeständigkeit und Haftung auf schwierig zu verklebenden Untergründen deutlich übertreffen.
Kombination: silanmodifizierte Polymere - Epoxidharze. Kombiniert man silylmodifizierte Polyether mit Epoxidharzen (Mischungsverhältnis 2 : 1), erhält man nach dem Aushärten ein stabiles Polymersystem, das aus zwei in sich verzahnten Strukturbereichen besteht. Die Silyl-Polyether-Matrix sorgt für Flexibilität und Zähigkeit, während die eingeschlossenen Epoxidbereiche dem ausgehärteten Polymer seine besondere Klebfestigkeit verleihen. Neben der generellen Lösungsmittelfreiheit bietet dieser Klebstoff mehrere Vorteile: schnelle Aushärtung bei Umgebungstemperatur, Verklebung ist über einen weiten Temperaturbereich stabil, exzellente Haftung auf zahlreichen Untergrundmaterialien sowie Unempfindlichkeit gegen verformende Spannungen. In den letzten Jahren hat es auf dem Gebiet der silanmodifizierten Polymere interessante Aktivitäten zur Modifizierung und Weiterentwicklung mit dem Ziel gegeben, diese Produkte für spezielle Anwendungsbereiche „maßzuschneidern". So wurde die Propylengruppe -CH_2-CH_2-CH_2- (propylene spacer) zwischen Si-Atom und Polymereinheit (Abb. 10.24) durch eine Methylengruppe (-CH_2-)

ersetzt (α-Silane, Wacker-Chemie GmbH Deutschland). Infolge elektronischer Effekte erhöht sich die Reaktivität der Alkoxygruppen. Die Vernetzung bzw. das Aushärten des Polymers verläuft deutlich schneller. Inzwischen lassen sich zahlreiche Polymere durch den Einbau von Silanen feuchtigkeitsvernetzbar machen. Eine besondere Rolle spielen neben den Polyethern vor allem Acrylate, Polyester und Polyurethane.

Spachtel- oder **Ausgleichsmassen** (auch Spachtelkitte) sind zähplastische Beschichtungsstoffe, denen Füllstoffe wie Kreide, Feinstsande, Schiefermehl und/oder Pigmente zugesetzt und die zum Ausgleichen von Unebenheiten des Untergrunds bzw. zum Füllen von Rissen, Löchern und sonstigen Beschädigungen verwendet werden. Als Bindemittel kommen Alkydharze, Epoxid- oder Polyesterharze, Polyurethane, Silicone, trocknende Öle, Bitumen, Leime, aber auch Gips und Zement zum Einsatz. Der Name Spachtelmasse geht auf das noch heute übliche Auftragen mit einem Spachtel zurück, inzwischen sind auch spritzfähige Spachtelmassen im Gebrauch.

Kitte. Kitte sind kalt verarbeitbare, plastische Gemische aus trocknenden Ölen, Kunststoffen oder Bitumen und Füllstoffen. Sie erhärten zu festen, mehr oder weniger elastischen Massen, die auch eine gewisse Plastizität beibehalten können. Man unterscheidet:

• *Leinölkitte.* Erhärtung durch Linoxidbildung und Verharzung. Vertreter sind **Glaserkitt:** Gemisch aus Leinöl und Schlämmkreide, Verwendung: Verkittung von Glas und Holz. **Mennigekitt:** Gemisch aus Leinöl und Mennige (Pb_3O_4). Verwendung: Verkittung von Glas und Metall bzw. Metall und Metall, z.B. Einkitten von Wasch- und Toilettenbecken, Dichten von hanfumwickelten Gas- und Wasserrohren. **Mangankitt:** Gemisch aus Leinöl und MnO_2. Verwendung: Abdichten von Gas-, Wasser- und Heizungsleitungen.

• *Wasserglaskitte.* Erhärtung durch Polykondensation der Kieselsäuren, Quarzbildung. Vertreter: **Wasserglas** (Kap. 9.2.3.1) kittet Glas- und Steingut, ist jedoch nicht wasserbeständig. **Steinkitt** ist ein Gemisch aus Wasserglas, Schlämmkreide, Ziegelmehl, Zement oder Kieselgur. Die Mischung aus Wasserglas und Magnesia ergibt einen *säurebeständigen* Steinkitt. **Metallkitt** ist ein Gemisch aus Wasserglas, Kreide und Zinkstaub. Die Bezeichnung Metallkitt bezieht sich auf den im Kitt enthaltenen metallischen Anteil und nicht auf das Material, zu dessen Verkittung er verwendet werden soll.
Beim Kitten muss man den Kitt generell der Eigenart des zu verkittenden Gegenstandes bzw. Materials anpassen. Von Vorteil ist stets eine chemische Verwandtschaft zwischen beiden. So haftet Wasserglas besonders gut am chemisch verwandten Glas oder an Silicaten, da es zur Ausbildung kovalenter Bindungen kommt. Ansonsten beruht die Haftung der Kitte überwiegend auf der Ausbildung zwischenmolekularer Wechselwirkungskräfte.

• *Bitumenkitte.* Zähviskose Lösungen von Bitumen mit oder ohne Füllstoffen. Verwendung zum Verkitten von Rohr-, Muffen-, Dach- und Pflasterfugen.

• *Kautschukkitte.* Gemische aus Natur- oder synthetischen Kautschuken, Bitumen und/oder trocknenden Ölen sowie evtl. Füllstoffen, die vor allem für Abdichtungen verwendet werden. Kautschukkitte kombinieren die Thermoplastizität des Bitumens mit der Gummielastizität des Kautschuks.

11 Holz und Holzschutz

11.1 Aufbau und Zusammensetzung des Holzes

Holz gehört zu den ältesten Bau- und Werkstoffen der Menschheitsgeschichte. Es wird zum einen *direkt* als Baugrund- oder Bauschnittholz für Gerüste, Rammpfähle (Grundbau), Träger, Stützen, Verschalungen sowie Zimmerarbeiten verwendet und zum anderen zu Holzwerkstoffen verarbeitet. Holzwerkstoffe wie Sperrholzplatten, Span- und Faserplatten finden vor allem für Wand- und Deckenverkleidungen Verwendung.

Der organische Baustoff Holz ist ein hartes festes Zellgewebe, das vom Kambium, dem Bildungsgewebe, unter der Rinde erzeugt wird. Das Kambium bildet durch Zellteilung nach innen Holzzellen und nach außen Bastzellen. Es befindet sich damit an der Grenze zwischen Rinde und jüngstem Holz. Durch das Aufreißen der Rinde als Folge des Dickenwachstums des Holzes sterben die oberen, aufgesprungenen Schichten ab und es entsteht die Borke. Gleichartige Zellen bilden stets einen Zellverband, ein Gewebe. Die vom Kambium erzeugten Zellen bzw. Gewebearten übernehmen unterschiedliche Aufgaben. Die wichtigsten sind der Wasser- und der Nährstofftransport (Leitgewebe), die Speicherung der Nährstoffe (Speichergewebe) und die mechanische Festigkeit des Holzgefüges (Festigkeitsgewebe). Aufbau, Größe und Verteilung der Gewebearten sind von Holzart zu Holzart verschieden, sie beeinflussen sehr wesentlich die Eigenschaften des Holzes.

Die unterschiedlichen Eigenschaften von Hölzern sind auf eine unterschiedliche *chemische Zusammensetzung* zurückzuführen. Obwohl die Elementaranalysen verschiedener Hölzer eine auffallende Übereinstimmung zeigen (C: ca. 50%, O: ca. 43%, H: ca. 6%, N und andere Elemente: ca. 1%), unterscheiden sich die chemischen Bestandteile je nach Art, Alter, Standort und Wachstum des Holzes zum Teil recht deutlich. Die Hauptbestandteile des Holzes sind:

Cellulose	40 ... 60%	Lignin	15 ... 40%
Hemicellulose (Holzpolyosen)	15 ... 20%.		

Die Cellulose und die Hemicellulose werden häufig unter dem Begriff *Holzcellulosen* zusammengefasst. Die **Cellulose** bildet als Gerüstsubstanz den Hauptbestandteil der pflanzlichen Zellwände. Sie nimmt die Zugspannung auf, damit ist sie funktionell mit dem Bewehrungsstahl im Stahlbeton vergleichbar („Armierung"). Cellulose ist ein wasserunlösliches Polysaccharid der allgemeinen Formel $(C_6H_{12}O_5)_n$. Die Makromoleküle bestehen aus 500...5000 Glucosebausteinen ($C_6H_{12}O_6$, Abb. 11.1a, b), die kettenförmig unverzweigt über Sauerstoffbrücken miteinander verknüpft sind (Abb. 11.1c).

Da sich innerhalb des Makromoleküls zwischen den OH-Gruppen (C-Atom 3) und den Ringsauerstoffatomen benachbarter Glucoseeinheiten Wasserstoffbrückenbindungen (*intramolekulare H-Brücken*) ausbilden, ist die freie Drehbarkeit um die verbrückenden C-O-C-Bindungen stark eingeschränkt. Die Folge ist eine lineare Versteifung des Kettenmoleküls. Durch zusätzliche Ausbildung von Wasserstoffbrücken zwischen den kettenförmigen Makromolekülen (*intermolekulare H-Brücken*) lagern sich etwa 60...70 Cellulosemoleküle zu den für die pflanzlichen Organismen typischen **Mikrofibrillen** zusammen.

© Springer Fachmedien Wiesbaden GmbH, ein Teil von Springer Nature 2020
R. Benedix, *Bauchemie*, https://doi.org/10.1007/978-3-658-26442-0_11

Hemicellulosen (Holzpolyosen) haben im Gegensatz zur Cellulose einen uneinheitlichen Aufbau. Sie bestehen aus Polysacchariden unterschiedlicher Hexosen (Sechsringzucker) und Pentosen (Fünfringzucker). Ihr Polymerisationsgrad beträgt 150...200, er liegt damit unter dem der Cellulose. Die Hemicellulosen dienen den Pflanzen teils als Gerüststoff, teils als Vorratsstoff. Sie sind von Schädlingen leicht angreifbar.

Abbildung 11.1 a) und b) unterschiedliche Darstellungsweisen der Ringform der Glucose (β-D-Glucose); c) Ausschnitt aus einer Cellulosekette. Das Polysaccharid Cellulose ist durch Polykondensation von Glucosemolekülen entstanden. Die Kondensation (Abspaltung von Wasser) erfolgt über die OH-Gruppen der C-Atome 1 und 4 zweier benachbarter Glucosemoleküle.

Lignin ist eine chemisch kompliziert aufgebaute Verbindung, deren Struktur bis heute noch nicht endgültig aufgeklärt ist. Trotzdem gibt es ähnliche Struktureinheiten, die sich im chemischen Aufbau wiederholen und eine dicht vernetzte, amorphe Masse aufbauen. Lignin besitzt weniger polare Gruppen als die Polysaccharide, weshalb es sich nicht in Wasser löst. Lignin liegt als dreidimensionales Makromolekül vor, das aus Phenylpropan-Einheiten (CH_3-CH_2-CH_2-C_6H_{12}) durch dehydrierende Polymerisation entstanden ist. Es tritt nicht als selbständiger Baustein auf, sondern als Begleiter der Cellulose. Die Pflanze baut Lignin aus drei Grundbausteinen (Phenylpropan-Einheiten) auf: aus p-Cumarylalkohol, aus Coniferylalkohol und aus Sinapinalkohol (Abb. 11.2). Hinsichtlich des Anteils dieser drei Grundbausteine an der Ligninstruktur bestehen signifikante Unterschiede zwischen Nadel- und Laubhölzern.

Lignin bildet neben Hemicellulose den Hauptbestandteil der *Kittsubstanz*. Durch seine Einlagerung in das Cellulosegerüst erfolgt eine Versteifung der Zellwände (**Verholzung**). Als Kittsubstanz besitzt das Lignin die gleiche Funktion wie der Zementstein im Beton (Aufnahme der Druckspannung!).

Nadelholz enthält einen höheren Anteil an Lignin als Laubholz, z.B. enthalten Kiefer und Fichte ca. 29%, Linde und Zitterpappel ca. 18% Lignin. Das technische Problem bei der Herstellung von Cellulose bzw. Papier aus Holz besteht im Aufschluss des wasserunlöslichen Lignins. Der Aufschluss kann sauer (*Sulfitverfahren*, Aufschlussmittel: schweflige

Säure, SO$_2$ und Calciumhydrogensulfit) und basisch (*Sulfatverfahren*, Aufschlussmittel: NaOH, Na$_2$S u. Na$_2$SO$_4$) erfolgen.

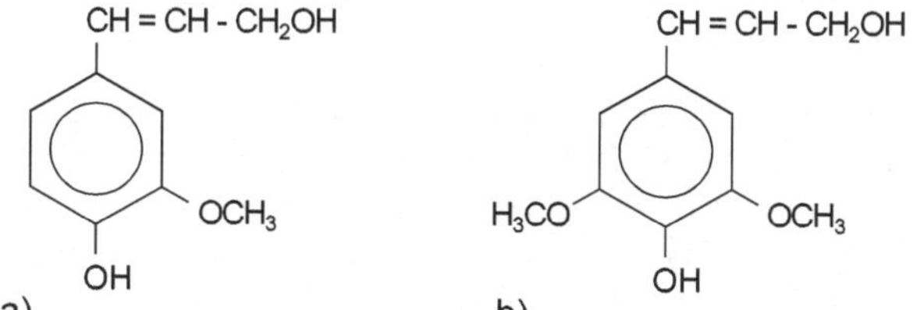

Abbildung 11.2

Komponenten des Lignins

a) *Coniferylalkohol*

b) *Sinapinalkohol*

Neben den drei gerade besprochenen Hauptbestandteilen enthält Holz immer Wasser und eine Reihe weiterer, meist in geringen Mengen (2...8%) vorkommende Nebenbestandteile wie Zucker, Stärke, Eiweiß, Harze, Wachse, Gerb- und Mineralstoffe. Sie können je nach Art und Menge ihrer Einlagerung die Eigenschaften und damit die Verwendbarkeit des Holzes merklich beeinflussen. Die **Harze** und **Wachse** besitzen eine erhebliche technische Bedeutung, z.B. für Firnisse, Bohnerwachs, Leime, Siegellack und pharmazeutische Präparate. Kiefern, Fichten und Lärchen sind besonders harzreich. **Gerbstoffe** wie die Gallussäure (3,4,5-Trihydroxybenzoesäure) und deren höhermolekulare Kondensationsprodukte schützen das Holz vor Pilzbefall. Gerbstoffreiches Holz wie Eichenholz ist deshalb sehr beständig. Laubhölzer sind generell gerbstoffreicher als Nadelhölzer. Schließlich sind im Holz unterschiedliche Mengen an **Mineralstoffen** enthalten. Sie werden in gelöster Form von der Pflanze über die Wurzelhaare mit dem Bodenwasser aufgenommen und bleiben beim Verbrennen des Holzes als Oxide, Carbonate, Phosphate oder Nitrate zurück.

11.2 Holzschutz

Holz ist als kapillarporöser Werkstoff hygroskopisch. Es kann solange *Feuchtigkeit* aus der Umgebung (vor allem aus der Luft) aufnehmen oder wieder abgeben, bis sich ein Gleichgewichtszustand eingestellt hat. Dieses Gleichgewicht ist abhängig von der Temperatur, vom Luftdruck und von der relativen Luftfeuchtigkeit. Durch zu schnelles Austrocknen, zu geringe Wassergehalte in den Bäumen bei großer Trockenheit sowie plötzlich einsetzenden Frost werden im Holz innere Spannungen erzeugt, die zu Rissen führen. Größe und Art der Risse beeinträchtigen die Verwendbarkeit des Holzes teilweise beträchtlich. Auch *Harzquellen*, d.h. im Querschnitt sichtbare, schmale Spalte, die sich mit Harz gefüllt haben, mindern die Festigkeit des Holzes und erschweren die Oberflächenbehandlung. Sie sind vor allem bei harzführenden Nadelbäumen anzutreffen. Durch den ständigen Einfluss von Niederschlagswasser kann die Oberfläche von Bauholz im Freien bis zu 0,1 mm pro Jahr abgetragen werden.

Die Zerstörung des Holzes durch Witterungseinflüsse wie Wärme, Kälte/Frost, Temperaturwechsel und UV-Strahlung sowie durch chemische Einflüsse (Saurer Regen, Salzlösungen) tritt in ihrer Bedeutung jedoch weit hinter diejenige zurück, die durch lebende Holzzerstörer wie Insekten und Pilze hervorgerufen wird.

Holzzerstörende **Insekten** befallen das Holz im Wald, auf dem Holzlagerplatz („Frischholzinsekten") oder aber im bereits verbauten trockenen Zustand („Trockenholzinsekten"). Zu nennen sind Käfer wie z.B. der Hausbock, der Gemeine Nagekäfer oder der Braune

Splintkäfer. Sie befallen und zerstören Bau- und Werkholz. Borkenkäfer und Holzwespen gehören zu den Frischholzzerstörern. Sie greifen nur lebende kränkelnde Bäume bzw. frisch gefälltes Holz (> 20% Holzfeuchte) an. In den Tropen sind weniger die Käfer, sondern vielmehr Termiten die am meisten gefürchteten Holzzerstörer.

Hauptursache für einen **Pilzbefall** ist die Feuchtigkeit. Holz mit einem Feuchtigkeitsgehalt oberhalb des Fasersättigungspunktes (28...30% rel. Holzfeuchte) ist prinzipiell hinsichtlich eines Pilzbefalls gefährdet. Der optimale Feuchtigkeitsbereich für das Pilzwachstum liegt zwischen 30...50% rel. Holzfeuchte, unter gewissen Umständen kann aber bereits ein Befall bei Feuchten von 20% eintreten. In vollkommen trockenem oder vollkommen durchnässtem Holz (z.B. Mühlräder) laufen kaum Schädigungs- und Fäulnisprozesse ab.
Ein weiteres Kriterium für die Entwicklung der Pilze ist die Temperatur. Das charakteristische Temperaturoptimum für das Wachstum der meisten Pilze liegt zwischen 20...25°C. Oberhalb und unterhalb des Temperaturbereichs von 3° bis 40°C verfallen die Pilze in eine Wachstumsstarre.
Holzzerstörende Pilze bauen die Zellwände der Holzzellen ab und verursachen Fäulnisprozesse. Zum Beispiel wird durch den Angriff von *Braun-* und *Weißfäulepilzen* die Holzstruktur zerstört und damit die Festigkeit des Holzes stark gemindert. Das kann im Endstadium bis zur Pulverisierung des Holzes führen. *Moderfäule* durch Ascomyceten tritt vor allem an Hölzern mit ständigem Erdkontakt wie Masten, Pfählen und Schwellen auf. Die Folge eines *Bläuepilzbefalls* können Verfärbungen des Holzes und eine Zerstörung des Anstrichfilms sein. Auch *Schimmelpilze* verursachen Holzverfärbungen. Sie wachsen jedoch nur auf der Holzoberfläche, ohne tiefer in das Innere vorzudringen. Schimmelpilze benötigen Feuchtigkeitsgehalte oberhalb des Fasersättigungspunktes. Entzieht man ihnen die Feuchtigkeit, sterben sie ab und können abgebürstet werden.

Obwohl gerade in jüngster Zeit vermehrt über Ansätze zu einer „rein biologischen Abwehr" des Angriffs von Pilzen und Insekten auf Holz nachgedacht wird, ist man gegenwärtig im Holzschutz immer noch auf den Einsatz von Chemikalien angewiesen. Und zwar sowohl von klassischen **Holzschutzmitteln (HSM)** wie anorganischen Salzen und Teerölen als auch von Neuentwicklungen wie den sogenannten Schlupfverhinderungsmitteln oder den Chitinsynthesehemmern zur Bekämpfung holzzerstörender Insekten. Am letztgenannten Beispiel wird eine moderne Entwicklungsrichtung deutlich: Entwicklung von HSM, die spezifisch in den Stoffwechsel eingreifen und dabei das Gefahrenpotential für Nichtzielorganismen minimieren.

Man unterscheidet zwischen baulichen und chemischen Holzschutzmaßnahmen. Auf den baulichen, d.h. konstruktionsbedingten Holzschutz, soll im Rahmen des vorliegenden Buches nicht eingegangen werden.

Der *Nutzen des Holzschutzes* für den Menschen liegt auf der Hand. Er besteht in einer Verlängerung der Nutzungsdauer des eingesetzten Holzes und damit in der Werterhaltung. Dabei wird gleichzeitig ein umweltpolitischer Nutzen sichtbar: Durch HSM wird das Naturprodukt Holz zu einem vielseitig einsetzbaren Baustoff. Holzschutz ermöglicht die Verwendung einheimischer Hölzer mit geringerer Dauerhaftigkeit, vor allem die Verwendung der als nachhaltige Rohstoffe kultivierten und in ausreichender Menge zur Verfügung stehenden Nadelhölzer, obwohl sie im Unterschied zu einigen anderen einheimischen oder zu tropischen Hölzern weniger resistent gegen Holzschädlinge sind.

11.3 Holzschutzmittel

Der Einsatz **chemischer Holzschutzmittel** richtet sich in erster Linie gegen biologische Schädigungen durch Insekten und Pilze. Holzschutzmittel enthalten insektizide und fungizide Wirkstoffe, die auf Grund ihrer mehr oder weniger starken gesundheitsschädigenden Wirkungen nur dort eingesetzt werden dürfen, wo es der Einsatzzweck erfordert. Und auch dann nur unter Einhaltung der entsprechenden Vorsichtsmaßnahmen, die in den technischen Merkblättern der Hersteller sowie den einschlägigen Vorschriften der Gefahrstoffverordnung vorgeschrieben werden. Holzschutzmittel sollten einer Reihe von *Anforderungen* genügen:

– sicherer und lang anhaltender Schutz des Holzes vor schädigenden Organismen
– Eindringtiefen möglichst > 10 mm, Beständigkeit gegen Auslaugen und Verdunsten,
– Verträglichkeit der HSM wie auch des behandelten Holzes mit Beschichtungs- bzw. Klebstoffen, Metallen und anderen Baustoffen
– weitgehende Geruch- und Farblosigkeit
– möglichst geringe Umweltbelastung bei der Verarbeitung des HSM und durch das mit dem HSM behandelte Holz.

Die heute auf dem Markt erhältlichen HSM sind in vier Gefährdungsklassen (GK) mit folgenden Mindestanforderungen eingeteilt:

GK 1	**Iv**	gegen Insekten vorbeugend wirksam
GK 2	**Iv**	gegen Insekten vorbeugend wirksam
	P	gegen Pilze vorbeugend wirksam (Fäulnisschutz)
GK 3	**Iv**	gegen Insekten vorbeugend wirksam
	P	gegen Pilze vorbeugend wirksam (Fäulnisschutz)
	W	auch für Holz, das der Witterung ausgesetzt ist, jedoch nicht im ständigen Erdkontakt und nicht im ständigen Kontakt mit Wasser
	(W)	wie W, aber nur für im Kesseldruckverfahren imprägniertes Holz
GK 4	**Iv**	gegen Insekten vorbeugend wirksam
	P	gegen Pilze vorbeugend wirksam (Fäulnisschutz)
	W	auch für Holz, das der Witterung ausgesetzt ist (wie bei GK 3)
	E	auch für Holz, das extremer Beanspruchung ausgesetzt ist (im ständigen Erd- und/oder Wasserkontakt sowie bei Schmutzablagerungen in Rissen und Fugen)
. . . .	**(P)**	gegen Pilze vorbeugend wirksam
. . . .	**Ib**	gegen Insekten bekämpfend wirksam
. . . .	**M**	Schwammsperrmittel

Für die angeführten Gefährdungsklassen gelten folgende Anwendungsbereiche:

Holzbauteile, die durch Niederschläge, Spritzwasser und dergleichen nicht beansprucht werden

GK 1	Innenbauteile bei einer mittleren relativen Luftfeuchtigkeit bis 70% und gleichartig beanspruchte Bauteile

GK 2	Innenbauteile bei einer mittleren relativen Luftfeuchtigkeit bis 70% und gleichartig beanspruchte Bauteile sowie Innenbauteile in Nassbereichen, Holzteile wasserabweisend abgedeckt und Außenbauteile ohne unmittelbare Wetterbeanspruchung

Holzbauteile, die durch Niederschläge, Spritzwasser und dergleichen beansprucht werden

GK 3	Außenbauteile mit Wetterbeanspruchung ohne ständigen Erd- und/oder Wasserkontakt und Innenbauteile in Nassräumen
GK 4	Holzbauteile mit ständigem Erd- und/oder Süßwasserkontakt, auch bei Ummantelung.

Tabelle 11.1 Schutzmitteltypen, Hauptbestandteile und Prüfprädikate nach dem Verzeichnis der Holzschutzmittel mit allgemeiner Zulassung (Stand: 01. Januar 2008)

Schutzmitteltyp	Hauptbestandteile	Prüfprädikate
Bor-Salze	Anorganische Borverbindungen (Borsäure H_3BO_3, Borax $Na_2B_4O_7 \cdot 10H_2O$)	Iv, P
CFB-Salze	Bor- und Fluorverbindungen, Chromate	Iv, P, W
CK-Salze	Kupferoxid (CuO), Cu-Salze, Chromate	Iv, P, W, E
CKA-Salze	Cu-Salze unter Zusatz von Arsenverbindungen (Arsen(V)-oxid As_2O_5), Chromate	Iv, P, W, E
CKB-Salze	Kupferoxid, Cu-Salze unter Zusatz von Bor-verbindungen, Chromate	Iv, P, W, E
CKF-Salze	Kupferoxid, Cu-Salze unter Zusatz von Silicaten, Kieselsäure, Chromate	Iv, P, W, E
Quat-Präparate	Quaternäre Ammoniumverbindungen	Iv, P, (W)
Quat-Bor-Präparate	Quaternäre Ammonium-Bor-Verbindungen	Iv, P, (W)
Chromfreie Cu-Präparate	Cu-Verbindungen, Cu-HDO oder quaternäre Ammoniumverbindungen, z.T. unter Zusatz von Triazolen und/oder Borverbindungen	Iv, P, W, (E)
Sammelgruppe	Präparate, die in ihrer Zusammensetzung von den vorgenannten abweichen bzw. deren Wirksamkeit auf anderen Stoffen beruht (z.B. Propiconazol, Fenoxycarb, Deltamethrin, Permethrin).	Iv, P, W

- ***Wasserbasierte Holzschutzmittel zum vorbeugenden Schutz von Holzbauteilen gegen holzzerstörende Pilze und Insekten***

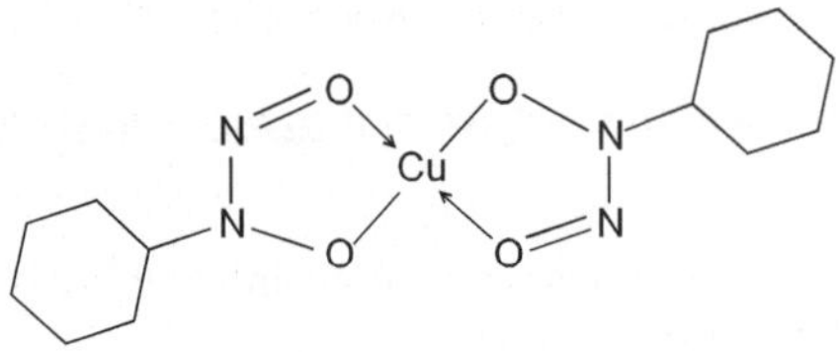

Abbildung 11.3

Kupfer-HDO

Anwendung wasserbasierter HSM: Während anorganische Borverbindungen nur für witterungsgeschützte, nicht aber für durch Niederschläge, Spritzwasser und dergleichen beanspruchte Holzbauteile verwendet werden sollen (Auswaschung!), können chromatfixierte CFB-, CK-, CKA-, CKB- und CKF-Salze im Innen- und Außenbau bei unterschiedlicher Auswaschungsbeanspruchung eingesetzt werden. Die übrigen Präparate (s. Tab. 11) werden je nach ihrer Zusammensetzung im Innen- und Außenbau verwendet.

Wegen der Toxizität des Chroms in der Oxidationsstufe +VI ist man in letzter Zeit zunehmend zu anderen Fixierungsmitteln übergegangen, z.B. zu **Kupfer-HDO,** exakte Bezeichnung: Bis-(N-Cyclohexyldiazeniumdioxo)-Kupfer(II) (Abb. 11.3).

- **Holzschutzmittel in organischen Lösungsmitteln zum vorbeugenden Schutz von Holzbauteilen gegen holzzerstörende Pilze und Insekten**

Hauptbestandteile dieser Gruppe von HSM sind organische Fungizide und Insektizide, gelöst in organischen Lösungsmitteln (teilweise angefärbt) mit unterschiedlich hohem Gehalt an Bindemittel. Prüfprädikate: Iv, P und W. Zum Einsatz kommen als Fungizide z.B. Propiconazol und Diclofluanid und als Insektizide Carbamate (z.B. Fenoxycarb, Abb. 11.4a), Deltamethrin und Permethrin (Abb. 11.5). *Anwendung*: Innen- und Außenbau.

- **Holzschutzmittel zum vorbeugenden Schutz von Holzbauteilen gegen holzzerstörende Insekten - ohne Wirksamkeit gegen holzzerstörende Pilze**

Hauptbestandteil dieser HSM sind organische Insektizide in organischen Lösungsmitteln (z.B. Deltamethrin) oder wasserverdünnbare organische Insektizide (z.B. Fenoxycarb). *Anwendung*: Innenausbau.

- **Steinkohlenteer-Imprägnieröle zum vorbeugenden Schutz von Holzbauteilen gegen holzzerstörende Pilze und Insekten**

Hauptbestandteile sind Steinkohlenteer-Imprägnieröle der Klassen WEI-Typ B und C nach der Klassifizierung des West-Europäischen Instituts für Holzimprägnierung (W.E.I.) mit einem Benzo[a]pyren-Gehalt bis zu höchstens 50 mg/kg. Prüfprädikate: Iv, P, W und E. *Anwendung*: Nur für Holzbauteile im Außenbau; vorzugsweise für Holz mit starker Gefährdung durch Auswaschbeanspruchung.

- **Sonderpräparate ausschließlich für Holzwerkstoffe zum vorbeugenden Holzschutz gegen holzzerstörende Pilze**

Hauptbestandteile sind anorganische Borverbindungen, KF oder K-HDO. Prüfprädikat: P; *Anwendung*: ausschließlich im Herstellerwerk für Holzwerkstoffe.

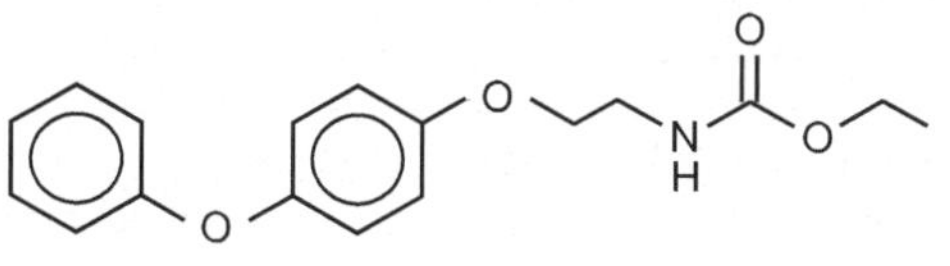

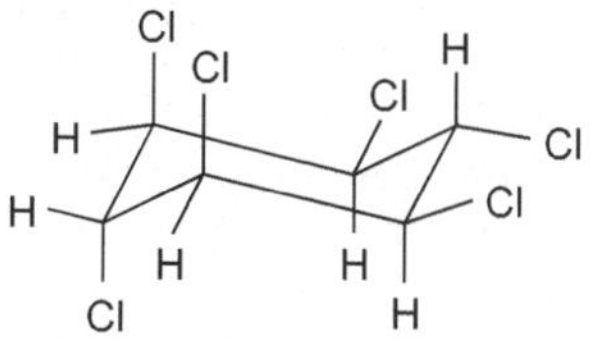

Abbildung 11.4   Wirkstoffe lösungsmittelhaltiger Holzschutzmittel: a) Fenoxycarb, b) Lindan

Lindan (chemisch Hexachlorcyclohexan) wurde jahrzehntelang weltweit im Holzschutz, aber auch im Pflanzen-, Vorrats- und Textilschutz eingesetzt. Von den acht stereoisomeren Formen ist nur ein Isomer, das **γ-Hexachlorcyclohexan** (**γ-HCH**, Abb. 11.4b), als Insektizid wirksam. Lindan ist lipophil und erweist sich als außerordentlich schwer abbaubar. Es tritt in die Nahrungskette ein, reichert sich im menschlichen Fettgewebe (Leber, Niere) an und kann zu schweren gesundheitlichen Schäden führen. In der BRD wurde Lindan unter dem Eindruck des Seveso-Unglücks bereits 1977 verboten, in der DDR wurde die Lindan-Produktion im Jahr 1982 eingestellt. Seit 2002 gilt ein europaweites Lindan-Verbot.

Lindan wurde als insektizider Wirkstoff für den Holzschutz vor allem durch die toxikologisch unbedenklicheren Pyrethrin-Abkömmlinge *Permethrin*, *Deltamethrin* und *Cypermethrin* ersetzt. **Pyrethrin** ist ein aus den Blütenknospen bestimmter Pyrethrinarten gewonnenes, sehr wirksames natürliches Insektizid. Durch eine gezielte Abwandlung des Stammsystems konnten die noch wesentlich wirksameren Pyrethroid-Insektizide Deltamethrin und Permethrin (Abb. 11.5b) synthetisiert werden.

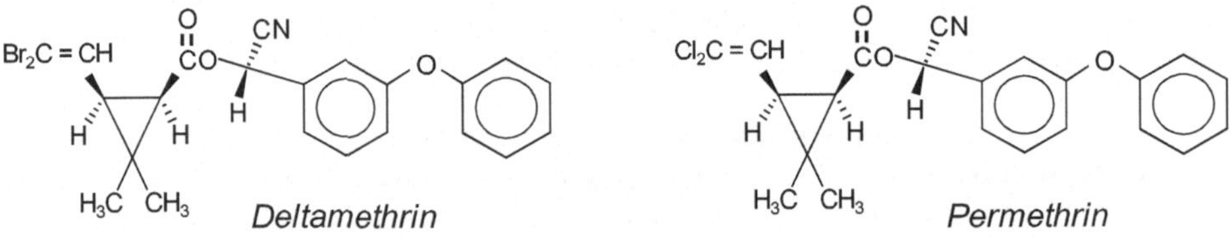

Abbildung 11.5 Insektizide auf Pyrethrin-Basis: a) Deltamethrin, b) Permethrin.

Wegen seiner ausgezeichneten pilz- und bakterientötenden Wirkung hat **Pentachlorphenol** (PCP) und sein Natriumsalz (PCP-Na) als Bestandteil unterschiedlichster HSM eine weite Verbreitung gefunden. Seit bekannt ist, dass dieser Stoff nicht nur fischtoxisch ist, sondern auch beim Menschen zu erheblichen gesundheitlichen Schäden führen kann, wurde mit der Pentachlorphenol-Verbotsordnung vom 12. 12. 1989 die Herstellung und Verwendung von PCP und dessen Salzen verboten. Da mit PCP behandeltes Holz über einen langen Zeitraum diesen Wirkstoff emittiert, stellen PCP-haltige Holzschutzmittel eine echte Altlast vieler Gebäude dar.

Wirksamkeit und *Wirkungsdauer eines Holzschutzmittels* hängen sehr wesentlich von der Wahl des Verfahrens zur Einbringung des Mittels in das Holz ab. Die einfachsten und mit Sicherheit bekanntesten Einbringverfahren sind das *Streichen* und das *Spritzen* (*Sprühen*). Allerdings bleiben die Eindringtiefen meist deutlich unter den geforderten 10 mm, häufig liegen sie in Abhängigkeit von der Holzart zwischen 2...6 mm. Beim *Tauchverfahren* schwimmt das Holz in einem Tauchbecken im bzw. auf dem Holzschutzmittel. Die Eindringtiefen liegen ebenfalls unter 10 mm, es wird allenfalls ein Randschutz erreicht. Werden die Hölzer in offenen Trögen längere Zeit (einige Stunden bis Tage) untergetaucht gehalten, spricht man von einer *Trogtränkung*. Das Eindringen des HSM erfolgt hier durch die kapillaren Kräfte und die Diffusion im Zellgewebe, den hydrostatischen Druck der im Tränkgefäß über dem Holz stehenden Flüssigkeit sowie die Temperaturunterschiede der benutzen Tränkflüssigkeiten. Die eingesetzten anorganischen Salze dringen tiefer und gleichmäßiger in das Holz ein und der erreichte Randschutz ist effektiver als bei den vorhergehenden Verfahren. Großtechnische Verfahren, die zum Einbringen des Schutzmittels Über- und/oder Unterdruck anwenden, fasst man unter dem Begriff *Kesseldrucktränkung* zusammen. In druckdichten Kesseln wird das Schutzmittel quasi in das Holz gedrückt bzw. gesogen. Varianten des Kesseldruckverfahrens sind die Volltränkung, die Spartränkung, die Wechseldruck- und die Vakuumtränkung. Welche Variante zum Einsatz kommt, hängt sowohl von der Art des verwendeten Holzschutzmittels als auch von der Art des zu behandelnden Holzes ab. Kesseldruckverfahren können zu einer Durchtränkung der gesamten imprägnierbaren Holzsubstanz führen.

Feuer- oder **Flammschutzmittel** sollen die Entzündung des Holzes verzögern und die Verbrennung des Holzes und damit die Ausbreitung des Feuers erschweren. Hinsichtlich ihres Brandverhaltens können die Feuerschutzmittel als feuer- bzw. flammenerstickend, verkohlungsfördernd sowie sperrschicht- und dämmschichtbildend klassifiziert werden.

Feuer- oder flammenerstickende Schutzmittel sind entweder *a)* kristallwasserhaltige Salze, die in der Hitze schmelzen und unter Wärmeentzug Wasser freisetzen oder *b)* Salze, die in der Feuerhitze andere flammenerstickende Gase abspalten, z.B. CO_2 aus Carbonaten oder Hydrogencarbonaten, SO_2/SO_3 aus Sulfaten oder Hydrogensulfaten und NH_3 aus Ammoniumhydrogenphosphat: $(NH_4)_2HPO_4 \rightarrow 2\ NH_3 + H_3PO_4$. Die gleichzeitig gebildete Phosphorsäure wirkt dehydratisierend, d.h. verkohlend.

Sperrschichtbildende Schutzmittel (*Versiegelungsmittel*). In der Hitze bildet sich auf dem Holz eine schwer entflammbare, dünne Sperrschicht, die den Zutritt des Luftsauerstoffs zum Holz erschwert. Im Holz („aus dem Holz heraus") entsteht eine Holzkohleschicht, die wärmedämmend wirkt. Früher wurden als sperrschichtbildende Schutzmittel Wassergläser und Borate, heute werden Ammoniumpolyphosphate verwendet.

Schaumschichtbildende Schutzmittel sind Substanzgemische, die die Eigenschaften der verkohlungsfördernden und sperrschichtbildenden Schutzmittel kombinieren. Auf der Oberfläche des Holzes wird eine gut isolierende Holzkohleschicht erzeugt, indem man Substanzen auf das Holz bringt, die sich beim Erwärmen schaumig aufblähen, verkohlen und anschließend verfestigen. Zum Einsatz kommen Gemische aus schichtbildenden Komponenten („Kohlenstoffspendern") wie Kohlenhydraten, Paraffinen oder Chlorparaffinen und aus blähenden und schäumenden Komponenten wie Polyphosphaten, Melamin, Harnstoff und Dicyandiamid $\{NC\text{-}NH\text{-}C(NH_2)\text{=}NH\}$ sowie evtl. TiO_2-Pigmenten.

12 Luftschadstoffe in Innenräumen

In den letzten Jahrzehnten haben gesundheitliche Beschwerden zugenommen, die in engem Zusammenhang mit dem Aufenthalt in Innenräumen bzw. Gebäuden stehen. Ausgasungen chemischer Substanzen aus Möbeln, Farben, Anstrichen und Baustoffen, Schimmelpilzbefall in Wohnungen, das Sick-Building-Syndrom und das Phänomen der „Schwarzen Wohnungen" sind Anlass genug, das Problem der Innenraumbelastung mehr in den Focus des Gesundheitsschutzes zu rücken. Man geht heute davon aus, dass die Menschen ca. 90% ihrer Lebenszeit in Innenräumen verbringen. Davon entfallen etwa 2/3 auf die Wohnräume und wiederum davon der größte Teil auf das Schlafzimmer.

12.1 Einleitende Bemerkungen

Zu den Innenräumen gehören zunächst alle Räume in Gebäuden, die nicht nur zum vorübergehenden Aufenthalt von Menschen bestimmt sind, also alle Wohnräume vom Keller bis zum Dachstuhl, darüber hinaus Büros und öffentliche Gebäude wie Kindergärten, Schulen, Sporthallen und Krankenhäuser. Im weiteren Sinne rechnet man auch mobile Fahrzeuginnenräume (Pkw, öffentliche Verkehrsmittel) zu den Innenräumen. Diese Definition bezieht sich aber nicht auf Arbeitsräume, in denen mit bestimmten Chemikalien umgegangen wird. Hier gelten spezielle Arbeitsschutzbedingungen für den Umgang mit Gefahrstoffen. Wenn es um Verunreinigungen der Innenraumluft geht, spricht man im Gegensatz zu Luftverunreinigungen am Arbeitsplatz ($\rightarrow$ AWG-/MAK-Werte, Kap. 5.4.2.2.1) von Innenraumluftbelastung (*engl.* indoor air pollution).

Im Gegensatz zum Arbeitsbereich halten sich in Innenräumen Kinder sowie alte und kranke Menschen auf, die als besonders empfindlich gelten. So sind Kinder einer etwa doppelt so hohen inhalativen Dosis ausgesetzt wie erwachsene Menschen, da bei den Kindern das Verhältnis von Atemvolumen pro Minute zu Körpergewicht deutlich höher liegt.

Tabelle 12.1 Konzentrationen einiger Bestandteile von Innenraumluft [UC 1]

Stoff, Stoffgruppe	Konzentration in Innenräumen (in mg/m³)	AWG [a] (in mg/m³)
Schwefeldioxid (SO_2)	0.02 ... 0,08	2,5
Kohlenmonoxid (CO)	1 ... 10	35
Kohlendioxid (CO_2)	500 ... 2000	9100
Stickstoffdioxid (NO_2)	0,02 ... 0,08	0,95 [b]
Ozon (O_3)	0,04 ... 0,4	0,2 [b]
Formaldehyd (H-CHO)	0,01 ... 1	0,37
Benzol (C_6H_6)	0,003 ... 0,03	krebserzeugend
Toluol C_6H_5-CH_3	0,02 ... 0,2	190

[a] TRGS 900 vom 04.08.2010, [b] MAK-Werte; AWG-Werte sind noch nicht festgelegt.

In Innenräumen gelten für den Abbau, die Umwandlung und den Transport der Schadstoffe einige Charakteristika, die sich von den jeweiligen Prozessen im Außenbereich oder in anderen Umweltmedien zum Teil deutlich unterscheiden. So sind wichtige Mechanismen wie der Abbau der Schadstoffe durch UV-Licht (Photolyse) und der hydrolytische Abbau

© Springer Fachmedien Wiesbaden GmbH, ein Teil von Springer Nature 2020
R. Benedix, *Bauchemie*, https://doi.org/10.1007/978-3-658-26442-0_12

von Stoffen in Innenräumen zu vernachlässigen. Eine Verdünnung der Schadstoffe, wie sie im Freien durch die Außenluft erfolgt, ist in Innenräumen nur eingeschränkt möglich. Im Gegenteil, durch das Adsorptionsvermögen der Stäube, der Möbel und der Teppiche reichern sich schwer flüchtige Substanzen an ihrer Oberfläche an, was zu einer signifikanten Erhöhung der Konzentration dieser Schadstoffe führt. Mit dem Übergang zu einer effektiveren Wärmedämmung und zunehmend dichteren Fenstern hat sich der Austausch der Luft zwischen Innenraum und Außenbereich signifikant verringert. Dazu kommt, dass die Anzahl der Chemikalien, die über die Baustoffe, die Einrichtungsgegenstände und die Haushaltsprodukte in die Innenraumluft gelangen, in schwindelerregender Weise zugenommen hat. Die Folge ist, dass die Konzentration an bestimmten Innenraum-Luftinhaltsstoffen in der Größenordnung der AWG-/MAK-Werte (Tab. 12.1) liegt und deren Konzentrationen in der Außenluft teilweise übertrifft.

12.2   Schadstoffe in Innenräumen und Gebäuden

Innenraumschadstoffe können zunächst über die Außenluft in die Innenräume gelangen. Quellen sind der Kfz-Verkehr und die Abgase bestimmter Gewerbe. Andererseits werden zahlreiche Chemikalien über Baustoffe sowie Einrichtungsgegenstände und Haushaltchemikalien an die Innenräume abgegeben. Mögliche Quellen sind

- Einrichtungsgegenstände und Ausstattungsmaterialien ($\rightarrow$ Lösungsmittel aus Kleb- und Imprägnierstoffen, Zusätze aus Dämmstoffen)
- Reinigungs-, Desinfektions-, Konservierungs- und Pflegemittel
- Produkte des Heimwerker- und Bastelbereichs, z.B. Farben und Lacke, Klebstoffe, Dichtungsmassen
- Holzprodukte ($\rightarrow$ Abgabe von Formaldehyd aus Spanplatten; Pentachlorphenol aus Holzschutzmitteln)
- Verbrennungsprozesse (Ruß, Kohlenstaub, Holzstaub; Stäube wirken als Trägermedien für schwer flüchtige organische Verbindungen s.u.)
- Mikroorganismen wie Pilze, Viren, Bakterien und Milben.

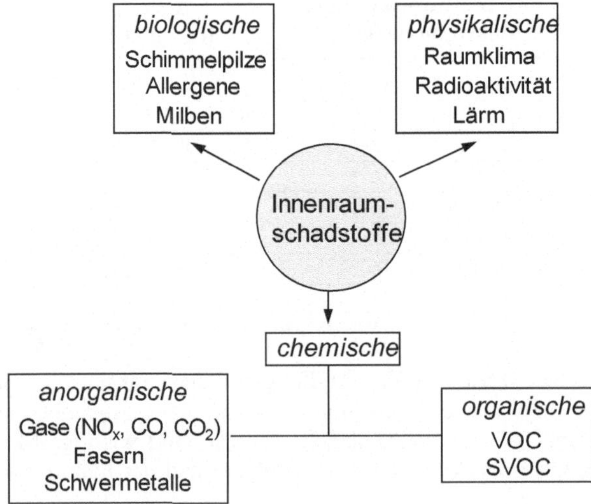

Wie oben dargestellt, können Innenraumschadstoffe grob in chemische (anorganische und organische), biologische und physikalische Vertreter unterteilt werden. Zu den biologischen Verunreinigungen der Innenraumluft zählen vor allem Schimmelpilze, Milben, Bakterien und Viren, zu den physikalischen das Raumklima, radioaktive Stoffe (vor allem Radon, s. Kap. 2.1.2.2) sowie eventuelle Lärmbelästigungen.
Größte Bedeutung kommt den chemischen Schadstoffen zu - vor allem organischen, aber auch anorganischen Vertretern.

Organische Luftinhaltsstoffe werden häufig in leicht flüchtige Stoffe (*engl.* volatile organic compounds, **VOC**) und schwer flüchtige Stoffe unterteilt. Vertreter der Gruppe der **leicht flüchtigen** organischen Verbindungen (Siedebereich < 260°C) sind n-Alkane (bis C_{14}), Isoalkane und Cycloalkane, Olefine (z.B. 1-Alkene bis C_{14}), chlorierte Kohlenwasserstoffe, „niedere" Alkohole, Aldehyde, Ketone, Ester und Ether sowie Terpene. Typische Quellen für VOC in Innenräumen sind Lösungsmittel und Lösevermittler, die in unterschiedlichsten Produkten des Heimwerker- und Haushaltbereichs wie Klebstoffen, Grundierungen, Farben und Lacken enthalten sind. Sie können auch aus Baumaterialien oder Einrichtungsgegenständen freigesetzt werden. Lösevermittler sind meist grenzflächenaktive Stoffe (Kap. 6.2.2.3), die durch ihre Gegenwart andere, in einem bestimmten Lösungsmittel nicht lösliche Verbindungen löslich oder emulgierbar machen.
Zu den **mittel** bis **schwer flüchtigen** organischen Verbindungen (*engl.* semi volatile organic compounds, **SVOC**; Siedebereich >260°C) gehören polycyclische aromatische Kohlenwasserstoffe (PAK), Fungizide wie Pentachlorphenol (PCP) bzw. sein Natriumsalz (PCP-Na), Lindan (γ-HCH) und DDT, polychlorierte Biphenyle (PCB) und Phthalsäureester (Weichmacher). Trotz ihrer Schwerflüchtigkeit können diese Verbindungen in relativ hohen Konzentrationen in der Raumluft auftreten. Häufig besitzen sie eine ausgeprägte Neigung zur Adsorption an Staubpartikeln und an Oberflächen von Tapeten, Gardinen sowie Einrichtungsgegenständen, womit diese selbst wiederum zu Sekundärquellen für diese Schadstoffe mutieren.
Anmerkung: Die Weltgesundheitsorganisation WHO schlägt eine nochmalige Unterteilung der flüchtigen organischen Stoffe wie folgt vor: Very Volatile Organic Compounds (VVOC), Siedebereich (SB) < 0 bis 50…100°C; Volatile Organic Compounds (VOC), SB 50…100 bis 240…260°C; Semi Volatile Organic Compounds (SVOC), SB 240…260 bis 380… 400°C und Organic compounds associated with particulate matter or particulate organic matter (POM), SB ≥ 380°C.

Anorganische Verbindungen wie Stickoxide (NO_x) und Kohlenmonoxid (CO) werden bei Verbrennungsprozessen freigesetzt. Andere Gase, vor allem CO_2, fallen als menschliche Stoffwechselprodukte an. Darüber hinaus spielen partikuläre Schadstoffe wie Asbeste, künstliche Mineralfasern und Schwebstaub eine wichtige Rolle. Insbesondere nach Asbestsanierungen können hohe Konzentrationen an lungengängigen(!) Asbestfasern in der Atmosphäre und in der Innenraumluft gemessen werden.

Die Emission von Schadstoffen kann vorübergehend oder dauerhaft erfolgen. Zu den *vorübergehenden* Emissionsquellen gehören Haushaltprodukte. Da sie meist regelmäßig verwendet werden, können sie trotzdem eine erhebliche Belastung der Innenraumluft bewirken. Baustoffe und Ausstattungsmaterialien geben *dauerhaft* über lange Zeiträume Schadstoffe ab.

Maßnahmen zur Verringerung der Innenraumbelastung. Sind die Quellen möglicher Belastungen erst einmal identifiziert, können sie entfernt oder zumindest in ihrer Wirkung reduziert werden. Um den Eintrag von Chemikalien in die Raumluft zu verringern, sollte der Einsatz überflüssiger Chemikalien im Haushalt-, Sanitär- und Heimwerkerbereich vermieden werden, schadstoffarme Produkte (Möbel, Einrichtungsgegenstände, Elektrogeräte) angeschafft werden, Textilien vor dem ersten Tragen gewaschen und nach einer chemischen Reinigung ausgelüftet werden. Der Heizungs- und der Garagenbereich sollte zu den Wohnräumen hin abgedichtet und lösungsmittelhaltige Farben und Lacke sowie Verdünnerflüssigkeiten nicht in den Wohnräumen gelagert werden.

Um die Belastungen zu mindern, sollte regelmäßig gelüftet und der Staub entfernt werden, z.B. Staubsaugen bei offenem Fenster. Ist man finanziell dazu in der Lage, sollte man belastete Spanplatten, belastete Teppichböden und mit bioziden Holzschutzmitteln belastete Hölzer entfernen und durch schadstoffarme Produkte ersetzen. Wenn nicht, kann man die Emission belasteter Spanplatten (Formaldehyd!) durch Anstreichen der Oberfläche oder Bekleben mit Aluminium- oder Verbundfolie reduzieren. Mit bioziden Holzschutzmitteln behandelte Dachböden sollten gut gegen den Wohnbereich abgedichtet werden.

12.3 Schwarzstaub-Ablagerungen in Wohnungen („Fogging")

Im Winter 1995/96 trafen beim Umweltbundesamt erste Anfragen nach den Ursachen plötzlich auftretender, rußähnlicher schwarzer Flecken und ölig schmieriger Ablagerungen auf Tapeten, Fensterrahmen, Steckdosen, Fliesen und anderen Einrichtungsgegenständen ein. Die schwarzen Ablagerungen bildeten sich innerhalb von Tagen bzw. innerhalb weniger Wochen. Selten war nur ein Raum betroffen, meist traten die schwarzen Flecken in mehreren Räumen einer bestimmten Wohnung auf. Im Sommer verschwanden die Ablagerungen häufig wieder, traten eventuell im nächsten Winter jedoch erneut auf. Das Phänomen der schwarzen Flecken bzw. **Schwarzstaub-Ablagerungen** wird in der Literatur auch als **„Fogging"** bezeichnet. Der Begriff stammt aus der Automobilbranche. Hier bezeichnet man die Ausbildung eines Films auf der Windschutzscheibe von Neufahrzeugen infolge von Ausgasungen schwer flüchtiger Bestandteile aus Kunststoffbauteilen als Fogging.

Die genauen Ursache-Wirkungs-Beziehungen für das Auftreten dieser Schwarzstaub-Ablagerungen im Wohnbereich sind bis heute nicht vollständig geklärt. Es ist noch nicht klar, welchen Beitrag *a)* die Bewohner mit ihrem Wohnverhalten, *b)* die Beschaffenheit des Gebäudes und *c)* die Zusammensetzung der verwendeten Bauprodukte und Einrichtungsgegenstände im Einzelnen auf die Entstehung der Schwarzstaub-Ablagerungen leisten.

Im Ergebnis zahlreicher Studien und Analysen sowie von Fragebogenaktionen vor allem durch das Umweltbundesamt wurden folgende allgemeingültige Aussagen erhalten:

- Die schwarzen Ablagerungen werden ausschließlich in der Heizperiode zumeist als schwarz-grauer, ölig-schmieriger Belag sichtbar.
- Häufig handelt es sich um neu gebaute, um sanierte oder renovierte Wohnungen.
- Kalte Wandbereiche, Wärmebrücken und die Art der Luftströmung sind entscheidende Faktoren beim Auslösen dieses Phänomens.
  Deshalb sind die Ablagerungen vor allem an Stellen hoher Luftbewegung, z.B. um den Heizkörper (Abb. 12.2 links), entlang der Wand, der Fenster und Gardinen, oberhalb

der Heizquellen und an Stellen verminderter Oberflächentemperatur (Zimmerecken, Abb. 12.2 rechts) am stärksten.

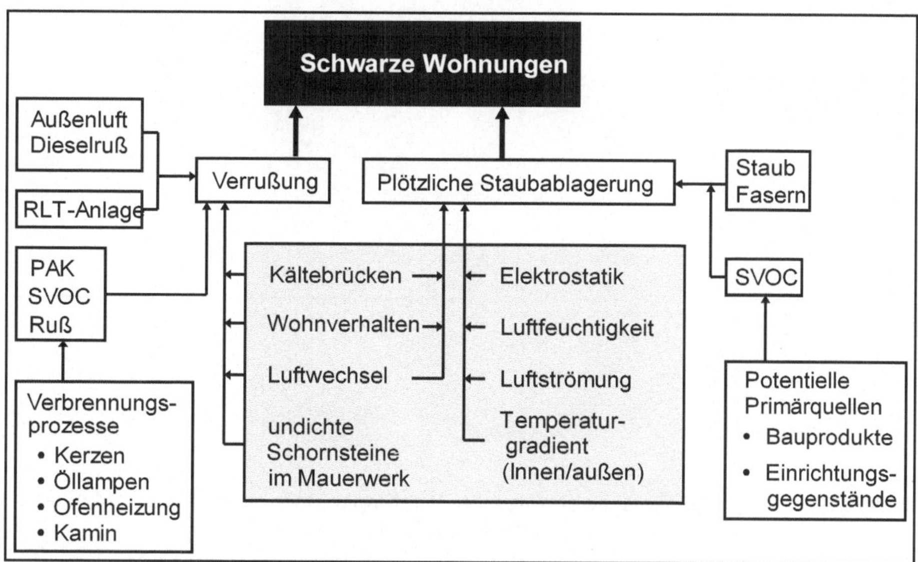

Abbildung 12.1 Fogging: Mögliche Ursachen und Einflussfaktoren [UC 9]

Folgende Ursachen und Mechanismen sind für die Ablagerung von Schwarzstaub denkbar (Abb. 12.1):

– Abscheidung mittel und schwer flüchtiger organischer Verbindungen aus Bauprodukten und Einrichtungsgegenständen
– bauliche Gegebenheiten (Wärmebrücken, Risse), Kondensation organischer Stoffe an kalten Flächen
– raumklimatische Verhältnisse (Luftfeuchtigkeit, Elektrostatik der Luft)
– Thermophoreseeffekte
– Ausbildung klebriger Filme auf Kunststofftapeten infolge Migration schwer flüchtiger organischer Verbindungen an die Oberfläche
– Raumnutzung und Wohnverhalten, z.B. Verwendung zusätzlicher Emissionsquellen für mittel bis schwer flüchtige organische Verbindungen (SVOC) wie Öllämpchen, Kerzen sowie Lüftungsverhalten
– Adsorption von Schadstoffen an Fasern oder mineralischen Stäuben

Wichtig ist eine Abgrenzung der Schwarzstaub-Ablagerungen zu den Rückständen aus Verbrennungsprozessen (*Verrußung*), obwohl es natürlich Überlagerungen beider Effekte geben kann. Setzt sich der abgelagerte Schwarzstaub überwiegend aus Ruß bzw. polycyclischen aromatischen Kohlenwasserstoffen zusammen, so ist das ein sicherer Hinweis auf Verbrennungsprozesse als Quelle. Kleine Mengen an Ruß können auch über die Außenluft, z.B. aus Abgasen von Dieselfahrzeugen, eingetragen werden. Sie können aber ebenso von Kerzen, Schornsteinen oder Kaminen stammen. Mitunter werden Schwarzstaub-Ablagerungen auch mit dem Auftreten von Schwarzschimmelsporen verwechselt, da beide Phänomene häufig an kalten Bauteilen auftreten. Auch hier kann es zu Überlagerungen kommen.

Abbildung 12.2 Fogging: Typische schwarze Ablagerungen über einem Heizungskörper (links) und in einer Raumecke (rechts).

Heute geht man davon aus, dass die Luftbelastung einer Wohnung mit Feinstaub eine tragende Rolle bei der Entstehung von Schwarzstaub-Ablagerungen spielt. Unter Feinstaub versteht man Partikel ≤ 10 µm (PM10). Feinstaub entsteht im Haushalt unter anderem beim Kochen und beim Braten. Er kann aber auch von Lüftern in Elektronikgeräten, vom Tabakrauch oder von Kerzen stammen. Die Staubpartikel fungieren als Träger für die flüchtigen organischen Verbindungen.

Staub- und Aerosolteilchen unterliegen der **Thermophorese** (Thermodiffusion). Sie bewegen sich entlang des Temperaturgradienten von warm nach kalt und scheiden sich dort infolge adhäsiver Wechselwirkungen ab. Dieses Verhalten erklärt die teilweise seltsamen Verteilungsmuster der Schwarzstaub-Ablagerungen etwa über Heizkörpern, Lampen und in schlecht isolierten Wohnungen an den oberen Raumecken (Abb. 12.2). Auch lässt sich speziell am Ende des Winters ein Schmutzfilm auf der Innenseite von Fensterscheiben beobachten. Er besteht aus Staub-Aerosolteilchen, die durch Thermophorese an der kalten Scheibe abgeschieden wurden.

Chemische Natur der Schwarzstaub-Ablagerungen. Da Fogging offensichtlich in Zusammenhang mit gerade erfolgten Bau- und Renovierungsmaßnahmen auftritt, sind die Ursachen vor allem in der Verwendung von Bauprodukten und Einrichtungsgegenständen zu suchen. Die Hersteller zahlreicher Produkte des Bau- und Heimwerkerbereichs, z.B. von Farben, Lacken, Tapeten, Kassettendecken aus Styropor, Laminatfußböden, Kabelumhüllungen und Folien, setzen vermehrt höher siedende organische Verbindungen ein, die mehr oder weniger stark in die Innenraumluft emittieren. Damit steigt die Konzentration an SVOC im Innenraum an. Besonders hoch ist sie im Winter bei Heizungsbetrieb und verminderter Lüftung. Weitere potentielle Quellen für SVOC sind Auslegewaren mit aufgeschäumten Butadien-Kautschuk als Rückseite, Paneelen und Polymerdekorplatten, diverse im Innenraum eingesetzte Klebstoffe sowie Haushaltschemikalien wie Reinigungs- und Pflegemittel oder Kosmetika.

Mittels **chemischer Analyse** wurden in den Schwarzstaub-Ablagerungen vor allem langkettige Alkane und Alkohole („Fettalkohole", z.B. Tetradecanol, Hexadecanol, Octadecanol), gesättigte und ungesättigte Fettsäuren (Stearin- und Palmitinsäure, Ölsäure, Linol- und Linolensäure) und deren Ester sowie Phthalsäureester (Weichmacher!) nachgewiesen. Die Anwesenheit mittel und schwer flüchtiger organischer Verbindungen in der Innenraumluft reicht jedoch als alleinige Ursache nicht aus, um Schwarzstaub-Ablagerungen hervorzurufen (Abb. 12.1).

Vorbeugung bzw. Vermeidung. Schwarzstaub-Ablagerungen werden sich nie vollständig vermeiden lassen, da die oben angeführten physikalischen Abscheidemechanismen nur bedingt beeinflussbar sind. Um dem Auftreten von Schwarzstaub-Ablagerungen vorzubeugen, sollten emissionsarme bzw. emissionsfreie Produkte wie Anstrichstoffe, Lacke und Klebstoffe sowie Einrichtungsgegenstände verwendet werden. Renovierungen sollte man am besten im Frühjahr durchführen. Dann haben sich die anfänglichen Ausgasungen von Bauprodukten und Einrichtungsgegenständen bis zur nächsten Heizperiode stark reduziert. Des Weiteren sollten Temperaturunterschiede zwischen der Raumluft und kalten Flächen müssen möglichst klein gehalten werden (→ gleichmäßige Beheizung der Wohnung, größere Heizflächen mit geringerer Temperatur).

12.4 Sick-Building-Syndrom

Seit Mitte der 70er Jahre wird über Beschwerden berichtet, die die Betroffenen auf einen Aufenthalt in Büros, gelegentlich auch in Schulen, Labors oder Krankenhäusern zurückführen. Wenn sie die betreffenden Gebäude verlassen, dann lassen meist auch die Beschwerden nach. Bei erneutem Aufenthalt in den Gebäuden nehmen die Symptome wieder deutlich zu. Von Fachleuten wird diesem Beschwerdebild der Begriff „Sick-Building-Syndrom" (SBS) zugeordnet [UC 10-12]. SBS ist nicht als medizinischer Fachbegriff zu verstehen. In der Medizin versteht man unter „Syndrom" ein sich stets mit gleichen Krankheitszeichen manifestierendes Krankheitsbild. Das Sick-Building-Syndrom kennzeichnet vielmehr einen Komplex unspezifischer Symptome, ohne dass eine eindeutige Krankheit oder pathologische Parameter diagnostiziert werden können.

Als Kriterium für das Vorliegen von SBS gilt, dass mindestens 20% der exponierten Personen in einem Gebäude über folgende unspezifische Beschwerden oder Symptome klagen [WHO 1982]:

- Reizungen der Augen-, Nasen- und Rachenschleimhaut
- Ermüdung, Kopfschmerzen, Übelkeit, Benommenheit
- Konzentrationsschwäche
- trockener Hals, Halsschmerzen, Husten
- trockene Gesichtshaut, gerötetes Gesicht, Hautausschlag
- Juckreiz und unspezifische Überempfindlichkeit

Mögliche Ursachen können Innenraumschadstoffe (Kap. 12.2), in die Räume eingedrungene Außenluftschadstoffe oder Schimmelpilze, Milben und Bakterien sein. Die biogene Belastung stammt oft aus schlecht gewarteten oder falsch dimensionierten Klimaanlagen mit verkeimtem Befeuchterwasser bzw. Filterüberladung. Dazu kommen bürotypische Expositionen wie Bildschirmtätigkeit, Lärm und evtl. Passivrauchen. Häufig wurden SBS-Beschwerden nach Aufenthalt in Räumen mit Klimaanlagen geäußert. Ein konkreter Zusammenhang zu den Schadstoffbelastungen ließ sich nicht nachweisen. Arbeitsräume mit Klimaanlagen waren im Gegenteil oft sogar weniger schadstoffbelastet.

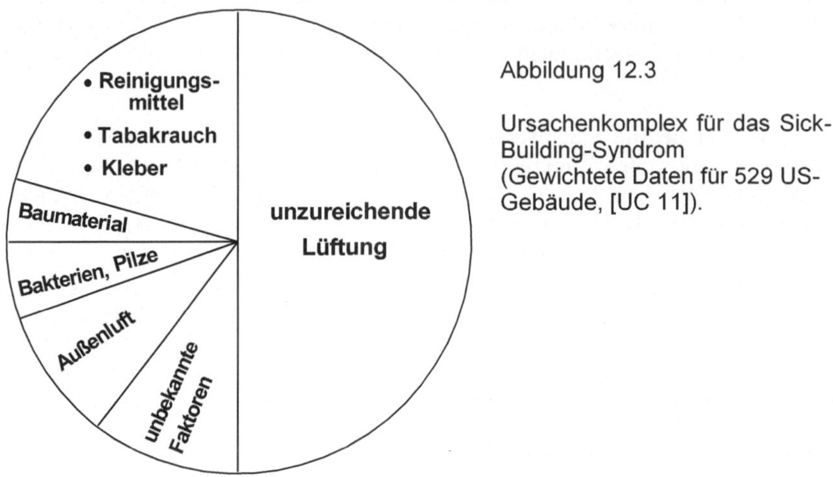

Abbildung 12.3

Ursachenkomplex für das Sick-Building-Syndrom (Gewichtete Daten für 529 US-Gebäude, [UC 11]).

Studien haben gezeigt, dass persönliche Empfindungen der betroffenen Personen, ihre individuelle Einstellung zum Job sowie die Benutzerfreundlichkeit ihres Arbeitsplatzes mitunter entscheidender für das Auftreten des Sick-Building-Syndroms sind, als bauliche, chemische und biologische Einflüsse. Es ist durchaus möglich, dass die auf die oben genannten Ursachen zurückgehenden Beschwerden durch psychischen Stress verstärkt oder überhaupt erst ausgelöst werden (Mobbing am Arbeitsplatz!). Angesichts dieser besonderen Situation wird das Dilemma eines eindeutigen kausalen Zusammenhanges zwischen Ursache(n) und Wirkung deutlich.

Aktuellen Schätzungen zufolge sind in Deutschland etwa 400.000 Menschen von Überempfindlichkeiten gegenüber bestimmten Chemikalien betroffen (Deutscher Allergie- und Asthmabund 2019). Diese hohe Zahl verdeutlicht die Notwendigkeit gezielter Maßnahmen, um dem Sick-Building-Syndrom vorzubeugen. Die häufigsten Maßnahmen sind ständiges Lüften in neuen oder frisch renovierten Gebäuden und die Gewährleistung einer günstigen Luftfeuchtigkeit. Sie sollte in „normalen" Büroräumen zwischen 50...65%, in klimatisierten Räumen bei 70% liegen. Treten Anzeichen für das Beschwerdebild SBS auf, sollten die Betroffenen einen Arzt für Umweltmedizin konsultieren. Seine Aufgabe ist es, anhand chemischer Analysen von Proben aus dem Büro oder den Wohnräumen, aber auch anhand von Fragen zum Betriebsklima oder zur Stimmung in der Familie einen Zusammenhang zwischen den Symptomen und potentiellen Ursachen zu finden.

13 Hightech im Bauwesen: Anwendung der Nanotechnologie in Architektur und Bauwesen

Die Nanotechnologie gilt weltweit als **die** Schlüsseltechnologie des 21. Jahrhunderts. Für zahlreiche Industriebranchen wie den Automobilbau, die chemische und pharmazeutische Industrie, die Informationstechnik sowie die optische Industrie hängt die künftige Wettbewerbsfähigkeit ihrer Produkte sehr wesentlich von der Erschließung moderner Technologien zur kontrollierten Erzeugung und Nutzung nanoskaliger Strukturen ab. Doch Nanotechnologien bieten nicht nur den Hightech-Branchen, sondern auch den konventionellen Industriezweigen wie dem Bausektor erhebliche Entwicklungs- und Geschäftspotentiale. Der gezielte Einsatz nanotechnologischer Innovationen, die das Bauen schneller, flexibler, nachhaltiger und kostengünstiger machen, stärkt die Wettbewerbsfähigkeit der Bauwirtschaft - und schafft Arbeitsplätze.

13.1 Was sind Nanoteilchen?

Die Nanowelt gleicht in vielem noch einem unbekannten Kosmos mit kaum vorstellbaren Dimensionen – und zwar unvorstellbar *kleinen* Dimensionen. 250 Mrd. Nanopartikel aus Ruß passen beispielsweise problemlos in den Punkt, der am Ende dieses Satzes steht. In der Nanowelt bewegen wir uns auf der Ebene einzelner Moleküle und Atome. Die Vorsilbe *Nano* entstammt dem griechischen Wort „nanos" (Zwerg), ein Nanometer entspricht dem millionsten Teil eines Millimeters. 5 bis 10 Atome nebeneinander ergeben einen Nanometer. Eine Veranschaulichung dieser Größenverhältnisse zeigt Abb. 13.1.

Abbildung 13.1 Die Nanowelt im Größenvergleich. Links: Typische Nanopartikel (Silica-(SiO₂)-Nanopartikel, www.furukawa.co.jp) verhalten sich in etwa zu einem Fußball wie ein Fußball zur Erdkugel.

Die Nanotechnologie befasst sich mit Strukturen, die per Definition kleiner als 100 Nanometer sind, also sowohl mit dünnen, wenige Nanometer dicken Schichten als auch mit kleinsten Objekten oder Strukturen, deren Dimensionen im Bereich einzelner Moleküle liegen. Die Besonderheit bei der Beschäftigung mit Nanopartikeln besteht darin, dass die Gesetze der klassischen Physik im Nanokosmos ihre Gültigkeit verlieren. Hier gilt die Quantenmechanik, nach der sich Eigenschaften von Stoffen nicht mehr kontinuierlich, sondern in Sprüngen (gequantelt) ändern.

Nanomaterialien besitzen im Vergleich zu ihren gröber strukturierten Formen deutlich veränderte Eigenschaften, die sowohl physikalische und chemische als auch biologische Stoffcharakteristika betreffen. So ändern sich z.B. wichtige Materialeigenschaften eines Festkörpers wie die elektrische Leitfähigkeit, der Magnetismus, das Fluoreszenzverhalten, die Härte und die Festigkeit signifikant mit der Anzahl und der Anordnung der wechselwirken-

© Springer Fachmedien Wiesbaden GmbH, ein Teil von Springer Nature 2020
R. Benedix, *Bauchemie*, https://doi.org/10.1007/978-3-658-26442-0_13

den Atome, Ionen oder Moleküle. Nichtleiter werden zu Leitern oder Stoffe wechseln ihre Farbe, wenn sie zu Nanopartikeln verarbeitet werden. Zum Beispiel variiert das Fluoreszenzverhalten der Verbindung Cadmiumtellurid (CdTe) stark mit der Partikelgröße: Ein 2 nm großes CdTe-Partikel sendet grünes Licht, ein 5 nm großes Partikel dagegen rotes Licht aus. Auch chemische Eigenschaften hängen stark von der Strukturierung der Materialoberfläche ab.

Je kleiner die Teilchen, umso größer ist das Verhältnis zwischen Oberfläche und Volumen, umso höher ist der Anteil an Oberflächenatomen. Nanoskalige Strukturen weisen demnach ein deutlich größeres Verhältnis von reaktiven Oberflächenatomen zu reaktionsträgen Teilchen im Inneren des Feststoffs auf. Zum Beispiel enthält ein Partikel des Durchmessers 20 nm etwa 250.000 Atome, wobei sich 10% der Atome an der Oberfläche befinden. Verkleinert man das Partikel auf einen Durchmesser von 1 nm enthält es ca. 30 Atome, wobei der Anteil der Oberflächenatome nun 99% beträgt.

Durch die Nanostrukturierung ergeben sich somit völlig neue Möglichkeiten für die Entwicklung funktionaler Oberflächen, bei denen gewünschte Materialeigenschaften wie der Selbstreinigungseffekt bei Werk- und Baustoffoberflächen, eine verbesserte Kratzfestigkeit von Lacken, spezielle Effekte bei Farben und Lacken durch Einsatz von Nanopartikeln, Antireflexeigenschaften bei Gebrauchsglas und Displays, ein verbesserter UV- und Wärmeschutz sowie antibakterielle Eigenschaften von Werk- und Baustoffen gezielt auf den jeweiligen technischen Anwendungszweck zugeschnitten werden können.

13.2 Innovationsfelder für Nanotechnologien auf dem Bausektor

Die Möglichkeiten zur Anwendung nanotechnologischer Innovationen erstrecken sich auf nahezu alle Bereiche des Bausektors, vom Rohbau, der Fassadengestaltung, der Haustechnik bis hin zur Innenausstattung. Selbst der Infrastrukturbereich (Straßen, Brücken, Kanäle) kann wesentlich von nanotechnologischen Prinziplösungen profitieren [BC 19-25].

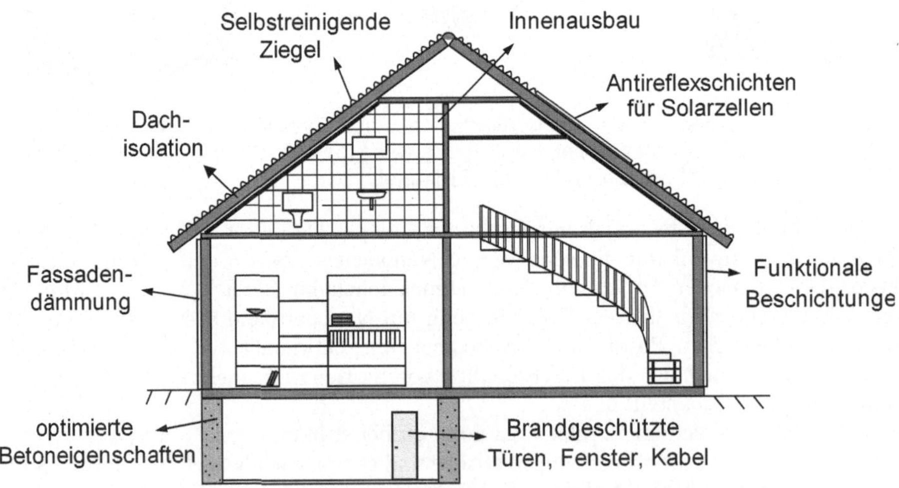

Abbildung 13.2 Anwendungsbeispiele der Nanotechnologie im Hausbau

In Abb. 13.2 sind einige Beispiele zur Anwendung nanotechnologischer Innovationen im Hausbau dargestellt.

13.2.1 Oberflächenfunktionalisierung

Einen Schwerpunkt der Anwendung der Nanotechnologie im Bauwesen stellt die Oberflächenfunktionalisierung von Fassadenflächen dar. Durch die Anwendung von Nanomaterialien lässt sich zum Beispiel hydrophobes, hydrophiles oder oleophobes (ölabweisendes) Verhalten von Oberflächen gezielt einstellen.

Die wohl bekannteste und am meisten angewandte Form der Oberflächenfunktionalisierung ist die **Hydrophobierung** von Fassadenoberflächen mit siliciumorganischen oder fluororganischen Verbindungen. Auf den erzeugten wasserabweisenden Oberflächen mit großen Randwinkeln α (Kap. 6.2.2.2) perlt das Wasser ab und anhaftende Schmutzpartikel werden abgespült. Durch eine chemische Modifizierung der Oberfläche können Randwinkel bis etwa 120° realisiert werden. Sollen noch höhere α-Werte und damit eine noch stärkere Wasserabstoßung erreicht werden, muss die Oberfläche strukturiert werden.

Für die Wechselbeziehung zwischen Wasserabstoßung und Oberflächenstruktur findet die Natur bei den Blättern einiger Pflanzen wie z. B. der Lotuspflanze (Abb. 13.3 a; **Lotus-Effect**®) folgende (optimale!) Lösung: Durch eine Mikrostrukturierung der Blattoberfläche wird eine starke Wasserabstoßung erreicht. Der Tropfen liegt nur auf den äußeren Spitzen der Mikrostruktur auf, wobei Randwinkel um 160° auftreten. Man spricht von *ultra- oder superhydrophoben* Oberflächen. Der Selbstreinigungsmechanismus stützt sich auf die minimalen Kontaktflächen zwischen Tropfen und Oberfläche, die etwa 2...3% betragen. Die wie auf einer Bürste aufliegenden Schmutzpartikel werden vom abrollenden Flüssigkeitstropfen mitgenommen (Abb. 13.3b). Die Besonderheit der Blattstruktur besteht darin, dass auf der Noppenstruktur - die Noppen sind 5...10 µm hoch und 10...15 µm voneinander entfernt - noch eine zweite, sehr feine Nanostruktur realisiert ist. Sie besteht aus kleinen Wachskristallen mit einem Durchmesser von ca. 100 nm, die sowohl die Noppen als auch die Täler dazwischen überziehen. Man spricht von einer hierarchischen Strukturierung der Pflanzenoberfläche.

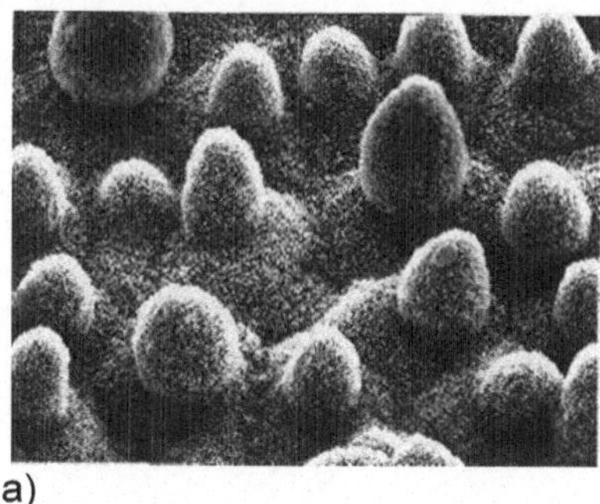
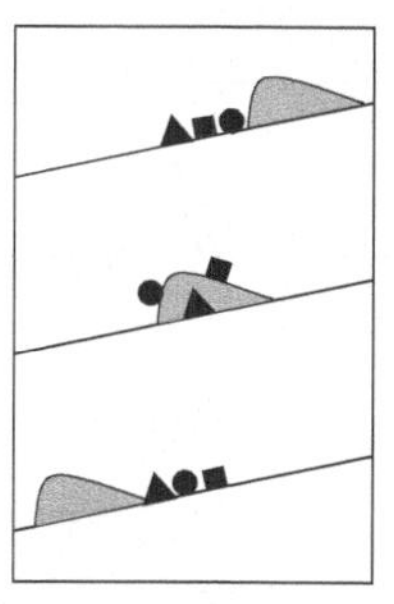

a)   b)

Abbildung 13.3 a) Noppenstruktur des Lotusblattes (www.lotus.effect.com),
                b) Selbstreinigungsmechanismus an einer mikrorauen Oberfläche

Die Übertragung einer solch komplexen Oberflächenstruktur auf technische Produkte zur Erlangung eines Selbstreinigungseffektes ist hoch kompliziert und äußerst anspruchsvoll.

Die 1999 auf den Markt gebrachte Fassadenfarbe Lotusan® (Fa. sto) wirbt beispielsweise mit dem oben beschriebenen Selbstreinigungsmechanismus. Es hat sich in den letzten Jahren jedoch gezeigt, dass die gewünschte Selbstreinigung der Oberfläche nicht in dem Maße eintritt, wie erhofft. Die Tauwassertropfen sind so leicht und vor allem so klein, dass sie nicht abrollen können. Sie verbleiben im Mikrorelief und trocknen dort ab. Wenn sie lösliche Verschmutzungen aufgenommen haben, lagert sich der Schmutz in der Mikrostruktur ab und die Fähigkeit zur Selbstreinigung geht allmählich verloren. Hier ist die Lotuspflanze klar im Vorteil! Sie besitzt die Fähigkeit, ihre Oberfläche zu regenerieren. Wird die Grenzschicht beschädigt, erneuert sie die defekte Oberflächenstruktur innerhalb weniger Stunden bis die Selbstreinigung wieder funktioniert.

Heute gibt es eine Reihe weiterer Produkte, die mit dem Lotus-Effect® werben: Siliconharzfarben, Nanoversiegelungen für Fenster-/Autoscheiben und für Autolacke sowie Textil- und Lederimprägnierungen.

Etwa zeitgleich wurden neue Beschichtungsmaterialien und -verfahren zur Funktionalisierung von Oberflächen (Ormocere® oder Polyelektrolyt-Tensidkomplexe, [BC 18]) mit dem Ziel entwickelt, verschmutzungsarme und leicht zu reinigende Produkte herzustellen. Im Gegensatz zu den pflanzlichen Oberflächen sollten die Oberflächen aber möglichst glatt sein („easy to clean"). In der praktischen Anwendung sind beide Entwicklungsansätze (strukturierte oder glatte Oberflächen) oft nicht unmittelbar zu erkennen. Besonders schwierig wird die Unterscheidung, wenn bei reinen Hydrophobierungen das Vorbild der Natur oder speziell der Lotuspflanze bemüht werden. Ein fließender Übergang zwischen beiden Ansätzen („easy to clean" ↔ Selbstreinigung) ergibt sich, wenn nanoskalige Partikel in die Beschichtung eingebracht werden. Eine eindeutige Abgrenzung ist dann kaum möglich.

Titandioxid (TiO₂)-Photokatalyse. Analog zur Nutzung des gerade beschriebenen Lotus-Effects® findet auch die Titandioxid-Photokatalyse im Baubereich inzwischen eine breite Anwendung.

Titandioxid gehört neben Verbindungen wie ZnO, ZnS, CdS und Fe_2O_3 zu den Photohalbleitern (Kap. 3.3.3). Es kommt in drei unterschiedlichen kristallinen Modifikationen vor, dem *Rutil*, dem *Anatas* und dem *Brookit*.

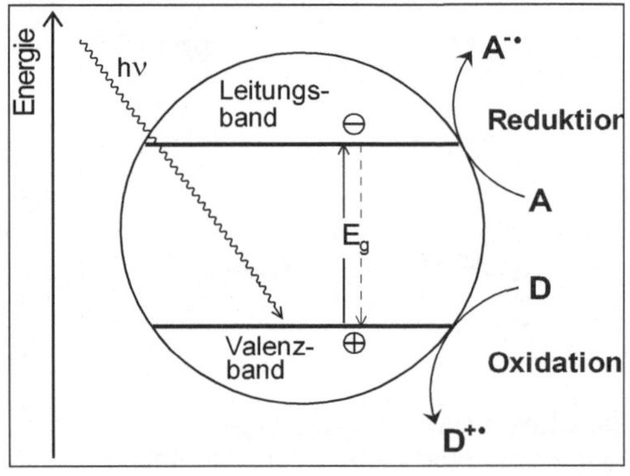

Abbildung 13.4

Energieniveauschema eines Halbleiterteilchens (Energiebändermodell)

Die thermodynamisch stabile Rutil-Modifikation findet als Weißpigment für Farben, Lacke, Kunststoffe und Keramiken sowie für Produkte der Lebensmittelindustrie breite Anwendung. Anatas ist thermodynamisch instabil, kinetisch jedoch stabil. Aufgrund der im Vergleich zum Rutil deutlich erhöhten Photoaktivität wird Anatas nur begrenzt verwendet. Für einen Einsatz als Photokatalysator ist diese TiO_2-Modifikation geradezu prädestiniert.

Abb. 13.4 zeigt das Energieniveauschema eines Halbleiterteilchens in der Darstellungsweise des Energiebändermodells. Bestrahlt man TiO_2-Partikel mit UV-Strahlung der Wellenlänge $\lambda \leq 390$ nm (dieser Wert entspricht der Energie der Bandlücke zwischen Valenz- und Leitungsband des TiO_2(Anatas), $E_g = 3,2$ eV), so reicht die Energie hν der Photonen aus, um die Bandlücke zu überwinden. Es erfolgt der Übergang eines Elektrons in das Leitungsband (e^-_{LB}), wodurch im Valenzband ein Defektelektron (auch „Loch", h^+_{VB}) erzeugt wird (Gl. 13-1).

$$(TiO_2) + h\nu \rightarrow (TiO_2) + h^+_{VB} + e^-_{LB} \qquad (13\text{-}1)$$

Wenn es gelingt, die beiden photolytisch erzeugten Ladungsträger mit geeigneten Redoxsystemen zu kombinieren, bevor es zur Rekombination zwischen Photoelektron und Loch kommt, laufen Gln. (13-2) ab. A ist ein Akzeptormolekül, das leicht reduziert und D ein Donormolekül, das leicht oxidiert werden kann. Adsorbierte Schadstoffmoleküle können auf diese Weise reduktiv oder oxidativ zersetzt werden. Thermodynamische Voraussetzung für die Reduktion des Akzeptormoleküls und die Oxidation des Donormoleküls ist, dass die entsprechenden Redoxpotentiale innerhalb der Bandlücke des Halbleiters liegen.

$$A + e^-_{LB} \rightarrow A^{-\bullet} \quad \text{und} \quad D + h^+_{VB} \rightarrow D^{+\bullet} \qquad (13\text{-}2)$$

Eine zweite Möglichkeit des **Schadstoffabbaus** ergibt sich infolge der hohen Reaktivität der intermediär gebildeten Radikale. Durch die hohe Oxidationskraft der Löcher im Valenzband kann Wasser in einem Einelektronenschritt zum Hydroxylradikal •OH oxidiert werden. OH-Radikale gehören zu den effektivsten Oxidationsmitteln der Atmosphäre, ihre Oxidationskraft übertrifft die des Chlors und Ozons. Die photolytisch erzeugten Elektronen sind dagegen in der Lage, adsorbierten Sauerstoff zu Superoxidionen $O_2^{-}\bullet$ zu reduzieren. Aus den Superoxidionen entstehen im Resultat unterschiedlicher Sekundärprozesse Wasserstoffperoxid (H_2O_2), Peroxyradikale ($HO_2\bullet$) und wiederum Hydroxylradikale (Details [BC 17a]). Organische Moleküle können bei milden Bedingungen, d.h. bei Normaltemperatur und Atmosphärendruck, in die Hauptprodukte Kohlendioxid und Wasser umgewandelt werden. Frühzeitig wurde die Bedeutung der TiO_2-Photokatalyse für die Mineralisierung organischer Verbindungen erkannt. In zahlreichen Untersuchungen wurde der photokatalytische Abbau einer Vielzahl umweltrelevanter Verbindungen wie halogenierten Kohlenwasserstoffen, Phenolen, Pflanzenschutzmitteln, Schwefelverbindungen und Farbstoffen in wässriger Lösung erforscht [BC 17].

Über ein zweites faszinierendes Phänomen, das völlig unabhängig vom gerade beschriebenen photoinduzierten Schadstoffabbau existiert, wurde 1997 von Watanabe und Mitarbeitern berichtet [BC 16]: Eine TiO_2(Anatas)-Oberfläche wird bei Einstrahlung von UV-Licht **ultrahydrophil** (Kontaktwinkel $\alpha < 1°$). Das Wasser fließt auseinander und bildet einen flüssigen Film. Unterbricht man die UV-Bestrahlung, bleibt der niedrige Kontaktwinkel für einen, maximal zwei Tage erhalten, steigt dann jedoch langsam wieder an. Die Oberfläche wird wieder hydrophober. Die Ultrahydrophilie kann durch erneute UV-Bestrahlung wiedererlangt werden (Abb. 13.5).

1994 kamen die ersten, gemeinsam vom japanischen Konzern TOTO Ltd. und der Universität Tokio entwickelten **photokatalytisch aktiven Fliesen** auf den japanischen Markt. Da neben der schadstoffzersetzenden auch eine **antibakterielle** Wirksamkeit nachgewiesen werden konnte, wurden sie in Krankenhäusern (OP-Bereich), Kliniken und im Sanitärbereich eingesetzt. Mit der Entdeckung der hohen Hydrophilie der TiO_2-Beschichtung bei solarer Einstrahlung wurden die Fliesen sofort auch für Außenanwendungen interessant.

Von beschichteten Keramiken zu beschichteten Gläsern ist es nur ein kleiner Schritt. Der international agierende Flachglashersteller Pilkington stellte 2002 das erste Bauglas Pilkington Aktiv^{TM} mit dualaktiver (selbstreinigend und ultrahydrophil) Wirkungsweise vor. Die meist mittels CVD (Chemical Vapour Deposition) aufgebrachte photokatalytisch aktive TiO_2-Schicht hat eine Dicke von 20...30 nm. Sie reduziert den Reinigungsaufwand des Fensterglases deutlich. Mittlerweile ist die Bandbreite von TiO_2-modifizierten Produkten groß und sie werden weltweit vertrieben.

In Deutschland gibt es heute fast keinen Hersteller von Baustoffen (Zemente, Dachziegel, Pflastersteine, Fliesen, Gläser, Beschichtungs- und Anstrichstoffe) der nicht in mindestens einem Produkt photoaktive TiO_2-Pigmente einsetzt. Insbesondere Straßen, Häuserfassaden und Dächer bieten große Flächen, die sich für photokatalytische Anwendungen eignen.

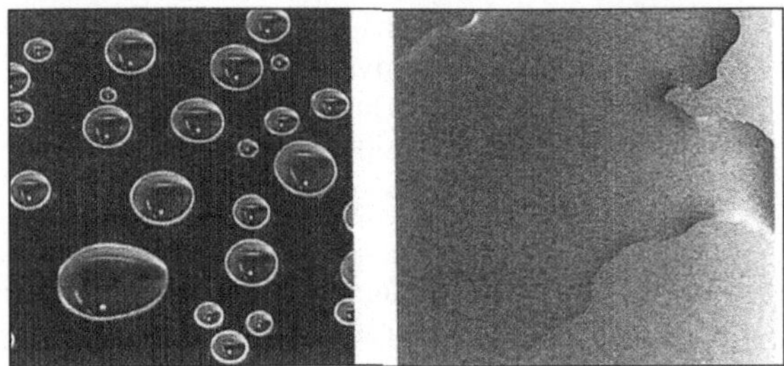

Abbildung 13.5 links: kleine Wassertropfen auf einer normalen Glasscheibe; rechts: TiO_2-beschichtete Glasscheibe, die Tropfen fließen bei UV-Einstrahlung auseinander und bilden einen dünnen Film [BC 16]

Für die Anwendung von nanoskaligem TiO_2 in Baustoffen gibt es generell zwei verschiedene Möglichkeiten [BC 19]. Entweder das TiO_2 wird in den Baustoff eingemischt. Diese Methode kommt z.B. für Pflastersteine oder Betonelemente in Frage. Der Titandioxid-modifizierte Baustoff wird als ca. 3 cm dicke Vorsatzschicht auf den Pflasterstein aufgebracht, damit ist selbst bei Abrasion der Oberfläche noch längere Zeit photoaktives TiO_2 vorhanden. Oder aber das TiO_2 wird als oberflächliche, dünne Beschichtung aufgetragen. Bei dieser Methode ist eine nachträgliche Behandlung der bereits vorhandenen Oberfläche möglich. Sie eignet sich für Fassaden und Wände.

Im Zuge der strengeren EU-Gesetzgebung steht vor allem die Luftverbesserung in innerstädtischen Bereichen im Vordergrund, da die Grenzwerte vielerorts überschritten werden. Besonders unerwünscht sind hohe Konzentrationen an Stickoxiden, weshalb dem **photokatalytischen Abbau von NO_2** verstärkt Aufmerksamkeit gewidmet wird. Die Jahresmittelwerte liegen gegenwärtig zwischen 30...60 µg, vereinzelt sogar um 100 µg NO_2. Gemäß der 39. BImSchV (2010) sind zwei Luftqualitätswerte für NO_2 einzuhalten: Der Jahresmittelwert ist auf 40 µg/m^3 begrenzt und der maximale Ein-Stunden-Mittelwert von 200 µg/m^3 darf maximal an 18 Tagen im Kalenderjahr überschritten werden. Damit besteht an stark befahrenen Straßen dringender Handlungsbedarf.

Das *Funktionsprinzip* des NO_x-Abbaus ist komplex. Grob gesagt werden die NO_2- bzw. NO-Moleküle an der TiO_2-Oberfläche adsorbiert und in Gegenwart von O_2- und H_2O-Molekülen über verschiedene radikalische Zwischenschritte zum Nitrat NO_3^- oxidiert. Das Nitrat, das in äußerst geringen Konzentrationen entsteht, wird vom Regenwasser weggeführt (Abb. 13.6).

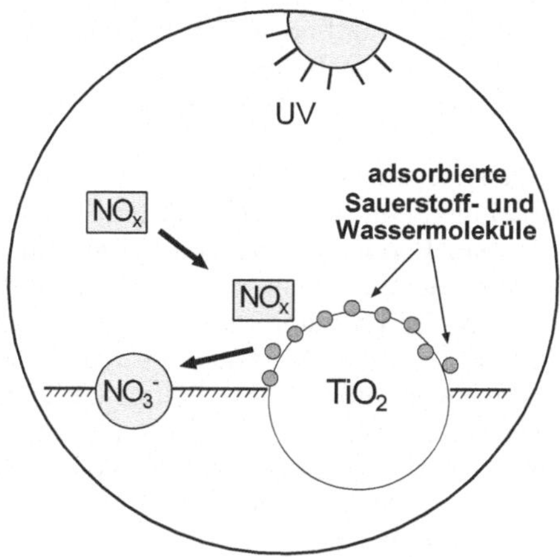

Abbildung 13.6

NO_x-Abbau an einer TiO_2-Oberfläche

Die NO_2- bzw. NO-Moleküle werden durch OH- bzw. Superoxidradikale in das Endprodukt Nitrat (NO_3^-) umgewandelt. Die Radikale entstehen aus adsorbierten Sauerstoff- und Wassermolekülen bei Sonneneinstrahlung.

Im Rahmen europäischer Forschungsprojekte zum photokatalytischen NO_2-Abbau wurden Messungen in Verkehrstunnels (2011-2013) sowie ausgewählten Modellstraßenschluchten (2013) durchgeführt [BC 20]. Entgegen bis dato vorliegenden, recht widersprüchlichen Ergebnissen zeigte sich, dass die Schadstoffreduktion in einer typischen urbanen Anwendung (etwa an einer Straße) durch den Transport der Stoffe an die katalytische Oberfläche begrenzt ist. Der Abbau beträgt wenige Prozent. In Projekten in den Niederlanden und Deutschland wurden photokatalytisch aktive Pflastersteine auf Teststrecken verlegt. Es konnten ebenfalls keine signifikanten Reduktionen der NO_x-Konzentrationen festgestellt werden. Die im Laborversuch erzielten, sehr hohen Minderungsraten von bis zu 80% wurden nicht annähernd realisiert. Es besteht also noch erheblicher Forschungsbedarf. Darüber hinaus müssen die photokatalytisch aktiven Materialien so optimiert werden, damit an ihnen möglichst keine neuen Schadstoffe wie z.B. Formaldehyd entstehen und die Bindemittel, die die photoaktiven TiO_2-Pigmente enthalten, nicht selbst photolytisch zersetzt werden („Kreiden").

Es ist abzusehen, dass funktionale Oberflächen an Bedeutung gewinnen werden. Insbesondere die Erweiterung des Energiespektrums bis in den sichtbaren Spektralbereich erhöht ihre Einsatzmöglichkeiten und macht sie interessant für zahlreiche Anwendungen, insbesondere auf den Gebieten Luftreinhaltung, Selbstreinigung und Gewässerschutz.

13.2.2   Weitere Anwendungsfelder

• **Thermische Isolierung**. Ein weiteres Anwendungsgebiet der Nanotechnologie ist die thermische Isolierung von Außenfassaden. Die Wärmedämmung von Außenfassaden ist ein wesentlicher Faktor in der Bauwirtschaft - und zwar sowohl im Hinblick auf Investitionskosten bei Neubauten und Gebäudesanierungen als auch hinsichtlich anfallender Betriebskosten. In Westeuropa wird der Markt für die thermische Isolierung in der Gebäudetechnik auf ca. 6 Mrd. Euro geschätzt [BC 21]. Hier bietet sich ein Zukunftsmarkt für nanoporöse Materialien.

$\Rightarrow$ **Vakuumisolationspaneele.** Ende der 90er Jahre wurde die sogenannte Vakuumisolationspaneele (**VIP**, Vacuum Insulated Panel) entwickelt. Sie beruht auf dem physikalischen Prinzip der Vakuumdämmung, ähnlich dem einer Thermoskanne. In einem Vakuum kann kein Wärmetransport über die Bewegung der Luftteilchen stattfinden. Durch die Integration des Vakuums in das Dämmelement entstehen platzsparende Bauteile. Vakuumdämmung benötigt bei gleicher Dämmwirkung wesentlich geringere Dämmstärken als konventionelle Dämmstoffe.
Der Stützkern der Vakuumisolationspaneele besteht aus einem pulverförmigen Dämmstoff, z.B. aus pyrogener Kieselsäure. Platten aus feinteiliger, poröser Kieselsäure besitzen schon unter Normaldruck gute Wärmeschutzeigenschaften. Bereits ein moderates Vakuum von etwa 50 Millibar reicht aus, um das Wärmeleitvermögen des feinporigen Dämmmaterials weiter deutlich herabzusetzen. Die Kieselsäureplatten der Vakuumisolationspaneele werden in ein schützendes Vlies gepackt und anschließend in gasdichten, evakuierbaren und verschweißbaren metallisierten Polymerverbundfolien eingeschlossen. Ihre Wärmeleitfähigkeit liegt zwischen 0,004 - 0,008 W/m K. Ihre Wärmeschutzwirkung ist bis zu 10-mal besser als die herkömmlicher, am Bau eingesetzter Dämmmaterialien wie Polystyrol, Polyurethan, Glas- oder Mineralwolle. Statt z.B. 40 cm eines üblichen Dämmstoffs wie Polystyrol erzielen 4 cm Vakuumisolationspaneele den gleichen Wärmeschutz.
Dreh- und Angelpunkt dieser Technologie sind die Folien, denn die hohe Wärmedämmfähigkeit der VIP ist an die Aufrecherhaltung des Vakuums über möglichst längere Zeiträume gebunden. Die derzeit angewandten Herstellungsverfahren für die metallisierten Polymerverbundfolien sind aufwändig und teuer, weshalb die Vakuumdämmung gegenwärtig noch deutlich höhere Kosten verursacht als eine herkömmliche Dämmung. Zur Erhöhung der Widerstandsfähigkeit der Paneele existieren herstellerspezifisch unterschiedliche Herangehensweisen, zum Teil werden zusätzliche Vliesschichten, Schichten aus Polystyrol oder Gummigranulat aufgebracht. Die Verwendung von Sandwichelementen als vorgefertigte Bauteile, mit fertig eingebauten Fenstern und Bekleidungen, reduziert die Möglichkeit der Beschädigung ebenfalls deutlich.
Fazit: Durch die Vakuumisolationspaneele werden schlankere Konstruktionen möglich. Die Lebensdauer soll zwischen 30 und 50 Jahren liegen.

$\Rightarrow$ **Silica-Aerogele.** Ein weiteres in den letzten Jahren entwickeltes Isolationsmaterial sind die sogenannten Silica-Aerogele. Aerogele werden im Resultat von Sol-Gel-Prozessen mit anschließender Trocknung gewonnen. Bei der Trocknung darf sich das im Gel vorhandene Porenvolumen nicht verkleinern: Deshalb wird unter hohen Drücken und Temperaturen getrocknet oder die Oberfläche des Gels chemisch so verändert, dass eine Trocknung bei Normaldruck möglich ist. Ein Aerogel ist ein offenzelliger, nanoporöser Schaum, der aus einem Netzwerk von miteinander verbundenen Nanostrukturen besteht. Dabei bezieht sich der Begriff Aerogel nicht auf eine bestimmte stoffliche Zusammensetzung, sondern auf eine geometrische Anordnung in der eine Substanz vorliegen kann.
Silica-Aerogele aus amorpher Kieselsäure bestehen aus einem nanostrukturierten, dreidimensionalen SiO_2-Netzwerk mit Partikeln in der Größenordnung von 1...10 nm. Die Porosität der Gele kann Werte über 90% (!) erreichen. Sie besitzen aufgrund des geringen Feststoffgehalts und ihrer kleinen Poren sehr gute Dämmstoffeigenschaften. Die Wärmeleitfähigkeit ist mit 0,02 W/m K (als Schüttung!) außerordentlich gering, was den Aerogelen eine

hohe Temperaturstabilität auch unter extremen Bedingungen verleiht und sie zu ausgezeichneten Wärmeisolatoren macht. Ihre Wärmeleitfähigkeit liegt deutlich tiefer als jene von herkömmlichen Mineralwolledämmstoffen oder Polystyrol. Die poröse, nanoskalierte Struktur verringert zudem die Geschwindigkeit des Schalls und verleiht dem Aerogel schalldämmende Eigenschaften.

Die hohe optische Transparenz (Brechzahl etwa 1,2) macht die Aerogele auch in optischer Hinsicht interessant. So erscheint ein Silica-Aerogel vor dunklem Hintergrund milchigblau, da SiO_2 die kürzeren Wellenlängen effektiver streut als die längerwelligen Anteile der sichtbaren Strahlung. Silica-Aerogele sind transluzent (partiell lichtdurchlässig), aber nicht transparent. Darin unterscheiden sie sich von den lichtundurchlässigen Vakuum-Dämmplatten. Sie finden Anwendung auf dem Gebiet der transparenten Wärmedämmung, also für durchscheinende Gebäudefassaden und Dachfenster.

- **Ultrahochfester Beton - Nanosilca.** Zement ist - wenn man so will - eines der ältesten Nanotech-Produkte, denn bei der Hydratation dieses Bindemittels im Beton entstehen nadelförmige, mikro- bis nanometerfeine Kristalle, die zusammenwachsen und die Festigkeit des Materials bewirken. Wie in Kap. 9.3.3.5 ausgeführt, beruhen Festigkeit und Dauerhaftigkeit zementgebundener Baustoffe auf einer möglichst dichten Mikro- und Nanostruktur der durch Hydratation gebildeten **C-S-H**-Phasen. Je dichter die nadelige Struktur, umso dichter ist das Gefüge des erhärteten Betons.

Eine optimale Gefügeverdichtung kann durch Zugabe von Mikro- oder Nanosilica (silica fume, Silicastaub) erreicht werden. In Kombination mit geeigneten Fließmitteln sowie niedrigen w/z-Werten können Betone hergestellt werden, deren Druckfestigkeit über 60 N/mm2 hinausgeht. Man spricht vom **Ultrahochleistungsbeton** (*engl. Ultra High Performance Concrete*; gebräuchliche Abk.: *UHPC*) oder vom **Ultrahochfesten Beton** (Abk.: **UHFB**).

Bereits die Verwendung von Mikrosilica führt zu einer wesentliche Verringerung des Porenvolumens sowie Veränderungen in der Kontaktzone Zementstein - Gesteinskörnung (Kap. 9.3.3.3.1). Aufgrund der sehr hohen spezifischen Oberfläche kann Überschusswasser gebunden werden. Der Verbund wird verbessert, die Festigkeit erhöht.

Durch die Verwendung *nanoskaliger* Bindemittelzusätze erhält der Baustoff Beton völlig neue Eigenschaften in Bezug auf seine Verarbeitbarkeit, Festigkeit und Dauerhaftigkeit. So bewirkt die Zugabe von Siliciumdioxid-Nanopartikeln (**Nanosilica**) eine optimalere Verdichtung der Mikrostruktur des Zementsteins. Die Nanopartikel (5...50 nm) füllen die Poren weitgehend aus (Füllereffekt), die Packungsdichte wird erhöht und der Verbund in der Kontaktzone Zementstein/Gesteinskörnung wird weiter verbessert.

Die große Oberfläche der Nanopartikel ist für eine Reihe vorteilhafter Eigenschaften wie die hohe Reaktivität ($\rightarrow$ hohe puzzolanische Aktivität) und die sehr gute Wassereinbindung verantwortlich. Als Beispiel soll die Umsetzung von SiO_2 mit $Ca(OH)_2$ angeführt werden: Ist das Quarzmehl grob gemahlen, läuft beim Mischen mit $Ca(OH)_2$ ohne Wärmebehandlung keine chemische Reaktion ab. Mikrosilica dagegen, mit einer mittleren Teilchengröße zwischen 0,1...0,15 μm, reagiert innerhalb weniger Tage (bis Wochen) in Gegenwart von Wasser mit $Ca(OH)_2$ zu den entsprechenden **C-S-H**-Phasen. Ein homogenes Gemisch aus Nanosilica und $Ca(OH)_2$ hat bereits nach 24 Stunden (!) einen hohen Anteil an **C-S-H**-Phasen gebildet, so dass dieses Gemisch bereits als ein eigenständiges Bindemittel betrachtet werden kann.

Aufgrund seiner puzzolanischen Eigenschaften reagiert das amorphe Siliciumdioxid mit dem $Ca(OH)_2$ des Zementsteins zu weiteren festigkeitsbildenden Calciumsilicathydraten. Die Hydratphasen verbessern die Mikrostruktur an der Schwachstelle des Betons zwischen Zementstein und Gesteinskörnung. Damit erfolgt der Bruch beim hochfesten Beton durch die Gesteinskörnung und nicht wie beim Normalbeton um die Gesteinskörnungen herum. Der Wasseranspruch erhöht sich mit zunehmenden Anteil an Silicastaub, ab etwa 10% (vom Zementanteil) ist eine deutliche Klebrigkeit des Zementleimes zu verzeichnen.

Die Reaktion des Silicastaubs mit $Ca(OH)_2$ führt zu einer Absenkung des pH-Wertes. Deshalb ist bei bewehrten Betonen zur Aufrechterhaltung des für den Korrosionsschutz notwendigen pH-Wertes des Porenwassers darauf zu achten, dass der Gehalt an Silicastaub den Wert von 11% der Zementmasse nicht überschreitet. Silicastaub wird dem Beton in der Regel als Suspension, seltener in Pulverform zugegeben. Die Suspension enthält ca. 50% Wasser, das bei der Berechnung des Wasserzementwertes zu berücksichtigen ist.

Ultrahochfeste Betone weisen neben hohen Druckfestigkeiten (Bereich: $150...230$ N/mm^2) eine extreme Dichtigkeit auf (Kapillarporosität ca. 2 Vol-%). Die Festigkeit wird durch eine Optimierung der Packungsdichte von Zement, Zusatzstoffen und feinen Gesteinskörnungen erreicht. Die hohe spezifische Oberfläche des Silicastaubs und der damit verbundene hohe Wasseranspruch machen es erforderlich, zur Erreichung niedriger Wasserzementwerte (ca. 0,25) große Mengen an Fließmittel (Polycarboxylatether PCE, s. Kap. 9.3.4) einzusetzen. Die PCE sorgen dafür, dass der Beton trotz des niedrigen w/z-Wertes verarbeitbar ist.
Eine Wärmebehandlung in der ersten Woche führt zu einer beschleunigten puzzolanischen Reaktion der SiO_2-Partikel mit dem $Ca(OH)_2$ in deren Ergebnis sich die mechanischen Kenndaten weiter verbessern.
Durch Beimischen von Stahlfasern ($2...4$ Vol%) werden in den Beton zusätzliche hochfeste Bestandteile eingeführt, die die Biegezugfestigkeit verbessern. Stahlfaserbetone erreichen Druckfestigkeiten von deutlich über 200 N/mm^2.
Neben Nanosilica sind auch andere nanoskalige Oxide wie Fe_2O_3, Al_2O_3 oder TiO_2 als Betonzusatzstoffe denkbar.
Durch die hohe Festigkeit und Dichte von UHPC können besonders leichte und filigrane Konstruktionen wie z.B. Brücken errichtet werden.

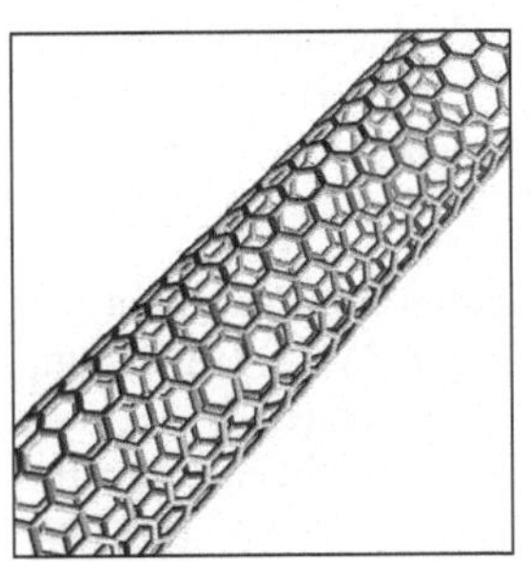

Abbildung 13.7

Räumliche Struktur einer
Kohlenstoff- Nanoröhre (CNT)

(www.3dchem.com/molecules).

Eine interessante Forschungsrichtung beschäftigt sich mit der Verwendung von Nanoröhren bzw. -fasern anstelle von Nanopartikeln. Von besonderem Interesse sind in diesem Zusammenhang **Kohlenstoff-Nanoröhren** (Carbon Nano Tubes, CNT; Abb. 13.7). Kohlenstoff-Nanoröhren weisen eine Reihe extremer Eigenschaften auf: Ihre Zugfestigkeit kann bis 50

GPa betragen, damit ist sie mehr als 20-mal so hoch wie die von Stahl. Ihr E-Modul liegt bei ca. 1000 GPa. Darüber hinaus besitzen sie eine etwa 1000-mal höhere elektrische Leitfähigkeit als Cu und eine hohe thermische Leitfähigkeit (bis zu 5.800 W/m K). Ihre Dichte beträgt rund 1,4 g/cm³. Die Röhren aus Kohlenstoff haben einen Durchmesser von wenigen Nanometern. Sie sind damit etwa 50.000-mal dünner als ein menschliches Haar. Aufgrund ihrer extrem kleinen Abmessungen lassen sie sich wesentlich besser im Beton verteilen als übliche Stahl- oder Kunststoffbewehrungen. Da sich gezeigt hat, dass sie zusätzlich als Kristallisationskeime wirken, härtet der Beton schneller aus und erhält eine höhere Dichtigkeit. Die Druckfestigkeit von UHPC kann durch Zugabe von Kohlenstoff-Nanoröhren nochmals deutlich erhöht werden.

• **Latentwärmespeicher.** Bei der Konzeption moderner Wohn- und Bürogebäude ist die Raumklimatisierung ein wichtiger Faktor, denn es besteht ein hohes Einsparpotential an Heiz- und Kühlenergie. Sowohl die Optimierung der Wärmedämmung als auch der Einsatz von Wärme- und Kältespeichern tragen erheblich zur Steigerung der Energieeffizienz in Gebäuden bei und reduzieren den CO_2-Ausstoß.

Das Raumklima wird wesentlich durch das thermische Verhalten eines Gebäudes beeinflusst. Fehlt Gebäuden aufgrund ihrer Bauweise die erforderliche thermische Speichermasse, führen intensive Sonneneinstrahlung und innere Lasten (Wärme- und Feuchtigkeitseintrag durch den Wohnungsnutzer) zu großen Temperaturschwankungen, zu Komforteinbußen und befördern den Wunsch nach Klimatisierung. Latentwärmespeichermaterialien sollen den Klimatisierungsbedarf reduzieren oder vollständig ersetzen. Der temperaturausgleichende Effekt dicker Wände kann durch diese Materialien auf nur wenige Millimeter dicke Putzschichten übertragen werden.

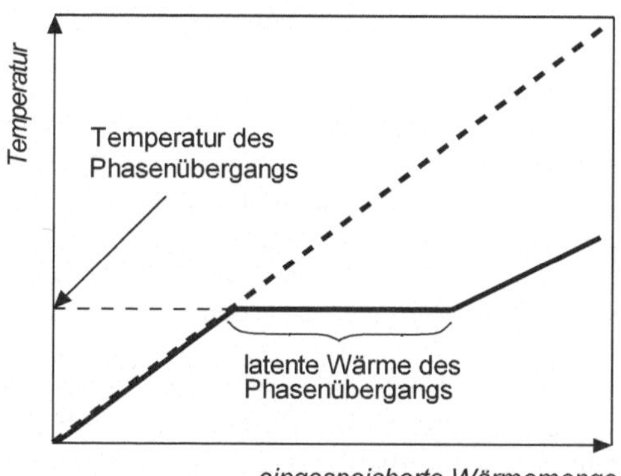

Abbildung 13.8

Temperaturverhalten eines sensiblen (gestrichelte Kurve) und eines latenten (durchgezogene Kurve) Wärmespeichers.

Das Wirkprinzip wärmespeichernder Materialien ist leicht erklärt: Bei der Speicherung von Wärme tritt gewöhnlich im Speichermaterial eine Temperaturerhöhung auf, die sich proportional zur gespeicherten Wärmemenge verhält (Abb. 13.8). Da die gespeicherte Wärme zu fühlen ist, wird diese Form der Wärmespeicherung als *fühlbare* oder *sensible Wärmespeicherung* bezeichnet. Bei der *latenten Wärmespeicherung* wird die Wärme dagegen von einem Material gespeichert, bei dem ein Phasenübergang erfolgt, z.B. vom festen in den flüssigen Zustand. Man spricht deshalb von **Phasenwechselmaterialien** (*engl.* **Phase Change Materials, PCM**). Nach dem Erreichen der Phasenübergangstemperatur bleibt die Temperatur trotz weiterer Wärmezufuhr solange konstant, bis das Speichermaterial vollständig geschmolzen ist (Abb. 13.8). Erst dann steigt die Temperatur weiter an. Die während des Phasenübergangs eingespeicherte Wärme bezeichnet man als „versteckte" oder latente Wärme.

Für den Phasenübergang fest-flüssig entspricht die latente Wärme der Schmelz- oder Kristallisationswärme (Kap. 4.2.1). Latentwärmespeicherung ist ein aus dem Alltag gut bekanntes Phänomen, z.B. von sogenannten **Wärmekissen**. Sie enthalten häufig übersättigte Lösungen von Natriumacetat-Trihydrat $CH_3COONa \cdot 3\ H_2O$. Die übersättigten Lösungen stellen den „geladenen Zustand" des Wärmekissens dar. Chemisch handelt es sich bei der Salzlösung um ein metastabiles System. Erst durch „Anstoßen" wird der metastabile Zustand gestört und das Natriumacetat kristallisiert schlagartig aus. Das System gibt (latente) Wärme an die Umgebung ab. Dabei handelt es sich sowohl um Kristallisations- als auch um Salzhydratbildungswärme. Durch das Anstoßen, z.B. durch Bewegung eines Stahlklickers oder durch Biegen eines Metallstreifens bzw. -plättchens, werden aktive Stellen erzeugt. Wahrscheinlich handelt es sich um Mikrorisse im Metall, die als Kristallisationskeime wirken. Das neuerliche „Aufladen" erfolgt im heißen Wasser, wobei das feste Salzhydrat wieder in eine übersättigte Lösung übergeht. Ein zweites Beispiel für Latentwärmespeicherung stellt die Speicherung von Kälte im Eis dar.

Ein für praktische Anwendungen „ideales" PCM sollte über folgende Eigenschaften verfügen: eine geeignete Schmelz- / Erstarrungstemperatur in einem engen Schmelz- / Erstarrungsbereich, eine hohe Wärmespeicherkapazität und hohe Wärmeleitfähigkeit, eine hohe Phasen- und Langzeitstabilität sowie eine geringe thermische Volumenausdehnung.

Die zur Anwendung kommenden Phasenwechselmaterialien lassen sich in der Regel auf **drei Substanzklassen** zurückführen: Paraffine (0°C < T < 150°C), Salzhydrate und Salzhydratmischungen (0°C < T < 130°C) und eutektische Salz-Wasser-Lösungen (T < 0°C).

Paraffine sind technisch relativ unproblematisch einsetzbar. Da sie aus einem einzigen Stoff bestehen, separieren sie nicht (s.u.) und sind zyklenstabil. Sie sind nicht toxisch, chemisch inert und befördern nicht die Korrosion von Metallen. Allerdings besitzen Paraffine auch einige Nachteile. Da sie nur relativ geringe Schmelzenthalpien (ca. 200 kJ/kg) bei Dichten im Bereich von 0,7…0,9 kg/l aufweisen, liegt die volumenspezifische Schmelzenthalpie unter 200 kJ pro Liter. Der Anwendungsbereich ist damit auf geringe Wärmemengen beschränkt. Paraffine sind brennbar und verursachen im Vergleich zu Salzen höhere Materialkosten.

Salzhydrate unterscheiden sich hinsichtlich ihrer Schmelzenthalpien nur geringfügig von denen der Paraffine. Allerdings besitzen sie höhere Dichten (1,4…1,6 kg/l), weshalb sich auch ihre Energiedichte vergrößert. Salzhydrate sind wesentlich preisgünstiger als die Paraffine. Bekannte Vertreter sind $CaCl_2 \cdot 6\ H_2O$ (27°C), $Na_2SO_4 \cdot 10\ H_2O$ (32°C), $Na_2HPO_4 \cdot 12\ H_2O$ (35°C), $Na_2S_2O_3 \cdot 5\ H_2O$ (48°C) und $CH_3COONa \cdot 3\ H_2O$ (58°C); in Klammern sind die jeweiligen Schmelztemperaturen angegeben.

Allerdings besitzen Salzhydrate einen gravierenden Nachteil. Sie schmelzen nicht kongruent, d.h. beim Aufschmelzen können sich mehrere Phasen bilden, die sich aufgrund unterschiedlicher Dichten räumlich trennen. Das Verfestigen des Materials gelingt dann meist nur unvollständig. Salzhydrate können nur makroverkapselt werden und die Korrosion befördern.

Eutektische Salz-Wasser-Lösungen sind lange bekannt und werden in großem Umfang eingesetzt, allerdings nicht zur Wärme-, sondern zur Kältespeicherung.

Bei den auf dem Bausektor eingesetzten PCM-Materialien handelt es sich gegenwärtig vor allem um *Paraffinwachse*, wenngleich die Entwicklung in Richtung Salzhydrate geht.

Für den technischen Einsatz im Gebäude ist eine Verkapselung der Latentwärmespeichermaterialien notwendig. Einen interessanten Ansatz stellt die Mikroverkapselung der Paraffinwachse in Polymethylmethacrylaten PMMA (Micronal® PCM, BASF) dar. Durch die Mikroverkapselung ergibt sich eine Reihe von Vorteilen:

- Die Paraffine können nicht in den Baustoff gelangen und eventuell dessen Eigenschaften negativ beeinflussen.
- Die Gesamt-Paraffinoberfläche ist aufgrund der geringen Größe der Kapseln sehr groß, damit wird ein optimaler Wärmeaustausch zwischen PCM und Baustoff ermöglicht.
- Mikroverkapseltes Paraffin (Abb. 13.9) ist wie ein Pulver leicht und vielseitig einsetzbar, z.B. in Innenputzen und Spachtelmassen.

Steigt die Umgebungstemperatur an, wird das Paraffinwachs flüssig und die Wärme wird gespeichert. Fällt die Temperatur wieder ab, wird das Wachs erneut fest und Wärme wird an die Umgebung abgegeben.

Der Temperaturbereich der Micronal® PCMs wurde speziell auf den Einsatz in Gebäuden abgestimmt. Der Schmelzbereich liegt genau im Wohlfühl- und Komfortbereich des Menschen, also zwischen 21°C (Grenze des Kühlempfindens) und 26°C (Grenze des Hitzempfindens). Der Durchmesser der Mikrokapseln liegt bei etwa 5 µm, sie können direkt mit Anteilen von 20...30% in konventionelle Baustoffe integriert werden. Micronal® PCM Mikrokapseln sind durch die Acrylglas-Ummantelung sowohl robust als auch flexibel, sie widerstehen selbst Bohren und Sägen. Das verkapselte Paraffin durchläuft beim Phasenwechsel eine Volumenveränderung von etwa 10%.

Abbildung 13.9

REM-Aufnahme eines PCM-haltigen Gipsputzes: Die Mikrokapseln sind deutlich zu erkennen.

Quelle: Fraunhofer ISE.

Die Leistung der Mikrokapseln lässt auch nach über 10.000 Zyklen nicht nach - dies entspricht einer Wirkungsdauer von mindestens 30 Jahren. Je nach Formulierung sind die Mikrokapseln mit dem gesamten Sortiment an Innenausbauprodukten kompatibel. Sie werden inzwischen in Gips- und mineralischen Putzen, in Gipskartonplatten, in Porenbeton, Trockenmörteln und sogar in ökologischen Baustoffen wie Lehmbauplatten eingesetzt.

• **Fenster und Verglasungen.** Interessante Anwendungsfelder ergeben sich für die Nanotechnologie auch im Bereich Fenster und Verglasungen. Durch Anwendung nanoskaliger Schichten bzw. Beschichtungen können der Wärme- und Sonnenschutz sowie das Reflektions- und Verschmutzungsverhalten der Glasscheiben (s. TiO_2-Photokatalyse) gesteuert werden.

Fenster bzw. Glasflächen sind wichtige Komponenten des (solaren) Bauens: Indem sie Sonnenstrahlung und Wärme in den Raum lassen, senken sie den Heizbedarf der Gebäude in der kalten Jahreszeit und ermöglichen im Winter passiv-solare Energiegewinne. Darüber hinaus garantieren sie ganzjährig eine natürliche Beleuchtung und reduzieren so den Energieaufwand für elektrische Beleuchtung. Die hohe Licht- und Energiedurchlässigkeit großer Fensterflächen bringt jedoch auch Nachteile mit sich: Im Sommer kommt es zu Überhitzungen. Damit wird entweder eine aktive Klimatisierung erforderlich oder die Glasflächen müssen aufwendig durch Jalousien, Stores oder Markisen abgeschattet werden.

⇒ Elektrochrome Schichten

Elektrochrome Schichten bzw. Verglasungen beruhen auf dem Prinzip der Elektrochromie. Darunter versteht man die Änderung der optischen Eigenschaften von Molekülen und Kristallen, insbesondere der Lichtabsorption, durch ein äußeres elektrisches Feld. Die Schaltung erfolgt bei elektrochromen Verglasungen durch den elektrischen Strom. Dabei lässt sich die Transmission (Durchlässigkeit) der Verglasung entweder in mehreren Stufen oder stufenlos verändern. Die Durchsicht bleibt immer erhalten

Der Aufbau eines elektrochromen Glases ist vergleichbar mit dem einer Verbundglasscheibe, die aus zwei TCO-beschichteten Gläsern (TCO = transparent conductive oxide, z.B. fluordotiertes SnO_2) besteht (Abb. 13.10). An den Gläsern sind die elektrischen Anschlüsse montiert. Zwischen den beiden Glasscheiben des Glasverbunds befindet sich die elektrochrome Substanz (*Elektrode*) neben einem Li^+-Ionen enthaltenden Mischoxid (*Gegenelektrode*). Beispiele für elektrochrome Verbindungen sind Übergangsmetalloxide (Wolfram-, Niob- und Nickeloxide), anorganische Komplexe wie Berliner Blau $Fe_4[Fe(CN_6)]_3$, organische Moleküle (z.B. Viologene) und organische Polymere (z.B. Polyanilin). Eines der am häufigsten verwendeten elektrochromen Materialien ist Wolframoxid WO_3. Beide Elektroden sind durch eine leitfähige, transparente Polymerfolie getrennt.

Wird zwischen Elektrode und Gegenelektrode eine Spannung in der Größenordnung von etwa 3 V angelegt, wandern die Lithiumionen durch das leitfähige Polymer zum Wolframoxid. Dort lagern sie sich in das Kristallgitter ein („Interkalation"), das selbst während des gesamten Prozesses unverändert bleibt. Durch die Einlagerung der Ionen verändert sich die Oxidationsstufe des Wolframs und damit auch die Bandstruktur des Übergangsmetalloxids, was wiederum zu einer Änderung der elektrischen Leitfähigkeit und der optischen Eigenschaften führt. Die gebildeten „Li_xWO_3-Farbzentren" absorbieren das einfallende Licht. Wird danach die umgekehrte Spannung angelegt, werden die Farbzentren wieder „zerstört". Die Lithiumionen wandern durch das Polymer zur Gegenelektrode zurück. Der Verbund entfärbt sich wieder:

$$WO_3 \quad + \quad x\,e^- \quad + \quad x\,Li^+ \quad \rightleftharpoons \quad Li_xMO_3$$
$$\textit{farblos} \qquad\qquad\qquad\qquad\qquad\qquad \textit{intensiv blau}$$

Die geschilderten Vorgänge sind mit dem Lade- und Entladevorgang eines Akkumulators vergleichbar. Bei falscher Steuerung können ebenso Memory-Effekte auftreten und bei Überladung können die Elektroden geschädigt werden. Deshalb wird kommerziell für jede elektrochrome Scheibe ein Controller mitgeliefert, der eine ordnungsgemäße Steuerung von Ladung und Entladung garantiert. Je nach Größe der Scheibe kann ein vollständiger Umfärbevorgang bis zu 15 Minuten dauern. Bei tiefen Temperaturen verlängert sich die Schaltzeit deutlich, z.B. bei 0°C auf 20...30 Minuten. Bei Einsatz von WO_3 erreicht man eine intensive **Blaufärbung der Verglasung**. Durch Variation der elektrochromen Substanzen kann die Farbe des aktivierten Fensters verändert werden: Mo-dotiertes Nioboxid (Nb_2O_5-Mo) → *grau*; Li-dotiertes Nioboxid (Nb_2O_5-Li) oder Nickeloxid/Titandioxid (NiO-TiO_2) → *braun*.

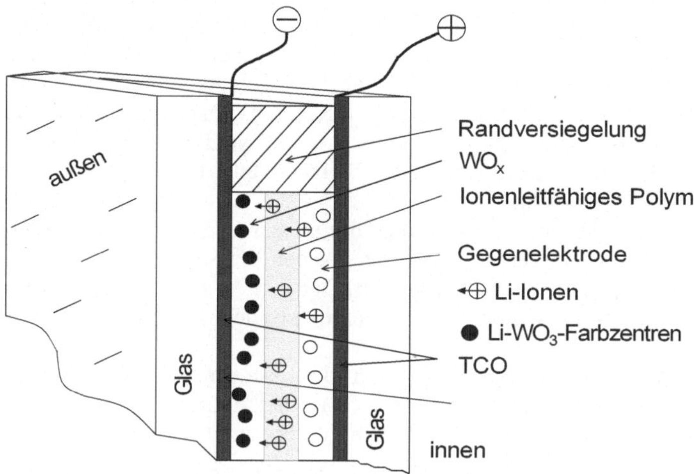

Abbildung 13.10 Schichtaufbau einer elektrochromen Verglasung; TCO = transparent conductive oxide, z.B. fluordotiertes SnO_2 (Quelle: FLABEG)

Die in Abb. 13.10 dargestellte Dünnschichtzelle entspricht dem typischen Aufbau einer Batterie. Auf diesem Grundprinzip fußen zahlreiche elektrochrome Systeme, die heute bereits auf dem Markt angeboten werden. Es gibt aber auch Abwandlungen dieses Grundtyps, z.B. elektrochrome Elemente, die selbstlöschend sind. Hier erfolgt eine Entfärbung ohne anliegende Spannung. Um eine bestimmte Farbtiefe zu halten, muss ein kontinuierlicher Stromfluss erfolgen. Die Farbtiefe kann über die Höhe des Stroms gesteuert werden.

Bislang wird vor allem Wolframoxid als elektrochromes Material für großflächig beschichtete Architekturverglasungen eingesetzt. Lebensdauer und Eigenschaften der elektrochromen Verglasung hängen wesentlich von der Zuverlässigkeit der Steuerungselektronik ab. Es wird eine mittlere Lebensdauer von 25 Jahren angestrebt. Mit elektrochromen Verglasungen kann die Energieeinstrahlung variabel gestaltet und Energie eingespart werden. Bei direktem Sonnenlicht gibt es allerdings keinen sicheren Blendschutz, eine mögliche Blendung wird nur stark reduziert.

⇒ Gasochrome Schichten

Bei gasochromen Schichten (auch: gaschrome Schichten) erfolgt die Schaltung durch Kontakt mit einem Gas. Für die einzufärbende Schicht wird wiederum Wolframoxid verwendet. Die gasochromen Schichten zeigen demnach im abgedunkelten Zustand ebenfalls eine tiefblaue Färbung. Die Durchsicht bleibt erhalten, die Transmission verringert sich jedoch von 65% auf 10%. In Abhängigkeit von der Glasfläche benötigt dieser Vorgang etwa 5 Minuten.

Der Aufbau gasochromer Systeme ist im Vergleich zu elektrochromen Systemen einfacher und ihre Herstellung ist günstiger. Die transparente Wolframoxidschicht befindet sich auf der Innenseite der Doppelverglasung. Die Einfärbung erfolgt aber nicht wie gerade beschrieben durch elektrischen Strom, sondern durch die Einlagerung von atomarem Wasserstoff. Durch den Kontakt mit Wasserstoff ändert die vorher „unsichtbare" WO_3–Schicht ihre chemische Zusammensetzung, färbt sich dunkelblau und streut zusätzlich das Licht. Der benötigte (geringe) Anteil an Wasserstoff wird durch einen Katalysator direkt der Gasphase (Wasserdampf) entnommen. Der Wasserdampf wird in einer Elektrolyse-Einheit durch Strom in Wasserstoff H_2 und Sauerstoff O_2 zerlegt. H_2 wird katalytisch in atomaren Wasserstoff aufgespalten. Durch Wechselwirkung des atomaren Wasserstoffs bzw. der gebildeten Protonen mit den O-Atomen der Wolframoxidschicht werden O-Fehlstellen im Gitter erzeugt. Sie sind die Ursache für die auftretende Farbänderung. Der bei diesem Prozess entstehende Wasserdampf entweicht.

Entfärbt wird die aktivierte Schicht durch Überströmen mit atomarem Sauerstoff, der ebenfalls katalytisch erzeugt wird. Das Gasversorgungsgerät, das den Wasserstoff und den Sauerstoff liefert, wird idealerweise in die Fassade integriert. Der Prozess Einfärbung - Entfärbung ist reversibel. Er benötigt im Gegensatz zu elektrochromen Verglasungen keine Stromzufuhr.

Für den Aufbau einer Wärmeschutzverglasung kann der gasochrome Zweischeiben-Verbund mit einer niedrig emittierenden, beschichteten Glasscheibe kombiniert werden. Je nach Gasversorgungssystem können Verglasungsflächen von bis zu 10 m² geschaltet werden. Auch bei gasochromen Verglasungen ist ein vollständiger Blendschutz nicht gegeben.

⇒ Photochrome / photoelektrochrome Schichten

Photochrome Gläser (oder Kunststoffscheiben) sind bekannt von selbsttönenden Sonnenbrillen. Bei Sonneneinstrahlung dunkeln diese Gläser in den Farben grau und braun ein, bleiben aber durchsichtig. Der Effekt der Abdunklung wird durch UV-Licht bzw. kurzwelliges sichtbares Licht hervorgerufen. In Abwesenheit von Sonnenlicht erfolgt die Aufhellung von selbst. Hintergrund der Ein- bzw. Entfärbung sind reversible Übergänge zwischen im Glas eingelagerten, mit Cu dotierten Silberhalogeniden (AgCl, AgBr). Durch Einstrahlung von Licht entstehen aus Silberchlorid (AgCl) Silber- und Chloratome (Gl. 13-1).

$$AgCl \; \xrightleftharpoons{h\nu} \; Ag^\circ + Cl\cdot \qquad\qquad\qquad (13\text{-}1)$$

Reaktion (13-1) ähnelt dem Primärvorgang des photografischen Prozesses. Für die Eindunkelung sind die Silberatome verantwortlich. Anders als im photografischen Material können aber in den photochromen Gläsern die Chloratome nicht wegdiffundieren und die Silberkeime nicht nennenswert wachsen. Dies verhindert die starre Borosilicatmatrix. Damit sind günstige Voraussetzungen für die Rückreaktion gegeben, die sowohl durch Licht als auch durch Wärme ausgelöst werden kann. *Vorteile* photochromer Gläser: einfacher Aufbau (keine TCO-Schichten), keine externe Spannungsversorgung notwendig, kein Problem mit Kurzschlüssen, in moderneren Systemen wird durch Verwendung von Sensibilisierungsfarbstoffen zum Einfärben kein UV-Licht mehr gebraucht. Photochrome Gläser besitzen aber auch eine Reihe von *Nachteilen*: Ein- bzw. Entfärbung sind stark temperaturabhängig, die Gläser besitzen eine mangelnde Langzeitstabilität und einen hohen Absorptionsgrad im abgedunkeltem Zustand. Sie sind nicht wie die oben besprochenen schaltbaren Gläser steuerbar und besitzen hohe Preise. Es gibt auch hier Neuentwicklungen (Kombination mit Farbstoffzellen), auf die an dieser Stelle nicht näher eingegangen werden soll.

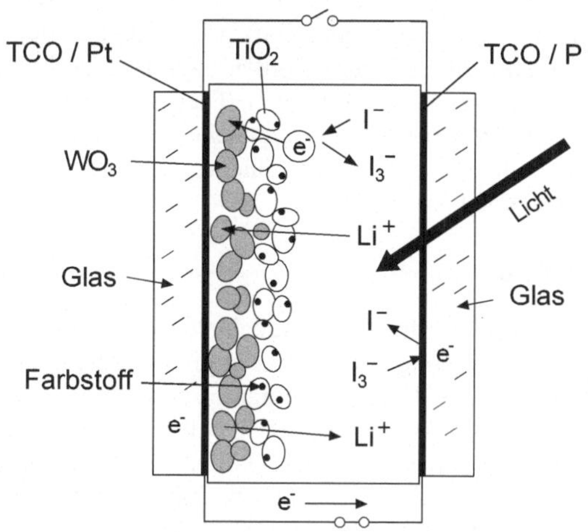

Abbildung 13.11

Funktionsprinzip einer photoelektrochromen Schicht

(Quelle: Fraunhofer ISE)

Bei *photoelektrochromen* Schichten (Abb. 13.11) wurden die Wirkmechanismen einer elektrochromen Schicht und einer elektrochemischen Solarzelle kombiniert. Eine Glasscheibe wird mit einer transparenten, leitfähigen Schicht (TCO) und einer elektrochromen WO$_3$-Schicht belegt. Darauf bringt man nanoporöse TiO$_2$-Partikel, die mit einer Monolage eines Sensibilisierungsfarbstoffes bedeckt sind (*Farbstoffzelle!*). Die Poren und der Raum zwischen TiO$_2$ und Gegenelektrode sind mit einem festen Elektrolyten gefüllt, in dem Lithiumiodid (LiI) gelöst ist. Als Gegenelektrode fungiert eine zweite, mit einer TCO-Schicht bedeckte Glasscheibe. Die TCO-Schichten werden mit katalytisch aktivem Platin überzogen. Beide Elektroden sind über einen externen Schalter miteinander verbunden. Bei Absorption von Licht durch die Farbstoffmoleküle erfolgt ein Elektronentransfer auf die TiO$_2$-Partikel, die die Elektronen zum WO$_3$ weiterleiten. Das Wolfram wird reduziert und die photoelektrochrome Schicht färbt sich blau. Die oxidierten Farbstoffmoleküle werden durch die anwesenden Iodidionen gemäß 3 I$^-$ → I$_3^-$ + 2 e$^-$ wieder reduziert, wobei Triiodidionen (I$_3^-$) entstehen. Überschüssige Li$^+$-Ionen diffundieren durch die poröse TiO$_2$-Schicht in die WO$_3$-Schicht und sorgen für den Ladungsausgleich.

Die photoelektrochrome Schicht wird über einen externen Stromkreis geschaltet: Ist der Stromkreis geöffnet, färbt sich die Schicht unter Bestrahlung blau. Die blaue Farbe des Wolframoxids bleibt solange bestehen, solange der Schalter geöffnet ist. Wird der Stromkreis geschlossen, können die Elektronen aus dem WO$_3$ über den Schalter zur Gegenelektrode zurückfließen, wo das Platin die Rückreaktion des I$_3^-$ zum I$^-$ katalysiert. Gleichzeitig wandern die Lithiumionen in den Elektrolyten zurück. Die Schicht entfärbt sich - auch unter Bestrahlung. Die Lichtdurchlässigkeit kann demnach sowohl bei Beleuchtung als auch im Dunkeln durch Schalten wieder erhöht werden.

Vorteile des photoelektrochromen Systems: Keine externe Stromversorgung notwendig, Ein- und Entfärbung können unabhängig voneinander optimiert werden, durch Schalten kann die Entfärbung auch bei starker Beleuchtung verringert werden. Die Schaltzeit beträgt etwa 15 Minuten.

Elektrochrome und gasochrome Systeme werden mitunter als **Smart Coatings** (*intelligente Beschichtungen*) bezeichnet. Eine Bezeichnung, die irreführend ist, denn elektrochrome und gasochrome Gläser sind Vielschichtsysteme, bei denen durch Einwirkung eines Gases oder durch Anlegen einer äußeren Spannung die optischen Eigenschaften verändert werden. Diese Systeme sind demnach nicht selbst „intelligent", sondern werden nach Bedarf durch einen externen Eingriff geschaltet. Es sind schaltbare Beschichtungen. Thermochrome und thermotrope Schichten sind dagegen schaltende Systeme, die ihre optischen Eigenschaften bei Temperaturänderung selbständig und wellenlängenabhängig verändern. Hier kann man von „intelligenten" Schichten bzw. Gläsern sprechen.

⇒ Thermochrome und thermotrope Schichten

Thermochrome Materialien ändern ihre Eigenschaften in Abhängigkeit von der Temperatur. Ein geeignetes Material, um eine Glasbeschichtung mit einer temperaturabhängigen Transmission zu realisieren ist Vanadiumdioxid VO_2. Diese Verbindung durchläuft einen reversiblen Metall-Halbleiter-Übergang (Schalttemperatur) bei 68°C. Mikroskopisch betrachtet ist die Anordnung der Atome in beiden Phasen unterschiedlich. Oberhalb des Schaltpunktes ist VO_2 ein Metall, das IR-Strahlung (Wärmestrahlung) reflektiert und unterhalb des Schaltpunktes ein Halbleiter, der infrarotes Licht hindurchlässt. Um die Schalttemperatur in den Bereich der idealen Wohntemperatur zu verschieben, also herabzusetzen, wird VO_2 mit Wolfram und Fluoriden dotiert. Wolfram senkt die Schalttemperatur, die Fluoride kompensieren den Verdunklungseffekt des Wolframs und sorgen für erhöhte Transmission im Sichtbaren [BC 25]. Da sich die optischen Eigenschaften dieser Gläser bei Temperaturänderung selbständig und wellenlängenabhängig ändern, entfällt der Nachteil einer fehlenden Durchsicht, wie er bei thermotropen Gläsern (s.u.) besteht. Durch zusätzliche Antireflexschichten kann die Lichttransmission erhöht werden.

Thermotrope Gläser gehen mit steigender Temperatur (selbständig!) von einem klaren, lichtdurchlässigen in einen opaken, lichtstreuenden, weiß eingetrübten Zustand über. Die eingesetzten Substanzen sind Zweikomponentensysteme, z.B. Kunststoff-Kunststoff (Polymerblend)- oder Kunststoff-Wasser (Hydrogel)-Kombinationen. Bei niedriger Temperatur liegt das System homogen und transparent vor. Es erlaubt eine freie Durchsicht bei hoher Lichtdurchlässigkeit. Steigt die Temperatur an, erfolgt eine Zusammenballung der Polymere. Durch diese „Entmischung" wird das Licht stark gestreut und die beschichtete Scheibe erscheint milchig weiß. Ein geringer Teil des Lichts wird transmittiert, der größte Teil diffus reflektiert. Der Vorgang ist reversibel. Bei sinkender Temperatur erfolgt wieder eine homogene Vermischung der Kunststoffe. Nachteile: nicht steuerbar, ungleichmäßige Eintrübung, langsame Reaktion.

Gegenwärtig ist ein Durchbruch für eine breite(!) kommerzielle Anwendung schaltbarer und schaltender Gläser sowohl aus Kostengründen als auch aus technischen Gründen noch nicht absehbar.

Obwohl noch weitere Beispiele für die Anwendung nanotechnologischer Innovationen in Architektur und Bauwesen zu nennen wären, z.B. mit Nanopartikeln modifizierte Fliesenkleber, Nanocoating von Keramik und Holz sowie neue Flammschutzmittel mit optimiertem Eigenschaftsprofil, erscheinen die vorstehend beschriebenen Anwendungsfelder als besonders repräsentativ und zukunftsweisend.

14   Qualitative Analyse von Baustoffen

Mit Hilfe der qualitativen anorganischen Analyse wird festgestellt, aus welchen chemischen Elementen ein Stoff besteht. Entweder liegen die anorganischen Substanzen bereits in Ionenform vor (z. B. Inhaltsstoffe von Wässern) oder sie müssen durch Lösen erst in Ionen überführt werden. Häufig ist es von Bedeutung, <u>welche</u> Ionen die anwesenden Elemente bilden. Ob beispielsweise Schwefel als Sulfat (SO_4^{2-}) bzw. Sulfid (S^{2-}) auftritt oder Eisen in zweiwertiger (Fe^{2+}) oder dreiwertiger Form (Fe^{3+}) vorliegt.

Zum spezifischen Nachweis von Ionen wie Chlorid (Cl^-), Sulfat (SO_4^{2-}), Phosphat (PO_4^{3-}) und Sulfid (S^{2-}) mit anorganischen Reagenzien werden *Fällungsreaktionen* herangezogen, wobei schwer lösliche Verbindungen mit kleinen Löslichkeitsprodukten als Niederschläge ausfallen. Bei anderen Ionenarten ist man auf Farbreaktionen, z.B. Nitrat (NO_3^-) und dreiwertiges Eisen (Fe^{3+}), auf Gasentwicklung, z.B. Carbonat (CO_3^{2-}), auf Identifizierung durch Geruch, z.B. Acetat (CH_3COO^-) oder auf optische Methoden, z.B. Spektralanalyse bei Alkali- und Erdalkalimetallen, angewiesen. Mitunter ist der Zusatz von Säuren oder Basen notwendig, da für den eindeutigen Verlauf der analytischen Reaktion ein bestimmter pH-Wert erforderlich ist. Für die im Weiteren beschriebenen qualitativen Untersuchungen werden die Substanzen, falls nicht anders angegeben, in Wasser gelöst. Gegebenenfalls muss erwärmt werden. Gelingt dies nicht, kann zur Lösung der Substanz verd. bzw. konz. HCl und verd. bzw. konz. HNO_3 herangezogen werden. Carbonate und Acetate werden aus der Festsubstanz nachgewiesen.
Baupraktisch relevante Substanzen, deren Zusammensetzung im Praktikum Bauchemie chemisch analysiert wird, sind Schlacken, Aschen, Gesteine und Salzausblühungen.

⇒ *Kationennachweise*

• **Flammenfärbung - Spektralanalyse.** Bestimmte Verbindungen, vorzugsweise solche mit Elementen der ersten und zweiten Hauptgruppe, erteilen der nichtleuchtenden Brennerflamme charakteristische Färbungen:

       Na intensiv gelb,   K violett,   Ca ziegelrot.

Betrachtet man die Brennerflamme durch ein Handspektroskop, erhält man die für die Elemente typischen Spektrallinien im sichtbaren Spektralbereich, z.B. Na 589,3 nm.
Geringe Mengen von Natrium verdecken die Kaliumflamme. Betrachtet man sie aber durch ein blaues Cobaltglas von genügendem Absorptionsvermögen, so wird das gelbe Na-Licht absorbiert und nur das rötlich-violette Kaliumlicht strahlt hindurch.

Auf einem kleinen Uhrgläschen werden feste Proben von NaCl, KCl bzw. $CaCl_2$ mit etwas verd. HCl angefeuchtet. Ein sauberes ausgeglühtes Magnesiastäbchen wird eingetaucht, in die heiße Zone der nichtleuchtenden Brennerflamme gebracht und die Flammenfärbung beobachtet.

• **Nachweis von Ca^{2+} mit Ammoniumoxalat $(NH_4)_2C_2O_4$.**

$$Ca^{2+} + (NH_4)_2C_2O_4 \rightarrow CaC_2O_4\downarrow + 2\,NH_4^+$$

© Springer Fachmedien Wiesbaden GmbH, ein Teil von Springer Nature 2020
R. Benedix, *Bauchemie*, https://doi.org/10.1007/978-3-658-26442-0_14

Ca. 1 ml Calciumchloridlösung wird mit 3 Tropfen verd. Ammoniak (NH_3) und anschließend mit 3 Tropfen Ammoniumoxalatlösung $(NH_4)_2C_2O_4$ versetzt. Es fällt ein feinkristalliner, weißer Niederschlag von Calciumoxalat CaC_2O_4 aus. Der Niederschlag löst sich nicht in verd. Essigsäure, jedoch in verd. Salzsäure.

- **Nachweis von Fe^{3+} mit Thiocyanat (Rhodanid).** Eisen(III)-salzlösungen geben mit Thiocyanationen SCN^- (auch: Rhodanidionen) eine charakteristische Farbreaktion:

$$[Fe(H_2O)_6]^{3+} + SCN^- \rightarrow [Fe(H_2O)_5(SCN)]^{2+} + H_2O$$
$$\textit{tiefrot}$$

3 Tropfen Eisen(III)-chloridlösung werden mit ca. 2 ml dest. Wasser verdünnt und anschließend mit einigen Tropfen Kaliumrhodanidlösung KSCN versetzt. Es entsteht eine intensive Rotfärbung, die bei zu hoher Konzentration fast schwarz erscheint.

- **Nachweis des Ammoniumions NH_4^+.** Starke Basen wie z.B. NaOH setzen aus Ammoniumverbindungen Ammoniak (NH_3) frei. Das entstehende Gas ist an seinem stechenden Geruch erkennbar und mit pH-Papier leicht nachweisbar.

$$NH_4^+ + OH^- \rightarrow NH_3\uparrow + H_2O$$

Eine Spatelspitze Ammoniumchlorid NH_4Cl wird auf einem kleinen Uhrglas mit einigen Tropfen NaOH versetzt und verrührt. Anschließend deckt man <u>schnell</u> über das kleine ein größeres Uhrglas, das auf der Ober- und der Unterseite mit je einem angefeuchteten Streifen pH-Papier beklebt ist. Der der Substanz zugewandte Papierstreifen färbt sich blau, der obere Streifen dient dem Vergleich (!).

- **Nachweis von Aluminium**
  a) Umsetzung von Al^{3+} mit Alkalilauge, Ausfällung von Aluminiumhydroxid

Beim Umsetzen von Aluminium(III)-Salzen, z.B. Aluminiumchlorid $AlCl_3$, mit Hydroxidionen entsteht schwer lösliches Aluminiumhydroxid $Al(OH)_3$.

$$Al^{3+} + 3OH^- \rightarrow Al(OH)_3\downarrow$$

$Al(OH)_3$ zeigt amphoteres Verhalten, d.h. es reagiert in Gegenwart einer stärkeren Base als Säure und umgekehrt in Gegenwart einer stärkeren Säure als Base.
In stark basischer Umgebung (Gegenwart von OH^--Ionen!) reagiert Aluminiumhydroxid zum **Aluminatanion** (Aluminiation), in stark saurer Umgebung (Gegenwart von H^+-Ionen!) zum **Aluminiumkation** :

$$Al(OH)_3 + OH^- \rightarrow [Al(OH)_4]^- \quad \text{und} \quad Al(OH)_3 + 3\,H^+ \rightarrow Al^{3+} + 3\,H_2O$$

Etwa 1 ml Aluminiumchloridlösung wird in einem Reagenzglas tropfenweise mit Natronlauge versetzt bis Aluminiumhydroxid ausflockt. Jetzt gibt man weiter Natronlauge bis zur Wiederauflösung des Aluminiumhydroxids zu ($\rightarrow$ Aluminatbildung). Die klare Aluminatlösung wird durch Zugabe von verd. HCl bis zum Aluminiumhydroxid-Niederschlag zurückgeführt. Durch weiteres Ansäuern mit HCl löst man den Niederschlag erneut auf, wobei Aluminiumchloridlösung entsteht.

b) Nachweis des Al^{3+} mit Alizarin-S: Aluminium bildet mit Alizarinsulfonsäure eine rote Komplexverbindung.

Ca. 1 ml Aluminiumchloridlösung wird mit einigen Tropfen Alizarin-S versehen und anschließend mit verd. Ammoniak schwach alkalisch gemacht. Nach Ansäuern mit verd. Essigsäure CH_3COOH entsteht ein roter Farblack.

$\Rightarrow$ *Anionennachweise*

• **Carbonatnachweis (CO_3^{2-}).** Carbonate reagieren beim Übergießen mit Säure unter Entwicklung von Kohlendioxid CO_2. Die Substanz schäumt auf. Letzteres kann mit Barytwasser (Bariumhydroxidlösung $Ba(OH)_2$) nachgewiesen werden (s.a. Kap. 2.2.1: CO_2 / Carbonate).

$$CO_3^{2-} + 2\,H^+ \;\rightarrow\; CO_2\uparrow + H_2O$$

$$CO_2 + Ba(OH)_2 \;\rightarrow\; BaCO_3\downarrow + H_2O$$

Zu einer Spatelspitze Natriumcarbonat, die sich auf einem Uhrglas befindet, gibt man vorsichtig einige Tropfen verd. Salzsäure. Die stattfindende Zersetzungsreaktion ist am leichten Aufschäumen erkennbar. Deckt man sofort ein zweites Uhrglas als Deckel darüber, auf das unmittelbar vorher ein Tropfen $Ba(OH)_2$ gebracht wurde, so wird dieser Tropfen durch das sich bildende $BaCO_3$ getrübt.

• **Chloridnachweis (Cl^-) mit Silbernitrat $AgNO_3$.** Chloridionen bilden mit Silberionen einen schwer löslichen käsig-weißen Niederschlag von Silberchlorid, der in Salpetersäure unlöslich ist.

$$Ag^+ + Cl^- \;\rightarrow\; AgCl\downarrow$$

AgCl löst sich in verd. Ammoniak unter Komplexbildung, durch Säuren wird der Komplex wieder zerstört.

$$AgCl\downarrow + \;\; 2\,NH_3 \;\;\rightarrow\;\; [Ag(NH_3)_2]^+ + Cl^-$$
$$[Ag(NH_3)_2]^+ + Cl^- + 2\,H^+ \;\rightarrow\;\; AgCl\downarrow + 2\,NH_4^+$$

Etwa 3 Tropfen KCl-Lösung werden in einem Reagenzglas mit ca. 1 ml dest. Wasser verdünnt, mit verd. Salpetersäure angesäuert (3 - 4 Tropfen; gut durchschütteln!) und mit einigen Tropfen Silbernitratlösung versetzt. Bei Zugabe von verd. Ammoniak wird der AgCl-Niederschlag durch Komplexbildung wieder gelöst (<u>kräftiges Schütteln!</u>). Nochmaliges Ansäuern führt zur Zerstörung des Komplexes und AgCl fällt wieder aus.

• **Sulfatnachweis (SO_4^{2-}) mit Bariumchlorid $BaCl_2$.** Bariumionen bilden in salzsaurer Lösung mit Sulfationen einen schwer löslichen weißen, feinkristallinen Niederschlag aus Bariumsulfat.

$$Ba^{2+} + SO_4^{2-} \;\rightarrow BaSO_4\downarrow$$

3 Tropfen Natriumsulfatlösung verdünnt man mit ca. 2 ml dest. Wasser, säuert mit verd. Salzsäure *(intensiv schütteln!)* an und versetzt anschließend mit einigen Tropfen Bariumchloridlösung $BaCl_2$. Es bildet sich ein weißer, feinkristalliner Niederschlag von $BaSO_4$.

- **Nitratnachweis (NO_3^-) mit Lunges Reagenz.** Lunges Reagenz ist eigentlich ein Nachweismittel für *Nitrit* (NO_2^-). Reduziert man jedoch eingesetztes Nitrat zum Nitrit, z.B. mit Zn-Staub/Säure, so kann dieses Reagenz auch sehr spezifisch (!) für den Nachweis von NO_3^- eingesetzt werden.

Auf zwei übereinandergelegte Rundfilter werden nacheinander folgende Chemikalien aufgebracht: 1 Spatelspitze Zn-Staub, 3 Tropfen Kaliumnitratlösung, 2 Tropfen Sulfanilsäure und 2 Tropfen α–Naphthylamin. Eine <u>augenblicklich</u> auftretende Rotfärbung (Azofarbstoff) zeigt Nitrat an.

- **Phosphatnachweis (PO_4^{3-}) mit Ammoniummolybdatlösung.** Ammoniummolybdatlösung fällt aus einer phosphathaltigen salpetersauren Probelösung das gelbe Ammoniumsalz der Dodecamolybdatophosphorsäure $H_3[PMo_{12}O_{40}]$.
Auf 12 Atome Mo entfällt nur 1 Atom P ($\Rightarrow$ Überschuss an Reagenzlösung verwenden!).

$$HPO_4^{2-} + 23\ H^+ + 3\ NH_4^+ + 12\ MoO_4^{2-} \rightarrow (NH_4)_3[PMo_{12}O_{40}] \downarrow + 12\ H_2O$$

Zu einigen Tropfen der mit verdünnter Salpetersäure angesäuerten Phosphatlösung gibt man 1 ml Ammoniummolybdatlösung und anschließend konz. Salpetersäure. Allmählich fällt ein feinkristalliner charakteristischer gelber Niederschlag aus, unter Umständen erst nach leichtem Erwärmen. *Eine lediglich gelbe Lösung stellt noch keinen Nachweis dar!*

- **Sulfidnachweis (S^{2-}) mit Bleiacetatpapier ($CH_3COO)_2Pb$.** Säuren bilden mit Sulfiden intensiv nach faulen Eiern riechenden, giftigen Schwefelwasserstoff H_2S (Geruchsprobe), der durch Braun- bis Schwarzfärbung eines feuchten, mit Bleiacetatlösung getränkten Indikatorpapiers identifiziert werden kann.

$$S^{2-} + 2\ H^+ \rightarrow H_2S \uparrow$$

$$H_2S + (CH_3COO)_2Pb \rightarrow \underset{\substack{\textit{braun-schwarzer}\\\textit{Niederschlag}}}{PbS \downarrow} + 2\ CH_3COOH$$

Ein Tropfen einer Natriumsulfidlösung Na_2S wird mit wenigen Tropfen verdünnter Salzsäure angesäuert. Anschließend wird <u>rasch</u> ein angefeuchteter Streifen Bleiacetat-Papier in das Reagenzglas geschoben und gegebenenfalls schwach erwärmt. Eine braune bis schwarze Färbung zeigt die Anwesenheit von Sulfid an.

- **Acetatnachweis (CH_3COO^-).** Beim Verreiben eines Acetats (Salz der Essigsäure) mit Kaliumhydrogensulfat $KHSO_4$ entsteht freie Essigsäure, die am typisch stechenden Geruch erkennbar ist.

$$CH_3COONa + KHSO_4 \rightarrow NaKSO_4 + CH_3COOH$$

Ein Spatel Natriumacetat wird mit etwa der gleichen Menge an Kaliumhydrogensulfat in einem Mörser intensiv miteinander verrieben → säuerlicher Geruch nach Essigsäure.

Anstelle der bei den jeweiligen Nachweisen eingesetzten Probesubstanz ist im Rahmen der qualitativen Analyse die Analysensubstanz zu verwenden.

Anhang 1: Elemente, Symbole, Ordnungszahlen (OZ) und Atommassen (A_r)

Element	Symbol	OZ	A_r	Element	Symbol	OZ	A_r
Actinium	Ac	89	227,0278	Krypton	Kr	36	83,80
Aluminium	Al	13	26,9815	Kupfer	Cu	29	63,546
Americium	Am	95	(241)	Lanthan	La	57	138, 9055
Antimon	Sb	51	121,76	Lawrencium	Lr	103	(262)
Argon	Ar	18	39,948	Lithium	Li	3	6,941
Arsen	As	33	79,922	Lutetium	Lu	71	174,967
Astat	At	85	210	Magnesium	Mg	12	24,305
Barium	Ba	56	137,327	Mangan	Mn	25	54,9381
Berkelium	Bk	97	(249)	Mendelevium	Md	101	(260)
Beryllium	Be	4	9,0122	Meitnerium	Mt	109	(268)
Bismut	Bi	83	208,9804	Molybdän	Mo	42	95,94
Blei	Pb	82	207,19	Natrium	Na	11	22,9898
Bohrium	Bh	107	(264)	Neodym	Nd	60	144,24
Bor	B	5	10,811	Neon	Ne	10	20,1797
Brom	Br	35	79,904	Neptunium	Np	93	(237)
Cadmium	Cd	48	112,411	Nickel	Ni	28	58,6934
Cäsium	Cs	55	132,9054	Niob	Nb	41	92,9064
Calcium	Ca	20	40,078	Nobelium	No	102	(259)
Californium	Cf	98	(252)	Osmium	Os	76	190,23
Cer	Ce	58	140,115	Palladium	Pd	46	106,42
Chlor	Cl	17	35,4527	Phosphor	P	15	30,9738
Chrom	Cr	24	51,9961	Platin	Pt	78	195,08
Cobalt	Co	27	58,9332	Plutonium	Pu	94	(239)
Copernicium	Cn	112	(277)	Polonium	Po	84	209
Curium	Cm	96	(244)	Praseodym	Pr	59	140,9077
Darmstadtium	Ds	110	(271)	Proactinium	Pa	91	231,0359
Dubnium	Db	105	(262)	Promethium	Pm	61	(145)
Dysprosium	Dy	66	162,50	Quecksilber	Hg	80	200,59
Einsteinium	Es	99	(252)	Radium	Ra	88	226,0254
Eisen	Fe	26	55,847	Radon	Rn	86	222
Erbium	Er	68	167,26	Rhenium	Re	75	186,207
Europium	Eu	63	151,965	Rhodium	Rh	45	102,9055
Fermium	Fm	100	(257)	Roentgenium	Rg	111	(272)
Fluor	F	9	18,9984	Rubidium	Rb	37	85,4678
Francium	Fr	87	223	Ruthenium	Ru	44	101,07
Gadolinium	Gd	64	157,25	Rutherfordium	Rf	104	(261)
Gallium	Ga	31	69,723	Samarium	Sm	62	150,36
Germanium	Ge	32	72,61	Sauerstoff	O	8	15,9994
Gold	Au	79	196,9665	Scandium	Sc	21	44,9559
Hafnium	Hf	72	178,49	Schwefel	S	16	32,066
Hassium	Hs	108	(269)	Seaborgium	Sg	106	(266)
Helium	He	2	4,0026	Selen	Se	34	78,96
Holmium	Ho	67	164,9303	Silber	Ag	47	107,8682
Indium	In	49	114,818	Silicium	Si	14	28,0855
Iod	I	53	126,9045	Stickstoff	N	7	14,0067
Iridium	Ir	77	192,217	Strontium	Sr	38	87,62
Kalium	K	19	39,0983	Tantal	Ta	73	180,9479
Kohlenstoff	C	6	12,0112	Technetium	Tc	43	(99)

Tellur	**Te**	52	127,60	Wasserstoff	**H**	1	1,0079
Terbium	**Tb**	65	158,925	Wolfram	**W**	74	183,84
Thallium	**Tl**	81	204,383	Xenon	**Xe**	54	131,29
Thorium	**Th**	90	232,0381	Ytterbium	**Yb**	70	173,04
Thulium	**Tm**	69	168,9342	Yttrium	**Y**	39	88,9059
Titan	**Ti**	22	47,88	Zink	**Zn**	30	65,39
Uran	**U**	92	238,0289	Zinn	**Sn**	50	118,710
Vanadium	**V**	23	50,9415	Zirkonium	**Zr**	40	91,224

Anhang 2: Molare Bildungsenthalpien ausgewählter Verbindungen [a]

Verbindung	ΔH (kJ/mol)	Verbindung	ΔH (kJ/mol)
$AgCl$ (s)	-127	$FeSO_4$ (s)	-928
$AgBr$ (s)	-100	$FeSO_4 \cdot 7\ H_2O$ (s)	-3015
AgI (s)	-62	FeS_2, Pyrit (s)	-178
Ag_2O (s)	-31	HCl (g)	-92
Al_2O_3 (s)	-1676	HCl (aq)	-167
$AlCl_3$ (s)	-704	HNO_3 (l)	-174
$Al_2(SO_4)_3$	-3442	H_2O (g)	-242
CaO	-635	H_2O (l)	-285
$CaCl_2$ (s)	-796	H_2S (g)	-21
$CaCl_2 \cdot 6\ H_2O$	-2607	KBr (s)	-392
$CaCO_3$ (s)	-1207	K_2CO_3 (s)	-1146
$Ca(OH)_2$ (s)	-986	KCl (s)	-436
$CaSO_4$ (s)	-1434	KOH (s)	-425
$CaSO_4 \cdot \frac{1}{2}\ H_2O$ (s)	-1577	K_2O (s)	-361
$CaSO_4 \cdot 2\ H_2O$ (s)	-2023	$MgCO_3$ (s)	-1096
$Ca(NO_3)_2$ (s)	-938	$MgCl_2$ (s)	-642
CaC_2 (s)	-60	$Mg(OH)_2$ (s)	-924
CH_4 (g)	-75	MgO (s)	-601
C_2H_6 (g)	-85	$MgSO_4$ (s)	-1288
C_2H_4 (g)	+52	$MgSO_4 \cdot 7\ H_2O$ (s)	-3388
C_2H_2 (g)	+227	$NaCl$ (s)	-411
C_6H_6 (l)	+83	Na_2CO_3 (s)	-1131
CH_3OH (l)	-239	$Na_2CO_3 \cdot 10\ H_2O$ (s)	-4082
C_2H_5OH (l)	-278	$NaOH$ (s)	-427
CO (g)	-111	Na_2O (s)	-416
CO_2 (g)	-394	Na_2O_2 (s)	-515
CuO (s)	-157	Na_2SO_4 (s)	-1318
Cu_2O (s)	-169	$Na_2SO_4 \cdot 10\ H_2O$ (s)	-4324
$CuSO_4$ (s)	-771	NH_3 (g)	-46
$CuSO_4 \cdot 5\ H_2O$ (s)	-2280	NO (g)	+90
FeO (s)	-272	NO_2 (g)	+33
Fe_2O_3 (s)	-824	SiO_2, Quarz (s)	-911
Fe_3O_4 (s)	-1118	SO_2 (g)	-297
$FeCO_3$(s)	-741	SO_3 (g)	-396

[a] Aylward, G.H., Findlay, T.J.V.: Datensammlung Chemie. Weinheim: VCH 1986;
(g) gasförmig, (l) liquidus flüssig, (s) solidus fest.

Anhang 3: Löslichkeiten einiger Salze (20°C)

Verbindung	Formel	Löslichkeit (g/100g H_2O)
Aluminiumchlorid-Hexahydrat	$AlCl_3 \cdot 6\ H_2O$	45,6
Aluminiumnitrat-Nonahydrat	$Al(NO_3)_3 \cdot 9\ H_2O$	75,4
Aluminiumsulfat-18-Hydrat	$Al_2(SO_4)_3 \cdot 18\ H_2O$	36,4
Ammoniumchlorid	NH_4Cl	37,6
Ammoniumnitrat	NH_4NO_3	187,7
Ammoniumsulfat	$(NH_4)_2SO_4$	75,4
Bleichlorid	$PbCl_2$	1
Bleinitrat	$Pb(NO_3)_2$	52,2
Bleisulfat	$PbSO_4$	$4,1 \cdot 10^{-3}$
Calciumcarbonat	$CaCO_3$	$1,4 \cdot 10^{-3}$
Calciumchlorid	$CaCl_2$	83
Calciumchlorid-Dihydrat	$CaCl_2 \cdot 2\ H_2O$	128,1 (40°C)
Calciumchlorid-Hexahydrat	$CaCl_2 \cdot 6\ H_2O$	74,5
Calciumsulfat-Dihydrat	$CaSO_4 \cdot 2\ H_2O$	0,204
Eisen(III)-chlorid-Hexahydrat	$FeCl_3 \cdot 6\ H_2O$	91,9
Eisen(II)-chlorid-Tetrahydrat	$FeCl_2 \cdot 4\ H_2O$	62,4
Eisen(II)-sulfat-Heptahydrat	$FeSO_4 \cdot 7\ H_2O$	26,6
Kaliumcarbonat	K_2CO_3	112,3
Kaliumchlorid	KCl	34,2
Kaliumdichromat	$K_2Cr_2O_7$	12,5
Kaliumhydrogensulfat	$KHSO_4$	51,4
Kaliumnitrat	KNO_3	31,7
Kaliumpermanganat	$KMnO_4$	6,4
Kaliumsulfat	K_2SO_4	11,1
Kupferchlorid-Dihydrat	$CuCl_2 \cdot 2\ H_2O$	77,0
Kupfersulfat-Pentahydrat	$CuSO_4 \cdot 5\ H_2O$	20,8
Magnesiumchlorid	$MgCl_2$	55,5
Magnesiumchlorid-Hexahydrat	$MgCl_2 \cdot 6\ H_2O$	54,6
Magnesiumsulfat-Heptahydrat	$MgSO_4 \cdot 7\ H_2O$	35,6
Natriumcarbonat	Na_2CO_3	29,4
Natriumcarbonat-Decahydrat	$Na_2CO_3 \cdot 10\ H_2O$	21,7
Natriumchlorid	$NaCl$	35,8
Natriumnitrat	$NaNO_3$	88,3
Natriumsulfat	Na_2SO_4	19,2
Natriumsulfat-Decahydrat	$Na_2SO_4 \cdot 10\ H_2O$	28,0 (25°C)

Anhang 4: Stärke von Säuren und ihren korrespondierenden Basen (22 °C)

pK_S	Säure	$\rightleftharpoons$	Proton	+	Base	pK_B
~ -10	$HClO_4$	$\rightleftharpoons$	H^+	+	ClO_4^-	~ 24
~ -10	HI	$\rightleftharpoons$	H^+	+	I^-	~ 24
~ -9	HBr	$\rightleftharpoons$	H^+	+	Br^-	~ 23
~ -6	HCl	$\rightleftharpoons$	H^+	+	Cl^-	~ 20
~ -3	H_2SO_4	$\rightleftharpoons$	H^+	+	HSO_4^-	~ 17
-1,74	H_3O^+	$\rightleftharpoons$	H^+	+	H_2O	15,74
-1,32	HNO_3	$\rightleftharpoons$	H^+	+	NO_3^-	15,32
1,81	H_2SO_3	$\rightleftharpoons$	H^+	+	HSO_3^-	12,19
1,92	HSO_4^-	$\rightleftharpoons$	H^+	+	SO_4^{2-}	12,08
2,12	H_3PO_4	$\rightleftharpoons$	H^+	+	$H_2PO_4^-$	11,88
2,22	$[Fe(H_2O)_6]^{3+}$	$\rightleftharpoons$	H^+	+	$[Fe(H_2O)_5OH]^{2+}$	11,78
3,14	HF	$\rightleftharpoons$	H^+	+	F^-	10,86
3,35	HNO_2	$\rightleftharpoons$	H^+	+	NO_2^-	10,65
4,75	CH_3COOH	$\rightleftharpoons$	H^+	+	CH_3COO^-	9,25
6,35	H_2CO_3 $(CO_2 + H_2O)$	$\rightleftharpoons$	H^+	+	HCO_3^-	7,65
6,92	H_2S	$\rightleftharpoons$	H^+	+	HS^-	7,08
7,20	$H_2PO_4^-$	$\rightleftharpoons$	H^+	+	HPO_4^{2-}	6,80
9,25	NH_4^+	$\rightleftharpoons$	H^+	+	NH_3	4,75
9,40	HCN	$\rightleftharpoons$	H^+	+	CN^-	4,60
9,51	H_4SiO_4	$\rightleftharpoons$	H^+	+	$H_3SiO_4^-$	4,49
10,40	HCO_3^-	$\rightleftharpoons$	H^+	+	CO_3^{2-}	3,60
11,74	$H_3SiO_4^-$	$\rightleftharpoons$	H^+	+	$H_2SiO_4^{2-}$	2,26
12,36	HPO_4^{2-}	$\rightleftharpoons$	H^+	+	PO_4^{3-}	1,64
12,90	HS^-	$\rightleftharpoons$	H^+	+	S^{2-}	1,10
15,74	H_2O	$\rightleftharpoons$	H^+	+	OH^-	-1,74
~16	C_2H_5OH	$\rightleftharpoons$	H^+	+	$C_2H_5O^-$	~ -2
~23	NH_3	$\rightleftharpoons$	H^+	+	NH_2^-	~ -9
~24	OH^-	$\rightleftharpoons$	H^+	+	O^{2-}	~ -10

**Anhang 5: Elektrochemische Spannungsreihe mit den Standardpotentialen
$E°$ ausgewählter Redoxpaare**

Reduzierte Form	$\rightleftharpoons$	Oxidierte Form	$+ z\,e^-$	$E°$ (in V)
Li	$\rightleftharpoons$	Li^+	$+\ \ e^-$	-3,04
K	$\rightleftharpoons$	K^+	$+\ \ e^-$	-2,92
Ca	$\rightleftharpoons$	Ca^{2+}	$+\ 2\,e^-$	-2,87
Na	$\rightleftharpoons$	Na^+	$+\ \ e^-$	-2,71
Mg	$\rightleftharpoons$	Mg^{2+}	$+\ 2\,e^-$	-2,36
Al	$\rightleftharpoons$	Al^{3+}	$+\ 3\,e^-$	-1,66
Mn	$\rightleftharpoons$	Mn^{2+}	$+\ 2\,e^-$	-1,18
Zn	$\rightleftharpoons$	Zn^{2+}	$+\ 2\,e^-$	-0,76
Cr	$\rightleftharpoons$	Cr^{3+}	$+\ 3\,e^-$	-0,74
Fe	$\rightleftharpoons$	Fe^{2+}	$+\ 2\,e^-$	-0,44
Co	$\rightleftharpoons$	Co^{2+}	$+\ 2\,e^-$	-0,28
Ni	$\rightleftharpoons$	Ni^{2+}	$+\ 2\,e^-$	-0,23
Sn	$\rightleftharpoons$	Sn^{2+}	$+\ 2\,e^-$	-0,14
Pb	$\rightleftharpoons$	Pb^{2+}	$+\ 2\,e^-$	-0,13
$H_2 + 2\,H_2O$	$\rightleftharpoons$	$2\,H_3O^+$	$+\ 2\,e^-$	0
Cu	$\rightleftharpoons$	Cu^{2+}	$+\ 2\,e^-$	+0,34
$2\,I^-$	$\rightleftharpoons$	I_2	$+\ 2\,e^-$	+0,54
$H_2O_2 + 2\,H_2O$	$\rightleftharpoons$	$O_2 + 2\,H_3O^+$	$+\ 2\,e^-$	+0,68
Fe^{2+}	$\rightleftharpoons$	Fe^{3+}	$+\ \ e^-$	+0,77
Ag	$\rightleftharpoons$	Ag^+	$+\ \ e^-$	+0,80
Hg	$\rightleftharpoons$	Hg^{2+}	$+\ 2\,e^-$	+0,85
$NO + 6\,H_2O$	$\rightleftharpoons$	$NO_3^- + 4\,H_3O^+$	$+\ 3\,e^-$	+0,96
$2\,Br^-$	$\rightleftharpoons$	Br_2	$+\ 2\,e^-$	+1,07
Pt	$\rightleftharpoons$	Pt^{2+}	$+\ 2\,e^-$	+1,19
$6\,H_2O$	$\rightleftharpoons$	$O_2 + 4\,H_3O^+$	$+\ 4\,e^-$	+1,23
$2\,Cr^{3+} + 21\,H_2O$	$\rightleftharpoons$	$Cr_2O_7^{2-} + 14\,H_3O^+$	$+\ 6\,e^-$	+1,33
$2\,Cl^-$	$\rightleftharpoons$	Cl_2	$+\ 2\,e^-$	+1,36
Au	$\rightleftharpoons$	Au^{3+}	$+\ 3\,e^-$	+1,50
$Mn^{2+} + 12\,H_2O$	$\rightleftharpoons$	$MnO_4^- + 8\,H_3O^+$	$+\ 5\,e^-$	+1,51
Au	$\rightleftharpoons$	Au^+	$+\ \ e^-$	+1,69
$4\,H_2O$	$\rightleftharpoons$	$H_2O_2 + 2\,H_3O^+$	$+\ 2\,e^-$	+1,76
$2\,F^-$	$\rightleftharpoons$	F_2	$+\ 2\,e^-$	+2,87

Anhang 6: Die 14 Bravais-Gitter

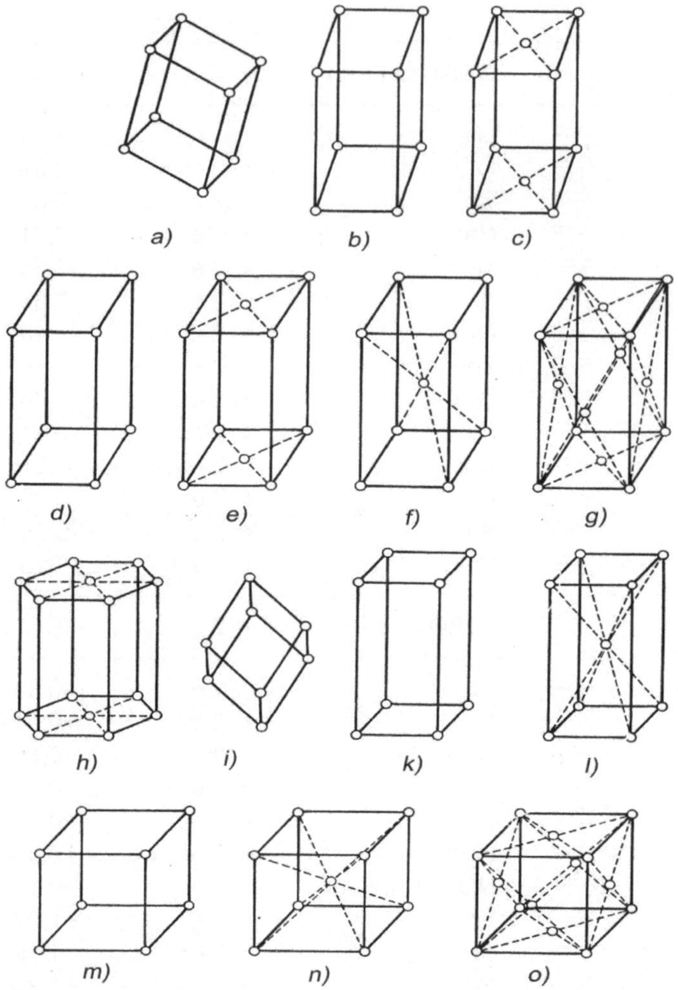

a) triklines Gitter,
b) einfach monoklines Gitter
c) flächenzentriertes monoklines Gitter
d) einfach rhombisches Gitter
e) basiszentriertes rhombisches Gitter
f) innenzentriertes rhombisches Gitter
g) allseitig flächenzentriertes rhombisches Gitter

h) hexagonales Gitter
i) trigonal-rhomboedrisches Gitter
k) einfach tetragonales Gitter
l) innenzentriertes tetragonales Gitter
m) einfach kubisches Gitter
n) innenzentriertes kubisches Gitter
o) flächenzentriertes kubisches Gitter.

Anhang 7

Relative Molekülmassen (M_r) bauchemisch wichtiger Verbindungen:

Formel	M_r	Formel	M_r
H_2O	18,0	MgO	40,3
CO_2	44,0	$Mg(OH)_2$	58,3
Fe_2O_3	159,7	$MgCO_3$	84,3
Al_2O_3	102,0	$MgSO_4$	120,4
SO_2	64,1	Na_2O	62,0
SO_3	80,1	$NaOH$	40,0
SiO_2	60,1	Na_2CO_3	106
CaO	56,1	$NaCl$	58,5
$Ca(OH)_2$	74,1	Na_2SO_4	142
$CaCO_3$	100,1		
$CaCl_2$	111	C_3A	270,3
$CaSO_4$	136,2	C_2S	172,3
$CaSO_4 \cdot 1/2\ H_2O$	145,2	C_3S	228,4
$CaSO_4 \cdot 2\ H_2O$	172,2	C_4AF	486,1
K_2O	94,2	C_4AH_{13}	560,4
KOH	56,1	$C_3S_2H_3$	342,5
K_2CO_3	138,2	$C_5S_6H_5$	731,1
KCl	74,6	Trisulfat	1254,6
K_2SO_4	174,3		

Fundamentalkonstanten:

Größe	Symbol	Wert
Lichtgeschwindigkeit (Vakuum)	c	$2{,}997\ 925 \cdot 10^8\ m \cdot s^{-1}$
Avogadrosche Konstante	N_A	$6{,}022\ 0453 \cdot 10^{23}\ mol^{-1}$
Plancksche Konstante	h	$6{,}626\ 076 \cdot 10^{-34}\ J \cdot s$
Rydberg-Konstante	R_H	$1{,}09\ 678 \cdot 10^5\ cm^{-1}$
Faraday-Konstante	F	$96\ 485\ C \cdot mol^{-1}$
Elementarladung	e	$1{,}602\ 1892 \cdot 10^{-19}\ C$
Atomare Masseneinheit	u	$1{,}660\ 5655 \cdot 10^{-27}\ kg$
Molare Gaskonstante	R	$8{,}314\ 510\ J/(mol \cdot K)$
Molares Normvolumen eines idealen Gases (Molvolumen)	V_M	$22{,}41410\ l \cdot mol^{-1}$
Normdruck	p_n	$101\ 325\ Pa = 1{,}013\ 25\ bar$
Normtemperatur	T_n	$273{,}15\ K$

Anhang 8: GHS-Tabelle (Auszug)

GHS-Gefahrenpiktogramm	GHS-Kürzel	Gefährdungsklassen
	GHS 01	explosive Stoffe/Gemische und Erzeugnisse mit Explosivstoff, selbstzersetzliche Stoffe/Gemische, organische Peroxide
	GHS 02	selbstzersetzliche Stoffe/Gemische, organische Peroxide, entzündbare Gase, Aerosole, Flüssigkeiten u. Feststoffe, selbsterhitzungsfähige Stoffe/Gemische, die bei Berührung mit H_2O entzündbare Gase bilden
	GHS 03	Oxidierende Gase, Flüssigkeiten, Feststoffe
	GHS 04	Verdichtete, verflüssigte, gelöste und tiefgekühlt verflüssigte Gase
	GHS 05	Verätzung der Haut, schwere Augenschäden, auch metallkorrosive Eigenschaften
	GHS 06	Äußerst schwere und schwere akute Gesundheitsschäden oder Tod
	GHS 07	Akute Gesundheitsschäden, Reizung der Haut, der Augen und der Atemwege, Sensibilisierung der Haut, narkotisierende Wirkungen
	GHS 08	chronische Gesundheitsschäden (Organschädigungen) bei einmaliger oder mehrmaliger Exposition, erbgutverändernde u. fortpflanzungsgefährdende Wirkungen, Lungenschäden durch Eindringen von Substanzen in die Lunge
	GHS 09	Giftig für Wasserorganismen mit kurz- und langfristiger Wirkung

Literatur

Allgemeine, anorganische und physikalische Chemie

[AC 1]   Mortimer, C. E., Müller, U., Beck: Chemie - Das Basiswissen der Chemie, 13. Aufl., Stuttgart: Thieme Verlag 2019.

[AC 2]   Holleman, A. F.; Wiberg, E.: Lehrbuch der Anorganischen Chemie. 103. Aufl., Berlin: Walter de Gruyter 2016.

[AC 3]   Riedel, E.: Allgemeine und Anorganische Chemie. 12. Aufl., Berlin: Walter de Gruyter 2018.

[AC 4]   Kurzweil, P.: Chemie Grundlagen, Aufbauwissen, Anwendungen und Experimente, 10. Aufl., Vieweg + Teubner, 9. Auflage 2015.

[AC 5]   Baars, G.: Basiswissen Chemie, 1. Aufl., hep verlag 2007.

[AC 6]   Jander, G.; Blasius, E.: Lehrbuch der analytischen und präparativen Chemie. 16. Aufl., Stuttgart: S. Hirzel Verlag 2006.

[AC 7]   Hoinkis, J., Lindner, E.: Chemie für Ingenieure, 14. Aufl., WILEY-VCH, Weinheim 2015.

Umweltchemische und ökologische Probleme (Kap. 5, 6 und 7)

[UC 1]   Bliefert, C.: Umweltchemie. 3. Aufl., Weinheim: WILEY-VCH 2002.

[UC 2]   Heintz, A.; Reinhardt, G.A.: Chemie und Umwelt. 4. Aufl., Braunschweig-Wiesbaden: Vieweg 1996.

[UC 3]   Hites, A. H., Raff, J. D., Wiesen, P.: Umweltchemie, 1. Aufl., WILEY-VCH Verlag GmbH & Co. KGaA, 2017.

[UC 4]   Hulpke, H.: Römpp Lexikon Umwelt. 2. Aufl., Stuttgart: Georg Thieme Verlag 2000.

[UC 5]   Bundes-Immissionsschutzgesetz (BImSchG), Gesetz zum Schutz vor schädlichen Umwelteinwirkungen durch Luftverunreinigungen, Geräuschen, Erschütterungen und ähnlichen Vorgängen vom 14.5.1990 (BGBl. I 880).

[UC 6]   Verordnung über die Qualität von Wasser für den menschlichen Gebrauch (Trinkwasserverordnung; TrinkwV). Vom 21.Mai 2001, BGBl. I 959.

[UC 7]   Deutsche Forschungsgemeinschaft: List of MAK and BAT Values, Weinheim: VCH 2014.

[UC 8]   www.umweltbundesamt.de

[UC 9]   Moriske, H.-J., Rudolphi, A., Salthammer, T., Wensing, M.; Gesundheits-Ingenieur/Haustechnik/Bauphysik/Umwelttechnik **121** (2000) 305.

[UC 10] Seifert, B.: Das Sick Building Syndrom, Öff. Gesundheitswesen **53** (1991) 376.

[UC 11] Gebbers, J.-O., Glück, U.: "Sick building"-Syndrome, Schweiz. Med. Forum 2003, H.5, S.109.

[UC 12] Burge, P. S.: Sick building syndrome. Occup. Environ. Med., **61** (2004) 185.

Bau- und Baustoffchemie (Lehrbücher und Monografien)

[BC 1]   Henning, O.; Knöfel, D., Stephan, D.: Baustoffchemie. 7. Aufl., Berlin-Wien-Zürich: Beuth-Verlag 2014.

© Springer Fachmedien Wiesbaden GmbH, ein Teil von Springer Nature 2020
R. Benedix, *Bauchemie*, https://doi.org/10.1007/978-3-658-26442-0

[BC 2]   Knoblauch, H.; Schneider, U.: Bauchemie. 7. Aufl., Düsseldorf: Werner-Verlag 2013.

[BC 3]   Karsten, R.: Bauchemie. 11. Aufl., Karlsruhe: Verlag C.F.Müller 2002.

[BC 4]   a) Reul, H.: Handbuch der Bauchemie. 1. Aufl., Augsburg: Verlag für chemische Industrie, H. Ziolkowsky KG 1991.
b) Krenkler, K.: Chemie des Bauwesens, Band 1, Berlin-Heidelberg-NewYork: Springer-Verlag 1980.

[BC 5]   Mallon, Th.: Bauchemie, 1. Aufl., Vogel-Buchverlag 2005.

[BC 6]   "Natürliche Radionuclide in Baumaterialien", Bundesamt für Strahlenschutz, 19.11.2003.

[BC 7]   Schießl, P., Hohberg, I.: Umweltverträglichkeit zementgebundener Baustoffe: Radioaktivität. Aachen: Institut für Bauforschung 1995.

[BC 8]   Keller, G.: Strahlenexposition der Bevölkerung durch Baustoffe unter besonderer Berücksichtigung von Sekundärrohstoffen. In: VGB Kraftwerkstechnik, **74** (1994) S. 711-714.

[BC 9]   "Radon", Bayerisches Landesamt für Umweltschutz, April 2005.

[BC 10]   Bundesamt für Strahlenschutz, Infoblätter Radon, 2003.

[BC 11]   Delibrias, G., Labeyrie, J.: The dating of mortars by the Carbon-14 method. Proceedings of the 6. Int. Conf. Radiocarbon and Tritium Dating, compiled by R.M.Chatters and E.A.Olson.Springfield, Virginia: Clearinghouse for Federal Scientific and Technical Information, 1965, p. 344.

[BC 12]   "Quality Criteria and Analysis Methods of FGD Gypsum", Eurogypsum, Brussels, Belgium (www.eurogypsum.org).

[BC 13]   a) „Die Nachfrage nach Primär- und Sekundärrohstoffe der Steine- und Erdenindustrie bis 2030 in Deutschland", DIW Berlin, August 2013.
b) E.ON BPlan 105a: Beschreibung der Alternativen für die Rauchgasreinigung, 23.11.2011.

[BC 14]   a) Plank, J., Stephan, D., Hirsch, Chr.: Bauchemie, In: Winnacker / Küchler: Chemische Technik-Prozesse und Produkte, Band 7, 5. Aufl., S. 1-168, Weinheim: WILEY-VCH 2004;
b) Plank, J.: Bauchemie, in Handbuch für Bauingenieure (K. Zilch, C. J. Diederichs und R. Katzenbach), 2. Aufl., Springer 2012, S. 158-205 und dort zit. Lit.
c) Rietveld, H.M.: The Rietveld Method: A Retrospection. Z. Kristallogr. **225** (2010) 545–547.

[BC 15]   a) Plank, J. u. Mitarb.: Neues zur Wechselwirkung von Zementen und Fließmitteln, 16. ibausil, Bauhaus-Universität Weimar 2006, Tagungsband 1, p. 579-598 und dort zitierte Literatur.
b) Lange, A., Plank, J.: Study on the foaming behaviour of allyl ether-based polycarboxylate superplasticizers, Cem. and Concrete Research, **42** (2012) 484.
c) Lange, A.: Studien zur Zementkompatibilität von Polycarboxylat-Fließmitteln sowie zum Einfluss ihres HLB-Wertes auf das rheologische Verhalten von Mörtel, Dissertation TU München 201.

[BC 16]   Fujishima, A., Hashimoto, K., Watanabe, T.: Photocatalysis, Bkc. Inc., Tokyo, Japan 1999.

[BC 17]   a) Hoffmann, M. R., Martin, S. T., Bahnemann, D.: Chem. Rev. **95** (1995) 69.
b) Ollis, D.F., Al-Ekabi, H. (Eds.): Photocatalytic purification and treatment of water and air, Elsevier, Amsterdam 1993.
c) Linsebigler, A. L., Lu, G., Yates Jr., J. T.: Photocatalysis on TiO_2 Surfaces: Principles, Mechanisms, and Selected Results: Chem. Rev. **95** (1995) 735.

[BC 18]   Neinhuis, C., Groß, F. u.a.: Photokatalyse und selbstreinigende Beschichtungen, Chem. Uns. Zeit **48** (2014) 92.

[BC 19]   a) Benedix, R., Dehn, F.: Anwendung photokatalytisch aktiver Metalloxide zur Entwicklung schadstoffzersetzender und/oder selbstreinigender Betonoberflächen, beton **53** (2003) 184. b) Benedix, R.: Titandioxid-Photokatalyse und ihre Anwendung im Bauwesen, DETAIL Zeitschrift für Architektur und Baudetail 2009, Heft 5, S. 502. c) TiO_2-Beschichtungen zur Herstellung von photokatalytisch modifizierten SiO_2-TiO_2-Kompositmaterialien, Dissertation S. Kamaruddin, TU Berlin 2015. d) Stephan, D.: Innovative Werkstoffe mit Titandioxid - selbstreinigende und photokatalytisch aktive Baustoffoberflächen, Cement International **6** (2006) 77.

[BC 20]   Kleffmann, J., Herrmann, H., George, Chr.: Verbessert Photokatalyse die Luftqualität?, Nachrichten aus der Chemie **64** (2016) 613.

[BC 21]   Schossig, P., Haussmann, Th.: Latentwärmespeicher in Gebäuden, In High-Chem, Aktuelles aus der Bauchemie, GdCH 2012.

[BC 22]   Nanooptimierte Hightech-Baustoffe, 9.Mai 2007, Universität Kassel, Schriftenreihe Baustoffe und Massivbau, Heft 8.

[BC 23]   Einsatz von Nanotechnologien in Architektur und Bauwesen, Band 7 der Schriftenreihe der Aktionslinie Hessen-Nanotech, 2007.

[BC 24]   Nanotechnologie und Bauwesen, Fachgespräch vom 05.12.2006, VDI Technologiezentrum GmbH, Düsseldorf und dort zitierte Literatur.

[BC 25]   a) Huber, H.: Glastechnologie Schaltbare Gläser, ARCH+ **144/145** (1998) 120,
b) Kraft, A., Rottmann, M.: Intelligente Fenster und automatisch abblendbare Spiegel, GdCH 2006.

Bau- und Werkstoffkunde (Lehrbücher und Monographien)

[BK 1]   Scholz, W.: Baustoffkenntnis. 18. Aufl., Düsseldorf: Werner-Verlag 2016.

[BK 2]   Wendehorst Baustoffkunde, Hrsg. Neroth, H., Vollenschaar, D.: 27. Aufl., Vieweg+Teubner, 2011.

[BK 3]   Merkel, M.; Thomas, K.-H.: Taschenbuch der Werkstoffe. 7. Aufl., Carl Hanser Verlag GmbH & Co. KG 2008.

Silicat- und Glaschemie (Kap. 9.2)

[SC 1]   Vogel, W.: Glaschemie. 3. Aufl., Berlin-Heidelberg-New York: Springer-Verlag 1992.

[SC 2]   Lohmeyer, S.: Werkstoff Glas, Renningen: expert-Verlag 2001.

[SC 3]   Petzold, A.; Marusch, H.: Der Baustoff Glas. 3. Aufl., Berlin: Verlag für Bauwesen 1990.

[SC 4]   Technisches Handbuch - Glas am Bau. VEGLA Vereinigte Glaswerke GmbH, Aachen 1998.

[SC 5]   Funktions-Isoliergläser. Moderne Verglasungen für Fenster und Fassaden. Renningen: expert-Verlag 1994.

Anorganische Bindemittel, Mörtel und Beton (Kap. 9.3, 13)

[AB 1]   Bogue, R.H.: The Chemistry of Portland Cement. New York: Reinhold Publishing Corp. 1947.

[AB 2]   Richartz, W., Locher, F.W.; Zement-Kalk-Gips, **18** (1965) 449.

[AB 3]   Locher, F.W., Richartz, W., Sprung, S.; Zement-Kalk-Gips, **29** (1976) 435 und **33** (1980) 271.

[AB 4]   a) Locher, F.W., Richartz, W., Sprung, S., Sylla, H.-M.; Zement-Kalk-Gips, **35** (1982) 669;

            b) Locher, F.W., Richartz, W., Sprung, S., Rechenberg, W.; Zement-Kalk-Gips, **36** (1983) 224.

[AB 5]   Locher, F.W.: Zement: Grundlagen der Herstellung und Verwendung, Verlag Bau und Technik, Düsseldorf 2000.

[AB 6]   Taylor, H.F.: Cement Chemistry. London: Academic Press 1990.

[AB 7]   a) Stark, J., Wicht, B.: Anorganische Bindemittel. Schriften der Bauhaus-Universität Weimar, Universitätsverlag 1998. b) Stark, J., Wicht, B.: Dauerhaftigkeit von Beton, 2. Aufl. Springer Vieweg 2013.

[AB 8]   Stark, J., Möser, B., Eckardt, A.; Zement-Kalk-Gips **54** (2001) 52, 114.

[AB 9]   a) Stark, J., Möser, B., Bellmann, F.: Hydratation von Portlandzement, Lehrbrief des F. A. Finger-Instituts der Bauhaus-Universität Weimar, 2004.

            b) Stark, J.: Alkali-Kieselsäure-Reaktion, Schriftenreihe des F. A. Finger-Instituts für Baustoffkunde, Nr. 3, Weimar 2008.

            c) Stark, J.: Sulfatangriff auf Beton. Schriften der Bauhaus-Universität Weimar, Nr. 5, Weimar 2010.

[AB 10]   a) Powers, T.C.: A Discussion of Cement Hydratation in Relation to the Curing of Concrete, Proc. of the Annual Meeting: Highway Research Board (1947);

            b) Powers, T.C.: A working hypothesis for further studies of frost resistance of concrete. Proceedings of the American Concrete Industrie, **41** (1945) 245-272.

[AB 11]   Bellmann, F., Stark, J.: Bildungsbedingungen von Thaumasit beim Sulfatangriff auf Beton, IBAUSIL 2006, Tagungsbericht Band 2, Bauhaus-Universität 2006, 501 – 508 und dort zitierte Literatur.

[AB 12]   Odler, I.; Hydration, Setting and Hardening of Portland Cement, In: Lea's Chemistry of Cement and Concrete, Arnold: London 1998.

[AB 13]   Skipsted, J., Jacobsen, H.J., Characterization of the Calcium Silicate and Aluminate Phases in Anhydrous and Hydrated Portland Cements, In: NMR Spectroscopy of Cement-Based Materials, Berlin: Springer 1998.

[AB 14]   a) Zement-Taschenbuch 2008, Verein Deutsche Zementwerke e.V., 51. Aufl., Verlag Bau und Technik 2008.

            b) Grube, H.: Definition der verschiedenen Schwindarten. Ursachen, Größe der Verformungen und baupraktische Bedeutung. Beton, **53** (2003) 598-603.

[AB 15]   Gips-Datenbuch, Bundesverband der Gipsindustrie e.V., Berlin 2013.

[AB 16]   J. Sieler, Universität Leipzig.

[AB 17]   a) Spanka, G.: Umweltverträglichkeit von zementgebundenen Baustoffen, In: Beiträge zum 41. Forschungskolloquium des DAfStb, S. 41, Düsselddorf 2002.
b) Hohberg, I., Müller, C., Schießl, P.: Umweltverträglichkeit zementgebundener Baustoffe. beton **46** (1996) 156.

[AB 18]   Mayer, L.; Beton- und Stahlbau, **89** (1994) 64.

[AB 19]   Sprung, S., Rechenberg, W., Bachmann, G.; Zement-Kalk-Gips, **47** (1994) 456.

[AB 20]   Stark, J., Wicht, B.: Umweltverträglichkeit von Baustoffen, Schriften der Bauhaus-Universität Weimar 1996.

[AB 21]   Statistisches Bundesamt Deutschland.

[AB 22]   Ludwig, H.-M.: Trends bei der Entwicklung von CO_2-reduzierten Zementen für nachhaltigen Beton, GDCh-Monografie, Bd.44, S. 19-27, Frankfurt/Main, 2011.

[AB 23]   Mutter, M.: The practical aspects of altenative fuels, Global Cement, **9**(2008) 22-27.
Tänzer, R., Stephan, D.: Intelligenter Einsatz von Sekundärrohstoffen, GDCH: HighChem hautnah, Aktuelles aus der Bauchemie, S. 39.

[AB 24]   Setzer, M.J.: Die Mikrolinsenpumpe - Eine neue Sicht bei Frostangriff und Frostprüfung. Internationale Baustofftagung ibausil Weimar 2000, Band 1, S. 691-705.

[AB 25]   Setzer, M.J.: Pore Solution in Hardened Cement Paste, Adificatio Publishers 2000.

[AB 26]   Setzer, M.J.: Development of the micro-ice-lens model. Frost resistance of concrete, international RILEM Workshop, Essen, 18.-19.04.2002.

[AB 27]   a) Ludwig, H.-M.: Zur Rolle von Phasenumwandlungen bei der Frost- und Frost-Tausalz-Belastung. Dissertation Bauhaus-Universität Weimar 1996.
b) Dombrowski, K.: Einfluss von Gesteinskörnungen auf die Dauerhaftigkeit von Beton. Dissertation Bauhaus-Universität Weimar 2003.

[AB 28]   Powers, T.C.: Void spacing as a basis ffor producing air-entrained concrete. ACI Journal **50** (1954) 741-759.

[AB 29]   Blümel, O.W., Springenschmid, R.: Grundlagen und Praxis der Herstellung und Überwachung von Luftporenbeton. Straßen- und Tiefbau **24** (1970) 85-98.

[AB 30]   Siebel, E.: Übertragbarkeit von Frost-Laborprüfungen auf Praxisverhältnisse. Sachstandbericht. DAfStb-Heft Nr. 560, 2005.

[AB 31]   Powers, T.C., Helmuth, R.A.: Theory of volume changes in hardened Portland cement pastes during freezing. Highway Res. Board Proc., **32** (1953) 285-297.

[AB 32]   Litvan, G.G.: Frost Action Cement Paste, Materials and Structures, **6** (1973) 293-298.

[AB 33]   Fagerlund, G.: Internal frost attack – state of the art. In: Frost resistence of concrete. M.J. Setzer und R. Auberg (eds.), RILEM Proc. Spon, London **1997**, 321-338.

Korrosion metallischer und nichtmetallischer Baustoffe, Bautenschutz
(Kap. 8.2, 9.4)

[KS 1]   Kaesche, H.: Die Korrosion der Metalle. 3. Aufl., Berlin-Heidelberg-New York: Springer-Verlag 1990.

[KS 2]   Nürnberger, Ulf.: Korrosion und Korrosionsschutz im Bauwesen: Band 1: Be-
            tonkorrosion. Band 2: Übrige Korrosion, 1. Aufl., Wiesbaden: Bauverlag BV
            GmbH 1999.

[KS 3]   a) Strehblow, H.-H.: Breakdown of passivity and localized corrosion: Theoreti-
            cal concepts and fundamental experimental results, Werkstoffe und Korrosion
            35(1984) 437.
            b) Chr. Dauberschmidt: Untersuchungen zu den Korrosionsmechanismen von
            Stahlfasern in chloridhaltigem Beton, Dissertation RWTH Aachen, 2006.

[KS 4]   Tutti, K.: Corrosion of Steel in Concrete. Stockholm: Swedish Cement and
            Concrete Research Institute, In: CBI Research, 1982, Nr. Fo 4:82.

[KS 5]   Weber, H.: Instandsetzung von feuchte- und salzgeschädigtem Mauerwerk.
            1. Aufl., Renningen: expert-Verlag 1993.

[KS 6]   Weber, H. u.a.: Fassadenschutz und Bausanierung. 5. Aufl., Renningen: expert-
            Verlag 1993.

[KS 7]   Schultze, W. u.a.: Wässrige Siliconharz-Beschichtungssysteme für Fassaden. 2.
            Aufl., Renningen: expert-Verlag 2002.

[KS 8]   Nöller, R.: Schäden an Ziegelbauten und ihre Behebung. Renningen: expert-
            Verlag 1992.

[KS 9]   Schönburg, K.: Schäden an Sichtflächen. Bewerten-Beseitigen-Vermeiden.
            Berlin: Beuth-Verlag 2003.

[KS 10]   Ettel, W.-P.; Diecke, W.; Wolf, H.-D.: Bautenschutztaschenbuch. 2. Aufl., Ber-
            lin: Verlag für Bauwesen 1992.

[KS 11]   Deutscher Ausschuss für Stahlbeton: Vorbeugende Maßnahmen gegen schädi-
            gende Alkalireaktion im Beton (Alkali-Richtlinie), Berlin: Februar 2007.

[KS 12]   M. Pourbaix, Atlas of electrochemical equilibria in aqueous solutions, Perga-
            mon Press, Oxford; New York, 1966.

[KS 13]   Knöfel, H.: Stichwort Baustoffkorrosion. 2. Aufl., Wiesbaden: Bauverlag 1985.

[KS 14]   Parker, C.D.: The corrosion of concrete, Aust. J. Exp. Biol. Med. Sci. **23** (1945)
            81.

[KS 15]   Weimann, K. (Hrsg.): Handbuch Bautenschutz (3 Bde.). Renningen: expert-
            Verlag 1992.

[KS 16]   Dinh, H.T., Klüver, J. et al.: Iron corrosion by novel anaerobic microorganisms,
            Nature **427** (2004) 829.

[KS 17]   a) www.schwefelwasserstoff.de;
            b) Brill, H. (Hrsg.): Mikrobielle Materialzerstörung und Materialschutz, Jena-
            Stuttgart: Gustav-Fischer-Verlag 1995.

[KS 18]   Ehrlich, H-L.: Geomicrobiology, New York-Basel: Marcel Dekker 1990.

[KS 19]   Vinck, E. et al.: Recent Developments in the Research of Biogenic Sulfuric
            Acid Attack of Concrete, In: Biotechnological treatment of sulphur pollution
            (Ed. P. Lens), IWA, London 2000.

[KS 20]   Spirigatis, R., Engel, J.: Hydrophobierende Imprägnierung von Fassadenober-
            flächen, in Schützen & Erhalten, Deutscher Holz- und Bautenschutzverband
            e.V. Köln, September 2010.

Organische Stoffe im Bauwesen, Holz und Holzschutz (Kap. 10, 11, 12)

[OC 1]   Beyer, H.; Walter, W., Francke, W.: Lehrbuch der Organischen Chemie. 24. Aufl., Stuttgart: S. Hirzel Verlag 2004.

[OC 2]   Hart, H., Craine, L.E., Hart, J., Hadad, C. M.: Organische Chemie. 3. Aufl., Weinheim: WILEY-VCH 2007.

[OC 3]   Saechtling, H.(Hrsg.): Kunststoff-Taschenbuch. 31. Aufl., München: Carl Hanser Verlag 2013.

[OC 4]   Dominghaus, H.: Die Kunststoffe und ihre Eigenschaften. 6. Aufl., Springer 2004.

[OC 5]   Neue Strategien in der Polymerforschung, Topics in Chemistry: BASF Aktiengesellschaft 1995.

[OC 6]   Ettel, W.-P.: Kunstharze und Kunststoffdispersionen für Mörtel und Betone, 1. Aufl., Beton-Verlag GmbH 1997.

[OC 7]   Schorn, H.: Betone mit Kunststoffen und andere Instandsetzungsbaustoffe. Berlin: Verlag Wilhelm Ernst & Sohn 1991.

[OC 8]   Fonds der Chemischen Industrie im Verband der Chemischen Industrie e.V., Informationsserie 27: Kleben / Klebstoffe, Frankfurt/Main 2001.

[OC 9]   Mandy, P., Scheer, C.: Holzbautaschenbuch, 11. Aufl., Berlin: Verlag Ernst & Sohn 2015.

[OC 10] Leiße, B.: Holzschutzmittel im Einsatz. Wiesbaden/Berlin: Bauverlag 1992.

[OC 11] Müller, K., Rich, H.: Holzschutzpraxis. Gütersloh: Bauverlag 2001.

[OC 12] Deutsche Bauchemie e.V., Frankfurt/Main (Hrsg.): a) Schutz von Holz im Bauwesen (04.97); b) Holzschutzmittel und Umwelt - Sachstandsbericht 1998.

[OC 13] Knöfel, D.: Stichwort Holzschutz. 2. Aufl., Wiesbaden: Bauverlag 1982.

Sachwortverzeichnis

© Springer Fachmedien Wiesbaden GmbH, ein Teil von Springer Nature 2020
R. Benedix, *Bauchemie*, https://doi.org/10.1007/978-3-658-26442-0

Bandsilicate 305
Bariumsulfat 172, 294, 483
Basalte 295
Basen 46, 189f., 218
Baseanhydrid 46
Basekonstante 202
Basestärke 200ff.
basische Lösungen 194, 195
basische Oxide 46
Baufeuchtigkeit 332
Baugipse 387ff.
Bauglas 316f.
Baukalke 330ff.
Baustähle 255
Baustoff-Nomenklatur 5, 333
Bautenschutz 322, 504ff.
Bauxit 256, 372
Becquerel 25
Beilsteinprobe 490
Beizen 291
Beizinhibitoren 291
Belit 338, 339, 350
Belüftungselement 273
Benetzung 146
Bentonit 307
Benzine 438, 463
Benzoesäure 457
Benzol 443, 463
Bergkristall 299
Beschichtungen 504, 507
Beschleuniger 384f., 393, 483
Besetzung von Orbitalen 38
Betastrahlung 25
Beton 348, 359, 364
Betoncarbonatisierung 419
Betonkorrosion 401ff.
Betonkrebs 410
Betonverflüssiger 376
Betonzusatzmittel 375ff.
Bewehrungsstahl (korr. Angriff) 419f.
Bienenwachs 460
Bildungsenthalpie 86, 564
Bimsstein 295
Bindemittel 327ff., 387, 395
Bindungsdissoziationsenergie 513
Bindungselektronenpaar 49

Bindungsenergie 513
Bindungslänge 42
Bindungspolarität 55
Bindungswinkel 52, 140
biogene Schwefelsäurekorrosion 424
biogene Sedimente 297
Biokorrosion 423ff.
biologische Schädigungen 423ff.
Biomineralisation 297
Biostabilisatoren 484
Biozide 426
Bittersalz 429
Bitumen 465ff.
Bitumenemulsion 469
Bitumenkitte 521
Bitumenlösung 469
Bitumensorten 468
Bläuepilze 526
Blei 261f.
Bleiakkumulator 241
Bleiglanz 294
Bleikristallglas 316
Blockcopolymere 476
Bodenfeuchtigkeit 289
Bodenkörper 168
Bodenkorrosion 274
Bogue-Formeln 340
Bohrsches Atommodell 30
Bor-Tonerde-Gläser 315
Borax 315
Boudouard-Gleichgewicht 251
Brandschutzglas 317
Branntkalk, s. gebrannter Kalk
Bravais-Gitter 598
Brennen von Kalkstein 101, 330f.
Brennen der Zementrohstoffe 336
Brennstoffzelle 243
Bromierung von Doppelbindungen 440
Brönsted-Base 191
Brönsted-Säure 191
Bronzen 259
Brünieren 286
Bürette 184
1,3-Butadien 440
Butan 436

PERIODENSYSTEM DER ELEMENTE

Legende (Beispiel Ni): 58,693 = relative Atommasse; 28 = Ordnungszahl; 1,8 = Elektronegativität nach Pauling.

	I a (1)	II a (2)	III b (3)	IV b (4)	V b (5)	VI b (6)	VII b (7)	VIII b (8)	VIII b (9)	VIII b (10)	I b (11)	II b (12)	III a (13)	IV a (14)	V a (15)	VI a (16)	VII a (17)	VIII a (18)
1	1,0079 H 1 2,1																	4,0026 He 2
2	6,941 Li 3 1,0	9,0122 Be 4 1,5											10,811 B 5 2,0	12,011 C 6 2,5	14,007 N 7 3,0	15,999 O 8 3,5	18,998 F 9 4,0	20,18 Ne 10
3	22,99 Na 11 0,9	24,305 Mg 12 1,2											26,982 Al 13 1,5	28,086 Si 14 1,8	30,974 P 15 2,1	32,066 S 16 2,5	35,453 Cl 17 3,0	39,948 Ar 18
4	39,098 K 19 0,8	40,08 Ca 20 1,0	44,956 Sc 21 1,3	47,88 Ti 22 1,5	50,942 V 23 1,6	51,996 Cr 24 1,6	54,938 Mn 25 1,5	55,847 Fe 26 1,8	58,933 Co 27 1,8	58,693 Ni 28 1,8	63,546 Cu 29 1,9	65,39 Zn 30 1,6	69,723 Ga 31 1,6	72,61 Ge 32 1,8	74,922 As 33 2,0	78,96 Se 34 2,4	79,904 Br 35 2,8	83,8 Kr 36
5	85,468 Rb 37 0,8	87,62 Sr 38 1,0	88,906 Y 39 1,3	91,224 Zr 40 1,4	92,906 Nb 41 1,6	95,94 Mo 42 1,8	(98) Tc 43 1,9	101,07 Ru 44 2,2	102,91 Rh 45 2,2	106,42 Pd 46 2,2	107,87 Ag 47 1,9	112,41 Cd 48 1,7	114,82 In 49 1,7	118,71 Sn 50 1,8	121,76 Sb 51 1,9	127,6 Te 52 2,1	126,9 I 53 2,5	131,3 Xe 54
6	132,91 Cs 55 0,7	137,33 Ba 56 0,9	138,91 La 57 1,1	178,49 Hf 72 1,3	180,95 Ta 73 1,5	183,84 W 74 1,7	186,21 Re 75 1,9	190,23 Os 76 2,2	192,22 Ir 77 2,2	195,08 Pt 78 2,2	196,97 Au 79 2,4	200,59 Hg 80 1,9	204,38 Tl 81 1,8	207,2 Pb 82 1,8	208,98 Bi 83 1,9	(209) Po 84 2,0	(210) At 85 2,2	(222) Rn 86
7	(223) Fr 87 0,7	(226) Ra 88 0,9	(227) Ac 89 1,1	(261) Ku 104	(262) Db 105	(266) Sg 106	(264) Bh 107	(269) Hs 108	(268) Mt 109	(271) Ds 110	(272) Rg 111	(277) Cn 112						

140,12 Ce 58 1,1	140,91 Pr 59 1,1	144,24 Nd 60 1,2	(145) Pm 61	150,36 Sm 62 1,2	151,96 Eu 63	157,25 Gd 64 1,1	158,93 Tb 65 1,2	162,5 Dy 66	164,93 Ho 67 1,2	167,26 Er 68 1,2	168,93 Tm 69 1,2	173,04 Yb 70 1,1	174,97 Lu 71 1,2
232,04 Th 90 1,3	231,04 Pa 91 1,5	238,03 U 92 1,7	(237) Np 93 1,3	(244) Pu 94 1,3	(243) Am 95 1,3	(247) Cm 96 1,3	(247) Bk 97 1,3	(251) Cf 98 1,3	(252) Es 99 1,3	(257) Fm 100 1,3	(258) Md 101	(259) No 102	(262) Lr 103